수학 좀 한다면

디딤돌 초등수학 기본+유형 6-2

펴낸날 [개정판 1쇄] 2023년 12월 10일 | **펴낸이** 이기열 | **펴낸곳** (주)디딤돌 교육 | **주소** (03972) 서울특별시 마포구 월드컵북로 122 청원선와이즈타워 | **대표전화** 02-3142-9000 | **구입문의** 02-322-8451 | **내용문의** 02-323-9166 | **팩시밀리** 02-338-3231 | **홈페이지** www.didimdol.co.kr | **등록번호** 제10-718호 | 구입한 후에는 철회되지 않으며 잘못 인쇄된 책은 바꾸어 드립니다.

내 실력에 딱!
최상위로 가는 '맞춤 학습 플랜'

STEP 1 On-line

나에게 맞는 공부법은?
맞춤 학습 가이드를 만나요.

교재 선택부터 공부법까지! 디딤돌에서 제공하는 시기별 맞춤 학습 가이드를 통해 아이에게 맞는 학습 계획을 세워 주세요.
(학습 가이드는 디딤돌 학부모카페 '맘이가'를 통해 상시 공지합니다.
cafe.naver.com/didimdolmom)

STEP 2 Book

맞춤 학습 스케줄표
계획에 따라 공부해요.

교재에 첨부된 '맞춤 학습 스케줄표'에 맞춰 공부 목표를 달성합니다.

STEP 3 On-line

이럴 땐 이렇게!
'맞춤 Q&A'로 해결해요.

궁금하거나 모르는 문제가 있다면,
'맘이가' 카페를 통해 질문을 남겨 주세요.
디딤돌 수학쌤 및 선배맘님들이 친절히 답변해 드립니다.

STEP 4 Book

다음에는 뭐 풀지?
다음 교재를 추천받아요.

학습 결과에 따라 후속 학습에 사용할 교재를 제시해 드립니다.
(교재 마지막 페이지 수록)

★ 디딤돌 플래너 만나러 가기

디딤돌 초등수학 기본+유형 6-2

짧은 기간에 집중력 있게 한 학기 과정을 완성할 수 있도록 설계하였습니다.
방학 때 미리 공부하고 싶다면 주 5일 8주 완성 과정을 이용해요.

공부한 날짜를 쓰고 하루 분량 학습을 마친 후, 부모님께 확인 check ☑를 받으세요.

1 분수의 나눗셈						
1주					2주	
☐ 월 일 6~11쪽	☐ 월 일 12~17쪽	☐ 월 일 18~20쪽	☐ 월 일 21~23쪽	☐ 월 일 24~26쪽	☐ 월 일 27~30쪽	☐ 월 일 31~33쪽

2 소수의 나눗셈						
3주					4주	
☐ 월 일 50~55쪽	☐ 월 일 56~58쪽	☐ 월 일 59~62쪽	☐ 월 일 63~65쪽	☐ 월 일 66~68쪽	☐ 월 일 70~75쪽	☐ 월 일 76~80쪽

3 공간과 입체	4 비례식과 비례배분					
5주					6주	
☐ 월 일 90~92쪽	☐ 월 일 94~99쪽	☐ 월 일 100~105쪽	☐ 월 일 106~110쪽	☐ 월 일 111~114쪽	☐ 월 일 115~118쪽	☐ 월 일 119~121쪽

5 원의 넓이						6 원기
7주					8주	
☐ 월 일 138~141쪽	☐ 월 일 142~145쪽	☐ 월 일 146~149쪽	☐ 월 일 150~152쪽	☐ 월 일 154~159쪽	☐ 월 일 160~164쪽	☐ 월 일 165~169쪽

MEMO

자르는 선

월 일 27~30쪽	월 일 31~33쪽	월 일 34~36쪽
월 일 59~62쪽	월 일 63~65쪽	월 일 66~68쪽
월 일 87~88쪽	월 일 89~90쪽	월 일 91~92쪽
월 일 116~118쪽	월 일 119~121쪽	월 일 122~124쪽
월 일 145~146쪽	월 일 147~149쪽	월 일 150~152쪽
월 일 173~174쪽	월 일 175~177쪽	월 일 178~180쪽

효과적인 수학 공부 비법

X 시켜서 억지로 / O 내가 스스로

억지로 하는 일과 즐겁게 하는 일은 결과가 달라요.
목표를 가지고 스스로 즐기면 능률이 배가 돼요.

X 가끔 한꺼번에 / O 매일매일 꾸준히

급하게 쌓은 실력은 무너지기 쉬워요.
조금씩이라도 매일매일 단단하게 실력을 쌓아가요.

X 정답을 몰래 / O 개념을 꼼꼼히

정답 / 개념

모든 문제는 개념을 바탕으로 출제돼요.
쉽게 풀리지 않을 땐, 개념을 펼쳐 봐요.

X 채점하면 끝 / O 틀린 문제는 다시

왜 틀렸는지 알아야 다시 틀리지 않겠죠?
틀린 문제와 어림짐작으로 맞힌 문제는 꼭 다시 풀어 봐요.

자르는 선 ✂

디딤돌 초등수학 기본+유형 6-2

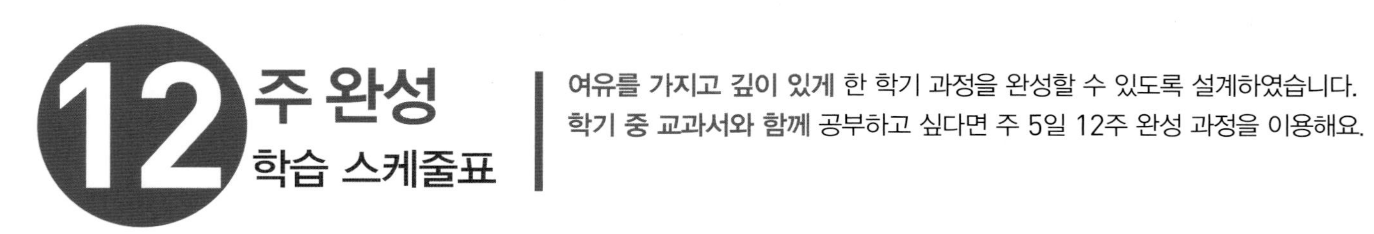
12 주 완성
학습 스케줄표
여유를 가지고 깊이 있게 한 학기 과정을 완성할 수 있도록 설계하였습니다.
학기 중 교과서와 함께 공부하고 싶다면 주 5일 12주 완성 과정을 이용해요.

공부한 날짜를 쓰고 하루 분량 학습을 마친 후, 부모님께 확인 check ☑를 받으세요.

1 분수의 나눗셈

1주					2주	
월 일	월 일	월 일	월 일	월 일	월 일	월 일
6~8쪽	9~11쪽	12~14쪽	15~17쪽	18~20쪽	21~23쪽	24~26쪽

2 소수의 나눗셈

3주					4주	
월 일	월 일	월 일	월 일	월 일	월 일	월 일
38~40쪽	41~43쪽	44~46쪽	47~49쪽	50~52쪽	53~55쪽	56~58쪽

3 공간과 입체

5주					6주	
월 일	월 일	월 일	월 일	월 일	월 일	월 일
70~72쪽	73~75쪽	76~77쪽	78~79쪽	80~82쪽	83~84쪽	85~86쪽

4 비례식과 비례배분

7주					8주	
월 일	월 일	월 일	월 일	월 일	월 일	월 일
94~97쪽	98~100쪽	101~103쪽	104~106쪽	107~109쪽	110~112쪽	113~115쪽

5 원의 넓이

9주					10주	
월 일	월 일	월 일	월 일	월 일	월 일	월 일
126~128쪽	129~131쪽	132~134쪽	135~137쪽	138~140쪽	141~142쪽	143~144쪽

6 원기둥, 원뿔, 구

11주					12주	
월 일	월 일	월 일	월 일	월 일	월 일	월 일
154~156쪽	157~159쪽	160~162쪽	163~165쪽	166~168쪽	169~170쪽	171~172쪽

	2 소수의 나눗셈	
월 일	월 일	월 일
34~36쪽	38~43쪽	44~49쪽

3 공간과 입체		
월 일	월 일	월 일
81~83쪽	84~86쪽	87~89쪽

	5 원의 넓이	
월 일	월 일	월 일
122~124쪽	126~131쪽	132~137쪽

등, 원뿔, 구		
월 일	월 일	월 일
170~173쪽	174~177쪽	178~180쪽

효과적인 수학 공부 비법

억지로 하는 일과 즐겁게 하는 일은 결과가 달라요.
목표를 가지고 스스로 즐기면 능률이 배가 돼요.

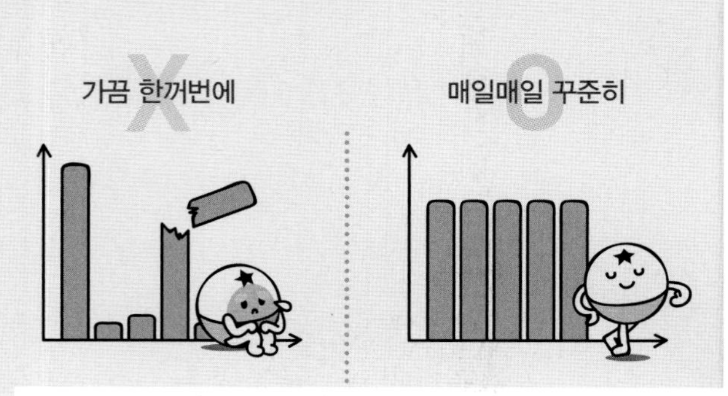

급하게 쌓은 실력은 무너지기 쉬워요.
조금씩이라도 매일매일 단단하게 실력을 쌓아가요.

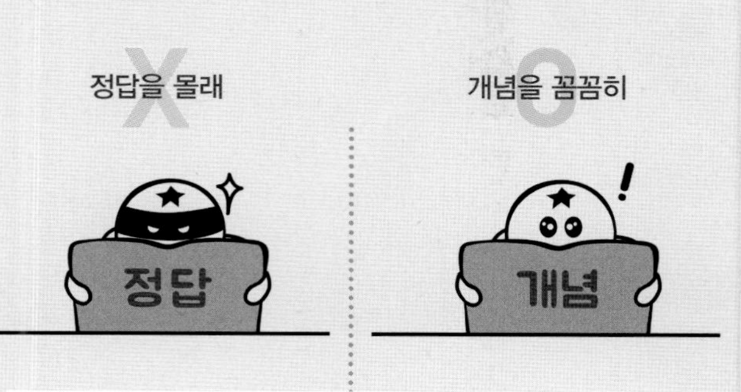

모든 문제는 개념을 바탕으로 출제돼요.
쉽게 풀리지 않을 땐, 개념을 펼쳐 봐요.

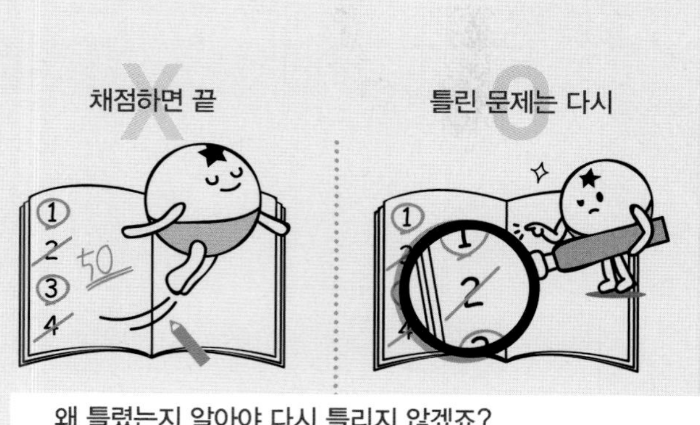

왜 틀렸는지 알아야 다시 틀리지 않겠죠?
틀린 문제와 어림짐작으로 맞힌 문제는 꼭 다시 풀어 봐요.

수학 좀 한다면

초등수학 기본+유형

상위권으로 가는 유형반복 학습서

6-2

1 단계

교과서 **핵심 개념**을 자세히 살펴보고

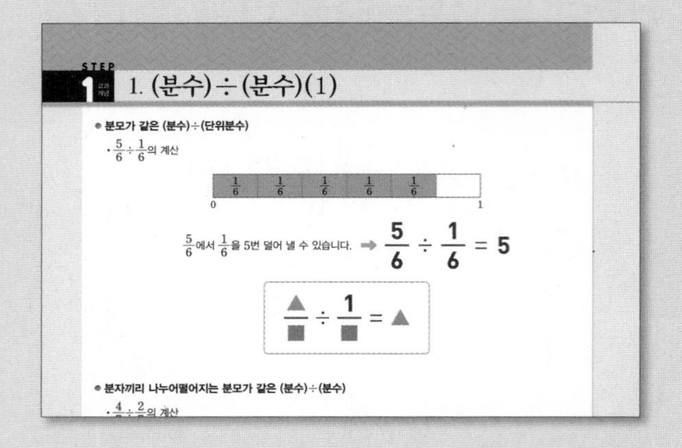

STEP 1
1. (분수) ÷ (분수)(1)
분모가 같은 (분수) ÷ (단위분수)
분자끼리 나누어떨어지는 분모가 같은 (분수) ÷ (분수)

필수 문제를 반복 연습합니다.

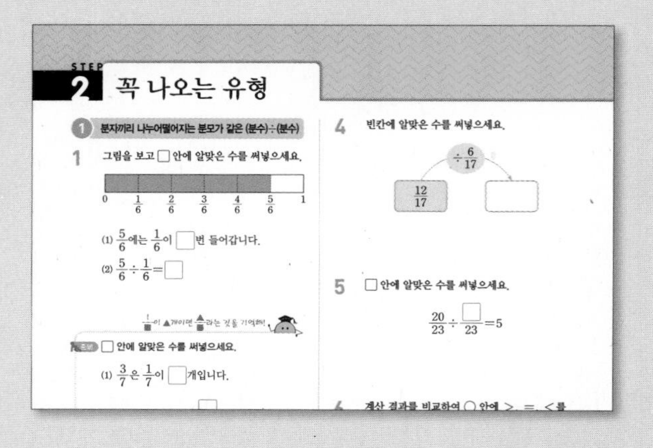

STEP 2
꼭 나오는 유형
분자끼리 나누어떨어지는 분모가 같은 (분수) ÷ (분수)
그림을 보고 □ 안에 알맞은 수를 써넣으세요.
빈칸에 알맞은 수를 써넣으세요.
□ 안에 알맞은 수를 써넣으세요.

2 단계

문제를 이해하고 실수를 줄이는 연습을 통해

STEP 3
자주 틀리는 유형
어떤 수 구하기
1 □ 안에 알맞은 수를 써넣으세요.
잘못된 부분이 있는 나눗셈식
4 계산이 잘못된 곳을 찾아 이유를 쓰고 바르게 계산해 보세요.
2 □ 안에 알맞은 수를 써넣으세요.
5 계산이 잘못된 곳을 찾아 바르게 계산해 보세요.

3 단계

문제해결력과 사고력을 높일 수 있습니다.

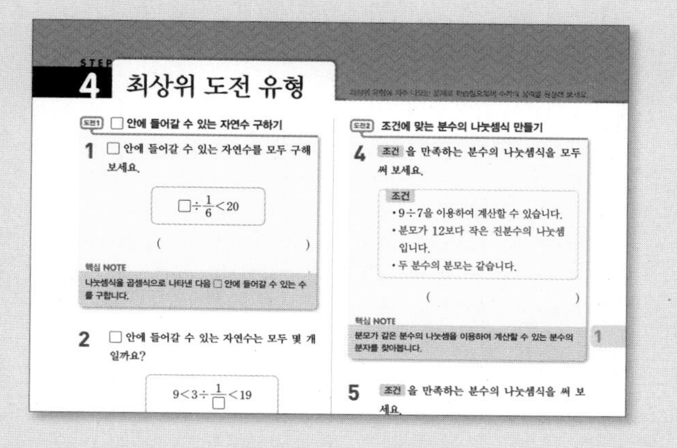
STEP 4 최상위 도전 유형

도전1 □ 안에 들어갈 수 있는 자연수 구하기

1 □ 안에 들어갈 수 있는 자연수를 모두 구해 보세요.

$\square \div \frac{1}{6} < 20$

( )

핵심 NOTE
나눗셈식을 곱셈식으로 나타낸 다음 □ 안에 들어갈 수 있는 수를 구합니다.

2 □ 안에 들어갈 수 있는 자연수는 모두 몇 개일까요?

$9 < 3 \div \frac{1}{\square} < 19$

도전2 조건에 맞는 분수의 나눗셈식 만들기

4 조건 을 만족하는 분수의 나눗셈식을 모두 써 보세요.

조건
- 9÷7을 이용하여 계산할 수 있습니다.
- 분모가 12보다 작은 진분수의 나눗셈입니다.
- 두 분수의 분모는 같습니다.

( )

핵심 NOTE
분모가 같은 분수의 나눗셈을 이용하여 계산할 수 있는 분수의 분자를 찾아봅니다.

5 조건 을 만족하는 분수의 나눗셈식을 써 보세요.

4 단계

수시평가를 완벽하게 대비합니다.

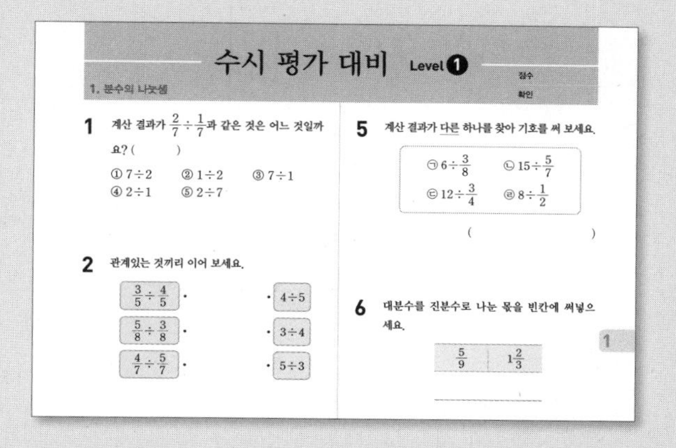
수시 평가 대비 Level 1

1. 분수의 나눗셈

점수

확인

1 계산 결과가 $\frac{2}{7} \div \frac{1}{7}$과 같은 것은 어느 것일까요? ( )

① 7÷2 ② 1÷2 ③ 7÷1 ④ 2÷1 ⑤ 2÷7

2 관계있는 것끼리 이어 보세요.

$\frac{3}{5} \div \frac{4}{5}$ · · 4÷5

$\frac{5}{8} \div \frac{3}{8}$ · · 3÷4

$\frac{4}{7} \div \frac{5}{7}$ · · 5÷3

5 계산 결과가 다른 하나를 찾아 기호를 써 보세요.

㉠ $6 \div \frac{3}{8}$ ㉡ $15 \div \frac{5}{7}$ ㉢ $12 \div \frac{3}{4}$ ㉣ $8 \div \frac{1}{2}$

( )

6 대분수를 진분수로 나눈 몫을 빈칸에 써넣으세요.

$\frac{5}{9}$	$1\frac{2}{3}$

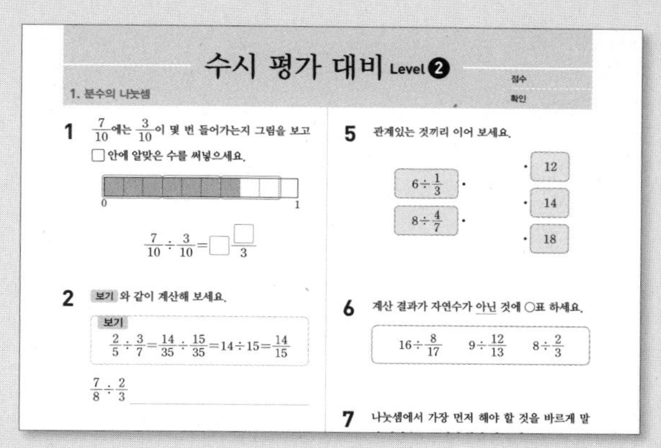
수시 평가 대비 Level 2

1. 분수의 나눗셈

점수

확인

1 $\frac{7}{10}$에는 $\frac{3}{10}$이 몇 번 들어가는지 그림을 보고 □ 안에 알맞은 수를 써넣으세요.

0 1

$\frac{7}{10} \div \frac{3}{10} = \square \frac{\square}{3}$

2 보기 와 같이 계산해 보세요.

보기
$\frac{2}{5} \div \frac{3}{7} = \frac{14}{35} \div \frac{15}{35} = 14 \div 15 = \frac{14}{15}$

$\frac{7}{8} \div \frac{2}{3}$

5 관계있는 것끼리 이어 보세요.

$6 \div \frac{1}{3}$ · · 12

$8 \div \frac{4}{7}$ · · 14

· 18

6 계산 결과가 자연수가 아닌 것에 ○표 하세요.

$16 \div \frac{8}{17}$ $9 \div \frac{12}{13}$ $8 \div \frac{2}{3}$

7 나눗셈에서 가장 먼저 해야 할 것을 바르게 말

이 책의 **차례**

1 분수의 나눗셈

이번 단원에서
꼭 짚어야 할
핵심 개념을 알아보자.

핵심 1 분모가 같은 진분수끼리의 나눗셈

분자끼리의 나눗셈과 같다.

$\frac{6}{7} \div \frac{2}{7} = \square \div \square = \square$

$\frac{5}{6} \div \frac{2}{6} = \square \div \square = \frac{\square}{\square} = \square\frac{\square}{\square}$

핵심 2 분모가 다른 진분수끼리의 나눗셈

통분하여 계산한다.

$\frac{1}{3} \div \frac{3}{5} = \frac{\square}{15} \div \frac{\square}{15}$

$= \square \div \square = \frac{\square}{\square}$

핵심 3 (자연수)÷(분수)

자연수를 분자로 나누고 분모를 곱한다.

$6 \div \frac{2}{5} = (6 \div \square) \times \square = \square$

핵심 4 (분수)÷(분수)를 (분수)×(분수)로 나타내기

나누는 수의 분자와 분모를 바꾸어 곱한다.

$\frac{3}{4} \div \frac{2}{5} = \frac{3}{4} \times \frac{\square}{\square}$

$= \frac{\square}{\square} = \square\frac{\square}{\square}$

핵심 5 (분수)÷(분수)

대분수를 가분수로 고친 후 곱셈으로 바꾸어 계산한다.

$1\frac{3}{4} \div 2\frac{1}{3} = \frac{\square}{4} \div \frac{\square}{3}$

$= \frac{\square}{4} \times \frac{3}{\square} = \frac{\square}{\square}$

답 **1.** 6, 2, 3 / 5, 2, $\frac{5}{2}$, $2\frac{1}{2}$ **2.** 5, 9, 5, 9, $\frac{5}{9}$ **3.** 2, 5, 15 **4.** $\frac{5}{2}$, $\frac{15}{8}$, $1\frac{7}{8}$ **5.** 7, 7, 7, 7, $\frac{3}{4}$

STEP 1 교과 개념

1. (분수) ÷ (분수)(1)

● 분모가 같은 (분수) ÷ (단위분수)

• $\frac{5}{6} \div \frac{1}{6}$의 계산

$\frac{1}{6}$	$\frac{1}{6}$	$\frac{1}{6}$	$\frac{1}{6}$	$\frac{1}{6}$	

0 1

$\frac{5}{6}$에서 $\frac{1}{6}$을 5번 덜어 낼 수 있습니다. ➡ $\frac{5}{6} \div \frac{1}{6} = 5$

$$\frac{▲}{■} \div \frac{1}{■} = ▲$$

● 분자끼리 나누어떨어지는 분모가 같은 (분수) ÷ (분수)

• $\frac{4}{7} \div \frac{2}{7}$의 계산

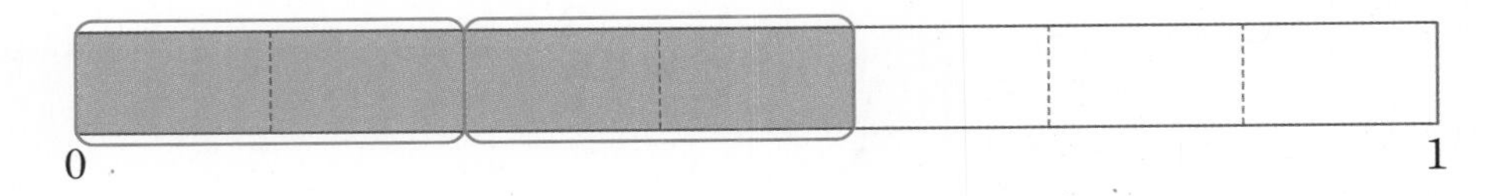

방법 1 $\frac{4}{7}$에서 $\frac{2}{7}$를 2번 덜어 낼 수 있습니다. ➡ $\frac{4}{7} \div \frac{2}{7} = 2$

방법 2 $\frac{4}{7}$는 $\frac{1}{7}$이 4개이고 $\frac{2}{7}$는 $\frac{1}{7}$이 2개이므로 4개를 2개로 나누는 것과 같습니다.

➡ $\frac{4}{7} \div \frac{2}{7} = 4 \div 2 = 2$

$$\frac{▲}{■} \div \frac{●}{■} = ▲ \div ●$$

정답과 풀이 1쪽

1 그림을 보고 □ 안에 알맞은 수를 써넣으세요.

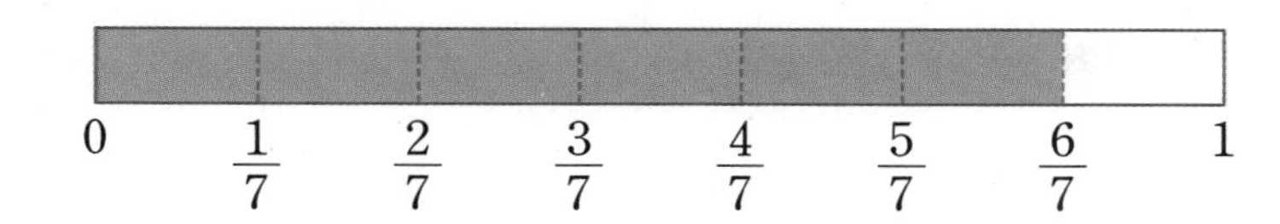

$\frac{6}{7}$에서 $\frac{1}{7}$을 □번 덜어 낼 수 있습니다. ➡ $\frac{6}{7} \div \frac{1}{7} = $ □

덜어 내는 활동을 통해 (분수)÷(단위분수)의 몫을 구할 수 있어요.

2 그림을 보고 □ 안에 알맞은 수를 써넣으세요.

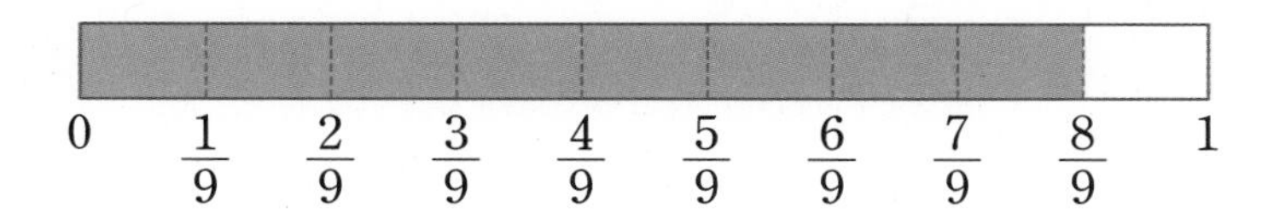

① $\frac{8}{9}$에서 $\frac{2}{9}$를 □번 덜어 낼 수 있습니다.

➡ $\frac{8}{9} \div \frac{2}{9} = $ □

② $\frac{8}{9}$은 $\frac{1}{9}$이 8개, $\frac{2}{9}$는 $\frac{1}{9}$이 2개이므로 8개를 □개로 나눈 것과 같습니다.

➡ $\frac{8}{9} \div \frac{2}{9} = 8 \div$ □ $=$ □

3 □ 안에 알맞은 수를 써넣으세요.

분모가 같은 진분수의 나눗셈은 분자끼리 나누어 계산해요.

① $\frac{4}{5} \div \frac{2}{5} = $ □ $\div 2 = $ □

② $\frac{10}{14} \div \frac{5}{14} = $ □ $\div 5 = $ □

4 계산해 보세요.

① $\frac{3}{8} \div \frac{1}{8}$

② $\frac{11}{13} \div \frac{1}{13}$

③ $\frac{10}{11} \div \frac{2}{11}$

④ $\frac{9}{16} \div \frac{3}{16}$

2. (분수) ÷ (분수)(2)

● **분자끼리 나누어떨어지지 않는 분모가 같은 (분수) ÷ (분수)**

• $\frac{7}{11} \div \frac{2}{11}$의 계산

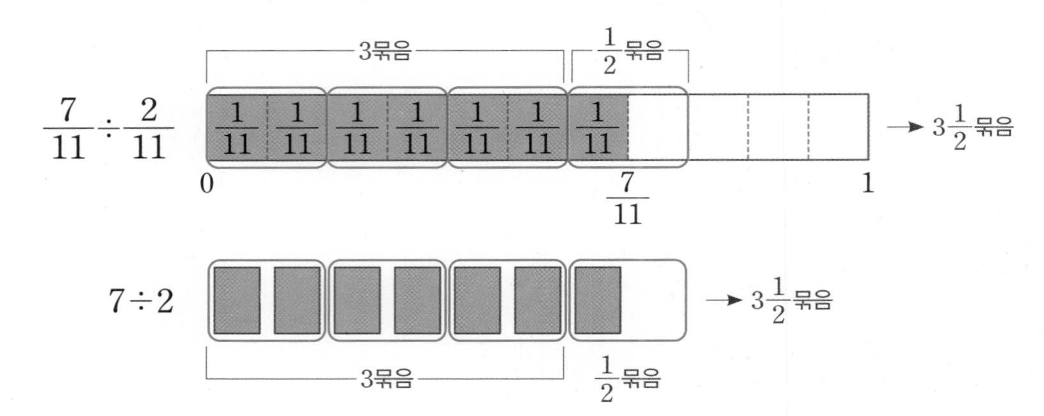

$\frac{7}{11}$은 $\frac{1}{11}$이 7개이고 $\frac{2}{11}$는 $\frac{1}{11}$이 2개이므로 7개를 2개로 나눈 것과 같습니다.

$$\Rightarrow \frac{7}{11} \div \frac{2}{11} = 7 \div 2 = \frac{7}{2} = 3\frac{1}{2}$$

• 분모가 같은 (분수) ÷ (분수)의 계산 방법

① 분자끼리 나누어 계산합니다.

② 분자끼리 나누어떨어지지 않을 때에는 몫이 분수로 나옵니다.

$$\frac{\blacktriangle}{\blacksquare} \div \frac{\bullet}{\blacksquare} = \blacktriangle \div \bullet = \frac{\blacktriangle}{\bullet}$$

개념 자세히 보기

• **나누어지는 수에 나누는 수가 몇 번 들어가는지 알면 (분수) ÷ (분수)의 몫을 구할 수 있어요!**

0 1

$\frac{3}{7}$에는 $\frac{2}{7}$가 1번과 $\frac{1}{2}$번이 들어갑니다.

$\Rightarrow \frac{3}{7} \div \frac{2}{7} = 1\frac{1}{2}$

정답과 풀이 1쪽

1 $\frac{5}{9} \div \frac{2}{9}$를 계산하려고 합니다. 물음에 답하세요.

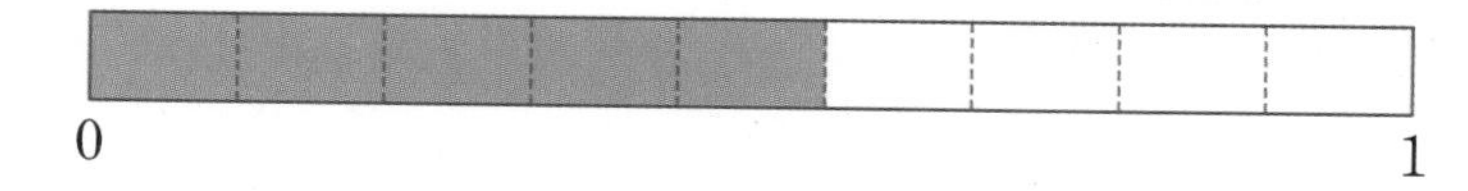

① $\frac{5}{9}$에는 $\frac{2}{9}$가 몇 번 들어가는지 그림에 나타내어 보세요.

② □ 안에 알맞은 수를 써넣으세요.

$$\frac{5}{9} \div \frac{2}{9} = \square$$

2 □ 안에 알맞은 수를 써넣으세요.

① $\frac{5}{9} \div \frac{4}{9} = \square \div \square = \frac{\square}{\square} = \square$

② $\frac{11}{13} \div \frac{4}{13} = \square \div \square = \frac{\square}{\square} = \square$

분모가 같은 분수의 나눗셈은 분자끼리 나누어 계산해요.

3 관계있는 것끼리 이어 보세요.

$\frac{13}{15} \div \frac{6}{15}$ •	• $5 \div 14$ •	• $2\frac{1}{6}$
$\frac{7}{8} \div \frac{3}{8}$ •	• $7 \div 3$ •	• $\frac{5}{14}$
$\frac{5}{17} \div \frac{14}{17}$ •	• $13 \div 6$ •	• $2\frac{1}{3}$

분모가 같은 분수의 나눗셈에서 분자끼리 나누어떨어지지 않을 때에는 몫이 분수로 나와요.

4 보기 와 같이 계산해 보세요.

보기

$$\frac{11}{16} \div \frac{7}{16} = 11 \div 7 = \frac{11}{7} = 1\frac{4}{7}$$

① $\frac{11}{12} \div \frac{5}{12}$

② $\frac{4}{7} \div \frac{5}{7}$

3. (분수)÷(분수)(3)

● **분자끼리 나누어떨어지는 분모가 다른 (분수)÷(분수)**

• $\frac{3}{4} \div \frac{3}{16}$의 계산

방법 1 그림을 이용하여 구하기

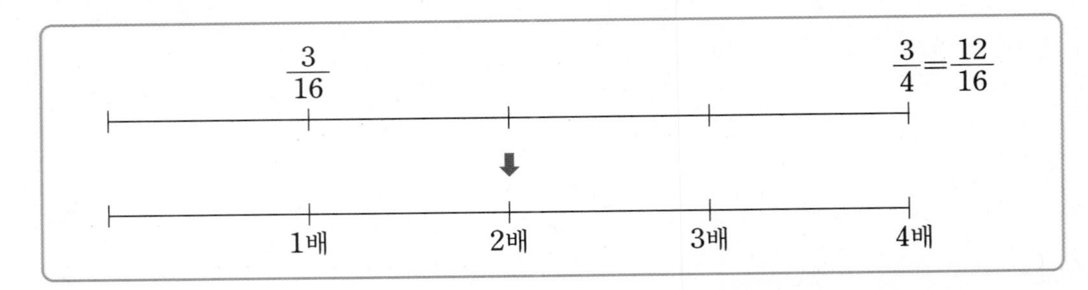

$\frac{3}{4}$은 $\frac{12}{16}$와 같습니다. $\frac{3}{4}$에 $\frac{3}{16}$이 4개입니다. ➡ $\frac{3}{4} \div \frac{3}{16} = 4$

방법 2 통분하여 계산하기

$$\frac{3}{4} \div \frac{3}{16} = \frac{12}{16} \div \frac{3}{16}$$ → 통분하기

$$= 12 \div 3$$ → 분자끼리 나누기

$$= 4$$

● **분자끼리 나누어떨어지지 않는 분모가 다른 (분수)÷(분수)**

• $\frac{3}{5} \div \frac{2}{7}$의 계산

$$\frac{3}{5} \div \frac{2}{7} = \frac{21}{35} \div \frac{10}{35}$$ → 통분하기

$$= 21 \div 10$$ → 분자끼리 나누기

$$= \frac{21}{10} = 2\frac{1}{10}$$

➡ 분모가 다른 분수의 나눗셈은 통분하여 분자끼리 나누어 구합니다.

정답과 풀이 1쪽

1 $\frac{5}{7} \div \frac{1}{14}$을 구하려고 합니다. 물음에 답하세요.

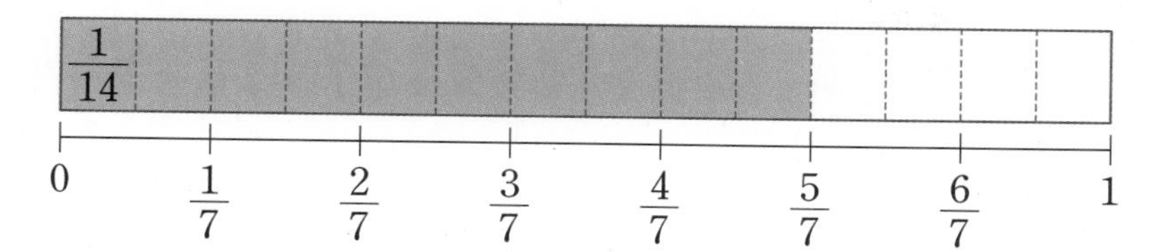

① $\frac{5}{7}$에는 $\frac{1}{14}$이 몇 번 들어갈까요?

(　　　　　　　　)

② □ 안에 알맞은 수를 써넣으세요.

$$\frac{5}{7} \div \frac{1}{14} = \square$$

2 □ 안에 알맞은 수를 써넣으세요.

① $\frac{8}{9} \div \frac{8}{27} = \frac{\square}{27} \div \frac{8}{27} = \square \div 8 = \square$

② $\frac{3}{8} \div \frac{5}{6} = \frac{\square}{24} \div \frac{\square}{24} = \square \div \square = \frac{\square}{\square}$

5학년 때 배웠어요

통분

분수를 통분할 때에는 두 분모의 곱이나 두 분모의 최소공배수를 공통분모로 하여 통분합니다.

예 $\left(\frac{1}{6}, \frac{3}{8}\right)$을 통분하기

$\left(\frac{1}{6}, \frac{3}{8}\right)$

➡ $\left(\frac{1\times4}{6\times4}, \frac{3\times3}{8\times3}\right)$

➡ $\left(\frac{4}{24}, \frac{9}{24}\right)$

3 보기 와 같이 계산해 보세요.

보기

$$\frac{3}{4} \div \frac{2}{3} = \frac{9}{12} \div \frac{8}{12} = 9 \div 8 = \frac{9}{8} = 1\frac{1}{8}$$

① $\frac{5}{12} \div \frac{1}{6}$

② $\frac{5}{6} \div \frac{7}{8}$

분수를 통분할 때는 두 분모의 곱이나 두 분모의 최소공배수를 공통분모로 하여 통분해요.

4 큰 수를 작은 수로 나눈 몫을 구해 보세요.

$\frac{2}{15}$　　$\frac{2}{5}$

(　　　　　　　　)

4. (자연수) ÷ (분수)

고구마 10 kg을 캐는 데 $\frac{5}{6}$시간이 걸릴 때 1시간 동안 캘 수 있는 고구마의 무게 구하기

● 그림을 이용하여 구하기

① $\frac{1}{6}$시간 동안 캘 수 있는 고구마의 무게 구하기

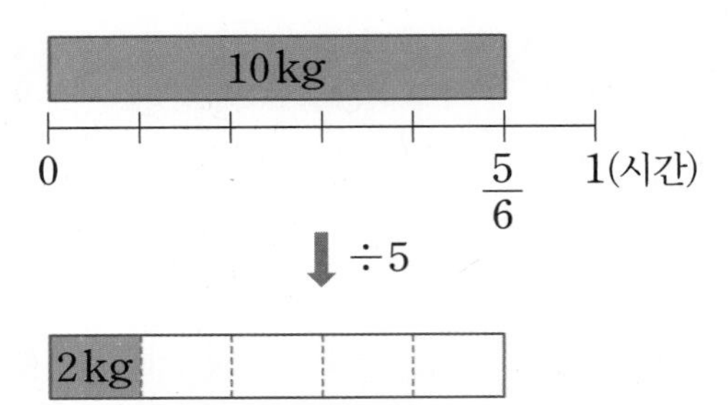

2kg

0 $\frac{1}{6}$ 1(시간)

$$10 \div 5 = 2\,(\text{kg})$$

② 1시간 동안 캘 수 있는 고구마의 무게 구하기

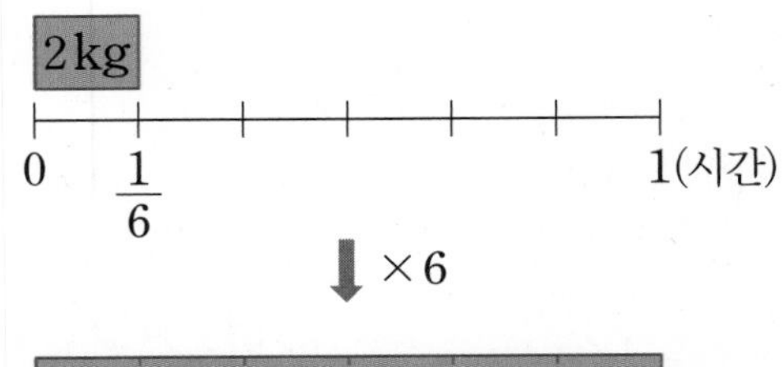

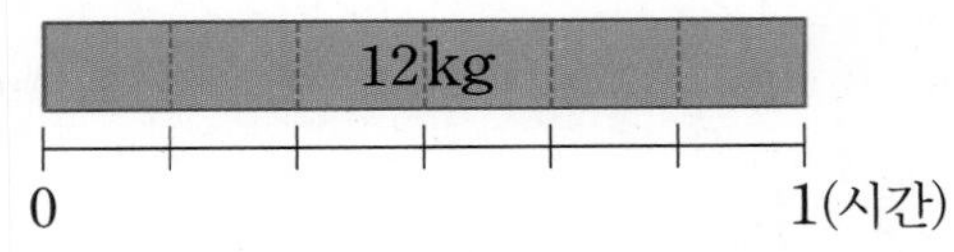

$$2 \times 6 = 12\,(\text{kg})$$

● (자연수)÷(분수)의 계산 알아보기

$$10 \div \frac{5}{6} = (10 \div 5) \times 6 = 12$$

$$▲ \div \frac{●}{■} = (▲ \div ●) \times ■$$

개념 다르게 보기

• 단위분수를 이용하여 (자연수)÷(분수)의 몫을 구할 수 있어요!

예 $3 \div \frac{3}{7}$의 계산

$3 = \frac{21}{7}$이므로 3은 $\frac{1}{7}$이 21개이고, $\frac{3}{7}$은 $\frac{1}{7}$이 3개입니다.

따라서 $3 \div \frac{3}{7} = 21 \div 3 = 7$입니다.

➲ 정답과 풀이 2쪽

1 **멜론 $\frac{3}{5}$통의 무게가 6 kg입니다. 멜론 1통의 무게를 구해 보세요.**

① 다음은 멜론 1통의 무게를 구하는 과정입니다. □ 안에 알맞은 수를 써넣으세요.

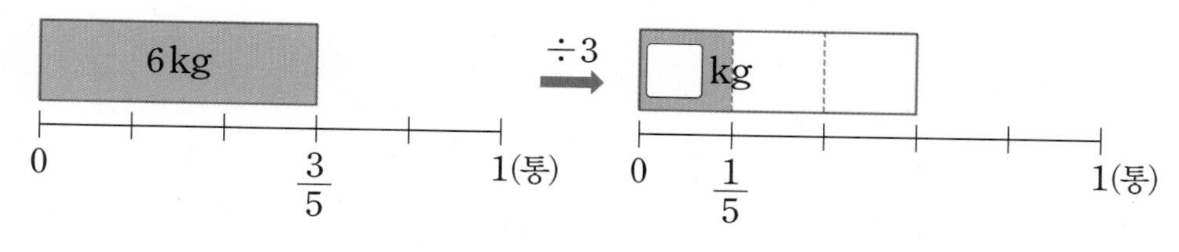

$6 \div \square = \square$ (kg)

$\frac{1}{5}$통은 $\frac{3}{5}$통을 3으로 나눈 것과 같아요.

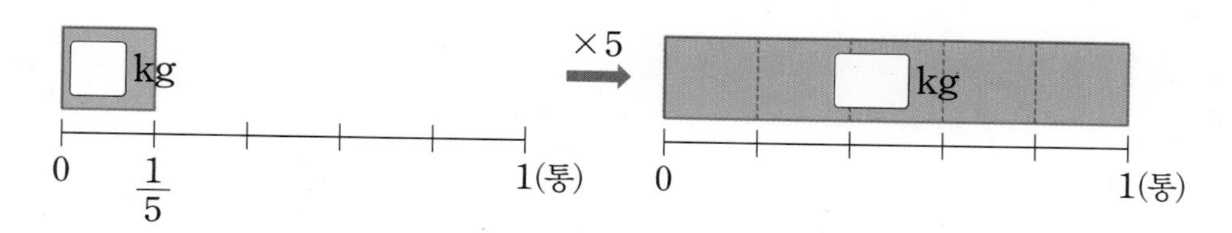

$\square \times \square = \square$ (kg)

② □ 안에 알맞은 수를 써넣으세요.

$6 \div \frac{3}{5} = (6 \div \square) \times \square = \square$ (kg)

2 **□ 안에 알맞은 수를 써넣으세요.**

(자연수)÷(분수)는 자연수를 나누는 수의 분자로 나눈 다음 분모를 곱해요.

① $9 \div \frac{3}{4} = (9 \div \square) \times \square = \square$

② $18 \div \frac{6}{7} = (18 \div \square) \times \square = \square$

3 **보기 와 같이 계산해 보세요.**

> 보기
>
> $4 \div \frac{2}{7} = (4 \div 2) \times 7 = 14$

① $15 \div \frac{5}{9}$

② $24 \div \frac{3}{8}$

STEP 1 교과 개념

5. (분수)÷(분수)를 (분수)×(분수)로 나타내기

$\frac{4}{5}$ km를 걸어가는 데 $\frac{3}{4}$시간이 걸릴 때 1시간 동안 걸을 수 있는 거리 구하기

● **그림을 이용하여 구하기**

① $\frac{1}{4}$시간 동안 걸을 수 있는 거리 구하기

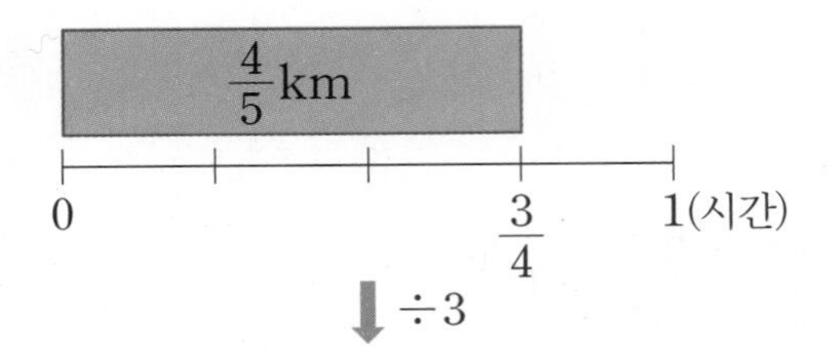

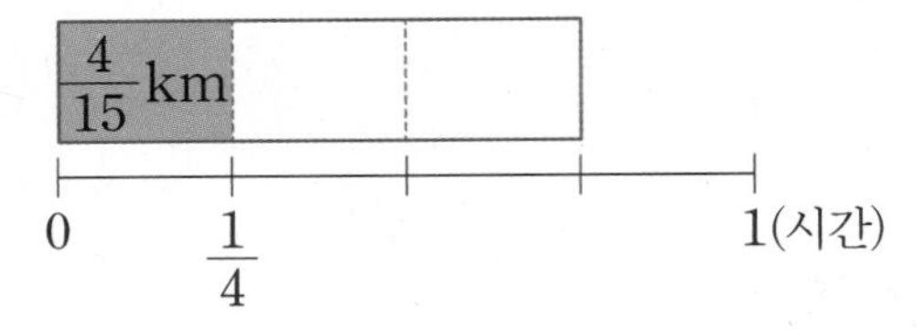

$$\frac{4}{5} \div 3$$

$$= \left(\frac{4}{5} \times \frac{1}{3}\right) \text{(km)}$$

② 1시간 동안 걸을 수 있는 거리 구하기

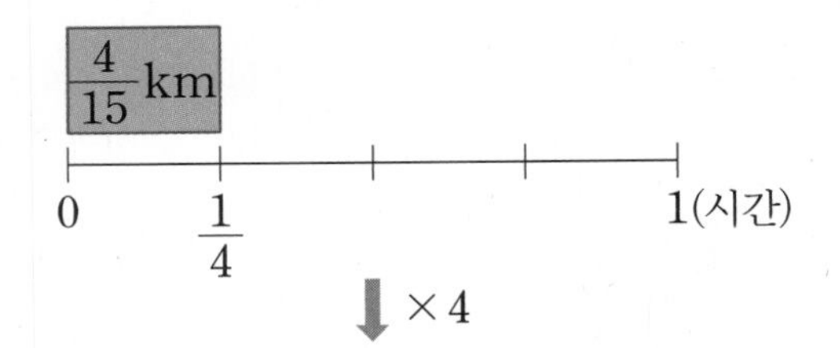

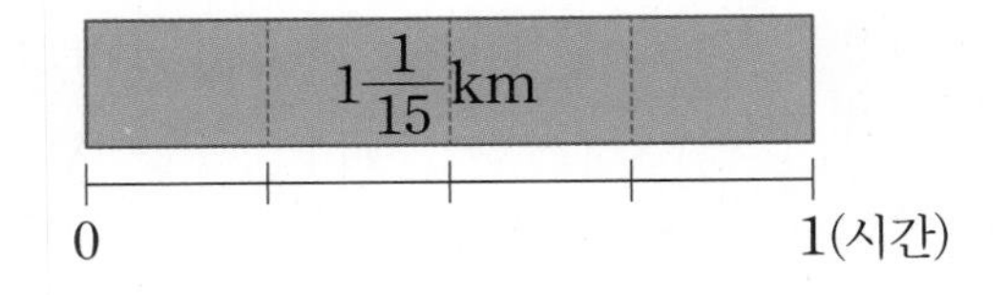

$$\frac{4}{5} \times \frac{1}{3} \times 4$$

$$= \frac{16}{15} = 1\frac{1}{15} \text{(km)}$$

● **(분수)÷(분수)를 곱셈식으로 나타내기**

나눗셈을 곱셈으로 나타냅니다.

$$\frac{4}{5} \div \frac{3}{4} = \frac{4}{5} \times \frac{1}{3} \times 4 = \frac{4}{5} \times \frac{4}{3}$$

분수의 분모와 분자를 바꿉니다.

➡ 나눗셈을 곱셈으로 나타내고 나누는 수의 분모와 분자를 바꾸어 줍니다.

$$\frac{▲}{■} \div \frac{●}{★} = \frac{▲}{■} \times \frac{★}{●}$$

➲ 정답과 풀이 2쪽

1 철근 $\frac{2}{3}$ m의 무게가 $\frac{3}{4}$ kg입니다. 철근 1 m의 무게를 구해 보세요.

① □ 안에 알맞은 수를 써넣으세요.

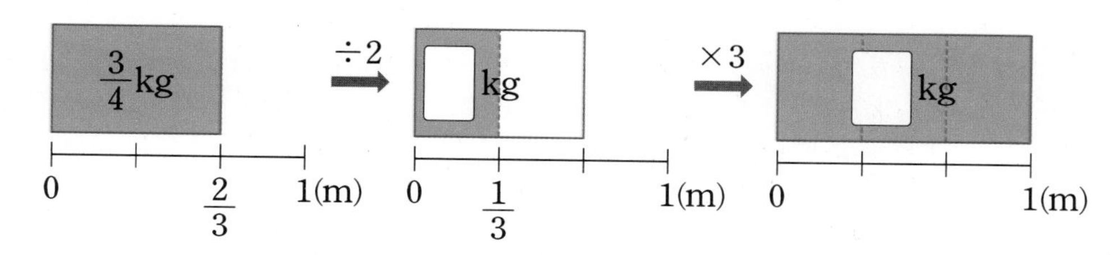

$\frac{1}{3}$ m는 $\frac{2}{3}$ m를 2로 나눈 것과 같아요.

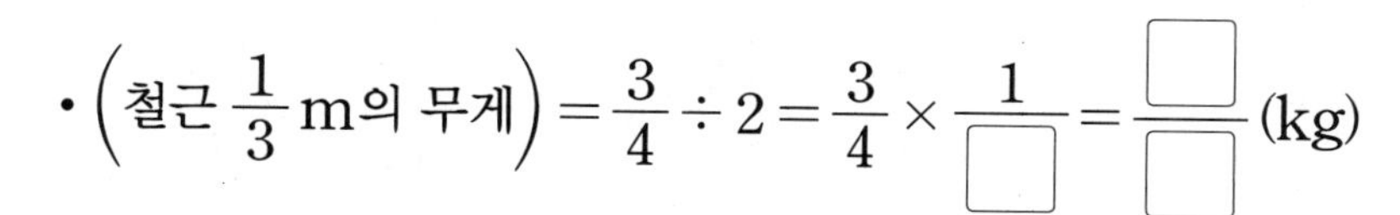

• $\left(\text{철근 } \frac{1}{3} \text{ m의 무게}\right) = \frac{3}{4} \div 2 = \frac{3}{4} \times \frac{1}{\square} = \frac{\square}{\square}$ (kg)

• $(\text{철근 } 1 \text{ m의 무게}) = \frac{3}{4} \times \frac{1}{\square} \times \square = \frac{\square}{\square} = \square$ (kg)

② □ 안에 알맞은 수를 써넣어 곱셈식으로 나타내어 보세요.

$$\frac{3}{4} \div \frac{2}{3} = \frac{3}{4} \times \frac{1}{\square} \times \square = \frac{3}{4} \times \frac{\square}{\square} = \frac{\square}{\square} = \square$$

2 □ 안에 알맞은 수를 써넣으세요.

① $\frac{2}{7} \div \frac{5}{6} = \frac{2}{7} \times \frac{\square}{\square} = \frac{\square}{\square}$

② $\frac{7}{10} \div \frac{2}{5} = \frac{7}{\cancel{10}_{\square}} \times \frac{\cancel{5}^{\square}}{\square} = \frac{\square}{\square} = \square$

6학년 1학기 때 배웠어요

(분수)÷(자연수)를 분수의 곱셈으로 나타내기

자연수를 $\frac{1}{(\text{자연수})}$로 바꾼 다음 곱하여 계산합니다.

(분수)÷(자연수)
$=(\text{분수}) \times \frac{1}{(\text{자연수})}$

3 나눗셈식을 곱셈식으로 나타내어 계산해 보세요.

① $\frac{1}{7} \div \frac{2}{5}$

② $\frac{7}{8} \div \frac{4}{5}$

③ $\frac{5}{6} \div \frac{5}{8}$

④ $\frac{5}{9} \div \frac{7}{12}$

나누는 분수의 분모와 분자를 바꾸어 분수의 곱셈으로 나타내어 계산해요.

STEP 1 교과 개념

6. (분수)÷(분수) 계산하기

● (자연수)÷(분수)의 계산 알아보기

• $3 \div \frac{8}{9}$의 계산

$$3 \div \frac{8}{9} = 3 \times \frac{9}{8} = \frac{27}{8} = 3\frac{3}{8}$$

➡ 나눗셈을 곱셈으로 나타내고 나누는 수의 분모와 분자를 바꾸어 줍니다.

● (가분수)÷(분수)의 계산 알아보기

• $\frac{4}{3} \div \frac{5}{7}$의 계산

방법 1 통분하여 계산하기

$$\frac{4}{3} \div \frac{5}{7} = \frac{28}{21} \div \frac{15}{21} \rightarrow \text{통분하기}$$

$$= 28 \div 15 \rightarrow \text{분자끼리 나누기}$$

$$= \frac{28}{15} = 1\frac{13}{15}$$

방법 2 분수의 곱셈으로 나타내어 계산하기

$$\frac{4}{3} \div \frac{5}{7} = \frac{4}{3} \times \frac{7}{5}$$

$$= \frac{28}{15} = 1\frac{13}{15}$$

● (대분수)÷(분수)의 계산 알아보기

• $1\frac{1}{4} \div \frac{3}{5}$의 계산

방법 1 통분하여 계산하기

$$1\frac{1}{4} \div \frac{3}{5} = \frac{5}{4} \div \frac{3}{5} \rightarrow \text{가분수로 나타내기}$$

$$= \frac{25}{20} \div \frac{12}{20} \rightarrow \text{통분하기}$$

$$= 25 \div 12 \rightarrow \text{분자끼리 나누기}$$

$$= \frac{25}{12} = 2\frac{1}{12}$$

대분수로 나타내기

방법 2 분수의 곱셈으로 나타내어 계산하기

$$1\frac{1}{4} \div \frac{3}{5} = \frac{5}{4} \div \frac{3}{5} \rightarrow \text{가분수로 나타내기}$$

$$= \frac{5}{4} \times \frac{5}{3} \rightarrow \text{곱셈으로 나타내기}$$

$$= \frac{25}{12} = 2\frac{1}{12}$$

대분수로 나타내기

➲ 정답과 풀이 2쪽

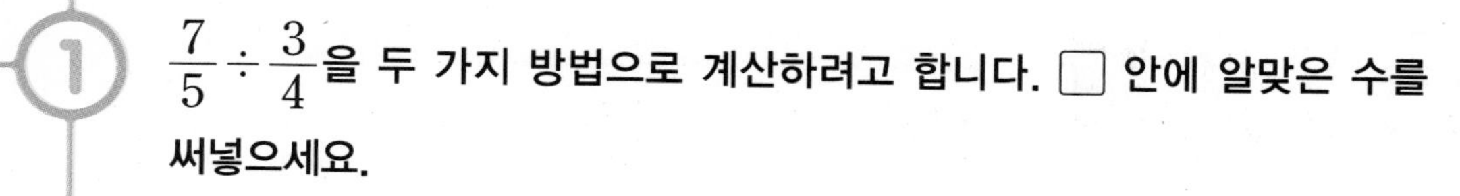

1 $\frac{7}{5} \div \frac{3}{4}$을 두 가지 방법으로 계산하려고 합니다. □ 안에 알맞은 수를 써넣으세요.

① 분모를 같게 하여 계산해 보세요.

$$\frac{7}{5} \div \frac{3}{4} = \frac{\square}{20} \div \frac{\square}{20} = \square \div \square = \frac{\square}{\square} = \square$$

② 분수의 곱셈으로 나타내어 계산해 보세요.

$$\frac{7}{5} \div \frac{3}{4} = \frac{7}{5} \times \frac{\square}{\square} = \frac{\square}{\square} = \square$$

2 □ 안에 알맞은 수를 써넣어 $1\frac{1}{3} \div \frac{5}{6}$를 계산해 보세요.

방법 1 $1\frac{1}{3} \div \frac{5}{6} = \frac{4}{3} \div \frac{5}{6} = \frac{\square}{6} \div \frac{5}{6} = \square \div 5 = \frac{\square}{5} = \square$

방법 2 $1\frac{1}{3} \div \frac{5}{6} = \frac{4}{3} \div \frac{5}{6} = \frac{4}{\cancel{3}_{\square}} \times \frac{\cancel{6}^{\square}}{\square} = \frac{\square}{\square} = \square$

(대분수)÷(분수)는 대분수를 가분수로 나타내어 계산해요.

3 보기 와 같이 계산해 보세요.

보기

$$6 \div \frac{5}{8} = 6 \times \frac{8}{5} = \frac{48}{5} = 9\frac{3}{5}$$

나눗셈을 곱셈으로 나타내고 나누는 수의 분모와 분자를 바꾸어 계산해요.

① $9 \div \frac{2}{3}$

② $8 \div \frac{6}{7}$

4 계산해 보세요.

대분수를 가분수로 나타낸 후 나눗셈을 곱셈으로 나타내어 계산해요.

① $\frac{9}{7} \div \frac{2}{5}$

② $\frac{7}{3} \div \frac{5}{6}$

③ $1\frac{2}{9} \div \frac{3}{7}$

④ $4\frac{1}{2} \div \frac{3}{5}$

STEP 2

꼭 나오는 유형

1 분자끼리 나누어떨어지는 분모가 같은 (분수)÷(분수)

1 그림을 보고 □ 안에 알맞은 수를 써넣으세요.

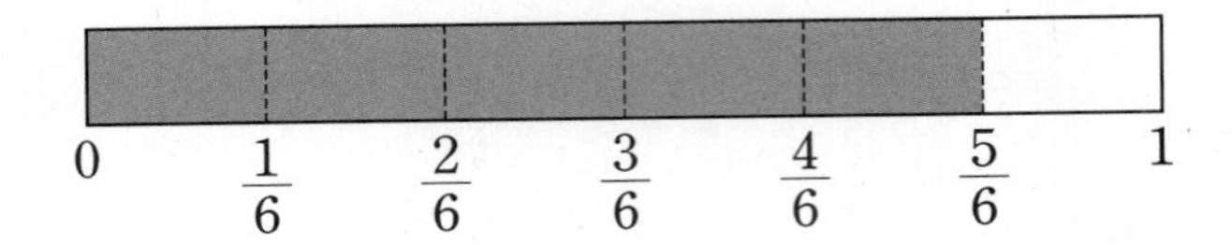

(1) $\frac{5}{6}$에는 $\frac{1}{6}$이 □번 들어갑니다.

(2) $\frac{5}{6}\div\frac{1}{6}=$□

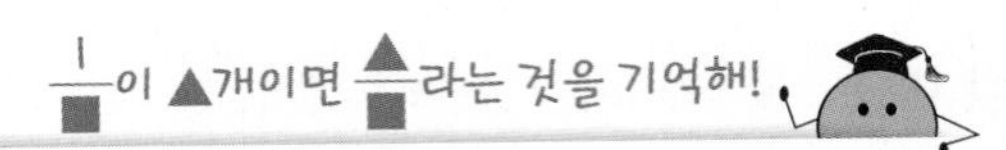

준비 □ 안에 알맞은 수를 써넣으세요.

(1) $\frac{3}{7}$은 $\frac{1}{7}$이 □개입니다.

(2) $\frac{1}{9}$이 5개인 수는 $\frac{□}{□}$입니다.

2 □ 안에 알맞은 수를 써넣으세요.

$\frac{14}{15}$는 $\frac{1}{15}$이 □개, $\frac{2}{15}$는 $\frac{1}{15}$이 □개

➡ $\frac{14}{15}\div\frac{2}{15}=$□

3 계산해 보세요.

(1) $\frac{7}{12}\div\frac{1}{12}$

(2) $\frac{4}{11}\div\frac{2}{11}$

(3) $\frac{16}{21}\div\frac{2}{21}$

4 빈칸에 알맞은 수를 써넣으세요.

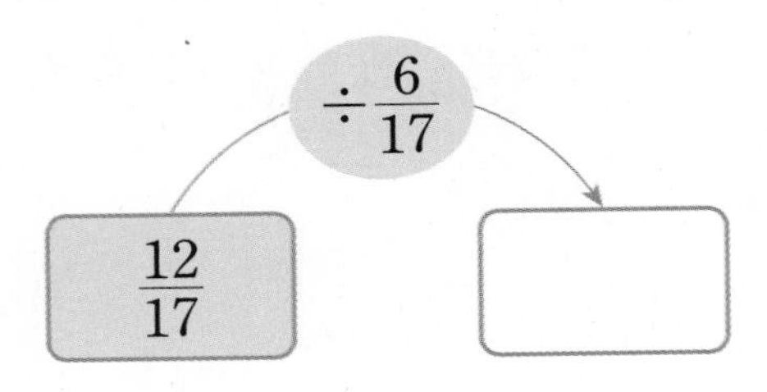

5 □ 안에 알맞은 수를 써넣으세요.

$\frac{20}{23}\div\frac{□}{23}=5$

6 계산 결과를 비교하여 ◯ 안에 >, =, <를 알맞게 써넣으세요.

$\frac{8}{13}\div\frac{2}{13}$ ◯ $\frac{8}{13}\div\frac{4}{13}$

내가 만드는 문제

7 주스 2개를 자유롭게 고르고, 양이 많은 주스는 적은 주스의 몇 배인지 구해 보세요.

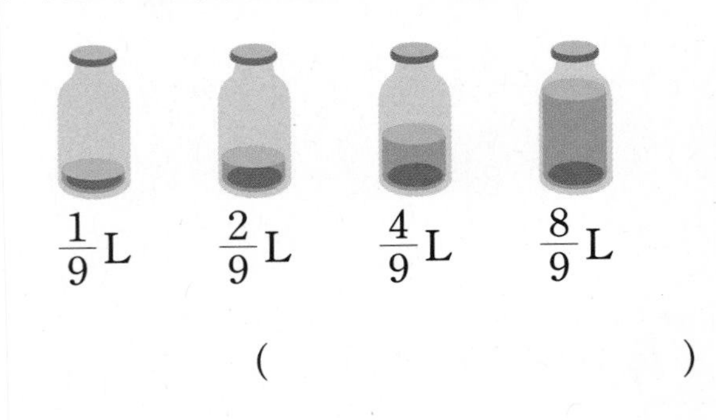

(　　　　　　　　　)

2 분자끼리 나누어떨어지지 않는 분모가 같은 (분수)÷(분수)

8 계산해 보세요.

(1) $\frac{10}{17} \div \frac{8}{17}$

(2) $\frac{11}{7} \div \frac{4}{7}$

(3) $\frac{15}{19} \div \frac{10}{19}$

9 관계있는 것끼리 이어 보세요.

$\frac{3}{8} \div \frac{2}{8}$	$8 \div 7$	$1\frac{1}{2}$
$\frac{9}{13} \div \frac{11}{13}$	$3 \div 2$	$\frac{9}{11}$
$\frac{8}{15} \div \frac{7}{15}$	$9 \div 11$	$1\frac{1}{7}$

10 계산 결과를 비교하여 ◯ 안에 >, =, <를 알맞게 써넣으세요.

$$\frac{9}{14} \div \frac{5}{14} \bigcirc \frac{9}{17} \div \frac{5}{17}$$

11 보기 와 같이 계산해 보세요.

보기
$$\frac{7}{8} \div \frac{3}{8} = 7 \div 3 = \frac{7}{3} = 2\frac{1}{3}$$

$\frac{10}{11} \div \frac{3}{11}$ ....

서술형
12 □ 안에 들어갈 수 있는 자연수 중에서 가장 작은 수는 얼마인지 풀이 과정을 쓰고 답을 구해 보세요.

$$\frac{17}{18} \div \frac{5}{18} < \square$$

풀이 ....

답 ....

13 소은이와 준수는 방과 후 요리 수업에 참여했습니다. □ 안에 알맞은 수를 써넣으세요.

소은: 내가 만든 유자차 $\frac{12}{19}$ L를 한 병에 $\frac{4}{19}$ L씩 담으려면 병이 몇 개 필요할까?
준수: 분자끼리 계산하면 돼.
$12 \div 4 = \square$이니까 병이 □개 필요해.
나는 레몬차를 $\frac{7}{19}$ L 만들었어. 그러면 유자차는 레몬차의 몇 배나 되는 걸까?
소은: $\frac{12}{19} \div \frac{7}{19}$도 분자끼리 계산하면 돼.
$12 \div 7 = \square$이니까 □배네.
준수: 우리가 만든 차를 가족들과 맛있게 먹자!

3 분모가 다른 (분수)÷(분수)

14 그림을 보고 □ 안에 알맞은 수를 써넣으세요.

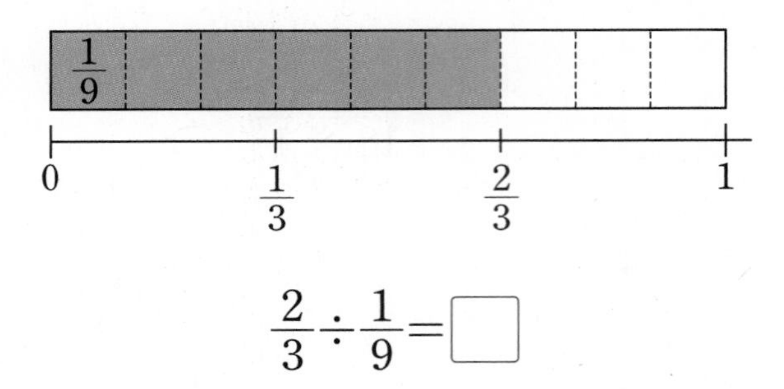

$\frac{2}{3} \div \frac{1}{9} = \square$

분모가 다른 분수의 덧셈과 뺄셈은 통분한 후 계산해야 해!

준비 □ 안에 알맞은 수를 써넣으세요.

(1) $\frac{2}{5}+\frac{3}{10}=\frac{\square}{10}+\frac{3}{10}=\frac{\square}{10}$

(2) $\frac{2}{5}-\frac{3}{10}=\frac{\square}{10}-\frac{3}{10}=\frac{\square}{10}$

15 □ 안에 알맞은 수를 써넣으세요.

$\frac{6}{7} \div \frac{13}{21}=\frac{\square}{21} \div \frac{\square}{21}=\square \div \square$

$=\frac{\square}{\square}=\square$

16 계산해 보세요.

(1) $\frac{5}{12} \div \frac{1}{4}$

(2) $\frac{7}{16} \div \frac{3}{8}$

(3) $\frac{5}{6} \div \frac{4}{7}$

서술형

17 계산이 잘못된 곳을 찾아 이유를 쓰고 바르게 계산해 보세요.

$\frac{14}{15} \div \frac{7}{30}=14 \div 7=2$

이유

바른 계산

18 계산 결과가 가장 큰 것을 찾아 기호를 써 보세요.

㉠ $\frac{2}{3} \div \frac{3}{4}$ ㉡ $\frac{7}{8} \div \frac{3}{4}$ ㉢ $\frac{5}{6} \div \frac{3}{4}$

( )

내가 만드는 문제

19 수 카드를 한 번씩만 사용하여 2개의 진분수를 만들고, 작은 수를 큰 수로 나눈 몫은 얼마인지 □ 안에 알맞은 수를 써넣으세요.

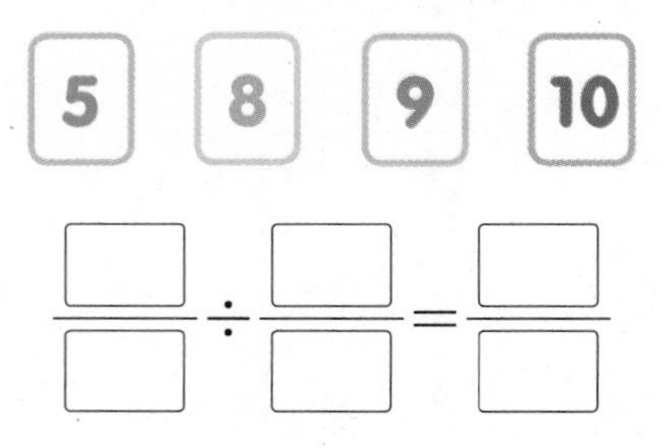

$\frac{\square}{\square} \div \frac{\square}{\square}=\frac{\square}{\square}$

20 어느 자동차는 $\frac{3}{4}$ km를 가는 데 $\frac{5}{7}$분이 걸립니다. 이 자동차가 같은 빠르기로 간다면 1분 동안 몇 km를 갈 수 있는지 구해 보세요.

( )

4 (자연수)÷(분수)

21 $10\div\frac{2}{5}$와 계산 결과가 같은 식에 ○표 하세요.

$(10\div2)\times5$	$(10\div5)\times2$
(　　　)	(　　　)

22 보기 와 같이 계산해 보세요.

보기
$8\div\frac{4}{5}=(8\div4)\times5=10$

(1) $6\div\frac{3}{8}$

(2) $12\div\frac{6}{11}$

23 빈칸에 알맞은 수를 써넣으세요.

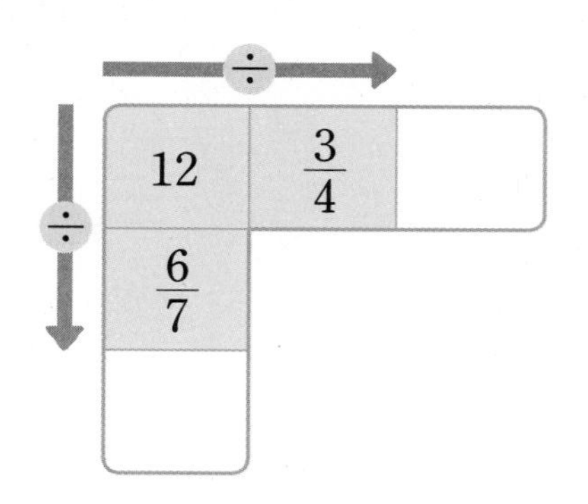

24 자연수는 분수의 몇 배인지 구해 보세요.

$\frac{7}{9}$	21

(　　　　　　　　)

25 계산 결과가 큰 것부터 차례로 기호를 써 보세요.

㉠ $8\div\frac{2}{9}$　㉡ $9\div\frac{3}{5}$　㉢ $12\div\frac{2}{3}$

(　　　　　　　　)

내가 만드는 문제

26 정육각형을 똑같이 여섯 부분으로 나눈 것 중의 몇 부분을 골라 색칠하고 색칠한 부분의 넓이가 60 cm^2일 때, 도형 전체의 넓이는 몇 cm^2인지 식을 쓰고 답을 구해 보세요.

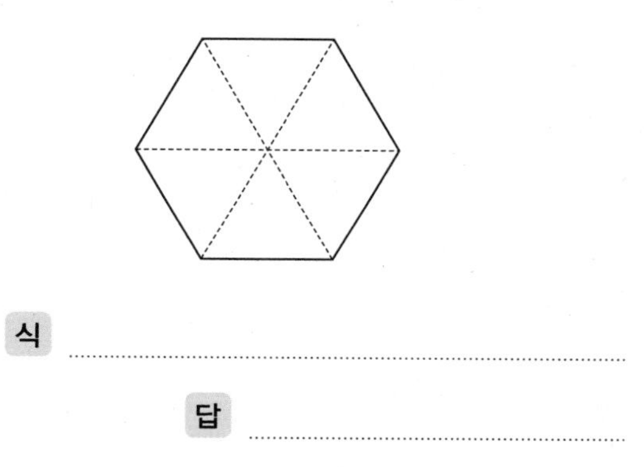

식

답

27 어느 전기 자동차는 배터리의 $\frac{3}{5}$만큼 충전하는 데 45분이 걸립니다. 매시간 충전되는 양이 일정할 때 배터리를 완전히 충전하려면 몇 분이 걸리는지 구해 보세요.

(　　　　　　　　)

5 (분수)÷(분수)를 (분수)×(분수)로 나타내기

28 철근 $\frac{3}{4}$ m의 무게가 $\frac{4}{7}$ kg입니다. 철근 1 m의 무게는 몇 kg인지 □ 안에 알맞은 수를 써넣으세요.

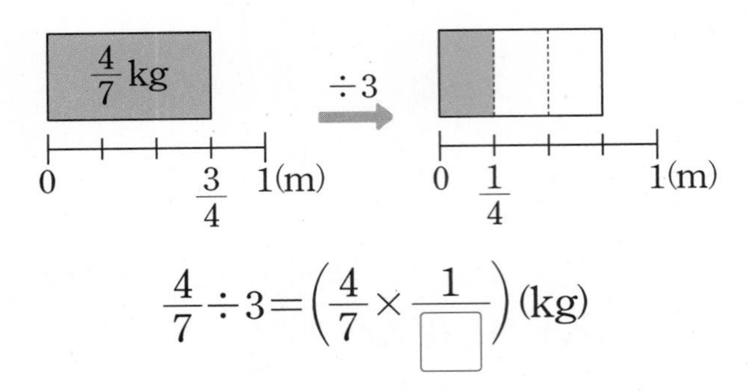

$$\frac{4}{7}\div 3=\left(\frac{4}{7}\times\frac{1}{\square}\right)(\text{kg})$$

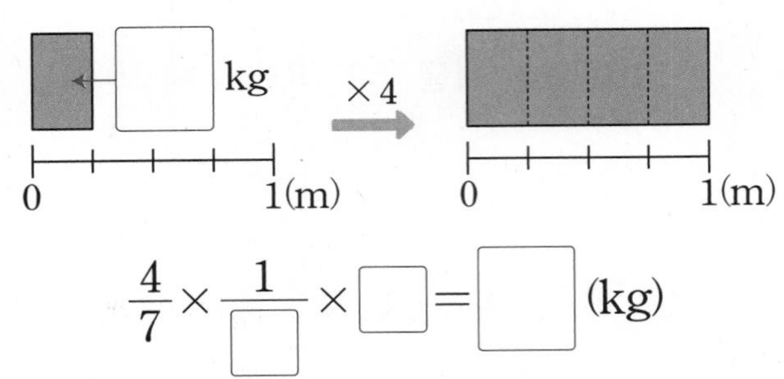

$$\frac{4}{7}\times\frac{1}{\square}\times\square=\square(\text{kg})$$

29 □ 안에 알맞은 수를 써넣으세요.

$$\frac{5}{8}\div\frac{6}{7}=\frac{5}{8}\times\frac{1}{\square}\times\square$$

$$=\frac{5}{8}\times\frac{\square}{\square}=\square$$

30 나눗셈식을 곱셈식으로 나타내어 계산해 보세요.

(1) $\frac{2}{7}\div\frac{4}{5}$ ....

(2) $\frac{7}{16}\div\frac{3}{4}$ ....

내가 만드는 문제

31 다음 분수 중에서 두 수를 자유롭게 골라 (분수)÷(분수)를 만들었을 때의 몫을 구해 보세요.

$\frac{5}{12}$ $\frac{7}{9}$ $\frac{7}{10}$

(　　　　　　　　)

32 계산 결과가 1보다 작은 것을 찾아 기호를 써 보세요.

㉠ $\frac{5}{9}\div\frac{4}{11}$ ㉡ $\frac{5}{6}\div\frac{2}{9}$ ㉢ $\frac{3}{5}\div\frac{5}{7}$

(　　　　　　　　)

서술형

33 밀가루가 $\frac{5}{14}$ kg, 쌀가루가 $\frac{2}{9}$ kg 있습니다. 밀가루의 무게는 쌀가루의 무게의 몇 배인지 풀이 과정을 쓰고 답을 구해 보세요.

풀이 ....

....

....

답 ....

34 우유 $\frac{3}{8}$ L의 무게가 $\frac{5}{13}$ kg입니다. 우유 1 L의 무게를 구해 보세요.

식 ....

답 ....

6 (분수)÷(분수)

35 바르게 통분하여 계산한 것의 기호를 써 보세요.

㉠ $\frac{6}{5}\div\frac{7}{10}=\frac{12}{10}\div\frac{7}{10}$
$=12\div7=\frac{12}{7}=1\frac{5}{7}$

㉡ $\frac{10}{3}\div\frac{5}{9}=\frac{10}{3}\div\frac{10}{18}$
$=3\div18=\frac{3}{18}=\frac{1}{6}$

(　　　　　　　　)

36 $1\frac{3}{4}\div\frac{5}{9}$를 두 가지 방법으로 계산해 보세요.

방법 1 통분하여 계산하기

방법 2 분수의 곱셈으로 나타내어 계산하기

서술형
37 휘발유 $\frac{7}{9}$ L로 $5\frac{1}{4}$ km를 가는 자동차가 있습니다. 이 자동차는 휘발유 1 L로 몇 km를 갈 수 있는지 풀이 과정을 쓰고 답을 구해 보세요.

풀이

답

38 계산해 보세요.

(1) $3\frac{5}{6}\div\frac{2}{3}$

(2) $1\frac{7}{8}\div\frac{3}{10}$

39 계산이 잘못된 곳을 찾아 바르게 계산해 보세요.

$1\frac{2}{5}\div\frac{7}{9}=1\frac{2}{5}\times\frac{9}{7}=1\frac{18}{35}$

$1\frac{2}{5}\div\frac{7}{9}$

40 몫이 가장 크게 되도록 보기 의 분수 중 하나를 골라 □ 안에 써넣고, 몫을 구해 보세요.

보기
$\frac{1}{5}$　$\frac{3}{10}$　$\frac{3}{14}$

$2\frac{2}{5}\div$□

(　　　　　　　　)

41 태양계 행성의 크기를 조사한 것입니다. 해왕성의 반지름은 금성의 반지름의 몇 배일까요?

행성	지구의 반지름을 1로 보았을 때 각 행성의 반지름
해왕성	$3\frac{9}{10}$
금성	$\frac{9}{10}$

(　　　　　　　　)

STEP 3 자주 틀리는 유형

어떤 수 구하기

1 □ 안에 알맞은 수를 써넣으세요.

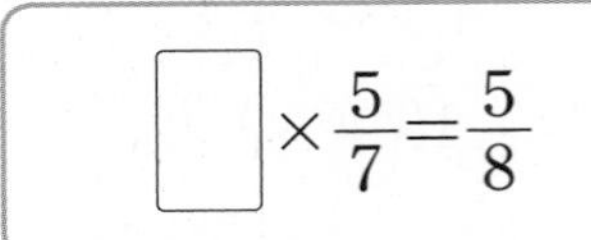

$$\square \times \frac{5}{7} = \frac{5}{8}$$

2 □ 안에 알맞은 수를 써넣으세요.

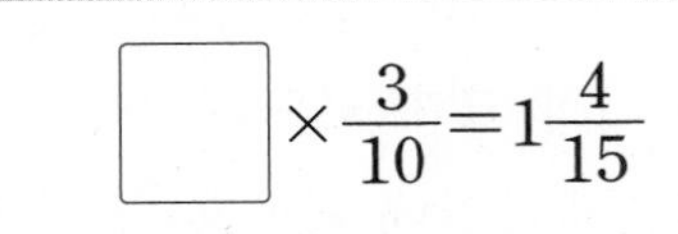

$$\square \times \frac{3}{10} = 1\frac{4}{15}$$

3 □ 안에 알맞은 수를 써넣으세요.

$$\square \times \frac{5}{12} = 1\frac{1}{6} \div \frac{1}{4}$$

잘못된 부분이 있는 나눗셈식

4 계산이 잘못된 곳을 찾아 이유를 쓰고 바르게 계산해 보세요.

$$\frac{11}{16} \div \frac{3}{16} = 11 \div 16 = \frac{11}{16}$$

이유 ....

....

바른 계산 ....

....

5 계산이 잘못된 곳을 찾아 바르게 계산해 보세요.

$$\frac{4}{7} \div \frac{3}{4} = \frac{4}{28} \div \frac{3}{28} = 4 \div 3 = \frac{4}{3} = 1\frac{1}{3}$$

$\frac{4}{7} \div \frac{3}{4}$ ....

6 계산이 잘못된 곳을 찾아 이유를 쓰고 바르게 계산해 보세요.

$$12 \div \frac{2}{3} = (12 \div 3) \times 2 = 8$$

이유 ....

....

바른 계산 ....

....

몫의 크기 비교

7 계산 결과가 더 큰 것의 기호를 써 보세요.

㉠ $\frac{5}{12} \div \frac{7}{18}$　㉡ $\frac{9}{11} \div \frac{3}{5}$

(　　　　　　)

8 계산 결과를 비교하여 ○ 안에 >, =, <를 알맞게 써넣으세요.

$2\frac{2}{9} \div \frac{2}{3}$ ○ $2\frac{4}{5} \div \frac{7}{9}$

9 계산 결과가 가장 작은 것을 찾아 기호를 써 보세요.

㉠ $\frac{5}{8} \div \frac{3}{8}$　㉡ $3 \div \frac{9}{10}$

㉢ $1\frac{3}{4} \div \frac{11}{12}$　㉣ $3\frac{1}{8} \div \frac{5}{6}$

(　　　　　　)

나눗셈의 몫과 1의 크기 비교하기

10 몫이 1보다 작은 것을 찾아 기호를 써 보세요.

㉠ $4 \div \frac{5}{12}$　㉡ $\frac{2}{5} \div \frac{7}{8}$

㉢ $1\frac{3}{4} \div \frac{1}{4}$　㉣ $3\frac{1}{3} \div \frac{8}{9}$

(　　　　　　)

11 몫이 1보다 큰 것을 찾아 기호를 써 보세요.

㉠ $\frac{3}{7} \div \frac{5}{7}$　㉡ $\frac{2}{9} \div \frac{5}{8}$

㉢ $\frac{11}{14} \div \frac{4}{5}$　㉣ $\frac{9}{10} \div \frac{5}{7}$

(　　　　　　)

12 몫이 1보다 작은 것은 모두 몇 개인지 구해 보세요.

$\frac{3}{10} \div \frac{2}{3}$　$4\frac{2}{5} \div \frac{2}{3}$

$\frac{17}{6} \div \frac{2}{3}$　$\frac{5}{11} \div \frac{2}{3}$

(　　　　　　)

(큰 수)÷(작은 수), (작은 수)÷(큰 수)

13 다음 분수 중에서 가장 큰 수를 가장 작은 수로 나눈 몫을 구해 보세요.

$2\frac{1}{4}$ $\frac{2}{5}$ $\frac{7}{12}$ $4\frac{3}{8}$

( )

14 다음 분수 중에서 가장 작은 수를 가장 큰 수로 나눈 몫을 구해 보세요.

$\frac{2}{3}$ $\frac{1}{5}$ $\frac{1}{2}$ $\frac{1}{3}$ $\frac{5}{6}$

( )

15 다음 분수 중에서 두 수를 골라 몫이 가장 큰 나눗셈식을 만들려고 합니다. 이때 만든 나눗셈식의 몫을 구해 보세요.

$2\frac{1}{6}$ $\frac{5}{9}$ $2\frac{1}{2}$ $\frac{2}{3}$

( )

단위 길이의 무게와 단위 무게의 길이

16 굵기가 일정한 고무관 $\frac{3}{4}$ m의 무게는 $\frac{5}{8}$ kg입니다. 고무관 1 m의 무게는 몇 kg인지 구해 보세요.

( )

17 굵기가 일정한 철근 $\frac{1}{5}$ m의 무게는 $\frac{9}{10}$ kg입니다. 철근 1 kg의 길이는 몇 m인지 구해 보세요.

( )

18 통나무 $\frac{3}{11}$ m의 무게는 $\frac{9}{11}$ kg입니다. 이 통나무의 굵기가 일정할 때 통나무 3 m의 무게는 몇 kg인지 구해 보세요.

( )

STEP 4 # 최상위 도전 유형

최상위 유형에 자주 나오는 문제로 학습함으로써 수학의 실력을 완성해 보세요.

도전1 □ 안에 들어갈 수 있는 자연수 구하기

1 □ 안에 들어갈 수 있는 자연수를 모두 구해 보세요.

$$\square \div \frac{1}{6} < 20$$

(　　　　　　　　　　)

핵심 NOTE

나눗셈식을 곱셈식으로 나타낸 다음 □ 안에 들어갈 수 있는 수를 구합니다.

2 □ 안에 들어갈 수 있는 자연수는 모두 몇 개일까요?

$$9 < 3 \div \frac{1}{\square} < 19$$

(　　　　　　　　　　)

3 □ 안에 들어갈 수 있는 자연수는 모두 몇 개인지 구해 보세요.

$$5 < \square \div \frac{1}{5} < 34$$

(　　　　　　　　　　)

도전2 조건에 맞는 분수의 나눗셈식 만들기

4 조건 을 만족하는 분수의 나눗셈식을 모두 써 보세요.

조건
- $9 \div 7$을 이용하여 계산할 수 있습니다.
- 분모가 12보다 작은 진분수의 나눗셈입니다.
- 두 분수의 분모는 같습니다.

(　　　　　　　　　　)

핵심 NOTE

분모가 같은 분수의 나눗셈을 이용하여 계산할 수 있는 분수의 분자를 찾아봅니다.

5 조건 을 만족하는 분수의 나눗셈식을 써 보세요.

조건
- $7 \div 3$을 이용하여 계산할 수 있습니다.
- 분모가 9보다 작은 진분수의 나눗셈입니다.
- 두 분수의 분모는 같습니다.

(　　　　　　　　　　)

6 조건 을 만족하는 분수의 나눗셈식을 모두 써 보세요.

조건
- $5 \div 11$을 이용하여 계산할 수 있습니다.
- 분모가 14보다 작은 진분수의 나눗셈입니다.
- 두 분수의 분모는 같습니다.

(　　　　　　　　　　)

도전3 바르게 계산한 값 구하기

7 어떤 수를 $\frac{4}{5}$로 나누어야 할 것을 잘못하여 5로 나누었더니 4가 되었습니다. 바르게 계산한 값은 얼마인지 구해 보세요.

(　　　　　　　　)

핵심 NOTE

잘못 계산한 식을 세워 어떤 수를 구한 후 바른 식을 세워 계산합니다.

8 어떤 수를 $\frac{2}{3}$로 나누어야 할 것을 잘못하여 곱하였더니 $\frac{2}{5}$가 되었습니다. 바르게 계산한 값은 얼마인지 구해 보세요.

(　　　　　　　　)

9 어떤 수를 $\frac{4}{9}$로 나누어야 할 것을 잘못하여 곱하였더니 $1\frac{1}{7}$이 되었습니다. 바르게 계산한 값은 얼마인지 구해 보세요.

(　　　　　　　　)

도전4 도형에서 변의 길이 구하기

10 넓이가 $1\frac{1}{8}$ m^{2}인 평행사변형이 있습니다. 높이가 $\frac{3}{5}$ m일 때 밑변의 길이는 몇 m인지 구해 보세요.

(　　　　　　　　)

핵심 NOTE

(평행사변형의 넓이) = (밑변의 길이) × (높이)
➡ (밑변의 길이) = (평행사변형의 넓이) ÷ (높이)

11 넓이가 $\frac{5}{16}$ m^{2}인 삼각형이 있습니다. 이 삼각형의 밑변의 길이가 $\frac{15}{32}$ m일 때 높이는 몇 m인지 구해 보세요.

(　　　　　　　　)

12 넓이가 $\frac{2}{3}$ m^{2}인 마름모입니다. □ 안에 알맞은 수를 써넣으세요.

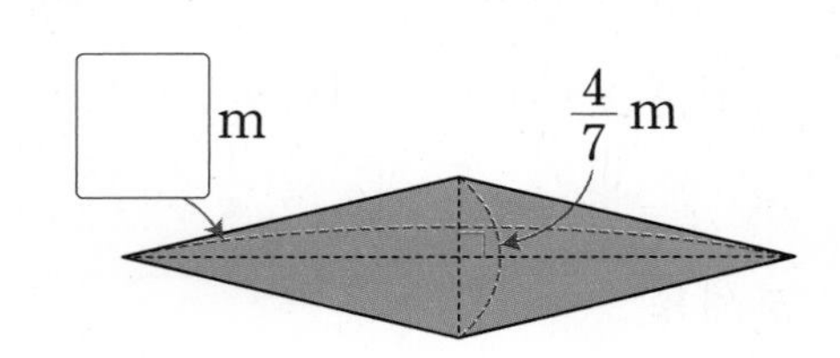

도전5 시간을 분수로 고쳐 계산하기

13 혜진이가 피아노 연습을 한 시간과 수학 공부를 한 시간입니다. 피아노 연습을 한 시간은 수학 공부를 한 시간의 몇 배인지 구해 보세요.

피아노 연습	$1\frac{1}{2}$시간
수학 공부	40분

( )

핵심 NOTE

1시간은 60분이므로 1분 $=\frac{1}{60}$시간입니다.

14 어느 자전거 선수가 자전거를 타고 $1\frac{19}{20}$ km를 가는 데 5분이 걸렸습니다. 같은 빠르기로 이 선수는 1시간 동안 몇 km를 가는지 구해 보세요.

( )

15 나무에서 $\frac{4}{7}$ L의 수액을 채취하는 데 40분이 걸립니다. 같은 나무에서 수액을 1 L 채취하는 데 걸리는 시간은 몇 시간 몇 분인지 구해 보세요.

( )

도전6 실생활 문제 해결하기

16 우진이가 자전거를 타고 집에서 출발하여 2 km 떨어진 은행까지 갔다가 다시 집으로 돌아오는 데 $\frac{4}{7}$시간이 걸렸습니다. 우진이는 같은 빠르기로 한 시간 동안 몇 km를 갈 수 있는지 구해 보세요. (단, 은행에 머무는 시간은 생각하지 않습니다.)

( )

핵심 NOTE

(한 시간 동안 갈 수 있는 거리)
=(간 거리)÷(걸린 시간)

17 빈 병에 400 mL의 물을 넣었더니 병의 들이의 $\frac{5}{6}$만큼 찼습니다. 이 병에 물을 가득 채우려면 물을 몇 mL 더 부어야 할까요?

( )

18 $\frac{4}{5}$ L의 휘발유로 $8\frac{2}{3}$ km를 가는 자동차가 있습니다. 이 자동차는 $5\frac{3}{5}$ L의 휘발유로 몇 km를 갈 수 있는지 구해 보세요.

( )

도전7 수 카드를 사용하여 분수의 나눗셈식 만들기

19 수 카드 [1], [3], [5]를 한 번씩 모두 사용하여 대분수를 만들었습니다. 만들 수 있는 가장 큰 대분수를 가장 작은 대분수로 나눈 몫을 구해 보세요.

(　　　　　　　　)

핵심 NOTE
몫이 가장 작은 나눗셈식은 (가장 작은 수)÷(가장 큰 수)이고, 몫이 가장 큰 나눗셈식은 (가장 큰 수)÷(가장 작은 수)입니다.

20 수 카드 [2], [4], [5]를 한 번씩 모두 사용하여 다음과 같이 나눗셈식을 만들려고 합니다. 만들 수 있는 나눗셈식 중에서 몫이 가장 작을 때의 몫을 구해 보세요.

$$\square\frac{\square}{\square}\div\frac{2}{7}$$

(　　　　　　　　)

21 은하는 [1], [2], [3]을, 태호는 [4], [5], [6]을 각각 한 번씩 사용하여 대분수를 만들었습니다. 두 사람이 만든 대분수로 몫이 가장 큰 나눗셈식을 만들 때 몫을 구해 보세요.

(　　　　　　　　)

도전8 약속에 따라 계산하기

22 ◆⊙♥$=4\frac{1}{2}\div$(◆÷♥)라고 약속할 때 다음을 계산해 보세요.

$$5\frac{1}{4} ⊙ \frac{2}{3}$$

(　　　　　　　　)

핵심 NOTE
가♥나＝가÷(가－나)일 때 $\frac{3}{4}$♥$\frac{1}{3}$을 계산하려면 가에 $\frac{3}{4}$, 나에 $\frac{1}{3}$을 넣어 식을 쓰고 계산합니다.
→ $\frac{3}{4}$♥$\frac{1}{3}=\frac{3}{4}\div\left(\frac{3}{4}-\frac{1}{3}\right)$

23 ★◎■＝★÷(★＋■)라고 약속할 때 다음을 계산해 보세요.

$$\frac{3}{8} ◎ \frac{5}{12}$$

(　　　　　　　　)

24 ■⊙▲＝■÷(■÷▲)라고 약속할 때 □ 안에 알맞은 수를 구해 보세요.

$$\square\times\left(2\frac{1}{4} ⊙ \frac{2}{3}\right)=2$$

(　　　　　　　　)

수시 평가 대비 Level 1

점수

확인

1 계산 결과가 $\frac{2}{7} \div \frac{1}{7}$과 같은 것은 어느 것일까요? (　　　　)

① $7 \div 2$　　② $1 \div 2$　　③ $7 \div 1$
④ $2 \div 1$　　⑤ $2 \div 7$

2 관계있는 것끼리 이어 보세요.

$\frac{3}{5} \div \frac{4}{5}$ •	• $4 \div 5$
$\frac{5}{8} \div \frac{3}{8}$ •	• $3 \div 4$
$\frac{4}{7} \div \frac{5}{7}$ •	• $5 \div 3$

3 보기 와 같이 계산해 보세요.

보기

$$\frac{1}{3} \div \frac{4}{9} = \frac{3}{9} \div \frac{4}{9} = 3 \div 4 = \frac{3}{4}$$

$\frac{3}{8} \div \frac{5}{6}$ ……………………

4 □ 안에 알맞은 수를 써넣어 곱셈식으로 나타내어 보세요.

$$\frac{5}{7} \div \frac{3}{4} = \frac{5}{7} \times \frac{1}{\square} \times \square = \frac{5}{7} \times \frac{\square}{\square}$$

5 계산 결과가 다른 하나를 찾아 기호를 써 보세요.

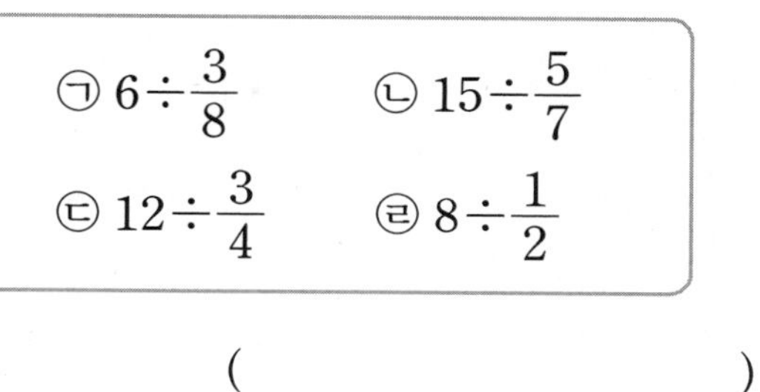

㉠ $6 \div \frac{3}{8}$　　㉡ $15 \div \frac{5}{7}$

㉢ $12 \div \frac{3}{4}$　　㉣ $8 \div \frac{1}{2}$

(　　　　　　　　)

6 대분수를 진분수로 나눈 몫을 빈칸에 써넣으세요.

$\frac{5}{9}$	$1\frac{2}{3}$

____

7 20을 진분수로 나눈 몫을 구해 빈칸에 써넣으세요.

$\div$	$\frac{4}{9}$	$\frac{5}{9}$	$\frac{7}{9}$
20			

8 □ 안에 알맞은 수를 써넣으세요.

(1) $\frac{4}{7} \div \frac{\square}{7} = 4$　　(2) $8 \div \frac{2}{\square} = 12$

9 $\frac{9}{11}$ L의 주스를 한 컵에 $\frac{3}{11}$ L씩 나누어 담으려고 합니다. 컵은 모두 몇 개 필요한지 구해 보세요.

(　　　　　　　　)

10 파란색 테이프의 길이는 $\frac{5}{8}$ m, 초록색 테이프의 길이는 $\frac{3}{7}$ m입니다. 파란색 테이프의 길이는 초록색 테이프의 길이의 몇 배인지 구해 보세요.

(　　　　　　　　)

11 계산 결과가 가장 작은 것을 찾아 기호를 써 보세요.

㉠ $2\frac{1}{4} \div \frac{4}{5}$	㉡ $2\frac{1}{4} \div \frac{3}{5}$
㉢ $2\frac{1}{4} \div \frac{1}{4}$	㉣ $2\frac{1}{4} \div \frac{8}{9}$

(　　　　　　　　)

12 두 식을 만족하는 ㉠, ㉡의 값을 각각 구해 보세요.

$3 \div \frac{1}{5} =$ ㉠　　　㉠ $\div \frac{5}{6} =$ ㉡

㉠ (　　　　　　　　)
㉡ (　　　　　　　　)

13 계산 결과가 1보다 작은 것을 모두 고르세요.

(　　　　　　　　)

① $\frac{5}{8} \div \frac{3}{4}$　② $\frac{7}{5} \div \frac{4}{5}$　③ $\frac{9}{14} \div \frac{5}{6}$
④ $\frac{7}{10} \div \frac{1}{3}$　⑤ $\frac{8}{9} \div \frac{3}{8}$

14 □ 안에 들어갈 수 있는 자연수 중에서 가장 작은 수는 얼마인지 구해 보세요.

$\frac{17}{19} \div \frac{6}{19} < \square$

(　　　　　　　　)

15 $\frac{8}{15}$에 어떤 수를 곱했더니 $\frac{7}{10}$이 되었습니다. 어떤 수를 구해 보세요.

(　　　　　　　　)

정답과 풀이 8쪽

16 재민이는 동화책을 45쪽 읽었더니 전체 쪽수의 $\frac{5}{9}$만큼 읽었습니다. 동화책의 전체 쪽수는 몇 쪽인지 구해 보세요.

(　　　　　　　　)

17 한 대각선의 길이가 $\frac{6}{7}$ cm이고 넓이가 $\frac{9}{10}$ cm^2인 마름모가 있습니다. 이 마름모의 다른 대각선의 길이는 몇 cm인지 구해 보세요.

(　　　　　　　　)

18 휘발유 $\frac{3}{4}$ L로 $3\frac{1}{3}$ km를 가는 자동차가 있습니다. 이 자동차는 휘발유 3 L로 몇 km를 갈 수 있는지 구해 보세요.

(　　　　　　　　)

서술형

19 들이가 $\frac{15}{16}$ L인 빈 물통에 들이가 $\frac{3}{8}$ L인 그릇으로 물을 부어 물통을 가득 채우려고 합니다. 물을 적어도 몇 번 부어야 하는지 풀이 과정을 쓰고 답을 구해 보세요.

풀이 ....

답 ....

서술형

20 다음 분수 중에서 두 수를 골라 몫이 가장 큰 나눗셈식을 만들려고 합니다. 만든 나눗셈식의 몫은 얼마인지 풀이 과정을 쓰고 답을 구해 보세요.

$\frac{4}{9}$　　$2\frac{2}{3}$　　$\frac{14}{5}$　　$\frac{6}{7}$

풀이 ....

답 ....

1

수시 평가 대비 Level 2

점수

확인

1 $\frac{7}{10}$에는 $\frac{3}{10}$이 몇 번 들어가는지 그림을 보고 □ 안에 알맞은 수를 써넣으세요.

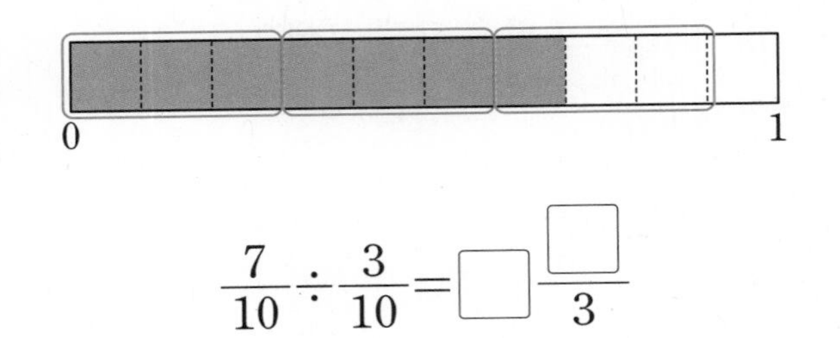

$\frac{7}{10} \div \frac{3}{10} = \square \frac{\square}{3}$

2 보기 와 같이 계산해 보세요.

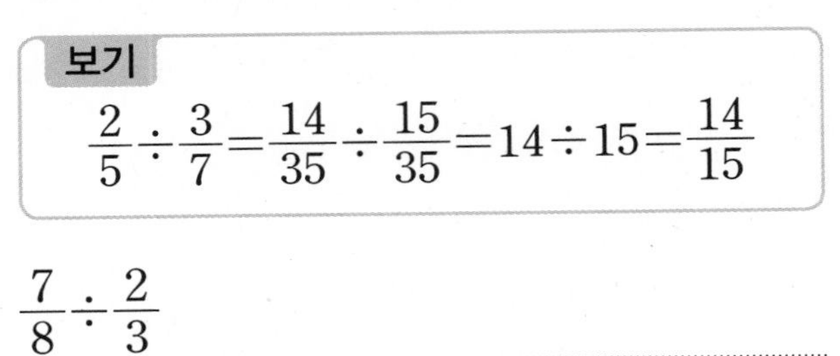

보기

$\frac{2}{5} \div \frac{3}{7} = \frac{14}{35} \div \frac{15}{35} = 14 \div 15 = \frac{14}{15}$

$\frac{7}{8} \div \frac{2}{3}$ ....

3 분수의 나눗셈을 계산하는 과정입니다. 잘못된 곳을 찾아 기호를 써 보세요.

$4\frac{1}{5} \div \frac{3}{4} = \frac{21}{5} \div \frac{3}{4} = \frac{5}{21} \times \frac{4}{3}$

㉠, ㉡, ㉢, ㉣

(　　　　　　　　)

4 ㉠과 ㉡에 알맞은 수의 합을 구해 보세요.

- $\frac{3}{4} \div \frac{1}{4} = 3 \div$ ㉠
- $\frac{㉡}{13} \div \frac{8}{13} = 9 \div 8$

(　　　　　　　　)

5 관계있는 것끼리 이어 보세요.

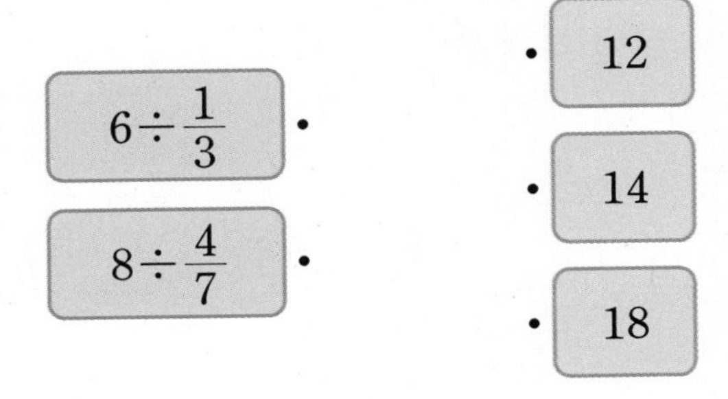

6 계산 결과가 자연수가 아닌 것에 ○표 하세요.

$16 \div \frac{8}{17}$　　$9 \div \frac{12}{13}$　　$8 \div \frac{2}{3}$

7 나눗셈에서 가장 먼저 해야 할 것을 바르게 말한 사람은 누구인지 찾아 써 보세요.

$3\frac{2}{3} \div \frac{11}{18}$

혜은: 분수를 통분합니다.
소율: 대분수를 가분수로 고칩니다.
도윤: 분자끼리 나누어 계산합니다.

(　　　　　　　　)

8 계산해 보세요.

(1) $\frac{8}{9} \div \frac{14}{15}$

(2) $2\frac{6}{13} \div \frac{8}{9}$

정답과 풀이 10쪽

9 □ 안에 들어갈 수가 다른 하나를 찾아 기호를 써 보세요.

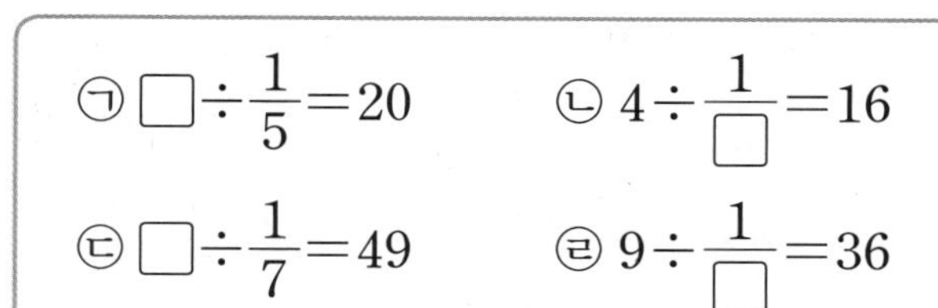

(　　　　　　　　)

10 빈칸에 알맞은 수를 써넣으세요.

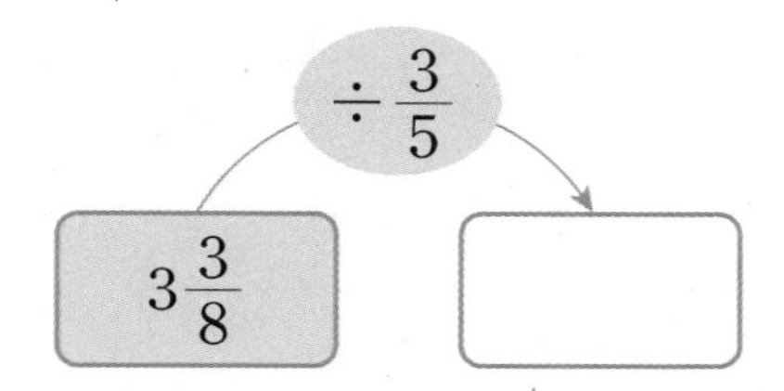

11 계산 결과를 비교하여 ○ 안에 >, =, <를 알맞게 써넣으세요.

$$2\frac{1}{10} \div \frac{4}{5} \bigcirc \frac{7}{12} \div \frac{2}{9}$$

12 어느 음식점에서 설탕을 하루에 $\frac{5}{9}$ kg씩 사용한다고 합니다. 이 음식점에서 설탕 20 kg을 며칠 동안 사용할 수 있는지 구해 보세요.

(　　　　　　　　)

13 □ 안에 알맞은 수를 써넣으세요.

$$\frac{3}{5} \times \square = 2\frac{4}{7}$$

14 넓이가 $8\frac{8}{9}$ cm²이고 밑변의 길이가 $1\frac{9}{11}$ cm인 평행사변형입니다. 이 평행사변형의 높이는 몇 cm인지 구해 보세요.

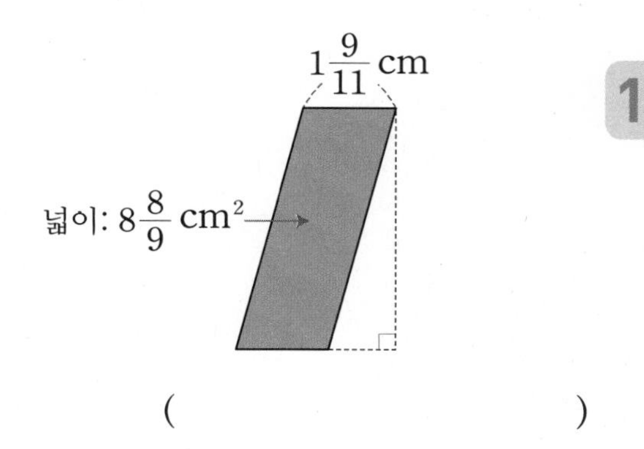

(　　　　　　　　)

15 빈칸에 알맞은 대분수를 써넣으세요.

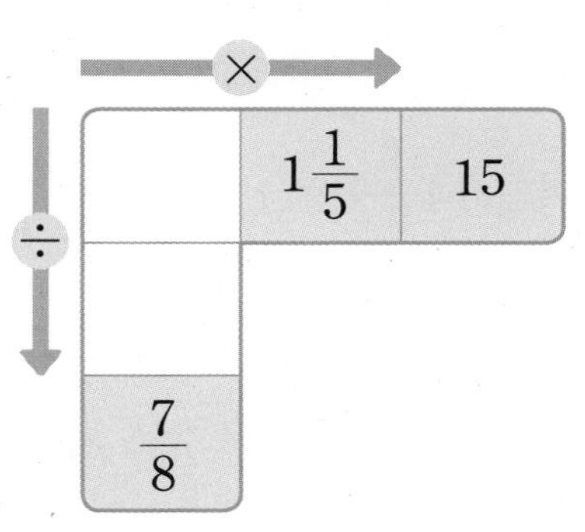

정답과 풀이 10쪽

16 재화와 소라의 대화를 보고 소라가 읽고 있는 동화책의 전체 쪽수를 구해 보세요.

재화
소라야, 뭐해?
동화책을 읽는 중이야.
지금까지 책의 $\frac{3}{5}$을 읽었어.
소라
재화
오~ 대단한데! 그럼 얼마나 더 읽어야 다 읽는 거야?
10쪽 남았어.
다 읽고 같이 놀자. ^^
소라

( )

17 □ 안에 들어갈 수 있는 자연수 중에서 5보다 큰 수는 모두 몇 개인지 구해 보세요.

$$6 \div \frac{2}{\square} < 40$$

( )

18 길이가 $14\frac{1}{4}$ cm인 양초에 불을 붙인 다음 1시간 후 남은 양초의 길이를 재어 보니 $4\frac{3}{4}$ cm였습니다. 같은 빠르기로 처음부터 이 양초가 다 타는 데 걸리는 시간은 몇 시간일까요?

( )

서술형

19 수 카드 3, 4, 6 중에서 2장을 뽑아 ㉠과 ㉡에 한 번씩만 써넣어 다음과 같이 나눗셈식을 만들려고 합니다. 만들 수 있는 나눗셈식 중에서 몫이 가장 클 때의 몫은 얼마인지 풀이 과정을 쓰고 답을 구해 보세요.

$$㉠ \div \frac{㉡}{7}$$

풀이

답

서술형

20 길이가 0.13 km인 도로 양쪽에 $6\frac{1}{2}$ m 간격으로 처음부터 끝까지 화분을 놓았습니다. 놓은 화분은 모두 몇 개인지 풀이 과정을 쓰고 답을 구해 보세요. (단, 화분의 크기는 생각하지 않습니다.)

풀이

답

2 소수의 나눗셈

이번 단원에서
꼭 짚어야 할
핵심 개념을 알아보자.

핵심 1 자릿수가 같은 두 소수의 나눗셈

$7.2 \div 0.8 = \frac{72}{10} \div \frac{8}{10}$

$= \square \div 8 = \square$

핵심 2 자릿수가 다른 두 소수의 나눗셈

$4.76 \div 1.4 = 476 \div \square$

$= \square$

핵심 3 (자연수)÷(소수)

$12 \div 2.4 = \frac{120}{10} \div \frac{24}{10}$

$= \square \div 24 = \square$

핵심 4 몫을 반올림하여 나타내기

$22.32 \div 5.7 = 3.915\cdots$에서

- 몫을 반올림하여 소수 첫째 자리까지 나타내면 $3.91\cdots$ ➡ □이고,
- 몫을 반올림하여 소수 둘째 자리까지 나타내면 $3.915\cdots$ ➡ □이다.

핵심 5 나누어 주고 남는 양 구하기

```
      □      ← 몫은 자연수까지만 구한다.
   ┌─────
 6 ) 2 4.5
     2 4
   ─────
      □      ← 남는 양
```

답 **1.** 72, 9 **2.** 140, 3.4 **3.** 120, 5 **4.** 3.9, 3.92 **5.** 4, 0.5

STEP 1 교과 개념

1. (소수) ÷ (소수)(1)

● **단위를 변환하여** $11.6 \div 0.4$ **계산하기**

색 테이프 11.6 cm를 0.4 cm씩 자르려고 합니다.

11.6 cm=116 mm, 0.4 cm=4 mm입니다. → 1 cm는 10 mm입니다.

색 테이프 11.6 cm를 0.4 cm씩 자르는 것은 색 테이프 116 mm를 4 mm씩 자르는 것과 같습니다.

$$11.6 \div 0.4$$

10배 ↓ ↓ 10배

$$116 \div 4 = 29 \rightarrow 11.6 \div 0.4 = 29$$

● **단위를 변환하여** $1.16 \div 0.04$ **계산하기**

리본 1.16 m를 0.04 m씩 자르려고 합니다.

1.16 m=116 cm, 0.04 m=4 cm입니다. → 1 m는 100 cm입니다.

리본 1.16 m를 0.04 m씩 자르는 것은 리본 116 cm를 4 cm씩 자르는 것과 같습니다.

$$1.16 \div 0.04$$

100배 ↓ ↓ 100배

$$116 \div 4 = 29 \rightarrow 1.16 \div 0.04 = 29$$

● **자연수의 나눗셈을 이용하여** $11.6 \div 0.4$, $1.16 \div 0.04$ **계산하기**

$11.6 \div 0.4$ (10배, 10배)

$116 \div 4 = 29$

$11.6 \div 0.4 = 29$

$1.16 \div 0.04$ (100배, 100배)

$116 \div 4 = 29$

$1.16 \div 0.04 = 29$

(소수)÷(소수)에서 나누어지는 수와 나누는 수를 똑같이 10배 또는 100배 하여 (자연수)÷(자연수)로 계산할 수 있습니다.

정답과 풀이 12쪽

1 $3.5 \div 0.7$은 얼마인지 알아보려고 합니다. 물음에 답하세요.

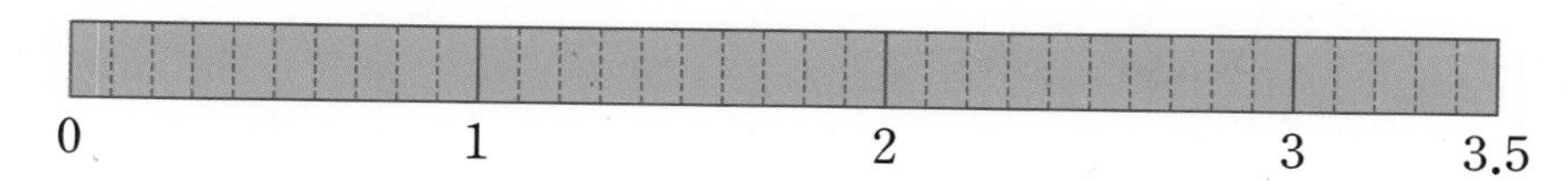

3.5에서 0.7을 몇 번 덜어 낼 수 있는지 알아보아요.

① 그림에 0.7씩 선을 그어 표시해 보세요.

② $3.5 \div 0.7$은 얼마일까요?

(　　　　　　　　　)

2 설명을 읽고 □ 안에 알맞은 수를 써넣으세요.

띠 골판지 56.7 cm를 0.9 cm씩 자르려고 합니다.
56.7 cm=□ mm, 0.9 cm=9 mm입니다.
띠 골판지 56.7 cm를 0.9 cm씩 자르는 것은 띠 골판지 □ mm를 9 mm씩 자르는 것과 같습니다.

cm를 mm로 바꾸면 소수의 나눗셈을 자연수의 나눗셈으로 고칠 수 있어요.

$56.7 \div 0.9 = \square \div 9$
$\square \div 9 = \square$
$56.7 \div 0.9 = \square$

3 소수의 나눗셈을 자연수의 나눗셈을 이용하여 계산하려고 합니다. □ 안에 알맞은 수를 써넣으세요.

①

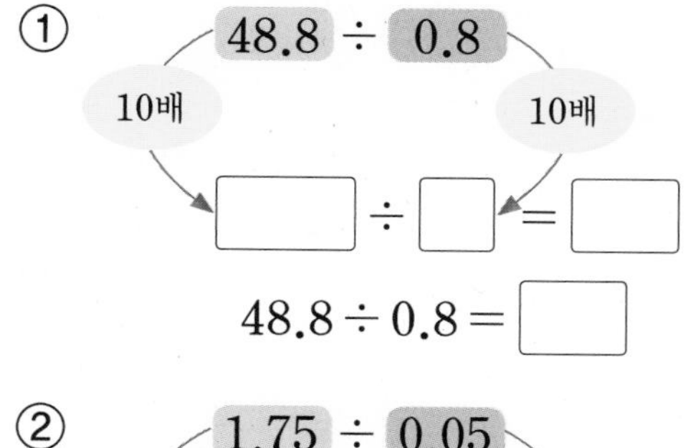

$48.8 \div 0.8 = \square$

②

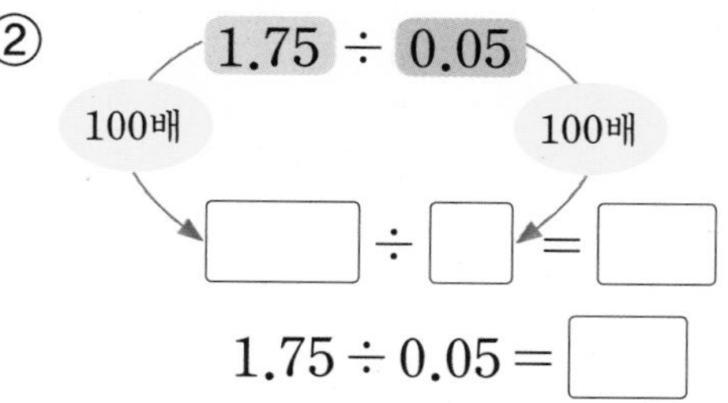

$1.75 \div 0.05 = \square$

나누어지는 수와 나누는 수를 똑같이 10배 또는 100배 하여도 몫은 변하지 않아요.

2. (소수)÷(소수)(2)

● 자릿수가 같은 (소수)÷(소수)

• 3.6÷0.3의 계산

방법 1 분수의 나눗셈으로 계산하기

$$3.6 \div 0.3 = \frac{36}{10} \div \frac{3}{10}$$ → 분모가 10인 분수로 나타내기

$$= 36 \div 3 = 12$$

방법 2 자연수의 나눗셈을 이용하여 계산하기

10배

$3.6 \div 0.3 = 12$ ➡ $36 \div 3 = 12$

10배

→ 나누어지는 수와 나누는 수를 똑같이 10배 하여 계산합니다.

방법 3 세로로 계산하기

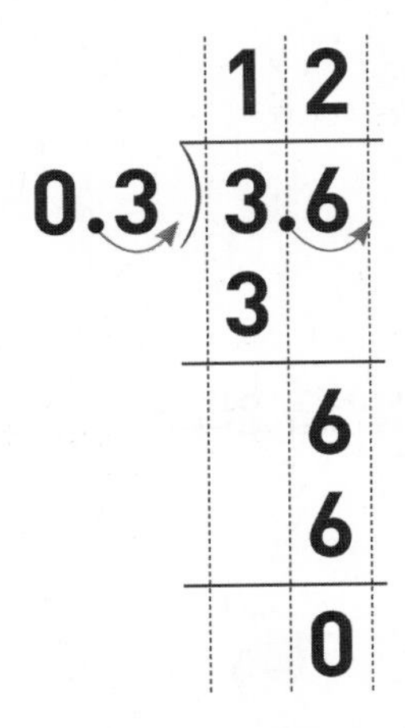

나누어지는 수와 나누는 수의 소수점을 똑같이 오른쪽으로 한 자리씩 옮겨 계산합니다.

• 1.82÷0.26의 계산

방법 1 분수의 나눗셈으로 계산하기

$$1.82 \div 0.26 = \frac{182}{100} \div \frac{26}{100}$$ → 분모가 100인 분수로 나타내기

$$= 182 \div 26 = 7$$

방법 2 자연수의 나눗셈을 이용하여 계산하기

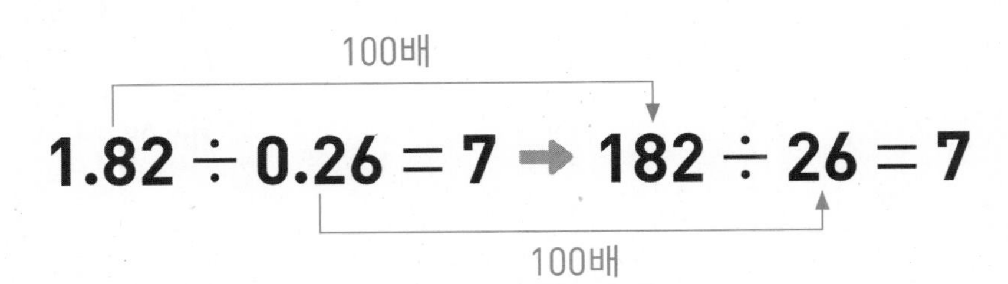

→ 나누어지는 수와 나누는 수를 똑같이 100배 하여 계산합니다.

방법 3 세로로 계산하기

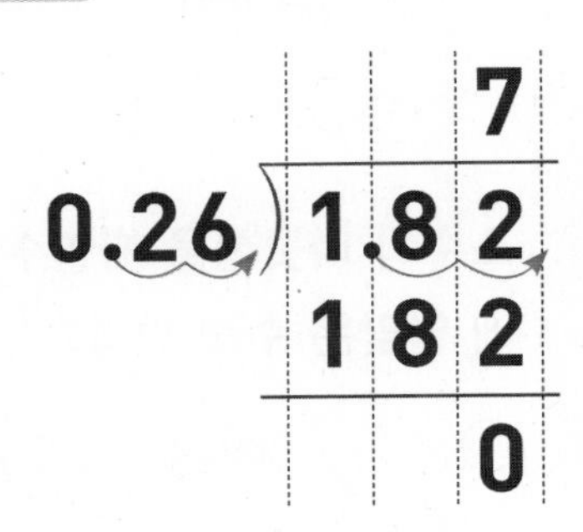

나누어지는 수와 나누는 수의 소수점을 똑같이 오른쪽으로 두 자리씩 옮겨 계산합니다.

➲ 정답과 풀이 12쪽

1 소수의 나눗셈을 분수의 나눗셈으로 바꾸어 계산하려고 합니다. □ 안에 알맞은 수를 써넣으세요.

소수 한 자리 수는 분모가 10인 분수로, 소수 두 자리 수는 분모가 100인 분수로 바꾸어 계산할 수 있어요.

① $7.2 \div 0.9 = \frac{\square}{10} \div \frac{\square}{10} = \square \div \square = \square$

② $3.84 \div 0.32 = \frac{\square}{100} \div \frac{\square}{100} = \square \div \square = \square$

2 □ 안에 알맞은 수를 써넣으세요.

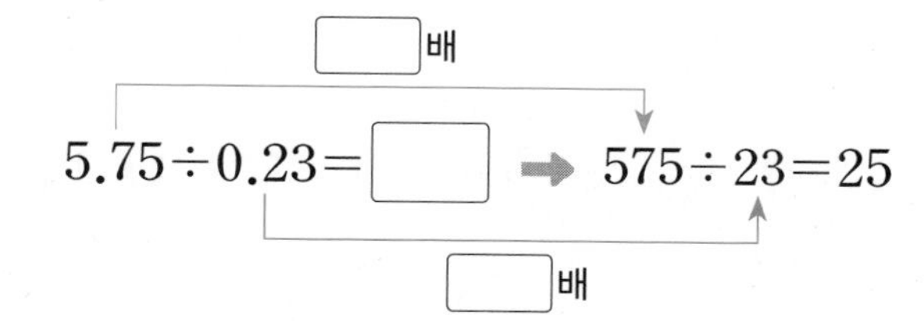

나누어지는 수와 나누는 수에 같은 수를 곱하면 몫은 변하지 않아요.

3 □ 안에 알맞은 수를 써넣으세요.

① $0.7 \overline{)\,9.8}$ (□, □, □, □, 0)

② $0.29 \overline{)\,9.57}$ (□, □, □, □, 0)

4 계산해 보세요.

① $4.2 \div 0.6$

② $1.17 \div 0.13$

③ $0.4 \overline{)\,5.2}$

④ $0.74 \overline{)\,23.68}$

나누어지는 수와 나누는 수가 소수 한 자리 수이면 소수점을 오른쪽으로 한 자리씩 옮기고, 두 자리 수이면 오른쪽으로 두 자리씩 옮겨요.

3. (소수) ÷ (소수)(3)

● 자릿수가 다른 (소수) ÷ (소수)

• $6.72 \div 2.4$를 $672 \div 240$을 이용하여 계산하기

방법 1 자연수의 나눗셈을 이용하여 계산하기 → 나누어지는 수와 나누는 수를 똑같이 100배 하여 계산합니다.

$6.72 \div 2.4 = 2.8$

100배 ↓ 100배 ↓ 몫이 같습니다.

$672 \div 240 = 2.8$

방법 2 세로로 계산하기

$2.4 \overline{)6.72} \rightarrow 2.40 \overline{)6.72} \rightarrow 240 \overline{)672.0}$

나누어지는 수와 나누는 수의 소수점을 똑같이 오른쪽으로 두 자리씩 옮겨 계산합니다.

```
       2.8
240 ) 672.0
      480
      1920
      1920
         0
```

• $6.72 \div 2.4$를 $67.2 \div 24$를 이용하여 계산하기

방법 1 (소수) ÷ (자연수)를 이용하여 계산하기 → 나누어지는 수와 나누는 수를 똑같이 10배 하여 계산합니다.

$6.72 \div 2.4 = 2.8$

10배 ↓ 10배 ↓ 몫이 같습니다.

$67.2 \div 24 = 2.8$

방법 2 세로로 계산하기

$2.4 \overline{)6.72} \rightarrow 2.4 \overline{)6.72} \rightarrow 24 \overline{)67.2}$

나누어지는 수와 나누는 수의 소수점을 똑같이 오른쪽으로 한 자리씩 옮겨 계산합니다.

```
     2.8
24 ) 67.2
     48
     192
     192
       0
```

1 $8.64 \div 5.4$를 계산하려고 합니다. □ 안에 알맞은 수를 써넣으세요.

> $8.64 \div 5.4$는 8.64와 5.4를 100배씩 하여 계산하면
> □ $\div$ □ $=$ □ 입니다.

나누어지는 수와 나누는 수를 똑같이 100배 하여도 몫은 변하지 않아요.

2 $5.75 \div 2.5$를 계산하려고 합니다. □ 안에 알맞은 수를 써넣으세요.

> $5.75 \div 2.5$는 5.75와 2.5를 10배씩 하여 계산하면
> □ $\div$ □ $=$ □ 입니다.

나누어지는 수와 나누는 수를 똑같이 10배 하여도 몫은 변하지 않아요.

3 $7.68 \div 3.2$를 두 가지 방법으로 계산하려고 합니다. □ 안에 알맞은 수를 써넣으세요.

방법 1

```
            □
3.20 ) 7.68 0
       □
      ───────
       □
       □
      ───────
           0
```

방법 2

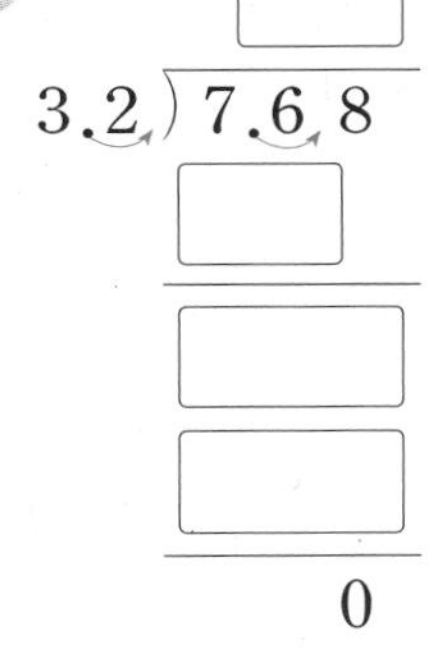

```
          □
3.2 ) 7.6 8
      □
     ───────
      □
      □
     ───────
          0
```

4 계산해 보세요.

① $1.95 \div 1.5$

② $2.38 \div 0.7$

③ $3.6 \overline{)\, 9.3\,6}$

④ $1.3 \overline{)\, 2.2\,1}$

나누어지는 수와 나누는 수의 소수점을 오른쪽으로 똑같이 옮겨서 계산해요.

4. (자연수)÷(소수)

● **$9 \div 2.25$의 계산**

방법 1 분수의 나눗셈으로 계산하기

$$9 \div 2.25 = \frac{900}{100} \div \frac{225}{100}$$ → 분모가 100인 분수로 나타내기

$$= 900 \div 225$$

$$= 4$$

방법 2 자연수의 나눗셈을 이용하여 계산하기

100배

$$9 \div 2.25 = 4 \rightarrow 900 \div 225 = 4$$

100배

나누어지는 수와 나누는 수를 100배씩 해도 몫은 변하지 않으므로 $9 \div 2.25$의 몫은 $900 \div 225$의 몫인 4와 같습니다.

방법 3 세로로 계산하기

$2.25 \overline{)9}$ → $2.25 \overline{)9.00}$ → $225 \overline{)900}$

```
      4
225)900
    900
    ---
      0
```

나누는 수가 자연수가 되도록 나누어지는 수와 나누는 수의 소수점을 똑같이 옮겨 계산합니다.

개념 자세히 보기

• **소수점을 오른쪽으로 옮길 때에는 나누어지는 수와 나누는 수의 소수점을 똑같이 옮겨야 해요!**

예

```
         5 0
0.34)1 7.0 0
     1 7 0
     -----
         0
```

(○)

```
         5
0.34)1 7.0
     1 7 0
     -----
         0
```

(×)

➲ 정답과 풀이 13쪽

1 소수의 나눗셈을 분수의 나눗셈으로 바꾸어 계산하려고 합니다. □ 안에 알맞은 수를 써넣으세요.

나누는 수에 따라 분모가 10 또는 100인 분수로 바꾸어 계산해요.

① $65 \div 2.5 = \frac{650}{10} \div \frac{\square}{10} = 650 \div \square = \square$

② $53 \div 1.06 = \frac{5300}{100} \div \frac{\square}{100} = \square \div \square = \square$

2 □ 안에 알맞은 수를 써넣으세요.

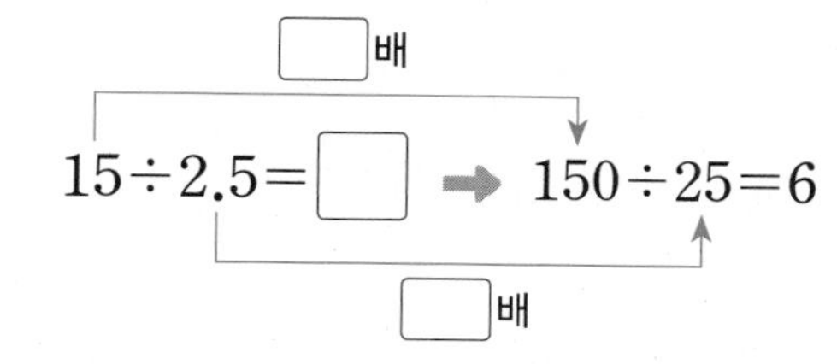

3 □ 안에 알맞은 수를 써넣으세요.

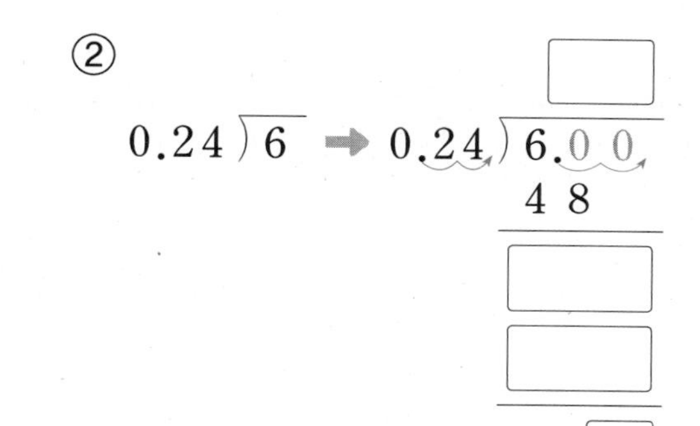

나누어지는 수와 나누는 수에 똑같이 10 또는 100을 곱하여도 몫이 변하지 않으므로 나누어지는 수와 나누는 수의 소수점을 오른쪽으로 똑같이 옮겨서 계산해요.

4 계산해 보세요.

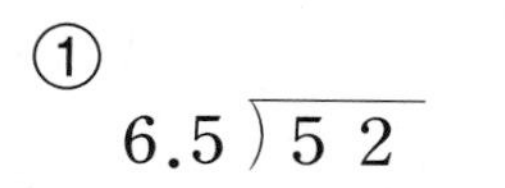

② 1.2)7 8

③ 1.25)4 5

나누는 수가 자연수가 되도록 나누어지는 수와 나누는 수의 소수점을 오른쪽으로 똑같이 옮겨서 계산해요.

STEP 1 교과 개념

5. 몫을 반올림하여 나타내기

● 16÷7의 계산

$$\begin{array}{r} 2.285 \\ 7 \overline{)\,16.000} \\ 14 \\ \hline 20 \\ 14 \\ \hline 60 \\ 56 \\ \hline 40 \\ 35 \\ \hline 5 \end{array}$$

• 몫을 반올림하여 일의 자리까지 나타내기

$16 \div 7 = 2.\underline{2}\cdots \rightarrow 2$

→ 몫의 소수 첫째 자리 숫자가 2이므로 버림합니다.

• 몫을 반올림하여 소수 첫째 자리까지 나타내기

$16 \div 7 = 2.2\underline{8}\cdots \rightarrow 2.3$

→ 몫의 소수 둘째 자리 숫자가 8이므로 올림합니다.

• 몫을 반올림하여 소수 둘째 자리까지 나타내기

$16 \div 7 = 2.28\underline{5}\cdots \rightarrow 2.29$

→ 몫의 소수 셋째 자리 숫자가 5이므로 올림합니다.

개념 자세히 보기

• **(소수)÷(소수)의 몫을 반올림하여 나타낼 때에는 두 소수의 소수점을 똑같이 오른쪽으로 옮겨 나누는 소수를 자연수로 나타낸 후 계산해요!**

$0.3\overline{)\,1.7} \rightarrow$

$$\begin{array}{r} 5.666 \\ 0.3 \overline{)\,1.7000} \\ 15 \\ \hline 20 \\ 18 \\ \hline 20 \\ 18 \\ \hline 20 \\ 18 \\ \hline 2 \end{array}$$

→ 몫의 소수점의 자리는 나누어지는 수의 옮긴 소수점의 자리와 같습니다.

• 몫을 반올림하여 소수 첫째 자리까지 나타내기:
몫을 소수 둘째 자리까지 구한 다음 소수 둘째 자리에서 반올림합니다.
$5.6\underline{6}\cdots \rightarrow 5.7$

• 몫을 반올림하여 소수 둘째 자리까지 나타내기:
몫을 소수 셋째 자리까지 구한 다음 소수 셋째 자리에서 반올림합니다.
$5.66\underline{6}\cdots \rightarrow 5.67$

➡ 정답과 풀이 13쪽

1 나눗셈식의 몫을 보고 □ 안에 알맞은 수를 써넣으세요.

```
       2.1 6 6
  6 ) 1 3.0 0 0
      1 2
        1 0
          6
          4 0
          3 6
            4 0
            3 6
              4
```

① 13 ÷ 6의 몫을 반올림하여 일의 자리까지 나타내면 □입니다.

② 13 ÷ 6의 몫을 반올림하여 소수 첫째 자리까지 나타내면 □입니다.

③ 13 ÷ 6의 몫을 반올림하여 소수 둘째 자리까지 나타내면 □입니다.

5학년 때 배웠어요

어림하기

반올림: 구하려는 자리 바로 아래 자리의 숫자가 0, 1, 2, 3, 4이면 버리고, 5, 6, 7, 8, 9이면 올리는 방법

예 반올림하여 소수 첫째 자리까지 나타내기
37.26 ➡ 37.3

2 1.8÷0.7의 몫을 반올림하여 나타내어 보세요.

① 1.8 ÷ 0.7의 몫을 반올림하여 일의 자리까지 나타내어 보세요.

( )

② 1.8 ÷ 0.7의 몫을 반올림하여 소수 첫째 자리까지 나타내어 보세요.

( )

③ 1.8 ÷ 0.7의 몫을 반올림하여 소수 둘째 자리까지 나타내어 보세요.

( )

3 몫을 반올림하여 소수 첫째 자리까지 나타내어 보세요.

① 9) 5.9

( )

② 0.7) 1.2

( )

몫을 반올림하여 소수 첫째 자리까지 나타내려면 몫을 소수 둘째 자리까지 구해야 해요.

STEP 1 교과 개념

6. 나누어 주고 남는 양 알아보기

> 쌀 23.6 kg을 한 봉지에 4 kg씩 나누어 담을 때, 나누어 담을 수 있는 봉지 수와 남는 쌀의 양 구하기

● 덜어 내는 방법으로 알아보기

$$23.6-\underbrace{4-4-4-4-4}_{5\text{번} \,\to\, \text{나누어 담을 수 있는 봉지 수}}=\overset{\text{남는 쌀의 양}}{3.6}$$

23.6에서 4를 5번 빼면 3.6이 남습니다.

➡ 나누어 담을 수 있는 봉지 수: 5봉지

남는 쌀의 양: 3.6 kg

● 세로로 계산하는 방법으로 알아보기

$$\begin{array}{r r l} & 5 & \to \text{나누어 담을 수 있는 봉지 수} \\ \text{한 봉지에 담는 쌀의 양} \leftarrow 4 & \overline{)\,2\ 3.6} & \\ \text{나누어 담는 쌀의 양} \leftarrow & 2\ 0 & \\ \cline{2-2} & 3.6 & \to \text{남는 쌀의 양} \end{array}$$

23.6÷4의 몫을 자연수까지 구하면 5이고, 3.6이 남습니다.

➡ 나누어 담을 수 있는 봉지 수: 5봉지

남는 쌀의 양: 3.6 kg

개념 자세히 보기

● 나누어 주고 남는 양의 소수점은 나누어지는 수의 소수점의 자리에 맞추어 찍어야 해요!

예

$$\begin{array}{r r} & 5 \\ 4 & \overline{)\,2\ 3.6} \\ & 2\ 0 \\ \cline{2-2} & 3.6 \end{array} \qquad \begin{array}{r r} & 5 \\ 4 & \overline{)\,2\ 3.6} \\ & 2\ 0 \\ \cline{2-2} & 3\ 6 \end{array}$$

(○)　　　(×)

정답과 풀이 14쪽

1 □ 안에 알맞은 수를 써넣으세요.

① $22.4-3-3-3-3-3-3-3=$ □

② 22.4에서 3을 □번 덜어 내면 □가 남습니다.

22.4에서 3을 몇 번 덜어 낼 수 있는지 확인해요.

[2~4] 철사 31.8 m를 한 사람당 5 m씩 나누어 주려고 합니다. 나누어 줄 수 있는 사람 수와 남는 철사는 몇 m인지 알아보기 위해 다음과 같이 계산했습니다. 물음에 답하세요.

$31.8-5-5-5-5-5-5=$ □

2 위의 □ 안에 알맞은 수를 구해 보세요.

(　　　　　　　　)

3 계산식을 보고 나누어 줄 수 있는 사람 수와 남는 철사의 길이를 구해 보세요.

나누어 줄 수 있는 사람 수 (　　　　　　　　)
남는 철사의 길이 (　　　　　　　　)

4 나누어 줄 수 있는 사람 수와 남는 철사의 길이를 알아보기 위해 다음과 같이 계산했습니다. □ 안에 알맞은 수를 써넣으세요.

$$\begin{array}{r} \square \\ 5\,\overline{)\,31.8} \\ 30 \\ \hline \square \end{array}$$

나누어 줄 수 있는 사람 수: □명

남는 철사의 길이: □ m

사람 수는 소수가 아닌 자연수이므로 나눗셈의 몫을 자연수까지만 구해야 해요.

STEP 2 꼭 나오는 유형

1 자연수의 나눗셈을 이용한 (소수)÷(소수)

1 딸기 1.5 kg을 0.3 kg씩 접시에 나누어 담으려고 합니다. 그림에 0.3씩 선을 그은 다음 접시가 몇 개 필요한지 구해 보세요.

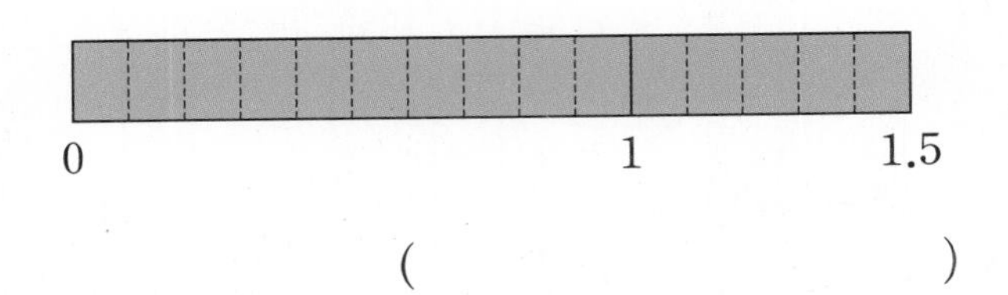

(　　　　　　　)

나누는 수가 같을 때
나누어지는 수와 몫의 관계를 생각해 봐.

준비 □ 안에 알맞은 수를 써넣으세요.

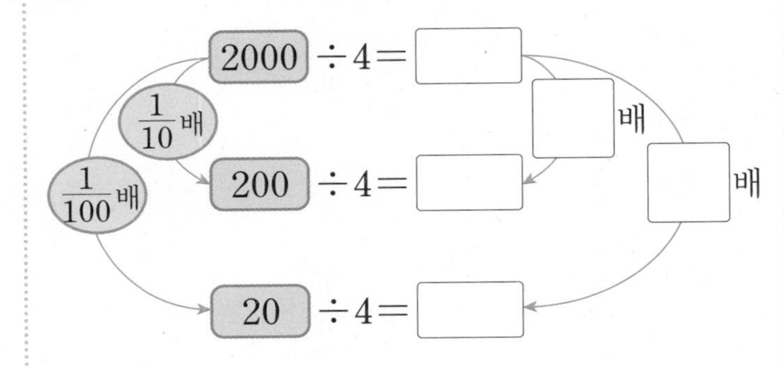

2 소수의 나눗셈을 자연수의 나눗셈을 이용하여 계산하려고 합니다. □ 안에 알맞은 수를 써넣으세요.

(1)

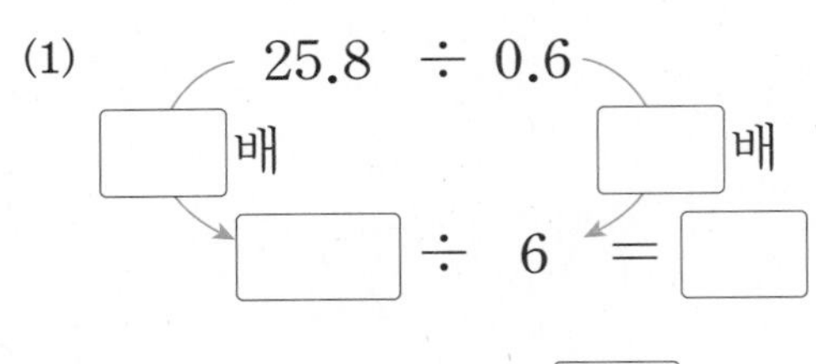

25.8÷0.6=□

(2)

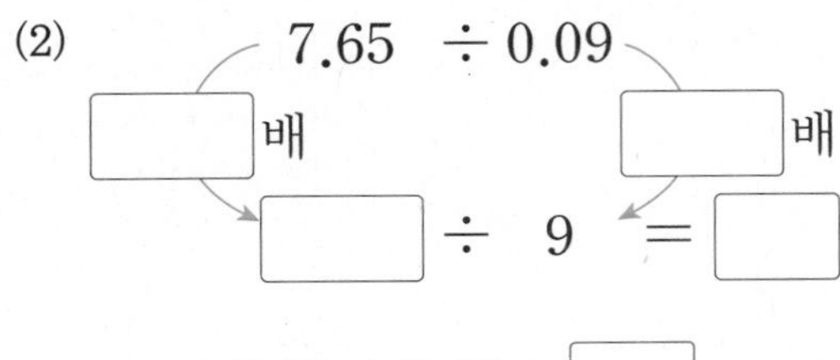

7.65÷0.09=□

3 936÷3=312를 이용하여 □ 안에 알맞은 수를 써넣으세요.

9.36÷0.03=□

4 끈 31.2 cm를 0.8 cm씩 자르면 몇 도막이 되는지 □ 안에 알맞은 수를 써넣으세요.

31.2 cm=□mm

0.8 cm=□mm

31.2÷0.8=□÷□=□(도막)

5 3.55÷0.05와 몫이 같은 것을 모두 찾아 기호를 써 보세요.

㉠ 35.5÷0.05	㉡ 35.5÷0.5
㉢ 355÷0.5	㉣ 355÷5

(　　　　　　　)

서술형 **6** 조건 을 만족하는 나눗셈식을 찾아 계산하고, 그 이유를 써 보세요.

조건
- 846÷2를 이용하여 풀 수 있습니다.
- 나누어지는 수와 나누는 수를 각각 100배 하면 846÷2가 됩니다.

식 ....

이유 ....

2 자릿수가 같은 (소수)÷(소수)

7 관계있는 것끼리 이어 보세요.

1.2÷0.6 •	• $\frac{75}{10} \div \frac{5}{10}$
7.5÷0.5 •	• $\frac{12}{10} \div \frac{6}{10}$

8 보기 와 같이 분수의 나눗셈으로 계산해 보세요.

보기

$$4.75 \div 0.25 = \frac{475}{100} \div \frac{25}{100} = 475 \div 25 = 19$$

5.88÷0.42

9 □ 안에 알맞은 수를 써넣으세요.

81.2÷2.9에서 81.2와 2.9에 각각 □배씩 하여 계산하면

812÷□=□입니다.

➡ 81.2÷2.9=□

내가 만드는 문제

10 그림에 음료수의 양을 정해 색칠하고 컵 한 개에 0.2 L씩 담는다면 컵 몇 개가 필요한지 구해 보세요.

1.6(L)
1.4
1.2
1.0
0.8
0.6
0.4
0.2
0

(　　　　　　　　)

11 계산 결과를 비교하여 ○ 안에 >, =, <를 알맞게 써넣으세요.

3.84÷0.12 ○ 6.88÷0.43

12 계산해 보세요.

(1) $0.7\overline{)39.2}$　　(2) $1.4\overline{)32.2}$

13 잘못 계산한 곳을 찾아 바르게 계산해 보세요.

```
      0.1 8
0.48)8.6 4
     4 8
     3 8 4
     3 8 4
         0
```

➡ $0.48\overline{)8.64}$

14 코끼리의 무게는 흰코뿔소의 무게의 몇 배인지 구해 보세요.

하루에 18~20시간 동안 먹이를 먹는 코끼리는 육상 동물 중에서 가장 무거운 동물입니다. 육상 동물 중 그 다음으로 무거운 동물은 흰코뿔소입니다.

▲코끼리(5.76 t)

▲흰코뿔소(1.92 t)

(　　　　　　　　)

3 자릿수가 다른 (소수)÷(소수)

[15~16] $5.76 \div 1.8$을 계산하려고 합니다. 물음에 답하세요.

15 $5.76 \div 1.8$의 몫을 어림해 보세요.

( )

16 보기 와 같이 계산해 보세요.

보기

$$\begin{array}{r} 2.7 \\ 2.40 \overline{)\,6.480} \\ \underline{480} \\ 1680 \\ \underline{1680} \\ 0 \end{array}$$

$$1.8 \overline{)\,5.76}$$

17 소수의 나눗셈을 할 때 소수점을 바르게 옮긴 것을 찾아 기호를 써 보세요.

㉠ $2.5\overline{)\,3.25}$ ㉡ $4.1\overline{)\,9.84}$

㉢ $3.2\overline{)\,43.04}$ ㉣ $3.2\overline{)\,15.36}$

( )

18 큰 수를 작은 수로 나눈 몫을 빈칸에 써넣으세요.

3.92	0.7

19 가장 큰 수를 가장 작은 수로 나눈 몫을 구해 보세요.

2.1 3.78 1.4 3.46

( )

20 집에서 백화점까지의 거리는 0.8 km이고, 집에서 놀이공원까지의 거리는 2.48 km입니다. 집에서 놀이공원까지의 거리는 집에서 백화점까지의 거리의 몇 배인지 구해 보세요.

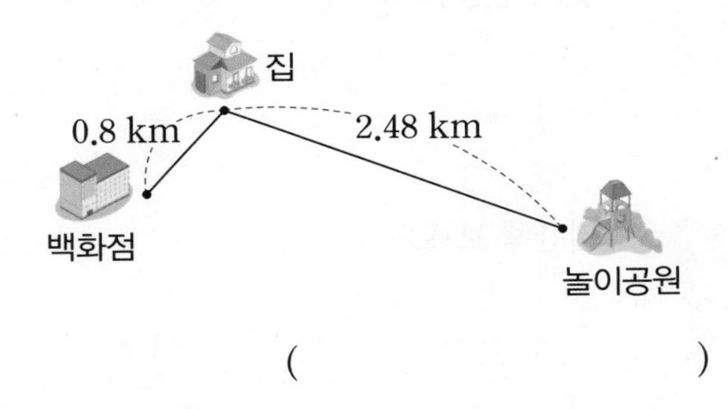

( )

서술형

21 가÷나의 몫은 얼마인지 풀이 과정을 쓰고 답을 구해 보세요.

가: 1.96을 10배 한 수
나: 0.01이 7개인 수

풀이

답

4 (자연수) ÷ (소수)

22 보기 와 같이 분수의 나눗셈으로 계산해 보세요.

보기

$27 \div 1.8 = \frac{270}{10} \div \frac{18}{10} = 270 \div 18 = 15$

$25 \div 1.25$

23 □ 안에 알맞은 수를 써넣으세요.

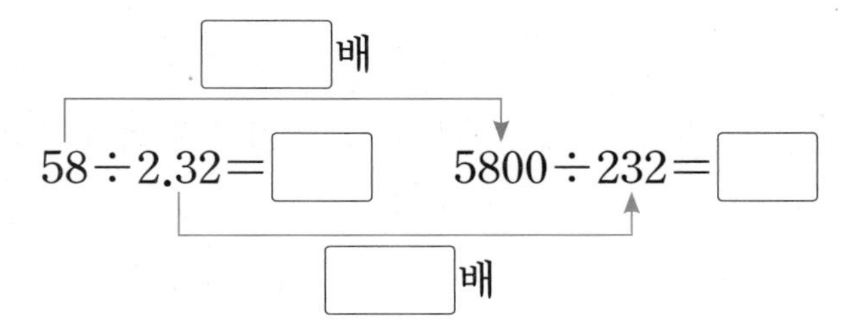

24 계산해 보세요.

(1) $1.5 \overline{)21}$

(2) $6.4 \overline{)96}$

(3) $0.32 \overline{)16}$

(4) $0.54 \overline{)189}$

25 □ 안에 알맞은 수를 써넣으세요.

$54 \div 3 =$ □

$54 \div 0.3 =$ □

$54 \div 0.03 =$ □

26 □ 안에 알맞은 수를 써넣으세요.

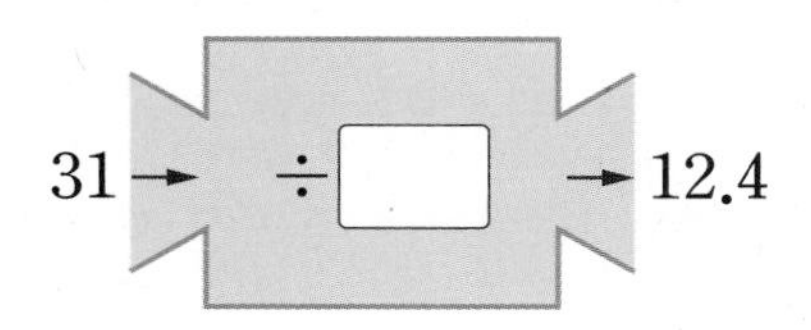

내가 만드는 문제

27  안에 10 이상의 자연수를 하나 써넣고 빈 곳에 계산 결과를 써넣으세요.

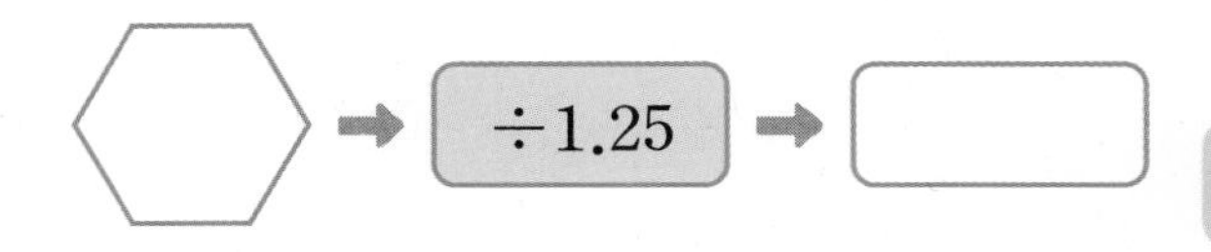

서술형

28 기름 15 L를 통 한 개에 2.5 L씩 나누어 담으려고 합니다. 필요한 통은 몇 개인지 두 가지 방법으로 구해 보세요.

방법 1	방법 2
답	답

2

5 몫을 반올림하여 나타내기

구하려는 자리 바로 아래 자리의 숫자를 확인해.

준비 소수를 반올림하여 주어진 자리까지 나타내어 보세요.

수	소수 첫째 자리	소수 둘째 자리
0.647		

29 몫을 반올림하여 소수 첫째 자리까지 나타내어 보세요.

$7\overline{)44.3}$

( )

30 10÷7의 몫을 반올림하여 주어진 자리까지 나타내어 보세요.

일의 자리	소수 첫째 자리	소수 둘째 자리

31 계산 결과를 비교하여 ◯ 안에 >, =, <를 알맞게 써넣으세요.

35.9÷7의 몫을 반올림하여 소수 첫째 자리까지 나타낸 수 ◯ 35.9÷7

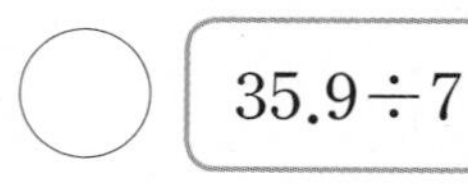

내가 만드는 문제

32 구슬 2개를 자유롭게 고르고, 고른 구슬 중 더 무거운 구슬의 무게는 더 가벼운 구슬의 무게의 몇 배인지 반올림하여 소수 둘째 자리까지 나타내어 보세요.

32.8 g 5.13 g 19.2 g

( )

33 준서가 키우는 토마토 줄기의 길이를 나타낸 표입니다. 6월 10일 토마토 줄기의 길이는 4월 10일 토마토 줄기의 길이의 몇 배인지 반올림하여 소수 첫째 자리까지 나타내어 보세요.

날짜	4월 10일	6월 10일
줄기의 길이(cm)	8.4	79.2

( )

서술형

34 몫을 반올림하여 소수 첫째 자리까지 나타낸 수와 몫을 반올림하여 소수 둘째 자리까지 나타낸 수의 차는 얼마인지 풀이 과정을 쓰고 답을 구해 보세요.

1.6÷7

풀이

답

6 나누어 주고 남는 양 알아보기

35 □ 안에 알맞은 수를 써넣으세요.

$11.6-3-3-3=$ □

11.6에서 3을 3번 빼면 □이(가) 남습니다.

➡ $11.6\div3=$ □ ⋯ □

[36~38] 사과 33.6 kg을 한 상자에 6 kg씩 나누어 담으려고 합니다. 나누어 담을 수 있는 상자 수와 남는 사과의 무게를 알아보려고 합니다. 물음에 답하세요.

36 □ 안에 알맞은 수를 써넣으세요.

$33.6-6-6-6-6-6=$ □

37 나누어 담을 수 있는 상자 수와 남는 사과의 무게를 구해 보세요.

나누어 담을 수 있는 상자 수 (　　　　)
남는 사과의 무게 (　　　　)

38 다른 방법으로 나누어 담을 수 있는 상자 수와 남는 사과의 무게를 알아보려고 합니다. □ 안에 알맞은 수를 써넣으세요.

```
      □
  6)3 3.6
    3 0
   ─────
      □
```

나누어 담을 수 있는 상자 수: □상자

남는 사과의 무게: □ kg

39 물 24.8 L를 한 사람당 4 L씩 나누어 줄 때 나누어 줄 수 있는 사람 수와 남는 물의 양을 구하기 위해 다음과 같이 계산했습니다. 계산 방법이 옳은 사람은 누구일까요?

윤서의 방법

```
     6.2
  4)2 4.8
    2 4
   ─────
       8
       8
   ─────
       0
```

사람 수: 6명
남는 물의 양: 0.2 L

준호의 방법

```
      6
  4)2 4.8
    2 4
   ─────
     0.8
```

사람 수: 6명
남는 물의 양: 0.8 L

(　　　　　　　　)

40 꽃 한 송이를 수놓는 데 실이 3 m 필요하다고 합니다. 실 26.2 m로 꽃을 몇 송이까지 수놓을 수 있고, 남는 실은 몇 m일까요?

수놓을 수 있는 꽃의 수 (　　　　)
남는 실의 길이 (　　　　)

서술형
41 귤 14.9 kg을 한 봉지에 3 kg씩 나누어 담으려고 합니다. 나누어 담을 수 있는 봉지 수와 남는 귤의 무게를 두 가지 방법으로 구해 보세요.

방법 1

봉지 수: □봉지
남는 귤의 무게: □ kg

방법 2

봉지 수: □봉지
남는 귤의 무게: □ kg

STEP 3 자주 틀리는 유형

나누어지는 수, 나누는 수, 몫의 관계

1 몫이 가장 큰 것을 찾아 기호를 써 보세요.

㉠ $3.92 \div 2.8$	㉡ $3.92 \div 0.8$
㉢ $3.92 \div 1.12$	㉣ $3.92 \div 1.4$

(   )

2 계산 결과를 비교하여 ○ 안에 >, =, <를 알맞게 써넣으세요.

(1) $5.4 \div 0.3$ ○ $2.7 \div 0.3$

(2) $6 \div 1.5$ ○ $6 \div 0.75$

3 몫이 큰 것부터 차례로 기호를 써 보세요.

㉠ $3.36 \div 1.68$	㉡ $3.36 \div 0.4$
㉢ $3.36 \div 1.2$	㉣ $3.36 \div 0.14$

(   )

몫을 자연수까지 구하는 경우

4 리본 4 m로 선물 상자 한 개를 포장할 수 있습니다. 리본 29.6 m로 똑같은 모양의 상자를 몇 개까지 포장할 수 있을까요?

(   )

5 페인트 5 L로 벽 한 면을 모두 칠할 수 있습니다. 페인트 16.7 L로 같은 크기의 벽을 몇 면까지 칠할 수 있고, 남는 페인트는 몇 L일까요?

칠할 수 있는 벽의 수 (   )

남는 페인트의 양 (   )

6 50 cm의 대나무로 단소 한 개를 만들 수 있습니다. 대나무 330.8 cm로 같은 길이의 단소를 몇 개까지 만들 수 있고, 남는 대나무는 몇 cm일까요?

만들 수 있는 단소의 수 (   )

남는 대나무의 길이 (   )

도형에서 변의 길이

7 넓이가 $54.6\ \mathrm{cm}^2$인 평행사변형이 있습니다. 이 평행사변형의 밑변의 길이가 7.8 cm일 때 높이는 몇 cm일까요?

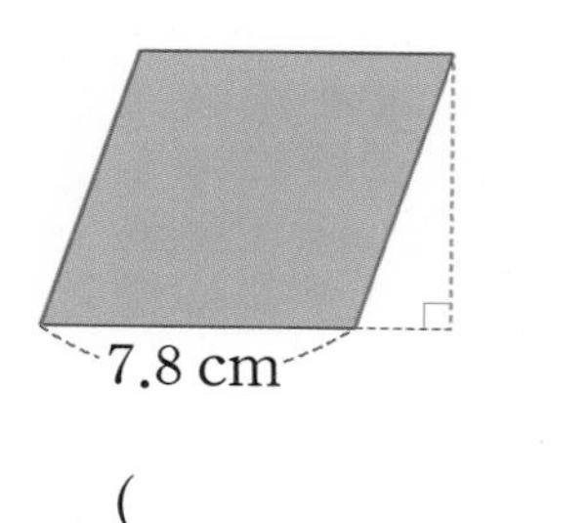

( )

8 오른쪽 직사각형의 넓이는 $17.5\ \mathrm{cm}^2$입니다. 이 직사각형의 가로가 3.5 cm일 때 세로는 몇 cm일까요?

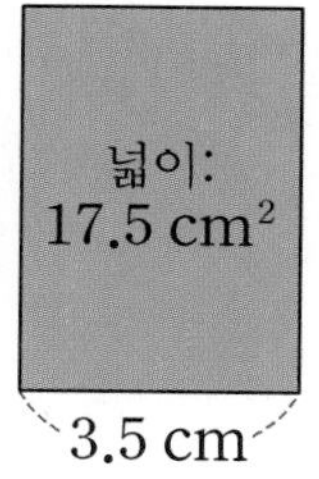

( )

9 넓이가 $15.66\ \mathrm{cm}^2$인 삼각형이 있습니다. 이 삼각형의 높이가 5.4 cm일 때 밑변의 길이는 몇 cm일까요?

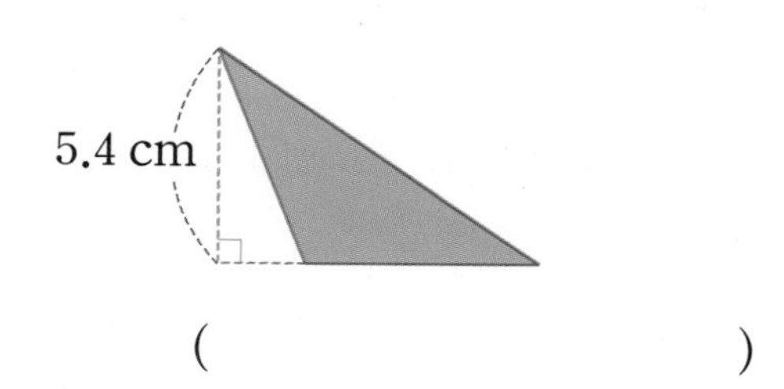

( )

어떤 수 구하기

10 □ 안에 알맞은 수를 구해 보세요.

$3.75 \times \square = 90$

( )

11 □ 안에 알맞은 수를 구해 보세요.

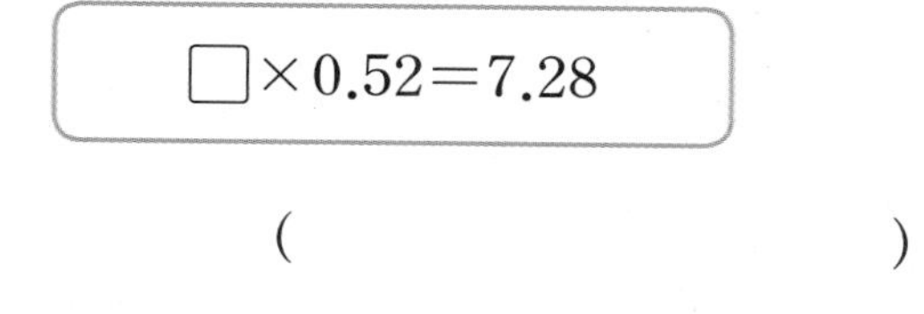

( )

12 44.64를 어떤 수로 나누었더니 몫이 3.6이었습니다. 어떤 수를 3.1로 나눈 몫은 얼마인지 구해 보세요.

( )

바르게 계산한 값 구하기

13 어떤 수를 0.6으로 나누어야 할 것을 잘못하여 6으로 나누었더니 몫이 3, 나머지가 1.6이었습니다. 바르게 계산했을 때의 몫을 반올림하여 소수 첫째 자리까지 나타내어 보세요.

( )

14 어떤 수를 2.8로 나누어야 할 것을 잘못하여 28로 나누었더니 몫이 3, 나머지가 0.2였습니다. 바르게 계산했을 때의 몫을 반올림하여 소수 둘째 자리까지 나타내어 보세요.

( )

15 어떤 수를 0.3으로 나누어야 할 것을 잘못하여 0.5를 곱했더니 2.05가 되었습니다. 바르게 계산했을 때의 몫을 반올림하여 소수 첫째 자리까지 나타내어 보세요.

( )

몫의 소수 ■째 자리 숫자 구하기

16 몫의 소수 12째 자리 숫자를 구해 보세요.

$12.3 \div 9$

( )

17 몫의 소수 29째 자리 숫자를 구해 보세요.

$50 \div 22$

( )

18 몫을 반올림하여 소수 10째 자리까지 나타내면 몫의 소수 10째 자리 숫자는 얼마인지 구해 보세요.

$3.58 \div 9$

( )

STEP 4 최상위 도전 유형

최상위 유형에 자주 나오는 문제로 학습함으로써 수학의 실력을 완성해 보세요.

도전1 수 카드로 나눗셈식 만들기

1 수 카드 2, 3, 5 를 □ 안에 한 번씩 써넣어 몫이 가장 큰 나눗셈식을 만들고 몫을 구해 보세요.

□□.□÷0.4

(　　　　　　　　)

핵심 NOTE

몫이 가장 작은 나눗셈식은 (가장 작은 수)÷(가장 큰 수)이고,
몫이 가장 큰 나눗셈식은 (가장 큰 수)÷(가장 작은 수)입니다.

2 수 카드 0, 4, 8 을 □ 안에 한 번씩 써넣어 몫이 가장 작은 나눗셈식을 만들고 몫을 구해 보세요.

□.□□÷0.2

(　　　　　　　　)

3 수 카드 3, 5, 7, 8 을 □ 안에 한 번씩 써넣어 다음과 같이 나눗셈식을 만들려고 합니다. 몫이 가장 큰 나눗셈식을 만들고 몫을 반올림하여 소수 첫째 자리까지 나타내어 보세요.

□□.□÷□

(　　　　　　　　)

도전2 □ 안에 들어갈 수 있는 수 구하기

4 1부터 9까지의 자연수 중에서 □ 안에 들어갈 수 있는 수를 모두 구해 보세요.

8.4÷1.4>□

(　　　　　　　　)

핵심 NOTE

소수의 나눗셈을 먼저 계산한 후 □ 안에 들어갈 수 있는 수를 구합니다.

5 □ 안에 들어갈 수 있는 자연수는 모두 몇 개인지 구해 보세요.

144÷3.6<□<24÷0.48

(　　　　　　　　)

6 1부터 9까지의 자연수 중에서 □ 안에 들어갈 수 있는 수는 모두 몇 개인지 구해 보세요.

44.2÷26<1.□5

(　　　　　　　　)

도전3 넓이가 같은 두 도형에서 변의 길이 구하기

7 가로가 6.24 cm, 세로가 4 cm인 직사각형이 있습니다. 이 직사각형의 세로를 2 cm 늘인다면 가로는 몇 cm를 줄여야 처음 직사각형의 넓이와 같게 되는지 구해 보세요.

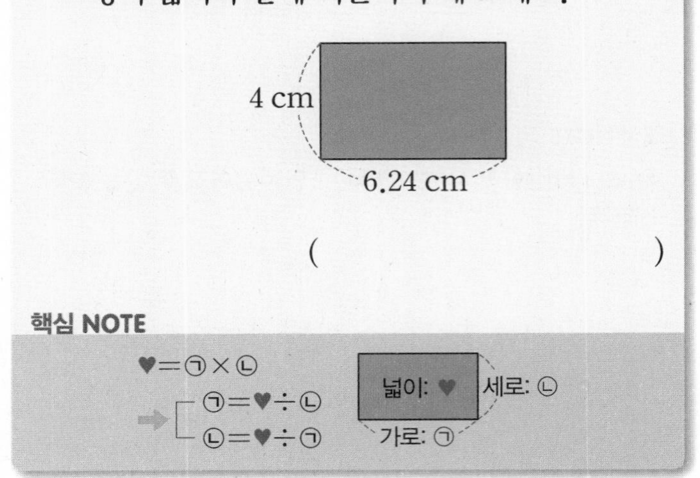

( )

핵심 NOTE

♥=㉠×㉡
→ ㉠=♥÷㉡
㉡=♥÷㉠

넓이: ♥ 세로: ㉡ 가로: ㉠

8 두 대각선의 길이가 3 cm, 2.4 cm인 마름모가 있습니다. 이 마름모의 대각선 중 긴 대각선의 길이를 1.2 cm 줄인다면 다른 대각선의 길이는 몇 cm를 늘여야 처음 마름모의 넓이와 같게 되는지 구해 보세요.

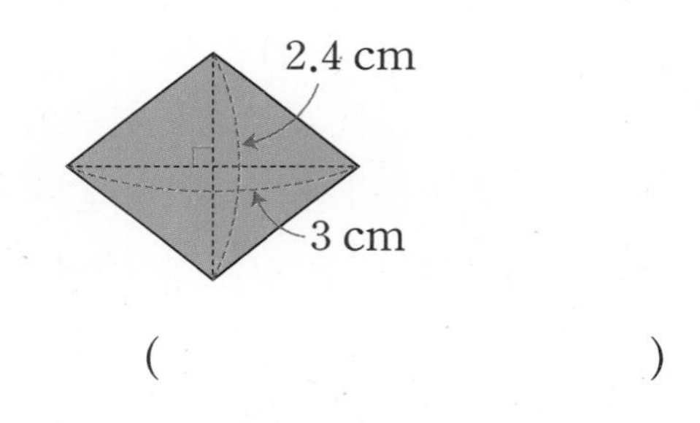

( )

도전4 둘레에 놓는 것의 개수 구하기

9 그림과 같이 둘레가 11.2 m인 원 모양의 울타리에 1.4 m 간격으로 기둥을 세우려고 합니다. 필요한 기둥은 모두 몇 개인지 구해 보세요. (단, 기둥의 두께는 생각하지 않습니다.)

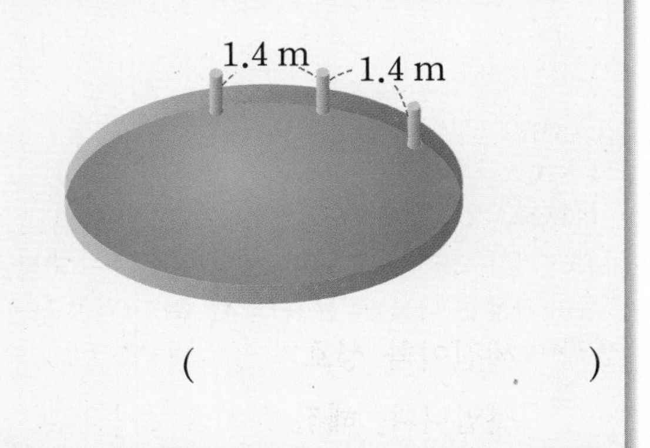

( )

핵심 NOTE

간격의 수가 □군데일 때 직선 모양 길의 한쪽에 처음부터 끝까지 세운 기둥의 수는 (□+1)개이고, 원 모양 길의 둘레에 세운 기둥의 수는 □개입니다.

10 호수 주변에 둘레가 240 m인 원 모양의 산책로를 만들었습니다. 이 산책로에 8.1 m 간격으로 긴 의자를 설치하려고 합니다. 의자의 길이가 1.5 m일 때 의자는 모두 몇 개 필요할까요?

( )

11 길이가 40 m인 직선 도로의 양쪽에 1.25 m 간격으로 도로의 처음부터 끝까지 깃발을 세우려고 합니다. 필요한 깃발은 모두 몇 개인지 구해 보세요.(단, 깃발의 두께는 생각하지 않습니다.)

( )

도전5 시간을 소수로 바꾸어 계산하기

12 1시간 15분 동안 35 cm를 기어가는 달팽이가 있습니다. 이 달팽이는 한 시간 동안 몇 cm를 기어가는 셈일까요?

( )

핵심 NOTE

□km를 가는데 ★분이 걸릴 때
1 km를 가는 데 걸리는 시간은 ★÷□(분)이고
1분 동안 가는 거리는 □÷★ (km)입니다.

13 혜진이와 성호가 줄넘기를 한 시간을 나타낸 것입니다. 혜진이가 줄넘기를 한 시간은 성호가 줄넘기를 한 시간의 몇 배인지 구해 보세요.

혜진	성호
1.68시간	1시간 12분

( )

14 어느 달리기 선수가 42.2 km를 2시간 36분 만에 완주했습니다. 이 선수가 일정한 빠르기로 1시간 동안 달린 거리는 몇 km인지 반올림하여 소수 첫째 자리까지 나타내어 보세요.

( )

도전6 길이를 소수로 바꾸어 계산하기

15 굵기가 일정한 통나무 2 m 10 cm의 무게가 78 kg이라고 합니다. 이 통나무 1 m의 무게는 몇 kg인지 반올림하여 소수 첫째 자리까지 나타내어 보세요.

( )

핵심 NOTE

통나무 1 m의 무게는 (통나무의 무게)÷(통나무의 길이)입니다.

16 굵기가 일정한 파이프 90 cm의 무게를 재어 보니 46.2 kg이었습니다. 이 파이프 1 m의 무게는 몇 kg인지 반올림하여 소수 둘째 자리까지 나타내어 보세요.

( )

17 굵기가 일정한 철근 2 m 70 cm를 담은 상자의 무게를 재어 보니 31.6 kg이었습니다. 철근 1.8 m를 잘라 낸 후 남은 철근을 담은 상자의 무게를 재어 보니 14.4 kg이었습니다. 철근 1 m의 무게는 몇 kg인지 반올림하여 일의 자리까지 나타내어 보세요.

( )

도전7 가격 비교하기

18 가 가게에서 파는 딸기 음료는 0.6 L당 1110원이고, 나 가게에서 파는 딸기 음료는 1.3 L당 2340원입니다. 같은 양의 딸기 음료를 산다면 어느 가게가 더 저렴할까요?

( )

핵심 NOTE

같은 양의 딸기 음료를 산다면 1 L당 가격이 싼 가게가 더 저렴합니다.

19 가 가게에서 파는 소금은 2.5 kg당 9000원이고, 나 가게에서 파는 소금은 1.5 kg당 5700원입니다. 같은 양의 소금을 산다면 어느 가게가 더 저렴할까요?

( )

20 어느 가게에서 파는 아이스크림의 가격입니다. 같은 양의 아이스크림을 산다면 어느 것이 가장 비싼지 기호를 써 보세요.

가: 0.4 kg ······ 3600원
나: 0.5 kg ······ 4600원
다: 0.75 kg ······ 7200원

( )

도전8 양초를 태운 시간 구하기

21 길이가 22 cm인 양초가 있습니다. 이 양초에 불을 붙이면 1분에 0.2 cm씩 일정하게 탑니다. 이 양초를 3.6 cm가 남을 때까지 태웠다면 양초를 태운 시간은 몇 시간 몇 분인지 구해 보세요.

( )

핵심 NOTE

탄 양초의 길이는 처음 양초의 길이에서 남은 양초의 길이를 뺀 길이입니다.

22 길이가 18.4 cm인 양초가 있습니다. 이 양초에 불을 붙이면 10분에 0.24 cm씩 일정하게 탑니다. 이 양초를 6.4 cm가 남을 때까지 태웠다면 양초를 태운 시간은 몇 시간 몇 분인지 구해 보세요.

( )

23 길이가 40 cm인 양초가 있습니다. 이 양초에 불을 붙이면 1분에 0.4 cm씩 일정하게 탑니다. 오후 3시에 이 양초에 불을 붙여 4 cm가 남았을 때 불을 껐습니다. 양초의 불을 끈 시각은 오후 몇 시 몇 분인지 구해 보세요.

( )

수시 평가 대비 Level 1

점수

확인

1 $8.48 \div 0.04$를 자연수의 나눗셈을 이용하여 계산해 보세요.

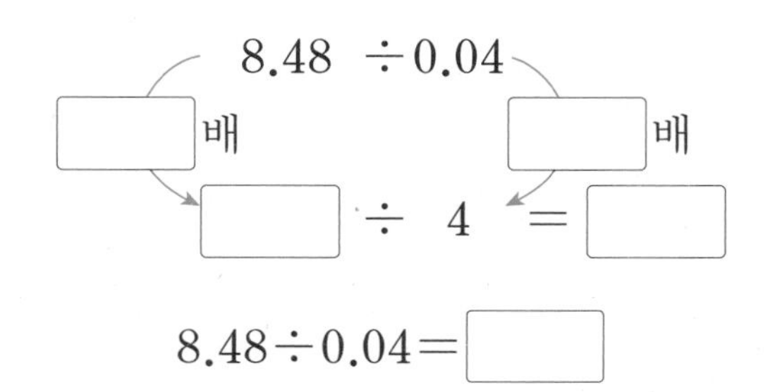

$8.48 \div 0.04 = \square$

2 $22.4 \div 0.7$과 몫이 같은 것을 찾아 기호를 써 보세요.

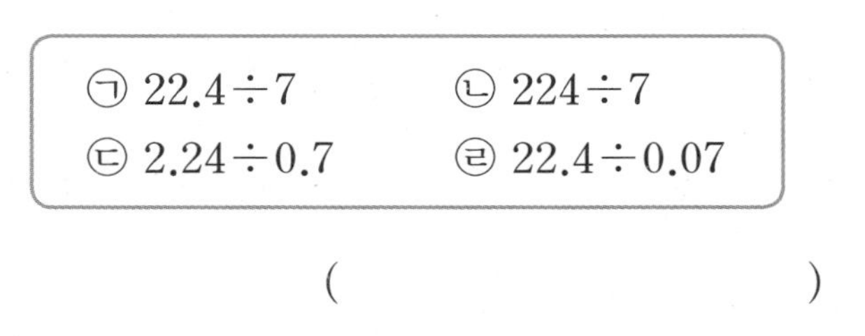

㉠ $22.4 \div 7$ ㉡ $224 \div 7$
㉢ $2.24 \div 0.7$ ㉣ $22.4 \div 0.07$

( )

3 보기 와 같이 분수의 나눗셈으로 계산해 보세요.

보기

$$3 \div 0.25 = \frac{300}{100} \div \frac{25}{100} = 300 \div 25 = 12$$

$6 \div 0.75$

4 조건 을 만족하는 나눗셈식을 찾아 계산해 보세요.

조건
- $725 \div 5$를 이용하여 풀 수 있습니다.
- 나누어지는 수와 나누는 수를 각각 100배 하면 $725 \div 5$가 됩니다.

식

5 □ 안에 알맞은 수를 써넣으세요.

$288 \div 48 = \square$

$288 \div 4.8 = \square$

$288 \div 0.48 = \square$

6 계산 결과를 비교하여 ○ 안에 >, =, <를 알맞게 써넣으세요.

$1.36 \div 0.04$ ○ $83.7 \div 2.7$

7 큰 수를 작은 수로 나눈 몫을 빈칸에 써넣으세요.

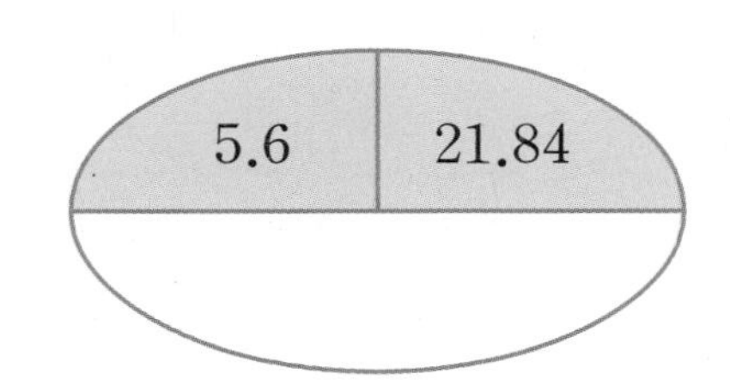

8 색 테이프 8.1 m를 0.3 m씩 나누어 자르려고 합니다. 몇 도막으로 자를 수 있는지 구해 보세요.

( )

2

9 계산 결과를 비교하여 ○ 안에 >, =, <를 알맞게 써넣으세요.

9.5÷7의 몫을 반올림하여 소수 첫째 자리까지 나타낸 수

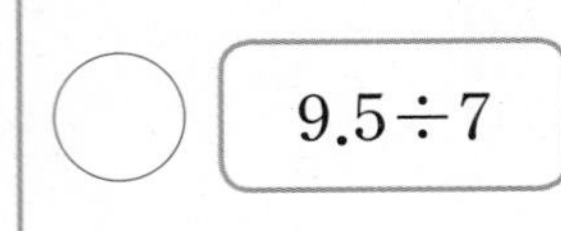

10 재현이의 몸무게는 32.76 kg이고 동생의 몸무게는 15.6 kg입니다. 재현이의 몸무게는 동생의 몸무게의 몇 배인지 구해 보세요.

( )

11 □ 안에 알맞은 수를 써넣으세요.

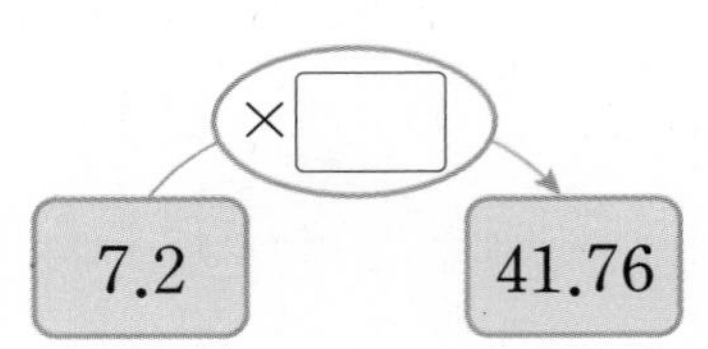

12 물 35.2 L를 2 L 들이 병에 가득 차게 나누어 담으려고 합니다. 몇 병까지 담을 수 있고, 남는 물은 몇 L인지 구해 보세요.

담을 수 있는 병의 수 ( )

남는 물의 양 ( )

13 몫의 소수 30째 자리 숫자를 구해 보세요.

4.2÷1.1

( )

14 가÷나의 값은 얼마인지 구해 보세요.

가: 0.567을 10배 한 수
나: 0.1이 9개인 수

( )

15 몫을 반올림하여 일의 자리까지 나타낸 수와 몫을 반올림하여 소수 둘째 자리까지 나타낸 수의 차를 구해 보세요.

9.7÷3.7

( )

➲ 정답과 풀이 19쪽

16 1시간 30분 동안 132 km를 달리는 자동차가 있습니다. 이 자동차는 한 시간에 몇 km를 달리는 셈인지 구해 보세요.

( )

17 수 카드 2, 4, 8 을 □ 안에 한 번씩만 써넣어 몫이 가장 작은 나눗셈식을 만들고 몫을 구해 보세요.

$33.68 \div \square.\square\square$

( )

18 둘레가 291 m인 원 모양의 광장이 있습니다. 이 광장의 둘레에 18.6 m 간격으로 안내판을 설치하려고 합니다. 안내판의 가로 길이가 0.8 m 일 때 안내판은 몇 개 필요한지 구해 보세요.

( )

서술형

19 밤 45.6 kg을 한 상자에 6 kg씩 나누어 담을 때 담을 수 있는 상자 수와 남는 밤은 몇 kg인지 알기 위해 다음과 같이 계산했습니다. 잘못 계산한 곳을 찾아 바르게 계산하고, 그 이유를 써 보세요.

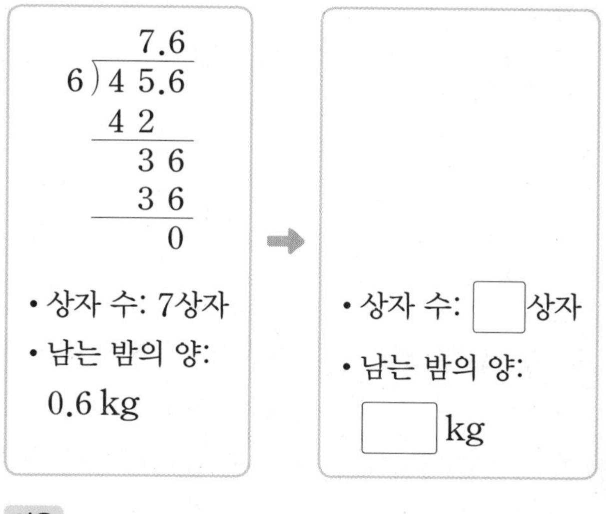

7.6
6)45.6
42
36
36
0
• 상자 수: 7상자
• 남는 밤의 양: 0.6 kg
• 상자 수: □상자
• 남는 밤의 양: □kg

이유 ....

서술형

20 굵기가 일정한 철근 5.3 m의 무게는 25.97 kg 입니다. 이 철근 2 m의 무게는 몇 kg인지 풀이 과정을 쓰고 답을 구해 보세요.

풀이 ....

답 ....

수시 평가 대비 Level 2

2. 소수의 나눗셈

점수

확인

1 소수의 나눗셈을 자연수의 나눗셈을 이용하여 계산하려고 합니다. □ 안에 알맞은 수를 써넣으세요.

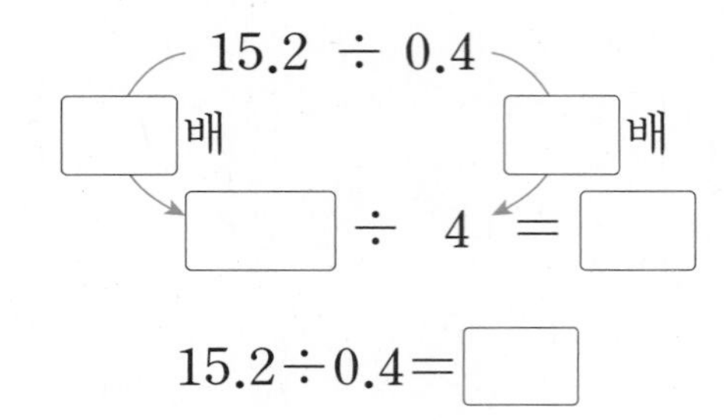

15.2÷0.4=□

2 필통의 길이는 22.5 cm이고 지우개의 길이는 4.5 cm입니다. 필통의 길이는 지우개의 길이의 몇 배인지 □ 안에 알맞은 수를 써넣으세요.

22.5 cm=□mm

4.5 cm=□mm

22.5÷4.5=□(배)

3 보기 와 같이 분수의 나눗셈으로 계산해 보세요.

보기

$7.42\div0.53=\frac{742}{100}\div\frac{53}{100}$

$=742\div53=14$

8.82÷0.09

4 계산해 보세요.

(1) $2.45\overline{)80.85}$

(2) $0.08\overline{)52}$

5 □ 안에 알맞은 수를 써넣으세요.

2.31÷0.03=□

23.1÷0.03=□

231÷0.03=□

6 잘못 계산한 곳을 찾아 바르게 계산해 보세요.

```
      1.8
6.5)1 1 7
      6 5
    5 2 0
    5 2 0
        0
```

7 계산 결과를 비교하여 ○ 안에 >, =, <를 알맞게 써넣으세요.

34.5÷1.5 ○ 10.2÷0.68

정답과 풀이 20쪽

8 빈칸에 알맞은 수를 써넣으세요.

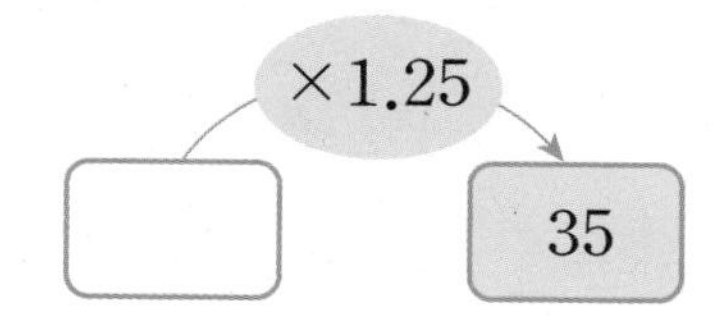

9 가◎나=(가÷나)÷나라고 약속할 때 다음을 계산해 보세요.

31.25◎1.25

(　　　　　　　　)

10 길이가 10.54 m인 통나무를 0.31 m씩 자르려고 합니다. 모두 몇 번 잘라야 하는지 구해 보세요.

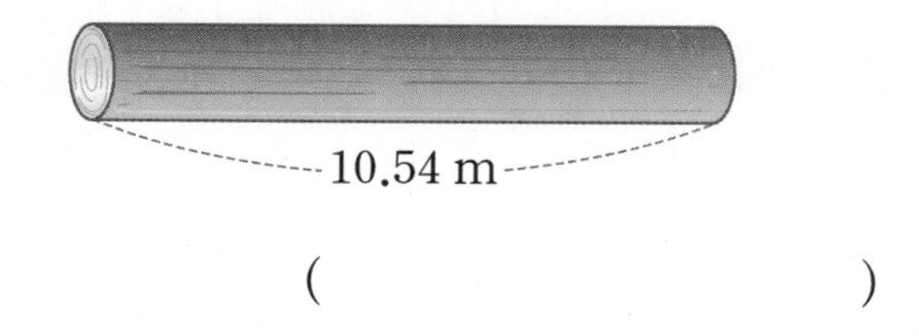

(　　　　　　　　)

11 다음 조건 을 만족하는 나눗셈식을 찾아 계산하고, 이유를 써 보세요.

조건
- 476÷14를 이용하여 계산할 수 있습니다.
- 나누는 수와 나누어지는 수를 각각 10배 한 식은 476÷14입니다.

식 ....

이유 ....

....

12 몫을 반올림하여 일의 자리까지 나타낸 수와 몫을 반올림하여 소수 첫째 자리까지 나타낸 수의 차를 구해 보세요.

6.3÷1.3

(　　　　　　　　)

13 우유 15.6 L를 한 병에 2 L씩 나누어 담으면 몇 병까지 담을 수 있고, 남는 우유는 몇 L일까요?

담을 수 있는 병의 수 (　　　　　　　　)

남는 우유의 양 (　　　　　　　　)

14 몫의 소수 25째 자리 숫자를 구해 보세요.

37÷2.7

(　　　　　　　　)

15 넓이가 29.64 cm^2인 사다리꼴이 있습니다. 사다리꼴의 높이가 4.8 cm일 때 윗변의 길이와 아랫변의 길이의 합은 몇 cm일까요?

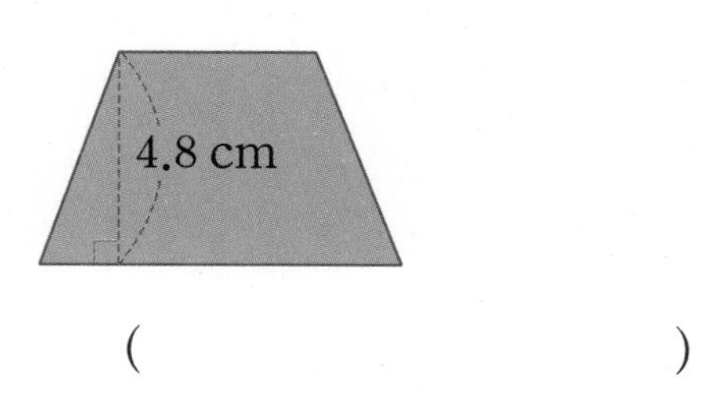

(　　　　　　　　)

정답과 풀이 20쪽

16 굵기가 일정한 철사 20.4 m가 들어 있는 상자의 무게를 재어 보니 7.2 kg이었습니다. 철사 11.7 m를 잘라 낸 후 남은 철사가 들어 있는 상자의 무게를 재어 보니 4.7 kg이었습니다. 철사 1 m의 무게는 몇 kg인지 반올림하여 소수 둘째 자리까지 나타내어 보세요.

(　　　　　　　　)

17 수 카드 1, 2, 4, 6, 8 을 □ 안에 한 번씩 써 넣어 다음과 같이 나눗셈식을 만들려고 합니다. 몫이 가장 큰 나눗셈식을 만들고 몫을 구해 보세요.

□.□□÷□.□

(　　　　　　　　)

18 가 가게에서 파는 수정과는 0.6 L당 1800원이고, 나 가게에서 파는 수정과는 0.75 L당 1920원입니다. 1 L의 수정과를 산다면 어느 가게가 얼마나 더 저렴한지 구해 보세요.

(　　　　　　), (　　　　　　)

서술형

19 경한이는 1시 30분부터 2시 45분까지 4.35 km를 걸었습니다. 경한이가 일정한 빠르기로 걸었다면 한 시간 동안 걸은 거리는 몇 km인지 풀이 과정을 쓰고 답을 구해 보세요.

풀이

답

서술형

20 길이가 8.52 km인 터널이 있습니다. 길이가 160 m인 기차가 1분에 1.24 km를 가는 빠르기로 달릴 때 터널을 완전히 지나가는 데 걸리는 시간은 몇 분인지 풀이 과정을 쓰고 답을 구해 보세요.

풀이

답

3 공간과 입체

이번 단원에서 꼭 짚어야 할 **핵심 개념**을 알아보자.

핵심 1 쌓기나무의 개수 (1)

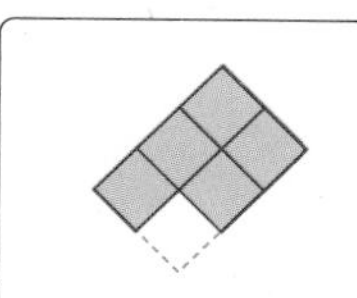

1층이 ☐개, 2층이 ☐개, 3층이 ☐개이므로 똑같이 쌓는 데 필요한 쌓기나무는 ☐개입니다.

핵심 2 쌓기나무의 개수 (2)

쌓기나무로 쌓은 모양을 위, 앞, 옆에서 본 모양 그리기

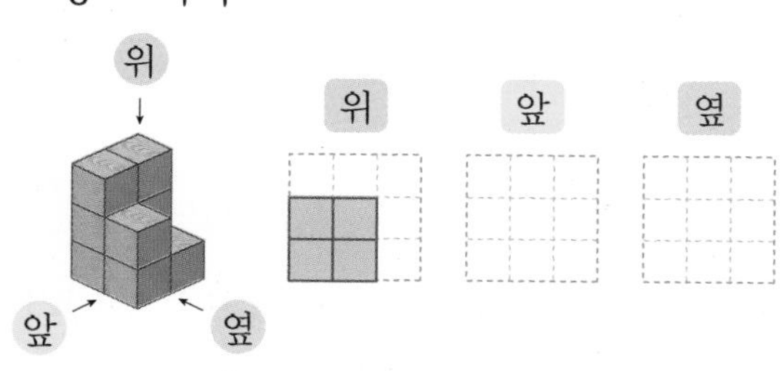

핵심 3 쌓기나무의 개수 (3)

쌓기나무로 쌓은 모양을 보고 위에서 본 모양에 수를 써서 나타내기

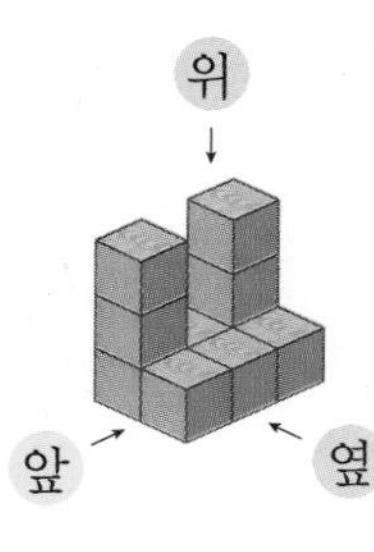

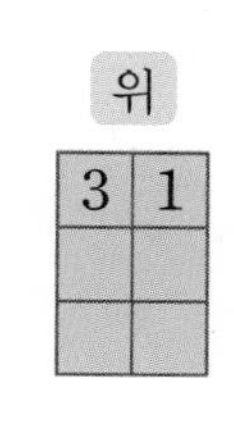

핵심 4 쌓기나무의 개수 (4)

쌓기나무로 쌓은 모양을 층별로 나타낸 모양으로 그리기

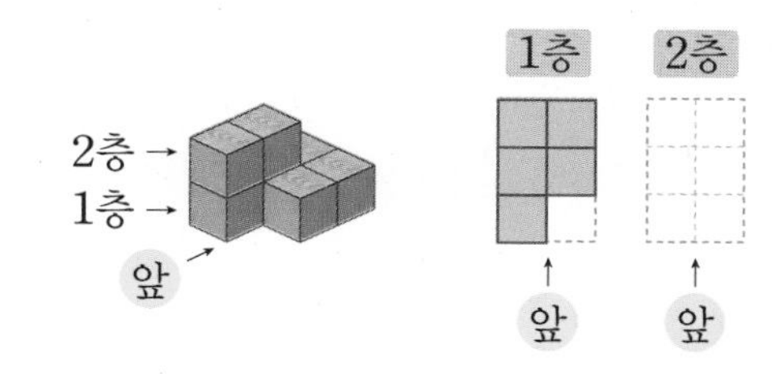

핵심 5 여러 가지 모양 만들기

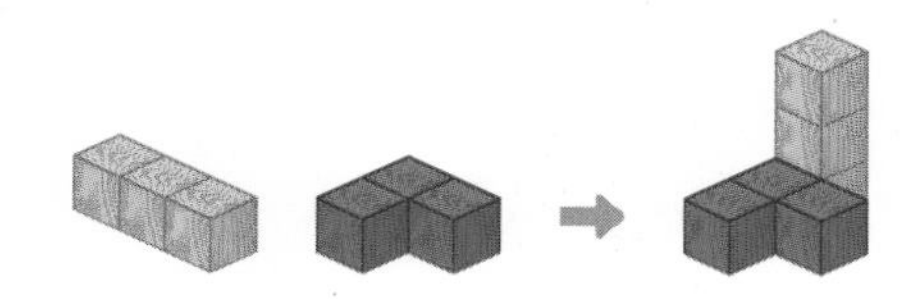

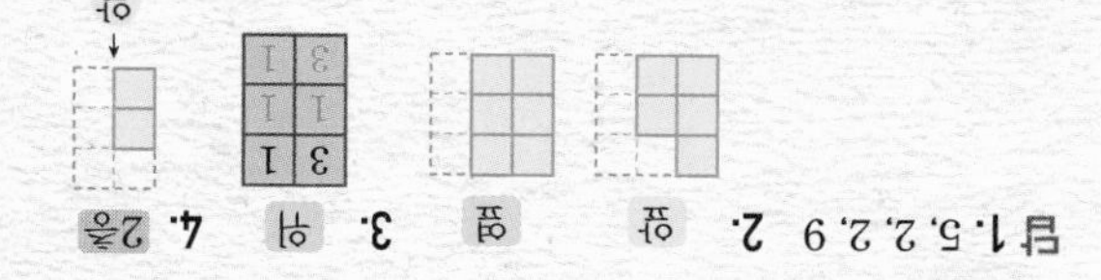

답 1. 5, 2, 2, 9 2. 앞 옆 3. 위 4. 2층

STEP 1 교과 개념

1. 어느 방향에서 보았는지 알아보기
쌓은 모양과 쌓기나무의 개수 알아보기(1)

● 여러 방향에서 본 모양 알아보기

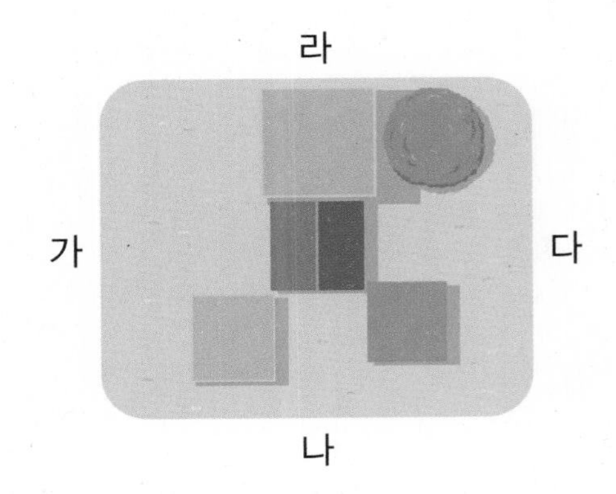

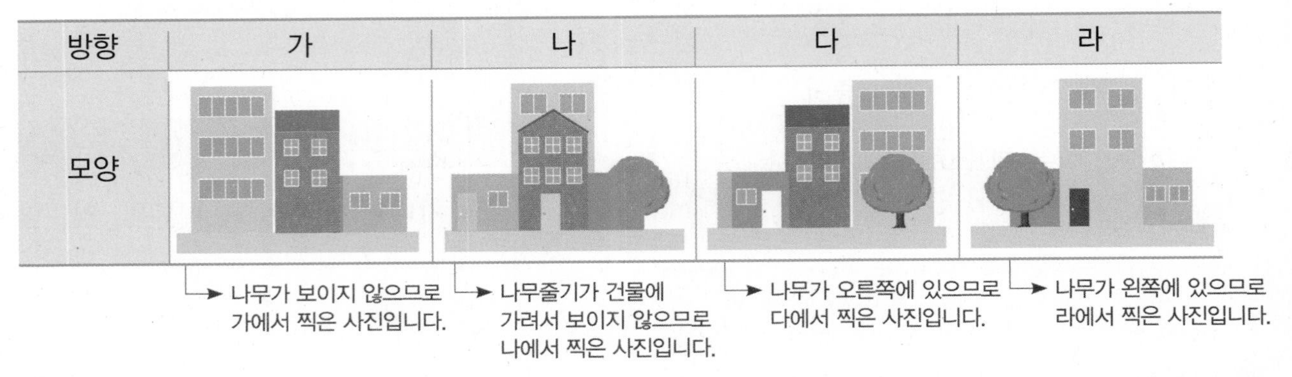

방향	가	나	다	라
모양				

- 가: 나무가 보이지 않으므로 가에서 찍은 사진입니다.
- 나: 나무줄기가 건물에 가려서 보이지 않으므로 나에서 찍은 사진입니다.
- 다: 나무가 오른쪽에 있으므로 다에서 찍은 사진입니다.
- 라: 나무가 왼쪽에 있으므로 라에서 찍은 사진입니다.

● 위에서 본 모양을 보고 쌓은 모양과 쌓기나무의 개수 알아보기

• 쌓기나무로 쌓은 모양에서 보이는 위의 면과 위에서 본 모양이 같은 경우

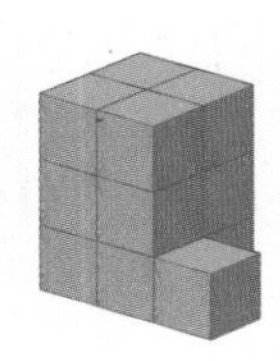

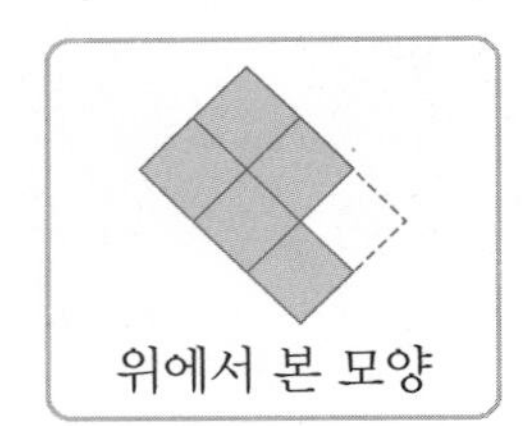
위에서 본 모양

➡ 같은 모양이므로 뒤에서 보았을 때 쌓은 모양은 다음과 같습니다.

(쌓기나무의 개수)$=\underset{1층}{\underline{5}}+\underset{2층}{\underline{4}}+\underset{3층}{\underline{4}}=13$(개)

• 쌓기나무로 쌓은 모양에서 보이는 위의 면과 위에서 본 모양이 다른 경우

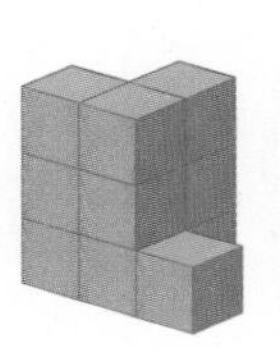

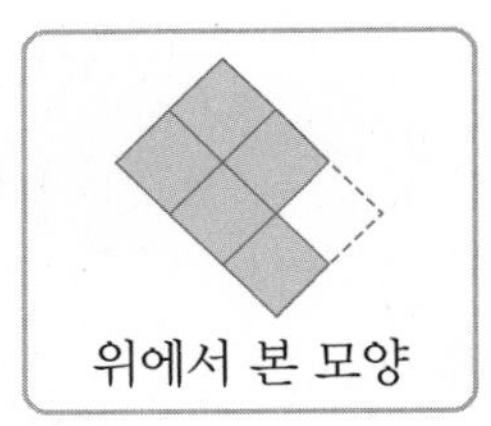
위에서 본 모양

➡ 다른 모양이므로 뒤에서 보았을 때 쌓은 모양은 다음과 같이 2가지입니다.

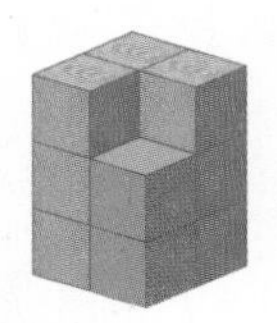

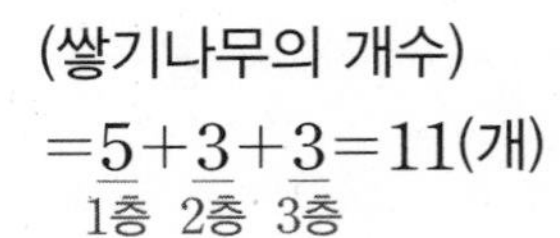

(쌓기나무의 개수)
$=\underset{1층}{\underline{5}}+\underset{2층}{\underline{3}}+\underset{3층}{\underline{3}}=11$(개)

(쌓기나무의 개수)
$=\underset{1층}{\underline{5}}+\underset{2층}{\underline{4}}+\underset{3층}{\underline{3}}=12$(개)

➲ 정답과 풀이 21쪽

1 배를 타고 여러 방향에서 사진을 찍었습니다. 각 사진은 어느 배에서 찍은 것인지 찾아 번호를 써 보세요.

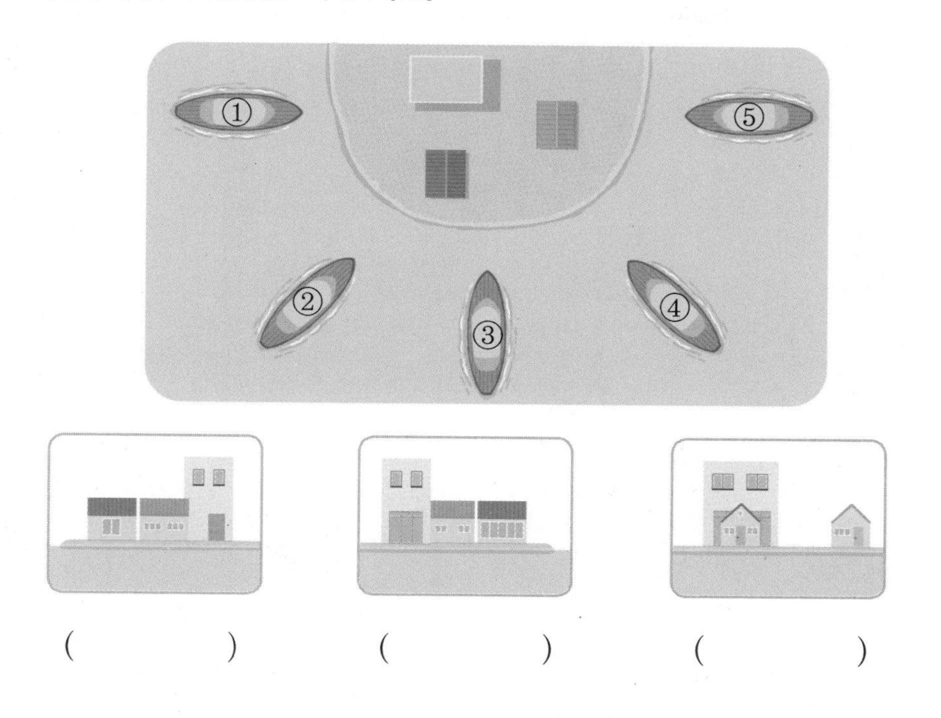

( ) ( ) ( )

2 쌓기나무를 왼쪽과 같은 모양으로 쌓았습니다. 돌렸을 때 왼쪽 그림과 같은 모양을 만들 수 없는 경우를 찾아 기호를 써 보세요.

수직 방향으로 안 보이는 부분들이 있기 때문에 쌓은 모양이 여러 가지가 나올 수 있어요.

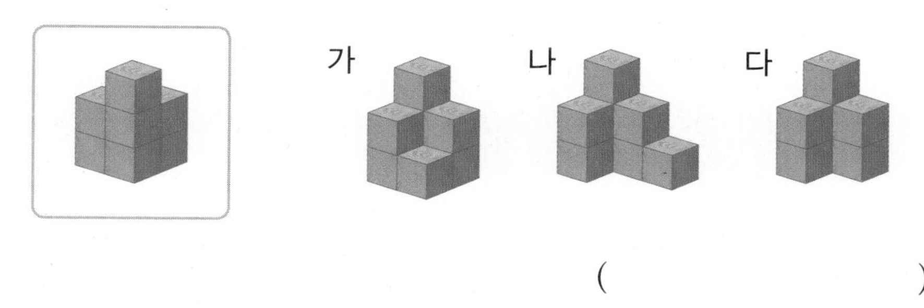

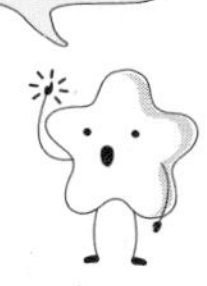

( )

3 쌓기나무로 쌓은 모양을 보고 위에서 본 모양을 그렸습니다. 관계있는 것끼리 이어 보세요.

1층에 놓인 쌓기나무의 개수를 위에서부터 차례로 세어 보아요.

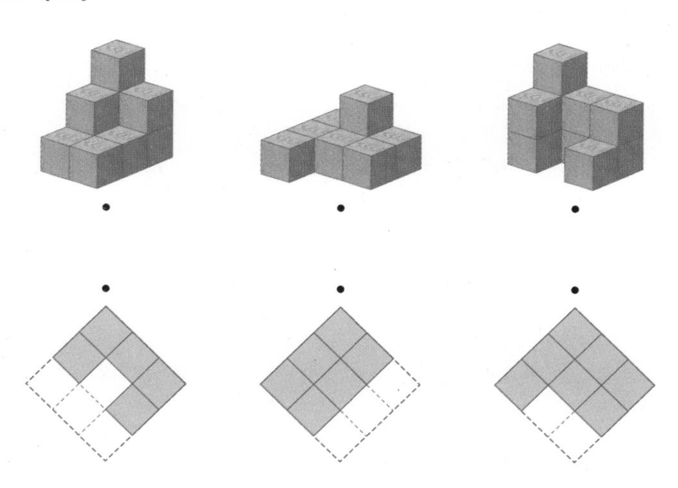

2. 쌓은 모양과 쌓기나무의 개수 알아보기(2)

● 위, 앞, 옆에서 본 모양으로 쌓은 모양과 쌓기나무의 개수 알아보기

• 쌓은 모양을 보고 위, 앞, 옆에서 본 모양을 각각 그려 보기

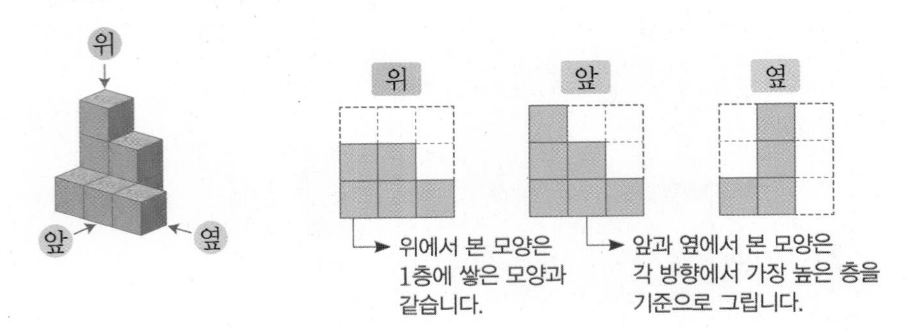

• 위, 앞, 옆에서 본 모양으로 쌓은 모양 추측하고 개수 구하기

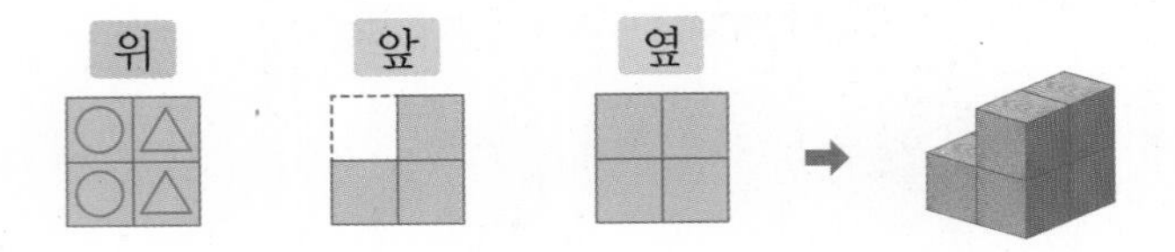

위에서 본 모양을 보면 1층의 쌓기나무는 4개입니다.

앞에서 본 모양을 보면 ○ 부분은 쌓기나무가 각각 1개이고, △ 부분은 2개 이하입니다.

옆에서 본 모양을 보면 △ 부분은 2개입니다.

➡ (똑같은 모양으로 쌓는 데 필요한 쌓기나무의 개수)$=\underset{1층}{\underline{4}}+\underset{2층}{\underline{2}}=6$(개)

● 위에서 본 모양에 수를 써서 쌓은 모양과 쌓기나무의 개수 알아보기

• 쌓기나무로 쌓은 모양을 보고 위에서 본 모양에 수를 써서 나타내기

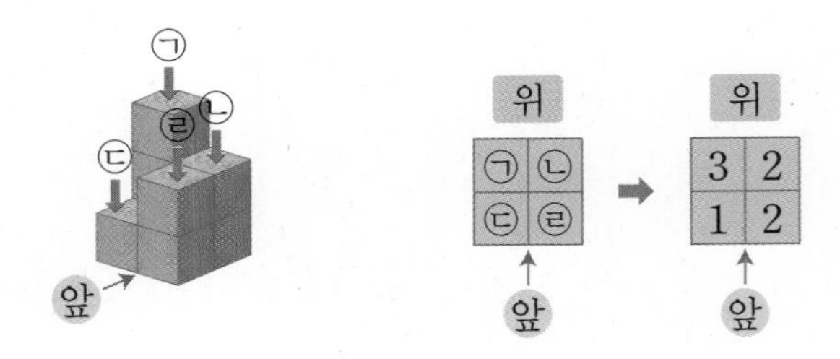

위에서 본 모양에 수를 쓰면 쌓은 모양을 정확하게 알 수 있습니다.

• 위에서 본 모양에 수를 쓴 것을 보고 쌓은 모양 알아보기

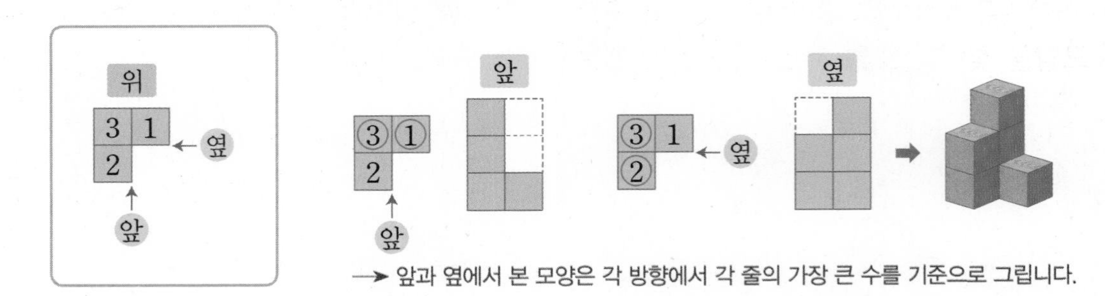

→ 앞과 옆에서 본 모양은 각 방향에서 각 줄의 가장 큰 수를 기준으로 그립니다.

정답과 풀이 22쪽

1 쌓기나무로 쌓은 모양과 위에서 본 모양입니다. 앞과 옆에서 본 모양을 각각 그려 보세요.

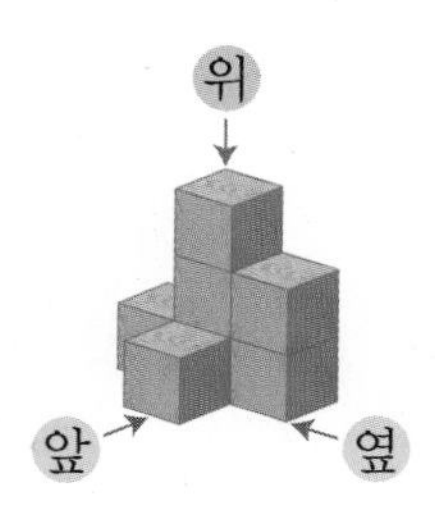

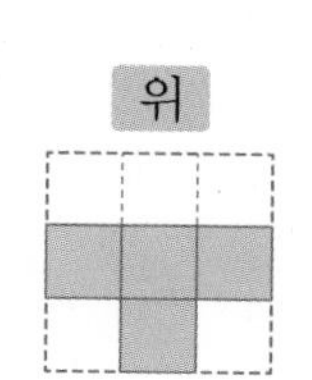

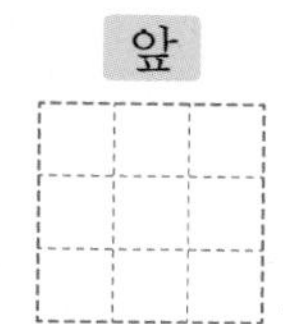

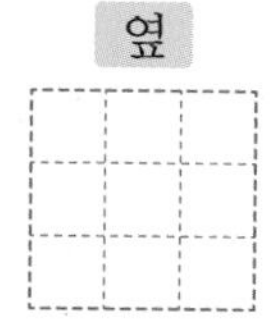

앞과 옆에서 본 모양은 각 방향에서 각 줄의 가장 높은 층의 모양과 같아요.

2 쌓기나무로 쌓은 모양을 위, 앞, 옆에서 본 모양입니다. 똑같은 모양으로 쌓는 데 필요한 쌓기나무의 개수를 구해 보세요.

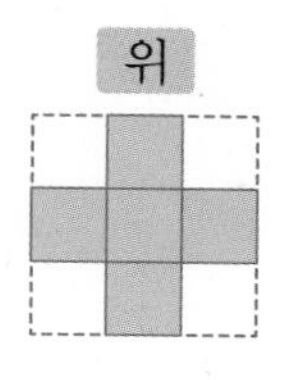

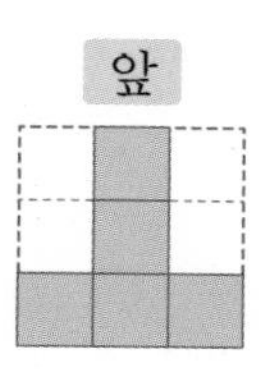

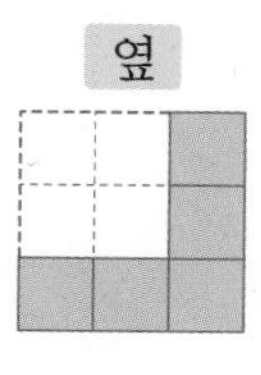

( )

3 쌓기나무로 쌓은 모양을 보고 위에서 본 모양에 수를 써 보세요.

① 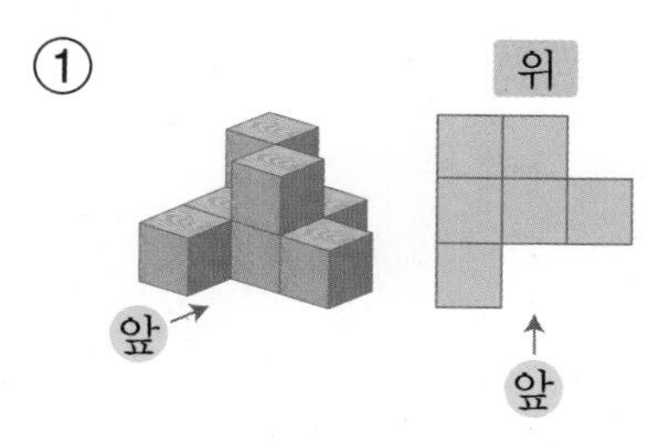

② 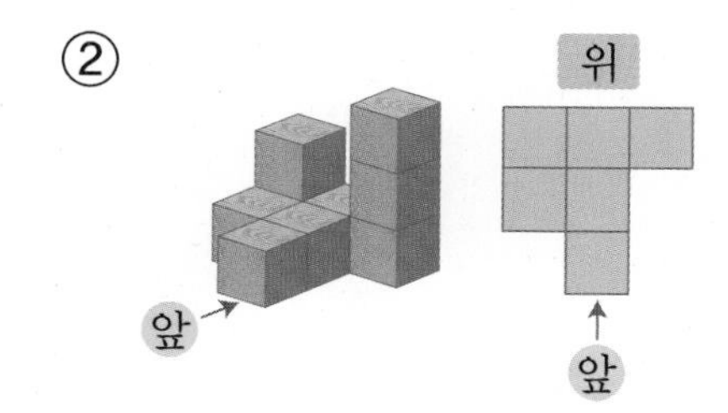

4 쌓기나무로 쌓은 모양을 보고 위에서 본 모양에 수를 썼습니다. 앞에서 본 모양을 찾아 기호를 써 보세요.

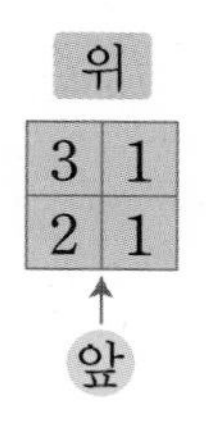

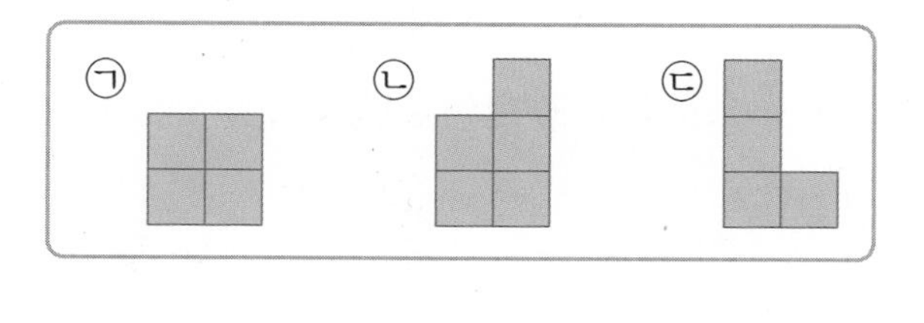

( )

앞에서 보았을 때 각 줄의 가장 높은 층의 모양을 찾아보아요.

STEP 1 교과 개념

3. 쌓은 모양과 쌓기나무의 개수 알아보기(3)

● 층별로 나타낸 모양을 보고 쌓은 모양과 쌓기나무의 개수 알아보기

• 쌓기나무로 쌓은 모양을 보고 층별로 나타낸 모양 그리기

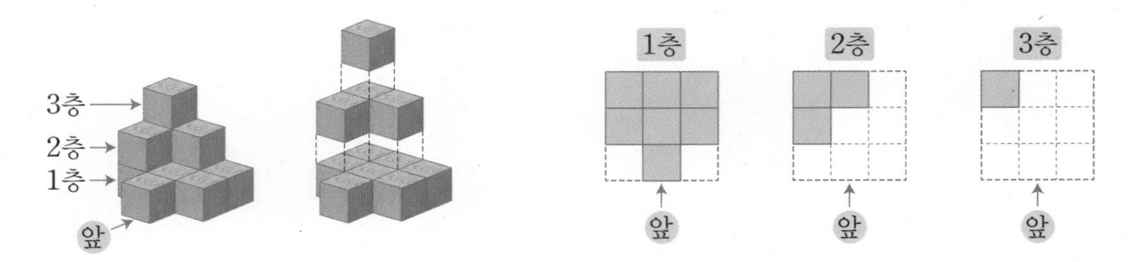

• 층별로 나타낸 모양을 보고 쌓기나무로 쌓은 모양과 개수를 알아보기

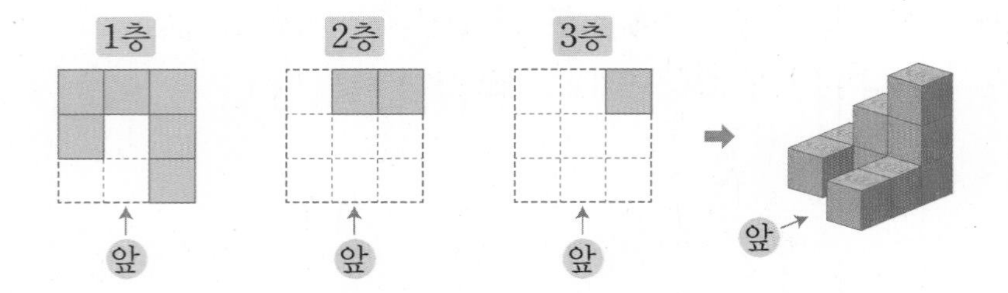

각 층에 사용된 쌓기나무의 개수는 층별로 나타낸 모양에서 색칠된 칸 수와 같습니다.

➡ (쌓기나무의 개수)$=\underset{1층}{\underline{6}}+\underset{2층}{\underline{2}}+\underset{3층}{\underline{1}}=9$(개)

● 여러 가지 모양 만들기

• 쌓기나무 4개로 만들 수 있는 서로 다른 모양 알아보기

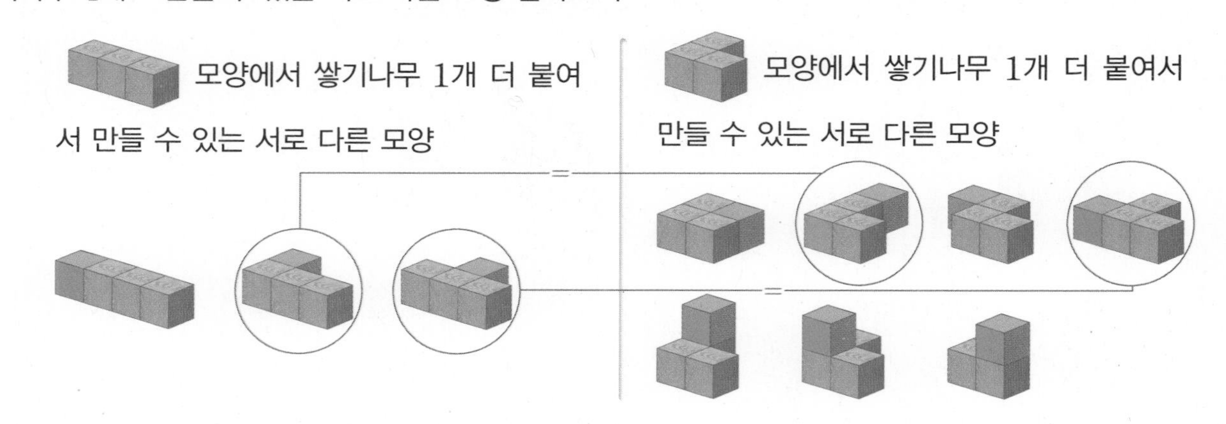

➡ 쌓기나무 4개로 만들 수 있는 서로 다른 모양은 8가지입니다.

개념 자세히 보기

• **여러 가지 모양을 만들 때 뒤집거나 돌려서 모양이 같으면 같은 모양이에요!**

= =

➲ 정답과 풀이 22쪽

① 쌓기나무로 쌓은 모양을 보고 1층과 2층 모양을 각각 그려 보세요.

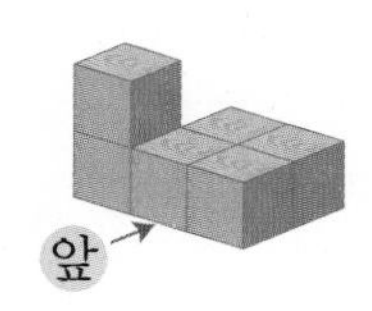

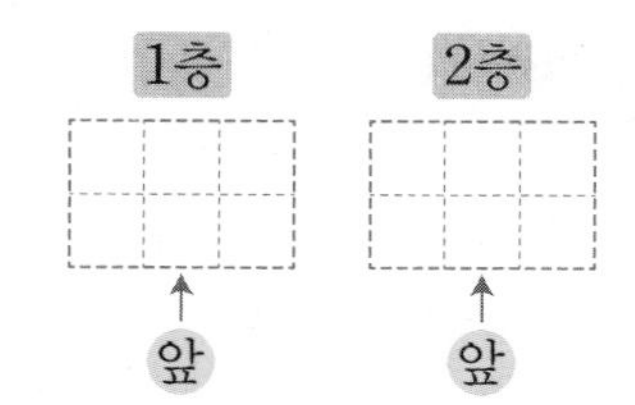

② 쌓기나무로 쌓은 모양과 1층 모양을 보고 2층 모양과 3층 모양을 각각 그려 보세요.

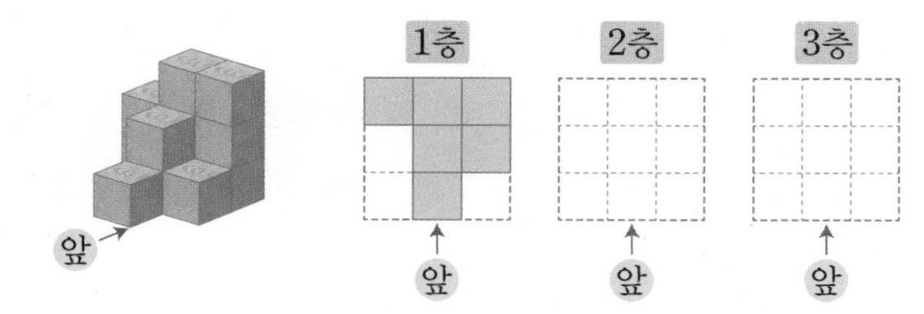

③ 모양에 쌓기나무 1개를 더 붙여서 만들 수 있는 모양을 모두 고르세요. (　　　　)

① 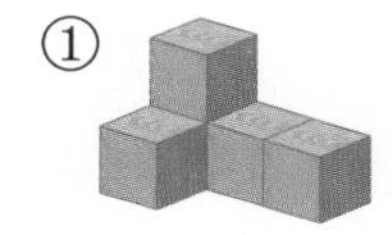
② 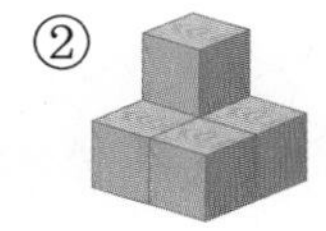
③ 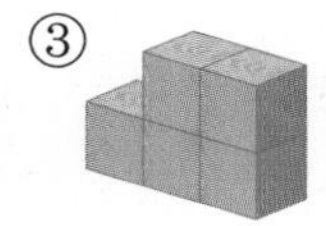
④ 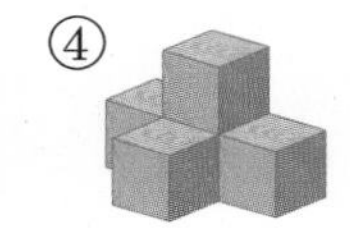
⑤ 

주어진 모양에 쌓기나무 1개를 더 붙인 모양을 뒤집거나 돌려 보면서 같은 모양을 찾아보아요.

3

④ 쌓기나무 6개로 만든 모양입니다. 보기 와 같은 모양을 찾아 기호를 써 보세요.

뒤집거나 돌렸을 때 같은 모양을 찾아보아요.

보기
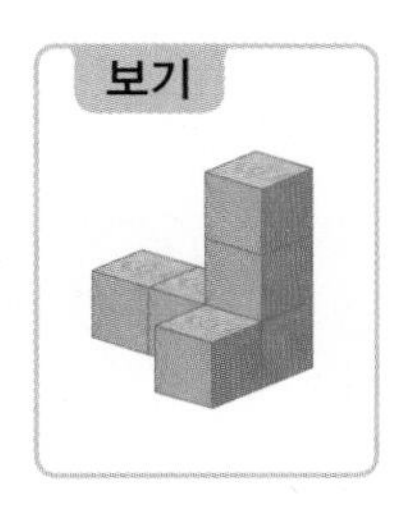

가

나
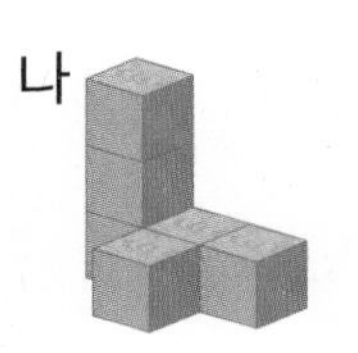

다

(　　　　　　　　)

STEP 2

꼭 나오는 유형

1 여러 방향에서 본 모양 알아보기

1 어느 섬의 바위의 사진을 찍었습니다. 각 사진은 어느 방향에서 찍은 것인지 찾아 기호를 써 보세요.

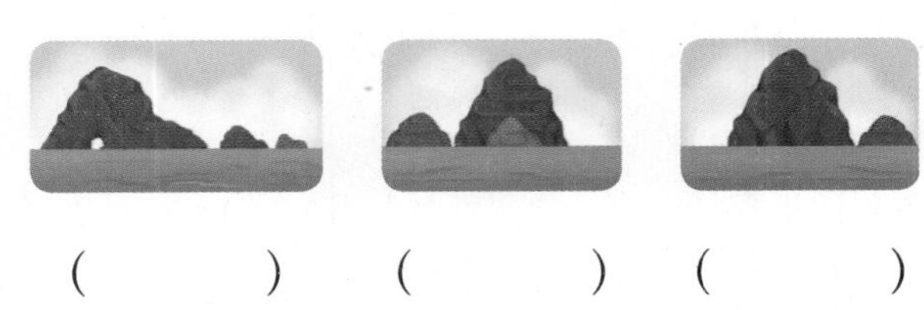

(　　　) (　　　) (　　　)

2 보기 와 같이 물건을 놓았을 때 찍을 수 없는 사진을 찾아 기호를 써 보세요.

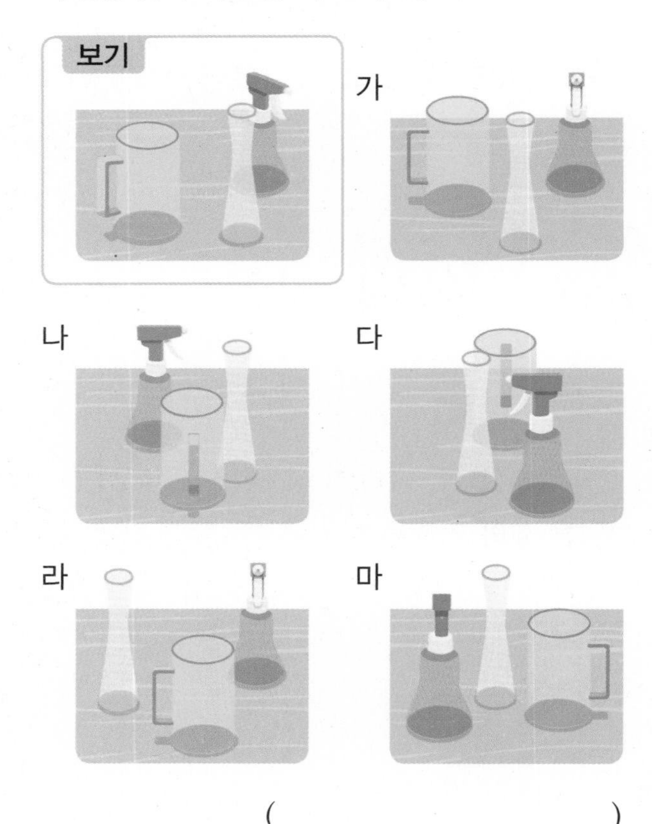

(　　　　　)

2 쌓은 모양과 쌓기나무의 개수 알아보기(1)

3 쌓기나무를 오른쪽과 같은 모양으로 쌓았습니다. 돌렸을 때 오른쪽 그림과 같은 모양을 만들 수 없는 것을 찾아 기호를 써 보세요.

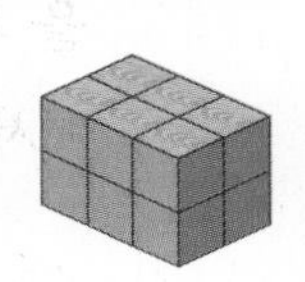

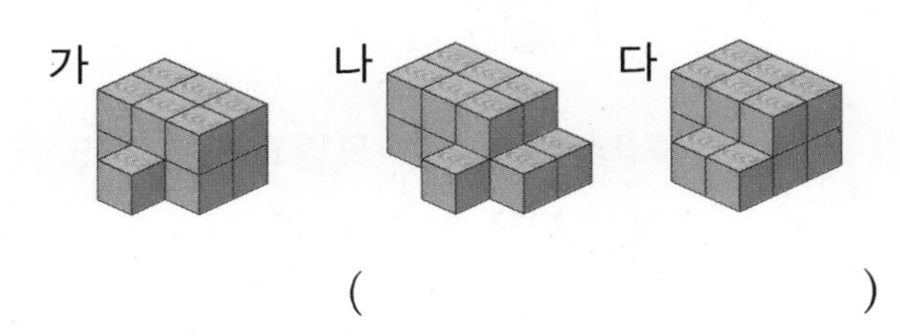

(　　　　　)

4 다음 중 쌓기나무의 개수를 정확히 알 수 있는 것을 찾아 기호를 써 보세요.

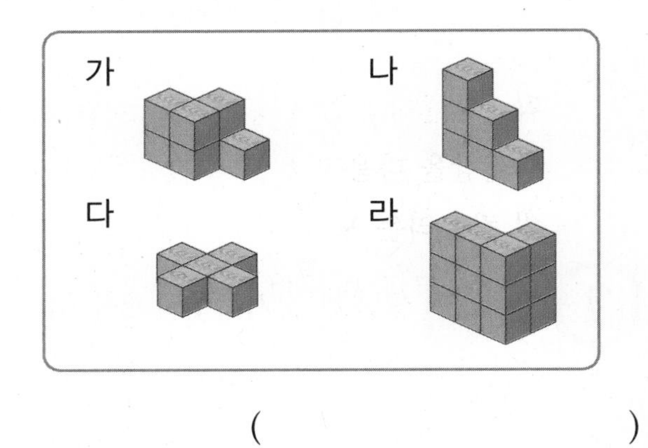

(　　　　　)

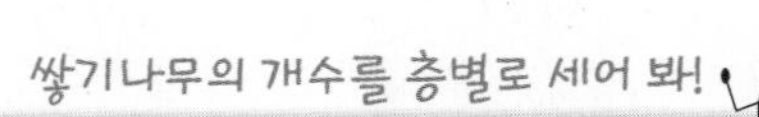

준비 오른쪽 모양과 똑같이 쌓는 데 필요한 쌓기나무의 개수를 구해 보세요.

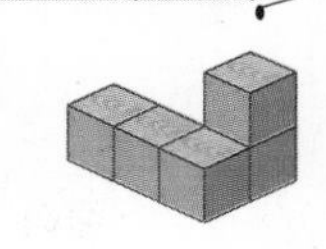

(　　　　　)

5 주어진 모양과 똑같이 쌓는 데 필요한 쌓기나무의 개수를 구해 보세요.

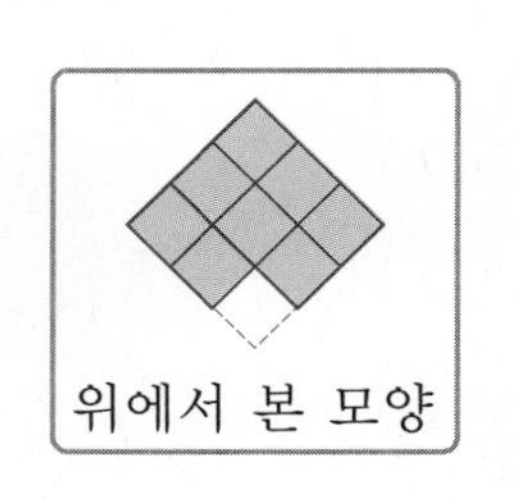

(　　　　　)

내가 만드는 문제

6 쌓기나무로 쌓은 모양을 보고 위에서 본 모양을 자유롭게 그리고, 쌓기나무의 개수를 구해 보세요.

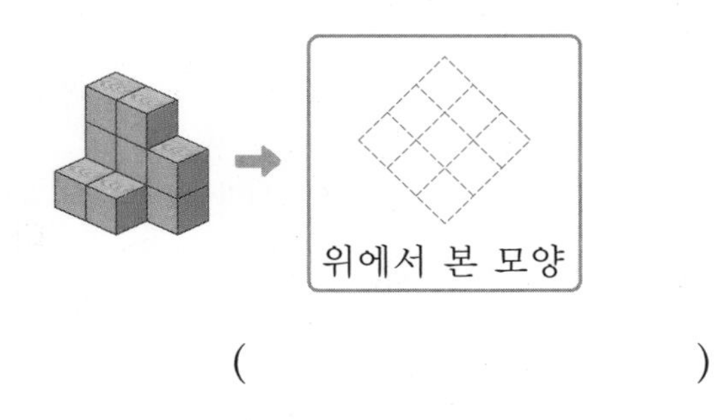

(　　　　　　　　　　)

서술형

7 각설탕 1개의 칼로리는 10 킬로칼로리입니다. 각설탕을 다음과 같이 쌓았을 때 쌓은 각설탕의 칼로리는 모두 몇 킬로칼로리인지 풀이 과정을 쓰고 답을 구해 보세요.

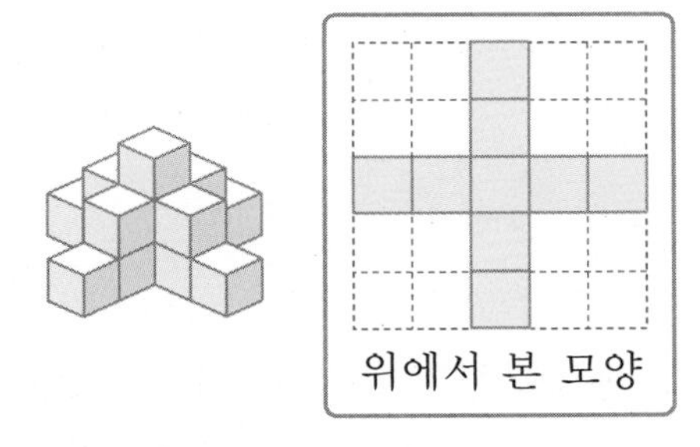

풀이

답

3 쌓은 모양과 쌓기나무의 개수 알아보기(2)

8 오른쪽과 같이 쌓기나무로 쌓은 모양과 위에서 본 모양을 보고 앞과 옆에서 본 모양을 각각 그려 보세요.

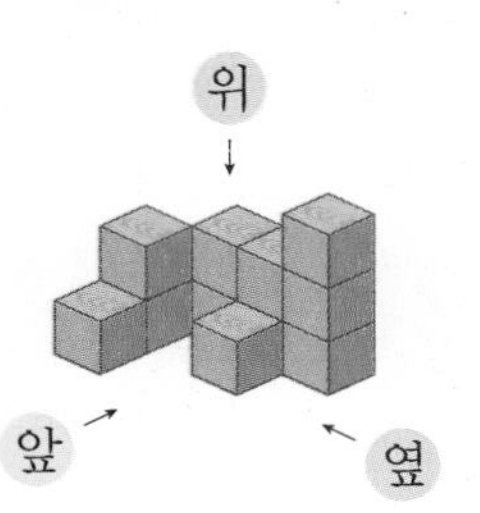

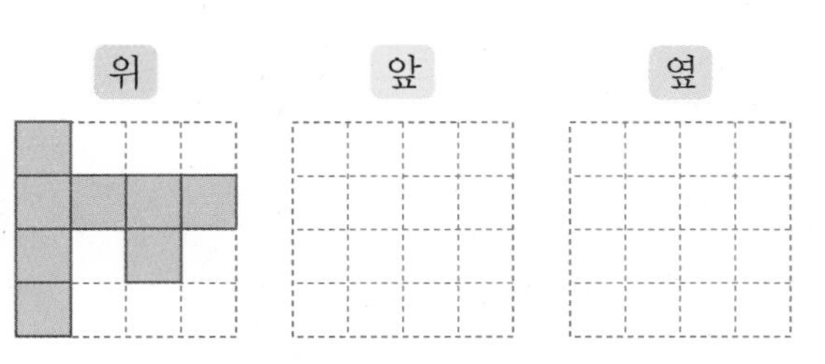

9 쌓기나무로 쌓은 모양을 위, 앞, 옆에서 본 모양입니다. 똑같은 모양으로 쌓는 데 필요한 쌓기나무의 개수를 구해 보세요.

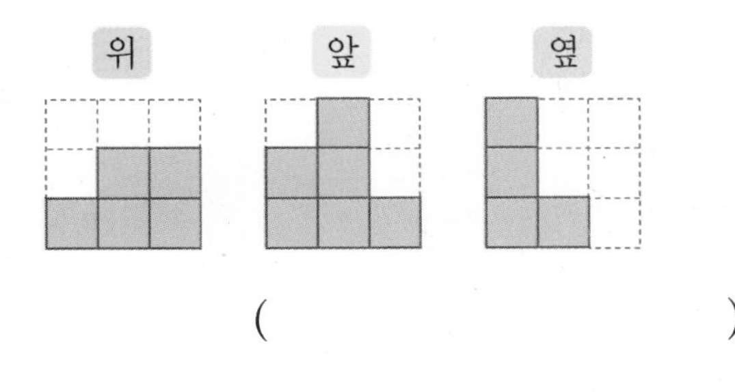

(　　　　　　　　　　)

10 쌓기나무 9개로 쌓은 모양을 위와 앞에서 본 모양입니다. 옆에서 본 모양을 그려 보세요.

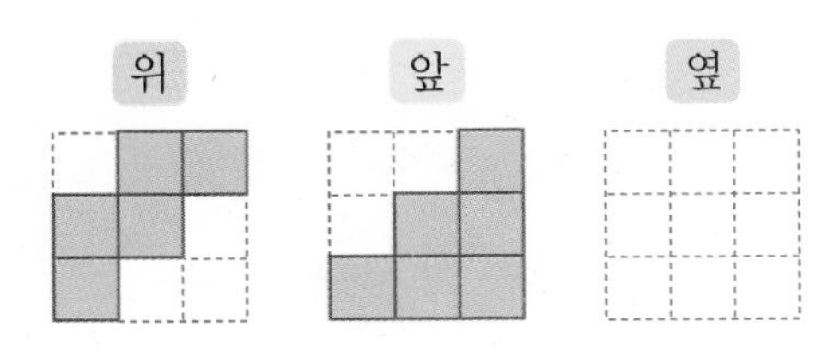

11 쌓기나무 11개로 쌓은 모양을 위, 앞, 옆에서 본 모양입니다. 가능한 모양을 모두 찾아 기호를 써 보세요.

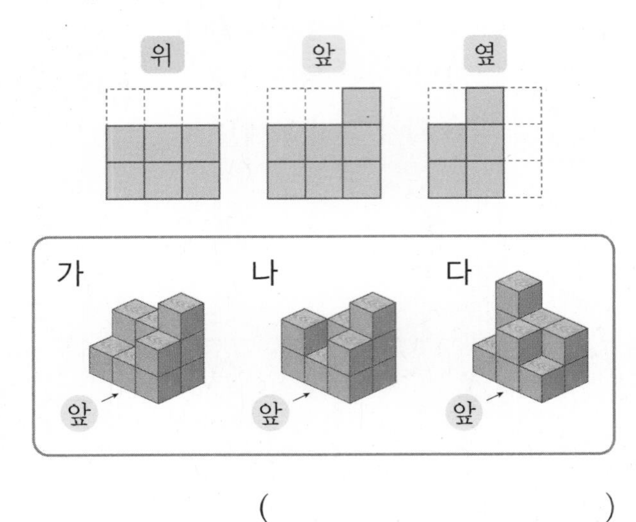

(　　　　　　　　　　)

뒤집거나 돌리면 모양은 변하지 않고 방향만 바뀌어!

준비 도형을 오른쪽으로 뒤집었을 때의 도형을 그려 보세요.

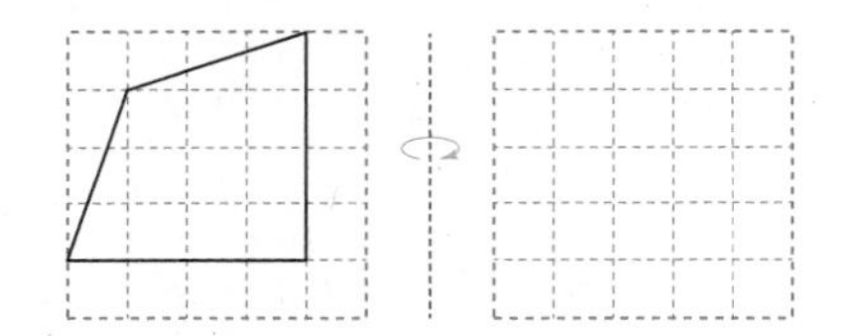

12 쌓기나무 7개를 붙여서 만든 모양을 구멍이 있는 오른쪽 상자에 넣으려고 합니다. 상자 안에 넣을 수 있는 모양을 모두 찾아 기호를 써 보세요.

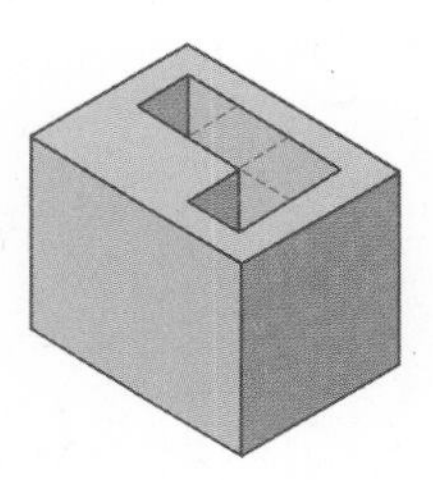

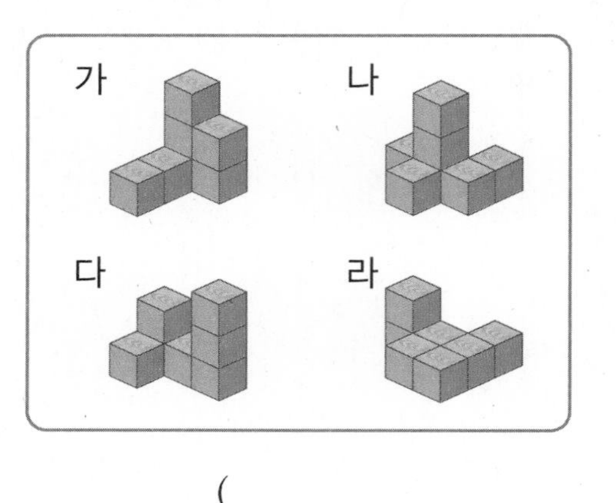

(　　　　　　　　　　)

4 쌓은 모양과 쌓기나무의 개수 알아보기(3)

13 쌓기나무로 쌓은 모양을 보고 위에서 본 모양에 수를 써 보세요.

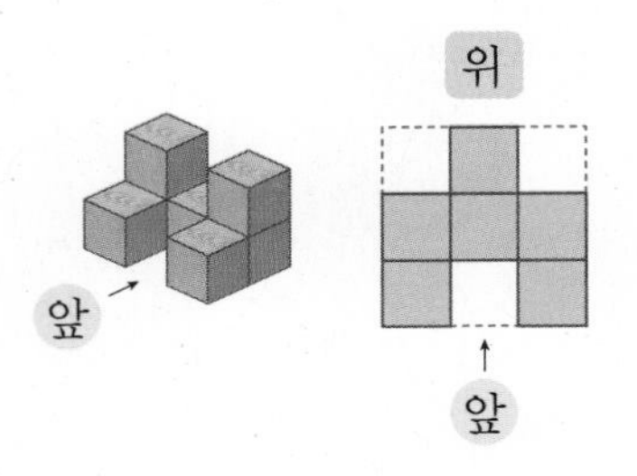

내가 만드는 문제

14 쌓기나무로 쌓은 모양을 위에서 본 모양에 1부터 3까지의 수를 자유롭게 써넣고 앞에서 본 모양을 그려 보세요.

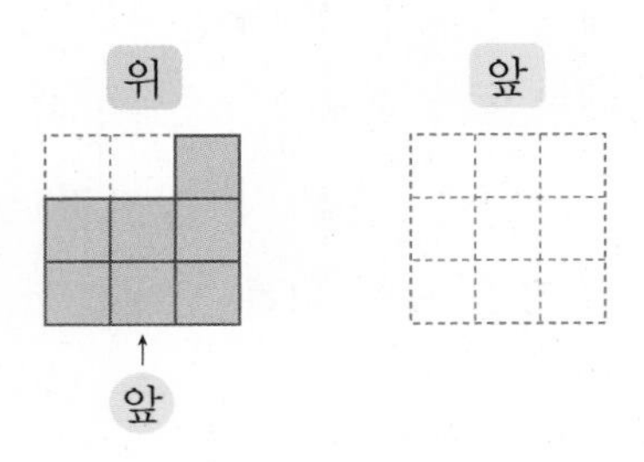

15 쌓기나무로 쌓은 모양을 보고 위에서 본 모양에 수를 썼습니다. 관계있는 것끼리 이어 보세요.

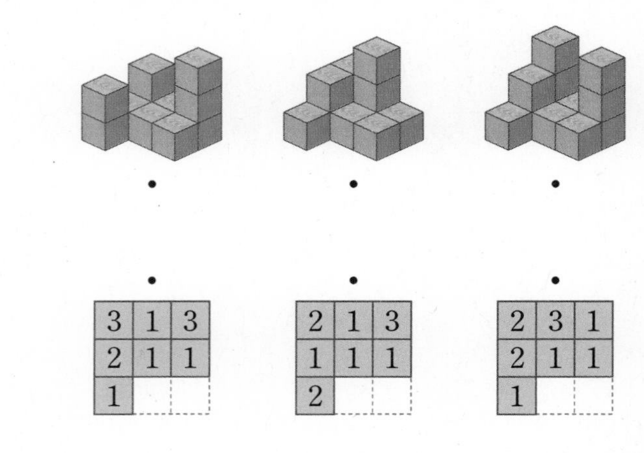

16 쌓기나무로 쌓은 모양을 위, 앞, 옆에서 본 모양입니다. 물음에 답하세요.

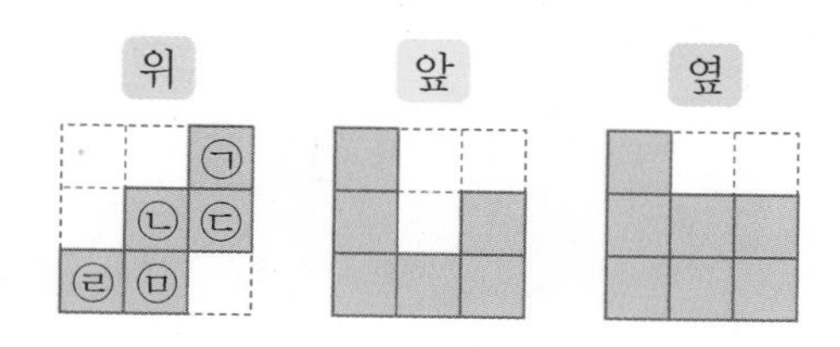

(1) ㉣에 쌓인 쌓기나무는 몇 개일까요?

( )

(2) ㉡과 ㉤에 쌓인 쌓기나무는 각각 몇 개일까요?

㉡ ( ), ㉤ ( )

(3) ㉠과 ㉢에 쌓인 쌓기나무는 각각 몇 개일까요?

㉠ ( ), ㉢ ( )

(4) 똑같은 모양으로 쌓는 데 필요한 쌓기나무는 몇 개일까요?

( )

17 쌓기나무를 11개씩 사용하여 조건 을 만족하도록 쌓았습니다. 쌓은 모양을 보고 위에서 본 모양에 수를 쓰는 방법으로 나타내어 보세요.

조건
- 가와 나의 쌓은 모양은 서로 다릅니다.
- 위에서 본 모양이 서로 같습니다.
- 앞에서 본 모양이 서로 같습니다.
- 옆에서 본 모양이 서로 같습니다.

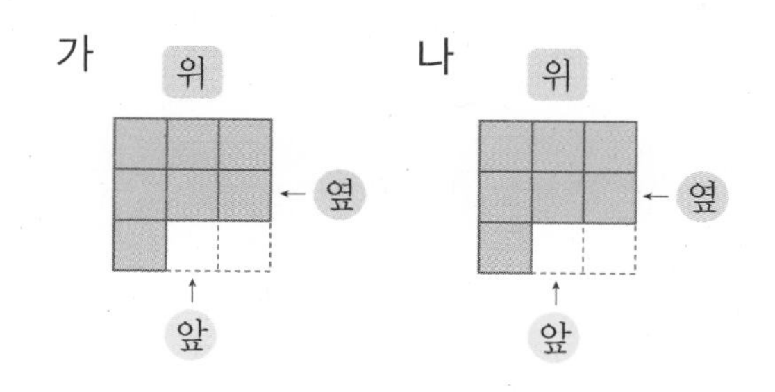

5 쌓은 모양과 쌓기나무의 개수 알아보기(4)

18 쌓기나무 7개로 쌓은 모양을 보고 1층과 2층 모양을 각각 그려 보세요.

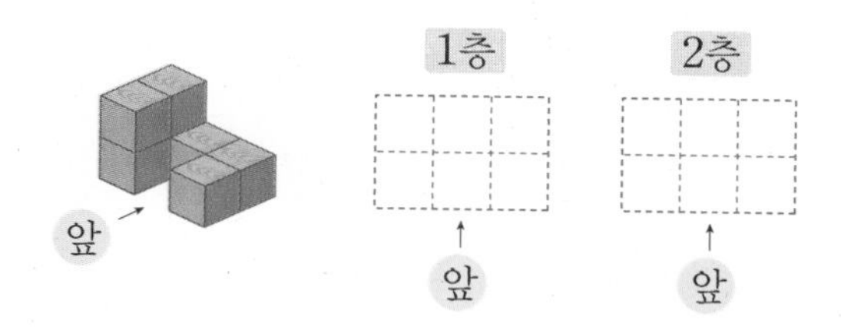

19 쌓기나무로 쌓은 모양과 1층 모양을 보고 2층과 3층 모양을 각각 그려 보세요.

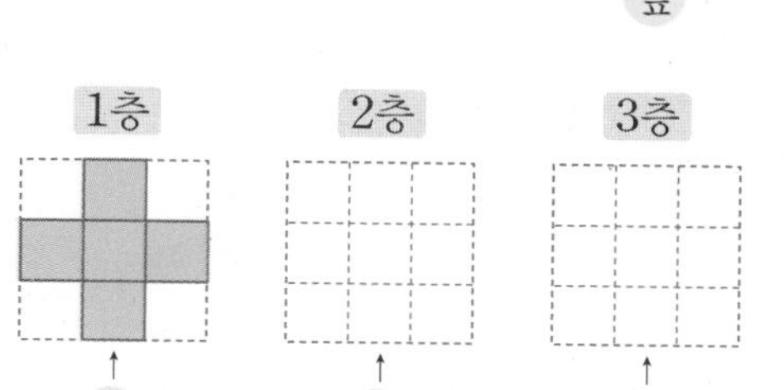

20 쌓기나무로 쌓은 모양을 층별로 나타낸 모양을 보고 쌓은 모양을 찾아 기호를 써 보세요.

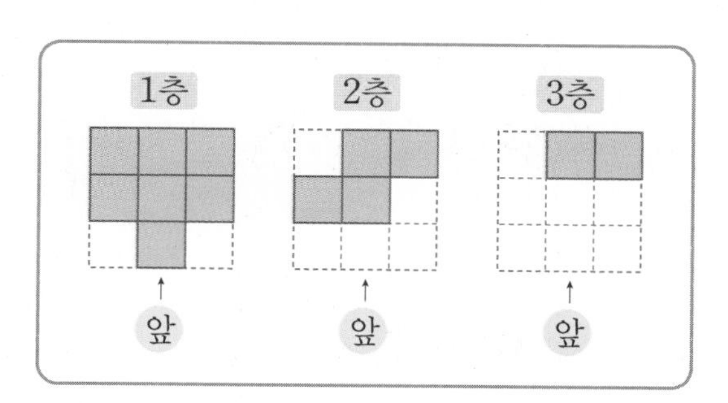

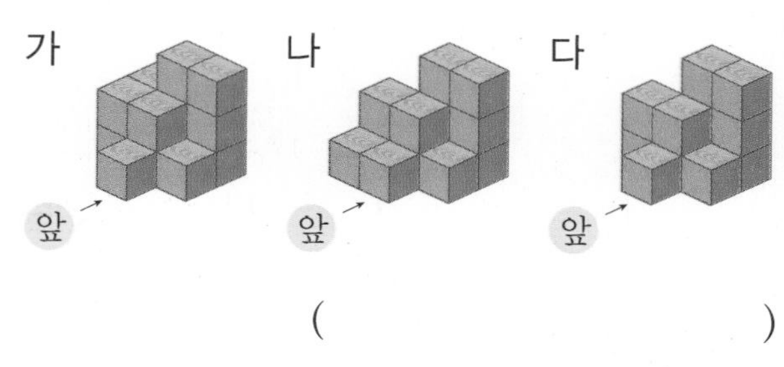

( )

21 쌓기나무로 쌓은 모양을 층별로 나타낸 모양입니다. 위에서 본 모양에 수를 쓰는 방법으로 나타내고, 똑같은 모양으로 쌓는 데 필요한 쌓기나무의 개수를 구해 보세요.

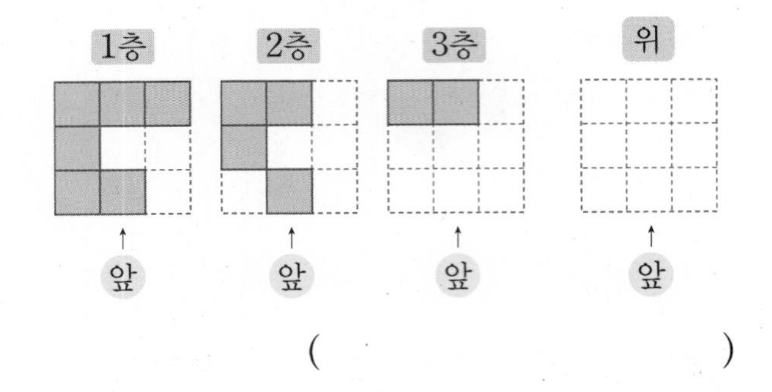

( )

22 쌓기나무로 쌓은 모양을 층별로 나타낸 모양입니다. 앞에서 본 모양을 그리고, 똑같은 모양으로 쌓는 데 필요한 쌓기나무의 개수를 구해 보세요.

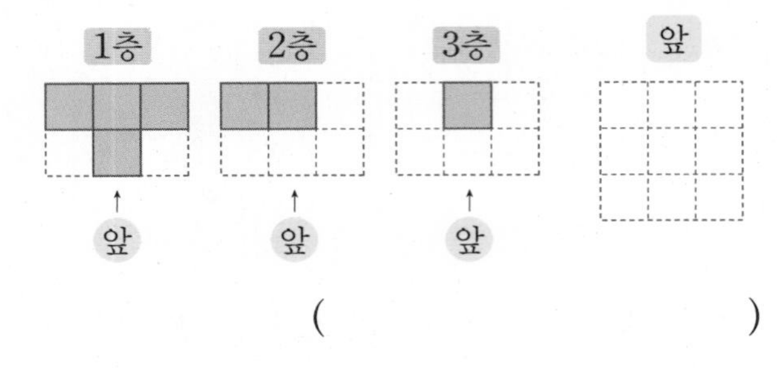

( )

23 쌓기나무로 1층 위에 2층과 3층을 쌓으려고 합니다. 1층 모양을 보고 쌓을 수 있는 2층과 3층으로 알맞은 모양을 각각 찾아 기호를 써 보세요.

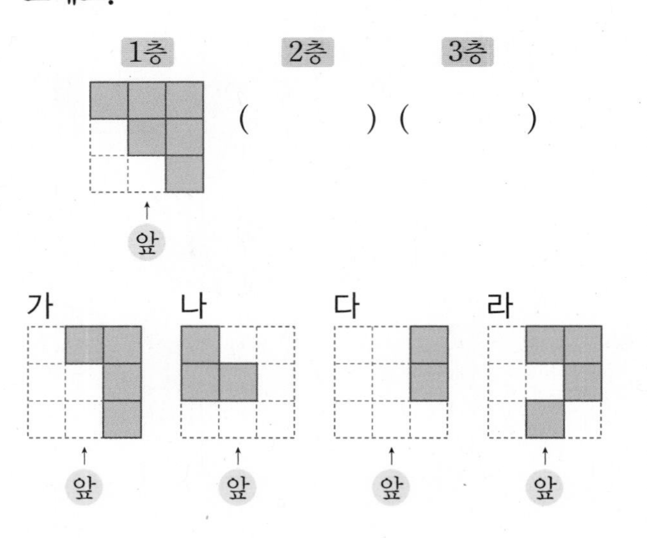

6 여러 가지 모양 만들기

24 모양에 쌓기나무 1개를 더 붙여서 만들 수 있는 모양이 아닌 것을 찾아 기호를 써 보세요.

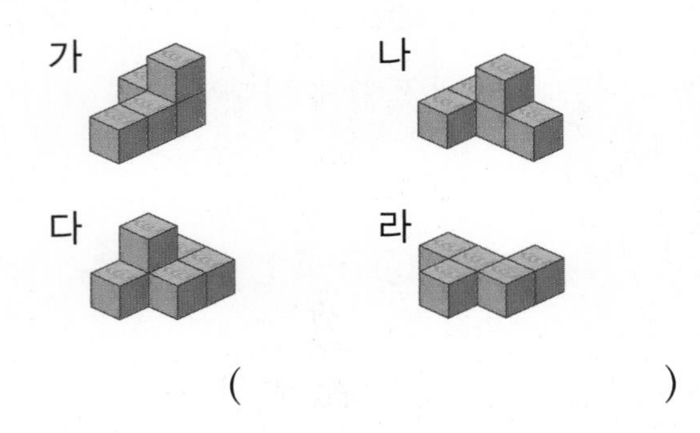

( )

25 쌓기나무 4개로 만든 모양입니다. 서로 같은 모양을 찾아 기호를 써 보세요.

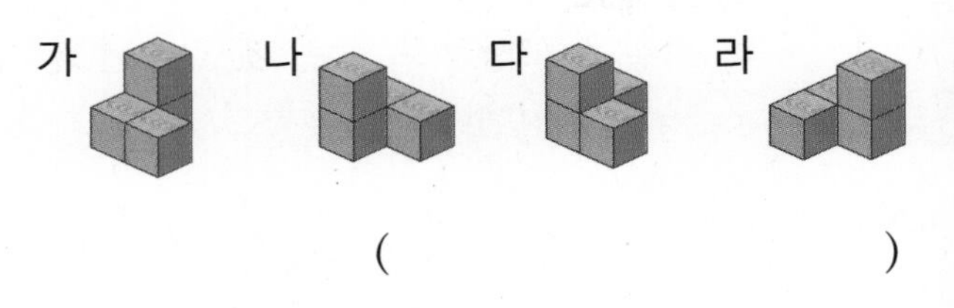

( )

26 가, 나, 다 모양 중에서 두 가지 모양을 사용하여 새로운 모양 2개를 만들었습니다. 사용한 두 가지 모양을 찾아 기호를 써 보세요.

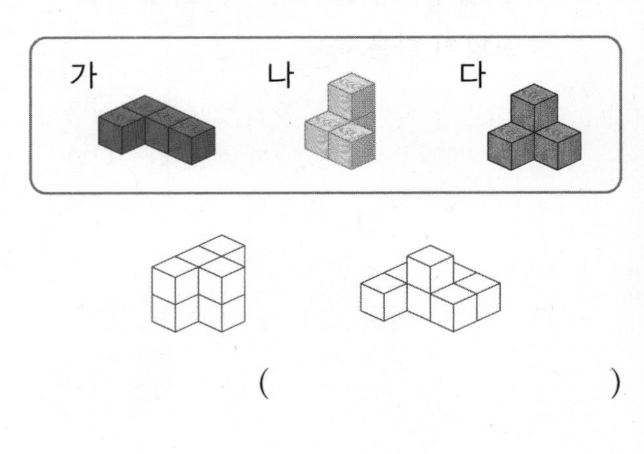

( )

STEP 3 # 자주 틀리는 유형

응용 유형 중 자주 틀리는 유형을 집중학습함으로써 실력을 한 단계 높여 보세요.

위, 앞, 옆에서 본 모양

1 쌓기나무 9개로 쌓은 모양입니다. 앞과 옆에서 본 모양을 각각 그려 보세요.

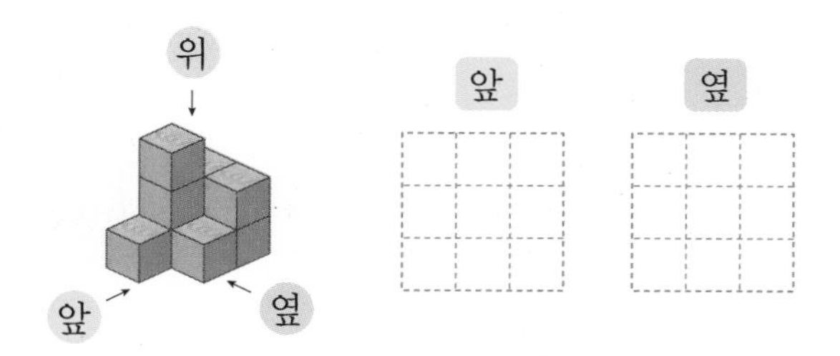

2 오른쪽은 쌓기나무 10개로 쌓은 모양입니다. 위, 앞, 옆에서 본 모양을 각각 그려 보세요.

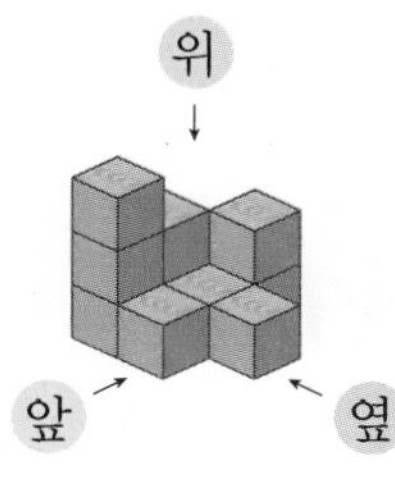

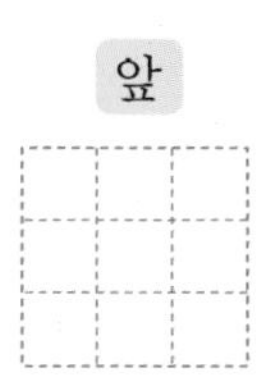

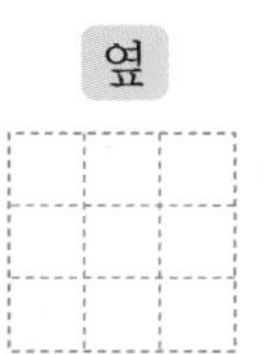

옆

3 쌓기나무 8개로 쌓은 모양입니다. 옆에서 본 모양이 다른 하나를 찾아 기호를 써 보세요.

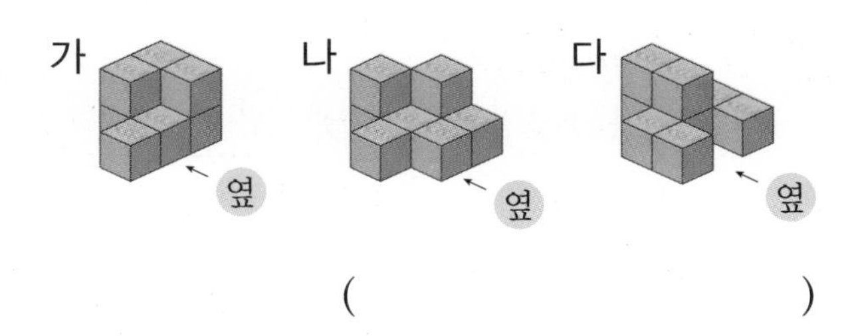

( )

위에서 본 모양에 수를 쓴 것을 보고 쌓은 모양 알아보기

4 쌓기나무로 쌓은 모양을 보고 위에서 본 모양에 수를 썼습니다. 앞에서 본 모양을 그려 보세요.

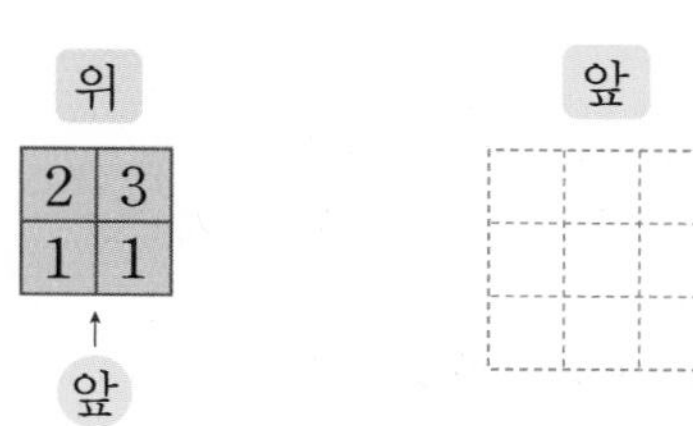

5 쌓기나무로 쌓은 모양을 보고 위에서 본 모양에 수를 썼습니다. 앞과 옆에서 본 모양을 각각 그려 보세요.

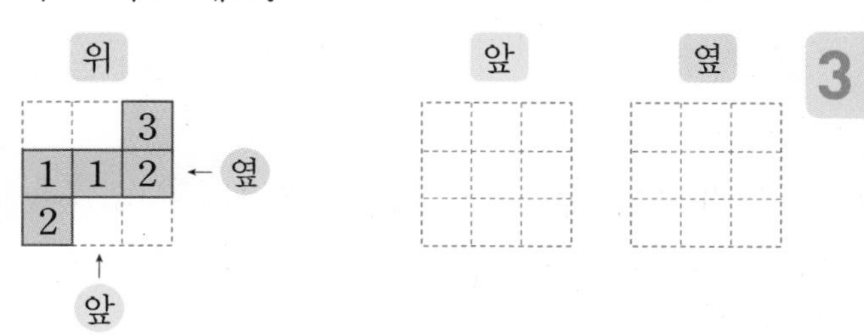

6 쌓기나무로 쌓은 세 모양을 보고 위에서 본 모양에 각각 수를 썼습니다. 쌓기나무로 쌓은 모양을 각각 옆에서 본 모양이 다른 하나를 찾아 기호를 써 보세요.

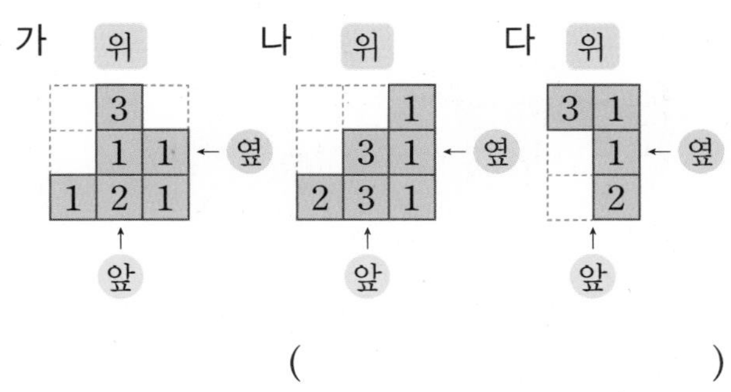

( )

3

층별로 나타낸 모양을 보고 쌓기나무의 개수 구하기

7 쌓기나무로 쌓은 모양을 층별로 나타낸 모양입니다. 위에서 본 모양에 수를 쓰는 방법으로 나타내어 보세요.

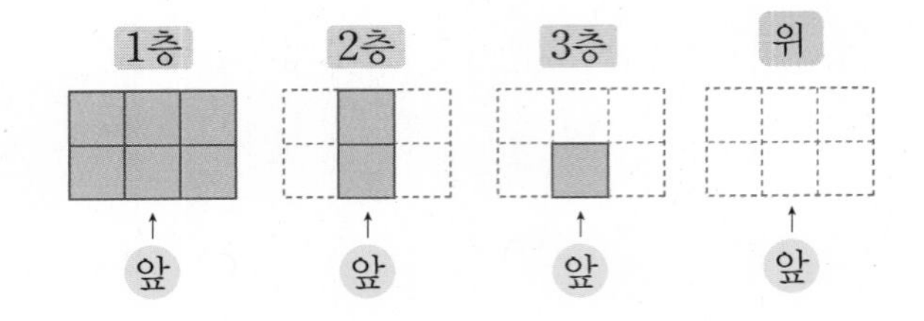

8 쌓기나무로 쌓은 모양을 층별로 나타낸 모양입니다. 위에서 본 모양에 수를 쓰는 방법으로 나타내어 보세요.

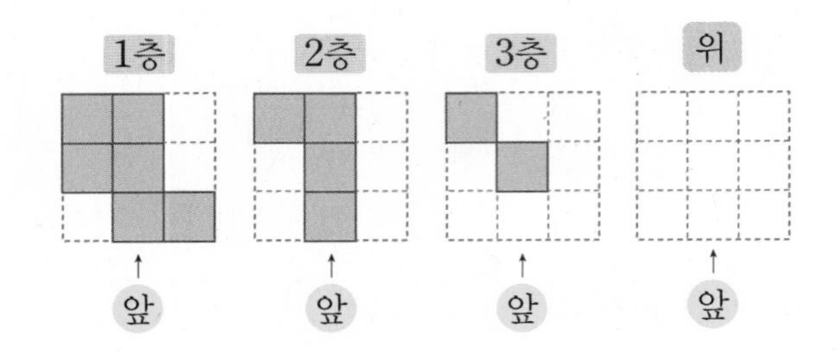

9 쌓기나무로 쌓은 모양을 층별로 나타낸 모양입니다. 위에서 본 모양에 수를 쓰는 방법으로 나타내고, 똑같은 모양으로 쌓는 데 필요한 쌓기나무의 개수를 구해 보세요.

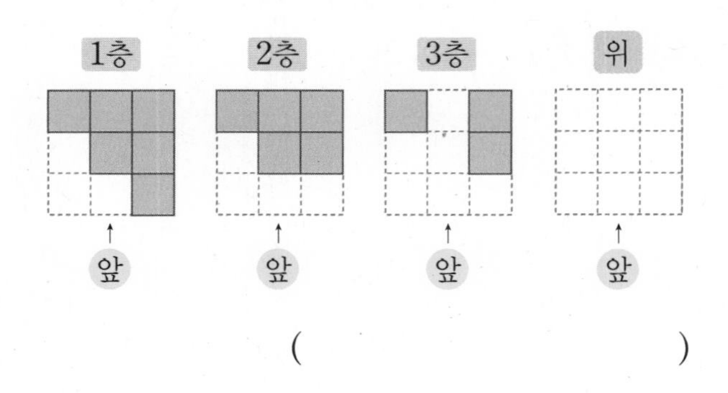

( )

조건에 맞는 모양 만들기

10 모양에 쌓기나무 1개를 더 붙여서 만들 수 있는 모양을 모두 찾아 기호를 써 보세요.

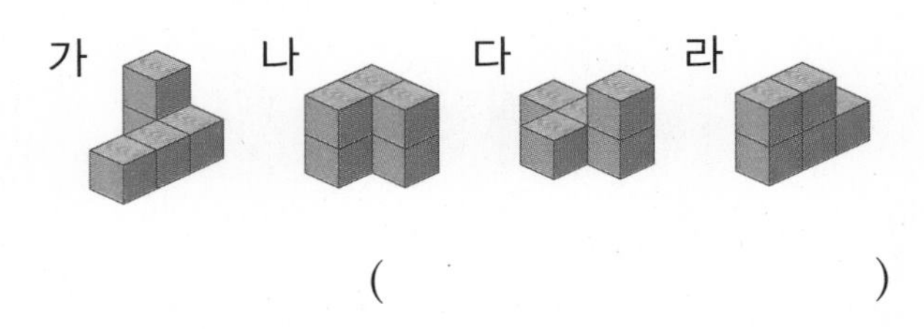

( )

11 모양에 쌓기나무 1개를 더 붙여서 만들 수 있는 모양이 아닌 것에 ×표 하세요.

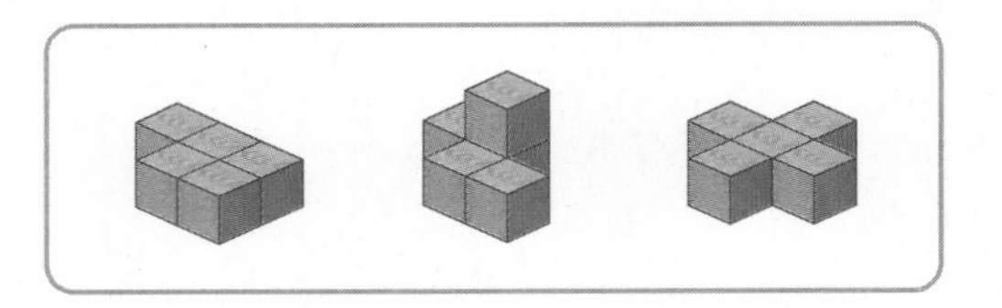

12 모양에 쌓기나무 1개를 더 붙여서 만들 수 있는 모양은 모두 몇 가지인지 구해 보세요.

( )

STEP 4

최상위 도전 유형

최상위 유형에 자주 나오는 문제로 학습함으로써 수학의 실력을 완성해 보세요.

도전1 쌓기나무의 개수 비교하기

1 세아와 지유가 쌓기나무로 쌓은 모양과 위에서 본 모양입니다. 쌓기나무를 더 많이 사용한 사람은 누구일까요?

[세아]

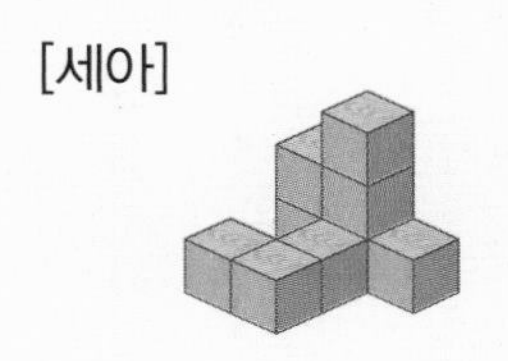

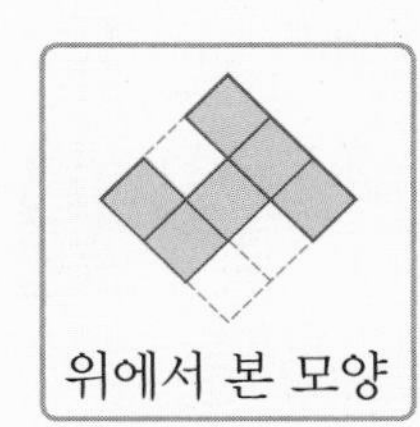

위에서 본 모양

[지유]

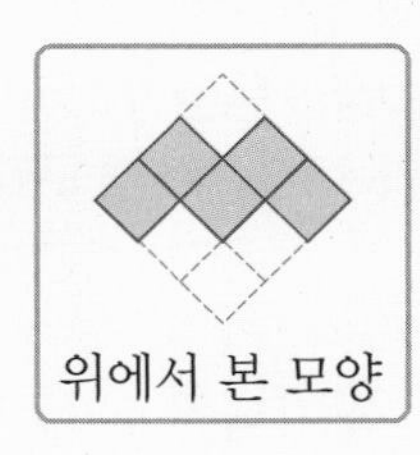

위에서 본 모양

(　　　　　　　　　　)

핵심 NOTE

쌓기나무의 개수는 위에서 본 모양에 쌓기나무의 개수를 써서 구할 수도 있고, 층별로 쌓기나무의 개수를 세어 구할 수도 있습니다.

2 쌓기나무로 쌓은 모양과 위에서 본 모양입니다. 진아는 쌓기나무를 5개 가지고 있습니다. 진아가 똑같은 모양으로 쌓는 데 더 필요한 쌓기나무는 몇 개일까요?

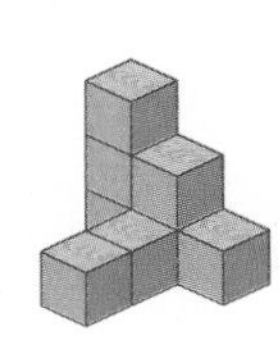

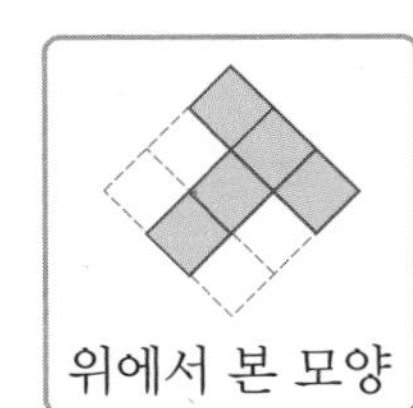

위에서 본 모양

(　　　　　　　　　　)

3 쌓기나무로 쌓은 모양과 위에서 본 모양입니다. 쌓기나무 14개를 사용하여 똑같은 모양으로 쌓으면 남는 쌓기나무는 몇 개일까요?

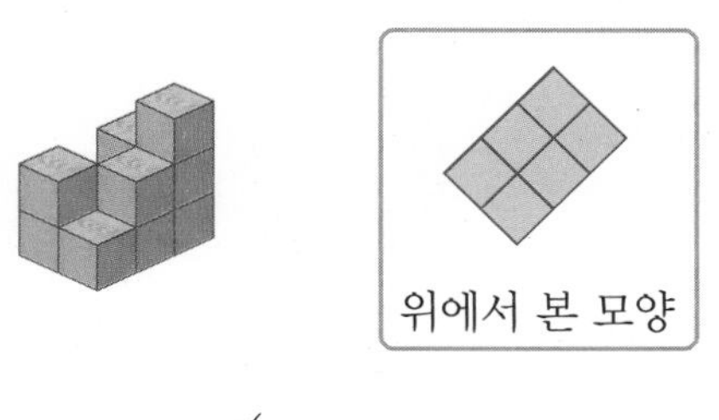

위에서 본 모양

(　　　　　　　　　　)

4 쌓기나무로 쌓은 모양과 위에서 본 모양입니다. 똑같은 모양으로 쌓는 데 필요한 쌓기나무의 개수가 많은 것부터 차례로 기호를 써 보세요.

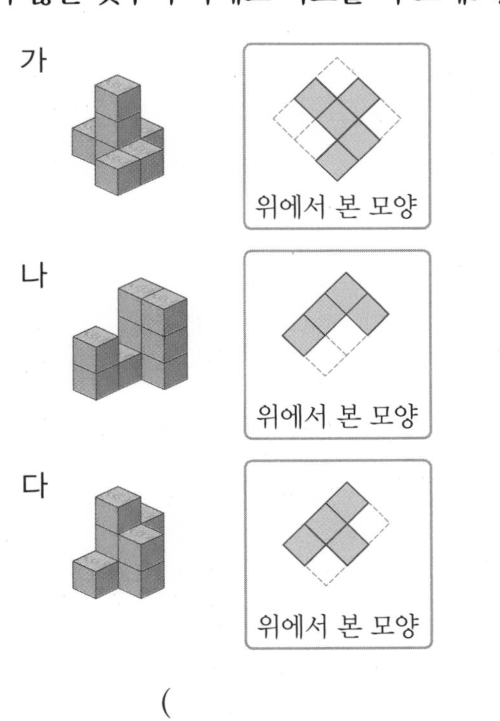

(　　　　　　　　　　)

도전2 보이지 않는 곳의 쌓기나무의 개수 구하기

5 쌓기나무 16개로 쌓은 모양과 위에서 본 모양입니다. ㉠에 쌓은 쌓기나무는 몇 개일까요?

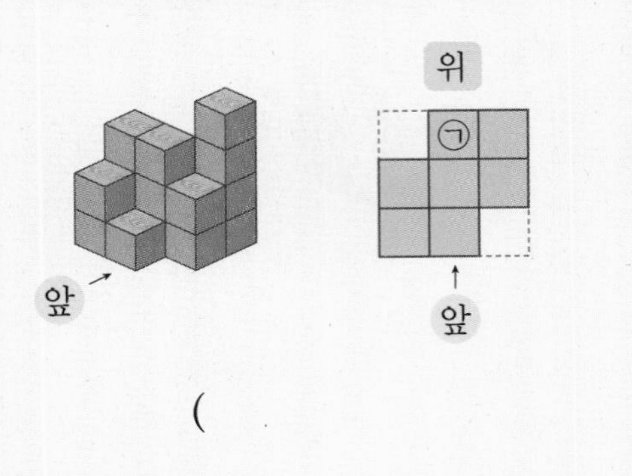

( )

핵심 NOTE

보이지 않는 부분을 제외한 나머지 부분에 쌓은 쌓기나무의 개수를 먼저 구합니다.

6 쌓기나무 16개로 쌓은 모양과 위에서 본 모양입니다. ㉠에 쌓은 쌓기나무는 몇 개일까요?

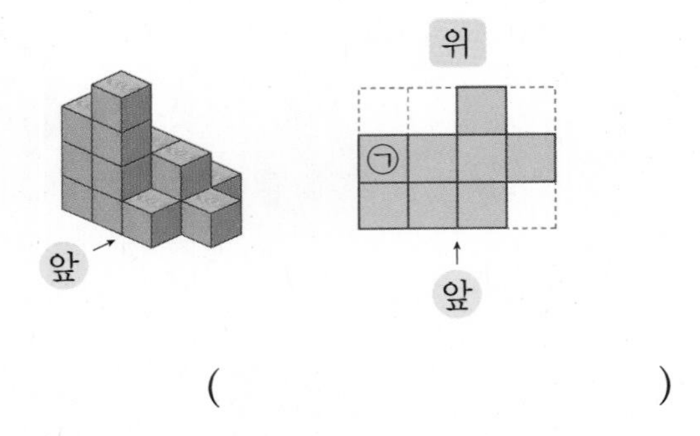

( )

7 쌓기나무 13개로 쌓은 모양과 위에서 본 모양입니다. ㉠에 쌓은 쌓기나무는 몇 개일까요?

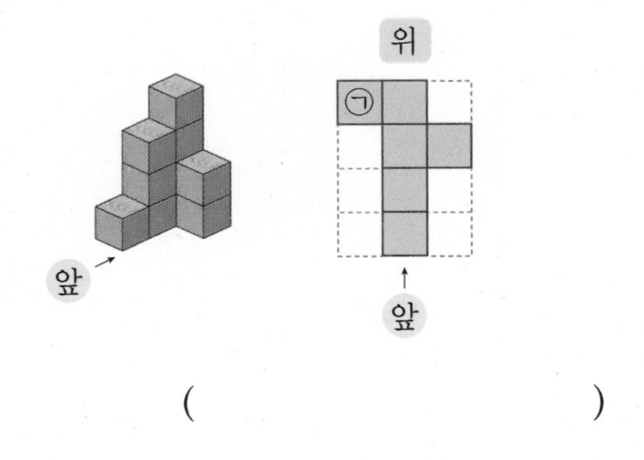

( )

도전3 위, 앞, 옆에서 본 모양을 보고 쌓기나무의 개수 구하기

8 쌓기나무로 쌓은 모양을 위, 앞, 옆에서 본 모양입니다. 똑같은 모양으로 쌓는 데 필요한 쌓기나무는 몇 개일까요?

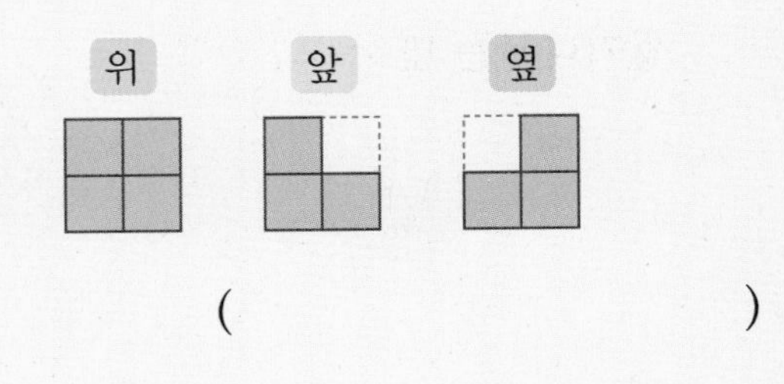

( )

핵심 NOTE

앞과 옆에서 본 모양을 이용하여 위에서 본 모양의 각 자리에 쌓은 쌓기나무의 개수를 구합니다.

9 쌓기나무로 쌓은 모양을 위, 앞, 옆에서 본 모양입니다. 똑같은 모양으로 쌓는 데 필요한 쌓기나무는 몇 개일까요?

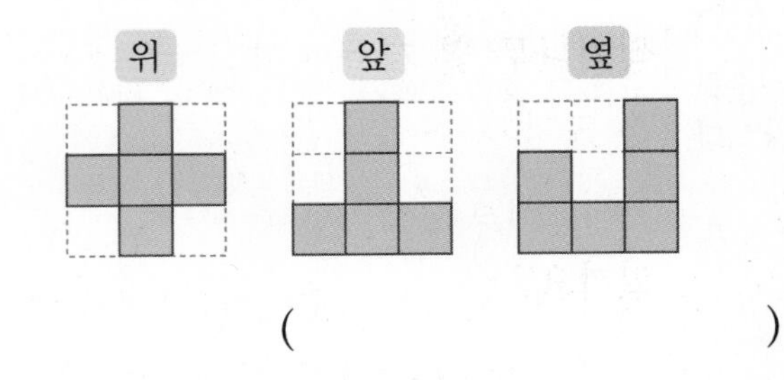

( )

10 쌓기나무로 쌓은 모양을 위, 앞, 옆에서 본 모양입니다. 2층에 쌓은 쌓기나무는 몇 개일까요?

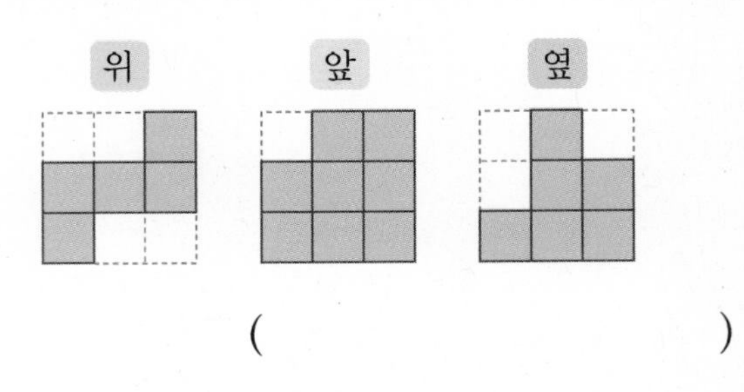

( )

도전4 빼낸 쌓기나무의 개수 구하기

11 오른쪽 정육면체 모양에서 쌓기나무 몇 개를 빼내고 남은 모양과 위에서 본 모양입니다. 빼낸 쌓기나무는 몇 개일까요?

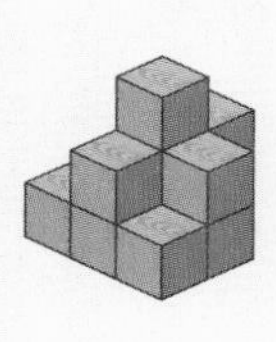

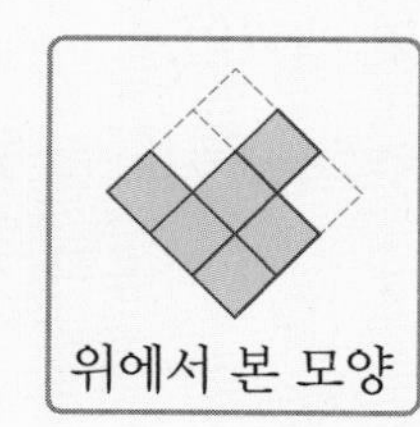

위에서 본 모양

(   )

핵심 NOTE

빼낸 쌓기나무의 개수는 처음 쌓기나무의 개수에서 남은 쌓기나무의 개수를 빼면 알 수 있습니다.

12 오른쪽 정육면체 모양에서 쌓기나무 몇 개를 빼내고 남은 모양과 위에서 본 모양입니다. 빼낸 쌓기나무는 몇 개일까요?

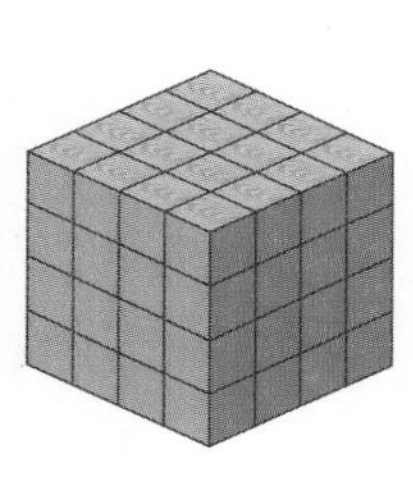

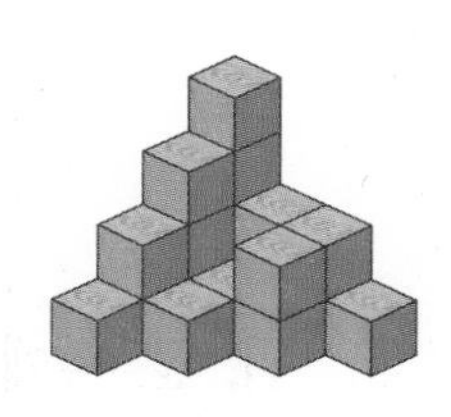

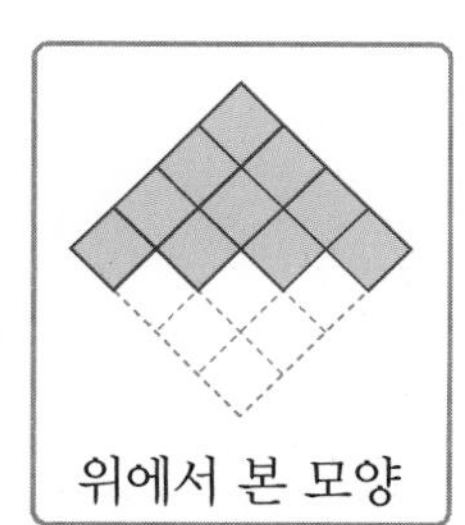

위에서 본 모양

(   )

도전5 가장 작은 정육면체 만들기

13 쌓기나무로 쌓은 모양과 위에서 본 모양입니다. 이 모양에 쌓기나무를 더 쌓아 정육면체 모양을 만들려고 합니다. 쌓기나무는 적어도 몇 개 더 필요할까요?

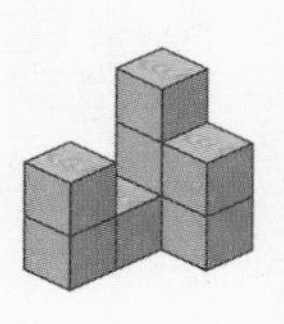

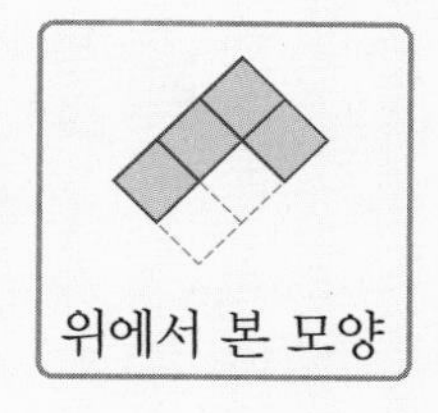

위에서 본 모양

(   )

핵심 NOTE

정육면체는 가로, 세로, 높이가 같으므로 가장 긴 모서리에 쌓인 쌓기나무의 개수를 알면 정육면체를 만드는 데 필요한 쌓기나무의 개수를 알 수 있습니다.

14 쌓기나무로 쌓은 모양과 위에서 본 모양입니다. 이 모양에 쌓기나무를 더 쌓아 정육면체 모양을 만들려고 합니다. 쌓기나무는 적어도 몇 개 더 필요할까요?

위에서 본 모양

(   )

15 쌓기나무로 쌓은 모양과 위에서 본 모양입니다. 이 모양에 쌓기나무를 더 쌓아 정육면체 모양을 만들려고 합니다. 쌓기나무는 적어도 몇 개 더 필요할까요?

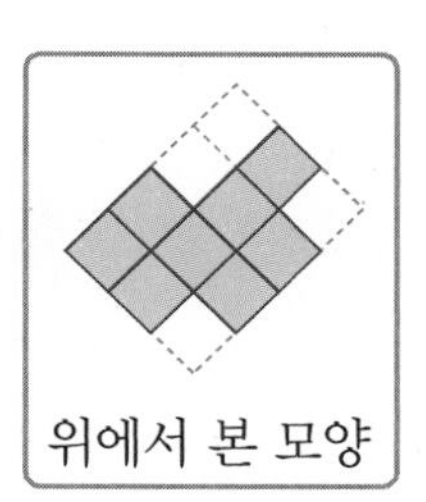

위에서 본 모양

(   )

도전6 쌓기나무로 만든 두 가지 모양을 사용하여 새로운 모양 만들기

16 쌓기나무를 4개씩 붙여서 만든 두 가지 모양을 사용하여 아래의 모양 2개를 만들었습니다. 어떻게 만들었는지 구분하여 색칠해 보세요.

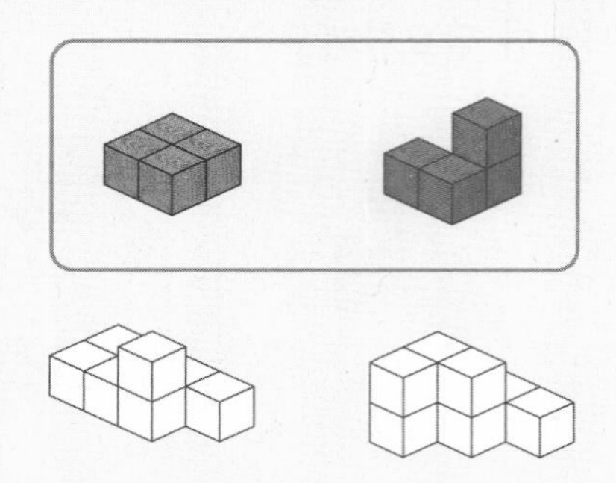

핵심 NOTE

두 가지 모양 중 하나를 기준으로 하여 그 모양이 들어갈 수 있는 곳에 놓고 나머지 하나가 들어갈 수 있는 위치를 찾아봅니다.

17 쌓기나무를 4개씩 붙여서 만든 두 가지 모양을 사용하여 아래의 모양 2개를 만들었습니다. 어떻게 만들었는지 구분하여 색칠해 보세요.

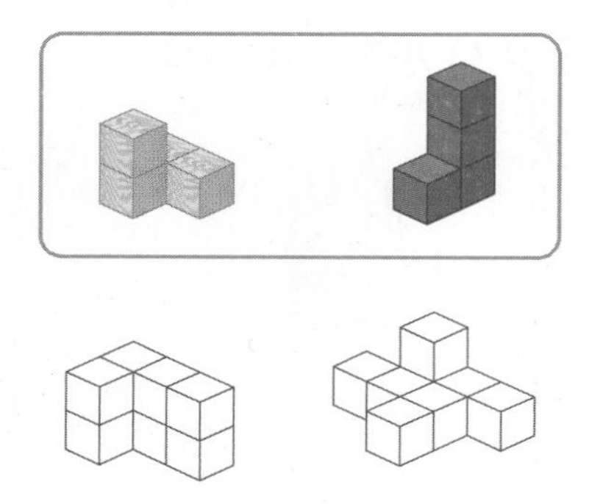

18 쌓기나무를 4개씩 붙여서 만든 두 가지 모양을 사용하여 아래의 모양 2개를 만들었습니다. 어떻게 만들었는지 구분하여 색칠해 보세요.

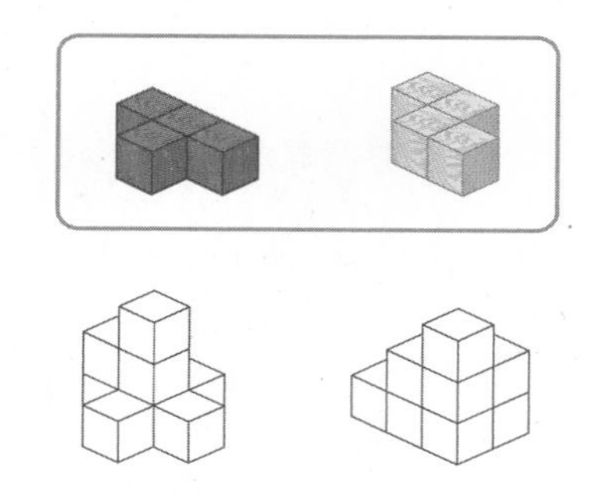

도전7 쌓기나무의 최소 · 최대 개수 구하기

19 오른쪽 그림과 같이 쌓았더니 앞쪽의 쌓기나무에 가려 뒤쪽의 쌓기나무가 보이지 않습니다. 가장 적게 사용한 경우와 가장 많이 사용한 경우의 쌓기나무는 각각 몇 개씩인지 구해 보세요.

가장 적게 사용한 경우 (　　　　　　　　)

가장 많이 사용한 경우 (　　　　　　　　)

핵심 NOTE

쌓기나무가 가장 적게 사용한 경우는 보이는 부분에만 쌓기나무가 있는 것으로 생각하는 경우이고, 쌓기나무를 가장 많이 사용한 경우는 보이지 않는 쪽에 쌓기나무가 1개씩 적은 경우입니다.

20 오른쪽 그림과 같이 쌓았더니 앞쪽의 쌓기나무에 가려 뒤쪽의 쌓기나무가 보이지 않습니다. 가장 적게 사용한 경우와 가장 많이 사용한 경우의 쌓기나무는 각각 몇 개씩인지 구해 보세요.

가장 적게 사용한 경우 (　　　　　　　　)

가장 많이 사용한 경우 (　　　　　　　　)

21 오른쪽 그림과 같이 쌓았더니 앞쪽의 쌓기나무에 가려 뒤쪽의 쌓기나무가 보이지 않습니다. 쌓기나무가 가장 많이 사용된 경우는 몇 개일까요?

(　　　　　　　　)

수시 평가 대비 Level 1

점수

확인

[1~2] 보기 의 집을 여러 방향에서 사진을 찍었습니다. 물음에 답하세요.

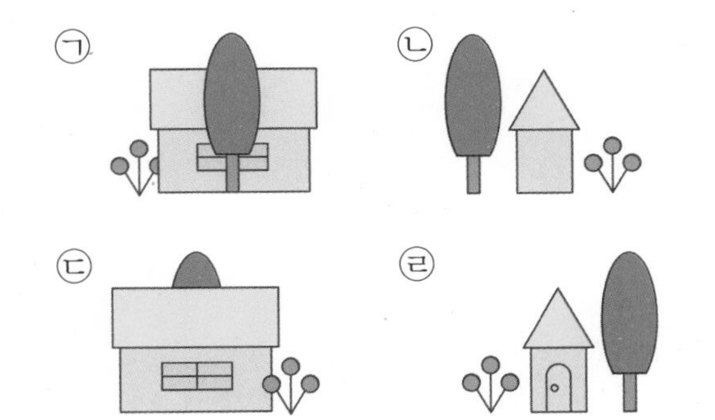

1 ㉮ 방향에서 찍은 사진을 찾아 기호를 써 보세요.

(　　　　　　)

2 ㉱ 방향에서 찍은 사진을 찾아 기호를 써 보세요.

(　　　　　　)

3 쌓기나무로 쌓은 모양을 보고 위에서 본 모양에 수를 썼습니다. 똑같은 모양으로 쌓는 데 필요한 쌓기나무는 몇 개일까요?

3	1
2	1
1	

(　　　　　　)

4 주어진 모양과 똑같이 쌓는 데 필요한 쌓기나무는 몇 개일까요?

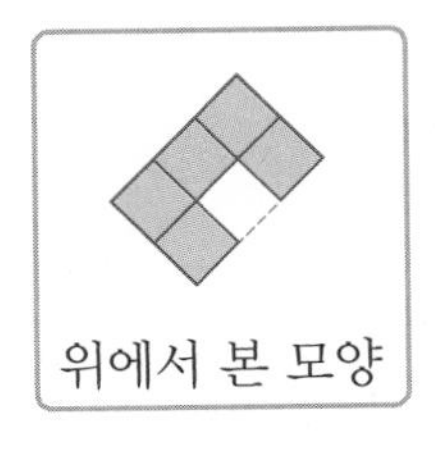

(　　　　　　)

[5~6] 쌓기나무로 쌓은 모양과 1층 모양을 보고 물음에 답하세요.

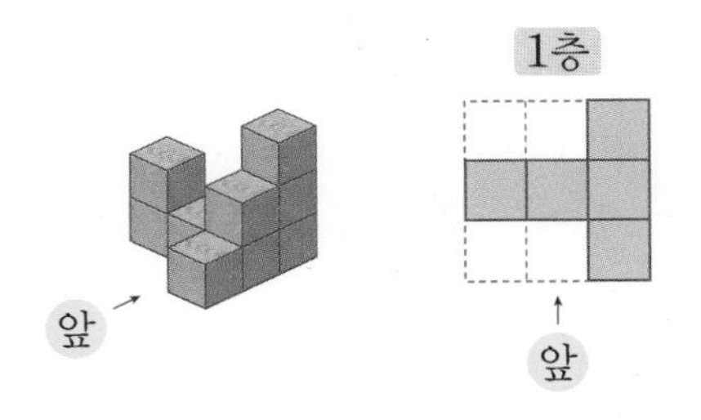

5 2층과 3층 모양을 각각 그려 보세요.

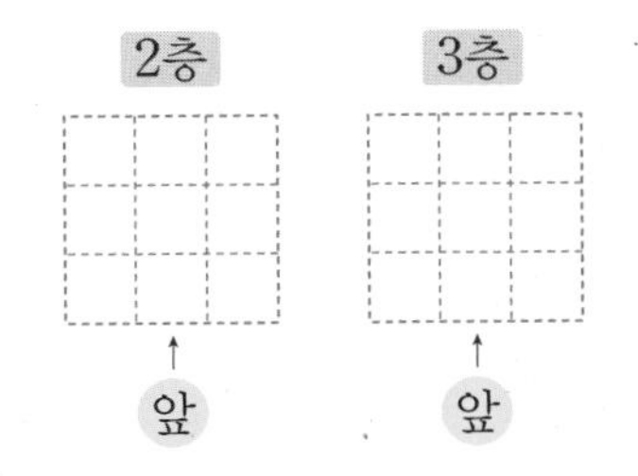

6 똑같은 모양으로 쌓는 데 필요한 쌓기나무는 몇 개일까요?

(　　　　　　)

7 쌓기나무 9개로 쌓은 모양입니다. 위, 앞, 옆 중 어느 방향에서 본 모양인지 써 보세요.

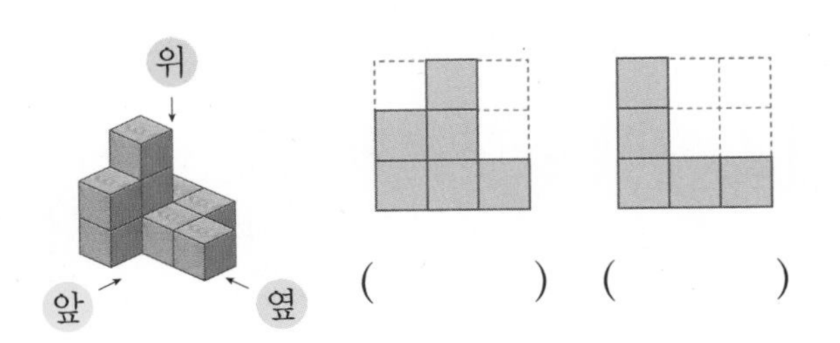

(　　　) (　　　)

8 모양에 쌓기나무 1개를 붙여서 만들 수 있는 모양은 모두 몇 가지일까요?

(　　　　　　)

9 쌓기나무로 쌓은 모양을 보고 위에서 본 모양에 수를 썼습니다. 앞과 옆에서 본 모양을 각각 그려 보세요.

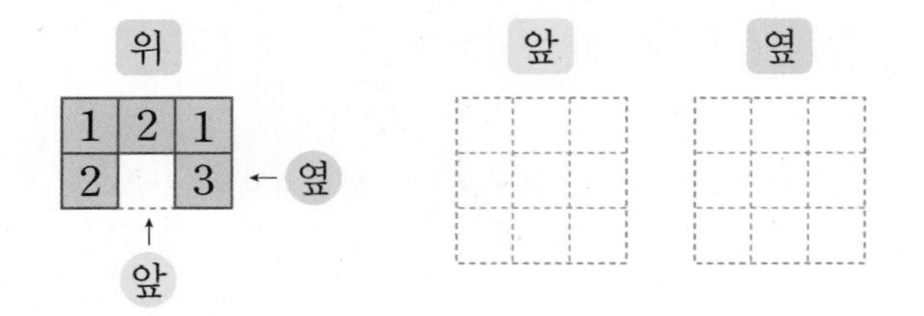

10 쌓기나무로 쌓은 모양을 보고 위에서 본 모양에 수를 썼습니다. 쌓은 모양의 3층에 쌓인 쌓기나무는 몇 개일까요?

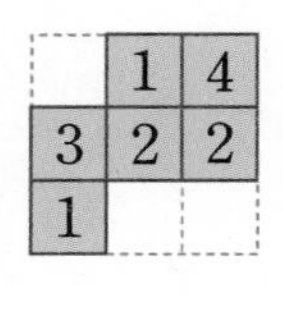

( )

11 쌓기나무 6개로 쌓은 모양입니다. 앞에서 본 모양이 <u>다른</u> 하나를 찾아 기호를 써 보세요.

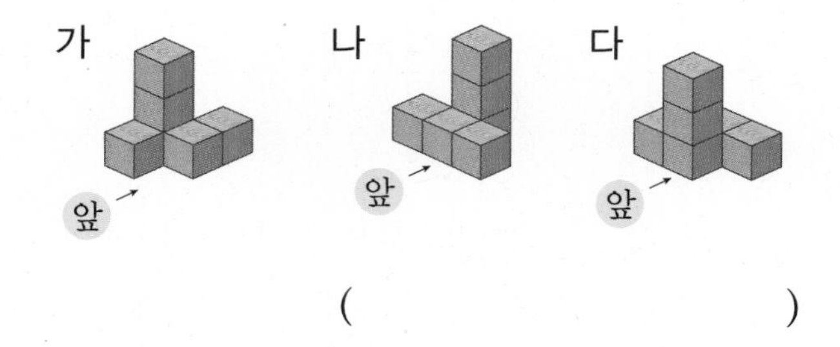

( )

12 쌓기나무 11개로 쌓은 모양을 보고 위, 앞, 옆에서 본 모양을 각각 그려 보세요.

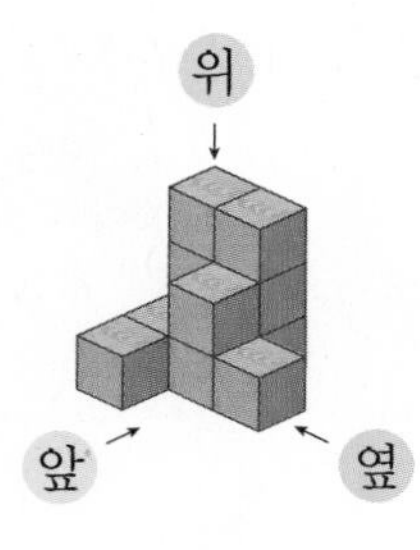

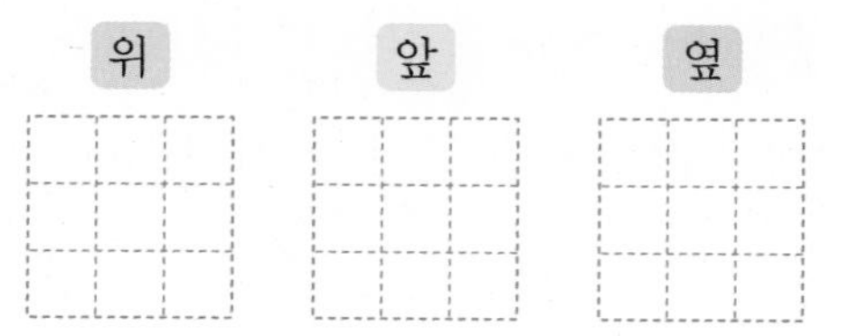

13 쌓기나무를 4개씩 붙여서 만든 두 가지 모양을 사용하여 만들 수 있는 모양을 모두 찾아 기호를 써 보세요.

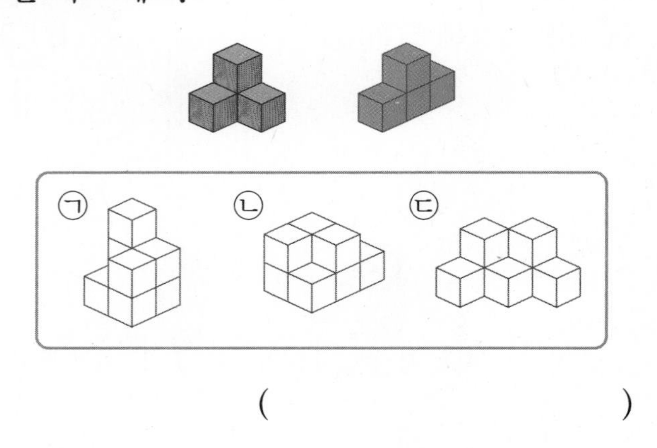

( )

14 쌓기나무로 쌓은 모양을 층별로 나타낸 모양입니다. 위에서 본 모양에 수를 쓰는 방법으로 나타내고, 똑같은 모양으로 쌓는 데 필요한 쌓기나무의 개수를 구해 보세요.

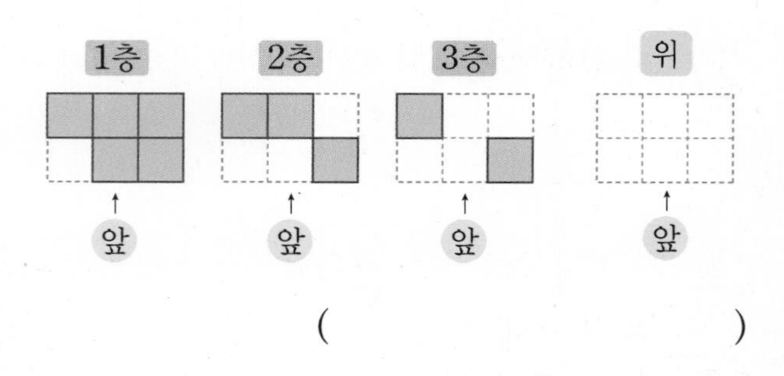

( )

15 쌓기나무 12개로 쌓은 모양입니다. 빨간색 쌓기나무 3개를 빼냈을 때 옆에서 보면 쌓기나무 몇 개가 보일까요?

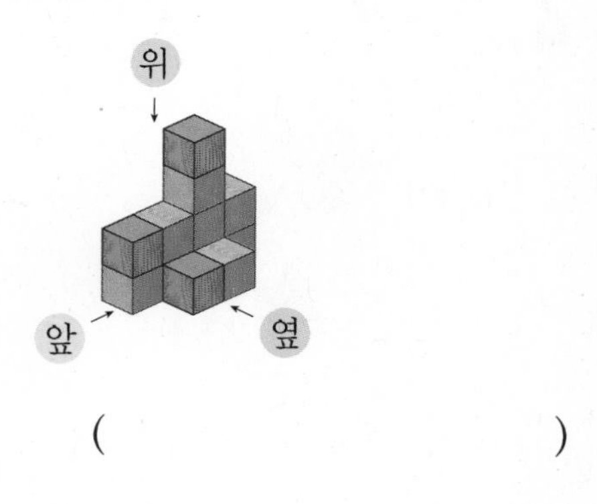

( )

➔ 정답과 풀이 27쪽

16 쌓기나무 14개로 쌓은 모양과 위에서 본 모양입니다. ㉠에 쌓인 쌓기나무는 몇 개일까요?

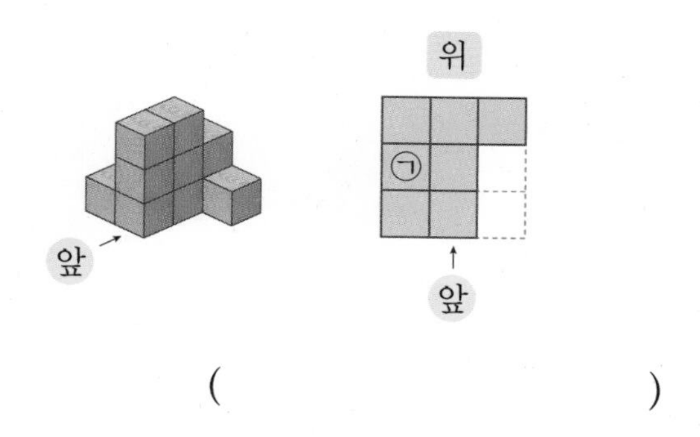

(　　　　　　　　　　)

17 쌓기나무로 쌓은 모양을 위, 앞, 옆에서 본 모양입니다. 2층에 쌓인 쌓기나무는 몇 개일까요?

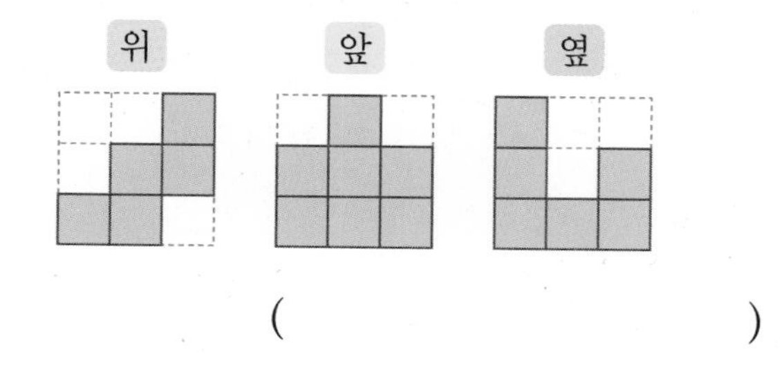

(　　　　　　　　　　)

18 쌓기나무로 쌓은 모양과 위에서 본 모양입니다. 쌓기나무로 쌓은 모양에 쌓기나무 몇 개를 더 쌓아서 정육면체 모양을 만들려면 필요한 쌓기나무는 적어도 몇 개일까요?

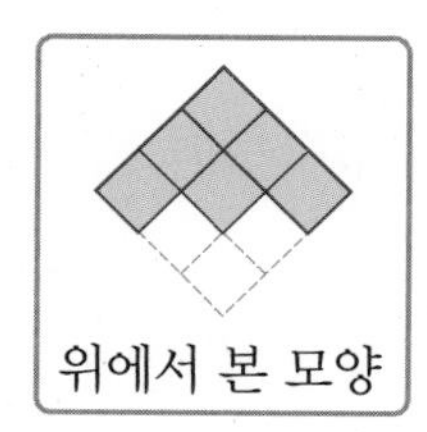
위에서 본 모양

(　　　　　　　　　　)

서술형

19 쌓기나무로 쌓은 모양과 위에서 본 모양입니다. 승호는 쌓기나무 8개를 가지고 있습니다. 승호가 똑같은 모양으로 쌓으려면 쌓기나무가 몇 개 더 필요한지 풀이 과정을 쓰고 답을 구해 보세요.

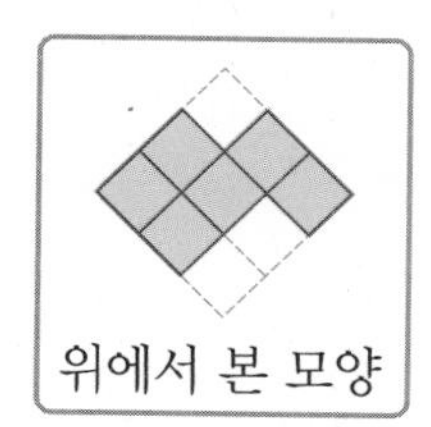
위에서 본 모양

풀이

답

서술형

20 쌓기나무로 쌓은 모양을 위, 앞, 옆에서 본 모양입니다. 똑같은 모양으로 쌓는 데 필요한 쌓기나무는 적어도 몇 개인지 풀이 과정을 쓰고 답을 구해 보세요.

위　　앞　　옆

풀이

답

수시 평가 대비 Level 2

점수

확인

1 오른쪽과 같이 물건을 놓았을 때 찍을 수 없는 사진을 찾아 기호를 써 보세요.

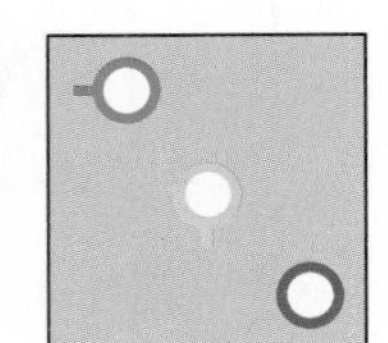

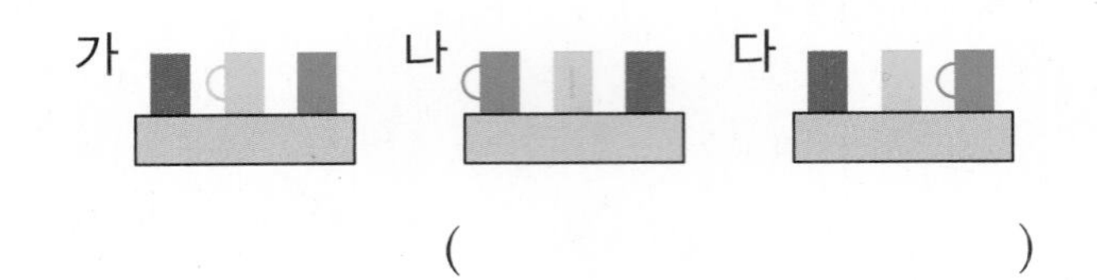

( )

2 쌓기나무로 쌓은 모양을 보고 위에서 본 모양에 수를 썼습니다. 쌓기나무는 모두 몇 개일까요?

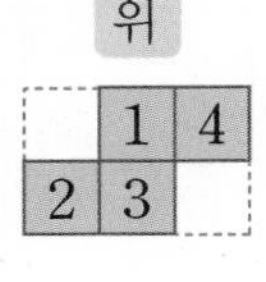

( )

3 주어진 모양과 똑같이 쌓는 데 필요한 쌓기나무는 몇 개일까요?

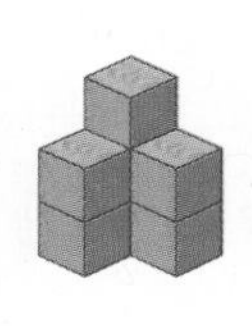

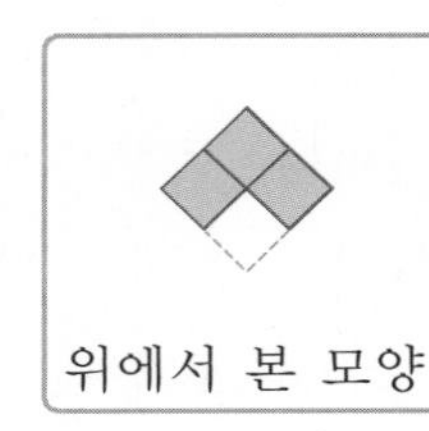

( )

4 쌓기나무로 쌓은 모양과 1층 모양을 보고 표를 완성해 보세요.

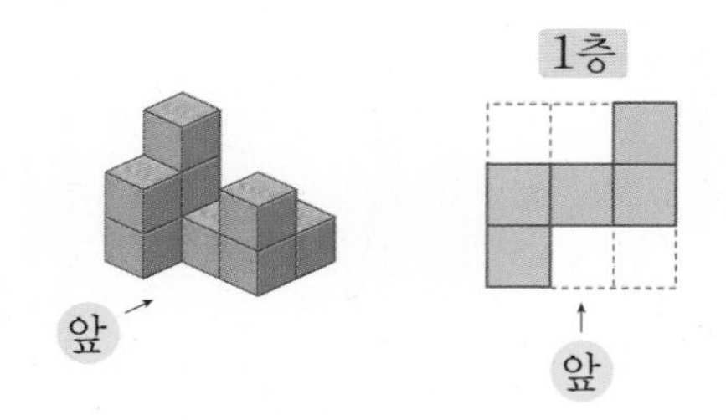

층	1층	2층	3층	합계
쌓기나무의 개수(개)				

5 모양에 쌓기나무 1개를 더 붙여서 만들 수 있는 모양을 찾아 ○표 하세요.

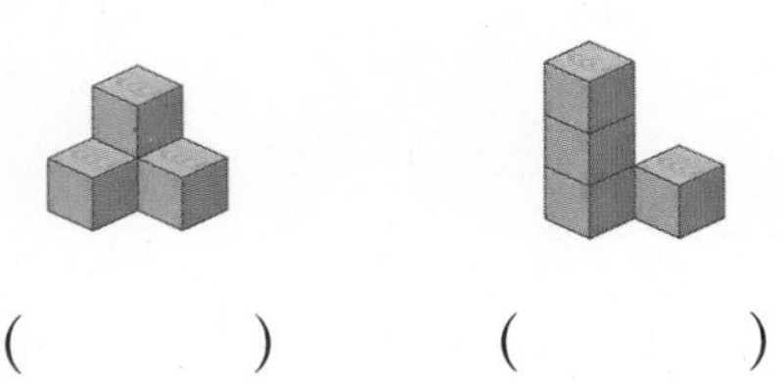

( ) ( )

6 쌓기나무로 쌓은 모양과 위에서 본 모양입니다. ㉠에 쌓은 쌓기나무는 몇 개일까요?

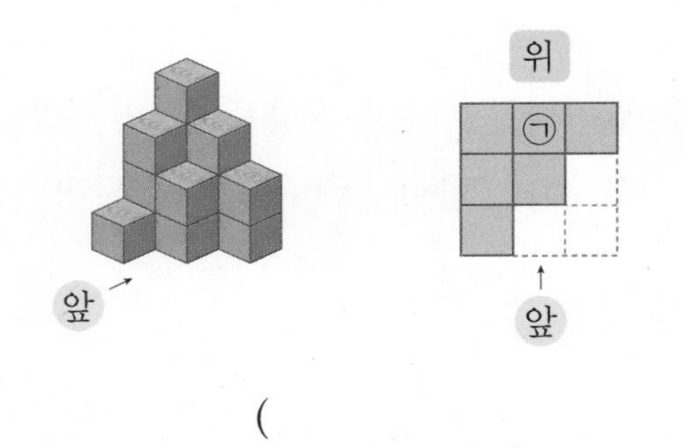

( )

7 쌓기나무로 쌓은 모양과 위에서 본 모양입니다. 앞과 옆에서 본 모양을 각각 그려 보세요.

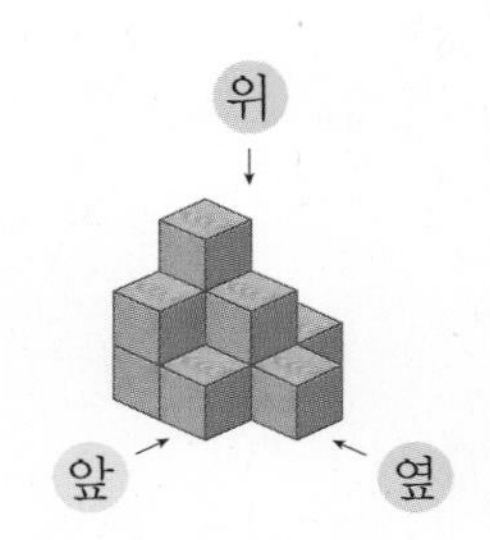

8 쌓기나무로 쌓은 모양을 위, 앞, 옆에서 본 모양입니다. 똑같은 모양으로 쌓는 데 필요한 쌓기나무는 몇 개일까요?

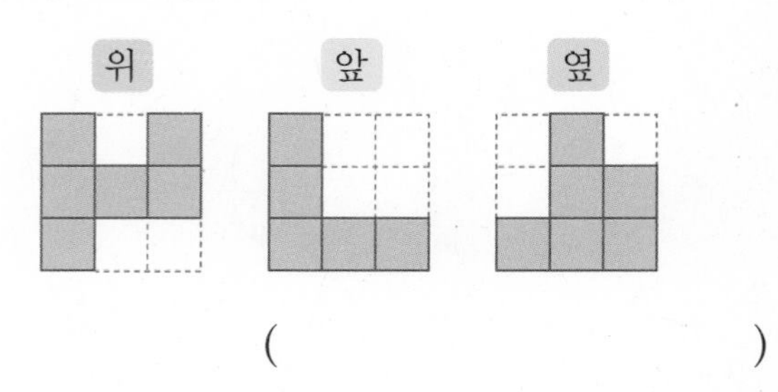

( )

정답과 풀이 28쪽

9 쌓기나무로 쌓은 모양입니다. 서로 같은 모양끼리 이어 보세요.

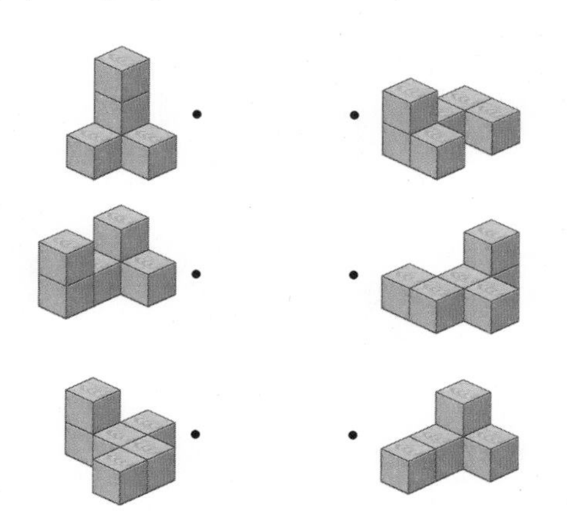

10 쌓기나무로 쌓은 모양을 보고 위에서 본 모양에 수를 썼습니다. 2층에 쌓은 쌓기나무는 몇 개일까요?

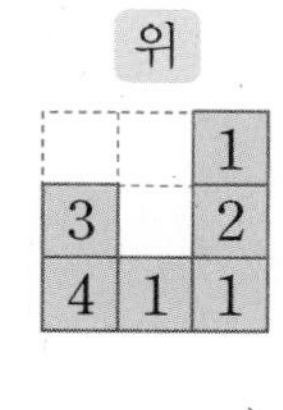

( )

11 쌓기나무 11개로 쌓은 모양입니다. 앞에서 본 모양을 그려 보세요.

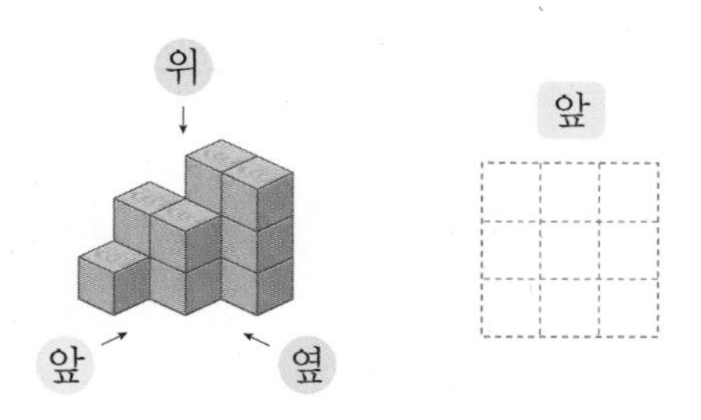

12 쌓기나무로 쌓은 모양을 보고 위에서 본 모양의 각 자리에 쌓은 쌓기나무의 개수를 써 보세요.

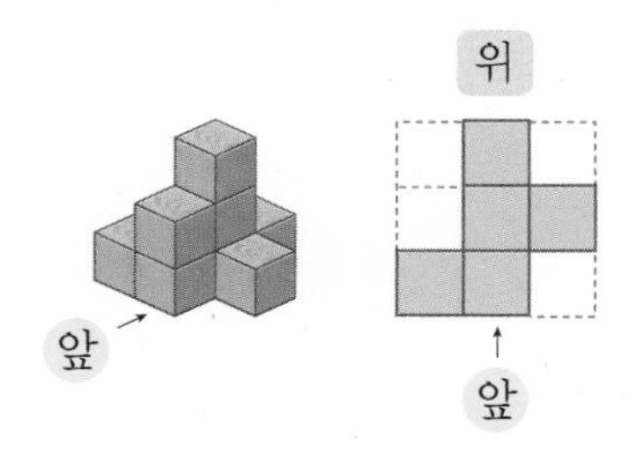

13 쌓기나무로 쌓은 모양을 보고 위에서 본 모양에 수를 썼습니다. 쌓기나무로 쌓은 모양을 옆에서 본 모양을 그려 보세요.

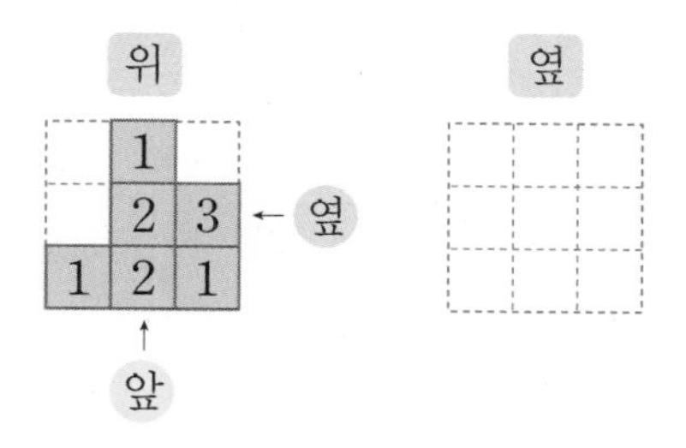

14 쌓기나무로 쌓은 모양을 층별로 나타낸 모양입니다. 쌓기나무로 쌓은 모양을 앞에서 본 모양을 그려 보세요.

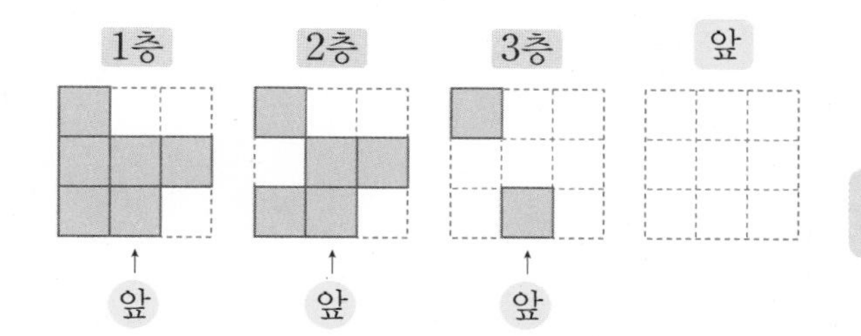

15 쌓기나무로 쌓은 모양과 위에서 본 모양입니다. 가, 나 모양과 똑같이 쌓는 데 필요한 쌓기나무는 모두 몇 개일까요?

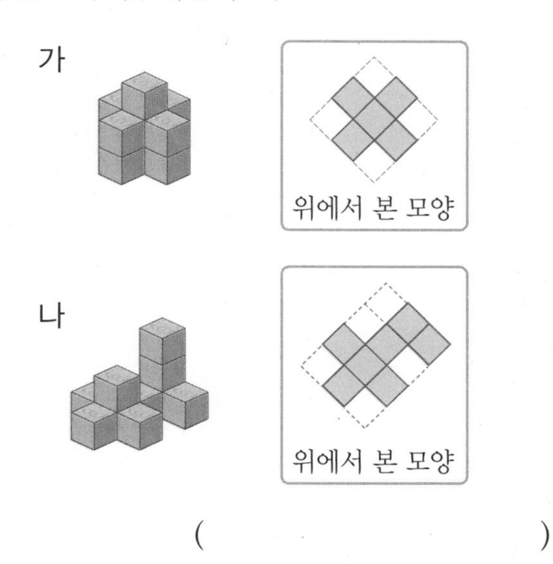

( )

➔ 정답과 풀이 28쪽

16 쌓기나무 7개를 사용하여 조건 을 만족하는 모양을 모두 몇 가지 만들 수 있는지 구해 보세요. (단, 모양을 돌렸을 때 같은 모양은 한 가지로 생각합니다.)

> **조건**
> - 2층짜리 모양입니다.
> - 위에서 본 모양은 오른쪽과 같습니다.

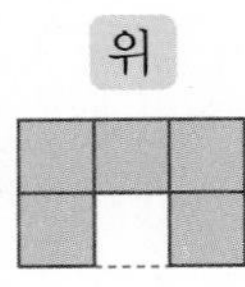

(　　　　　　　　　　)

17 쌓기나무로 쌓은 모양을 위, 앞, 옆에서 본 모양입니다. 똑같은 모양으로 쌓는 데 필요한 쌓기나무는 몇 개일까요?

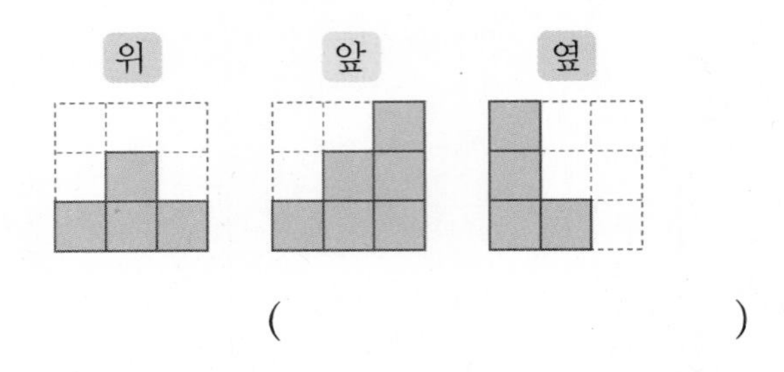

(　　　　　　　　　　)

18 쌓기나무 10개를 사용하여 조건 을 만족하는 모양을 모두 몇 가지 만들 수 있는지 구해 보세요. (단, 모양을 돌렸을 때 같은 모양은 한 가지로 생각합니다.)

> **조건**
> - 쌓기나무로 쌓은 모양은 4층입니다.
> - 각 층의 쌓기나무 수는 모두 다릅니다.
> - 위에서 본 모양은 　　　　입니다.

(　　　　　　　　　　)

서술형

19 쌓기나무로 쌓은 모양과 위에서 본 모양입니다. 쌓기나무의 한 모서리의 길이가 1 cm일 때 쌓은 모양의 겉넓이는 몇 cm^2인지 풀이 과정을 쓰고 답을 구해 보세요.

위에서 본 모양

풀이 ……………………………………

……………………………………

……………………………………

답 ……………………

서술형

20 쌓기나무로 쌓은 모양과 위에서 본 모양입니다. 주어진 모양에 쌓기나무를 더 쌓아서 정육면체 모양을 만들려고 합니다. 쌓기나무는 적어도 몇 개 더 필요한지 풀이 과정을 쓰고 답을 구해 보세요.

위에서 본 모양

풀이 ……………………………………

……………………………………

……………………………………

……………………………………

답 ……………………

4 비례식과 비례배분

이번 단원에서 꼭 짚어야 할 **핵심 개념**을 알아보자.

핵심 1 비의 성질

비의 전항과 후항에 0이 아닌 같은 수를 곱하거나 나누어도 비율은 같다.

$2:5=(2\times2):(5\times2)=4:\square$

$4:6=(4\div2):(6\div2)=2:\square$

핵심 2 간단한 자연수의 비로 나타내기

$0.8:0.3=(0.8\times10):(0.3\times10)$
$=8:\square$

$\frac{3}{4}:\frac{1}{3}=\left(\frac{3}{4}\times12\right):\left(\frac{1}{3}\times12\right)$
$=9:\square$

핵심 3 비례식의 외항과 내항

비례식 $1:3=2:6$에서 바깥쪽에 있는 두 항 1과 6을 외항, 안쪽에 있는 두 항 3과 2를 □이라고 한다.

핵심 4 비례식의 성질

비례식에서 외항의 곱과 내항의 곱은 같다.

$3:4=6:8$

외항의 곱: $3\times8=\square$

내항의 곱: $4\times6=\square$

핵심 5 비례배분

15를 2 : 3으로 비례배분

$15\times\frac{\square}{2+3}=15\times\frac{2}{5}=6$

$15\times\frac{\square}{2+3}=15\times\frac{3}{5}=9$

답 **1.** 10, 3 **2.** 3, 4 **3.** 내항 **4.** 24, 24 **5.** 2, 3

STEP 1 교과 개념

1. 비의 성질 알아보기

전항, 후항

• 비 2 : 3 에서 기호 ' : ' 앞에 있는 2를 전항, 뒤에 있는 3을 후항이라고 합니다.

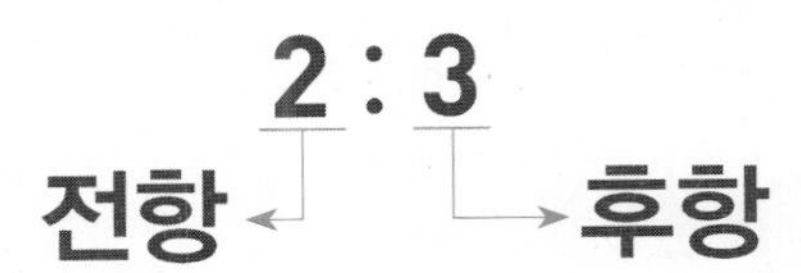

비의 성질(1)

• 비의 전항과 후항에 0이 아닌 같은 수를 곱하여도 비율은 같습니다.

2 : 3의 비율 ➡ $\frac{2}{3}$　　4 : 6의 비율 ➡ $\frac{4}{6}=\frac{2}{3}$

비율은 같습니다.

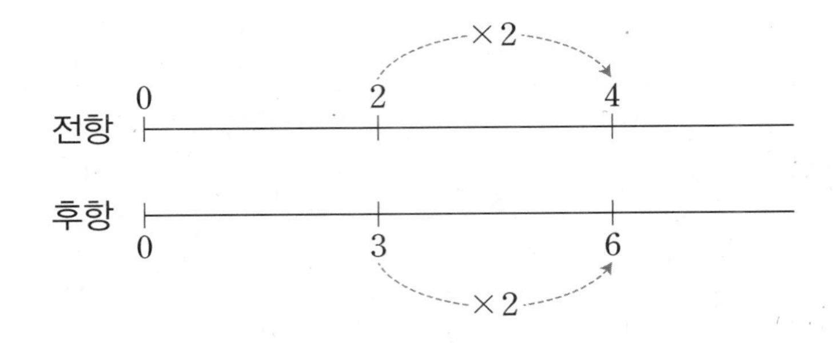

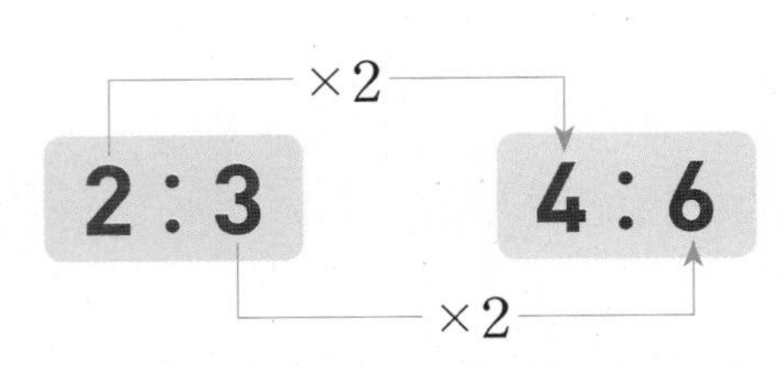

비의 성질(2)

• 비의 전항과 후항을 0이 아닌 같은 수로 나누어도 비율은 같습니다.

15 : 24의 비율 ➡ $\frac{15}{24}=\frac{5}{8}$　　5 : 8의 비율 ➡ $\frac{5}{8}$

비율은 같습니다.

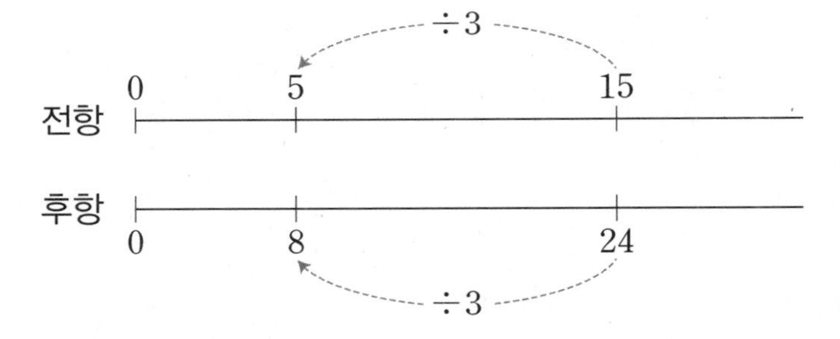

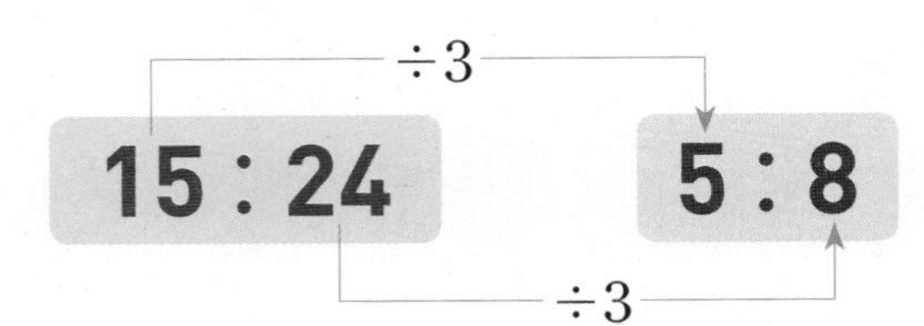

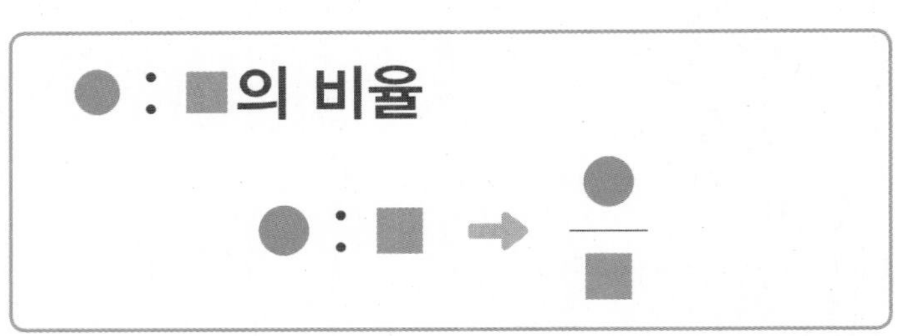

➲ 정답과 풀이 30쪽

1 전항에 △표, 후항에 ○표 하세요.

① 4 : 5

② 9 : 2

비에서 ' : ' 앞에 있는 수를 전항, 뒤에 있는 수를 후항이라고 해요.

2 □ 안에 알맞은 말을 써넣으세요.

① 2 : 5 →(×3)→ 6 : 15

비의 전항과 후항에 0이 아닌 같은 수를 □ 비율은 같습니다.

② 5 : 15 →(÷5)→ 1 : 3

비의 전항과 후항을 0이 아닌 같은 수로 □ 비율은 같습니다.

6학년 때 배웠어요

비율 알아보기

기준량에 대한 비교하는 양의 크기를 비율이라고 합니다.

(비율)
=(비교하는 양)÷(기준량)
$= \frac{\text{(비교하는 양)}}{\text{(기준량)}}$

3 비의 성질을 이용하여 비율이 같은 비를 찾아 이어 보세요.

20 : 15 •	• 6 : 21
2 : 7 •	• 2 : 18
1 : 9 •	• 4 : 3

비의 전항과 후항에 0이 아닌 같은 수를 곱하거나 0이 아닌 같은 수로 나누었을 때 같은 비를 찾아 보아요.

4 비의 성질을 이용하여 □ 안에 알맞은 수를 써넣으세요.

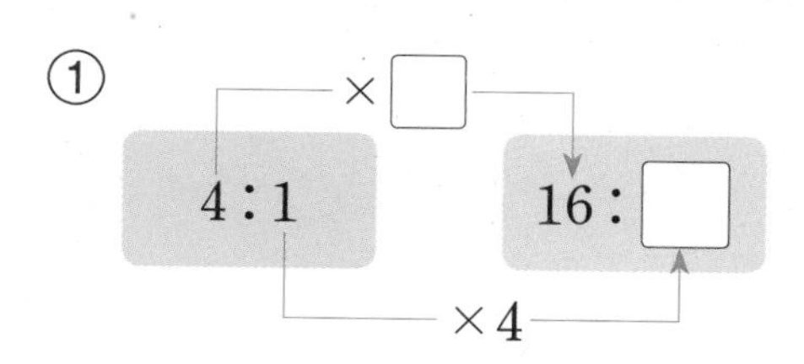

② 6 : 14 →(÷2)→ □ : 7 (÷□)

비의 전항과 후항에 0이 아닌 같은 수를 곱하거나 0이 아닌 같은 수로 나누어도 비율이 같아요.

STEP 1 교과 개념

2. 간단한 자연수의 비로 나타내기

● **소수의 비를 간단한 자연수의 비로 나타내기**

전항과 후항에 10, 100, 1000, ...을 곱합니다.

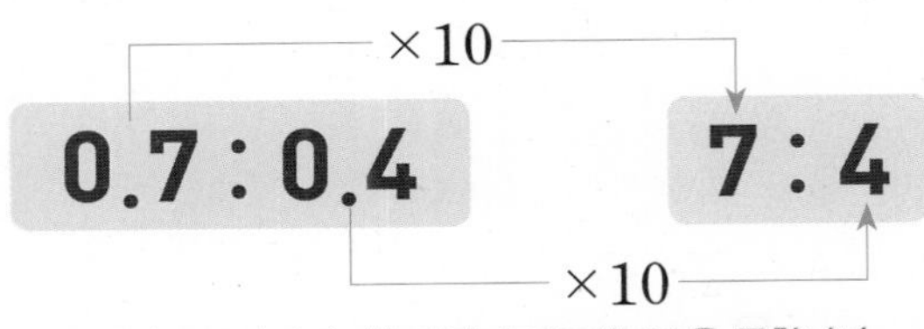

0.7과 0.4가 소수 한 자리 수이므로 10을 곱합니다.

● **분수의 비를 간단한 자연수의 비로 나타내기**

전항과 후항에 두 분모의 공배수를 곱합니다.

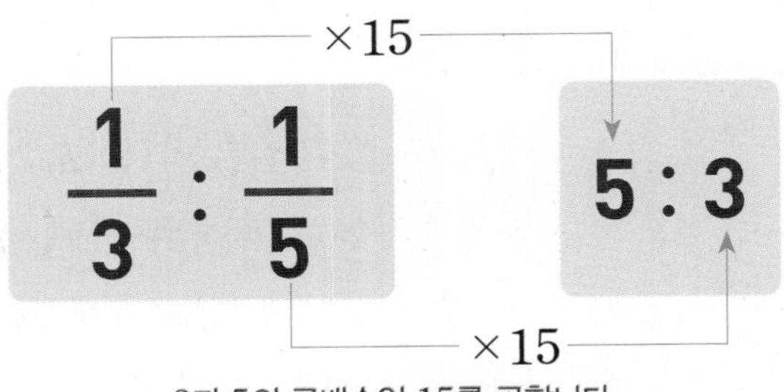

3과 5의 공배수인 15를 곱합니다.

● **자연수의 비를 간단한 자연수의 비로 나타내기**

전항과 후항을 전항과 후항의 공약수로 나눕니다.

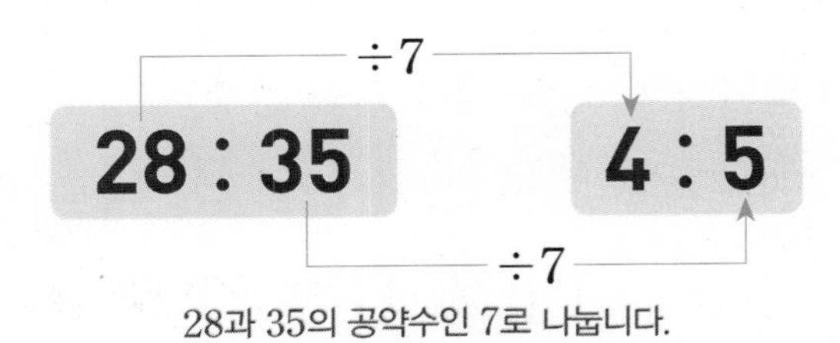

28과 35의 공약수인 7로 나눕니다.

● **소수와 분수의 비를 간단한 자연수의 비로 나타내기**

• $0.4 : \frac{1}{2}$의 계산

방법 1 소수를 분수로 바꾸기

→ 전항 0.4를 분수로 바꾸면 $\frac{4}{10}$입니다.

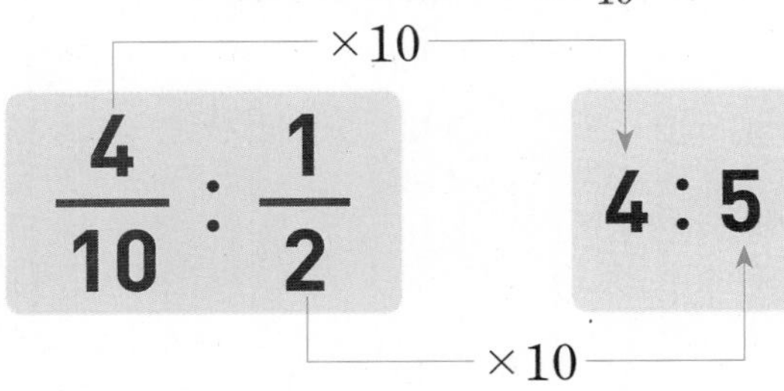

방법 2 분수를 소수로 바꾸기

→ 후항 $\frac{1}{2}$을 소수로 바꾸면 0.5입니다.

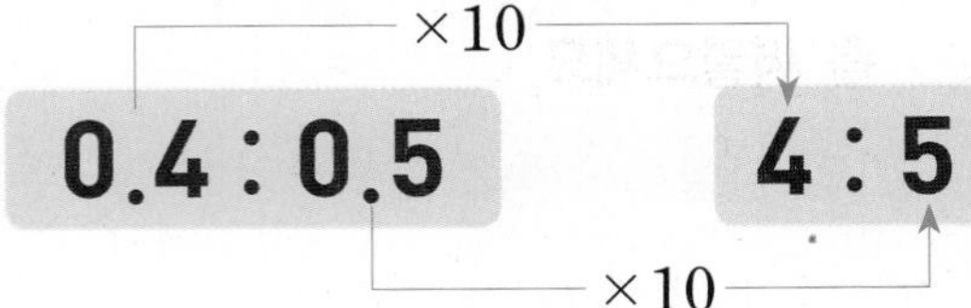

➔ 정답과 풀이 30쪽

1 $1.4 : 0.5$를 간단한 자연수의 비로 나타내려고 합니다. □ 안에 알맞은 수를 써넣으세요.

① 비의 전항과 후항에 □을/를 곱합니다.

②

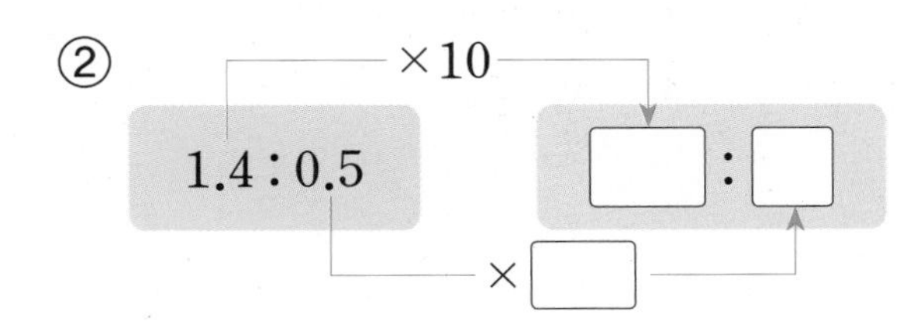

×10
1.4 : 0.5
:
×

소수의 비의 전항과 후항에 10, 100, 1000, ...을 곱하여 간단한 자연수의 비로 나타내요.

2 $\frac{3}{4} : \frac{5}{8}$를 간단한 자연수의 비로 나타내려고 합니다. □ 안에 알맞은 수를 써넣으세요.

① 비의 전항과 후항에 두 분모의 공배수인 □을/를 곱합니다.

②

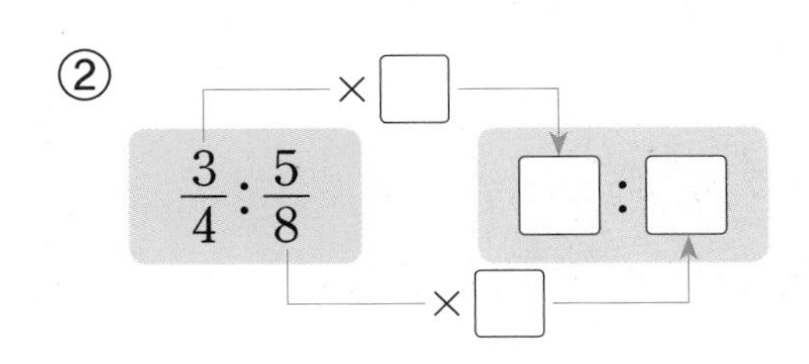

×
3/4 : 5/8
:
×

분수의 비의 전항과 후항에 두 분모의 공배수를 곱하여 간단한 자연수의 비로 나타내요.

3 $48 : 36$을 간단한 자연수의 비로 나타내려고 합니다. □ 안에 알맞은 수를 써넣으세요.

① 비의 전항과 후항을 두 수의 공약수인 □(으)로 나눕니다.

②

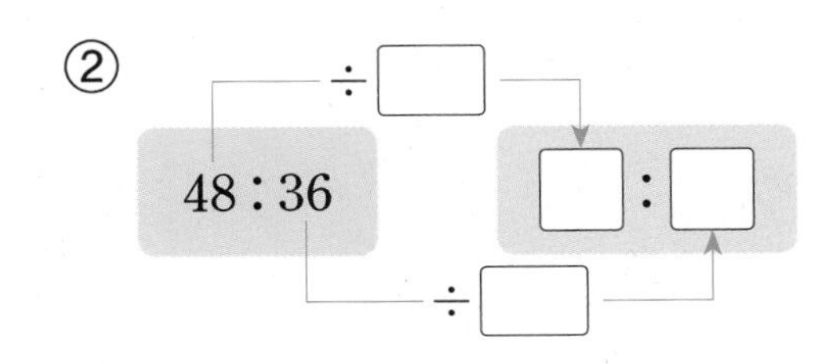

÷
48 : 36
:
÷

4 $\frac{8}{9} : 0.3$을 간단한 자연수의 비로 나타내려고 합니다. □ 안에 알맞은 수를 써넣으세요.

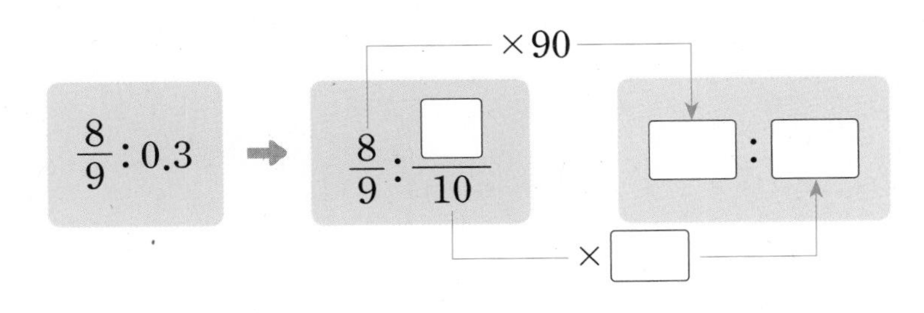

×90
8/9 : 0.3
8/9 : □/10
:
×

분수와 소수의 비에서 소수를 분수로 바꾸어 간단한 자연수의 비로 나타내요.

STEP 1 교과 개념

3. 비례식 알아보기

● 비례식 알아보기

• 비례식: 비율이 같은 두 비를 기호 '='를 사용하여 $3:4=6:8$과 같이 나타낸 식

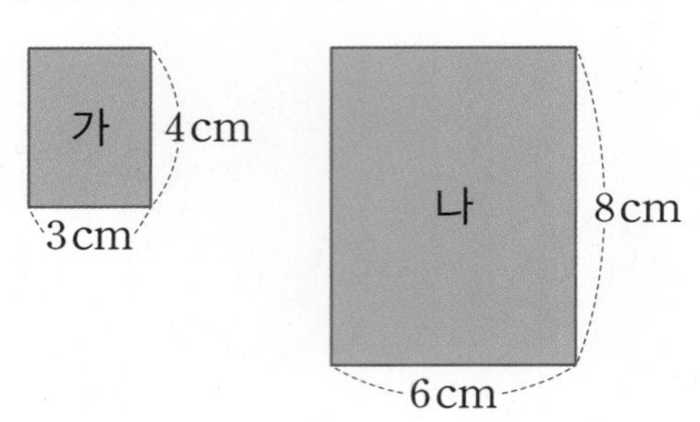

직사각형	(가로) : (세로)	비율
가	$3:4$	$\frac{3}{4}$
나	$6:8$	$\frac{6}{8}=\frac{3}{4}$

$$3:4=6:8$$

• 비의 외항과 내항

비례식 $9:6=27:18$에서 바깥쪽에 있는 9와 18을 외항, 안쪽에 있는 6과 27을 내항이라고 합니다.

외항

$$9:6=27:18$$

내항

● 비례식을 이용하여 비의 성질 나타내기

• $2:3$은 전항과 후항에 3을 곱한 $6:9$와 그 비율이 같습니다.

×3

$$2:3=6:9$$

×3

• $18:48$은 전항과 후항을 6으로 나눈 $3:8$과 그 비율이 같습니다.

÷6

$$18:48=3:8$$

÷6

➲ 정답과 풀이 30쪽

1 다음을 보고 □ 안에 알맞은 수나 말을 써넣으세요.

1 : 2 = 3 : 6

① 1 : 2의 비율은 □입니다.

② 3 : 6의 비율은 $\frac{\square}{6}=\frac{\square}{2}$입니다.

③ 두 비 1 : 2와 3 : 6의 비율은 □.

④ 위와 같이 비율이 같은 두 비를 기호 '='를 사용하여 나타낸 식을 □(이)라고 합니다.

2 □ 안에 알맞은 수를 써넣으세요.

① 외항 4, □

4 : 3 = 16 : 12

내항 □, □

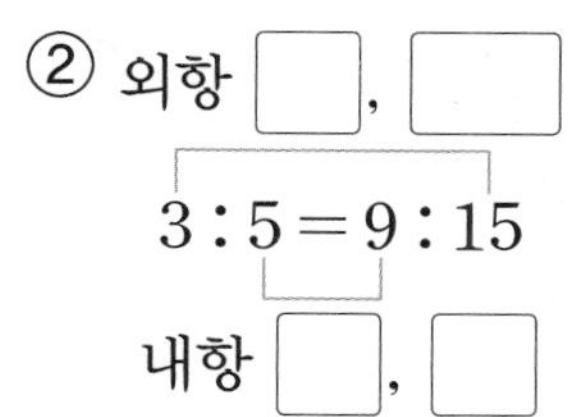

② 외항 □, □

3 : 5 = 9 : 15

내항 □, □

3 비례식을 찾아 ○표 하세요.

비례식은 비율이 같은 두 비를 기호 '='를 사용하여 나타낸 식이에요.

6×4=3×8	36÷9=21÷7	8 : 3=24 : 9
( )	( )	( )

4 비율이 같은 비를 찾아 비례식으로 세우려고 합니다. □ 안에 알맞은 비를 찾아 기호를 써 보세요.

2 : 3과 비율이 같은 비를 찾아 기호 '='를 사용하여 비례식으로 나타낼 수 있어요.

2 : 3 = □

㉠ 6 : 8 ㉡ 8 : 10 ㉢ 10 : 15

( )

STEP 1 교과 개념

4. 비례식의 성질 알아보기, 비례식의 활용

● **비례식의 성질 알아보기**

비례식에서 외항의 곱과 내항의 곱은 같습니다.

$$\overbrace{3 : \underbrace{4 = 6}_{4\times6} : 8}^{3\times8}$$

→ (외항의 곱)$=3\times8=24$, (내항의 곱)$=4\times6=24$ — 같습니다.

● **비례식에서 □의 값 구하기**

$7 : 9 = 21 : □$

$7 : 9 = 21 : □$ (외항의 곱: $7\times□$, 내항의 곱: 9×21)

→ $7\times□=9\times21$

$7\times□=189$

$□=189\div7$

$□=27$

● **비례식을 이용하여 문제 해결하기**

쌀과 현미를 $5 : 2$로 섞어서 밥을 지을 때, 쌀 200 g을 넣는다면 현미는 몇 g을 넣어야 하는지 구하기

구하려는 것을 □라 하고 비례식 세우기	→	비례식의 성질을 이용하여 □의 값 구하기	→	단위를 사용하여 답으로 나타내기
$5 : 2=200 : □$	→	$5\times□=2\times200$ $5\times□=400$ $□=400\div5$ $□=80$	→	쌀 200 g을 넣는다면 현미는 80 g을 넣어야 합니다.

개념 다르게 보기

• **비의 성질을 이용하여 문제를 해결할 수 있어요!**

$5 : 2 = 200 : □$ (5에 $\times40$ → 200, 2에 $\times40$ → □)

→ $□=2\times40=80$

➔ 정답과 풀이 31쪽

1 □ 안에 알맞은 수를 써넣고 비례식이면 ○표, 비례식이 아니면 ×표 하세요.

외항의 곱과 내항의 곱이 같으면 비례식이에요.

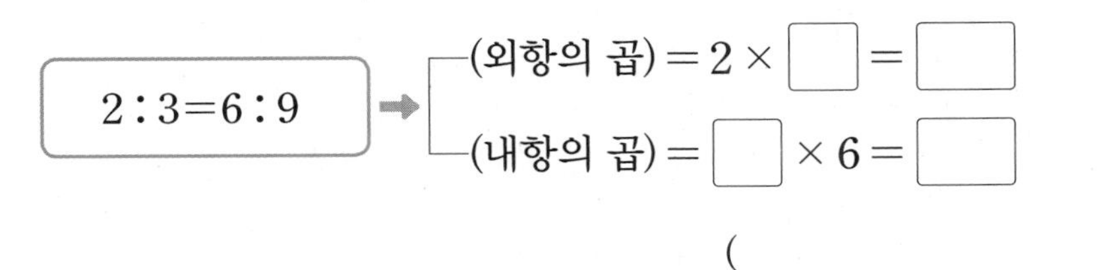

(　　　　　　　　)

2 옳은 비례식을 모두 찾아 ○표 하세요.

$3:5=35:21$	$0.9:0.5=18:10$
$4:7=\frac{1}{4}:\frac{1}{7}$	$50:16=25:8$

3 비례식의 성질을 이용하여 ■의 값을 구하려고 합니다. □ 안에 알맞은 수를 써넣으세요.

비례식의 성질을 이용하여 식을 만든 후, 곱셈과 나눗셈의 관계로 ■의 값을 구해요.

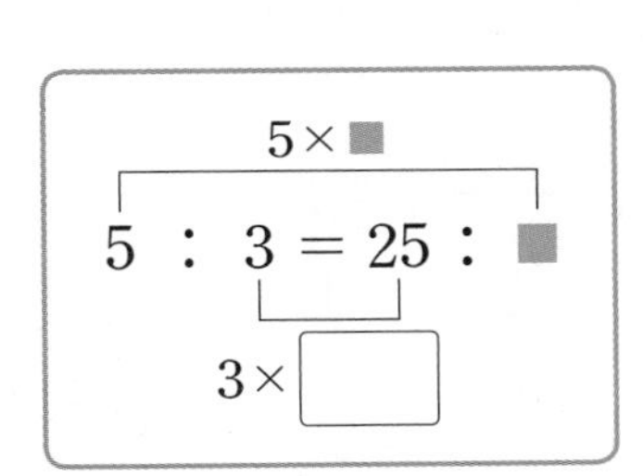

5 × ■ = 3 × □

5 × ■ = □

■ = □ ÷ 5

■ = □

4

4 가로와 세로의 비가 3 : 2인 직사각형 모양의 깃발을 만들 때 가로를 90 cm로 하면 세로는 몇 cm로 해야 하는지 구하려고 합니다. 물음에 답하세요.

구하려는 것을 □라 하고 비례식을 세워요.

① 구하려고 하는 것은 무엇일까요?

(　　　　　　　　)

② 깃발의 세로를 □cm라 하고 비례식을 세워 보세요.

(　　　　　　　　)

③ 깃발의 세로는 몇 cm로 해야 하는지 구해 보세요.

(　　　　　　　　)

STEP 1 교과 개념

5. 비례배분

비례배분 알아보기

- 비례배분: 전체를 주어진 비로 배분하는 것

비례배분하기

과자 14개를 은서와 지후가 4 : 3으로 나누어 가지려고 할 때, 과자를 어떻게 나누어야 하는지 구하기

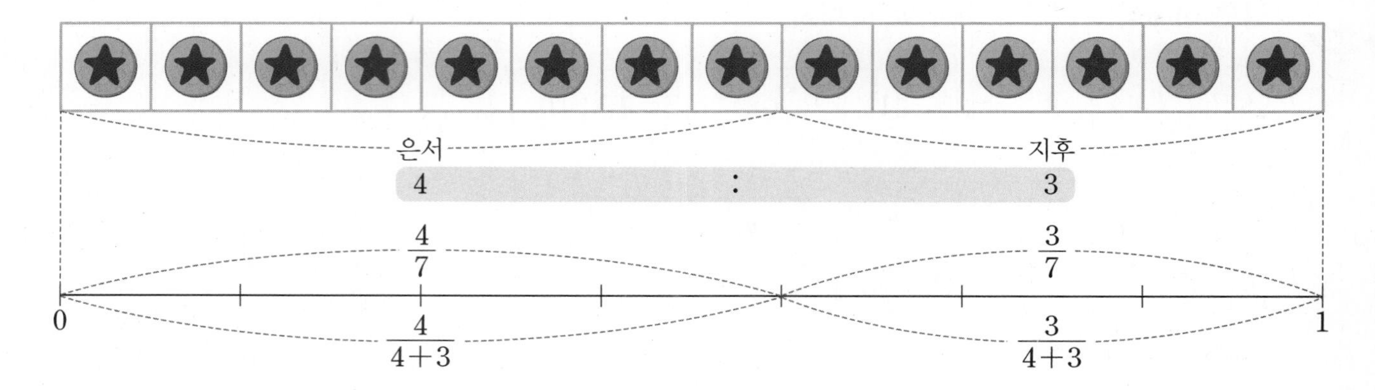

$$\frac{4}{7} = \frac{4}{4+3}, \quad \frac{3}{7} = \frac{3}{4+3}$$

은서: $14 \times \frac{4}{4+3} = 8$(개)

지후: $14 \times \frac{3}{4+3} = 6$(개)

전체를 가 : 나 = ■ : ▲로 비례배분하기

가: (전체) $\times \frac{■}{■+▲}$, 나: (전체) $\times \frac{▲}{■+▲}$

개념 자세히 보기

- **비례배분한 결과를 더한 값은 전체와 같아야 해요!**

과자 14개를 은서와 지후가 4 : 3으로 나누어 가지면 은서는 8개, 지후는 6개를 가지게 됩니다.

➡ $8 + 6 = 14$(개)

➲ 정답과 풀이 31쪽

1 **연필 30자루를 형과 동생이 3 : 2로 나누어 가지려고 합니다. 형과 동생은 각각 몇 자루씩 가지게 되는지 알아보세요.**

30을 3 : 2로 나누어요.
비례배분할 때에는 주어진 비의 전항과 후항의 합을 분모로 하는 분수의 비로 고쳐서 계산하면 편리해요.

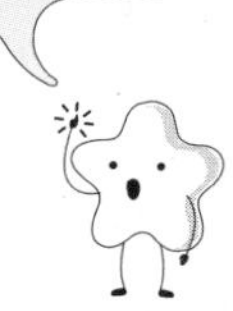

① 형과 동생은 각각 전체의 몇 분의 몇씩 가져야 하는지 다음과 같이 식을 세워 알아보세요.

$$\text{형}: \frac{\square}{3+\square}=\frac{\square}{\square},\ \text{동생}: \frac{\square}{\square+2}=\frac{\square}{\square}$$

② 형과 동생은 각각 몇 자루씩 가지게 되는지 다음과 같이 식을 세워 알아보세요.

$$\text{형}: 30\times\frac{\square}{\square}=\square(\text{자루}),\ \text{동생}: 30\times\frac{\square}{\square}=\square(\text{자루})$$

2 **선생님께서는 색종이 72장을 가 모둠과 나 모둠에 5 : 7로 나누어 주려고 합니다. 물음에 답하세요.**

그림을 그려 보면 더 쉽게 이해할 수 있어요.
72장
5 7

① 가 모둠에 주어야 할 색종이는 전체의 몇 분의 몇일까요?

( )

② 나 모둠에 주어야 할 색종이는 전체의 몇 분의 몇일까요?

( )

③ 가 모둠과 나 모둠에 색종이를 각각 몇 장씩 나누어 주어야 하는지 구해 보세요.

가 모둠 ( ), 나 모둠 ( )

3 **52를 8 : 5로 나누려고 합니다. $\square$ 안에 알맞은 수를 써넣으세요.**

52를 각각 몇 등분해야 하는지 생각해 보아요.

$$52\times\frac{8}{8+\square}=52\times\frac{\square}{\square}=\square$$

$$52\times\frac{5}{8+\square}=52\times\frac{\square}{\square}=\square$$

STEP 2 꼭 나오는 유형

1 비의 성질

1 다음에서 설명하는 비를 써 보세요.

전항이 11, 후항이 8인 비

(　　　　　　　　)

2 비의 성질을 이용하여 □ 안에 알맞은 수를 써넣으세요.

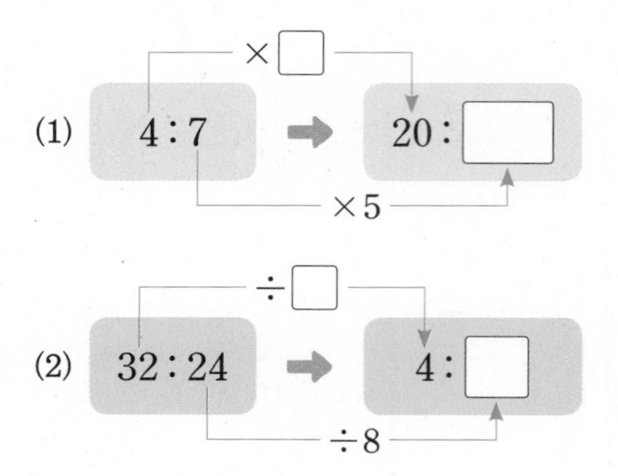

비교하는 양과 기준량을 먼저 찾아봐.

준비 비율을 분수로 나타내어 보세요.

3 : 7

(　　　　　　　　)

3 두 비의 비율이 같습니다. 비의 성질을 이용하여 □ 안에 알맞은 수를 구해 보세요.

63 : 42　　3 : □

(　　　　　　　　)

4 비의 성질을 이용하여 비율이 같은 비를 만들려고 합니다. □ 안에 공통으로 들어갈 수 없는 수를 구해 보세요.

5 : 9 ➡ (5 × □) : (9 × □)

(　　　　　　　　)

5 가 상자의 높이는 64 cm이고, 나 상자의 높이는 48 cm입니다. 가 상자와 나 상자의 높이의 비를 잘못 말한 사람은 누구일까요?

(　　　　　　　　)

6 가로와 세로의 비가 3 : 2인 직사각형을 모두 찾아 기호를 써 보세요.

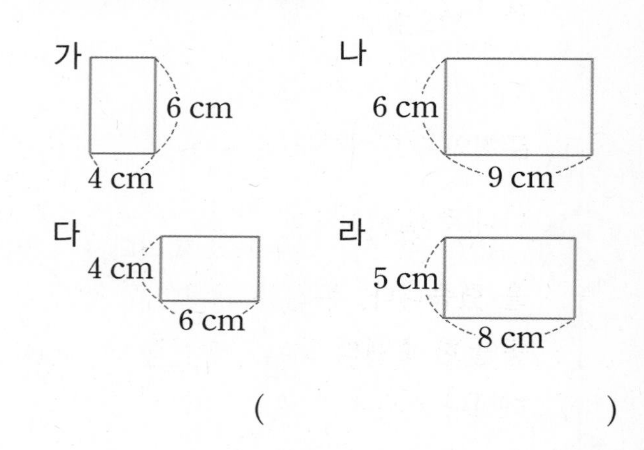

(　　　　　　　　)

2 간단한 자연수의 비로 나타내기

7 간단한 자연수의 비로 나타내려고 합니다. □ 안에 알맞은 수를 써넣으세요.

(1) 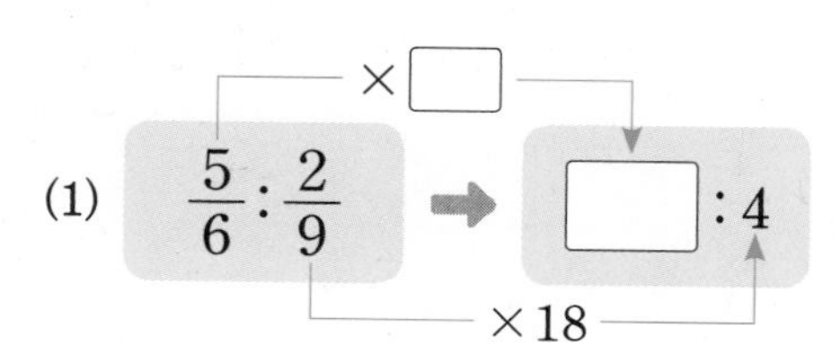

(2) 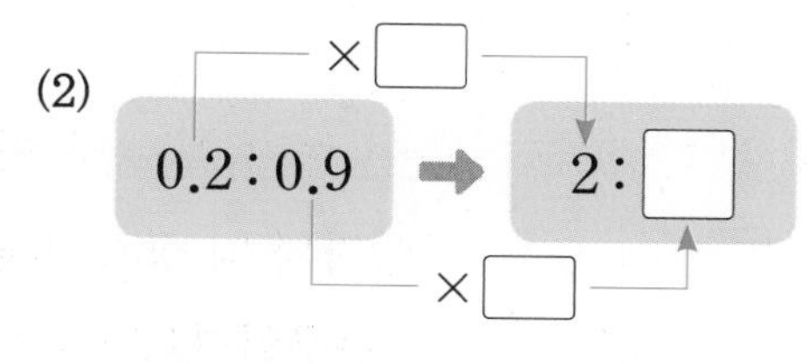

(3) 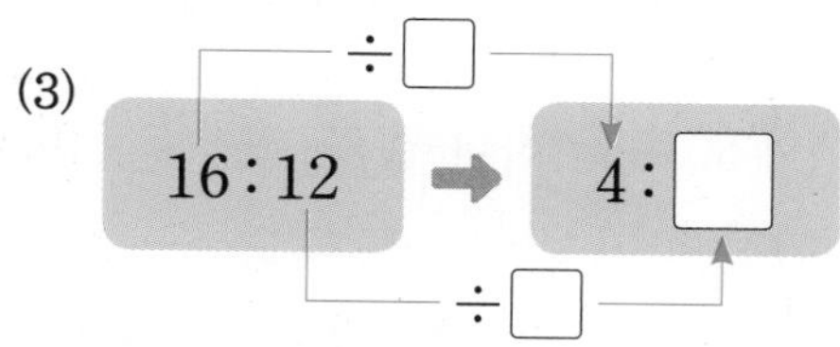

8 간단한 자연수의 비로 나타내어 보세요.

(1) 0.3 : 1.1 (　　　　　　)

(2) 32 : 16 (　　　　　　)

(3) $\frac{1}{4}:\frac{5}{9}$ (　　　　　　)

(4) $0.7:\frac{2}{3}$ (　　　　　　)

9 주희와 규민이가 같은 숙제를 한 시간 동안 했더니 주희는 전체의 $\frac{1}{3}$을, 규민이는 전체의 $\frac{1}{4}$을 했습니다. 주희와 규민이가 각각 한 시간 동안 한 숙제의 양을 간단한 자연수의 비로 나타내어 보세요.

(　　　　　　)

10 48 : 52를 간단한 자연수의 비로 나타내려고 합니다. 전항이 12일 때 후항은 얼마인지 구해 보세요.

(　　　　　　)

11 $1\frac{3}{5}:2.7$을 간단한 자연수의 비로 나타내려고 합니다. 바르게 설명한 사람의 이름을 써 보세요.

> 수정: 후항을 분수 $2\frac{7}{10}$로 바꾸어 전항과 후항에 10을 곱하여 16 : 27로 나타낼 수 있어.
> 민호: 전항을 소수 1.3으로 바꾸어 전항과 후항에 10을 곱하여 13 : 27로 나타낼 수 있어.

(　　　　　　)

서술형
12 민서와 주혁이는 포도주스를 만들었습니다. 민서는 포도 원액 0.3 L, 물 0.8 L를 넣었고, 주혁이는 포도 원액 $\frac{3}{10}$ L, 물 $\frac{4}{5}$ L를 넣었습니다. 두 사람이 사용한 포도 원액의 양과 물의 양의 비를 간단한 자연수의 비로 각각 나타내고, 두 포도주스의 진하기를 비교해 보세요.

민서 (　　　　　　)
주혁 (　　　　　　)

비교 ....

3 비례식

13 외항에 △표, 내항에 ○표 하세요.

(1) $2:7=6:21$

(2) $9:3=3:1$

14 비례식 $3:7=6:14$에 대해 잘못 설명한 것을 찾아 기호를 쓰고 바르게 고쳐 보세요.

㉠ $3:7$의 비율과 $6:14$의 비율이 같습니다.
㉡ 내항은 3과 6입니다.
㉢ 외항은 3과 14입니다.

( )

바르게 고치기

분모와 분자를 공약수로 나누어야 해!

준비 기약분수로 나타내어 보세요.

(1) $\frac{4}{8}$ (2) $\frac{3}{9}$

15 두 비의 비율을 비교하여 옳은 비례식을 모두 찾아 기호를 써 보세요.

㉠ $6:8=3:4$ ㉡ $2:7=8:14$
㉢ $10:25=2:5$ ㉣ $24:30=4:3$

( )

16 주어진 식은 비례식입니다. □ 안에 알맞은 비를 모두 찾아 기호를 써 보세요.

$3:8=$□

㉠ $8:3$ ㉡ $6:10$
㉢ $9:24$ ㉣ $15:40$

( )

내가 만드는 문제

17 보기 에서 비를 하나 골라 왼쪽 □ 안에 써넣고 주어진 식이 비례식이 되도록 오른쪽 □ 안에 알맞은 비를 자유롭게 써 보세요.

보기
$2:7$ $5:8$ $9:4$

□ = □

18 외항이 6과 28, 내항이 7과 24인 비례식을 2개 세워 보세요.

( )

4 비례식의 성질

19 비례식을 보고 □ 안에 알맞은 수나 말을 써넣으세요.

4 : 9 = 8 : 18

(1) (외항의 곱) = □ × □ = □

(2) (내항의 곱) = □ × □ = □

(3) 비례식에서 외항의 곱과 내항의 곱은 □.

20 옳은 비례식을 모두 찾아 ○표 하세요.

7 : 8 = 4 : 3	2 : 3 = 8 : 12
$\frac{1}{3} : \frac{5}{8} = 8 : 15$	0.5 : 0.6 = 10 : 14

21 비례식의 성질을 이용하여 ■를 구하려고 합니다. □ 안에 알맞은 수를 써넣으세요.

2 : 5 = ■ : 15

2 × □ = 5 × ■

5 × ■ = □

■ = □

22 비례식에서 9 × □의 값을 구해 보세요.

9 : 2 = 27 : □

(   )

23 비례식의 성질을 이용하여 □ 안에 알맞은 수를 써넣으세요.

(1) 3 : 7 = 15 : □

(2) 9 : 4 = □ : 24

서술형

24 ㉠과 ㉡에 알맞은 수의 합은 얼마인지 풀이 과정을 쓰고 답을 구해 보세요.

9 : ㉠ = 36 : 32

$\frac{3}{5} : \frac{1}{4}$ = ㉡ : 10

풀이

답

5 비례식의 활용

25 수아가 가지고 있는 수첩의 가로와 세로의 비가 2 : 5라고 할 때, 실제 수첩의 가로가 6 cm라면 세로는 몇 cm인지 구해 보세요.

(1) 세로를 □cm라 하고 비례식을 세워 보세요.

비례식 ....

(2) 실제 수첩의 세로는 몇 cm일까요?

( )

26 쌀과 현미를 3 : 2로 섞어서 밥을 지으려고 합니다. 쌀을 15컵 넣었다면 현미는 몇 컵을 넣어야 하는지 비례식을 세워 구해 보세요.

비례식 ....

답 ....

27 일정한 빠르기로 8분 동안 28 L의 물이 나오는 수도로 물을 받아 들이가 105 L인 빈 욕조를 가득 채우려면 몇 분이 걸리는지 비례식을 세워 구해 보세요.

비례식 ....

답 ....

[28~29] 요구르트가 6개에 3000원이라고 합니다. 물음에 답하세요.

28 요구르트 18개는 얼마인지 비례식을 세워서 구해 보세요.

비례식 ....

답 ....

내가 만드는 문제

29 요구르트의 개수 또는 요구르트의 가격을 바꾸어 새로운 문제를 만들고 답을 구해 보세요.

문제 ....

....

....

( )

30 어떤 사람이 4일 동안 일하고 320000원을 받았습니다. 이 사람이 같은 일을 3일 동안 하면 얼마를 받을 수 있을까요? (단, 하루에 일하고 받는 금액은 같습니다.)

( )

31 일정한 빠르기로 4시간 동안 340 km를 가는 자동차가 있습니다. 같은 빠르기로 이 자동차가 425 km를 가려면 몇 시간이 걸릴까요?

( )

32 바닷물 2 L를 증발시켜 64 g의 소금을 얻었습니다. 바닷물 15 L를 증발시키면 몇 g의 소금을 얻을 수 있을까요? (단, 같은 시각에 증발시켰습니다.)

( )

서술형

33 서진이가 10분 동안 배드민턴을 칠 때 소모한 열량은 84 킬로칼로리입니다. 서진이가 친구들과 배드민턴을 치고 504 킬로칼로리의 열량을 소모했다면 서진이가 배드민턴을 친 시간은 몇 분인지 풀이 과정을 쓰고 답을 구해 보세요.

풀이

답

6 비례배분

34 18을 1 : 5로 나누려고 합니다. □ 안에 알맞은 수를 써넣으세요.

$18\times\frac{1}{1+\square}=18\times\frac{\square}{\square}=\square$

$18\times\frac{5}{1+\square}=18\times\frac{\square}{\square}=\square$

35 소윤이와 형준이가 철사 96 cm를 3 : 1로 나누어 가지려고 합니다. □ 안에 알맞은 수를 써넣으세요.

소윤: $96\times\frac{\square}{\square}=\square$(cm)

형준: $96\times\frac{\square}{\square}=\square$(cm)

36 빨간 색연필과 파란 색연필이 모두 77자루 있습니다. 빨간 색연필과 파란 색연필 수의 비가 3 : 8이라면 빨간 색연필은 몇 자루일까요?

( )

37 오늘 놀이공원에 입장한 사람은 720명이고 어린이 수와 어른 수의 비는 5 : 4입니다. 어린이가 몇 명인지 알아보기 위한 풀이 과정에서 잘못 계산한 부분을 찾아 바르게 계산해 보세요.

$$720\times\frac{5}{5\times4}=720\times\frac{5}{20}=180(\text{명})$$

↓

38 구슬 60개를 나영이와 은표가 7 : 5로 나누어 가지려고 합니다. 두 사람은 구슬을 각각 몇 개씩 가져야 할까요?

나영 (　　　　　　　　)
은표 (　　　　　　　　)

39 전체를 7 : 2로 나누었더니 더 큰 쪽이 126이 되었습니다. 전체는 얼마일까요?

(　　　　　　　　)

40 사탕 100개를 학생 수에 따라 두 반에 나누어 주려고 합니다. 두 반에 사탕을 각각 몇 개씩 나누어 주어야 할까요?

반	1	2
학생 수(명)	27	23

1반 (　　　　　　　　)
2반 (　　　　　　　　)

서술형

41 가로와 세로의 비가 4 : 3이고 둘레가 84 cm인 직사각형이 있습니다. 직사각형의 가로가 몇 cm인지 주어진 방법으로 구해 보세요.

방법 1 비례배분하여 문제 해결하기

방법 2 비례식을 세운 다음, 비의 성질을 이용하여 문제 해결하기

42 평행사변형 ㄱㄴㄷㄹ의 넓이가 128 cm^2일 때 평행사변형 ㉮와 ㉯의 넓이의 차는 몇 cm^2인지 구해 보세요.

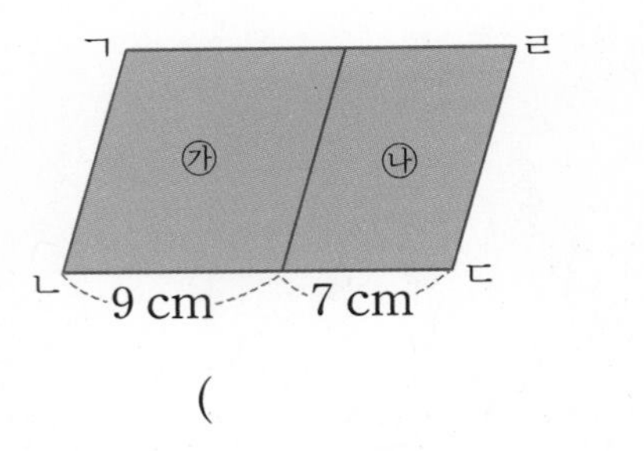

(　　　　　　　　)

STEP 3 자주 틀리는 유형

응용 유형 중 자주 틀리는 유형을 집중학습함으로써 실력을 한 단계 높여 보세요.

간단한 자연수의 비

1 보기 와 같이 전항을 분수로 바꾸어 간단한 자연수의 비로 나타내어 보세요.

보기

$1.3:1\frac{2}{5} \Rightarrow \frac{13}{10}:\frac{7}{5} \Rightarrow 13:14$

$5.1:2\frac{4}{5}$ ....

2 간단한 자연수의 비로 바르게 나타낸 사람은 누구일까요?

성현 $3\frac{1}{2}:4\frac{2}{3} \Rightarrow 4:3$

재영 $1.8:1.6 \Rightarrow 9:8$

( )

3 $1\frac{1}{4}:\frac{\square}{5}$를 간단한 자연수의 비로 나타내면 $25:12$입니다. □ 안에 알맞은 수를 구해 보세요.

( )

외항, 내항

4 비례식에 대한 설명이 맞으면 ○표, 틀리면 ×표 하세요.

$4:5=12:15$

(1) 내항은 4와 15입니다. ( )

(2) $4:5$와 $12:15$의 후항은 5와 15입니다. ( )

5 비례식 $3:8=6:16$에 대해 잘못 설명한 것을 찾아 기호를 써 보세요.

㉠ 외항은 6과 16입니다.
㉡ 내항은 8과 6입니다.
㉢ $3:8$과 $6:16$의 비율이 같습니다.

( )

6 비례식 $2:9=6:27$에 대해 잘못 설명한 것을 찾아 바르게 고쳐 보세요.

㉠ 두 비 $2:9$와 $6:27$의 비율이 같으므로 옳은 비례식입니다.
㉡ 비례식 $2:9=6:27$에서 내항은 2와 6이고, 외항은 9와 27입니다.

바르게 고치기 ....

....

4

비율이 같음을 이용한 비례식 찾기

7 옳은 비례식을 모두 고르세요. (　　　　　)

① 6:7=12:21　② 4:5=12:15
③ 70:20=7:2　④ 4:9=16:27
⑤ 15:8=5:3

8 옳은 비례식을 모두 고르세요. (　　　　　)

① 3:7=7:3　② 5:13=15:26
③ 4:30=2:15　④ 30:45=10:15
⑤ 6:18=2:9

9 옳은 비례식을 만든 사람을 찾아 이름을 써 보세요.

난 8:20=40:80을 만들었어.
아영

난 72:30=12:5를 만들었어.
수현

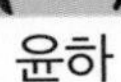
난 32:24=3:4를 만들었어.
윤하

(　　　　　　　　　)

조건을 만족하는 비례식

10 비례식에서 내항의 곱이 88일 때 ㉠과 ㉡에 알맞은 수를 각각 구해 보세요.

2:11=㉠:㉡

㉠ (　　　　　　　　　)
㉡ (　　　　　　　　　)

11 비례식에서 외항의 곱이 168일 때 ㉠과 ㉡에 알맞은 수의 합을 구해 보세요.

8:7=㉠:㉡

(　　　　　　　　　)

12 비율이 $\frac{4}{7}$가 되도록 □ 안에 알맞은 수를 써넣으세요.

12:□=60:□

비례식의 활용

13 연필이 20자루에 8000원이라고 합니다. 연필 9자루의 가격은 얼마인지 비례식을 세워 구해 보세요.

비례식 ....

답 ....

14 $4\ m^2$의 벽을 칠하는 데 $0.7\ L$의 페인트가 필요합니다. 벽 $16\ m^2$를 칠하려면 몇 L의 페인트가 필요할까요?

( )

15 밑변의 길이가 12 cm인 삼각형의 밑변의 길이와 높이의 비가 4 : 7입니다. 이 삼각형의 넓이는 몇 cm^2인지 구해 보세요.

( )

비례배분

16 어느 날 낮과 밤의 길이의 비가 11 : 13이라면 낮의 길이는 몇 시간인지 구해 보세요.

( )

17 어느 해 6월의 날씨를 조사하였더니 맑은 날과 비 온 날의 날수의 비가 3 : 2였습니다. 6월 중 비 온 날의 날수는 며칠인지 구해 보세요. (단, 6월은 맑은 날과 비 온 날만 있습니다.)

( )

4

18 도형에서 ㉠과 ㉡의 각도의 비는 4 : 5입니다. ㉠과 ㉡의 각도는 각각 몇 도인지 구해 보세요.

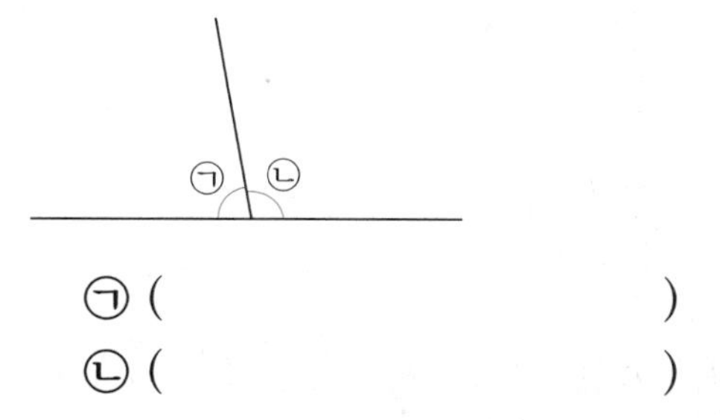

㉠ ( )
㉡ ( )

STEP 4 최상위 도전 유형

도전1 간단한 자연수의 비로 나타내기

1 똑같은 숙제를 하는 데 지훈이는 2시간, 연미는 3시간이 걸렸습니다. 지훈이와 연미가 한 시간 동안 하는 숙제의 양을 간단한 자연수의 비로 나타내어 보세요. (단, 한 시간 동안 하는 숙제의 양은 각각 일정합니다.)

( )

핵심 NOTE

어떤 일을 끝내는 데 걸린 시간을 □시간이라고 하면 1시간 동안 한 일의 양은 전체의 $\frac{1}{\square}$입니다.

2 똑같은 일을 끝내는 데 정수가 혼자 하면 15일, 윤아가 혼자 하면 20일이 걸립니다. 정수와 윤아가 하루에 하는 일의 양을 간단한 자연수의 비로 나타내어 보세요. (단, 하루에 하는 일의 양은 각각 일정합니다.)

( )

3 일정한 빠르기로 물이 나오는 수도꼭지 A, B로 물통을 가득 채우는 데 수도꼭지 A는 8분이 걸리고, 수도꼭지 B는 10분이 걸립니다. 수도꼭지 A와 B에서 1분 동안 나오는 물의 양을 간단한 자연수의 비로 나타내어 보세요.

( )

도전2 □ 안에 알맞은 수 구하기

4 비례식에서 □ 안에 알맞은 수를 구해 보세요.

$$6:15=(\square-8):25$$

( )

핵심 NOTE

내항 또는 외항이 수가 아닌 식으로 주어지면 식을 하나의 문자로 나타낸 후 □ 안에 알맞은 수를 구합니다.

5 비례식에서 ㉠에 알맞은 수를 구해 보세요.

$$144:96=(6+㉠):8$$

( )

6 비례식에서 ■와 ●에 알맞은 수의 합을 구해 보세요.

$$(■-7):5=40:50$$
$$3:4=9:(●+1)$$

( )

도전3 곱셈식을 간단한 자연수의 비로 나타내기

7 ㉮ : ㉯를 간단한 자연수의 비로 나타내어 보세요.

$$㉮\times\frac{4}{7}=㉯\times\frac{1}{3}$$

( )

핵심 NOTE

■×★=▲×●
■:▲=●:★

8 ㉮의 0.3배와 ㉯의 0.2배가 같습니다. ㉮ : ㉯를 간단한 자연수의 비로 나타내어 보세요.

( )

9 두 직사각형 ㉮, ㉯가 그림과 같이 겹쳐져 있습니다. 겹쳐진 부분의 넓이는 ㉮의 넓이의 0.6이고, ㉯의 넓이의 $\frac{3}{7}$입니다. ㉮와 ㉯의 넓이의 비를 간단한 자연수의 비로 나타내어 보세요.

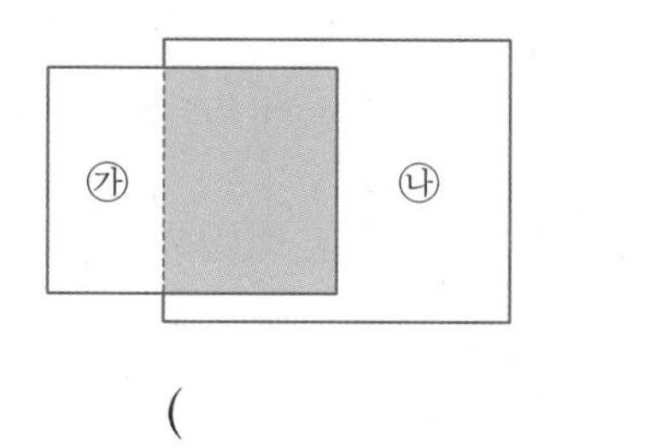

( )

도전4 간단한 자연수의 비로 나타내어 비례배분하기

10 넓이가 2800 m^2인 밭을 $\frac{2}{3}:\frac{1}{2}$로 나누어 오이밭과 가지밭을 만들었습니다. 가지밭의 넓이는 몇 m^2인지 구해 보세요.

( )

핵심 NOTE

주어진 비가 (분수) : (분수), (소수) : (소수), (소수) : (분수)일 때에는 비를 간단한 자연수의 비로 나타낸 후 비례배분합니다.

11 15000원짜리 선물을 사는 데 현태와 민영이가 $1\frac{3}{5}:0.9$로 나누어 돈을 냈습니다. 현태와 민영이가 낸 돈은 각각 얼마인지 구해 보세요.

현태 ( )
민영 ( )

12 사탕을 우주와 지후가 0.2 : 0.5로 나누어 가졌습니다. 우주가 가진 사탕이 24개라면 처음에 있던 사탕은 모두 몇 개인지 구해 보세요.

( )

도전5 **비례식을 이용하는 빠르기 문제 해결하기**

13 일정한 빠르기로 6분 동안 9 km를 가는 자동차가 있습니다. 같은 빠르기로 이 자동차가 150 km를 가려면 몇 시간 몇 분이 걸리는지 구해 보세요.

( )

핵심 NOTE

일정한 빠르기로 움직이는 물체는 시간과 거리의 비율이 같습니다.

14 명선이는 자전거를 타고 25분 동안 8 km를 달렸습니다. 같은 빠르기로 1시간 20분 동안 몇 km를 갈 수 있을까요?

( )

15 윤슬이네 가족은 자동차를 타고 12분 동안 17 km를 가는 빠르기로 집에서 212.5 km 떨어진 할아버지 댁에 가려고 합니다. 할아버지 댁까지 가려면 몇 시간 몇 분이 걸릴까요?

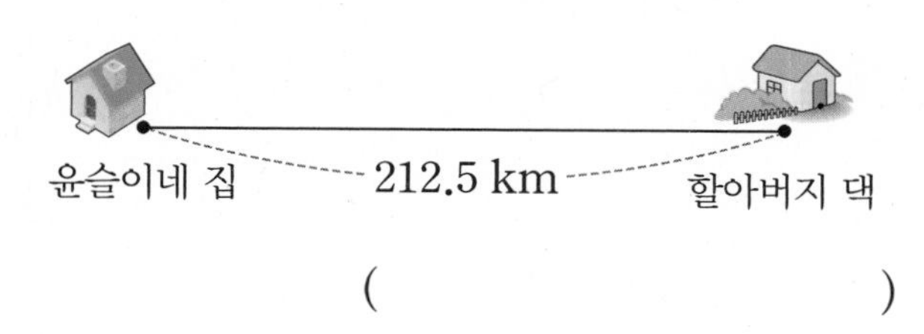

( )

도전6 **비례식을 이용하는 도형 문제 해결하기**

16 가로와 세로의 비가 7 : 5인 직사각형의 가로가 21 cm입니다. 이 직사각형의 넓이는 몇 cm^2일까요?

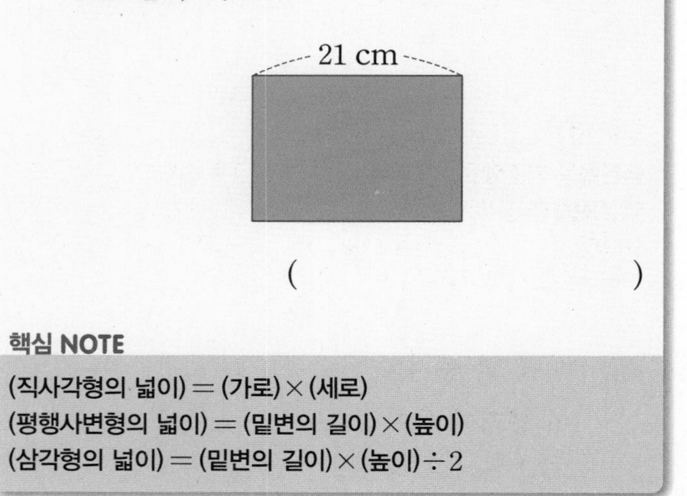

( )

핵심 NOTE

(직사각형의 넓이) = (가로) × (세로)
(평행사변형의 넓이) = (밑변의 길이) × (높이)
(삼각형의 넓이) = (밑변의 길이) × (높이) ÷ 2

17 오른쪽 삼각형의 밑변의 길이는 12 cm이고 밑변의 길이와 높이의 비는 4 : 3입니다. 삼각형의 넓이는 몇 cm^2일까요?

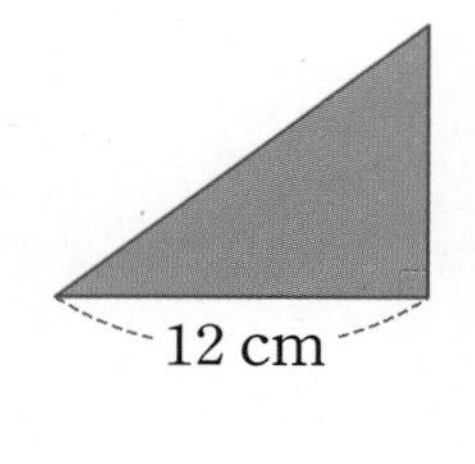

( )

18 두 직선 가와 나는 서로 평행합니다. 평행사변형과 직사각형의 넓이의 비가 4 : 5일 때 ㉠에 알맞은 수를 구해 보세요.

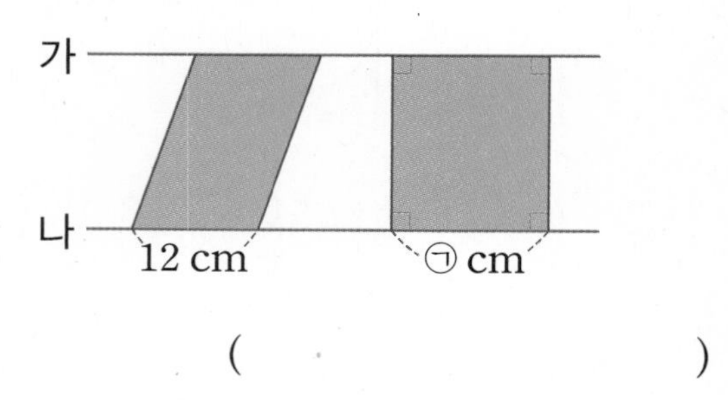

( )

도전7 비례식을 이용하는 비율 문제 해결하기

19 지영이네 반 학생의 25%는 안경을 쓰고 있습니다. 안경을 쓴 학생이 10명일 때 지영이네 반 전체 학생은 몇 명인지 구해 보세요.

(　　　　　　　　　　)

핵심 NOTE

백분율은 기준량을 100으로 할 때의 비율을 말합니다. 백분율의 기준량을 100으로 하여 알맞은 비례식을 세워 문제를 해결합니다.

20 사탕 한 봉지의 48%는 포도 맛 사탕입니다. 이 봉지에 들어 있는 포도 맛 사탕이 36개라면 전체 사탕은 몇 개인지 구해 보세요.

(　　　　　　　　　　)

21 사람 몸무게의 8%가 혈액의 무게라고 합니다. 몸무게가 75 kg인 사람의 혈액의 무게는 몇 kg인지 구해 보세요.

(　　　　　　　　　　)

도전8 비례식을 이용하여 톱니바퀴 문제 해결하기

22 서로 맞물려 돌아가는 두 톱니바퀴 ㉮, ㉯가 있습니다. ㉮의 톱니 수는 15개이고 ㉯의 톱니 수는 6개입니다. ㉮가 10번 도는 동안 ㉯는 몇 번 돌까요?

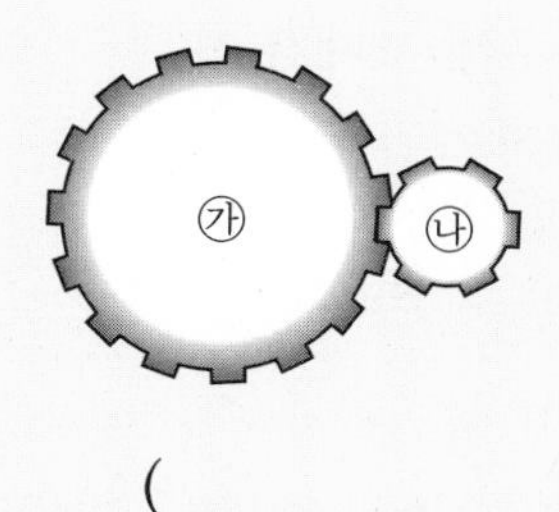

(　　　　　　　　　　)

핵심 NOTE

두 톱니바퀴의 톱니 수의 비가 ★ : ♥일 때 두 톱니바퀴의 회전수의 비는 ♥ : ★입니다.

23 서로 맞물려 돌아가는 두 톱니바퀴 A, B가 있습니다. A의 톱니 수가 36개, B의 톱니 수가 28개일 때 B가 72번 도는 동안 A는 몇 번 돌까요?

(　　　　　　　　　　)

24 서로 맞물려 돌아가는 두 톱니바퀴 ㉮, ㉯가 있습니다. ㉮가 4번 도는 동안 ㉯는 3번 돕니다. ㉮의 톱니 수가 108개라면 ㉯의 톱니 수는 몇 개일까요?

(　　　　　　　　　　)

도전9 **투자한 금액의 비로 이익금 구하기**

25 윤호와 성희가 각각 50만 원과 70만 원을 투자하여 얻은 이익금을 투자한 금액의 비로 나누어 가지기로 하였습니다. 이익금이 144만 원일 때 윤호와 성희가 받는 이익금은 각각 얼마인지 구해 보세요.

윤호 (　　　　　　　　)
성희 (　　　　　　　　)

핵심 NOTE
투자한 금액의 비를 간단한 자연수의 비로 나타낸 후 총 이익금을 비례배분하여 각각 받는 이익금이 얼마인지 구합니다.

26 수빈이와 승현이는 각각 5일, 3일 동안 일을 하고 96만 원을 받았습니다. 일을 한 날수의 비로 돈을 나누어 가진다면 돈을 적게 가지는 사람은 누구이고, 얼마를 가지는지 구해 보세요.

(　　　　　　　　), (　　　　　　　　)

27 민호와 은지는 각각 1시간 30분, $1\frac{7}{20}$시간을 일하고 39900원을 받았습니다. 일을 한 시간의 비로 돈을 나누어 가진다면 두 사람이 가지는 돈의 차는 얼마인지 구해 보세요.

(　　　　　　　　)

도전10 **비례배분한 양으로 전체의 양 구하기**

28 현준이네 가족 3명과 시우네 가족 4명이 가족 수에 따라 배를 나누어 가졌습니다. 현준이네 가족이 12개 가졌다면 처음 배의 수는 모두 몇 개일까요?

(　　　　　　　　)

핵심 NOTE
전체의 양을 □로 놓고 비례배분하는 식을 세운 후 □의 값을 구합니다.

29 직사각형 ㄱㄴㄹㅁ에서 선분 ㄴㄷ과 선분 ㄷㄹ의 길이의 비는 5 : 7입니다. 직사각형 ㄱㄴㄷㅂ의 넓이가 25 cm^2일 때 직사각형 ㄱㄴㄹㅁ의 넓이는 몇 cm^2일까요?

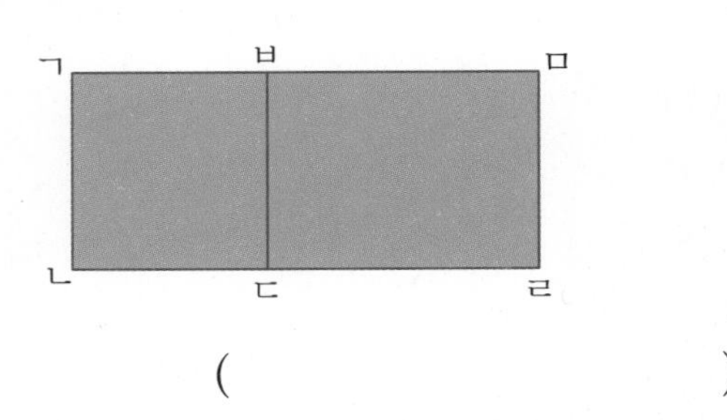

(　　　　　　　　)

30 세민이와 시원이는 각각 40만 원과 60만 원을 투자하여 얻은 이익금을 투자한 금액의 비로 나누어 가졌습니다. 세민이가 가진 이익금이 10만 원일 때, 총 이익금은 얼마인지 구해 보세요.

(　　　　　　　　)

수시 평가 대비 Level 1

4. 비례식과 비례배분

점수

확인

1 다음 비에서 전항과 후항을 각각 써 보세요.

전항 (　　　　　　　　　　)

후항 (　　　　　　　　　　)

2 □ 안에 알맞은 수를 써넣어 간단한 자연수의 비로 나타내어 보세요.

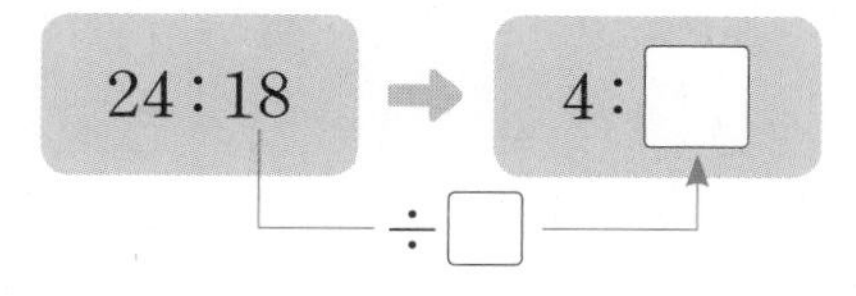

3 비례식에서 외항의 곱과 내항의 곱을 각각 구해 보세요.

$2:7=4:14$

외항의 곱 (　　　　　　　　　　)

내항의 곱 (　　　　　　　　　　)

4 전항과 후항을 0이 아닌 같은 수로 나누어 비율이 같은 비를 2개 써 보세요.

$20:30$

(　　　　　　　　　　)

5 비례식 $7:9=21:27$에 대해 잘못 설명한 것을 찾아 기호를 써 보세요.

㉠ $7:9$의 비율과 $21:27$의 비율이 같습니다.
㉡ 전항은 7과 21입니다.
㉢ 외항은 9와 21이고, 내항은 7과 27입니다.

(　　　　　　　　　　)

6 재호와 유나가 같은 숙제를 한 시간 동안 했는데 재호는 전체의 $\frac{1}{5}$을, 유나는 전체의 $\frac{1}{3}$을 했습니다. 재호와 유나가 각각 한 시간 동안 한 숙제의 양을 간단한 자연수의 비로 나타내어 보세요.

(　　　　　　　　　　)

7 후항이 18인 비가 있습니다. 이 비의 비율이 $\frac{5}{6}$일 때 전항은 얼마인지 구해 보세요.

(　　　　　　　　　　)

8 주어진 식은 비례식입니다. □ 안에 들어갈 수 있는 비를 모두 찾아 기호를 써 보세요.

$3:7=$□

㉠ $7:3$　　㉡ $12:28$
㉢ $6:14$　　㉣ $15:21$

(　　　　　　　　　　)

9 비를 간단한 자연수의 비로 나타내어 보세요.

$0.8:1$

(　　　　　　　　　　)

10 비례식을 모두 찾아 기호를 써 보세요.

㉠ $4:5=16:20$	㉡ $\frac{1}{2}:\frac{3}{5}=2:3$
㉢ $1.5:0.3=5:1$	㉣ $12:18=3:4$

(　　　　　　　　　　)

11 비례식의 성질을 이용하여 □ 안에 알맞은 수를 써넣으세요.

$5:8=\square:24$

12 학교 체육관에 있는 축구공과 배구공 수의 비가 3 : 2입니다. 축구공이 24개일 때 배구공은 몇 개일까요?

(　　　　　　　　　　)

13 같은 구슬 4개가 640원입니다. 1120원으로 똑같은 구슬을 몇 개까지 살 수 있을까요?

(　　　　　　　　　　)

14 아리와 주승이가 길이가 21 cm인 철사를 4 : 3으로 나누어 가지려고 합니다. 아리와 주승이는 철사를 각각 몇 cm씩 가지면 될까요?

아리 (　　　　　　　　　　)
주승 (　　　　　　　　　　)

15 9월 한 달 동안 지민이가 책을 읽은 날수와 책을 읽지 않은 날수의 비가 4 : 1이라고 합니다. 지민이가 9월에 책을 읽지 않은 날은 며칠일까요?

(　　　　　　　　　　)

정답과 풀이 37쪽

16 외항이 6과 15, 내항이 5와 18인 비례식을 2개 세워 보세요.

(　　　　　　　　　　　　　　　)

17 일정한 빠르기로 6분에 8 km를 가는 자동차가 있습니다. 같은 빠르기로 이 자동차가 180 km를 가는 데 걸리는 시간은 몇 시간 몇 분일까요?

(　　　　　　　　　)

18 둘레가 88 cm인 직사각형의 가로와 세로의 비가 $\frac{3}{4}:\frac{5}{8}$입니다. 이 직사각형의 가로는 몇 cm일까요?

(　　　　　　　　　)

서술형

19 비례식에서 내항의 곱이 200일 때 ㉡에 알맞은 수는 얼마인지 풀이 과정을 쓰고 답을 구해 보세요.

5 : 4=㉠ : ㉡

풀이

답

서술형

20 밤을 유라와 지성이가 4 : 5로 나누어 가졌더니 지성이가 가진 밤이 40개였습니다. 두 사람이 나누어 가진 밤은 모두 몇 개인지 풀이 과정을 쓰고 답을 구해 보세요.

풀이

답

4

수시 평가 대비 Level 2

점수

확인

1 비례식에서 외항과 내항을 각각 찾아 써 보세요.

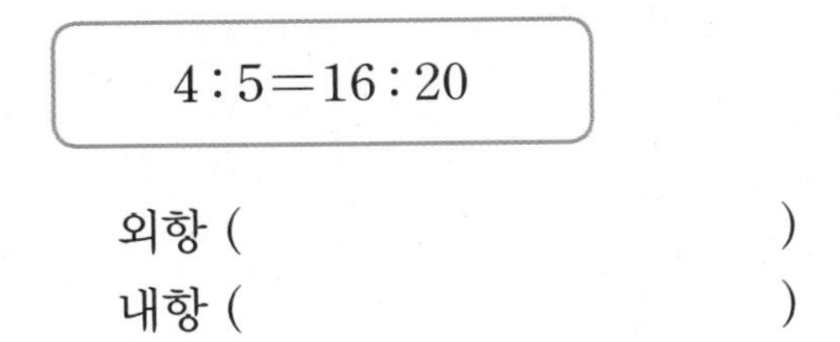

$4:5=16:20$

외항 (　　　　　　　)

내항 (　　　　　　　)

2 비의 성질을 이용하여 □ 안에 알맞은 수를 써넣으세요.

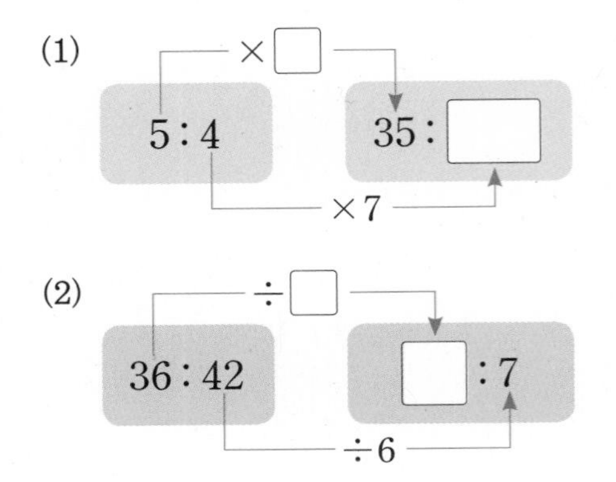

3 □ 안의 수를 주어진 비로 나누어 [,] 안에 써 보세요.

(1) 64　9 : 7 ➡ [　　　　,　　　　]

(2) 150　11 : 14 ➡ [　　　　,　　　　]

4 비의 성질을 이용하여 비율이 같은 비를 만들려고 합니다. □ 안에 공통으로 들어갈 수 <u>없는</u> 수는 어느 것일까요? (　　　　)

54 : 36 ➡ (54÷□) : (36÷□)

① 0　② 2　③ 3
④ 6　⑤ 9

5 비율이 같은 두 비를 찾아 비례식을 세워 보세요.

10 : 8　4 : 6　4 : 5　5 : 4

(　　　　　　　)

6 삼각형의 밑변의 길이가 $3\frac{3}{4}$ cm, 높이가 4.35 cm일 때 밑변의 길이와 높이의 비를 간단한 자연수의 비로 나타내어 보세요.

(　　　　　　　)

7 비례식의 성질을 이용하여 □ 안에 알맞은 수를 써넣으세요.

$\frac{2}{3}:5=\square:30$

8 색 테이프 45 cm를 채은이와 범용이가 4 : 5로 나누어 가지려고 합니다. 채은이와 범용이는 색 테이프를 각각 몇 cm씩 가져야 할까요?

채은 (　　　　　　　)

범용 (　　　　　　　)

정답과 풀이 38쪽

9 □ 안에 알맞은 수가 가장 큰 비례식을 찾아 기호를 써 보세요.

㉠ $6:7=42:\square$

㉡ $\frac{1}{5}:0.4=\square:10$

㉢ $\square:2.8=7:4$

(　　　　　　　　　　)

10 밀가루와 설탕을 5 : 3의 비로 섞어 쿠키를 만들려고 합니다. 밀가루를 150 g 넣는다면 설탕은 몇 g을 넣어야 할까요?

(　　　　　　　　　　)

11 밑변의 길이와 높이의 비가 5 : 9인 평행사변형이 있습니다. 밑변의 길이와 높이의 합이 42 cm일 때 평행사변형의 넓이는 몇 cm^2일까요?

(　　　　　　　　　　)

12 지환이와 영란이가 구슬 150개를 나누어 가졌습니다. 지환이가 영란이보다 20개 더 적게 가졌다면 지환이와 영란이가 가진 구슬 수의 비를 간단한 자연수의 비로 나타내어 보세요.

(　　　　　　　　　　)

13 사탕 63개를 영진이와 용태가 $\frac{1}{4}:\frac{4}{5}$로 나누어 가지려고 합니다. 영진이와 용태는 사탕을 각각 몇 개씩 가져야 할까요?

영진 (　　　　　　　　　　)

용태 (　　　　　　　　　　)

14 연필 30자루를 각 모둠의 학생 수에 따라 나누어 주려고 합니다. 가 모둠은 4명, 나 모둠은 6명일 때 가와 나 모둠에 연필을 각각 몇 자루씩 나누어 주어야 할까요?

가 모둠 (　　　　　　　　　　)

나 모둠 (　　　　　　　　　　)

15 조건에 맞게 비례식을 완성해 보세요.

• 비율은 $\frac{3}{7}$입니다.

• 내항의 곱은 63입니다.

$\square:21=\square:\square$

4

정답과 풀이 38쪽

16 한 시간에 3분씩 일정하게 늦어지는 시계가 있습니다. 오전 8시에 이 시계를 정확히 맞추었다면 같은 날 오후 2시에 이 시계가 가리키는 시각은 오후 몇 시 몇 분일까요?

( )

17 두 원 ㉮, ㉯가 그림과 같이 겹쳐져 있습니다. 겹쳐진 부분의 넓이는 원 ㉮의 넓이의 $\frac{3}{8}$이고 원 ㉯의 넓이의 0.5입니다. 원 ㉮와 원 ㉯의 넓이의 비를 간단한 자연수의 비로 나타내어 보세요.

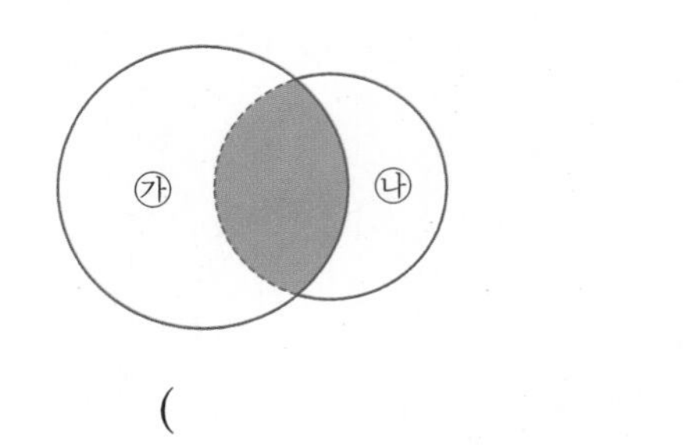

( )

18 높이가 65 cm인 빈 물통에 일정하게 물이 나오는 수도꼭지로 6분 동안 물을 받았더니 물의 높이가 20 cm가 되었습니다. 이 수도꼭지로 크기가 같은 빈 물통에 물을 가득 채우려면 몇 분 몇 초가 걸릴까요?

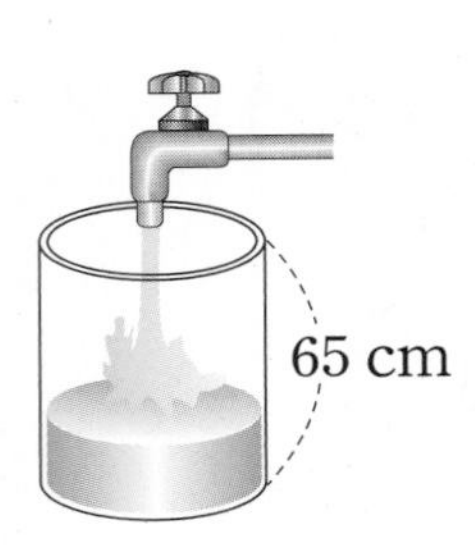

( )

서술형

19 희준이는 자전거를 타고 3분 동안 0.8 km를 달립니다. 같은 빠르기로 희준이가 1시간 30분 동안 달리면 몇 km를 갈 수 있는지 풀이 과정을 쓰고 답을 구해 보세요.

풀이

답

서술형

20 가로와 세로의 비가 11 : 4이고 둘레가 90 cm인 직사각형이 있습니다. 이 직사각형의 넓이는 몇 cm^2인지 풀이 과정을 쓰고 답을 구해 보세요.

둘레: 90 cm

풀이

답

5 원의 넓이

핵심 1 원주와 원주율

- 원의 둘레를 [ ]라고 한다.
- 원의 지름에 대한 원주의 비율을 [ ]이라고 한다.

(원주율)=(원주)÷([ ])

이번 단원에서
꼭 짚어야 할
핵심 개념을 알아보자.

핵심 2 원주율을 이용하여 원주 구하기

(원주율)=(원주)÷(지름)

➡ (원주)=([ ])×(원주율)

핵심 3 원주율을 이용하여 지름 구하기

(원주율)=(원주)÷(지름)

➡ (지름)=(원주)÷([ ])

(반지름)=(원주)÷([ ])÷2

핵심 4 원의 넓이 구하는 방법

(원의 넓이)

$=$(원주)$\times\frac{1}{2}\times$(반지름)

$=$([ ])$\times$(지름)$\times\frac{1}{2}\times$(반지름)

$=$(반지름)$\times$(반지름)$\times$([ ])

핵심 5 원의 넓이 구하기

- 원주율이 3.14일 때 원의 넓이 구하기

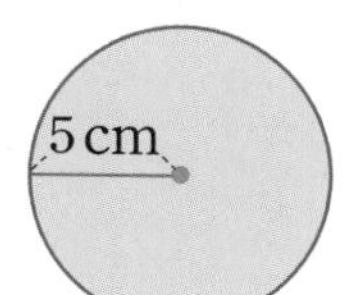

(원의 넓이)

$=$[ ]$\times$[ ]$\times 3.14$

$=$[ ] (cm^2)

답 1. 원주, 원주율, 지름 2. 지름 3. 원주율, 원주율 4. 원주율, 원주율 5. 5, 5, 78.5

STEP 1 교과 개념

1. 원주와 지름의 관계, 원주율

● 원주 알아보기

• 원주: 원의 둘레

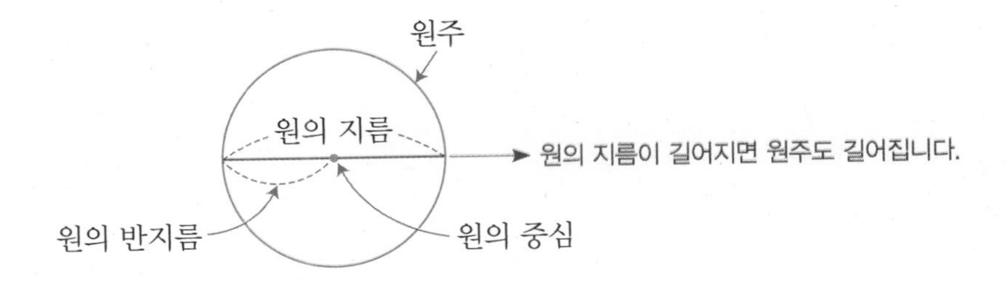

● 원주와 지름의 관계

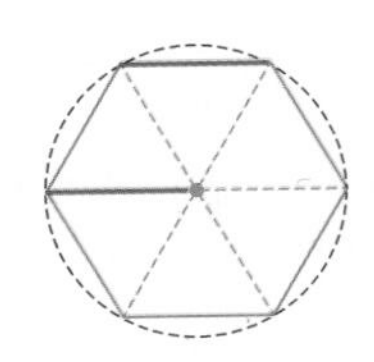

(정육각형의 둘레)
=(원의 반지름)×6
=(원의 지름)×3

(정육각형의 둘레)<(원주)

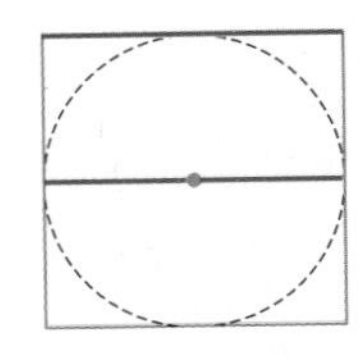

(정사각형의 둘레)
=(원의 지름)×4

(원주)<(정사각형의 둘레)

➡ (원의 지름)×3<(원주), (원주)<(원의 지름)×4

● 원주율 알아보기

• 원주와 지름의 관계

원의 지름	2 cm	3 cm	4 cm
원주	6.28 cm	9.42 cm	12.56 cm
(원주)÷(지름)	3.14	3.14	3.14

➡ 원의 크기와 상관없이 (원주)÷(지름)의 값은 일정합니다.

• 원주율: 원의 지름에 대한 원주의 비율

(원주율)=(원주)÷(지름)

• 원주율을 소수로 나타내면 3.1415926535897932…와 같이 끝없이 이어집니다. 따라서 필요에 따라 3, 3.1, 3.14 등으로 어림하여 사용하기도 합니다.

➲ 정답과 풀이 40쪽

1 원의 지름은 파란색, 원주는 빨간색으로 표시해 보세요.

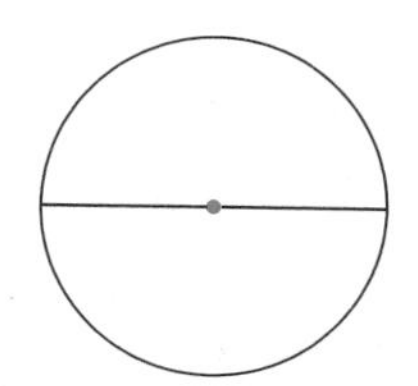

2 설명이 맞으면 ○표, 틀리면 ×표 하세요.

① 원의 중심 ㅇ을 지나는 선분 ㄱㄴ은 원주입니다.

( )

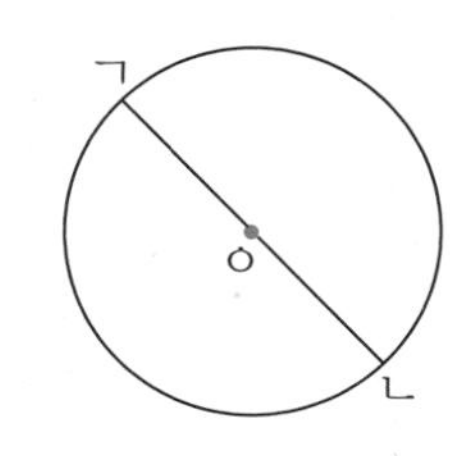

② 원의 지름이 길어지면 원주도 길어집니다.

( )

③ 원주는 원의 지름의 약 8배입니다.

( )

3 지름이 4 cm인 원을 만들고 자 위에서 한 바퀴 굴렸습니다. 원주가 얼마쯤 될지 자에 표시해 보세요.

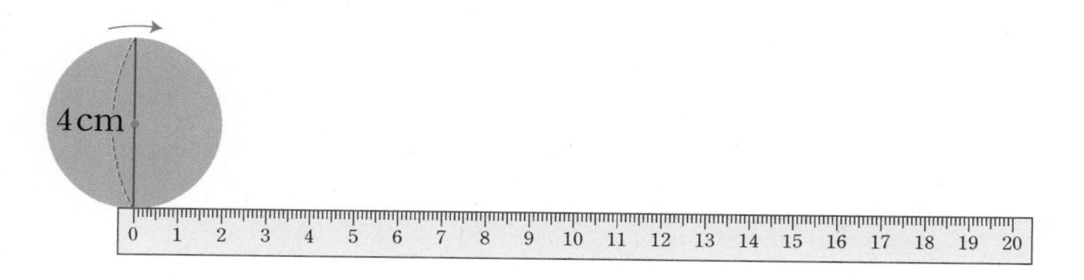

4 여러 가지 물건의 원주와 지름을 재어 보았습니다. 빈칸에 알맞은 수를 써넣고 알맞은 말에 ○표 하세요.

원주율은 3.1415926535897932…와 같이 끝없이 이어져요.

물건	원주(cm)	지름(cm)	(원주)÷(지름)
접시	53.38	17	
시계	78.5	25	
탬버린	62.8	20	

(원주)÷(지름)은 (반지름, 원주율)이고, 원의 지름이 길어질 때 원주율은 (일정합니다 , 커집니다).

STEP 1 교과 개념

2. 원주와 지름 구하기

● 원주 구하기

• 지름을 알 때 원주율을 이용하여 원주 구하는 방법

(원주율) = (원주) ÷ (지름)
➡ (원주) = (지름) × (원주율)

• 지름이 8 cm인 원의 원주 구하기 (원주율: 3)

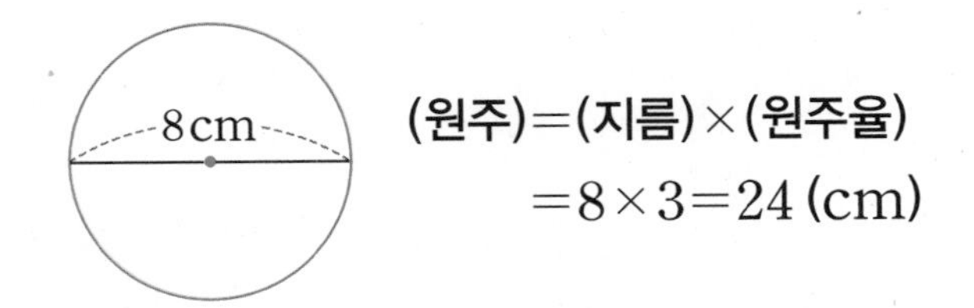

(원주)=(지름)×(원주율)
$=8\times3=24$ (cm)

● 지름 구하기

• 원주를 알 때 원주율을 이용하여 지름 구하는 방법

(원주) = (지름) × (원주율)
➡ (지름) = (원주) ÷ (원주율)

• 원주가 18 cm인 원의 지름 구하기 (원주율: 3)

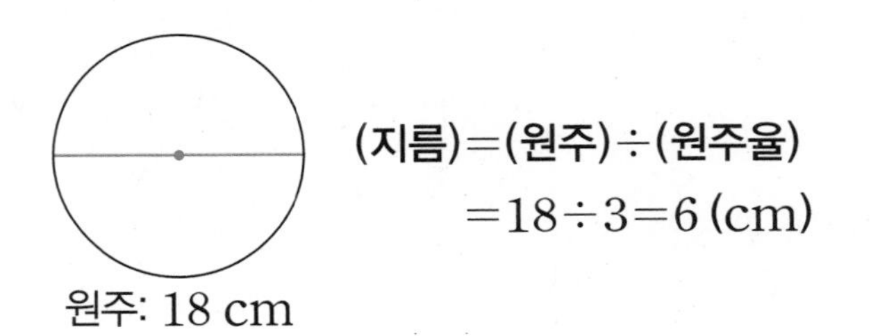

(지름)=(원주)÷(원주율)
$=18\div3=6$ (cm)

원주: 18 cm

개념 자세히 보기

• **반지름을 알면 원주율을 이용하여 원주를 구할 수 있어요! (원주율: 3.14)**

(원주) = (지름) × (원주율)
= (반지름) × 2 × (원주율)

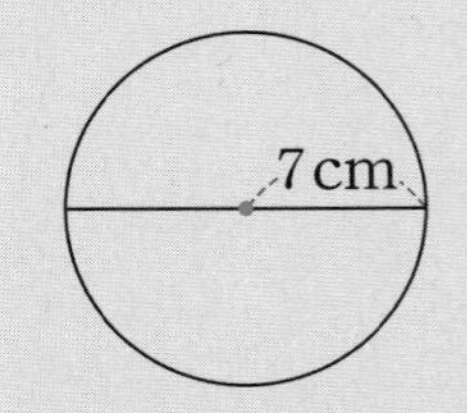

(원주) = (반지름) × 2 × (원주율)
$= 7 \times 2 \times 3.14$
$= 43.96$ (cm)

정답과 풀이 41쪽

1 원주를 구하려고 합니다. □ 안에 알맞은 수를 써넣으세요.

(원주율: 3.14)

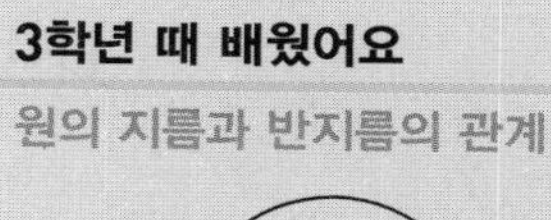

3학년 때 배웠어요
원의 지름과 반지름의 관계

원의 지름
원의 중심
원의 반지름

원의 지름은 원의 반지름의 2배입니다.

①

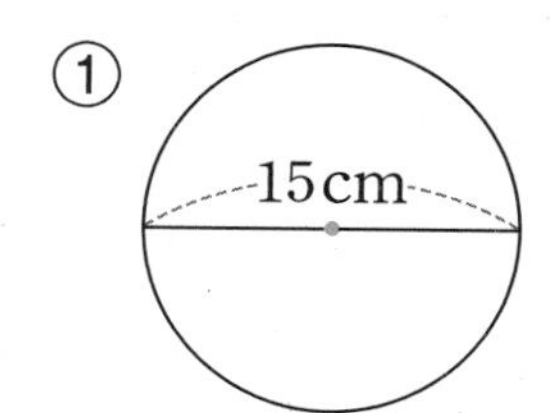

(원주) = (지름) × (원주율)

= □ × 3.14

= □ (cm)

②

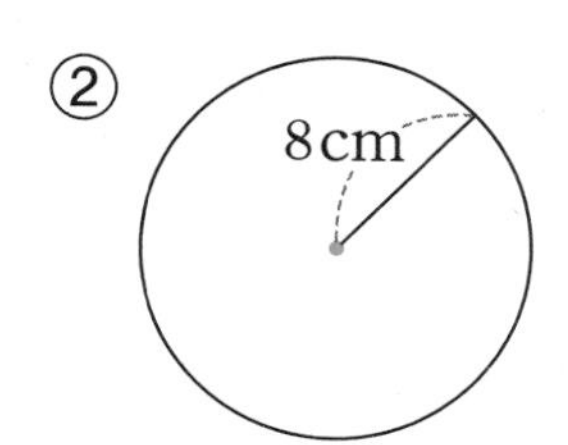

(원주) = (반지름) × 2 × (원주율)

= □ × 2 × 3.14

= □ (cm)

2 원주가 다음과 같을 때 □ 안에 알맞은 수를 써넣으세요. (원주율: 3.14)

원주율을 이용하여 지름, 반지름을 구할 수 있어요.
(원주)÷(지름)=(원주율)
➡ (지름)=(원주)÷(원주율)

①

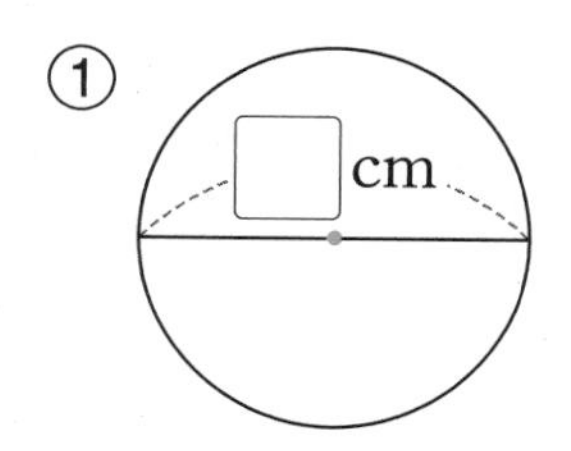

원주: 21.98 cm

②

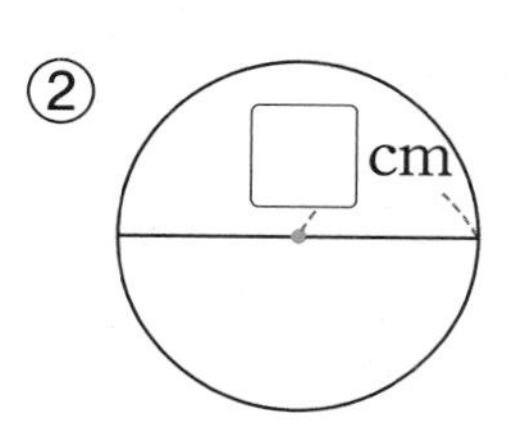

원주: 12.56 cm

3 원 모양의 호수의 중심을 지나는 다리의 길이는 35 m입니다. 호수의 둘레는 몇 m인지 구해 보세요.

(원주율: 3.1)

(　　　　　　)

원 모양의 호수의 중심을 지나는 다리의 길이는 원의 지름을 나타내요.

4 원주가 141.3 cm인 원 모양의 피자가 있습니다. 이 피자의 지름은 몇 cm인지 구해 보세요. (원주율: 3.14)

(　　　　　　)

3. 원의 넓이 어림하기

● 원 안의 정사각형과 원 밖의 정사각형을 이용하여 원의 넓이 어림하기

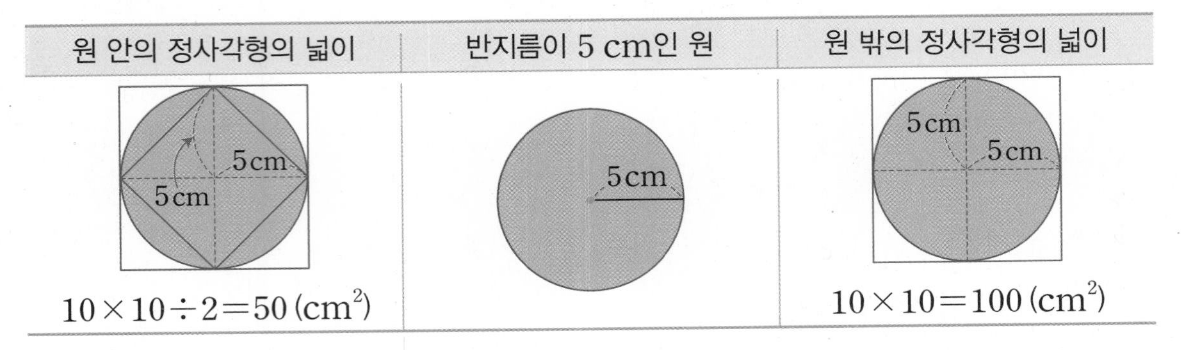

원 안의 정사각형의 넓이
반지름이 5 cm인 원
원 밖의 정사각형의 넓이
5 cm
5 cm
5 cm
5 cm
5 cm
10 × 10 ÷ 2 = 50 (cm²)
10 × 10 = 100 (cm²)

(원 안의 정사각형의 넓이) < (원의 넓이)

(원의 넓이) < (원 밖의 정사각형의 넓이)

➡ $50\ \text{cm}^2$ < (원의 넓이)

(원의 넓이) < $100\ \text{cm}^2$

● 모눈종이를 이용하여 원의 넓이 어림하기

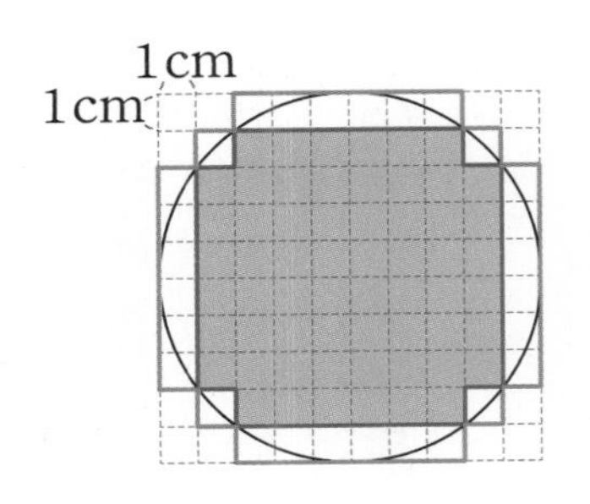

(주황색 모눈의 넓이) < (반지름이 5 cm인 원의 넓이)

→ 주황색 모눈의 수: 60개 → $60\ \text{cm}^2$

(반지름이 5 cm인 원의 넓이) < (빨간색 선 안쪽 모눈의 넓이)

→ 빨간색 선 안쪽 모눈의 수: 88개 → $88\ \text{cm}^2$

➡ $60\ \text{cm}^2$ < (반지름이 5 cm인 원의 넓이), (반지름이 5 cm인 원의 넓이) < $88\ \text{cm}^2$

개념 다르게 보기

• **정육각형을 이용하여 원의 넓이를 어림할 수 있어요!**

삼각형 ㄱㅇㄷ의 넓이가 $40\ \text{cm}^2$, 삼각형 ㄹㅇㅂ의 넓이가 $30\ \text{cm}^2$일 때 원의 넓이 어림하기

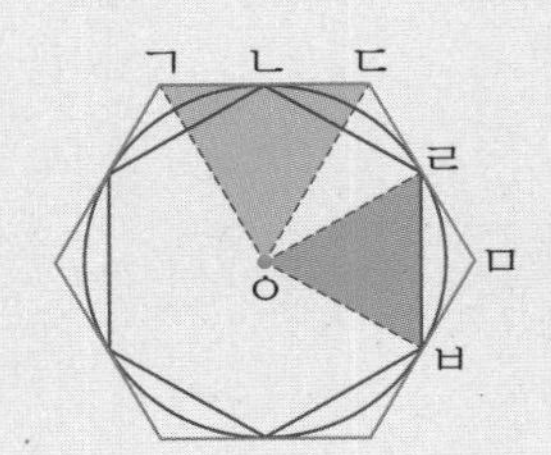

(원 안의 정육각형의 넓이) = (삼각형 ㄹㅇㅂ의 넓이) × 6 = 30 × 6 = 180 (cm²)

(원 밖의 정육각형의 넓이) = (삼각형 ㄱㅇㄷ의 넓이) × 6 = 40 × 6 = 240 (cm²)

(원 안의 정육각형의 넓이) < (원의 넓이), (원의 넓이) < (원 밖의 정육각형의 넓이)

$180\ \text{cm}^2$ < (원의 넓이), (원의 넓이) < $240\ \text{cm}^2$

1 반지름이 20 cm인 원의 넓이는 얼마인지 어림하려고 합니다. 물음에 답하세요.

원의 넓이는 원 밖의 정사각형의 넓이보다 작고, 원 안의 정사각형의 넓이보다 커요.

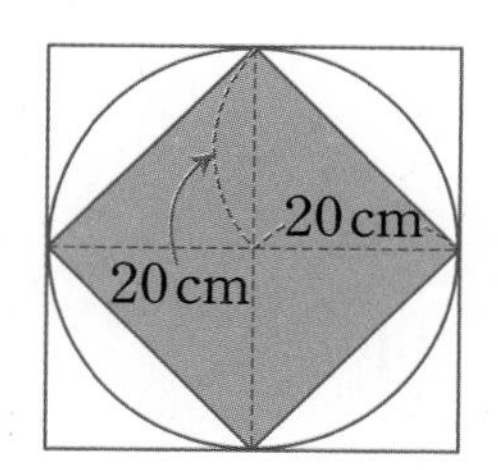

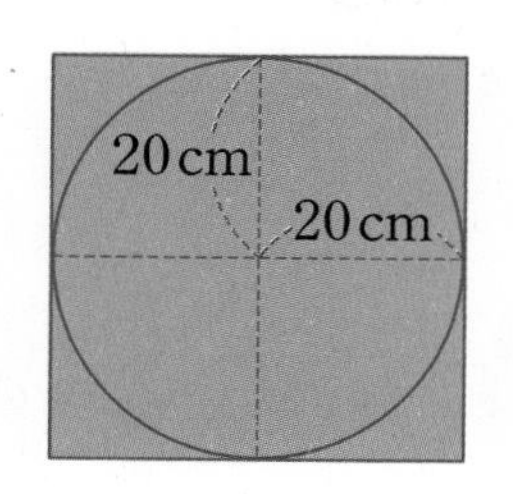

① □ 안에 알맞은 수를 써넣으세요.

- (원 안의 정사각형의 넓이) $= 40 \times$ □ $\div 2 =$ □ (cm^2)
- (원 밖의 정사각형의 넓이) $= 40 \times$ □ $=$ □ (cm^2)

② 원의 넓이를 어림해 보세요.

□ $cm^2 <$ (원의 넓이), (원의 넓이) $<$ □ cm^2

2 그림과 같이 한 변이 8 cm인 정사각형에 지름이 8 cm인 원을 그리고 1 cm 간격으로 점선을 그렸습니다. 모눈의 수를 세어 원의 넓이를 어림하려고 합니다. □ 안에 알맞은 수를 써넣으세요.

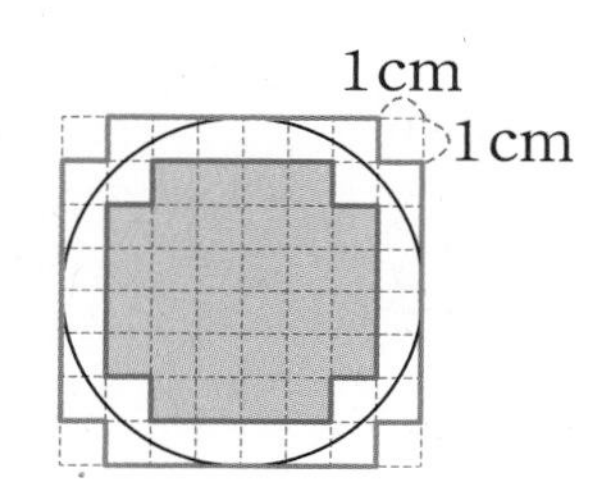

① 초록색 모눈은 □개입니다.

② 빨간색 선 안쪽 모눈은 □개입니다.

③ □ $cm^2 <$ (원의 넓이), (원의 넓이) $<$ □ cm^2

3 원 안의 정육각형과 원 밖의 정육각형의 넓이를 이용하여 원의 넓이를 어림하려고 합니다. □ 안에 알맞은 수를 써넣으세요.

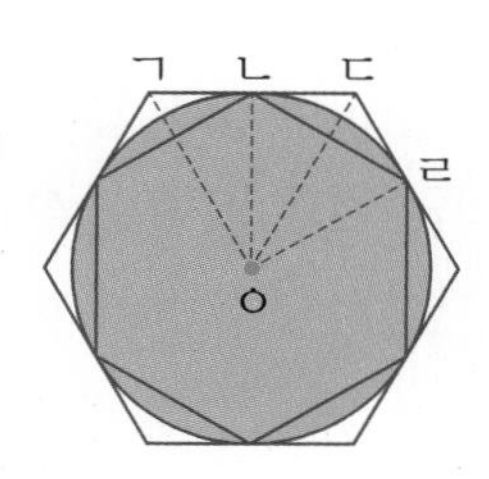

정육각형은 변의 길이가 모두 같고 각의 크기가 모두 같은 육각형으로 합동인 6개의 삼각형으로 나눌 수 있어요.

① 삼각형 ㄱㅇㄷ의 넓이가 $12\ cm^2$라면 원 밖의 정육각형의 넓이는 □ cm^2입니다.

② 삼각형 ㄴㅇㄹ의 넓이가 $9\ cm^2$라면 원 안의 정육각형의 넓이는 □ cm^2입니다.

③ 원의 넓이는 □ cm^2라고 어림할 수 있습니다.

5

4. 원의 넓이 구하는 방법 알아보기, 여러 가지 원의 넓이 구하기

● **원의 넓이 구하는 방법 알아보기**

원을 한없이 잘라 이어 붙이면 점점 직사각형에 가까워집니다.

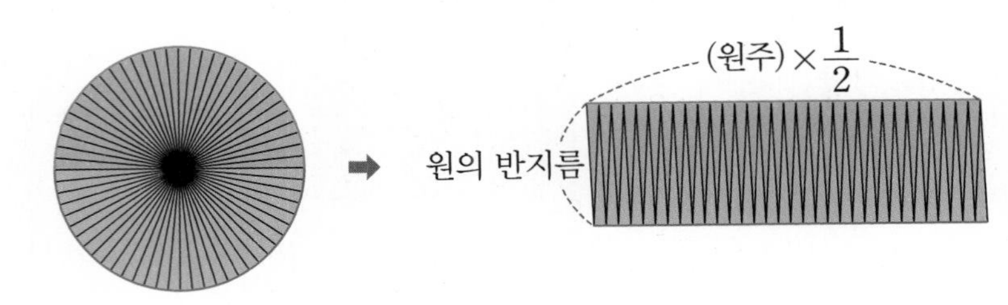

$$(\text{원의 넓이}) = (\text{원주}) \times \frac{1}{2} \times (\text{반지름})$$

(원주)=(원주율)×(지름)

$$= (\text{원주율}) \times (\text{지름}) \times \frac{1}{2} \times (\text{반지름})$$

(지름)=(반지름)×2

$$= (\text{원주율}) \times (\text{반지름}) \times (\text{반지름})$$

$$(\text{원의 넓이}) = (\text{반지름}) \times (\text{반지름}) \times (\text{원주율})$$

● **반지름과 원의 넓이의 관계 (원주율: 3)**

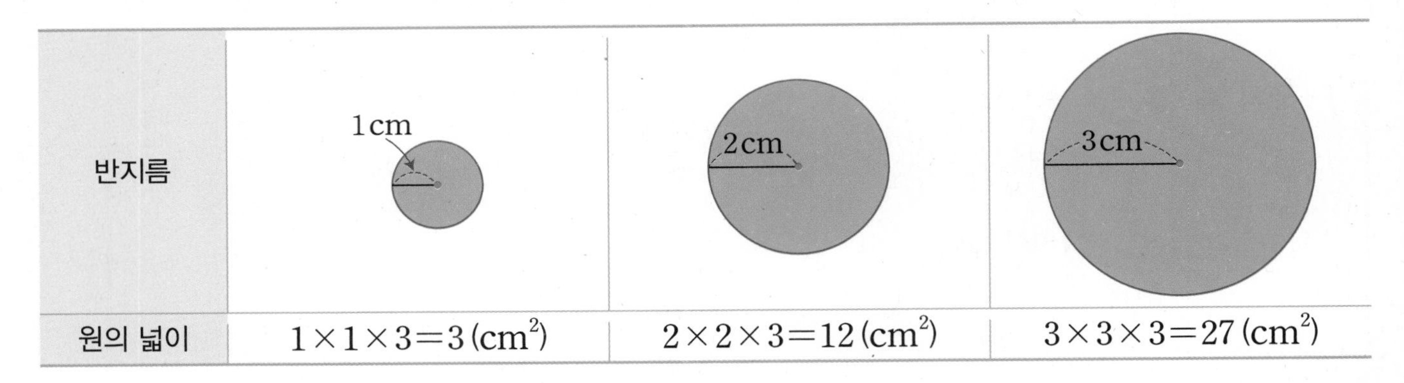

반지름	1 cm	2 cm	3 cm
원의 넓이	$1 \times 1 \times 3 = 3\,(\text{cm}^2)$	$2 \times 2 \times 3 = 12\,(\text{cm}^2)$	$3 \times 3 \times 3 = 27\,(\text{cm}^2)$

➡ 반지름이 길어지면 원의 넓이도 넓어집니다.
반지름이 2배, 3배가 되면 원의 넓이는 4배, 9배가 됩니다.

● **여러 가지 원의 넓이 구하기**

• 색깔별 과녁판의 넓이 구하기 (원주율: 3.1)

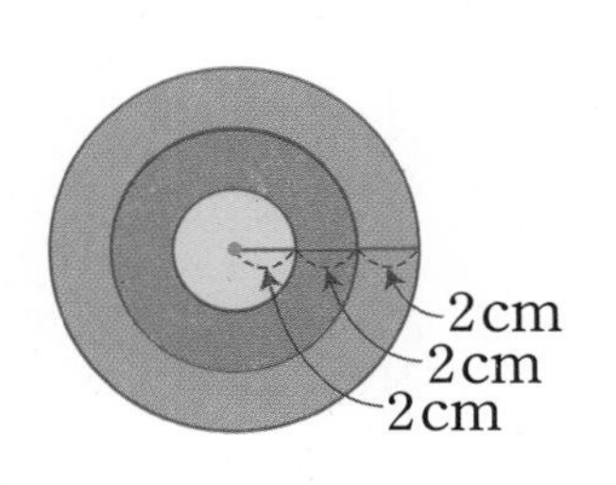

• (노란색 부분의 넓이) $= 2 \times 2 \times 3.1 = 12.4\,(\text{cm}^2)$

• (빨간색 부분의 넓이) $= 4 \times 4 \times 3.1 - 2 \times 2 \times 3.1 = 49.6 - 12.4 = 37.2\,(\text{cm}^2)$
→ (반지름이 4 cm인 원의 넓이)−(노란색 부분의 넓이)

• (파란색 부분의 넓이) $= 6 \times 6 \times 3.1 - 4 \times 4 \times 3.1 = 111.6 - 49.6 = 62\,(\text{cm}^2)$
→ (반지름이 6 cm인 원의 넓이)−(반지름이 4 cm인 원의 넓이)

정답과 풀이 41쪽

1 원을 한없이 잘게 잘라 이어 붙여서 점점 직사각형에 가까워지는 도형을 만들었습니다. □ 안에 알맞은 말을 써넣으세요.

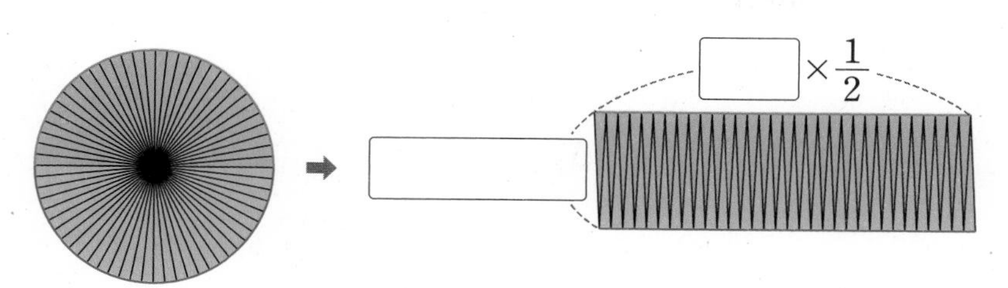

$$(\text{원의 넓이}) = (\square) \times \frac{1}{2} \times (\text{반지름})$$
$$= (\text{원주율}) \times (\text{지름}) \times \frac{1}{2} \times (\text{반지름})$$
$$= (\text{원주율}) \times (\square) \times (\text{반지름})$$

> **5학년 때 배웠어요**
> 직사각형의 넓이 구하기
> (직사각형의 넓이)
> =(가로)×(세로)

2 원의 지름을 이용하여 원의 넓이를 구해 보세요. (원주율: 3)

지름(cm)	반지름(cm)	원의 넓이 구하는 식	원의 넓이(cm^2)
20			
18			

3 원의 넓이를 구해 보세요. (원주율: 3.1)

① 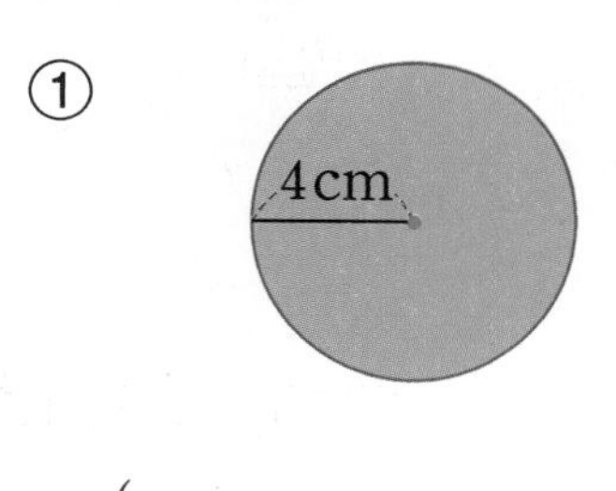

(　　　　　　　)

② 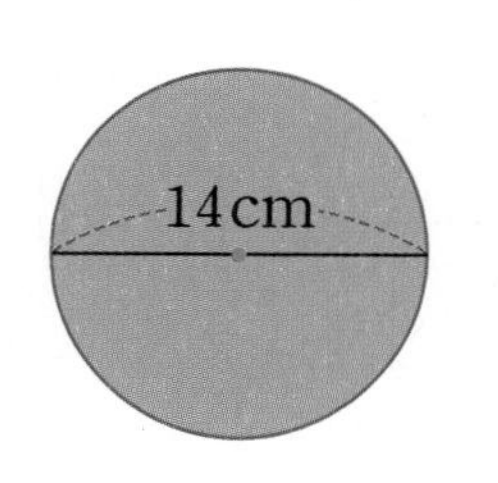

(　　　　　　　)

> 지름이 주어졌을 때에는 (반지름)=(지름)÷2를 이용하여 반지름을 먼저 구한 후 원의 넓이를 구해 봐요.

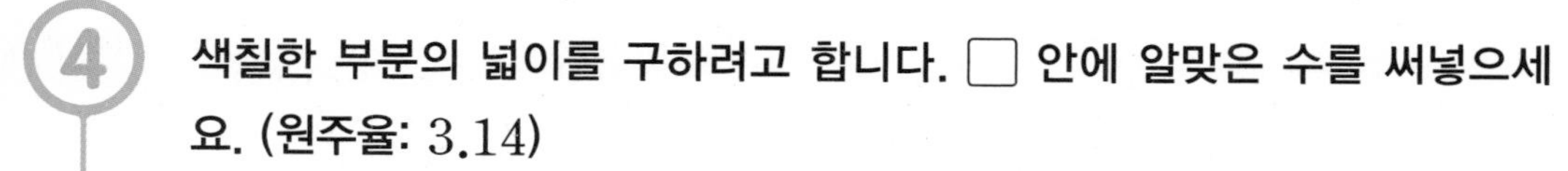

4 색칠한 부분의 넓이를 구하려고 합니다. □ 안에 알맞은 수를 써넣으세요. (원주율: 3.14)

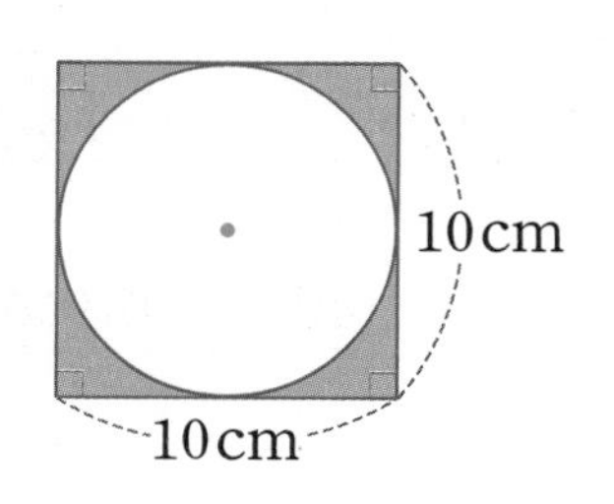

(색칠한 부분의 넓이)
=(정사각형의 넓이)−(원의 넓이)
$= 10 \times \square - \square \times \square \times 3.14$
$= \square - \square = \square \ (cm^2)$

STEP 2 꼭 나오는 유형

1 원주와 지름의 관계 알아보기

1 □ 안에 알맞은 말을 써넣으세요.

원의 둘레를 □(이)라고 합니다.

2 한 변의 길이가 1 cm인 정육각형, 지름이 2 cm인 원, 한 변의 길이가 2 cm인 정사각형을 보고 물음에 답하세요.

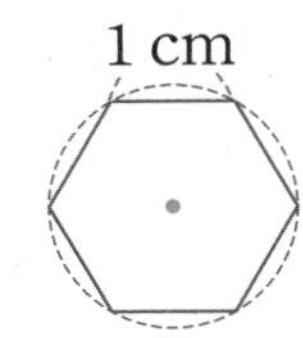

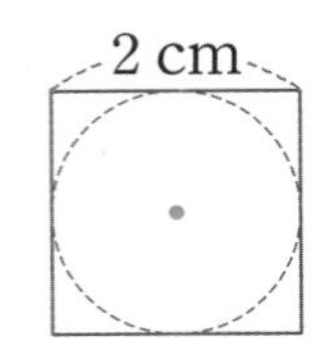

(1) 정육각형의 둘레, 정사각형의 둘레를 수직선에 나타내어 보세요.

정육각형의 둘레

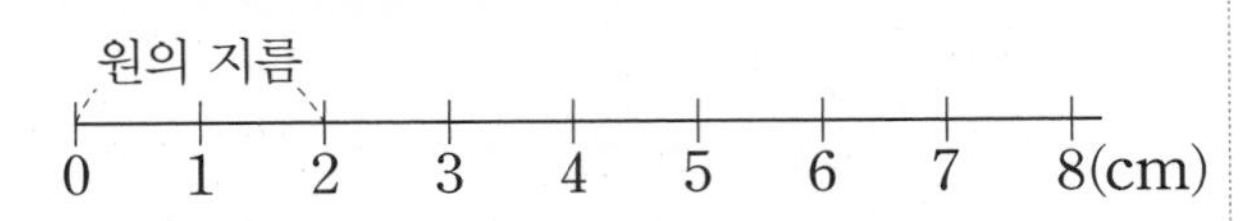

정사각형의 둘레

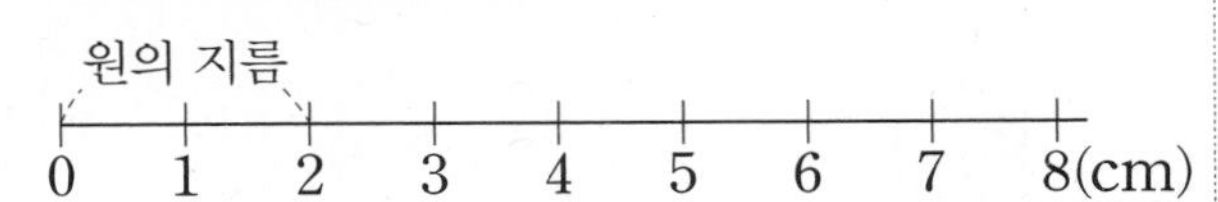

(2) 원주가 얼마쯤 될지 수직선에 나타내어 보세요.

원주

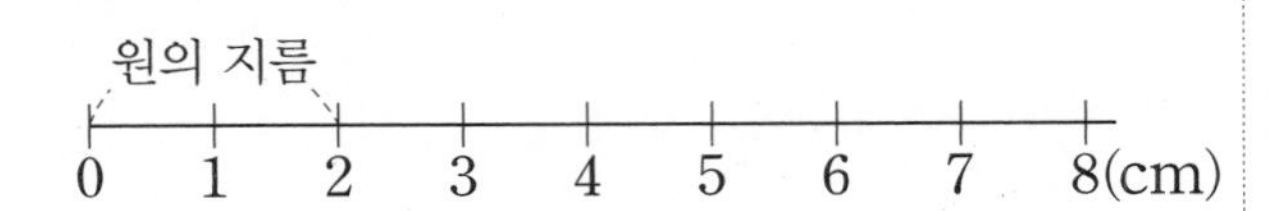

(3) □ 안에 알맞은 수를 써넣으세요.

(원의 지름) × □ < (원주)

(원주) < (원의 지름) × □

3 설명이 맞으면 ○표, 틀리면 ×표 하세요.

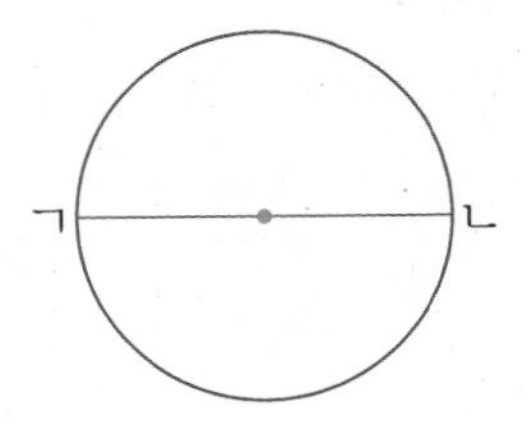

(1) 원의 중심을 지나는 선분 ㄱㄴ은 원의 지름입니다. (　　)

(2) 원의 지름이 길어져도 원주는 변하지 않습니다. (　　)

(3) 원주는 지름의 4배보다 깁니다. (　　)

4 지름이 3 cm인 원의 원주와 가장 비슷한 길이를 찾아 기호를 써 보세요.

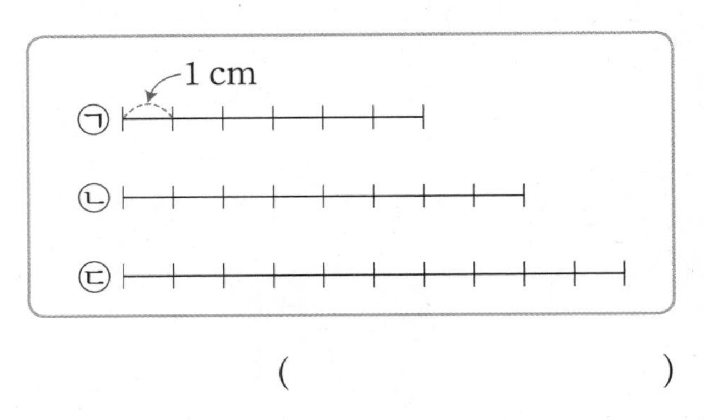

(　　　　　　)

내가 만드는 문제

5 원의 지름의 길이를 자유롭게 정하여 원의 원주와 비슷한 길이의 선분을 그려 보세요.

원의 지름: □ cm

2 원주율 알아보기

6 원주율을 구하는 방법으로 옳은 것은 어느 것일까요? (　　　　)

① (반지름)÷(원주)　② (원주)÷(반지름)
③ (지름)÷(원주)　④ (원주)÷(지름)
⑤ (반지름)×(원주)

7 크기가 다른 두 원 가와 나가 있습니다. 원주율을 비교하여 ◯ 안에 >, =, <를 알맞게 써넣으세요.

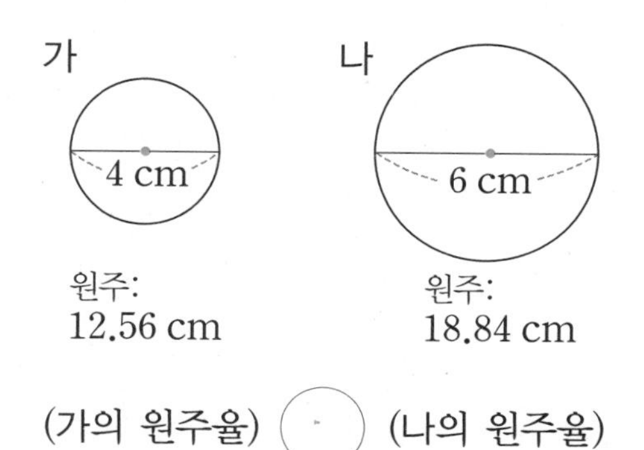

(가의 원주율) ◯ (나의 원주율)

8 지름이 5 cm인 원을 만들고 자 위에서 한 바퀴 굴렸습니다. 원주가 얼마쯤 될지 자에 표시해 보세요.

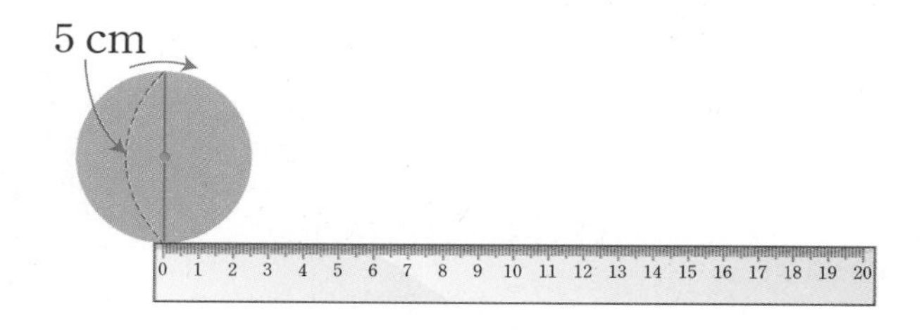

9 다음 중 바르게 말한 사람의 이름을 써 보세요.

> 지은: 원의 크기가 커지면 원주율도 커져.
> 서준: 원주율은 나누어떨어지지 않으므로 3, 3.1, 3.14 등으로 어림해서 사용해.

(　　　　　　　　)

10 지우는 시계의 원주와 지름을 재어 보았더니 원주가 109.96 cm이고 지름이 35 cm였습니다. (원주)÷(지름)을 반올림하여 주어진 자리까지 나타내어 보세요.

소수 첫째 자리	소수 둘째 자리

서술형
11 세계 여러 나라의 동전들이 있습니다. (원주)÷(지름)을 계산하여 표를 완성하고, 원주율에 대해 알 수 있는 것을 써 보세요.

한국 100원　호주 1달러　캐나다 2달러

지름: 24 mm　지름: 25 mm　지름: 28 mm
원주: 75.36 mm　원주: 78.5 mm　원주: 87.92 mm

동전	한국 100원	호주 1달러	캐나다 2달러
(원주)÷(지름)			

5

3 원주와 지름 구하기

12 원주를 구해 보세요. (원주율: 3)

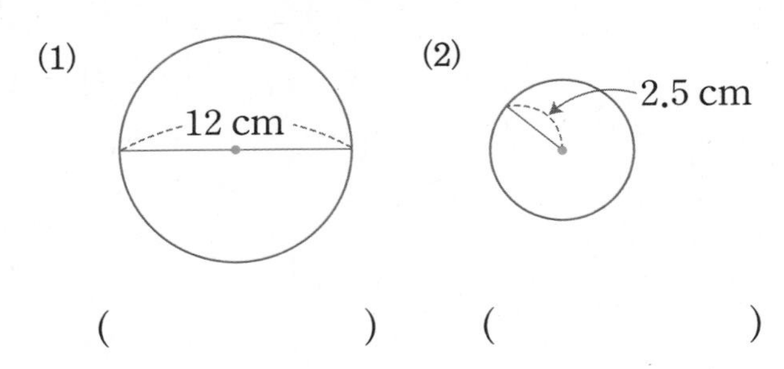

( ) ( )

13 지름과 원주의 관계를 이용하여 표를 완성해 보세요.

원주율	원주(cm)	지름(cm)
3	42	
3.1	55.8	
3.14	69.08	

서술형

14 두바이에 있는 아인 두바이는 지름이 250 m인 원 모양의 대관람차입니다. 이 대관람차를 타고 한 바퀴를 돌았다면 움직인 거리는 몇 m인지 풀이 과정을 쓰고 답을 구해 보세요.

(원주율: 3.1)

풀이

답

15 원주가 157 cm인 원이 있습니다. 이 원의 반지름은 몇 cm일까요? (원주율: 3.14)

( )

내가 만드는 문제

16 실의 길이를 자유롭게 정해 실을 사용하여 그릴 수 있는 가장 큰 원의 원주를 구해 보세요.

(원주율: 3.1)

실의 길이: □ cm

( )

17 은지와 수아는 원 모양의 접시를 가지고 있습니다. 은지의 접시는 지름이 20 cm이고, 수아의 접시는 원주가 74.4 cm입니다. 누구의 접시가 더 클까요? (원주율: 3.1)

( )

18 가장 큰 원은 어느 것일까요? (원주율: 3.14)

( )

① 반지름이 3 cm인 원
② 지름이 8 cm인 원
③ 원주가 28.26 cm인 원
④ 반지름이 5 cm인 원
⑤ 원주가 37.68 cm인 원

서술형
19 원주가 108.5 cm인 호두파이를 밑면이 정사각형 모양인 사각기둥 모양의 상자에 담으려고 합니다. 상자 밑면의 한 변의 길이는 몇 cm 이상이어야 하는지 풀이 과정을 쓰고 답을 구해 보세요. (원주율: 3.1)

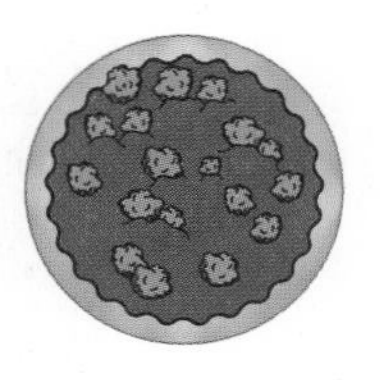

풀이 ....

답 ....

20 오른쪽 그림과 같은 모양의 항아리가 있습니다. 가 부분과 나 부분은 지름이 각각 38 cm, 30 cm인 원 모양일 때 두 부분의 원주의 차는 몇 cm일까요? (원주율: 3)

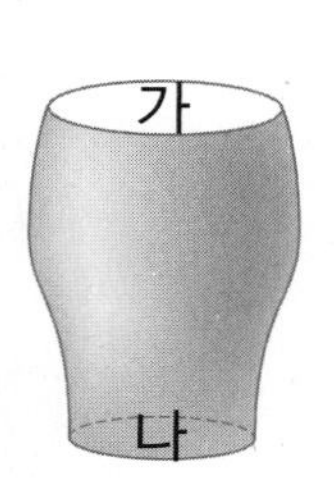

(　　　　　　　　)

21 왼쪽 시계의 원주는 50.24 cm이고 오른쪽 시계의 원주는 왼쪽 시계의 원주의 1.5배일 때 오른쪽 시계의 반지름은 몇 cm일까요?

(원주율: 3.14)

(　　　　　　　　)

22 지름이 34 m인 원 모양 호수의 둘레에 2 m 간격으로 나무를 심으려고 합니다. 나무를 모두 몇 그루 심을 수 있을까요? (단, 원주율은 3이고, 나무의 두께는 생각하지 않습니다.)

(　　　　　　　　)

서술형
23 빵집에서 파는 1호 케이크의 윗면은 지름이 15 cm인 원 모양이고 지름이 3 cm씩 커질 때마다 호수도 한 호씩 커집니다. 윗면의 둘레가 65.1 cm인 케이크는 몇 호인지 풀이 과정을 쓰고 답을 구해 보세요. (원주율: 3.1)

풀이 ....

답 ....

4 원의 넓이 어림하기

24 반지름이 15 cm인 원의 넓이를 어림하려고 합니다. □ 안에 알맞은 수를 써넣으세요.

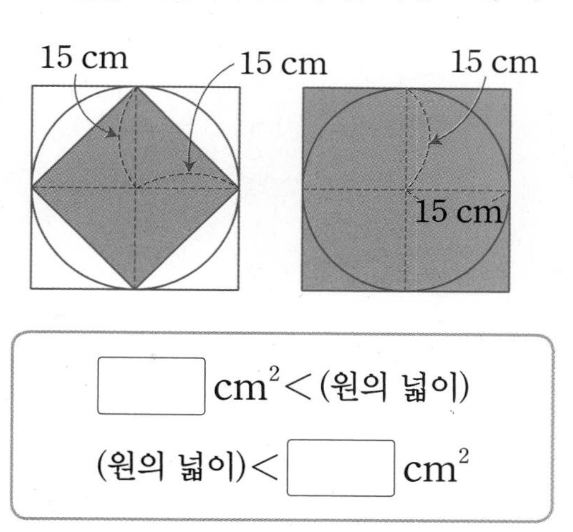

□ cm^2 < (원의 넓이)

(원의 넓이) < □ cm^2

25 한 변이 10 cm인 정사각형에 지름이 10 cm인 원을 그리고 1 cm 간격으로 점선을 그렸습니다. 모눈의 수를 세어 □ 안에 알맞은 수를 써넣고, 원의 넓이는 몇 cm^2쯤 될지 어림해 보세요.

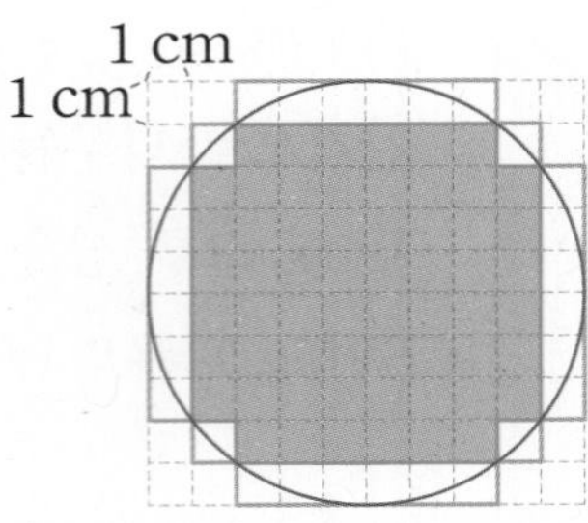

□ cm^2 < (원의 넓이)

(원의 넓이) < □ cm^2

(　　　　　　　　)

26 정육각형의 넓이를 이용하여 원의 넓이를 어림하려고 합니다. 삼각형 ㄱㅇㄷ의 넓이가 44 cm^2, 삼각형 ㄹㅇㅂ의 넓이가 33 cm^2일 때, 원의 넓이를 바르게 어림한 사람은 누구일까요?

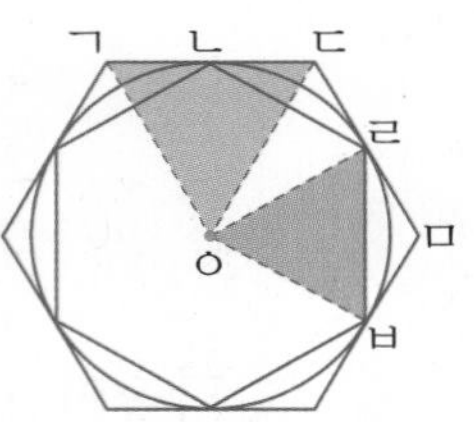

단비: 267 cm^2　　수진: 179 cm^2
도현: 200 cm^2　　성현: 273 cm^2

(　　　　　　　　)

5 원의 넓이 구하는 방법

직사각형의 넓이는 가로와 세로를 곱해서 구해.

준비 직사각형의 넓이를 구해 보세요.

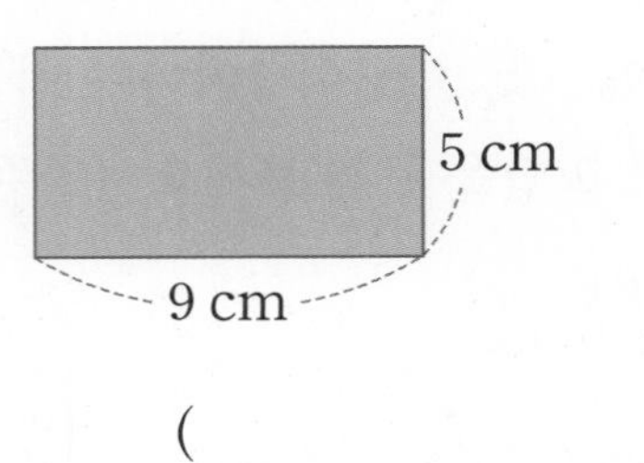

(　　　　　　　　)

27 반지름이 6 cm인 원을 한없이 잘게 잘라 이어 붙여 점점 직사각형에 가까워지는 도형을 만들었습니다. □ 안에 알맞은 수를 써넣으세요. (원주율: 3.14)

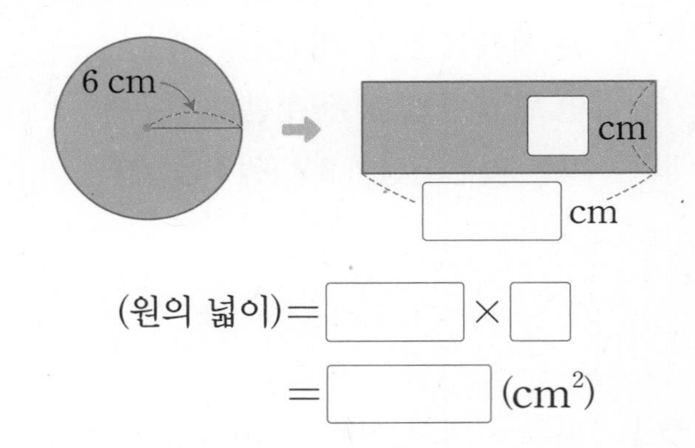

(원의 넓이)= □ × □

= □ (cm^2)

내가 만드는 문제

28 주변에서 원 모양의 물건을 2가지 골라 원의 넓이를 구해 보세요. (원주율: 3)

물건	지름 (cm)	반지름 (cm)	원의 넓이 (cm^2)

29 원의 넓이를 구해 보세요. (원주율: 3.1)

(1) (2)

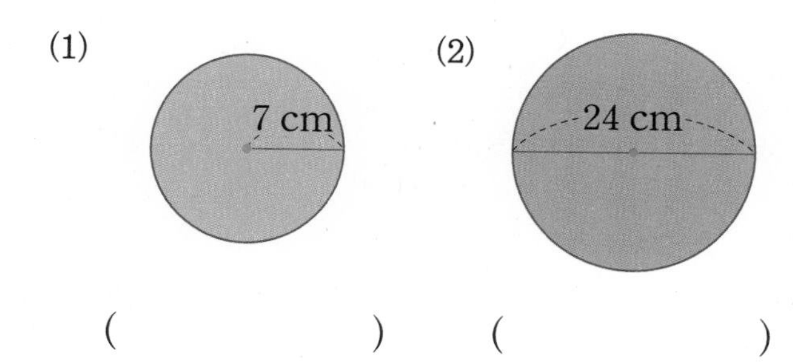

( ) ( )

서술형

30 오른쪽 그림과 같이 컴퍼스를 벌려 그린 원의 넓이는 몇 cm^2인지 풀이 과정을 쓰고 답을 구해 보세요. (원주율: 3.14)

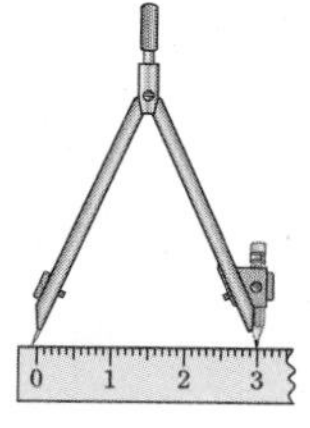

풀이

답

31 오른쪽 그림과 같이 한 변이 20 cm인 정사각형 안에 들어갈 수 있는 가장 큰 원의 넓이를 구해 보세요.

(원주율: 3.1)

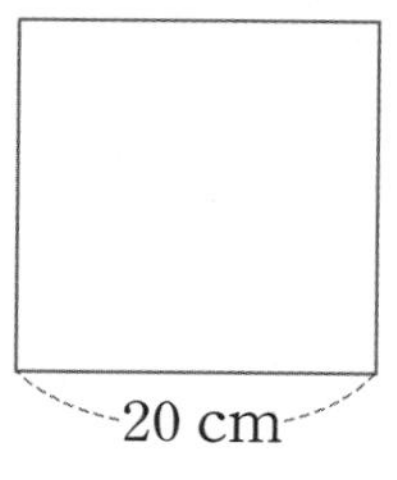

( )

32 □ 안에 알맞은 수를 써넣으세요. (원주율: 3.14)

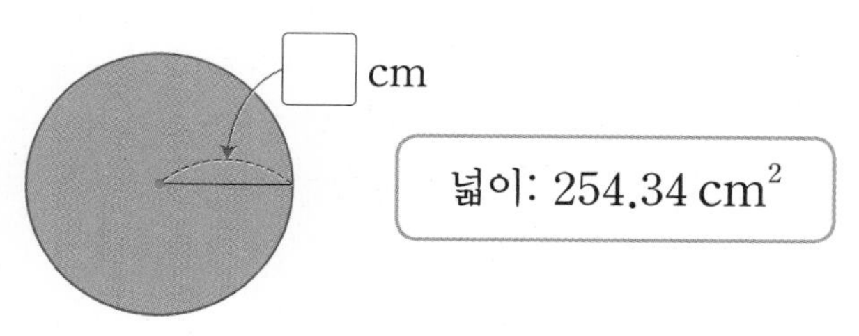

33 넓이가 697.5 cm^2인 원의 지름은 몇 cm일까요? (원주율: 3.1)

( )

34 원을 한없이 잘게 잘라 이어 붙여서 직사각형을 만들었습니다. 자르기 전 원의 넓이는 몇 cm^2일까요? (원주율: 3.1)

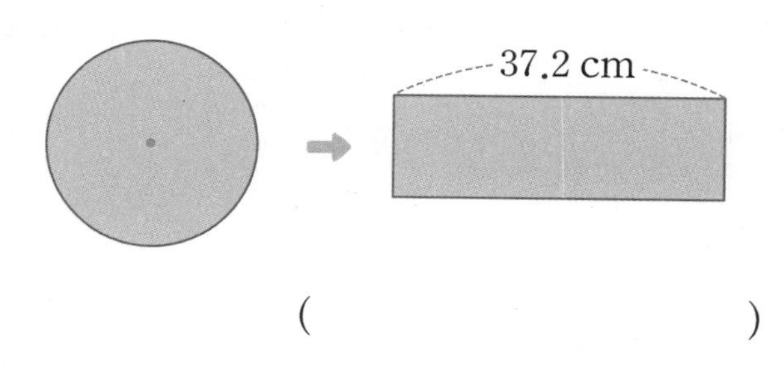

( )

서술형

35 반지름이 4 cm인 음료수 캔 바닥과 반지름이 8 cm인 통조림 캔 바닥입니다. 통조림 캔 바닥의 넓이는 음료수 캔 바닥의 넓이의 몇 배인지 풀이 과정을 쓰고 답을 구해 보세요.

(원주율: 3)

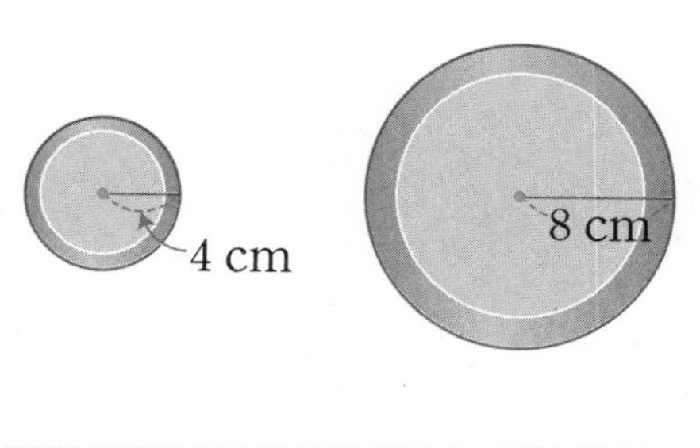

풀이

답

6 여러 가지 원의 넓이

36 색칠한 부분의 넓이를 구해 보세요.

(원주율: 3.1)

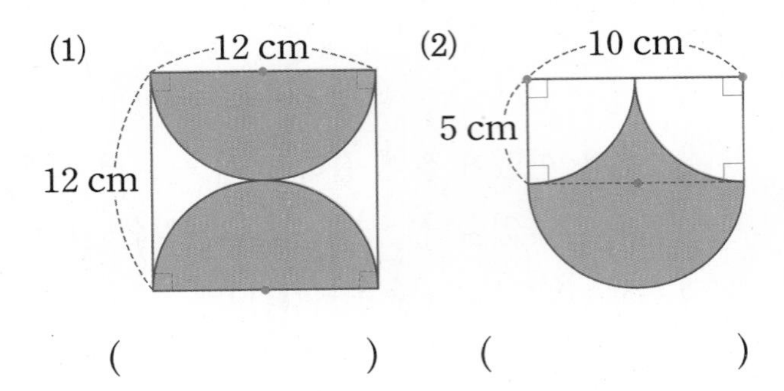

( ) ( )

내가 만드는 문제

37 지름이 18 cm인 원 안에 자유롭게 작은 원을 그리고 그린 원을 잘라 내었을 때 남는 부분의 넓이는 몇 cm^2인지 구해 보세요.

(원주율: 3.14)

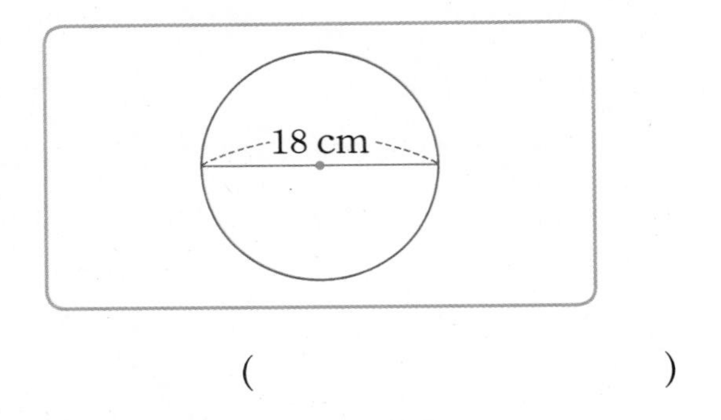

( )

38 전통 부채를 만들기 위해 화선지를 오른쪽과 같이 오렸습니다. 오린 화선지의 넓이를 구해 보세요. (원주율: 3)

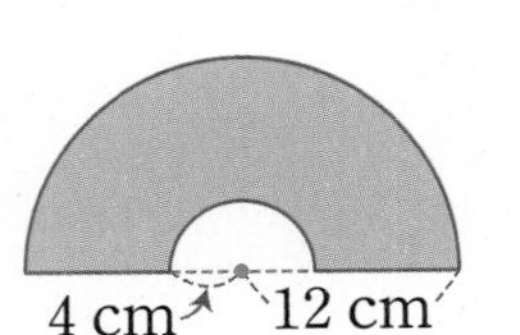

( )

39 색칠한 부분의 넓이를 구해 보세요. (원주율: 3)

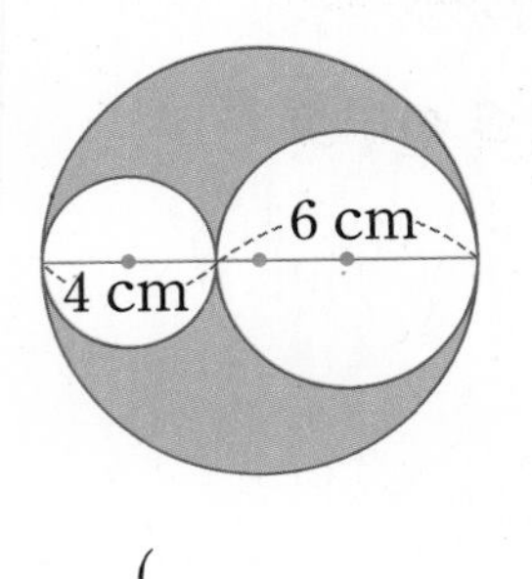

( )

40 가장 작은 원의 지름은 8 cm이고, 반지름이 2 cm씩 커지도록 과녁판을 만들었습니다. 화살을 던졌을 때 8점을 얻을 수 있는 부분의 넓이는 몇 cm^2일까요? (원주율: 3.1)

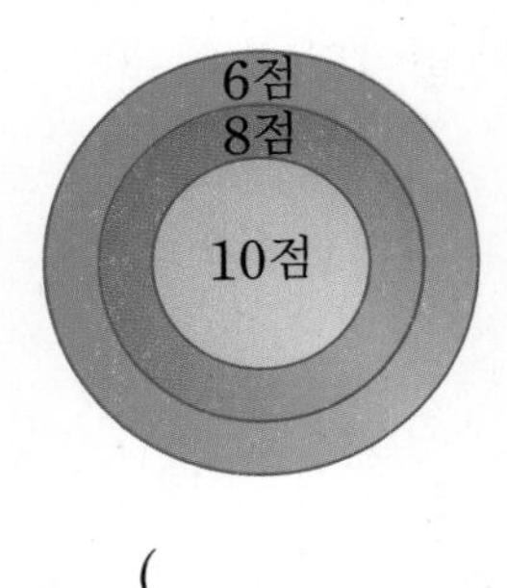

( )

서술형

41 라희는 그림과 같이 태극 문양을 그렸습니다. 파란색으로 색칠한 부분의 넓이는 몇 cm^2인지 풀이 과정을 쓰고 답을 구해 보세요.

(원주율: 3.14)

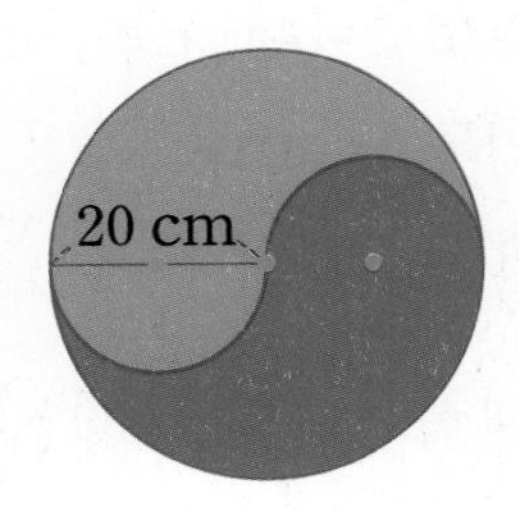

풀이

답

STEP 3

자주 틀리는 유형

응용 유형 중 자주 틀리는 유형을 집중학습함으로써 실력을 한 단계 높여 보세요.

지름과 반지름이 주어진 두 원

1 두 원의 원주의 합을 구해 보세요.

(원주율: 3.14)

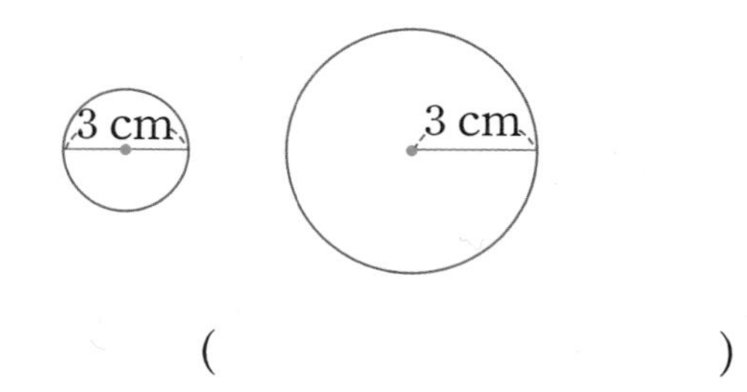

( )

2 두 원의 넓이의 차를 구해 보세요. (원주율: 3.1)

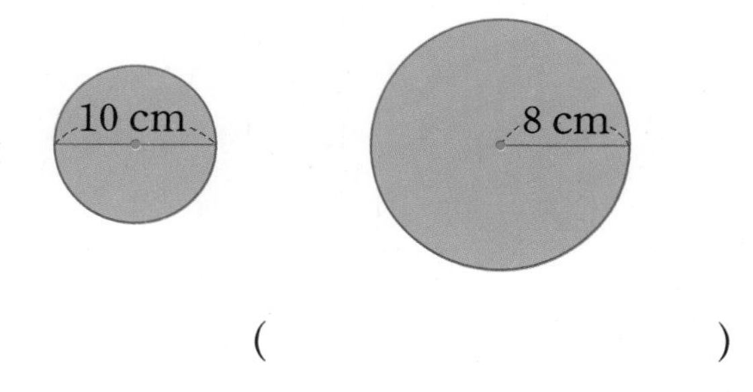

( )

3 예지가 철사를 사용하여 다음과 같은 2개의 원을 만들었습니다. 예지가 사용한 철사의 길이는 적어도 몇 cm일까요? (원주율: 3.1)

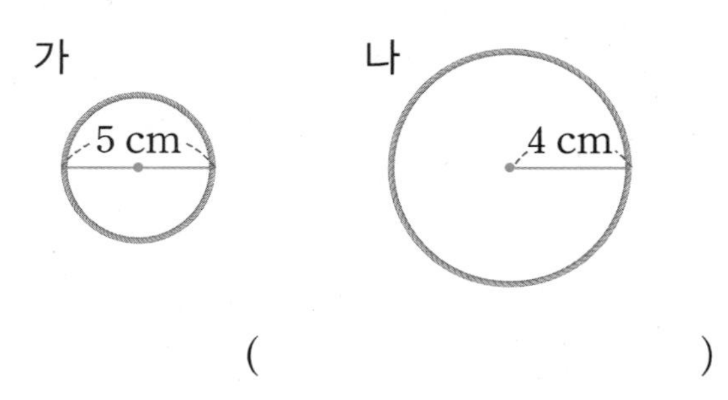

( )

원주가 주어진 원의 넓이

4 원주가 96 cm인 원의 넓이는 몇 cm^2일까요? (원주율: 3)

( )

5 굴렁쇠를 한 바퀴 굴렸더니 굴러간 거리가 37.2 cm였습니다. 이 굴렁쇠와 크기가 같은 원의 넓이는 몇 cm^2일까요? (원주율: 3.1)

( )

6 원주가 각각 31.4 cm, 62.8 cm인 두 원이 있습니다. 두 원의 넓이의 차를 구해 보세요.

(원주율: 3.14)

( )

넓이가 주어진 원의 원주

7 넓이가 $432\ cm^2$인 원의 원주는 몇 cm일까요? (원주율: 3)

(　　　　　　　　　　)

8 넓이가 $379.94\ cm^2$인 원의 원주를 구해 보세요. (원주율: 3.14)

(　　　　　　　　　　)

9 넓이가 $151.9\ cm^2$인 원 모양의 시계를 일직선으로 3바퀴 굴렸습니다. 시계가 굴러간 거리는 몇 cm인지 구해 보세요. (원주율: 3.1)

(　　　　　　　　　　)

원주, 원의 넓이가 주어질 때 원의 크기 비교

10 넓이가 더 좁은 원의 기호를 써 보세요.
(원주율: 3)

㉠ 넓이가 $507\ cm^2$인 원
㉡ 원주가 72 cm인 원

(　　　　　　　　　　)

11 넓이가 넓은 원부터 차례로 기호를 써 보세요.
(원주율: 3.14)

㉠ 반지름이 10 cm인 원
㉡ 넓이가 $379.94\ cm^2$인 원
㉢ 지름이 18 cm인 원

(　　　　　　　　　　)

12 진호네 집에는 넓이가 서로 다른 원 모양의 접시가 있습니다. 넓이가 넓은 접시부터 차례로 기호를 써 보세요. (원주율: 3.14)

㉠ 반지름이 7 cm인 접시
㉡ 지름이 16 cm인 접시
㉢ 원주가 31.4 cm인 접시
㉣ 넓이가 $254.34\ cm^2$인 접시

(　　　　　　　　　　)

최상위 도전 유형

최상위 유형에 자주 나오는 문제로 학습함으로써 수학의 실력을 완성해 보세요.

도전1 바퀴가 굴러간 횟수 구하기

1 지름이 50 cm인 훌라후프를 몇 바퀴 굴렸더니 앞으로 628 cm만큼 나아갔습니다. 훌라후프를 몇 바퀴 굴린 것일까요?

(원주율: 3.14)

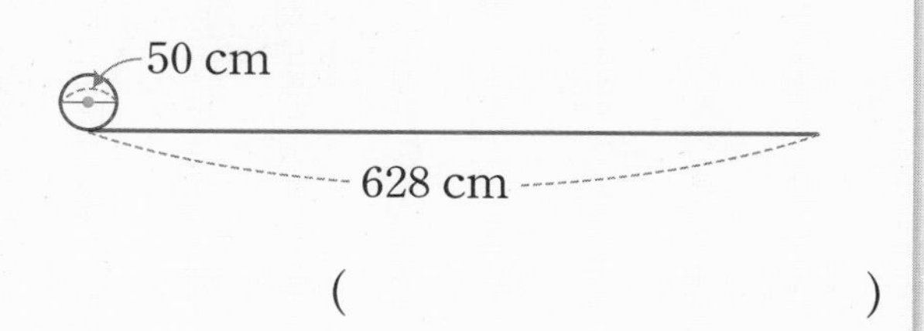

( )

핵심 NOTE

굴러간 바퀴의 수는 바퀴가 굴러간 전체 거리를 바퀴가 한 바퀴 돈 거리로 나누어 구합니다.

2 지름이 35 cm인 굴렁쇠를 몇 바퀴 굴렸더니 굴러간 거리가 1260 cm였습니다. 굴렁쇠를 몇 바퀴 굴린 것일까요? (원주율: 3)

( )

3 지훈이는 지름이 38 cm인 자전거 바퀴를 몇 바퀴 굴렸더니 앞으로 17 m 67 cm만큼 나아갔습니다. 지훈이는 자전거 바퀴를 몇 바퀴 굴린 것일까요? (원주율: 3.1)

( )

도전2 원의 넓이를 활용하여 더 이득인 것 고르기

4 두께가 같은 정사각형 모양 피자와 원 모양 피자가 있습니다. 가격이 같다면 어느 피자를 선택해야 더 이득일까요? (원주율: 3)

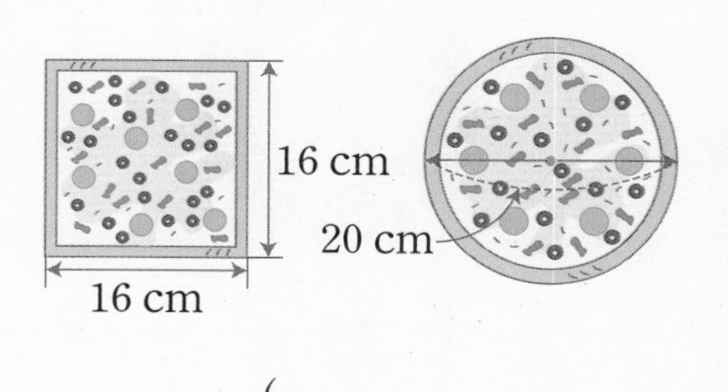

( )

핵심 NOTE

가격이 같다면 넓이가 더 넓은 것을 고르는 것이 더 이득입니다.

5 두께가 같은 정사각형 모양 케이크와 원 모양 케이크가 있습니다. 가격이 같다면 어느 케이크를 선택해야 더 이득일까요? (원주율: 3)

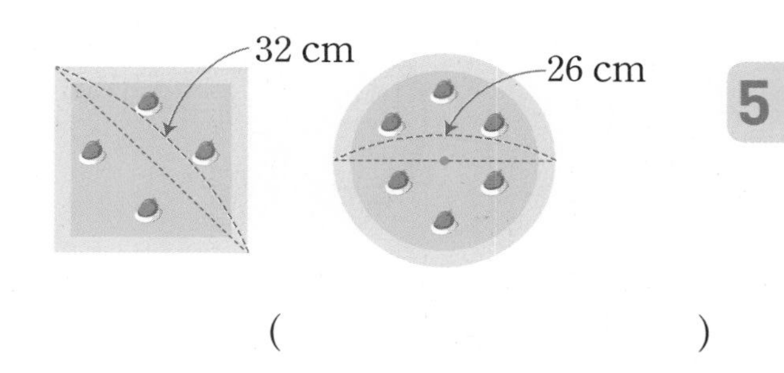

( )

6 두께는 같고 크기가 다른 원 모양의 와플이 있습니다. 가 와플은 반지름이 15 cm이고 가격이 5000원입니다. 나 와플은 지름이 20 cm이고 가격이 4000원입니다. 어느 와플을 사는 것이 더 이득일까요? (원주율: 3.14)

( )

도전3 색칠한 부분의 둘레 구하기

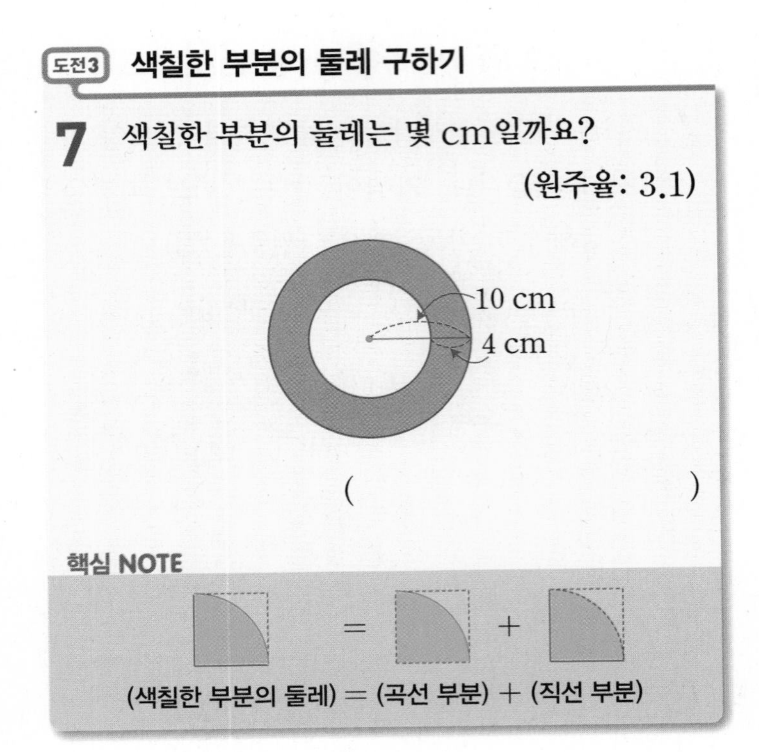

7 색칠한 부분의 둘레는 몇 cm일까요?

(원주율: 3.1)

( )

핵심 NOTE

(색칠한 부분의 둘레) = (곡선 부분) + (직선 부분)

8 색칠한 부분의 둘레는 몇 cm일까요?

(원주율: 3.1)

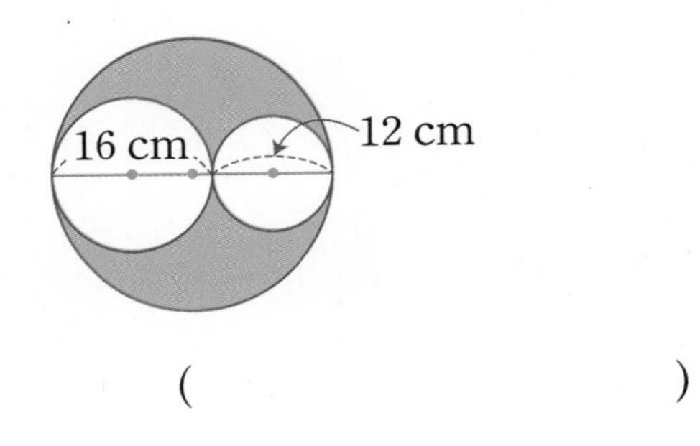

( )

9 오른쪽 도형에서 색칠한 부분의 둘레는 몇 cm 일까요? (원주율: 3)

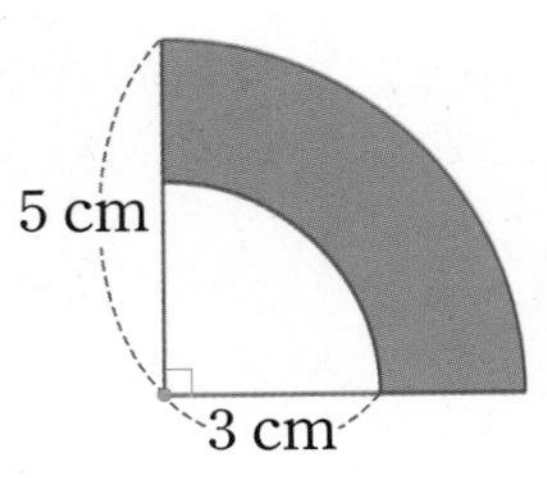

( )

10 색칠한 부분의 둘레는 몇 cm일까요?

(원주율: 3.1)

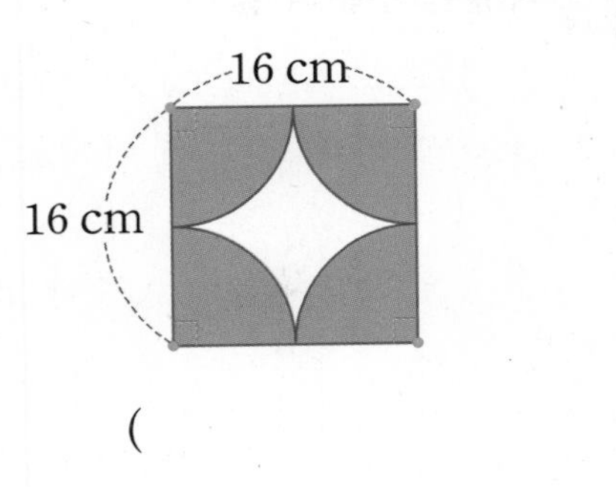

( )

11 오른쪽 도형에서 색칠한 부분의 둘레는 몇 cm일까요?

(원주율: 3.1)

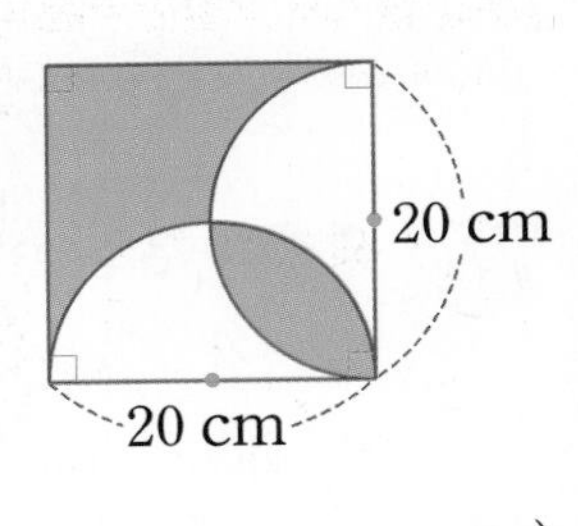

( )

12 색칠한 부분의 둘레는 몇 cm일까요?

(원주율: 3)

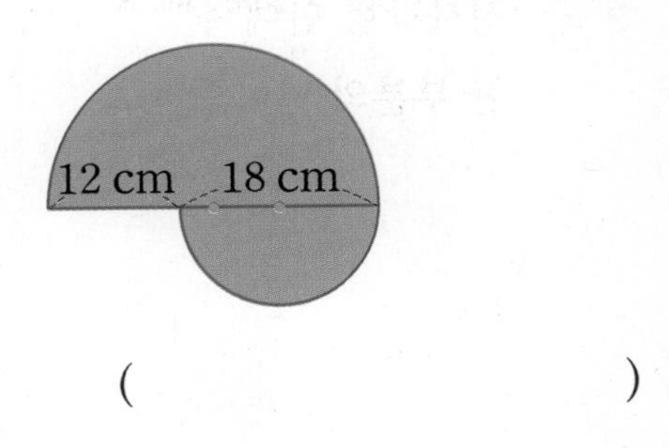

( )

도전4 **색칠한 부분의 넓이 구하기**

13 색칠한 부분의 넓이는 몇 cm^2일까요?

(원주율: 3.1)

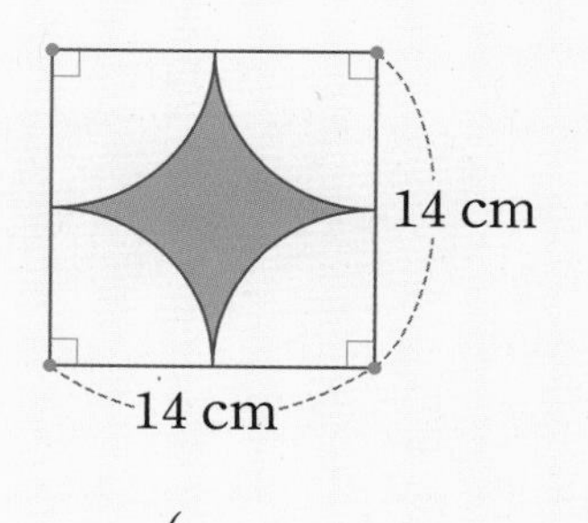

( )

핵심 NOTE

각 부분으로 나누어 색칠한 부분의 넓이를 구하거나 색칠한 부분을 옮겨서 색칠한 부분의 넓이를 구할 수 있습니다.

14 색칠한 부분의 넓이는 몇 cm^2일까요?

(원주율: 3)

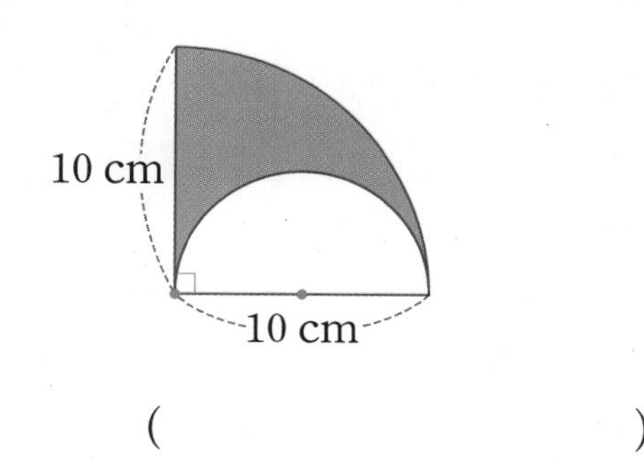

( )

15 정사각형 안에 원의 일부를 그렸습니다. 색칠한 부분의 넓이를 구해 보세요. (원주율: 3)

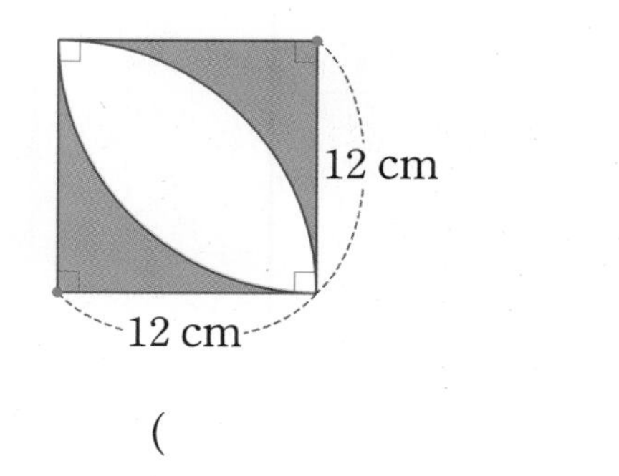

( )

16 주원이는 오른쪽과 같이 은행잎을 그렸습니다. 그린 은행잎의 넓이를 구해 보세요.

(원주율: 3.1)

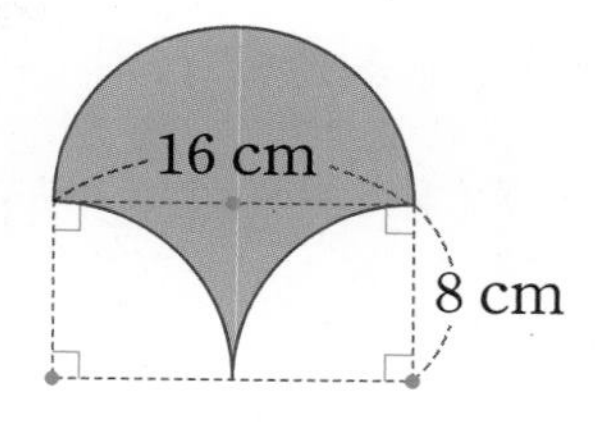

( )

17 오른쪽과 같이 색종이로 크기가 같은 반원 2개와 이등변삼각형 1개를 잘라 붙였더니 하트 모양이 되었습니다. 하트 모양의 넓이를 구해 보세요. (원주율: 3.14)

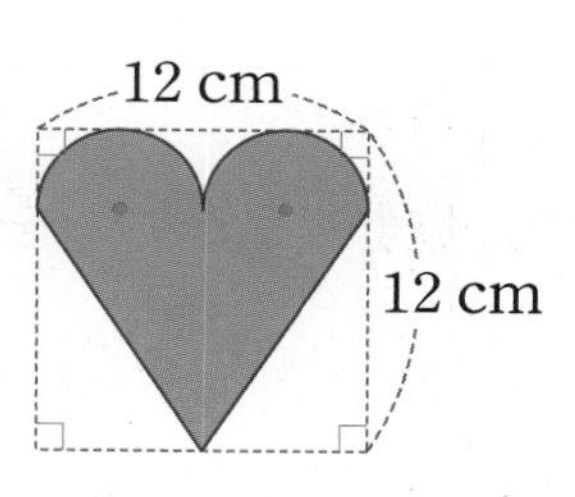

( )

18 오른쪽 도형에서 색칠한 반원의 반지름은 가장 큰 반원의 지름의 $\frac{1}{3}$입니다. 색칠한 부분의 넓이를 구해 보세요. (원주율: 3)

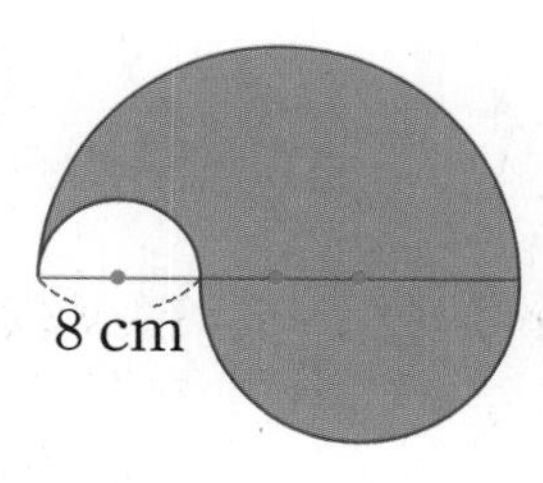

( )

도전5 사용한 끈의 길이 구하기

19 반지름이 12 cm인 원 3개를 끈으로 한 번 묶어 놓았습니다. 묶은 끈의 길이는 몇 cm일까요? (단, 원주율은 3이고, 매듭은 생각하지 않습니다.)

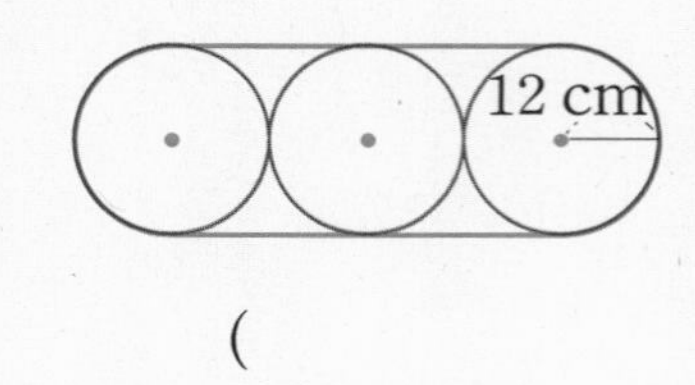

(　　　　　　　　)

핵심 NOTE

곡선 부분들을 합치면 원이 되므로 곡선 부분은 원주를 이용하여 구합니다.

20 밑면의 지름이 10 cm인 깡통 3개를 끈으로 한 번 묶어 놓았습니다. 매듭을 묶는 데 12 cm의 끈이 사용되었다면 깡통을 묶는 데 사용한 끈의 길이는 모두 몇 cm일까요? (원주율: 3.1)

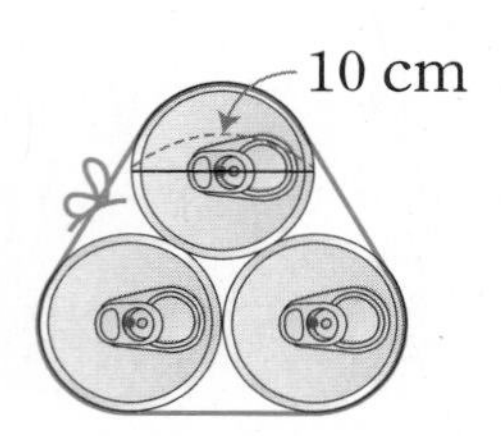

(　　　　　　　　)

21 그림과 같이 밑면의 반지름이 6 cm인 통나무 6개를 끈으로 한 번 묶어 놓았습니다. 매듭을 묶는 데 15 cm의 끈이 사용되었다면 통나무를 묶는 데 사용한 끈의 길이는 모두 몇 cm일까요? (원주율: 3)

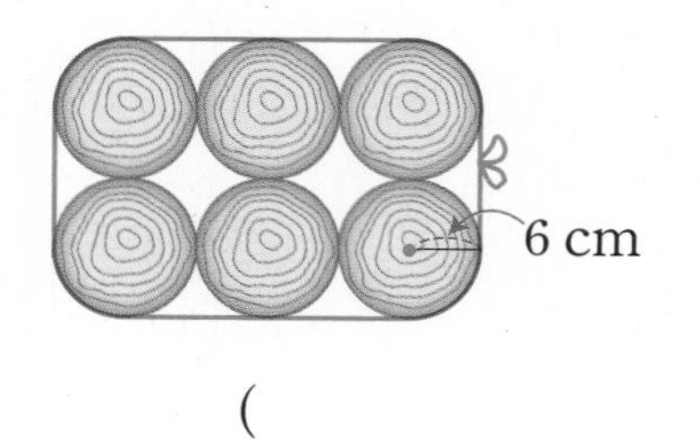

(　　　　　　　　)

도전6 트랙의 둘레와 넓이 구하기

22 그림과 같은 모양의 운동장의 둘레는 몇 m일까요? (원주율: 3.14)

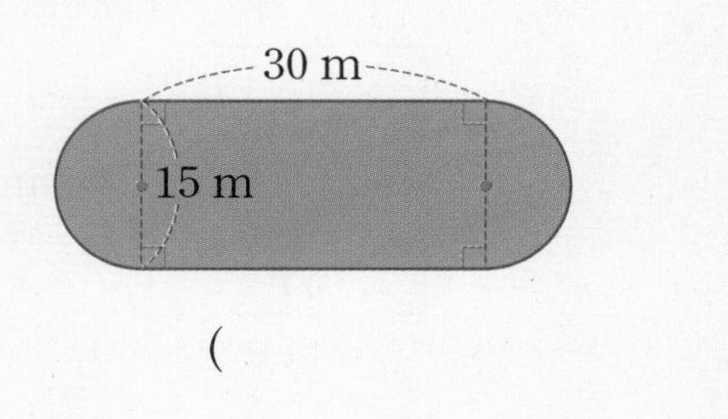

(　　　　　　　　)

핵심 NOTE

트랙의 둘레는 곡선 부분의 길이(원주)와 직선 부분의 길이를 더해서 구합니다.

23 그림과 같은 트랙의 넓이는 몇 m^2일까요?

(원주율: 3)

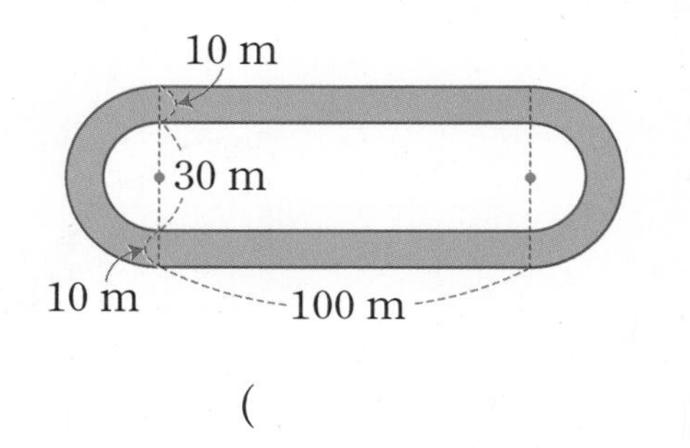

(　　　　　　　　)

24 그림과 같은 모양의 꽃밭의 둘레가 200 m라면 선분 ㄴㄷ의 길이는 몇 m일까요?

(원주율: 3)

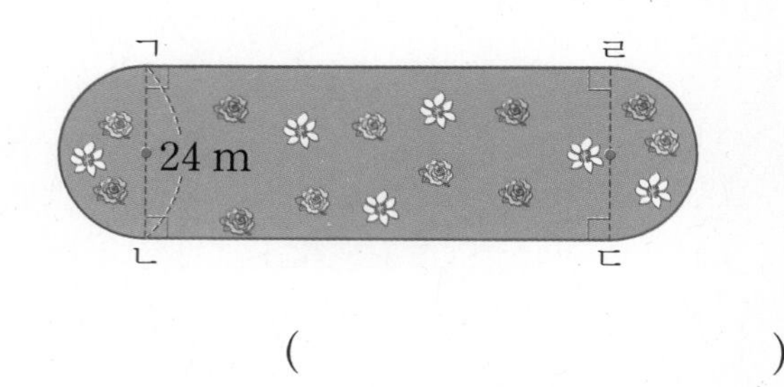

(　　　　　　　　)

수시 평가 대비 Level 1

5. 원의 넓이

점수

확인

1 지름이 10 cm, 둘레가 31.4 cm인 원 모양 시계가 있습니다. 시계의 둘레는 지름의 몇 배일까요?

( )

2 원의 넓이를 구해 보세요. (원주율: 3.1)

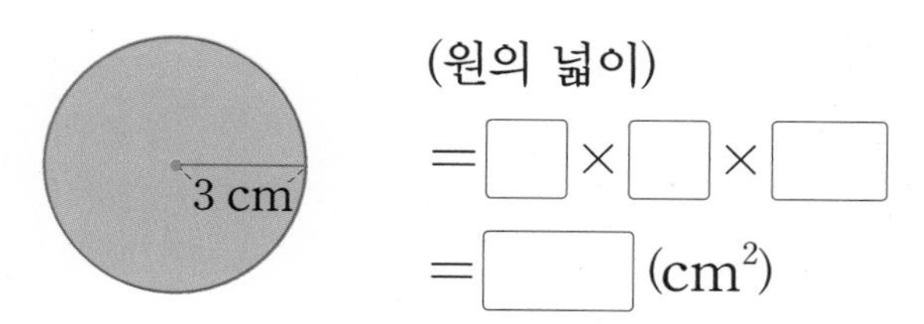

(원의 넓이)

$= \square \times \square \times \square$

$= \square$ (cm^2)

3 옳은 설명을 모두 찾아 기호를 써 보세요.

㉠ 원주는 원의 지름의 3배보다 길고 원의 지름의 4배보다 짧습니다.

㉡ 원의 지름이 길어지면 원주율도 커집니다.

㉢ 원의 반지름이 짧아지면 원주도 짧아집니다.

㉣ 원주율을 반올림하여 소수 첫째 자리까지 나타내면 3.4입니다.

( )

4 두 원에서 같은 것을 찾아 ○표 하세요.

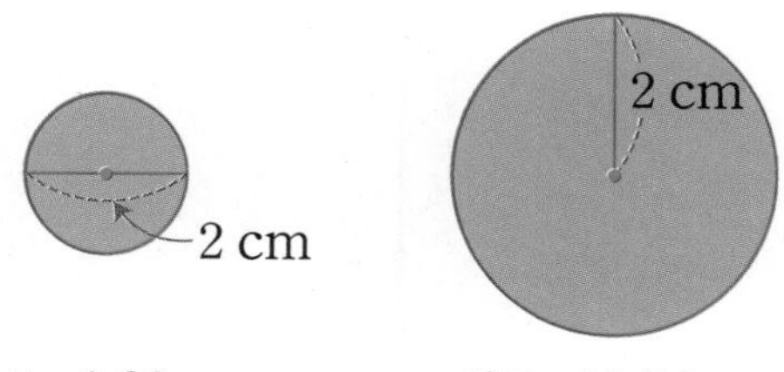

원주: 6.28 cm　　원주: 12.56 cm

지름	반지름	넓이	원주율

5 정육각형의 넓이를 이용하여 원의 넓이를 어림하려고 합니다. 삼각형 ㄱㅇㄷ의 넓이가 32 cm^2, 삼각형 ㄹㅇㅂ의 넓이가 24 cm^2일 때, 원의 넓이의 범위를 구해 보세요.

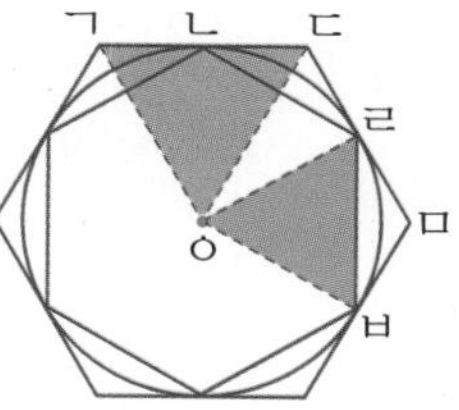

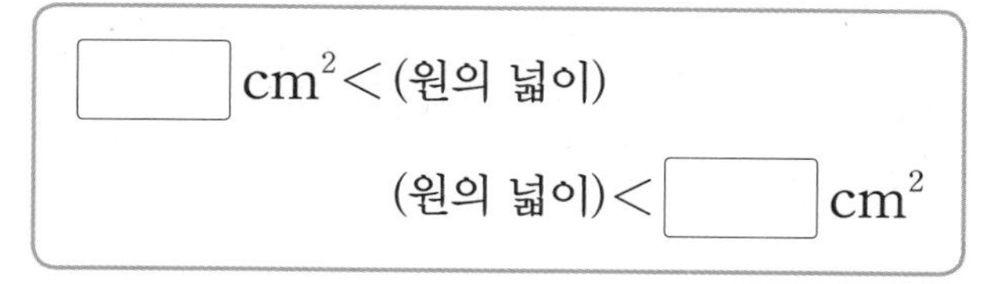

$\square$ cm^2 < (원의 넓이)

(원의 넓이) < $\square$ cm^2

6 반지름이 4 cm인 원을 잘게 잘라 이어 붙여 직사각형 모양을 만들었습니다. ㉠, ㉡의 길이를 각각 구해 보세요. (원주율: 3.1)

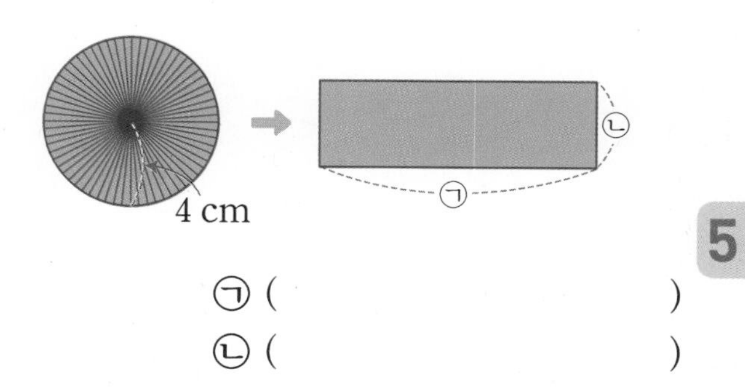

㉠ ( )

㉡ ( )

7 원주를 구해 보세요.

(원주율: 3)

( )

8 지름이 10 cm인 원의 넓이를 구해 보세요.

(원주율: 3.14)

( )

5

9 세영이는 반지름이 30 m인 원 모양의 호수를 둘레를 따라 2바퀴 걸었습니다. 세영이가 걸은 거리는 몇 m일까요? (원주율: 3.14)

( )

10 원주가 68.2 cm인 원의 지름은 몇 cm일까요? (원주율: 3.1)

( )

11 두 원의 원주의 차를 구해 보세요. (원주율: 3)

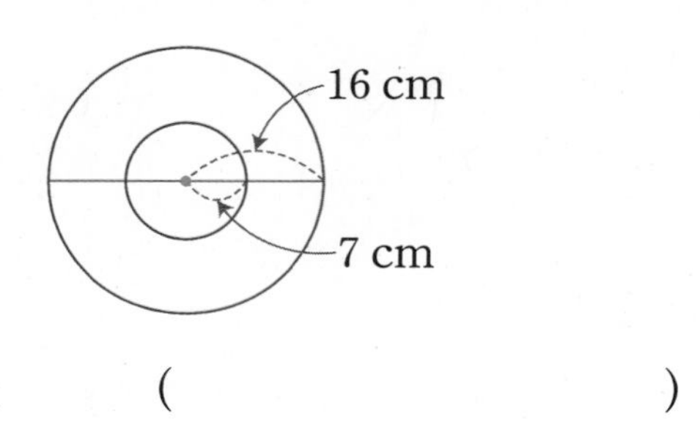

( )

12 원의 넓이는 192 cm^2입니다. □ 안에 알맞은 수를 써넣으세요. (원주율: 3)

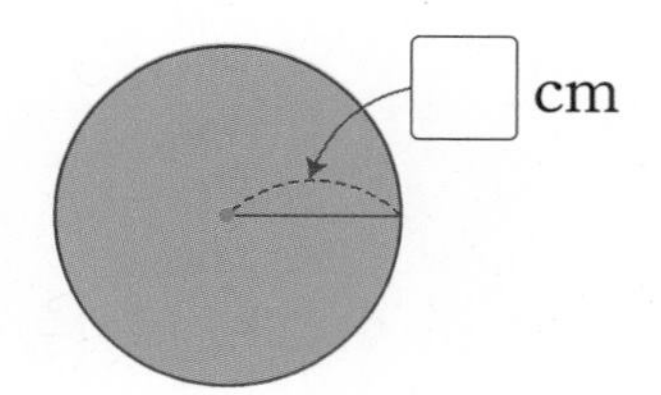

13 한 변이 18 cm인 정사각형 안에 들어갈 수 있는 가장 큰 원의 넓이를 구해 보세요.

(원주율: 3.1)

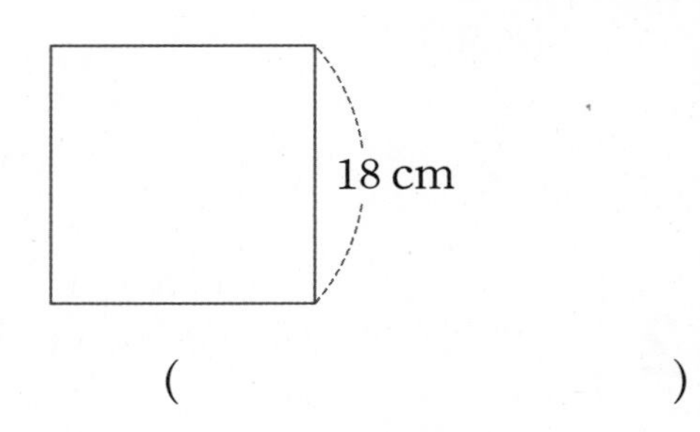

( )

14 넓이가 넓은 원부터 차례로 기호를 써 보세요.

(원주율: 3.14)

㉠ 지름이 6 cm인 원
㉡ 원주가 15.7 cm인 원
㉢ 반지름이 4 cm인 원
㉣ 넓이가 12.56 cm^2인 원

( )

15 그림과 같은 모양의 운동장의 둘레는 몇 m인지 구해 보세요. (원주율: 3)

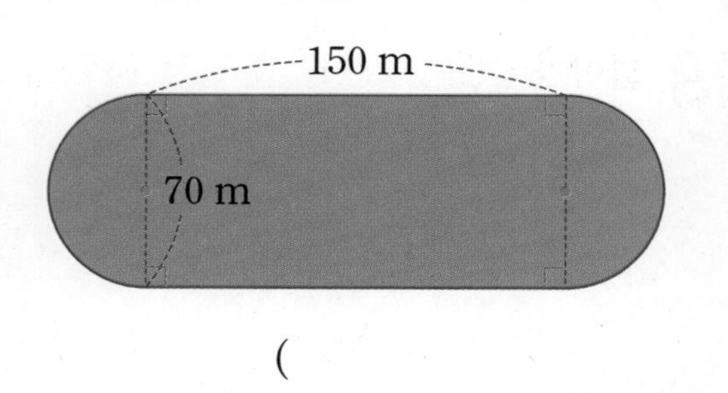

( )

정답과 풀이 47쪽

16 색칠한 부분의 둘레는 몇 cm인지 구해 보세요. (원주율: 3.1)

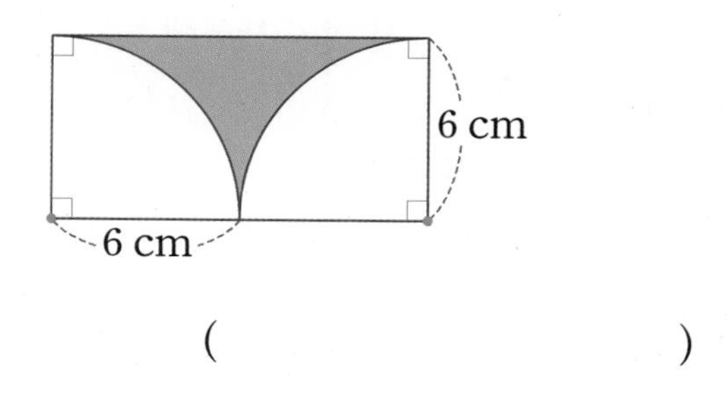

( )

17 색칠한 부분의 넓이는 몇 cm^2인지 구해 보세요. (원주율: 3.14)

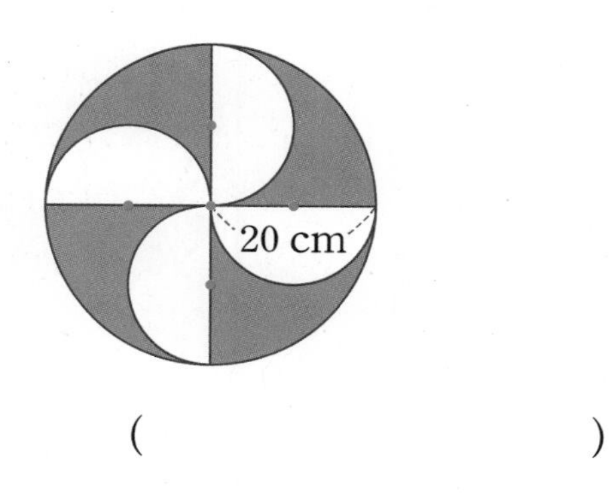

( )

18 넓이가 615.44 cm^2인 원의 원주를 구해 보세요. (원주율: 3.14)

( )

서술형

19 그림과 같은 두 굴렁쇠 가와 나를 같은 방향으로 5바퀴 굴렸습니다. 나 굴렁쇠는 가 굴렁쇠보다 몇 cm 더 갔는지 풀이 과정을 쓰고 답을 구해 보세요. (원주율: 3)

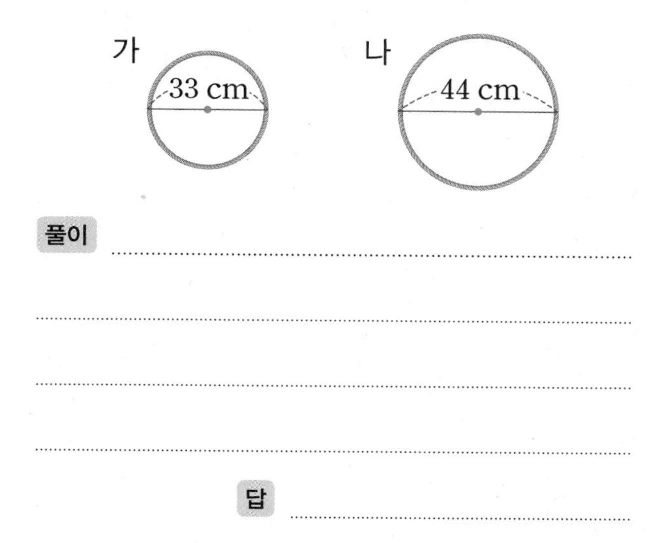

풀이

답

서술형

20 색칠한 부분의 넓이는 몇 cm^2인지 풀이 과정을 쓰고 답을 구해 보세요. (원주율: 3.1)

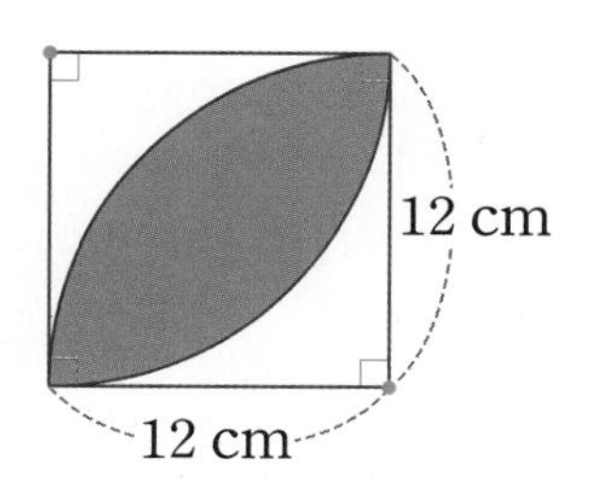

풀이

답

5

수시 평가 대비 Level ❷

5. 원의 넓이

점수

확인

1 다음 중 설명이 잘못된 것은 어느 것일까요?

( )

① 원의 둘레를 원주라고 합니다.
② 원주에 대한 원의 지름의 비율을 원주율이라고 합니다.
③ (원주)$=$(지름)$\times$(원주율)
④ 원주율은 항상 일정합니다.
⑤ 원주율을 반올림하여 소수 둘째 자리까지 나타내면 3.14입니다.

2 □ 안에 알맞은 수를 써넣으세요.

원주는 원의 지름의 □배보다 길고 원의 지름의 □배보다 짧습니다.

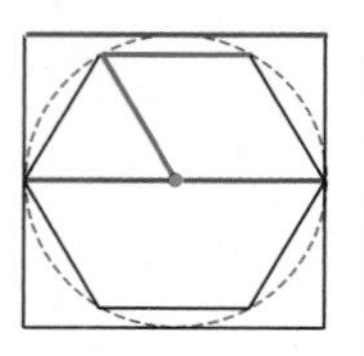

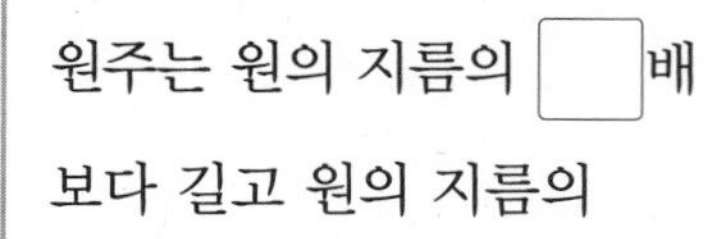

3 원주를 구해 보세요. (원주율: 3.1)

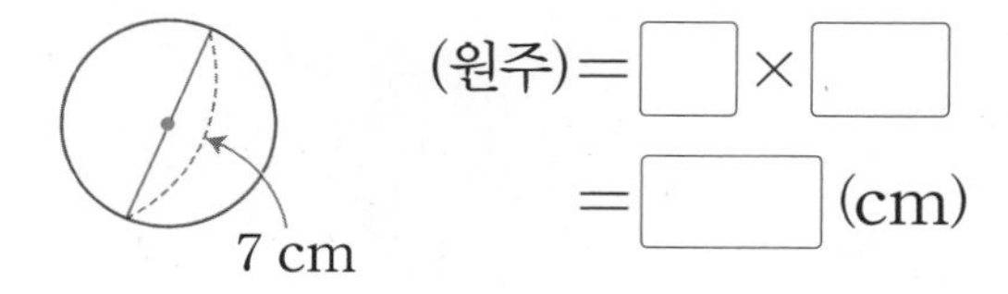

(원주)$=$□$\times$□

$=$□(cm)

4 지름이 10 cm인 원의 넓이를 어림하려고 합니다. □ 안에 알맞은 수를 써넣으세요.

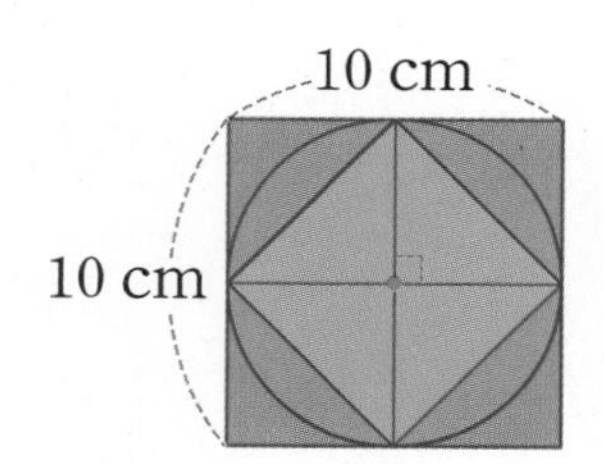

□ $\text{cm}^2<$(원의 넓이)

(원의 넓이)$<$□ cm^2

5 반지름이 17 cm인 원을 한없이 잘게 잘라 이어 붙여 점점 직사각형에 가까워지는 도형을 만들었습니다. □ 안에 알맞은 수를 써넣으세요.

(원주율: 3.14)

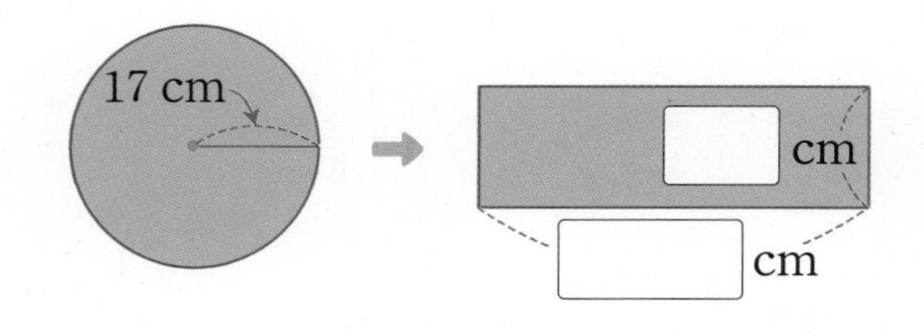

6 원의 넓이를 구해 보세요. (원주율: 3)

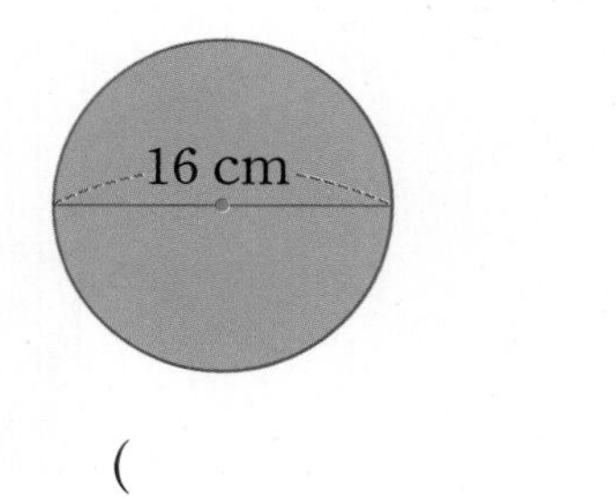

( )

7 한쪽 날개의 길이가 14 cm인 바람개비가 있습니다. 날개가 돌 때 생기는 원의 원주를 구해 보세요.

(원주율: 3.14)

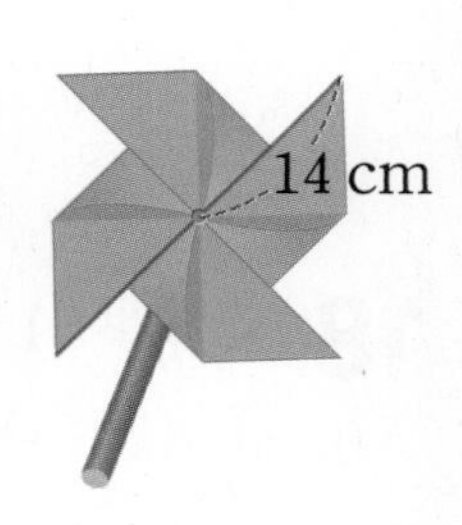

( )

정답과 풀이 48쪽

8 원주가 186 cm인 원의 지름은 몇 cm일까요? (원주율: 3.1)

( )

9 반지름이 20 cm인 원 모양의 바퀴를 25번 굴렸습니다. 바퀴가 움직인 거리는 모두 몇 cm일까요? (원주율: 3.14)

( )

10 두 원의 넓이의 합을 구해 보세요. (원주율: 3)

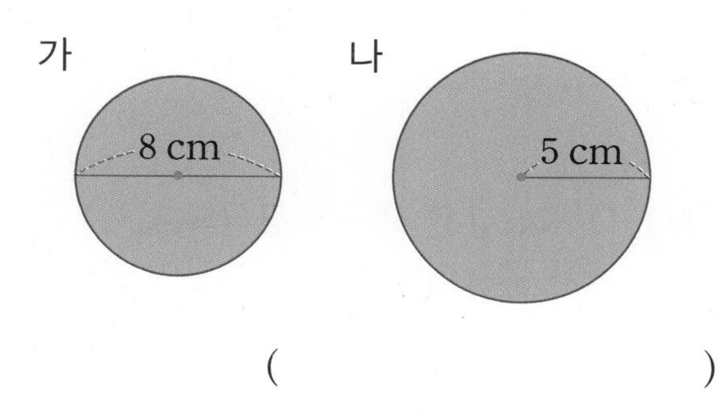

( )

11 원의 넓이가 363 cm^2일 때 원의 지름은 몇 cm일까요? (원주율: 3)

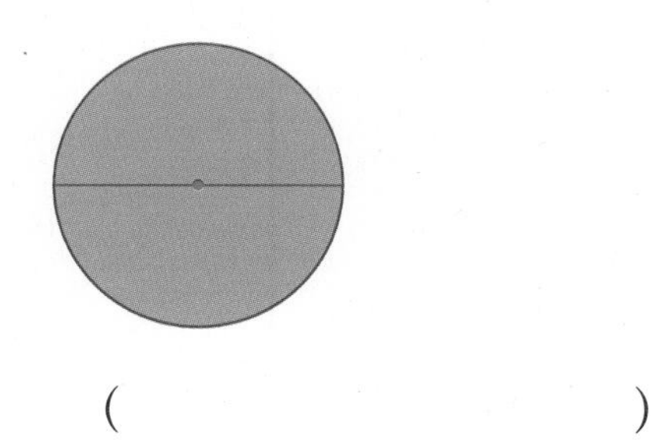

( )

12 원의 크기가 작은 것부터 차례로 기호를 써 보세요. (원주율: 3.1)

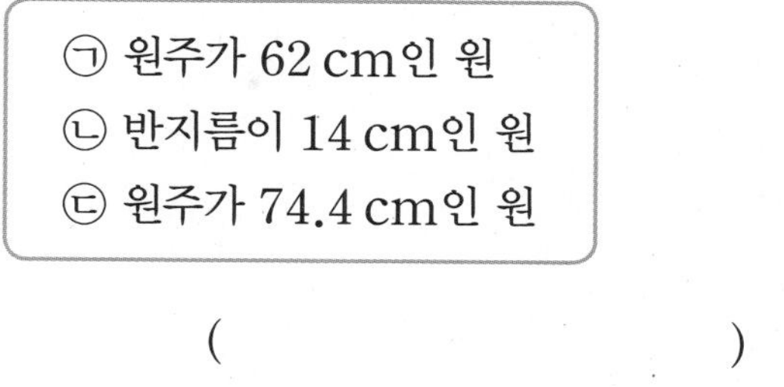

( )

13 원주가 62.8 cm인 원의 넓이는 몇 cm^2일까요? (원주율: 3.14)

( )

14 그림과 같은 직사각형 모양의 종이를 잘라 만들 수 있는 가장 큰 원의 넓이는 몇 cm^2일까요? (원주율: 3.1)

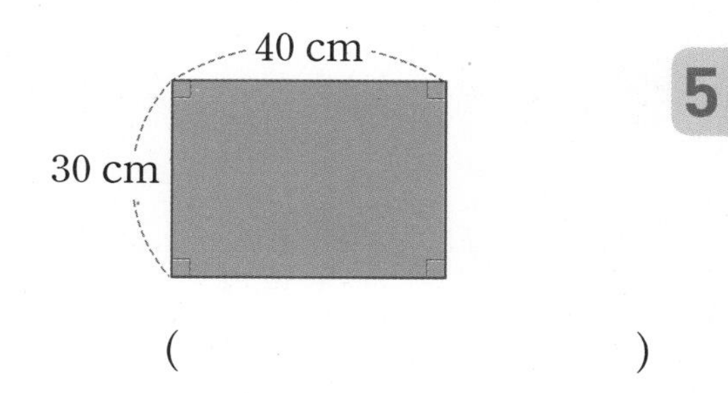

( )

15 직사각형에서 색칠한 부분의 둘레를 구해 보세요. (원주율: 3.14)

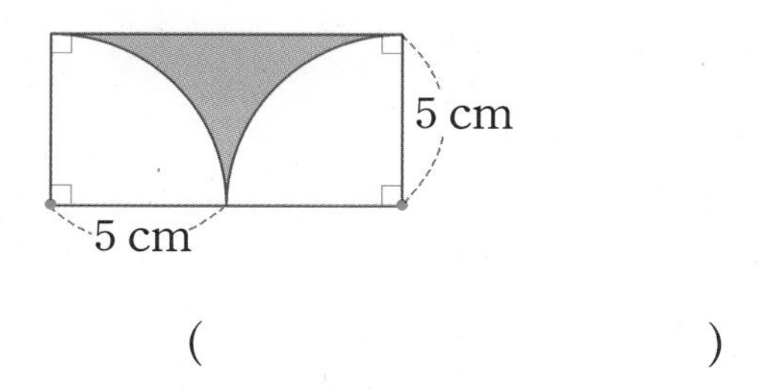

( )

정답과 풀이 48쪽

16 상미는 지름이 5 cm인 원을 그리고, 진수는 넓이가 27.9 cm^2인 원을 그렸습니다. 누가 그린 원의 원주가 몇 cm 더 길까요? (원주율: 3.1)

( ), ( )

17 반지름이 16 cm인 원 모양의 빈대떡을 똑같이 8조각으로 나누었습니다. 빈대떡 한 조각의 둘레를 구해 보세요. (원주율: 3.14)

( )

18 큰 원 안에 꼭 맞게 들어가는 두 원을 그렸습니다. 색칠한 부분의 넓이를 구해 보세요.

(원주율: 3.1)

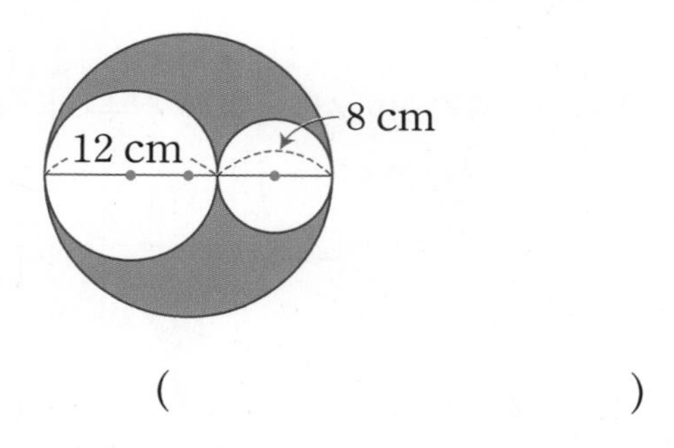

( )

서술형

19 큰 원의 원주는 75.36 cm입니다. 큰 원과 작은 원의 반지름의 합은 몇 cm인지 풀이 과정을 쓰고 답을 구해 보세요. (원주율: 3.14)

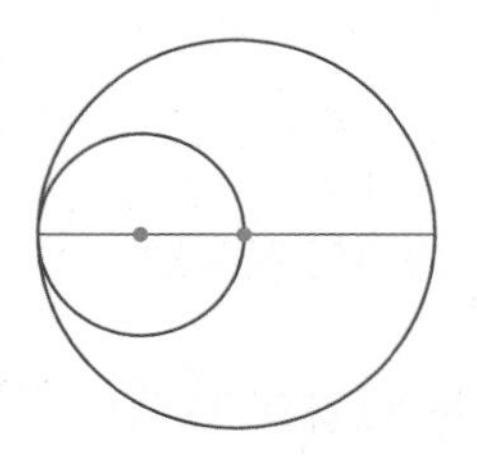

풀이

답

서술형

20 그림과 같은 모양의 공원의 넓이는 몇 m^2인지 풀이 과정을 쓰고 답을 구해 보세요.

(원주율: 3.1)

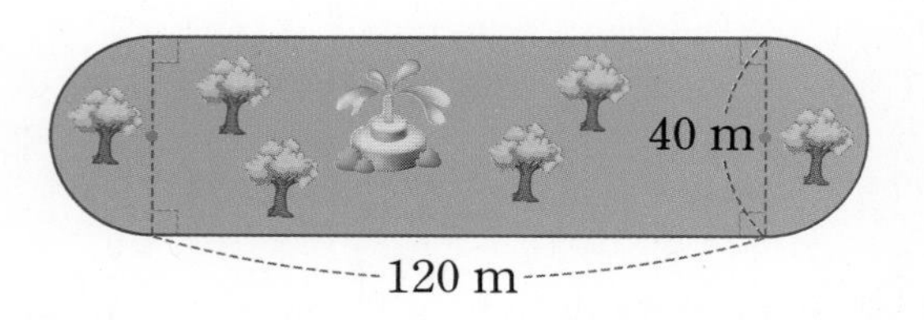

풀이

답

6 원기둥, 원뿔, 구

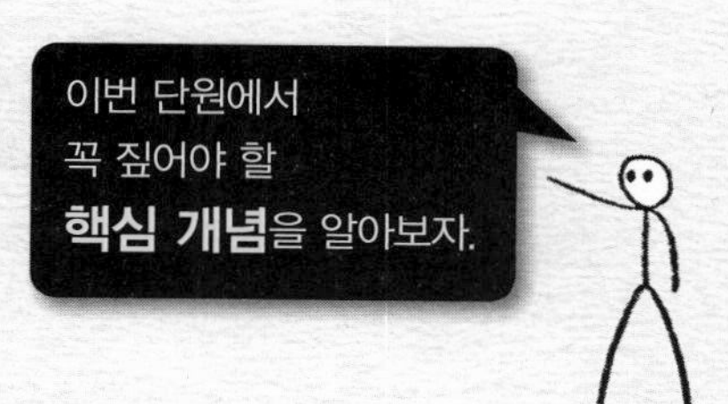

핵심 1 원기둥 알아보기

둥근기둥 모양의 도형을 [　　] 이라고 한다.

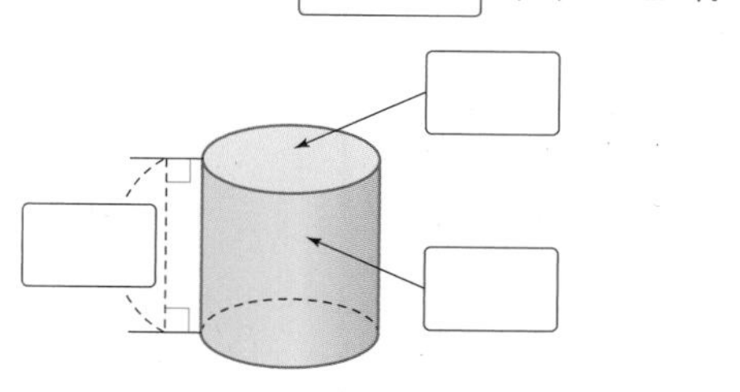

핵심 2 원기둥의 전개도

원기둥의 전개도에서

(밑면의 둘레)=(옆면의 [　　]),

(원기둥의 높이)=(옆면의 [　　])이다.

핵심 3 원뿔 알아보기

둥근 뿔 모양의 도형을 [　　] 이라고 한다.

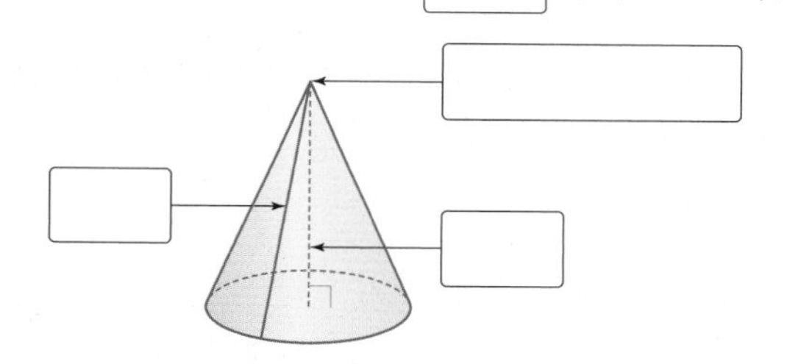

핵심 4 구 알아보기

공 모양의 도형을 [　] 라고 한다.

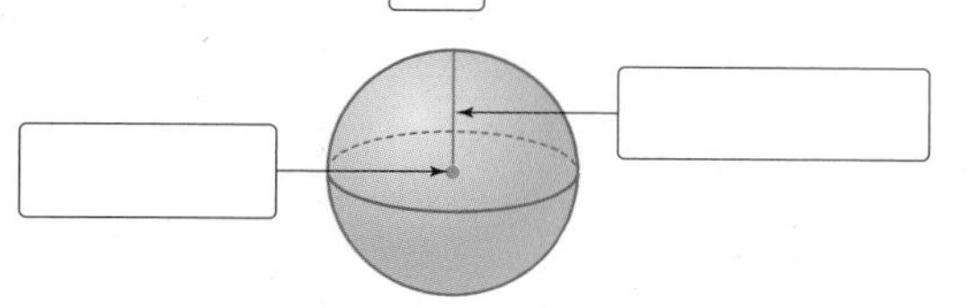

핵심 5 원기둥, 원뿔, 구의 공통점과 차이점

원기둥, 원뿔, 구를 위에서 본 모양은 모두 [　] 이다.

원기둥을 앞에서 본 모양은 [　　],

원뿔을 앞에서 본 모양은 [　　],

구를 앞에서 본 모양은 [　] 이다.

답 1. 원기둥/(위에서부터) 밑면, 높이, 옆면　2. 가로, 세로　3. 원뿔 / (위에서부터) 원뿔의 꼭짓점, 모선, 높이
4. 구 / (위에서부터) 구의 반지름, 구의 중심　5. 원, 직사각형, 삼각형, 원

STEP 1 교과 개념

1. 원기둥 알아보기

● 원기둥 알아보기

• 원기둥: , , 등과 같은 입체도형 → 위와 아래에 있는 면이 서로 평행하고 합동인 원으로 이루어진 입체도형입니다.

• 원기둥의 구성 요소
① 밑면: 서로 평행하고 합동인 두 면
② 옆면: 두 밑면과 만나는 면
③ 높이: 두 밑면에 수직인 선분의 길이

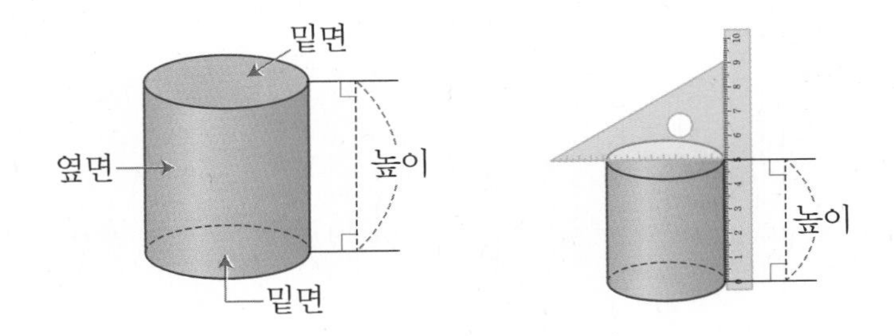

• 원기둥의 특징
① 두 면은 평평한 원입니다.
② 두 면은 서로 합동이고 평행합니다.
③ 옆면은 굽은 면입니다.
④ 굴리면 잘 굴러갑니다.

● 원기둥과 각기둥의 공통점과 차이점

도형		원기둥	각기둥
공통점		• 기둥 모양 • 밑면의 수: 2개	
차이점	밑면의 모양	원	다각형
	옆면의 모양	굽은 면	직사각형
	꼭짓점, 모서리	없음	있음

개념 자세히 보기

• **직사각형 모양의 종이를 한 변을 기준으로 돌리면 어떤 입체도형이 되는지 알아보아요!**

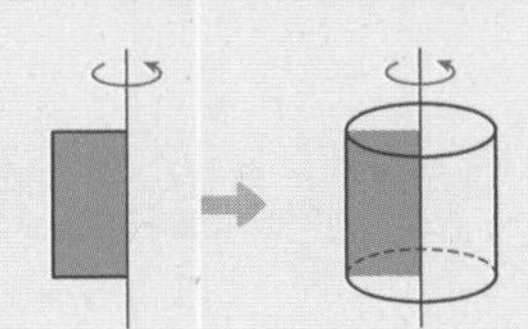

직사각형 모양의 종이를 한 변을 기준으로 돌리면
원기둥이 만들어집니다.

정답과 풀이 50쪽

1 원기둥은 어느 것일까요? (　　　)

① 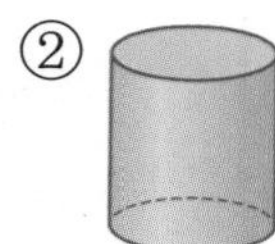 ② 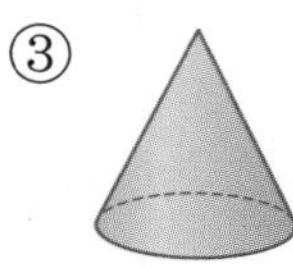 ③ 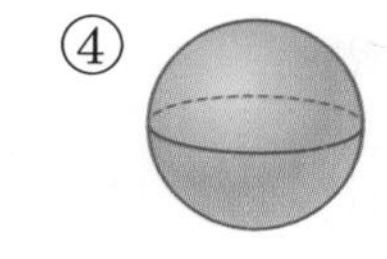 ④ 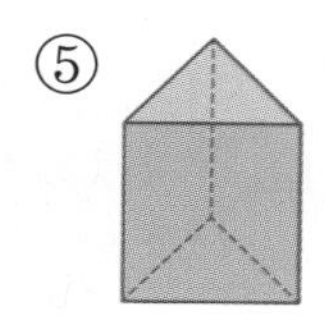 ⑤ 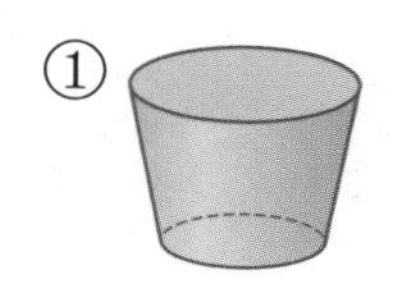

원기둥이나 각기둥처럼 기둥이란 말이 들어간 입체도형은 두 밑면이 합동이에요.

2 보기 에서 □ 안에 알맞은 말을 찾아 써넣으세요.

보기
밑면
옆면
높이

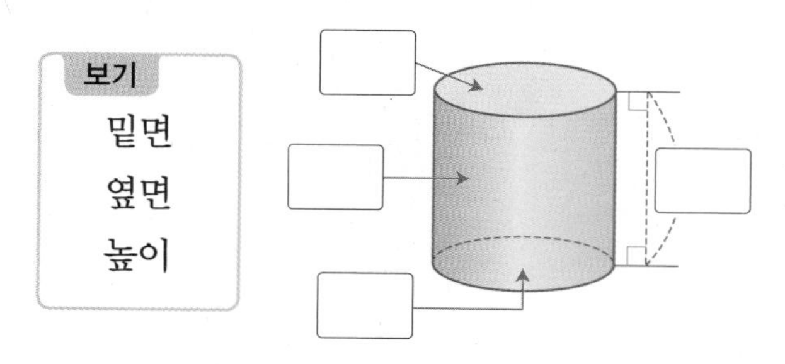

3 원기둥에서 밑면을 찾아 색칠해 보세요.

① 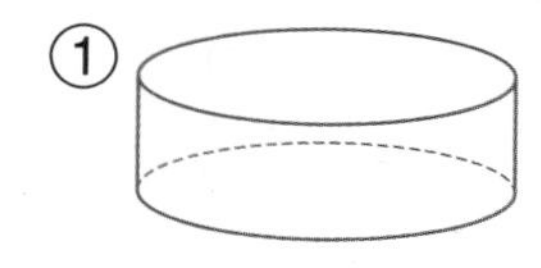

② 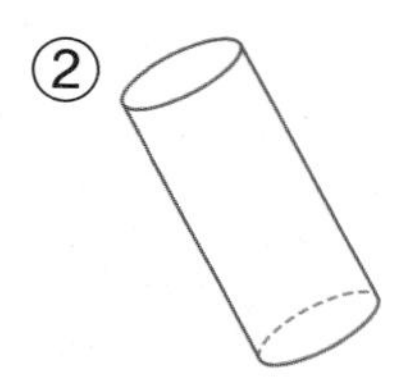

원기둥에서 두 밑면은 모양과 크기가 같은 원 모양이에요.

4 원기둥의 높이를 나타내어 보세요.

① 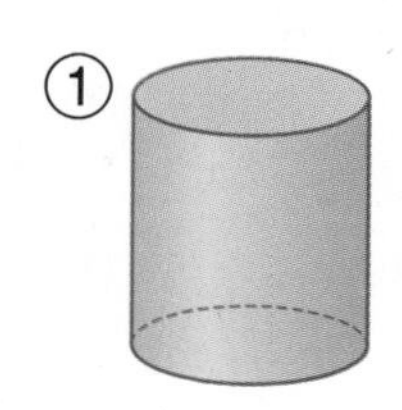

② 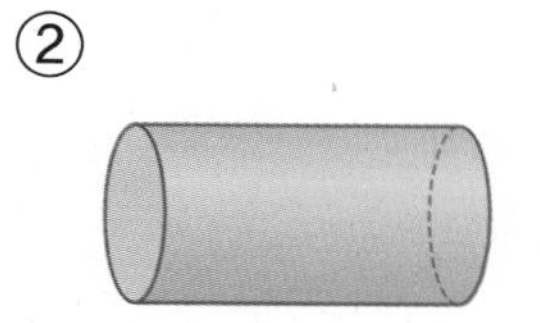

원기둥에서 두 밑면에 수직인 선분의 길이를 높이라고 해요.

STEP 1 교과 개념

2. 원기둥의 전개도 알아보기

● **원기둥의 전개도 알아보기**

• 원기둥의 전개도: 원기둥을 잘라서 펼쳐 놓은 그림

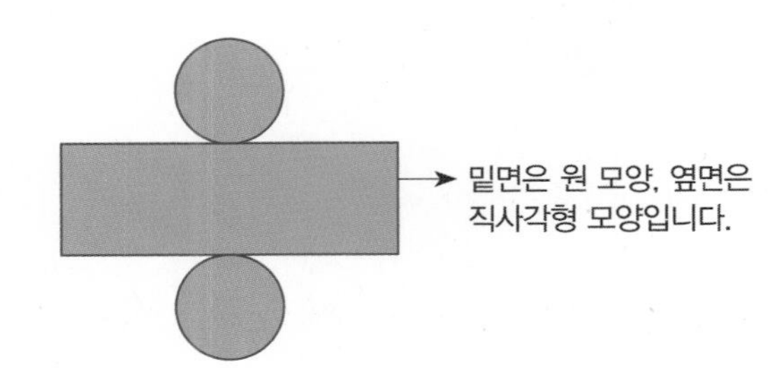

밑면은 원 모양, 옆면은
직사각형 모양입니다.

● **전개도의 각 부분의 길이 알아보기**

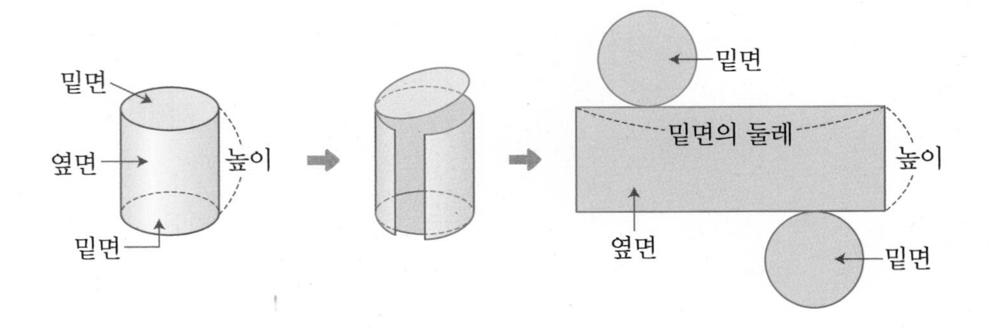

(옆면의 가로) = (밑면의 둘레)
= (밑면의 지름) × (원주율)
(옆면의 세로) = (원기둥의 높이)

개념 자세히 보기

• **원기둥의 전개도가 되려면 두 밑면은 합동인 원 모양이고 옆면은 직사각형이어야 해요!**

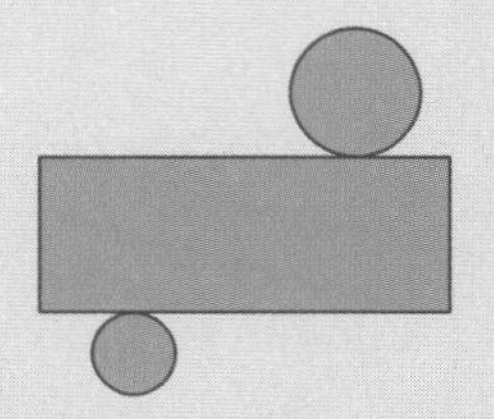

두 밑면이 합동이 아니므로 원기둥을 만들 수 없습니다.

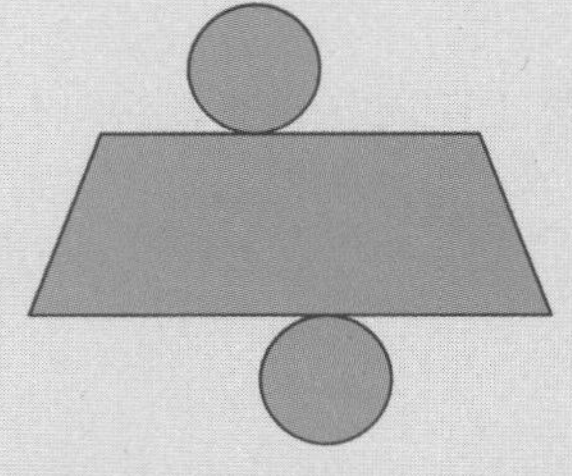

옆면의 모양이 직사각형이 아니므로 원기둥을 만들 수 없습니다.

➲ 정답과 풀이 51쪽

① 원기둥과 전개도를 보고 □ 안에 알맞은 말이나 수를 써넣으세요.

원기둥을 잘라서 펼쳐 놓은 그림을 원기둥의 전개도라고 해요.

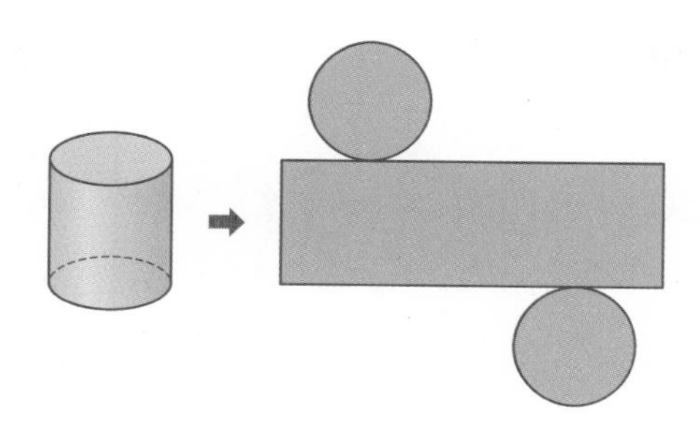

① 전개도에서 밑면의 모양은 □이고 옆면의 모양은 □입니다.

② 전개도에서 밑면은 □개이고, 옆면은 □개입니다.

② 원기둥의 전개도를 보고 물음에 답하세요.

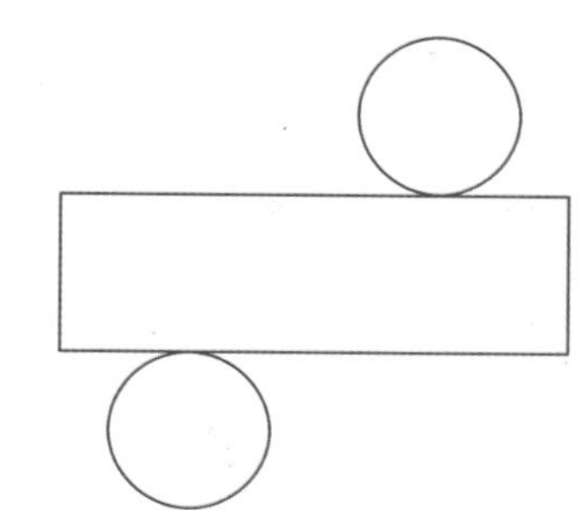

① 밑면을 모두 찾아 색칠해 보세요.

② 원기둥의 높이와 같은 길이의 선분을 모두 찾아 굵은 선으로 표시해 보세요.

옆면의 세로는 원기둥의 높이와 길이가 같아요.

③ 원기둥의 전개도에서 밑면의 둘레와 같은 길이의 선분을 모두 찾아 굵은 선으로 표시해 보세요.

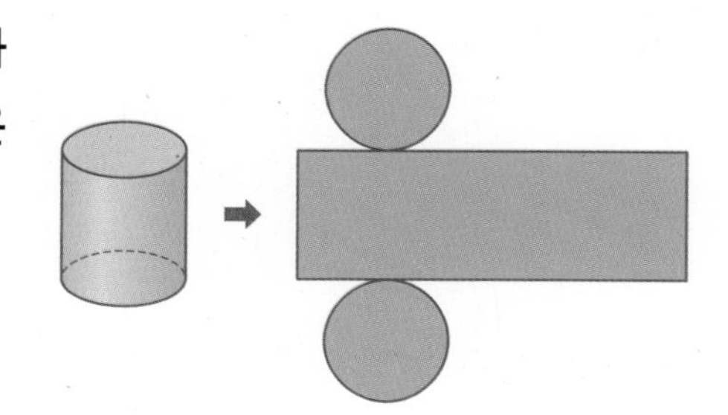

옆면의 가로는 밑면의 둘레와 길이가 같아요.

④ 원기둥을 만들 수 있는 전개도를 찾아 ○표 하세요.

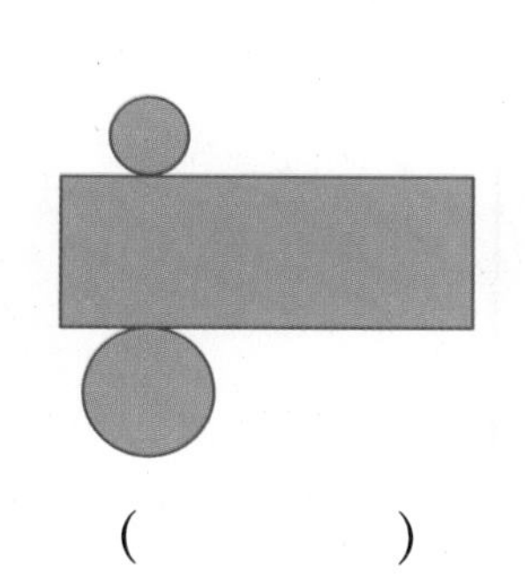

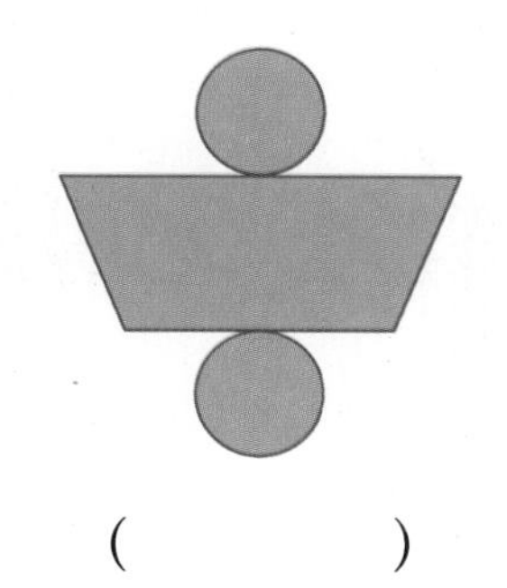

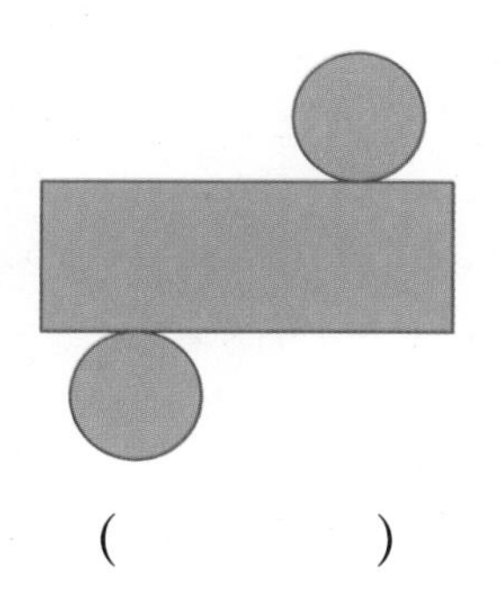

(　　　)　　(　　　)　　(　　　)

3. 원뿔 알아보기

● 원뿔 알아보기

• 원뿔: 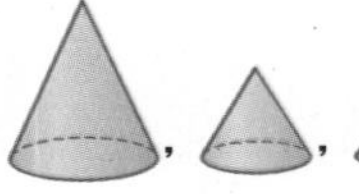 등과 같은 입체도형 → 평평한 면이 원이고 옆을 둘러싼 면이 굽은 뿔 모양의 입체도형입니다.

• 원뿔의 구성 요소

① 밑면: 평평한 면

② 옆면: 옆을 둘러싼 굽은 면

③ 원뿔의 꼭짓점: 뾰족한 부분의 점

④ 모선: 꼭짓점과 밑면인 원의 둘레의 한 점을 이은 선분

⑤ 높이: 꼭짓점에서 밑면에 수직인 선분의 길이

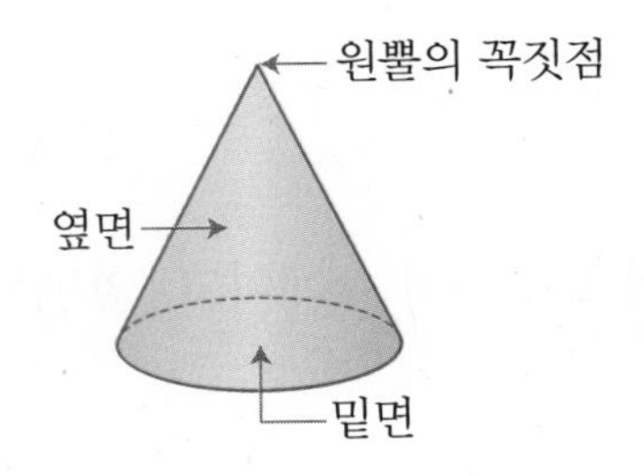

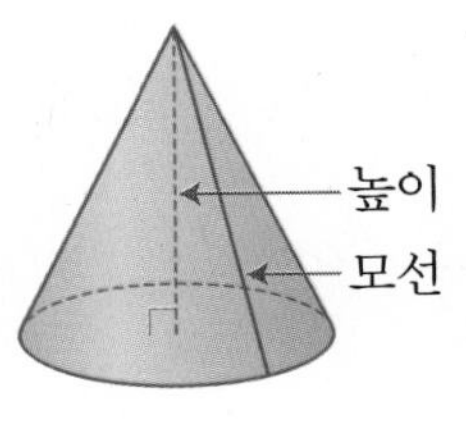

• 원뿔의 각 부분의 길이 재는 방법 알아보기

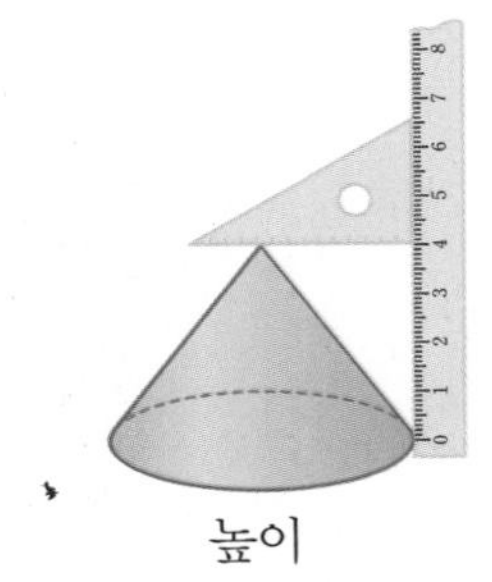
높이

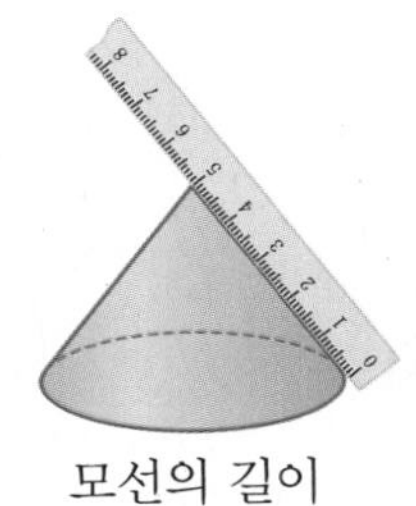
모선의 길이

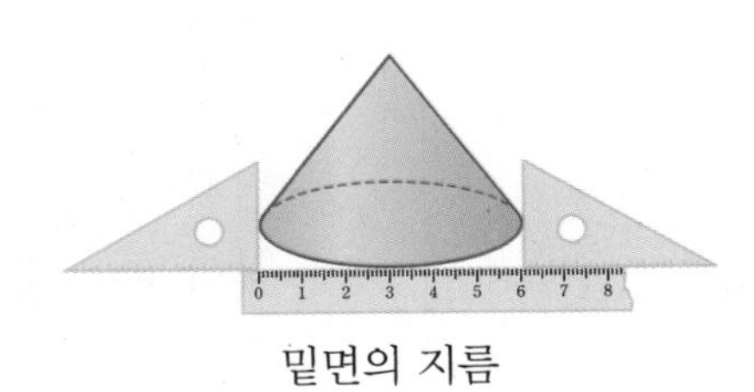
밑면의 지름

● 원뿔과 원기둥의 공통점과 차이점

도형		원뿔	원기둥
공통점		• 밑면의 모양: 원 • 옆면의 모양: 굽은 면	
차이점	밑면의 수	1개	2개
	꼭짓점	있음	없음

개념 자세히 보기

• 직각삼각형 모양의 종이를 한 변을 기준으로 돌리면 어떤 입체도형이 되는지 알아보아요!

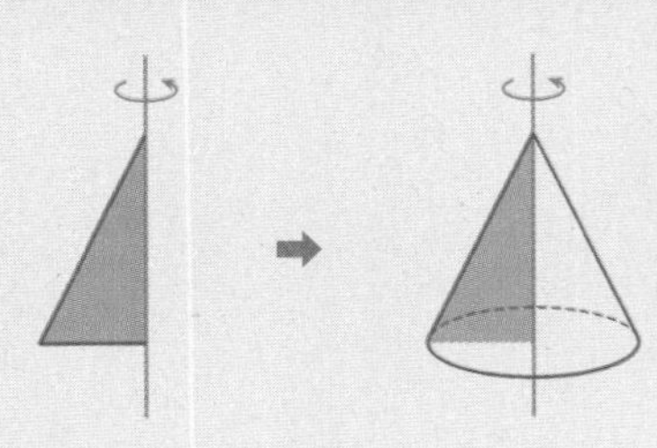

직각삼각형 모양의 종이를 한 변을 기준으로 돌리면 원뿔이 만들어집니다.

정답과 풀이 51쪽

1 원뿔을 모두 고르세요. (　　　　　)

① 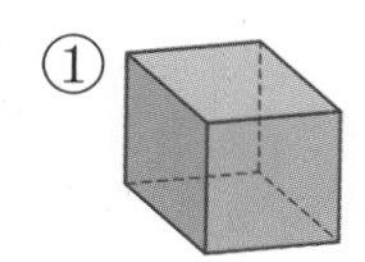 ② 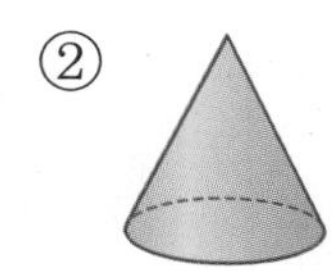 ③ 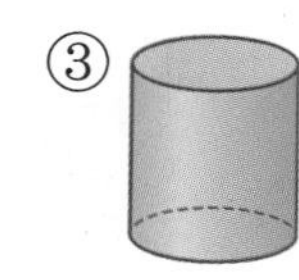 ④  ⑤ 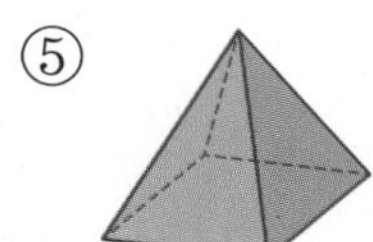

2 보기 에서 □ 안에 알맞은 말을 찾아 써넣으세요.

보기
밑면　　원뿔의 꼭짓점　　모선　　높이　　옆면

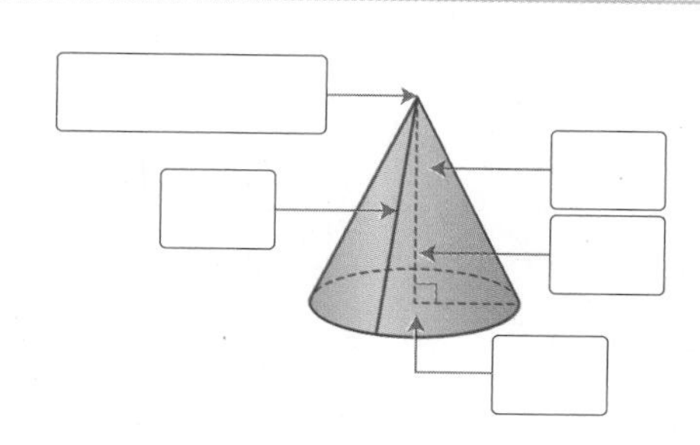

6학년 1학기 때 배웠어요

각뿔 알아보기

각뿔의 구성 요소

각뿔의 꼭짓점
모서리
높이
옆면
밑면
꼭짓점

3 원뿔을 보고 물음에 답하세요.

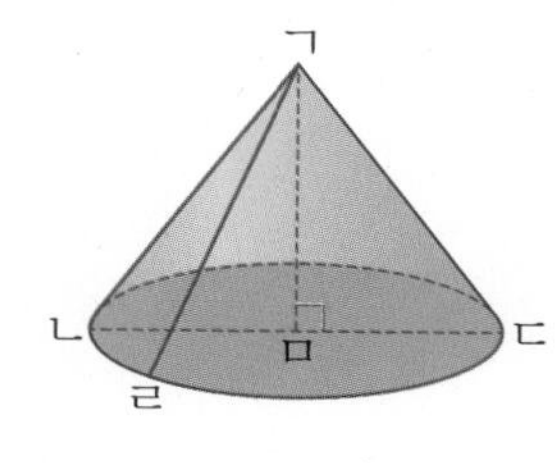

① 원뿔의 높이를 나타내는 선분을 찾아 써 보세요.

(　　　　　　　　　　)

② 원뿔의 모선을 나타내는 선분이 아닌 것을 모두 고르세요. (　　　　　)

① 선분 ㄱㄴ　　② 선분 ㄴㄷ
③ 선분 ㄱㄷ　　④ 선분 ㄱㄹ
⑤ 선분 ㄱㅁ

원뿔에서 모선은 셀 수 없이 많으므로 모선을 나타내는 선분은 여러 개 찾을 수 있어요.

4 알맞은 말에 ○표 하고 □ 안에 알맞은 수를 써넣으세요.

① 원뿔과 원기둥은 밑면의 모양이 (같습니다 , 다릅니다).

② 밑면의 수가 원뿔은 □개, 원기둥은 □개입니다.

4. 구 알아보기

구 알아보기

- 구: , , 등과 같은 입체도형

- 구의 구성 요소
  ① 구의 중심: 구에서 가장 안쪽에 있는 점
  ② 구의 반지름: 구의 중심에서 구의 겉면의 한 점을 이은 선분
  → 구의 반지름은 모두 같고 무수히 많습니다.

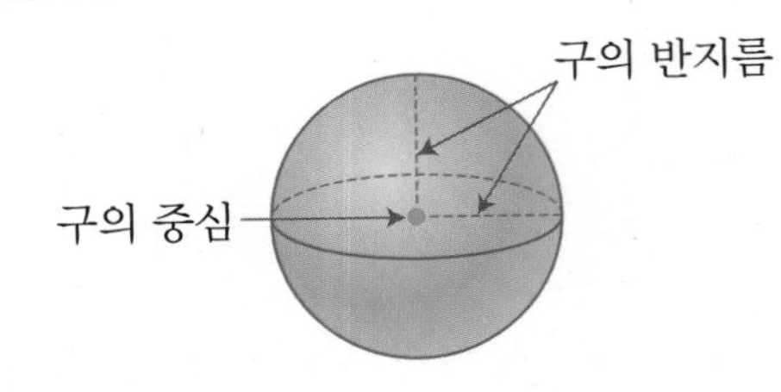

원기둥, 원뿔, 구의 공통점과 차이점

도형		원기둥	원뿔	구
공통점		• 굽은 면으로 둘러싸여 있음 • 위에서 본 모양은 원임		
차이점	모양	기둥 모양	뿔 모양	공 모양
	꼭짓점	없음	있음	없음
	앞에서 본 모양	직사각형	삼각형	원
	옆에서 본 모양	직사각형	삼각형	원

개념 자세히 보기

• 반원 모양의 종이를 지름을 기준으로 돌리면 어떤 입체도형이 되는지 알아보아요!

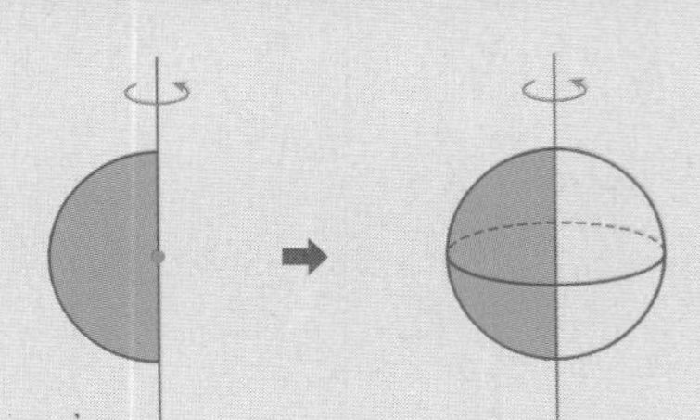

반원 모양의 종이를 지름을 기준으로 돌리면 구가 만들어집니다.

➲ 정답과 풀이 51쪽

1 구에서 각 부분의 이름을 □ 안에 써넣으세요.

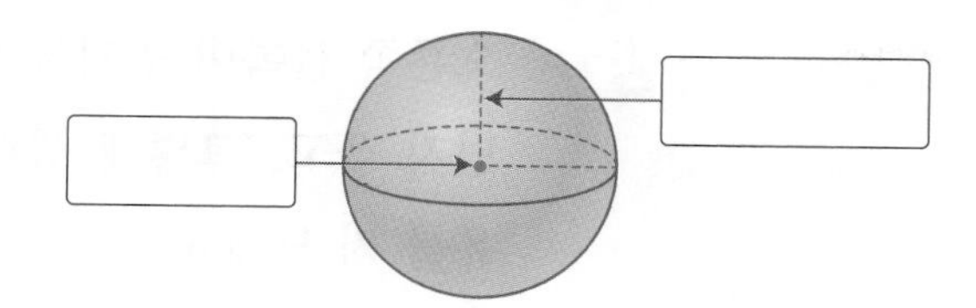

구에서 가장 안쪽에 있는 점은 구의 중심이고, 구의 중심에서 구의 겉면의 한 점을 이은 선분은 구의 반지름이에요.

2 반원 모양의 종이를 지름을 기준으로 돌려 만들 수 있는 입체도형을 찾아 ○표 하세요.

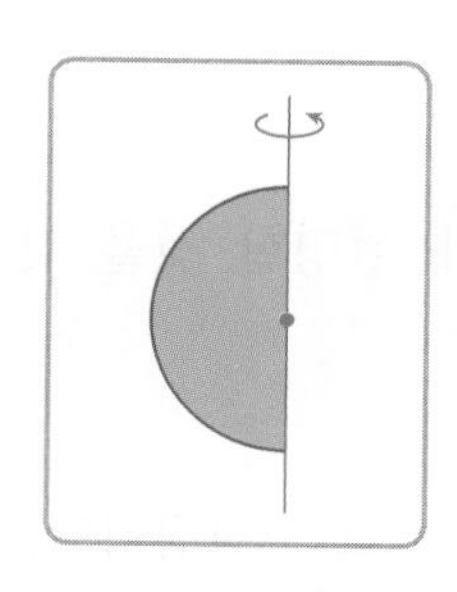

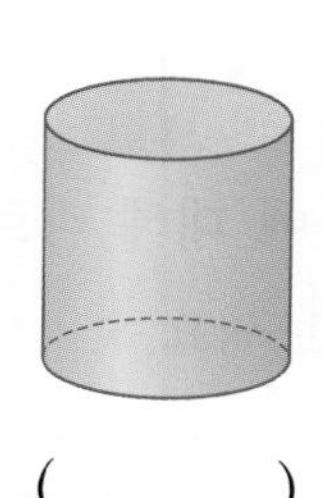
(　　　)

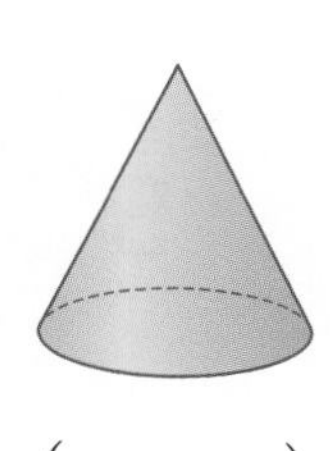
(　　　)

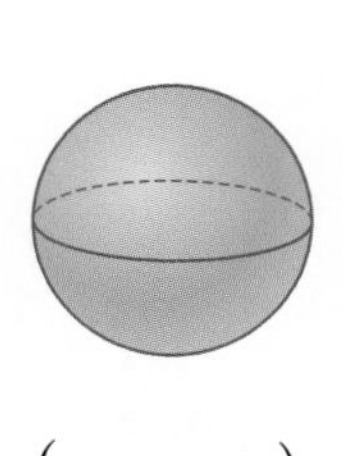
(　　　)

3 구에 대한 설명이 맞으면 ○표, 틀리면 ×표 하세요.

① 구의 반지름은 1개입니다. (　　　)

② 구는 굽은 면으로 둘러싸여 있습니다. (　　　)

4 입체도형을 위, 앞, 옆에서 본 모양을 그려 보세요.

입체도형	위에서 본 모양	앞에서 본 모양	옆에서 본 모양
위, 옆, 앞			
위, 옆, 앞			
위, 옆, 앞			

원기둥, 원뿔, 구는 앞에서 본 모양과 옆에서 본 모양이 같아요.

꼭 나오는 유형

1 원기둥

1 원기둥을 모두 찾아 기호를 써 보세요.

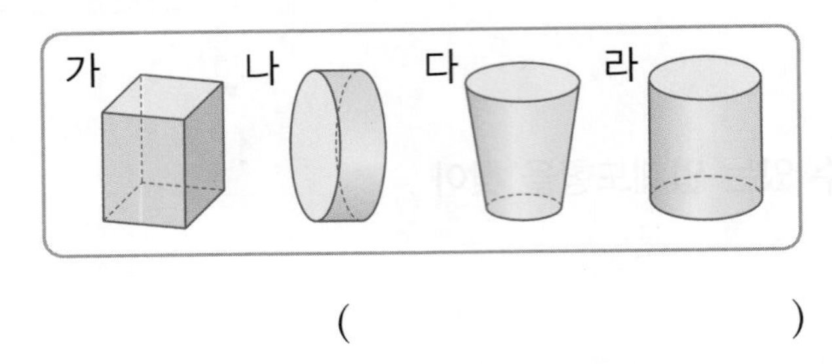

(　　　　　　　　　　　)

2 보기 에서 □ 안에 알맞은 말을 찾아 써넣으세요.

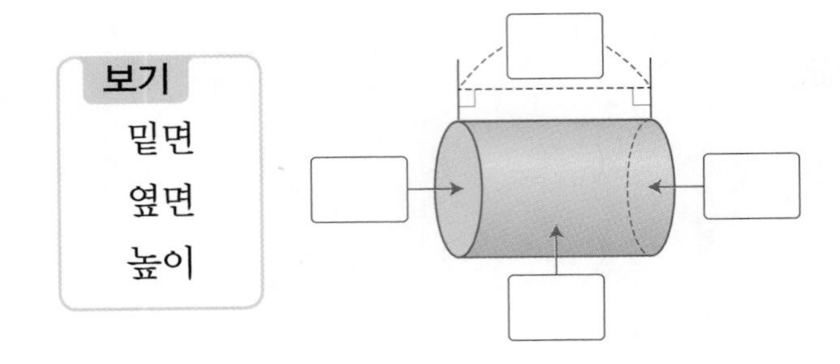

3 원기둥의 밑면의 지름과 높이는 각각 몇 cm인지 구해 보세요.

원기둥	12 cm, 8 cm	3 cm, 8 cm, 10 cm
밑면의 지름		
높이		

서술형

4 오른쪽 블록이 원기둥인지 아닌지 쓰고, 그렇게 생각한 이유를 써 보세요.

답 ……………………………………

이유 ……………………………………

5 원기둥에 대해 바르게 설명한 것을 찾아 기호를 써 보세요.

㉠ 두 밑면은 서로 수직입니다.
㉡ 꼭짓점이 있습니다.
㉢ 옆면은 굽은 면입니다.

(　　　　　　　　　　　)

내가 만드는 문제

6 원기둥의 밑면의 지름과 높이를 자유롭게 정해 원기둥의 겨냥도를 그려 보세요.

밑면의 지름: □ cm, 높이: □ cm

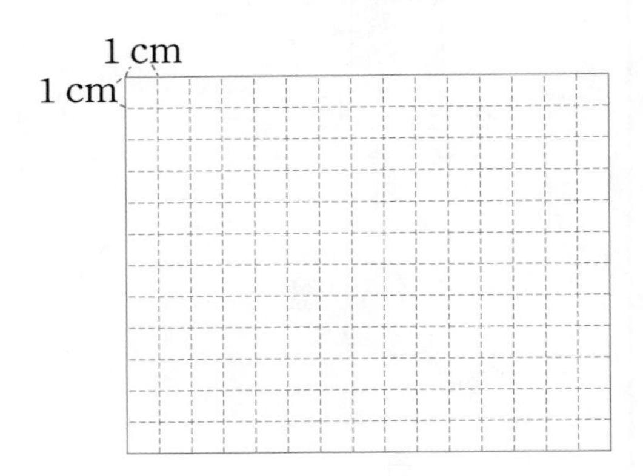

7 오른쪽 직사각형 모양의 종이를 한 변을 기준으로 돌렸습니다. 만든 입체도형의 높이는 몇 cm일까요?

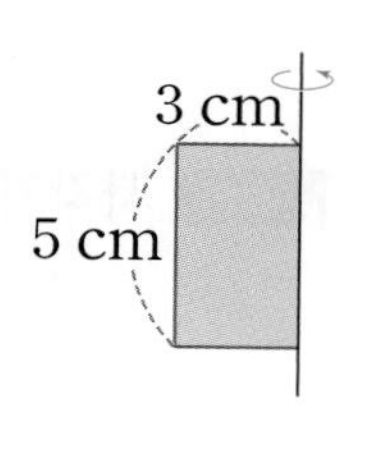

( )

8 오른쪽 원기둥을 앞에서 본 모양은 가로가 16 cm, 세로가 19 cm인 직사각형입니다. 원기둥의 밑면의 반지름과 높이는 각각 몇 cm일까요?

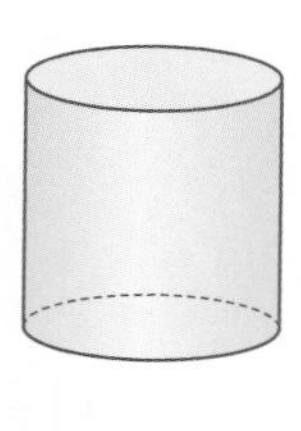

밑면의 반지름 ( )
높이 ( )

서술형

9 진우와 서윤이는 직사각형 모양의 종이를 한 변을 기준으로 돌려 입체도형을 만들었습니다. 두 사람이 만든 입체도형의 밑면의 지름의 차는 몇 cm인지 풀이 과정을 쓰고 답을 구해 보세요.

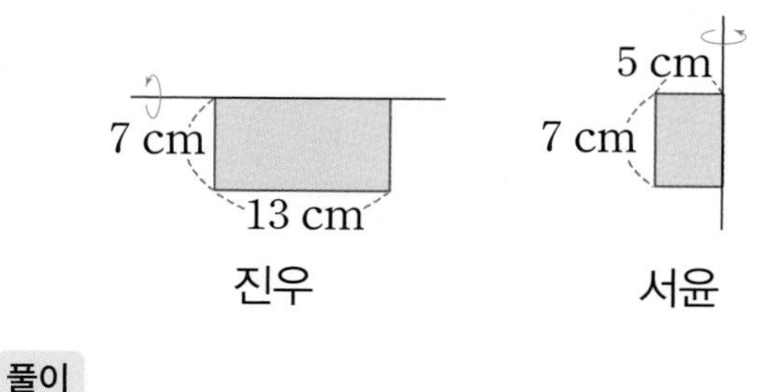

풀이

답

준비 각기둥을 모두 찾아 기호를 써 보세요.

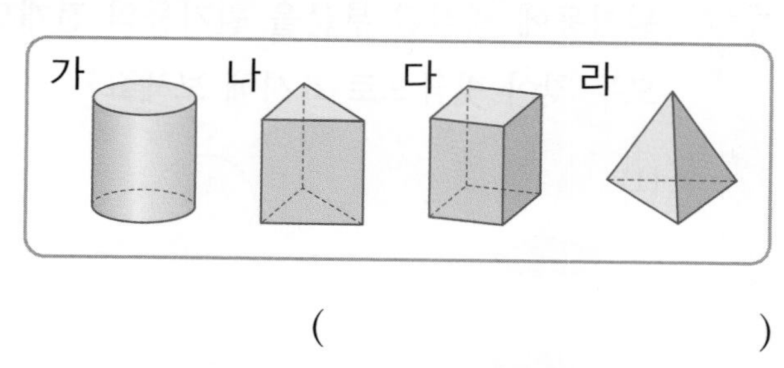

( )

10 원기둥과 사각기둥을 비교하여 빈칸에 알맞게 써넣으세요.

	원기둥	사각기둥
밑면의 모양		
밑면의 수(개)		

11 원기둥과 각기둥에 대해 잘못 설명한 사람의 이름을 써 보세요.

지수: 원기둥과 각기둥은 옆에서 본 모양이 모두 직사각형이야.
준호: 원기둥과 각기둥은 모두 옆면이 굽은 면이야.

( )

12 원기둥과 각기둥의 공통점을 모두 찾아 기호를 써 보세요.

㉠ 기둥 모양의 입체도형입니다.
㉡ 밑면은 합동인 다각형입니다.
㉢ 밑면은 2개입니다.
㉣ 꼭짓점이 있습니다.

( )

2 원기둥의 전개도

13 원기둥에 색칠된 부분을 원기둥의 전개도에서 모두 찾아 빗금으로 표시해 보세요.

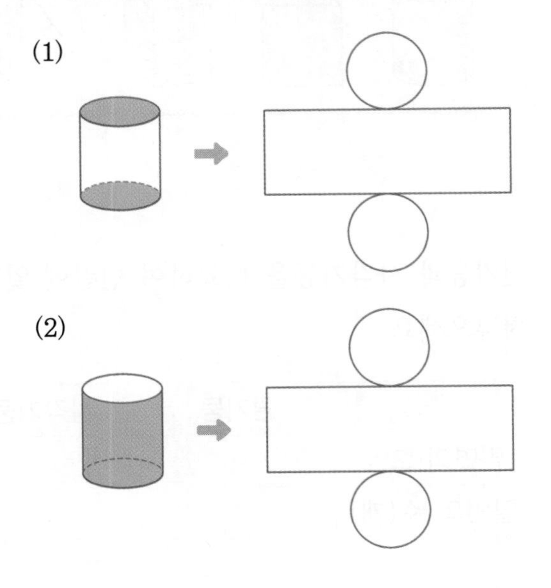

14 원기둥과 원기둥의 전개도입니다. 각 부분의 이름을 □ 안에 써넣으세요.

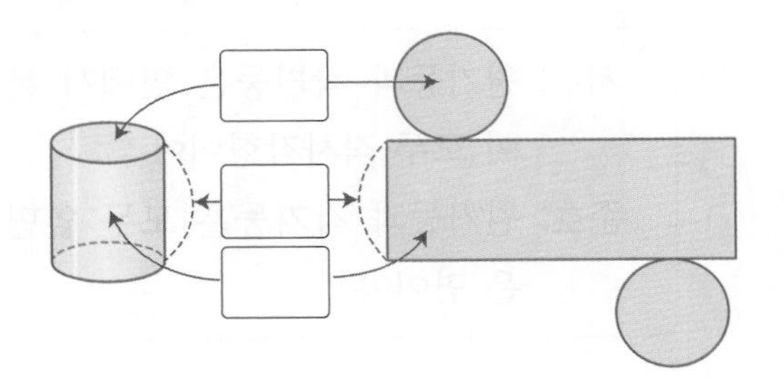

15 원기둥을 만들 수 있는 전개도를 모두 찾아 기호를 써 보세요.

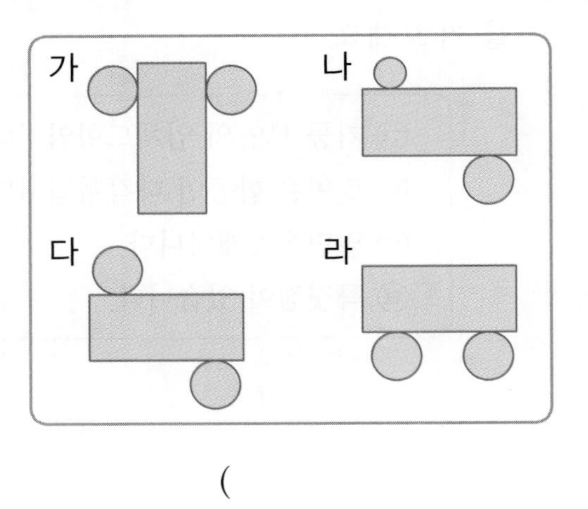

(　　　　　　　　　　)

접었을 때 서로 겹치는 부분의 길이를 같게 그려.

준비 사각기둥의 전개도를 완성해 보세요.

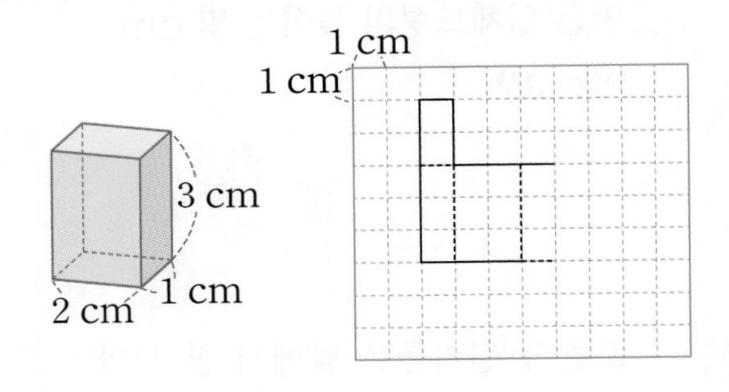

16 다음 원기둥의 전개도를 완성해 보세요.

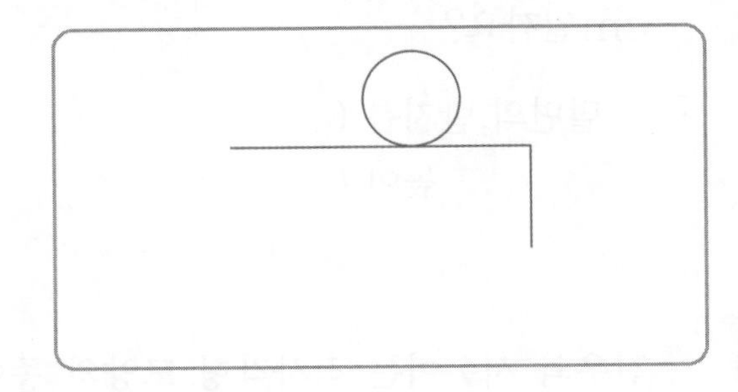

서술형

17 다음 그림이 원기둥의 전개도가 아닌 이유를 써 보세요.

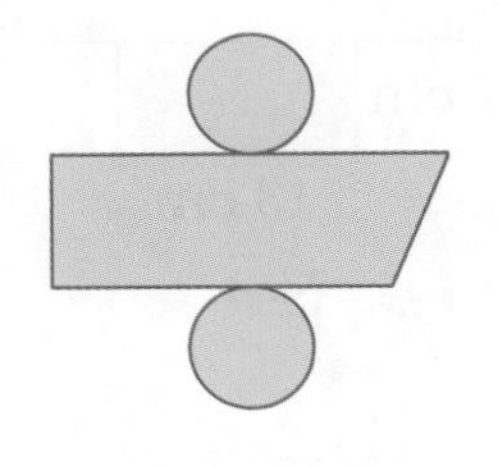

이유 ……………………………………

3 원기둥의 전개도에서 각 부분의 길이

18 원기둥에 빨간색으로 표시된 부분과 길이가 같은 부분을 원기둥의 전개도에서 모두 찾아 파란색 선으로 표시해 보세요.

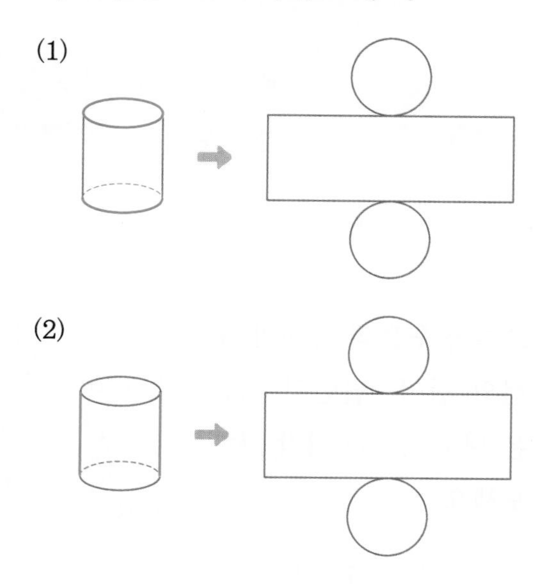

19 원기둥의 전개도에서 옆면의 가로와 세로는 각각 몇 cm일까요? (원주율: 3.14)

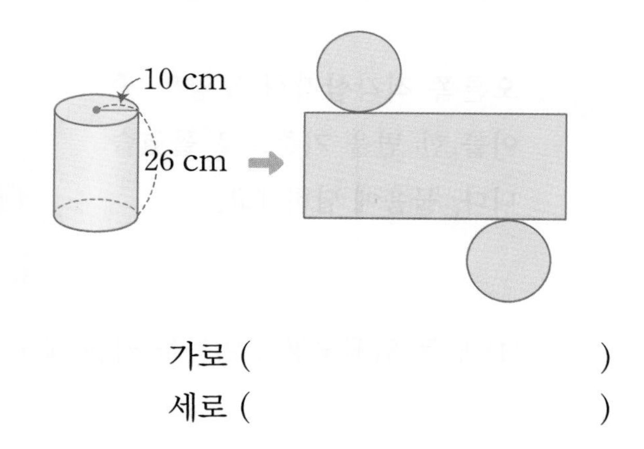

가로 (　　　　　　　　)
세로 (　　　　　　　　)

20 원기둥과 원기둥의 전개도를 보고 □ 안에 알맞은 수를 써넣으세요. (원주율: 3)

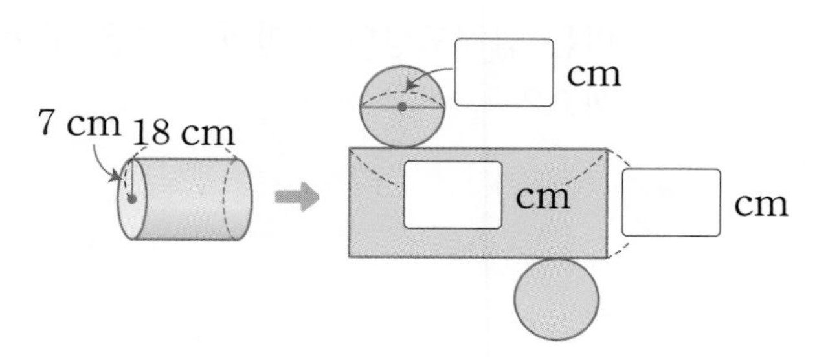

21 오른쪽 원기둥의 전개도를 그리고 밑면의 반지름과 옆면의 가로, 세로의 길이를 나타내어 보세요. (원주율: 3)

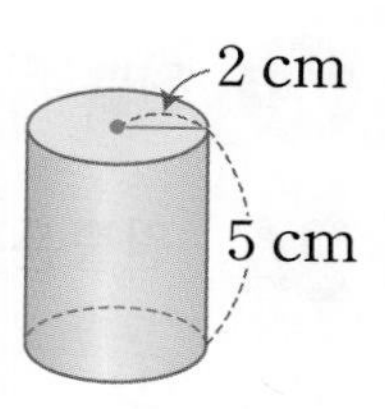

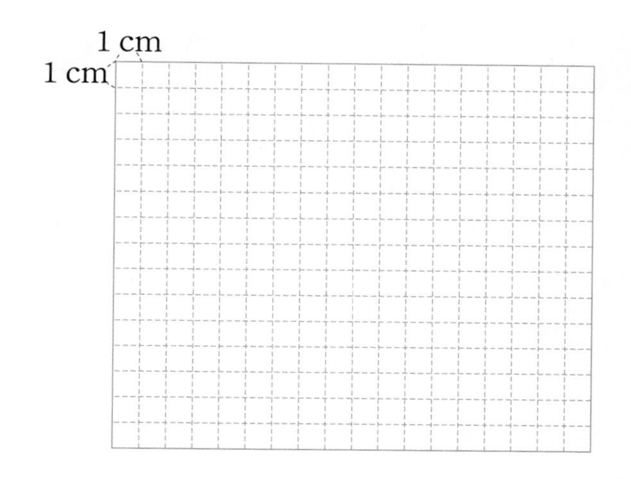

서술형
22 하연이는 직사각형 모양 종이로 과자 포장지를 만들었습니다. 만든 포장지에 밑면을 붙이려고 합니다. 밑면의 지름을 몇 cm로 해야 하는지 풀이 과정을 쓰고 답을 구해 보세요. (원주율: 3)

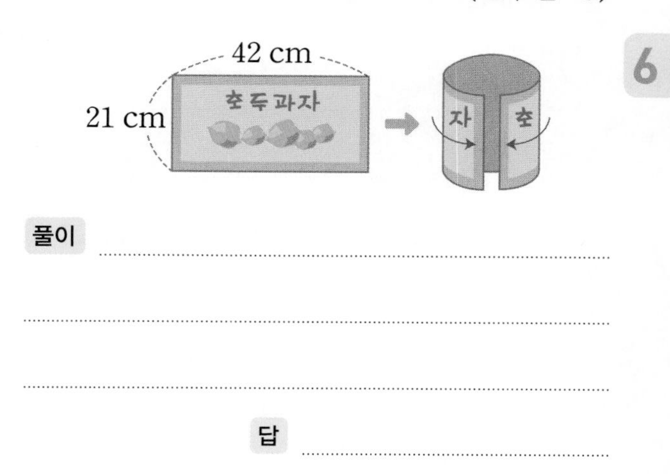

풀이 ....

답 ....

23 오른쪽 원기둥의 전개도를 만들었을 때 전개도의 둘레는 몇 cm인지 구해 보세요. (원주율: 3.14)

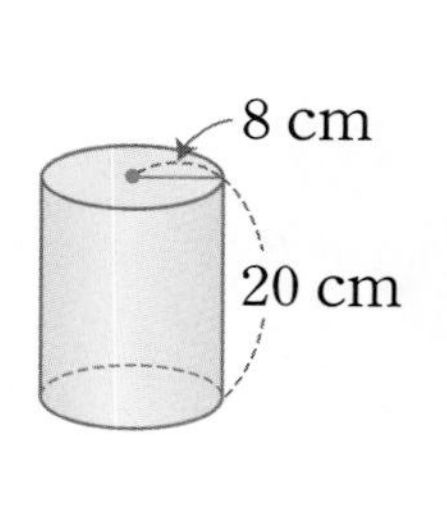

(　　　　　　　　)

4 원뿔

24 원뿔은 어느 것일까요? ( )

① 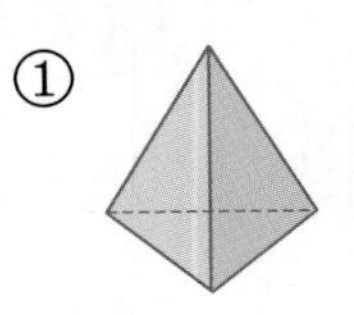
②
③ 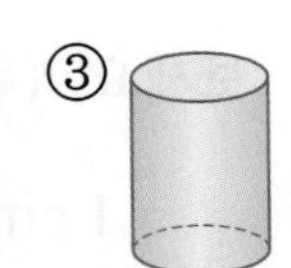
④ 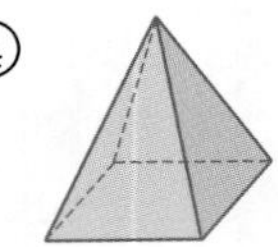
⑤ 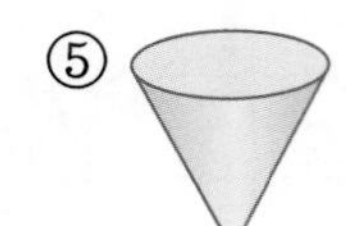

서술형
25 오른쪽 입체도형이 원뿔인지 아닌지 쓰고, 그렇게 생각한 이유를 써 보세요.

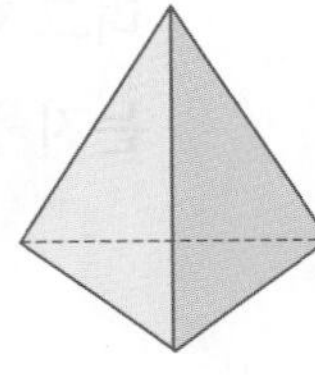

답 ....

이유 ....

....

....

....

26 원뿔의 무엇을 재는 것인지 보기 에서 찾아 기호를 써 보세요.

보기
㉠ 밑면의 지름 ㉡ 높이 ㉢ 모선의 길이

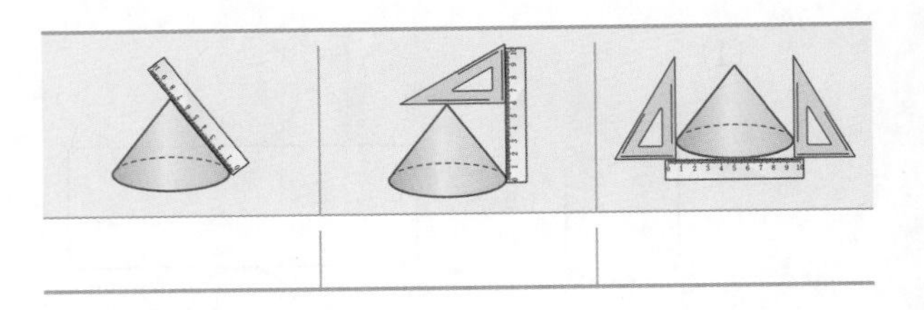

27 오른쪽 원뿔의 높이와 모선의 길이, 밑면의 지름은 몇 cm인지 각각 구해 보세요.

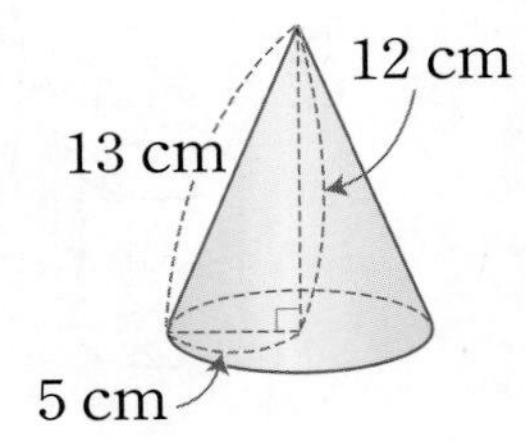

높이 ( )
모선의 길이 ( )
밑면의 지름 ( )

28 오른쪽 직각삼각형 모양의 종이를 한 변을 기준으로 돌렸습니다. 물음에 답하세요.

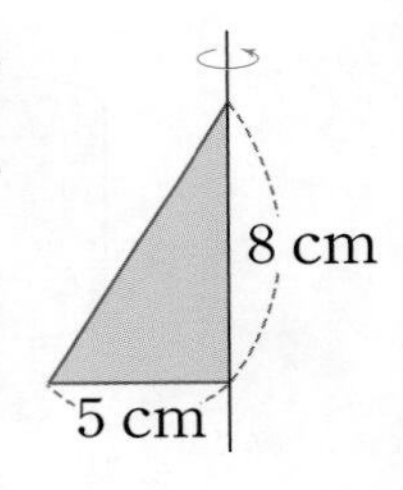

(1) 만든 입체도형의 이름을 써 보세요.

( )

(2) 만든 입체도형의 높이는 몇 cm일까요?

( )

(3) 만든 입체도형의 밑면의 지름은 몇 cm일까요?

( )

내가 만드는 문제

29 보기 에서 도형을 한 개 골라 ○표 하고 고른 도형과 원뿔의 다른 점을 써 보세요.

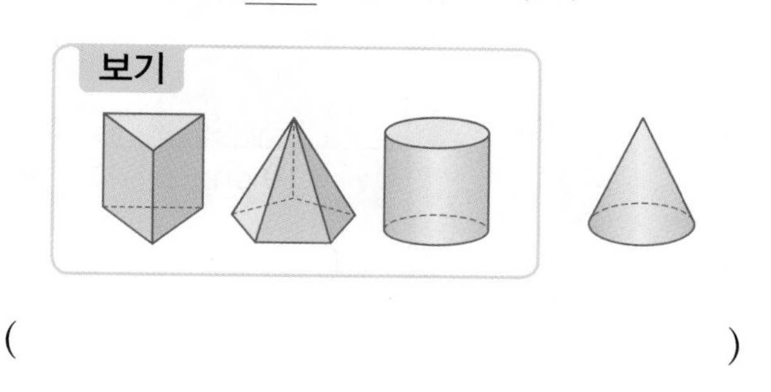

( )

30 원뿔에 대한 설명으로 옳지 않은 것을 찾아 기호를 써 보세요.

㉠ 밑면이 원이고 1개입니다.
㉡ 옆면은 굽은 면이고 1개입니다.
㉢ 모선의 길이는 모두 같습니다.
㉣ 원뿔의 꼭짓점은 1개입니다.
㉤ 모선의 길이는 항상 높이보다 짧습니다.

( )

서술형

31 오른쪽 고깔모자에서 삼각형 ㄱㄴㄷ의 둘레는 몇 cm인지 풀이 과정을 쓰고 답을 구해 보세요.

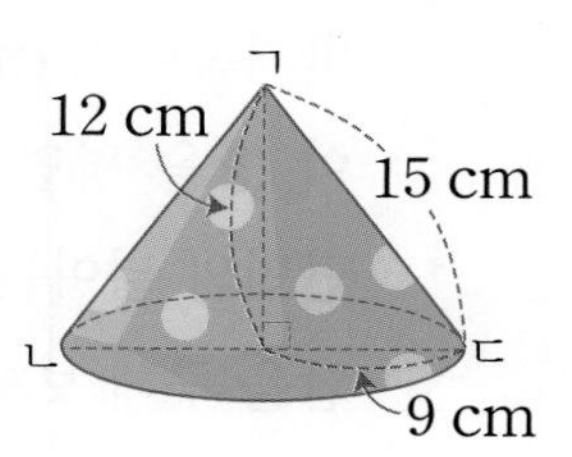

풀이

답

각뿔의 이름은 밑면의 모양에 따라 달라져.

준비 각뿔의 이름을 써 보세요.

(1)

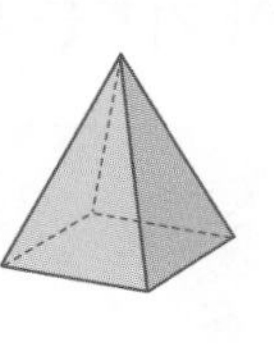

( )

(2)

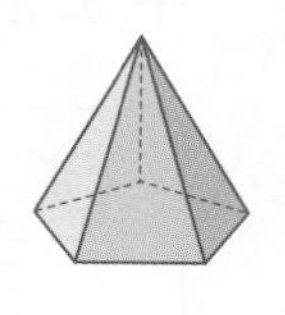

( )

32 입체도형을 보고 빈칸에 알맞은 말이나 수를 써넣으세요.

도형		
밑면의 모양		원
밑면의 수(개)		
위에서 본 모양	육각형	
앞에서 본 모양		삼각형

33 원뿔과 각뿔을 비교하여 잘못 말한 친구를 찾아 이름을 써 보세요.

주형: 원뿔과 각뿔은 모두 밑면이 1개야.
다민: 밑면의 모양이 원뿔은 원이고, 각뿔은 다각형이야.
민솔: 원뿔에는 굽은 면이 있지만 각뿔에는 굽은 면이 없어.
선재: 원뿔과 각뿔은 모두 옆면이 1개야.

( )

6

5 구

34 구 모양의 물건을 찾아 기호를 써 보세요.

(　　　　　　　　)

35 구의 반지름은 몇 cm일까요?

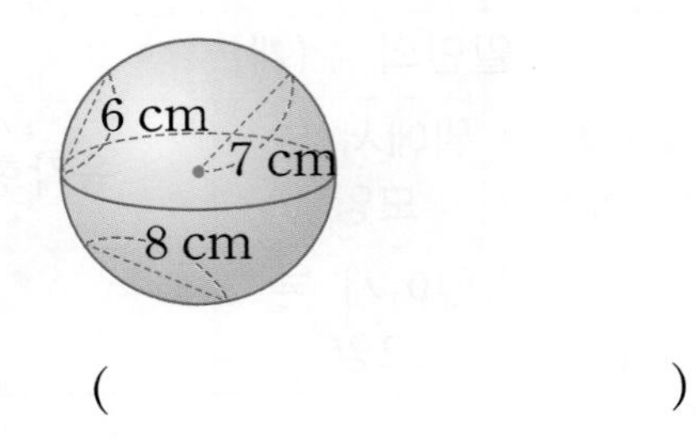

(　　　　　　　　)

36 반원 모양의 종이를 지름을 기준으로 돌려 만들 수 있는 입체도형을 찾아 기호를 써 보세요.

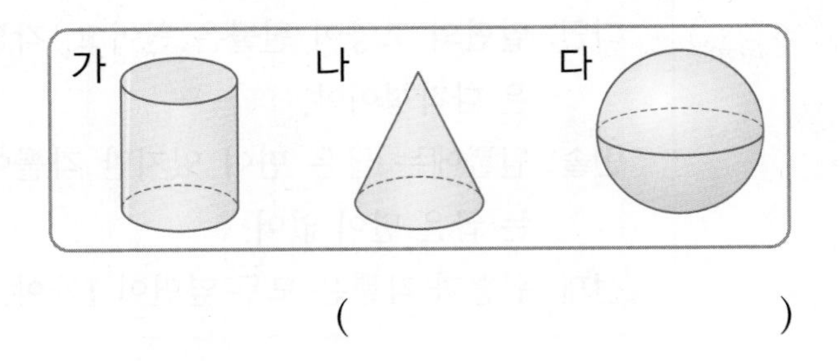

(　　　　　　　　)

37 반원 모양의 종이를 지름을 기준으로 돌려 만든 입체도형의 반지름은 몇 cm일까요?

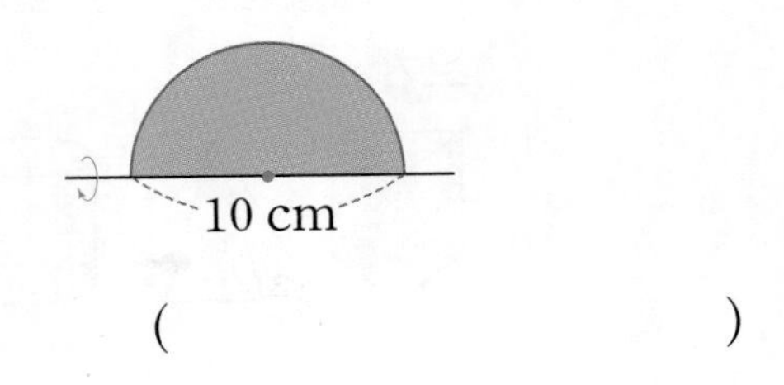

(　　　　　　　　)

38 구에 대해 바르게 설명한 것을 찾아 기호를 써 보세요.

㉠ 구의 중심은 셀 수 없이 많습니다.
㉡ 구의 반지름은 1개만 그릴 수 있습니다.
㉢ 구는 어느 방향에서 보아도 항상 원입니다.

(　　　　　　　　)

서술형

39 반지름이 9 cm인 구 모양의 빵이 있습니다. 이 빵을 평면으로 잘랐을 때 생기는 가장 큰 단면의 넓이는 몇 cm^2인지 풀이 과정을 쓰고 답을 구해 보세요. (원주율: 3)

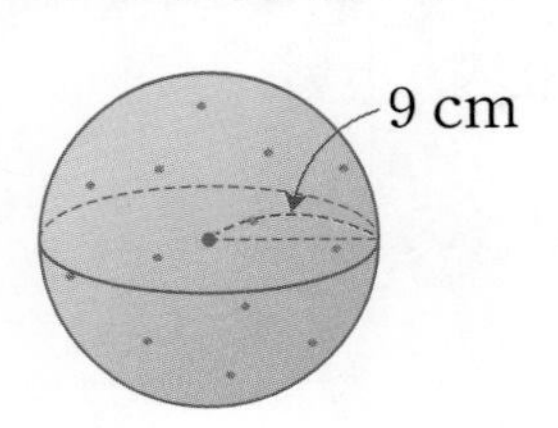

풀이 ……………………………………

……………………………………

……………………………………

답 ……………………

6 원기둥, 원뿔, 구의 비교

40 세 입체도형의 공통점과 차이점을 각각 한 가지씩 써 보세요.

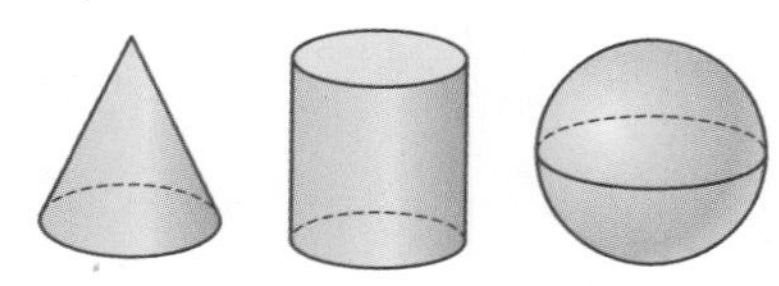

공통점 ....

....

....

차이점 ....

....

....

41 원기둥, 원뿔, 구의 공통점과 차이점에 대한 설명입니다. 잘못 설명한 사람의 이름을 써 보세요.

진우: 원기둥과 원뿔에는 평평한 부분이 있지만 구는 평평한 부분이 없어.
지윤: 원기둥, 원뿔, 구는 어느 방향에서 보아도 모양이 모두 같아.

(　　　　　　　　)

42 원기둥과 원뿔에는 있지만 구에는 <u>없는</u> 것을 모두 찾아 기호를 써 보세요.

㉠ 밑면	㉡ 꼭짓점
㉢ 높이	㉣ 모서리

(　　　　　　　　)

43 원기둥과 구의 공통점을 찾아 기호를 써 보세요.

㉠ 앞에서 본 모양	㉡ 위에서 본 모양
㉢ 옆면의 수	㉣ 밑면의 수

(　　　　　　　　)

내가 만드는 문제

44 원기둥, 원뿔, 구를 자유롭게 분류하여 빈 곳에 그려 넣고 분류한 기준은 무엇인지 써 보세요.

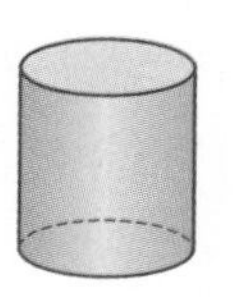 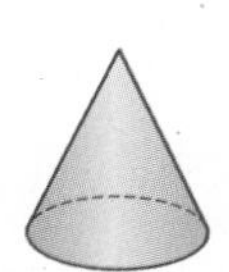 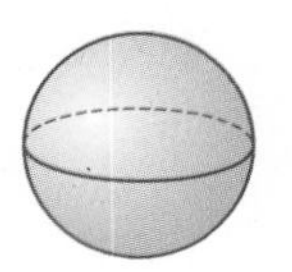

(　　　　　　　　)

STEP 3

자주 틀리는 유형

전개도가 주어진 원기둥의 밑면의 반지름

1 오른쪽 원기둥의 전개도를 보고 밑면의 반지름은 몇 cm인지 구해 보세요.

(원주율: 3.14)

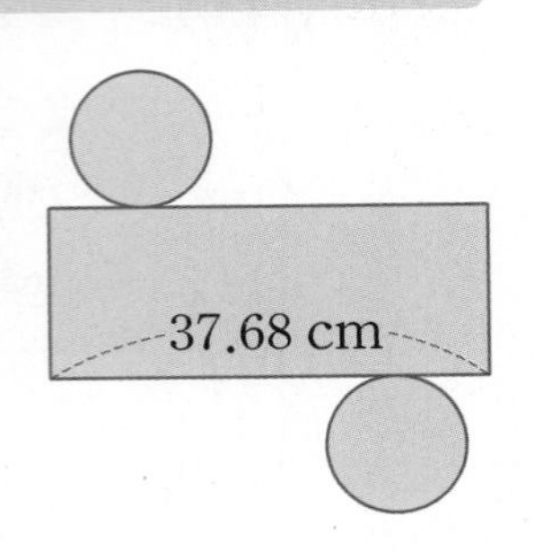

(   )

2 원기둥의 전개도입니다. □ 안에 알맞은 수를 써넣으세요. (원주율: 3.14)

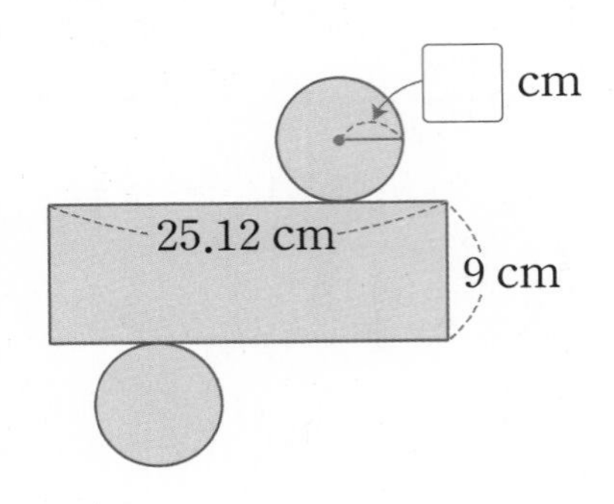

3 원기둥의 전개도에서 옆면의 가로가 36 cm, 세로가 10 cm일 때 원기둥의 한 밑면의 넓이는 몇 cm^2일까요? (원주율: 3)

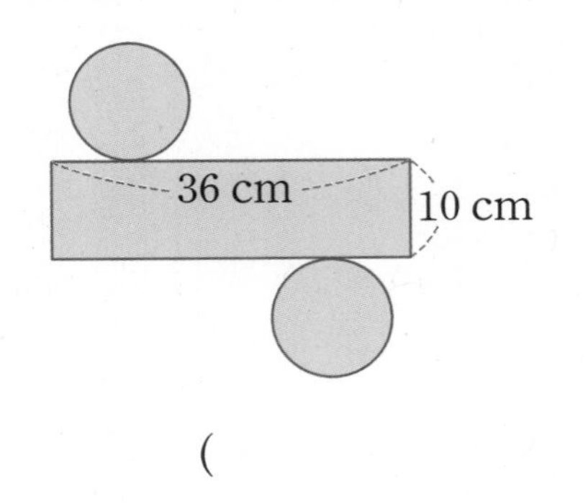

(   )

원기둥의 옆면의 넓이

4 오른쪽 원기둥의 옆면의 넓이는 몇 cm^2일까요?

(원주율: 3.1)

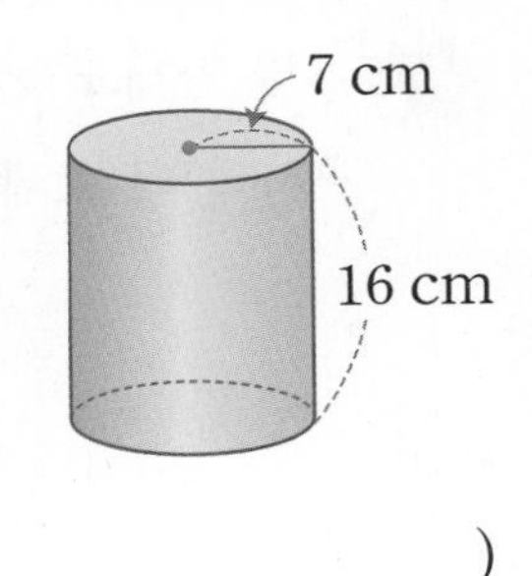

(   )

5 오른쪽과 같이 밑면의 지름이 10 cm인 원기둥 모양의 롤러를 이용하여 벽에 페인트 칠을 하려고 합니다. 롤러를 한 바퀴 굴려서 칠할 수 있는 벽의 넓이는 몇 cm^2인지 구해 보세요. (원주율: 3)

24 cm

10 cm

(   )

6 원기둥과 원기둥의 전개도를 보고 전개도의 넓이를 구해 보세요. (원주율: 3.14)

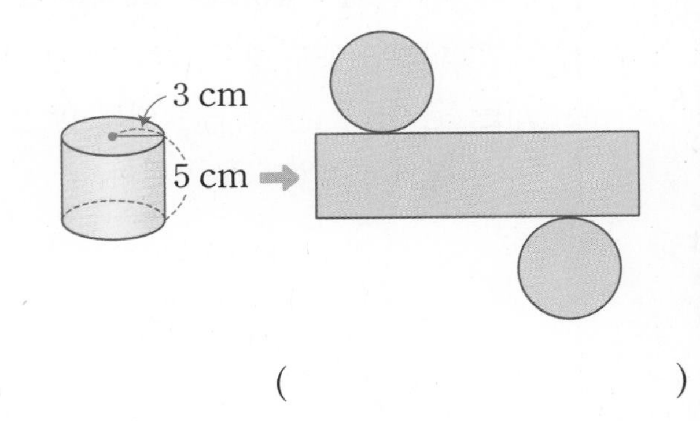

(   )

원기둥과 원뿔

7 원기둥과 원뿔의 차이점을 모두 찾아 기호를 써 보세요.

㉠ 밑면의 수	㉡ 밑면의 모양
㉢ 위에서 본 모양	㉣ 옆에서 본 모양

( )

8 원기둥과 원뿔의 공통점을 모두 찾아 기호를 써 보세요.

㉠ 밑면이 1개입니다.
㉡ 옆면이 굽은 면입니다.
㉢ 밑면이 원입니다.
㉣ 꼭짓점이 있습니다.

( )

9 수가 많은 것부터 차례로 기호를 써 보세요.

㉠ 원기둥의 밑면의 수
㉡ 원뿔의 모선의 수
㉢ 원뿔의 꼭짓점의 수

( )

조건을 만족하는 입체도형의 각 부분의 길이

10 오른쪽 원기둥을 위와 앞에서 본 모양을 설명한 것입니다. 원기둥의 높이는 몇 cm일까요?

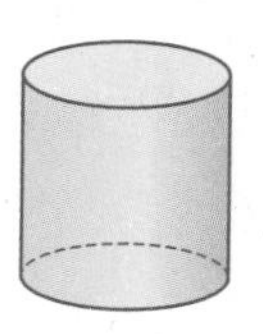

- 위에서 본 모양은 반지름이 5 cm인 원입니다.
- 앞에서 본 모양은 정사각형입니다.

( )

11 정수와 예하가 설명하는 원뿔의 밑면의 지름과 모선의 길이의 합은 몇 cm인지 구해 보세요.

정수: 위에서 본 모양은 반지름이 11 cm인 원이야.
예하: 옆에서 본 모양은 정삼각형이야.

( )

12 다음을 만족하는 원기둥의 높이를 구해 보세요. (원주율: 3)

- 전개도에서 옆면의 둘레는 72 cm입니다.
- 원기둥의 높이와 밑면의 지름은 같습니다.

( )

STEP 4 최상위 도전 유형

도전1 원기둥을 여러 방향에서 본 모양 알아보기

1 오른쪽 원기둥을 앞에서 본 모양의 둘레는 몇 cm일까요?

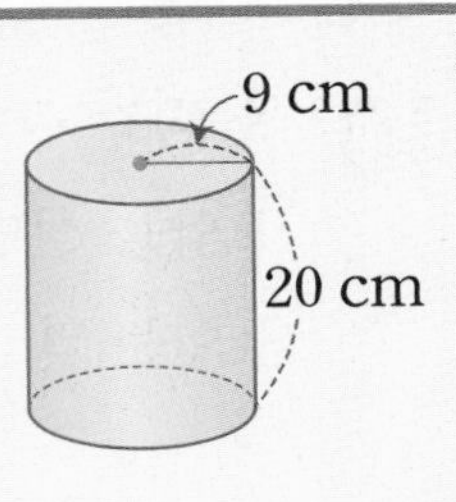

( )

핵심 NOTE

원기둥을 앞 또는 옆에서 본 모양은 직사각형이므로 직사각형의 둘레는 ((가로)+(세로))×2이고, 직사각형의 넓이는 (가로)×(세로)입니다.

2 오른쪽 직사각형 모양의 종이를 한 변을 기준으로 돌려 입체도형을 만들었습니다. 이 입체도형을 앞에서 본 모양의 넓이는 몇 cm^2일까요?

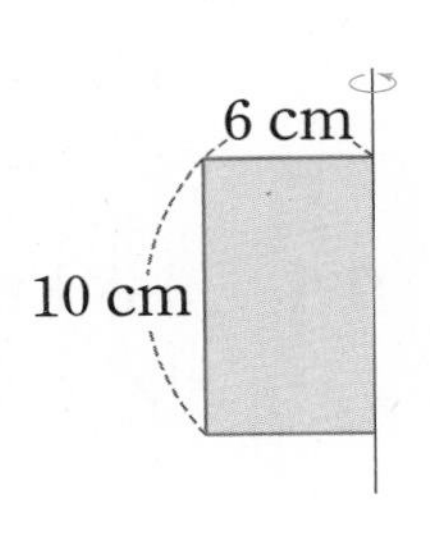

( )

3 오른쪽 원기둥을 위에서 본 모양의 넓이가 108 cm^2일 때 옆에서 본 모양의 넓이는 몇 cm^2일까요? (원주율: 3)

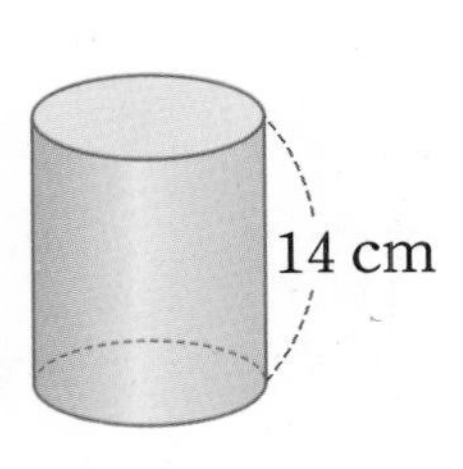

( )

도전2 원기둥의 옆면의 넓이로 높이, 밑면의 반지름 구하기

4 □ 안에 알맞은 수를 써넣으세요. (원주율: 3)

옆면의 넓이: 324 cm^2

□ cm

9 cm

핵심 NOTE

- (원기둥의 높이)=(옆면의 세로)
  =(옆면의 넓이)÷(밑면의 둘레)
- (밑면의 둘레)=(옆면의 가로)
  =(밑면의 반지름)×2×(원주율)

5 오른쪽 원기둥의 옆면의 넓이가 434 cm^2일 때 원기둥의 밑면의 반지름을 구해 보세요. (원주율: 3.1)

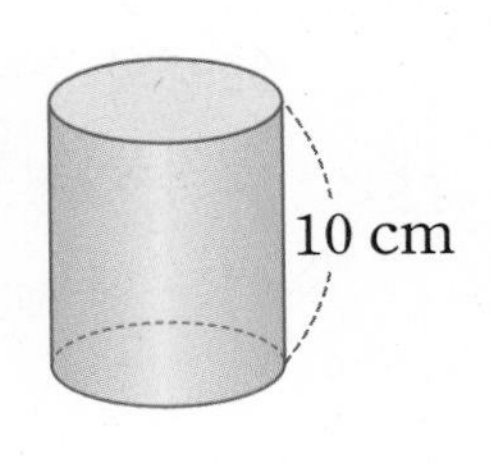

( )

6 원기둥의 전개도에서 옆면의 넓이가 94.2 cm^2일 때 전개도로 만든 원기둥의 높이는 몇 cm일까요? (원주율: 3.14)

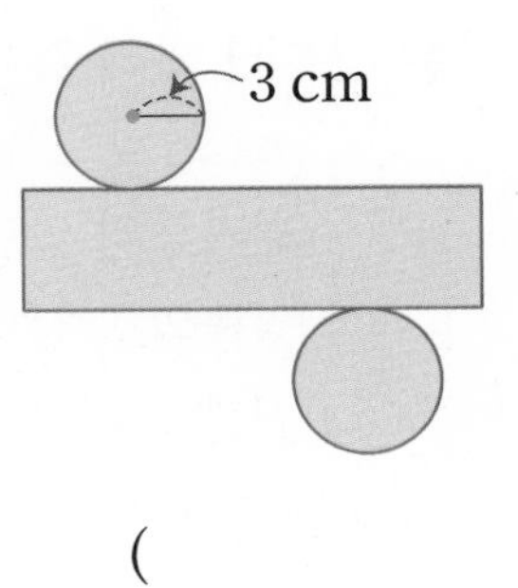

( )

정답과 풀이 55쪽

도전3 원뿔을 여러 방향에서 본 모양 알아보기

7 오른쪽 원뿔을 앞에서 본 모양의 넓이는 몇 cm^2일까요?

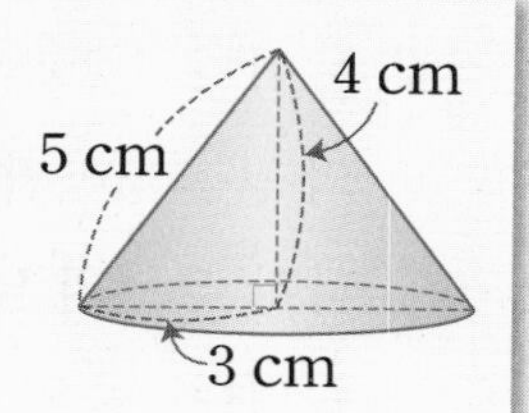

( )

핵심 NOTE

원뿔을 앞에서 본 모양은 삼각형이고, 위에서 본 모양은 원입니다.

8 오른쪽 원뿔을 앞에서 본 모양의 둘레가 72 cm일 때 위에서 본 모양의 넓이는 몇 cm^2일까요? (원주율: 3.1)

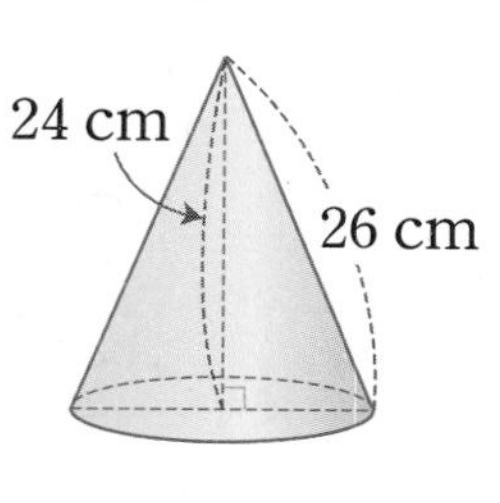

( )

9 원뿔을 위에서 본 모양의 넓이가 192 cm^2일 때 앞에서 본 모양의 넓이는 몇 cm^2일까요? (원주율: 3)

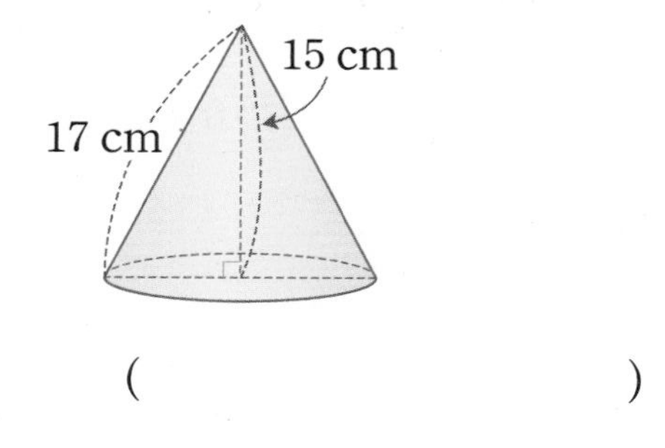

( )

도전4 돌리기 전의 평면도형의 넓이 구하기

10 오른쪽은 어떤 평면도형을 한 변을 기준으로 돌려 만든 입체도형입니다. 돌리기 전의 평면도형의 넓이는 몇 cm^2일까요?

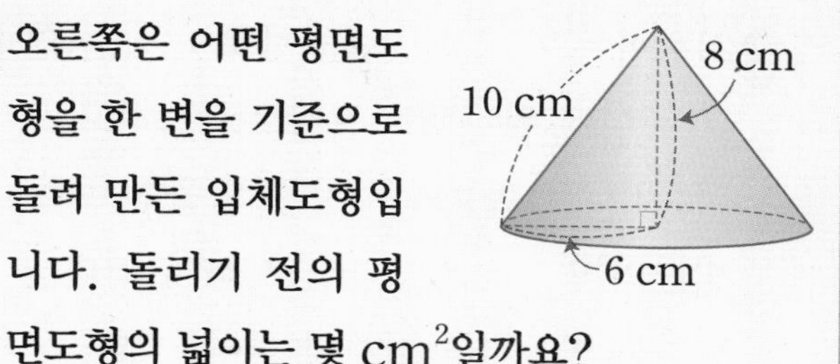

( )

핵심 NOTE

돌리기 전의 평면도형은 입체도형을 앞에서 본 모양을 반으로 잘랐을 때 생기는 평면도형과 같습니다.

11 직사각형 모양의 종이를 한 변을 기준으로 돌려 만든 입체도형입니다. 돌리기 전의 직사각형 모양 종이의 넓이는 몇 cm^2일까요?

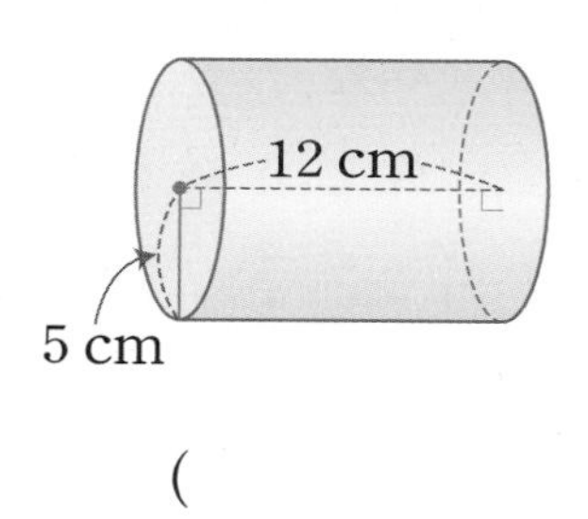

( )

12 오른쪽은 어떤 평면도형을 돌려 만든 입체도형입니다. 돌리기 전의 평면도형의 넓이는 몇 cm^2일까요? (원주율: 3.1)

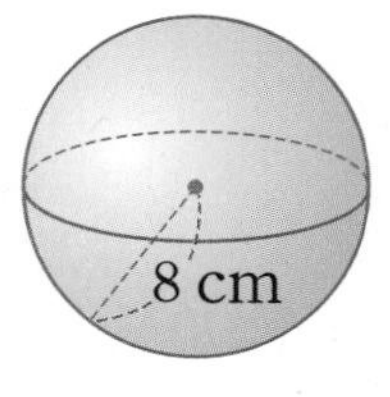

( )

도전5 **원기둥의 최대 높이 구하기**

13 서현이는 가로 40 cm, 세로 42 cm인 두꺼운 종이에 원기둥의 전개도를 그리고 오려 붙여 원기둥 모양의 상자를 만들려고 합니다. 밑면의 반지름을 7 cm로 하여 최대한 높은 상자를 만든다면 상자의 높이는 몇 cm가 되는지 구해 보세요. (원주율: 3)

( )

핵심 NOTE

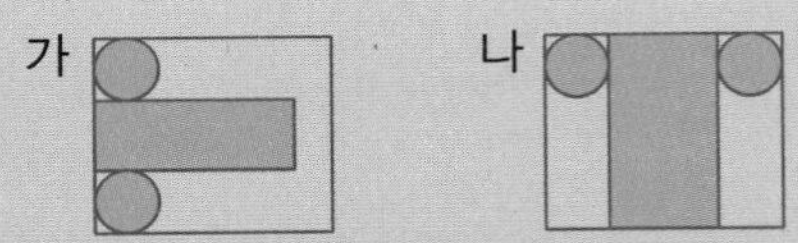

나 방법으로 만든 원기둥의 높이가 가 방법으로 만든 것보다 더 높습니다.

14 한 변의 길이가 52.7 cm인 정사각형 모양 종이에 그림과 같이 원기둥의 전개도를 그리고 오려 붙여 원기둥 모양의 저금통을 만들려고 합니다. 최대한 높은 저금통을 만든다면 저금통의 높이는 몇 cm가 되는지 구해 보세요. (원주율: 3.1)

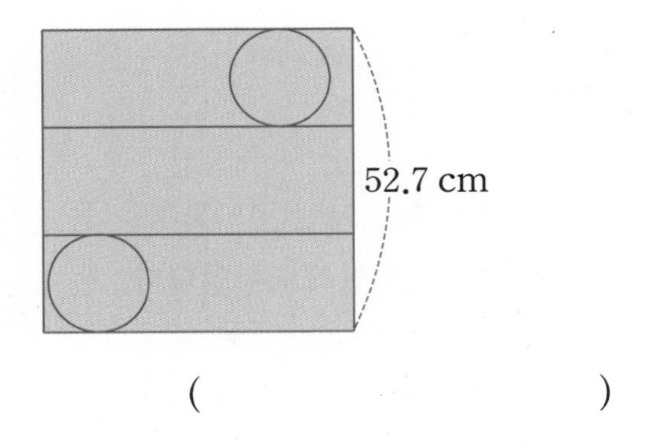

( )

도전6 **원기둥의 옆면의 넓이 활용하기**

15 높이가 12 cm인 원기둥 모양의 풀을 5바퀴 굴렸더니 풀이 지나간 부분의 넓이가 558 cm^2였습니다. 풀의 밑면의 지름은 몇 cm일까요? (원주율: 3.1)

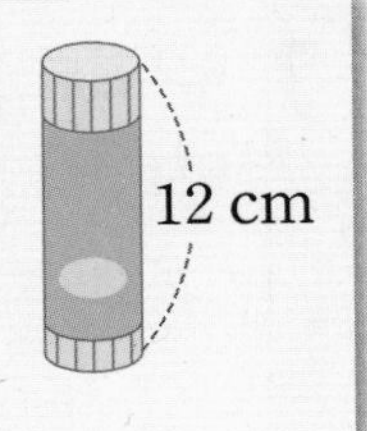

( )

핵심 NOTE

- (옆면의 넓이) = (밑면의 둘레) × (원기둥의 높이)
- (밑면의 둘레) = (밑면의 지름) × (원주율)

16 원기둥 모양의 롤러에 페인트를 묻힌 후 7바퀴 굴렸더니 색칠된 부분의 넓이가 8792 cm^2였습니다. 롤러의 밑면의 반지름은 몇 cm일까요? (원주율: 3.14)

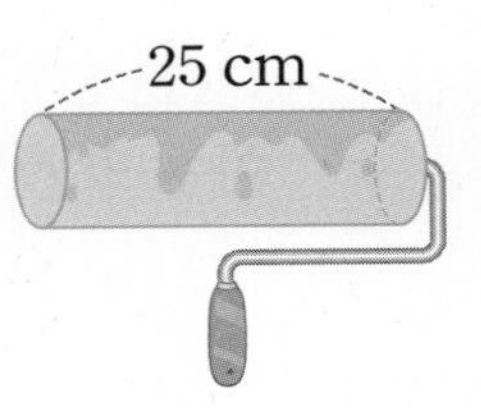

( )

17 크기가 같은 원기둥 모양의 음료수 캔 2개의 옆면을 그림과 같이 겹치는 부분 없이 포장지로 둘러싸려고 합니다. 필요한 포장지의 넓이는 몇 cm^2일까요? (원주율: 3)

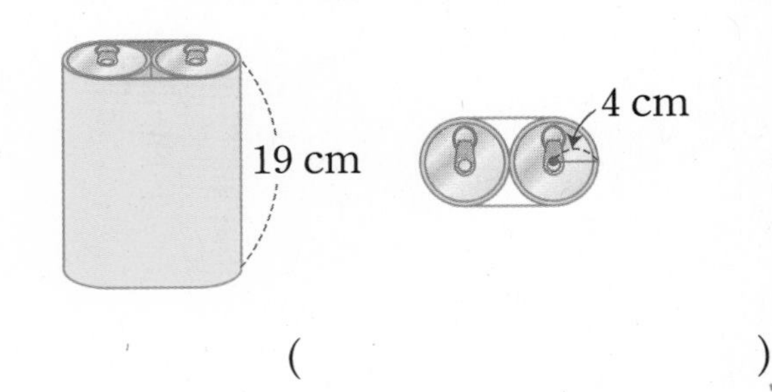

( )

수시 평가 대비 Level 1

점수

확인

[1~2] 입체도형을 보고 물음에 답하세요.

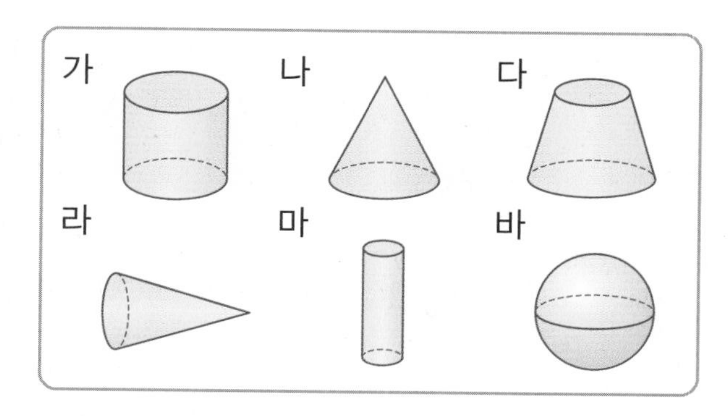

1 원기둥을 모두 찾아 기호를 써 보세요.

( )

2 원뿔을 모두 찾아 기호를 써 보세요.

( )

3 원뿔의 모선의 길이를 재는 그림을 찾아 ○표 하세요.

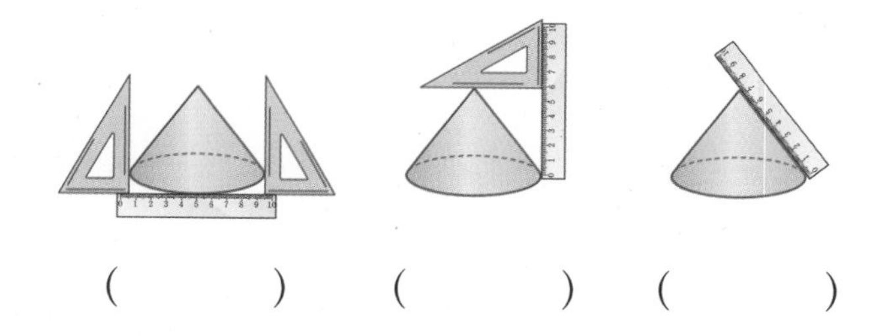

( ) ( ) ( )

4 구의 반지름은 몇 cm일까요?

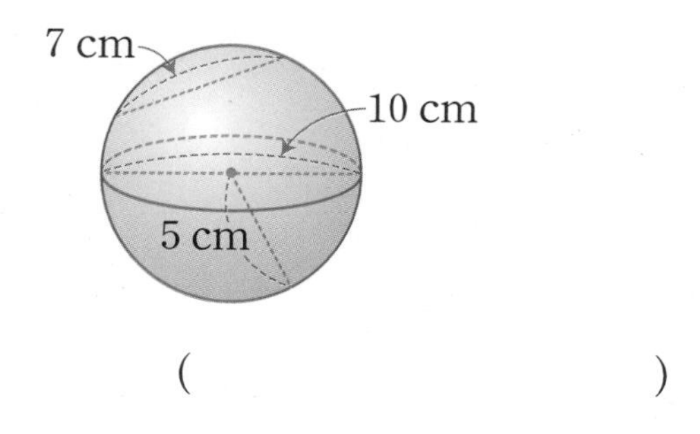

( )

5 원기둥의 전개도를 모두 찾아 기호를 써 보세요.

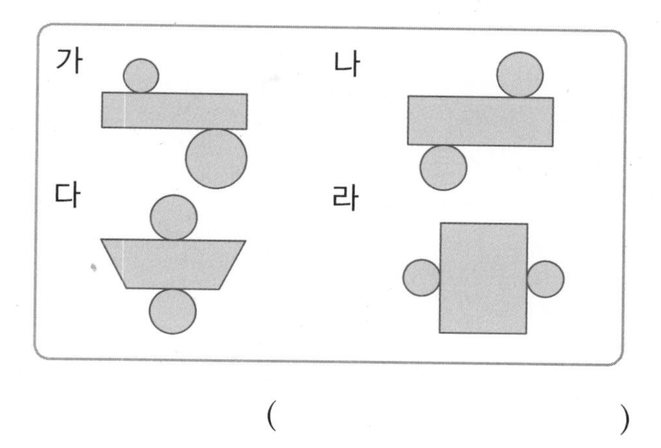

( )

6 직각삼각형 모양의 종이를 한 변을 기준으로 돌려 만든 입체도형의 높이는 몇 cm일까요?

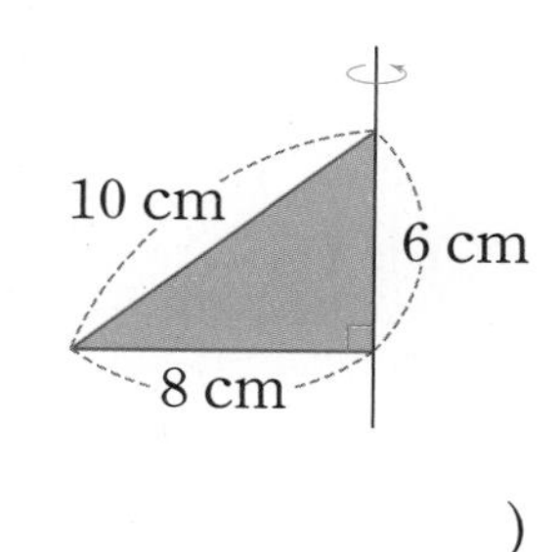

( )

7 오른쪽 원기둥을 앞에서 본 모양은 가로가 14 cm, 세로가 12 cm인 직사각형입니다. 원기둥의 밑면의 반지름과 높이를 구해 보세요.

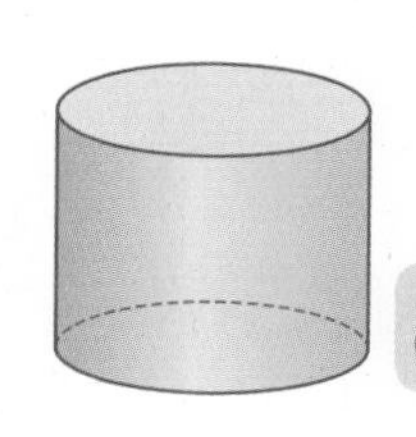

밑면의 반지름 ( )

높이 ( )

8 각기둥과 원기둥에서 수가 같은 것을 찾아 기호를 써 보세요.

㉠ 밑면의 수	㉡ 옆면의 수
㉢ 모서리의 수	㉣ 꼭짓점의 수

( )

9 원기둥과 원기둥의 전개도를 보고 □ 안에 알맞은 수를 써넣으세요. (원주율: 3)

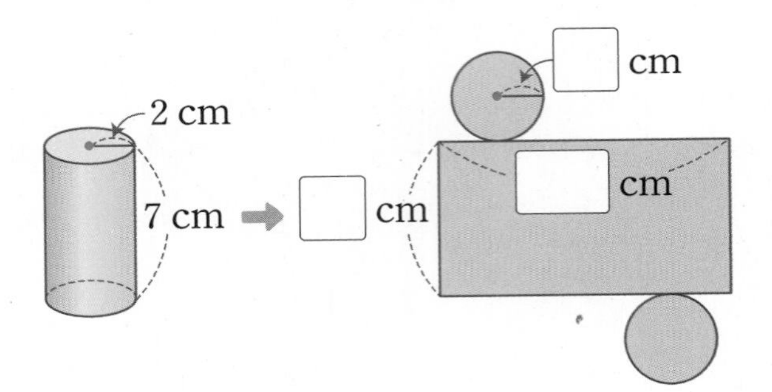

10 원기둥과 원뿔의 높이의 합은 몇 cm일까요?

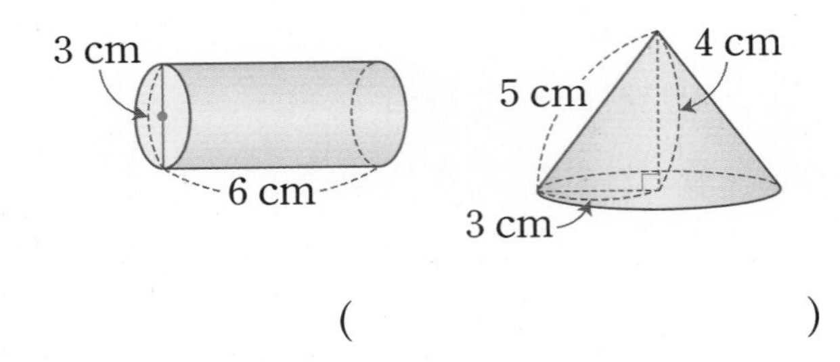

( )

11 어느 방향에서 보아도 모양이 같은 입체도형을 찾아 써 보세요.

원기둥	각기둥	구	원뿔

( )

12 원기둥, 원뿔, 구에 대해 옳게 설명한 것을 찾아 기호를 써 보세요.

㉠ 원기둥에는 밑면이 있지만 원뿔, 구에는 밑면이 없습니다.
㉡ 원기둥, 원뿔에는 모서리가 있지만 구에는 모서리가 없습니다.
㉢ 원뿔에는 꼭짓점이 있지만 원기둥, 구에는 꼭짓점이 없습니다.

( )

13 원뿔에서 삼각형 ㄱㄴㄷ의 둘레는 몇 cm인지 구해 보세요.

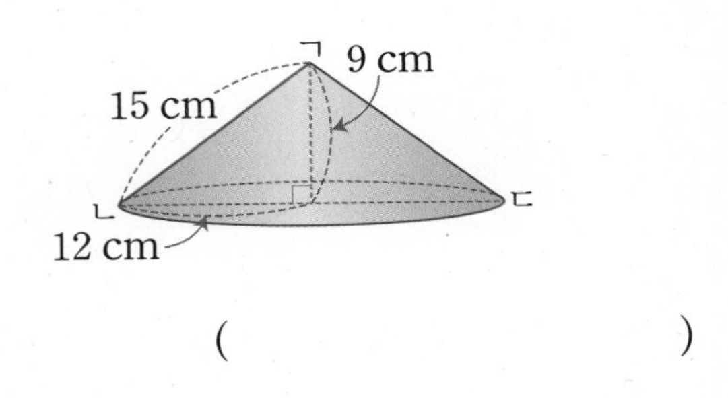

( )

14 반지름이 6 cm인 구를 평면으로 잘랐을 때 가장 큰 단면의 넓이는 몇 cm^2인지 구해 보세요. (원주율: 3.14)

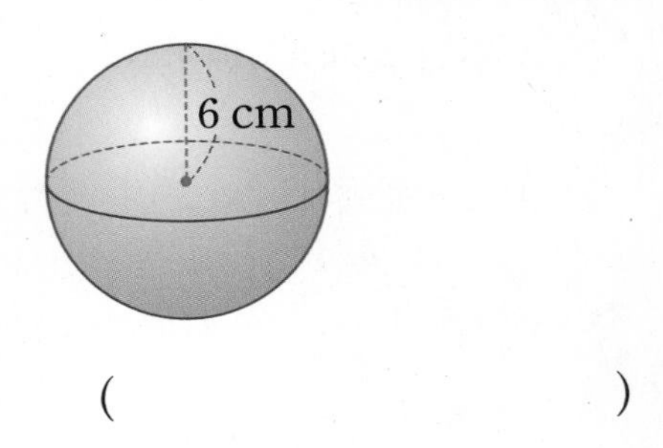

( )

15 직사각형 모양의 종이를 한 변을 기준으로 한 바퀴 돌려 만든 입체도형입니다. 직사각형 모양 종이의 둘레는 몇 cm인지 구해 보세요.

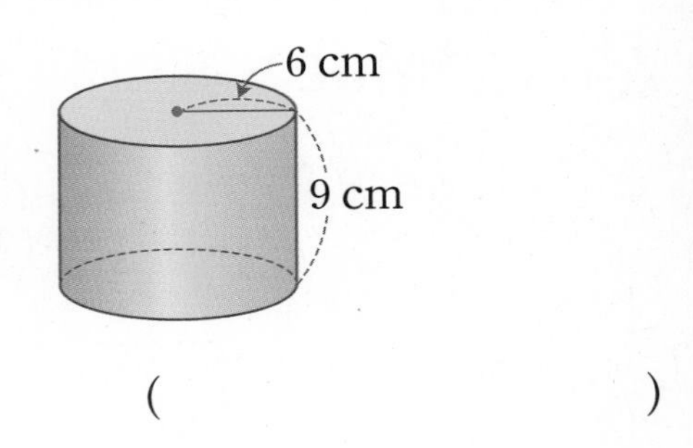

( )

정답과 풀이 56쪽

16 원기둥 모양의 페인트 통 옆면의 넓이가 다음과 같을 때 페인트 통의 높이는 몇 cm인지 구해 보세요. (원주율: 3.14)

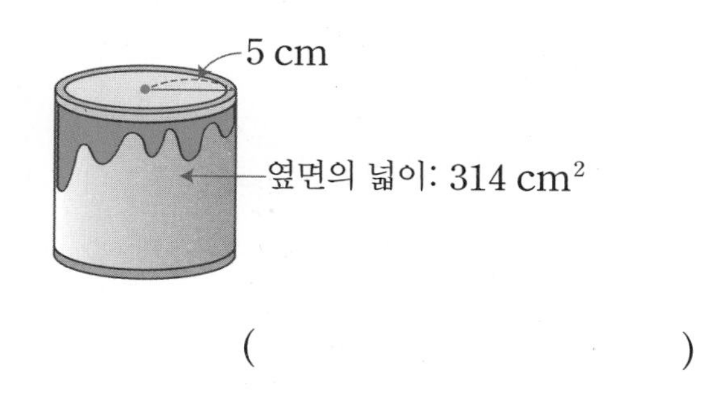

(　　　　　　　　)

17 다음을 만족하는 원기둥의 높이는 몇 cm인지 구해 보세요. (원주율: 3)

- 위에서 본 모양의 넓이는 48 cm^2입니다.
- 앞에서 본 모양은 정사각형입니다.

(　　　　　　　　)

18 원기둥을 펼쳐 전개도를 만들었을 때 전개도의 둘레는 몇 cm인지 구해 보세요. (원주율: 3.1)

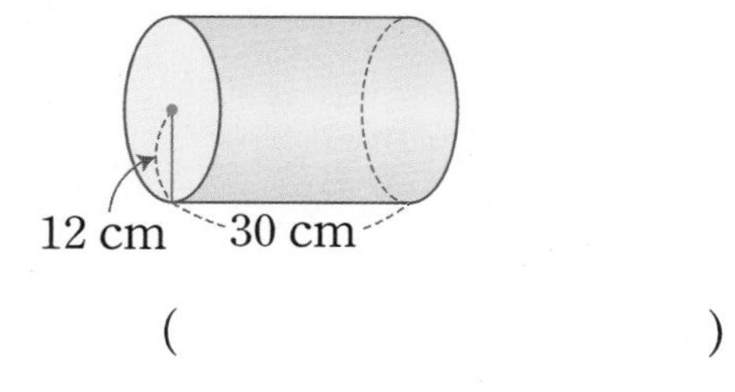

(　　　　　　　　)

서술형

19 원기둥과 원뿔의 공통점과 차이점을 2가지씩 써 보세요.

공통점 ....

차이점 ....

서술형

20 원기둥의 전개도의 넓이는 몇 cm^2인지 풀이 과정을 쓰고 답을 구해 보세요. (원주율: 3.1)

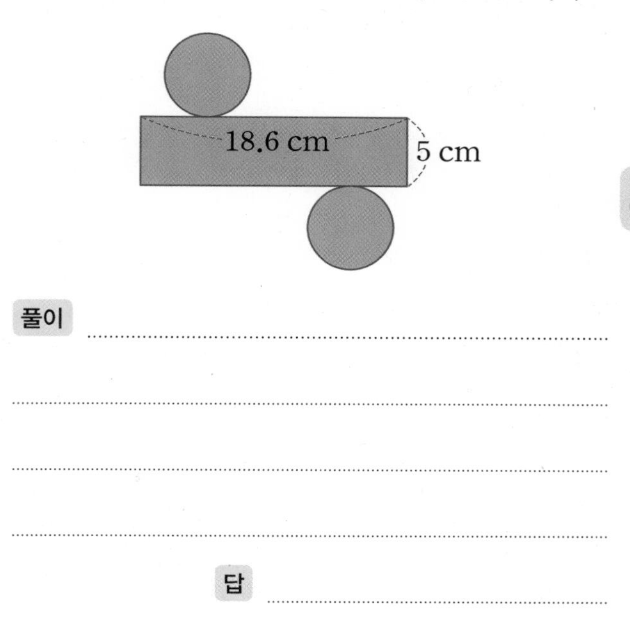

풀이 ....

답 ....

수시 평가 대비 Level 2

점수

확인

1 서로 평행하고 합동인 두 원을 면으로 하는 입체도형을 찾아 기호를 쓰고, 이 입체도형의 이름을 써 보세요.

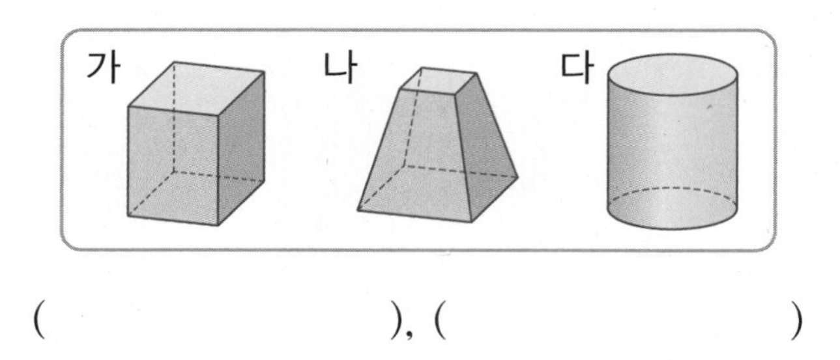

( ), ( )

2 원기둥을 만들 수 있는 전개도를 그린 사람의 이름을 써 보세요.

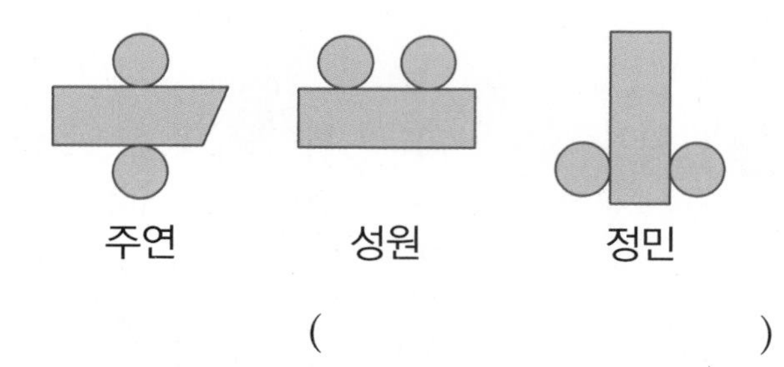

( )

3 오른쪽 직각삼각형 모양의 종이를 한 변을 기준으로 돌려 만들 수 있는 입체도형의 이름을 써 보세요.

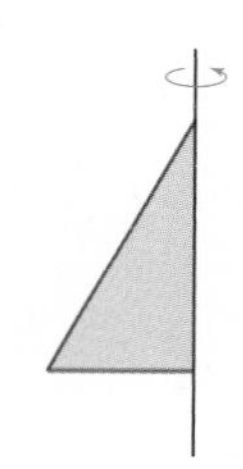

( )

4 오른쪽은 원뿔의 무엇의 길이를 재는 그림일까요?

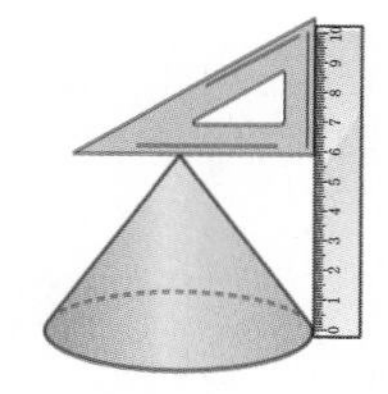

( )

5 어느 방향에서 보아도 모양이 모두 원인 입체도형을 찾아 기호를 써 보세요.

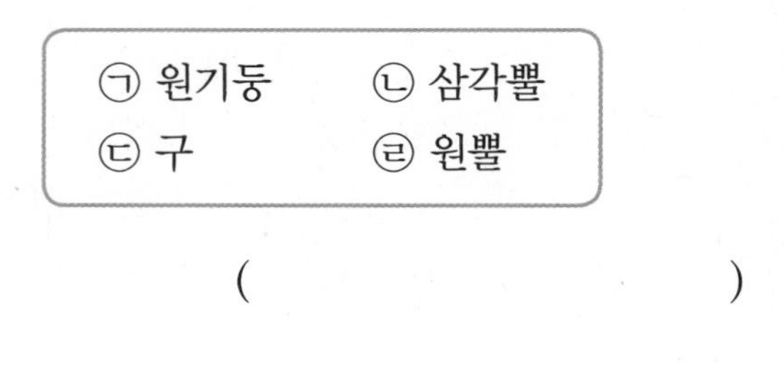

( )

6 □ 안에 알맞은 수를 써넣으세요.

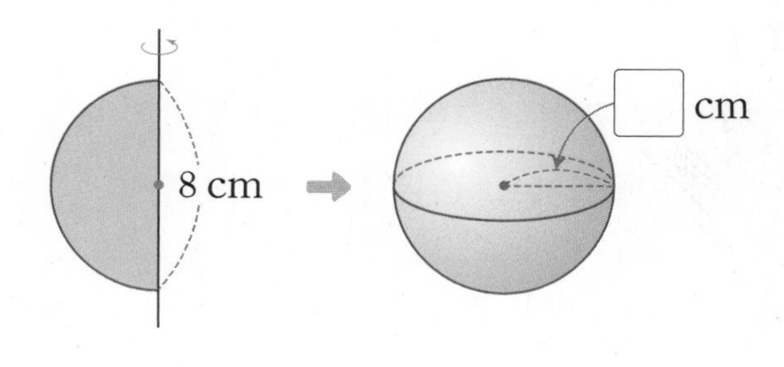

7 원기둥과 원기둥의 전개도를 보고 □ 안에 알맞은 수를 써넣으세요. (원주율: 3)

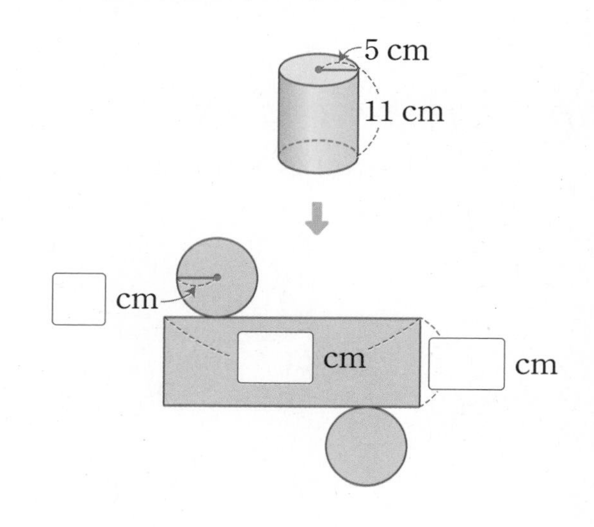

정답과 풀이 57쪽

8 오른쪽 구에 대해 바르게 설명한 사람의 이름을 써 보세요.

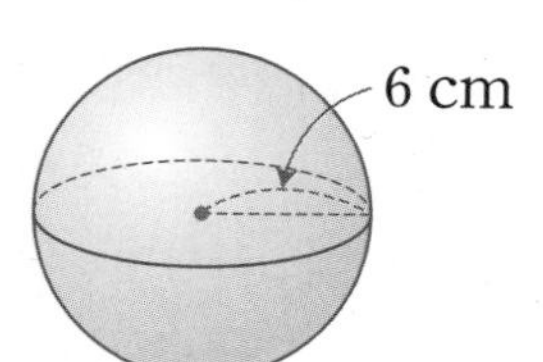

예지: 구의 지름은 6 cm입니다.
연우: 구의 중심은 셀 수 없이 많아.
주하: 위에서 본 모양은 지름이 12 cm인 원이야.

(　　　　　　　　)

9 직각삼각형 모양의 종이를 한 변을 기준으로 돌려 만든 입체도형을 보고 밑면의 지름과 높이를 각각 구해 보세요.

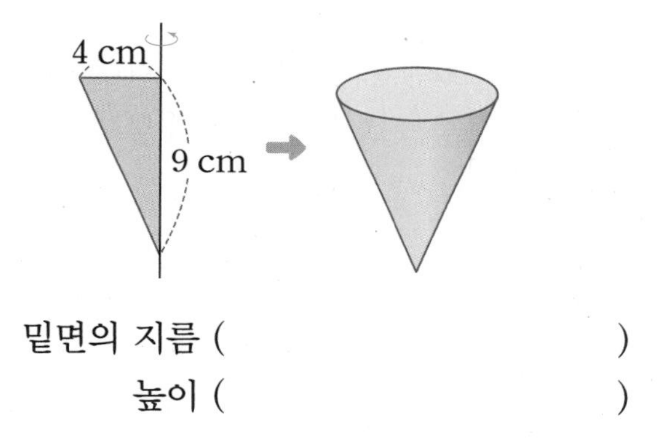

밑면의 지름 (　　　　　　　　)
높이 (　　　　　　　　)

10 원기둥에는 없고 각기둥에는 있는 것을 모두 고르세요. (　　　　　　)

① 밑면　② 옆면　③ 높이
④ 꼭짓점　⑤ 모서리

11 원뿔과 원기둥의 높이의 차는 몇 cm일까요?

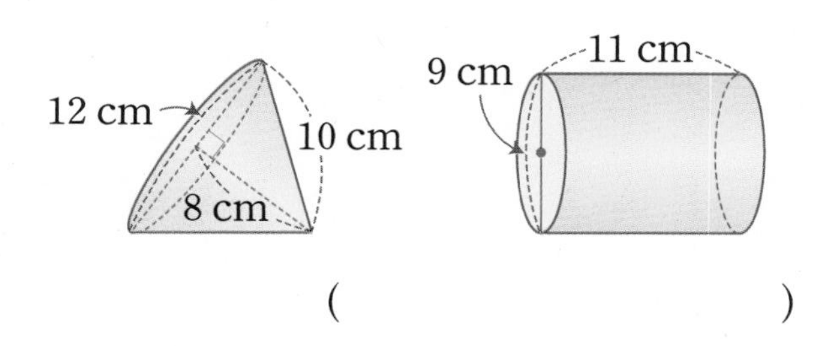

(　　　　　　　　)

12 원뿔과 각뿔에 대한 설명으로 옳은 것을 모두 찾아 기호를 써 보세요.

㉠ 뿔 모양의 입체도형입니다.
㉡ 꼭짓점이 1개입니다.
㉢ 밑면이 원입니다.
㉣ 밑면의 수가 같습니다.

(　　　　　　　　)

13 원뿔을 앞에서 본 모양의 둘레는 몇 cm일까요?

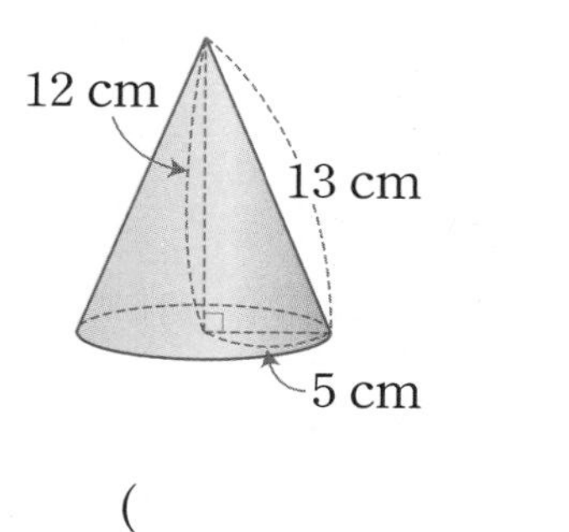

(　　　　　　　　)

14 원기둥, 원뿔, 구를 '원기둥과 원뿔', '구'로 분류했습니다. 분류한 기준으로 알맞은 것을 찾아 기호를 써 보세요.

㉠ 앞에서 본 모양이 직사각형인 것과 아닌 것
㉡ 꼭짓점이 있는 것과 없는 것
㉢ 평평한 면이 있는 것과 없는 것

(　　　　　　　　)

15 오른쪽 원기둥의 전개도에서 색칠한 부분은 정사각형입니다. 이 원기둥의 밑면의 반지름은 몇 cm일까요? (원주율: 3.1)

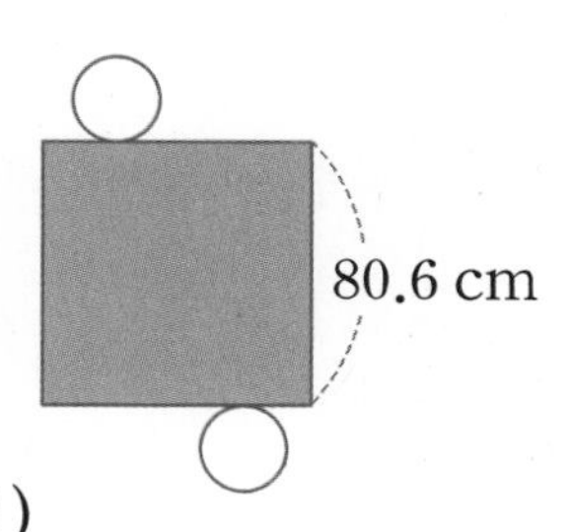

(　　　　　　　　)

정답과 풀이 57쪽

16 직사각형 모양의 종이를 한 변을 기준으로 돌려 만든 입체도형입니다. 돌리기 전의 직사각형 모양 종이의 넓이는 몇 cm^2일까요?

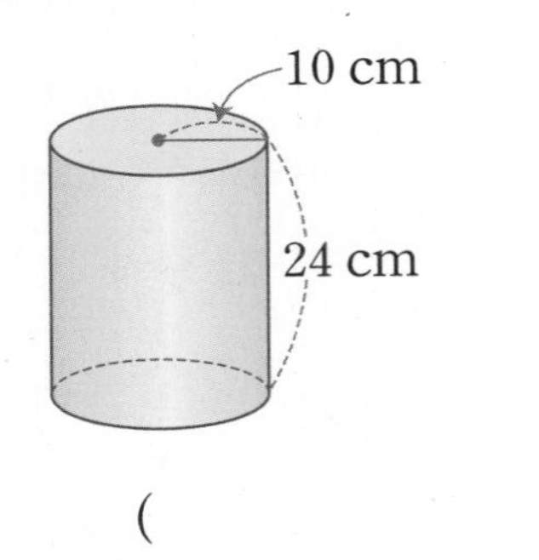

( )

17 오른쪽 그림과 같은 원기둥 모양의 롤러에 페인트를 묻혀 벽에 4바퀴 굴렸습니다. 페인트가 묻은 벽의 넓이는 몇 cm^2일까요? (원주율: 3)

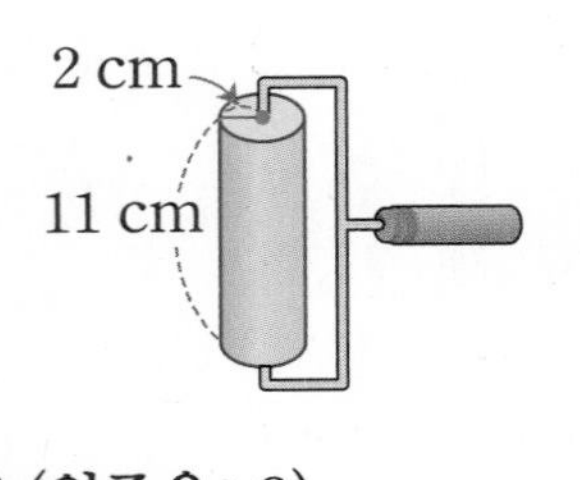

( )

18 원기둥의 전개도입니다. 전개도의 옆면의 둘레는 몇 cm일까요? (원주율: 3.1)

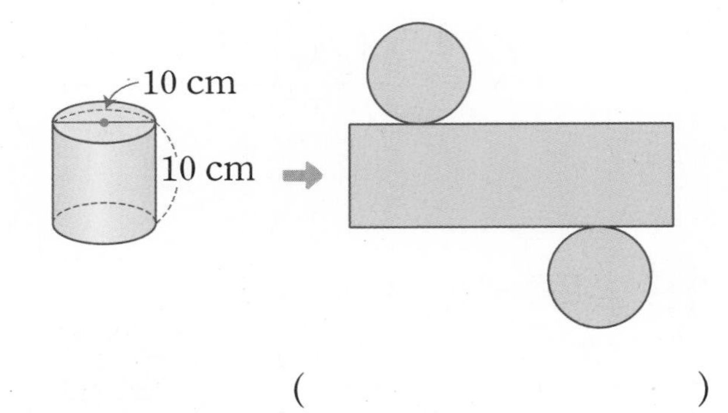

( )

서술형

19 원기둥, 원뿔, 구의 공통점과 차이점을 써 보세요.

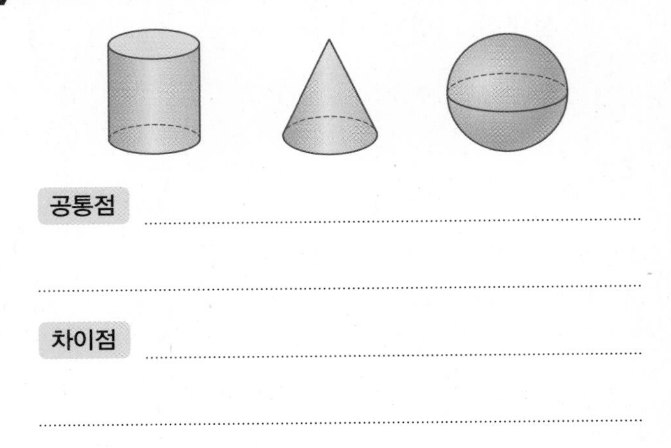

공통점

차이점

서술형

20 옆면의 넓이가 $175.84\ cm^2$일 때 이 전개도로 만든 원기둥의 밑면의 반지름은 몇 cm인지 풀이 과정을 쓰고 답을 구해 보세요.

(원주율: 3.14)

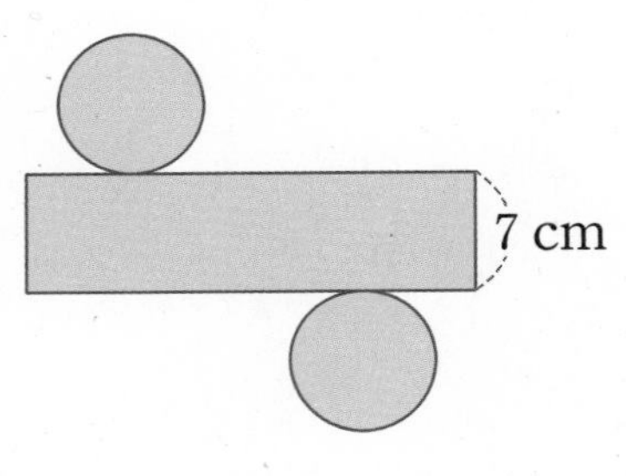

풀이

답

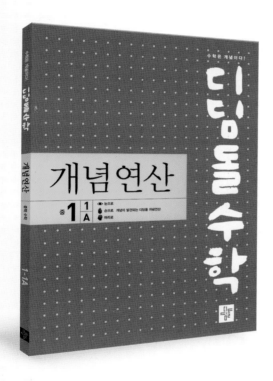

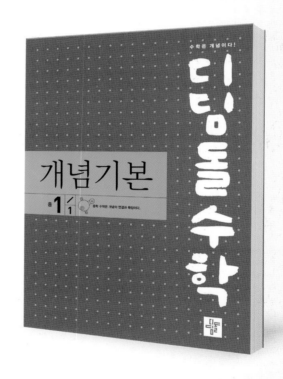

상위권의 기준!

똑같은 DNA를 품은 최상위지만,
심화문제 접근 방법에 따른 구성 차별화!

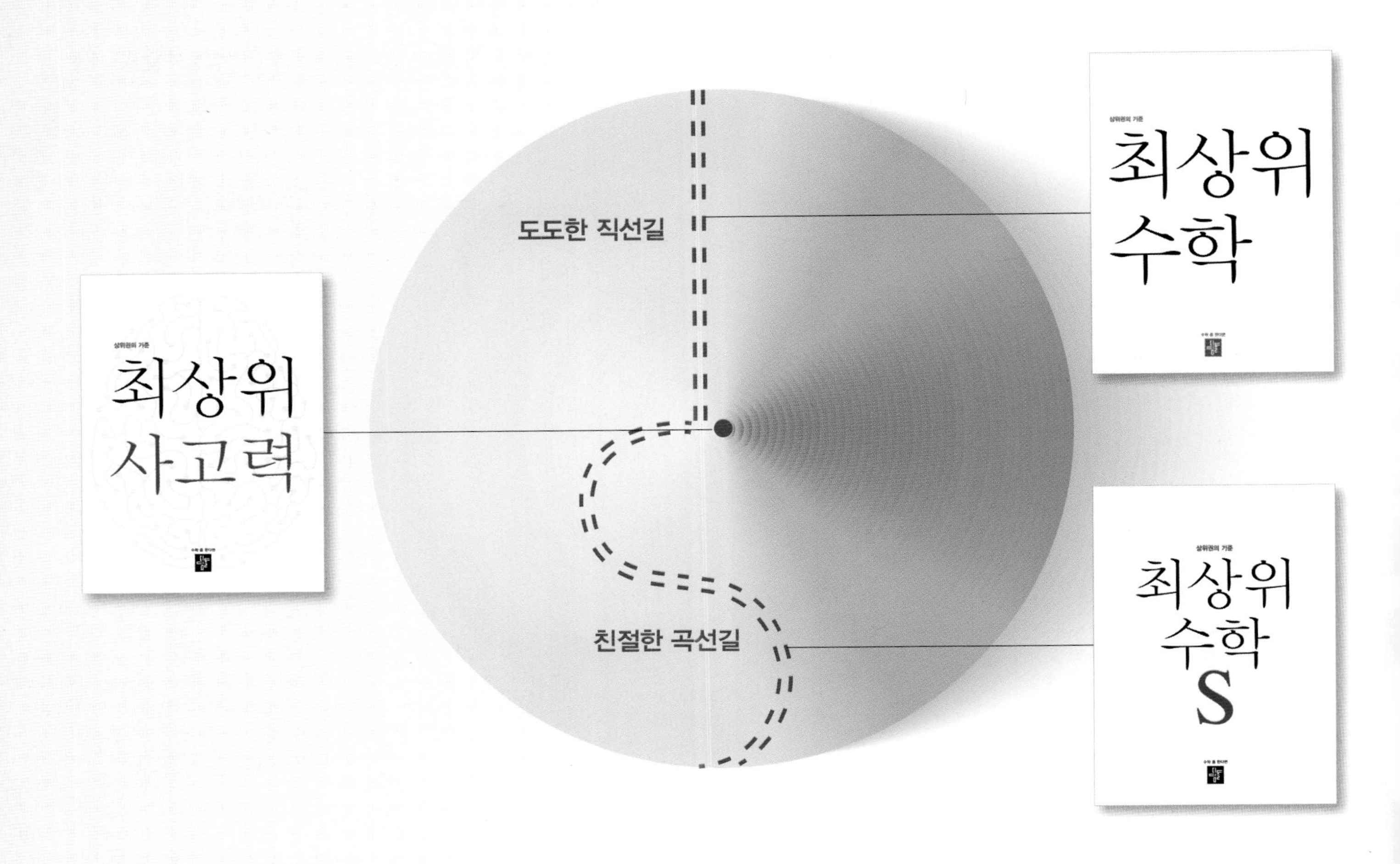

최상위를 위한
심화 학습 서비스 제공!

문제풀이 동영상 + 상위권 학습 자료
(QR 코드 스캔 혹은 디딤돌 홈페이지 참고)

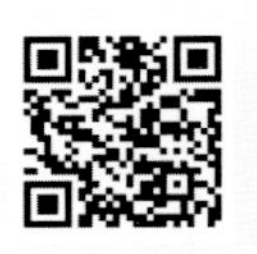

수학 좀 한다면

수시 평가 자료집

6-2

수학 좀 한다면

디딤돌

초등수학 기본+유형

수시평가 자료집

6-2

1 $\frac{7}{10}$에는 $\frac{3}{10}$이 몇 번 들어가는지 그림에 나타내고 □ 안에 알맞은 수를 써넣으세요.

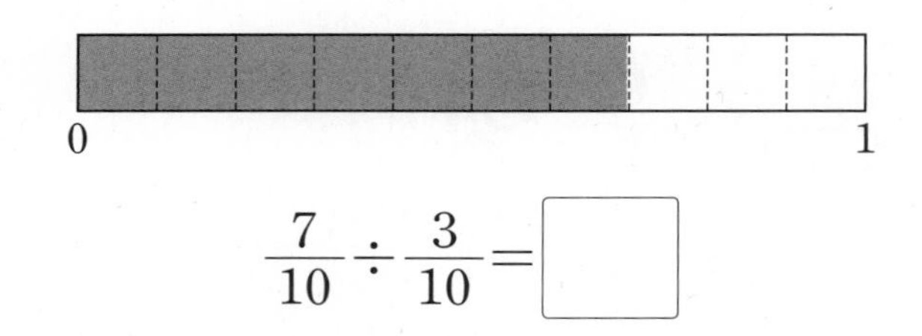

$$\frac{7}{10} \div \frac{3}{10} = \square$$

2 보기 와 같이 계산해 보세요.

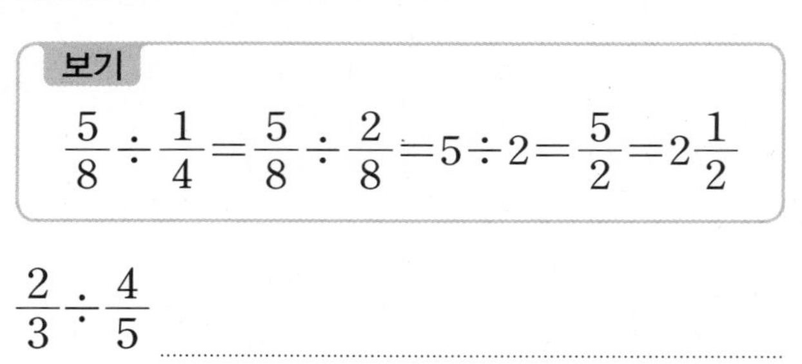

보기

$$\frac{5}{8} \div \frac{1}{4} = \frac{5}{8} \div \frac{2}{8} = 5 \div 2 = \frac{5}{2} = 2\frac{1}{2}$$

$\frac{2}{3} \div \frac{4}{5}$ ....

3 나눗셈의 몫을 구해 보세요.

$$4 \div \frac{2}{9}$$

(　　　　　　　　)

4 □ 안에 알맞은 수를 써넣어 곱셈식으로 나타내어 보세요.

$$\frac{3}{5} \div \frac{2}{7} = \frac{3}{5} \times \frac{1}{\square} \times \square = \frac{3}{5} \times \frac{\square}{\square}$$

5 관계있는 것끼리 이어 보세요.

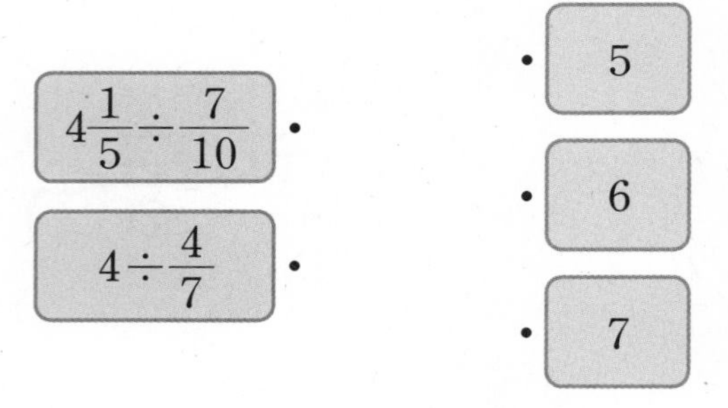

6 대분수를 진분수로 나눈 몫을 빈칸에 써넣으세요.

$\frac{5}{6}$	$2\frac{2}{9}$

7 빈칸에 알맞은 수를 써넣으세요.

÷	$\frac{3}{7}$	$\frac{4}{7}$	$\frac{5}{7}$
15	35		

8 □ 안에 알맞은 수를 써넣으세요.

$$3\frac{3}{4} \div \square = \frac{3}{7}$$

9 계산 결과가 1보다 작은 것은 어느 것일까요?

(　　　)

① $\frac{2}{3} \div \frac{1}{2}$　② $\frac{7}{12} \div \frac{3}{10}$

③ $2\frac{1}{4} \div 1\frac{3}{4}$　④ $2\frac{1}{8} \div 1\frac{1}{4}$

⑤ $1\frac{5}{6} \div 3\frac{2}{3}$

10 수박의 무게는 배의 무게의 몇 배일까요?

$8\frac{2}{5}$ kg

$\frac{7}{12}$ kg

(　　　)

11 다음 분수 중에서 가장 큰 수를 가장 작은 수로 나눈 몫을 구해 보세요.

$\frac{3}{4}$　$2\frac{2}{3}$　$\frac{2}{7}$　$2\frac{4}{5}$　$3\frac{1}{3}$

(　　　)

12 계산 결과가 큰 것부터 차례로 기호를 써 보세요.

㉠ $5 \div \frac{1}{3}$　㉡ $\frac{5}{7} \div \frac{3}{8}$

㉢ $2 \div \frac{4}{5}$　㉣ $1\frac{1}{6} \div \frac{7}{13}$

(　　　)

13 길이가 $\frac{6}{13}$ m인 나무를 $\frac{1}{26}$ m씩 자르면 나무는 모두 몇 도막이 될까요?

(　　　)

14 상자 한 개를 묶는 데 필요한 색 테이프는 $\frac{8}{9}$ m입니다. 색 테이프 $5\frac{1}{3}$ m로 상자를 몇 개 묶을 수 있을까요?

(　　　)

15 $\frac{5}{12}$와 어떤 수의 곱은 $\frac{15}{16}$입니다. 어떤 수는 얼마인지 구해 보세요.

(　　　)

서술형 문제

정답과 풀이 59쪽

16 현주는 자전거를 타고 8 km를 가는 데 $\frac{6}{11}$시간이 걸렸습니다. 같은 빠르기로 자전거를 타고 한 시간 동안 몇 km를 갈 수 있을까요?

( )

17 넓이가 $1\frac{1}{5}$ m²인 삼각형 모양의 밭이 있습니다. 이 밭의 높이가 $\frac{9}{10}$ m라면 밑변의 길이는 몇 m일까요?

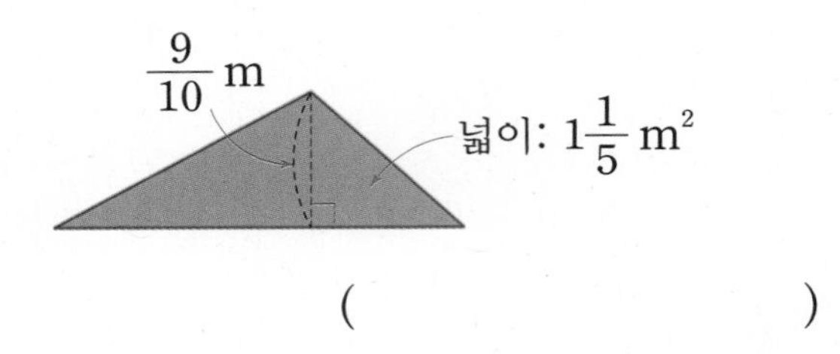

( )

18 굵기가 일정한 철근 $\frac{4}{5}$ m의 무게는 $\frac{12}{25}$ kg입니다. 이 철근 3 m의 무게는 몇 kg일까요?

( )

19 밑변의 길이가 $\frac{4}{5}$ m이고 넓이가 $\frac{14}{15}$ m²인 평행사변형이 있습니다. 이 평행사변형의 높이는 몇 m인지 풀이 과정을 쓰고 답을 구해 보세요.

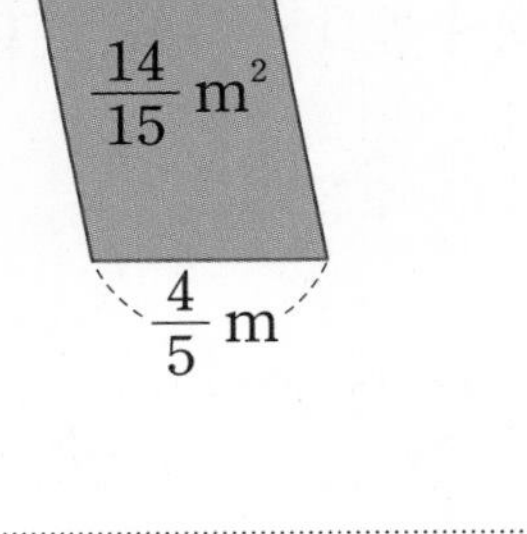

풀이

답

20 쌀 $21\frac{2}{3}$ kg을 5봉지에 똑같이 나누어 담은 후 그중 한 봉지에 담긴 쌀을 한 그릇에 $\frac{13}{15}$ kg씩 똑같이 나누어 담았습니다. 한 봉지에 담긴 쌀을 나누어 담은 그릇은 몇 개인지 풀이 과정을 쓰고 답을 구해 보세요.

풀이

답

다시 점검하는 수시 평가 대비 Level 2

점수

확인

1. 분수의 나눗셈

1 계산 결과가 $\frac{8}{9}\div\frac{4}{9}$와 같은 것은 어느 것일까요? (   )

① $9\div8$ ② $8\div4$ ③ $9\div4$
④ $4\div8$ ⑤ $8\div9$

2 $\frac{5}{7}\div\frac{3}{4}$을 곱셈식으로 바르게 나타낸 것을 찾아 기호를 써 보세요.

㉠ $\frac{7}{5}\times\frac{3}{4}$ ㉡ $\frac{5}{7}\times\frac{3}{4}$
㉢ $\frac{7}{5}\times\frac{4}{3}$ ㉣ $\frac{5}{7}\times\frac{4}{3}$

(   )

3 계산해 보세요.

(1) $\frac{3}{4}\div\frac{6}{7}$

(2) $\frac{6}{7}\div\frac{3}{4}$

4 □ 안에 알맞은 수를 써넣으세요.

(1) $\frac{5}{8}\div\frac{\square}{8}=5$ (2) $4\div\frac{2}{\square}=14$

5 계산 결과가 다른 하나를 찾아 기호를 써 보세요.

㉠ $6\div\frac{1}{4}$ ㉡ $3\div\frac{1}{8}$
㉢ $9\div\frac{1}{2}$ ㉣ $4\div\frac{1}{6}$

(   )

6 계산이 잘못된 것을 찾아 기호를 써 보세요.

㉠ $\frac{7}{8}\div\frac{5}{8}=7\div5=\frac{7}{5}=1\frac{2}{5}$
㉡ $6\div\frac{5}{9}=\overset{2}{\cancel{6}}\times\frac{5}{\underset{3}{\cancel{9}}}=\frac{10}{3}=3\frac{1}{3}$
㉢ $4\frac{1}{2}\div\frac{3}{8}=\frac{\overset{3}{\cancel{9}}}{\underset{1}{\cancel{2}}}\times\frac{\overset{4}{\cancel{8}}}{\underset{1}{\cancel{3}}}=12$

(   )

7 계산해 보세요.

(1) $3\frac{3}{7}\div\frac{6}{11}$

(2) $2\frac{2}{9}\div\frac{2}{3}$

8 □ 안에 알맞은 대분수를 써넣으세요.

$\square\times\frac{2}{5}=3\frac{1}{7}$

1

9 계산 결과가 자연수인 것을 모두 고르세요.

( )

① $4\div\frac{1}{8}$ ② $\frac{8}{9}\div\frac{2}{3}$

③ $1\frac{4}{15}\div1\frac{3}{10}$ ④ $2\frac{4}{5}\div\frac{7}{15}$

⑤ $5\div\frac{2}{5}$

10 계산 결과가 가장 작은 것을 찾아 기호를 써 보세요.

㉠ $1\frac{5}{6}\div\frac{1}{2}$	㉡ $1\frac{5}{6}\div3\frac{1}{3}$
㉢ $1\frac{5}{6}\div\frac{5}{6}$	㉣ $1\frac{5}{6}\div2\frac{3}{4}$

( )

11 두 식을 만족하는 ㉠, ㉡의 값을 각각 구해 보세요.

$2\div\frac{1}{4}=$㉠ ㉠$\div\frac{4}{5}=$㉡

㉠ ( )

㉡ ( )

12 $\frac{16}{17}$ L의 주스를 한 컵에 $\frac{2}{17}$ L씩 나누어 담으려면 컵은 몇 개가 필요할까요?

( )

13 길이가 15 m인 철사를 한 도막이 $\frac{5}{7}$ m가 되도록 자르면 철사는 모두 몇 도막이 될까요?

( )

14 윤지와 성철이가 수학 공부를 한 시간입니다. 윤지가 공부한 시간은 성철이가 공부한 시간의 몇 배일까요?

윤지: 1시간 45분 성철: $\frac{5}{6}$시간

( )

15 □ 안에 들어갈 수 있는 자연수 중에서 가장 큰 수를 구해 보세요.

$3\div\frac{1}{\square}<10$

( )

16 유정이는 동화책을 56쪽 읽었더니 전체 쪽수의 $\frac{4}{9}$만큼 읽었습니다. 동화책의 전체 쪽수는 몇 쪽일까요?

( )

17 한 대각선의 길이가 $\frac{3}{4}$ m이고 넓이가 $\frac{6}{5}$ m^2인 마름모가 있습니다. 이 마름모의 다른 대각선의 길이는 몇 m일까요?

( )

18 휘발유 $\frac{4}{5}$ L로 $4\frac{2}{3}$ km를 가는 자동차가 있습니다. 이 자동차는 휘발유 4 L로 몇 km를 갈 수 있을까요?

( )

서술형 문제

정답과 풀이 60쪽

19 길이가 $\frac{7}{9}$ m인 색 테이프를 한 도막이 $\frac{2}{9}$ m가 되도록 자르면 몇 도막이 되고, 몇 m가 남는지 풀이 과정을 쓰고 답을 구해 보세요.

풀이

답 ,

20 들이가 $6\frac{2}{3}$ L인 빈 물통에 들이가 $\frac{4}{5}$ L인 그릇으로 물을 부어 물통을 가득 채우려고 합니다. 물을 적어도 몇 번 부어야 하는지 풀이 과정을 쓰고 답을 구해 보세요.

풀이

답

다시 점검하는 수시 평가 대비 Level 1

점수
확인

2. 소수의 나눗셈

1 $8.75 \div 0.07$을 자연수의 나눗셈을 이용하여 계산해 보세요.

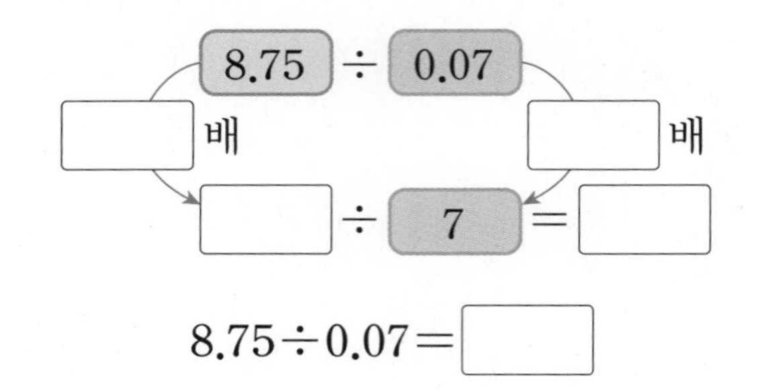

$8.75 \div 0.07 = \square$

2 □ 안에 알맞은 수를 써넣으세요.

$$22.5 \div 4.5 = \frac{\square}{10} \div \frac{45}{10}$$
$$= \square \div \square = \square$$

3 ⌒표는 소수점을 옮긴 자리를 나타낸 것입니다. ⌒표를 잘못 나타낸 것은 어느 것일까요?

( )

① $1.5\overline{)3.0}$ ② $0.18\overline{)4.0\,0}$
③ $0.63\overline{)9.4\,5}$ ④ $5.6\overline{)2\,2.4}$
⑤ $1.09\overline{)8.7\,2}$

4 다음 나눗셈과 몫이 같은 것을 모두 고르세요.

( )

$19.32 \div 8.4$

① $1932 \div 84$ ② $193.2 \div 8.4$
③ $19.32 \div 0.84$ ④ $193.2 \div 84$
⑤ $1932 \div 840$

5 관계있는 것끼리 이어 보세요.

$2.52 \div 0.28$ •	• 5
$39 \div 2.6$ •	• 9
	• 15

6 계산해 보세요.

(1) $1.82\overline{)2\,1.8\,4}$ (2) $1.5\overline{)6}$

7 □ 안에 알맞은 수를 써넣으세요.

$4.05 \div 0.27 = \square$
$4.05 \div 2.7 = \square$
$4.05 \div 27 = \square$

8 큰 수를 작은 수로 나눈 몫을 빈칸에 써넣으세요.

4.6	12.88

9 계산 결과를 비교하여 ○ 안에 >, =, <를 알맞게 써넣으세요.

$55.2 \div 2.4$ ○ $45.18 \div 1.8$

10 나눗셈의 몫을 반올림하여 주어진 자리까지 나타내어 보세요.

(1) $7.1 \div 0.6$ (소수 첫째 자리까지)

( )

(2) $11 \div 1.9$ (소수 둘째 자리까지)

( )

11 주스 7.2 L를 한 병에 0.8 L씩 나누어 담으려고 합니다. 병은 몇 개 필요할까요?

( )

12 예은이의 몸무게는 33 kg이고 동생의 몸무게는 16.5 kg입니다. 예은이의 몸무게는 동생의 몸무게의 몇 배일까요?

식

답

13 삼각형 모양 한 개를 만드는 데 철사 6 m가 필요합니다. 철사 104.3 m로 같은 모양의 삼각형을 몇 개까지 만들 수 있고, 남는 철사는 몇 m일까요?

만들 수 있는 삼각형의 수 ( )

남는 철사의 길이 ( )

14 어떤 수에 4.5를 곱했더니 8.1이 되었습니다. 어떤 수는 얼마일까요?

( )

15 몫의 소수 19째 자리 숫자를 구해 보세요.

$5.2 \div 2.4$

( )

16 넓이가 16.12 cm^2인 삼각형이 있습니다. 이 삼각형의 높이가 5.2 cm일 때 밑변의 길이는 몇 cm일까요?

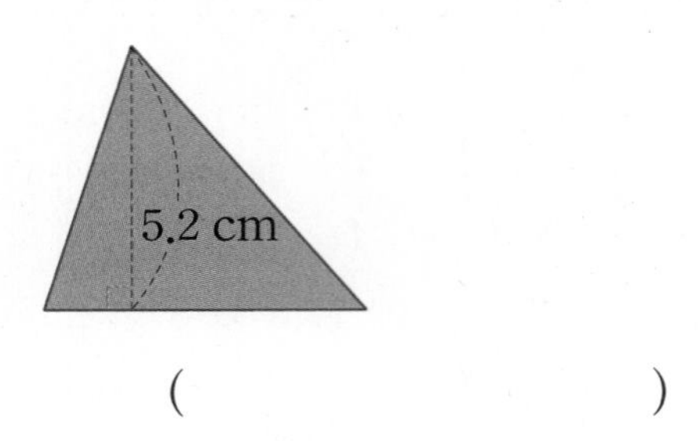

( )

17 1시간 30분 동안 120 km를 달리는 자동차가 있습니다. 이 자동차는 한 시간에 몇 km를 달리는 셈일까요?

( )

18 둘레가 924 m인 원 모양의 광장이 있습니다. 이 광장의 둘레에 24.3 m 간격으로 안내판을 설치하려고 합니다. 안내판의 길이가 2.1 m일 때 안내판은 몇 개 필요할까요?

( )

서술형 문제

정답과 풀이 62쪽

19 잘못 계산한 곳을 찾아 바르게 계산하고, 이유를 써 보세요.

```
       1.8
7.5 ) 1 3 5
        7 5
      -----
      6 0 0
      6 0 0
      -----
          0
```

→ [ ]

이유

20 굵기가 일정한 철근 8.5 m의 무게는 63.75 kg입니다. 이 철근 5 m의 무게는 몇 kg인지 풀이 과정을 쓰고 답을 구해 보세요.

풀이

답

점수

확인

2. 소수의 나눗셈

1 설명을 읽고 □ 안에 알맞은 수를 써넣으세요.

리본 2.61 m를 0.09 m씩 자르려고 합니다.
2.61 m=□ cm,
0.09 m=□ cm입니다.
리본 2.61 m를 0.09 m씩 자르는 것은 리본 261 cm를 9 cm씩 자르는 것과 같습니다.
➡ 2.61÷0.09=□÷9
□÷9=□
2.61÷0.09=□

2 □ 안에 알맞은 수를 써넣으세요.

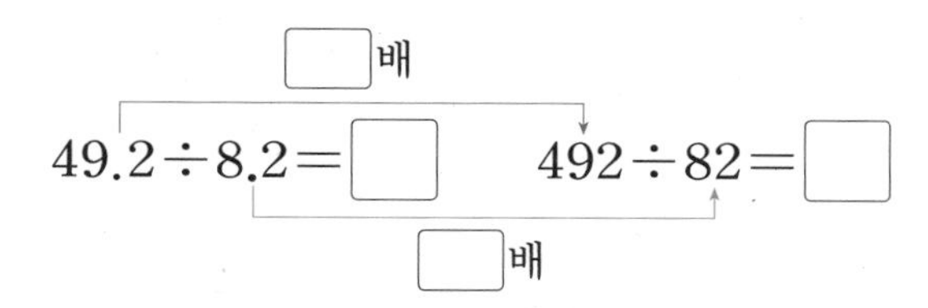

3 보기 와 같이 분수의 나눗셈으로 계산해 보세요.

보기

$7\div0.25=\frac{700}{100}\div\frac{25}{100}=700\div25=28$

12÷0.75 ....

4 계산해 보세요.

$1.4\overline{)2.52}$

5 가장 큰 수를 가장 작은 수로 나눈 몫을 구해 보세요.

8.4　2.1　10.5

(　　　　　)

6 잘못 계산한 곳을 찾아 바르게 계산해 보세요.

$$\begin{array}{r} 0.07 \\ 3.42\overline{)23.94} \\ 2394 \\ \hline 0 \end{array}$$

➡ □

7 ㉠의 몫은 ㉡의 몫의 몇 배일까요?

㉠ 20.8÷0.8　㉡ 2.08÷0.8

(　　　　　)

8 나눗셈의 몫을 반올림하여 소수 첫째 자리까지 나타낸 수와 몫을 반올림하여 소수 둘째 자리까지 나타낸 수의 차를 구해 보세요.

8.43÷1.3=6.484⋯

(　　　　　)

2

9 □ 안에 알맞은 수를 써넣으세요.

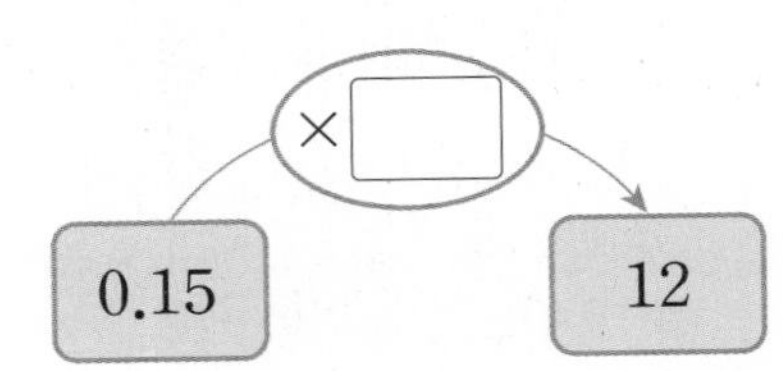

10 필통의 무게는 414.7 g이고, 연필의 무게는 14.3 g입니다. 필통의 무게는 연필의 무게의 몇 배일까요?

(　　　　　　　　)

11 계산 결과가 가장 큰 것은 어느 것일까요?

(　　　)

① $3.38 \div 1.3$　② $3.38 \div 0.13$
③ $3.38 \div 2.6$　④ $3.38 \div 0.2$
⑤ $3.38 \div 1.69$

12 □ 안에 알맞은 수를 써넣으세요.

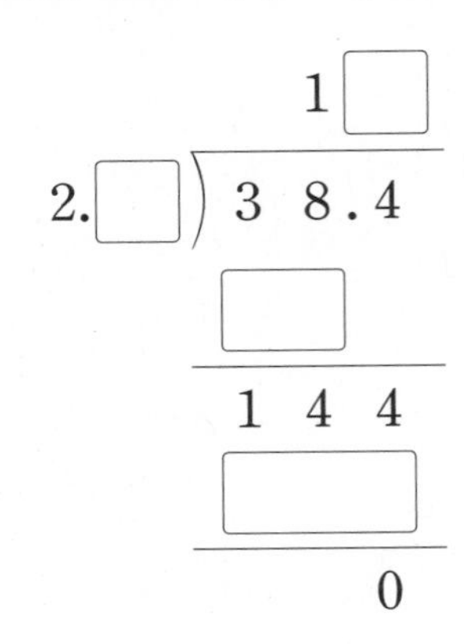

13 물 7.35 L를 2 L들이 병에 나누어 담으면 몇 개까지 담을 수 있고, 남는 물은 몇 L일까요?

담을 수 있는 병의 수 (　　　　　　　　)
남는 물의 양 (　　　　　　　　)

14 넓이가 9.54 cm^2인 마름모가 있습니다. 한 대각선이 3.6 cm일 때 다른 대각선은 몇 cm일까요?

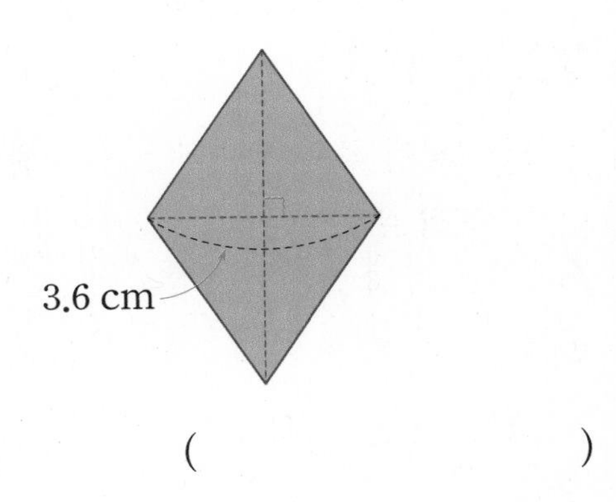

(　　　　　　　　)

15 집에서 우체국을 지나 도서관까지의 거리는 집에서 우체국까지의 거리의 몇 배일까요?

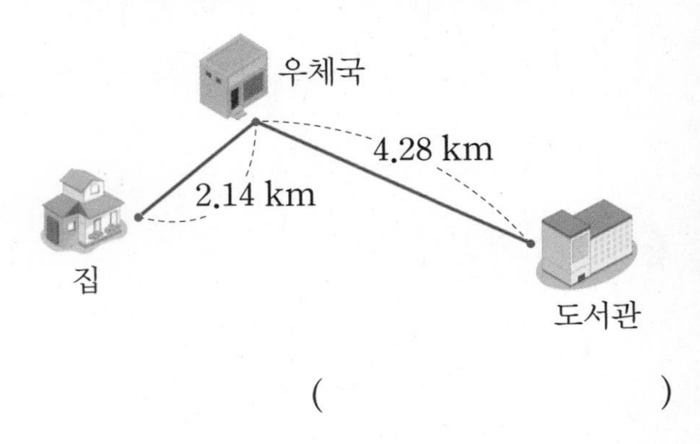

(　　　　　　　　)

서술형 문제

정답과 풀이 63쪽

16 가로가 3.4 cm이고 넓이가 19.04 cm^2인 직사각형이 있습니다. 이 직사각형의 세로는 가로의 몇 배인지 반올림하여 소수 첫째 자리까지 나타내어 보세요.

(　　　　　　　　　　)

17 수 카드 3, 4, 6 을 □ 안에 한 번씩만 써넣어 몫이 가장 작은 나눗셈식을 만들고 몫을 구해 보세요.

32.15÷□.□□

(　　　　　　　　　　)

18 몫을 반올림하여 소수 아홉째 자리까지 나타낼 때 몫의 소수 아홉째 자리 숫자는 얼마일까요?

20.4÷3.7

(　　　　　　　　　　)

19 배 26.7 kg을 한 상자에 3 kg씩 담을 때 담을 수 있는 상자 수와 남는 배는 몇 kg인지 알기 위해 다음과 같이 계산했습니다. 잘못 계산한 곳을 찾아 바르게 계산하고, 이유를 써 보세요.

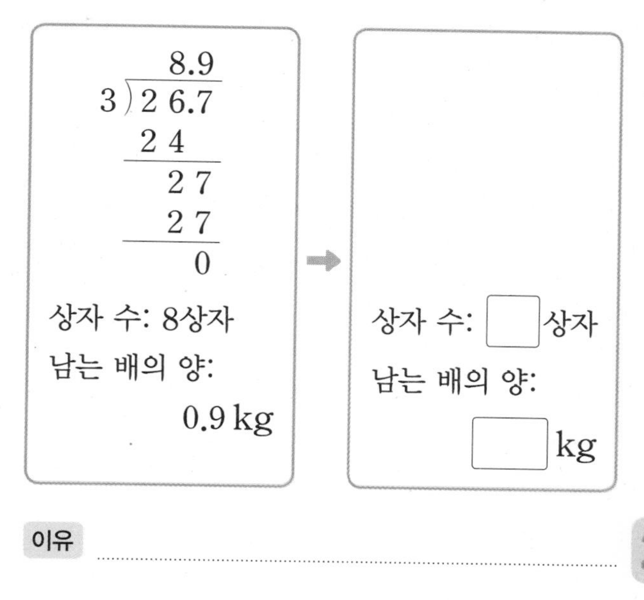

8.9
3)26.7
24
27
27
0
상자 수: 8상자
남는 배의 양:
0.9 kg
상자 수: □상자
남는 배의 양:
□kg

이유 ....

20 어떤 수를 3으로 나누어야 하는데 잘못하여 곱했더니 554.7이 되었습니다. 바르게 계산했을 때의 몫을 반올림하여 소수 첫째 자리까지 나타내면 얼마인지 풀이 과정을 쓰고 답을 구해 보세요.

풀이 ....

답 ....

2

3. 공간과 입체

1 로봇을 ㉮ 방향에서 사진을 찍었을 때 알맞은 사진에 ○표 하세요.

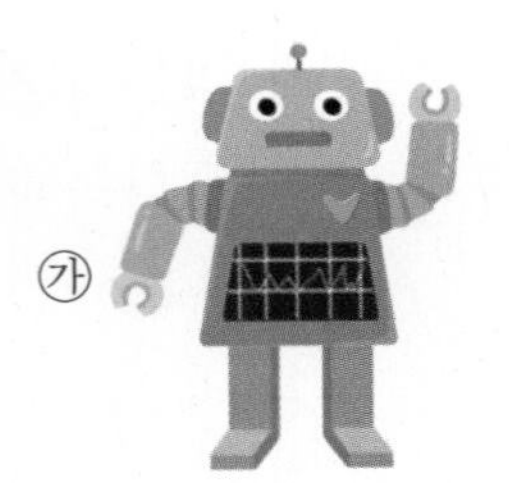

2 쌓기나무로 쌓은 모양을 보고 위에서 본 모양에 수를 썼습니다. 똑같은 모양으로 쌓는 데 필요한 쌓기나무는 몇 개일까요?

4	1	3
2		
1	2	

( )

3 주어진 모양과 똑같이 쌓는 데 필요한 쌓기나무는 몇 개일까요?

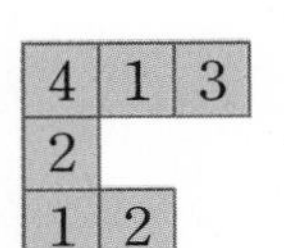

위에서 본 모양

( )

[4~5] 쌓기나무로 쌓은 모양과 1층 모양을 보고 물음에 답하세요.

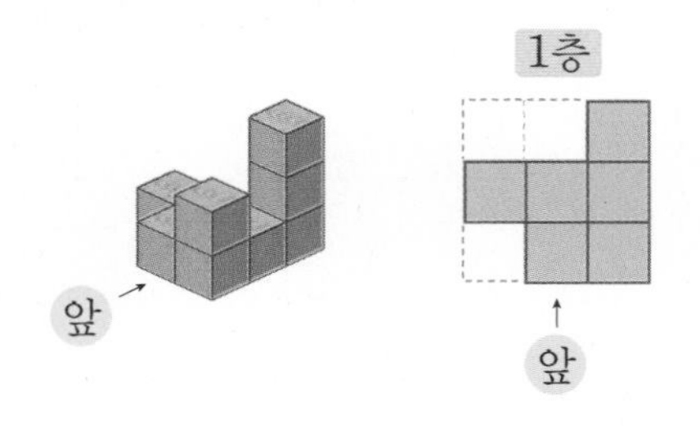

4 2층과 3층 모양을 각각 그려 보세요.

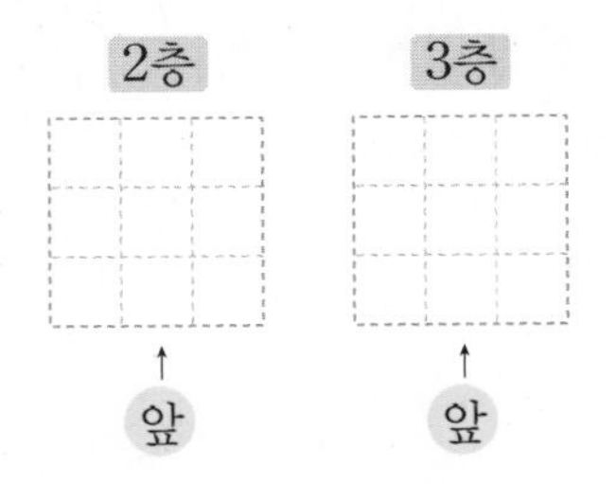

5 똑같은 모양으로 쌓는 데 필요한 쌓기나무는 몇 개일까요?

( )

6 쌓기나무 7개로 쌓은 모양입니다. 앞에서 본 모양을 찾아 이어 보세요.

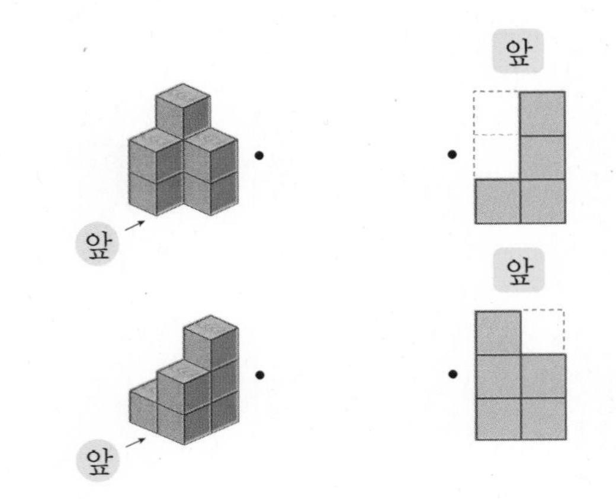

7 모양에 쌓기나무 1개를 붙여서 만들 수 있는 서로 다른 모양은 모두 몇 가지일까요?

( )

8 쌓기나무로 쌓은 모양을 보고 위에서 본 모양에 수를 썼습니다. 쌓은 모양에서 보이지 않는 쌓기나무는 몇 개일까요?

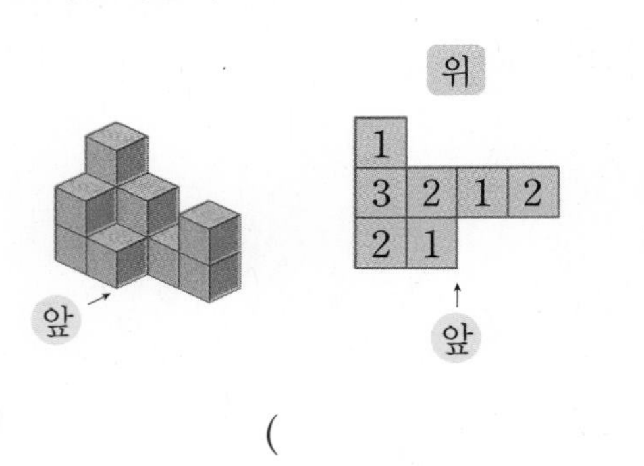

( )

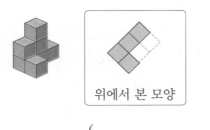

9 모양에 쌓기나무 1개를 붙여서 만들 수 있는 모양이 아닌 것을 찾아 기호를 써 보세요.

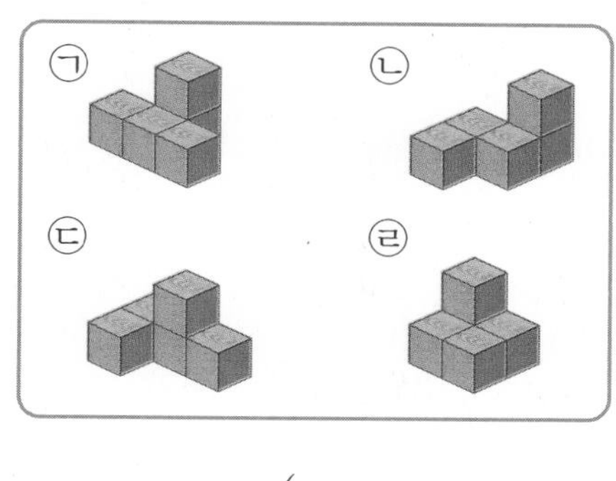

( )

10 쌓기나무로 쌓은 모양을 보고 위에서 본 모양에 수를 썼습니다. 쌓은 모양의 3층에 쌓인 쌓기나무는 몇 개일까요?

3	5	2
1		4

( )

11 쌓기나무 10개로 쌓은 모양을 보고 위, 앞, 옆에서 본 모양을 각각 그려 보세요.

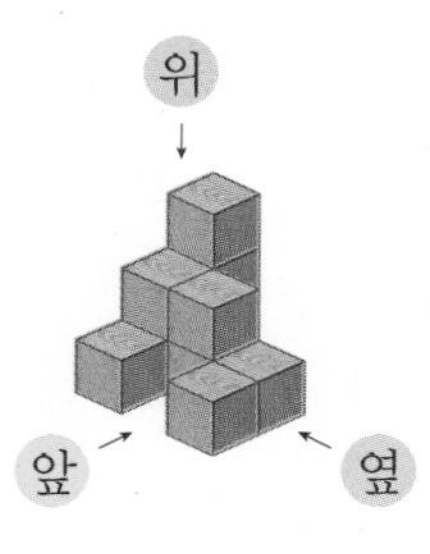

위 앞 옆

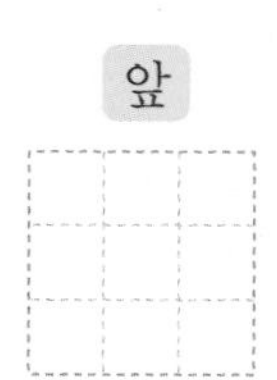

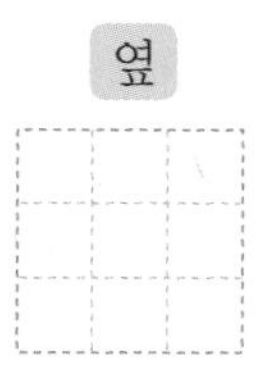

12 쌓기나무를 4개씩 붙여서 만든 두 가지 모양을 사용하여 새로운 모양을 만든 것입니다. 사용한 모양은 어떤 모양인지 2가지 색으로 구분하여 색칠해 보세요.

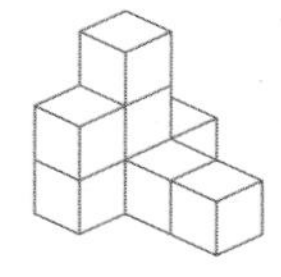

13 쌓기나무로 쌓은 모양을 보고 위에서 본 모양에 수를 썼습니다. 쌓은 모양을 앞과 옆에서 본 모양을 각각 그려 보세요.

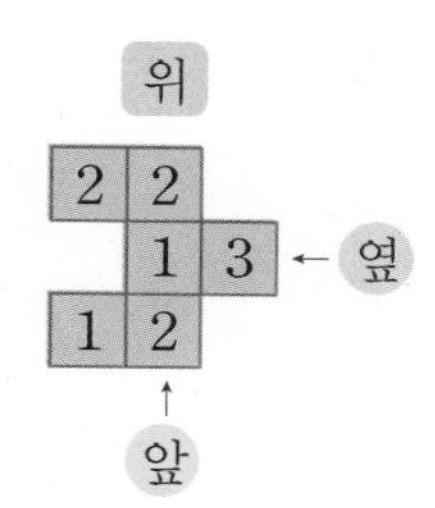

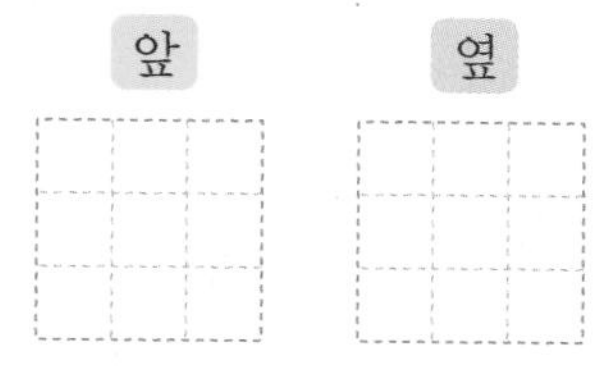

14 쌓기나무로 쌓은 모양과 위에서 본 모양입니다. 똑같은 모양으로 쌓는 데 필요한 쌓기나무가 가장 적은 것을 찾아 기호를 써 보세요.

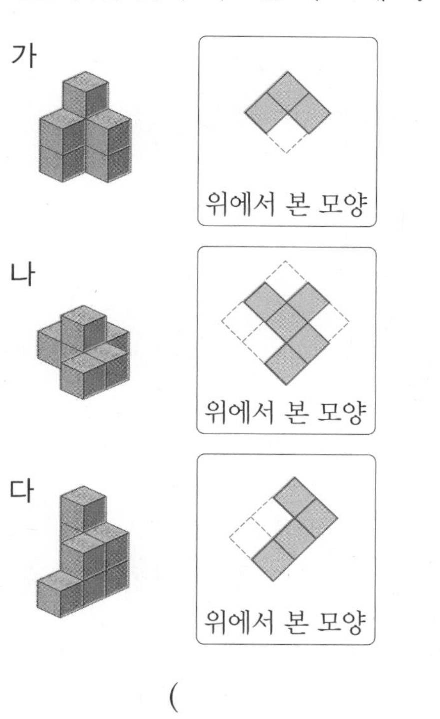

( )

15 쌓기나무로 쌓은 모양과 위에서 본 모양입니다. 빨간색 쌓기나무 3개를 빼내면 남는 쌓기나무는 몇 개일까요?

( )

서술형 문제

정답과 풀이 65쪽

16 쌓기나무로 쌓은 모양을 층별로 나타낸 모양입니다. 위에서 본 모양에 수를 쓰는 방법으로 나타내고, 똑같은 모양으로 쌓는 데 필요한 쌓기나무의 개수를 구해 보세요.

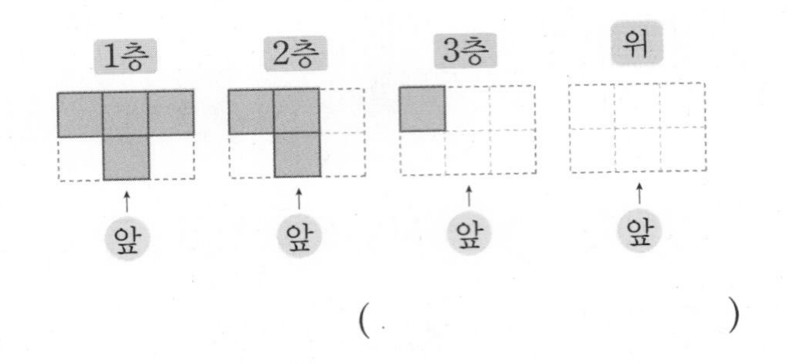

(　　　　　　　　)

17 쌓기나무로 쌓은 모양을 위, 앞, 옆에서 본 모양입니다. 2층에 쌓인 쌓기나무는 몇 개일까요?

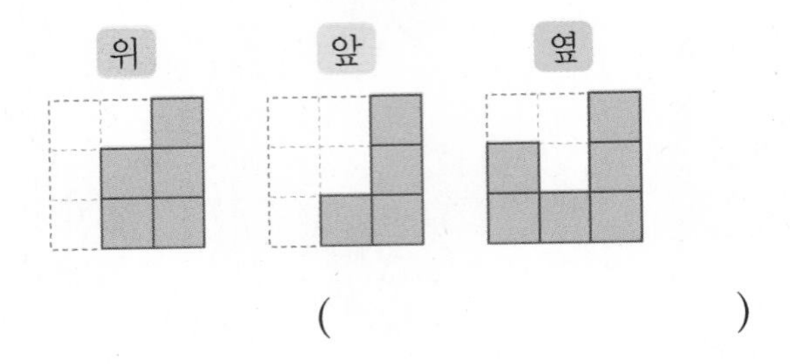

(　　　　　　　　)

18 쌓기나무로 쌓은 모양과 위에서 본 모양입니다. 쌓기나무로 쌓은 모양에 쌓기나무 몇 개를 더 쌓아서 정육면체 모양을 만들려면 필요한 쌓기나무는 적어도 몇 개일까요?

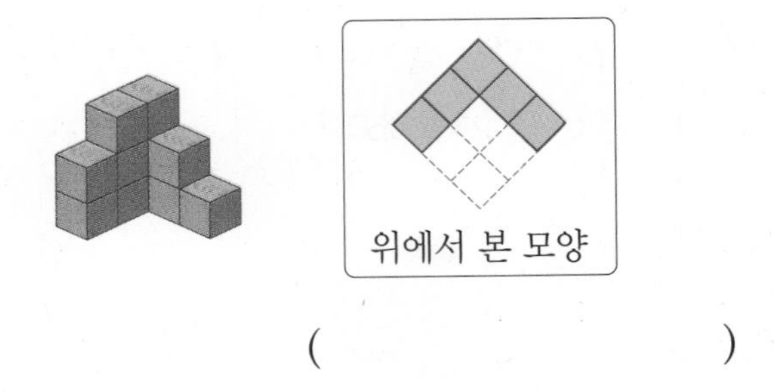

(　　　　　　　　)

19 쌓기나무 15개로 쌓은 모양과 위에서 본 모양입니다. ㉠에 쌓인 쌓기나무는 몇 개인지 풀이 과정을 쓰고 답을 구해 보세요.

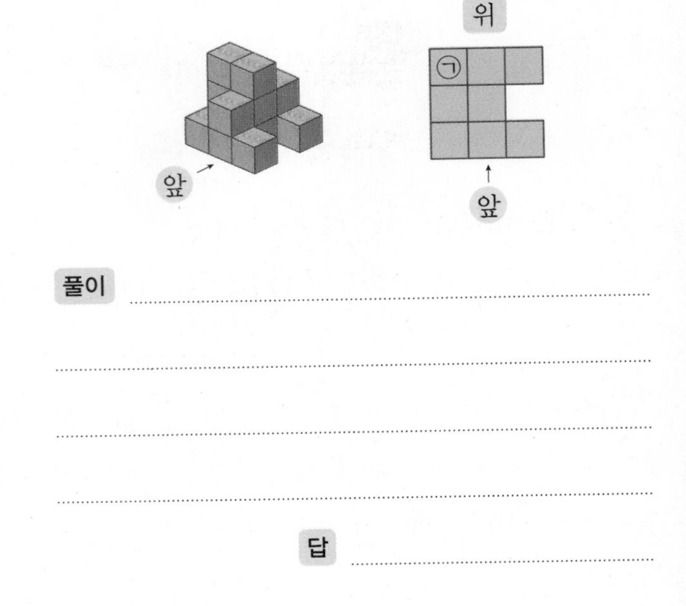

풀이

답

20 쌓기나무로 쌓은 모양을 위, 앞, 옆에서 본 모양입니다. 똑같은 모양으로 쌓는 데 필요한 쌓기나무는 적어도 몇 개인지 풀이 과정을 쓰고 답을 구해 보세요.

위　　앞　　옆

풀이

답

다시 점검하는 수시 평가 대비 Level 2

점수

확인

1 (그림) 모양과 쌓기나무 개수가 같은 모양을 찾아 ○표 하세요.

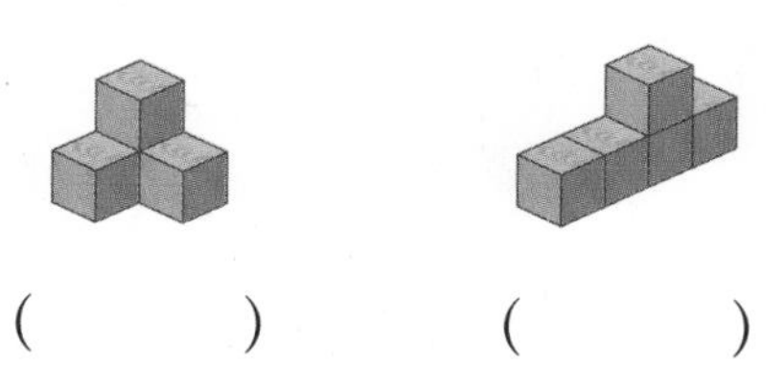

(　　　)　　(　　　)

2 쌓기나무로 쌓은 모양을 보고 위에서 본 모양에 수를 써 보세요.

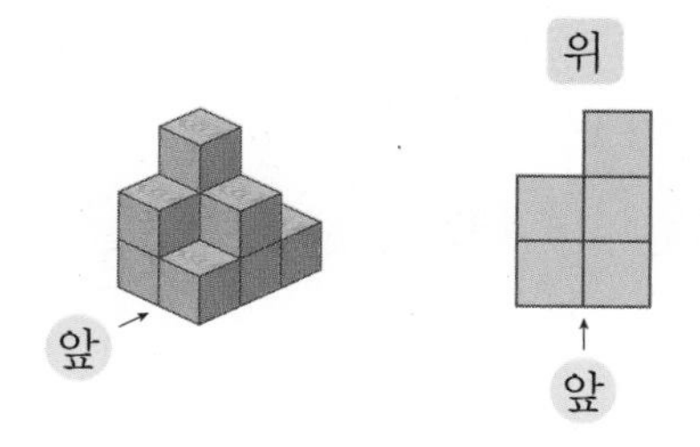

3 쌓기나무로 쌓은 모양과 1층의 모양입니다. □ 안에 알맞은 수를 써넣으세요.

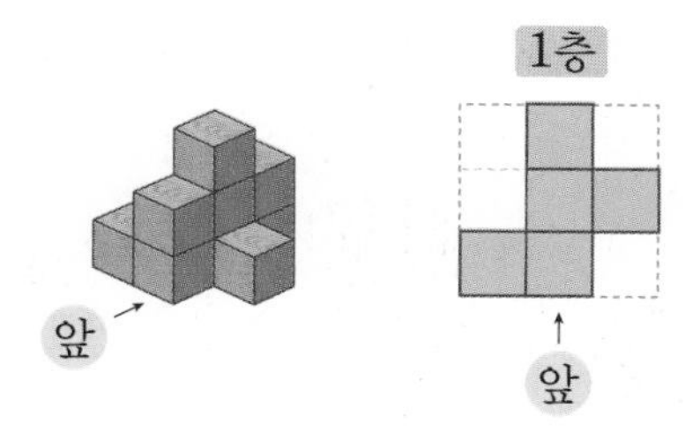

1층에 □개, 2층에 □개, 3층에 □개를 쌓아 만든 모양이므로 모두 □개의 쌓기나무를 사용하였습니다.

4 쌓기나무로 만든 모양입니다. 서로 같은 모양끼리 이어 보세요.

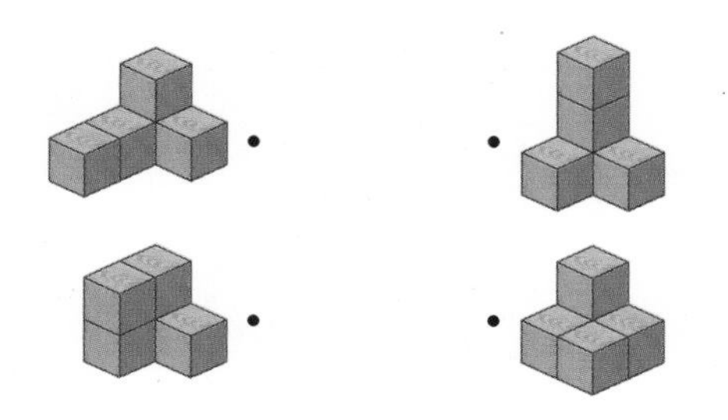

[5~6] 주어진 모양과 똑같이 쌓는 데 필요한 쌓기나무의 개수를 구해 보세요.

5

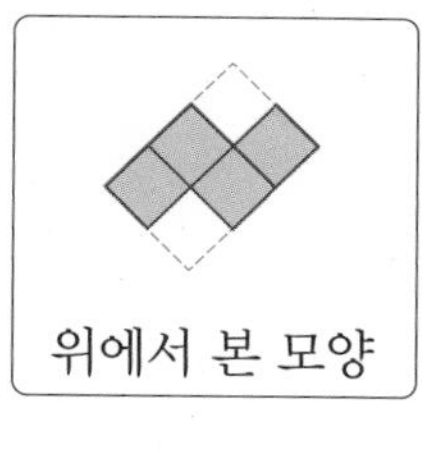

(　　　　　　)

6

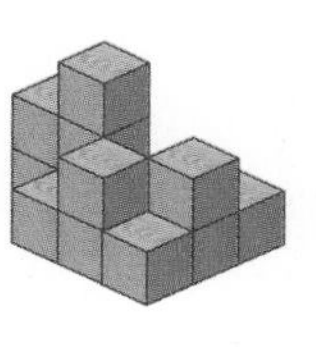

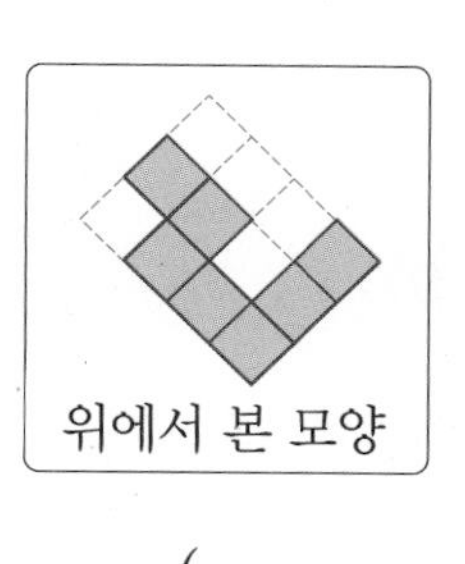

(　　　　　　)

7 쌓기나무를 4개씩 붙여서 만든 두 가지 모양을 사용하여 만들 수 있는 모양을 모두 찾아 기호를 써 보세요.

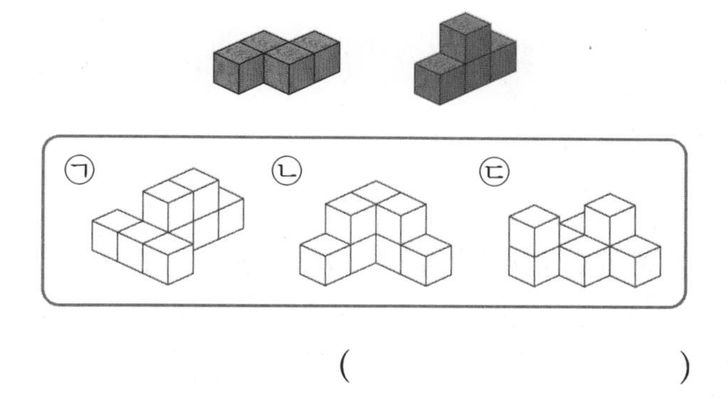

(　　　　　　)

8 쌓기나무 8개로 쌓은 모양입니다. 위, 앞, 옆 중 어느 방향에서 본 모양인지 써 보세요.

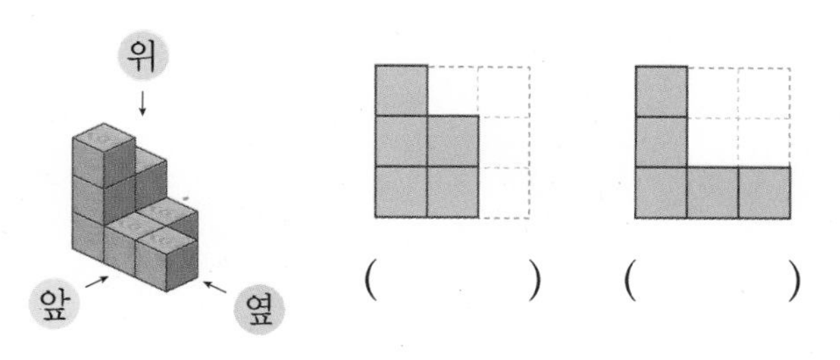

(　　　)　　(　　　)

9 쌓기나무 10개로 쌓은 모양입니다. 위에서 본 모양을 그려 보세요.

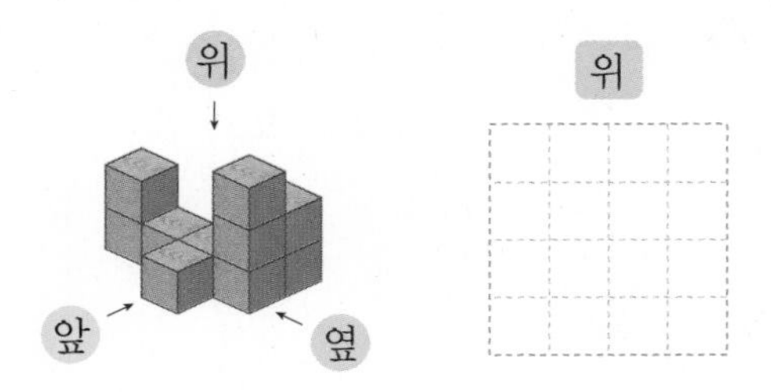

10 쌓기나무로 쌓은 모양을 보고 위에서 본 모양에 수를 썼습니다. 앞과 옆에서 본 모양을 각각 그려 보세요.

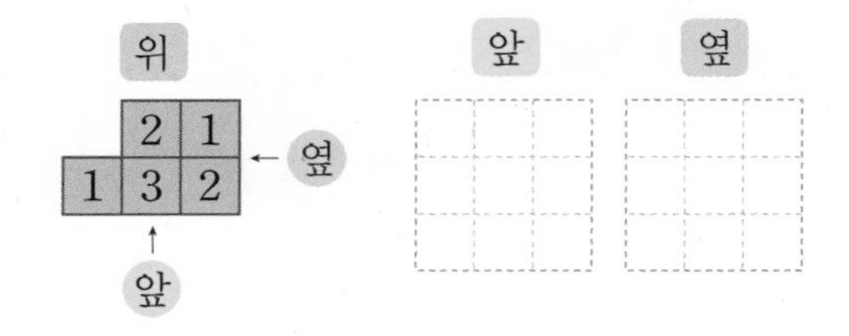

11 쌓기나무 7개로 쌓은 모양입니다. 앞에서 본 모양이 다른 하나를 찾아 기호를 써 보세요.

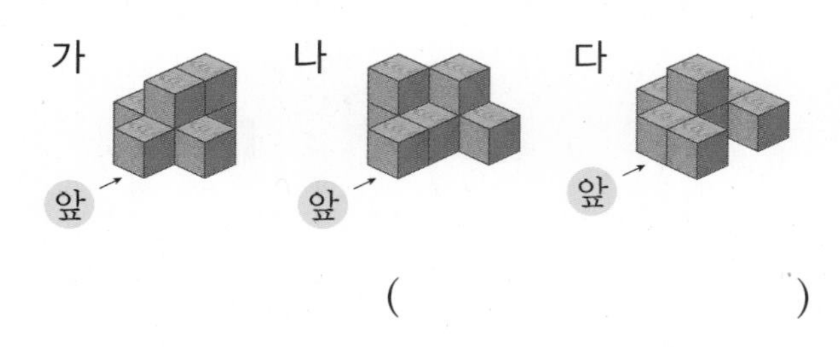

( )

12 쌓기나무 11개로 쌓은 모양입니다. 빨간색 쌓기나무 2개를 빼냈을 때 옆에서 본 모양을 그려 보세요.

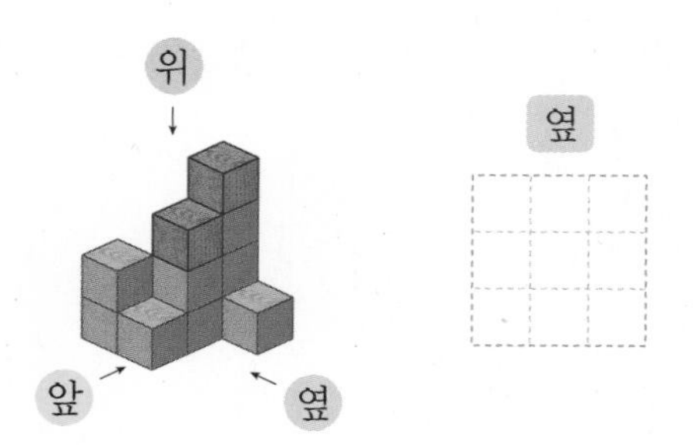

13 쌓기나무 16개로 쌓은 모양과 위에서 본 모양입니다. ㉠에 쌓인 쌓기나무는 몇 개일까요?

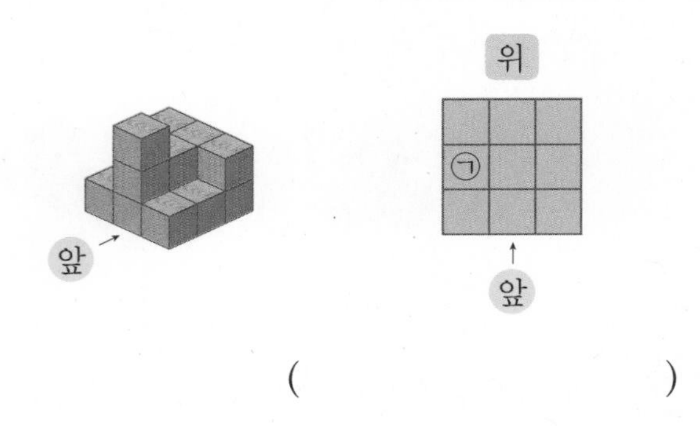

( )

14 쌓기나무로 쌓은 모양을 위, 앞, 옆에서 본 모양입니다. 똑같은 모양으로 쌓는 데 필요한 쌓기나무는 몇 개일까요?

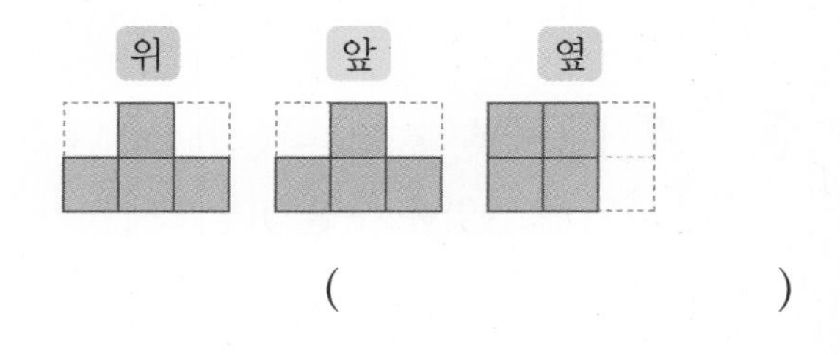

( )

15 쌓기나무로 쌓은 모양을 층별로 나타낸 모양을 보고 쌓은 모양을 찾아 기호를 써 보세요.

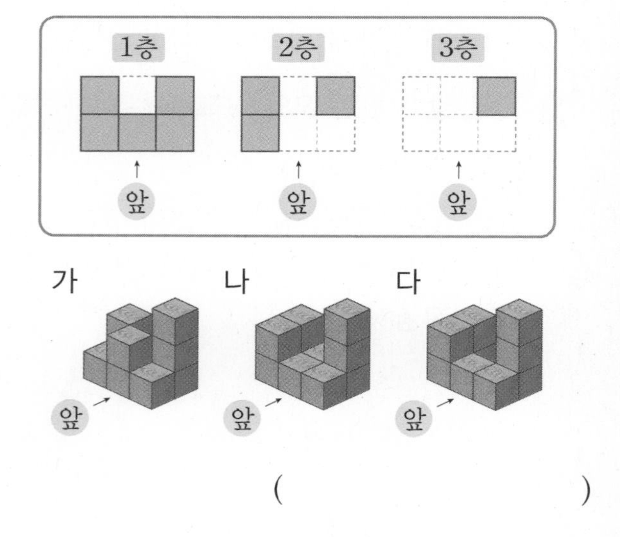

( )

서술형 문제

정답과 풀이 66쪽

16 쌓기나무로 쌓은 모양을 위, 앞, 옆에서 본 모양입니다. 쌓기나무를 가장 적게 사용하여 똑같은 모양으로 쌓으려면 필요한 쌓기나무는 몇 개일까요?

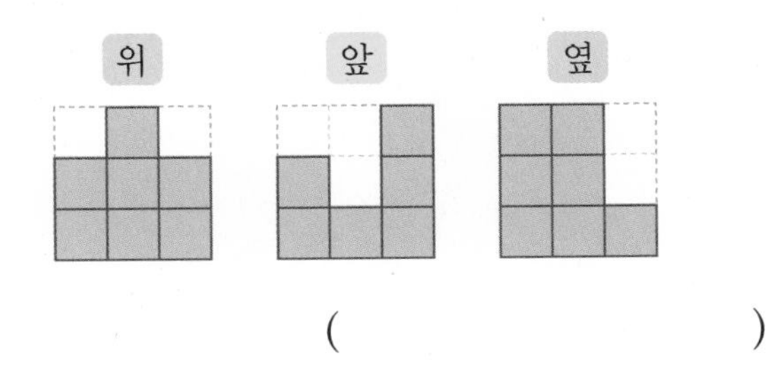

( )

17 오른쪽 정육면체 모양에서 쌓기나무 몇 개를 빼낸 모양과 위에서 본 모양입니다. 빼낸 쌓기나무는 몇 개일까요?

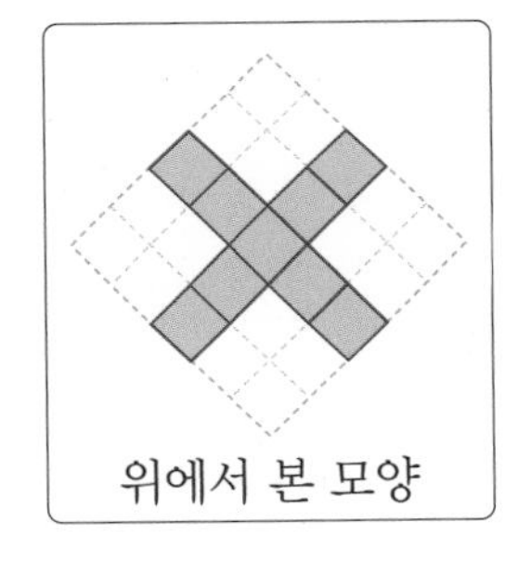
위에서 본 모양

( )

18 쌓기나무로 다음과 같이 쌓았더니 앞쪽의 쌓기나무에 가려 뒤쪽의 쌓기나무가 보이지 않습니다. 똑같은 모양으로 쌓을 때 쌓기나무가 가장 많이 사용되는 경우의 쌓기나무의 개수를 구해 보세요.

( )

19 쌓기나무로 쌓은 모양과 위에서 본 모양입니다. 민정이는 쌓기나무 7개를 가지고 있습니다. 민정이가 똑같은 모양으로 쌓으려면 쌓기나무가 몇 개 더 필요한지 풀이 과정을 쓰고 답을 구해 보세요.

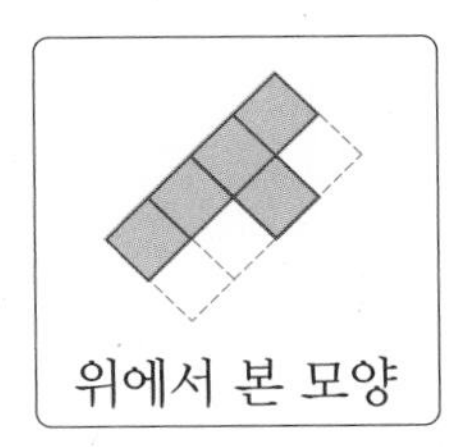
위에서 본 모양

풀이

답

20 쌓기나무로 쌓은 모양과 위에서 본 모양입니다. 이 모양에 쌓기나무를 더 쌓아 정육면체 모양을 만들려고 합니다. 쌓기나무는 적어도 몇 개 더 필요한지 풀이 과정을 쓰고 답을 구해 보세요.

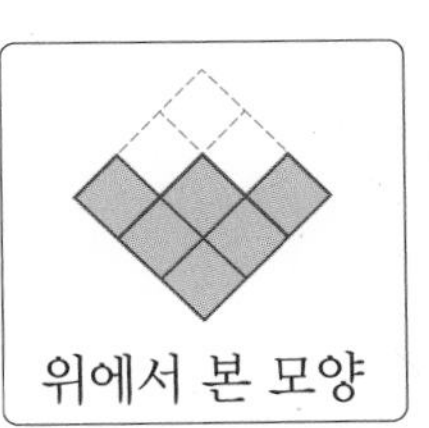
위에서 본 모양

풀이

답

서술형 50% 중간 단원 평가

1. 분수의 나눗셈 ~ 3. 공간과 입체

점수

확인

1 그림을 보고 □ 안에 알맞은 수를 써넣으세요.

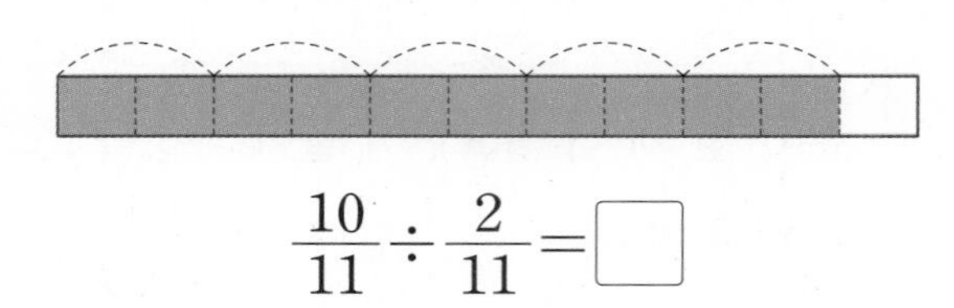

$\frac{10}{11} \div \frac{2}{11} = \square$

2 □ 안에 알맞은 수를 써넣으세요.

$20.16 \div 0.42 = \square \div 42 = \square$

3 책상 위에 여러 가지 컵을 놓고 사진을 여러 방향에서 찍었습니다. 오른쪽 사진을 찍은 방향을 찾아 기호를 써 보세요.

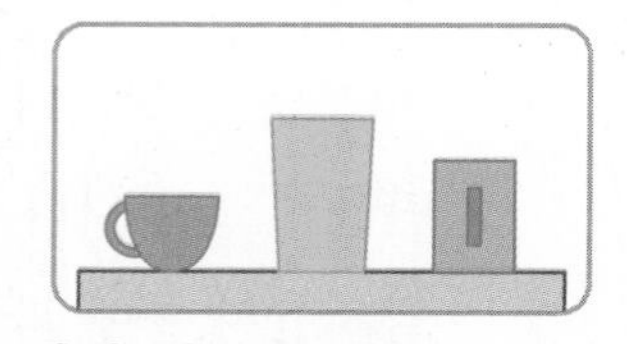

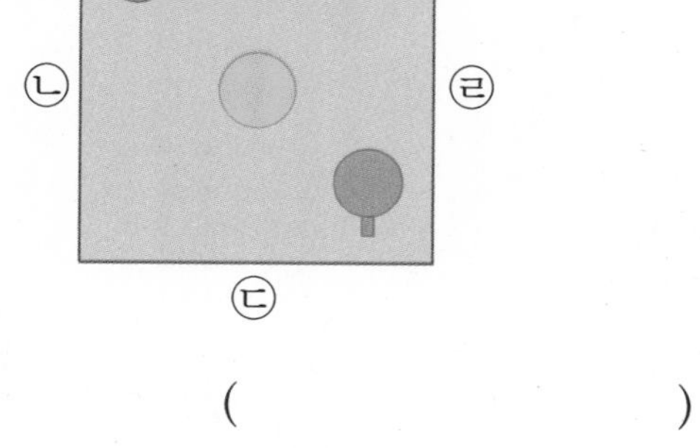

(　　　　　　　　　)

4 빈칸에 알맞은 수를 써넣으세요.

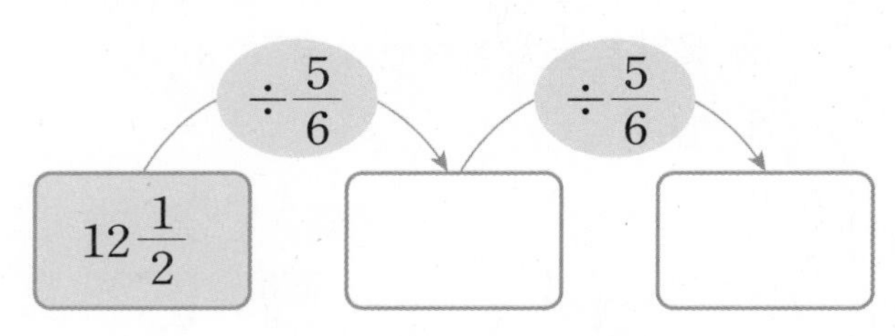

5 주어진 모양과 똑같이 쌓는 데 필요한 쌓기나무는 몇 개인지 구해 보세요.

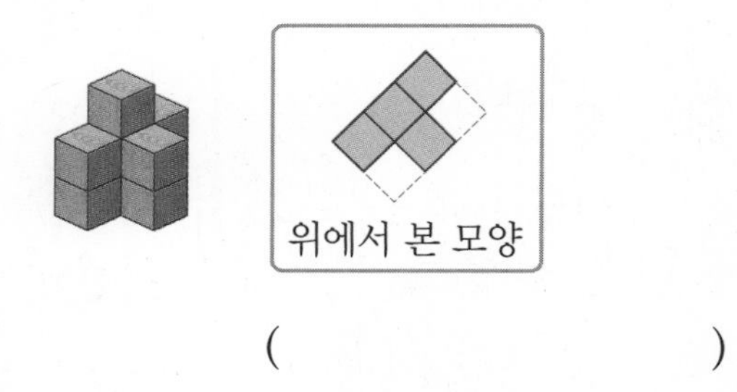

(　　　　　　　　　)

6 $5.63 \div 3$의 몫을 반올림하여 주어진 자리까지 나타내어 보세요.

일의 자리	소수 첫째 자리	소수 둘째 자리

정답과 풀이 68쪽

7 다음은 분수의 나눗셈을 잘못 계산한 것입니다. 계산이 잘못된 곳을 찾아 이유를 쓰고 바르게 계산해 보세요.

$$\frac{7}{8} \div \frac{2}{5} = 7 \div 2 = \frac{7}{2} = 3\frac{1}{2}$$

이유 ....

$\frac{7}{8} \div \frac{2}{5}$ ....

8 빵 한 개를 만드는 데 버터가 7 g 사용된다면 버터 43.8 g으로 똑같은 크기의 빵 몇 개를 만들 수 있고, 남는 버터는 몇 g일까요?

만들 수 있는 빵의 수 (　　　　　)

남는 버터의 무게 (　　　　　)

9 다음 중 보기 의 쌓기나무를 사용하여 만들 수 없는 모양을 찾아 기호를 써 보세요.

보기

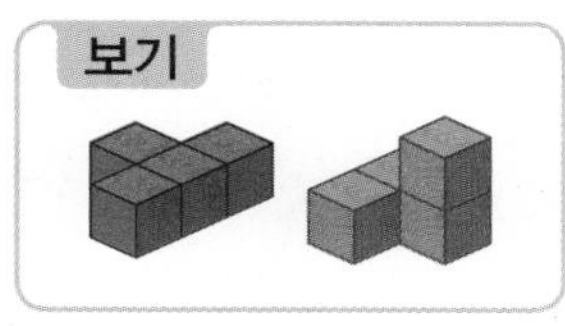

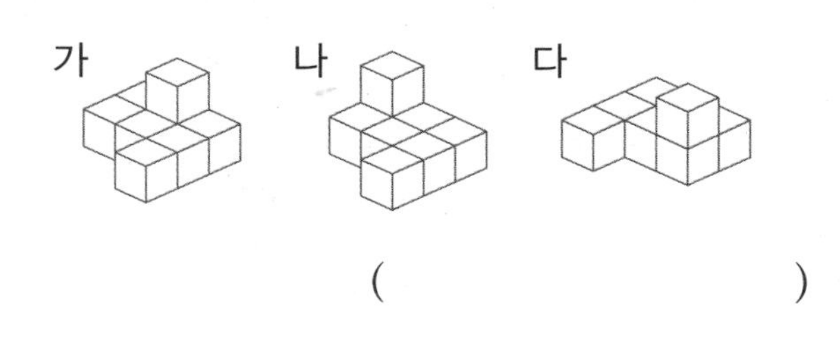

(　　　　　)

10 쌓기나무로 쌓은 모양을 층별로 나타낸 모양입니다. 똑같은 모양으로 쌓는 데 필요한 쌓기나무는 몇 개인지 풀이 과정을 쓰고 답을 구해 보세요.

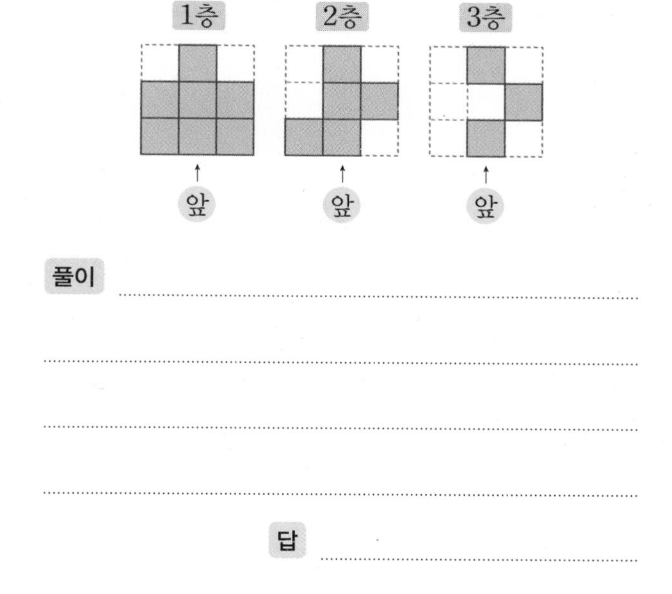

풀이 ....

답 ....

11 ㉮의 몫보다 크고 ㉯의 몫보다 작은 자연수는 모두 몇 개인지 풀이 과정을 쓰고 답을 구해 보세요.

㉮ 15.6÷1.3

㉯ 56.26÷2.9

풀이 ....

답 ....

12 두께가 일정한 나무 막대 $\frac{5}{12}$ m의 무게가 $5\frac{2}{3}$ kg일 때 나무 막대 1 m는 몇 kg일까요?

( )

13 몫의 소수 14째 자리 숫자는 얼마인지 풀이 과정을 쓰고 답을 구해 보세요.

$7 \div 2.7$

풀이

답

14 쌓기나무로 오른쪽과 같이 쌓은 모양을 위에서 본 모양입니다. 앞과 옆에서 본 모양을 각각 그려 보세요.

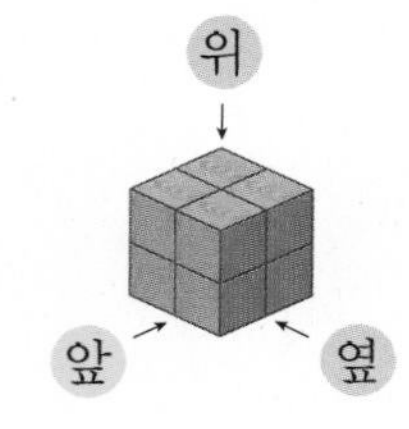

위

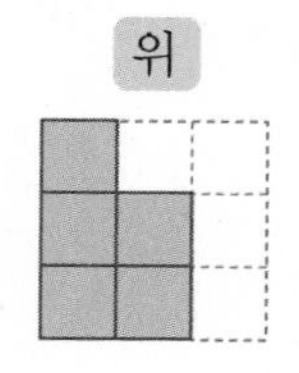

앞

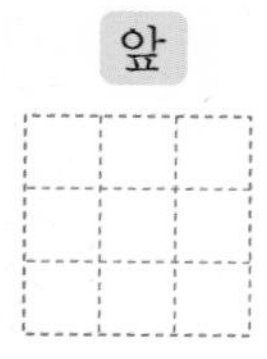

옆

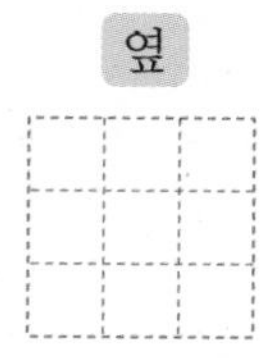

15 자동차가 2시간 24분 동안 197.2 km를 달렸습니다. 이 자동차가 일정한 빠르기로 갔다면 한 시간 동안 달린 거리는 몇 km인지 반올림하여 일의 자리까지 나타내려고 합니다. 풀이 과정을 쓰고 답을 구해 보세요.

풀이

답

16 밑변의 길이가 $5\frac{4}{7}$ cm이고 넓이가 $5\frac{5}{14}$ cm^2인 삼각형이 있습니다. 이 삼각형의 높이는 몇 cm인지 풀이 과정을 쓰고 답을 구해 보세요.

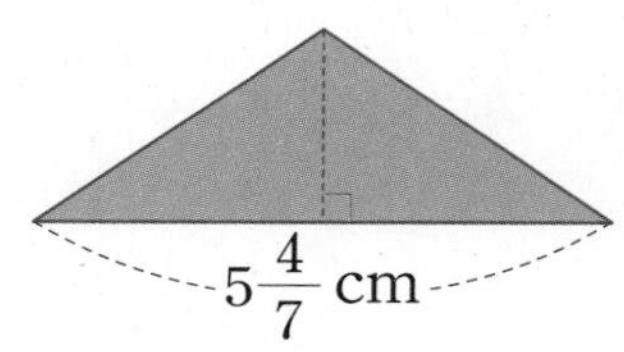

풀이

답

정답과 풀이 68쪽

17 어느 수도에서 1분 동안 물 $\frac{5}{7}$ L가 나옵니다. 물이 일정한 빠르기로 나온다면 이 수도에서 물 $6\frac{2}{3}$ L를 받는 데 몇 분 몇 초가 걸리는지 풀이 과정을 쓰고 답을 구해 보세요.

풀이

답

18 쌓기나무로 쌓은 모양을 위, 앞, 옆에서 본 모양입니다. 쌓기나무를 가장 많이 사용할 때 쌓기나무는 몇 개인지 풀이 과정을 쓰고 답을 구해 보세요.

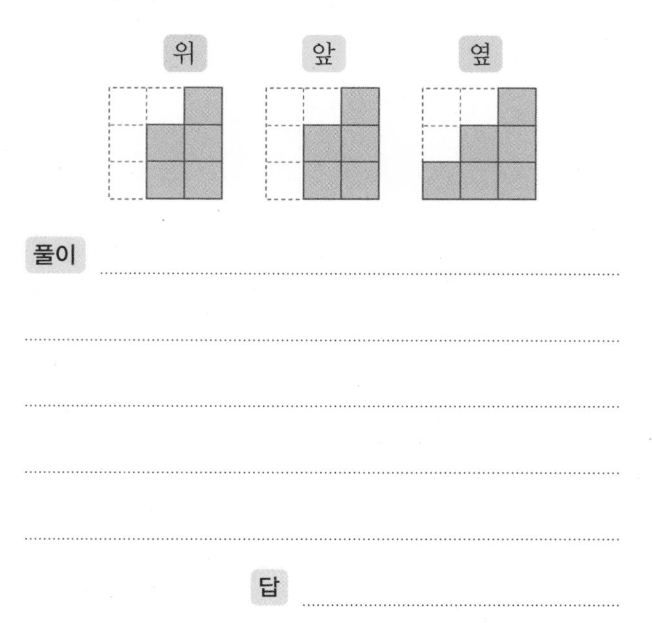

풀이

답

19 수 카드 2, 5, 7, 9 를 한 번씩만 사용하여 다음 나눗셈식을 만들려고 합니다. 몫이 가장 크게 될 때의 몫은 얼마인지 풀이 과정을 쓰고 답을 구해 보세요.

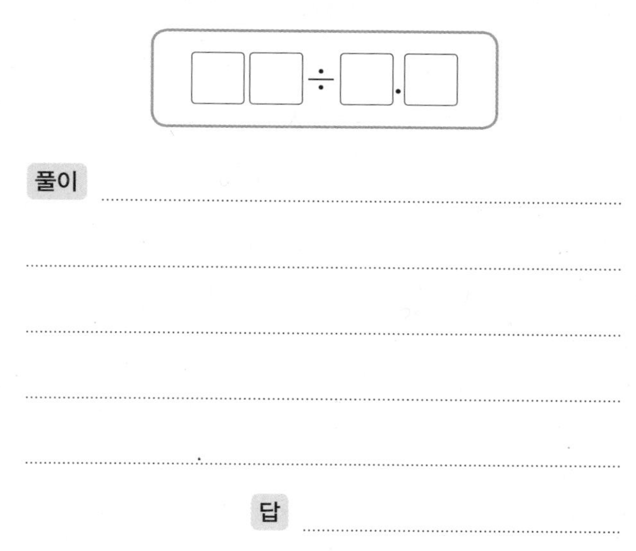

풀이

답

20 길이가 $\frac{6}{7}$ km인 도로가 있습니다. 도로의 양쪽에 처음부터 끝까지 $\frac{2}{35}$ km 간격으로 나무를 똑같이 심으려고 합니다. 나무는 모두 몇 그루가 필요한지 풀이 과정을 쓰고 답을 구해 보세요. (단, 나무의 두께는 생각하지 않습니다.)

풀이

답

1 다음 비에서 전항과 후항을 각각 써 보세요.

11 : 15

전항 (   )

후항 (   )

2 비례식에서 외항의 곱과 내항의 곱을 각각 구해 보세요.

7 : 12=14 : 24

외항의 곱 (   )

내항의 곱 (   )

3 □ 안에 알맞은 수를 써넣어 간단한 자연수의 비로 나타내어 보세요.

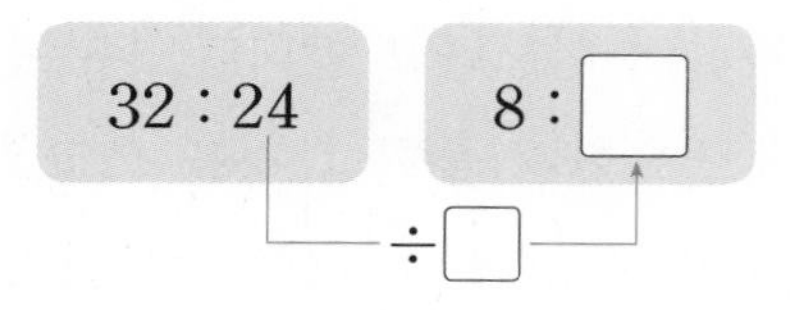

4 전항과 후항에 0이 아닌 같은 수를 곱하여 비율이 같은 비를 2개 써 보세요.

4 : 7

(   )

5 옳은 비례식은 어느 것일까요? (   )

① 7 : 8=16 : 14 ② $3 : 4=\frac{1}{3} : \frac{1}{4}$

③ 0.5 : 0.6=2 : 5 ④ 2 : 6=4 : 12

⑤ 45 : 36=4 : 5

6 비례식의 성질을 이용하여 ■를 구하려고 합니다. □ 안에 알맞은 수를 써넣으세요.

3 : 8=9 : ■

3×■=8×□

3×■=□

■=□

7 비례식의 성질을 이용하여 □ 안에 알맞은 수를 써넣으세요.

6 : 7=□ : 14

8 안의 수를 주어진 비로 나누어 [,] 안에 나타내어 보세요.

(1) 54 5 : 4 ➡ [,   ]

(2) 70 9 : 5 ➡ [,   ]

9 후항이 15인 비가 있습니다. 이 비의 비율이 $\frac{3}{5}$일 때 전항은 얼마일까요? (　　　)

① 6　　② 7　　③ 8
④ 9　　⑤ 10

10 똑같은 연필 3자루가 1050원입니다. 이 연필 5자루의 값은 얼마일까요?

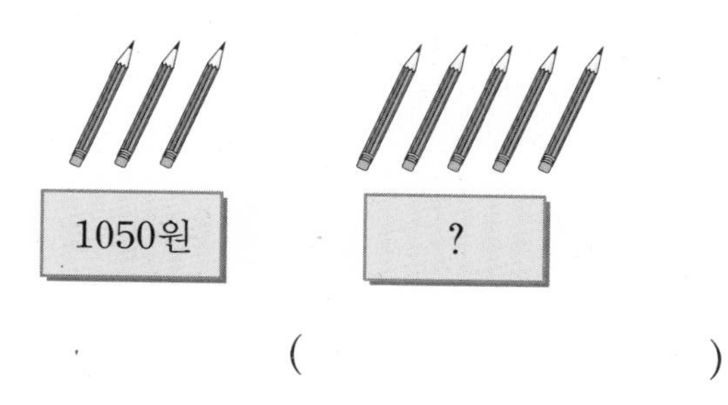

(　　　　　　)

11 동수와 명희가 48 cm인 철사를 3 : 5로 나누어 가지려고 합니다. 동수와 명희는 철사를 각각 몇 cm씩 가지면 될까요?

동수 (　　　　　　)
명희 (　　　　　　)

12 구슬 84개를 희철이와 희주가 $\frac{1}{4}:\frac{1}{3}$로 나누어 가지려고 합니다. 희철이는 구슬을 몇 개 가지게 될까요?

(　　　　　　)

13 귤 120개를 남규네와 주찬이네 가족 수에 따라 나누어 주려고 합니다. 남규네는 가족이 4명, 주찬이네는 가족이 6명입니다. 주찬이네는 귤을 몇 개 받아야 할까요?

(　　　　　　)

14 6월 한 달 동안 동민이가 운동을 한 날수와 운동을 하지 않은 날수의 비가 7 : 3이라고 합니다. 동민이가 6월에 운동을 하지 않은 날은 며칠일까요?

(　　　　　　)

15 서로 맞물려 돌아가는 두 톱니바퀴 ㉮, ㉯가 있습니다. ㉮ 톱니바퀴가 5번 도는 동안 ㉯ 톱니바퀴는 6번 돈다고 합니다. ㉯ 톱니바퀴가 42번 돌 때 ㉮ 톱니바퀴는 몇 번 도는지 구해 보세요.

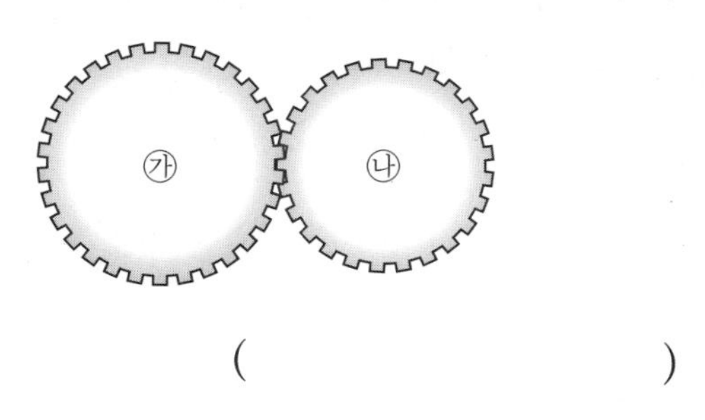

(　　　　　　)

16 둘레가 92 cm인 직사각형의 가로와 세로의 비가 $\frac{2}{5}$: $\frac{3}{4}$입니다. 이 직사각형의 가로는 몇 cm일까요?

( )

17 동건이가 농구를 하는 데 7번 던지면 4번 공이 들어간다고 합니다. 이와 같은 비율로 공이 들어간다고 할 때 56번을 던진다면 공이 몇 번 들어갈까요?

( )

18 그림과 같이 두 사각형 ㉮, ㉯가 겹쳐져 있습니다. 겹쳐진 부분의 넓이는 ㉮의 $\frac{1}{2}$이고, ㉯의 $\frac{2}{5}$입니다. 두 사각형 ㉮와 ㉯의 넓이의 비를 간단한 자연수의 비로 나타내어 보세요.

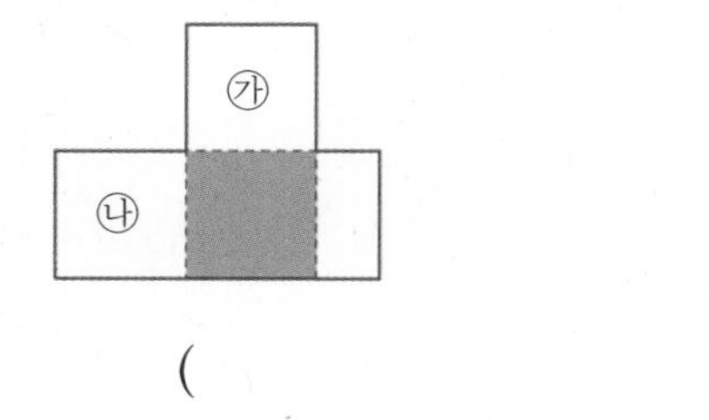

( )

서술형 문제

정답과 풀이 70쪽

19 현미와 명재가 만두를 빚고 있습니다. 만두를 현미가 7개 빚는 동안 명재는 9개 빚습니다. 각각 일정한 빠르기로 만두를 빚는다고 할 때, 만두를 현미가 63개 빚었다면 명재가 빚은 만두는 몇 개인지 풀이 과정을 쓰고 답을 구해 보세요.

풀이

답

20 구슬을 수영이와 진호가 3 : 2로 나누어 가졌더니 수영이가 가진 구슬이 18개였습니다. 두 사람이 나누어 가진 구슬은 모두 몇 개인지 풀이 과정을 쓰고 답을 구해 보세요.

풀이

답

다시 점검하는 **수시 평가 대비** Level 2

점수

확인

4. 비례식과 비례배분

1 비례식에서 외항의 곱을 구해 보세요.

$8:11=40:55$

(　　　　　　　　)

2 비례와 비례식에 대해 잘못 설명한 것을 찾아 기호를 써 보세요.

㉠ $5:18$에서 5는 전항, 18은 후항입니다.
㉡ $1:6=2:12$에서 내항은 6과 2입니다.
㉢ $4:6=16:24$에서 외항은 16과 24입니다.
㉣ $2:5=4:10$은 $2:5$의 비율과 $4:10$의 비율이 같으므로 비례식입니다.

(　　　　　　　　)

3 비율이 같은 두 비를 찾아 비례식을 세워 보세요.

$4:16$　　$12:48$　　$5:17$　　$2:9$

□ : □ = □ : □

4 비를 간단한 자연수의 비로 나타내어 보세요.

$0.6:2$

(　　　　　　　　)

5 $1\frac{1}{2}:2.5$를 간단한 자연수의 비로 나타내면 $3:$□입니다. □ 안에 알맞은 수를 구해 보세요.

(　　　　　　　　)

6 송미와 이모의 나이의 비는 $3:7$입니다. 송미의 나이가 12살일 때 이모의 나이는 몇 살인지 알아보는 비례식은 어느 것일까요? (　　　　)

① $3:7=$□$:12$　　② $3:7=12:$□
③ $3:$□$=7:12$　　④ $3:12=$□$:7$
⑤ □$:3=7:12$

7 비례식에서 □ 안에 알맞은 대분수를 써넣으세요.

$20:18=1\frac{2}{3}:$□

8 도토리 84개를 다람쥐와 청설모에게 $4:3$으로 나누어 주려고 합니다. 다람쥐와 청설모에게 도토리를 각각 몇 개씩 주어야 할까요?

다람쥐 (　　　　　　　　)
청설모 (　　　　　　　　)

9 ㉮ : ㉯를 간단한 자연수의 비로 나타내어 보세요.

> ㉮ × 12 = ㉯ × 18

( )

10 학교 체육관에 있는 축구공 수와 농구공 수의 비가 7 : 4입니다. 농구공이 20개일 때 축구공은 몇 개일까요?

( )

11 물과 포도 원액의 양을 4 : 3으로 섞어서 포도 주스를 만들려고 합니다. 포도 원액을 480 mL 사용한다면 물은 몇 mL 사용해야 할까요?

( )

12 사탕 52개를 은하와 정남이가 $1.5 : 1\frac{3}{4}$으로 나누어 가지려고 합니다. 은하는 사탕을 몇 개 가지게 될까요?

( )

13 비례식에서 내항의 곱이 60일 때 ㉠, ㉡에 알맞은 수를 각각 구해 보세요.

> 25 : 6 = ㉠ : ㉡

㉠ ( )
㉡ ( )

14 공책 32권을 정국이네 모둠과 예리네 모둠에게 나누어 주려고 합니다. 각 모둠 학생 수에 따라 나누어 주려고 할 때 각 모둠에 공책을 몇 권씩 주어야 할까요?

> • 정국이네 모둠: 3명
> • 예리네 모둠: 5명

정국이네 모둠 ( )
예리네 모둠 ( )

15 어느 날 낮과 밤의 길이의 비가 $\frac{1}{5} : \frac{1}{7}$이라고 합니다. 이날 낮과 밤의 길이는 각각 몇 시간일까요?

낮 ( )
밤 ( )

16 직선 가와 나는 서로 평행합니다. 평행사변형 ㄱㄴㄷㄹ과 사다리꼴 ㅁㅂㅅㅇ의 넓이의 비를 간단한 자연수의 비로 나타내어 보세요.

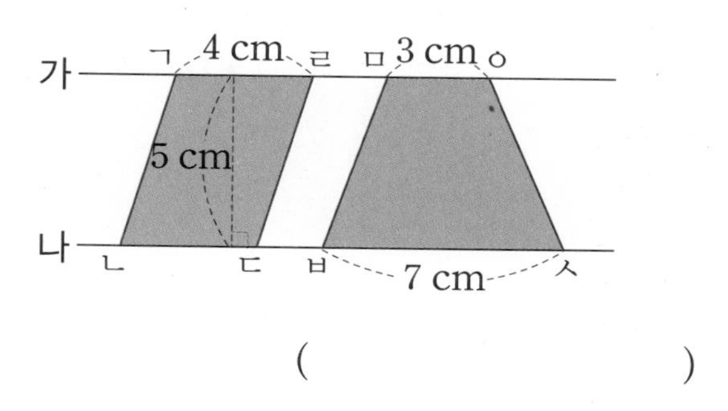

(　　　　　　　　　　)

17 서현이네 반 학생의 25 %는 동생이 있습니다. 동생이 있는 학생이 8명일 때 서현이네 반 학생은 모두 몇 명일까요?

(　　　　　　　　　　)

18 8분에 12 km를 가는 자동차가 있습니다. 같은 빠르기로 이 자동차가 315 km를 가는 데 걸리는 시간은 몇 시간 몇 분일까요?

(　　　　　　　　　　)

서술형 문제

➲ 정답과 풀이 71쪽

19 어떤 직사각형의 가로와 세로의 비는 7 : 5입니다. 이 직사각형의 가로가 35 cm라면 둘레는 몇 cm인지 풀이 과정을 쓰고 답을 구해 보세요.

풀이

답

20 밀가루 5400 t을 가, 나 두 마을에 나누어 주려고 합니다. 가 마을과 나 마을에 0.7 : 1.1로 나누어 줄 때 가, 나 두 마을이 받는 밀가루의 양의 차는 몇 t인지 풀이 과정을 쓰고 답을 구해 보세요.

풀이

답

다시 점검하는 수시 평가 대비 Level 1

점수

확인

5. 원의 넓이

1 지름이 20 cm인 굴렁쇠가 있습니다. 이 굴렁쇠의 둘레는 62.8 cm입니다. 굴렁쇠의 둘레는 지름의 몇 배일까요?

(　　　　　　)

2 원의 넓이를 구하는 식을 보고 원의 넓이를 구해 보세요. (원주율: 3.14)

(원의 넓이)=(반지름)×(반지름)×(원주율)

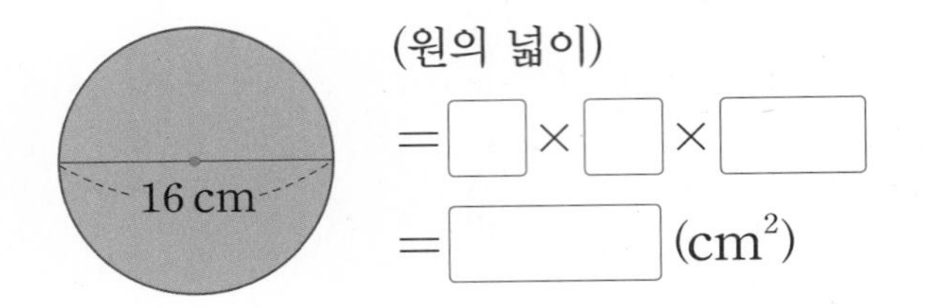

3 오른쪽 원의 원주를 구하려고 합니다. 식을 쓰고 답을 구해 보세요. (원주율: 3.1)

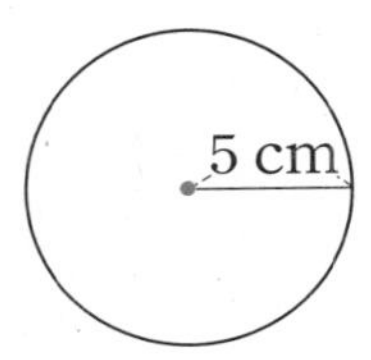

식 ....

답 ....

4 반지름이 6 cm인 원을 한없이 잘라 이어 붙였습니다. ㉠, ㉡의 길이를 각각 구해 보세요. (원주율: 3)

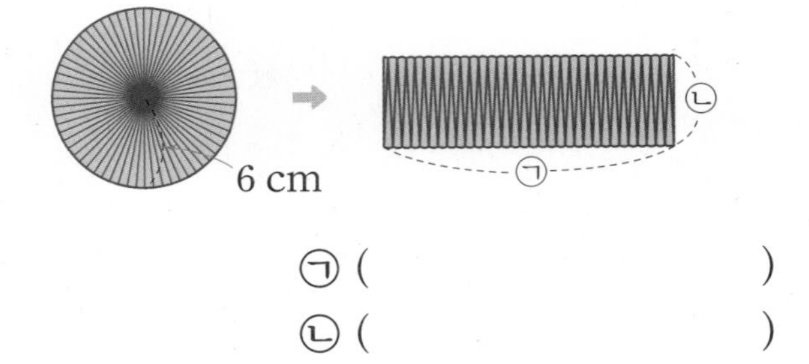

㉠ (　　　　　　)

㉡ (　　　　　　)

5 원주를 구해 보세요. (원주율: 3.1)

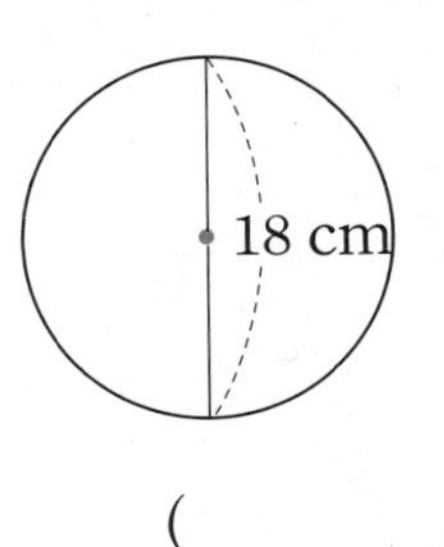

(　　　　　　)

6 원 안의 정사각형과 원 밖의 정사각형의 넓이를 이용하여 원의 넓이를 어림하려고 합니다. 원의 넓이의 범위를 구해 보세요.

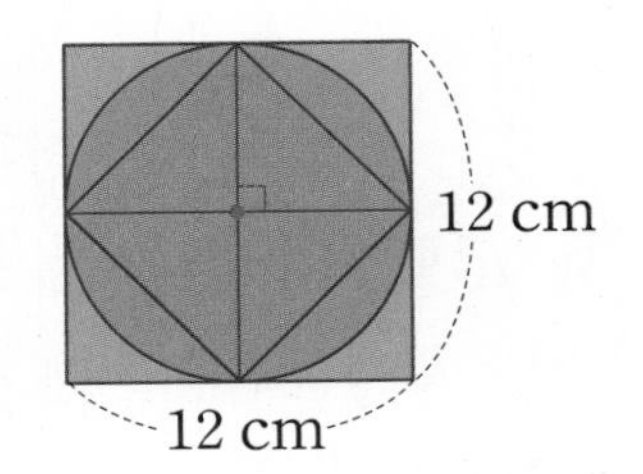

□ cm^2<(원의 넓이)

(원의 넓이)<□ cm^2

7 반지름이 11 cm인 원 모양의 접시가 있습니다. 이 접시의 둘레는 몇 cm일까요? (원주율: 3)

(　　　　　　)

8 지름이 20 cm인 원의 넓이는 몇 cm^2일까요? (원주율: 3.14)

(　　　　　　)

9 원주가 74.4 cm인 원의 지름은 몇 cm일까요? (원주율: 3.1)

(   )

10 다음 원의 넓이는 243 cm^2입니다. □ 안에 알맞은 수를 써넣으세요. (원주율: 3)

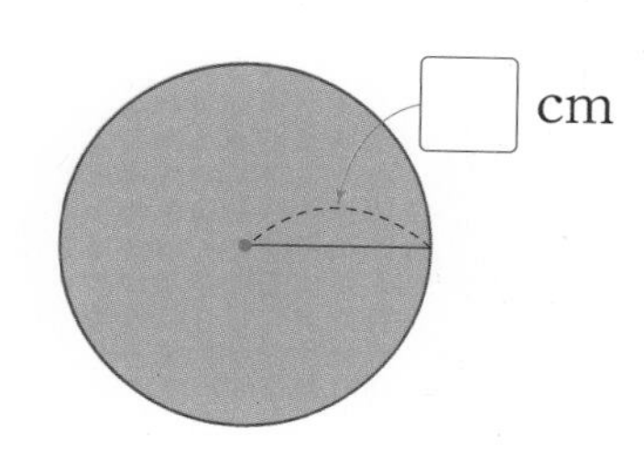

11 지름이 4 cm인 동전을 굴렸더니 동전이 굴러간 거리가 120 cm였습니다. 동전을 몇 바퀴 굴렸을까요? (원주율: 3)

(   )

12 한 변이 8 cm인 정사각형 안에 들어갈 수 있는 가장 큰 원의 넓이는 몇 cm^2일까요?

(원주율: 3.1)

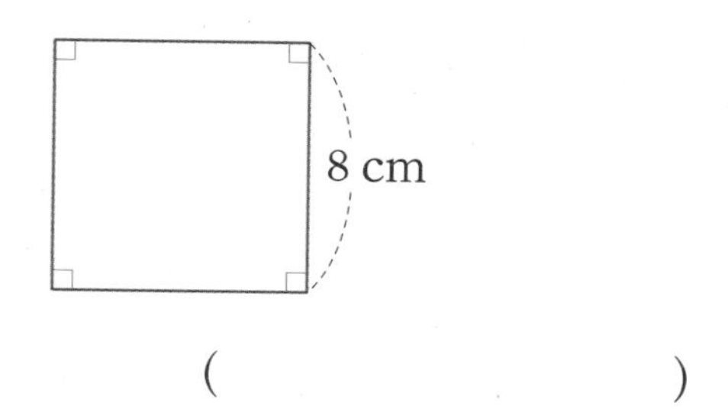

(   )

13 둘레가 186 m인 원 모양의 연못이 있습니다. 이 연못의 넓이는 몇 m^2일까요? (원주율: 3.1)

(   )

14 넓이가 넓은 원부터 차례로 기호를 써 보세요.

(원주율: 3)

㉠ 반지름이 8 cm인 원
㉡ 지름이 12 cm인 원
㉢ 원주가 45 cm인 원
㉣ 넓이가 147 cm^2인 원

(   )

15 지름이 32 cm인 원 모양의 피자가 있습니다. 이 피자의 $\frac{3}{8}$을 먹었다면 남은 피자의 넓이는 몇 cm^2일까요? (단, 피자의 두께는 생각하지 않고, 원주율은 3입니다.)

(   )

5

서술형 문제

정답과 풀이 73쪽

16 색칠한 부분의 둘레를 구해 보세요.

(원주율: 3.14)

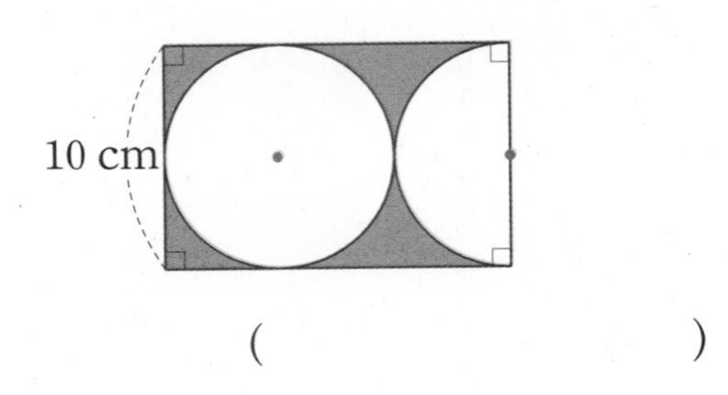

( )

17 색칠한 부분의 넓이를 구해 보세요.

(원주율: 3.1)

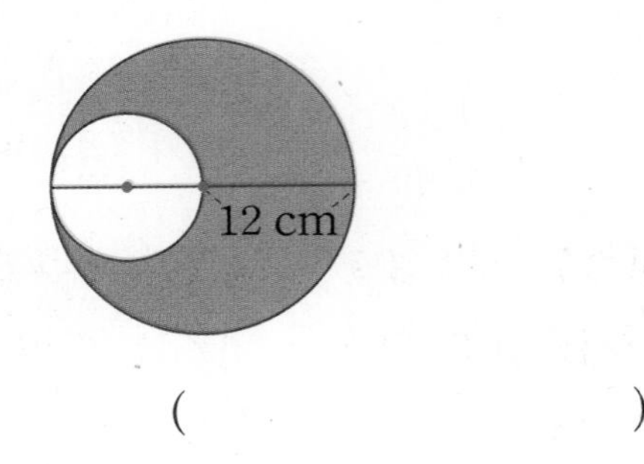

( )

18 지윤이와 유천이가 다음과 같이 원을 그렸습니다. 더 큰 원을 그린 사람은 누구일까요?

(원주율: 3)

- 지윤: 내가 그린 원의 원주는 48 cm야.
- 유천: 난 넓이가 243 cm^2인 원을 그렸어.

( )

19 희경이네 반에서 게시판을 꾸미기 위해 넓이가 111.6 cm^2인 원 모양의 해를 만들었습니다. 만든 해의 둘레는 몇 cm인지 풀이 과정을 쓰고 답을 구해 보세요. (원주율: 3.1)

풀이

답

20 색칠한 부분의 넓이는 몇 cm^2인지 풀이 과정을 쓰고 답을 구해 보세요. (원주율: 3.14)

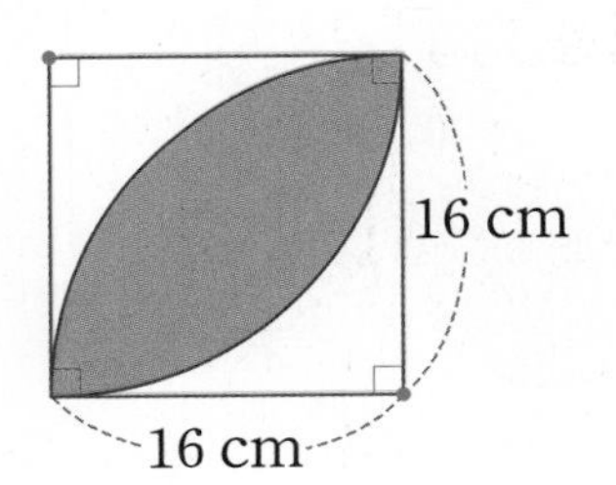

풀이

답

1 다음 설명 중 옳은 것은 어느 것일까요?

( )

① (원주)=(반지름)×(반지름)×(원주율)
② 반지름이 커지면 원주율도 커집니다.
③ 지름이 작아지면 원주율도 작아집니다.
④ (원주)=(반지름)×(원주율)
⑤ 원의 크기와 관계없이 원주율은 일정합니다.

2 빈칸에 알맞은 수를 써넣으세요. (원주율: 3.1)

지름(cm)	원주(cm)
4	
	37.2

3 그림을 보고 □ 안에 알맞은 말을 써넣으세요.

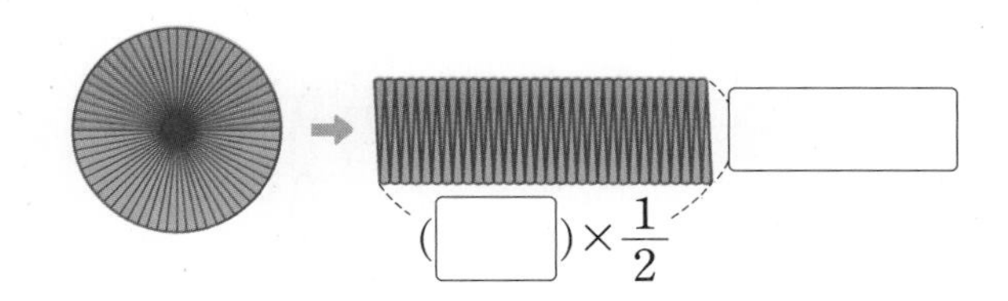

4 원주를 구해 보세요. (원주율: 3.14)

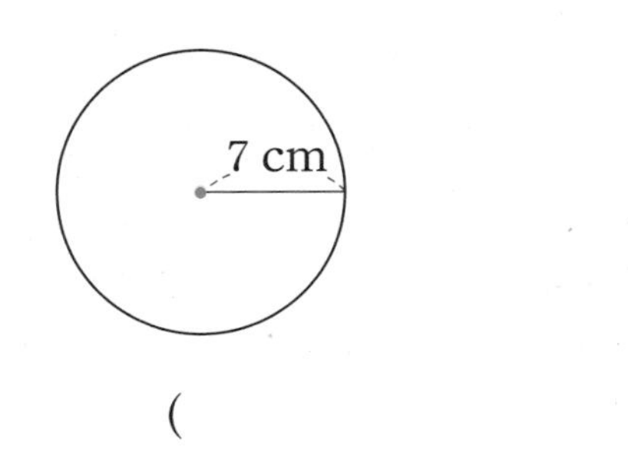

( )

5 원의 넓이를 구해 보세요. (원주율: 3)

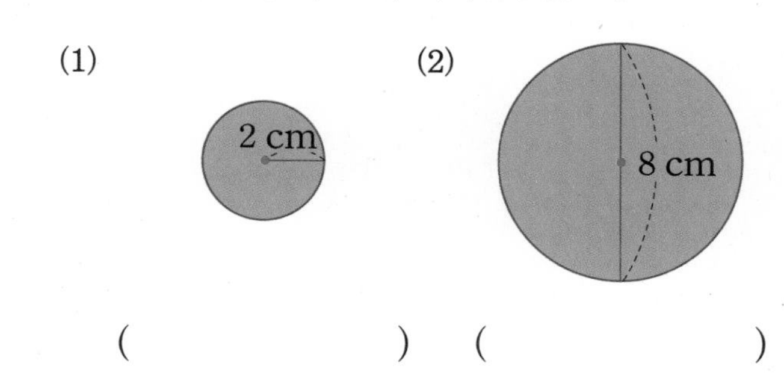

( ) ( )

6 정육각형의 넓이를 이용하여 원의 넓이를 어림하려고 합니다. 삼각형 ㄱㅇㄷ의 넓이가 28 cm², 삼각형 ㄹㅇㅂ의 넓이가 21 cm²일 때 원의 넓이의 범위를 구해 보세요.

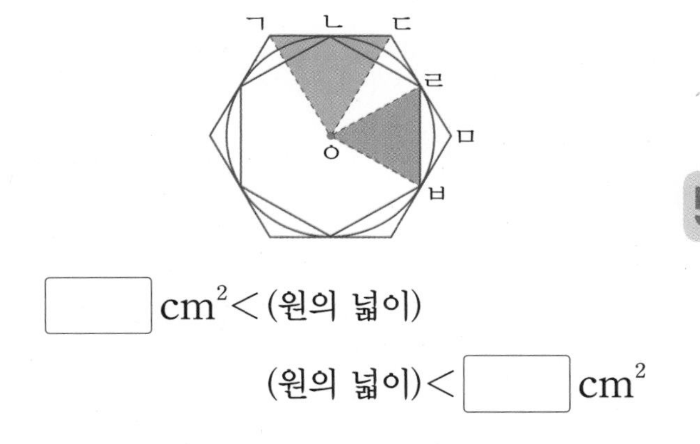

□ cm² < (원의 넓이)

(원의 넓이) < □ cm²

7 준하는 지름이 25 m인 원 모양의 호수를 둘레를 따라 2바퀴 걸었습니다. 준하가 걸은 거리는 몇 m일까요? (원주율: 3.1)

( )

8 원의 넓이가 192 cm^2일 때, □ 안에 알맞은 수를 써넣으세요. (원주율: 3)

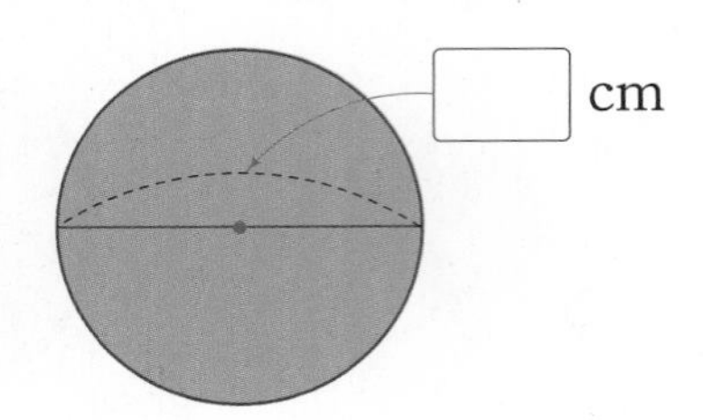

9 원주가 45 cm인 원이 있습니다. 원의 반지름은 몇 cm일까요? (원주율: 3) (　　　　)

① 6 cm　② 7.5 cm　③ 8 cm
④ 9 cm　⑤ 15 cm

10 지름이 60 cm인 훌라후프를 몇 바퀴 굴렸더니 움직인 거리가 1302 cm였습니다. 훌라후프를 몇 바퀴 굴렸을까요? (원주율: 3.1)

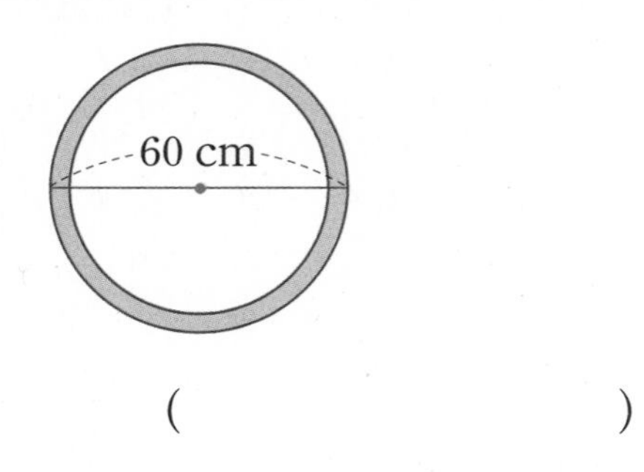

(　　　　　　　　　　)

11 원주가 68.2 cm인 원의 넓이는 몇 cm^2일까요? (원주율: 3.1)

(　　　　　　　　　　)

12 그림과 같은 CD를 일직선으로 5바퀴 굴렸더니 움직인 거리가 210 cm였습니다. CD의 반지름은 몇 cm일까요? (원주율: 3)

(　　　　　　　　　　)

13 두 원의 원주의 차를 구해 보세요. (원주율: 3.1)

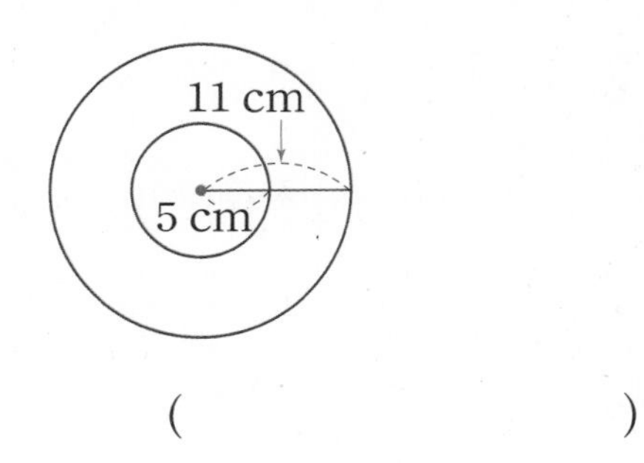

(　　　　　　　　　　)

14 넓이가 가장 넓은 원의 기호를 써 보세요. (원주율: 3)

㉠ 반지름이 8 cm인 원
㉡ 지름이 12 cm인 원
㉢ 넓이가 243 cm^2인 원

(　　　　　　　　　　)

15 가와 나 중에서 어느 도형의 둘레가 몇 cm 더 길까요? (원주율: 3.1)

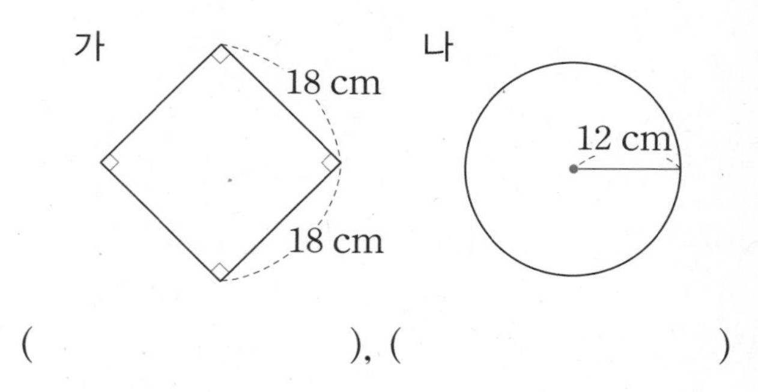

(　　　　　　　　), (　　　　　　　　)

서술형 문제

정답과 풀이 74쪽

16 그림과 같은 모양의 운동장의 둘레는 몇 m일까요? (원주율: 3)

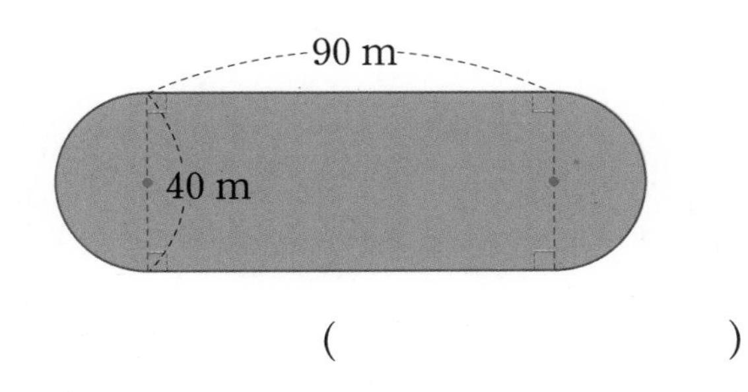

(　　　　　　　　)

17 색칠한 부분의 둘레를 구해 보세요.

(원주율: 3.1)

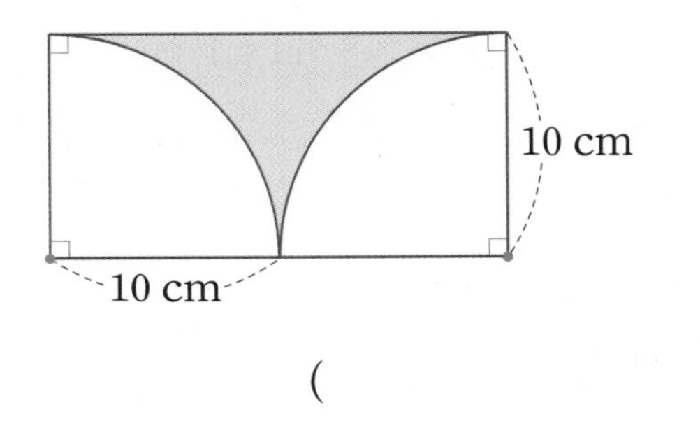

(　　　　　　　　)

18 색칠한 부분의 넓이를 구해 보세요.

(원주율: 3.1)

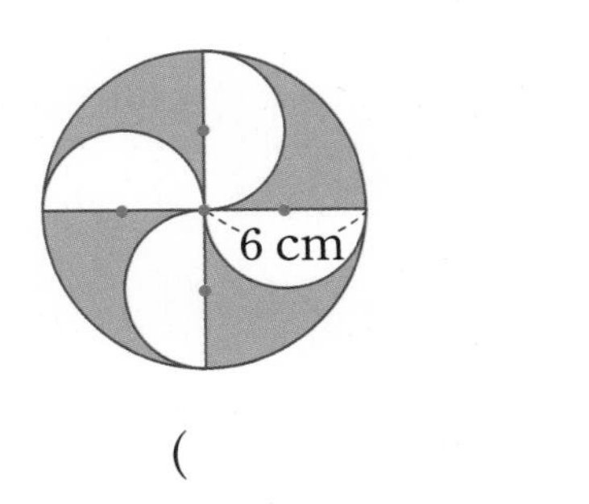

(　　　　　　　　)

19 그림과 같은 두 굴렁쇠 가와 나를 같은 방향으로 20바퀴 굴렸습니다. 나 굴렁쇠는 가 굴렁쇠보다 몇 cm 더 갔는지 풀이 과정을 쓰고 답을 구해 보세요. (원주율: 3.14)

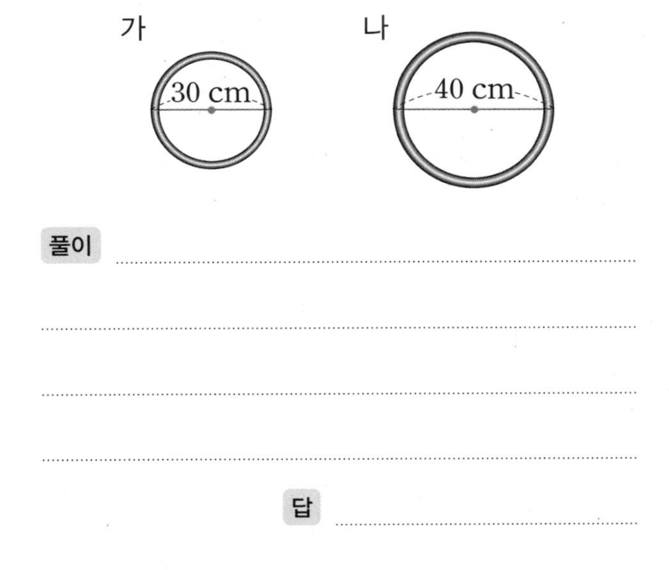

풀이

답

20 색칠한 부분의 넓이는 몇 cm^2인지 풀이 과정을 쓰고 답을 구해 보세요. (원주율: 3)

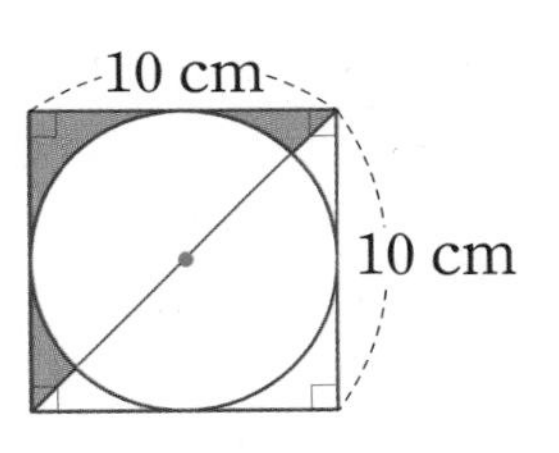

풀이

답

5

[1~2] 입체도형을 보고 물음에 답하세요.

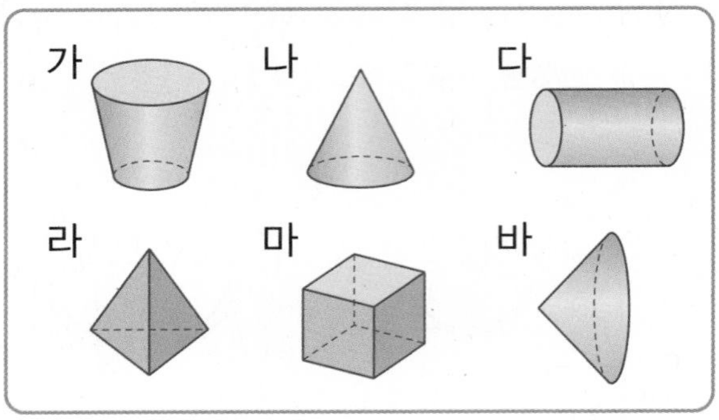

1 원기둥을 찾아 기호를 써 보세요.

(　　　　　　　　)

2 원뿔을 모두 찾아 기호를 써 보세요.

(　　　　　　　　)

3 오른쪽 원기둥에서 높이를 나타내는 선분을 모두 고르세요.

(　　　　)

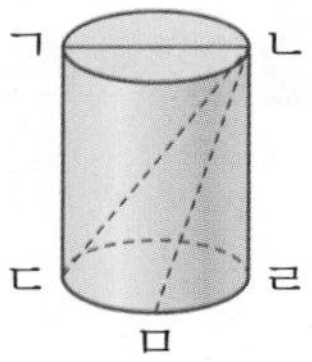

① 선분 ㄱㄴ　② 선분 ㄱㄷ
③ 선분 ㄴㄷ　④ 선분 ㄴㄹ
⑤ 선분 ㄴㅁ

4 원뿔의 밑면의 지름을 재는 그림을 찾아 ○표 하세요.

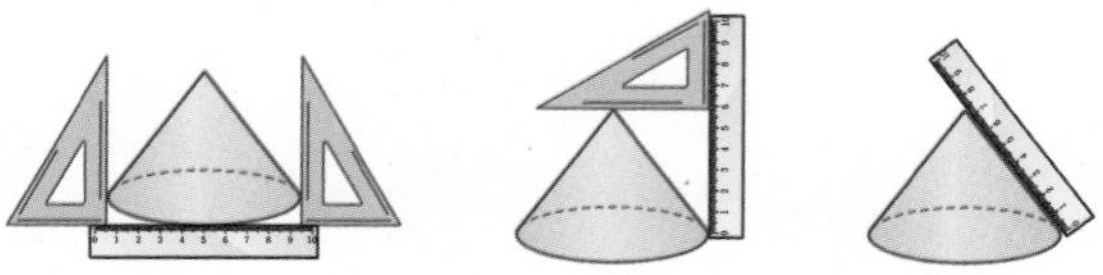

(　　)　(　　)　(　　)

5 구의 반지름은 몇 cm일까요?

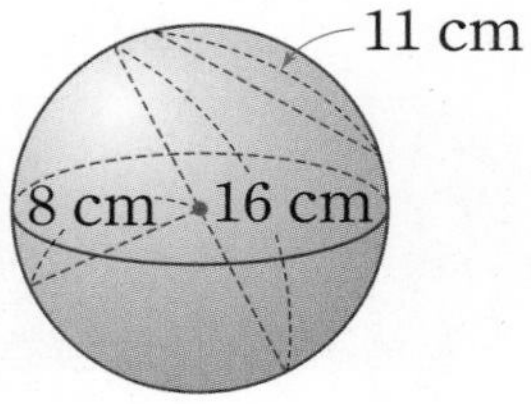

(　　　　　　　　)

6 원기둥의 전개도를 보고 원기둥의 각 부분의 길이를 □ 안에 알맞게 써넣으세요.

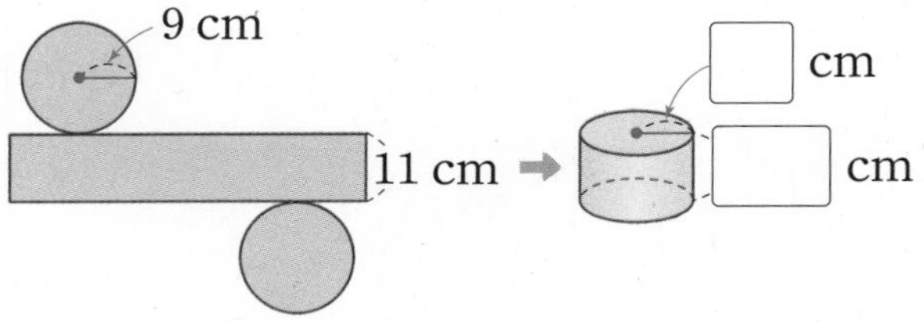

7 직각삼각형 모양의 종이를 한 변을 기준으로 돌려 만든 입체도형의 이름을 써 보세요.

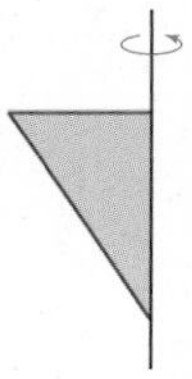

(　　　　　　　　)

8 입체도형을 보고 알맞은 말이나 수를 써넣으세요.

입체도형	밑면의 모양	밑면의 수(개)
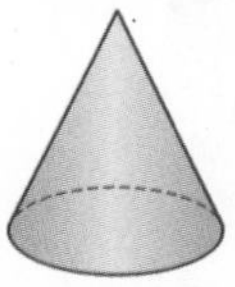		
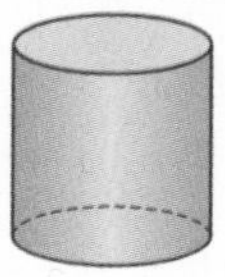		

9 직사각형 모양의 종이를 한 변을 기준으로 돌려 입체도형을 만들었습니다. □ 안에 알맞은 수를 써넣으세요.

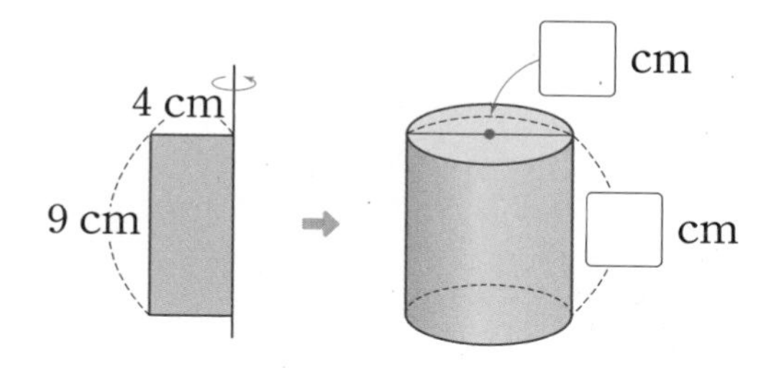

10 직각삼각형의 종이를 한 변을 기준으로 돌려 만든 입체도형의 높이는 몇 cm일까요?

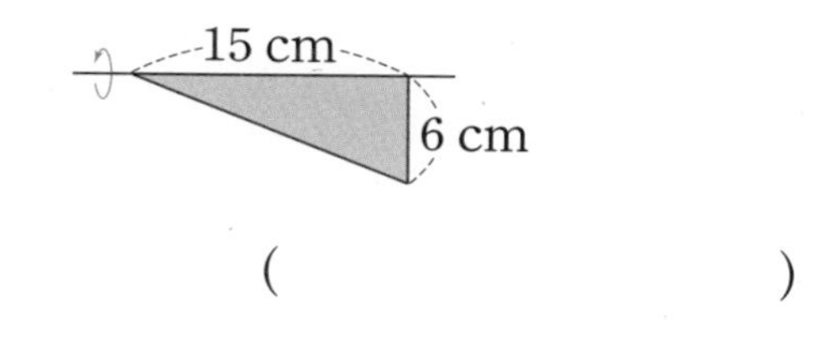

( )

11 원기둥과 각기둥에 대한 설명으로 옳지 않은 것은 어느 것일까요? ( )

① 밑면이 2개입니다.
② 원기둥은 꼭짓점이 없지만 각기둥은 꼭짓점이 있습니다.
③ 원기둥은 옆면이 1개이고 삼각기둥은 옆면이 3개입니다.
④ 밑면이 다각형입니다.
⑤ 두 밑면이 서로 평행합니다.

12 오른쪽 원뿔에서 모선의 길이와 높이의 차는 몇 cm일까요?

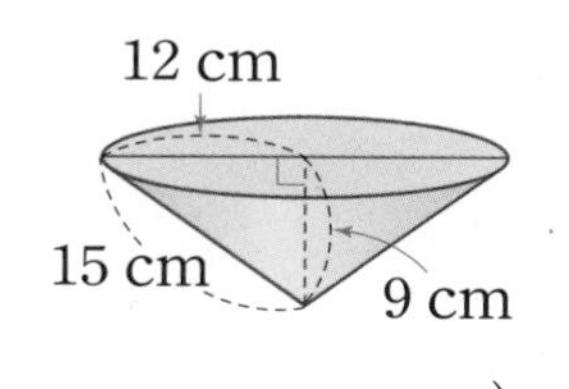

( )

13 원뿔을 위, 앞, 옆에서 본 모양을 보기 에서 골라 그려 보세요.

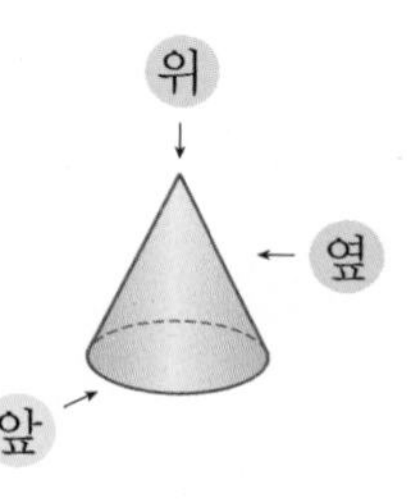

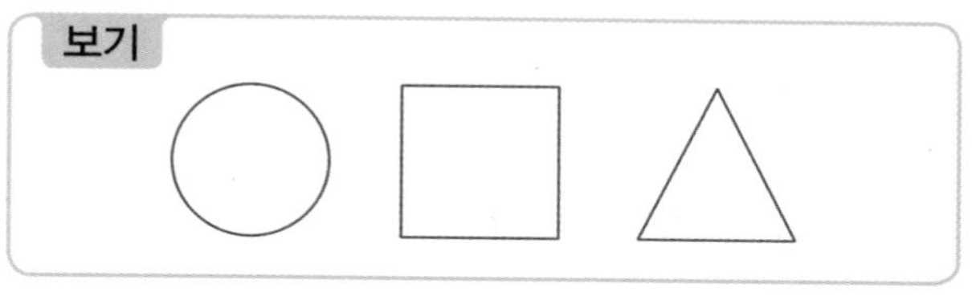

위에서 본 모양	앞에서 본 모양	옆에서 본 모양

14 원기둥과 원기둥의 전개도를 보고 □ 안에 알맞은 수를 써넣으세요. (원주율: 3.1)

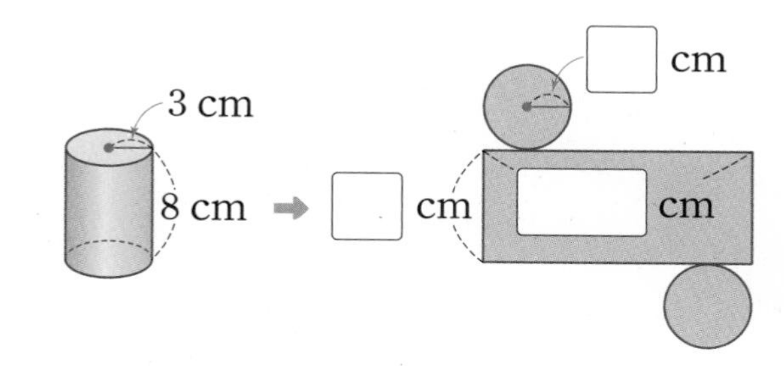

15 구를 앞에서 본 모양의 둘레를 구해 보세요. (원주율: 3.14)

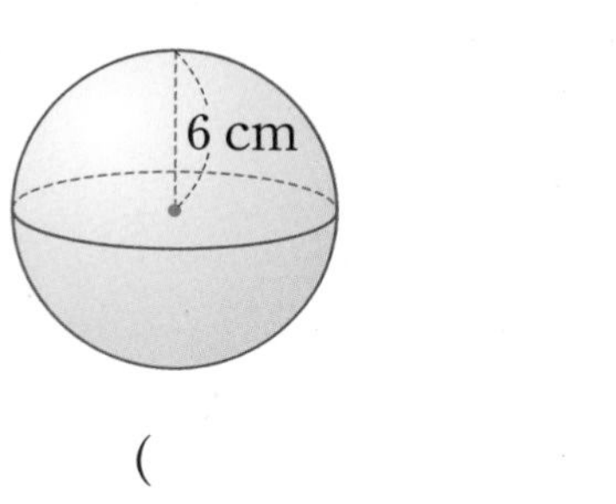

( )

서술형 문제

정답과 풀이 75쪽

16 원기둥을 앞에서 본 모양의 넓이는 몇 cm^2일까요?

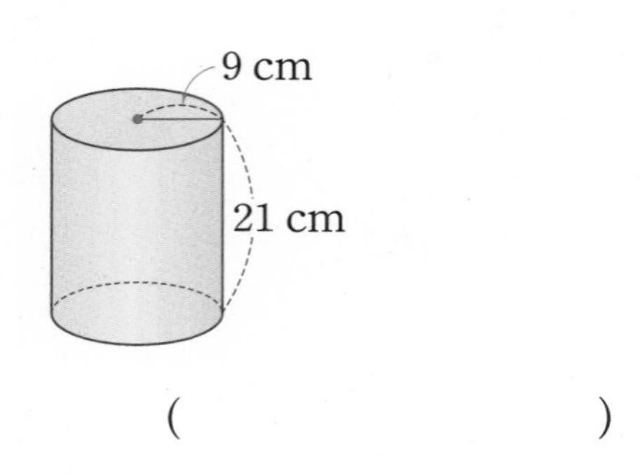

(   )

17 원기둥의 전개도에서 옆면의 넓이를 구해 보세요. (원주율: 3.1)

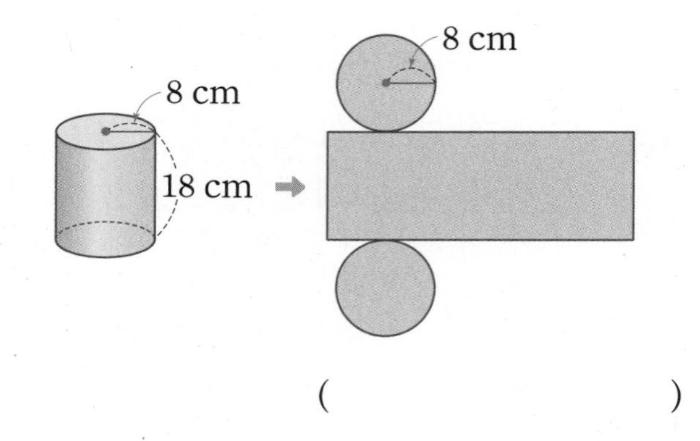

(   )

18 직사각형 모양의 종이를 한 변을 기준으로 돌려 만든 입체도형입니다. 직사각형 모양 종이의 넓이는 몇 cm^2일까요?

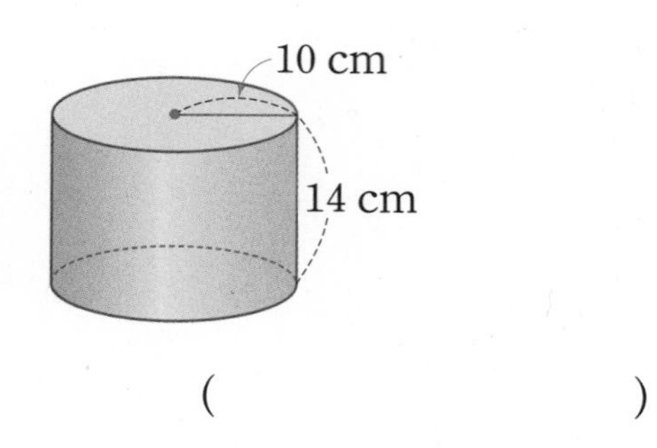

(   )

19 원기둥의 전개도가 아닌 이유를 써 보세요.

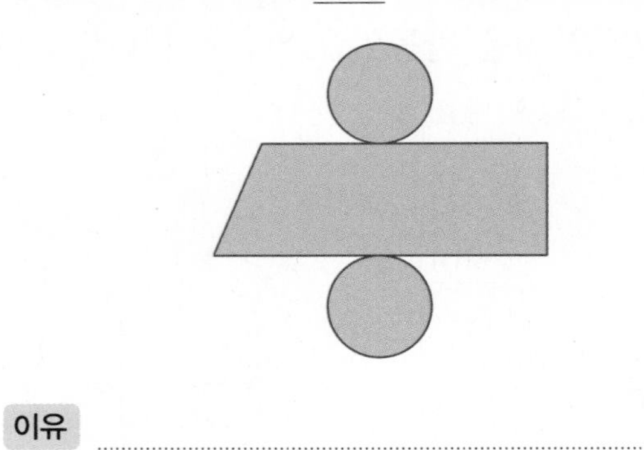

이유 ....

20 오른쪽 원기둥의 전개도를 그렸을 때 전개도의 옆면의 둘레는 몇 cm인지 풀이 과정을 쓰고 답을 구해 보세요. (원주율: 3)

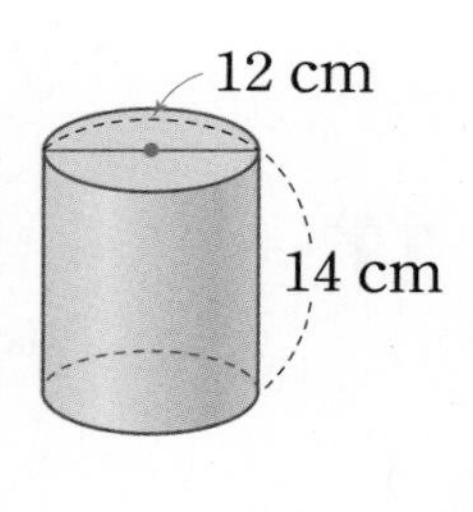

풀이 ....

답 ....

다시 점검하는 수시 평가 대비 Level ❷

점수

확인

1 모양이 같은 입체도형끼리 모았습니다. 모은 입체도형의 이름을 써 보세요.

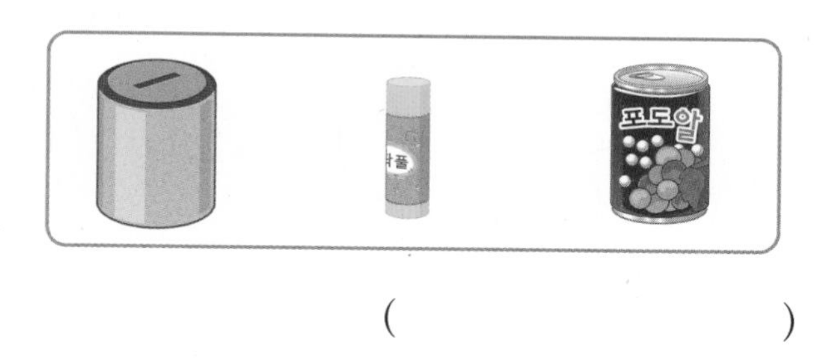

(　　　　　　　　　)

2 원기둥, 원뿔, 구를 분류하여 빈칸에 알맞은 기호를 써넣으세요.

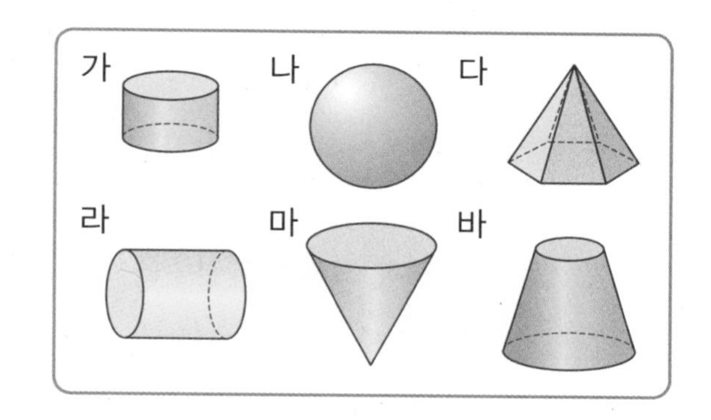

도형	원기둥	원뿔	구
기호			

3 원기둥과 원뿔의 각 부분의 이름이 잘못된 것은 어느 것일까요? (　　　　)

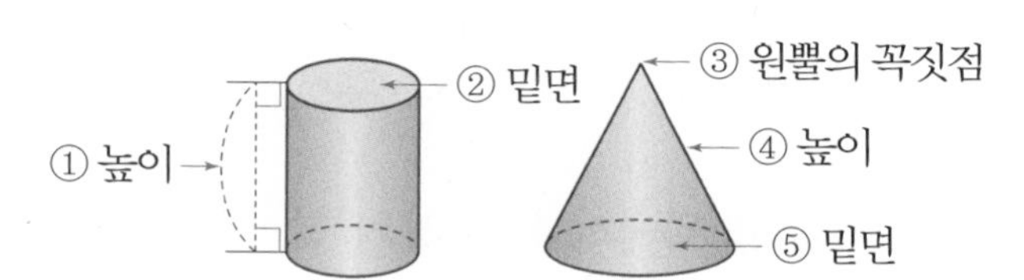

4 원뿔의 무엇을 재는 것인지 써 보세요.

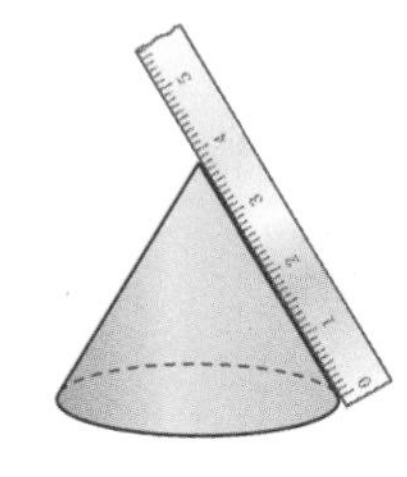

(　　　　　　　　　)

5 원기둥의 전개도를 모두 찾아 기호를 써 보세요.

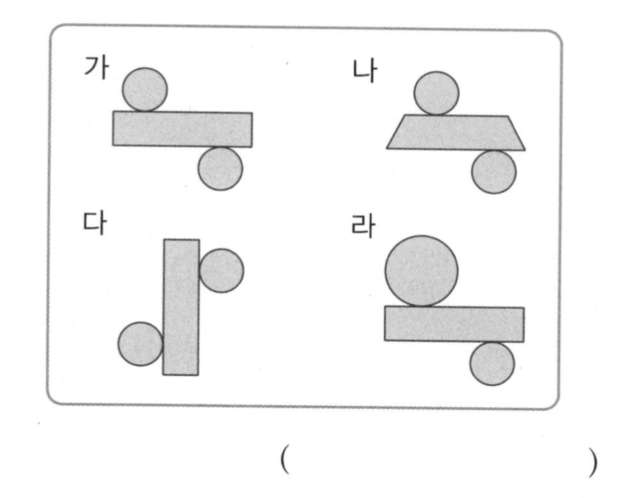

(　　　　　　　　　)

6 반원을 지름을 기준으로 돌려 구를 만들었습니다. □ 안에 알맞은 수를 써넣으세요.

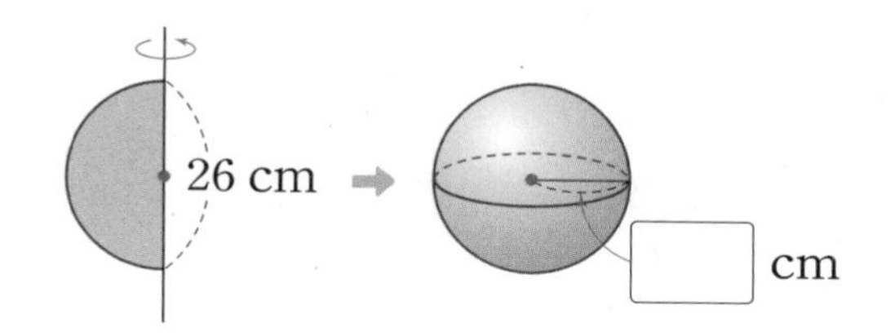

7 직사각형 모양의 종이를 한 변을 기준으로 돌려 만든 입체도형의 높이는 몇 cm일까요?

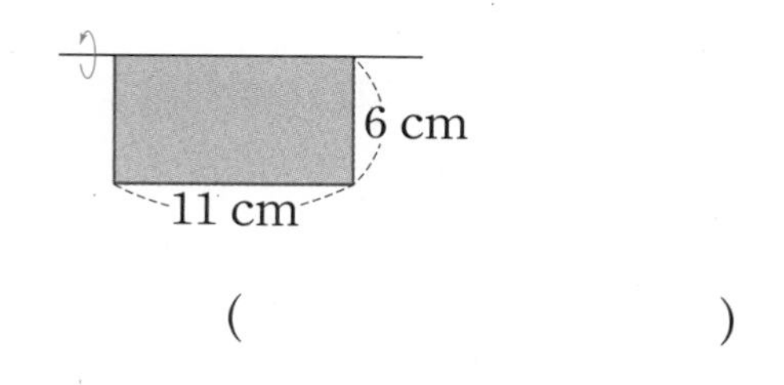

(　　　　　　　　　)

8 각기둥에는 있지만 원기둥에는 없는 것을 모두 고르세요. (　　　　)

① 옆면　　② 밑면
③ 모서리　　④ 꼭짓점
⑤ 높이

9 원기둥과 원뿔의 높이의 차를 구해 보세요.

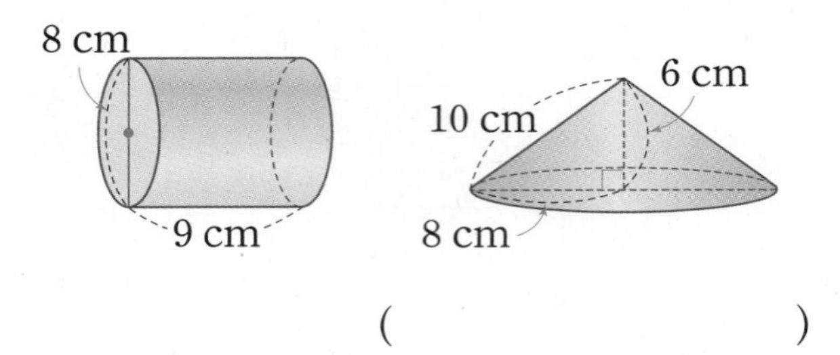

( )

10 다음 중 어느 방향에서 보아도 모양이 같은 입체도형은 어느 것인지 기호를 써 보세요.

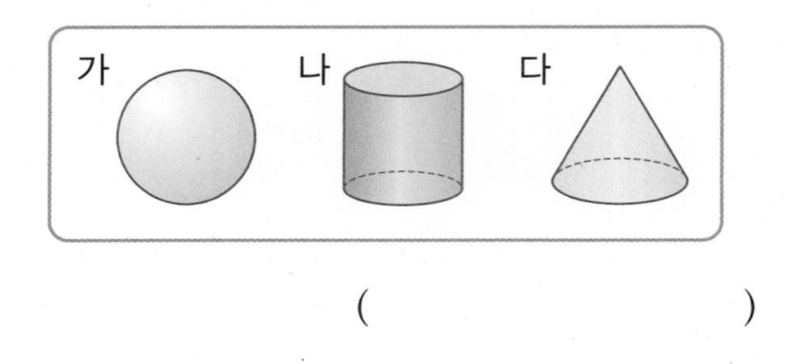

( )

11 오른쪽 원기둥 모형을 관찰하며 나눈 대화를 보고 높이를 구해 보세요.

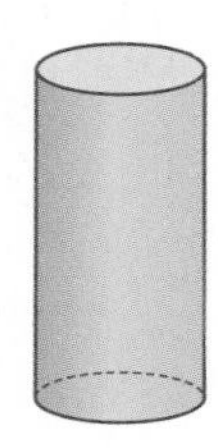

진성: 위에서 본 모양은 지름이 14 cm인 원이야.
우현: 앞에서 본 모양은 세로가 가로의 2배인 직사각형이야.

( )

12 원기둥의 전개도에서 직사각형의 가로와 세로의 차는 몇 cm일까요? (원주율: 3.1)

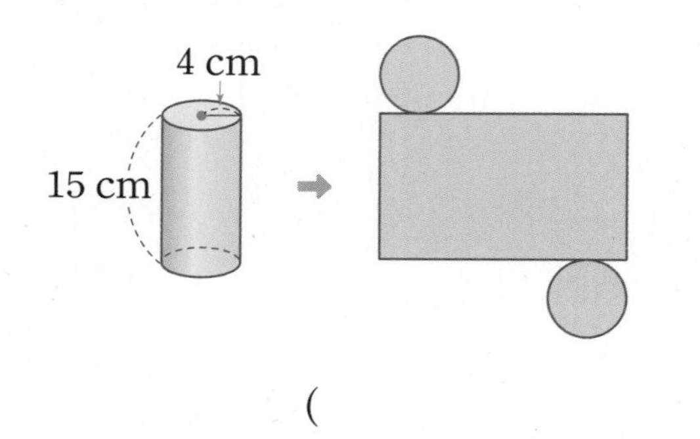

( )

13 원기둥과 원뿔, 구에 대해 잘못 설명한 것을 찾아 기호를 써 보세요.

㉠ 원뿔은 뾰족한 부분이 있지만 원기둥과 구는 없습니다.
㉡ 원기둥, 원뿔, 구는 곡면으로 둘러싸여 있습니다.
㉢ 원기둥에는 모서리가 있지만 원뿔과 구에는 모서리가 없습니다.

( )

14 원기둥의 전개도에서 옆면의 가로가 62.8 cm, 세로가 23 cm일 때 원기둥의 밑면의 반지름은 몇 cm인지 구해 보세요. (원주율: 3.14)

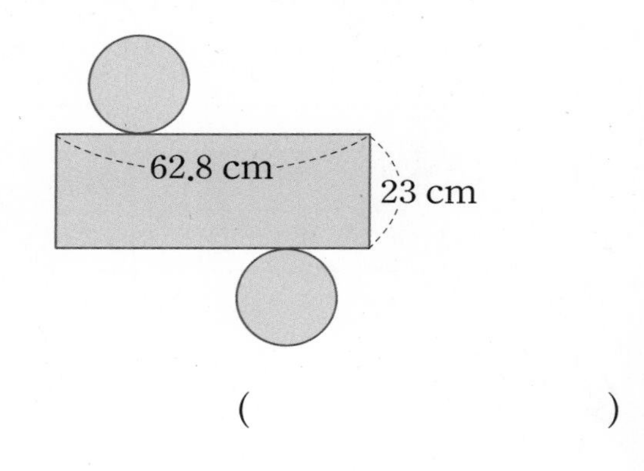

( )

15 원뿔을 위에서 본 모양의 넓이는 몇 cm^2일까요? (원주율: 3.14)

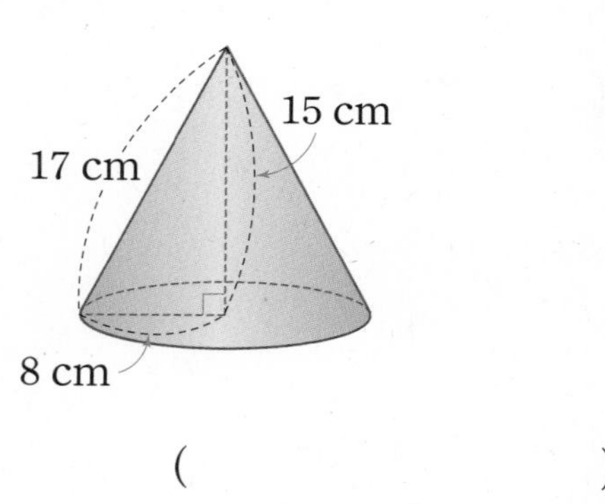

( )

서술형 문제

정답과 풀이 76쪽

16 직사각형 모양의 종이를 한 변을 기준으로 돌려 입체도형을 만들었습니다. 이 입체도형의 전개도를 그리고 밑면의 반지름과 옆면의 가로, 세로의 길이를 나타내어 보세요. (원주율: 3)

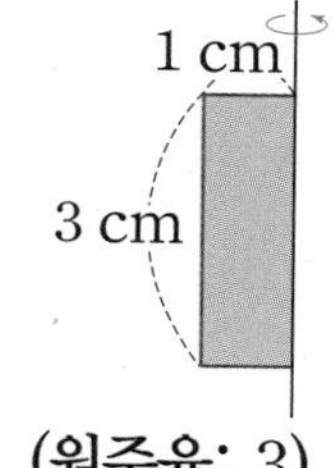

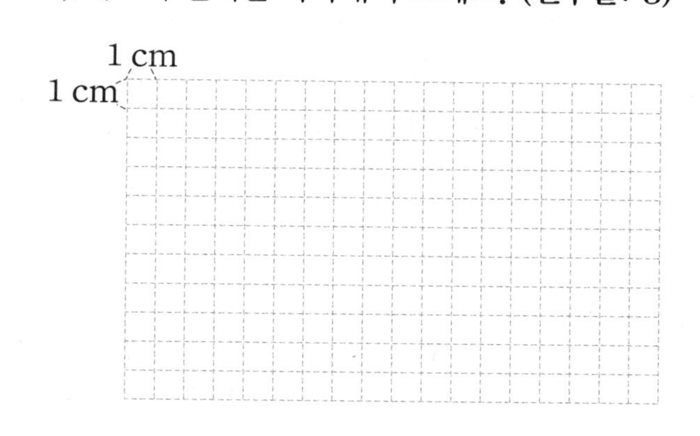

17 페인트 통의 옆면의 넓이가 다음과 같을 때 페인트 통의 높이는 몇 cm일까요? (원주율: 3)

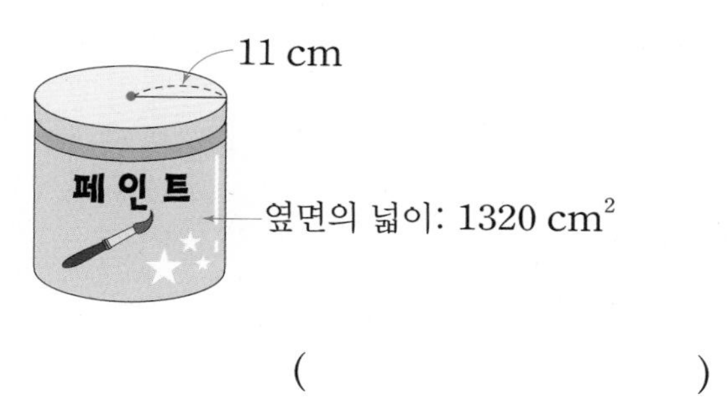

(　　　　　　　　)

18 원기둥 모형의 옆면에 물감을 묻혀 바닥에 일직선으로 2바퀴 굴렸습니다. 물감이 묻은 바닥의 넓이는 몇 cm^2일까요? (원주율: 3.1)

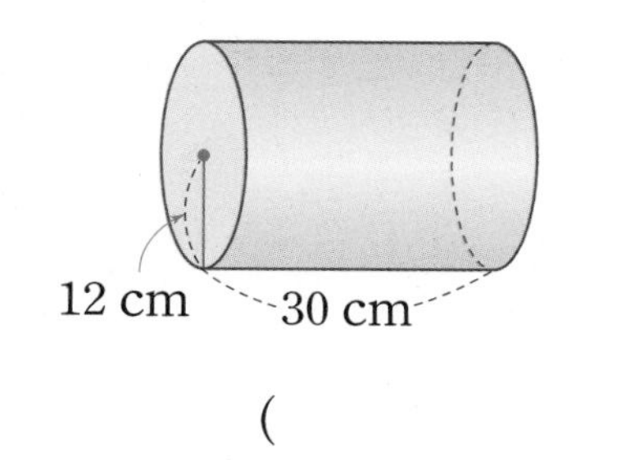

(　　　　　　　　)

19 원기둥과 원뿔의 공통점과 차이점을 써 보세요.

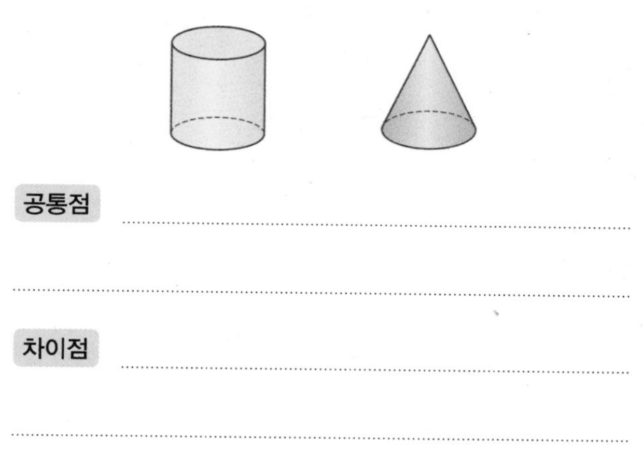

공통점 ....

차이점 ....

20 원기둥의 전개도의 넓이는 몇 cm^2인지 풀이 과정을 쓰고 답을 구해 보세요. (원주율: 3)

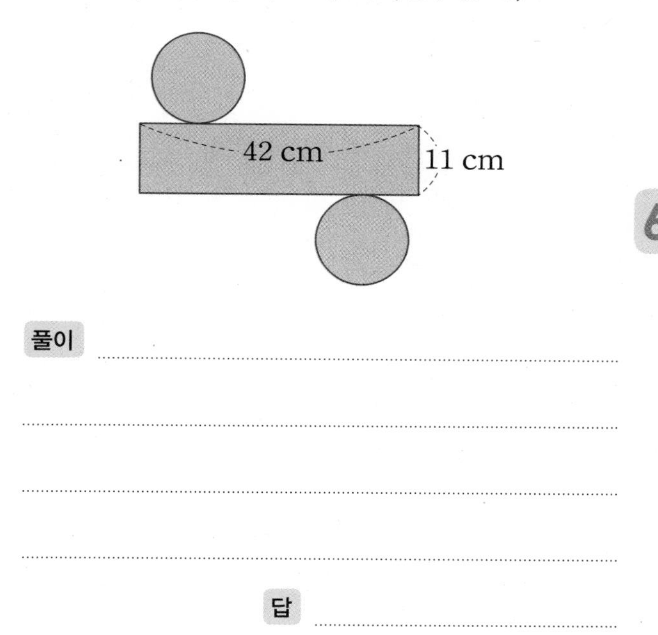

풀이 ....

답 ....

서술형 50% 기말 단원 평가

점수

확인

4. 비례식과 비례배분 ~ 6. 원기둥, 원뿔, 구

1 □ 안에 알맞은 수를 써넣으세요.

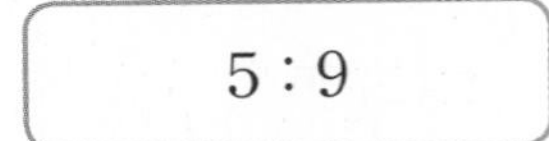

전항 □, 후항 □

2 원주를 구해 보세요. (원주율: 3.1)

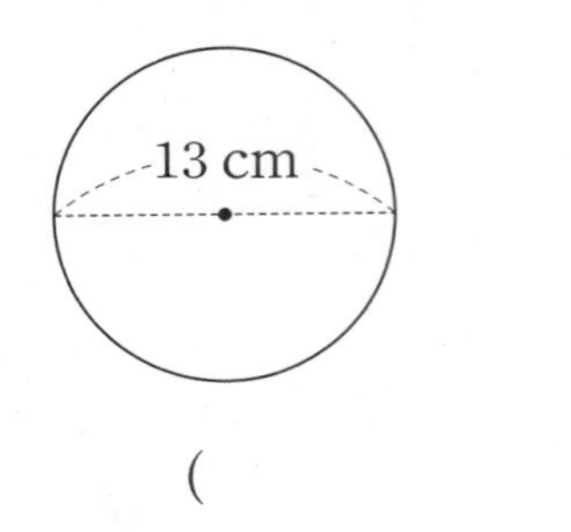

(　　　　　　　　)

3 입체도형을 보고 물음에 답하세요.

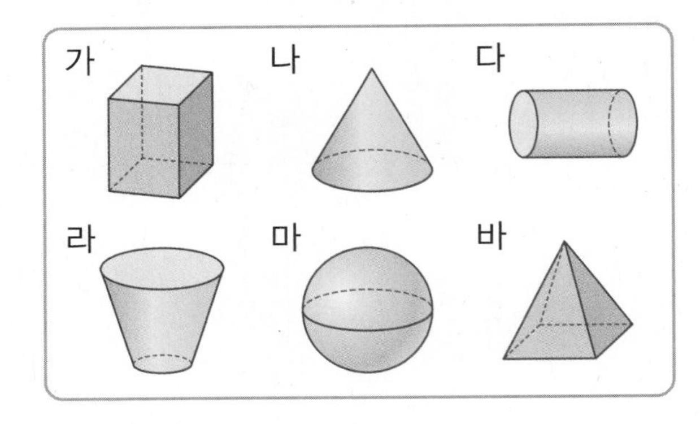

(1) 원기둥을 찾아 기호를 써 보세요.

(　　　　　　　　)

(2) 원뿔을 찾아 기호를 써 보세요.

(　　　　　　　　)

(3) 구를 찾아 기호를 써 보세요.

(　　　　　　　　)

4 비례식을 찾아 기호를 써 보세요.

㉠ $11+9=5\times4$

㉡ $7:11=14:22$

㉢ $\frac{1}{6}:\frac{1}{3}=2:1$

(　　　　　　　　)

5 원 안과 밖에 있는 정사각형의 넓이를 이용하여 반지름이 10 cm인 원의 넓이를 어림해 보려고 합니다. □ 안에 알맞은 수를 써넣으세요.

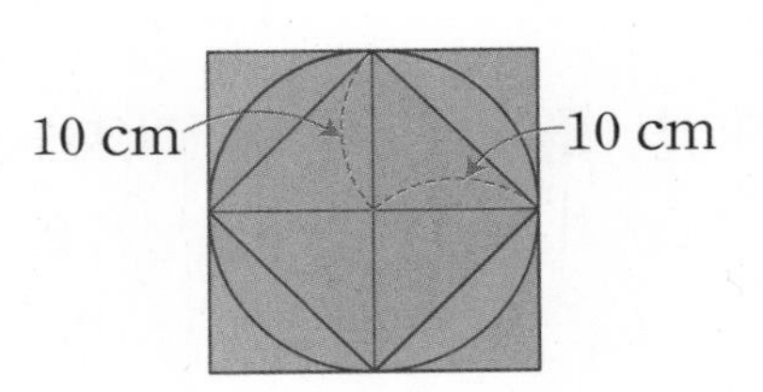

□ cm^2 < (원의 넓이)

(원의 넓이) < □ cm^2

6 원뿔의 밑면의 지름, 높이, 모선의 길이는 각각 몇 cm일까요?

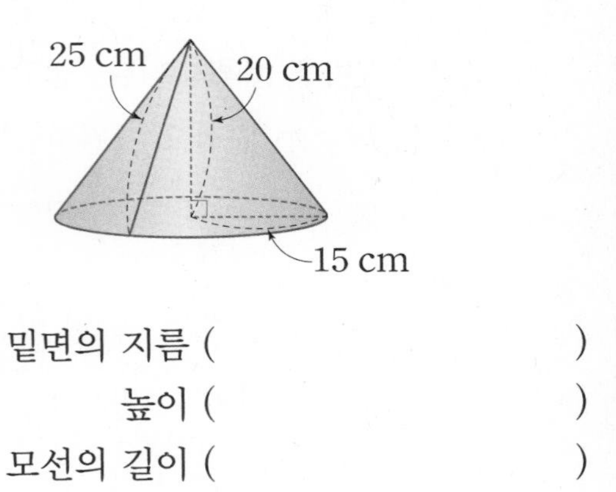

밑면의 지름 (　　　　　　　　)

높이 (　　　　　　　　)

모선의 길이 (　　　　　　　　)

정답과 풀이 78쪽

7 원기둥과 원기둥의 전개도를 보고 □ 안에 알맞은 수를 써넣으세요. (원주율: 3.1)

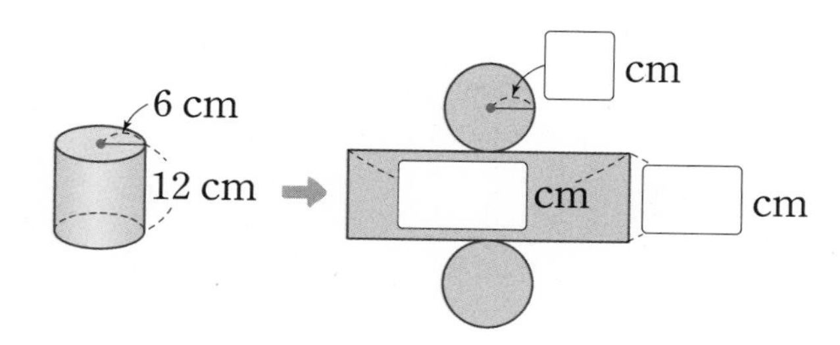

8 구를 위에서 본 모양의 둘레는 몇 cm인지 풀이 과정을 쓰고 답을 구해 보세요. (원주율: 3)

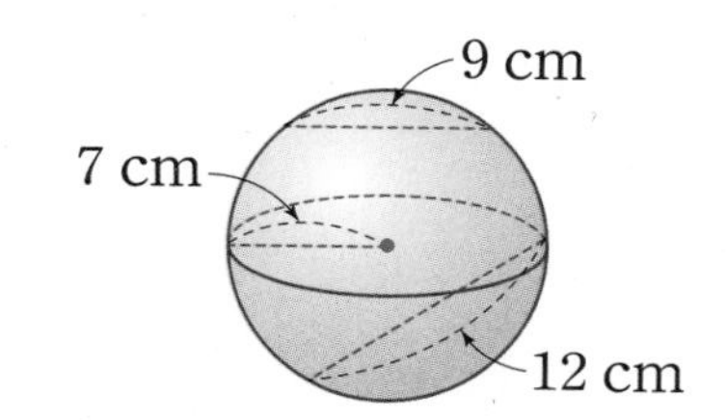

풀이

답

9 넓이가 588 cm^2인 원이 있습니다. 이 원의 반지름은 몇 cm인지 풀이 과정을 쓰고 답을 구해 보세요. (원주율: 3)

풀이

답

10 은비와 진서는 같은 일을 한 시간 동안 하였는데 은비는 전체의 $\frac{1}{6}$, 진서는 전체의 $\frac{1}{4}$을 하였습니다. 은비와 진서가 각각 한 시간 동안 한 일의 양의 비를 간단한 자연수의 비로 나타내려고 합니다. 풀이 과정을 쓰고 답을 구해 보세요.
(단, 한 시간 동안 일한 양은 각각 같습니다.)

풀이

답

11 비례식의 성질을 이용하여 ㉠과 ㉡에 알맞은 수의 합은 얼마인지 풀이 과정을 쓰고 답을 구해 보세요.

4 : ㉠=10 : 7.5

$1\frac{1}{2}$: 3=㉡ : 20

풀이

답

12 원기둥과 원뿔에 대한 설명으로 옳지 않은 것을 찾아 기호를 써 보세요.

㉠ 원기둥에는 뾰족한 부분이 없지만 원뿔에는 뾰족한 부분이 있습니다.
㉡ 원기둥과 원뿔은 밑면의 모양이 모두 원입니다.
㉢ 원기둥과 원뿔의 옆면은 모두 굽은 면입니다.
㉣ 원기둥과 원뿔을 옆에서 본 모양은 같습니다.

( )

13 철사 5 m를 수민이와 다현이가 9 : 11로 나누어 가지려고 합니다. 다현이가 수민이보다 철사를 더 많이 가질 때 몇 cm 더 가지게 되는지 풀이 과정을 쓰고 답을 구해 보세요.

풀이

답

14 길이가 94.2 cm인 실을 남기거나 겹치는 부분 없이 모두 사용하여 원을 한 개 만들었습니다. 만든 원의 넓이는 몇 cm^2인지 풀이 과정을 쓰고 답을 구해 보세요. (원주율: 3.14)

풀이

답

15 운동장의 둘레는 몇 m일까요? (원주율: 3.1)

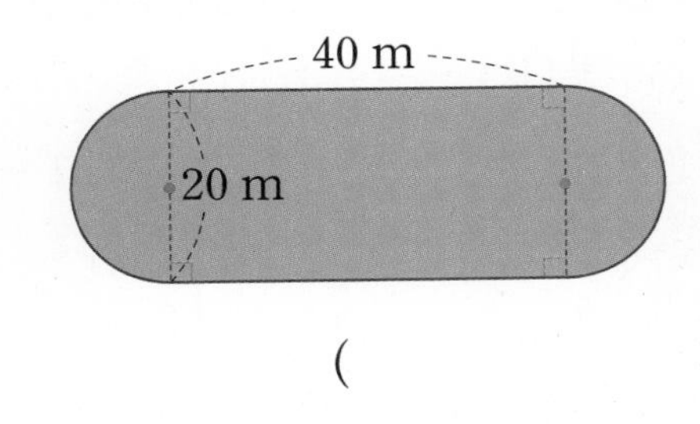

( )

16 일정한 빠르기로 5분에 1.4 km를 달리는 선수가 있습니다. 이 선수가 같은 빠르기로 7 km를 달리려면 몇 분 동안 달려야 할까요?

( )

17 정호와 나영이가 각각 48만 원, 72만 원을 투자하여 얻은 이익금이 총 55만 원이라고 합니다. 투자한 금액의 비에 따라 이익금을 나누어 받는다면 정호와 나영이가 받게 되는 이익금의 차는 얼마인지 풀이 과정을 쓰고 답을 구해 보세요.

풀이

답

18 직사각형 모양의 종이를 잘라 원 모양으로 만들려고 합니다. 만들 수 있는 가장 큰 원의 넓이는 몇 cm^2인지 풀이 과정을 쓰고 답을 구해 보세요. (원주율: 3)

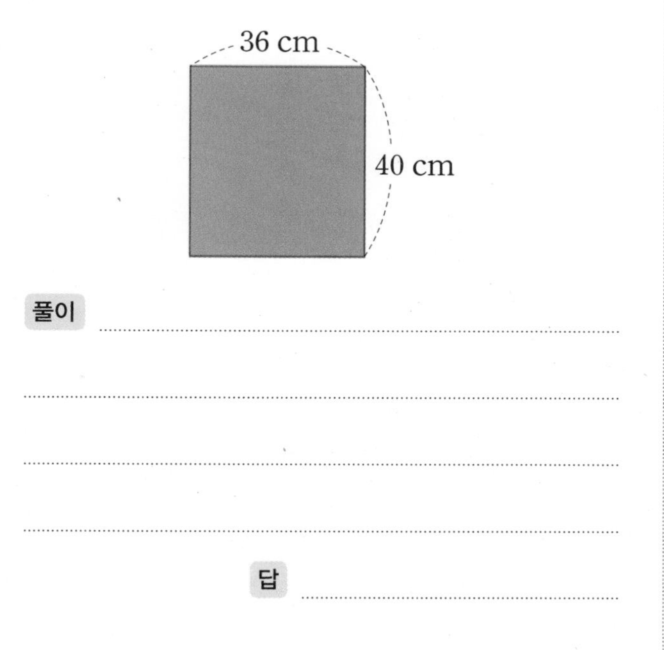

풀이

답

19 색칠한 부분의 넓이는 몇 cm^2인지 풀이 과정을 쓰고 답을 구해 보세요. (원주율: 3.14)

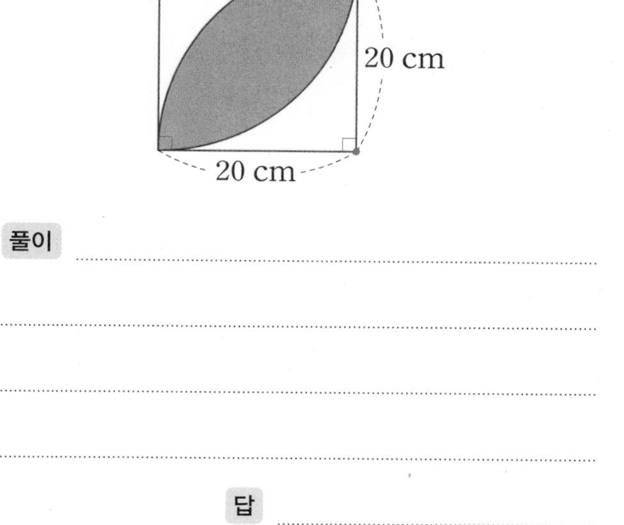

풀이

답

20 원기둥의 전개도의 둘레가 116 cm일 때 원기둥의 밑면의 반지름은 몇 cm인지 풀이 과정을 쓰고 답을 구해 보세요. (원주율: 3)

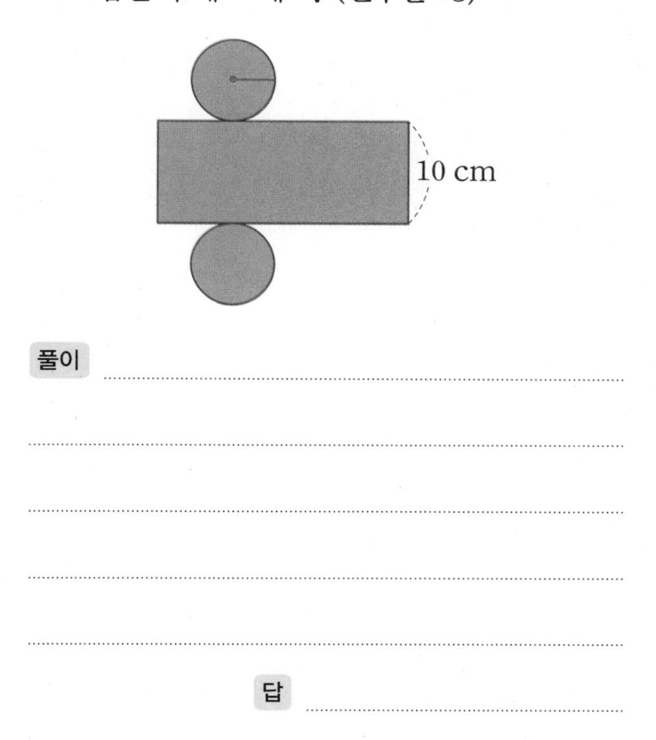

풀이

답

한걸음 한걸음 디딤돌을 걷다 보면 수학이 완성됩니다.

학습 능력과 목표에 따라
맞춤형이 가능한 디딤돌 초등 수학

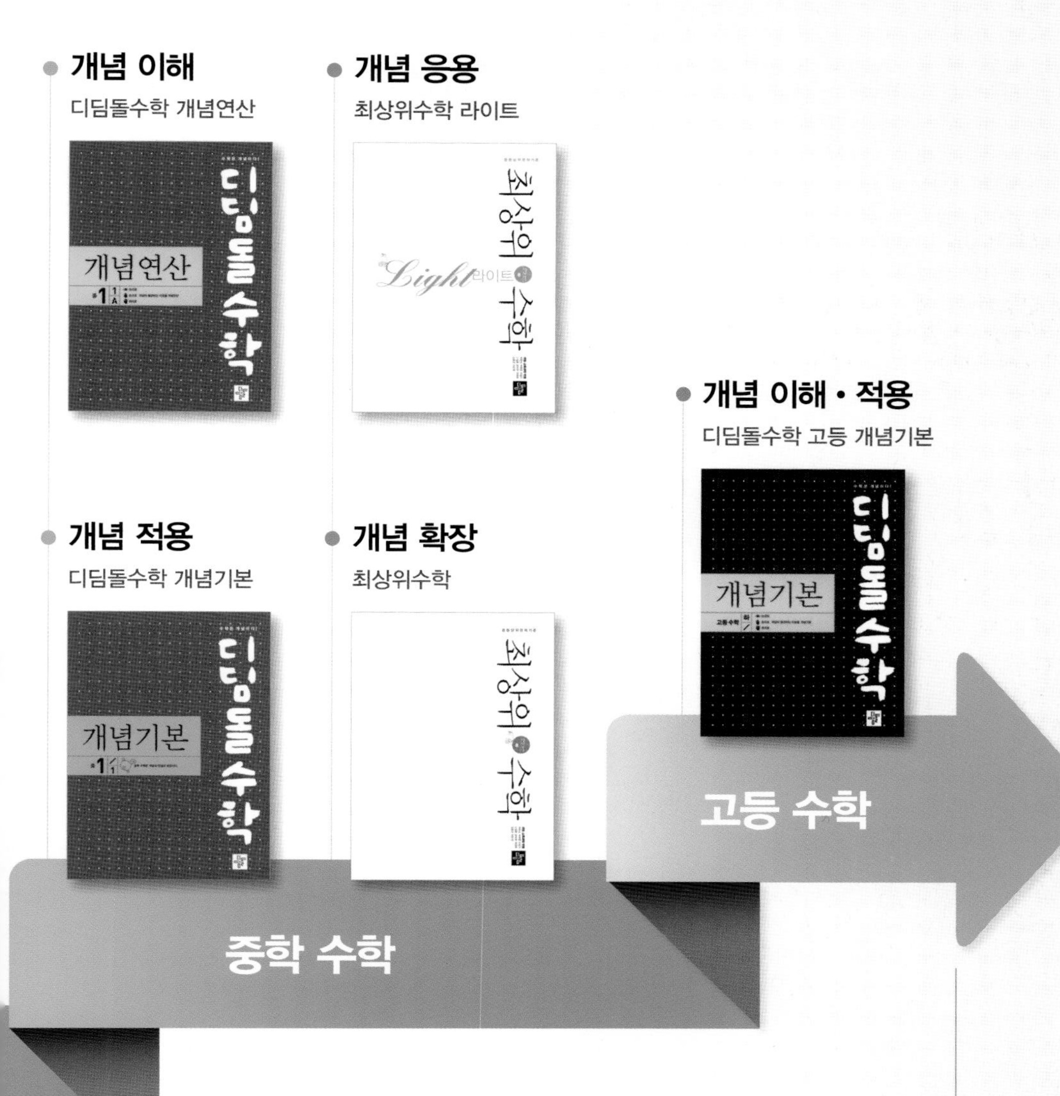

초등부터 고등까지

수학 좀 한다면

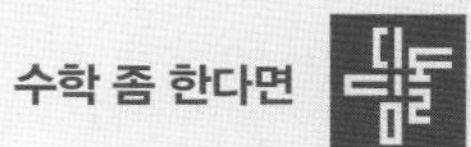

개념을 이해하고, 깨우치고, 꺼내 쓰는
올바른 중고등 개념 학습서

수능까지 연결되는 독해 로드맵

디딤돌 독해력은 수능까지 연결되는 체계적인 라인업을 통하여
수능에서 요구하는 핵심 독해 원리에 대한 이해는 물론,
단계 별로 심화되며 연결되는 학습의 과정을 통해
깊이 있고 종합적인 독해 사고의 능력까지 기를 수 있도록 도와줍니다.

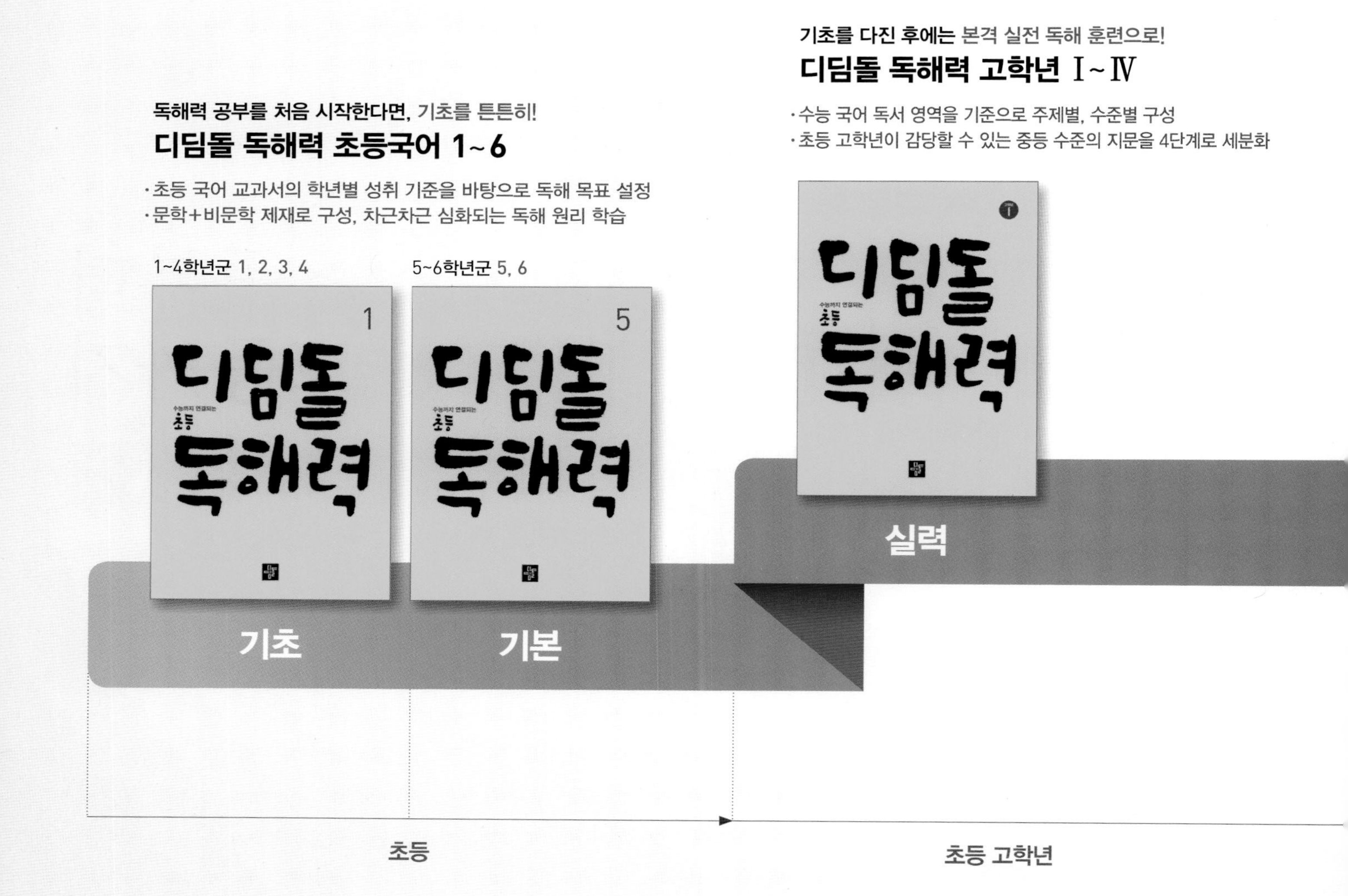

기초를 다진 후에는 본격 실전 독해 훈련으로!
디딤돌 독해력 고학년 Ⅰ~Ⅳ
·수능 국어 독서 영역을 기준으로 주제별, 수준별 구성
·초등 고학년이 감당할 수 있는 중등 수준의 지문을 4단계로 세분화
독해력 공부를 처음 시작한다면, 기초를 튼튼히!
디딤돌 독해력 초등국어 1~6
·초등 국어 교과서의 학년별 성취 기준을 바탕으로 독해 목표 설정
·문학+비문학 제재로 구성, 차근차근 심화되는 독해 원리 학습
1~4학년군 1, 2, 3, 4
5~6학년군 5, 6
디딤돌 독해력
기초
기본
실력
초등
초등 고학년

기본+유형 | 정답과 풀이

6-2

수학 좀 한다면

디딤돌

진도책 정답과 풀이

1 분수의 나눗셈

일상생활에서 분수의 나눗셈이 필요한 경우가 흔하지 않지만, 분수의 나눗셈은 초등학교에서 학습하는 소수의 나눗셈과 중학교 이후에 학습하는 유리수, 유리수의 계산, 문자와 식 등을 학습하는 데 토대가 되는 매우 중요한 내용입니다. 이 단원에서는 동분모 분수의 나눗셈을 먼저 다룹니다. 분모가 같을 때에는 분자의 나눗셈으로 생각할 수 있고, 이는 두 자연수의 나눗셈이 되기 때문입니다. 다음에 이분모 분수의 나눗셈을 단위 비율 결정 상황에서 도입하고, 이를 통해 분수의 나눗셈을 분수의 곱셈으로 나타낼 수 있는 원리를 지도하고 있습니다. 분수의 나눗셈은 분수의 곱셈만큼 간단한 방법으로 해결하기 위해서는 분수의 나눗셈 지도의 각 단계에서 나눗셈의 의미와 분수의 개념, 그리고 자연수 나눗셈의 의미를 바탕으로 충분히 비형식적으로 계산하는 과정이 필요합니다. 이런 비형식적인 계산 방법이 수학화된 것이 분수의 나눗셈 방법이기 때문입니다.

STEP 1 교과개념 1. (분수)÷(분수)(1) 7쪽

1 6, 6

2 ① 4, 4 ② 2, 2, 4

3 ① 4, 2 ② 10, 2

4 ① 3 ② 11 ③ 5 ④ 3

3 분모가 같은 분수의 나눗셈은 분자끼리 나누어 계산합니다.

4 ③ $\frac{10}{11}\div\frac{2}{11}=10\div2=5$

④ $\frac{9}{16}\div\frac{3}{16}=9\div3=3$

STEP 1 교과개념 2. (분수)÷(분수)(2) 9쪽

1 ① (그림) 0 1

② $2\frac{1}{2}$

2 ① 5, 4, $\frac{5}{4}$, $1\frac{1}{4}$ ② 11, 4, $\frac{11}{4}$, $2\frac{3}{4}$

3 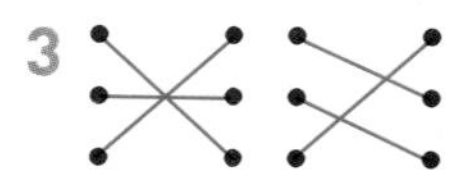

4 ① $\frac{11}{12}\div\frac{5}{12}=11\div5=\frac{11}{5}=2\frac{1}{5}$

② $\frac{4}{7}\div\frac{5}{7}=4\div5=\frac{4}{5}$

1 ② $\frac{5}{9}$에는 $\frac{2}{9}$가 2번과 $\frac{1}{2}$번이 들어갑니다.

따라서 $\frac{5}{9}\div\frac{2}{9}=2\frac{1}{2}$입니다.

2 분모가 같은 분수의 나눗셈은 분자끼리 나누어 계산합니다. 분자끼리 나누어떨어지지 않을 때에는 몫이 분수로 나옵니다.

3 $\frac{13}{15}\div\frac{6}{15}=13\div6=\frac{13}{6}=2\frac{1}{6}$,

$\frac{7}{8}\div\frac{3}{8}=7\div3=\frac{7}{3}=2\frac{1}{3}$, $\frac{5}{17}\div\frac{14}{17}=5\div14=\frac{5}{14}$

STEP 1 교과개념 3. (분수)÷(분수)(3) 11쪽

1 ① 10번 ② 10

2 ① 24, 24, 3 ② 9, 20, 9, 20, $\frac{9}{20}$

3 ① $\frac{5}{12}\div\frac{1}{6}=\frac{5}{12}\div\frac{2}{12}=5\div2=\frac{5}{2}=2\frac{1}{2}$

② $\frac{5}{6}\div\frac{7}{8}=\frac{20}{24}\div\frac{21}{24}=20\div21=\frac{20}{21}$

4 3

1 ② $\frac{5}{7}$에는 $\frac{1}{14}$이 10번 들어갑니다.

따라서 $\frac{5}{7}\div\frac{1}{14}=10$입니다.

4 분자가 같은 분수는 분모가 작을수록 더 크므로 $\frac{2}{15}<\frac{2}{5}$입니다.

➡ $\frac{2}{5}\div\frac{2}{15}=\frac{6}{15}\div\frac{2}{15}=6\div2=3$

STEP 1 교과개념 4. (자연수)÷(분수) 13쪽

1 ① (위에서부터) 2 / 3, 2 / 2, 10 / 2, 5, 10
② 3, 5, 10

2 ① 3, 4, 12 ② 6, 7, 21

3 ① $15\div\frac{5}{9}=(15\div5)\times9=27$

② $24\div\frac{3}{8}=(24\div3)\times8=64$

1 ① 멜론 $\frac{3}{5}$통의 무게가 6 kg이므로 멜론 $\frac{1}{5}$통의 무게는 $6\div3=2$ (kg)입니다.
멜론 1통의 무게는 $(6\div3)\times5=10$ (kg)입니다.

STEP 1 교과개념 5. (분수)÷(분수)를 (분수)×(분수)로 나타내기 15쪽

1 ① (위에서부터) $\frac{3}{8}$, $1\frac{1}{8}$ / 2, $\frac{3}{8}$ / 2, 3, $\frac{9}{8}$, $1\frac{1}{8}$

② 2, 3, $\frac{3}{2}$, $\frac{9}{8}$, $1\frac{1}{8}$

2 ① $\frac{6}{5}$, $\frac{12}{35}$ ② 2, 1, 2, $\frac{7}{4}$, $1\frac{3}{4}$

3 ① $\frac{1}{7}\div\frac{2}{5}=\frac{1}{7}\times\frac{5}{2}=\frac{5}{14}$

② $\frac{7}{8}\div\frac{4}{5}=\frac{7}{8}\times\frac{5}{4}=\frac{35}{32}=1\frac{3}{32}$

③ $\frac{5}{6}\div\frac{5}{8}=\frac{\overset{1}{\cancel{5}}}{\underset{3}{\cancel{6}}}\times\frac{\overset{4}{\cancel{8}}}{\underset{1}{\cancel{5}}}=\frac{4}{3}=1\frac{1}{3}$

④ $\frac{5}{9}\div\frac{7}{12}=\frac{5}{\underset{3}{\cancel{9}}}\times\frac{\overset{4}{\cancel{12}}}{7}=\frac{20}{21}$

1 ① 철근 $\frac{2}{3}$ m의 무게가 $\frac{3}{4}$ kg이므로 철근 $\frac{1}{3}$ m의 무게는 $\frac{3}{4}\div2=\frac{3}{4}\times\frac{1}{2}=\frac{3}{8}$ (kg)입니다.
따라서 철근 1 m의 무게는
$\frac{3}{4}\times\frac{1}{2}\times3=\frac{9}{8}=1\frac{1}{8}$ (kg)입니다.

2 나눗셈을 곱셈으로 나타내고 나누는 수의 분모와 분자를 바꾸어 줍니다.

STEP 1 교과개념 6. (분수)÷(분수) 계산하기 17쪽

1 ① 28, 15, 28, 15, $\frac{28}{15}$, $1\frac{13}{15}$

② $\frac{4}{3}$, $\frac{28}{15}$, $1\frac{13}{15}$

2 8, 8, 8, $1\frac{3}{5}$ / 1, 2, 5, $\frac{8}{5}$, $1\frac{3}{5}$

3 ① $9\div\frac{2}{3}=9\times\frac{3}{2}=\frac{27}{2}=13\frac{1}{2}$

② $8\div\frac{6}{7}=\overset{4}{\cancel{8}}\times\frac{7}{\underset{3}{\cancel{6}}}=\frac{28}{3}=9\frac{1}{3}$

4 ① $3\frac{3}{14}$ ② $2\frac{4}{5}$ ③ $2\frac{23}{27}$ ④ $7\frac{1}{2}$

2 방법 1 은 분모를 통분하여 분자끼리 나누는 방법이고, 방법 2 는 분수의 곱셈으로 나타내어 계산하는 방법입니다.

4 ① $\frac{9}{7}\div\frac{2}{5}=\frac{9}{7}\times\frac{5}{2}=\frac{45}{14}=3\frac{3}{14}$

② $\frac{7}{3}\div\frac{5}{6}=\frac{7}{\underset{1}{\cancel{3}}}\times\frac{\overset{2}{\cancel{6}}}{5}=\frac{14}{5}=2\frac{4}{5}$

③ $1\frac{2}{9}\div\frac{3}{7}=\frac{11}{9}\div\frac{3}{7}=\frac{11}{9}\times\frac{7}{3}=\frac{77}{27}=2\frac{23}{27}$

④ $4\frac{1}{2}\div\frac{3}{5}=\frac{9}{2}\div\frac{3}{5}=\frac{\overset{3}{\cancel{9}}}{2}\times\frac{5}{\underset{1}{\cancel{3}}}=\frac{15}{2}=7\frac{1}{2}$

STEP 2 꼭 나오는 유형 18~23쪽

1 (1) 5 (2) 5

준비 (1) 3 (2) $\frac{5}{9}$

2 14, 2, 7

3 (1) 7 (2) 2 (3) 8

4 2

5 4

6 >

7 예 4배

8 (1) $1\frac{1}{4}$ (2) $2\frac{3}{4}$ (3) $1\frac{1}{2}$

9 (선 잇기)

10 =

11 $\frac{10}{11} \div \frac{3}{11} = 10 \div 3 = \frac{10}{3} = 3\frac{1}{3}$

12 4

13 3, 3, $1\frac{5}{7}$, $1\frac{5}{7}$

14 6

준비 (1) 4, 7 (2) 4, 1

15 18, 13, 18, 13, $\frac{18}{13}$, $1\frac{5}{13}$

16 (1) $1\frac{2}{3}$ (2) $1\frac{1}{6}$ (3) $1\frac{11}{24}$

17 이유 예 분모가 다른 분수의 나눗셈은 통분한 후 분자끼리 계산해야 하는데 통분하지 않고 분자끼리 계산하였으므로 잘못되었습니다.

바른 계산 $\frac{14}{15} \div \frac{7}{30} = \frac{28}{30} \div \frac{7}{30} = 28 \div 7 = 4$

18 ㉡

19 예 $\frac{5}{8}$, $\frac{9}{10}$, $\frac{25}{36}$

20 $1\frac{1}{20}$ km

21 (○)(   )

22 (1) $6 \div \frac{3}{8} = (6 \div 3) \times 8 = 16$

(2) $12 \div \frac{6}{11} = (12 \div 6) \times 11 = 22$

23 (위에서부터) 16, 14

24 27배

25 ㉠, ㉢, ㉡

26 예 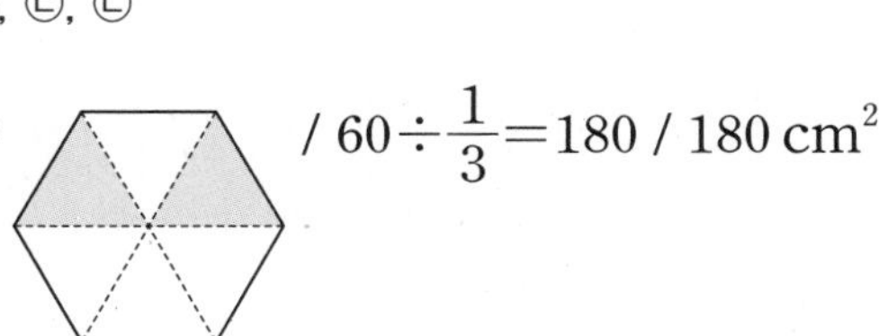 / $60 \div \frac{1}{3} = 180$ / 180 cm^2

27 75분

28 3 / $\frac{4}{21}$ / 3, 4, $\frac{16}{21}$

29 6, 7, $\frac{7}{6}$, $\frac{35}{48}$

30 (1) $\frac{2}{7} \div \frac{4}{5} = \frac{\overset{1}{\cancel{2}}}{7} \times \frac{5}{\underset{2}{\cancel{4}}} = \frac{5}{14}$

(2) $\frac{7}{16} \div \frac{3}{4} = \frac{7}{\underset{4}{\cancel{16}}} \times \frac{\overset{1}{\cancel{4}}}{3} = \frac{7}{12}$

31 예 $\frac{15}{28}$

32 ㉢

33 $1\frac{17}{28}$배

34 $\frac{5}{13} \div \frac{3}{8} = 1\frac{1}{39}$ / $1\frac{1}{39}$ kg

35 ㉠

36 방법 1 $1\frac{3}{4} \div \frac{5}{9} = \frac{7}{4} \div \frac{5}{9} = \frac{63}{36} \div \frac{20}{36}$

$= 63 \div 20 = \frac{63}{20} = 3\frac{3}{20}$

방법 2 $1\frac{3}{4} \div \frac{5}{9} = \frac{7}{4} \div \frac{5}{9} = \frac{7}{4} \times \frac{9}{5}$

$= \frac{63}{20} = 3\frac{3}{20}$

37 $6\frac{3}{4}$ km

38 (1) $5\frac{3}{4}$ (2) $6\frac{1}{4}$

39 $1\frac{2}{5} \div \frac{7}{9} = \frac{7}{5} \div \frac{7}{9} = \frac{\overset{1}{\cancel{7}}}{5} \times \frac{9}{\underset{1}{\cancel{7}}} = \frac{9}{5} = 1\frac{4}{5}$

40 $\frac{1}{5}$, 12

41 $4\frac{1}{3}$배

3 분모가 같은 분수의 나눗셈은 분자끼리 나누어 계산합니다.

4 $\frac{12}{17} \div \frac{6}{17} = 12 \div 6 = 2$

5 $\frac{20}{23} \div \frac{\square}{23} = 20 \div \square = 5$, $\square = 20 \div 5 = 4$

6 $\frac{8}{13} \div \frac{2}{13} = 8 \div 2 = 4$, $\frac{8}{13} \div \frac{4}{13} = 8 \div 4 = 2$
➡ $4 > 2$

내가 만드는 문제

7 예 $\frac{8}{9}$ L 주스와 $\frac{2}{9}$ L 주스를 고른다면

$\left(\frac{8}{9}\text{ L 주스}\right) \div \left(\frac{2}{9}\text{ L 주스}\right)$

$= \frac{8}{9} \div \frac{2}{9} = 8 \div 2 = 4$(배)입니다.

8 분모가 같은 분수의 나눗셈은 분자끼리 나누어 계산합니다.

(1) $\frac{10}{17} \div \frac{8}{17} = 10 \div 8 = \frac{10}{8} = \frac{5}{4} = 1\frac{1}{4}$

(2) $\frac{11}{7} \div \frac{4}{7} = 11 \div 4 = \frac{11}{4} = 2\frac{3}{4}$

(3) $\frac{15}{19} \div \frac{10}{19} = 15 \div 10 = \frac{15}{10} = \frac{3}{2} = 1\frac{1}{2}$

9 $\frac{3}{8}\div\frac{2}{8}=3\div2=\frac{3}{2}=1\frac{1}{2}$

$\frac{9}{13}\div\frac{11}{13}=9\div11=\frac{9}{11}$

$\frac{8}{15}\div\frac{7}{15}=8\div7=\frac{8}{7}=1\frac{1}{7}$

10 $\frac{9}{14}\div\frac{5}{14}=9\div5=\frac{9}{5}=1\frac{4}{5}$

$\frac{9}{17}\div\frac{5}{17}=9\div5=\frac{9}{5}=1\frac{4}{5}$ ➡ $1\frac{4}{5}=1\frac{4}{5}$

12 예 $\frac{17}{18}\div\frac{5}{18}=17\div5=\frac{17}{5}=3\frac{2}{5}$

$3\frac{2}{5}<\square$이므로 □ 안에 들어갈 수 있는 자연수는 4, 5, 6, ...입니다. 따라서 □ 안에 들어갈 수 있는 자연수 중에서 가장 작은 자연수는 4입니다.

평가 기준
$\frac{17}{18}\div\frac{5}{18}$를 계산했나요?
□ 안에 들어갈 수 있는 가장 작은 자연수를 구했나요?

14 $\frac{2}{3}$에는 $\frac{1}{9}$이 6번 들어갑니다.

따라서 $\frac{2}{3}\div\frac{1}{9}=6$입니다.

16 (1) $\frac{5}{12}\div\frac{1}{4}=\frac{5}{12}\div\frac{3}{12}=5\div3=\frac{5}{3}=1\frac{2}{3}$

(2) $\frac{7}{16}\div\frac{3}{8}=\frac{7}{16}\div\frac{6}{16}=7\div6=\frac{7}{6}=1\frac{1}{6}$

(3) $\frac{5}{6}\div\frac{4}{7}=\frac{35}{42}\div\frac{24}{42}=35\div24=\frac{35}{24}=1\frac{11}{24}$

17

평가 기준
계산이 잘못된 곳을 찾아 이유를 썼나요?
바르게 고쳐 계산했나요?

18 나누는 수가 $\frac{3}{4}$으로 같으므로 나누어지는 수가 가장 큰 수일 때 계산 결과가 가장 큽니다. $\frac{2}{3}<\frac{5}{6}<\frac{7}{8}$이므로 계산 결과가 가장 큰 것은 ㉡입니다.

내가 만드는 문제

19 예 수 카드를 9와 10, 5와 8을 골랐다면 만들 수 있는 진분수는 $\frac{9}{10}$, $\frac{5}{8}$입니다. 작은 수를 큰 수로 나누면

$\frac{5}{8}\div\frac{9}{10}=\frac{25}{40}\div\frac{36}{40}=25\div36=\frac{25}{36}$입니다.

20 (1분 동안 갈 수 있는 거리)

=(간 거리)÷(걸린 시간)

$=\frac{3}{4}\div\frac{5}{7}=\frac{21}{28}\div\frac{20}{28}=21\div20$

$=\frac{21}{20}=1\frac{1}{20}$ (km)

21 (자연수)÷(분수)는 자연수를 분수의 분자로 나눈 다음 분모를 곱하여 계산합니다. ➡ $10\div\frac{2}{5}=(10\div2)\times5$

22 ●÷$\frac{▲}{■}$=(●÷▲)×■

23 $12\div\frac{3}{4}=(12\div3)\times4=16$

$12\div\frac{6}{7}=(12\div6)\times7=14$

24 $21\div\frac{7}{9}=(21\div7)\times9=27$(배)

25 ㉠ $8\div\frac{2}{9}=(8\div2)\times9=36$

㉡ $9\div\frac{3}{5}=(9\div3)\times5=15$

㉢ $12\div\frac{2}{3}=(12\div2)\times3=18$

따라서 계산 결과가 큰 것부터 차례로 기호를 쓰면 ㉠, ㉢, ㉡입니다.

내가 만드는 문제

26 예 색칠한 부분은 전체의 $\frac{2}{6}=\frac{1}{3}$입니다.

(도형 전체의 넓이)$=60\div\frac{1}{3}=60\times3=180$ (cm²)

27 (배터리를 완전히 충전하는 데 걸리는 시간)

=(충전한 시간)÷(충전된 양)

$=45\div\frac{3}{5}=(45\div3)\times5=75$(분)

내가 만드는 문제

31 예 $\frac{5}{12}$와 $\frac{7}{9}$을 고른다면 $\frac{5}{12}\div\frac{7}{9}=\frac{5}{\cancel{12}_{4}}\times\frac{\cancel{9}^{3}}{7}=\frac{15}{28}$입니다.

32 ㉠ $\frac{5}{9}\div\frac{4}{11}=\frac{5}{9}\times\frac{11}{4}=\frac{55}{36}=1\frac{19}{36}$

㉡ $\frac{5}{6}\div\frac{2}{9}=\frac{5}{\cancel{6}_{2}}\times\frac{\cancel{9}^{3}}{2}=\frac{15}{4}=3\frac{3}{4}$

㉢ $\frac{3}{5}\div\frac{5}{7}=\frac{3}{5}\times\frac{7}{5}=\frac{21}{25}$

33 예 (밀가루의 무게)÷(쌀가루의 무게)

$=\frac{5}{14}\div\frac{2}{9}=\frac{5}{14}\times\frac{9}{2}=\frac{45}{28}=1\frac{17}{28}$(배)

평가 기준
알맞은 나눗셈식을 세웠나요?
밀가루의 무게는 쌀가루의 무게의 몇 배인지 구했나요?

34 (우유 1 L의 무게)

$=\frac{5}{13}\div\frac{3}{8}=\frac{5}{13}\times\frac{8}{3}=\frac{40}{39}=1\frac{1}{39}$ (kg)

35 ㉡ $\frac{10}{3}\div\frac{5}{9}=\frac{30}{9}\div\frac{5}{9}=30\div5=6$

37 예 (휘발유 1 L로 갈 수 있는 거리)

=(자동차가 이동한 거리)÷(휘발유의 양)

$=5\frac{1}{4}\div\frac{7}{9}=\frac{21}{4}\div\frac{7}{9}=\frac{\overset{3}{\cancel{21}}}{4}\times\frac{9}{\underset{1}{\cancel{7}}}$

$=\frac{27}{4}=6\frac{3}{4}$ (km)

평가 기준
알맞은 나눗셈식을 세웠나요?
휘발유 1 L로 몇 km를 갈 수 있는지 구했나요?

38 (1) $3\frac{5}{6}\div\frac{2}{3}=\frac{23}{6}\div\frac{2}{3}=\frac{23}{\underset{2}{\cancel{6}}}\times\frac{\overset{1}{\cancel{3}}}{2}=\frac{23}{4}=5\frac{3}{4}$

(2) $1\frac{7}{8}\div\frac{3}{10}=\frac{15}{8}\div\frac{3}{10}=\frac{\overset{5}{\cancel{15}}}{\underset{4}{\cancel{8}}}\times\frac{\overset{5}{\cancel{10}}}{\underset{1}{\cancel{3}}}=\frac{25}{4}=6\frac{1}{4}$

40 나누어지는 수가 같을 때 몫이 가장 크려면 나누는 수가 가장 작아야 합니다. $\frac{1}{5}<\frac{3}{14}<\frac{3}{10}$이므로 □ 안에는 $\frac{1}{5}$이 들어가야 합니다.

➡ $2\frac{2}{5}\div\frac{1}{5}=\frac{12}{5}\div\frac{1}{5}=12\div1=12$

41 (해왕성의 반지름)÷(금성의 반지름)

$=3\frac{9}{10}\div\frac{9}{10}=\frac{39}{10}\div\frac{9}{10}=\frac{\overset{13}{\cancel{39}}}{\underset{1}{\cancel{10}}}\times\frac{\overset{1}{\cancel{10}}}{\underset{3}{\cancel{9}}}$

$=\frac{13}{3}=4\frac{1}{3}$(배)

STEP 3 자주 틀리는 유형 24~26쪽

1 $\frac{7}{8}$ **2** $4\frac{2}{9}$ **3** $11\frac{1}{5}$

4 이유 예 분모가 같은 (분수)÷(분수)인데 분자끼리 나누어 계산하지 않았습니다.

바른 계산 $\frac{11}{16}\div\frac{3}{16}=11\div3=\frac{11}{3}=3\frac{2}{3}$

5 $\frac{4}{7}\div\frac{3}{4}=\frac{16}{28}\div\frac{21}{28}=16\div21=\frac{16}{21}$

6 이유 예 자연수를 나누는 분수의 분자로 나누고 분모를 곱해야 하는데 분모로 나누고 분자를 곱했습니다.

바른 계산 $12\div\frac{2}{3}=(12\div2)\times3=18$

7 ㉡ **8** < **9** ㉠

10 ㉡ **11** ㉣ **12** 2개

13 $10\frac{15}{16}$ **14** $\frac{6}{25}$ **15** $4\frac{1}{2}$

16 $\frac{5}{6}$ kg **17** $\frac{2}{9}$ m **18** 9 kg

1 $\square\times\frac{5}{7}=\frac{5}{8}$, $\square=\frac{5}{8}\div\frac{5}{7}=\frac{\overset{1}{\cancel{5}}}{8}\times\frac{7}{\underset{1}{\cancel{5}}}=\frac{7}{8}$

2 $\square\times\frac{3}{10}=1\frac{4}{15}$

$\square=1\frac{4}{15}\div\frac{3}{10}=\frac{19}{15}\div\frac{3}{10}=\frac{19}{\underset{3}{\cancel{15}}}\times\frac{\overset{2}{\cancel{10}}}{3}$

$=\frac{38}{9}=4\frac{2}{9}$

3 $1\frac{1}{6}\div\frac{1}{4}=\frac{7}{6}\div\frac{1}{4}=\frac{7}{\underset{3}{\cancel{6}}}\times\overset{2}{\cancel{4}}=\frac{14}{3}=4\frac{2}{3}$

$\square\times\frac{5}{12}=4\frac{2}{3}$

$\square=4\frac{2}{3}\div\frac{5}{12}=\frac{14}{3}\div\frac{5}{12}=\frac{14}{\underset{1}{\cancel{3}}}\times\frac{\overset{4}{\cancel{12}}}{5}$

$=\frac{56}{5}=11\frac{1}{5}$

7 ㉠ $\frac{5}{12}\div\frac{7}{18}=\frac{5}{\underset{2}{\cancel{12}}}\times\frac{\overset{3}{\cancel{18}}}{7}=\frac{15}{14}=1\frac{1}{14}$

㉡ $\frac{9}{11}\div\frac{3}{5}=\frac{\overset{3}{\cancel{9}}}{11}\times\frac{5}{\underset{1}{\cancel{3}}}=\frac{15}{11}=1\frac{4}{11}$

➡ $1\frac{1}{14}<1\frac{4}{11}$이므로 계산 결과가 더 큰 것은 ㉡입니다.

8 $2\frac{2}{9}\div\frac{2}{3}=\frac{20}{9}\div\frac{2}{3}=\frac{\overset{10}{\cancel{20}}}{\underset{3}{\cancel{9}}}\times\frac{\overset{1}{\cancel{3}}}{\underset{1}{\cancel{2}}}=\frac{10}{3}=3\frac{1}{3}$

$2\frac{4}{5}\div\frac{7}{9}=\frac{14}{5}\div\frac{7}{9}=\frac{\overset{2}{\cancel{14}}}{5}\times\frac{9}{\underset{1}{\cancel{7}}}=\frac{18}{5}=3\frac{3}{5}$

➡ $3\frac{1}{3}<3\frac{3}{5}$이므로 $2\frac{4}{5}\div\frac{7}{9}$이 더 큽니다.

9 ㉠ $\frac{5}{8}\div\frac{3}{8}=5\div3=\frac{5}{3}=1\frac{2}{3}$

㉡ $3\div\frac{9}{10}=\overset{1}{\cancel{3}}\times\frac{10}{\underset{3}{\cancel{9}}}=\frac{10}{3}=3\frac{1}{3}$

㉢ $1\frac{3}{4}\div\frac{11}{12}=\frac{7}{4}\div\frac{11}{12}=\frac{7}{\underset{1}{\cancel{4}}}\times\frac{\overset{3}{\cancel{12}}}{11}=\frac{21}{11}=1\frac{10}{11}$

㉣ $3\frac{1}{8}\div\frac{5}{6}=\frac{25}{8}\div\frac{5}{6}=\frac{\overset{5}{\cancel{25}}}{\underset{4}{\cancel{8}}}\times\frac{\overset{3}{\cancel{6}}}{\underset{1}{\cancel{5}}}=\frac{15}{4}=3\frac{3}{4}$

➡ $1\frac{2}{3}<1\frac{10}{11}<3\frac{1}{3}<3\frac{3}{4}$이므로 가장 작은 것은 ㉠ 입니다.

10 ㉠ $4>\frac{5}{12}$ ㉡ $\frac{2}{5}<\frac{7}{8}$ ㉢ $1\frac{3}{4}>\frac{1}{4}$ ㉣ $3\frac{1}{3}>\frac{8}{9}$
따라서 몫이 1보다 작은 것은 (나누어지는 수)$<$(나누는 수)인 ㉡입니다.

11 (나누어지는 수)$>$(나누는 수)이면 몫이 1보다 큽니다.
㉠ $\frac{3}{7}<\frac{5}{7}$ ㉡ $\frac{2}{9}<\frac{5}{8}$ ㉢ $\frac{11}{14}<\frac{4}{5}$ ㉣ $\frac{9}{10}>\frac{5}{7}$
따라서 몫이 1보다 큰 것은 ㉣입니다.

12 (나누어지는 수)$<$(나누는 수)이면 몫이 1보다 작습니다.
$\frac{3}{10}<\frac{2}{3}$, $4\frac{2}{5}>\frac{2}{3}$, $\frac{17}{6}>\frac{2}{3}$, $\frac{5}{11}<\frac{2}{3}$이므로 몫이 1보다 작은 것은 $\frac{3}{10}\div\frac{2}{3}$, $\frac{5}{11}\div\frac{2}{3}$로 모두 2개입니다.

13 $4\frac{3}{8}>2\frac{1}{4}>\frac{7}{12}>\frac{2}{5}$이므로 가장 큰 수는 $4\frac{3}{8}$, 가장 작은 수는 $\frac{2}{5}$입니다.

➡ $4\frac{3}{8}\div\frac{2}{5}=\frac{35}{8}\div\frac{2}{5}=\frac{35}{8}\times\frac{5}{2}=\frac{175}{16}=10\frac{15}{16}$

14 $\frac{1}{5}<\frac{1}{3}<\frac{1}{2}<\frac{2}{3}<\frac{5}{6}$이므로 가장 작은 수는 $\frac{1}{5}$, 가장 큰 수는 $\frac{5}{6}$입니다.

➡ $\frac{1}{5}\div\frac{5}{6}=\frac{1}{5}\times\frac{6}{5}=\frac{6}{25}$

15 가장 큰 수를 가장 작은 수로 나눌 때 나눗셈의 몫이 가장 큽니다. $2\frac{1}{2}>2\frac{1}{6}>\frac{2}{3}>\frac{5}{9}$이므로 가장 큰 수는 $2\frac{1}{2}$, 가장 작은 수는 $\frac{5}{9}$입니다.

➡ $2\frac{1}{2}\div\frac{5}{9}=\frac{5}{2}\div\frac{5}{9}=\frac{\overset{1}{\cancel{5}}}{2}\times\frac{9}{\underset{1}{\cancel{5}}}=\frac{9}{2}=4\frac{1}{2}$

16 (고무관 1 m의 무게)
$=$(고무관의 무게)$\div$(고무관의 길이)
$=\frac{5}{8}\div\frac{3}{4}=\frac{5}{8}\div\frac{6}{8}=5\div6=\frac{5}{6}$ (kg)

17 (철근 1 kg의 길이)
$=$(철근의 길이)$\div$(철근의 무게)
$=\frac{1}{5}\div\frac{9}{10}=\frac{2}{10}\div\frac{9}{10}=2\div9=\frac{2}{9}$ (m)

18 (통나무 1 m의 무게)
$=$(통나무의 무게)$\div$(통나무의 길이)
$=\frac{9}{11}\div\frac{3}{11}=9\div3=3$ (kg)
(통나무 3 m의 무게)$=3\times3=9$ (kg)

STEP 4 최상위 도전 유형 27~30쪽

1 1, 2, 3 **2** 3개

3 5개 **4** $\frac{9}{10}\div\frac{7}{10}$, $\frac{9}{11}\div\frac{7}{11}$

5 $\frac{7}{8}\div\frac{3}{8}$ **6** $\frac{5}{12}\div\frac{11}{12}$, $\frac{5}{13}\div\frac{11}{13}$

7 25	**8** $\frac{9}{10}$
9 $5\frac{11}{14}$	**10** $1\frac{7}{8}$ m
11 $1\frac{1}{3}$ m	**12** $2\frac{1}{3}$
13 $2\frac{1}{4}$배	**14** $23\frac{2}{5}$ km
15 1시간 10분	**16** 7 km
17 80 mL	**18** $60\frac{2}{3}$ km
19 $3\frac{1}{3}$	**20** $9\frac{4}{5}$
21 $4\frac{2}{25}$	**22** $\frac{4}{7}$
23 $\frac{9}{19}$	**24** 3

1 $\square \div \frac{1}{6} = \square \times 6$이므로 $\square \times 6 < 20$입니다.
$1 \times 6 = 6$, $2 \times 6 = 12$, $3 \times 6 = 18$, $4 \times 6 = 24$, ...이므로 □ 안에 들어갈 수 있는 자연수는 1, 2, 3입니다.

2 $3 \div \frac{1}{\square} = 3 \times \square$이므로 $9 < 3 \times \square < 19$입니다.
따라서 □ 안에 들어갈 수 있는 자연수는 4, 5, 6으로 모두 3개입니다.

3 $\square \div \frac{1}{5} = \square \times 5$
$5 < \square \times 5 < 34$이므로 □ 안에 들어갈 수 있는 자연수는 2, 3, 4, 5, 6으로 모두 5개입니다.

4 분모가 12보다 작고 분자가 9인 진분수는 $\frac{9}{10}$, $\frac{9}{11}$입니다.
따라서 조건을 만족하는 분수의 나눗셈식은
$\frac{9}{10} \div \frac{7}{10}$, $\frac{9}{11} \div \frac{7}{11}$입니다.

5 분모가 9보다 작고 분자가 7인 진분수는 $\frac{7}{8}$입니다.
따라서 조건을 만족하는 분수의 나눗셈식은 $\frac{7}{8} \div \frac{3}{8}$입니다.

6 분모가 14보다 작고 분자가 11인 진분수는 $\frac{11}{12}$, $\frac{11}{13}$입니다.
따라서 조건을 만족하는 분수의 나눗셈식은
$\frac{5}{12} \div \frac{11}{12}$, $\frac{5}{13} \div \frac{11}{13}$입니다.

7 어떤 수를 □라고 하면 $\square \div 5 = 4$에서
$\square = 4 \times 5 = 20$입니다.
따라서 바르게 계산하면 $20 \div \frac{4}{5} = \overset{5}{\cancel{20}} \times \frac{5}{\underset{1}{\cancel{4}}} = 25$입니다.

8 어떤 수를 □라고 하면 $\square \times \frac{2}{3} = \frac{2}{5}$이므로
$\square = \frac{2}{5} \div \frac{2}{3} = \frac{\overset{1}{\cancel{2}}}{5} \times \frac{3}{\underset{1}{\cancel{2}}} = \frac{3}{5}$입니다.
따라서 바르게 계산하면 $\frac{3}{5} \div \frac{2}{3} = \frac{3}{5} \times \frac{3}{2} = \frac{9}{10}$입니다.

9 어떤 수를 □라고 하면 $\square \times \frac{4}{9} = 1\frac{1}{7}$이므로
$\square = 1\frac{1}{7} \div \frac{4}{9} = \frac{8}{7} \div \frac{4}{9} = \frac{\overset{2}{\cancel{8}}}{7} \times \frac{9}{\underset{1}{\cancel{4}}} = \frac{18}{7} = 2\frac{4}{7}$입니다.
따라서 바르게 계산하면
$2\frac{4}{7} \div \frac{4}{9} = \frac{18}{7} \div \frac{4}{9} = \frac{\overset{9}{\cancel{18}}}{7} \times \frac{9}{\underset{2}{\cancel{4}}} = \frac{81}{14} = 5\frac{11}{14}$입니다.

10 (평행사변형의 넓이)=(밑변의 길이)×(높이)
➡ (밑변의 길이)=(평행사변형의 넓이)÷(높이)
$= 1\frac{1}{8} \div \frac{3}{5} = \frac{9}{8} \div \frac{3}{5} = \frac{\overset{3}{\cancel{9}}}{8} \times \frac{5}{\underset{1}{\cancel{3}}}$
$= \frac{15}{8} = 1\frac{7}{8}$ (m)

11 $\frac{15}{32} \times (\text{높이}) \div 2 = \frac{5}{16}$, $\frac{15}{32} \times (\text{높이}) = \frac{5}{\underset{8}{\cancel{16}}} \times \overset{1}{\cancel{2}} = \frac{5}{8}$
$(\text{높이}) = \frac{5}{8} \div \frac{15}{32} = \frac{\overset{1}{\cancel{5}}}{\underset{1}{\cancel{8}}} \times \frac{\overset{4}{\cancel{32}}}{\underset{3}{\cancel{15}}} = \frac{4}{3} = 1\frac{1}{3}$ (m)

12 $\square \times \frac{4}{7} \div 2 = \frac{2}{3}$, $\square \times \frac{4}{7} = \frac{2}{3} \times 2 = \frac{4}{3}$
$\square = \frac{4}{3} \div \frac{4}{7} = \frac{\overset{1}{\cancel{4}}}{3} \times \frac{7}{\underset{1}{\cancel{4}}} = \frac{7}{3} = 2\frac{1}{3}$

13 40분 $=\frac{40}{60}$시간 $=\frac{2}{3}$시간

(피아노 연습을 한 시간) ÷ (수학 공부를 한 시간)

$=1\frac{1}{2}\div\frac{2}{3}=\frac{3}{2}\div\frac{2}{3}=\frac{3}{2}\times\frac{3}{2}=\frac{9}{4}=2\frac{1}{4}$(배)

14 5분 $=\frac{5}{60}$시간 $=\frac{1}{12}$시간

(1시간 동안 가는 거리)

=(자전거를 타고 간 거리) ÷ (걸린 시간)

$=1\frac{19}{20}\div\frac{1}{12}=\frac{39}{20}\div\frac{1}{12}=\frac{39}{\cancel{20}_5}\times\cancel{12}^3$

$=\frac{117}{5}=23\frac{2}{5}$ (km)

15 40분 $=\frac{40}{60}$시간 $=\frac{2}{3}$시간

(1 L를 채취하는 데 걸리는 시간)

$=\frac{2}{3}\div\frac{4}{7}=\frac{\cancel{2}^1}{3}\times\frac{7}{\cancel{4}_2}=\frac{7}{6}=1\frac{1}{6}$(시간)

➡ $1\frac{1}{6}$시간 $=1\frac{10}{60}$시간이므로 1시간 10분입니다.

16 집에서 출발하여 은행까지 갔다가 돌아온 전체 거리는 $2+2=4$ (km)이고, 걸린 시간은 $\frac{4}{7}$시간입니다.

➡ (한 시간 동안 갈 수 있는 거리)

=(움직인 거리) ÷ (걸린 시간)

$=4\div\frac{4}{7}=\cancel{4}^1\times\frac{7}{\cancel{4}_1}=7$ (km)

17 병의 들이를 □mL라고 하면

$□\times\frac{5}{6}=400$이므로

$□=400\div\frac{5}{6}=\cancel{400}^{80}\times\frac{6}{\cancel{5}_1}=480$입니다.

따라서 물을 $480-400=80$ (mL) 더 부어야 합니다.

18 (1 L의 휘발유로 갈 수 있는 거리)

$=8\frac{2}{3}\div\frac{4}{5}=\frac{\cancel{26}^{13}}{3}\times\frac{5}{\cancel{4}_2}=\frac{65}{6}=10\frac{5}{6}$ (km)

$\left(5\frac{3}{5}\right.$ L의 휘발유로 갈 수 있는 거리$\left.\right)$

$=10\frac{5}{6}\times5\frac{3}{5}=\frac{\cancel{65}^{13}}{\cancel{6}_3}\times\frac{\cancel{28}^{14}}{\cancel{5}_1}=\frac{182}{3}=60\frac{2}{3}$ (km)

19 가장 큰 대분수: $5\frac{1}{3}$, 가장 작은 대분수: $1\frac{3}{5}$

➡ $5\frac{1}{3}\div1\frac{3}{5}=\frac{16}{3}\div\frac{8}{5}=\frac{\cancel{16}^2}{3}\times\frac{5}{\cancel{8}_1}=\frac{10}{3}=3\frac{1}{3}$

20 나누는 수가 같을 때 몫이 가장 작으려면 나누어지는 수가 가장 작아야 하므로 수 카드로 가장 작은 대분수를 만들어 나눗셈을 합니다.

➡ $2\frac{4}{5}\div\frac{2}{7}=\frac{14}{5}\div\frac{2}{7}=\frac{\cancel{14}^7}{5}\times\frac{7}{\cancel{2}_1}=\frac{49}{5}=9\frac{4}{5}$

21 태호의 수가 은하의 수보다 크므로 태호는 가장 큰 대분수를, 은하는 가장 작은 대분수를 만들어 나눗셈을 합니다.

(태호가 만든 대분수) ÷ (은하가 만든 대분수)

$=6\frac{4}{5}\div1\frac{2}{3}=\frac{34}{5}\div\frac{5}{3}=\frac{34}{5}\times\frac{3}{5}=\frac{102}{25}=4\frac{2}{25}$

22 $5\frac{1}{4}\odot\frac{2}{3}=4\frac{1}{2}\div\left(5\frac{1}{4}\div\frac{2}{3}\right)$

$=4\frac{1}{2}\div\left(\frac{21}{4}\div\frac{2}{3}\right)=4\frac{1}{2}\div\left(\frac{21}{4}\times\frac{3}{2}\right)$

$=4\frac{1}{2}\div\frac{63}{8}=\frac{9}{2}\div\frac{63}{8}=\frac{\cancel{9}^1}{\cancel{2}_1}\times\frac{\cancel{8}^4}{\cancel{63}_7}=\frac{4}{7}$

23 $\frac{3}{8}◎\frac{5}{12}=\frac{3}{8}\div\left(\frac{3}{8}+\frac{5}{12}\right)=\frac{3}{8}\div\frac{19}{24}$

$=\frac{3}{\cancel{8}_1}\times\frac{\cancel{24}^3}{19}=\frac{9}{19}$

24 $2\frac{1}{4}\odot\frac{2}{3}=\frac{9}{4}\div\left(\frac{9}{4}\div\frac{2}{3}\right)=\frac{9}{4}\div\left(\frac{9}{4}\times\frac{3}{2}\right)$

$=\frac{9}{4}\div\frac{27}{8}=\frac{\cancel{9}^1}{\cancel{4}_1}\times\frac{\cancel{8}^2}{\cancel{27}_3}=\frac{2}{3}$

$□\times\frac{2}{3}=2$에서 $□=2\div\frac{2}{3}=\cancel{2}^1\times\frac{3}{\cancel{2}_1}=3$입니다.

수시 평가 대비 Level ❶ 31~33쪽

1 ④

2 (선 잇기)

3 $\frac{3}{8}\div\frac{5}{6}=\frac{9}{24}\div\frac{20}{24}=9\div20=\frac{9}{20}$

4 3, 4, $\frac{4}{3}$	**5** ㉡
6 3	**7** 45, 36, $25\frac{5}{7}$
8 (1) 1 (2) 3	**9** 3개
10 $1\frac{11}{24}$배	**11** ㉣
12 15, 18	**13** ①, ③
14 3	**15** $1\frac{5}{16}$
16 81쪽	**17** $2\frac{1}{10}$ cm
18 $13\frac{1}{3}$ km	**19** 3번
20 $6\frac{3}{10}$	

1 $\frac{2}{7}$는 $\frac{1}{7}$이 2개입니다.
$\frac{2}{7} \div \frac{1}{7} = 2 \div 1$

2 분모가 같은 분수의 나눗셈은 분자끼리의 나눗셈과 같습니다.
$\frac{3}{5} \div \frac{4}{5} = 3 \div 4$, $\frac{5}{8} \div \frac{3}{8} = 5 \div 3$, $\frac{4}{7} \div \frac{5}{7} = 4 \div 5$

3 분모의 최소공배수를 공통분모로 하여 통분한 후 분자끼리 나누어 계산합니다.

4 나눗셈을 곱셈으로 나타내고 나누는 분수의 분모와 분자를 바꾸어 계산합니다.

5 ㉠ $6 \div \frac{3}{8} = (6 \div 3) \times 8 = 16$
㉡ $15 \div \frac{5}{7} = (15 \div 5) \times 7 = 21$
㉢ $12 \div \frac{3}{4} = (12 \div 3) \times 4 = 16$
㉣ $8 \div \frac{1}{2} = 8 \times 2 = 16$

6 대분수는 $1\frac{2}{3}$, 진분수는 $\frac{5}{9}$입니다.
➡ $1\frac{2}{3} \div \frac{5}{9} = \frac{5}{3} \div \frac{5}{9} = \frac{15}{9} \div \frac{5}{9} = 15 \div 5 = 3$

7 • $20 \div \frac{4}{9} = (20 \div 4) \times 9 = 45$
• $20 \div \frac{5}{9} = (20 \div 5) \times 9 = 36$
• $20 \div \frac{7}{9} = 20 \times \frac{9}{7} = \frac{180}{7} = 25\frac{5}{7}$

8 (1) $\frac{4}{7} \div \frac{\square}{7} = 4 \div \square = 4$, $\square = 4 \div 4 = 1$
(2) $8 \div \frac{2}{\square} = (8 \div 2) \times \square = 4 \times \square = 12$,
$\square = 12 \div 4 = 3$

9 $\frac{9}{11} \div \frac{3}{11} = 9 \div 3 = 3$(개)

10 $\frac{5}{8} \div \frac{3}{7} = \frac{5}{8} \times \frac{7}{3} = \frac{35}{24} = 1\frac{11}{24}$(배)

11 나누어지는 수가 $2\frac{1}{4}$로 모두 같으므로 나누는 수가 클수록 몫이 작습니다.
$\frac{8}{9} > \frac{4}{5} > \frac{3}{5} > \frac{1}{4}$이므로 몫이 가장 작은 것은 ㉣입니다.

12 • $3 \div \frac{1}{5} = 3 \times 5 = 15$, ㉠=15
• ㉠$\div \frac{5}{6} = 15 \div \frac{5}{6} = (15 \div 5) \times 6 = 18$, ㉡=18

13 (나누어지는 수)<(나누는 수)이면 몫이 1보다 작습니다.
① $\frac{5}{8} < \frac{3}{4}$ ② $\frac{7}{5} > \frac{4}{5}$ ③ $\frac{9}{14} < \frac{5}{6}$ ④ $\frac{7}{10} > \frac{1}{3}$
⑤ $\frac{8}{9} > \frac{3}{8}$
따라서 계산 결과가 1보다 작은 것은 ①, ③입니다.

14 $\frac{17}{19} \div \frac{6}{19} = 17 \div 6 = \frac{17}{6} = 2\frac{5}{6}$
$2\frac{5}{6} < \square$이므로 □ 안에 들어갈 수 있는 자연수는 3, 4, 5, …입니다.
따라서 □ 안에 들어갈 수 있는 가장 작은 자연수는 3입니다.

15 어떤 수를 □라 하면 $\frac{8}{15} \times \square = \frac{7}{10}$입니다.
$\square = \frac{7}{10} \div \frac{8}{15} = \frac{7}{\cancel{10}_{2}} \times \frac{\cancel{15}^{3}}{8} = \frac{21}{16} = 1\frac{5}{16}$

16 동화책의 전체 쪽수를 □쪽이라 하면

$\square \times \frac{5}{9} = 45$입니다.

$\square = 45 \div \frac{5}{9} = (45 \div 5) \times 9 = 81$

17 마름모의 다른 대각선의 길이를 □cm라 하면

$\frac{6}{7} \times \square \div 2 = \frac{9}{10}$입니다.

$\square = \frac{9}{\underset{5}{\cancel{10}}} \times \overset{1}{\cancel{2}} \div \frac{6}{7} = \frac{9}{5} \div \frac{6}{7} = \frac{\overset{3}{\cancel{9}}}{5} \times \frac{7}{\underset{2}{\cancel{6}}} = \frac{21}{10} = 2\frac{1}{10}$

18 휘발유 1 L로 갈 수 있는 거리는

$3\frac{1}{3} \div \frac{3}{4} = \frac{10}{3} \div \frac{3}{4} = \frac{10}{3} \times \frac{4}{3} = \frac{40}{9} = 4\frac{4}{9}$ (km)

입니다.

따라서 휘발유 3 L로 갈 수 있는 거리는

$4\frac{4}{9} \times 3 = \frac{40}{\underset{3}{\cancel{9}}} \times \overset{1}{\cancel{3}} = \frac{40}{3} = 13\frac{1}{3}$ (km)입니다.

19 예 물통의 들이를 그릇의 들이로 나누면

$\frac{15}{16} \div \frac{3}{8} = \frac{15}{16} \div \frac{6}{16} = \frac{\overset{5}{\cancel{15}}}{\underset{2}{\cancel{6}}} = \frac{5}{2} = 2\frac{1}{2}$입니다.

따라서 물통을 가득 채우려면 물을 적어도 3번 부어야 합니다.

평가 기준	배점
나눗셈식을 세워 계산했나요?	3점
물을 적어도 몇 번 부어야 하는지 구했나요?	2점

20 예 $\frac{14}{5} > 2\frac{2}{3} > \frac{6}{7} > \frac{4}{9}$

몫이 가장 큰 나눗셈식은 가장 큰 수를 가장 작은 수로 나눈 $\frac{14}{5} \div \frac{4}{9}$입니다.

$\frac{14}{5} \div \frac{4}{9} = \frac{\overset{7}{\cancel{14}}}{5} \times \frac{9}{\underset{2}{\cancel{4}}} = \frac{63}{10} = 6\frac{3}{10}$

평가 기준	배점
몫이 가장 큰 나눗셈식을 만들었나요?	3점
이때 만든 나눗셈식의 몫을 구했나요?	2점

수시 평가 대비 Level 2

34~36쪽

1 2, 1

2 $\frac{7}{8} \div \frac{2}{3} = \frac{21}{24} \div \frac{16}{24} = 21 \div 16 = \frac{21}{16} = 1\frac{5}{16}$

3 ⓒ

4 10

5 (선 잇기)

6 $9 \div \frac{12}{13}$에 ○표

7 소율

8 (1) $\frac{20}{21}$ (2) $2\frac{10}{13}$

9 ⓒ

10 $5\frac{5}{8}$

11 =

12 36일

13 $4\frac{2}{7}$

14 $4\frac{8}{9}$ cm

15 (위에서부터) $12\frac{1}{2}$, $14\frac{2}{7}$

16 25쪽

17 8개

18 $1\frac{1}{2}$시간

19 14

20 42개

3 $4\frac{1}{5} \div \frac{3}{4} = \frac{21}{5} \div \frac{3}{4} = \frac{21}{5} \times \frac{4}{3}$

4 • $\frac{3}{4} \div \frac{1}{4} = 3 \div 1 = 3 \div ㉠ \rightarrow ㉠ = 1$

• $\frac{㉡}{13} \div \frac{8}{13} = ㉡ \div 8 = 9 \div 8 \rightarrow ㉡ = 9$

➡ $㉠ + ㉡ = 1 + 9 = 10$

5 $6 \div \frac{1}{3} = 6 \times 3 = 18$, $8 \div \frac{4}{7} = (8 \div 4) \times 7 = 14$

6 $16 \div \frac{8}{17} = (16 \div 8) \times 17 = 34$

$9 \div \frac{12}{13} = \overset{3}{\cancel{9}} \times \frac{13}{\underset{4}{\cancel{12}}} = \frac{39}{4} = 9\frac{3}{4}$

$8 \div \frac{2}{3} = (8 \div 2) \times 3 = 12$

7 대분수의 나눗셈은 대분수를 가분수로 고친 다음 분수를 통분하여 분자끼리 나누어 계산합니다.

8 (1) $\frac{8}{9}\div\frac{14}{15}=\frac{\overset{4}{\cancel{8}}}{\underset{3}{\cancel{9}}}\times\frac{\overset{5}{\cancel{15}}}{\underset{7}{\cancel{14}}}=\frac{20}{21}$

(2) $2\frac{6}{13}\div\frac{8}{9}=\frac{32}{13}\div\frac{8}{9}=\frac{\overset{4}{\cancel{32}}}{13}\times\frac{9}{\underset{1}{\cancel{8}}}=\frac{36}{13}=2\frac{10}{13}$

9 ㉠ $\square\times5=20$, $\square=4$
㉡ $4\times\square=16$, $\square=4$
㉢ $\square\times7=49$, $\square=7$
㉣ $9\times\square=36$, $\square=4$

10 $3\frac{3}{8}\div\frac{3}{5}=\frac{27}{8}\div\frac{3}{5}=\frac{\overset{9}{\cancel{27}}}{8}\times\frac{5}{\underset{1}{\cancel{3}}}=\frac{45}{8}=5\frac{5}{8}$

11 $2\frac{1}{10}\div\frac{4}{5}=\frac{21}{10}\div\frac{4}{5}=\frac{21}{\underset{2}{\cancel{10}}}\times\frac{\overset{1}{\cancel{5}}}{4}=\frac{21}{8}=2\frac{5}{8}$

$\frac{7}{12}\div\frac{2}{9}=\frac{7}{\underset{4}{\cancel{12}}}\times\frac{\overset{3}{\cancel{9}}}{2}=\frac{21}{8}=2\frac{5}{8}$

12 (설탕 20 kg을 사용할 수 있는 날수)

$=20\div\frac{5}{9}=\overset{4}{\cancel{20}}\times\frac{9}{\underset{1}{\cancel{5}}}=36$(일)

13 $\frac{3}{5}\times\square=2\frac{4}{7}$

$\square=2\frac{4}{7}\div\frac{3}{5}=\frac{18}{7}\div\frac{3}{5}=\frac{\overset{6}{\cancel{18}}}{7}\times\frac{5}{\underset{1}{\cancel{3}}}=\frac{30}{7}=4\frac{2}{7}$

14 (높이)=(평행사변형의 넓이)÷(밑변의 길이)

$=8\frac{8}{9}\div1\frac{9}{11}=\frac{80}{9}\div\frac{20}{11}=\frac{\overset{4}{\cancel{80}}}{9}\times\frac{11}{\underset{1}{\cancel{20}}}$

$=\frac{44}{9}=4\frac{8}{9}$ (cm)

15 빈칸을 위에서부터 각각 ㉠, ㉡이라 하면

㉠$\times1\frac{1}{5}=15$, ㉠$\times\frac{6}{5}=15$

➡ ㉠$=15\div\frac{6}{5}=\overset{5}{\cancel{15}}\times\frac{5}{\underset{2}{\cancel{6}}}=\frac{25}{2}=12\frac{1}{2}$

$12\frac{1}{2}\div$㉡$=\frac{7}{8}$

➡ ㉡$=12\frac{1}{2}\div\frac{7}{8}=\frac{25}{2}\div\frac{7}{8}=\frac{25}{\underset{1}{\cancel{2}}}\times\frac{\overset{4}{\cancel{8}}}{7}$

$=\frac{100}{7}=14\frac{2}{7}$

16 동화책의 전체 쪽수를 □쪽이라 하면

남은 쪽수는 전체의 $1-\frac{3}{5}=\frac{2}{5}$이므로

$\square\times\frac{2}{5}=10$, $\square=10\div\frac{2}{5}=\overset{5}{\cancel{10}}\times\frac{5}{\underset{1}{\cancel{2}}}=25$입니다.

17 $6\div\frac{2}{\square}=\overset{3}{\cancel{6}}\times\frac{\square}{\underset{1}{\cancel{2}}}=3\times\square$이므로 $3\times\square<40$입니다.

$3\times1=3$, $3\times2=6$, ..., $3\times13=39$, $3\times14=42$ 이므로 □ 안에 들어갈 수 있는 자연수는 1, 2, 3, ..., 13이고 이 중에서 5보다 큰 수는 6, 7, 8, 9, 10, 11, 12, 13으로 모두 8개입니다.

18 (1시간 동안 탄 양초의 길이)$=14\frac{1}{4}-4\frac{3}{4}=9\frac{1}{2}$ (cm)

$\left(14\frac{1}{4}\text{ cm인 양초가 다 타는 데 걸리는 시간}\right)$

$=14\frac{1}{4}\div9\frac{1}{2}=\frac{57}{4}\div\frac{19}{2}=\frac{\overset{3}{\cancel{57}}}{\underset{2}{\cancel{4}}}\times\frac{\overset{1}{\cancel{2}}}{\underset{1}{\cancel{19}}}$

$=\frac{3}{2}=1\frac{1}{2}$(시간)

19 예 나눗셈의 몫이 가장 큰 경우는 가장 큰 수를 가장 작은 수로 나눌 때이므로 ㉠에는 가장 큰 수인 6을, ㉡에는 가장 작은 수인 3을 써넣어야 합니다.

➡ $6\div\frac{3}{7}=(6\div3)\times7=14$

평가 기준	배점
㉠, ㉡에 들어갈 수를 각각 구했나요?	3점
몫이 가장 큰 나눗셈의 몫을 구했나요?	2점

20 예 0.13 km=130 m이므로 도로 한쪽에 놓은 화분 사이의 간격 수는

$130\div6\frac{1}{2}=130\div\frac{13}{2}=(130\div13)\times2=20$(군데)

입니다.

도로 한쪽에 놓은 화분 수는 $20+1=21$(개)이므로 도로 양쪽에 놓은 화분 수는 $21\times2=42$(개)입니다.

평가 기준	배점
도로 한쪽에 놓은 화분 사이의 간격 수를 구했나요?	2점
도로 한쪽에 놓은 화분 수를 구했나요?	2점
도로 양쪽에 놓은 화분 수를 구했나요?	1점

2 소수의 나눗셈

소수의 나눗셈의 계산 방법의 핵심은 나누는 수와 나누어지는 수의 소수점 위치를 적절히 이동하여 자연수의 나눗셈의 계산 원리를 적용하는 것입니다. 소수의 표현은 십진법에 따른 위치적 기수법이 확장된 결과이므로 소수의 나눗셈은 자연수의 나눗셈 방법을 이용하여 접근하는 것이 최종 학습 목표이지만 계산 원리의 이해를 위하여 소수를 분수로 바꾸어 분수의 나눗셈을 이용하는 것도 좋은 방법입니다. 이 단원에서는 자연수를 이용하여 소수의 나눗셈의 원리를 터득하고 소수의 나눗셈의 계산 방법은 물론 기본적인 계산 원리를 학습하도록 하였습니다.

STEP 1 교과 개념 1. (소수)÷(소수)(1) 39쪽

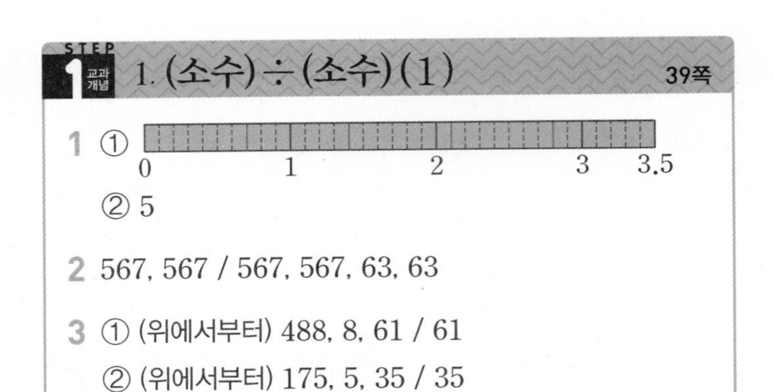

1 ①

② 5

2 567, 567 / 567, 567, 63, 63

3 ① (위에서부터) 488, 8, 61 / 61

② (위에서부터) 175, 5, 35 / 35

1 ② 3.5에서 0.7씩 5번을 덜어 낼 수 있으므로 $3.5 \div 0.7 = 5$입니다.

2 1 cm는 10 mm이므로 56.7 cm=567 mm, 0.9 cm=9 mm입니다.
56.7 cm를 0.9 cm씩 자르는 것과 567 mm를 9 mm씩 자르는 것은 같으므로
$56.7 \div 0.9 = 567 \div 9 = 63$입니다.

3 ① 나누어지는 수와 나누는 수를 똑같이 10배 하여 (자연수)÷(자연수)로 계산합니다.
② 나누어지는 수와 나누는 수를 똑같이 100배 하여 (자연수)÷(자연수)로 계산합니다.

STEP 1 교과 개념 2. (소수)÷(소수)(2) 41쪽

1 ① 72, 9, 72, 9, 8 ② 384, 32, 384, 32, 12

2 (위에서부터) 100, 25, 100

3 ① (위에서부터) 14, 7, 28, 28

② (위에서부터) 33, 87, 87, 87

4 ① 7 ② 9 ③ 13 ④ 32

1 나누어지는 수와 나누는 수가 모두 소수 한 자리 수이면 분모가 10인 분수로 바꾸고, 소수 두 자리 수이면 분모가 100인 분수로 바꾸어 계산합니다.

2 나누어지는 수와 나누는 수를 똑같이 100배 하여 (자연수)÷(자연수)로 계산합니다.

3 자연수의 나눗셈과 같은 방법으로 계산하고, 몫의 소수점은 옮긴 위치에 찍습니다.

4 ① 0.6)4.2 → 몫 7
42
0

② 0.13)1.17 → 몫 9
117
0

③ 0.4)5.2 → 몫 13
4
12
12
0

④ 0.74)23.68 → 몫 32
222
148
148
0

STEP 1 교과 개념 3. (소수)÷(소수)(3) 43쪽

1 864, 540, 1.6

2 57.5, 25, 2.3

3 방법 1 (위에서부터) 2.4, 640, 1280, 1280

방법 2 (위에서부터) 2.4, 64, 128, 128

4 ① 1.3 ② 3.4 ③ 2.6 ④ 1.7

1 나누어지는 수와 나누는 수에 똑같이 100을 곱하여 계산할 수 있습니다.

2 나누어지는 수와 나누는 수에 똑같이 10을 곱하여 계산할 수 있습니다.

4 ① 1.5)1.95 → 몫 1.3
15
45
45
0

또는 1.50)1.950 → 몫 1.3
150
450
450
0

② 0.7)2.38 = 3.4 또는 0.70)2.380 = 3.4

```
      3.4              3.4
0.7)2.3.8      0.70)2.38.0
    21               210
     28               280
     28               280
      0                 0
```

③ 3.6)9.36 = 2.6 또는 3.60)9.360 = 2.6

```
      2.6              2.6
3.6)9.3.6      3.60)9.36.0
    72               720
    216              2160
    216              2160
      0                 0
```

④ 1.3)2.21 = 1.7 또는 1.30)2.210 = 1.7

```
      1.7              1.7
1.3)2.2.1      1.30)2.21.0
    13               130
     91               910
     91               910
      0                 0
```

STEP 1 교과개념 4. (자연수) ÷ (소수) 45쪽

1 ① 25, 25, 26 ② 106, 5300, 106, 50

2 (위에서부터) 10, 6, 10

3 ① (위에서부터) 6, 90, 0
② (위에서부터) 25, 120, 120, 0

4 ① 8 ② 65 ③ 36

1 ① 나누는 수가 소수 한 자리 수이므로 분모가 10인 분수로 바꾸어 계산합니다.
② 나누는 수가 소수 두 자리 수이므로 분모가 100인 분수로 바꾸어 계산합니다.

2 나누어지는 수와 나누는 수에 같은 수를 곱하여도 몫은 변하지 않습니다.

4 ①

```
          8
6.5)52.0
    520
      0
```

②

```
         65
1.2)78.0
    72
     60
     60
      0
```

③

```
            36
1.25)45.00
     375
      750
      750
        0
```

STEP 1 교과개념 5. 몫을 반올림하여 나타내기 47쪽

1 ① 2 ② 2.2 ③ 2.17

2 ① 3 ② 2.6 ③ 2.57

3 ① 0.7 ② 1.7

1 ① $13 \div 6 = 2.1\cdots$, 몫의 소수 첫째 자리 숫자가 1이므로 버림합니다. ➡ 2
② $13 \div 6 = 2.16\cdots$, 몫의 소수 둘째 자리 숫자가 6이므로 올림합니다. ➡ 2.2
③ $13 \div 6 = 2.166\cdots$, 몫의 소수 셋째 자리 숫자가 6이므로 올림합니다. ➡ 2.17

2 ① $1.8 \div 0.7 = 2.5\cdots$, 몫의 소수 첫째 자리 숫자가 5이므로 올림합니다. ➡ 3
② $1.8 \div 0.7 = 2.57\cdots$, 몫의 소수 둘째 자리 숫자가 7이므로 올림합니다. ➡ 2.6
③ $1.8 \div 0.7 = 2.571\cdots$, 몫의 소수 셋째 자리 숫자가 1이므로 버림합니다. ➡ 2.57

3 ①

```
     0.65
9)5.90
   54
    50
    45
     5
```

$5.9 \div 9 = 0.65\cdots$, 몫의 소수 둘째 자리 숫자가 5이므로 올림합니다.
➡ 0.7

②

```
       1.71
0.7)1.2.00
     7
     50
     49
      10
       7
       3
```

$1.2 \div 0.7 = 1.71\cdots$, 몫의 소수 둘째 자리 숫자가 1이므로 버림합니다. ➡ 1.7

STEP 1 교과개념 6. 나누어 주고 남는 양 알아보기 49쪽

1 ① 1.4 ② 7, 1.4

2 1.8

3 6명, 1.8 m

4 6, 1.8 / 6, 1.8

3 $31.8\underbrace{-5-5-5-5-5-5}_{6번}=1.8$

31.8에서 5를 6번 뺄 수 있으므로 6명에게 나누어 줄 수 있고, 31.8에서 5를 6번 빼면 1.8이 남으므로 남는 철사의 길이는 1.8 m입니다.

4 $5\overline{)31.8}$ → 몫 6 ← 나누어 줄 수 있는 사람 수, 30, 1.8 ← 남는 철사의 길이

STEP 2 꼭 나오는 유형 50~55쪽

1 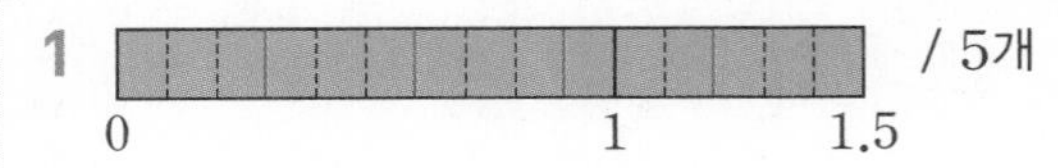

/ 5개

준비 (왼쪽에서부터) 500, 50, 5, $\frac{1}{10}$, $\frac{1}{100}$

2 (1) (위에서부터) 10, 10, 258, 43, 43
(2) (위에서부터) 100, 100, 765, 85, 85

3 312

4 312, 8, 312, 8, 39

5 ㉡, ㉣

6 식 $8.46\div0.02=423$

이유 예 846과 2를 각각 $\frac{1}{100}$배 하면 8.46과 0.02가 됩니다.

7 (선 잇기)

8 $5.88\div0.42=\frac{588}{100}\div\frac{42}{100}=588\div42=14$

9 10, 29, 28, 28

10 예 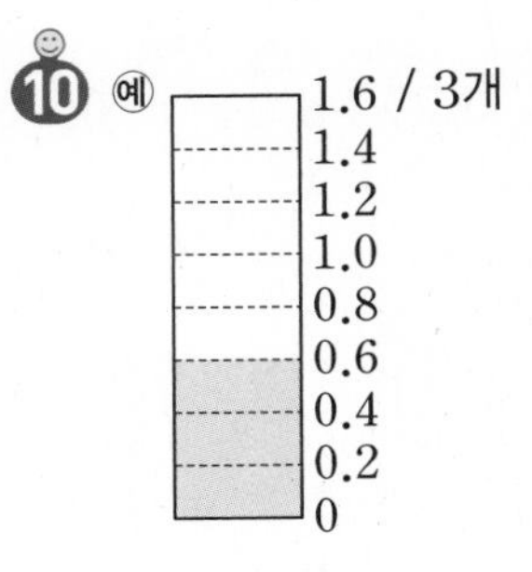

11 >

12 (1) 56 (2) 23

13 $0.48\overline{)8.64}$ → 몫 18, 48, 384, 384, 0

14 3배

15 예 3

16 $1.80\overline{)5.760}$ → 몫 3.2, 540, 360, 360, 0

17 ㉡

18 5.6

19 2.7

20 3.1배

21 280

22 $25\div1.25=\frac{2500}{100}\div\frac{125}{100}=2500\div125=20$

23 (위에서부터) 100, 25, 25, 100

24 (1) 14 (2) 15 (3) 50 (4) 350

25 18, 180, 1800

26 2.5

27 예 18, 14.4

28 방법 1 예 $15\div2.5=\frac{150}{10}\div\frac{25}{10}=150\div25=6$ / 6개

방법 2 예 $2.5\overline{)15.0}$ → 몫 6, 150, 0 / 6개

준비 0.6, 0.65

29 6.3

30 1, 1.4, 1.43

31 <

32 예 6.39배

33 9.4배

34 0.03

35 2.6 / 2.6, 3, 2.6

36 3.6

37 5상자, 3.6 kg

38 5, 3.6 / 5, 3.6

39 준호

40 8송이, 2.2 m

41 방법 1 예 $14.9-3-3-3-3=2.9$ / 4, 2.9

방법 2 예
```
      4
 3)1 4.9
   1 2
   ────
     2.9
```
/ 4, 2.9

1 1.5에서 0.3을 5번 덜어 낼 수 있습니다.

2 (1) $25.8\div0.6$을 자연수의 나눗셈으로 바꾸려면 나누어지는 수와 나누는 수에 똑같이 10배 하면 됩니다.

(2) $7.65\div0.09$를 자연수의 나눗셈으로 바꾸려면 나누어지는 수와 나누는 수에 똑같이 100배 하면 됩니다.

3 나눗셈에서 나누어지는 수와 나누는 수에 같은 수를 곱하여도 몫은 변하지 않습니다.
9.36과 0.03에 각각 100을 곱하면 936과 3이므로
$9.36\div0.03=312$입니다.

4 31.2 cm=312 mm, 0.8 cm=8 mm이므로
$31.2\div0.8=312\div8$로 계산할 수 있습니다.

5 $3.55\div0.05=35.5\div0.5=355\div5=71$

6

평가 기준
조건을 만족하는 나눗셈식을 찾아 계산했나요?
그 이유를 썼나요?

7 $1.2\div0.6=\frac{12}{10}\div\frac{6}{10}=12\div6=2$

$7.5\div0.5=\frac{75}{10}\div\frac{5}{10}=75\div5=15$

8 소수 두 자리 수는 분모가 100인 분수로 바꾸어 계산할 수 있습니다.

내가 만드는 문제

10 예 음료수의 양이 0.6 L라고 하면 $0.6\div0.2=3$이므로 컵 3개가 필요합니다.

11 $3.84\div0.12=384\div12=32$
$6.88\div0.43=688\div43=16$ ➡ $32>16$

12 (1)
```
        5 6
 0.7)3 9.2
     3 5
     ─────
       4 2
       4 2
     ─────
         0
```
(2)
```
        2 3
 1.4)3 2.2
     2 8
     ─────
       4 2
       4 2
     ─────
         0
```

13 소수 두 자리 수이므로 나누어지는 수와 나누는 수의 소수점을 각각 오른쪽으로 두 자리씩 옮겨서 계산하고, 몫의 소수점은 옮긴 소수점의 위치에 찍습니다.

14 코끼리는 5.76 t, 흰코뿔소는 1.92 t이므로 코끼리의 무게는 흰코뿔소의 무게의 $5.76\div1.92=3$(배)입니다.

15 5.76을 6, 1.8을 2로 생각하여 $6\div2$로 계산하면 결과는 3에 가깝습니다.

16 나눗셈에서 나누어지는 수와 나누는 수에 같은 수를 곱하여도 몫은 변하지 않습니다.

17 자릿수가 다른 두 소수의 나눗셈을 할 때는 나누어지는 수와 나누는 수의 소수점을 각각 오른쪽으로 같은 자릿수만큼 옮겨서 계산해야 합니다.

18 나누어지는 수와 나누는 수에 똑같이 10배 하여 (소수)÷(자연수)로 계산합니다.
$3.92\div0.7=39.2\div7=5.6$

19 $3.78>3.46>2.1>1.4$이므로 가장 큰 수는 3.78이고 가장 작은 수는 1.4입니다.
➡ $3.78\div1.4=2.7$

20 (집~놀이공원)÷(집~백화점)
$=2.48\div0.8=3.1$(배)

21 예 가: 1.96을 10배 한 수는 19.6입니다.
나: 0.01이 7개인 수는 0.07입니다.
따라서 가÷나$=19.6\div0.07=280$입니다.

평가 기준
가와 나가 나타내는 수를 각각 구했나요?
가÷나의 몫을 구했나요?

22 소수 한 자리 수는 분모가 10인 분수로, 소수 두 자리 수는 분모가 100인 분수로 바꾸어 계산할 수 있습니다.

23 나눗셈에서 나누어지는 수와 나누는 수에 같은 수를 곱하여도 몫은 변하지 않습니다.

24 (1)
```
        1 4
 1.5)2 1.0
     1 5
     ─────
       6 0
       6 0
     ─────
         0
```
(2)
```
        1 5
 6.4)9 6.0
     6 4
     ─────
     3 2 0
     3 2 0
     ─────
         0
```
(3)
```
           5 0
 0.32)1 6.0 0
      1 6 0
      ───────
            0
```
(4)
```
           3 5 0
 0.54)1 8 9.0 0
      1 6 2
      ─────────
        2 7 0
        2 7 0
      ─────────
            0
```

25 나누어지는 수가 같고 나누는 수가 $\frac{1}{10}$배, $\frac{1}{100}$배가 되면 몫은 10배, 100배가 됩니다.

26 $31 \div \square = 12.4$ ➡ $\square = 31 \div 12.4 = 2.5$

내가 만드는 문제

27 예 $18 \div 1.25 = 14.4$

28

평가 기준
한 가지 방법으로 필요한 통은 몇 개인지 구했나요?
다른 한 가지 방법으로 필요한 통은 몇 개인지 구했나요?

29

$$\begin{array}{r} 6.32 \\ 7\overline{)44.30} \\ 42 \\ \hline 23 \\ 21 \\ \hline 20 \\ 14 \\ \hline 6 \end{array}$$

$44.3 \div 7 = 6.3\underline{2}\cdots$이고, 몫의 소수 둘째 자리 숫자가 2이므로 몫을 반올림하여 소수 첫째 자리까지 나타내면 6.3입니다.

30 $10 \div 7 = 1.428\cdots$
몫을 반올림하여 일의 자리까지 나타내면
$1.\underline{4}$ ➡ 1입니다.
몫을 반올림하여 소수 첫째 자리까지 나타내면
$1.4\underline{2}$ ➡ 1.4입니다.
몫을 반올림하여 소수 둘째 자리까지 나타내면
$1.42\underline{8}$ ➡ 1.43입니다.

31 $35.9 \div 7 = 5.1\underline{2}\cdots$ ➡ 5.1이므로 $5.1 < 5.12\cdots$입니다.

내가 만드는 문제

32 예 노란색 구슬과 분홍색 구슬을 고른다면
$32.8 \div 5.13 = 6.39\underline{3}\cdots$ ➡ 6.39입니다.
따라서 노란색 구슬의 무게는 분홍색 구슬의 무게의 6.39배입니다.

33 $79.2 \div 8.4 = 9.4\underline{2}\cdots$ ➡ 9.4배

34 예 $1.6 \div 7 = 0.228\cdots$이므로 몫을 반올림하여 소수 첫째 자리까지 나타내면 0.2이고, 몫을 반올림하여 소수 둘째 자리까지 나타내면 0.23입니다.
따라서 나타낸 두 수의 차는 $0.23 - 0.2 = 0.03$입니다.

평가 기준
몫을 반올림하여 소수 첫째 자리까지 나타냈나요?
몫을 반올림하여 소수 둘째 자리까지 나타냈나요?
나타낸 두 수의 차를 구했나요?

37 $33.6 - \underbrace{6 - 6 - 6 - 6 - 6}_{5번} = 3.6$

33.6에서 6을 5번 뺄 수 있으므로 5상자에 나누어 담을 수 있고, 33.6에서 6을 5번 빼면 3.6이 남으므로 남는 사과의 무게는 3.6 kg입니다.

39 나누어 주는 물의 양과 나누어 주고 남는 물의 양의 합은 처음 물의 양과 같아야 합니다.
윤서: $4 \times 6 + 0.2 = 24.2$ (L)
준호: $4 \times 6 + 0.8 = 24.8$ (L)
따라서 계산 방법이 옳은 사람은 준호입니다.

40

$$\begin{array}{r} 8 \\ 3\overline{)26.2} \\ 24 \\ \hline 2.2 \end{array}$$

8 ← 수놓을 수 있는 꽃의 수
2.2 ← 남는 실의 길이

41

평가 기준
한 가지 방법으로 봉지 수와 남는 귤의 무게를 구했나요?
다른 한 가지 방법으로 봉지 수와 남는 귤의 무게를 구했나요?

STEP 3 자주 틀리는 유형 56~58쪽

1 ㉡ **2** (1) > (2) <
3 ㉣, ㉡, ㉢, ㉠ **4** 7개
5 3명, 1.7 L **6** 6개, 30.8 cm
7 7 cm **8** 5 cm
9 5.8 cm **10** 24
11 14 **12** 4
13 32.7 **14** 30.07
15 13.7 **16** 6
17 2 **18** 8

1 나누어지는 수가 3.92로 모두 같으므로 나누는 수가 작을수록 몫이 큽니다.
나누는 수의 크기를 비교하면 $0.8 < 1.12 < 1.4 < 2.8$로 0.8이 가장 작으므로 몫이 가장 큰 것은 ㉡입니다.

2 (1) 나누는 수가 0.3으로 같으므로 나누어지는 수가 클수록 몫이 큽니다.
$5.4 > 2.7$ ➡ $5.4 \div 0.3 > 2.7 \div 0.3$

(2) 나누어지는 수가 6으로 같으므로 나누는 수가 작을수록 몫이 큽니다.
$1.5>0.75$ ➡ $6\div1.5<6\div0.75$

3 나누어지는 수가 3.36으로 모두 같으므로 나누는 수가 작을수록 몫이 큽니다.
나누는 수의 크기를 비교하면 $0.14<0.4<1.2<1.68$이므로 몫의 크기를 비교하면 ㉣>㉡>㉢>㉠입니다.

4 $29.6\div4$의 몫을 자연수까지만 구하면 7이고 1.6이 남습니다.
따라서 상자를 7개까지 포장할 수 있습니다.

5 $16.7\div5$의 몫을 자연수까지만 구하면 3이고, 1.7이 남습니다.
따라서 벽을 3면까지 칠할 수 있고, 남는 페인트의 양은 1.7 L입니다.

6 $330.8\div50$의 몫을 자연수까지만 구하면 6이고, 30.8이 남습니다.
따라서 단소를 6개까지 만들 수 있고, 남는 대나무의 길이는 30.8 cm입니다.

7 (평행사변형의 넓이)=(밑변의 길이)×(높이)이므로 높이를 □cm라고 하면 $7.8\times□=54.6$입니다.
➡ $□=54.6\div7.8=7$

8 (세로)=(직사각형의 넓이)÷(가로)
$=17.5\div3.5=5$ (cm)

9 (삼각형의 넓이)=(밑변의 길이)×(높이)÷2이므로 밑변의 길이를 □cm라고 하면
$□\times5.4\div2=15.66$입니다.
➡ $□=15.66\times2\div5.4=5.8$

10 $3.75\times□=90$
➡ $□=90\div3.75=24$

11 $□\times0.52=7.28$
➡ $□=7.28\div0.52=14$

12 어떤 수를 □라고 하면 $44.64\div□=3.6$이므로
$□=44.64\div3.6=12.4$입니다.
따라서 어떤 수를 3.1로 나눈 몫은 $12.4\div3.1=4$입니다.

13 어떤 수를 □라고 하면 $□\div6=3\cdots1.6$이므로
$□=6\times3+1.6=19.6$입니다.
따라서 바르게 계산하면
$19.6\div0.6=32.6\underline{6}\cdots$ ➡ 32.7입니다.

14 어떤 수를 □라고 하면 $□\div28=3\cdots0.2$이므로
$□=28\times3+0.2=84.2$입니다.
따라서 바르게 계산하면
$84.2\div2.8=30.07\underline{1}\cdots$ ➡ 30.07입니다.

15 어떤 수를 □라고 하면 $□\times0.5=2.05$이므로
$□=2.05\div0.5=4.1$입니다.
따라서 바르게 계산하면
$4.1\div0.3=13.6\underline{6}\cdots$ ➡ 13.7입니다.

16 $12.3\div9=1.3666\cdots$이므로 몫의 소수 둘째 자리부터 숫자 6이 반복됩니다.
따라서 소수 12째 자리 숫자는 6입니다.

17 $50\div22=2.2727\cdots$로 몫의 소수점 아래 자릿수가 홀수인 자리의 숫자는 2이고, 짝수인 자리의 숫자는 7인 규칙입니다.
29는 홀수이므로 몫의 소수 29째 자리 숫자는 2입니다.

18 $3.58\div9=0.39777777777\cdots$
소수 10째 자리
소수 11째 자리
몫의 소수 11째 자리 숫자가 7이므로 올림합니다.
➡ 0.3977777778
소수 10째 자리

STEP **4** 최상위 도전 유형 59~62쪽

1 5, 3, 2 / 133
2 0, 4, 8 / 2.4
3 8, 7, 5, 3 / 29.2
4 1, 2, 3, 4, 5
5 9개
6 3개
7 2.08 cm
8 1.6 cm
9 8개
10 25개
11 66개
12 28 cm
13 1.4배
14 16.2 km
15 37.1 kg
16 51.33 kg
17 10 kg
18 나 가게
19 가 가게
20 다
21 1시간 32분
22 8시간 20분
23 오후 4시 30분

1 몫이 가장 크려면 나누어지는 수가 가장 커야 합니다.
$5>3>2$ ➡ $53.2\div0.4=133$

2 몫이 가장 작은 나눗셈식을 만들려면 나누어지는 수를 가장 작은 수로 만들면 됩니다.
$0<4<8$ ➡ $0.48\div0.2=2.4$

3 몫이 가장 크려면 나누어지는 수는 가장 크고 나누는 수는 가장 작아야 합니다.
$8>7>5>3$이므로
$87.5\div3=29.1\underline{6}\cdots$ ➡ 29.2입니다.

4 $8.4\div1.4=6$이므로 $6>\square$입니다.
따라서 □ 안에 들어갈 수 있는 수는 1, 2, 3, 4, 5입니다.

5 $144\div3.6=40$, $24\div0.48=50$이므로 $40<\square<50$입니다.
따라서 □ 안에 들어갈 수 있는 자연수는 41, 42, ..., 49로 모두 9개입니다.

6 $44.2\div26=1.7$이므로 $1.7<1.\square5$입니다.
따라서 □ 안에는 7과 같거나 큰 수가 들어갈 수 있으므로 □ 안에 들어갈 수 있는 수는 7, 8, 9로 모두 3개입니다.

7 (처음 직사각형의 넓이)$=6.24\times4=24.96\,(cm^2)$
(새로 만든 직사각형의 세로)$=4+2=6\,(cm)$
(새로 만든 직사각형의 가로)$=24.96\div6=4.16\,(cm)$
➡ $6.24-4.16=2.08\,(cm)$

8 (처음 마름모의 넓이)$=3\times2.4\div2=3.6\,(cm^2)$
(새로 만든 마름모의 한 대각선의 길이)
$=3-1.2=1.8\,(cm)$
(새로 만든 마름모의 다른 대각선의 길이)
$=3.6\times2\div1.8=4\,(cm)$
➡ $4-2.4=1.6\,(cm)$

9 (기둥의 수)$=11.2\div1.4=8$(개)

10 (의자와 간격의 길이의 합)$=1.5+8.1=9.6\,(m)$
➡ (필요한 의자의 수)$=240\div9.6=25$(개)

11 (깃발 사이의 간격의 수)$=40\div1.25=32$(군데)
(도로 한쪽에 세우는 깃발의 수)$=32+1=33$(개)
➡ (도로 양쪽에 세우는 깃발의 수)$=33\times2=66$(개)

12 1시간 15분$=1\frac{15}{60}$시간$=1\frac{1}{4}$시간$=1.25$시간
(달팽이가 한 시간 동안 기어가는 거리)
=(전체 움직인 거리)÷(움직인 시간)
$=35\div1.25=28\,(cm)$

13 1시간 12분$=1\frac{12}{60}$시간$=1\frac{1}{5}$시간$=1.2$시간
(혜진이가 줄넘기를 한 시간)÷(성호가 줄넘기를 한 시간)
$=1.68\div1.2=1.4$(배)

14 2시간 36분$=2\frac{36}{60}$시간$=2\frac{3}{5}$시간$=2.6$시간
(1시간 동안 달린 거리)
$=42.2\div2.6=16.2\underline{3}\cdots$ ➡ 16.2 km

15 2 m 10 cm$=2.1$ m
(통나무 1 m의 무게)
=(통나무의 무게)÷(통나무의 길이)
$=78\div2.1=37.1\underline{4}\cdots$ ➡ 37.1 kg

16 90 cm$=0.9$ m
(파이프 1 m의 무게)
=(파이프의 무게)÷(파이프의 길이)
$=46.2\div0.9=51.33\underline{3}\cdots$ ➡ 51.33 kg

17 (잘라 낸 철근 1.8 m의 무게)
$=31.6-14.4=17.2$ (kg)
(철근 1 m의 무게)$=17.2\div1.8=9.\underline{5}\cdots$ ➡ 10 kg

18 (가 가게에서 파는 딸기 음료 1 L의 가격)
$=1110\div0.6=1850$(원)
(나 가게에서 파는 딸기 음료 1 L의 가격)
$=2340\div1.3=1800$(원)
따라서 같은 양의 딸기 음료를 산다면 나 가게가 더 저렴합니다.

19 (가 가게에서 파는 소금 1 kg의 가격)
$=9000\div2.5=3600$(원)
(나 가게에서 파는 소금 1 kg의 가격)
$=5700\div1.5=3800$(원)
따라서 같은 양의 소금을 산다면 가 가게가 더 저렴합니다.

20 (가 아이스크림 1 kg의 가격)
$=3600\div0.4=9000$(원)
(나 아이스크림 1 kg의 가격)
$=4600\div0.5=9200$(원)
(다 아이스크림 1 kg의 가격)
$=7200\div0.75=9600$(원)
따라서 다 아이스크림이 가장 비쌉니다.

21 (탄 양초의 길이)$=22-3.6=18.4\,(cm)$
(18.4 cm를 태우는 데 걸린 시간)
$=18.4\div0.2=92$(분)
➡ 92분$=$60분$+$32분$=$1시간 32분

22 (탄 양초의 길이)$=18.4-6.4=12$ (cm)
10분에 0.24 cm씩 타므로 1분에 0.024 cm씩 탑니다.
(12 cm를 태우는 데 걸린 시간)
$=12\div0.024=500$(분)
➡ 500분$=$480분$+$20분$=$8시간 20분

23 (탄 양초의 길이)$=40-4=36$ (cm)
(36 cm를 태우는 데 걸린 시간)$=36\div0.4=90$(분)
➡ 90분$=$60분$+$30분$=$1시간 30분이므로 양초의 불을 끈 시각은 오후 3시$+$1시간 30분$=$오후 4시 30분

수시 평가 대비 Level ❶

63~65쪽

1 (위에서부터) 100, 100, 848, 212, 212

2 ㉢

3 $6\div0.75=\frac{600}{100}\div\frac{75}{100}=600\div75=8$

4 $7.25\div0.05=145$

5 6, 60, 600

6 $>$

7 3.9

8 27도막

9 $>$

10 2.1배

11 5.8

12 17병, 1.2 L

13 1

14 6.3

15 0.38

16 88 km

17 8, 4, 2 / 4

18 15개

19
```
    7
6)4 5.6
  4 2
  ─────
    3.6
```
/ 7, 3.6

이유 예 상자 수는 소수가 아닌 자연수이므로 몫을 자연수까지만 구해야 합니다.

20 9.8 kg

1 $8.48\div0.04$를 자연수의 나눗셈으로 바꾸려면 나누어지는 수와 나누는 수에 똑같이 100을 곱하면 됩니다.

2 $22.4\div0.7=224\div7=32$

4 725와 5를 각각 $\frac{1}{100}$배 하면 7.25와 0.05가 됩니다.

5 나누어지는 수가 같고 나누는 수가 $\frac{1}{10}$배, $\frac{1}{100}$배가 되면 몫은 10배, 100배가 됩니다.

6 $1.36\div0.04=136\div4=34$
$83.7\div2.7=837\div27=31$

7 $5.6<21.84$
➡ $21.84\div5.6=3.9$

8 $8.1\div0.3=27$(도막)

9 $9.5\div7=1.3\underline{5}\cdots$ ➡ 1.4

10 $32.76\div15.6=2.1$(배)

11 $7.2\times\square=41.76$ ➡ $\square=41.76\div7.2=5.8$

12 $35.2\div2$의 몫을 자연수까지만 구하면 17이고, 1.2가 남습니다.
따라서 17병까지 담을 수 있고, 남는 물의 양은 1.2 L입니다.

13 $4.2\div1.1=3.8181\cdots$이므로 몫의 소수점 아래 숫자는 8, 1이 반복됩니다.
$30\div2=15$이므로 몫의 소수 30째 자리 숫자는 반복되는 숫자 중 두 번째 숫자와 같은 1입니다.

14 가: 0.567을 10배 한 수는 5.67입니다.
나: 0.1이 9개인 수는 0.9입니다.
➡ 가$\div$나$=5.67\div0.9=6.3$

15 $9.7\div3.7=2.621\cdots$
몫을 반올림하여 일의 자리까지 나타내면 $2.\underline{6}\cdots$ ➡ 3
몫을 반올림하여 소수 둘째 자리까지 나타내면
$2.62\underline{1}\cdots$ ➡ 2.62
따라서 나타낸 두 수의 차는 $3-2.62=0.38$입니다.

16 1시간 30분$=1\frac{30}{60}$시간$=1\frac{5}{10}$시간$=1.5$시간
(한 시간 동안 달리는 거리)$=$(달린 거리)$\div$(달린 시간)
$=132\div1.5=88$ (km)

17 몫이 가장 작으려면 나누는 수가 가장 커야 합니다.
2, 4, 8로 만들 수 있는 가장 큰 소수 두 자리 수는 8.42입니다.
➡ $33.68\div8.42=4$

18 (안내판의 가로 길이와 간격의 길이의 합)
$=0.8+18.6=19.4$ (m)
➡ (필요한 안내판의 수)$=291\div19.4=15$(개)

19

평가 기준	배점
잘못 계산한 곳을 찾아 바르게 계산했나요?	3점
잘못 계산한 이유를 썼나요?	2점

20 예 (철근 1 m의 무게)$=25.97\div5.3=4.9$ (kg)
(철근 2 m의 무게)$=4.9\times2=9.8$ (kg)

평가 기준	배점
철근 1 m의 무게를 구했나요?	3점
철근 2 m의 무게를 구했나요?	2점

수시 평가 대비 Level 2

66~68쪽

1 (위에서부터) 10, 10, 152, 38, 38

2 225, 45 / 5

3 $8.82\div0.09=\frac{882}{100}\div\frac{9}{100}=882\div9=98$

4 (1) 33 (2) 650

5 77, 770, 7700

6 $6.5\overline{)117.0}$ → 몫 18
65
520
520
0

7 >

8 28

9 20

10 33번

11 식 $47.6\div1.4=34$
이유 예 476과 14를 각각 $\frac{1}{10}$배 하면 47.6과 1.4가 됩니다.

12 0.2

13 7병, 1.6 L

14 7

15 12.35 cm

16 0.21 kg

17 8, 6, 4, 1, 2 / 7.2

18 나 가게, 440원

19 3.48 km

20 7분

2 (필통의 길이)÷(지우개의 길이)
$=22.5\div4.5=225\div45=5$(배)

4 (1) $2.45\overline{)80.85}$ → 몫 33
735
735
735
0

(2) $0.08\overline{)52.00}$ → 몫 650
48
40
40
0

5 나누는 수가 같을 때 나누어지는 수가 10배, 100배가 되면 몫도 10배, 100배가 됩니다.
$2.31\div0.03=77$
$23.1\div0.03=770$
$231\div0.03=7700$
(100배)

6 몫의 소수점의 위치는 나누어지는 수의 옮긴 소수점의 위치와 같아야 합니다.

7 $34.5\div1.5=23$, $10.2\div0.68=15$
➡ $23>15$이므로 $34.5\div1.5>10.2\div0.68$입니다.

8 $\square\times1.25=35$ ➡ $\square=35\div1.25=28$

9 $31.25 ◎ 1.25=(31.25\div1.25)\div1.25$
$=25\div1.25=20$

10 (자른 도막의 수)
=(전체 통나무의 길이)÷(한 도막의 길이)
$=10.54\div0.31=34$(도막)
(자른 횟수)=(도막의 수)$-1=34-1=33$(번)

12 $6.3\div1.3=4.84\cdots$이므로 몫을 반올림하여 일의 자리까지 나타내면 5이고, 몫을 반올림하여 소수 첫째 자리까지 나타내면 4.8입니다. ➡ $5-4.8=0.2$

13 $15.6\div2$의 몫을 자연수까지만 구하면 7이고, 1.6이 남습니다. 따라서 우유를 7병까지 담을 수 있고, 남는 우유의 양은 1.6 L입니다.

14 $37\div2.7=13.703703\cdots$이므로 몫의 소수점 아래 숫자는 7, 0, 3이 반복됩니다.
$25\div3=8\cdots1$이므로 몫의 소수 25째 자리 숫자는 반복되는 숫자 중 첫 번째 숫자와 같은 7입니다.

15 (사다리꼴의 넓이)
=((윗변의 길이)+(아랫변의 길이))×(높이)÷2
((윗변의 길이)+(아랫변의 길이))를 □cm라고 하면
$\square\times4.8\div2=29.64$입니다.
➡ $\square=29.64\times2\div4.8=12.35$

16 (잘라 낸 철사 11.7 m의 무게)$=7.2-4.7=2.5$ (kg)
(철사 1 m의 무게)
$=2.5\div11.7=0.21\underline{3}\cdots$ ➡ 0.21 kg

17 몫이 가장 크려면 나누어지는 수는 가장 크고, 나누는 수는 가장 작아야 합니다.
만들 수 있는 가장 큰 소수 두 자리 수: 8.64
만들 수 있는 가장 작은 소수 한 자리 수: 1.2
➡ $8.64 \div 1.2 = 7.2$

18 (가 가게에서 파는 수정과 1 L의 가격)
$= 1800 \div 0.6 = 3000$(원)
(나 가게에서 파는 수정과 1 L의 가격)
$= 1920 \div 0.75 = 2560$(원)
따라서 1 L의 수정과를 산다면 나 가게가
$3000 - 2560 = 440$(원) 더 저렴합니다.

19 예 1시 30분부터 2시 45분까지는 1시간 15분입니다.
1시간 15분$=1\frac{15}{60}$시간$=1\frac{1}{4}$시간$=1.25$시간
➡ (한 시간 동안 걸은 거리)$= 4.35 \div 1.25$
$= 3.48$ (km)

평가 기준	배점
걸은 시간을 시간 단위의 소수로 나타냈나요?	2점
한 시간 동안 걸은 거리를 구했나요?	3점

20 예 160 m$=$0.16 km
(터널을 완전히 지나가는 데 달리는 거리)
$=$(터널의 길이)$+$(기차의 길이)
$= 8.52 + 0.16 = 8.68$ (km)
➡ (터널을 완전히 지나가는 데 걸리는 시간)
$= 8.68 \div 1.24 = 7$(분)

평가 기준	배점
터널을 완전히 지나가는 데 달리는 거리를 구했나요?	2점
터널을 완전히 지나가는 데 걸리는 시간을 구했나요?	3점

3 공간과 입체

공간 감각은 실생활에 필요한 기본적인 능력일 뿐 아니라 도형과 도형의 성질을 학습하는 것과 매우 밀접한 관련을 가집니다. 이에 본단원은 학생에게 친숙한 공간 상황과 입체를 탐색하는 것을 통해 공간 감각을 기를 수 있도록 구성하였습니다. 이 단원에서는 공간에 있는 대상들을 여러 위치와 방향에서 바라 본 모양과 쌓은 모양에 대해 알아보고, 쌓기나무로 쌓은 모양들을 평면에 나타내는 다양한 표현들을 알아보고, 이 표현들을 보고 쌓은 모양과 쌓기나무의 개수를 추측하는 데 초점을 둡니다. 먼저 공간에 있는 건물들과 조각들을 여러 위치와 방향에서 본 모양을 알아보고, 쌓은 모양에 대해 탐색해 보게 합니다. 이후 공간의 다양한 대상들을 나타내는 쌓기나무로 쌓은 모양들을 투영도, 투영도와 위에서 본 모양, 위, 앞, 옆에서 본 모양, 위에서 본 모양에 수를 쓰는 방법, 층별로 나타낸 모양으로 쌓은 모양과 쌓기나무의 개수를 추측하면서 여러 가지 방법들 사이의 장단점을 인식할 수 있도록 지도하고, 쌓기나무로 조건에 맞게 모양을 만들어 보고 조건을 바꾸어 새로운 모양을 만드는 문제를 해결합니다.

STEP 1 교과개념 **1. 어느 방향에서 보았는지 알아보기 / 쌓은 모양과 쌓기나무의 개수 알아보기(1)** 71쪽

1 ⑤, ①, ③

2 나

3 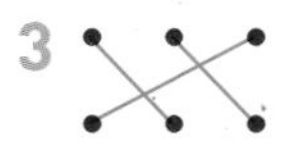

1 첫 번째 사진은 노란색 직육면체 모양 건물이 오른쪽에 있으므로 ⑤에서 찍은 사진입니다.
두 번째 사진은 노란색 직육면체 모양 건물이 왼쪽에 있으므로 ①에서 찍은 사진입니다.
세 번째 사진은 노란색 직육면체 모양 건물이 초록색 지붕이 있는 집에 가려져 있으므로 ③에서 찍은 사진입니다.

2 나를 앞에서 보면 ○표 한 부분이 보입니다.

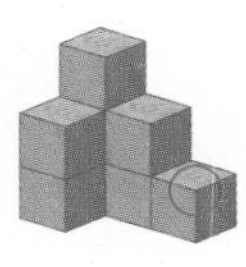

3 첫 번째 모양은 1층이 위에서부터 2개, 2개, 2개가 연결되어 있는 모양이고, 두 번째 모양은 1층이 위에서부터 3개, 3개, 1개가 연결되어 있는 모양이고, 마지막 모양은 1층이 위에서부터 3개, 2개가 연결되어 있는 모양입니다.

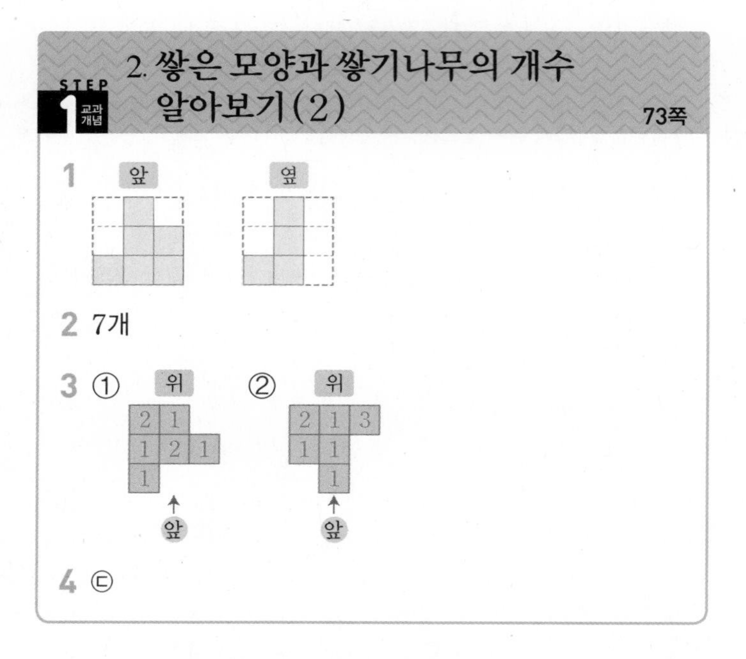

1 위에서 본 모양을 보면 보이지 않는 쌓기나무가 없다는 것을 알 수 있습니다.

2 위에서 본 모양을 보면 1층의 쌓기나무는 5개입니다. 앞에서 본 모양을 보면 ○ 부분은 쌓기나무가 각각 1개이고, △ 부분은 3개 이하입니다. 옆에서 본 모양을 보면 △ 부분 중 ● 부분은 쌓기나무가 3개이고 나머지는 1개입니다. 따라서 1층에 5개, 2층에 1개, 3층에 1개로 똑같은 모양으로 쌓는 데 필요한 쌓기나무는 7개입니다.

4 앞에서 보면 왼쪽부터 차례로 3층, 1층으로 보입니다.

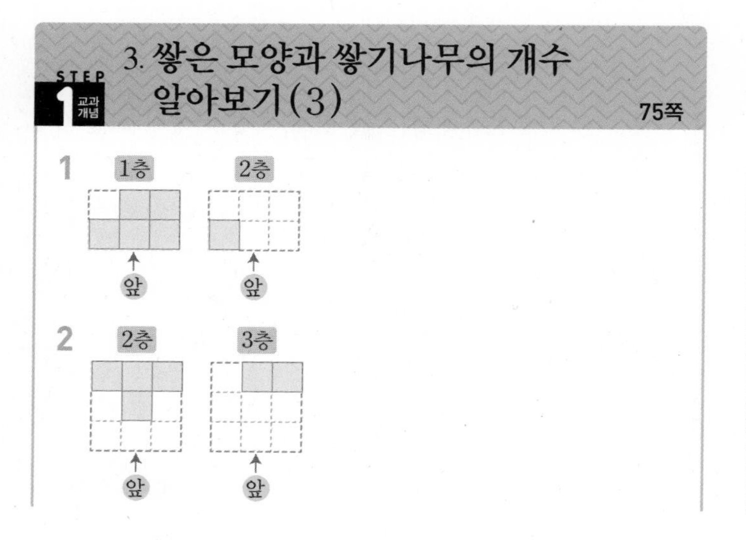

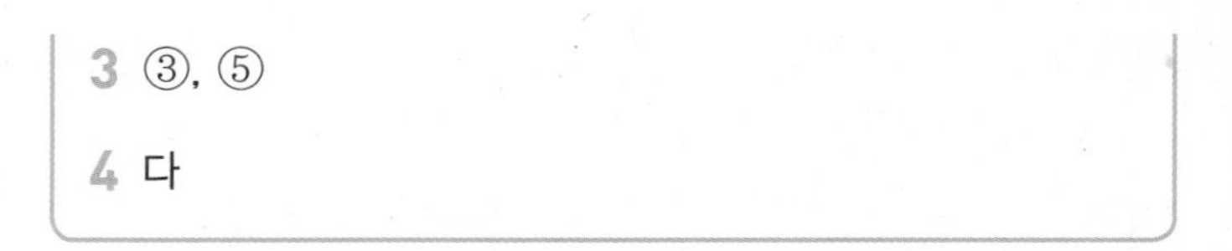

2 1층 모양을 보고 쌓기나무로 쌓은 모양의 뒤에 보이지 않는 쌓기나무가 없다는 것을 알 수 있습니다. 2층에는 쌓기나무 4개, 3층에는 쌓기나무 2개가 있습니다.

3 ③ 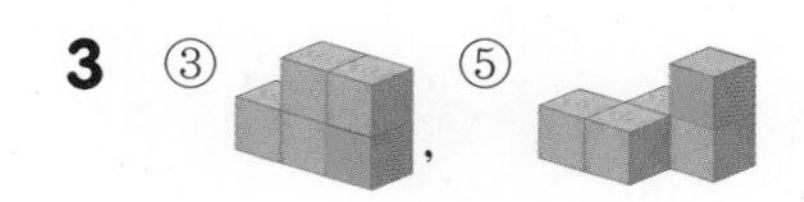 ⑤

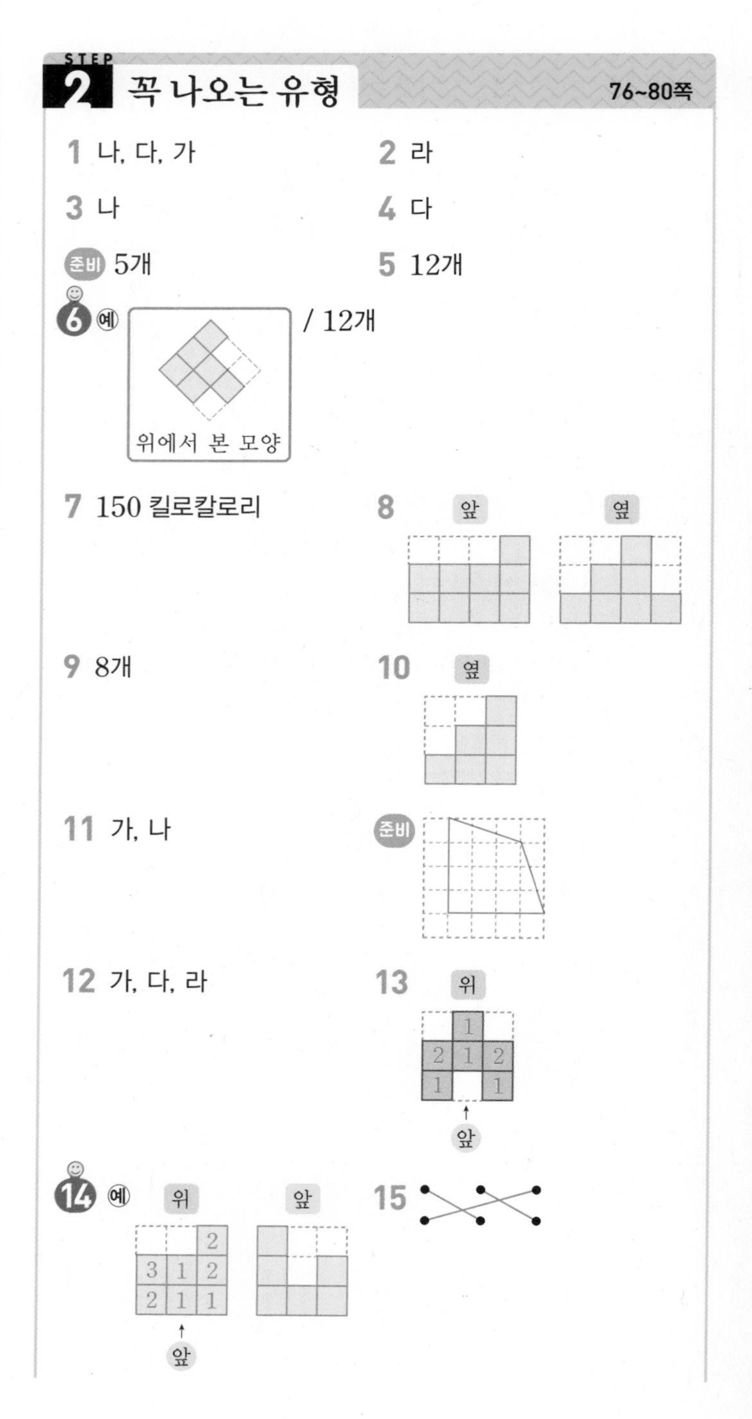

STEP 2 꼭 나오는 유형
76~80쪽
1 나, 다, 가
2 라
3 나
4 다
준비 5개
5 12개
6 예
위에서 본 모양
/ 12개
7 150 킬로칼로리
8
앞
옆
9 8개
10
옆
11 가, 나
준비
12 가, 다, 라
13
위
1
2 1 2
1 1
앞
14 예
위
2
3 1 2
2 1 1
앞
앞
15

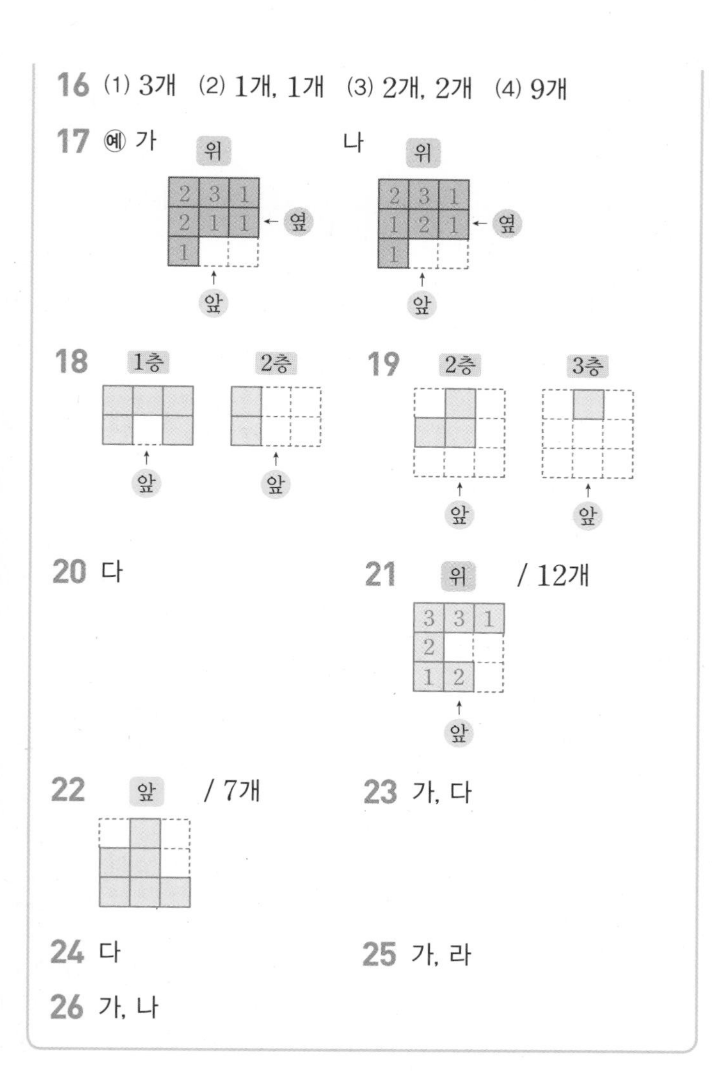

2 라: 손잡이 있는 컵이 가운데에 오려면 컵의 손잡이 위치가 바뀌어야 합니다.

3 나를 앞에서 보면 ○표 한 쌓기나무가 보이게 됩니다.

나

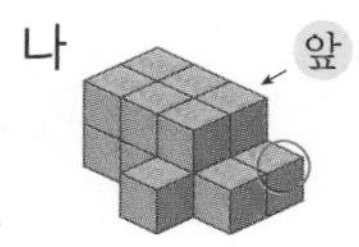

4 가, 나, 라는 뒤에 숨겨진 쌓기나무가 있을 수 있으므로 쌓은 모양이 여러 가지일 수 있습니다.

준비 1층에 4개, 2층에 1개가 있습니다. ➡ $4+1=5$(개)

5 쌓기나무가 1층에 8개, 2층에 3개, 3층에 1개이므로 주어진 모양과 똑같이 쌓는 데 필요한 쌓기나무는 12개입니다.

내가 만드는 문제

6 앞의 쌓기나무에 가려져 보이지 않는 쌓기나무가 있는지 추측하여 위에서 본 모양을 그려 보고 개수를 세어 쌓기나무의 개수를 구해 봅니다.

예 보이는 쌓기나무의 개수가 10개, 보이지 않는 쌓기나무가 2개라고 하면 쌓기나무의 개수는 12개입니다.

7 예 각설탕은 1층에 9개, 2층에 5개, 3층에 1개이므로 모두 15개 사용되었습니다.

따라서 쌓은 각설탕의 칼로리는 모두

$10\times15=150$ (킬로칼로리)입니다.

평가 기준
쌓은 각설탕의 개수를 모두 구했나요?
쌓은 각설탕의 칼로리는 모두 몇 킬로칼로리인지 구했나요?

8 위에서 본 모양을 보면 보이지 않는 쌓기나무가 있다는 것을 알 수 있습니다. 이를 이용하여 쌓기나무로 쌓아 보고 앞과 옆에서 본 모양을 그립니다.

9 위에서 본 모양을 보면 1층의 쌓기나무는 5개입니다. 앞에서 본 모양을 보면 ○ 부분은 쌓기나무가 2개이고, ☆ 부분은 쌓기나무가 각각 1개이고, △ 부분은 3개 이하입니다. 옆에서 본 모양을 보면 △ 부분 중 □는 3개이고, 나머지는 1개입니다. 따라서 1층에 5개, 2층에 2개, 3층에 1개이므로 똑같은 모양으로 쌓는 데 필요한 쌓기나무는 8개입니다.

위

10 앞에서 본 모양을 보면 ○ 부분은 쌓기나무가 각각 1개, △ 부분은 쌓기나무가 2개 이하, ☆ 부분은 쌓기나무가 3개입니다. 쌓기나무 9개로 쌓은 모양이므로 △ 부분은 쌓기나무가 각각 2개입니다. 쌓기나무 9개로 쌓은 후 옆에서 본 모양을 보고 그립니다.

위

11 다는 앞에서 본 모양이 오른쪽과 같습니다.

앞

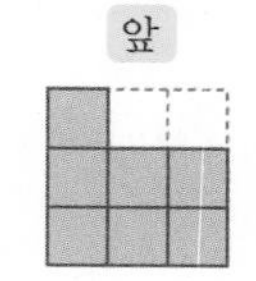

12 쌓기나무 7개를 붙여서 만든 모양을 돌려 보면서 주어진 구멍이 있는 상자에 넣을 수 있는지 살펴봅니다.

13 위에서 본 모양의 각 자리에 쌓인 쌓기나무의 개수를 세어 위에서 본 모양에 수를 씁니다.

내가 만드는 문제

14 예 앞에서 보았을 때 줄별로 가장 큰 수는 왼쪽부터 차례로 3, 1, 2입니다.

15 위에서 본 모양이 서로 같은 쌓기나무입니다. 위에서 본 모양의 각 자리에 쌓인 쌓기나무의 개수를 세어서 비교합니다.

16 위 앞 옆

(1) 앞에서 본 모양의 ○ 부분에 의해서 ㉣에 쌓인 쌓기나무는 3개입니다.
(2) 앞에서 본 모양의 ☆ 부분에 의해서 ㉡과 ㉤에 쌓인 쌓기나무는 1개씩입니다.
(3) 옆에서 본 모양의 △ 부분에 의해서 ㉠에 쌓인 쌓기나무는 2개입니다. 앞과 옆에서 본 모양의 ● 부분에 의해서 ㉢에 쌓인 쌓기나무는 2개입니다.
(4) 똑같은 모양으로 쌓는 데 필요한 쌓기나무는 9개입니다.

17 쌓기나무 11개를 사용해야 하는 조건과 위에서 본 모양을 보면 2층 이상에 쌓인 쌓기나무는 4개입니다. 1층에 7개의 쌓기나무를 위에서 본 모양과 같이 놓고 나머지 4개의 위치를 이동하면서 위, 앞, 옆에서 본 모양이 서로 같은 두 모양을 만들어 봅니다.

예 가 나

18 1층에는 쌓기나무 5개가 와 같은 모양으로 있습니다. 그리고 쌓은 모양을 보고 2층에 쌓기나무 2개를 위치에 맞게 그립니다.

19 1층 모양을 보고 쌓기나무로 쌓은 모양의 뒤에 보이지 않는 쌓기나무가 없다는 것을 알 수 있습니다. 2층에는 쌓기나무 3개, 3층에는 쌓기나무 1개가 있습니다.

20 1층 모양으로 가능한 모양을 찾아보면 가와 다입니다.
가는 2층 모양이 이므로 쌓은 모양은 다입니다.

21 쌓기나무를 층별로 나타낸 모양에서 1층 모양의 ○ 부분은 쌓기나무가 3층까지 있습니다. △ 부분은 쌓기나무가 2층까지 있고, 나머지 부분은 1층만 있습니다. 따라서 똑같은 모양으로 쌓는 데 필요한 쌓기나무는 12개입니다.

1층 / 앞

22 쌓기나무를 층별로 나타낸 모양에서 ○ 부분은 2층까지, △ 부분은 3층까지 쌓여 있고 나머지 부분은 1층만 있습니다.
앞에서 보았을 때 가장 큰 수는 왼쪽부터 차례로 2, 3, 1입니다.
➡ (필요한 쌓기나무의 개수)$=4+2+1=7$(개)

1층 / 앞

23 2층으로 가능한 모양은 가, 다입니다. 2층에 가를 놓으면 3층에 다를 놓을 수 있습니다.
2층에 다를 놓으면 3층에 가를 놓을 수 없습니다.
따라서 2층에 가, 3층에 다를 놓습니다.

25 뒤집거나 돌려서 같은 모양을 찾습니다.

26

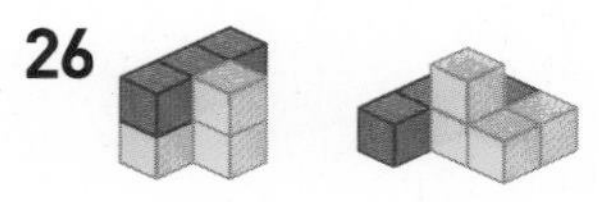

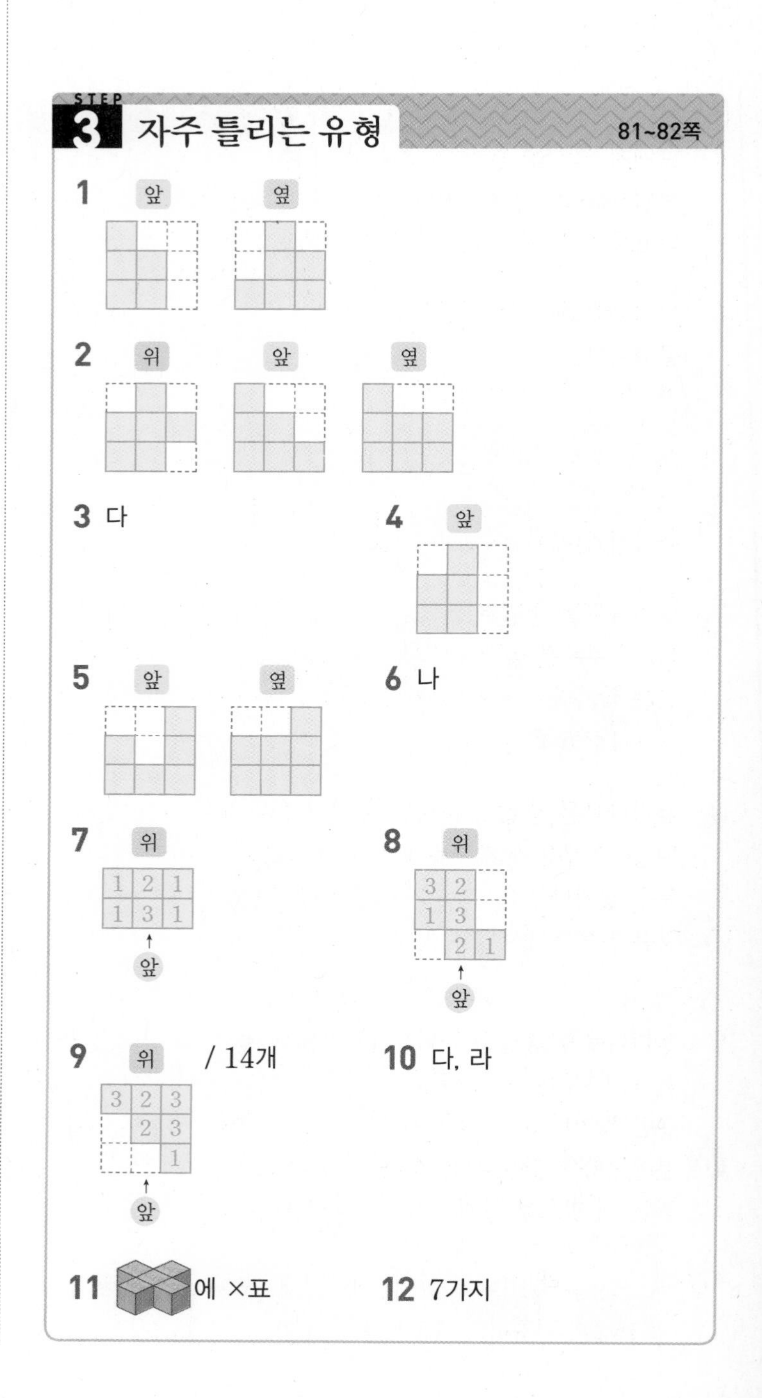

1 앞과 옆에서 본 모양은 각 줄별로 가장 높은 층만큼 그립니다.

2 위에서 본 모양은 1층에 쌓은 모양과 같게 그리고 앞, 옆에서 본 모양은 각 줄별로 가장 높은 층만큼 그립니다.

3 쌓기나무로 쌓은 모양을 각각 옆에서 본 모양은 다음과 같습니다.

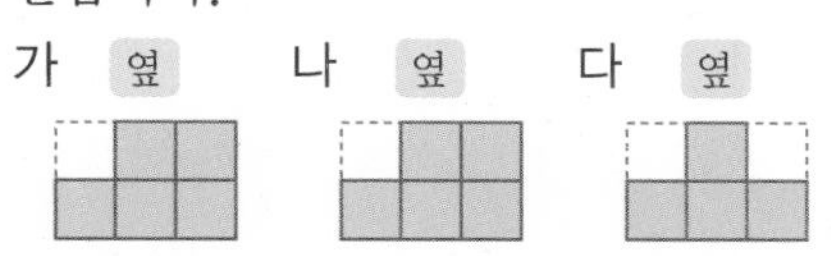

따라서 옆에서 본 모양이 다른 하나는 다입니다.

4 앞에서 보았을 때 줄별로 가장 큰 수는 왼쪽부터 차례로 2, 3입니다.

5 쌓기나무로 쌓은 모양은 오른쪽과 같습니다. 앞에서 보았을 때 줄별로 가장 큰 수는 왼쪽부터 차례로 2, 1, 3이고, 옆에서 보았을 때 줄별로 가장 큰 수는 왼쪽부터 차례로 2, 2, 3입니다.

6 쌓기나무로 쌓은 모양을 각각 옆에서 본 모양은 다음과 같습니다.

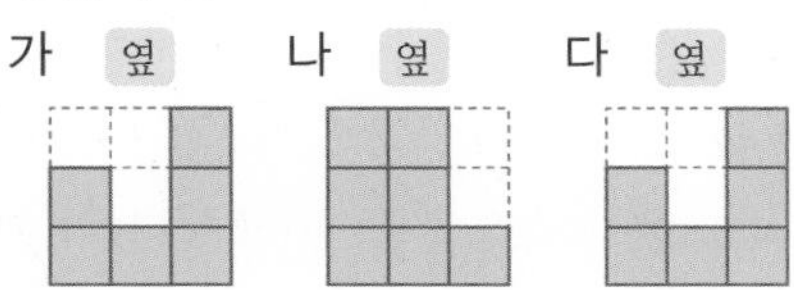

따라서 옆에서 본 모양이 다른 하나는 나입니다.

7 쌓기나무를 층별로 나타낸 모양에서 1층 모양의 ○ 부분은 쌓기나무가 3층까지 있고, △ 부분은 쌓기나무가 2층까지 있습니다. 나머지 부분은 1층만 있습니다.

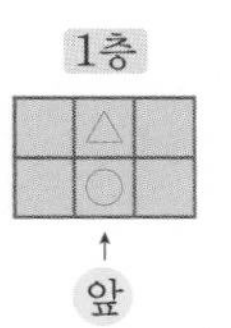

8 쌓기나무를 층별로 나타낸 모양에서 1층 모양의 ○ 부분은 쌓기나무가 3층까지 있고, △ 부분은 쌓기나무가 2층까지 있습니다. 나머지 부분은 1층만 있습니다.

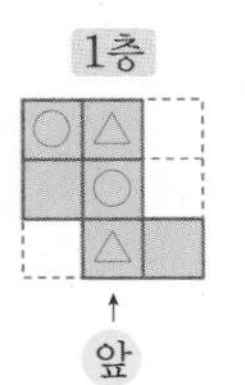

9 쌓기나무를 층별로 나타낸 모양에서 1층 모양의 ○ 부분은 쌓기나무가 3층까지 있고, △ 부분은 쌓기나무가 2층까지 있습니다. 나머지 부분은 1층만 있습니다. 따라서 똑같은 모양으로 쌓는 데 필요한 쌓기나무는 14개입니다.

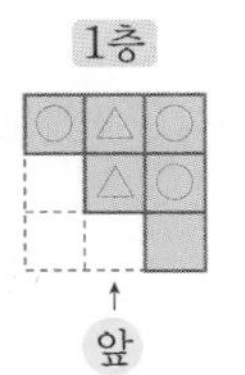

10 다 라

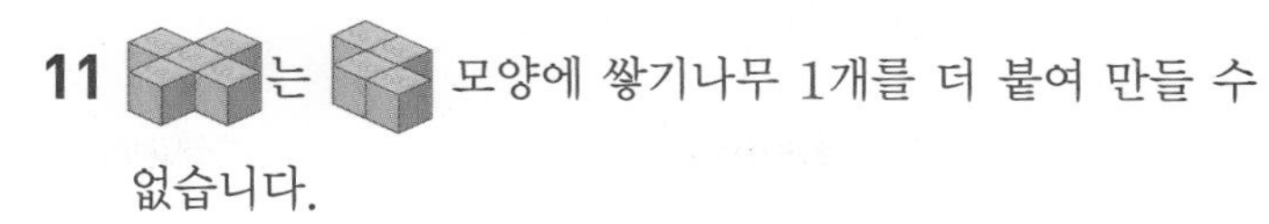

11 는 모양에 쌓기나무 1개를 더 붙여 만들 수 없습니다.

12

➡ 7가지

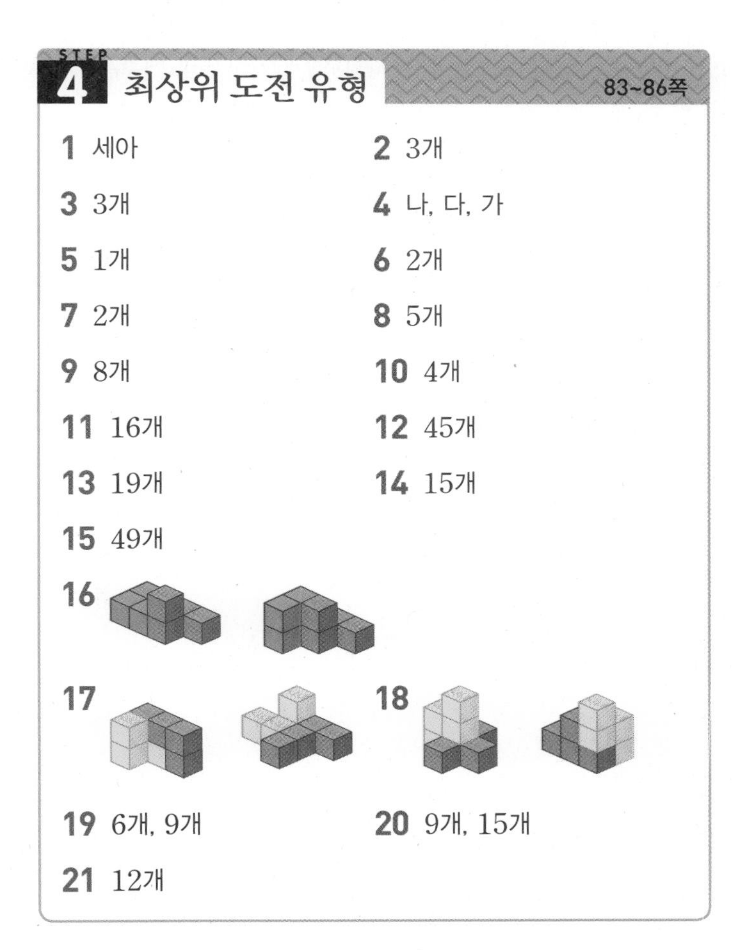

STEP **4** 최상위 도전 유형 83~86쪽

1 세아	**2** 3개
3 3개	**4** 나, 다, 가
5 1개	**6** 2개
7 2개	**8** 5개
9 8개	**10** 4개
11 16개	**12** 45개
13 19개	**14** 15개
15 49개	
16	
17	**18**
19 6개, 9개	**20** 9개, 15개
21 12개	

1 (세아의 쌓기나무의 개수)
$=2+3+1+1+1+1=9$(개)

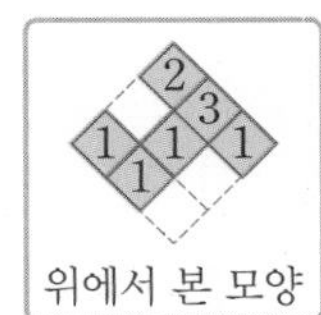

(지유의 쌓기나무의 개수)
$=2+1+3+1+1=8$(개)
따라서 쌓기나무를 더 많이 사용한 사람은 세아입니다.

2 (똑같은 모양으로 쌓는 데 필요한 쌓기나무의 개수)$=3+2+1+1+1=8$(개)
➡ (더 필요한 쌓기나무의 개수)
$=8-5=3$(개)

3 위에서 본 모양에 수를 쓰면 오른쪽과 같습니다.

위에서 본 모양

(똑같은 모양으로 쌓는 데 필요한 쌓기나무의 개수)
$=2+3+1+2+2+1=11$(개)
따라서 남는 쌓기나무는 $14-11=3$(개)입니다.

4 가

위에서 본 모양

나

위에서 본 모양

다

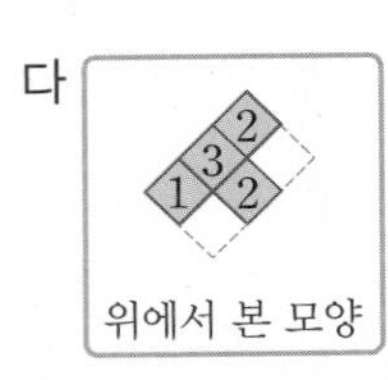
위에서 본 모양

똑같은 모양으로 쌓는 데 필요한 쌓기나무의 개수는 다음과 같습니다.
가: $1+1+3+1+1=7$(개)
나: $3+3+1+2=9$(개)
다: $2+3+2+1=8$(개)
➡ 나>다>가

5 (㉠을 뺀 나머지 부분에 쌓은 쌓기나무의 개수)
$=4+3+3+2+2+1=15$(개)
➡ (㉠에 쌓은 쌓기나무의 개수)
$=16-15=1$(개)

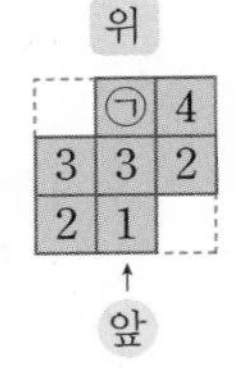

6 (㉠을 뺀 나머지 부분에 쌓은 쌓기나무의 개수)
$=1+2+2+1+3+4+1=14$(개)
➡ (㉠에 쌓은 쌓기나무의 개수)
$=16-14=2$(개)

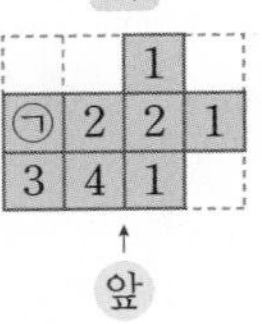

7 ㉡에 쌓은 쌓기나무는 1개입니다.
(㉠을 뺀 나머지 부분에 쌓은 쌓기나무의 개수)
$=1+4+2+3+1=11$(개)
➡ (㉠에 쌓은 쌓기나무의 개수)
$=13-11=2$(개)

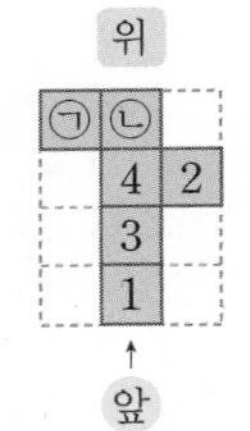

8 위

2	1
1	1

➡ $2+1+1+1=5$(개)

9

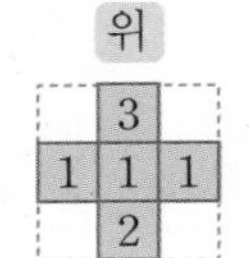

➡ $3+1+1+1+2=8$(개)

10 위에서 본 모양에 수를 쓰면 오른쪽과 같습니다. 따라서 2층에 쌓은 쌓기나무의 개수는 2 이상인 수가 쓰인 칸 수와 같으므로 4개입니다.

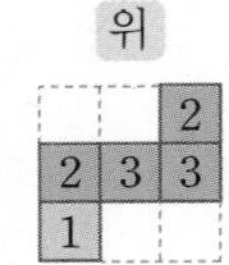

11

위에서 본 모양

(빼낸 쌓기나무의 개수)
=(처음 쌓기나무의 개수)−(남은 쌓기나무의 개수)
$=(3\times3\times3)-(2+3+2+1+2+1)$
$=27-11=16$(개)

12

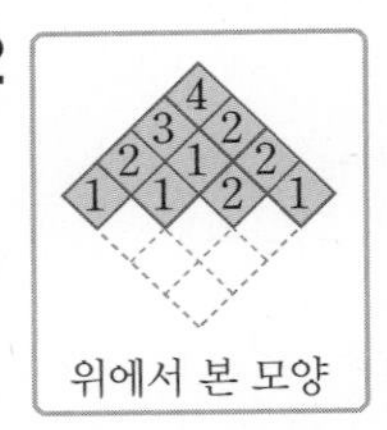
위에서 본 모양

(처음 쌓기나무의 개수)$=4\times4\times4=64$(개)
(남은 쌓기나무의 개수)
$=4+2+2+1+3+1+2+2+1+1=19$(개)
따라서 빼낸 쌓기나무는 $64-19=45$(개)입니다.

13

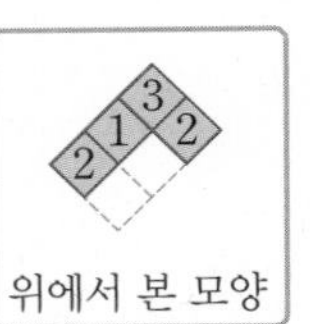
위에서 본 모양

(주어진 모양의 쌓기나무의 개수)
$=3+2+1+2=8$(개)
쌓기나무가 3층으로 쌓여 있으므로 한 모서리에 놓이는 쌓기나무가 3개인 정육면체를 만들어야 합니다.
➡ (적어도 더 필요한 쌓기나무의 개수)
$=(3\times3\times3)-8=19$(개)

14

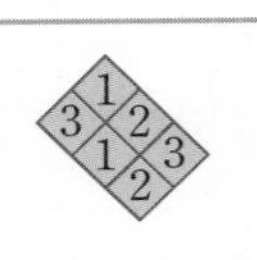
위에서 본 모양

(주어진 모양의 쌓기나무의 개수)
$=1+2+3+3+1+2=12$(개)
쌓기나무가 밑면에 3줄로 놓여 있으므로 한 모서리에 놓이는 쌓기나무가 3개인 정육면체를 만들어야 합니다.
➡ (적어도 더 필요한 쌓기나무의 개수)
$=(3\times3\times3)-12=15$(개)

15

위에서 본 모양

(주어진 모양의 쌓기나무의 개수)
$=2+3+2+3+2+1+1+1=15$(개)

쌓기나무가 밑면에 4줄로 놓여 있으므로 한 모서리에 놓이는 쌓기나무가 4개인 정육면체를 만들어야 합니다.
➡ (적어도 더 필요한 쌓기나무의 개수)
$=(4\times4\times4)-15=49$(개)

19 • 가장 적게 사용한 경우:

➡ 6개

[위에서 본 모양]

• 가장 많이 사용한 경우:

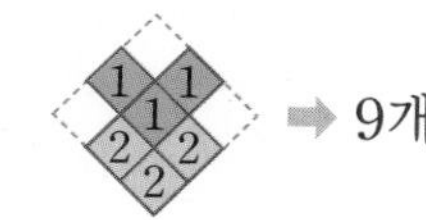

➡ 9개

[위에서 본 모양]

20 • 가장 적게 사용한 경우:

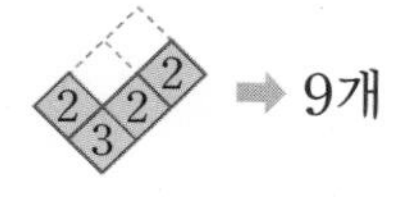

➡ 9개

[위에서 본 모양]

• 가장 많이 사용한 경우:

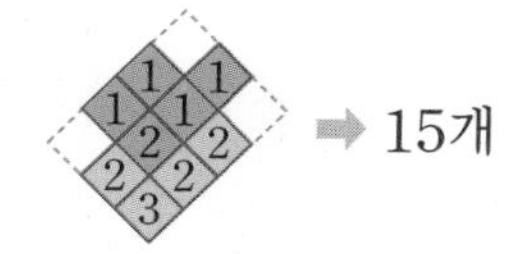

➡ 15개

[위에서 본 모양]

21

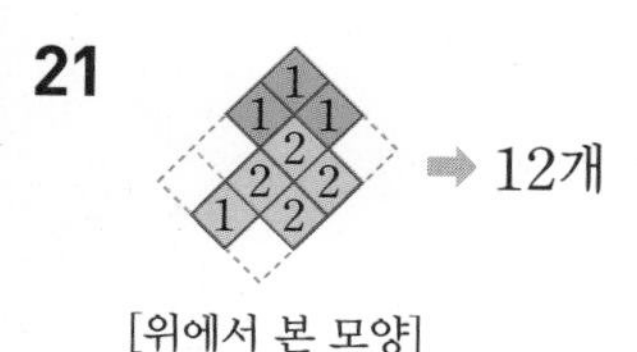

➡ 12개

[위에서 본 모양]

수시 평가 대비 Level ❶

87~89쪽

1 ㉢

2 ㉡

3 8개

4 9개

5 2층 3층 (앞)

6 9개

7 옆, 앞

8 2가지

9 앞 옆

10 2개

11 가

12 위 앞 옆

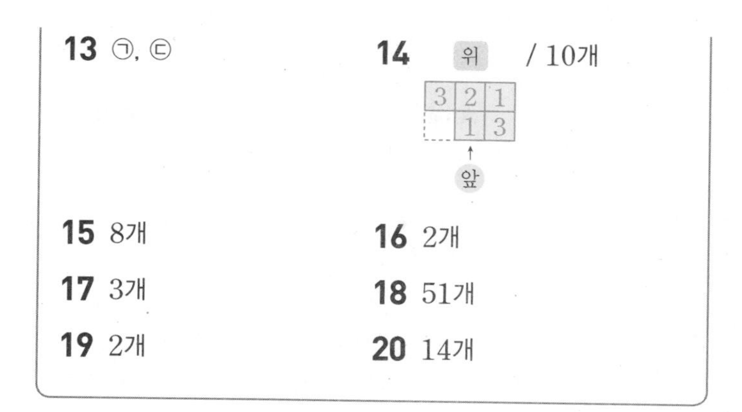

13 ㉠, ㉢

14 위 / 10개

3	2	1
	1	3

앞

15 8개

16 2개

17 3개

18 51개

19 2개

20 14개

1 나무의 윗부분이 집의 뒤로 보이고 꽃이 집의 오른쪽에 보이므로 ㉢입니다.

2 집의 왼쪽에 나무가 보이고 집의 오른쪽에 꽃이 보이므로 ㉡입니다.

3 (쌓기나무의 개수)$=3+1+2+1+1=8$(개)

4 1층에 5개, 2층에 3개, 3층에 1개이므로 주어진 모양과 똑같이 쌓는 데 쌓기나무가 9개 필요합니다.

5 1층 모양을 보고 쌓기나무로 쌓은 모양의 뒤에 보이지 않는 쌓기나무가 없다는 것을 알 수 있습니다.
2층에는 쌓기나무 3개, 3층에는 쌓기나무 1개가 있습니다.

6 쌓기나무가 1층에 5개, 2층에 3개, 3층에 1개 있습니다.
➡ $5+3+1=9$(개)

7 앞, 옆에서 본 모양은 각 줄별로 가장 높은 층을 기준으로 그립니다.

8 ➡ 2가지

9 • 앞에서 보았을 때 줄별로 가장 큰 수는 왼쪽부터 차례로 2, 2, 3입니다.
• 옆에서 보았을 때 줄별로 가장 큰 수는 왼쪽부터 차례로 3, 2입니다.

10 3층에 쌓인 쌓기나무는 3 이상의 수가 쓰여진 칸의 수와 같으므로 2개입니다.

11 각각의 모양을 앞에서 본 모양은 다음과 같습니다.

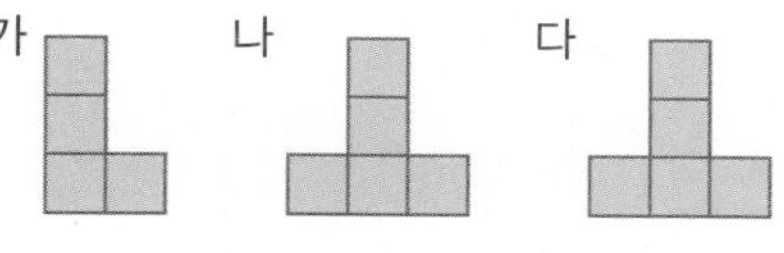

12 위에서 본 모양은 1층에 쌓인 쌓기나무의 모양과 같게 그리고 앞, 옆에서 본 모양은 각 줄별로 가장 높은 층을 기준으로 그립니다.

13 ㉠ ㉢

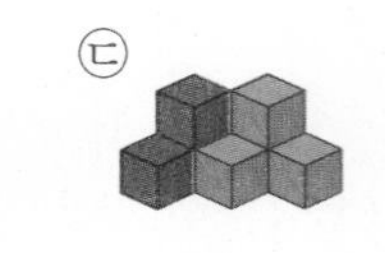

14 위에서 본 모양은 1층의 모양과 같습니다. 1층 모양에서 ○ 부분은 쌓기나무가 3개씩, △ 부분은 쌓기나무가 2개, 나머지는 쌓기나무가 1개 있습니다.
따라서 똑같은 모양으로 쌓는 데 필요한 쌓기나무는 $3+2+1+1+3=10$(개)입니다.

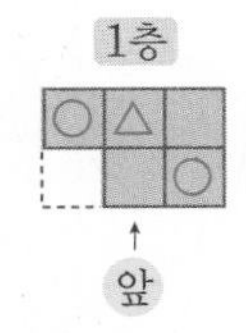

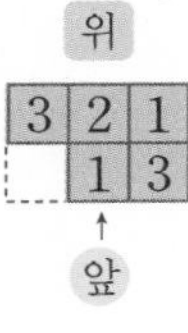

15 빨간색 쌓기나무 3개를 빼낸 모양을 옆에서 보았을 때 줄별로 가장 높은 층수는 왼쪽부터 차례로 1층, 2층, 3층, 2층입니다.
➡ $1+2+3+2=8$(개)

16 ㉠과 ㉡을 뺀 나머지 부분에 쌓인 쌓기나무는 $2+1+3+1+3=10$(개)입니다.
㉠과 ㉡에 쌓인 쌓기나무는 $14-10=4$(개)입니다.
따라서 ㉠과 ㉡에 쌓인 쌓기나무는 각각 2개입니다.

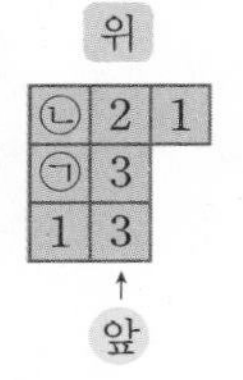

17 위에서 본 모양에 수를 쓰면 오른쪽과 같습니다. 따라서 2층에 쌓인 쌓기나무는 2 이상의 수가 쓰여진 칸의 수와 같으므로 3개입니다.

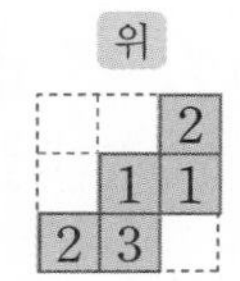

18 쌓기나무가 1층에 6개, 2층에 4개, 3층에 2개, 4층에 1개이므로 $6+4+2+1=13$(개)입니다.
4층까지 쌓여 있으므로 한 모서리에 쌓이는 쌓기나무가 4개인 정육면체를 만들 수 있습니다.
➡ (더 필요한 쌓기나무의 개수)
$=4\times4\times4-13=51$(개)

19 ㉵ 쌓기나무가 1층에 6개, 2층에 3개, 3층에 1개이므로 $6+3+1=10$(개)입니다.
따라서 더 필요한 쌓기나무는 $10-8=2$(개)입니다.

평가 기준	배점
주어진 모양의 쌓기나무의 개수를 구했나요?	3점
똑같은 모양으로 쌓을 때 더 필요한 쌓기나무의 개수를 구했나요?	2점

20 ㉵ 쌓기나무의 개수가 최소일 때 위에서 본 모양에 수를 써 보면 오른쪽과 같습니다.
따라서 필요한 쌓기나무는 적어도 $1+2+1+3+2+3+1+1=14$(개)입니다.

위

1	2	
1	3	2
3	1	1

평가 기준	배점
쌓기나무의 개수가 최소일 때 위에서 본 모양에 수를 써서 나타냈나요?	3점
필요한 쌓기나무는 적어도 몇 개인지 구했나요?	2점

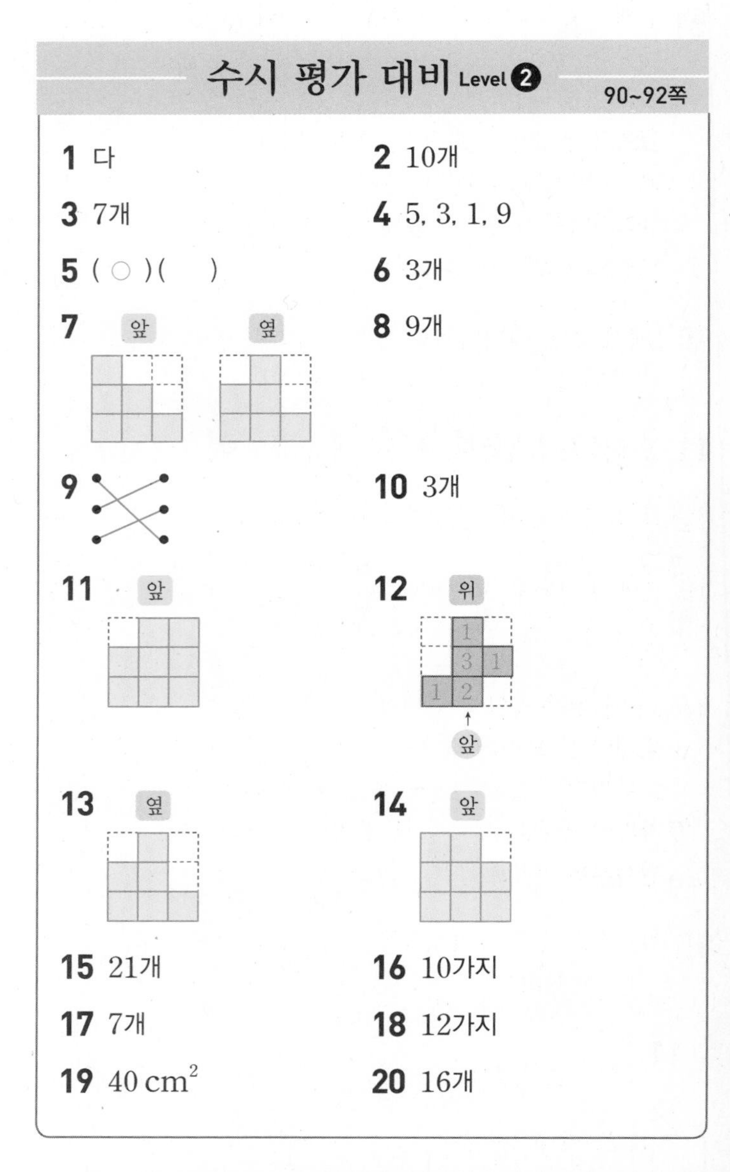

수시 평가 대비 Level ❷

90~92쪽

1 다
2 10개
3 7개
4 5, 3, 1, 9
5 (○)(   )
6 3개
7 앞 옆
8 9개
9
10 3개
11 앞
12 위
13 옆
14 앞
15 21개
16 10가지
17 7개
18 12가지
19 40 cm^2
20 16개

1 다는 빨간색 컵의 손잡이의 위치가 가능하지 않은 방향입니다.

2 (쌓기나무의 개수)$=1+4+2+3=10$(개)

3 1층에 3개, 2층에 3개, 3층에 1개이므로 주어진 모양과 똑같이 쌓는 데 필요한 쌓기나무는 7개입니다.

5

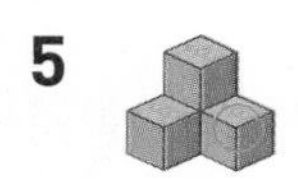

6

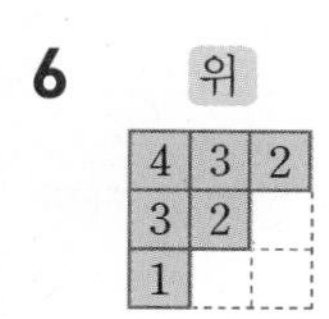

7 위에서 본 모양을 보면 보이지 않는 쌓기나무가 있다는 것을 알 수 있습니다. 이를 이용하여 쌓기나무로 쌓아 보고 앞과 옆에서 본 모양을 그립니다.

8 위에서 본 모양을 보면 1층의 쌓기나무는 6개입니다. 앞에서 본 모양을 보면 ★ 부분은 쌓기나무가 1개씩이고, △ 부분은 3개 이하입니다. 옆에서 본 모양을 보면 △ 부분 중 □는 3개이고, ○는 2개, 나머지는 1개입니다.
따라서 1층에 6개, 2층에 2개, 3층에 1개이므로 똑같은 모양으로 쌓는 데 필요한 쌓기나무는 9개입니다.

10 2층에 쌓은 쌓기나무의 개수는 2 이상인 수가 쓰여 있는 칸 수와 같습니다.

11 앞에서 본 모양은 각 줄별로 가장 높은 층만큼 그립니다.

12 각 자리에 놓여진 쌓기나무의 개수를 세어 써넣습니다.

13 옆에서 보았을 때 줄별로 가장 큰 수는 왼쪽부터 차례로 2, 3, 1입니다.

14 1층에 쌓은 모양이 위에서 본 모양과 같으므로 위에서 본 모양의 각 자리 위에 쌓아 올린 쌓기나무의 개수를 쓰면 오른쪽과 같습니다.
따라서 앞에서 보았을 때 줄별로 가장 큰 수는 왼쪽부터 차례로 3, 3, 2입니다.

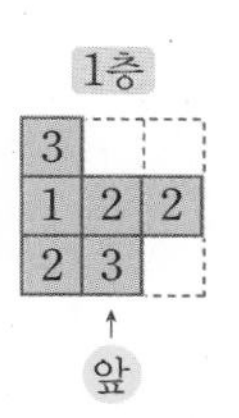

15 가

위에서 본 모양

나

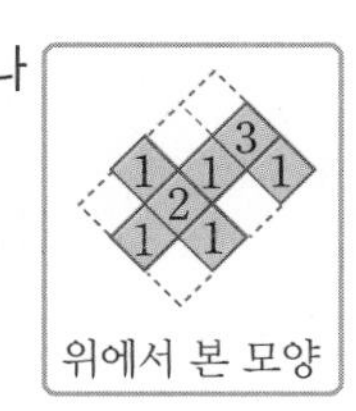

위에서 본 모양

가: $2+2+3+2+2=11$(개)
나: $3+1+1+1+2+1+1=10$(개)
➡ $11+10=21$(개)

16 1층에 5개를 쌓고 남는 2개를 2층에 놓으면 다음과 같습니다.

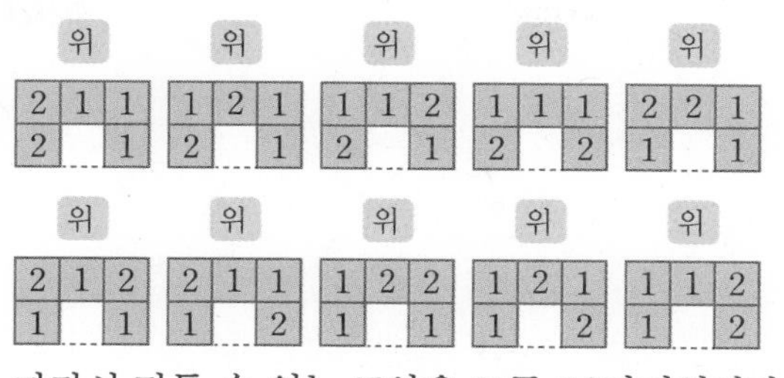

따라서 만들 수 있는 모양은 모두 10가지입니다.

17

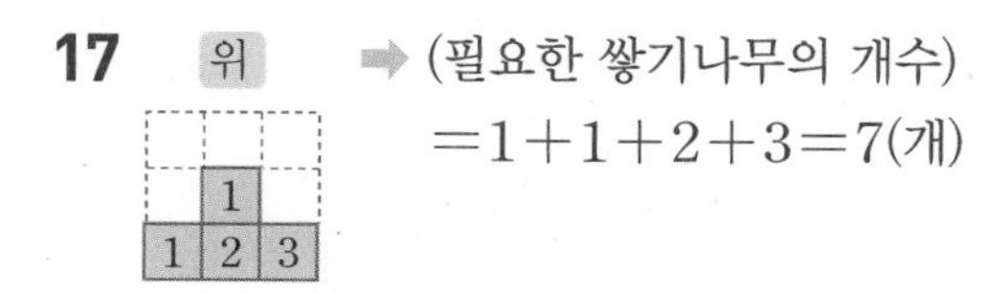

➡ (필요한 쌓기나무의 개수)
$=1+1+2+3=7$(개)

18 4층인 자리를 제외한 나머지 자리의 쌓기나무는 $10-4=6$(개)이고, 각 자리의 쌓기나무의 개수는 모두 다르므로 1개, 2개, 3개입니다. 따라서 위에서 본 모양이 정사각형이 아닌 직사각형이 되도록 만들면

4 1 2 3 　 4 1 3 2 　 4 2 1 3 　 4 2 3 1
4 3 1 2 　 4 3 2 1 　 1 4 2 3 　 1 4 3 2 이므로
2 4 1 3 　 2 4 3 1 　 3 4 1 2 　 3 4 2 1

모두 12가지입니다.

19 예 ((위에서 보이는 면의 넓이)+(앞에서 보이는 면의 넓이)+(옆에서 보이는 면의 넓이))$\times 2$
$=(8+6+6)\times 2=40$ (cm^2)

평가 기준	배점
쌓은 모양의 겉넓이 구하는 식을 세웠나요?	3점
쌓은 모양의 겉넓이를 구했나요?	2점

20 예 주어진 모양에 사용한 쌓기나무는 $3+2+1+3+2=11$(개)입니다.
한 모서리에 놓이는 쌓기나무가 3개인 정육면체를 만들어야 하므로 더 필요한 쌓기나무는 적어도 $(3\times 3\times 3)-11=16$(개)입니다.

위에서 본 모양

평가 기준	배점
주어진 모양에 사용한 쌓기나무의 개수를 구했나요?	2점
적어도 더 필요한 쌓기나무의 개수를 구했나요?	3점

4 비례식과 비례배분

비례식과 비례배분 관련 내용은 수학 내적으로 초등 수학의 결정이며 이후 수학 학습의 중요한 기초가 될 뿐 아니라, 수학 외적으로도 타 학문 영역과 일상생활에 밀접하게 연결됩니다. 실제로 우리는 생활 속에서 두 양의 비를 직관적으로 이해해야 하거나 비의 성질, 비례식의 성질 및 비례배분을 이용하여 여러 가지 문제를 해결해야 하는 경험을 하게 됩니다. 비의 성질, 비례식의 성질을 이용하여 속도나 거리를 측정하고 축척을 이용하여 지도를 만들기도 합니다. 이 단원에서는 비율이 같은 두 비를 통해 비례식에 0이 아닌 같은 수로 곱하거나 나누어도 비율이 같다는 비의 성질을 발견하고 이를 이용하여 비를 간단한 자연수의 비로 나타내 보는 활동을 전개합니다. 또한 비례식에서 외항의 곱과 내항의 곱이 같다는 비례식의 성질을 발견하여 실생활 문제를 해결합니다. 나아가 전체를 주어진 비로 배분하는 비례배분을 이해하여 생활 속에서 비례배분이 적용되는 문제를 해결해 봄으로써 수학의 유용성을 경험하고 문제 해결, 추론, 창의 · 융합, 의사소통 등의 능력을 키울 수 있습니다.

STEP 1 교과개념 1. 비의 성질 알아보기 95쪽

1 ① 4:5 ② 9:2

2 ① 곱하여도 ② 나누어도

3

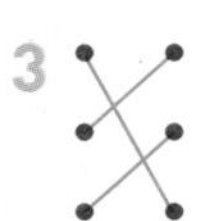

4 ① (위에서부터) 4, 4 ② (위에서부터) 3, 2

1 ① 비 4 : 5에서 기호 ‘ : ’ 앞에 있는 4를 전항, 뒤에 있는 5를 후항이라고 합니다.
② 비 9 : 2에서 기호 ‘ : ’ 앞에 있는 9를 전항, 뒤에 있는 2를 후항이라고 합니다.

3 20 : 15는 전항과 후항을 5로 나눈 4 : 3과 비율이 같습니다.
2 : 7은 전항과 후항에 3을 곱한 6 : 21과 비율이 같습니다.
1 : 9는 전항과 후항에 2를 곱한 2 : 18과 비율이 같습니다.

4 ① 비의 전항과 후항에 4를 곱합니다.
② 비의 전항과 후항을 2로 나눕니다.

STEP 1 교과개념 2. 간단한 자연수의 비로 나타내기 97쪽

1 ① 10 ② (위에서부터) 14, 5 / 10

2 ① 예 8 ② 예 (위에서부터) 8 / 6, 5 / 8

3 ① 예 12 ② 예 (위에서부터) 12 / 4, 3 / 12

4 (위에서부터) 3 / 80, 27 / 90

1 소수 한 자리 수이므로 전항과 후항에 10을 곱하여 간단한 자연수의 비로 나타냅니다.

2 비의 전항과 후항에 4와 8의 공배수인 8을 곱하여 간단한 자연수의 비로 나타냅니다.

3 비의 전항과 후항을 48과 36의 공약수인 12로 나누어 간단한 자연수의 비로 나타냅니다.

4 후항 0.3을 분수로 바꾸면 $\frac{3}{10}$입니다. $\frac{8}{9}:\frac{3}{10}$의 전항과 후항에 90을 곱하면 80 : 27이 됩니다.

STEP 1 교과개념 3. 비례식 알아보기 99쪽

1 ① $\frac{1}{2}$ ② 3, 1 ③ 같습니다 ④ 비례식

2 ① (위에서부터) 12 / 3, 16
② (위에서부터) 3, 15 / 5, 9

3 ( ) ( ) (○)

4 ㉢

2 ① 비례식 4 : 3=16 : 12에서 바깥쪽에 있는 4와 12를 외항, 안쪽에 있는 3과 16을 내항이라고 합니다.
② 비례식 3 : 5=9 : 15에서 바깥쪽에 있는 3과 15를 외항, 안쪽에 있는 5와 9를 내항이라고 합니다.

3 비율이 같은 두 비를 기호 ‘=’를 사용하여 나타낸 식을 찾아봅니다.

4 비의 비율을 알아보면 2 : 3 ➡ $\frac{2}{3}$

㉠ 6 : 8 ➡ $\frac{6}{8}=\frac{3}{4}$

㉡ 8 : 10 ➡ $\frac{8}{10}=\frac{4}{5}$

㉢ 10 : 15 ➡ $\frac{10}{15}=\frac{2}{3}$입니다.

따라서 2 : 3과 비율이 같은 비는 ㉢ 10 : 15입니다.

STEP 1 교과개념 4. 비례식의 성질 알아보기, 비례식의 활용 101쪽

1 9, 18 / 3, 18 / ○

2 0.9 : 0.5=18 : 10, 50 : 16=25 : 8에 ○표

3 25 / 25, 75, 75, 15

4 ① 깃발의 세로 ② 예 3 : 2=90 : □ ③ 60 cm

1 2 : 3 = 6 : 9 (2×9=18, 3×6=18)

➡ 외항의 곱과 내항의 곱이 같으므로 비례식입니다.

2 3 : 5=35 : 21, 4 : 7=$\frac{1}{4}$: $\frac{1}{7}$은 외항의 곱과 내항의 곱이 다르기 때문에 옳은 비례식이 아닙니다.

3 비례식에서 외항의 곱과 내항의 곱은 같다는 비례식의 성질을 이용하여 ■의 값을 구합니다.

4 ③ 3 : 2=90 : □,
3×□=2×90, 3×□=180, □=60
따라서 깃발의 세로는 60 cm로 해야 합니다.

STEP 1 교과개념 5. 비례배분 103쪽

1 ① 3, 2, $\frac{3}{5}$ / 2, 3, $\frac{2}{5}$ ② $\frac{3}{5}$, 18 / $\frac{2}{5}$, 12

2 ① $\frac{5}{12}$ ② $\frac{7}{12}$ ③ 30장, 42장

3 5, $\frac{8}{13}$, 32 / 5, $\frac{5}{13}$, 20

2 ① 가 모둠: $\frac{5}{5+7}=\frac{5}{12}$

② 나 모둠: $\frac{7}{5+7}=\frac{7}{12}$

③ 가 모둠: $72\times\frac{5}{12}=30$(장),

나 모둠: $72\times\frac{7}{12}=42$(장)

3 52를 8 : 5로 나누므로 52를 8+5로 나누어야 합니다.

STEP 2 꼭 나오는 유형 104~110쪽

1 11 : 8

2 (1) 5, 35 (2) 8, 3

준비 $\frac{3}{7}$

3 2

4 0

5 수진

6 나, 다

7 (1) 18, 15 (2) 10, 9, 10 (3) 4, 3, 4

8 (1) 예 3 : 11 (2) 예 2 : 1 (3) 예 9 : 20 (4) 예 21 : 20

9 예 4 : 3

10 13

11 수정

12 예 3 : 8, 예 3 : 8 /
비교 예 두 사람이 사용한 포도 원액의 양과 물의 양의 비가 같으므로 두 포도주스의 진하기는 같습니다.

13 (1) 2, 21에 △표, 7, 6에 ○표
(2) 9, 1에 △표, 3, 3에 ○표

14 ㉡ / 바르게 고치기 예 내항은 7과 6입니다.

준비 (1) $\frac{1}{2}$ (2) $\frac{1}{3}$

15 ㉠, ㉢

16 ㉢, ㉣

17 예 5 : 8, 15 : 24

18 예 6 : 7=24 : 28, 6 : 24=7 : 28

19 (1) 4, 18, 72 (2) 9, 8, 72 (3) 같습니다

20 2 : 3=8 : 12, $\frac{1}{3}$: $\frac{5}{8}$=8 : 15에 ○표

21 15, 30, 6

22 54

23 (1) 35 (2) 54

24 32

25 (1) 예 2 : 5=6 : □ (2) 15 cm

26 예 3 : 2=15 : □ / 10컵

27 예 8 : 28=□ : 105 / 30분

28 예 6 : 3000=18 : □ / 9000원

29 문제 예 요구르트가 5개에 3000원일 때 요구르트 20개는 얼마일까요? / 12000원

30 240000원

31 5시간

32 480 g

33 60분

34 5, $\frac{1}{6}$, 3 / 5, $\frac{5}{6}$, 15

35 $\frac{3}{4}$, 72 / $\frac{1}{4}$, 24

36 21자루

37 예 $720\times\frac{5}{5+4}=720\times\frac{5}{9}=400$(명)

38 35개, 25개

39 162

40 54개, 46개

41 방법 1 예 둘레가 84 cm이므로
(가로)+(세로)$=84\div2=42$ (cm)입니다.
42 cm를 가로와 세로의 비 4 : 3으로 나누면 직사각형의 가로는 $42\times\frac{4}{4+3}=42\times\frac{4}{7}=24$ (cm)입니다.

방법 2 예 직사각형의 가로를 □cm라 하고 비례식을 세우면 4 : 7=□ : 42입니다. 비의 성질을 이용하면 42는 7의 6배이므로 □$=4\times6=24$입니다.
따라서 직사각형의 가로는 24 cm입니다.

42 16 cm^2

2 (1) 비의 전항과 후항에 0이 아닌 같은 수를 곱하여도 비율은 같습니다.
(2) 비의 전항과 후항을 0이 아닌 같은 수로 나누어도 비율은 같습니다.

3 비의 전항과 후항을 0이 아닌 같은 수로 나누어도 비율은 같습니다.
63 : 42 ➡ 3 : □ (÷21, ÷21)
따라서 □ 안에 알맞은 수는 $42\div21=2$입니다.

4 비의 전항과 후항에 0이 아닌 같은 수를 곱해야 비율이 같은 비를 만들 수 있습니다.
따라서 □ 안에 공통으로 들어갈 수 없는 수는 0입니다.

5 가 상자와 나 상자의 높이의 비는 64 : 48입니다.
64 : 48 ➡ (64÷16) : (48÷16)
➡ 4 : 3
따라서 잘못 말한 사람은 수진입니다.

6 가 ➡ 4 : 6 ➡ (4÷2) : (6÷2) ➡ 2 : 3
나 ➡ 9 : 6 ➡ (9÷3) : (6÷3) ➡ 3 : 2
다 ➡ 6 : 4 ➡ (6÷2) : (4÷2) ➡ 3 : 2
라 ➡ 8 : 5

8 (1) 전항과 후항에 10을 곱하면 3 : 11이 됩니다.
(2) 전항과 후항을 16으로 나누면 2 : 1이 됩니다.
(3) 전항과 후항에 36을 곱하면 9 : 20이 됩니다.
(4) 전항과 후항에 30을 곱하면 21 : 20이 됩니다.

9 $\frac{1}{3}:\frac{1}{4}$ ➡ $\left(\frac{1}{3}\times12\right):\left(\frac{1}{4}\times12\right)$ ➡ 4 : 3

10 48 : 52 ➡ 12 : □
$48\div4=12$이므로 48 : 52의 전항과 후항을 4로 나누면 12 : 13입니다. 따라서 후항은 13입니다.

11 민호: 전항을 소수로 바꾸면 1.6입니다.

12 [민서] 0.3 : 0.8의 전항과 후항에 10을 곱하면 3 : 8이 됩니다.
[주혁] $\frac{3}{10}:\frac{4}{5}$의 전항과 후항에 10을 곱하면 3 : 8이 됩니다.

평가 기준
민서와 주혁이가 사용한 포도 원액의 양과 물의 양의 비를 간단한 자연수의 비로 각각 나타냈나요?
두 포도주스의 진하기를 비교했나요?

13 (1) 비례식 2 : 7=6 : 21에서 바깥쪽에 있는 2와 21을 외항, 안쪽에 있는 7과 6을 내항이라고 합니다.
(2) 비례식 9 : 3=3 : 1에서 바깥쪽에 있는 9와 1을 외항, 안쪽에 있는 3과 3을 내항이라고 합니다.

14 ㉠ 3 : 7의 비율은 $\frac{3}{7}$이고, 6 : 14의 비율은 $\frac{6}{14}\left(=\frac{3}{7}\right)$입니다.
㉡ 비례식에서 안쪽에 있는 7과 6을 내항이라고 합니다.
㉢ 비례식에서 바깥쪽에 있는 3과 14를 외항이라고 합니다.

15 두 비의 비율이 같은지 비교해 봅니다.
㉠ 6 : 8 ➡ $\frac{6}{8}\left(=\frac{3}{4}\right)$, 3 : 4 ➡ $\frac{3}{4}$
㉡ 2 : 7 ➡ $\frac{2}{7}$, 8 : 14 ➡ $\frac{8}{14}\left(=\frac{4}{7}\right)$
㉢ 10 : 25 ➡ $\frac{10}{25}\left(=\frac{2}{5}\right)$, 2 : 5 ➡ $\frac{2}{5}$
㉣ 24 : 30 ➡ $\frac{24}{30}\left(=\frac{4}{5}\right)$, 4 : 3 ➡ $\frac{4}{3}$
따라서 두 비의 비율이 같은 비례식은 ㉠, ㉢입니다.

16 3 : 8의 비율은 $\frac{3}{8}$이므로 비율이 $\frac{3}{8}$인 비를 찾아봅니다.
비율이 ㉠ $\frac{8}{3}$, ㉡ $\frac{6}{10}\left(=\frac{3}{5}\right)$, ㉢ $\frac{9}{24}\left(=\frac{3}{8}\right)$, ㉣ $\frac{15}{40}\left(=\frac{3}{8}\right)$이므로 □ 안에 알맞은 비는 ㉢, ㉣입니다.

내가 만드는 문제

17 예 $5:8$ ➡ (비율)$=\frac{5}{8}$

비율이 $\frac{5}{8}$인 비는 $10:16$, $15:24$, ...입니다.

참고 | 보기 에서 고른 비와 비율이 같은 비를 '$=$'를 사용하여 나타냅니다.

18 $6:㉠=㉡:28$ 또는 $28:㉠=㉡:6$으로 놓고 내항에 7과 24를 넣어 비례식을 세우면 $6:7=24:28$, $6:24=7:28$, $28:7=24:6$, $28:24=7:6$입니다.

20
- $7:8=4:3$에서 외항의 곱은 $7\times3=21$, 내항의 곱은 $8\times4=32$이므로 비례식이 아닙니다.
- $2:3=8:12$에서 외항의 곱은 $2\times12=24$, 내항의 곱은 $3\times8=24$이므로 비례식입니다.
- $\frac{1}{3}:\frac{5}{8}=8:15$에서 외항의 곱은 $\frac{1}{3}\times15=5$, 내항의 곱은 $\frac{5}{8}\times8=5$이므로 비례식입니다.
- $0.5:0.6=10:14$에서 외항의 곱은 $0.5\times14=7$, 내항의 곱은 $0.6\times10=6$이므로 비례식이 아닙니다.

21 비례식을 풀 때에는 외항의 곱과 내항의 곱이 같다는 비례식의 성질을 이용합니다.

22 비례식에서 외항의 곱과 내항의 곱은 같으므로 $9\times\square=2\times27$, $9\times\square=54$입니다.

23 (1) $3\times\square=7\times15$, $3\times\square=105$, $\square=35$
(2) $9\times24=4\times\square$, $4\times\square=216$, $\square=54$

24 예 비례식에서 외항의 곱과 내항의 곱은 같습니다.
$9\times32=㉠\times36$, $㉠\times36=288$, $㉠=8$
$\frac{3}{5}\times10=\frac{1}{4}\times㉡$, $\frac{1}{4}\times㉡=6$, $㉡=24$
➡ $㉠+㉡=8+24=32$

평가 기준
㉠과 ㉡에 알맞은 수를 각각 구했나요?
㉠과 ㉡에 알맞은 수의 합을 구했나요?

25 (1) 세로를 $\square$cm라 하고 비례식을 세우면 $2:5=6:\square$입니다.
(2) $2:5=6:\square$ ➡ $2\times\square=5\times6$, $2\times\square=30$, $\square=30\div2=15$

26 넣어야 하는 현미의 양을 $\square$컵이라 하고 비례식을 세우면 $3:2=15:\square$입니다.
➡ $3\times\square=2\times15$, $3\times\square=30$, $\square=10$

27 들이가 105 L인 빈 욕조를 가득 채우는 데 걸린 시간을 $\square$분이라 하고 비례식을 세우면 $8:28=\square:105$입니다.
➡ $8\times105=28\times\square$, $28\times\square=840$, $\square=30$

28 요구르트 18개의 가격을 $\square$원이라 하고 비례식을 세우면 $6:3000=18:\square$입니다.
➡ $6\times\square=3000\times18$, $6\times\square=54000$, $\square=9000$

내가 만드는 문제

29 예 요구르트 20개의 가격을 $\square$원이라 하고 비례식을 세우면 $5:3000=20:\square$입니다.
➡ $5\times\square=3000\times20$, $5\times\square=60000$, $\square=12000$

30 3일 동안 일하고 받는 돈을 $\square$원이라 하고 비례식을 세우면 $4:320000=3:\square$입니다.
➡ $4\times\square=320000\times3$, $4\times\square=960000$, $\square=240000$

31 425 km를 가는 데 걸린 시간을 $\square$시간이라 하고 비례식을 세우면 $4:340=\square:425$입니다.
➡ $4\times425=340\times\square$, $340\times\square=1700$, $\square=5$

32 바닷물 15 L를 증발시켜 얻은 소금의 양을 $\square$g이라 하고 비례식을 세우면 $2:64=15:\square$입니다.
➡ $2\times\square=64\times15$, $2\times\square=960$, $\square=480$

33 예 서진이가 배드민턴을 친 시간을 $\square$분이라 하고 비례식을 세우면 $10:84=\square:504$입니다.
➡ $10\times504=84\times\square$, $84\times\square=5040$, $\square=60$
따라서 서진이가 배드민턴을 친 시간은 60분입니다.

평가 기준
알맞은 비례식을 세웠나요?
서진이가 배드민턴을 친 시간을 구했나요?

35 소윤: $96\times\frac{3}{3+1}=96\times\frac{3}{4}=72\,(cm)$
형준: $96\times\frac{1}{3+1}=96\times\frac{1}{4}=24\,(cm)$

36 $77\times\frac{3}{3+8}=77\times\frac{3}{11}=21$(자루)

38 나영: $60\times\frac{7}{7+5}=60\times\frac{7}{12}=35$(개)
은표: $60\times\frac{5}{7+5}=60\times\frac{5}{12}=25$(개)

39 전체를 $\square$라 하면 $\square\times\frac{7}{7+2}=126$, $\square\times\frac{7}{9}=126$, $\square=126\div\frac{7}{9}=162$

40 1반: $100\times\frac{27}{27+23}=100\times\frac{27}{50}=54$(개)

2반: $100\times\frac{23}{27+23}=100\times\frac{23}{50}=46$(개)

41

평가 기준
주어진 **방법 1** 로 가로를 구했나요?
주어진 **방법 2** 로 가로를 구했나요?

42 평행사변형 ㉮와 ㉯는 높이가 같으므로 ㉮와 ㉯의 넓이의 비는 밑변의 길이의 비와 같습니다.

(㉮의 넓이) : (㉯의 넓이)$=9:7$

(㉮의 넓이)$=128\times\frac{9}{9+7}=128\times\frac{9}{16}=72\ (cm^2)$

(㉯의 넓이)$=128\times\frac{7}{9+7}=128\times\frac{7}{16}=56\ (cm^2)$

➡ $72-56=16\ (cm^2)$

STEP 3 자주 틀리는 유형 111~113쪽

1 $5.1:2\frac{4}{5}$ ➡ $\frac{51}{10}:\frac{14}{5}$ ➡ $51:28$

2 재영 **3** 3

4 (1) × (2) ○ **5** ㉠

6 예 ㉡ 비례식 $2:9=6:27$에서 내항은 9와 6이고, 외항은 2와 27입니다.

7 ②, ③ **8** ③, ④

9 수현 **10** 8, 44

11 45 **12** 21, 105

13 예 $20:8000=9:\square$ / 3600원

14 $2.8\ L\left(=2\frac{4}{5}\ L\right)$ **15** $126\ cm^2$

16 11시간 **17** 12일

18 80°, 100°

1 $5.1:2\frac{4}{5}$의 전항 5.1을 분수로 바꾸면 $\frac{51}{10}$입니다.

$\frac{51}{10}:\frac{14}{5}$ ➡ $\left(\frac{51}{10}\times10\right):\left(\frac{14}{5}\times10\right)$ ➡ $51:28$

2 [성현] $3\frac{1}{2}:4\frac{2}{3}$ ➡ $\frac{7}{2}:\frac{14}{3}$이므로 전항과 후항에 6을 곱하면 $21:28$이 됩니다. $21:28$의 전항과 후항을 7로 나누면 $3:4$가 됩니다.

[재영] $1.8:1.6$의 전항과 후항에 10을 곱하면 $18:16$이 됩니다. $18:16$의 전항과 후항을 2로 나누면 $9:8$이 됩니다.

3 $1\frac{1}{4}:\frac{\square}{5}$ ➡ $\frac{5}{4}:\frac{\square}{5}$이므로 전항과 후항에 20을 곱하면 $25:(\square\times4)$가 됩니다.

따라서 $\square\times4=12$이므로 $\square=3$입니다.

4

외항
내항
$4:5=12:15$
전항 후항 전항 후항

5 ㉠ 외항은 3과 16입니다.

㉢ $3:8$ ➡ $\frac{3}{8}$, $6:16$ ➡ $\frac{6}{16}\left(=\frac{3}{8}\right)$으로 비율이 같습니다.

6 ㉡ 비례식에서 바깥쪽에 있는 2와 27을 외항, 안쪽에 있는 9와 6을 내항이라고 합니다.

7 ① $6:7$ ➡ $\frac{6}{7}$, $12:21$ ➡ $\frac{12}{21}\left(=\frac{4}{7}\right)$ (×)

② $4:5$ ➡ $\frac{4}{5}$, $12:15$ ➡ $\frac{12}{15}\left(=\frac{4}{5}\right)$ (○)

③ $70:20$ ➡ $\frac{70}{20}\left(=\frac{7}{2}\right)$, $7:2$ ➡ $\frac{7}{2}$ (○)

④ $4:9$ ➡ $\frac{4}{9}$, $16:27$ ➡ $\frac{16}{27}$ (×)

⑤ $15:8$ ➡ $\frac{15}{8}$, $5:3$ ➡ $\frac{5}{3}$ (×)

8 ① $3:7$ ➡ $\frac{3}{7}$, $7:3$ ➡ $\frac{7}{3}$ (×)

② $5:13$ ➡ $\frac{5}{13}$, $15:26$ ➡ $\frac{15}{26}$ (×)

③ $4:30$ ➡ $\frac{4}{30}\left(=\frac{2}{15}\right)$, $2:15$ ➡ $\frac{2}{15}$ (○)

④ $30:45$ ➡ $\frac{30}{45}\left(=\frac{2}{3}\right)$, $10:15$ ➡ $\frac{10}{15}\left(=\frac{2}{3}\right)$ (○)

⑤ $6:18$ ➡ $\frac{6}{18}\left(=\frac{1}{3}\right)$, $2:9$ ➡ $\frac{2}{9}$ (×)

9 [아영] $8:20 \Rightarrow \frac{8}{20}\left(=\frac{2}{5}\right)$,

$40:80 \Rightarrow \frac{40}{80}\left(=\frac{1}{2}\right)$ (×)

[수현] $72:30 \Rightarrow \frac{72}{30}\left(=\frac{12}{5}\right)$, $12:5 \Rightarrow \frac{12}{5}$ (○)

[윤하] $32:24 \Rightarrow \frac{32}{24}\left(=\frac{4}{3}\right)$, $3:4 \Rightarrow \frac{3}{4}$ (×)

10 내항의 곱 11×㉡=88, ㉡=88÷11=8입니다.
비례식에서 외항의 곱과 내항의 곱은 같으므로
2×㉢=88, ㉢=88÷2=44입니다.

11 외항의 곱 8×㉡=168, ㉡=168÷8=21입니다.
비례식에서 외항의 곱과 내항의 곱은 같으므로
7×㉠=168, ㉠=168÷7=24입니다.
➡ ㉠+㉡=24+21=45

12 12:㉠=60:㉡이라 하면 비율이 $\frac{4}{7}$이므로

$\frac{12}{㉠}=\frac{4}{7}$, ㉠=21이고, $\frac{60}{㉡}=\frac{4}{7}$, ㉡=105입니다.

13 연필 9자루의 가격을 □원이라 하고 비례식을 세우면
20:8000=9:□입니다.
➡ 20×□=8000×9, 20×□=72000, □=3600

14 벽 16 m^2를 칠하는 데 필요한 페인트의 양을 □L라 하고 비례식을 세우면 4:0.7=16:□입니다.
➡ 4×□=0.7×16, 4×□=11.2, □=2.8

15 삼각형의 높이를 □cm라 하고 비례식을 세우면
4:7=12:□입니다.
➡ 4×□=7×12, 4×□=84, □=21
따라서 삼각형의 넓이는 12×21÷2=126 (cm^2)입니다.

16 하루는 24시간이므로

(낮의 길이)$=24\times\frac{11}{11+13}=24\times\frac{11}{24}=11$(시간)

입니다.

17 6월은 30일까지 있으므로

(비 온 날의 날수)$=30\times\frac{2}{3+2}=30\times\frac{2}{5}=12$(일)입니다.

18 일직선은 180°이므로

㉠$=180°\times\frac{4}{4+5}=180°\times\frac{4}{9}=80°$,

㉡$=180°\times\frac{5}{4+5}=180°\times\frac{5}{9}=100°$입니다.

STEP 4 최상위 도전 유형

114~118쪽

1 예 3:2	2 예 4:3
3 예 5:4	4 18
5 6	6 22
7 예 7:12	8 예 2:3
9 예 5:7	10 1200 m^2
11 9600원, 5400원	12 84개
13 1시간 40분	
14 25.6 km$\left(=25\frac{3}{5}\text{ km}\right)$	
15 2시간 30분	16 315 cm^2
17 54 cm^2	18 15
19 40명	20 75개
21 6 kg	22 25번
23 56번	24 144개
25 60만 원, 84만 원	26 승현, 36만 원
27 2100원	28 28개
29 60 cm^2	30 25만 원

1 한 시간 동안 하는 숙제의 양이 지훈이는 전체의 $\frac{1}{2}$이고, 연미는 전체의 $\frac{1}{3}$입니다. ➡ (지훈):(연미)$=\frac{1}{2}:\frac{1}{3}$

$\frac{1}{2}:\frac{1}{3}$의 전항과 후항에 6을 곱하면 3:2가 됩니다.

2 하루에 하는 일의 양이 정수는 전체의 $\frac{1}{15}$, 윤아는 전체의 $\frac{1}{20}$입니다. ➡ (정수):(윤아)$=\frac{1}{15}:\frac{1}{20}$

$\frac{1}{15}:\frac{1}{20}$의 전항과 후항에 60을 곱하면 4:3이 됩니다.

3 1분 동안 나오는 물의 양이 A는 전체의 $\frac{1}{8}$, B는 전체의 $\frac{1}{10}$입니다. ➡ A:B$=\frac{1}{8}:\frac{1}{10}$

$\frac{1}{8}:\frac{1}{10}$의 전항과 후항에 40을 곱하면 5:4가 됩니다.

4 □−8=△라 하면 6:15=△:25입니다.
➡ 6×25=15×△, 15×△=150, △=10
따라서 □−8=10, □=18입니다.

5 6+㉠=△라 하면 144 : 96=△ : 8입니다.
➡ $144\times8=96\times△$, $96\times△=1152$, △=12
따라서 6+㉠=12, ㉠=6입니다.

6 • ■−7=▲라 하면 ▲ : 5=40 : 50입니다.
➡ ▲×50=5×40, ▲×50=200, ▲=4
따라서 ■−7=4이므로 ■=11입니다.
• ●+1=★이라 하면 3 : 4=9 : ★입니다.
➡ 3×★=4×9, 3×★=36, ★=12
따라서 ●+1=12이므로 ●=11입니다.
➡ ■+●=11+11=22

7 ㉮$\times\frac{4}{7}$=㉯$\times\frac{1}{3}$에서 ㉮$\times\frac{4}{7}$를 외항의 곱, ㉯$\times\frac{1}{3}$을 내항의 곱으로 생각하여 비례식을 세우면
㉮ : ㉯=$\frac{1}{3}:\frac{4}{7}$입니다. $\frac{1}{3}:\frac{4}{7}$의 전항과 후항에 21을 곱하면 7 : 12가 됩니다.

8 ㉮×0.3=㉯×0.2 ➡ ㉮ : ㉯=0.2 : 0.3
0.2 : 0.3의 전항과 후항에 10을 곱하면 2 : 3이 됩니다.

9 ㉮×0.6=㉯$\times\frac{3}{7}$ ➡ ㉮ : ㉯=$\frac{3}{7}$: 0.6
후항 0.6을 분수로 바꾸면 $\frac{3}{5}$입니다.
$\frac{3}{7}:\frac{3}{5}$의 전항과 후항에 35를 곱하면 15 : 21이 됩니다.
15 : 21의 전항과 후항을 3으로 나누면 5 : 7이 됩니다.

10 (오이밭) : (가지밭)=$\frac{2}{3}:\frac{1}{2}$
$\frac{2}{3}:\frac{1}{2}$의 전항과 후항에 6을 곱하면 4 : 3이 됩니다.
(가지밭의 넓이)$=2800\times\frac{3}{4+3}=2800\times\frac{3}{7}$
$=1200\ (m^2)$

11 $1\frac{3}{5}$: 0.9의 전항 $1\frac{3}{5}$을 소수로 바꾸면 1.6입니다.
1.6 : 0.9의 전항과 후항에 10을 곱하면 16 : 9가 됩니다.
현태: $15000\times\frac{16}{16+9}=15000\times\frac{16}{25}=9600$(원)
민영: $15000\times\frac{9}{16+9}=15000\times\frac{9}{25}=5400$(원)

12 (우주) : (지후)=0.2 : 0.5
0.2 : 0.5의 전항과 후항에 10을 곱하면 2 : 5가 됩니다.
처음에 있던 사탕 수를 □개라 하면
$□\times\frac{2}{2+5}=24$, $□\times\frac{2}{7}=24$, $□=24\div\frac{2}{7}=84$입니다.

13 걸리는 시간을 □분이라 하고 비례식을 세우면
6 : 9=□ : 150입니다.
➡ 6×150=9×□, 9×□=900, □=100
100분은 1시간 40분입니다.

14 1시간 20분 동안 갈 수 있는 거리를 □km라 하고 비례식을 세우면 1시간 20분은 80분이므로
25 : 8=80 : □입니다.
➡ 25×□=8×80, 25×□=640, □=25.6

15 할아버지 댁에 가는 데 걸리는 시간을 □분이라 하고 비례식을 세우면 12 : 17=□ : 212.5입니다.
➡ 12×212.5=17×□, 17×□=2550, □=150
150분은 2시간 30분입니다.

16 세로를 □cm라 하고 비례식을 세우면 7 : 5=21 : □입니다.
➡ 7×□=5×21, 7×□=105, □=15
따라서 직사각형의 넓이는 $21\times15=315\ (cm^2)$입니다.

17 높이를 □cm라 하고 비례식을 세우면
4 : 3=12 : □입니다.
➡ 4×□=3×12, 4×□=36, □=9
따라서 삼각형의 넓이는 $12\times9\div2=54\ (cm^2)$입니다.

18 평행사변형의 높이를 □cm라 하면 평행사변형과 직사각형의 넓이의 비는 (12×□) : (㉠×□)입니다.
(12×□) : (㉠×□)의 전항과 후항을 □로 나누면
12 : ㉠이므로 12 : ㉠=4 : 5입니다.
➡ 12×5=㉠×4, ㉠×4=60, ㉠=15

19 안경을 쓴 학생 수와 반 전체 학생 수의 비는 25 : 100입니다. 반 전체 학생 수를 □명이라 하고 비례식을 세우면
25 : 100=10 : □입니다.
➡ 25×□=100×10, 25×□=1000, □=40

20 포도 맛 사탕 수와 전체 사탕 수의 비는 48 : 100입니다.
전체 사탕 수를 □개라 하고 비례식을 세우면
48 : 100=36 : □입니다.
➡ 48×□=100×36, 48×□=3600, □=75

21 혈액의 무게와 몸무게 전체의 비는 8 : 100이므로 혈액의 무게를 □kg이라 하고 비례식을 세우면
8 : 100=□ : 75입니다.
➡ 8×75=100×□, 100×□=600, □=6

22 (㉮의 톱니 수) : (㉯의 톱니 수)$=15:6$이므로
(㉮의 회전수) : (㉯의 회전수)$=6:15$입니다.
㉮가 10번 도는 동안 ㉯가 도는 횟수를 □번이라 하고 비례식을 세우면 $6:15=10:\square$입니다.
➡ $6\times\square=15\times10$, $6\times\square=150$, $\square=25$

다른 풀이
(㉮의 톱니 수)×(㉮의 회전수)
=(㉯의 톱니 수)×(㉯의 회전수)이므로
㉮가 10번 도는 동안 ㉯가 도는 횟수를 □번이라 하면
$15\times10=6\times\square$, $\square=25$입니다.

23 톱니 수의 비가 $A:B=36:28=9:7$이므로 회전수의 비는 $A:B=7:9$입니다.
B 톱니바퀴가 72번 도는 동안 A 톱니바퀴가 도는 횟수를 □번이라 하고 비례식을 세우면 $7:9=\square:72$입니다.
➡ $7\times72=9\times\square$, $9\times\square=504$, $\square=56$

24 회전수의 비가 ㉮ : ㉯$=4:3$이므로 톱니 수의 비는 ㉮ : ㉯$=3:4$입니다.
㉮의 톱니 수가 108개일 때 ㉯의 톱니 수를 □개라 하고 비례식을 세우면 $3:4=108:\square$입니다.
➡ $3\times\square=4\times108$, $3\times\square=432$, $\square=144$

25 50만 : 70만의 전항과 후항을 10만으로 나누면 $5:7$이 됩니다.
윤호: $144만\times\frac{5}{5+7}=144만\times\frac{5}{12}=60만$ (원)
성희: $144만\times\frac{7}{5+7}=144만\times\frac{7}{12}=84만$ (원)

26 (수빈) : (승현)$=5:3$으로 돈을 나누어 가지므로 돈을 적게 가지는 사람은 승현이고,
$96만\times\frac{3}{5+3}=96만\times\frac{3}{8}=36만$ (원)을 가집니다.

27 1시간 30분$=1\frac{30}{60}$시간$=1\frac{1}{2}$시간
(민호) : (은지)$=1\frac{1}{2}:1\frac{7}{20}=\frac{3}{2}:\frac{27}{20}$
$=30:27=10:9$
민호: $39900\times\frac{10}{10+9}=39900\times\frac{10}{19}=21000$(원)
은지: $39900\times\frac{9}{10+9}=39900\times\frac{9}{19}=18900$(원)
➡ $21000-18900=2100$(원)

28 처음 배의 수를 □개라 하면
$\square\times\frac{3}{3+4}=12$, $\square\times\frac{3}{7}=12$, $\square=12\div\frac{3}{7}=28$입니다.

29 직사각형 ㄱㄴㄹㅁ의 넓이를 $\square cm^2$라 하면
직사각형 ㄱㄴㄷㅂ과 직사각형 ㅂㄷㄹㅁ의 넓이의 비는 $5:7$이므로 $\square\times\frac{5}{5+7}=25$, $\square\times\frac{5}{12}=25$,
$\square=25\div\frac{5}{12}=60$입니다.

30 (세민) : (시원)$=40만:60만$
40만 : 60만의 전항과 후항을 20만으로 나누면 $2:3$이 됩니다.
총 이익금을 □원이라 하면
$\square\times\frac{2}{2+3}=10만$, $\square\times\frac{2}{5}=10만$,
$\square=10만\div\frac{2}{5}=25만$입니다.

수시 평가 대비 Level 1

119~121쪽

1	5, 9	**2**	(위에서부터) 3, 6
3	28, 28	**4**	예 10 : 15, 4 : 6
5	㉢	**6**	예 3 : 5
7	15	**8**	㉡, ㉢
9	예 4 : 5	**10**	㉠, ㉢
11	15	**12**	16개
13	7개	**14**	12 cm, 9 cm
15	6일		
16	예 $6:5=18:15$, $15:5=18:6$		
17	2시간 15분	**18**	24 cm
19	40	**20**	72개

1 비 $5:9$에서 ':' 앞에 있는 5를 전항, 뒤에 있는 9를 후항이라고 합니다.

2 $24:18$의 전항과 후항을 6으로 나누면 $4:3$이 됩니다.

3 외항의 곱: $2\times14=28$
내항의 곱: $7\times4=28$

4 $20:30$ ➡ $(20\div2):(30\div2)$ ➡ $10:15$
$20:30$ ➡ $(20\div5):(30\div5)$ ➡ $4:6$
$20:30$ ➡ $(20\div10):(30\div10)$ ➡ $2:3$

5 ㉢ 외항은 7과 27이고, 내항은 9와 21입니다.

6 $\frac{1}{5}:\frac{1}{3} \Rightarrow \left(\frac{1}{5}\times15\right):\left(\frac{1}{3}\times15\right) \Rightarrow 3:5$

7 전항을 □라 하면 □ : 18의 비율이 $\frac{5}{6}$이므로

$\frac{□}{18}=\frac{5}{6} \Rightarrow □=5\times3=15$입니다.

8 3 : 7의 비율은 $\frac{3}{7}$이므로 비율이 $\frac{3}{7}$인 비를 찾아봅니다.

비율이 ㉠ $\frac{7}{3}$, ㉡ $\frac{12}{28}\left(=\frac{3}{7}\right)$, ㉢ $\frac{6}{14}\left(=\frac{3}{7}\right)$,

㉣ $\frac{15}{21}\left(=\frac{5}{7}\right)$이므로 □ 안에 들어갈 수 있는 비는

㉡, ㉢입니다.

9 0.8 : 1의 전항과 후항에 10을 곱하면 8 : 10입니다.
8 : 10의 전항과 후항을 2로 나누면 4 : 5입니다.

10 ㉠ 4 : 5=16 : 20에서 외항의 곱은 $4\times20=80$, 내항의 곱은 $5\times16=80$이므로 비례식입니다.

㉡ $\frac{1}{2}:\frac{3}{5}=2:3$에서 외항의 곱은 $\frac{1}{2}\times3=\frac{3}{2}$, 내항의 곱은 $\frac{3}{5}\times2=\frac{6}{5}$이므로 비례식이 아닙니다.

㉢ 1.5 : 0.3=5 : 1에서 외항의 곱은 $1.5\times1=1.5$, 내항의 곱은 $0.3\times5=1.5$이므로 비례식입니다.

㉣ 12 : 18=3 : 4에서 외항의 곱은 $12\times4=48$, 내항의 곱은 $18\times3=54$이므로 비례식이 아닙니다.

11 비례식에서 외항의 곱과 내항의 곱은 같으므로
$5\times24=8\times□$, $8\times□=120$, $□=120\div8=15$입니다.

12 배구공 수를 □개라 하고 비례식을 세우면
3 : 2=24 : □입니다.
$\Rightarrow 3\times□=2\times24$, $3\times□=48$, $□=16$

13 1120원으로 살 수 있는 구슬 수를 □개라 하고 비례식을 세우면 4 : 640=□ : 1120입니다.
$\Rightarrow 4\times1120=640\times□$, $640\times□=4480$,
$□=4480\div640=7$

14 아리: $21\times\frac{4}{4+3}=21\times\frac{4}{7}=12$ (cm)

주승: $21\times\frac{3}{4+3}=21\times\frac{3}{7}=9$ (cm)

15 9월은 30일까지 있습니다.

책을 읽지 않은 날수: $30\times\frac{1}{4+1}=30\times\frac{1}{5}=6$(일)

16 6 : ㉠=㉡ : 15 또는 15 : ㉠=㉡ : 6으로 놓고 내항에 5와 18을 넣어 비례식을 세우면 6 : 5=18 : 15, 6 : 18=5 : 15, 15 : 5=18 : 6, 15 : 18=5 : 6입니다.

17 180 km를 가는 데 걸리는 시간을 □분이라 하고 비례식을 세우면 6 : 8=□ : 180입니다.
$6\times180=8\times□$, $8\times□=1080$,
$□=1080\div8=135$
따라서 180 km를 가는 데 걸리는 시간은
135분=2시간 15분입니다.

18 (가로) : (세로)$=\frac{3}{4}:\frac{5}{8}$

$\frac{3}{4}:\frac{5}{8}$의 전항과 후항에 8을 곱하면 6 : 5가 됩니다.
직사각형의 둘레가 88 cm이므로
(가로)+(세로)=44 cm입니다.

가로: $44\times\frac{6}{6+5}=44\times\frac{6}{11}=24$ (cm)

19 예 비례식에서 외항의 곱과 내항의 곱은 같습니다.
내항의 곱이 200이므로 외항의 곱도 200입니다.
$5\times㉡=200$, $㉡=200\div5=40$입니다.

평가 기준	배점
외항의 곱이 얼마인지 구했나요?	2점
㉡에 알맞은 수를 구했나요?	3점

20 예 전체 밤의 수를 □개라 하면

$□\times\frac{5}{4+5}=40$, $□\times\frac{5}{9}=40$,

$□=40\div\frac{5}{9}=40\times\frac{9}{5}=72$입니다.

따라서 두 사람이 나누어 가진 밤은 모두 72개입니다.

평가 기준	배점
전체 밤의 수를 □개라 하여 비례배분하는 식을 세웠나요?	2점
두 사람이 나누어 가진 밤은 모두 몇 개인지 구했나요?	3점

수시 평가 대비 Level 2

122~124쪽

1 4, 20 / 5, 16　**2** (1) 7, 28 (2) 6, 6
3 (1) 36, 28 (2) 66, 84　**4** ①
5 10 : 8=5 : 4 (또는 5 : 4=10 : 8)
6 예 25 : 29　**7** 4
8 20 cm, 25 cm　**9** ㉠

10	90 g	**11**	405 cm^2
12	예 13 : 17	**13**	15개, 48개
14	12자루, 18자루	**15**	9, 3, 7
16	오후 1시 42분	**17**	예 4 : 3
18	19분 30초	**19**	24 km
20	396 cm^2		

1 4 : 5 = 16 : 20 (외항: 4와 20, 내항: 5와 16)

2 (1) 비의 후항에 7을 곱했으므로 전항에도 7을 곱해야 합니다.
(2) 비의 후항을 6으로 나누었으므로 전항도 6으로 나누어야 합니다.

3 (1) $64\times\frac{9}{9+7}=64\times\frac{9}{16}=36$

$64\times\frac{7}{9+7}=64\times\frac{7}{16}=28$

(2) $150\times\frac{11}{11+14}=150\times\frac{11}{25}=66$

$150\times\frac{14}{11+14}=150\times\frac{14}{25}=84$

4 비의 전항과 후항을 0이 아닌 같은 수로 나누어도 비율은 같습니다.

5 비율을 알아보면 $10:8 \Rightarrow \frac{10}{8}\left(=\frac{5}{4}\right)$,

$4:6 \Rightarrow \frac{4}{6}\left(=\frac{2}{3}\right)$, $4:5 \Rightarrow \frac{4}{5}$, $5:4 \Rightarrow \frac{5}{4}$이므로

비율이 같은 두 비로 비례식을 세우면 10 : 8 = 5 : 4 또는 5 : 4 = 10 : 8입니다.

6 (밑변의 길이) : (높이) $=3\frac{3}{4}:4.35 \Rightarrow 3.75:4.35$

$3.75:4.35 \Rightarrow (3.75\times100):(4.35\times100)$

$\Rightarrow 375:435$

$\Rightarrow (375\div15):(435\div15)$

$\Rightarrow 25:29$

7 $\frac{2}{3}\times30=5\times\square$, $5\times\square=20$, $\square=4$

8 채은: $45\times\frac{4}{4+5}=45\times\frac{4}{9}=20\ (cm)$

범용: $45\times\frac{5}{4+5}=45\times\frac{5}{9}=25\ (cm)$

9 ㉠ $6\times\square=7\times42$, $6\times\square=294$, $\square=49$

㉡ $\frac{1}{5}\times10=0.4\times\square$, $0.4\times\square=2$, $\square=5$

㉢ $\square\times4=2.8\times7$, $\square\times4=19.6$, $\square=4.9$

10 설탕의 양을 □g이라 하고 비례식을 세우면 5 : 3 = 150 : □입니다.

$\Rightarrow 5\times\square=3\times150$, $5\times\square=450$, $\square=90$

11 (밑변의 길이) : (높이) = 5 : 9

밑변의 길이: $42\times\frac{5}{5+9}=42\times\frac{5}{14}=15\ (cm)$

높이: $42\times\frac{9}{5+9}=42\times\frac{9}{14}=27\ (cm)$

⇒ (평행사변형의 넓이) $=15\times27=405\ (cm^2)$

12 영란이가 □개 가졌다면 지환이는 (□−20)개 가졌으므로 □+□−20=150, □+□=170, □=85입니다.
따라서 영란이는 85개, 지환이는 65개 가졌습니다.
⇒ (지환) : (영란) = 65 : 85
65 : 85의 전항과 후항을 5로 나누면 13 : 17이 됩니다.

13 $\frac{1}{4}:\frac{4}{5}$의 전항과 후항에 20을 곱하면 5 : 16이 됩니다.

영진: $63\times\frac{5}{5+16}=63\times\frac{5}{21}=15$(개)

용태: $63\times\frac{16}{5+16}=63\times\frac{16}{21}=48$(개)

14 가 : 나 = 4 : 6
4 : 6의 전항과 후항을 2로 나누면 2 : 3이 됩니다.

가: $30\times\frac{2}{2+3}=30\times\frac{2}{5}=12$(자루)

나: $30\times\frac{3}{2+3}=30\times\frac{3}{5}=18$(자루)

15 ㉠ : 21 = ㉡ : ㉢이라 하면 내항의 곱이 63이므로 21 × ㉡ = 63, ㉡ = 3입니다.

비율이 $\frac{3}{7}$이므로 $\frac{㉠}{21}=\frac{3}{7}$에서 ㉠ = 9이고,

$\frac{3}{㉢}=\frac{3}{7}$에서 ㉢ = 7입니다.

16 한 시간에 3분씩 늦어지고, 오전 8시부터 오후 2시까지는 6시간입니다. 오후 2시까지 늦어지는 시간을 □분이라 하고 비례식을 세우면 1 : 3 = 6 : □입니다.
$\Rightarrow 1\times\square=3\times6$, $\square=18$
오후 2시에는 18분 늦어지므로 시계가 가리키는 시각은 오후 1시 42분입니다.

17 ㉮$\times\frac{3}{8}$=㉯$\times 0.5$ ➡ ㉮ : ㉯$=0.5:\frac{3}{8}$

전항 0.5를 분수로 바꾸면 $\frac{1}{2}$입니다.

$\frac{1}{2}:\frac{3}{8}$의 전항과 후항에 8을 곱하면 4 : 3이 됩니다.

18 물통에 물을 가득 채우는 데 걸리는 시간을 □분이라 하고 비례식을 세우면 물통의 높이가 65 cm이므로
6 : 20=□ : 65입니다.

➡ $6\times65=20\times$□, $20\times$□$=390$, □$=19\frac{1}{2}$

$19\frac{1}{2}$분$=19\frac{30}{60}$분이므로 19분 30초입니다.

19 예 1시간 30분=90분이므로 1시간 30분 동안 갈 수 있는 거리를 □km라 하고 비례식을 세우면
3 : 0.8=90 : □입니다.
따라서 $3\times$□$=0.8\times90$, $3\times$□$=72$, □$=24$이므로 24 km를 갈 수 있습니다.

평가 기준	배점
알맞은 비례식을 세웠나요?	2점
갈 수 있는 거리를 구했나요?	3점

20 예 (가로)+(세로)=90÷2=45 (cm)

가로: $45\times\frac{11}{11+4}=45\times\frac{11}{15}=33$ (cm)

세로: $45\times\frac{4}{11+4}=45\times\frac{4}{15}=12$ (cm)

➡ (직사각형의 넓이)$=33\times12=396$ (cm^2)

평가 기준	배점
가로와 세로를 각각 구했나요?	3점
직사각형의 넓이를 구했나요?	2점

5 원의 넓이

이 단원에서는 여러 원들의 지름과 둘레를 직접 비교해 보며 원의 지름과 둘레가 '일정한 비율'을 가지고 있음을 생각해 보고, 원 모양이 들어 있는 물체의 지름과 둘레를 재어서 원주율이 일정한 비율을 가지고 있다는 것을 발견하도록 합니다. 이를 통해 원주율을 알고, 원주율을 이용하여 원주, 지름, 반지름을 구해 보도록 합니다. 원의 넓이에서는 먼저 원 안에 있는 정사각형과 원 밖에 있는 정사각형의 넓이 및 단위넓이를 세기 활동을 통해 어림해 봅니다. 그리고 원을 분할하여 넓이를 구하는 방법을 다른 도형(직사각형, 삼각형)으로 만들어 원의 넓이를 구하는 방법으로 유도해 봄으로써 수학적 개념이 확장되는 과정을 이해하도록 합니다.

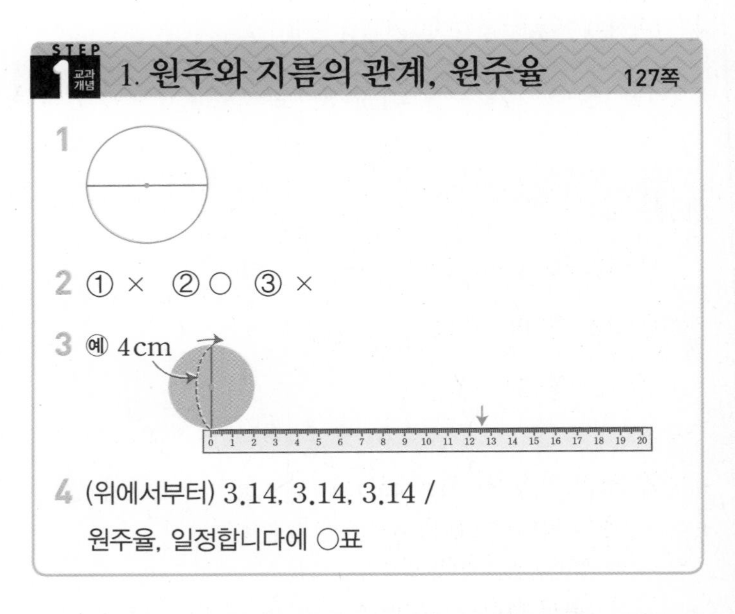

STEP 1 교과 개념
1. 원주와 지름의 관계, 원주율
127쪽
1
2 ① × ② ○ ③ ×
3 예 4cm
0 1 2 3 4 5 6 7 8 9 10 11 12 13 14 15 16 17 18 19 20
4 (위에서부터) 3.14, 3.14, 3.14 /
원주율, 일정합니다에 ○표

1 지름은 원 위의 두 점을 지나면서 원의 중심을 지나는 선분을 그립니다. 원주는 원의 둘레이므로 원의 둘레를 따라 그립니다.

2 ① 원의 중심 ㅇ을 지나는 선분 ㄱㄴ은 원의 지름입니다.
③ 원주는 원의 지름의 3배보다 크고 원의 지름의 4배보다 작습니다.

3 원주는 지름의 약 3.14배이므로 지름이 4 cm인 원의 원주는 약 $4\times3.14=12.56$ (cm)입니다. 따라서 자의 12.56 cm 위치와 가까운 곳에 표시하면 됩니다.

4 접시: $53.38 \div 17 = 3.14$
시계: $78.5 \div 25 = 3.14$
탬버린: $62.8 \div 20 = 3.14$

STEP 1 교과개념 2. 원주와 지름 구하기 129쪽

1 ① 15, 47.1 ② 8, 50.24

2 ① 7 ② 2

3 108.5 m

4 45 cm

2 ① (지름)=(원주)÷(원주율)$=21.98 \div 3.14 = 7$ (cm)
② (지름)=(원주)÷(원주율)$=12.56 \div 3.14 = 4$ (cm)
➡ (반지름)=(지름)÷$2 = 4 \div 2 = 2$ (cm)

3 (원주)=(지름)×(원주율)이므로
(호수의 둘레)$=35 \times 3.1 = 108.5$ (m)입니다.

4 (피자의 지름)=(원주)÷(원주율)
$=141.3 \div 3.14 = 45$ (cm)

STEP 1 교과개념 3. 원의 넓이 어림하기 131쪽

1 ① 40, 800 / 40, 1600 ② 800, 1600

2 ① 32 ② 60 ③ 32, 60

3 ① 72 ② 54 ③ 예 63

1 ② (원 안의 정사각형의 넓이)<(원의 넓이),
(원의 넓이)<(원 밖의 정사각형의 넓이)
➡ 800 cm^2<(원의 넓이),
(원의 넓이)<1600 cm^2

2 ③ (초록색 모눈의 넓이)<(원의 넓이),
(원의 넓이)<(빨간색 선 안쪽 모눈의 넓이)
➡ 32 cm^2<(원의 넓이), (원의 넓이)<60 cm^2

3 ① 원 밖의 정육각형에는 삼각형 ㄱㅇㄷ이 6개 있으므로
$12 \times 6 = 72$ (cm^2)입니다.
② 원 안의 정육각형에는 삼각형 ㄴㅇㄹ이 6개 있으므로
$9 \times 6 = 54$ (cm^2)입니다.
③ 54 cm^2<(원의 넓이)<72 cm^2이므로 원의 넓이는
63 cm^2로 어림할 수 있습니다.

STEP 1 교과개념 4. 원의 넓이 구하는 방법 알아보기, 여러 가지 원의 넓이 구하기 133쪽

1 (위에서부터) 원주, 원의 반지름 / 원주, 반지름

2 (위에서부터) 10, $10 \times 10 \times 3$, 300 / 9, $9 \times 9 \times 3$, 243

3 ① 49.6 cm^2 ② 151.9 cm^2

4 10, 5, 5, 100, 78.5, 21.5

1 원을 한없이 잘게 잘라 이어 붙이면 점점 직사각형에 가까워지는 도형이 됩니다. 이때 이 도형의 가로는
(원주)$\times \frac{1}{2}$과 같고, 세로는 원의 반지름과 같습니다.

2 (반지름)$=20 \div 2 = 10$ (cm)
➡ (원의 넓이)$=10 \times 10 \times 3 = 300$ (cm^2)
(반지름)$=18 \div 2 = 9$ (cm)
➡ (원의 넓이)$=9 \times 9 \times 3 = 243$ (cm^2)

3 ① $4 \times 4 \times 3.1 = 49.6$ (cm^2)
② (반지름)$=14 \div 2 = 7$ (cm)
➡ (원의 넓이)$=7 \times 7 \times 3.1 = 151.9$ (cm^2)

4 한 변의 길이가 10 cm인 정사각형의 넓이에서 반지름이 $10 \div 2 = 5$ (cm)인 원의 넓이를 뺍니다.

STEP 2 꼭 나오는 유형 134~140쪽

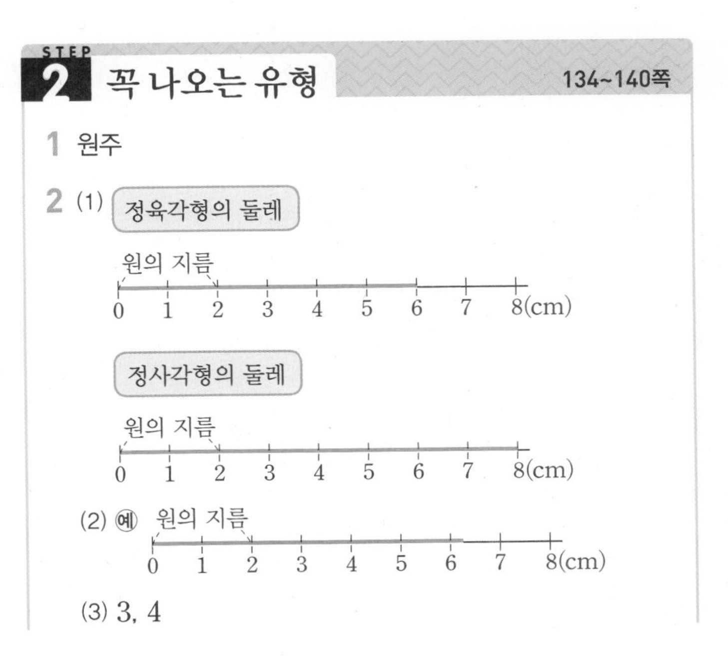

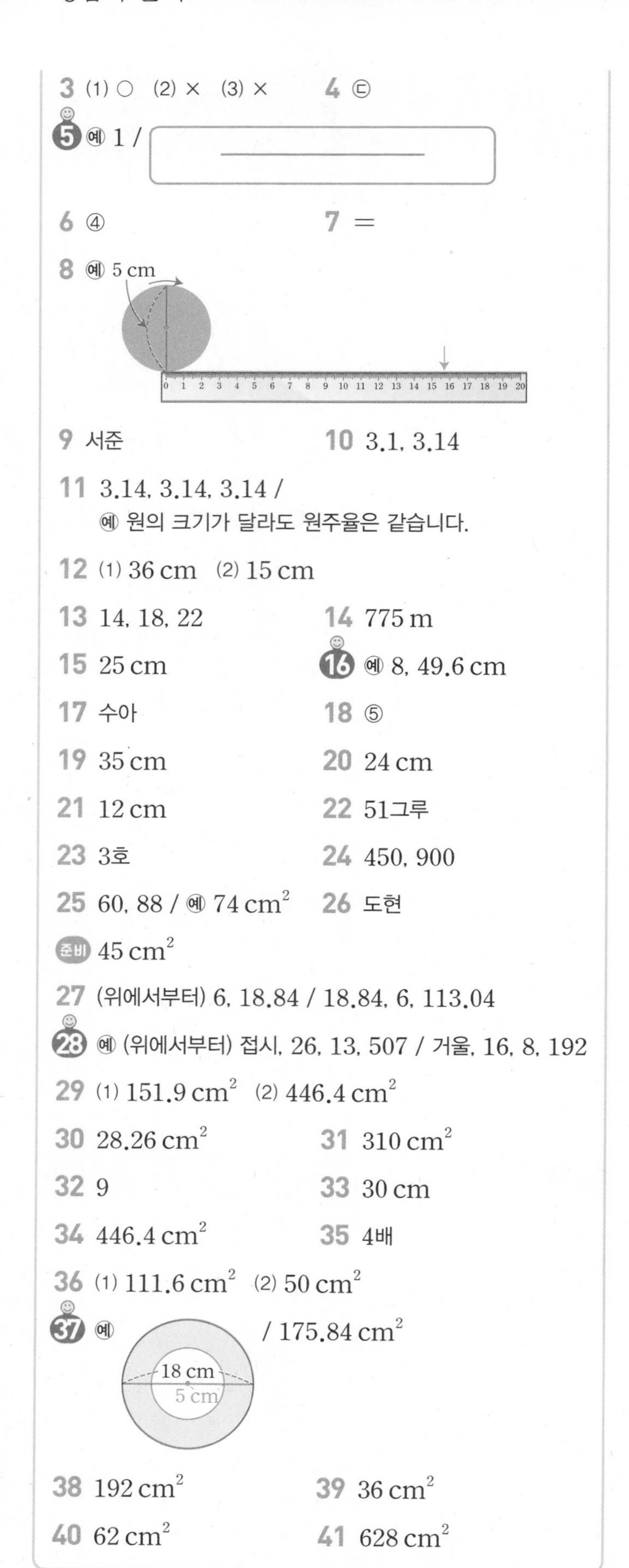

3 (1) ○ (2) × (3) ×　　**4** ㉢

5 예 1 /

6 ④　　**7** =

8 예

9 서준　　**10** 3.1, 3.14

11 3.14, 3.14, 3.14 /
예 원의 크기가 달라도 원주율은 같습니다.

12 (1) 36 cm (2) 15 cm

13 14, 18, 22　　**14** 775 m

15 25 cm　　**16** 예 8, 49.6 cm

17 수아　　**18** ⑤

19 35 cm　　**20** 24 cm

21 12 cm　　**22** 51그루

23 3호　　**24** 450, 900

25 60, 88 / 예 74 cm^2　　**26** 도현

준비 45 cm^2

27 (위에서부터) 6, 18.84 / 18.84, 6, 113.04

28 예 (위에서부터) 접시, 26, 13, 507 / 거울, 16, 8, 192

29 (1) 151.9 cm^2 (2) 446.4 cm^2

30 28.26 cm^2　　**31** 310 cm^2

32 9　　**33** 30 cm

34 446.4 cm^2　　**35** 4배

36 (1) 111.6 cm^2 (2) 50 cm^2

37 예 / 175.84 cm^2

38 192 cm^2　　**39** 36 cm^2

40 62 cm^2　　**41** 628 cm^2

1 원의 둘레를 원주라고 합니다.

2 (1) 정육각형의 한 변의 길이는 1 cm이므로 정육각형의 둘레는 $1\times6=6$ (cm)입니다.
정사각형의 한 변의 길이는 2 cm이므로 정사각형의 둘레는 $2\times4=8$ (cm)입니다.
(2) 한 변의 길이가 1 cm인 정육각형의 둘레보다 길고, 한 변의 길이가 2 cm인 정사각형의 둘레보다 짧으므로 6 cm보다 길고, 8 cm보다 짧게 그립니다.
(3) 원주는 지름의 3배보다 길고, 지름의 4배보다 짧으므로 (원의 지름)×3<(원주),
(원주)<(원의 지름)×4입니다.

3 (2) 원의 지름이 길어지면 원주도 길어집니다.
(3) 원주는 지름의 3배보다 길고 4배보다 짧습니다.

4 지름이 3 cm인 원의 원주는 지름의 3배인 9 cm보다 길고, 지름의 4배인 12 cm보다 짧으므로 원주와 가장 비슷한 길이는 ㉢입니다.

내가 만드는 문제

5 예 원의 지름을 1 cm로 정한다면 원의 원주는 지름의 3배인 3 cm보다 길고, 지름의 4배인 4 cm보다 짧은 선분으로 그립니다.

6 원의 지름에 대한 원주의 비율을 원주율이라고 합니다.
➡ (원주율)=(원주)÷(지름)

7 (가의 원주율)$=12.56\div4=3.14$
(나의 원주율)$=18.84\div6=3.14$
➡ (가의 원주율)=(나의 원주율)

8 원주는 지름의 약 3.14배이므로 지름이 5 cm인 원의 원주는 $5\times3.14=15.7$ (cm)입니다.
따라서 자의 15.7 cm 위치와 가까운 곳에 표시하면 됩니다.

9 지은: 원의 크기와 관계없이 지름에 대한 원주의 비율인 원주율은 일정합니다.

10 원주가 109.96 cm, 지름이 35 cm일 때 (원주)÷(지름)을 계산하면 $109.96\div35=3.141\cdots$입니다.
3.141…을 반올림하여 소수 첫째 자리까지 나타내면 3.1이고, 반올림하여 소수 둘째 자리까지 나타내면 3.14입니다.

11 한국 100원짜리 동전의 원주율: $75.36\div24=3.14$
호주 1달러짜리 동전의 원주율: $78.5\div25=3.14$
캐나다 2달러짜리 동전의 원주율: $87.92\div28=3.14$
세 동전의 원주율은 모두 3.14로 같습니다. 이를 통하여 원의 크기가 달라도 원주율은 같다는 것을 알 수 있습니다.

평가 기준
세 동전의 (원주)÷(지름)을 각각 계산하여 표를 완성했나요?
원주율에 대해 알 수 있는 것을 썼나요?

12 (1) (원주)=(지름)×(원주율)=$12\times3=36$ (cm)
(2) (원주)=(반지름)×2×(원주율)
=$2.5\times2\times3=15$ (cm)

13 (지름)=(원주)÷(원주율)이므로 $42\div3=14$ (cm), $55.8\div3.1=18$ (cm), $69.08\div3.14=22$ (cm)입니다.

14 예 대관람차를 타고 한 바퀴 움직인 거리는 지름이 250 m인 원의 원주와 같습니다.
따라서 대관람차를 타고 한 바퀴 움직인 거리는 $250\times3.1=775$ (m)입니다.

평가 기준
대관람차를 타고 한 바퀴 움직인 거리와 원주가 같음을 알고 있나요?
대관람차를 타고 한 바퀴 움직인 거리를 구했나요?

15 (반지름)=(원주)÷(원주율)÷2
=$157\div3.14\div2=25$ (cm)

내가 만드는 문제
16 예 실의 길이를 8 cm로 정한다면 실의 길이는 반지름이므로 그릴 수 있는 가장 큰 원의 원주는 $8\times2\times3.1=49.6$ (cm)입니다.

17 지름이 20 cm인 은지의 접시 원주는 $20\times3.1=62$ (cm)입니다. 수아의 접시 원주는 74.4 cm이므로 수아의 접시가 더 큽니다.

18 각 원의 지름을 비교해 봅니다.
① 6 cm ② 8 cm ③ $28.26\div3.14=9$ (cm)
④ 10 cm ⑤ $37.68\div3.14=12$ (cm)
지름이 길수록 큰 원이므로 가장 큰 원은 ⑤입니다.

19 예 상자 밑면의 한 변의 길이는 호두파이의 지름과 같거나 길어야 합니다.
(호두파이의 지름)=$108.5\div3.1=35$ (cm)이므로 상자 밑면의 한 변의 길이는 35 cm 이상이어야 합니다.

평가 기준
상자 밑면의 한 변의 길이가 지름과 같거나 길어야 함을 알고 있나요?
상자 밑면의 한 변의 길이는 몇 cm 이상이어야 하는지 구했나요?

20 (가 부분의 원주)=$38\times3=114$ (cm)
(나 부분의 원주)=$30\times3=90$ (cm)
따라서 원주의 차는 $114-90=24$ (cm)입니다.

21 (오른쪽 시계의 원주)=$50.24\times1.5=75.36$ (cm)
(오른쪽 시계의 반지름)=$75.36\div3.14\div2$
=$24\div2=12$ (cm)

22 (호수의 둘레)=$34\times3=102$ (m)이고 원 모양 호수의 둘레에 2 m 간격으로 나무를 심으므로
(심을 수 있는 나무의 수)=(간격의 수)
=$102\div2=51$(그루)입니다.

23 예 (케이크 윗면의 지름)=$65.1\div3.1=21$ (cm)
(1호 케이크 윗면의 지름)=15 cm
(2호 케이크 윗면의 지름)=$15+3=18$ (cm)
(3호 케이크 윗면의 지름)=$18+3=21$ (cm)
따라서 윗면의 둘레가 65.1 cm인 케이크는 3호입니다.

평가 기준
케이크 윗면의 지름이 몇 cm인지 구했나요?
윗면의 둘레가 65.1 cm인 케이크가 몇 호인지 구했나요?

24 (원 안의 정사각형의 넓이)=$30\times30\div2=450$ (cm^2)
(원 밖의 정사각형의 넓이)=$30\times30=900$ (cm^2)
➡ 450 cm^2<(원의 넓이), (원의 넓이)<900 cm^2

25 원 안에 있는 빨간색 모눈의 수: 60개
원 밖에 있는 초록색 선 안쪽 모눈의 수: 88개
➡ 60 cm^2<(원의 넓이), (원의 넓이)<88 cm^2
따라서 원의 넓이는 74 cm^{2}쯤 될 것 같습니다.

26 원 안에 있는 정육각형의 넓이보다 원의 넓이가 더 넓고, 원 밖에 있는 정육각형의 넓이보다 원의 넓이가 더 좁습니다.
(원 밖의 정육각형의 넓이)=$44\times6=264$ (cm^2)
(원 안의 정육각형의 넓이)=$33\times6=198$ (cm^2)
➡ 198 cm^2<(원의 넓이), (원의 넓이)<264 cm^2
따라서 원의 넓이를 바르게 어림한 사람은 도현입니다.

준비 (직사각형의 넓이)=(가로)×(세로)
=$9\times5=45$ (cm^2)

27 원을 한없이 잘게 잘라 이어 붙여서 만든 직사각형의 가로는 (원주)×$\frac{1}{2}$과 같고, 세로는 원의 반지름과 같습니다.
(가로)=$6\times2\times3.14\times\frac{1}{2}=18.84$ (cm)
(세로)=6 cm
➡ (원의 넓이)=(직사각형의 넓이)
=$18.84\times6=113.04$ (cm^2)

내가 만드는 문제
28 (반지름)=(지름)×$\frac{1}{2}$이고,
(원의 넓이)=(반지름)×(반지름)×(원주율)임을 이용하여 표를 완성합니다.
예 접시의 지름이 26 cm라면 반지름은 13 cm이고 (넓이)=$13\times13\times3=507$ (cm^2)입니다.
거울의 지름이 16 cm라면 반지름은 8 cm이고 (넓이)=$8\times8\times3=192$ (cm^2)입니다.

29 (1) (원의 넓이)=$7\times7\times3.1=151.9$ (cm^2)
(2) 반지름이 12 cm입니다.
(원의 넓이)=$12\times12\times3.1=446.4$ (cm^2)

30 예 컴퍼스의 침과 연필심 사이의 거리인 3 cm는 원의 반지름과 같습니다.
(그린 원의 넓이)$=3\times3\times3.14=28.26$ (cm^2)

평가 기준
컴퍼스를 벌려 그린 원의 반지름을 구했나요?
컴퍼스를 벌려 그린 원의 넓이를 구했나요?

31 정사각형 안에 들어갈 수 있는 가장 큰 원의 지름은 20 cm입니다. 따라서 가장 큰 원의 반지름은 10 cm이므로 원의 넓이는 $10\times10\times3.1=310$ (cm^2)입니다.

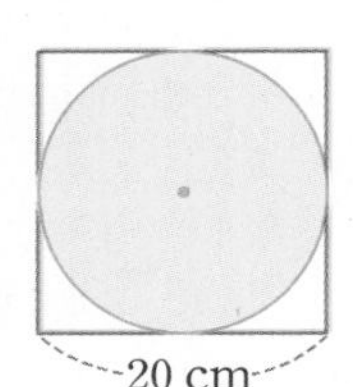

32 (원의 넓이)=(반지름)×(반지름)×3.14
$=254.34$ (cm^2)
➡ (반지름)×(반지름)$=254.34\div3.14=81$
$9\times9=81$이므로 (반지름)=9 cm입니다.

33 (원의 넓이)=(반지름)×(반지름)×3.1
$=697.5$ (cm^2)
➡ (반지름)×(반지름)$=697.5\div3.1=225$
$15\times15=225$이므로 (반지름)=15 cm입니다.
따라서 원의 지름은 $15\times2=30$ (cm)입니다.

34 원을 한없이 잘게 잘라 이어 붙여서 만든 직사각형의 가로는 (원주)$\times\frac{1}{2}$과 같으므로
(반지름)$\times2\times3.1\times\frac{1}{2}=37.2$ (cm),
(반지름)$\times3.1=37.2$ (cm)
➡ (반지름)$=37.2\div3.1=12$ (cm)
따라서 원의 넓이는 $12\times12\times3.1=446.4$ (cm^2)입니다.

35 예 (음료수 캔 바닥의 넓이)$=4\times4\times3=48$ (cm^2)
(통조림 캔 바닥의 넓이)$=8\times8\times3=192$ (cm^2)
따라서 통조림 캔 바닥의 넓이는 음료수 캔 바닥의 넓이의 $192\div48=4$(배)입니다.

평가 기준
음료수 캔과 통조림 캔 바닥의 넓이를 각각 구했나요?
통조림 캔 바닥의 넓이는 음료수 캔 바닥의 넓이의 몇 배인지 구했나요?

36 (1) 색칠한 부분의 넓이는 지름이 12 cm, 즉 반지름이 6 cm인 원의 넓이와 같습니다.
➡ (색칠한 부분의 넓이)$=6\times6\times3.1$
$=111.6$ (cm^2)
(2) 색칠한 부분의 넓이는 직사각형의 넓이와 같습니다.
➡ (색칠한 부분의 넓이)$=10\times5=50$ (cm^2)

내가 만드는 문제

37 지름을 18 cm보다 짧게 정해 주어진 원 안에 작은 원을 그리고 지름이 18 cm인 원의 넓이에서 그린 원의 넓이를 빼서 남는 부분의 넓이를 구합니다.
예 잘라 낸 원의 반지름을 5 cm라 하면
(남는 부분의 넓이)$=9\times9\times3.14-5\times5\times3.14$
$=254.34-78.5=175.84$ (cm^2)
입니다.

38 (오린 화선지의 넓이)
$=12\times12\times3\times\frac{1}{2}-4\times4\times3\times\frac{1}{2}$
$=216-24=192$ (cm^2)

39 (색칠한 부분의 넓이)
$=5\times5\times3-2\times2\times3-3\times3\times3$
$=75-12-27=36$ (cm^2)

40 가장 작은 원의 지름이 8 cm이므로 반지름은 4 cm이고 둘째로 큰 원의 반지름은 $4+2=6$ (cm)입니다.
(8점을 얻을 수 있는 부분의 넓이)
$=6\times6\times3.1-4\times4\times3.1$
$=111.6-49.6=62$ (cm^2)

41 예 오른쪽 그림과 같이 작은 반원을 옮기면 파란색으로 색칠한 부분은 반지름이 20 cm인 반원과 같습니다.

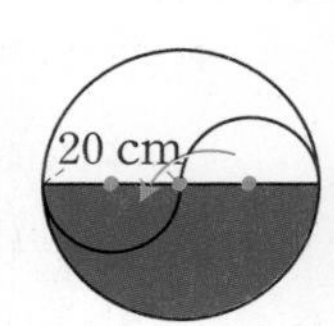

➡ (파란색으로 색칠한 부분의 넓이)
$=20\times20\times3.14\div2=628$ (cm^2)

평가 기준
작은 반원을 아래쪽으로 이동하였나요?
색칠한 부분의 넓이를 구했나요?

STEP 3 자주 틀리는 유형 141~142쪽

1 28.26 cm	**2** 120.9 cm^2
3 40.3 cm	**4** 768 cm^2
5 111.6 cm^2	**6** 235.5 cm^2
7 72 cm	**8** 69.08 cm
9 130.2 cm	**10** ㉡
11 ㉡, ㉠, ㉢	**12** ㉣, ㉡, ㉠, ㉢

1 (두 원의 원주의 합)$=3\times3.14+3\times2\times3.14$
$=9.42+18.84=28.26$ (cm)

2 (두 원의 넓이의 차)$=8\times8\times3.1-5\times5\times3.1$
$=198.4-77.5=120.9\,(cm^2)$

3 (가의 원주)$=5\times3.1=15.5\,(cm)$
(나의 원주)$=4\times2\times3.1=24.8\,(cm)$
➡ (사용한 철사의 길이)$=15.5+24.8=40.3\,(cm)$

4 반지름을 □cm라고 하면
$\square\times2\times3=96$, $\square=96\div3\div2=16$입니다.
➡ (원의 넓이)$=16\times16\times3=768\,(cm^2)$

5 (굴렁쇠의 반지름)$=37.2\div3.1\div2=6\,(cm)$
➡ (크기가 같은 원의 넓이)$=6\times6\times3.1$
$=111.6\,(cm^2)$

6 (원주가 31.4 cm인 원의 반지름)
$=31.4\div3.14\div2=5\,(cm)$
(원주가 62.8 cm인 원의 반지름)
$=62.8\div3.14\div2=10\,(cm)$
➡ (두 원의 넓이의 차)
$=10\times10\times3.14-5\times5\times3.14$
$=314-78.5=235.5\,(cm^2)$

7 (원의 넓이)=(반지름)×(반지름)$\times3=432\,(cm^2)$
➡ (반지름)×(반지름)$=432\div3=144$
$12\times12=144$이므로 (반지름)=12 cm입니다.
(원주)$=12\times2\times3=72\,(cm)$

8 (원의 넓이)=(반지름)×(반지름)$\times3.14$
$=379.94\,(cm^2)$
➡ (반지름)×(반지름)$=379.94\div3.14=121$
$11\times11=121$이므로 (반지름)=11 cm입니다.
(원주)$=11\times2\times3.14=69.08\,(cm)$

9 (원의 넓이)=(반지름)×(반지름)$\times3.1$
$=151.9\,(cm^2)$
➡ (반지름)×(반지름)$=151.9\div3.1=49$
$7\times7=49$이므로 (반지름)=7 cm입니다.
(시계가 굴러간 거리)=(시계의 원주)×3
$=7\times2\times3.1\times3=130.2\,(cm)$

10 두 원의 넓이를 비교해 봅니다.
(원 ㉡의 반지름)$=72\div3\div2=12\,(cm)$
(원 ㉡의 넓이)$=12\times12\times3=432\,(cm^2)$
$507>432$이므로 넓이가 더 좁은 원은 ㉡입니다.

11 각 원의 넓이를 비교해 봅니다.
㉠ $10\times10\times3.14=314\,(cm^2)$
㉢ $9\times9\times3.14=254.34\,(cm^2)$
따라서 넓이가 넓은 원부터 차례로 기호를 쓰면 ㉡, ㉠, ㉢입니다.

12 각 접시의 넓이를 비교해 봅니다.
㉠ $7\times7\times3.14=153.86\,(cm^2)$
㉡ $8\times8\times3.14=200.96\,(cm^2)$
㉢ (반지름)$=31.4\div3.14\div2=5\,(cm)$
(넓이)$=5\times5\times3.14=78.5\,(cm^2)$
따라서 넓이가 넓은 접시부터 차례로 기호를 쓰면 ㉣, ㉡, ㉠, ㉢입니다.

STEP 4 최상위 도전 유형 143~146쪽

1	4바퀴	2	12바퀴
3	15바퀴	4	원 모양 피자
5	정사각형 모양 케이크	6	가 와플
7	99.2 cm	8	173.6 cm
9	16 cm	10	113.6 cm
11	102 cm	12	84 cm
13	$44.1\,cm^2$	14	$37.5\,cm^2$
15	$72\,cm^2$	16	$128\,cm^2$
17	$82.26\,cm^2$	18	$288\,cm^2$
19	168 cm	20	73 cm
21	123 cm	22	107.1 m
23	$3200\,m^2$	24	64 m

1 (훌라후프의 둘레)$=50\times3.14=157\,(cm)$
(굴린 횟수)$=628\div157=4$(바퀴)

2 (굴렁쇠의 둘레)$=35\times3=105\,(cm)$
(굴린 횟수)$=1260\div105=12$(바퀴)

3 (자전거 바퀴의 둘레)$=38\times3.1=117.8\,(cm)$
17 m 67 cm=1767 cm
(굴린 횟수)$=1767\div117.8=15$(바퀴)

4 두 피자 중 넓이가 더 넓은 피자를 선택하는 것이 더 이득입니다.
(정사각형 모양 피자의 넓이)$=16\times16=256\,(cm^2)$
(원 모양 피자의 넓이)$=10\times10\times3=300\,(cm^2)$
$256<300$으로 원 모양 피자가 더 넓으므로 원 모양 피자를 선택해야 더 이득입니다.

5 두 케이크 중 넓이가 더 넓은 케이크를 선택하는 것이 더 이득입니다.

(정사각형 모양 케이크의 넓이)$=32\times32\div2$
$=512\,(\text{cm}^2)$

(원 모양 케이크의 넓이)$=13\times13\times3$
$=507\,(\text{cm}^2)$

$512>507$로 정사각형 모양 케이크가 더 넓으므로 정사각형 모양 케이크를 선택해야 더 이득입니다.

6 (가 와플의 넓이)$=15\times15\times3.14=706.5\,(\text{cm}^2)$

➡ ($1\,\text{cm}^2$의 가격)$=5000\div706.5$
$=7.0\cdots\rightarrow$ 약 7원

(나 와플의 넓이)$=10\times10\times3.14=314\,(\text{cm}^2)$

➡ ($1\,\text{cm}^2$의 가격)$=4000\div314$
$=12.7\cdots\rightarrow$ 약 13원

따라서 $1\,\text{cm}^2$의 가격이 더 싼 가 와플을 사는 것이 더 이득입니다.

7

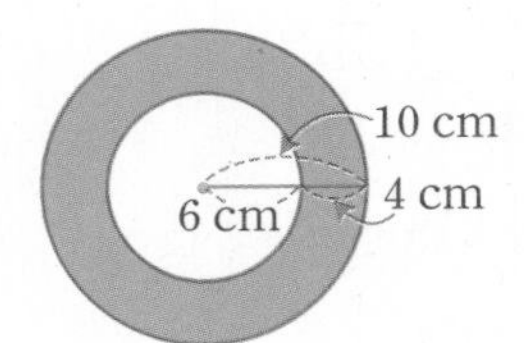

(색칠한 부분의 둘레)
=(큰 원의 원주)+(작은 원의 원주)
$=20\times3.1+12\times3.1$
$=62+37.2=99.2\,(\text{cm})$

8

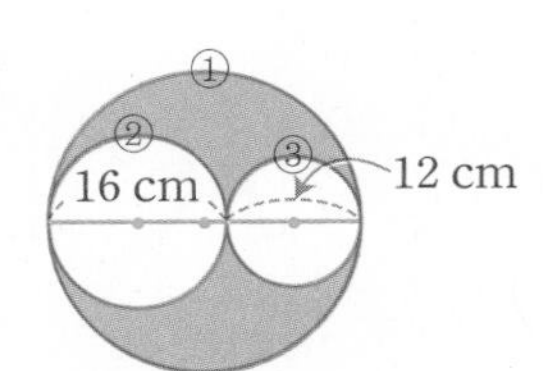

(색칠한 부분의 둘레)
=①+②+③
$=28\times3.1+16\times3.1+12\times3.1$
$=86.8+49.6+37.2=173.6\,(\text{cm})$

9

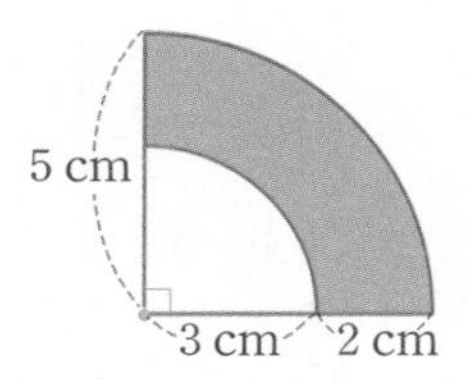

(색칠한 부분의 둘레)
$=5\times2\times3\times\frac{1}{4}+3\times2\times3\times\frac{1}{4}+(5-3)\times2$
$=7.5+4.5+4=16\,(\text{cm})$

10 4개의 곡선 부분의 길이의 합은 지름이 16 cm인 원의 원주와 같습니다.

(색칠한 부분의 둘레)
=(지름이 16 cm인 원의 원주)+(정사각형의 둘레)
$=16\times3.1+16\times4=49.6+64=113.6\,(\text{cm})$

11 (색칠한 부분의 둘레)
$=20\times2+$(지름이 20 cm인 원의 원주)$\times\frac{1}{2}\times2$
$=20\times2+20\times3.1\times\frac{1}{2}\times2$
$=40+62=102\,(\text{cm})$

12 (색칠한 부분의 둘레)
=(지름이 30 cm인 원의 원주)$\times\frac{1}{2}+12$
+(지름이 18 cm인 원의 원주)$\times\frac{1}{2}$
$=30\times3\times\frac{1}{2}+12+18\times3\times\frac{1}{2}$
$=45+12+27=84\,(\text{cm})$

13 (색칠한 부분의 넓이)$=14\times14-7\times7\times3.1$
$=196-151.9=44.1\,(\text{cm}^2)$

14 (색칠한 부분의 넓이)=

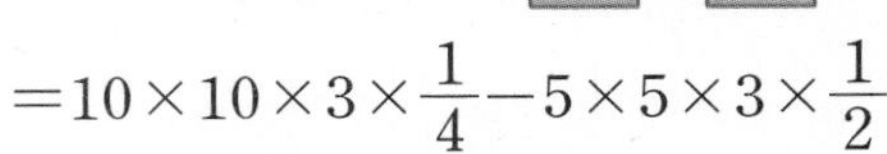

$=10\times10\times3\times\frac{1}{4}-5\times5\times3\times\frac{1}{2}$
$=75-37.5=37.5\,(\text{cm}^2)$

15 (색칠한 부분의 넓이)$=(\quad-\quad)\times2$
$=\left(12\times12-12\times12\times3\times\frac{1}{4}\right)\times2$
$=(144-108)\times2=36\times2=72\,(\text{cm}^2)$

16

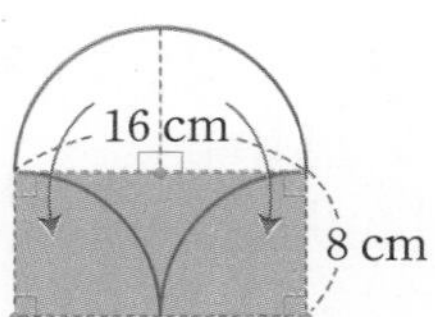

위와 같이 반원을 두 부분으로 나누어 옮기면 그린 은행잎의 넓이는 가로 16 cm, 세로 8 cm인 직사각형의 넓이와 같습니다.

➡ (그린 은행잎의 넓이)$=16\times8=128\,(\text{cm}^2)$

17

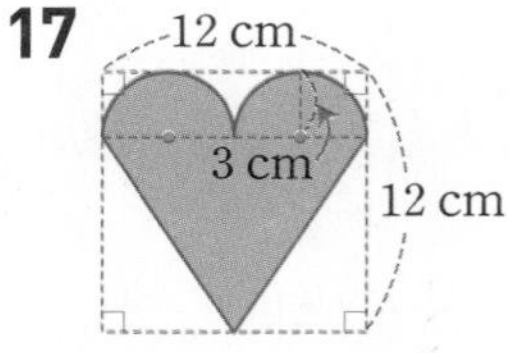

(반원의 반지름)$=12\div2\div2=3\,(\text{cm})$

이등변삼각형의 밑변은 12 cm이고 높이는 $12-3=9$ (cm)입니다.

➡ (하트 모양의 넓이)

$=3\times3\times3.14\times\frac{1}{2}\times2+12\times9\div2$

$=28.26+54=82.26\ (\mathrm{cm}^2)$

18 (색칠한 반원의 반지름)

$=$(가장 큰 반원의 지름)$\times\frac{1}{3}$이므로

(색칠한 반원의 지름)$=$(가장 큰 반원의 지름)$\times\frac{2}{3}$,

(가장 작은 반원의 지름)

$=$(가장 큰 반원의 지름)$\times\frac{1}{3}=8$ (cm)이므로

(가장 큰 반원의 지름)$=24$ cm,

(색칠한 반원의 반지름)$=8$ cm입니다.

➡ (색칠한 부분의 넓이)

$=12\times12\times3\times\frac{1}{2}+8\times8\times3\times\frac{1}{2}$

$-4\times4\times3\times\frac{1}{2}$

$=216+96-24=288\ (\mathrm{cm}^2)$

19

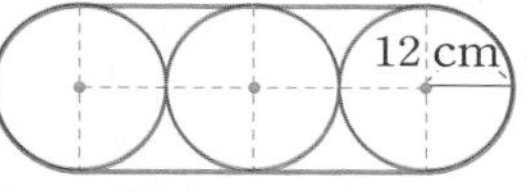

(끈의 길이)$=$(곡선 부분의 길이)$+$(직선 부분의 길이)

$=12\times2\times3+12\times4\times2$

$=72+96=168$ (cm)

20

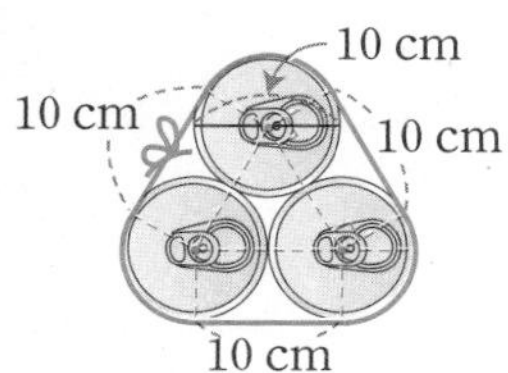

(끈의 길이)$=10\times3.1+10\times3+12$

$=31+30+12=73$ (cm)

21

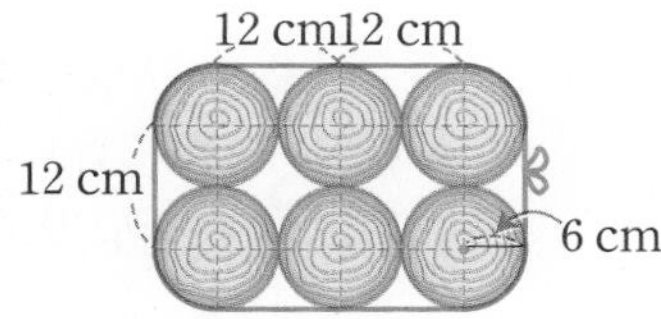

(끈의 길이)$=6\times2\times3+12\times6+15$

$=36+72+15=123$ (cm)

22 곡선 부분의 길이는 지름이 15 m인 원의 원주와 같으므로 $15\times3.14=47.1$ (m)입니다.

(운동장의 둘레)$=$(곡선 부분)$+$(직선 부분)

$=47.1+30\times2=107.1$ (m)

23 (트랙의 넓이)

$=$(가로 100 m, 세로 10 m인 직사각형의 넓이)$\times2$

$+$(지름이 50 m인 원의 넓이)

$-$(지름이 30 m인 원의 넓이)

$=100\times10\times2+25\times25\times3-15\times15\times3$

$=2000+1875-675=3200\ (\mathrm{m}^2)$

24 선분 ㄴㄷ의 길이를 □m라고 하면

$24\times3+$□$\times2=200$, □$\times2=200-72=128$,

□$=128\div2=64$입니다.

수시 평가 대비 Level ❶ 147~149쪽

1	3.14배	**2**	3, 3, 3.1, 27.9
3	㉠, ㉢	**4**	원주율에 ○표
5	144, 192	**6**	12.4 cm, 4 cm
7	45 cm	**8**	78.5 cm^2
9	376.8 m	**10**	22 cm
11	54 cm	**12**	8
13	251.1 cm^2	**14**	㉢, ㉠, ㉡, ㉣
15	510 m	**16**	30.6 cm
17	628 cm^2	**18**	87.92 cm
19	165 cm	**20**	79.2 cm^2

1 $31.4\div10=3.14$(배)

2 (원의 넓이)$=$(반지름)$\times$(반지름)$\times$(원주율)

3 ㉡ 원의 지름이 길어져도 원주율은 변하지 않습니다.
㉣ 원주율을 반올림하여 소수 첫째 자리까지 나타내면 3.1입니다.

4 원의 크기와 상관없이 원주율은 일정합니다.

5 원의 넓이는 원 안에 있는 정육각형의 넓이보다 넓고, 원 밖에 있는 정육각형의 넓이보다 좁습니다.

(원 안의 정육각형의 넓이)$=24\times6=144\ (\mathrm{cm}^2)$

(원 밖의 정육각형의 넓이)$=32\times6=192\ (\mathrm{cm}^2)$

6 ㉠$=$(원주)$\times\frac{1}{2}=4\times2\times3.1\times\frac{1}{2}=12.4$ (cm)
㉡$=$(원의 반지름)$=4$ cm

7 $15\times3=45$ (cm)

8 (원의 반지름)$=10\div2=5$ (cm)
(원의 넓이)$=5\times5\times3.14=78.5$ (cm^2)

9 (호수의 둘레)$=30\times2\times3.14=188.4$ (m)
(세영이가 걸은 거리)$=188.4\times2=376.8$ (m)

10 (원주)$=$(지름)$\times$(원주율)
➡ (지름)$=68.2\div3.1=22$ (cm)

11 (큰 원의 원주)$=16\times2\times3=96$ (cm)
(작은 원의 원주)$=7\times2\times3=42$ (cm)
➡ (원주의 차)$=96-42=54$ (cm)

12 $\square\times\square\times3=192$, $\square\times\square=64$, $8\times8=64$이므로 $\square=8$입니다.

13 한 변이 18 cm인 정사각형 안에 들어갈 수 있는 가장 큰 원의 지름은 18 cm이고, 반지름은 $18\div2=9$ (cm)입니다.
18 cm
(원의 넓이)$=9\times9\times3.1=251.1$ (cm^2)

14 지름이 길수록 원의 넓이가 넓으므로 지름을 구하여 비교합니다.
㉠ (지름)$=6$ cm
㉡ (지름)$=15.7\div3.14=5$ (cm)
㉢ (지름)$=4\times2=8$ (cm)
㉣ (반지름)$\times$(반지름)$=12.56\div3.14=4$ (cm), $2\times2=4$이므로 (반지름)$=2$ cm입니다.
➡ (지름)$=2\times2=4$ (cm)

15 양쪽 반원 부분을 붙이면 지름이 70 m인 원과 같습니다.
(운동장의 둘레)$=70\times3+150\times2$
$=210+300=510$ (m)

16 색칠하지 않은 부분을 붙이면 반지름이 6 cm인 반원과 같습니다.
(색칠한 부분의 둘레)$=6\times2\times3.1\times\frac{1}{2}+6\times2$
$=18.6+12=30.6$ (cm)

17 색칠하지 않은 부분을 붙이면 지름이 20 cm인 원 2개와 같습니다.
(색칠한 부분의 넓이)
$=20\times20\times3.14-10\times10\times3.14\times2$
$=1256-628=628$ (cm^2)

18 원의 반지름을 $\square$cm라 하면
$\square\times\square\times3.14=615.44$, $\square\times\square=196$,
$14\times14=196$이므로 $\square=14$입니다.
(반지름이 14 cm인 원의 원주)$=14\times2\times3.14$
$=87.92$ (cm)

19 예 (가 굴렁쇠가 5바퀴 굴러간 거리)
$=33\times3\times5=495$ (cm)
(나 굴렁쇠가 5바퀴 굴러간 거리)
$=44\times3\times5=660$ (cm)
따라서 나 굴렁쇠는 가 굴렁쇠보다
$660-495=165$ (cm) 더 갔습니다.

평가 기준	배점
가 굴렁쇠가 5바퀴 굴러간 거리를 구했나요?	2점
나 굴렁쇠가 5바퀴 굴러간 거리를 구했나요?	2점
나 굴렁쇠가 가 굴렁쇠보다 몇 cm 더 갔는지 구했나요?	1점

20
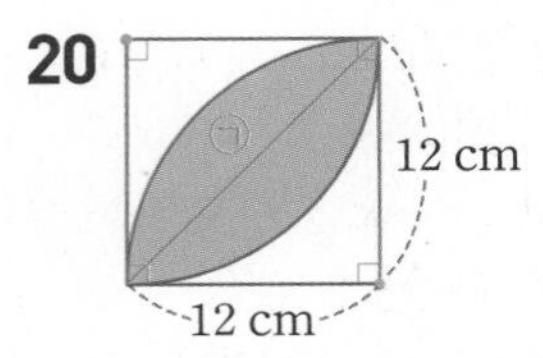

예 색칠한 부분을 반으로 나누어 구합니다.
(색칠한 부분의 넓이)
$=$(㉠의 넓이)$\times2$
$=\left(12\times12\times3.1\times\frac{1}{4}-12\times12\div2\right)\times2$
$=(111.6-72)\times2=39.6\times2=79.2$ (cm^2)

평가 기준	배점
색칠한 부분의 넓이를 구하는 식을 알맞게 세웠나요?	3점
색칠한 부분의 넓이를 구했나요?	2점

수시 평가 대비 Level 2

150~152쪽

1 ②
2 3, 4
3 7, 3.1 / 21.7
4 50, 100
5 (위에서부터) 17, 53.38
6 192 cm^2
7 87.92 cm
8 60 cm
9 3140 cm
10 123 cm^2

11 22 cm	**12** ㉠, ㉢, ㉡
13 314 cm^2	**14** 697.5 cm^2
15 25.7 cm	**16** 진수, 3.1 cm
17 44.56 cm	**18** 148.8 cm^2
19 18 cm	**20** 6040 m^2

1 ② 원의 지름에 대한 원주의 비율을 원주율이라고 합니다.

3 (원주)=(지름)×(원주율)=7×3.1=21.7 (cm)

4 (원 안의 정사각형의 넓이)=10×10÷2=50 (cm^2)
(원 밖의 정사각형의 넓이)=10×10=100 (cm^2)
➡ 50 cm^2<(원의 넓이), (원의 넓이)<100 cm^2

5 원을 한없이 잘게 잘라 이어 붙여서 만든 직사각형의 가로는 (원주)×$\frac{1}{2}$과 같고, 세로는 원의 반지름과 같습니다.
(가로)=17×2×3.14×$\frac{1}{2}$=53.38 (cm)
(세로)=17 cm

6 (반지름)=16÷2=8 (cm)
(원의 넓이)=(반지름)×(반지름)×(원주율)
=8×8×3=192 (cm^2)

7 한쪽 날개의 길이가 14 cm이므로 날개가 돌 때 생기는 원의 반지름은 14 cm입니다.
따라서 원주는 14×2×3.14=87.92 (cm)입니다.

8 (지름)=(원주)÷(원주율)=186÷3.1=60 (cm)

9 (지름)=20×2=40 (cm)
(움직인 거리)=40×3.14×25=3140 (cm)

10 (가의 넓이)=4×4×3=48 (cm^2)
(나의 넓이)=5×5×3=75 (cm^2)
➡ 48+75=123 (cm^2)

11 (원의 넓이)=(반지름)×(반지름)×3=363 (cm^2)
➡ (반지름)×(반지름)=363÷3=121
11×11=121이므로 (반지름)=11 cm입니다.
따라서 원의 지름은 11×2=22 (cm)입니다.

12 원의 지름이 짧을수록 원의 크기가 작으므로 각 원의 지름을 비교해 봅니다.
㉠ 62÷3.1=20 (cm)
㉡ 14×2=28 (cm)
㉢ 74.4÷3.1=24 (cm)
따라서 원의 크기가 작은 것부터 차례로 기호를 쓰면 ㉠, ㉢, ㉡입니다.

13 지름을 □cm라고 하면
□×3.14=62.8, □=20입니다.
(반지름)=20÷2=10 (cm)
(넓이)=10×10×3.14=314 (cm^2)

14 만들 수 있는 가장 큰 원의 지름은 30 cm입니다.
(만들 수 있는 가장 큰 원의 반지름)
=30÷2=15 (cm)
(만들 수 있는 가장 큰 원의 넓이)
=15×15×3.1=697.5 (cm^2)

15 (색칠한 부분의 둘레)
=5×2+(지름이 10 cm인 원의 원주)×$\frac{1}{2}$
=10+10×3.14×$\frac{1}{2}$
=10+15.7=25.7 (cm)

16 (상미가 그린 원의 원주)
=5×3.1=15.5 (cm)
진수가 그린 원의 반지름을 □cm라고 하면
□×□×3.1=27.9, □×□=9, □=3이므로
(진수가 그린 원의 원주)=3×2×3.1=18.6 (cm)입니다.
따라서 진수가 그린 원의 원주가
18.6−15.5=3.1 (cm) 더 깁니다.

17 (빈대떡의 둘레)=16×2×3.14=100.48 (cm)
빈대떡을 8조각으로 나누었으므로
(빈대떡 한 조각의 둘레)
=(빈대떡의 둘레)÷8+(빈대떡의 반지름)×2
=100.48÷8+16×2
=12.56+32=44.56 (cm)입니다.

18 (가장 큰 원의 반지름)=(12+8)÷2=10 (cm)
(색칠한 부분의 넓이)
=(가장 큰 원의 넓이)−(중간 원의 넓이)
−(가장 작은 원의 넓이)
=10×10×3.1−6×6×3.1−4×4×3.1
=310−111.6−49.6=148.8 (cm^2)

19 ⓔ (큰 원의 반지름)$=75.36\div3.14\div2=12$ (cm)

작은 원의 반지름은 큰 원의 반지름의 $\frac{1}{2}$과 같으므로

$12\times\frac{1}{2}=6$ (cm)입니다.

따라서 큰 원과 작은 원의 반지름의 합은

$12+6=18$ (cm)입니다.

평가 기준	배점
큰 원과 작은 원의 반지름을 각각 구했나요?	3점
큰 원과 작은 원의 반지름의 합을 구했나요?	2점

20 ⓔ (공원의 넓이)

=(가로 120 m, 세로 40 m인 직사각형의 넓이)

+(지름이 40 m인 원의 넓이)

$=120\times40+20\times20\times3.1$

$=4800+1240=6040$ (m^2)

평가 기준	배점
공원의 넓이를 구하는 식을 세웠나요?	2점
공원의 넓이는 몇 m^2인지 구했나요?	3점

6 원기둥, 원뿔, 구

이 단원에서는 원기둥의 구성 요소와 성질을 알아보며 조작 활동을 통해 원기둥의 전개도를 이해하고 그려 보는 활동을 전개합니다. 또한 앞서 학습한 입체도형 구체물과 원뿔, 구 모양의 구체물을 분류하는 활동을 통해 원뿔과 구를 이해하고 원뿔과 구 모형을 관찰하고 조작하는 활동을 통해 구성 요소와 성질을 탐색합니다. 이후 원기둥, 원뿔, 구 모형을 이용하여 건축물을 만들어 보는 활동을 통해 공간 감각을 형성합니다. 이 단원에서 학습하는 원기둥, 원뿔, 구에 대한 개념은 이후 중학교의 입체도형의 성질에서 회전체와 입체도형의 겉넓이와 부피 학습과 직접적으로 연계되므로 원기둥, 원뿔, 구의 개념 및 성질과 원기둥의 전개도에 대한 정확한 이해를 바탕으로 원기둥, 원뿔, 구의 공통점과 차이점을 파악할 수 있어야 합니다.

1 원기둥은 위와 아래에 있는 면이 서로 평행하고 합동인 기둥 모양의 입체도형입니다.

3 서로 평행하고 합동인 두 면을 찾습니다.

STEP 1 교과개념 2. 원기둥의 전개도 알아보기 157쪽

1 ① 원, 직사각형 ② 2, 1

2 ①, ②

3

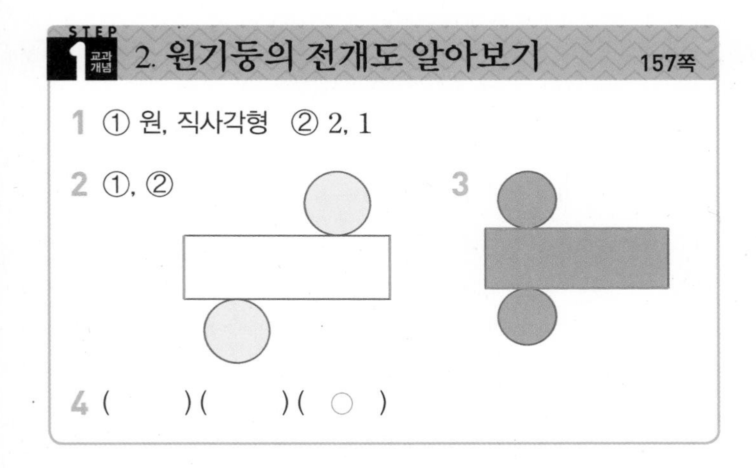

4 (　　)(　　)(○)

2 원기둥의 두 밑면의 모양은 원이고, 원기둥의 높이와 같은 것은 옆면의 세로입니다.

3 원기둥의 전개도에서 옆면인 직사각형의 가로는 밑면의 둘레와 같습니다.

4 • 첫 번째: 두 밑면이 합동이 아닙니다.
• 두 번째: 옆면의 모양이 직사각형이 아닙니다.

STEP 1 교과개념 3. 원뿔 알아보기 159쪽

1 ②, ④

2

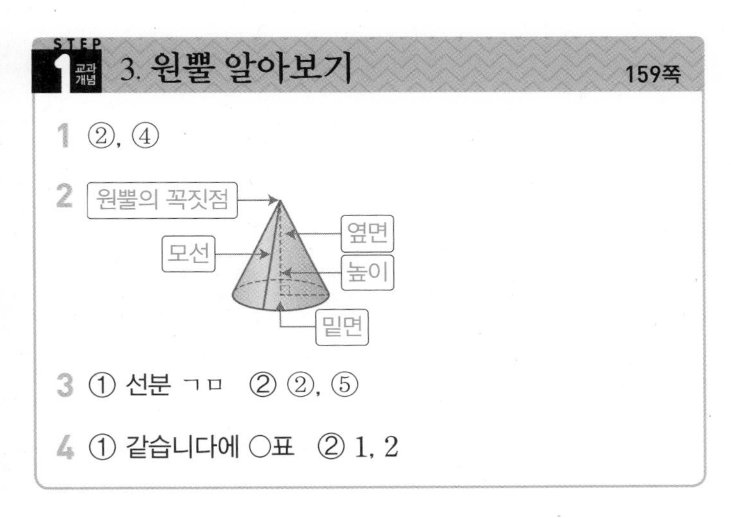

3 ① 선분 ㄱㅁ ② ②, ⑤

4 ① 같습니다에 ○표 ② 1, 2

1 원뿔은 평평한 면이 원이고 옆면이 굽은 면인 뿔 모양의 입체도형입니다.

2 • 옆면: 옆을 둘러싼 굽은 면
• 원뿔의 꼭짓점: 뾰족한 부분의 점
• 밑면: 평평한 면
• 모선: 원뿔의 꼭짓점과 밑면인 원의 둘레의 한 점을 이은 선분
• 높이: 원뿔의 꼭짓점에서 밑면에 수직인 선분의 길이

3 ① 원뿔의 꼭짓점에서 밑면에 수직인 선분은 선분 ㄱㅁ입니다.
② 원뿔의 꼭짓점과 밑면인 원의 둘레의 한 점을 이은 선분은 선분 ㄱㄴ, 선분 ㄱㄷ, 선분 ㄱㄹ입니다.

4 원뿔과 원기둥은 밑면의 모양이 원으로 같지만 밑면의 수가 다릅니다.

STEP 1 교과개념 4. 구 알아보기 161쪽

1 (앞에서부터) 구의 중심, 구의 반지름

2 (　　)(　　)(○)

3 ① × ② ○

4 풀이 참조

2 반원 모양의 종이를 지름을 기준으로 돌리면 구가 만들어집니다.

3 ① 구의 반지름은 무수히 많습니다.

4

입체도형	위에서 본 모양	앞에서 본 모양	옆에서 본 모양

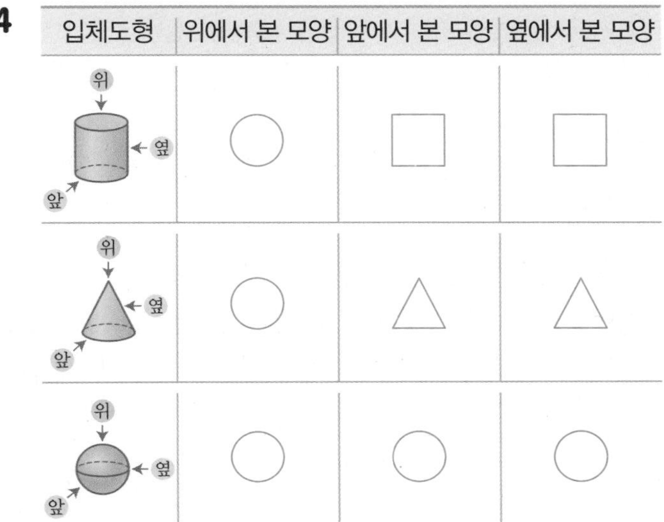
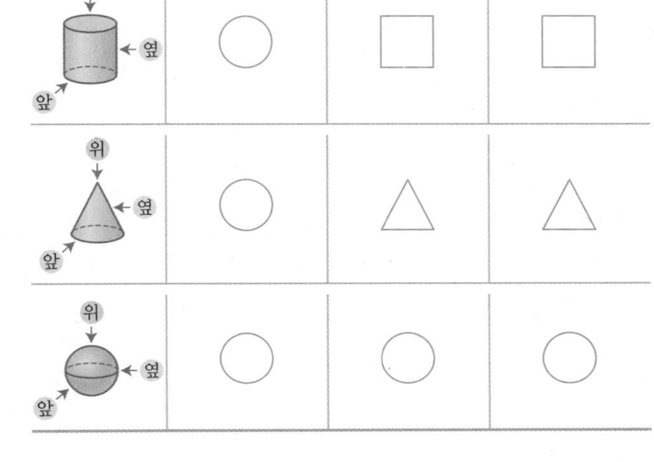

STEP 2 꼭 나오는 유형 162~169쪽

1 나, 라

2 (위에서부터) 높이, 밑면, 밑면, 옆면

3 (위에서부터) 8 cm, 6 cm / 12 cm, 8 cm

4 답 원기둥이 아닙니다. /
이유 예 두 밑면이 서로 합동이 아니기 때문입니다.

5 ㉢

6 예 8, 6 /

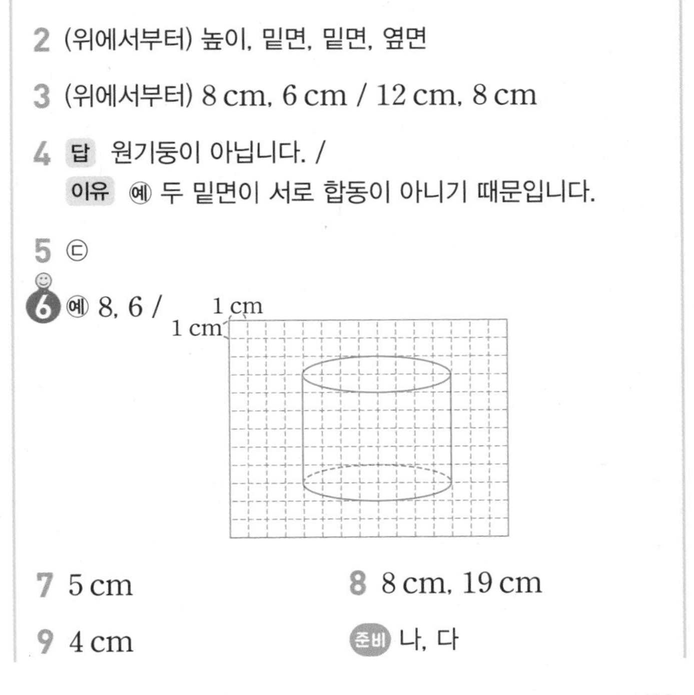

7 5 cm

8 8 cm, 19 cm

9 4 cm

준비 나, 다

10 (위에서부터) 원, 사각형, 2, 2

11 준호

12 ㉠, ㉢

13 (1) (2)

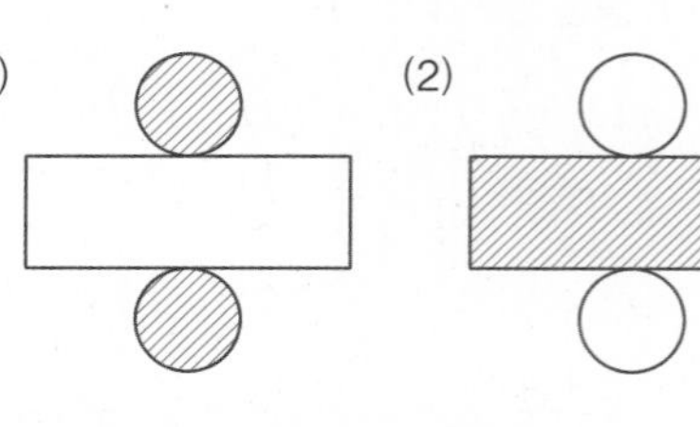

14 (위에서부터) 밑면, 높이, 옆면

15 가, 다

준비

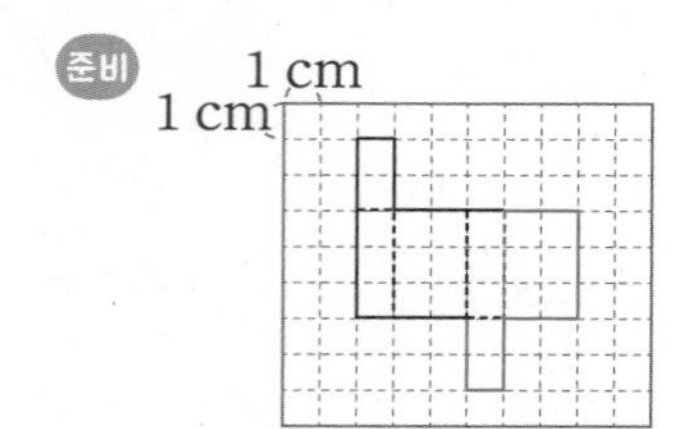

16 예

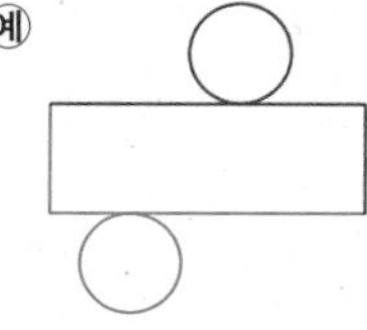

17 이유 예 원기둥의 전개도에서 밑면의 모양은 원이고, 옆면의 모양은 직사각형입니다. 주어진 그림은 옆면이 직사각형이 아니기 때문에 원기둥의 전개도가 아닙니다.

18 (1) (2)

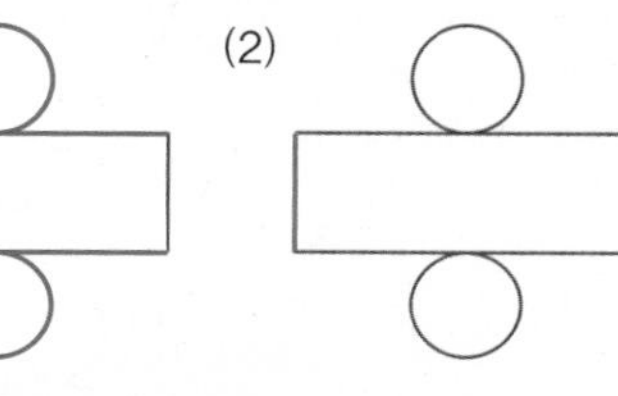

19 62.8 cm, 26 cm

20 (위에서부터) 14, 42, 18

21 예

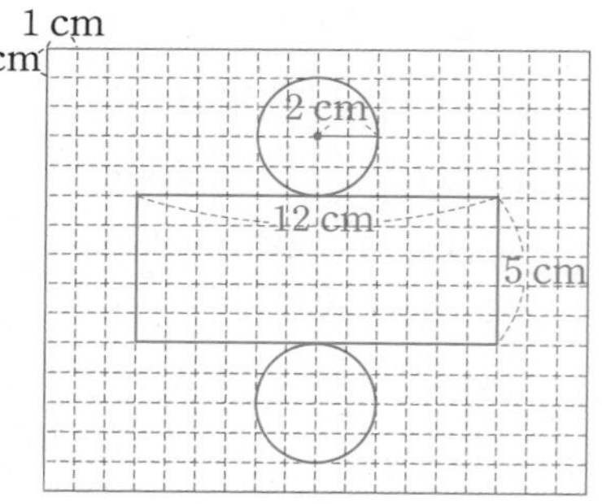

22 14 cm

23 240.96 cm

24 ⑤

25 답 원뿔이 아닙니다. / 이유 예 원뿔은 밑면이 원이고 옆면이 굽은 면이어야 하는데 주어진 입체도형은 밑면이 다각형이고 옆면이 삼각형이기 때문입니다.

26 ㉢, ㉡, ㉠

27 12 cm, 13 cm, 10 cm

28 (1) 원뿔 (2) 8 cm (3) 10 cm

29 예 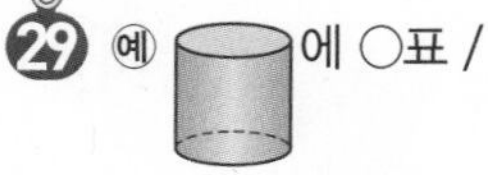 에 ○표 /

예 원기둥은 밑면이 2개, 원뿔은 밑면이 1개입니다.

30 ㉤

31 48 cm

준비 (1) 사각뿔 (2) 오각뿔

32 (위에서부터) 육각형 / 1, 1 / 원 / 삼각형

33 선재

34 ㉣

35 7 cm

36 다

37 5 cm

38 ㉢

39 243 cm^2

40 공통점 예 위에서 본 모양이 원입니다. 굽은 면이 있습니다. 등

차이점 예 원뿔은 꼭짓점이 있지만 구와 원기둥은 꼭짓점이 없습니다. 원기둥은 밑면이 2개이고, 원뿔은 밑면이 1개이고, 구는 밑면이 없습니다. 등

41 지윤

42 ㉠, ㉢

43 ㉡

44  예

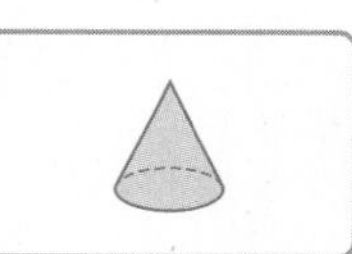

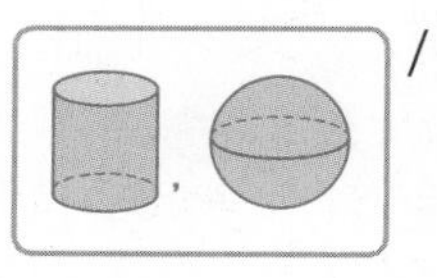 /

예 꼭짓점이 있는 것과 없는 것

1 서로 평행하고 합동인 두 원을 면으로 하는 입체도형은 나, 라입니다.

2 원기둥에서 서로 평행하고 합동인 두 면은 밑면이고, 두 밑면과 만나는 면은 옆면입니다.

3 • 왼쪽: 밑면의 지름은 8 cm이고 높이는 12 cm입니다.
• 오른쪽: 밑면의 지름은 반지름의 2배이므로 $3\times2=6$ (cm)이고 높이는 두 밑면에 수직인 선분의 길이이므로 8 cm입니다.

4

평가 기준
블록이 원기둥인지 아닌지 썼나요?
그렇게 생각한 이유를 썼나요?

5 ㉠ 두 밑면은 서로 평행합니다.
㉡ 원기둥에는 꼭짓점이 없습니다.

내가 만드는 문제

6 원기둥의 겨냥도는 보이는 부분은 실선으로, 보이지 않는 부분은 점선으로 그립니다.

7 3 cm 3 cm 5 cm 5 cm

직사각형 모양의 종이를 한 변을 기준으로 돌려 만들 수 있는 입체도형은 원기둥입니다.
원기둥의 높이는 돌리기 전의 직사각형의 세로와 같으므로 5 cm입니다.

8 원기둥의 밑면의 지름은 앞에서 본 모양인 직사각형의 가로와 같으므로 16 cm이고, 밑면의 반지름은
$16 \div 2 = 8$ (cm)입니다.
원기둥의 높이는 앞에서 본 모양인 직사각형의 세로와 같으므로 19 cm입니다.

9 예 직사각형 모양의 종이를 한 변을 기준으로 돌리면 원기둥이 만들어집니다.
진우가 만든 원기둥의 밑면의 반지름은 7 cm이므로 밑면의 지름은 $7 \times 2 = 14$ (cm)입니다.
서윤이가 만든 원기둥의 밑면의 반지름은 5 cm이므로 밑면의 지름은 $5 \times 2 = 10$ (cm)입니다.
따라서 밑면의 지름의 차는 $14 - 10 = 4$ (cm)입니다.

평가 기준
진우와 서윤이가 만든 입체도형의 밑면의 지름을 각각 구했나요?
진우와 서윤이가 만든 입체도형의 밑면의 지름의 차를 구했나요?

준비 모든 면이 다각형이고 서로 평행한 두 면이 합동인 입체도형을 찾으면 나, 다입니다.

11 준호: 원기둥의 옆면은 굽은 면이지만 각기둥의 옆면은 직사각형입니다.

12 ㉡ 원기둥의 밑면은 합동인 원입니다.
㉣ 원기둥에는 꼭짓점이 없습니다.

13 (1) 원기둥에 색칠된 부분은 두 밑면이므로 전개도의 원 2개를 빗금으로 표시합니다.
(2) 원기둥에 색칠된 부분은 옆면이므로 전개도의 직사각형을 빗금으로 표시합니다.

14 원기둥의 전개도에서 밑면의 모양은 원이고, 옆면의 모양은 직사각형입니다.

15 나는 두 밑면이 합동이 아니므로 원기둥을 만들 수 없고, 라는 두 밑면이 겹쳐지므로 원기둥을 만들 수 없습니다.

준비 밑면이 2개, 옆면이 4개가 되도록 그립니다.

16 두 밑면은 합동인 원으로 그리고, 옆면은 직사각형이 되도록 그립니다.

17

평가 기준
원기둥의 전개도는 어떤 모양인지 알고 있나요?
주어진 그림이 원기둥의 전개도가 아닌 이유를 썼나요?

18 (1) 원기둥에 빨간색으로 표시된 부분은 밑면의 둘레이므로 전개도에서 밑면의 둘레와 옆면의 가로에 파란색 선으로 표시합니다.
(2) 원기둥에 빨간색으로 표시된 부분은 원기둥의 높이이므로 전개도에서 옆면의 세로에 파란색 선으로 표시합니다.

19 옆면의 가로는 밑면의 둘레와 같으므로
(옆면의 가로)$= 10 \times 2 \times 3.14 = 62.8$ (cm)입니다.
(옆면의 세로)$=$(원기둥의 높이)$= 26$ cm

20 (밑면의 지름)$=$(밑면의 반지름)$\times 2$
$= 7 \times 2 = 14$ (cm)
(옆면의 가로)$=$(밑면의 둘레)$= 14 \times 3 = 42$ (cm)
(옆면의 세로)$=$(원기둥의 높이)$= 18$ cm

21 (옆면의 가로)$=$(밑면의 둘레)
$= 2 \times 2 \times 3 = 12$ (cm)
(옆면의 세로)$=$(원기둥의 높이)$= 5$ cm

22 예 밑면의 둘레는 옆면의 가로와 같으므로
(밑면의 지름)$\times 3 = 42$,
(밑면의 지름)$= 42 \div 3 = 14$ (cm)입니다.

평가 기준
밑면의 둘레는 옆면의 가로와 같음을 알고 있나요?
밑면의 지름은 몇 cm인지 구했나요?

23 (원기둥의 전개도의 둘레)
$=$(두 밑면의 둘레의 합)$+$(옆면의 둘레)
$= (8 \times 2 \times 3.14) \times 2 + (8 \times 2 \times 3.14 + 20) \times 2$
$= 50.24 \times 2 + 70.24 \times 2$
$= 100.48 + 140.48 = 240.96$ (cm)

24 평평한 면이 원이고 옆을 둘러싼 면이 굽은 면인 뿔 모양의 입체도형을 찾아봅니다.

25

평가 기준
입체도형이 원뿔인지 아닌지 썼나요?
그렇게 생각한 이유를 썼나요?

26
- 원뿔의 꼭짓점과 밑면인 원의 둘레의 한 점을 이은 선분의 길이이므로 모선의 길이를 재는 것입니다.
- 원뿔의 꼭짓점에서 밑면에 수직인 선분의 길이이므로 높이를 재는 것입니다.

• 원뿔의 밑면인 원의 둘레의 두 점을 이은 가장 긴 선분의 길이이므로 밑면의 지름을 재는 것입니다.

27 • 원뿔에서 높이는 원뿔의 꼭짓점에서 밑면에 수직인 선분의 길이이므로 12 cm입니다.
• 모선의 길이는 원뿔의 꼭짓점과 밑면인 원의 둘레의 한 점을 이은 선분의 길이이므로 13 cm입니다.
• 밑면의 반지름이 5 cm이므로 밑면의 지름은 $5\times2=10$ (cm)입니다.

28 (1) 직각삼각형 모양의 종이를 한 변을 기준으로 돌려 만들 수 있는 입체도형은 원뿔입니다.
(2) 원뿔의 높이는 직각삼각형의 높이와 같으므로 원뿔의 높이는 8 cm입니다.
(3) 원뿔의 밑면의 반지름은 직각삼각형의 밑변의 길이와 같으므로 밑면의 반지름은 5 cm입니다. 따라서 밑면의 지름은 $5\times2=10$ (cm)입니다.

30 ㉤ 모선의 길이는 항상 높이보다 깁니다.

31 예 원뿔에서 모선의 길이는 모두 같으므로
(선분 ㄱㄴ)=(선분 ㄱㄷ)=15 cm입니다.
(선분 ㄴㄷ)$=9\times2=18$ (cm)
➡ (삼각형 ㄱㄴㄷ의 둘레)$=15+18+15=48$ (cm)

평가 기준
선분 ㄱㄴ과 선분 ㄴㄷ의 길이를 각각 구했나요?
삼각형 ㄱㄴㄷ의 둘레는 몇 cm인지 구했나요?

준비 (1) 각뿔의 밑면의 모양이 사각형이므로 각뿔의 이름은 사각뿔입니다.
(2) 각뿔의 밑면의 모양이 오각형이므로 각뿔의 이름은 오각뿔입니다.

32 • 육각뿔은 밑면의 모양이 육각형이고 옆면의 모양이 삼각형인 뿔 모양의 입체도형입니다.
• 원뿔은 밑면의 모양이 원이고 옆면이 굽은 면인 뿔 모양의 입체도형입니다.

33 선재: 원뿔의 옆면은 1개이지만 각뿔의 옆면은 3개 이상입니다.

34 구 모양의 물건은 ㉣ 수박입니다.

35 구의 반지름은 구의 중심에서 구의 겉면의 한 점을 이은 선분이므로 7 cm입니다.

36 반원 모양의 종이를 지름을 기준으로 돌려 만들 수 있는 입체도형은 구입니다.

37 반원 모양의 종이를 지름을 기준으로 돌리면 구가 만들어지며 반원의 지름의 반이 구의 반지름이 되므로 $10\div2=5$ (cm)입니다.

38 ㉠ 구의 중심은 1개입니다.
㉡ 구의 반지름은 셀 수 없이 많이 그릴 수 있습니다.

39 예 빵을 평면으로 잘랐을 때 가장 큰 단면이 생기려면 구의 중심을 지나는 평면으로 잘라야 합니다.
가장 큰 단면은 반지름이 9 cm인 원이므로 넓이는 $9\times9\times3=243$ (cm^2)입니다.

평가 기준
빵을 평면으로 잘랐을 때 가장 큰 단면이 생기는 방법을 알고 있나요?
가장 큰 단면의 넓이는 몇 cm^2인지 구했나요?

41 지윤: 구는 어느 방향에서 보아도 원이지만 원기둥과 원뿔은 위에서 본 모양과 앞과 옆에서 본 모양이 다릅니다.

42 ㉡ 원뿔에만 있습니다.
㉣ 원기둥, 원뿔, 구 어느 것에도 없습니다.

43 ㉠ 원기둥을 앞에서 본 모양은 직사각형이고, 구를 앞에서 본 모양은 원입니다.
㉡ 원기둥과 구 모두 위에서 본 모양은 원입니다.
㉢ 원기둥의 옆면은 1개이고, 구는 옆면이 없습니다.
㉣ 원기둥의 밑면은 2개이고, 구는 밑면이 없습니다.
따라서 원기둥과 구의 공통점은 ㉡입니다.

내가 만드는 문제
44 예 원뿔에만 있고 원기둥과 구에는 없는 것은 꼭짓점입니다. 따라서 분류한 기준은 꼭짓점이 있는 것과 없는 것입니다.

STEP 3 자주 틀리는 유형 170~171쪽

1 6 cm	**2** 4
3 108 cm^2	**4** 694.4 cm^2
5 720 cm^2	**6** 150.72 cm^2
7 ㉠, ㉣	**8** ㉡, ㉢
9 ㉡, ㉠, ㉢	**10** 10 cm
11 44 cm	**12** 9 cm

1 (옆면의 가로)=(밑면의 지름)×(원주율)이므로
(밑면의 지름)=(옆면의 가로)÷(원주율)
$=37.68\div3.14=12$ (cm)입니다.
➡ (밑면의 반지름)$=12\div2=6$ (cm)

2 (옆면의 가로)=(밑면의 지름)×(원주율)이므로
(밑면의 지름)=(옆면의 가로)÷(원주율)
$=25.12\div3.14=8$ (cm)입니다.
➡ (밑면의 반지름)$=8\div2=4$ (cm)

3 (옆면의 가로)=(밑면의 지름)×(원주율)이므로
(밑면의 지름)=(옆면의 가로)÷(원주율)
$=36\div3=12$ (cm)입니다.
➡ (밑면의 반지름)$=12\div2=6$ (cm)
따라서 한 밑면의 넓이는 $6\times6\times3=108$ (cm^2)입니다.

4 (옆면의 가로)=(밑면의 둘레)
$=7\times2\times3.1=43.4$ (cm)
(옆면의 세로)=(원기둥의 높이)=16 cm
(옆면의 넓이)$=43.4\times16=694.4$ (cm^2)

5 (옆면의 가로)=(밑면의 둘레)$=10\times3=30$ (cm)
(옆면의 세로)=(원기둥의 높이)=24 cm
(옆면의 넓이)$=30\times24=720$ (cm^2)

6 (한 밑면의 넓이)$=3\times3\times3.14=28.26$ (cm^2)
(옆면의 넓이)$=3\times2\times3.14\times5=94.2$ (cm^2)
(전개도의 넓이)$=28.26\times2+94.2=150.72$ (cm^2)

7 ㉠ 밑면의 수는 원기둥은 2개, 원뿔은 1개입니다.
㉣ 옆에서 본 모양은 원기둥은 직사각형, 원뿔은 삼각형입니다.

8 ㉠ 원기둥은 밑면이 2개이고, 원뿔은 밑면이 1개입니다.
㉣ 원기둥은 꼭짓점이 없지만 원뿔은 꼭짓점이 있습니다.

9 ㉠ 원기둥의 밑면은 2개입니다.
㉡ 원뿔의 모선은 무수히 많습니다.
㉢ 원뿔의 꼭짓점은 1개입니다.

10 (밑면의 지름)$=5\times2=10$ (cm)
앞에서 본 모양이 정사각형이므로 원기둥의 높이와 밑면의 지름은 같습니다. 따라서 원기둥의 높이는 10 cm입니다.

11 원뿔의 밑면의 반지름이 11 cm이므로
(밑면의 지름)$=11\times2=22$ (cm),
옆에서 본 모양이 정삼각형이므로
(모선의 길이)=(밑면의 지름)=22 cm입니다.
➡ $22+22=44$ (cm)

12 밑면의 지름을 □cm라고 하면
(옆면의 가로)=(□×3) cm,
(옆면의 세로)=(높이)=□cm입니다.
□×3+□=72÷2, □×4=36, □=9이므로
원기둥의 높이는 9 cm입니다.

STEP 4 최상위 도전 유형

172~174쪽

1 76 cm	2 120 cm^2
3 168 cm^2	4 6
5 7 cm	6 5 cm
7 12 cm^2	8 310 cm^2
9 120 cm^2	10 24 cm^2
11 60 cm^2	12 99.2 cm^2
13 12 cm	14 18.7 cm
15 3 cm	16 8 cm
17 760 cm^2	

1 원기둥을 앞에서 본 모양은 가로가 $9\times2=18$ (cm), 세로가 20 cm인 직사각형입니다.
따라서 원기둥을 앞에서 본 모양의 둘레는
$(18+20)\times2=76$ (cm)입니다.

2 직사각형 모양의 종이를 한 변을 기준으로 돌려 만들 수 있는 입체도형은 밑면의 지름이 $6\times2=12$ (cm)이고, 높이가 10 cm인 원기둥입니다.
따라서 원기둥을 앞에서 본 모양은 가로가 12 cm이고 세로가 10 cm인 직사각형이므로 넓이는
$12\times10=120$ (cm^2)입니다.

3 원기둥을 위에서 본 모양은 원이므로 밑면의 반지름을 □cm라고 하면 □×□×3=108, □×□=36,
6×6=36이므로 □=6입니다.
원기둥을 옆에서 본 모양은 가로가 $6\times2=12$ (cm)이고 세로가 14 cm인 직사각형이므로 넓이는
$12\times14=168$ (cm^2)입니다.

4 원기둥의 높이를 □cm라고 하면
(옆면의 넓이)=(밑면의 둘레)×(높이)
=9×2×3×□=324,
54×□=324, □=324÷54=6입니다.

5 원기둥의 밑면의 반지름을 □cm라고 하면
(옆면의 넓이)=(밑면의 둘레)×(높이)
=□×2×3.1×10=434,
□×62=434, □=434÷62=7입니다.

6 (옆면의 가로)=(밑면의 둘레)
$=3\times2\times3.14=18.84$ (cm)
(원기둥의 높이)=(옆면의 세로)
=(옆면의 넓이)÷(옆면의 가로)
$=94.2\div18.84=5$ (cm)

7 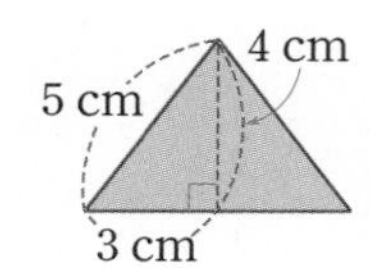

원뿔을 앞에서 본 모양은 높이가 $4\,\text{cm}$, 밑변의 길이가 $3\times2=6\,(\text{cm})$인 삼각형입니다.
따라서 원뿔을 앞에서 본 모양의 넓이는
$6\times4\div2=12\,(\text{cm}^2)$입니다.

8 원뿔을 앞에서 본 모양은 두 변이 $26\,\text{cm}$인 삼각형이므로 원뿔의 밑면의 반지름을 $\square\,\text{cm}$라고 하면
$26+26+\square\times2=72$, $52+\square\times2=72$,
$\square\times2=20$, $\square=10$입니다.
원뿔을 위에서 본 모양은 반지름이 $10\,\text{cm}$인 원이므로
넓이는 $10\times10\times3.1=310\,(\text{cm}^2)$입니다.

9 밑면의 반지름을 $\square\,\text{cm}$라고 하면 $\square\times\square\times3=192$,
$\square\times\square=64$, $8\times8=64$이므로 $\square=8$입니다.
원뿔을 앞에서 본 모양은 높이가 $15\,\text{cm}$,
밑변의 길이가 $8\times2=16\,(\text{cm})$인 삼각형이므로
넓이는 $16\times15\div2=120\,(\text{cm}^2)$입니다.

10 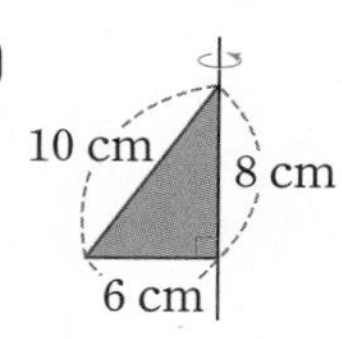

(평면도형의 넓이)
$=6\times8\div2=24\,(\text{cm}^2)$

11 (직사각형 모양 종이의 넓이)
$=12\times5=60\,(\text{cm}^2)$

12 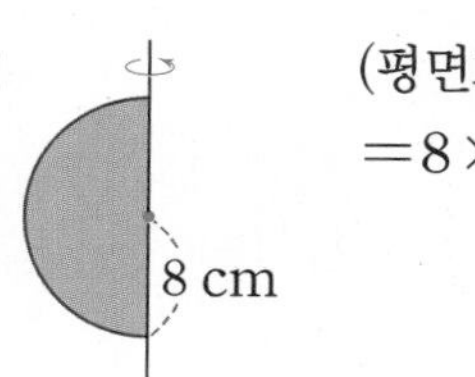

(평면도형의 넓이)
$=8\times8\times3.1\div2=99.2\,(\text{cm}^2)$

13 (옆면의 가로)$=$(밑면의 반지름)$\times2\times$(원주율)
$=7\times2\times3=42\,(\text{cm})$
(원기둥의 높이)$=$(옆면의 세로)
$=$(종이의 가로)$-$(밑면의 지름)$\times2$
$=40-14\times2=12\,(\text{cm})$

14 (옆면의 가로)$=$(밑면의 지름)$\times$(원주율)이므로
(밑면의 지름)$=$(옆면의 가로)$\div$(원주율)
$=52.7\div3.1=17\,(\text{cm})$입니다.
(원기둥의 높이)
$=$(옆면의 세로)
$=$(종이의 한 변의 길이)$-$(밑면의 지름)$\times2$
$=52.7-17\times2=18.7\,(\text{cm})$

15 (옆면의 넓이)$=$(지나간 부분의 넓이)$\div5$
$=558\div5=111.6\,(\text{cm}^2)$
풀의 밑면의 지름을 $\square\,\text{cm}$라고 하면
(옆면의 넓이)$=$(밑면의 둘레)$\times$(높이)
$=\square\times3.1\times12=111.6$,
$\square\times37.2=111.6$, $\square=111.6\div37.2=3$입니다.

16 (옆면의 넓이)$=$(색칠된 부분의 넓이)$\div7$
$=8792\div7=1256\,(\text{cm}^2)$
롤러의 밑면의 반지름을 $\square\,\text{cm}$라고 하면
(옆면의 넓이)$=$(밑면의 둘레)$\times$(높이)
$=\square\times2\times3.14\times25=1256$,
$\square\times157=1256$, $\square=1256\div157=8$입니다.

17 (필요한 포장지의 가로)$=4\times4+4\times2\times3$
$=16+24=40\,(\text{cm})$
(필요한 포장지의 세로)$=19\,\text{cm}$
(필요한 포장지의 넓이)$=40\times19=760\,(\text{cm}^2)$

수시 평가 대비 Level ❶

175~177쪽

1 가, 마	**2** 나, 라
3 ( )( )(○)	**4** $5\,\text{cm}$
5 나, 라	**6** $6\,\text{cm}$
7 $7\,\text{cm}$, $12\,\text{cm}$	**8** ㉠
9 (위에서부터) 2, 12, 7	**10** $10\,\text{cm}$
11 구	**12** ㉢
13 $54\,\text{cm}$	**14** $113.04\,\text{cm}^2$
15 $30\,\text{cm}$	**16** $10\,\text{cm}$
17 $8\,\text{cm}$	**18** $357.6\,\text{cm}$

19 공통점 예 • 밑면의 모양이 원입니다.
• 위에서 본 모양이 원입니다.
차이점 예 • 원기둥은 밑면이 2개이고, 원뿔은 밑면이 1개입니다.
• 앞과 옆에서 본 모양이 원기둥은 직사각형이고, 원뿔은 삼각형입니다.

20 $148.8\,\text{cm}^2$

1 두 면이 서로 평행하고 합동인 원으로 된 기둥 모양의 입체도형은 가, 마입니다.

2 밑면이 원이고 옆면이 굽은 면인 뿔 모양의 입체도형은 나, 라입니다.

3 원뿔의 꼭짓점과 밑면인 원의 둘레의 한 점을 이은 선분의 길이를 재는 그림을 찾습니다.

4 구의 중심에서 구의 겉면의 한 점을 이은 선분을 구의 반지름이라고 합니다.

5 가는 두 밑면이 합동이 아니므로 원기둥을 만들 수 없습니다.
다는 옆면이 직사각형이 아니므로 원기둥을 만들 수 없습니다.

6 직각삼각형 모양의 종이를 한 변을 기준으로 돌리면 높이가 6 cm인 원뿔이 만들어집니다.

7 원기둥의 밑면의 지름은 앞에서 본 모양인 직사각형의 가로와 같으므로 14 cm이고, 밑면의 반지름은
$14 \div 2 = 7$ (cm)입니다.
원기둥의 높이는 앞에서 본 모양인 직사각형의 세로와 같으므로 12 cm입니다.

8 ㉠ 각기둥과 원기둥은 모두 밑면이 2개입니다.

9 (직사각형의 가로)=(밑면의 둘레)
$= 2 \times 2 \times 3 = 12$ (cm)

10 원기둥의 높이는 6 cm이고, 원뿔의 높이는 4 cm입니다.
➡ $6 + 4 = 10$ (cm)

11 구는 어느 방향에서 보아도 모양이 원입니다.

12 ㉠ 원기둥, 원뿔에는 밑면이 있지만 구에는 밑면이 없습니다.
㉡ 원기둥, 원뿔, 구에는 모두 모서리가 없습니다.

13 원뿔에서 모선의 길이는 모두 같으므로
(선분 ㄱㄷ)=(선분 ㄱㄴ)=15 cm
(선분 ㄴㄷ)$= 12 \times 2 = 24$ (cm)
(삼각형 ㄱㄴㄷ의 둘레)$= 15 + 24 + 15 = 54$ (cm)

14 구를 평면으로 잘랐을 때 가장 큰 단면으로 자르려면 구의 중심을 지나야 합니다.
가장 큰 단면은 반지름이 6 cm인 원이므로 넓이는
$6 \times 6 \times 3.14 = 113.04$ (cm^2)입니다.

15

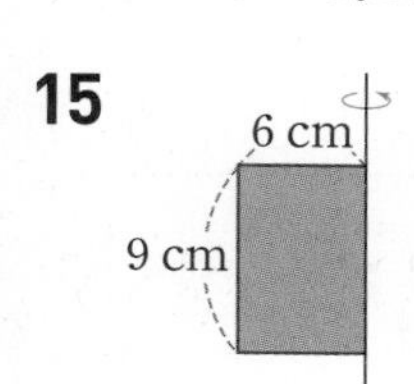

돌리기 전의 직사각형 모양의 종이는 가로가 6 cm, 세로가 9 cm입니다.
➡ (직사각형 모양 종이의 둘레)
$= (6 + 9) \times 2 = 30$ (cm)

16 페인트 통의 높이를 □cm라 하면
$5 \times 2 \times 3.14 \times \square = 314$, $31.4 \times \square = 314$, $\square = 10$입니다.

17 원기둥을 위에서 본 모양은 원입니다.
원의 반지름을 □cm라 하면
$\square \times \square \times 3 = 48$, $\square \times \square = 16$, $\square = 4$입니다.
앞에서 본 모양이 정사각형이므로 원기둥의 높이와 밑면의 지름은 같고 밑면의 지름은 $4 \times 2 = 8$ (cm)입니다.
따라서 원기둥의 높이는 8 cm입니다.

18 (한 밑면의 둘레)$= 12 \times 2 \times 3.1 = 74.4$ (cm)
(옆면의 둘레)$= (74.4 + 30) \times 2 = 208.8$ (cm)
➡ (전개도의 둘레)$= 74.4 \times 2 + 208.8 = 357.6$ (cm)

19

평가 기준	배점
원기둥과 원뿔의 공통점을 썼나요?	2점
원기둥의 원뿔의 차이점을 썼나요?	3점

20 예 밑면의 반지름을 □cm라 하면
$\square \times 2 \times 3.1 = 18.6$, $\square \times 6.2 = 18.6$, $\square = 3$입니다.
따라서 원기둥의 전개도의 넓이는
$(3 \times 3 \times 3.1) \times 2 + 18.6 \times 5$
$= 55.8 + 93 = 148.8$ (cm^2)
입니다.

평가 기준	배점
밑면의 반지름을 구했나요?	2점
원기둥의 전개도의 넓이를 구했나요?	3점

수시 평가 대비 Level 2

178~180쪽

1 다, 원기둥　**2** 정민
3 원뿔　**4** 높이
5 ㉢　**6** 4
7 (왼쪽에서부터) 5, 30, 11　**8** 주하
9 8 cm, 9 cm　**10** ④, ⑤
11 3 cm　**12** ㉠, ㉣
13 36 cm　**14** ㉢
15 13 cm　**16** 240 cm^2
17 528 cm^2　**18** 82 cm

19 공통점 ㉠ 원기둥, 원뿔, 구를 위에서 본 모양은 모두 원입니다.
차이점 ㉠ 원뿔은 뾰족한 부분이 있지만 구와 원기둥은 뾰족한 부분이 없습니다.

20 4 cm

1 서로 평행하고 합동인 두 원을 면으로 하는 입체도형을 원기둥이라고 합니다.

2 주연: 옆면이 직사각형이 아니므로 원기둥을 만들 수 없습니다.
성원: 두 밑면이 겹쳐지므로 원기둥을 만들 수 없습니다.

3 직각삼각형 모양의 종이를 한 변을 기준으로 돌려 만들 수 있는 입체도형은 원뿔입니다.

4 원뿔의 꼭짓점에서 밑면에 수직인 선분의 길이를 재는 그림이므로 원뿔의 높이를 재는 것입니다.

5 어떤 방향에서 보아도 모양이 모두 원인 입체도형은 구입니다.

6 반원 모양의 종이를 지름을 기준으로 돌리면 구가 만들어지며 반원의 지름의 반이 구의 반지름이 되므로
$8\div2=4$ (cm)입니다.

7 (밑면의 반지름)$=5$ cm
(옆면의 세로)$=$(원기둥의 높이)$=11$ cm
(옆면의 가로)$=$(밑면의 둘레)$=5\times2\times3=30$ (cm)

8 예지: 구의 지름은 $6\times2=12$ (cm)입니다.
연우: 구의 중심은 1개입니다.
따라서 바르게 설명한 사람은 주하입니다.

9 원뿔의 밑면의 반지름은 4 cm이므로 밑면의 지름은 $4\times2=8$ (cm)이고, 높이는 직각삼각형의 높이와 같으므로 9 cm입니다.

10 ④ 원기둥에는 꼭짓점이 없습니다.
⑤ 원기둥에는 모서리가 없습니다.

11 원뿔의 높이는 8 cm이고, 원기둥의 높이는 11 cm이므로 차는 $11-8=3$ (cm)입니다.

12 ㉡ 원뿔은 꼭짓점이 1개이지만 각뿔은 꼭짓점의 수가 밑면의 모양에 따라 다릅니다.
㉢ 원뿔의 밑면은 원이고, 각뿔의 밑면은 다각형입니다.

13 원뿔을 앞에서 본 모양은 세 변의 길이가 13 cm, 13 cm, $5\times2=10$ (cm)인 삼각형입니다.
따라서 원뿔을 앞에서 본 모양의 둘레는
$13+10+13=36$ (cm)입니다.

14 ㉠ 앞에서 본 모양이 직사각형인 것은 원기둥이고, 직사각형이 아닌 것은 원뿔과 구이므로 분류한 기준으로 알맞지 않습니다.
㉡ 꼭짓점이 있는 것은 원뿔이고, 꼭짓점이 없는 것은 원기둥과 구이므로 분류한 기준으로 알맞지 않습니다.

15 (밑면의 둘레)$=$(옆면의 가로)
$=$(옆면의 세로)$=80.6$ cm
밑면의 반지름을 □cm라고 하면
$\square\times2\times3.1=80.6$, $\square\times6.2=80.6$,
$\square=80.6\div6.2=13$입니다.

16
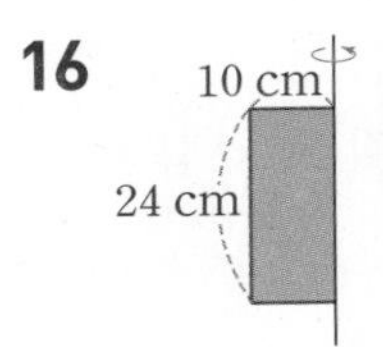

(직사각형 모양 종이의 넓이)
$=10\times24=240$ (cm^2)

17 (옆면의 넓이)$=2\times2\times3\times11=132$ (cm^2)
(페인트가 묻은 벽의 넓이)$=132\times4=528$ (cm^2)

18 (전개도의 옆면의 둘레)
$=$(밑면의 둘레)$\times2+$(원기둥의 높이)$\times2$
$=10\times3.1\times2+10\times2$
$=62+20=82$ (cm)

19

평가 기준	배점
원기둥, 원뿔, 구의 공통점을 썼나요?	2점
원기둥, 원뿔, 구의 차이점을 썼나요?	3점

20 ㉠ 원기둥의 밑면의 반지름을 □cm라고 하면
(옆면의 넓이)$=$(밑면의 둘레)$\times$(높이)
$=\square\times2\times3.14\times7=175.84$,
$\square\times43.96=175.84$, $\square=175.84\div43.96=4$입니다.
따라서 원기둥의 밑면의 반지름은 4 cm입니다.

평가 기준	배점
밑면의 반지름을 □cm라고 하여 옆면의 넓이를 구하는 식을 세웠나요?	2점
원기둥의 밑면의 반지름은 몇 cm인지 구했나요?	3점

수시평가 자료집 정답과 풀이

1 분수의 나눗셈

다시 점검하는 수시 평가 대비 Level ❶

2~4쪽

1 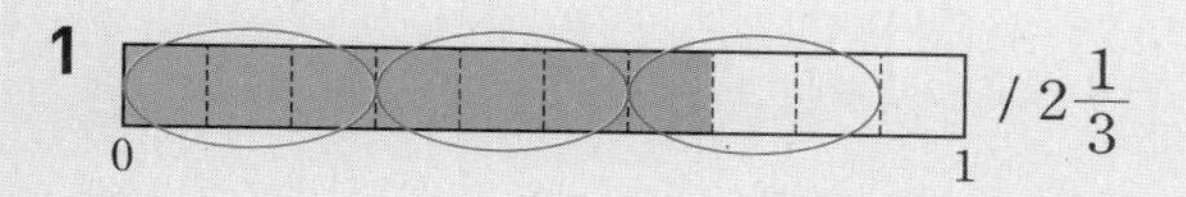 / $2\frac{1}{3}$

2 $\frac{2}{3}\div\frac{4}{5}=\frac{10}{15}\div\frac{12}{15}=10\div12=\frac{\overset{5}{\cancel{10}}}{\underset{6}{\cancel{12}}}=\frac{5}{6}$

3 18 **4** 2, 7, $\frac{7}{2}$ **5**

6 $2\frac{2}{3}$ **7** $26\frac{1}{4}$, 21 **8** $8\frac{3}{4}$

9 ⑤ **10** $14\frac{2}{5}$배 **11** $11\frac{2}{3}$

12 ㉠, ㉢, ㉣, ㉡ **13** 12도막

14 6개 **15** $2\frac{1}{4}$ **16** $14\frac{2}{3}$ km

17 $2\frac{2}{3}$ m **18** $1\frac{4}{5}$ kg **19** $1\frac{1}{6}$ m

20 5개

1 $\frac{7}{10}$에는 $\frac{3}{10}$이 2번과 $\frac{1}{3}$번이 들어갑니다.
따라서 $\frac{7}{10}\div\frac{3}{10}=2\frac{1}{3}$입니다.

3 $4\div\frac{2}{9}=(4\div2)\times9=2\times9=18$

5 $4\frac{1}{5}\div\frac{7}{10}=\frac{21}{5}\div\frac{7}{10}=\frac{\overset{3}{\cancel{21}}}{\underset{1}{\cancel{5}}}\times\frac{\overset{2}{\cancel{10}}}{\underset{1}{\cancel{7}}}=6$
$4\div\frac{4}{7}=\overset{1}{\cancel{4}}\times\frac{7}{\underset{1}{\cancel{4}}}=7$

6 대분수는 $2\frac{2}{9}$, 진분수는 $\frac{5}{6}$입니다.
➡ $2\frac{2}{9}\div\frac{5}{6}=\frac{20}{9}\div\frac{5}{6}=\frac{\overset{4}{\cancel{20}}}{\underset{3}{\cancel{9}}}\times\frac{\overset{2}{\cancel{6}}}{\underset{1}{\cancel{5}}}=\frac{8}{3}=2\frac{2}{3}$

7 $15\div\frac{4}{7}=15\times\frac{7}{4}=\frac{105}{4}=26\frac{1}{4}$
$15\div\frac{5}{7}=\overset{3}{\cancel{15}}\times\frac{7}{\underset{1}{\cancel{5}}}=21$

8 $\square=3\frac{3}{4}\div\frac{3}{7}=\frac{15}{4}\div\frac{3}{7}=\frac{\overset{5}{\cancel{15}}}{4}\times\frac{7}{\underset{1}{\cancel{3}}}=\frac{35}{4}=8\frac{3}{4}$

9 (나누어지는 수)<(나누는 수)이면 나눗셈의 몫이 1보다 작습니다.
① $\frac{2}{3}>\frac{1}{2}$ ② $\frac{7}{12}>\frac{3}{10}$ ③ $2\frac{1}{4}>1\frac{3}{4}$
④ $2\frac{1}{8}>1\frac{1}{4}$ ⑤ $1\frac{5}{6}<3\frac{2}{3}$
따라서 계산 결과가 1보다 작은 것은 ⑤입니다.

10 (수박의 무게)÷(배의 무게)
$=8\frac{2}{5}\div\frac{7}{12}=\frac{42}{5}\div\frac{7}{12}=\frac{\overset{6}{\cancel{42}}}{5}\times\frac{12}{\underset{1}{\cancel{7}}}$
$=\frac{72}{5}=14\frac{2}{5}$(배)

11 $3\frac{1}{3}>2\frac{4}{5}>2\frac{2}{3}>\frac{3}{4}>\frac{2}{7}$이므로 가장 큰 수는 $3\frac{1}{3}$, 가장 작은 수는 $\frac{2}{7}$입니다.
➡ $3\frac{1}{3}\div\frac{2}{7}=\frac{10}{3}\div\frac{2}{7}=\frac{\overset{5}{\cancel{10}}}{3}\times\frac{7}{\underset{1}{\cancel{2}}}=\frac{35}{3}=11\frac{2}{3}$

12 ㉠ $5\div\frac{1}{3}=5\times3=15$
㉡ $\frac{5}{7}\div\frac{3}{8}=\frac{5}{7}\times\frac{8}{3}=\frac{40}{21}=1\frac{19}{21}$
㉢ $2\div\frac{4}{5}=\overset{1}{\cancel{2}}\times\frac{5}{\underset{2}{\cancel{4}}}=\frac{5}{2}=2\frac{1}{2}$
㉣ $1\frac{1}{6}\div\frac{7}{13}=\frac{\overset{1}{\cancel{7}}}{6}\times\frac{13}{\underset{1}{\cancel{7}}}=\frac{13}{6}=2\frac{1}{6}$

13 (도막의 수)=(전체 길이)÷(한 도막의 길이)
$=\frac{6}{13}\div\frac{1}{26}=\frac{6}{\underset{1}{\cancel{13}}}\times\overset{2}{\cancel{26}}=12$(도막)

14 (묶을 수 있는 상자의 수)
=(전체 색 테이프의 길이)
÷(상자 한 개를 묶는 데 필요한 색 테이프의 길이)

$=5\frac{1}{3}\div\frac{8}{9}=\frac{16}{3}\div\frac{8}{9}=\frac{\overset{2}{\cancel{16}}}{\underset{1}{\cancel{3}}}\times\frac{\overset{3}{\cancel{9}}}{\underset{1}{\cancel{8}}}=6$(개)

15 어떤 수를 □라고 하면 $\frac{5}{12}\times\square=\frac{15}{16}$입니다.

$\square=\frac{15}{16}\div\frac{5}{12}=\frac{\overset{3}{\cancel{15}}}{\underset{4}{\cancel{16}}}\times\frac{\overset{3}{\cancel{12}}}{\underset{1}{\cancel{5}}}=\frac{9}{4}=2\frac{1}{4}$

16 (한 시간 동안 갈 수 있는 거리)
=(이동한 거리)÷(걸린 시간)

$=8\div\frac{6}{11}=\overset{4}{\cancel{8}}\times\frac{11}{\underset{3}{\cancel{6}}}=\frac{44}{3}=14\frac{2}{3}$ (km)

17 밭의 밑변의 길이를 □m라고 하면

$\square\times\frac{9}{10}\div2=1\frac{1}{5}$입니다.

$\square=1\frac{1}{5}\times2\div\frac{9}{10}=\frac{6}{5}\times2\div\frac{9}{10}=\frac{12}{5}\div\frac{9}{10}$

$=\frac{\overset{4}{\cancel{12}}}{\underset{1}{\cancel{5}}}\times\frac{\overset{2}{\cancel{10}}}{\underset{3}{\cancel{9}}}=\frac{8}{3}=2\frac{2}{3}$

따라서 삼각형 모양 밭의 밑변의 길이는 $2\frac{2}{3}$ m입니다.

18 (철근 1 m의 무게)=(철근의 무게)÷(철근의 길이)

$=\frac{12}{25}\div\frac{4}{5}=\frac{\overset{3}{\cancel{12}}}{\underset{5}{\cancel{25}}}\times\frac{\overset{1}{\cancel{5}}}{\underset{1}{\cancel{4}}}=\frac{3}{5}$ (kg)

➡ (철근 3 m의 무게)=(철근 1 m의 무게)×3

$=\frac{3}{5}\times3=\frac{9}{5}=1\frac{4}{5}$ (kg)

서술형

19 예 평행사변형의 높이를 □m라고 하면

$\frac{4}{5}\times\square=\frac{14}{15}$입니다.

$\square=\frac{14}{15}\div\frac{4}{5}=\frac{\overset{7}{\cancel{14}}}{\underset{3}{\cancel{15}}}\times\frac{\overset{1}{\cancel{5}}}{\underset{2}{\cancel{4}}}=\frac{7}{6}=1\frac{1}{6}$

따라서 평행사변형의 높이는 $1\frac{1}{6}$ m입니다.

평가 기준	배점(5점)
평행사변형의 높이를 구하는 식을 세웠나요?	2점
평행사변형의 높이를 구했나요?	3점

서술형

20 예 (한 봉지에 담은 쌀의 무게)

$=21\frac{2}{3}\div5=\frac{65}{3}\div5=\frac{\overset{13}{\cancel{65}}}{3}\times\frac{1}{\underset{1}{\cancel{5}}}=\frac{13}{3}=4\frac{1}{3}$(kg)

(한 봉지에 담긴 쌀을 나누어 담은 그릇의 수)

$=4\frac{1}{3}\div\frac{13}{15}=\frac{13}{3}\div\frac{13}{15}=\frac{\overset{1}{\cancel{13}}}{\underset{1}{\cancel{3}}}\times\frac{\overset{5}{\cancel{15}}}{\underset{1}{\cancel{13}}}=5$(개)

평가 기준	배점(5점)
한 봉지에 담은 쌀의 무게를 구했나요?	2점
한 봉지에 담긴 쌀을 나누어 담은 그릇의 수를 구했나요?	3점

다시 점검하는 수시 평가 대비 Level 2

5~7쪽

1 ② **2** ㉣ **3** (1) $\frac{7}{8}$ (2) $1\frac{1}{7}$

4 (1) 1 (2) 7 **5** ㉢ **6** ㉡

7 (1) $6\frac{2}{7}$ (2) $3\frac{1}{3}$ **8** $7\frac{6}{7}$

9 ①, ④ **10** ㉡ **11** 8, 10

12 8개 **13** 21도막 **14** $2\frac{1}{10}$ 배

15 3 **16** 126쪽 **17** $3\frac{1}{5}$ m

18 $23\frac{1}{3}$ km **19** 3도막, $\frac{1}{9}$ m **20** 9번

1 분모가 같은 진분수끼리의 나눗셈은 분자끼리의 나눗셈과 같으므로 $\frac{8}{9}\div\frac{4}{9}=8\div4$입니다.

2 나누는 수의 분모와 분자를 서로 바꾸어 곱합니다.

➡ $\frac{5}{7}\div\frac{3}{4}=\frac{5}{7}\times\frac{4}{3}$

3 (1) $\frac{3}{4}\div\frac{6}{7}=\frac{21}{28}\div\frac{24}{28}=21\div24=\frac{\overset{7}{\cancel{21}}}{\underset{8}{\cancel{24}}}=\frac{7}{8}$

(2) $\frac{6}{7}\div\frac{3}{4}=\frac{24}{28}\div\frac{21}{28}=24\div21$

$=\frac{\overset{8}{\cancel{24}}}{\underset{7}{\cancel{21}}}=\frac{8}{7}=1\frac{1}{7}$

다른 풀이

(1) $\frac{3}{4}\div\frac{6}{7}=\frac{\overset{1}{\cancel{3}}}{4}\times\frac{7}{\underset{2}{\cancel{6}}}=\frac{7}{8}$

(2) $\frac{6}{7}\div\frac{3}{4}=\frac{\overset{2}{\cancel{6}}}{7}\times\frac{4}{\underset{1}{\cancel{3}}}=\frac{8}{7}=1\frac{1}{7}$

4 (1) $\frac{5}{8}\div\frac{\square}{8}=5\div\square$ ➡ $5\div\square=5$, $\square=1$

(2) $4\div\frac{2}{\square}=(4\div2)\times\square=2\times\square$

➡ $2\times\square=14$, $\square=7$

5 ㉠ $6\div\frac{1}{4}=6\times4=24$ ㉡ $3\div\frac{1}{8}=3\times8=24$

㉢ $9\div\frac{1}{2}=9\times2=18$ ㉣ $4\div\frac{1}{6}=4\times6=24$

6 ㉡ $6\div\frac{5}{9}=6\times\frac{9}{5}=\frac{54}{5}=10\frac{4}{5}$

7 (1) $3\frac{3}{7}\div\frac{6}{11}=\frac{24}{7}\div\frac{6}{11}=\frac{\overset{4}{\cancel{24}}}{7}\times\frac{11}{\underset{1}{\cancel{6}}}$

$=\frac{44}{7}=6\frac{2}{7}$

(2) $2\frac{2}{9}\div\frac{2}{3}=\frac{20}{9}\div\frac{2}{3}=\frac{\overset{10}{\cancel{20}}}{\underset{3}{\cancel{9}}}\times\frac{\overset{1}{\cancel{3}}}{\underset{1}{\cancel{2}}}=\frac{10}{3}=3\frac{1}{3}$

8 $\square=3\frac{1}{7}\div\frac{2}{5}=\frac{22}{7}\div\frac{2}{5}=\frac{\overset{11}{\cancel{22}}}{7}\times\frac{5}{\underset{1}{\cancel{2}}}=\frac{55}{7}=7\frac{6}{7}$

9 ① $4\div\frac{1}{8}=4\times8=32$

② $\frac{8}{9}\div\frac{2}{3}=\frac{\overset{4}{\cancel{8}}}{\underset{3}{\cancel{9}}}\times\frac{\overset{1}{\cancel{3}}}{\underset{1}{\cancel{2}}}=\frac{4}{3}=1\frac{1}{3}$

③ $1\frac{4}{15}\div1\frac{3}{10}=\frac{19}{15}\div\frac{13}{10}=\frac{19}{\underset{3}{\cancel{15}}}\times\frac{\overset{2}{\cancel{10}}}{13}=\frac{38}{39}$

④ $2\frac{4}{5}\div\frac{7}{15}=\frac{14}{5}\div\frac{7}{15}=\frac{\overset{2}{\cancel{14}}}{\underset{1}{\cancel{5}}}\times\frac{\overset{3}{\cancel{15}}}{\underset{1}{\cancel{7}}}=6$

⑤ $5\div\frac{2}{5}=5\times\frac{5}{2}=\frac{25}{2}=12\frac{1}{2}$

10 나누어지는 수가 $1\frac{5}{6}$로 모두 같으므로 나누는 수가 클수록 몫이 작습니다. $3\frac{1}{3}>2\frac{3}{4}>\frac{5}{6}>\frac{1}{2}$이므로 몫이 가장 작은 것은 ㉡입니다.

11 $2\div\frac{1}{4}=2\times4=8$ ➡ ㉠$=8$

㉠$\div\frac{4}{5}=8\div\frac{4}{5}=\overset{2}{\cancel{8}}\times\frac{5}{\underset{1}{\cancel{4}}}=10$ ➡ ㉡$=10$

12 (필요한 컵의 수)

$=$(전체 주스의 양)$\div$(컵 한 개에 담는 주스의 양)

$=\frac{16}{17}\div\frac{2}{17}=16\div2=8$(개)

13 (도막 수)$=$(전체 길이)$\div$(한 도막의 길이)

$=15\div\frac{5}{7}=\overset{3}{\cancel{15}}\times\frac{7}{\underset{1}{\cancel{5}}}=21$(도막)

14 1시간 45분$=1\frac{45}{60}$시간$=1\frac{3}{4}$시간

(윤지가 공부한 시간)$\div$(성철이가 공부한 시간)

$=1\frac{3}{4}\div\frac{5}{6}=\frac{7}{4}\div\frac{5}{6}=\frac{7}{\underset{2}{\cancel{4}}}\times\frac{\overset{3}{\cancel{6}}}{5}=\frac{21}{10}=2\frac{1}{10}$(배)

15 $3\div\frac{1}{\square}=3\times\square$이므로 $3\times\square<10$입니다.

$3\times1=3$, $3\times2=6$, $3\times3=9$, $3\times4=12$, ...이므로 $\square$ 안에 들어갈 수 있는 자연수는 1, 2, 3이고 이 중에서 가장 큰 수는 3입니다.

16 동화책의 전체 쪽수를 $\square$쪽이라고 하면

$\square\times\frac{4}{9}=56$이므로 $\square=56\div\frac{4}{9}=\overset{14}{\cancel{56}}\times\frac{9}{\underset{1}{\cancel{4}}}=126$입니다. 따라서 동화책의 전체 쪽수는 126쪽입니다.

17 마름모의 다른 대각선의 길이를 $\square$m라고 하면

$\frac{3}{4}\times\square\div2=\frac{6}{5}$입니다.

➡ $\square=\frac{6}{5}\times2\div\frac{3}{4}=\frac{12}{5}\div\frac{3}{4}=\frac{\overset{4}{\cancel{12}}}{5}\times\frac{4}{\underset{1}{\cancel{3}}}$

$=\frac{16}{5}=3\frac{1}{5}$

따라서 다른 대각선의 길이는 $3\frac{1}{5}$ m입니다.

18 (휘발유 1 L로 갈 수 있는 거리)
=(이동한 거리)÷(사용한 휘발유의 양)

$$=4\frac{2}{3}\div\frac{4}{5}=\frac{\overset{7}{\cancel{14}}}{3}\times\frac{5}{\underset{2}{\cancel{4}}}=\frac{35}{6}=5\frac{5}{6}\text{ (km)}$$

➡ (휘발유 4 L로 갈 수 있는 거리)
=(휘발유 1 L로 갈 수 있는 거리)×4

$$=5\frac{5}{6}\times4=\frac{35}{\underset{3}{\cancel{6}}}\times\overset{2}{\cancel{4}}=\frac{70}{3}=23\frac{1}{3}\text{ (km)}$$

서술형
19 예 $\frac{7}{9}\div\frac{2}{9}=7\div2=\frac{7}{2}=3\frac{1}{2}$이므로 3도막이 되고,

$\frac{2}{9}$ m의 $\frac{1}{2}$인 $\frac{\overset{1}{\cancel{2}}}{9}\times\frac{1}{\underset{1}{\cancel{2}}}=\frac{1}{9}$ (m)가 남습니다.

평가 기준	배점(5점)
알맞은 식을 세웠나요?	2점
색 테이프를 자른 도막 수와 남는 길이를 구했나요?	3점

서술형
20 예 (물통의 들이)÷(그릇의 들이)

$$=6\frac{2}{3}\div\frac{4}{5}=\frac{20}{3}\div\frac{4}{5}=\frac{\overset{5}{\cancel{20}}}{3}\times\frac{5}{\underset{1}{\cancel{4}}}=\frac{25}{3}=8\frac{1}{3}$$

따라서 물통을 가득 채우려면 물을 적어도 9번 부어야 합니다.

평가 기준	배점(5점)
알맞은 식을 세웠나요?	2점
적어도 몇 번 부어야 하는지 구했나요?	3점

2 소수의 나눗셈

다시 점검하는 수시 평가 대비 Level ❶ 8~10쪽

1 (위에서부터) 100, 100 / 875, 125 / 125
2 225, 225, 45, 5
3 ③
4 ④, ⑤
5 (선 잇기)
6 (1) 12 (2) 4
7 15, 1.5, 0.15
8 2.8
9 <
10 (1) 11.8 (2) 5.79
11 9개
12 식 33÷16.5=2 답 2배
13 17개, 2.3 m
14 1.8
15 6
16 6.2 cm
17 80 km
18 35개
19 $7.5\overline{)135.0}$ = 18 (75, 600, 600, 0) / 이유 예 소수점을 옮겨서 계산한 경우, 몫의 소수점은 옮긴 위치에 찍어야 합니다.
20 37.5 kg

1 8.75÷0.07을 자연수의 나눗셈으로 바꾸려면 나누어지는 수와 나누는 수에 똑같이 100을 곱하면 됩니다.

3 나누는 수와 나누어지는 수의 소수점을 같은 자리만큼 옮겨야 합니다.

4 ④ 19.32÷8.4=193.2÷84
⑤ 19.32÷8.4 =1932÷840

5 2.52÷0.28=9, 39÷2.6=15

6 (1) $1.82\overline{)2\,1.8\,4}$ = 12 (182, 364, 364, 0)
(2) $1.5\overline{)6.0}$ = 4 (60, 0)

7 나누는 수가 10배, 100배가 되면 몫은 $\frac{1}{10}$배, $\frac{1}{100}$배가 됩니다.

8 12.88＞4.6 ➡ 12.88÷4.6＝2.8

9 55.2÷2.4＝23, 45.18÷1.8＝25.1
➡ 23＜25.1

10 (1) 7.1÷0.6＝11.83…이고, 몫의 소수 둘째 자리 숫자가 3이므로 반올림하여 나타내면 11.8입니다.
(2) 11÷1.9＝5.789…이고, 몫의 소수 셋째 자리 숫자가 9이므로 반올림하여 나타내면 5.79입니다.

11 (필요한 병의 수)
＝(주스의 양)÷(한 병에 담는 주스의 양)
＝7.2÷0.8＝9(개)

12 (예은이의 몸무게)÷(동생의 몸무게)
＝33÷16.5＝2(배)

13 104.3÷6의 몫을 자연수까지만 구하면 17이고, 2.3이 남습니다. 따라서 삼각형을 17개까지 만들 수 있고, 남는 철사는 2.3 m입니다.

14 어떤 수를 □라고 하면 □×4.5＝8.1이므로
□＝8.1÷4.5＝1.8입니다.
따라서 어떤 수는 1.8입니다.

15 5.2÷2.4＝2.1666…
몫의 소수 둘째 자리부터 숫자 6이 반복되므로 소수 19째 자리 숫자는 6입니다.

16 (삼각형의 넓이)＝(밑변의 길이)×(높이)÷2이므로
밑변의 길이를 □cm라고 하면 □×5.2÷2＝16.12입니다.
➡ □＝16.12×2÷5.2＝6.2
따라서 밑변의 길이는 6.2 cm입니다.

17 1시간 30분＝$1\frac{30}{60}$시간＝$1\frac{1}{2}$시간＝1.5시간
(한 시간 동안 달리는 거리)＝(달린 거리)÷(달린 시간)
＝120÷1.5＝80 (km)

18 (안내판과 간격의 길이의 합)＝2.1＋24.3＝26.4 (m)
➡ (필요한 안내판의 수)＝924÷26.4＝35(개)

서술형

19

평가 기준	배점(5점)
잘못 계산한 곳을 찾아 바르게 계산했나요?	2점
잘못 계산한 이유를 썼나요?	3점

서술형

20 예 (철근 1 m의 무게)＝63.75÷8.5＝7.5 (kg)
(철근 5 m의 무게)＝7.5×5＝37.5 (kg)

평가 기준	배점(5점)
철근 1 m의 무게를 구했나요?	3점
철근 5 m의 무게를 구했나요?	2점

다시 점검하는 수시 평가 대비 Level ❷

11~13쪽

1 261, 9 / 261, 261, 29, 29

2 (위에서부터) 10, 6, 6, 10

3 $12 \div 0.75 = \frac{1200}{100} \div \frac{75}{100} = 1200 \div 75 = 16$

4 1.8

5 5

6 3.42)23.94 = 7 (2394 ÷ 342: 2394, 나머지 0)

7 10배

8 0.02

9 80

10 29배

11 ②

12 (위에서부터) 6, 4, 24, 144

13 3개, 1.35 L

14 5.3 cm

15 3배

16 1.6배

17 6, 4, 3 / 5

18 4

19 3)26.7 = 8 (24, 2.7) / 8, 2.7

이유 예 상자 수는 소수가 아닌 자연수이므로 몫은 자연수까지만 구합니다.

20 61.6

1 1 m는 100 cm이므로 2.61 m=261 cm, 0.09 m=9 cm입니다. 2.61 m를 0.09 m씩 자르는 것과 261 cm를 9 cm씩 자르는 것은 같으므로 $2.61 \div 0.09 = 261 \div 9 = 29$입니다.

2 나눗셈에서 나누는 수와 나누어지는 수에 같은 수를 곱하여도 몫은 변하지 않습니다.

4
$$\begin{array}{r} 1.8 \\ 1.4\overline{)2.52} \\ \underline{14} \\ 112 \\ \underline{112} \\ 0 \end{array} \quad \text{또는} \quad \begin{array}{r} 1.8 \\ 1.40\overline{)2.520} \\ \underline{140} \\ 1120 \\ \underline{1120} \\ 0 \end{array}$$

5 $10.5 > 8.4 > 2.1$ ➡ $10.5 \div 2.1 = 5$

6 몫의 소수점은 나누어지는 수의 옮긴 소수점의 위치와 같아야 합니다.

7 나누는 수가 같고 ㉠의 나누어지는 수 20.8은 ㉡의 나누어지는 수 2.08의 10배이므로 ㉠의 몫은 ㉡의 몫의 10배입니다.

다른 풀이
㉠ $20.8 \div 0.8 = 26$ ㉡ $2.08 \div 0.8 = 2.6$
➡ $26 \div 2.6 = 10$(배)

8 몫을 반올림하여 소수 첫째 자리까지 나타내면 6.5이고, 몫을 반올림하여 소수 둘째 자리까지 나타내면 6.48입니다.
➡ 차: $6.5 - 6.48 = 0.02$

9 $0.15 \times \square = 12$ ➡ $\square = 12 \div 0.15 = 80$

10 (필통의 무게)÷(연필의 무게)
$= 414.7 \div 14.3 = 29$(배)

11 나누어지는 수가 모두 같으므로 나누는 수가 작을수록 몫이 큽니다.
나누는 수의 크기를 비교하면
$0.13 < 0.2 < 1.3 < 1.69 < 2.6$으로 0.13이 가장 작으므로 계산 결과가 가장 큰 것은 ②입니다.

12
$$\begin{array}{r} 1\text{㉡} \\ 2.\text{㉠}\overline{)38.4} \\ \underline{\text{㉢}} \\ 144 \\ \underline{\text{㉣}} \\ 0 \end{array}$$

$38 - \text{㉢} = 14$ ➡ ㉢$=24$
$2\text{㉠} \times 1 = 24$ ➡ ㉠$=4$
$144 - \text{㉣} = 0$ ➡ ㉣$=144$
$24 \times \text{㉡} = 144$ ➡ ㉡$=6$

13 $7.35 \div 2$의 몫을 자연수까지만 구하면 3이고, 1.35가 남습니다. 따라서 물을 병에 3개까지 담을 수 있고, 남는 물의 양은 1.35 L입니다.

14 다른 대각선의 길이를 □cm라고 하면
$3.6 \times \square \div 2 = 9.54$입니다.
➡ $\square = 9.54 \times 2 \div 3.6 = 5.3$

15 (집~우체국~도서관)
$= 2.14 + 4.28 = 6.42$ (km)
(집~우체국~도서관)÷(집~우체국)
$= 6.42 \div 2.14 = 3$(배)

16 (직사각형의 세로)=(넓이)÷(가로)
$= 19.04 \div 3.4$
$= 5.6$ (cm)
➡ (세로)÷(가로)$= 5.6 \div 3.4 = 1.64\cdots$ ➡ 1.6배
따라서 직사각형의 세로는 가로의 1.6배입니다.

17 몫이 가장 작으려면 나누는 수가 가장 커야 합니다.
$6 > 4 > 3$ ➡ $32.15 \div 6.43 = 5$

18 $20.4 \div 3.7 = 5.513513\cdots$
몫의 소수 첫째 자리부터 숫자 5, 1, 3이 반복됩니다.
$5.5135135135\cdots$ ➡ 5.513513514
(소수 9째 자리, 소수 10째 자리 → 소수 9째 자리)

서술형
19

평가 기준	배점(5점)
잘못 계산한 곳을 찾아 바르게 계산했나요?	3점
잘못 계산한 이유를 썼나요?	2점

서술형
20 예 어떤 수를 □라고 하면 $\square \times 3 = 554.7$이므로
$\square = 554.7 \div 3 = 184.9$입니다.
따라서 어떤 수는 184.9이므로 바르게 계산하면
$184.9 \div 3 = 61.63\cdots$ ➡ 61.6입니다.

평가 기준	배점(5점)
어떤 수를 구했나요?	3점
바르게 계산했을 때의 몫을 소수 첫째 자리까지 나타냈나요?	2점

3 공간과 입체

다시 점검하는 수시 평가 대비 Level ❶

14~16쪽

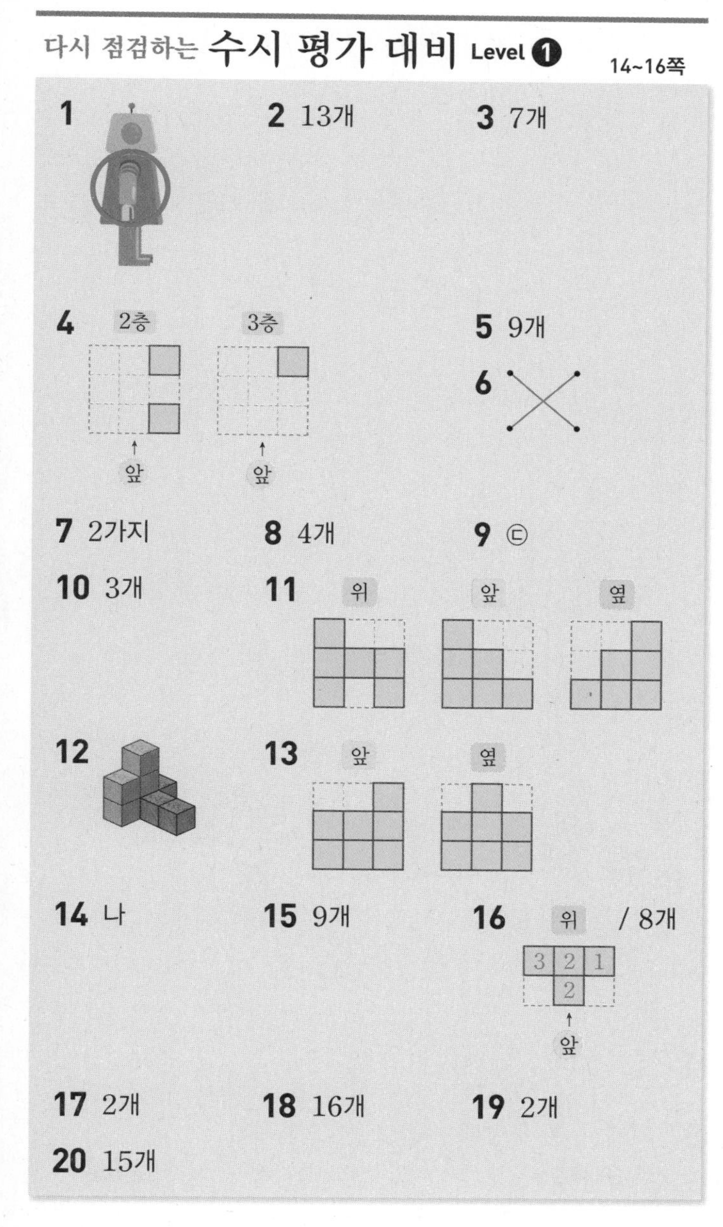
1

2 13개

3 7개

4 2층 3층 (앞)

5 9개

6

7 2가지

8 4개

9 ㉢

10 3개

11 위 앞 옆

12

13 앞 옆

14 나

15 9개

16 위 / 8개

17 2개

18 16개

19 2개

20 15개

2 (쌓기나무의 개수)$=4+1+3+2+1+2=13$(개)

3 1층에 4개, 2층에 2개, 3층에 1개이므로 주어진 모양과 똑같이 쌓는 데 쌓기나무가 7개 필요합니다.

4 1층 모양을 보고 쌓기나무로 쌓은 모양의 뒤에 보이지 않는 쌓기나무가 없다는 것을 알 수 있습니다. 2층에는 쌓기나무 2개, 3층에는 쌓기나무 1개가 있습니다.

5 쌓기나무가 1층에 6개, 2층에 2개, 3층에 1개 있습니다.
➡ $6+2+1=9$(개)

6 앞에서 볼 때 왼쪽 줄과 오른쪽 줄의 가장 높은 층을 각각 살펴봅니다.

7

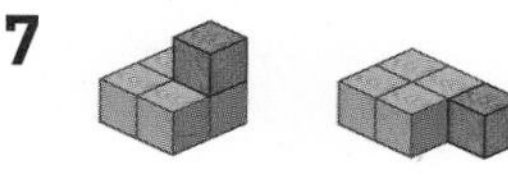

8 위에서 본 모양의 ○ 부분에 보이지 않는 쌓기나무가 있습니다.
➡ $1+2+1=4$(개)

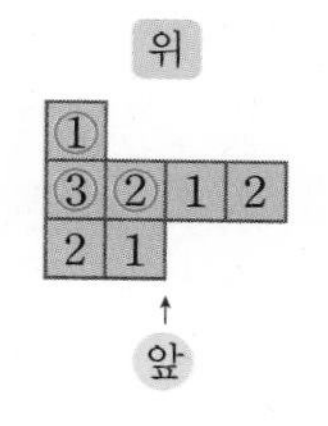

9 ㉠ 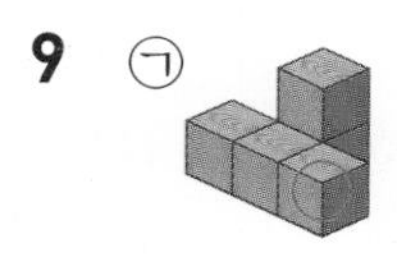 ㉡ 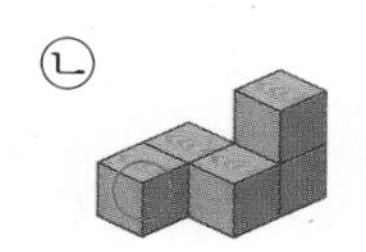 ㉣ 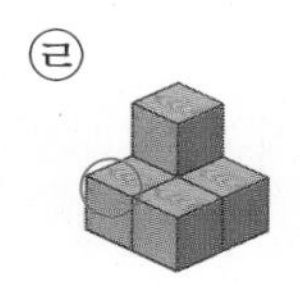

10 3층에 쌓인 쌓기나무는 3 이상의 수가 쓰여진 칸의 수와 같으므로 3개입니다.

11 위에서 본 모양은 1층에 쌓인 쌓기나무의 모양과 같게 그리고 앞, 옆에서 본 모양은 각 줄별로 가장 높은 층을 기준으로 그립니다.

13 • 앞에서 보았을 때 줄별로 가장 큰 수는 왼쪽부터 차례로 2, 2, 3입니다.
• 옆에서 보았을 때 줄별로 가장 큰 수는 왼쪽부터 차례로 2, 3, 2입니다.

14 위에서 본 모양에 수를 쓰면 다음과 같습니다.

가

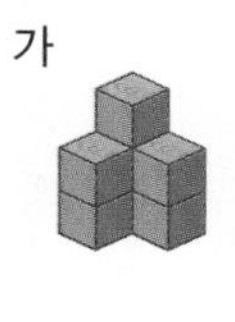

나

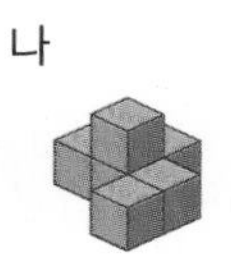

다

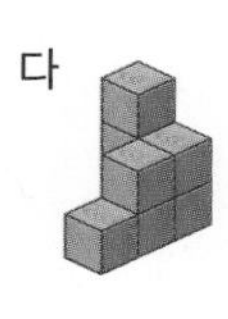
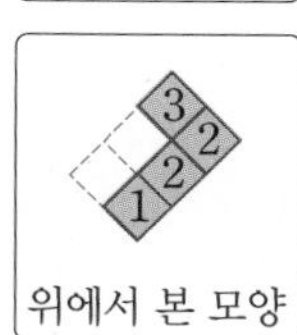

가: $3+2+2=7$(개)
나: $1+1+2+1+1=6$(개)
다: $3+2+2+1=8$(개)
따라서 쌓기나무가 가장 적은 것은 나입니다.

15 빨간색 쌓기나무를 빼내기 전 모양에서 쌓기나무는 1층에 7개, 2층에 4개, 3층에 1개로 모두 $7+4+1=12$(개)입니다.
➡ (빨간색 쌓기나무를 빼낸 후 남는 쌓기나무의 개수)
$=12-3=9$(개)

16 위에서 본 모양은 1층의 모양과 같습니다. 1층 모양에서 ○ 부분은 쌓기나무가 3개, △ 부분은 쌓기나무가 2개씩, 나머지는 쌓기나무가 1개 있습니다. 따라서 똑같은 모양으로 쌓는 데 필요한 쌓기나무는 $3+2+1+2=8$(개)입니다.

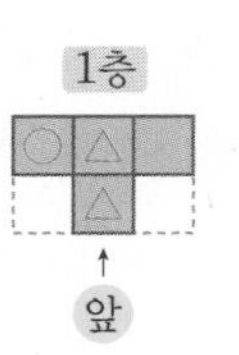

17 위에서 본 모양에 수를 쓰면 오른쪽과 같습니다. 따라서 2층에 쌓인 쌓기나무는 2 이상인 수가 쓰여진 칸의 수와 같으므로 2개입니다.

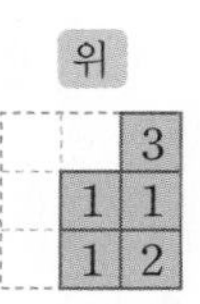

18 (주어진 모양에 쌓인 쌓기나무의 개수)
$=3+2+1+3+2=11$(개)
3층까지 쌓여 있으므로 한 모서리에 쌓이는 쌓기나무가 3개인 정육면체를 만들 수 있습니다.
➡ (더 필요한 쌓기나무의 개수)
$=3\times3\times3-11=16$(개)

위에서 본 모양

서술형
19 예 (㉠을 뺀 나머지 부분에 쌓인 쌓기나무의 개수)
$=2+1+3+3+1+2+1=13$(개)
➡ (㉠에 쌓인 쌓기나무의 개수)
$=15-13=2$(개)

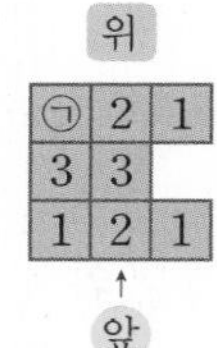

평가 기준	배점(5점)
㉠을 뺀 나머지 부분에 쌓인 쌓기나무의 개수를 구했나요?	3점
㉠에 쌓인 쌓기나무의 개수를 구했나요?	2점

서술형
20 예 쌓기나무의 개수가 최소일 때 위에서 본 모양에 수를 써 보면 오른쪽과 같습니다.
따라서 필요한 쌓기나무는 적어도
$3+1+1+1+3+1+1+1+3=15$(개)
입니다.

위
3	1	1
1	3	1
1	1	3

평가 기준	배점(5점)
쌓기나무의 개수가 최소일 때 위에서 본 모양에 수를 써서 나타냈나요?	3점
필요한 쌓기나무는 적어도 몇 개인지 구했나요?	2점

다시 점검하는 수시 평가 대비 Level 2

17~19쪽

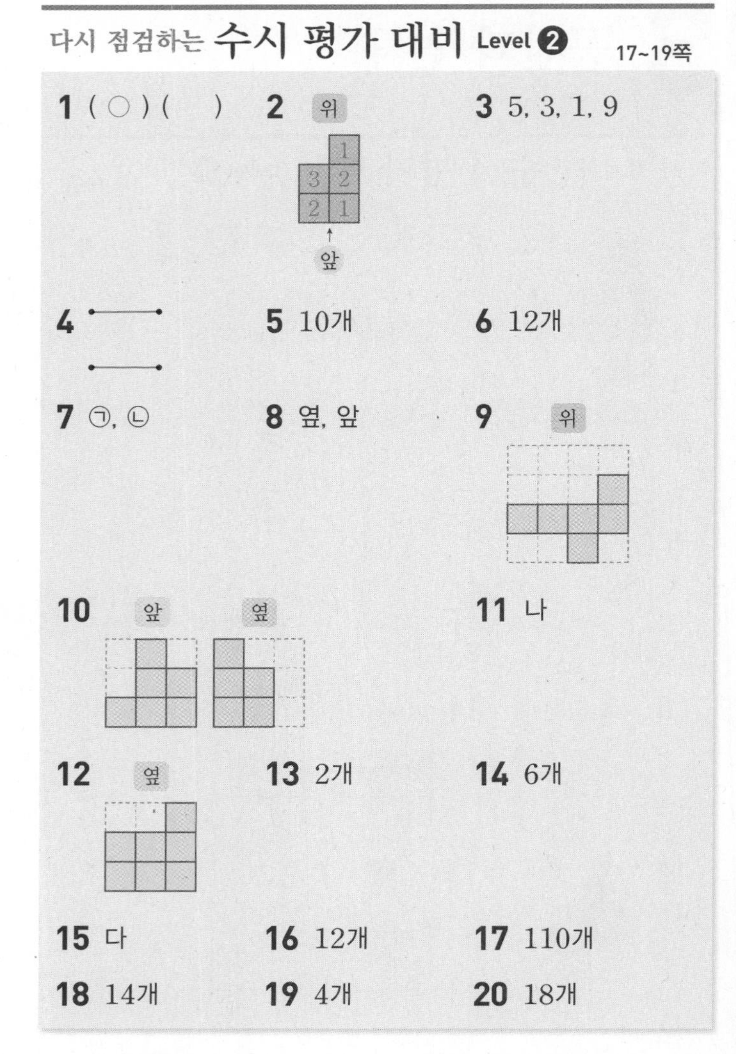

2 위에서 본 모양의 각 칸에 쌓인 쌓기나무의 개수를 세어 봅니다.

3 $5+3+1=9$(개)

5 위에서 본 모양에 수를 쓰면 오른쪽과 같습니다.
(쌓기나무의 개수)$=4+2+3+1$
$=10$(개)

위에서 본 모양

6 위에서 본 모양에 수를 쓰면 오른쪽과 같습니다.
(쌓기나무의 개수)
$=1+2+3+2+1+2+1$
$=12$(개)

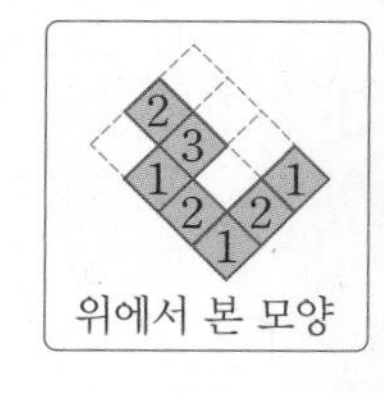

위에서 본 모양

7 ㉠  ㉡ 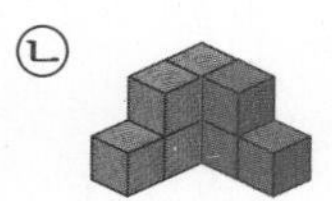

8 앞, 옆에서 본 모양은 각 줄별로 가장 높은 층을 기준으로 그립니다.

9 위에서 본 모양은 1층에 쌓인 쌓기나무의 모양과 같게 그립니다.

10 • 앞에서 보았을 때 줄별로 가장 큰 수는 왼쪽부터 차례로 1, 3, 2입니다.
• 옆에서 보았을 때 줄별로 가장 큰 수는 왼쪽부터 차례로 3, 2입니다.

11 각 모양을 앞에서 본 모양은 다음과 같습니다.

가 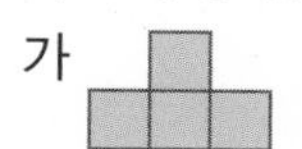 나 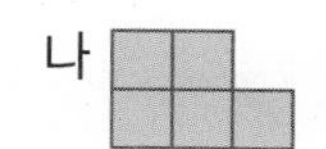 다 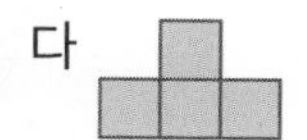

12 빨간색 쌓기나무 2개를 빼낸 모양을 옆에서 보았을 때 줄별로 가장 높은 층수는 왼쪽부터 차례로 2층, 2층, 3층입니다.

13 위에서 본 모양에서 ㉠을 뺀 부분에 수를 쓰면 오른쪽과 같습니다.

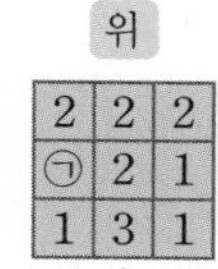

(㉠을 뺀 나머지 부분에 쌓인 쌓기나무의 개수)
$=2+2+2+2+1+1+3+1=14$(개)
➡ (㉠에 쌓인 쌓기나무의 개수)
$=16-14=2$(개)

14 위에서 본 모양에서 앞에서 본 모양을 보면 ○ 부분에는 쌓기나무가 1개씩, △ 부분에는 쌓기나무가 2개 이하입니다. 옆에서 본 모양을 보면 △ 부분은 2개씩입니다.

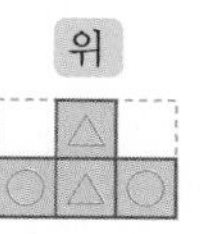

➡ (필요한 쌓기나무의 개수)$=2+1+2+1=6$(개)

15 1층 모양으로 가능한 모양을 찾아보면 가와 다입니다. 가는 2층 모양이 [그림] 이므로 쌓은 모양은 다입니다.

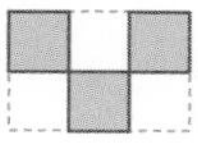

16 쌓기나무를 가장 적게 사용하여 똑같은 모양으로 쌓을 때 위에서 본 모양에 수를 쓰면 다음과 같습니다.

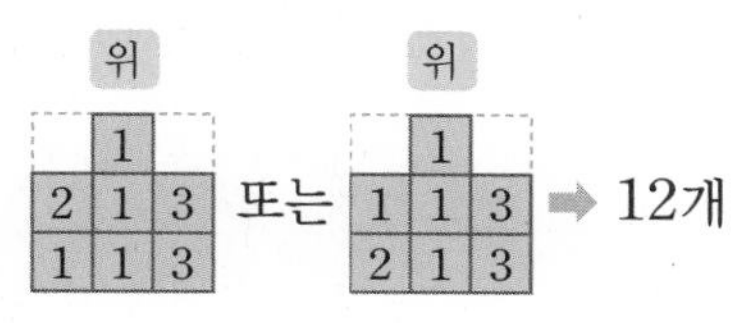

➡ 12개

17 쌓기나무 몇 개를 빼낸 모양을 위에서 본 모양에 수를 쓰면 오른쪽과 같습니다.

위에서 본 모양

(빼낸 쌓기나무의 개수)
=(처음 쌓기나무의 개수)
−(남은 쌓기나무의 개수)
$=(5\times5\times5)-(1+2+1+2+3+2+1+2+1)$
$=125-15=110$(개)

18 똑같은 모양으로 쌓을 때 쌓기나무가 가장 많이 사용되는 경우, 위에서 본 모양과 그 모양에 수를 쓰면 다음과 같습니다.

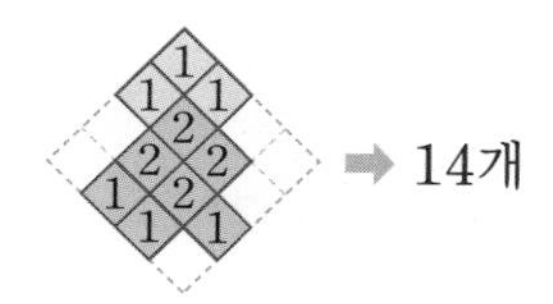

➡ 14개

[위에서 본 모양]

서술형

19 예 (주어진 모양과 똑같이 쌓는 데 필요한 쌓기나무의 개수)
$=3+3+2+2+1=11$(개)
➡ (민정이에게 더 필요한 쌓기나무의 개수)
$=11-7=4$(개)

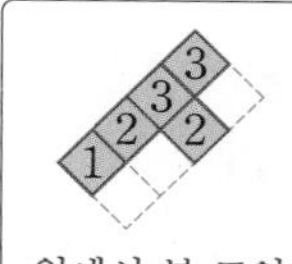
위에서 본 모양

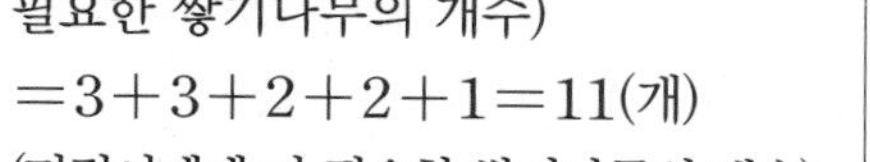

평가 기준	배점(5점)
주어진 모양과 똑같이 쌓는 데 필요한 쌓기나무의 개수를 구했나요?	3점
민정이에게 더 필요한 쌓기나무의 개수를 구했나요?	2점

서술형

20 예 (주어진 모양에 쌓인 쌓기나무의 개수)
$=1+2+3+1+1+1=9$(개)
한 모서리에 쌓이는 쌓기나무가 3개인 정육면체를 만들 수 있으므로 적어도 더 필요한 쌓기나무는
$(3\times3\times3)-9=18$(개)입니다.

위에서 본 모양

평가 기준	배점(5점)
주어진 모양에 쌓인 쌓기나무의 개수를 구했나요?	3점
더 필요한 쌓기나무의 개수를 구했나요?	2점

서술형 50% 중간 단원 평가 20~23쪽

1 5　**2** 2016, 48　**3** ㉣

4 15, 18　**5** 9개　**6** 2, 1.9, 1.88

7 이유 예 분모가 다른 분수의 나눗셈은 통분한 후 분자끼리의 나눗셈으로 계산해야 하는데 통분하지 않고 분자끼리의 나눗셈으로 계산하였으므로 잘못되었습니다. /
$\frac{7}{8}\div\frac{2}{5}=\frac{35}{40}\div\frac{16}{40}=35\div16=\frac{35}{16}=2\frac{3}{16}$

8 6개, 1.8 g　**9** 나　**10** 15개

11 7개　**12** $13\frac{3}{5}$ kg　**13** 9

14 앞　옆

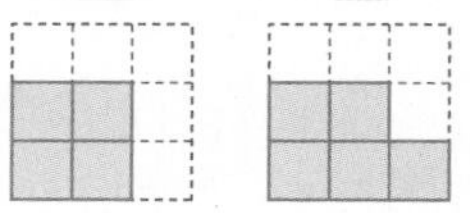

15 82 km

16 $1\frac{12}{13}$ cm　**17** 9분 20초　**18** 9개

19 38.8　**20** 32그루

1 $\frac{10}{11}$에서 $\frac{2}{11}$를 5번 덜어 낼 수 있습니다.
➡ $\frac{10}{11}\div\frac{2}{11}=5$

2 $20.16\div0.42=2016\div42=48$

3 주황색 컵이 가장 왼쪽, 파란색 컵이 가장 오른쪽에 있고 손잡이 위치를 생각하면 ㉣에서 찍은 사진입니다.

4 $12\frac{1}{2}\div\frac{5}{6}=\frac{25}{2}\div\frac{5}{6}=\frac{75}{6}\div\frac{5}{6}=75\div5=15$
$15\div\frac{5}{6}=(15\div5)\times6=3\times6=18$

5 1층에 4개, 2층에 4개, 3층에 1개이므로
필요한 쌓기나무는 $4+4+1=9$(개)입니다.

6 $5.63\div3=1.876\cdots$이므로 몫을 반올림하여
일의 자리까지 나타내면 $1.\underline{8}$ ➡ 2
소수 첫째 자리까지 나타내면 $1.8\underline{7}$ ➡ 1.9
소수 둘째 자리까지 나타내면 $1.87\underline{6}$ ➡ 1.88

7

평가 기준	배점
계산이 잘못된 이유를 썼나요?	3점
바르게 계산했나요?	2점

8
$$\begin{array}{r} 6 \\ 7\overline{)\,43.8} \\ \underline{42} \\ 1.8 \end{array}$$
따라서 만들 수 있는 빵은 6개이고, 남는 버터는 1.8 g입니다.

9 가 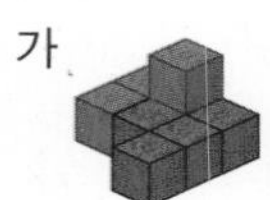　다 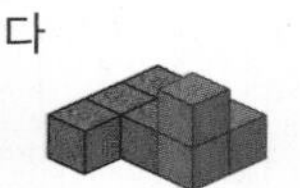

따라서 만들 수 없는 모양은 나입니다.

10 예 1층에 쌓은 쌓기나무는 7개,
2층에 쌓은 쌓기나무는 5개,
3층에 쌓은 쌓기나무는 3개입니다.
따라서 필요한 쌓기나무는 $7+5+3=15$(개)입니다.

평가 기준	배점
1층, 2층, 3층에 쌓은 쌓기나무의 개수를 각각 구했나요?	3점
필요한 쌓기나무의 개수를 구했나요?	2점

11 예 ㉮ $15.6\div1.3=12$
㉯ $56.26\div2.9=19.4$
따라서 12보다 크고 19.4보다 작은 자연수는 13, 14, 15, 16, 17, 18, 19로 모두 7개입니다.

평가 기준	배점
㉮와 ㉯의 몫을 각각 구했나요?	3점
㉮의 몫보다 크고 ㉯의 몫보다 작은 자연수의 개수를 구했나요?	2점

12 (나무 막대 1 m의 무게)
$=$(나무 막대의 무게)$\div$(나무 막대의 길이)
$=5\frac{2}{3}\div\frac{5}{12}=\frac{17}{3}\div\frac{5}{12}=\frac{17}{\cancel{3}_1}\times\frac{\cancel{12}^4}{5}$
$=\frac{68}{5}=13\frac{3}{5}$ (kg)

13 예 $7\div2.7=2.592592\cdots$이므로 몫의 소수점 아래 숫자는 5, 9, 2가 반복되는 규칙입니다.
$14\div3=4\cdots2$이므로 몫의 소수 14째 자리 숫자는 반복되는 숫자 중 두 번째 숫자인 9입니다.

평가 기준	배점
몫의 소수점 아래 숫자가 반복되는 규칙을 찾았나요?	2점
몫의 소수 14째 자리 숫자를 구했나요?	3점

14 위

㉠ 부분에 쌓을 수 있는 쌓기나무는 1개입니다.

15 예 2시간 24분$=2\frac{24}{60}$시간$=2.4$시간

(한 시간 동안 달린 거리)$=197.2\div2.4=82.1\cdots$

몫을 반올림하여 일의 자리까지 나타내면 82이므로 한 시간 동안 달린 거리는 82 km입니다.

평가 기준	배점
한 시간 동안 달린 거리를 소수 첫째 자리까지 구했나요?	3점
한 시간 동안 달린 거리를 반올림하여 일의 자리까지 나타냈나요?	2점

16 예 삼각형의 높이를 □cm라고 하면

(삼각형의 넓이)$=5\frac{4}{7}\times$□$\div2=5\frac{5}{14}$

➡ □$=5\frac{5}{14}\times2\div5\frac{4}{7}=\frac{75}{14}\times2\div\frac{39}{7}$

$=\frac{75}{7}\times\frac{7}{39}=\frac{25}{13}=1\frac{12}{13}$

따라서 삼각형의 높이는 $1\frac{12}{13}$ cm입니다.

평가 기준	배점
삼각형의 넓이를 구하는 식을 세웠나요?	2점
삼각형의 높이를 구했나요?	3점

17 예 (물 $6\frac{2}{3}$ L를 받는 데 걸리는 시간)

$=6\frac{2}{3}\div\frac{5}{7}=\frac{20}{3}\div\frac{5}{7}$

$=\frac{20}{3}\times\frac{7}{5}=\frac{28}{3}=9\frac{1}{3}$(분)

$9\frac{1}{3}$분$=9\frac{20}{60}$분$=9$분 20초이므로

물 $6\frac{2}{3}$ L를 받는 데 9분 20초가 걸립니다.

평가 기준	배점
물을 받는 데 걸리는 시간이 몇 분인지 분수로 나타냈나요?	3점
물을 받는 데 걸리는 시간이 몇 분 몇 초인지 구했나요?	2점

18 예 옆에서 본 모양에서 쌓기나무가 ♡ 부분은 1개씩, ☆과 ○ 부분은 최대 2개씩, △ 부분은 3개입니다. 앞에서 본 모양에서 쌓기나무가 ☆ 부분은 2개이고, ○ 부분에는 1개 또는 2개를 쌓을 수 있으므로 가장 많이 사용할 때의 쌓기나무의 개수는 $3+2+2+1+1=9$(개)입니다.

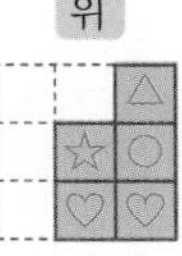

평가 기준	배점
각 자리에 쌓을 수 있는 쌓기나무의 개수를 구했나요?	3점
쌓기나무를 가장 많이 사용할 때 쌓기나무는 몇 개인지 구했나요?	2점

19 예 몫이 가장 크려면 나누어지는 수는 가장 크고, 나누는 수는 가장 작아야 합니다.

만들 수 있는 가장 큰 □□: 97

만들 수 있는 가장 작은 □.□: 2.5

➡ $97\div2.5=38.8$

평가 기준	배점
몫이 가장 크게 되는 식을 만들었나요?	3점
몫이 가장 크게 될 때의 몫을 구했나요?	2점

20 예 (나무 사이의 간격 수)

$=\frac{6}{7}\div\frac{2}{35}=\frac{30}{35}\div\frac{2}{35}=30\div2=15$(군데)

(도로 한쪽에 필요한 나무의 수)

$=$(나무 사이의 간격 수)$+1=15+1=16$(그루)

따라서 나무는 모두 $16\times2=32$(그루)가 필요합니다.

평가 기준	배점
나무 사이의 간격 수를 구했나요?	2점
필요한 나무는 모두 몇 그루인지 구했나요?	3점

4 비례식과 비례배분

다시 점검하는 수시 평가 대비 Level 1

24~26쪽

1 11, 15	**2** 168, 168	
3 (위에서부터) 6, 4	**4** 예 8 : 14, 12 : 21	
5 ④	**6** 9, 72, 24	**7** 12
8 (1) 30, 24 (2) 45, 25		**9** ④
10 1750원	**11** 18 cm, 30 cm	
12 36개	**13** 72개	**14** 9일
15 35번	**16** 16 cm	**17** 32번
18 예 4 : 5	**19** 81개	**20** 30개

1 비 11 : 15에서 기호 ':' 앞에 있는 11을 전항, 뒤에 있는 15를 후항이라고 합니다.

2 외항
7 : 12 = 14 : 24
내항
(외항의 곱) $=7\times24=168$
(내항의 곱) $=12\times14=168$

3 32 : 24의 전항과 후항을 4로 나누면 8 : 6이 됩니다.

4 4 : 7 ➡ 8 : 14 (×2), 4 : 7 ➡ 12 : 21 (×3), …

5 외항의 곱과 내항의 곱이 같은 것을 찾습니다.
① (외항의 곱) $=7\times14=98$
(내항의 곱) $=8\times16=128$
② (외항의 곱) $=3\times\frac{1}{4}=\frac{3}{4}$
(내항의 곱) $=4\times\frac{1}{3}=\frac{4}{3}$
③ (외항의 곱) $=0.5\times5=2.5$
(내항의 곱) $=0.6\times2=1.2$
④ (외항의 곱) $=2\times12=24$
(내항의 곱) $=6\times4=24$
⑤ (외항의 곱) $=45\times5=225$
(내항의 곱) $=36\times4=144$

6 비례식 3 : 8 = 9 : ■에서 외항의 곱과 내항의 곱은 같으므로 $3\times$■$=8\times9$입니다.

7 비례식에서 외항의 곱과 내항의 곱은 같습니다.
$6\times14=7\times\square$, $7\times\square=84$, $\square=84\div7=12$

8 (1) $54\times\frac{5}{5+4}=30$, $54\times\frac{4}{5+4}=24$
(2) $70\times\frac{9}{9+5}=45$, $70\times\frac{5}{9+5}=25$

9 전항을 □라고 하면 □ : 15의 비율이 $\frac{3}{5}$이므로
$\frac{\square}{15}=\frac{3}{5}$ ➡ $\square=3\times3=9$입니다.

10 연필 5자루의 값을 □원이라 하고 비례식을 세우면
3 : 1050 = 5 : □입니다.
➡ $3\times\square=1050\times5$, $3\times\square=5250$,
$\square=5250\div3=1750$

11 동수: $48\times\frac{3}{3+5}=48\times\frac{3}{8}=18$ (cm)
명희: $48\times\frac{5}{3+5}=48\times\frac{5}{8}=30$ (cm)

12 (희철) : (희주) $=\frac{1}{4}:\frac{1}{3}$
$\frac{1}{4}:\frac{1}{3}$의 전항과 후항에 12를 곱하면 3 : 4가 됩니다.
희철: $84\times\frac{3}{3+4}=84\times\frac{3}{7}=36$(개)

13 (남규네) : (주찬이네) = 4 : 6
4 : 6의 전항과 후항을 2로 나누면 2 : 3이 됩니다.
주찬이네: $120\times\frac{3}{2+3}=120\times\frac{3}{5}=72$(개)

14 6월은 30일입니다.
운동을 하지 않은 날수: $30\times\frac{3}{7+3}$
$=30\times\frac{3}{10}=9$(일)

15 ㉯가 42번 돌 때 ㉮가 도는 횟수를 □번이라 하고 비례식을 세우면 5 : 6 = □ : 42입니다.
➡ $5\times42=6\times\square$, $6\times\square=210$, $\square=35$

16 (가로) : (세로)$=\frac{2}{5}:\frac{3}{4}$

$\frac{2}{5}:\frac{3}{4}$의 전항과 후항에 20을 곱하면 8 : 15가 됩니다.

둘레가 92 cm이므로 (가로)+(세로)=46 cm입니다.

가로: $46\times\frac{8}{8+15}=46\times\frac{8}{23}=16$ (cm)

17 56번 던질 때 공이 들어간 횟수를 □번이라 하고 비례식을 세우면 7 : 4=56 : □입니다.

➡ 7×□=4×56, 7×□=224, □=32

18 ㉮$\times\frac{1}{2}=$㉯$\times\frac{2}{5}$ ➡ ㉮ : ㉯$=\frac{2}{5}:\frac{1}{2}$

$\frac{2}{5}:\frac{1}{2}$의 전항과 후항에 10을 곱하면 4 : 5가 됩니다.

서술형

19 예 명재가 빚은 만두 수를 □개라고 하면

7 : 9=63 : □입니다.

7 : 9=63 : □ ➡ 7×□=9×63, 7×□=567, □=81

따라서 명재가 빚은 만두는 81개입니다.

평가 기준	배점(5점)
알맞은 비례식을 세웠나요?	2점
명재가 빚은 만두 수를 구했나요?	3점

서술형

20 예 전체 구슬을 □개라고 하면

$□\times\frac{3}{3+2}=18$, $□\times\frac{3}{5}=18$,

$□=18\div\frac{3}{5}=18\times\frac{5}{3}=30$입니다.

따라서 전체 구슬은 30개입니다.

다른 풀이

예 (수영) : (진호)=3 : 2이므로 진호가 가진 구슬 수를 △개라 하고 비례식을 세우면 3 : 2=18 : △입니다.

➡ 3×△=2×18, 3×△=36, △=12

따라서 전체 구슬은 18+12=30(개)입니다.

평가 기준	배점(5점)
전체 구슬을 □개라고 하여 비례배분하는 식을 세웠나요?	2점
전체 구슬 수를 구했나요?	3점

다시 점검하는 수시 평가 대비 Level ❷

27~29쪽

1 440 2 ㉢

3 4, 16, 12, 48 (또는 12, 48, 4, 16)

4 예 3 : 10 5 5 6 ②

7 $1\frac{1}{2}$ 8 48개, 36개 9 예 3 : 2

10 35개 11 640 mL 12 24개

13 10, 2.4$\left(=2\frac{2}{5}\right)$ 14 12권, 20권

15 14시간, 10시간 16 예 4 : 5

17 32명 18 3시간 30분

19 120 cm 20 1200 t

1 외항은 8과 55입니다. ➡ 8×55=440

2 ㉢ 4 : 6=16 : 24에서 외항은 4와 24입니다.

3 비율을 알아보면 4 : 16 ➡ $\frac{1}{4}$, 12 : 48 ➡ $\frac{1}{4}$, 5 : 17 ➡ $\frac{5}{17}$, 2 : 9 ➡ $\frac{2}{9}$이므로 비율이 같은 두 비는 4 : 16과 12 : 48입니다.

➡ 4 : 16=12 : 48 또는 12 : 48=4 : 16

4 0.6 : 2의 전항과 후항에 10을 곱하면 6 : 20이 됩니다. 6 : 20의 전항과 후항을 2로 나누면 3 : 10이 됩니다.

5 $1\frac{1}{2}$: 2.5의 전항 $1\frac{1}{2}$을 소수로 바꾸면 1.5입니다. 1.5 : 2.5의 전항과 후항에 2를 곱하면 3 : 5가 됩니다. 따라서 □ 안에 알맞은 수는 5입니다.

6 이모의 나이를 □살이라 하고 비례식을 세우면 3 : 7=12 : □입니다.

7 $20\times□=18\times1\frac{2}{3}$, $20\times□=18\times\frac{5}{3}=30$,

$□=30\div20$, $□=\frac{3}{2}=1\frac{1}{2}$

8 다람쥐: $84\times\frac{4}{4+3}=84\times\frac{4}{7}=48$(개)

청설모: $84\times\frac{3}{4+3}=84\times\frac{3}{7}=36$(개)

9 ㉮×12를 외항의 곱, ㉯×18을 내항의 곱으로 생각하여 비례식을 세우면 ㉮ : ㉯=18 : 12입니다. 18 : 12의 전항과 후항을 6으로 나누면 3 : 2입니다.

10 축구공을 □개라 하고 비례식을 세우면 7 : 4=□ : 20입니다. ➡ 7×20=4×□, 4×□=140, □=35

11 사용해야 할 물을 □mL라 하고 비례식을 세우면
4 : 3=□ : 480입니다.
➡ 4×480=3×□, 3×□=1920, □=640

12 (은하) : (정남)$=1.5 : 1\frac{3}{4}$

$1.5 : 1\frac{3}{4}$의 후항 $1\frac{3}{4}$을 소수로 바꾸면 1.75입니다.

1.5 : 1.75의 전항과 후항에 100을 곱하면 150 : 175가 됩니다. 150 : 175의 전항과 후항을 25로 나누면 6 : 7이 됩니다.

은하 : $52\times\frac{6}{6+7}=52\times\frac{6}{13}=24$(개)

13 내항의 곱이 60이므로 6×㉠=60, ㉠=10이고
외항의 곱과 내항의 곱은 같으므로
25×㉡=60, ㉡=60÷25=2.4입니다.

14 (정국이네) : (예리네)=3 : 5

정국이네: $32\times\frac{3}{3+5}=32\times\frac{3}{8}=12$(권)

예리네: $32\times\frac{5}{3+5}=32\times\frac{5}{8}=20$(권)

15 (낮) : (밤)$=\frac{1}{5} : \frac{1}{7}$

$\frac{1}{5} : \frac{1}{7}$의 전항과 후항에 35를 곱하면 7 : 5가 됩니다.

낮: $24\times\frac{7}{7+5}=24\times\frac{7}{12}=14$(시간)

밤: $24\times\frac{5}{7+5}=24\times\frac{5}{12}=10$(시간)

16 직선 가와 나가 서로 평행하므로
(사다리꼴 ㅁㅂㅅㅇ의 높이)
=(평행사변형 ㄱㄴㄷㄹ의 높이)=5 cm
(평행사변형 ㄱㄴㄷㄹ의 넓이)=4×5=20 (cm^2)
(사다리꼴 ㅁㅂㅅㅇ의 넓이)
=(3+7)×5÷2=25 (cm^2)
➡ (평행사변형) : (사다리꼴)=20 : 25
20 : 25의 전항과 후항을 5로 나누면 4 : 5가 됩니다.

17 서현이네 반 학생 중 동생이 있는 학생 수와 전체 학생 수의 비는 25 : 100이므로 전체 학생 수를 □명이라 하고 비례식을 세우면 25 : 100=8 : □입니다.
➡ 25×□=100×8, 25×□=800, □=32

18 315 km를 가는 데 걸리는 시간을 □분이라 하고 비례식을 세우면 8 : 12=□ : 315입니다.
➡ 8×315=12×□, 12×□=2520, □=210
210분=3시간 30분

서술형
19 예 직사각형의 세로를 □cm라 하고 비례식을 세우면
7 : 5=35 : □입니다.
➡ 7×□=5×35, 7×□=175, □=25
(직사각형의 둘레)=(35+25)×2
=60×2=120 (cm)

평가 기준	배점(5점)
알맞은 비례식을 세웠나요?	2점
직사각형의 세로를 구했나요?	2점
직사각형의 둘레를 구했나요?	1점

서술형
20 예 가 : 나=0.7 : 1.1
0.7 : 1.1의 전항과 후항에 10을 곱하면 7 : 11이 됩니다.

가 마을: $5400\times\frac{7}{7+11}=5400\times\frac{7}{18}=2100$ (t)

나 마을: $5400\times\frac{11}{7+11}=5400\times\frac{11}{18}=3300$ (t)

➡ (차)=3300−2100=1200 (t)

평가 기준	배점(5점)
가 : 나를 간단한 자연수의 비로 나타냈나요?	1점
두 마을에 나누어 주는 밀가루의 양을 비례배분했나요?	3점
두 마을이 받는 밀가루 양의 차를 구했나요?	1점

5 원의 넓이

다시 점검하는 수시 평가 대비 Level 1

30~32쪽

1 3.14배 **2** 8, 8, 3.14, 200.96
3 $5\times2\times3.1=31$ / 31 cm **4** 18 cm, 6 cm
5 55.8 cm **6** 72, 144 **7** 66 cm
8 314 cm^2 **9** 24 cm **10** 9
11 10바퀴 **12** 49.6 cm^2 **13** 2790 m^2
14 ㉠, ㉢, ㉣, ㉡ **15** 480 cm^2 **16** 87.1 cm
17 334.8 cm^2 **18** 유천 **19** 37.2 cm
20 145.92 cm^2

1 (둘레)÷(지름)$=62.8\div20=3.14$(배)

3 (원주)=(지름)×(원주율)
=(반지름)×2×(원주율)

4 ㉠=(원주)$\times\frac{1}{2}=6\times2\times3\times\frac{1}{2}=18$ (cm)
㉡=(원의 반지름)=6 cm

5 $18\times3.1=55.8$ (cm)

6 (원 안의 정사각형의 넓이)$=12\times12\div2=72$ (cm^2)
(원 밖의 정사각형의 넓이)$=12\times12=144$ (cm^2)

7 (접시의 둘레)$=11\times2\times3=66$ (cm)

8 지름이 20 cm이므로 반지름은 10 cm입니다.
(원의 넓이)$=10\times10\times3.14=314$ (cm^2)

9 원의 지름을 □cm라고 하면 □×3.1=74.4,
□=74.4÷3.1=24입니다.

10 □×□×3=243, □×□=81, 9×9=81이므로
□=9입니다.

11 (동전의 둘레)$=4\times3=12$ (cm)
➡ $120\div12=10$(바퀴)

12 한 변이 8 cm인 정사각형 안에 들어갈 수 있는 가장 큰 원의 지름은 8 cm입니다.

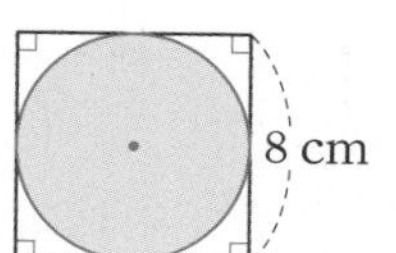

➡ (원의 넓이)$=4\times4\times3.1$
$=49.6$ (cm^2)

13 연못의 지름을 □m라고 하면 □×3.1=186,
□=186÷3.1=60입니다.
(연못의 반지름)$=60\div2=30$ (m)
(연못의 넓이)$=30\times30\times3.1=2790$ (m^2)

14 지름이 길수록 원의 넓이가 넓으므로 지름을 구하여 비교합니다.
㉠ 16 cm ㉡ 12 cm ㉢ (지름)$=45\div3=15$ (cm)
㉣ 원의 반지름을 □cm라고 하면 □×□×3=147,
□×□=49, 7×7=49이므로 □=7입니다.
반지름이 7 cm이므로 지름은 14 cm입니다.
따라서 지름이 긴 순서대로 기호를 쓰면 ㉠, ㉢, ㉣, ㉡입니다.

15 (남은 피자의 넓이)$=16\times16\times3\times\frac{5}{8}=480$ (cm^2)

16

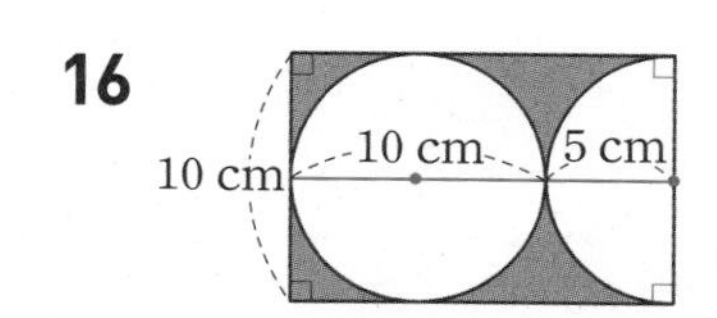

직사각형의 가로는 $10+5=15$ (cm)입니다.
(색칠한 부분의 둘레)
$=15\times2+10+10\times3.14+10\times3.14\times\frac{1}{2}$
$=30+10+31.4+15.7=87.1$ (cm)

17 (색칠한 부분의 넓이)
$=12\times12\times3.1-6\times6\times3.1$
$=446.4-111.6$
$=334.8$ (cm^2)

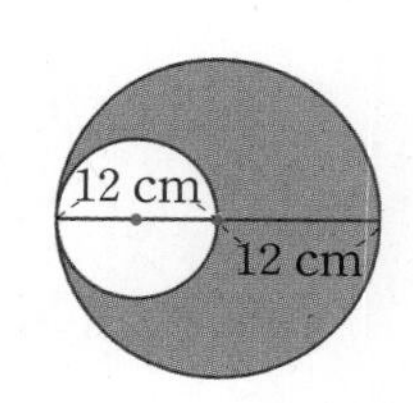

18 반지름이 길수록 더 큰 원이므로 반지름을 구하여 비교합니다. 지윤이가 그린 원의 반지름을 □cm라고 하면
□×2×3=48, □=8입니다.
유천이가 그린 원의 반지름을 △ cm라고 하면
△×△×3=243, △×△=81, 9×9=81이므로
△=9입니다.
따라서 유천이가 더 큰 원을 그렸습니다.

서술형

19 만든 해의 반지름을 □ cm라고 하면
□×□×3.1=111.6, □×□=36,
6×6=36이므로 □=6입니다.
➡ (해의 둘레)=6×2×3.1=37.2 (cm)

평가 기준	배점(5점)
해의 반지름을 구했나요?	2점
해의 둘레를 구했나요?	3점

서술형

20 예

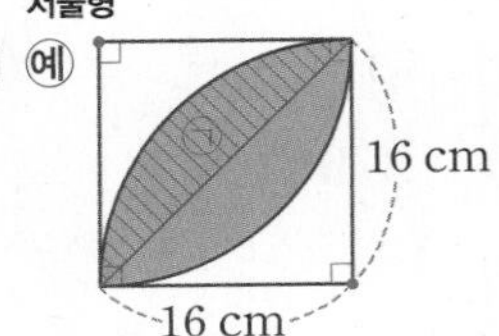

(색칠한 부분의 넓이)
=(㉠의 넓이)×2
$=(16\times16\times3.14\times\frac{1}{4}-16\times16\div2)\times2$
$=(200.96-128)\times2=145.92$ (cm^2)

평가 기준	배점(5점)
알맞은 식을 세웠나요?	2점
색칠한 부분의 넓이를 구했나요?	3점

다시 점검하는 수시 평가 대비 Level ❷ 33~35쪽

1 ⑤
2 (위에서부터) 12.4, 12
3 (위에서부터) 원의 반지름, 원주
4 43.96 cm
5 (1) 12 cm^2 (2) 48 cm^2
6 126, 168
7 155 m
8 16
9 ②
10 7바퀴
11 375.1 cm^2
12 7 cm
13 37.2 cm
14 ㉢
15 나, 2.4 cm
16 300 m
17 51 cm
18 55.8 cm^2
19 628 cm
20 12.5 cm^2

1 ①, ④ (원주)=(지름)×(원주율)
②, ③ 원주율은 원의 크기와 관계없이 일정합니다.

2 • (지름이 4 cm인 원의 원주)=4×3.1=12.4 (cm)
• (원주가 3.72 cm인 원의 지름)=37.2÷3.1
=12 (cm)

4 (원주)=7×2×3.14=43.96 (cm)

5 (1) 2×2×3=12 (cm^2)
(2) 4×4×3=48 (cm^2)

6 (원 안의 정육각형의 넓이)=21×6=126 (cm^2)
(원 밖의 정육각형의 넓이)=28×6=168 (cm^2)
원의 넓이는 원 안의 정육각형의 넓이 126 cm^{2}보다 크므로 126 cm^2<(원의 넓이)입니다.
원의 넓이는 원 밖의 정육각형의 넓이 168 cm^{2}보다 작으므로 (원의 넓이)<168 cm^{2}입니다.

7 25×3.1×2=155 (m)

8 원의 반지름을 △ cm라고 하면 △×△×3=192,
△×△=64, 8×8=64이므로 △=8입니다.
따라서 원의 지름은 8×2=16 (cm)입니다.

9 (지름)=(원주)÷(원주율)=45÷3=15 (cm)
(반지름)=15÷2=7.5 (cm)

10 (훌라후프의 둘레)=60×3.1=186 (cm)
➡ 1302÷186=7(바퀴)

11 (지름)=68.2÷3.1=22 (cm)
➡ (원의 넓이)=11×11×3.1=375.1 (cm^2)

12 (CD의 둘레)=210÷5=42 (cm)
CD의 반지름을 □ cm라고 하면 □×2×3=42,
□=7입니다.

13 (큰 원의 원주)=11×2×3.1=68.2 (cm)
(작은 원의 원주)=5×2×3.1=31 (cm)
➡ (원주의 차)=68.2−31=37.2 (cm)

14 ㉠ (원의 넓이)=8×8×3=192 (cm^2)
㉡ (원의 넓이)=6×6×3=108 (cm^2)

15 (가의 둘레)=18×4=72 (cm)
(나의 둘레)=12×2×3.1=74.4 (cm)
➡ 나 도형의 둘레가 74.4−72=2.4 (cm) 더 깁니다.

16 (운동장의 둘레)$=40\times3\times\frac{1}{2}\times2+90\times2$
=120+180=300 (m)

17 (색칠한 부분의 둘레)$=10\times2\times3.1\times\frac{1}{4}\times2+20$

$=31+20=51$ (cm)

18 (색칠한 부분의 넓이)

$=6\times6\times3.1-3\times3\times3.1\times\frac{1}{2}\times4$

$=111.6-55.8=55.8$ (cm^2)

서술형

19 예 (가 굴렁쇠가 20바퀴 굴러간 거리)

$=30\times3.14\times20=1884$ (cm)

(나 굴렁쇠가 20바퀴 굴러간 거리)

$=40\times3.14\times20=2512$ (cm)

따라서 나 굴렁쇠는 가 굴렁쇠보다

$2512-1884=628$ (cm) 더 갔습니다.

평가 기준	배점(5점)
가 굴렁쇠가 20바퀴 굴러간 거리를 구했나요?	2점
나 굴렁쇠가 20바퀴 굴러간 거리를 구했나요?	2점
두 굴렁쇠가 굴러간 거리의 차를 구했나요?	1점

서술형

20 예 (색칠한 부분의 넓이)

$=10\times10\div2-5\times5\times3\times\frac{1}{2}$

$=50-37.5=12.5$ (cm^2)

평가 기준	배점(5점)
알맞은 식을 세웠나요?	2점
색칠한 부분의 넓이를 구했나요?	3점

6 원기둥, 원뿔, 구

다시 점검하는 수시 평가 대비 Level 1

36~38쪽

1 다 **2** 나, 바 **3** ②, ④

4 (○) (   ) (   ) **5** 8 cm

6 (위에서부터) 9, 11 **7** 원뿔

8 (위에서부터) 원, 1 / 원, 2

9 (위에서부터) 8, 9 **10** 15 cm

11 ④ **12** 6 cm

13

위에서 본 모양	앞에서 본 모양	옆에서 본 모양
	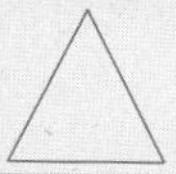	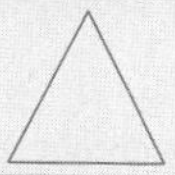

14

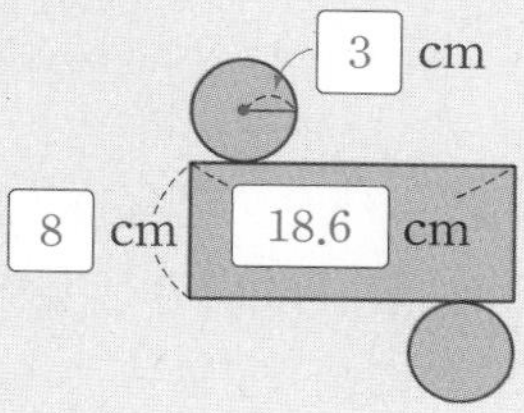

15 37.68 cm **16** 378 cm^2

17 892.8 cm^2 **18** 140 cm^2

19 이유 예 옆면이 직사각형이 아니기 때문입니다.

20 100 cm

1 두 면이 서로 평행하고 합동인 원으로 된 기둥 모양의 입체도형은 다입니다.

2 밑면이 원이고 옆면이 굽은 면인 뿔 모양의 입체도형은 나, 바입니다.

3 두 밑면에 수직인 선분의 길이를 높이라고 합니다.

4 원뿔의 밑면의 지름을 잴 때에는 자와 삼각자를 사용합니다.

5 구의 중심에서 구의 겉면의 한 점을 이은 선분을 구의 반지름이라고 합니다.

7 직각삼각형 모양의 종이를 한 변을 기준으로 돌리면 원뿔이 만들어집니다.

9 (원기둥의 밑면의 지름)=(원기둥의 밑면의 반지름)$\times 2$
=(직사각형의 가로)$\times 2$
$=4\times 2=8$ (cm)
(원기둥의 높이)=(직사각형의 세로)=9 cm

10 직각삼각형 모양의 종이를 돌리면 원뿔이 만들어집니다. 원뿔의 높이는 돌릴 때 기준이 되는 변의 길이와 같으므로 높이는 15 cm입니다.

11 ④ 원기둥의 밑면은 원이고 각기둥의 밑면은 다각형입니다.

12 모선의 길이는 15 cm이고 높이는 9 cm입니다.
➡ $15-9=6$ (cm)

14 (직사각형의 가로)=(밑면의 둘레)
$=3\times 2\times 3.1=18.6$ (cm)

15 구를 앞에서 본 모양은 반지름이 6 cm인 원이므로 앞에서 본 모양의 둘레는 $6\times 2\times 3.14=37.68$ (cm)입니다.

16 원기둥을 앞에서 본 모양은 가로가 $9\times 2=18$ (cm)이고 세로가 21 cm인 직사각형입니다. 따라서 앞에서 본 모양의 넓이는 $18\times 21=378$ (cm^2)입니다.

17 (옆면의 가로)=(밑면의 둘레)
$=8\times 2\times 3.1=49.6$ (cm)
(옆면의 세로)=(높이)=18 cm
(옆면의 넓이)$=49.6\times 18=892.8$ (cm^2)

18 돌리기 전의 직사각형 모양의 종이는 가로가 10 cm, 세로가 14 cm입니다.
(직사각형 모양 종이의 넓이)
$=10\times 14=140$ (cm^2)

서술형
19 밑면의 둘레와 옆면의 가로가 다르기 때문에 원기둥을 만들 수 없습니다.

평가 기준	배점(5점)
원기둥의 전개도에 대해 알고 있나요?	2점
원기둥의 전개도가 아닌 이유를 썼나요?	3점

서술형
20 예 (전개도의 옆면의 가로)$=12\times 3=36$ (cm)
(전개도의 옆면의 세로)=14 cm
(전개도의 옆면의 둘레)$=(36+14)\times 2=100$ (cm)

평가 기준	배점(5점)
전개도의 옆면의 가로와 세로를 각각 구했나요?	2점
전개도의 옆면의 둘레를 구했나요?	3점

다시 점검하는 수시 평가 대비 Level ❷

39~41쪽

1 원기둥 **2** (왼쪽에서부터) 가, 라 / 마 / 나
3 ④ **4** 모선의 길이 **5** 가, 다
6 13 **7** 11 cm **8** ③, ④
9 3 cm **10** 가 **11** 28 cm
12 9.8 cm **13** ㉢ **14** 10 cm
15 200.96 cm^2
16 예

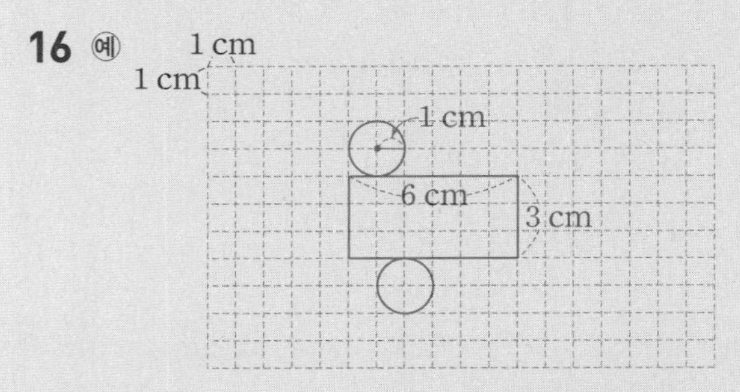

17 20 cm **18** 4464 cm^2
19 공통점 예 밑면의 모양이 원입니다.
차이점 예 원기둥의 밑면은 2개이고, 원뿔의 밑면은 1개입니다.
20 756 cm^2

1 저금통, 풀, 캔은 모두 위와 아래에 있는 면이 서로 평행하고 합동인 원으로 이루어진 입체도형이므로 원기둥입니다.

4 원뿔의 꼭짓점과 밑면인 원 둘레의 한 점을 이은 선분의 길이를 재는 것이므로 모선의 길이를 재는 것입니다.

5 나는 옆면이 직사각형이 아니므로 원기둥을 만들 수 없습니다.
라는 두 밑면이 합동이 아니므로 원기둥을 만들 수 없습니다.

6 (구의 반지름)=(반원의 반지름)
$=26\div 2=13$ (cm)

7

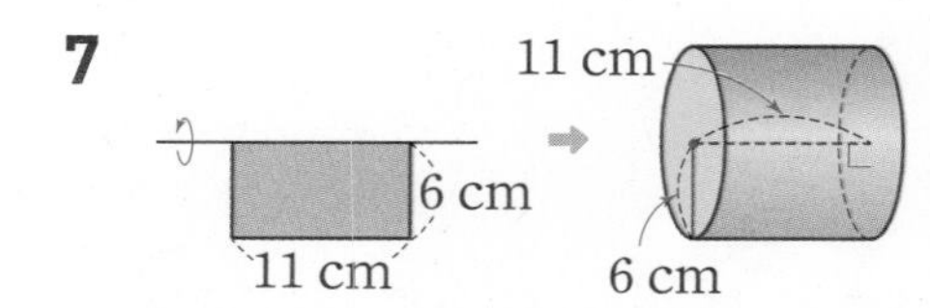

직사각형 모양의 종이를 돌려 만든 원기둥의 높이는 직사각형의 가로와 같습니다. 따라서 높이는 11 cm입니다.

8 각기둥에는 모서리, 꼭짓점이 있지만 원기둥에는 없습니다.

9 원기둥의 높이는 9 cm이고, 원뿔의 높이는 6 cm입니다. ➡ 차: $9-6=3$ (cm)

10 구를 여러 방향에서 본 모양은 모두 원입니다.

11 앞에서 본 모양이 직사각형이고 세로는 가로의 2배이므로 원기둥의 높이는 밑면의 지름의 2배입니다.
따라서 높이는 $14\times2=28$ (cm)입니다.

12 (직사각형의 가로)$=4\times2\times3.1=24.8$ (cm)
(직사각형의 세로)$=15$ cm
➡ $24.8-15=9.8$ (cm)

13 ㉢ 원기둥, 원뿔, 구는 모두 모서리가 없습니다.

14 밑면의 반지름을 □cm라고 하면
$\square\times2\times3.14=62.8$, $\square\times6.28=62.8$, $\square=10$입니다.

15 원뿔을 위에서 본 모양은 반지름이 8 cm인 원입니다.
따라서 원뿔을 위에서 본 모양의 넓이는
$8\times8\times3.14=200.96$ (cm^2)입니다.

16 직사각형 모양의 종이를 한 변을 기준으로 돌리면 밑면의 지름이 $1\times2=2$ (cm)이고 높이가 3 cm인 원기둥이 만들어집니다.
(전개도의 옆면의 가로)$=$(원기둥의 밑면의 둘레)
$=2\times3=6$ (cm)
(전개도의 옆면의 세로)$=$(원기둥의 높이)$=3$ cm

17 페인트 통의 높이를 □cm라고 하면
$11\times2\times3\times\square=1320$, $66\times\square=1320$, $\square=20$입니다.

18 (옆면의 가로)$=12\times2\times3.1=74.4$ (cm)
(옆면의 세로)$=30$ cm
(옆면의 넓이)$=74.4\times30=2232$ (cm^2)
(물감이 묻은 바닥의 넓이)$=2232\times2=4464$ (cm^2)

서술형
19

평가 기준	배점(5점)
원기둥과 원뿔의 공통점을 썼나요?	2점
원기둥과 원뿔의 차이점을 썼나요?	3점

서술형
20 예 밑면의 반지름을 □cm라고 하면
$\square\times2\times3=42$, $\square\times6=42$, $\square=7$입니다.
(원기둥의 전개도의 넓이)$=(7\times7\times3)\times2+42\times11$
$=294+462=756$ (cm^2)

평가 기준	배점(5점)
밑면의 반지름을 구했나요?	2점
원기둥의 전개도의 넓이를 구했나요?	3점

서술형 50% 기말 단원 평가

42~45쪽

1 5, 9 **2** 40.3 cm
3 (1) 다 (2) 나 (3) 마 **4** ㉡
5 200, 400 **6** 30 cm, 20 cm, 25 cm
7 (위에서부터) 6, 37.2, 12 **8** 42 cm
9 14 cm **10** 예 2 : 3 **11** 13
12 ㉣ **13** 50 cm **14** 706.5 cm^2
15 142 m **16** 25분 **17** 11만 원
18 972 cm^2 **19** 228 cm^2 **20** 4 cm

1 비 5 : 9에서 기호 ':' 앞에 있는 5를 전항, 뒤에 있는 9를 후항이라고 합니다.

2 (원주)=(지름)×(원주율)=13×3.1=40.3 (cm)

4 비율이 같은 두 비를 기호 '='를 사용하여 나타낸 식을 찾습니다.

5 원의 넓이는 원 안의 정사각형의 넓이보다 크고, 원 밖의 정사각형의 넓이보다 작습니다.
(원 안의 정사각형의 넓이)=20×20÷2=200 (cm^2)
(원 밖의 정사각형의 넓이)=20×20=400 (cm^2)

6 (밑면의 지름)=15×2=30 (cm)

7 (밑면의 반지름)=6 cm
(옆면의 가로)=(밑면의 둘레)
=6×2×3.1=37.2 (cm)
(옆면의 세로)=(높이)=12 cm

8 예 구를 위에서 본 모양은 반지름이 7 cm인 원입니다.
따라서 구를 위에서 본 모양의 둘레는 반지름이 7 cm인 원의 원주이므로 7×2×3=42 (cm)입니다.

평가 기준	배점
구를 위에서 본 모양은 어떤 모양인지 알았나요?	2점
구를 위에서 본 모양의 둘레를 구했나요?	3점

9 예 원의 반지름을 □cm라고 하면
□×□×3=588, □×□=588÷3=196
14×14=196이므로 □=14
따라서 원의 반지름은 14 cm입니다.

평가 기준	배점
원의 넓이를 구하는 식을 세웠나요?	2점
원의 반지름은 몇 cm인지 구했나요?	3점

10 예 은비와 진서가 각각 한 시간 동안 한 일의 양의 비는 $\frac{1}{6}:\frac{1}{4}$입니다.
$\frac{1}{6}:\frac{1}{4}$의 전항과 후항에 12를 곱하면 2 : 3이 됩니다.

평가 기준	배점
은비와 진서가 각각 한 시간 동안 한 일의 양의 비를 구했나요?	2점
은비와 진서가 각각 한 시간 동안 한 일의 양의 비를 간단한 자연수의 비로 나타냈나요?	3점

11 예 4 : ㉠=10 : 7.5에서 ㉠×10=4×7.5,
㉠×10=30, ㉠=30÷10=3
$1\frac{1}{2}$: 3=㉡ : 20에서 3×㉡=$1\frac{1}{2}$×20,
3×㉡=$\frac{3}{\cancel{2}_1}\times\cancel{20}^{10}$=30, ㉡=30÷3=10
따라서 ㉠과 ㉡에 알맞은 수의 합은 3+10=13입니다.

평가 기준	배점
㉠과 ㉡에 알맞은 수를 각각 구했나요?	3점
㉠과 ㉡에 알맞은 수의 합을 구했나요?	2점

12 ㉣ 원기둥을 옆에서 본 모양은 직사각형이지만 원뿔을 옆에서 본 모양은 삼각형입니다.

13 예 5 m=500 cm입니다.
(수민)=500×$\frac{9}{9+11}$=500×$\frac{9}{20}$=225 (cm)
(다현)=500×$\frac{11}{9+11}$=500×$\frac{11}{20}$=275 (cm)
따라서 다현이가 철사를 275−225=50 (cm) 더 가지게 됩니다.

평가 기준	배점
수민이와 다현이가 각각 갖게 되는 철사의 길이를 구했나요?	3점
다현이가 수민이보다 철사를 몇 cm 더 가지게 되는지 구했나요?	2점

14 예 길이가 94.2 cm인 실을 남기거나 겹치는 부분 없이 모두 사용하여 만든 원의 원주는 94.2 cm이므로
(반지름)=94.2÷3.14÷2=15 (cm)입니다.
➡ (만든 원의 넓이)=15×15×3.14=706.5 (cm^2)

평가 기준	배점
만든 원의 반지름을 구했나요?	3점
만든 원의 넓이를 구했나요?	2점

15 양쪽의 반원을 합하면 원 한 개가 만들어집니다.
(운동장의 둘레)=20×3.1+40×2
=62+80=142 (m)

16 7 km를 □분 동안 달린다고 하면

$5:1.4=\square:7$

➡ $5\times7=1.4\times\square$, $1.4\times\square=35$,

$\square=35\div1.4=25$

따라서 25분 동안 달려야 합니다.

17 예 (정호) : (나영)=48만 : 72만=2 : 3

(정호)=55만$\times\dfrac{2}{2+3}$=22만 (원)

(나영)=55만$\times\dfrac{3}{2+3}$=33만 (원)

➡ 33만−22만=11만 (원)

평가 기준	배점
정호와 나영이가 받게 되는 이익금을 각각 구했나요?	3점
정호와 나영이가 받게 되는 이익금의 차를 구했나요?	2점

18 예 만들 수 있는 가장 큰 원의 지름은 36 cm입니다.

(만들 수 있는 가장 큰 원의 반지름)

$=36\div2=18$ (cm)

(만들 수 있는 가장 큰 원의 넓이)

$=18\times18\times3=972$ (cm^2)

평가 기준	배점
만들 수 있는 가장 큰 원의 지름을 구했나요?	2점
만들 수 있는 가장 큰 원의 넓이를 구했나요?	3점

19 예 (색칠한 부분의 넓이)

=((원의 넓이)$\times\dfrac{1}{4}$−(삼각형의 넓이))$\times2$

$=(20\times20\times3.14\times\dfrac{1}{4}-20\times20\div2)\times2$

$=(314-200)\times2=228$ (cm^2)

평가 기준	배점
색칠한 부분의 넓이를 구하는 식을 알맞게 세웠나요?	2점
색칠한 부분의 넓이를 구했나요?	3점

20 예 원기둥의 밑면의 반지름을 □cm라고 하면

(전개도의 둘레)

=(밑면의 둘레)$\times4$+(원기둥의 높이)$\times2$

$=\square\times2\times3\times4+10\times2$

$=\square\times24+20=116$

$\square\times24=116-20=96$, $\square=96\div24=4$

따라서 원기둥의 밑면의 반지름은 4 cm입니다.

평가 기준	배점
원기둥의 전개도의 둘레를 구하는 식을 세웠나요?	3점
원기둥의 밑면의 반지름을 구했나요?	2점

내신 성적을 쑥쑥~ 올리는!!

내공의 힘

중등과학

3·2

STRUCTURE 구성과 특징

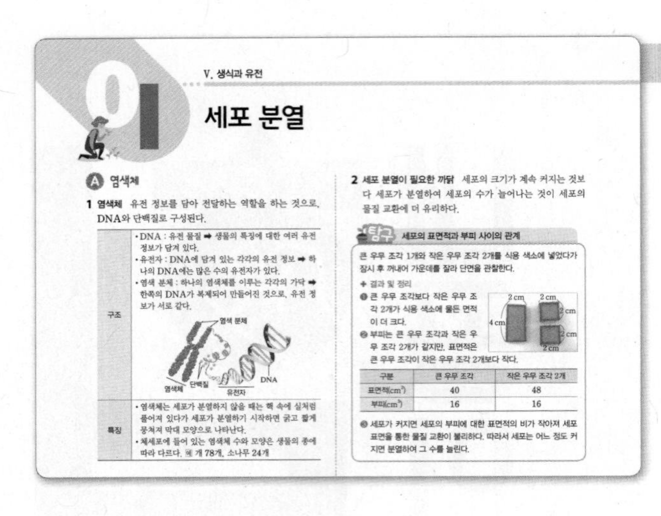

내공 1 단계 | 차근차근 내용 짚기

핵심 개념만 뽑아 단기간에 공략! 꼭 알아두어야 할 교과 내용을 도표와 시각 자료로 이해하기 쉽게 정리했어요.

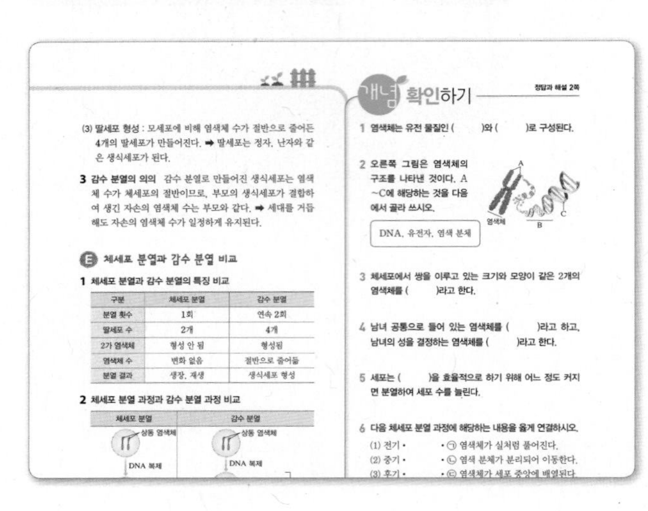

내공 2 단계 | 개념 확인하기

핵심을 잘 짚고, 잘 이해했는지 확인하는 단계! 쪽지시험 보는 마음으로 도전~ 만약 모르는 게 있으면 1단계로 다시 가서 내공을 더 쌓으세요.

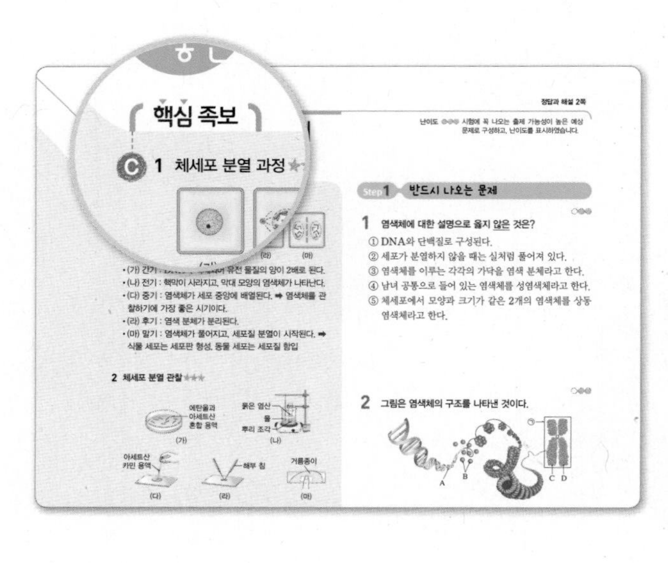

내공 3 단계 | 핵심 족보

학교 기출 문제를 분석하여 정리한 핵심 족보! 문제를 공략하기 전에 기출 빈도가 높은 내용을 다시 한번 점검해 보세요.

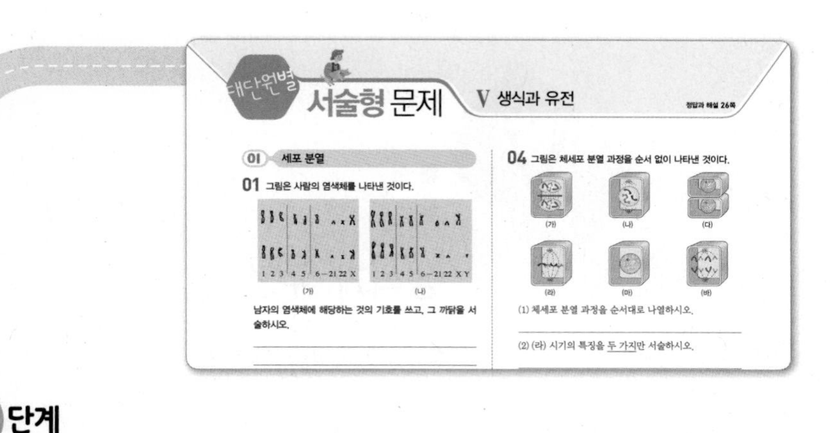

내공 점검 | 내공 5 단계

마지막 최종 점검 단계! 지금까지 쌓은 내공을 모아모아 내 실력을 체크해 보세요. 실전처럼 연습하고 부족한 부분을 보충하면 실제 시험도 문제없어요.

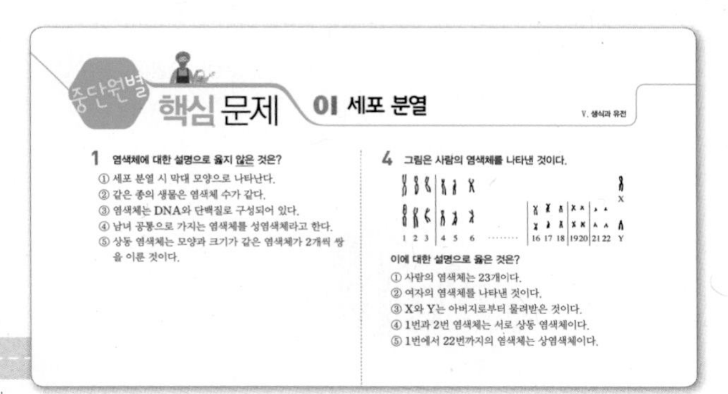

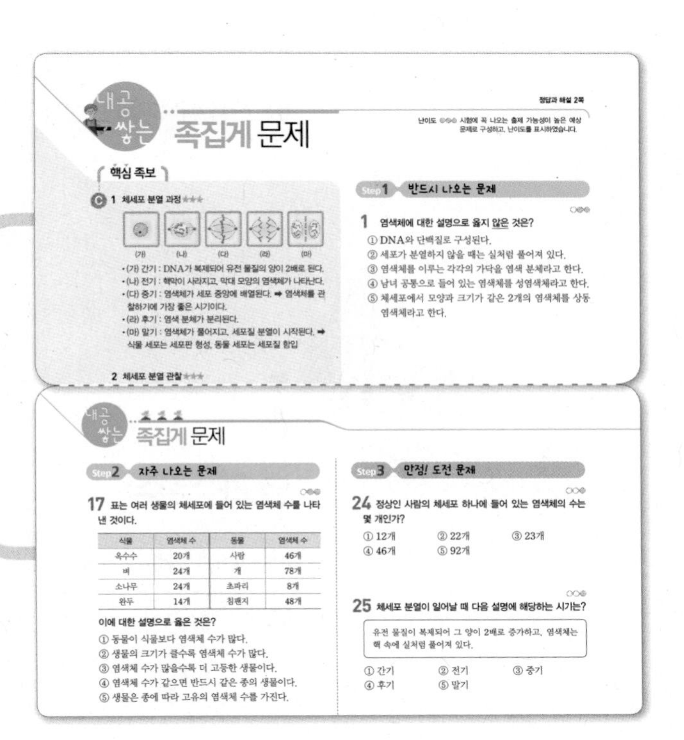

내공 쌓는 족집게 문제 | 내공 4 단계

내신에 강해지는 길은 기출 문제를 많이 풀어 보는 것! 학교 기출 문제를 분석하여 적중률 높은 문제를 구성했어요. 100점으로 가는 마지막 관문인 서술형 문제까지 잡으면 내신 준비 OK!

CONTENTS 차례

생식과 유전

에너지 전환과 보존

별과 우주

과학기술과 인류 문명

내공 점검

CONTENTS

내공과 내 교과서

단원 비교

		내공	비상교육	미래엔
V 생식과 유전	01 세포 분열	8~15	162~169	174~187
	02 사람의 발생	16~19	170~171	188~189
	03 멘델의 유전 원리	20~25	176~181	190~197
	04 사람의 유전	26~31	182~189	198~205
VI 에너지 전환과 보존	01 역학적 에너지 전환과 보존	32~35	198~203	212~219
	02 전기 에너지의 발생과 전환	36~43	208~217	220~235
VII 별과 우주	01 별	44~51	226~233	246~255
	02 은하와 우주	52~59	238~247, 252~257	256~264, 266~271
VIII 과학기술과 인류 문명	01 과학기술과 인류 문명	60~64	266~275	282~295

천재교과서	동아
180~195	168~181
196~199	182~186
202~212	188~195
213~222	196~204
230~236	214~221
238~245	224~237
255~263	249~257
264~267, 271~278	261~264, 266~272
286~295	282~295

Textbook

01 세포 분열

A 염색체

1 염색체 유전 정보를 담아 전달하는 역할을 하는 것으로, DNA와 단백질로 구성된다.

구조	• DNA : 유전 물질 ➡ 생물의 특징에 대한 여러 유전 정보가 담겨 있다. • 유전자 : DNA에 담겨 있는 각각의 유전 정보 ➡ 하나의 DNA에는 많은 수의 유전자가 있다. • 염색 분체 : 하나의 염색체를 이루는 각각의 가닥 ➡ 한쪽의 DNA가 복제되어 만들어진 것으로, 유전 정보가 서로 같다. 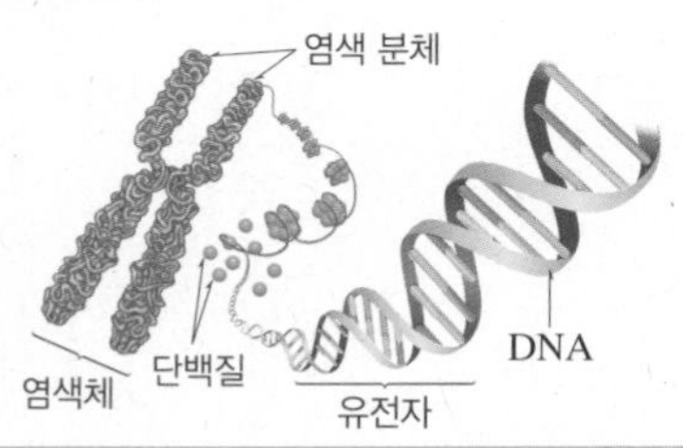
특징	• 염색체는 세포가 분열하지 않을 때는 핵 속에 실처럼 풀어져 있다가 세포가 분열하기 시작하면 굵고 짧게 뭉쳐져 막대 모양으로 나타난다. • 체세포에 들어 있는 염색체 수와 모양은 생물의 종에 따라 다르다. 예 개 78개, 소나무 24개

2 사람의 염색체 사람의 체세포에는 46개(23쌍)의 염색체가 있다.

(1) 상동 염색체 : 체세포에서 쌍을 이루고 있는 크기와 모양이 같은 2개의 염색체 ➡ 하나는 어머니에게서, 다른 하나는 아버지에게서 물려받았다.

(2) 상염색체 : 남녀 공통으로 들어 있는 염색체 ➡ 1번~22번 염색체(22쌍)

(3) 성염색체 : 성을 결정하는 염색체 ➡ X 염색체, Y 염색체

상동 염색체 / 염색 분체 / 염색체 / 염색체

▲ 상동 염색체

▲ 남자 : 44(상염색체)+XY(성염색체)　▲ 여자 : 44(상염색체)+XX(성염색체)

B 세포 분열이 필요한 까닭

1 세포 분열과 생장 생물은 세포 분열로 세포의 수가 늘어나서 생장이 일어난다. ➡ 몸집이 큰 동물은 몸집이 작은 동물에 비해 세포의 수가 많다.

2 세포 분열이 필요한 까닭 세포의 크기가 계속 커지는 것보다 세포가 분열하여 세포의 수가 늘어나는 것이 세포의 물질 교환에 더 유리하다.

탐구 세포의 표면적과 부피 사이의 관계

큰 우무 조각 1개와 작은 우무 조각 2개를 식용 색소에 넣었다가 잠시 후 꺼내어 가운데를 잘라 단면을 관찰한다.

✚ 결과 및 정리

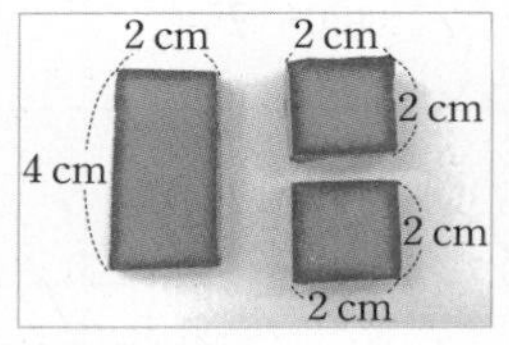

❶ 큰 우무 조각보다 작은 우무 조각 2개가 식용 색소에 물든 면적이 더 크다.

❷ 부피는 큰 우무 조각과 작은 우무 조각 2개가 같지만, 표면적은 큰 우무 조각이 작은 우무 조각 2개보다 작다.

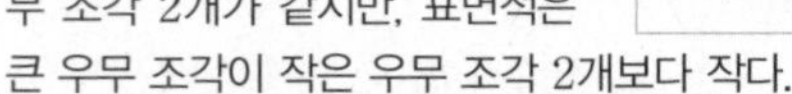

구분	큰 우무 조각	작은 우무 조각 2개
표면적(cm^2)	40	48
부피(cm^3)	16	16

❸ 세포가 커지면 세포의 부피에 대한 표면적의 비가 작아져 세포 표면을 통한 물질 교환이 불리하다. 따라서 세포는 어느 정도 커지면 분열하여 그 수를 늘린다.

C 체세포 분열

1 체세포 분열 체세포 한 개가 두 개로 나누어지는 것

체세포 : 생물의 몸을 이루는 세포

2 체세포 분열 과정 핵분열 → 세포질 분열로 진행된다.

(1) 핵분열 : 염색체의 모양과 행동에 따라 구분한다.

구분		그림	특징
간기(분열 전)		핵막	• DNA(유전 물질)가 복제되어 양이 2배로 된다. • 핵막이 뚜렷하며, 염색체가 핵 속에 실처럼 풀어져 있다.
핵분열	전기	염색체, 방추사	• 핵막이 사라진다. • 두 가닥의 염색 분체로 이루어진 막대 모양의 염색체가 나타난다. • 방추사가 형성된다.
	중기		• 염색체가 세포 중앙에 배열된다. ➡ 염색체를 관찰하기에 가장 좋은 시기이다.
	후기		• 방추사에 의해 각 염색체의 염색 분체가 분리되어 세포 양쪽 끝으로 이동한다.
	말기		• 핵막이 나타나 2개의 핵이 생긴다. • 염색체가 풀어진다. • 세포질 분열이 시작된다.

방추사 : 염색체를 세포의 양쪽 끝으로 끌고 가는 얇은 실 모양의 구조물

(2) 세포질 분열

동물 세포	식물 세포
딸세포	세포판 딸세포
세포막 함입 ➡ 세포막이 바깥쪽에서 안쪽으로 잘록하게 들어가면서 세포질이 나누어진다.	세포판 형성 ➡ 안쪽에서 바깥쪽으로 세포판이 형성되면서 세포질이 나누어진다.

(3) 딸세포 형성 : 모세포와 염색체 수와 모양이 같은 2개의 딸세포가 만들어진다.

3 체세포 분열 결과

(1) 생장 : 몸집이 커진다.
(2) 재생 : 상처를 아물게 한다.
(3) 단세포 생물의 경우 딸세포가 새로운 개체가 된다.

탐구 체세포 분열 관찰

양파 뿌리 끝을 1 cm 정도 잘라 다음과 같이 현미경 표본을 만든 후 현미경으로 관찰한다.

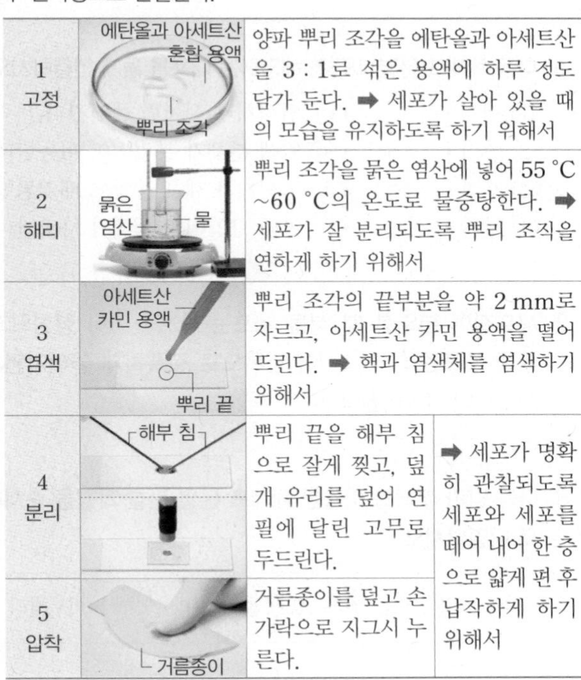

단계	그림	방법	
1 고정	에탄올과 아세트산 혼합 용액, 뿌리 조각	양파 뿌리 조각을 에탄올과 아세트산을 3 : 1로 섞은 용액에 하루 정도 담가 둔다. ➡ 세포가 살아 있을 때의 모습을 유지하도록 하기 위해서	
2 해리	묽은 염산, 물	뿌리 조각을 묽은 염산에 넣어 55 °C ~60 °C의 온도로 물중탕한다. ➡ 세포가 잘 분리되도록 뿌리 조직을 연하게 하기 위해서	
3 염색	아세트산 카민 용액, 뿌리 끝	뿌리 조각의 끝부분을 약 2 mm로 자르고, 아세트산 카민 용액을 떨어뜨린다. ➡ 핵과 염색체를 염색하기 위해서	
4 분리	해부 침	뿌리 끝을 해부 침으로 잘게 찢고, 덮개 유리를 덮어 연필에 달린 고무로 두드린다.	➡ 세포가 명확히 관찰되도록 세포와 세포를 떼어 내어 한 층으로 얇게 편 후 납작하게 하기 위해서
5 압착	거름종이	거름종이를 덮고 손가락으로 지그시 누른다.	

✚ 결과 및 정리

❶ **양파 뿌리 끝을 사용하는 까닭** : 뿌리 끝에는 체세포 분열이 활발하게 일어나는 생장점이 있기 때문이다.

❷ 염색체의 모양과 행동에 따라 체세포 분열의 각 단계를 구분할 수 있다.

간기 전기 후기 중기

❸ 분열 중인 세포보다 분열 전의 세포가 더 많이 관찰된다. ➡ 간기가 분열기보다 길기 때문

❹ 분열을 막 끝낸 세포는 분열 전의 세포에 비해 크기가 작다.

D 감수 분열(생식세포 분열)

1 감수 분열 생식세포를 만들 때 일어나는 세포 분열

생식세포 : 생물이 자신과 닮은 자손을 만들기 위해 생식 기관에서 만들어지는 세포 예) 정자, 난자

2 감수 분열 과정 감수 1분열과 감수 2분열이 연속해서 일어난다.

(1) 감수 1분열 : 2가 염색체가 형성되고, 상동 염색체가 분리된다. ➡ 분열 후 염색체 수가 절반으로 줄어든다.

	단계	그림	특징
간기 (분열 전)		핵막	• DNA(유전 물질)가 복제되어 양이 2배로 된다. • 핵막이 뚜렷하며, 염색체가 핵 속에 실처럼 풀어져 있다.
감수 1분열	전기	2가 염색체	• 핵막이 사라진다. • 상동 염색체가 결합한 2가 염색체가 나타난다.
	중기		• 2가 염색체가 세포 중앙에 배열된다.
	후기		• 상동 염색체가 분리되어 세포 양쪽 끝으로 이동한다.
	말기 및 세포질 분열		• 핵막이 나타난다. • 세포질이 나누어져 2개의 딸세포가 만들어진다.

(2) 감수 2분열 : 염색 분체가 분리된다. ➡ 분열 후 염색체 수가 변하지 않는다.

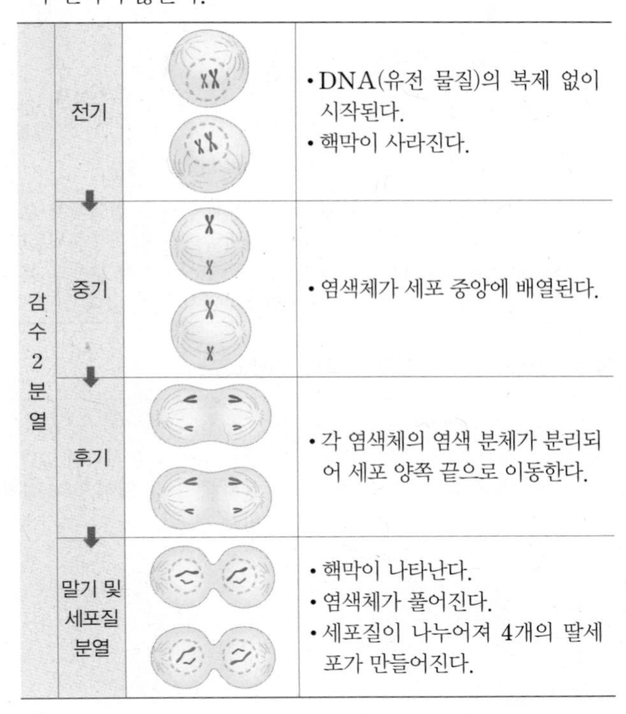

	단계	특징
감수 2분열	전기	• DNA(유전 물질)의 복제 없이 시작된다. • 핵막이 사라진다.
	중기	• 염색체가 세포 중앙에 배열된다.
	후기	• 각 염색체의 염색 분체가 분리되어 세포 양쪽 끝으로 이동한다.
	말기 및 세포질 분열	• 핵막이 나타난다. • 염색체가 풀어진다. • 세포질이 나누어져 4개의 딸세포가 만들어진다.

(3) 딸세포 형성 : 모세포에 비해 염색체 수가 절반으로 줄어든 4개의 딸세포가 만들어진다. ➡ 딸세포는 정자, 난자와 같은 생식세포가 된다.

3 감수 분열의 의의 감수 분열로 만들어진 생식세포는 염색체 수가 체세포의 절반이므로, 부모의 생식세포가 결합하여 생긴 자손의 염색체 수는 부모와 같다. ➡ 세대를 거듭해도 자손의 염색체 수가 일정하게 유지된다.

E 체세포 분열과 감수 분열 비교

1 체세포 분열과 감수 분열의 특징 비교

구분	체세포 분열	감수 분열
분열 횟수	1회	연속 2회
딸세포 수	2개	4개
2가 염색체	형성 안 됨	형성됨
염색체 수	변화 없음	절반으로 줄어듦
분열 결과	생장, 재생	생식세포 형성

2 체세포 분열 과정과 감수 분열 과정 비교

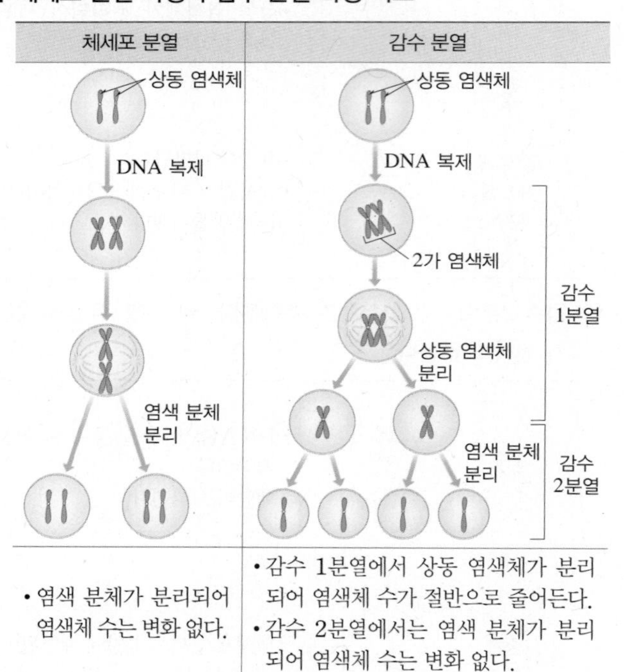

체세포 분열	감수 분열
• 염색 분체가 분리되어 염색체 수는 변화 없다.	• 감수 1분열에서 상동 염색체가 분리되어 염색체 수가 절반으로 줄어든다. • 감수 2분열에서는 염색 분체가 분리되어 염색체 수는 변화 없다.

3 체세포와 생식세포의 염색체 구성 비교

체세포	생식세포
• 상동 염색체가 쌍으로 있다.	• 상동 염색체 중 하나만 있다. • 염색체 수가 체세포의 절반이다.
상동 염색체	

정답과 해설 2쪽

1 염색체는 유전 물질인 (   )와 (   )로 구성된다.

2 오른쪽 그림은 염색체의 구조를 나타낸 것이다. A~C에 해당하는 것을 다음에서 골라 쓰시오.

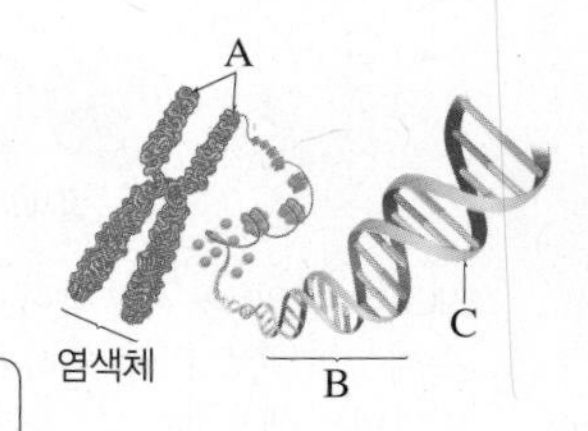

DNA, 유전자, 염색 분체

3 체세포에서 쌍을 이루고 있는 크기와 모양이 같은 2개의 염색체를 (   )라고 한다.

4 남녀 공통으로 들어 있는 염색체를 (   )라고 하고, 남녀의 성을 결정하는 염색체를 (   )라고 한다.

5 세포는 (   )을 효율적으로 하기 위해 어느 정도 커지면 분열하여 세포 수를 늘린다.

6 다음 체세포 분열 과정에 해당하는 내용을 옳게 연결하시오.

(1) 전기 • • ㉠ 염색체가 실처럼 풀어진다.
(2) 중기 • • ㉡ 염색 분체가 분리되어 이동한다.
(3) 후기 • • ㉢ 염색체가 세포 중앙에 배열된다.
(4) 말기 • • ㉣ 막대 모양의 염색체가 나타난다.

7 세포질이 분열할 때 식물 세포는 (   )이 형성되고, 동물 세포는 (   )이 안쪽으로 잘록하게 들어가면서 세포질이 나누어진다.

8 다음 양파 뿌리를 이용한 체세포 분열 관찰 과정을 순서대로 나열하시오.

(가) 고정 (나) 분리 (다) 압착 (라) 염색 (마) 해리

9 오른쪽 그림은 감수 분열 과정 중 특정 시기의 세포를 나타낸 것이다. A의 이름을 쓰고, 이 세포에 해당하는 감수 분열 시기를 쓰시오.

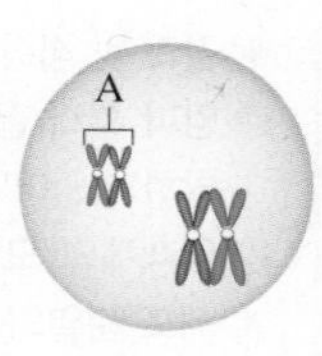

10 감수 1분열에서는 (   )가 분리되어 염색체 수가 모세포의 절반으로 줄어들고, 감수 2분열에서는 (   )가 분리되어 염색체 수에 변화가 없다.

족집게 문제

난이도 ●●● 시험에 꼭 나오는 출제 가능성이 높은 예상 문제로 구성하고, 난이도를 표시하였습니다.

핵심 족보

C 1 체세포 분열 과정★★★

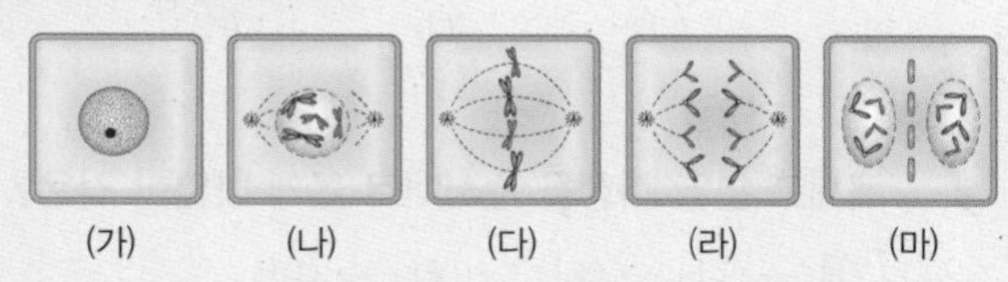

- (가) 간기 : DNA가 복제되어 유전 물질의 양이 2배로 된다.
- (나) 전기 : 핵막이 사라지고, 막대 모양의 염색체가 나타난다.
- (다) 중기 : 염색체가 세포 중앙에 배열된다. ➡ 염색체를 관찰하기에 가장 좋은 시기이다.
- (라) 후기 : 염색 분체가 분리된다.
- (마) 말기 : 염색체가 풀어지고, 세포질 분열이 시작된다. ➡ 식물 세포는 세포판 형성, 동물 세포는 세포질 함입

2 체세포 분열 관찰★★★

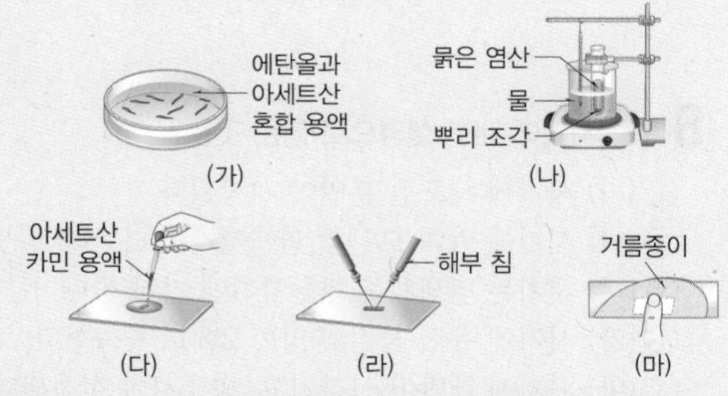

- (가) 고정 : 세포 분열을 멈추고 세포가 살아 있을 때의 모습을 유지하도록 한다.
- (나) 해리 : 뿌리 조직을 연하게 한다.
- (다) 염색 : 핵과 염색체를 붉게 염색한다.
- (라) 분리 : 세포와 세포를 떼어 낸다.
- (마) 압착 : 세포를 납작하게 한다.

D 3 감수 분열 과정★★★

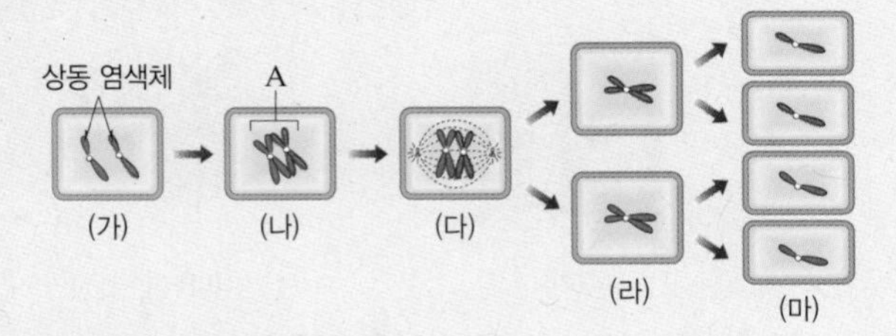

- A는 2가 염색체이다.
- (가) → (나) : DNA가 복제되어 유전 물질의 양이 2배로 된다.
- (다) → (라) : 상동 염색체가 분리된다. ➡ 염색체 수가 절반으로 줄어든다.
- (라) → (마) : 염색 분체가 분리된다. ➡ 염색체 수는 변화 없다.
- 분열 결과 : 4개의 딸세포 형성, 생식세포 형성

Step 1 반드시 나오는 문제

○●●

1 염색체에 대한 설명으로 옳지 않은 것은?

① DNA와 단백질로 구성된다.
② 세포가 분열하지 않을 때는 실처럼 풀어져 있다.
③ 염색체를 이루는 각각의 가닥을 염색 분체라고 한다.
④ 남녀 공통으로 들어 있는 염색체를 성염색체라고 한다.
⑤ 체세포에서 모양과 크기가 같은 2개의 염색체를 상동 염색체라고 한다.

○●●

2 그림은 염색체의 구조를 나타낸 것이다.

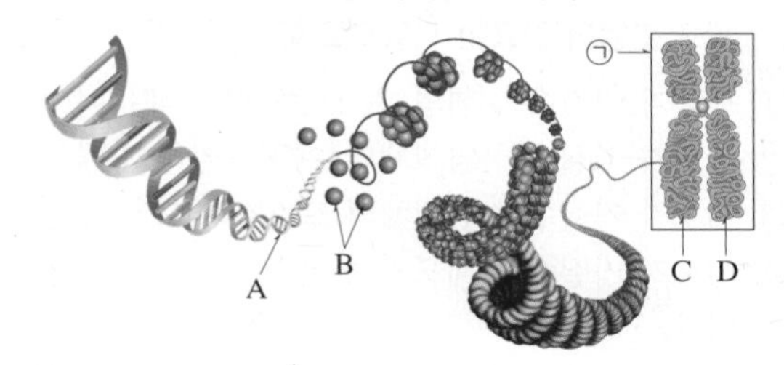

이에 대한 설명으로 옳지 않은 것은?

① A는 DNA, B는 단백질이다.
② A에 유전 정보가 담겨 있다.
③ C와 D에는 각각 1개의 유전자가 있다.
④ C와 D는 세포 분열 시 각각의 딸세포로 나뉘어 들어간다.
⑤ ㉠은 세포가 분열하기 시작할 때 막대 모양으로 나타난다.

○●●

3 오른쪽 그림은 체세포에서 모양과 크기가 같은 한 쌍의 염색체를 나타낸 것이다. 이에 대한 설명으로 옳지 않은 것은?

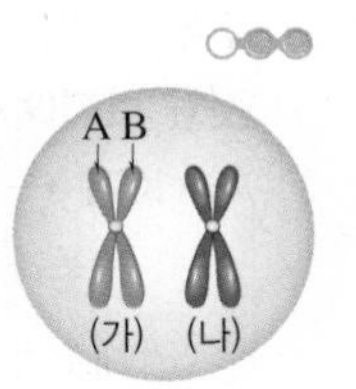

① A와 B는 상동 염색체이다.
② A와 B는 유전 정보가 서로 같다.
③ (가)와 (나)는 유전 정보가 서로 다르다.
④ A와 B는 한쪽의 DNA가 복제되어 만들어진 것이다.
⑤ (가)를 아버지에게서 물려받았다면, (나)는 어머니에게서 물려받았다.

4 그림은 사람의 염색체 구성을 나타낸 것이다.

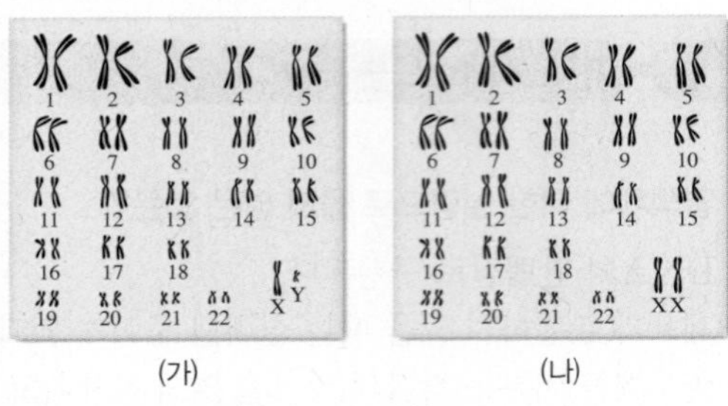

(가) (나)

이에 대한 설명으로 옳지 않은 것은?

① (가)의 염색체 수는 46개이다.
② (가)에는 23쌍의 상동 염색체가 들어 있다.
③ X 염색체와 Y 염색체는 성염색체이다.
④ (가)는 여자, (나)는 남자의 염색체이다.
⑤ 1번부터 22번까지의 염색체는 상염색체이다.

5 세포 분열이 필요한 까닭으로 옳은 것은?

① 세포가 커질수록 핵의 수가 증가하기 때문이다.
② 세포가 커질수록 염색체의 수가 증가하기 때문이다.
③ 세포가 커질수록 염색체의 크기가 커지기 때문이다.
④ 세포가 커질수록 세포의 물질 교환이 불리해지기 때문이다.
⑤ 세포가 커질수록 세포의 부피에 대한 표면적의 비가 커지기 때문이다.

6 그림은 서로 다른 크기의 우무 조각을 식용 색소에 넣었다가 꺼내 단면을 관찰한 모습이고, 표는 (가)와 (나)의 표면적과 부피를 나타낸 것이다.

1 cm 2 cm
(가) (나)

우무 조각	(가)	(나)
표면적(cm^2)	6	24
부피(cm^3)	1	8

우무 조각을 세포라고 가정할 때, 이에 대한 설명으로 옳은 것을 보기에서 모두 고른 것은?

• 보기 •
ㄱ. 세포가 클수록 $\frac{표면적}{부피}$이 커진다.
ㄴ. 세포가 작을수록 물질 교환이 효율적으로 일어난다.
ㄷ. 세포가 클수록 필요한 물질이 세포의 중심까지 이동하기가 어렵다.

① ㄱ ② ㄴ ③ ㄷ
④ ㄱ, ㄷ ⑤ ㄴ, ㄷ

[7~8] 그림은 체세포 분열 과정을 순서 없이 나타낸 것이다.

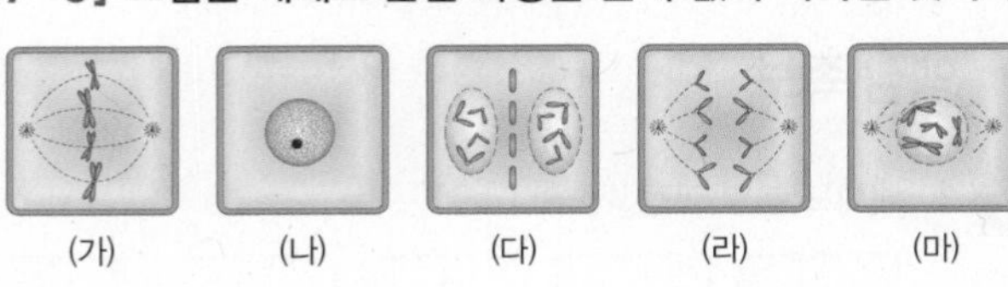
(가) (나) (다) (라) (마)

7 체세포 분열 과정을 순서대로 옳게 나열한 것은?

① (가) → (나) → (다) → (라) → (마)
② (가) → (라) → (마) → (다) → (나)
③ (나) → (라) → (마) → (가) → (다)
④ (나) → (마) → (가) → (라) → (다)
⑤ (마) → (나) → (가) → (다) → (라)

8 각 시기에 대한 설명으로 옳은 것은?

① (가) 시기에 세포질 분열이 시작된다.
② (나) 시기에 막대 모양의 염색체가 나타난다.
③ (다) 시기는 염색체를 관찰하기에 가장 좋다.
④ (라) 시기에 유전 물질의 양이 2배로 증가한다.
⑤ (마) 시기에 핵막이 사라지고, 방추사가 형성된다.

9 그림은 동물 세포와 식물 세포에서 세포질 분열이 일어나는 모습을 순서 없이 나타낸 것이다.

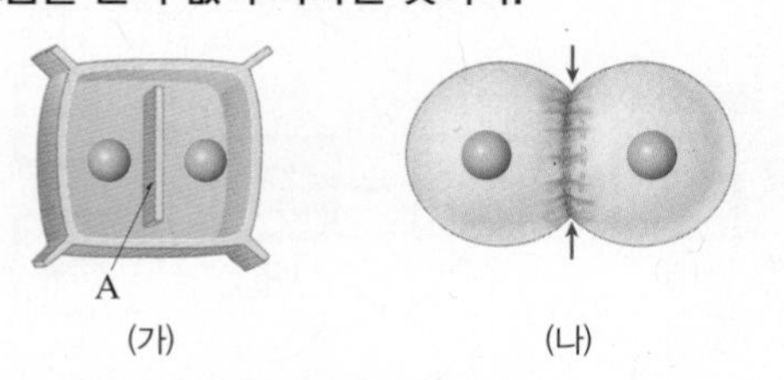

(가) (나)

이에 대한 설명으로 옳지 않은 것은?

① A는 세포판이다.
② (가)는 식물 세포, (나)는 동물 세포이다.
③ (나)는 세포막이 바깥쪽에서 안쪽으로 잘록하게 들어가면서 세포질이 나누어진다.
④ 세포질 분열은 세포 분열 후기에 시작된다.
⑤ 고양이는 (나)와 같은 방법으로 세포질 분열이 일어난다.

[10~11] 그림은 양파 뿌리 끝에서 일어나는 체세포 분열을 관찰하기 위해 현미경 표본을 만드는 과정을 순서 없이 나타낸 것이다.

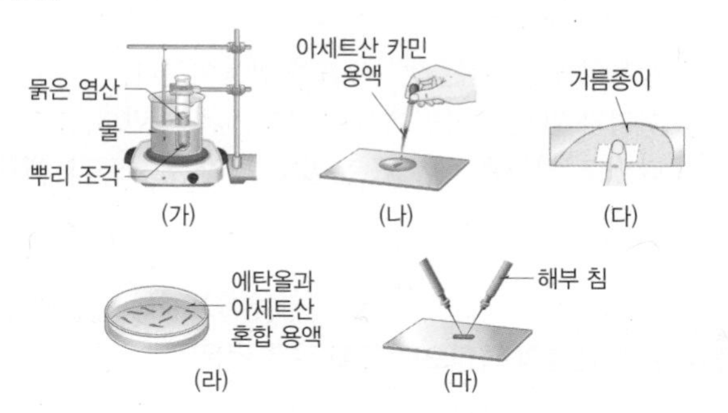

10 실험 과정을 순서대로 나열하시오.

11 이 실험에 대한 설명으로 옳지 않은 것은?

① (가)는 뿌리 조직을 연하게 하기 위한 과정이다.
② (나)는 세포의 핵과 염색체를 염색하기 위한 과정이다.
③ (라)는 세포 분열이 활발히 진행되도록 하기 위한 과정이다.
④ (마)는 세포가 명확히 관찰되도록 세포와 세포를 떼어 내기 위한 과정이다.
⑤ 현미경 표본을 관찰하면 간기의 세포가 가장 많이 관찰된다.

12 그림은 어떤 생물의 감수 분열 과정 일부를 순서 없이 나타낸 것이다.

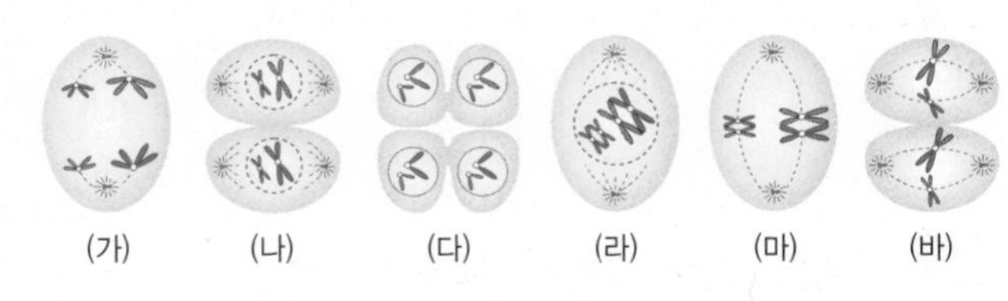

감수 분열 과정을 순서대로 옳게 나열한 것은?

① (나) → (가) → (다) → (라) → (마) → (바)
② (나) → (마) → (라) → (가) → (바) → (다)
③ (다) → (나) → (가) → (바) → (마) → (라)
④ (라) → (마) → (가) → (나) → (바) → (다)
⑤ (라) → (마) → (나) → (가) → (다) → (바)

13 그림은 어떤 생물의 세포 분열 과정을 나타낸 것이다.

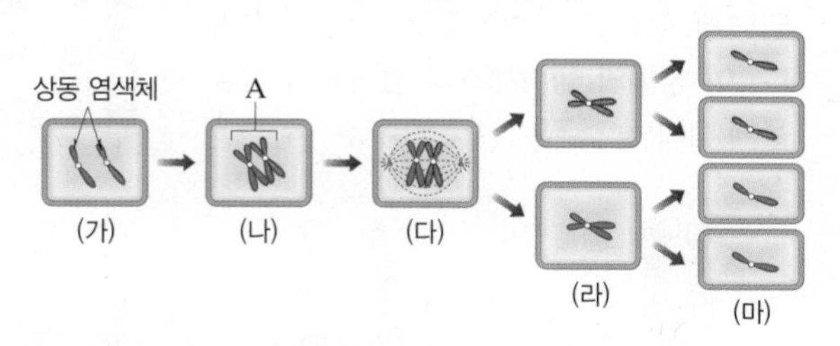

이에 대한 설명으로 옳지 않은 것은?

① A는 2가 염색체이다.
② 세포 분열 결과 4개의 딸세포가 만들어진다.
③ (가) → (나) 과정에서 DNA가 복제된다.
④ (다) → (라) 과정에서 세포 1개의 염색체 수가 절반으로 줄어든다.
⑤ (라) → (마) 과정에서 상동 염색체가 분리된다.

14 감수 분열의 의의를 가장 잘 설명한 것은?

① 자손이 어버이를 닮게 한다.
② 생식세포를 작은 크기로 만든다.
③ 다음 세대의 염색체 수를 반으로 줄인다.
④ 세포 수를 증가시켜 세포가 오래 살 수 있도록 한다.
⑤ 세대를 거듭하여도 자손의 염색체 수가 일정하게 유지되도록 한다.

15 체세포 분열과 감수 분열의 특징을 옳게 비교한 것은?

	구분	체세포 분열	감수 분열
①	분열 횟수	연속 2회	1회
②	분열 결과	생장	생식세포 형성
③	딸세포 수	4개	2개
④	염색체 수 변화	절반으로 줄어듦	변화 없음
⑤	2가 염색체	형성됨	형성 안 됨

16 오른쪽 그림은 어떤 생물의 체세포의 염색체 구성을 모식적으로 나타낸 것이다. 이 생물의 생식세포의 염색체 구성을 옳게 나타낸 것은?

① 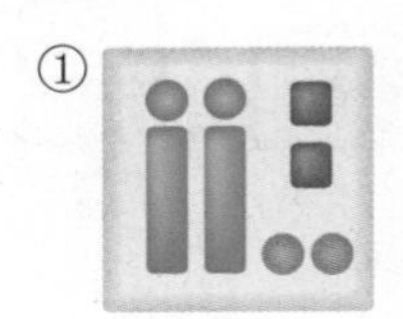 ②  ③ 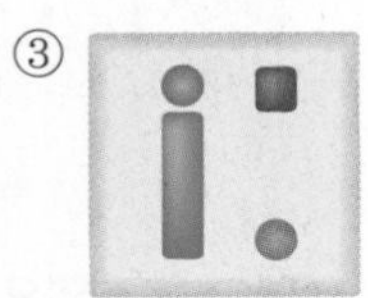

④ 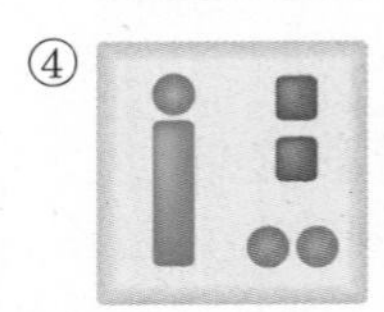 ⑤ 

Step2 자주 나오는 문제

17 표는 여러 생물의 체세포에 들어 있는 염색체 수를 나타낸 것이다.

식물	염색체 수	동물	염색체 수
옥수수	20개	사람	46개
벼	24개	개	78개
소나무	24개	초파리	8개
완두	14개	침팬지	48개

이에 대한 설명으로 옳은 것은?

① 동물이 식물보다 염색체 수가 많다.
② 생물의 크기가 클수록 염색체 수가 많다.
③ 염색체 수가 많을수록 더 고등한 생물이다.
④ 염색체 수가 같으면 반드시 같은 종의 생물이다.
⑤ 생물은 종에 따라 고유의 염색체 수를 가진다.

18 어른이 아이보다 몸집이 큰 까닭으로 옳은 것은?

① 어른은 세포의 수가 더 많기 때문이다.
② 어른은 세포의 크기가 더 크기 때문이다.
③ 어른은 염색체의 수가 더 많기 때문이다.
④ 어른은 염색체의 크기가 더 크기 때문이다.
⑤ 어른은 염색체의 모양이 더 다양하기 때문이다.

19 체세포 분열 결과에 해당하지 않는 것은?

① 상처가 아문다.
② 식물의 뿌리가 길게 자란다.
③ 정자와 난자 같은 생식세포가 만들어진다.
④ 꼬리가 잘린 도마뱀에서 꼬리가 새로 자란다.
⑤ 단세포 생물은 체세포 분열로 생긴 딸세포가 새로운 개체가 된다.

20 감수 분열의 특징으로 옳지 않은 것은?

① 세포 분열이 연속으로 2회 일어난다.
② 상동 염색체가 접합한 2가 염색체를 볼 수 있다.
③ 1개의 모세포로부터 2개의 딸세포가 만들어진다.
④ 감수 2분열에서는 간기 없이 바로 전기가 시작된다.
⑤ 분열 결과 딸세포의 염색체 수는 모세포에 비해 절반으로 줄어든다.

21 그림은 서로 다른 종류의 세포 분열 과정을 나타낸 것이다.

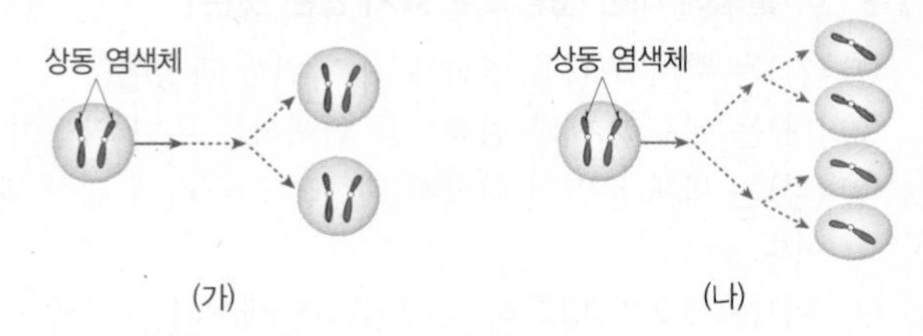

이에 대한 설명으로 옳은 것은?

① (가)는 감수 분열, (나)는 체세포 분열 과정이다.
② (가)와 (나)에서 모두 상동 염색체가 분리된다.
③ (가)에서만 분열 전에 유전 물질의 복제가 일어난다.
④ (나)는 분열 결과 딸세포와 모세포의 염색체 수가 같다.
⑤ 사람의 경우 (가)는 온몸에서, (나)는 정소와 난소에서 일어난다.

[22~23] 오른쪽 그림은 어떤 생물의 세포 분열 과정 중 특정 시기의 세포를 나타낸 것이다.

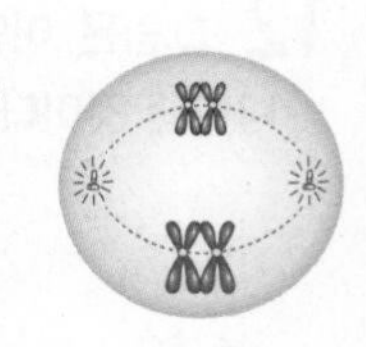

22 이 세포 분열의 종류와 시기를 쓰시오.

23 분열 전 모세포의 염색체 수와 분열 결과 만들어지는 딸세포의 염색체 수를 차례대로 나타낸 것은?

① 2개, 2개 ② 2개, 4개 ③ 4개, 2개
④ 4개, 4개 ⑤ 8개, 4개

Step3 만점! 도전 문제

24 정상인 사람의 체세포 하나에 들어 있는 염색체의 수는 몇 개인가?

① 12개 ② 22개 ③ 23개
④ 46개 ⑤ 92개

25 체세포 분열이 일어날 때 다음 설명에 해당하는 시기는?

> 유전 물질이 복제되어 그 양이 2배로 증가하고, 염색체는 핵 속에 실처럼 풀어져 있다.

① 간기 ② 전기 ③ 중기
④ 후기 ⑤ 말기

26 오른쪽 그림은 어떤 세포의 염색체 구성을 모형으로 나타낸 것이다. 이에 대한 설명으로 옳은 것을 보기에서 모두 고른 것은?

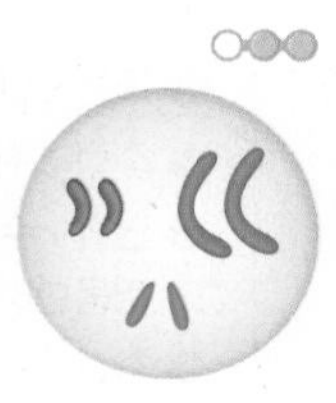

> • 보기 •
> ㄱ. 상동 염색체는 모두 2쌍이 있다.
> ㄴ. 이 생물의 체세포에는 6개의 염색체가 있다.
> ㄷ. 이 생물의 생식세포에는 3개의 염색체가 있다.

① ㄱ ② ㄴ ③ ㄷ
④ ㄱ, ㄷ ⑤ ㄴ, ㄷ

27 그림은 어떤 생물에서 일어나는 세포 분열의 특정 시기를 나타낸 것이다.

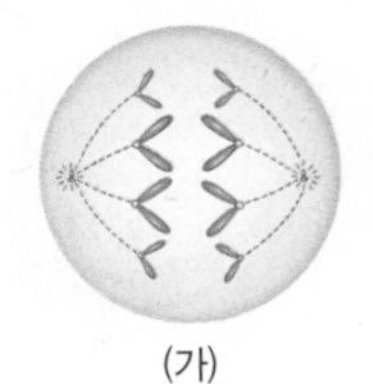
(가)

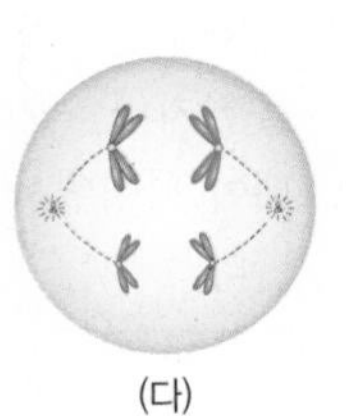
(나)

(다)

(가)~(다)에 해당하는 세포 분열의 시기를 옳게 짝 지은 것은?

	(가)	(나)	(다)
①	감수 1분열 후기	감수 2분열 후기	체세포 분열 후기
②	감수 1분열 후기	체세포 분열 후기	감수 2분열 후기
③	감수 2분열 후기	체세포 분열 후기	감수 1분열 후기
④	체세포 분열 후기	감수 1분열 후기	감수 2분열 후기
⑤	체세포 분열 후기	감수 2분열 후기	감수 1분열 후기

서술형 문제

28 생물은 생장할 때 세포의 크기가 계속 커지지 않고 세포 분열을 통해 세포 수를 늘린다. 그 까닭을 다음 용어를 모두 포함하여 서술하시오.

> $\frac{표면적}{부피}$, 물질 교환, 세포 수

29 체세포 분열을 관찰할 때 실험의 재료로 양파의 뿌리 끝을 사용하는 까닭을 서술하시오.

30 그림은 감수 분열 과정을 나타낸 것이다.

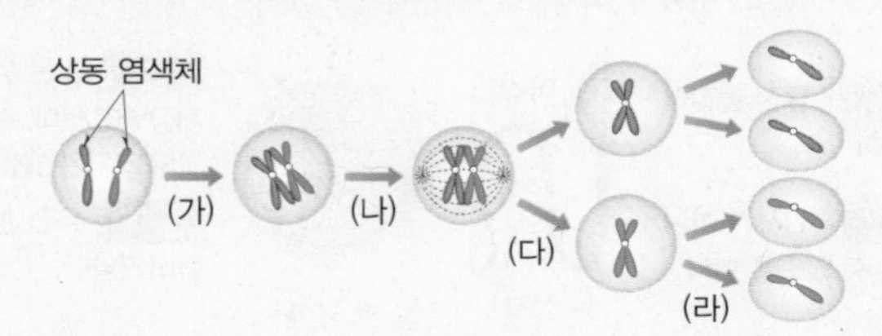

(1) (가)~(라) 중 염색체 수가 절반으로 줄어드는 시기를 쓰시오.

(2) (1)에서 염색체 수가 절반으로 줄어드는 까닭을 시기를 포함하여 서술하시오.

31 오른쪽 그림은 어떤 세포의 세포 분열 과정 중 특정 시기를 나타낸 것이다. 이 세포에 해당하는 세포 분열의 시기를 쓰고, 그 까닭을 서술하시오.

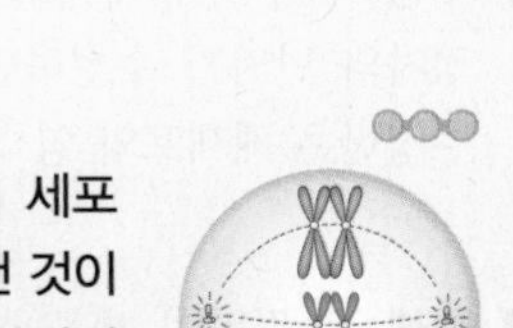

02 사람의 발생

A 사람의 생식 기관과 생식세포

1 사람의 생식 기관

남자의 생식 기관		여자의 생식 기관	
수정관, 부정소, 정소		수란관, 자궁, 난소, 질	
정소	정자가 만들어지는 장소	난소	난자가 만들어지는 장소
부정소	정자가 잠시 머물면서 성숙하는 장소	수란관	난자와 수정란이 자궁으로 이동하는 통로
수정관	정자가 이동하는 통로	자궁	태아가 자라는 장소
		질	정자와 태아의 이동 통로

2 사람의 생식세포

2 사람의 생식세포 남자의 생식세포는 정자, 여자의 생식세포는 난자로, 각각 생식 기관에서 감수 분열 결과 만들어진다.

(1) 정자와 난자의 구조

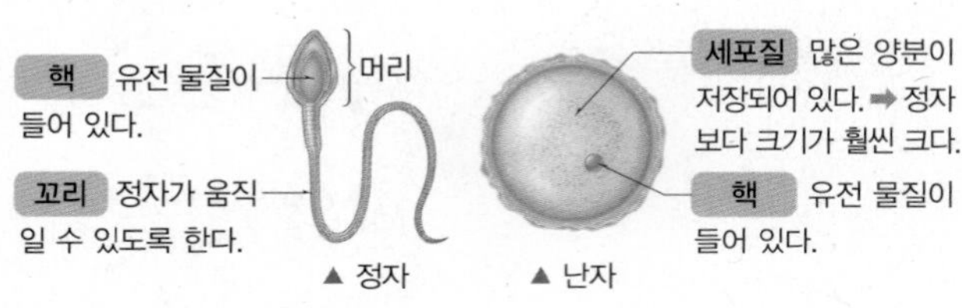

▲ 정자 ▲ 난자

(2) 정자와 난자의 비교

구분	정자	난자
생성 장소	정소	난소
크기	작다.	크다.
운동성	있다.	없다.
염색체 수	23개	23개

B 수정과 발생

1 수정 암수의 생식세포가 결합하는 것 ➡ 정자와 난자가 수정하면 수정란이 되며, 수정란은 체세포와 염색체 수가 같다.

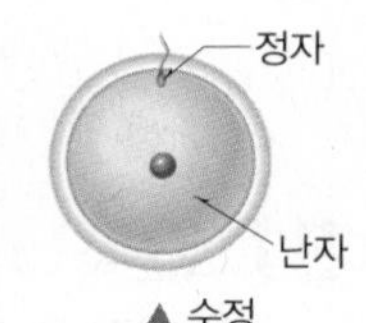

▲ 수정

2 발생 수정란이 세포 분열을 하면서 여러 조직과 기관이 형성되는 과정을 거쳐 개체가 되는 것

> 수정란은 초기에 난할이 일어나고, 난할을 거친 배아는 자궁 안쪽 벽에 착상한다. 자궁에서 배아는 태반을 통해 양분을 공급받고, 체세포 분열을 계속하여 여러 조직과 기관이 형성되어 개체가 된다.

(1) **난할** : 수정란의 초기에 일어나는 세포 분열

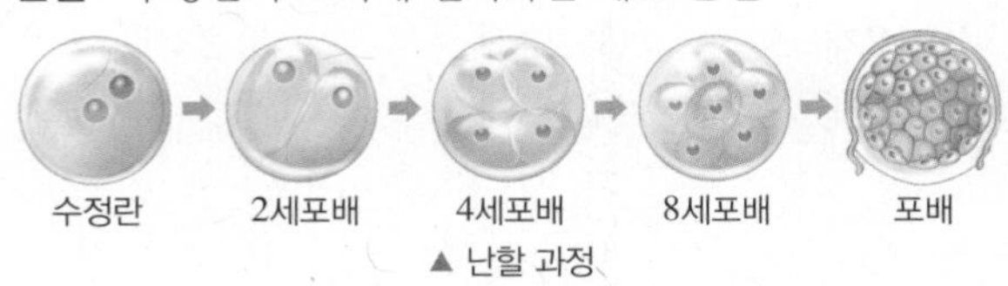

▲ 난할 과정

① 체세포 분열이지만 딸세포의 크기가 커지지 않고 세포 분열을 빠르게 반복한다.

② 난할이 진행되면 세포 수가 늘어나고, 세포 각각의 크기는 점점 작아진다. ➡ 배아 전체의 크기는 수정란과 비슷하다.

③ 난할이 진행될 때 세포 하나당 염색체 수는 변화 없다.

(2) **착상** : 수정란이 포배가 되어 자궁 안쪽 벽을 파고들어 가는 현상

포배 : 속이 빈 공 모양의 세포 덩어리

> **[배란에서 착상까지의 과정]**
> ❶ 배란 : 난자가 난소에서 수란관으로 배출된다.
> ❷ 수정 : 수란관에서 정자와 난자가 만나 수정한다.
> ❸ 난할 : 수정란은 난할이 일어나 세포 수를 늘리며 자궁으로 이동한다.
> ❹ 착상 : 수정된 지 약 일주일 후 포배 상태로 자궁 안쪽 벽에 착상한다.

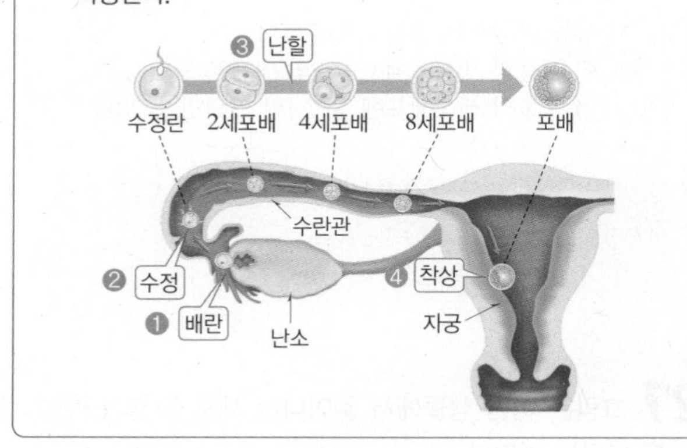

(3) **태반 형성** : 착상 이후 태반이 만들어지며, 태반을 통해 모체와 태아 사이에서 물질 교환이 일어난다.

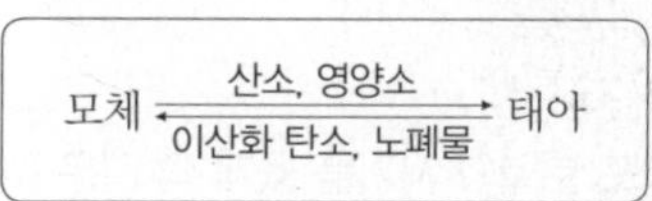

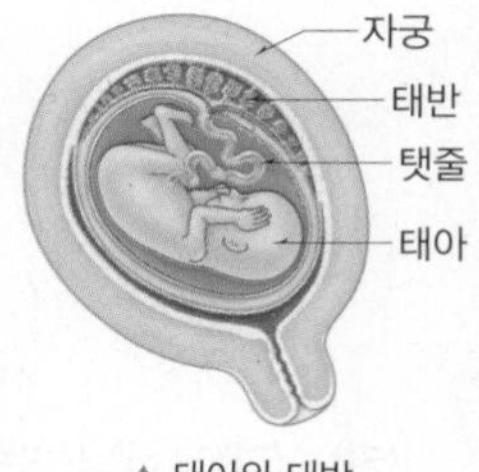

▲ 태아와 태반

(4) **기관 형성** : 수정된 지 8주 후 여러 기관이 형성되어 사람의 모습을 갖춘 태아가 된다. 이때 수정 후 사람의 모습을 갖추기 전까지의 세포 덩어리 상태를 배아라 한다.

3 출산 태아는 수정된 지 약 266일이 지나면 출산 과정을 거쳐 모체 밖으로 나온다.

1 그림은 사람의 생식 기관을 나타낸 것이다. A~G의 이름을 각각 쓰시오.

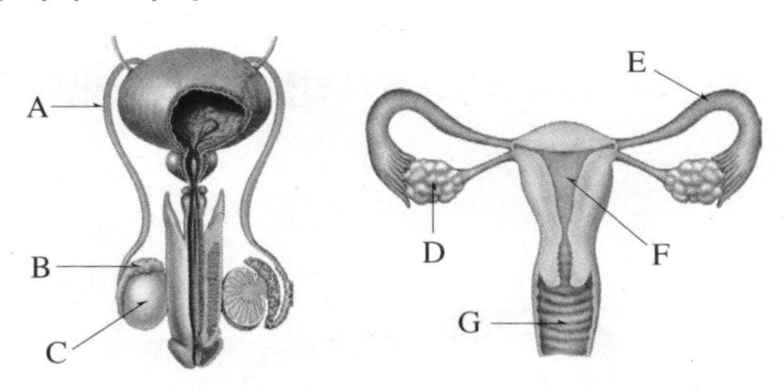

2 사람의 생식 기관 중 정자는 ( )에서 만들어지고, 난자는 ( )에서 만들어진다.

3 그림은 사람의 생식세포를 나타낸 것이다. A~D의 이름을 각각 쓰시오.

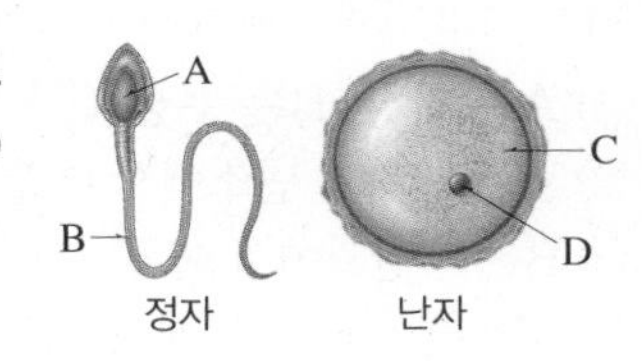

4 난자는 세포질에 많은 ( )을 가지고 있어 정자보다 크고, 정자는 ( )를 이용하여 이동할 수 있다.

5 정자와 난자 같은 생식세포가 결합하는 것을 ( )이라고 한다.

6 수정란이 세포 분열을 하면서 조직과 기관이 형성되는 과정을 거쳐 개체가 되는 것을 ( )이라고 한다.

7 수정란에서 난할이 진행되면 세포 수는 (증가, 감소)하고, 세포 하나의 크기는 점점 (커, 작아)진다.

8 다음에 해당하는 설명을 옳게 연결하시오.

(1) 배란 • • ㉠ 수정란의 초기에 일어나는 세포 분열
(2) 난할 • • ㉡ 난자가 난소에서 수란관으로 배출되는 현상
(3) 착상 • • ㉢ 수정란이 포배가 되어 자궁 안쪽 벽을 파고들어 가는 현상

9 태반을 통해 모체에서 태아로 전달되는 물질은 (산소, 이산화 탄소, 영양소, 노폐물)이고, 태아에서 모체로 전달되는 물질은 (산소, 이산화 탄소, 영양소, 노폐물)이다.

10 배아는 수정된 지 ( )주 후 여러 기관이 형성되어 사람의 모습을 갖춘 태아가 되고, 태아는 수정된 지 약 ( )일 후 출산 과정을 거쳐 모체 밖으로 나온다.

핵심 족보

정답과 해설 4쪽

A 1 정자와 난자★★★

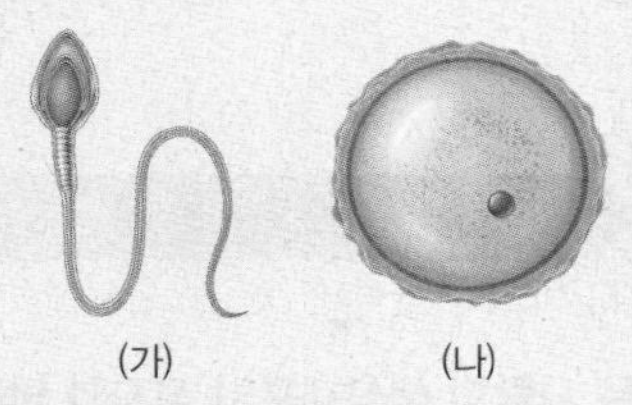

- (가)는 정자, (나)는 난자이다.
- (가)는 정소에서, (나)는 난소에서 만들어진다.
- (가)와 (나)는 감수 분열 결과 만들어진다. ➡ (가)와 (나)의 염색체 수는 각각 23개이다.
- (나)에는 많은 양분이 저장되어 있다. ➡ (나)는 (가)보다 크기가 훨씬 크다.
- (가)는 꼬리가 있어 움직일 수 있지만, (나)는 움직이지 못한다.

B 2 난할★★★

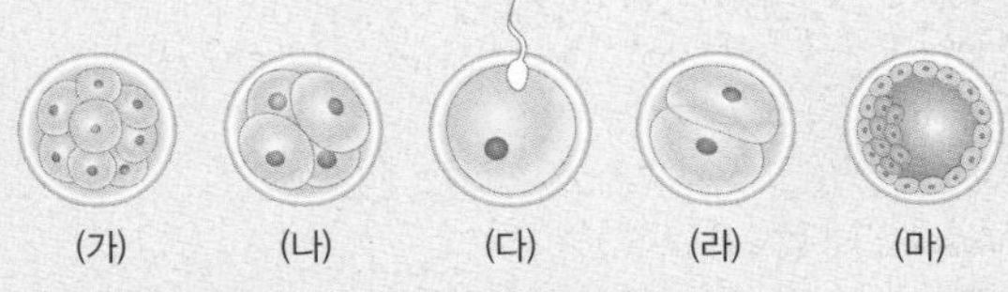

- 난할 : 수정란의 초기 세포 분열이다.
- (가)는 8세포배, (나)는 4세포배, (다)는 수정란, (라)는 2세포배, (마)는 포배이다.
- 난할 순서 : (다) → (라) → (나) → (가) → (마)
- 딸세포의 크기가 커지지 않고 세포 분열을 빠르게 반복한다. ➡ 난할이 진행되면 세포 수는 늘어나고, 세포 하나의 크기는 점점 작아진다.
- 체세포 분열의 일종이다. ➡ 난할이 진행될 때 세포 하나당 염색체 수는 변화 없다(염색체 수는 46개로 동일).
- (마) 상태일 때 착상이 일어난다.

3 배란에서 착상까지의 과정★★★

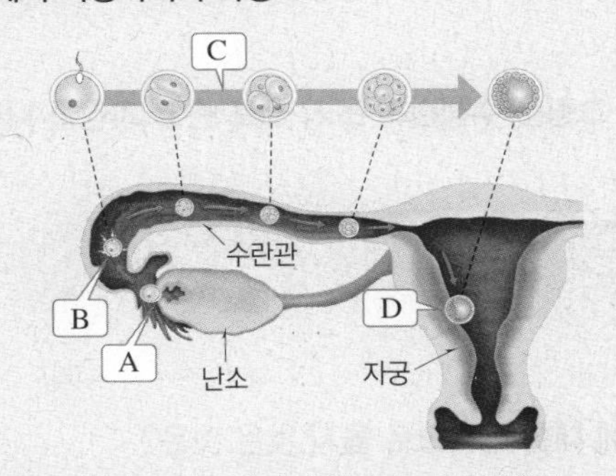

- A 배란 : 난자가 난소에서 수란관으로 배출된다.
- B 수정 : 정자와 난자의 수정은 수란관에서 이루어진다.
- C 난할 : 수정란은 난할을 하며 자궁으로 이동한다.
- D 착상 : 수정된 지 일주일 후 포배 상태일 때 자궁 안쪽 벽에 착상한다.

족집게 문제

Step1 반드시 나오는 문제

1 그림은 사람의 생식세포인 정자와 난자를 나타낸 것이다.

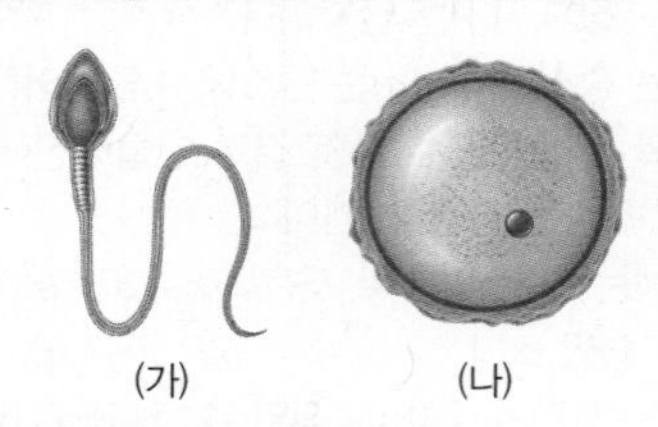

이에 대한 설명으로 옳지 않은 것은?

① (가)는 (나)보다 크기가 훨씬 작다.
② (나)에는 많은 양분이 저장되어 있다.
③ (가)는 정소, (나)는 난소에서 만들어진다.
④ (가)와 (나)의 염색체 수는 각각 46개이다.
⑤ (가)는 꼬리가 있어 스스로 움직일 수 있다.

2 수정에 대한 설명으로 옳은 것을 보기에서 모두 고른 것은?

보기
ㄱ. 정자와 난자가 결합하는 것을 수정이라고 한다.
ㄴ. 정자와 난자가 수정하면 수정란이 만들어진다.
ㄷ. 수정란은 정자, 난자의 염색체 수와 같다.

① ㄱ ② ㄴ ③ ㄷ
④ ㄱ, ㄴ ⑤ ㄴ, ㄷ

3 그림은 수정란의 초기 세포 분열 과정을 나타낸 것이다.

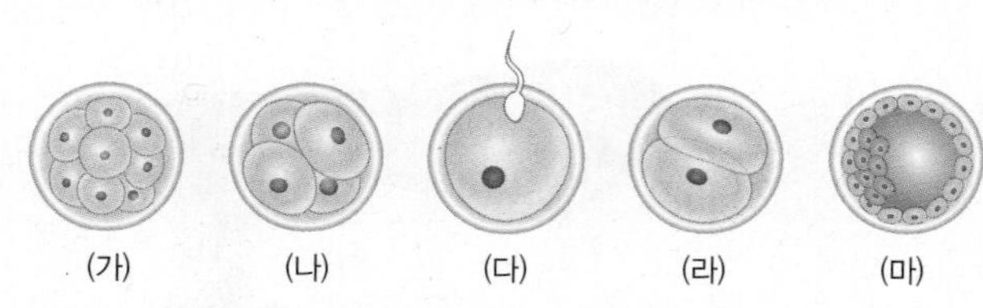

이에 대한 설명으로 옳지 않은 것은?

① 수정란의 초기 세포 분열을 난할이라고 한다.
② 세포 분열을 빠르게 반복한다.
③ (가)~(마)의 크기는 모두 수정란과 비슷하다.
④ 세포 하나당 염색체 수는 (나)가 (라)의 2배이다.
⑤ (다) → (라) → (나) → (가) → (마) 순으로 진행된다.

4 그림은 수정란의 형성과 초기 발생 과정을 나타낸 것이다.

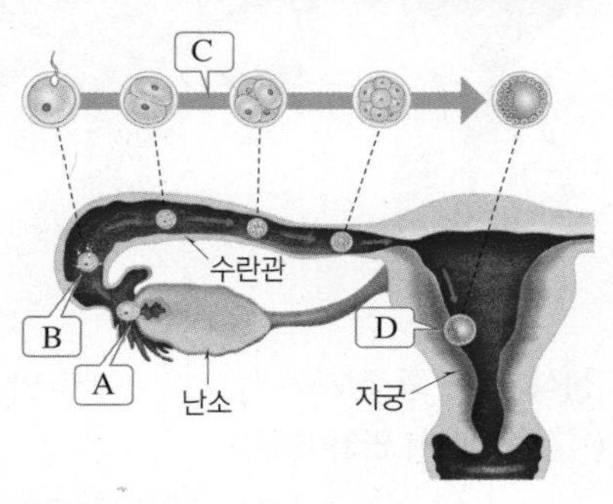

이에 대한 설명으로 옳지 않은 것은?

① A는 착상, B는 수정, C는 난할, D는 배란이다.
② A는 난자가 난소에서 수란관으로 배출되는 현상이다.
③ B는 수란관에서 이루어진다.
④ 수정란은 C 과정에서 세포 수를 늘리며 자궁으로 이동한다.
⑤ D는 수정된 지 일주일 후 포배 상태일 때 일어난다.

5 태반을 통해 (가) 모체에서 태아 쪽으로 이동하는 물질과 (나) 태아에서 모체 쪽으로 이동하는 물질을 옳게 짝 지은 것은?

	(가)	(나)
①	산소, 영양소	이산화 탄소, 노폐물
②	산소, 이산화 탄소	영양소, 노폐물
③	산소, 노폐물	이산화 탄소, 영양소
④	이산화 탄소, 영양소	산소, 노폐물
⑤	이산화 탄소, 노폐물	산소, 영양소

6 사람의 발생에 대한 설명으로 옳지 않은 것은?

① 수정란이 세포 분열을 하면서 여러 조직과 기관이 형성되어 개체가 되는 것을 발생이라고 한다.
② 착상 이후에 태반이 만들어진다.
③ 착상 이후에 배아는 더 이상 세포 분열이 일어나지 않는다.
④ 수정된 지 8주 후 사람의 모습을 갖춘 상태를 태아라고 한다.
⑤ 태아는 수정된 지 약 266일 후에 출산 과정을 거쳐 모체 밖으로 나온다.

난이도 ●●● 시험에 꼭 나오는 출제 가능성이 높은 예상 문제로 구성하고, 난이도를 표시하였습니다.

Step2 자주 나오는 문제

○●●

7 그림은 남자와 여자의 생식 기관을 나타낸 것이다.

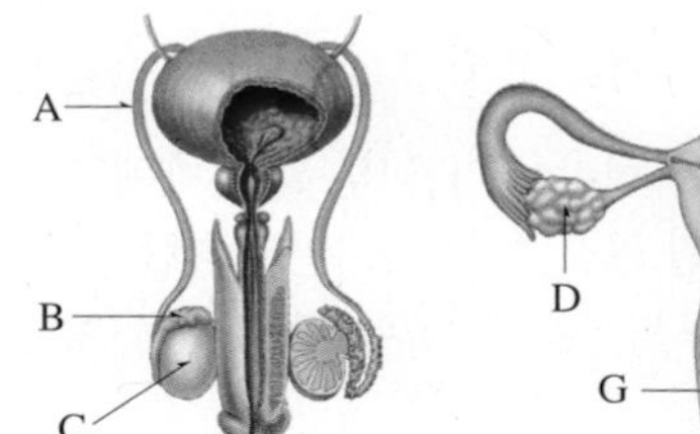

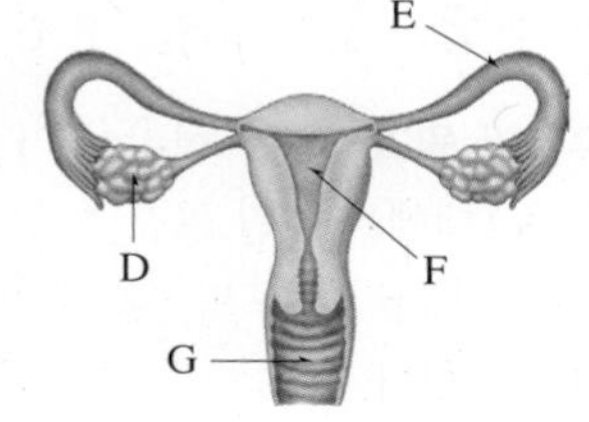

이에 대한 설명으로 옳지 않은 것은?

① A는 정자가 이동하는 통로이다.
② B는 정자가 잠시 머물면서 성숙하는 장소이다.
③ C와 D에서 생식세포가 만들어진다.
④ E에서 정자와 난자가 만나 수정이 이루어진다.
⑤ G는 수정란이 착상되어 태아가 자라는 곳이다.

○●●

8 다음은 배란에서 착상까지의 과정을 순서 없이 나타낸 것이다.

(가) 정자와 난자가 수정한다.
(나) 배아가 자궁 안쪽 벽에 파묻힌다.
(다) 난자가 난소에서 수란관으로 배출된다.
(라) 수정란이 난할을 하며 자궁으로 이동한다.

순서대로 옳게 나열한 것은?

① (가) → (나) → (다) → (라)
② (가) → (다) → (나) → (라)
③ (나) → (라) → (가) → (다)
④ (다) → (라) → (가) → (나)
⑤ (다) → (가) → (라) → (나)

○●●

9 오른쪽 그림은 태아와 태반의 모습을 나타낸 것이다. 이에 대한 설명으로 옳은 것을 보기에서 모두 고른 것은?

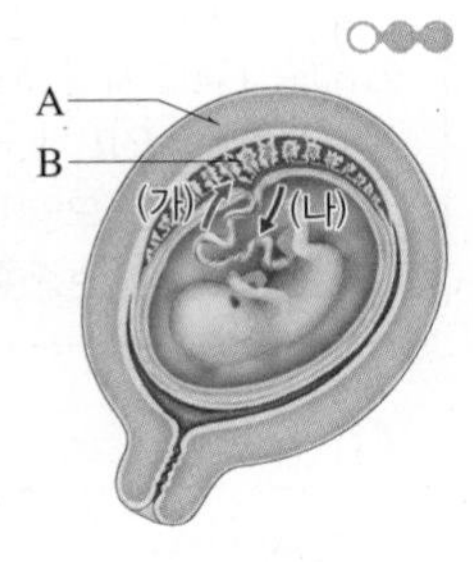

보기
ㄱ. A는 자궁, B는 태반이다.
ㄴ. B를 통해 모체와 태아 사이에 물질 교환이 일어난다.
ㄷ. 영양소는 (가) 방향으로 이동한다.

① ㄱ ② ㄴ ③ ㄷ
④ ㄱ, ㄴ ⑤ ㄴ, ㄷ

○○●

10 출산 전까지의 과정을 순서대로 옳게 나열한 것은?

① 수정 → 난할 → 배란 → 태반 형성 → 착상
② 수정 → 태반 형성 → 난할 → 착상 → 배란
③ 착상 → 배란 → 난할 → 수정 → 태반 형성
④ 난할 → 수정 → 배란 → 착상 → 태반 형성
⑤ 배란 → 수정 → 난할 → 착상 → 태반 형성

Step3 만점! 도전 문제

●●●

11 그림은 태아의 기관 발달 시기를 나타낸 것이다.

특히 발달 / 발달

주	1	2	3	4	5	6	7	8	9	16	20~36	38
중추 신경계												
심장												
눈												
귀												
팔												
이												
외부 생식기												

←난할, 착상→

이에 대한 설명으로 옳은 것을 보기에서 모두 고른 것은?

보기
ㄱ. 심장과 팔은 8주 정도에 발달이 완성된다.
ㄴ. 중추 신경계는 가장 늦게 발달하기 시작한다.
ㄷ. 먼저 발달하기 시작한 기관이 먼저 완성된다.
ㄹ. 수정 후 8주까지 주요 기관의 대부분이 형성된다.

① ㄱ, ㄴ ② ㄱ, ㄹ ③ ㄴ, ㄷ
④ ㄴ, ㄹ ⑤ ㄷ, ㄹ

서술형 문제

○●●

12 사람의 난자는 정자보다 크기가 훨씬 크다. 그 까닭을 서술하시오.

○●●

13 난할이 진행될 때 나타나는 변화를 다음 용어를 모두 포함하여 서술하시오.

세포 수, 세포 하나의 크기, 세포 하나당 염색체 수

03 멘델의 유전 원리

Ⓐ 멘델의 유전 연구

1 유전 부모의 형질이 자녀에게 전달되는 현상

2 유전 용어

형질	생물이 지니고 있는 여러 가지 특성 예 모양, 색깔, 성질 등
대립 형질	한 가지 형질에서 뚜렷하게 구분되는 변이 예 씨의 모양이 둥근 것 ↔ 주름진 것
대립유전자	• 대립 형질을 결정하는 유전자로, 상동 염색체의 같은 위치에 있다. • 우성 대립유전자는 알파벳 대문자로, 열성 대립유전자는 알파벳 소문자로 표시한다. 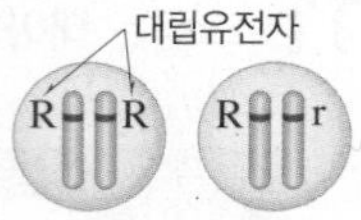
유전자형	유전자 구성을 알파벳 기호로 나타낸 것 예 RR, Rr, rr
표현형	유전자 구성에 따라 겉으로 드러나는 형질 예 둥글다, 주름지다.
순종	한 가지 형질을 나타내는 유전자의 구성이 같은 개체 예 RR, rr, RRyy
잡종	한 가지 형질을 나타내는 유전자의 구성이 다른 개체 예 Rr, RrYy
자가 수분	수술의 꽃가루가 같은 그루의 꽃에 있는 암술에 붙는 현상
타가 수분	수술의 꽃가루가 다른 그루의 꽃에 있는 암술에 붙는 현상

3 멘델이 실험에 사용한 완두의 대립 형질

씨 모양	씨 색깔	꽃 색깔	꼬투리 모양	꼬투리 색깔	꽃이 피는 위치	줄기의 키
둥글다.	노란색	보라색	매끈하다.	초록색	잎겨드랑이	크다.
주름지다.	초록색	흰색	잘록하다.	노란색	줄기 끝	작다.

4 완두가 유전 실험의 재료로 적합한 까닭

(1) 기르기 쉽고, 한 세대가 짧다.
(2) 자손의 수가 많다.
(3) 대립 형질이 뚜렷하다.
(4) 자가 수분과 타가 수분이 모두 가능하다.

5 멘델의 가설

(1) 생물에는 한 가지 형질을 결정하는 한 쌍의 유전 인자가 있으며, 유전 인자는 부모에서 자손으로 전달된다.
(2) 한 쌍을 이루는 유전 인자가 서로 다를 때 하나의 유전 인자만 형질로 표현되며, 나머지 인자는 표현되지 않는다.
(3) 한 쌍을 이루는 유전 인자는 생식세포가 만들어질 때 각 생식세포로 나뉘어 들어가고, 생식세포가 수정될 때 다시 쌍을 이룬다.

Ⓑ 멘델이 밝힌 유전 원리

1 우열의 원리 대립 형질이 다른 두 순종 개체를 교배하면 잡종 1대에는 대립 형질 중 한 가지만 나타난다. 이때 잡종 1대에서 나타나는 형질을 우성, 나타나지 않는 형질을 열성이라고 한다.

2 분리의 법칙 쌍을 이루고 있던 대립유전자는 감수 분열이 일어날 때 분리되어 서로 다른 생식세포로 들어간다.

한 가지 형질(완두 씨 모양)이 유전되는 원리

순종의 둥근 완두와 순종의 주름진 완두를 교배하여 잡종 1대를 얻고, 이를 자가 수분하여 잡종 2대를 얻었다.

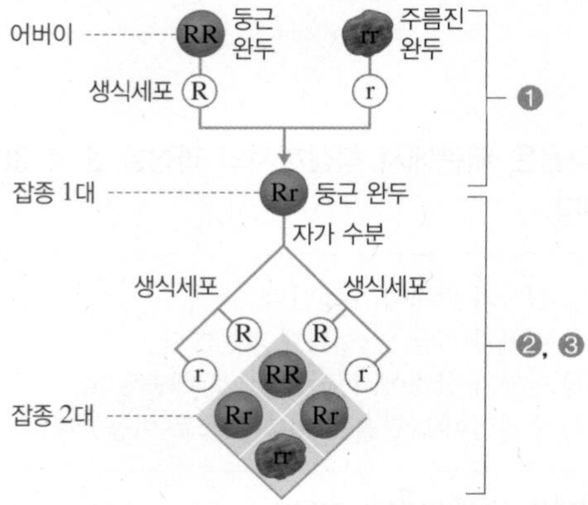

❶ 어버이에서 각각 R, r를 가진 생식세포가 만들어진다. 이 생식세포가 수정되어 잡종 1대의 유전자형은 모두 Rr가 되고, 이 중 우성 유전자만 표현된다. ➡ 잡종 1대에서 나타난 둥근 모양이 우성 형질, 주름진 모양이 열성 형질이다. ➡ 우열의 원리

❷ 잡종 1대(Rr)에서 생식세포가 만들어질 때 대립유전자 R와 r가 분리되어 서로 다른 생식세포로 들어간다. ➡ 분리의 법칙
[잡종 1대의 생식세포] R : r = 1 : 1

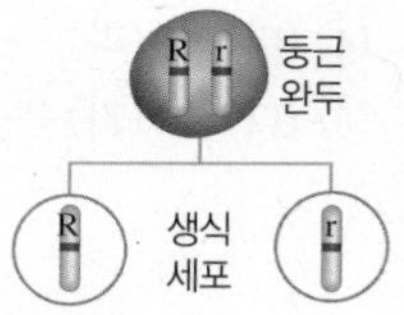

❸ 잡종 1대를 자가 수분하여 얻은 잡종 2대의 분리비
[유전자형] RR : Rr : rr = 1 : 2 : 1
[표현형] 둥근 모양(RR, Rr) : 주름진 모양(rr) = 3 : 1
[순종과 잡종] 순종(RR, rr) : 잡종(Rr) = 1 : 1

[검정 교배]
우성 개체를 열성 순종 개체와 교배하여 우성 개체의 유전자형을 알아보는 방법이다.
• 우성 개체가 순종(RR)인 경우 : 열성 개체(rr)와 교배하면 자손에서 우성 개체(Rr)만 나온다.
• 우성 개체가 잡종(Rr)인 경우 : 열성 개체(rr)와 교배하면 자손에서 우성 개체(Rr) : 열성 개체(rr) = 1 : 1로 나온다.

3 독립의 법칙 두 쌍 이상의 대립유전자가 동시에 유전될 때 서로 영향을 미치지 않고 각각 분리의 법칙에 따라 유전된다.

두 가지 형질(완두 씨의 모양과 색깔)이 유전되는 원리

순종의 둥글고 노란색인 완두와 순종의 주름지고 초록색인 완두를 교배하여 잡종 1대를 얻고, 이를 자가 수분하여 잡종 2대를 얻었다.

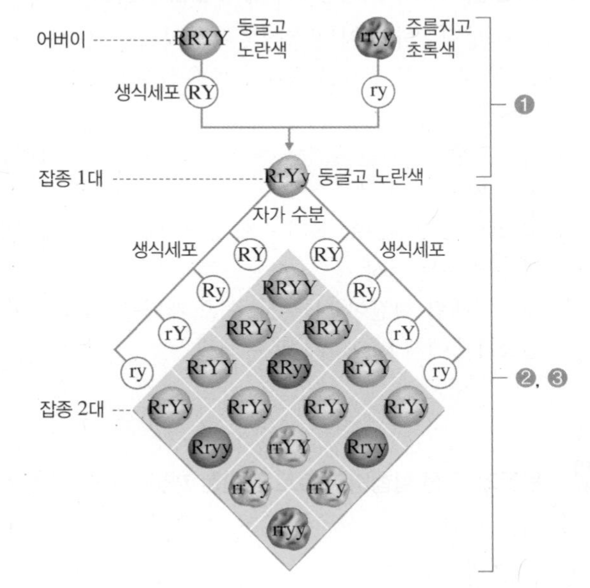

❶ 잡종 1대의 유전자형은 모두 RrYy가 되고, 이 중 우성 유전자만 표현된다. ➡ 잡종 1대에서 나타난 둥근 모양과 노란색이 우성 형질이다.

❷ 잡종 1대(RrYy)에서 생식세포가 만들어질 때 대립유전자 R와 r, Y와 y가 각각 독립적으로 분리되어 서로 다른 생식세포로 들어간다. ➡ 독립의 법칙

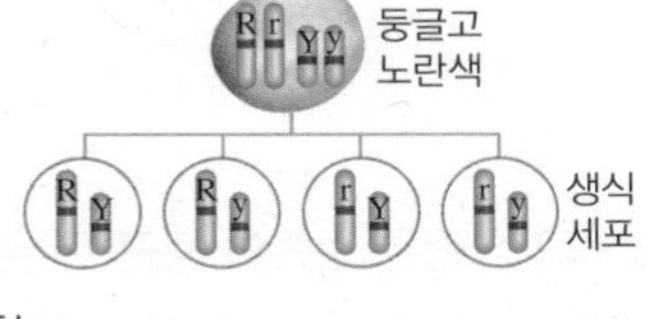

[잡종 1대의 생식세포] RY : Ry : rY : ry = 1 : 1 : 1 : 1

❸ 잡종 1대를 자가 수분하여 얻은 잡종 2대의 분리비

[씨 모양과 색깔에 대한 표현형] 둥글고 노란색 : 둥글고 초록색 : 주름지고 노란색 : 주름지고 초록색 = 9 : 3 : 3 : 1

[씨 모양에 대한 표현형] 둥근 모양 : 주름진 모양 = 3 : 1

[씨 색깔에 대한 표현형] 노란색 : 초록색 = 3 : 1

[분꽃의 꽃잎 색깔 유전]

- 순종의 빨간색 꽃잎 분꽃(RR)과 순종의 흰색 꽃잎 분꽃(WW)을 교배하면 잡종 1대에서 분홍색 꽃잎(RW)만 나타난다. ➡ 빨간색 꽃잎 유전자(R)와 흰색 꽃잎 유전자(W) 사이의 우열 관계가 뚜렷하지 않기 때문 ➡ 우열의 원리가 성립하지 않는다.

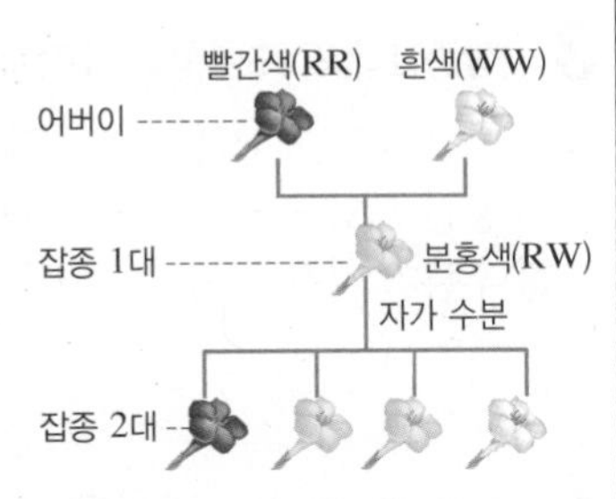

- 잡종 1대(RW)를 자가 수분하면 잡종 2대에서 빨간색 꽃잎(RR) : 분홍색 꽃잎(RW) : 흰색 꽃잎(WW) = 1 : 2 : 1의 비로 나타난다. ➡ 분리의 법칙은 성립한다.

개념 확인하기

정답과 해설 5쪽

1 한 가지 형질을 나타내는 유전자의 구성이 같은 개체를 (   ), 다른 개체를 (   )이라고 한다.

2 대립 형질이 다른 두 순종 개체를 교배했을 때 잡종 1대에서 나타나는 형질을 (   ), 나타나지 않는 형질을 (   )이라고 한다.

3 감수 분열이 일어날 때 쌍을 이루고 있던 대립유전자가 분리되어 서로 다른 생식세포로 들어가는 유전 원리를 (   )의 법칙이라고 한다.

4 두 쌍 이상의 대립유전자가 동시에 유전될 때 서로 영향을 미치지 않고 각각 분리의 법칙에 따라 유전되는 원리를 (   )의 법칙이라고 한다.

[5~7] 오른쪽 그림은 순종의 노란색 완두와 순종의 초록색 완두를 교배한 결과이다.

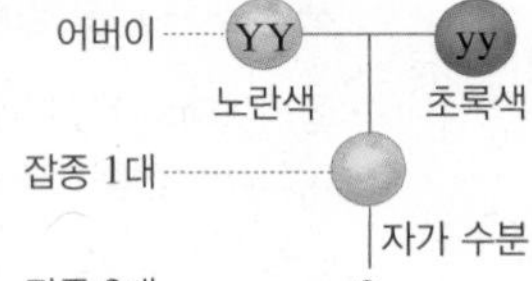

5 완두 씨의 색깔에서 우성 형질을 쓰시오.

6 잡종 1대의 유전자형을 쓰시오.

7 잡종 1대를 자가 수분하여 얻은 잡종 2대에서 표현형과 유전자형의 분리비를 쓰시오.

(1) 표현형의 비 ➡ 노란색 : 초록색 = (   )

(2) 유전자형의 비 ➡ YY : Yy : yy = (   )

[8~10] 오른쪽 그림은 순종의 둥글고 노란색인 완두와 순종의 주름지고 초록색인 완두를 교배하여 얻은 잡종 1대를 자가 수분하여 잡종 2대를 얻은 결과이다.

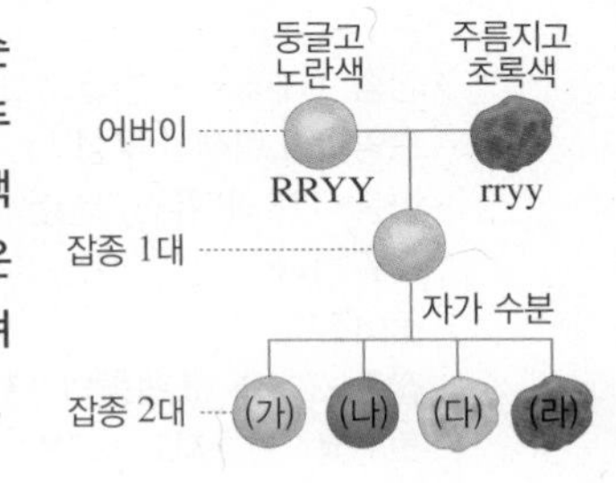

8 잡종 1대의 유전자형은 (   )이고, 잡종 1대에서 만들어지는 생식세포의 유전자형은 (   )이다.

9 잡종 2대에서 (가) : (나) : (다) : (라)의 표현형의 분리비는 (   )이다.

10 잡종 2대에서 다음 표현형의 분리비를 쓰시오.

(1) 둥근 모양 : 주름진 모양 = (   )

(2) 노란색 : 초록색 = (   )

족집게 문제

핵심 족보

B **1 한 가지 형질의 유전**★★★

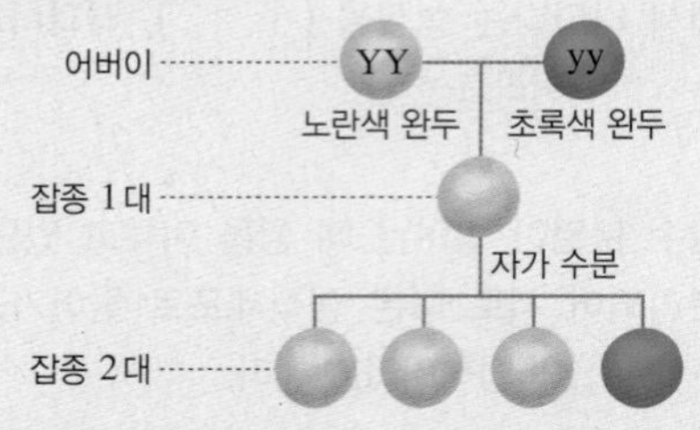

- 잡종 1대에서는 노란색 완두만 나온다. ➡ 노란색이 우성
- 잡종 1대의 유전자형은 Yy이다. ➡ 잡종 1대에서 각각 Y, y를 가진 생식세포가 만들어진다.
- 잡종 2대의 표현형의 분리비는 노란색 : 초록색=3 : 1이다. ➡ 잡종 2대에서 노란색 완두가 나올 확률은 $\frac{3}{4}$, 초록색 완두가 나올 확률은 $\frac{1}{4}$이다.
- 잡종 2대의 유전자형의 분리비는 YY : Yy : yy=1 : 2 : 1이다. ➡ 잡종 1대와 유전자형이 같은 완두(Yy)가 나올 확률은 $\frac{1}{2}$이다.
- 잡종 2대에서 순종(YY, yy) : 잡종(Yy)의 분리비는 1 : 1이다. ➡ 순종인 완두가 나올 확률은 $\frac{1}{2}$이다.

2 두 가지 형질의 유전★★★

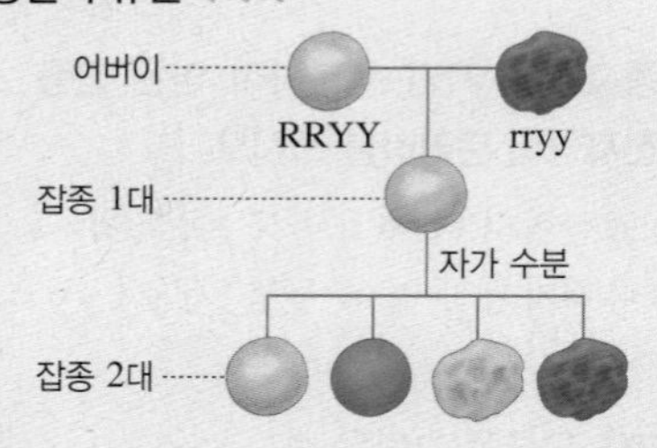

- 잡종 1대에서는 둥글고 노란색인 완두만 나온다. ➡ 둥근 모양과 노란색이 우성
- 잡종 1대의 유전자형은 RrYy이다. ➡ 잡종 1대에서 RY : Ry : rY : ry인 생식세포가 1 : 1 : 1 : 1의 비로 만들어진다.
- 잡종 2대의 표현형의 분리비는 둥글고 노란색 : 둥글고 초록색 : 주름지고 노란색 : 주름지고 초록색=9 : 3 : 3 : 1이다.
  ➡ 둥글고 노란색 또는 잡종 1대와 표현형이 같은 완두가 나올 확률은 $\frac{9}{16}$이다.
  ➡ 둥글고 초록색 또는 주름지고 노란색인 완두가 나올 확률은 각각 $\frac{3}{16}$, 주름지고 초록색인 완두가 나올 확률은 $\frac{1}{16}$이다.
- 잡종 2대의 표현형에서 둥근 모양 : 주름진 모양=3 : 1이고, 노란색 : 초록색=3 : 1이다. ➡ 둥근 완두가 나올 확률은 $\frac{3}{4}$, 주름진 완두가 나올 확률은 $\frac{1}{4}$이다.

Step 1 반드시 나오는 문제

1 유전 용어에 대한 설명으로 옳지 않은 것은?

① 대립 형질 : 한 가지 형질에서 뚜렷하게 구분되는 변이
② 순종 : 한 가지 형질을 나타내는 유전자의 구성이 같은 개체
③ 유전자형 : 형질을 결정하는 유전자 구성을 알파벳 기호로 나타낸 것
④ 자가 수분 : 수술의 꽃가루가 같은 그루의 꽃에 있는 암술에 붙는 현상
⑤ 우성 : 대립 형질이 다른 두 순종 개체를 교배했을 때 잡종 1대에서 나타나지 않는 형질

2 완두가 유전 실험의 재료로 적합한 까닭이 아닌 것은?

① 기르기 쉽다.
② 한 세대가 짧다.
③ 대립 형질이 뚜렷하지 않다.
④ 자가 수분과 타가 수분이 모두 가능하다.
⑤ 자손의 수가 많아 통계적인 분석에 유리하다.

[3~4] 그림은 순종의 둥근 완두(RR)와 순종의 주름진 완두(rr)를 교배하여 잡종 1대를 얻는 과정을 나타낸 것이다. 둥근 모양이 우성, 주름진 모양이 열성이다.

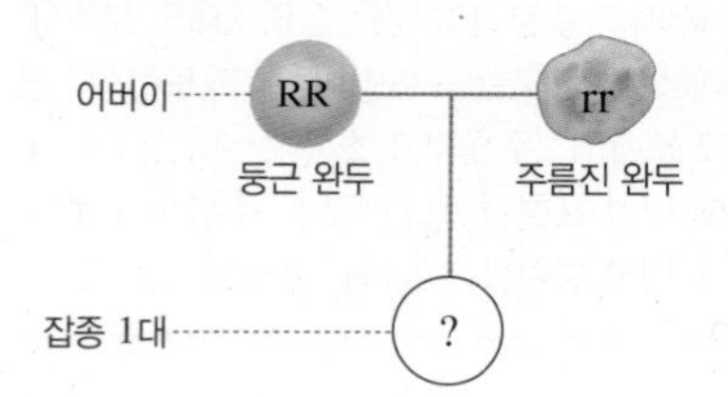

3 잡종 1대의 표현형과 유전자형을 옳게 짝 지은 것은?

① 둥근 모양 – RR ② 둥근 모양 – Rr
③ 둥근 모양 – rr ④ 주름진 모양 – Rr
⑤ 주름진 모양 – rr

4 잡종 1대를 자가 수분했을 때 잡종 2대에서 둥근 모양 : 주름진 모양의 분리비는?

① 1 : 3 ② 2 : 2 ③ 2 : 3
④ 3 : 1 ⑤ 3 : 2

난이도 ●●● 시험에 꼭 나오는 출제 가능성이 높은 예상 문제로 구성하고, 난이도를 표시하였습니다.

[5~8] 그림은 순종의 노란색 완두(YY)와 순종의 초록색 완두(yy)를 교배하여 잡종 1대를 얻고, 이를 자가 수분하여 잡종 2대를 얻는 과정을 나타낸 것이다.

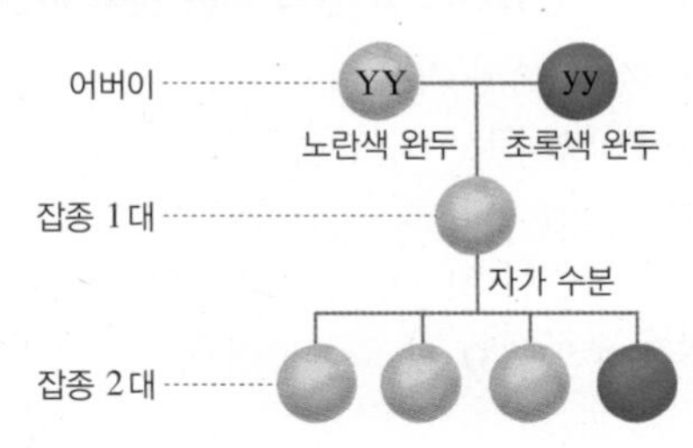

5 잡종 1대의 유전자 구성을 염색체에 옳게 나타낸 것은?

① 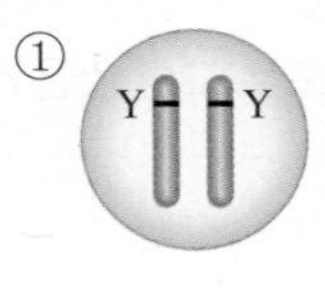

② 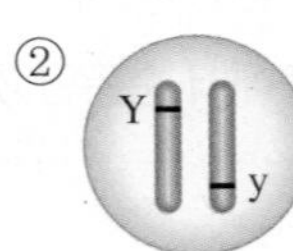

③ 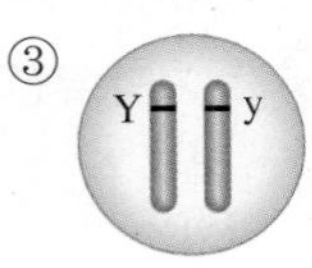

④ 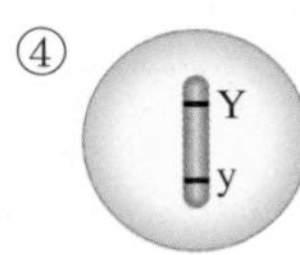

⑤ 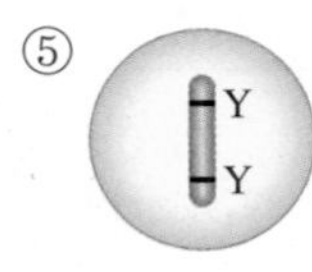

6 이에 대한 설명으로 옳지 않은 것은?

① 초록색 완두는 모두 순종이다.
② 노란색이 초록색에 대해 우성이다.
③ 잡종 1대에서 만들어지는 생식세포는 모두 2종류이다.
④ 잡종 2대에서 순종과 잡종의 분리비는 1 : 1이다.
⑤ 잡종 2대에서 얻은 노란색 완두의 유전자형은 모두 같다.

7 잡종 2대에서 총 200개의 완두를 얻었다면, 이 중 초록색 완두는 이론상 모두 몇 개인가?

① 50개 ② 75개 ③ 100개
④ 150개 ⑤ 200개

8 잡종 2대에서 총 160개의 완두를 얻었다면, 이 중 잡종 1대와 유전자형이 같은 완두는 이론상 모두 몇 개인가?

① 40개 ② 80개 ③ 100개
④ 120개 ⑤ 160개

[9~11] 그림은 순종의 둥글고 노란색인 완두(RRYY)와 순종의 주름지고 초록색인 완두(rryy)의 교배 실험을 나타낸 것이다. 완두 씨의 모양과 색깔을 결정하는 유전자는 서로 다른 상동 염색체에 있다.

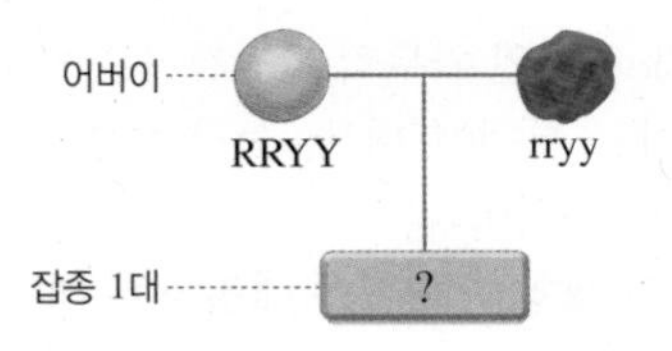

9 잡종 1대의 유전자형을 옳게 나타낸 것은?

① RRYY ② RRYy ③ RrYY
④ RrYy ⑤ rryy

10 잡종 1대에서 만들어지는 생식세포의 종류와 분리비를 옳게 나타낸 것은?

① RY : ry=1 : 1
② RY : ry=3 : 1
③ R : Y : r : y=1 : 1 : 1 : 1
④ RY : Ry : rY : ry=1 : 1 : 1 : 1
⑤ RY : Ry : rY : ry=9 : 3 : 3 : 1

11 잡종 1대를 자가 수분하여 잡종 2대에서 총 800개의 완두를 얻었다면, 이 중 둥근 완두는 이론상 모두 몇 개인가?

① 100개 ② 400개 ③ 500개
④ 600개 ⑤ 800개

[12~15] 그림은 순종의 둥글고 노란색인 완두(RRYY)와 순종의 주름지고 초록색인 완두(rryy)를 교배하여 잡종 1대를 얻고, 이를 자가 수분하여 잡종 2대를 얻는 과정을 나타낸 것이다.

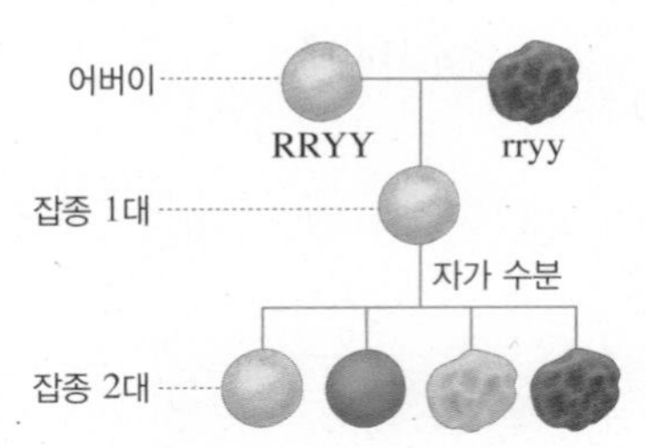

12 잡종 2대에 대한 설명으로 옳은 것은?

① 둥근 모양 : 주름진 모양=1 : 1이다.
② 잡종 1대와 같은 표현형을 가질 확률은 $\frac{1}{4}$이다.
③ 둥글고 노란색인 완두의 유전자형은 모두 RRYY이다.
④ 노란색이 초록색에 대해, 둥근 모양이 주름진 모양에 대해 각각 우성이다.
⑤ 완두 씨의 모양과 색깔을 결정하는 대립유전자가 동시에 유전될 때 서로 영향을 미친다는 것을 알 수 있다.

13 잡종 2대에서 둥글고 노란색 : 둥글고 초록색 : 주름지고 노란색 : 주름지고 초록색의 분리비로 옳은 것은?

① 1 : 1 : 1 : 1　② 1 : 3 : 3 : 1
③ 1 : 3 : 3 : 9　④ 9 : 3 : 3 : 1
⑤ 3 : 1 : 1 : 9

14 잡종 2대에서 총 1600개의 완두를 얻었다면, 이 중 잡종 1대와 표현형이 같은 완두는 이론상 모두 몇 개인가?

① 100개　② 200개　③ 400개
④ 900개　⑤ 1600개

15 잡종 2대에서 총 3200개의 완두를 얻었다면, 이 중 주름지고 초록색인 완두는 이론상 모두 몇 개인지 구하시오.

Step 2 자주 나오는 문제

16 완두의 대립 형질끼리 옳게 짝 지은 것이 아닌 것은?

① 키가 큰 것 – 키가 작은 것
② 씨가 노란색인 것 – 씨가 둥근 것
③ 꽃이 보라색인 것 – 꽃이 흰색인 것
④ 꼬투리가 매끈한 것 – 꼬투리가 잘록한 것
⑤ 꼬투리가 초록색인 것 – 꼬투리가 노란색인 것

17 보기의 유전자형 중에서 순종인 것을 모두 고른 것은?

보기
ㄱ. Rr　ㄴ. rr　ㄷ. RrYy
ㄹ. Ttyy　ㅁ. ttYY　ㅂ. RRYY

① ㄱ, ㄴ, ㅁ　② ㄱ, ㄷ, ㄹ
③ ㄴ, ㅁ, ㅂ　④ ㄷ, ㄹ, ㅂ
⑤ ㄷ, ㅁ, ㅂ

18 멘델의 가설로 옳지 않은 것은?

① 생물에는 한 가지 형질을 결정하는 한 쌍의 유전 인자가 있다.
② 유전 인자는 부모에서 자손으로 전달된다.
③ 한 쌍을 이루는 유전 인자가 서로 다를 때 두 가지 유전 인자가 모두 형질로 표현된다.
④ 한 쌍을 이루는 유전 인자는 생식세포가 만들어질 때 각 생식세포로 나뉘어 들어간다.
⑤ 생식세포가 수정될 때 유전 인자는 다시 쌍을 이룬다.

19 유전자형을 모르는 키 큰 완두와 키 작은 완두를 교배하였더니 자손에서 키 큰 완두와 키 작은 완두가 1 : 1의 비로 나왔다. 이때 교배에 이용된 어버이의 유전자형은? (단, 키 큰 유전자 T는 키 작은 유전자 t에 대해 우성이다.)

	키 큰 완두	키 작은 완두
①	TT	tt
②	Tt	tt
③	TT	Tt
④	Tt	Tt
⑤	TT	TT

[20~21] 그림은 순종의 빨간색 꽃잎 분꽃과 흰색 꽃잎 분꽃을 교배하여 잡종 1대를 얻고, 이를 자가 수분하여 잡종 2대를 얻는 과정을 나타낸 것이다.

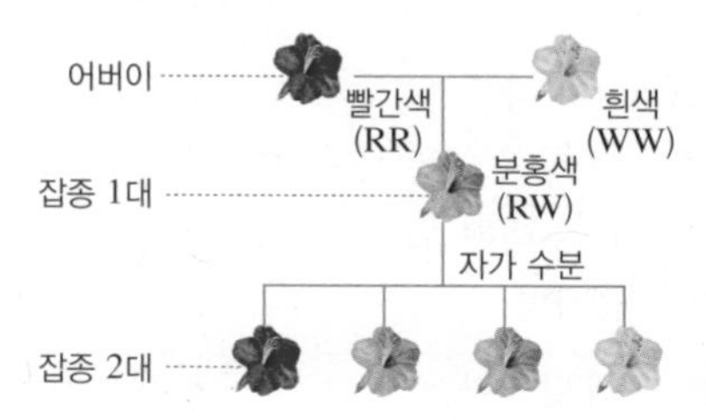

20 이에 대한 설명으로 옳은 것은?

① 우열의 원리와 분리의 법칙이 모두 성립하지 않는다.
② 빨간색 꽃잎 유전자는 흰색 꽃잎 유전자에 대해 우성이다.
③ 빨간색 꽃잎 분꽃과 분홍색 꽃잎 분꽃을 교배하면 분홍색 꽃잎만 나온다.
④ 잡종 2대에서 표현형의 분리비는 1 : 1 : 1이다.
⑤ 잡종 2대에서 표현형의 분리비와 유전자형의 분리비가 같다.

21 잡종 2대에서 총 800개의 분꽃을 얻었다면, 이 중 분홍색 꽃잎 분꽃은 이론상 모두 몇 개인가?

① 100개 ② 150개 ③ 200개
④ 400개 ⑤ 600개

Step3 만점! 도전 문제

22 다음은 완두를 재료로 한 여러 가지 유전 실험을 나타낸 것이다.

> (가) 노란색 완두×초록색 완두 → 모두 노란색
> (나) 노란색 완두×초록색 완두 → 노란색 : 초록색=1 : 1
> (다) 노란색 완두를 자가 수분 → 노란색 : 초록색=3 : 1

(가)~(다)에서 밑줄 친 노란색 완두의 유전자형을 옳게 짝지은 것은? (단, 우성 유전자는 Y, 열성 유전자는 y로 표시한다.)

	(가)	(나)	(다)
①	YY	Yy	YY
②	YY	Yy	yy
③	YY	Yy	Yy
④	yy	YY	Yy
⑤	yy	Yy	YY

23 그림과 같이 키가 크고 빨간색 꽃잎인 분꽃(TTRR)과 키가 작고 흰색 꽃잎인 분꽃(ttWW)을 교배하였더니 잡종 1대에서 키가 크고 분홍색 꽃잎인 분꽃(TtRW)만 나왔다.

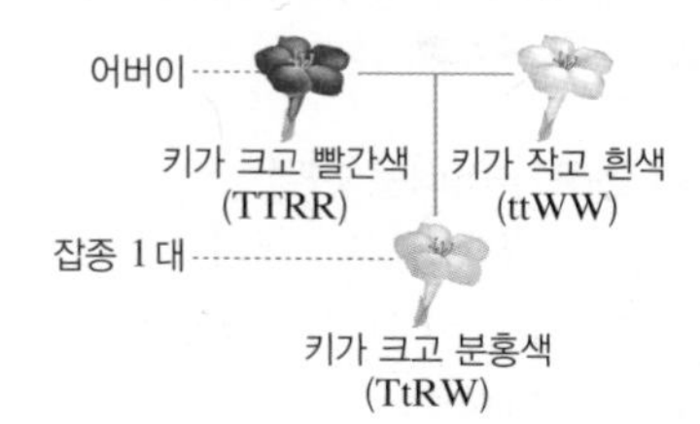

이 잡종 1대를 자가 수분하여 얻은 잡종 2대가 총 800개일 때, 이 중 키가 작고 빨간색 꽃잎인 분꽃은 이론상 모두 몇 개인가? (단, 키 큰 유전자는 키 작은 유전자에 대해 우성이고, 키와 꽃잎 색깔은 각각 독립적으로 유전된다.)

① 50개 ② 100개 ③ 150개
④ 200개 ⑤ 300개

서술형 문제

24 멘델이 사용한 완두가 유전 실험의 재료로 적합한 까닭을 세 가지만 서술하시오.

25 순종의 보라색 꽃잎 완두(PP)와 순종의 흰색 꽃잎 완두(pp)를 교배하였더니 잡종 1대에서 보라색 꽃잎만 나타났다.

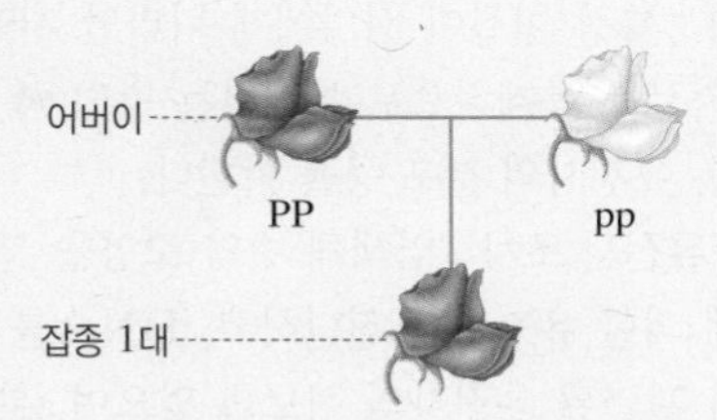

완두의 꽃잎 색깔에서 보라색과 흰색 중 우성인 형질을 쓰고, 그 까닭을 서술하시오.

26 순종의 빨간색 꽃잎 분꽃(RR)과 순종의 흰색 꽃잎 분꽃(WW)을 교배하였을 때, 잡종 1대에서 분홍색 꽃잎(RW)만 나타나는 까닭을 서술하시오.

04 사람의 유전

A 사람의 유전 연구

1 사람의 유전 연구가 어려운 까닭

(1) 한 세대가 길고, 자손의 수가 적다.

(2) 대립 형질이 복잡하고, 환경의 영향을 많이 받는다.

(3) 교배 실험이 불가능하다.

2 사람의 유전 연구 방법 주로 간접적인 방법을 이용한다.

(1) **가계도 조사** : 특정 형질을 가진 집안에서 여러 세대에 걸쳐 이 형질이 어떻게 유전되는지 알아보는 방법 ➡ 특정 형질의 우열 관계, 유전자의 전달 경로, 가족 구성원의 유전자형 등을 알 수 있고, 앞으로 태어날 자손의 형질을 예측할 수 있다.

(2) **쌍둥이 연구** : 쌍둥이의 성장 환경과 특정 형질의 발현이 어느 정도 일치하는지를 조사하는 방법 ➡ 유전과 환경이 특정 형질에 미치는 영향을 알 수 있다.

1란성 쌍둥이	2란성 쌍둥이
하나의 수정란이 발생 초기에 분리되어 각각 발생한다. 정자 난자 유전자 구성이 서로 같다. ➡ 성별, 혈액형이 항상 서로 같다. ➡ 환경의 영향으로 형질 차이가 나타난다.	각기 다른 두 개의 수정란이 동시에 발생한다. 유전자 구성이 서로 다르다. ➡ 성별, 혈액형이 같을 수도 있고, 다를 수도 있다. ➡ 유전과 환경의 영향으로 형질 차이가 나타난다.

(3) **통계 조사** : 특정 형질이 사람에게 나타난 사례를 많이 수집하고, 자료를 통계적으로 분석하는 방법 ➡ 형질이 유전되는 특징, 유전자의 분포 등을 밝힌다.

(4) **염색체와 유전자 조사** : 염색체 수와 모양을 분석하여 염색체 이상에 의한 유전병을 진단하고, DNA를 분석하여 특정 형질과 관련된 유전자의 정보를 얻으며, 부모와 자녀의 DNA를 비교하여 특정 형질의 유전 여부를 확인한다.

B 상염색체 유전

1 상염색체에 있는 한 쌍의 대립유전자에 의해 결정되는 형질

구분	혀 말기	귓불 모양	이마 선 모양	보조개	눈꺼풀	미맹
우성	가능	분리형	V자형	있음	쌍꺼풀	미맹 아님
열성	불가능	부착형	일자형	없음	외까풀	미맹임

➡ 멘델의 분리의 법칙에 따라 유전되며, 대립 형질이 비교적 명확하게 구분되고, 남녀에 따라 형질이 나타나는 빈도에 차이가 없다.

2 혀 말기 유전

(1) 우열 관계 : 혀 말기 가능 대립유전자(T)는 혀 말기 불가능 대립유전자(t)에 대해 우성이다(T>t).

(2) 표현형과 유전자형

표현형	혀 말기 가능	혀 말기 불가능
유전자형	TT, Tt	tt

[혀 말기 유전 가계도 분석]

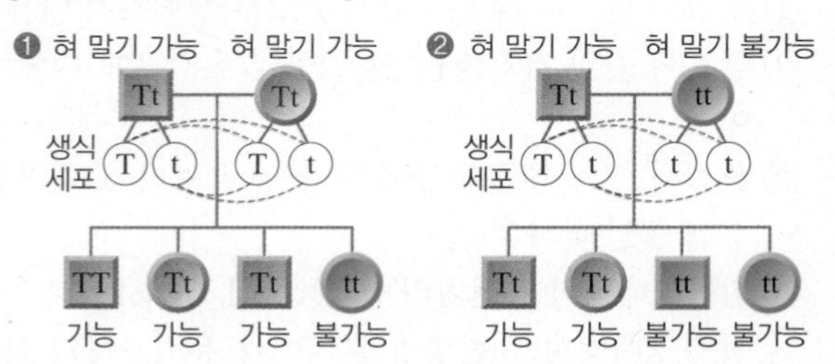

❶ 혀 말기가 가능한 부모 사이에서 혀 말기가 불가능한 자녀가 태어났다. ➡ 혀 말기가 가능한 것이 우성, 혀 말기가 불가능한 것이 열성이다. ➡ 열성인 자녀의 유전자형은 tt이고, 열성인 자녀는 부모에게서 열성 유전자 t를 하나씩 물려받았으므로, 부모의 유전자형은 모두 Tt이다.

❷ 부모 중 한 명이 열성 형질이면 자녀는 모두 열성 유전자 t를 물려받으므로, 우성인 자녀의 유전자형은 모두 Tt이다.

3 ABO식 혈액형 유전 A, B, O 세 가지 대립유전자가 관여하며, 이 중 한 쌍의 대립유전자에 의해 혈액형이 결정된다.

(1) 우열 관계 : 유전자 A와 B 사이에는 우열 관계가 없고, 유전자 A와 B는 유전자 O에 대해 우성이다(A=B>O).

(2) 표현형과 유전자형

표현형	A형	B형	AB형	O형
유전자형	AA, AO	BB, BO	AB	OO
대립 유전자	A A / A O	B B / B O	A B	O O

[ABO식 혈액형 유전 가계도 분석]

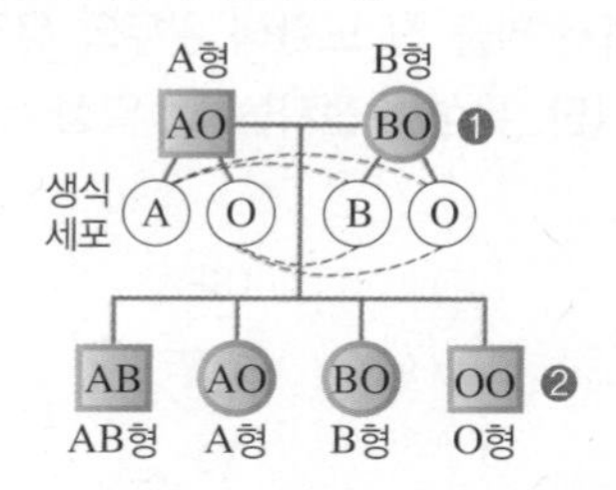

❶ 유전자형이 AO, BO인 부모 사이에서는 AB형, A형, B형, O형인 자녀가 모두 태어날 수 있다.

❷ O형인 자녀가 태어난 경우 부모는 모두 유전자 O를 가진다.

정답과 해설 7쪽

C 성염색체 유전

1 반성유전 유전자가 성염색체에 있어 유전 형질이 나타나는 빈도가 남녀에 따라 차이가 나는 유전 현상

• 반성유전의 예

적록 색맹	붉은색과 초록색을 잘 구별하지 못하는 유전 형질
혈우병	혈액이 응고되지 않아 상처가 났을 때 출혈이 잘 멈추지 않는 유전병

2 적록 색맹 유전 형질을 결정하는 유전자가 성염색체인 X 염색체에 있다.

(1) **우열 관계** : 적록 색맹 대립유전자(X′)는 정상 대립유전자(X)에 대해 열성이다(X > X′).

(2) **표현형과 유전자형**

구분	남자		여자	
표현형	정상	적록 색맹	정상	적록 색맹
유전자형	XY	X′Y	XX, XX′(보인자)	X′X′
대립 유전자	X Y	X′ Y	X X X X′	X′ X′

보인자 : 하나의 X 염색체에만 적록 색맹 유전자가 있는 경우 정상인과 같이 색을 구별할 수 있어 보인자라고 한다.

(3) **특징** : 여자보다 남자에게 더 많이 나타난다. ➡ 성염색체 구성이 XY인 남자는 적록 색맹 유전자가 1개만 있어도 적록 색맹이 되지만, 성염색체 구성이 XX인 여자는 2개의 X 염색체에 모두 적록 색맹 유전자가 있어야 적록 색맹이 되기 때문이다.

[적록 색맹 유전 가계도 분석]

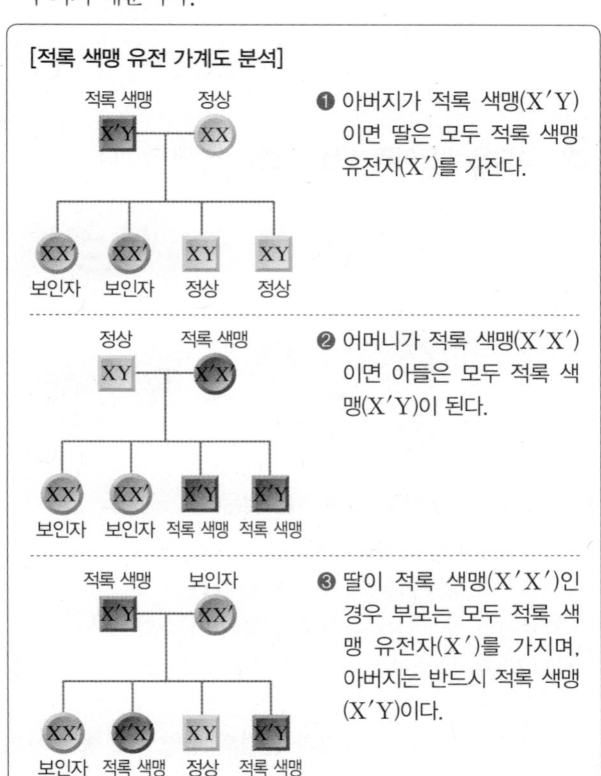

❶ 아버지가 적록 색맹(X′Y)이면 딸은 모두 적록 색맹 유전자(X′)를 가진다.

❷ 어머니가 적록 색맹(X′X′)이면 아들은 모두 적록 색맹(X′Y)이 된다.

❸ 딸이 적록 색맹(X′X′)인 경우 부모는 모두 적록 색맹 유전자(X′)를 가지며, 아버지는 반드시 적록 색맹(X′Y)이다.

1 사람의 유전 연구가 어려운 까닭은 한 세대가 (길고, 짧고), 자손의 수가 (많으며, 적으며), 대립 형질이 (단순, 복잡)하기 때문이다.

2 사람의 유전 연구 방법에 해당하는 것을 다음에서 모두 고르시오.

> 가계도 조사, 쌍둥이 연구, 교배 실험, 염색체 분석

3 (1란성 쌍둥이, 2란성 쌍둥이)는 유전자 구성이 서로 같으며, 환경의 영향으로 형질 차이가 나타난다.

4 혀 말기 유전자는 (상염색체, 성염색체)에 있어서 남녀에 따라 형질이 나타나는 빈도가 (같다, 다르다).

[5~6] 그림은 어떤 집안의 미맹 유전 가계도이다.

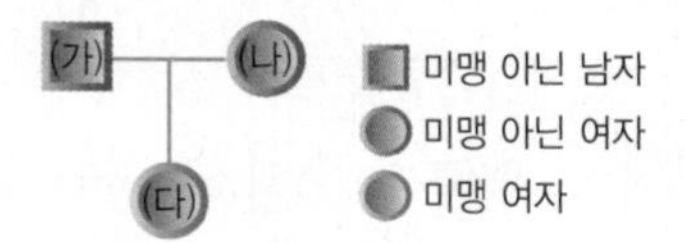

5 미맹과 미맹이 아닌 형질 중 열성인 형질을 쓰시오.

6 (가)~(다)의 유전자형을 쓰시오. (단, 우성 유전자는 A, 열성 유전자는 a로 표시한다.)

(가) : (　　　)　(나) : (　　　)　(다) : (　　　)

7 ABO식 혈액형 결정에 관여하는 대립유전자 A, B, O의 우열 관계를 부등호를 써서 나타내시오.

8 오른쪽 그림은 어떤 집안의 ABO식 혈액형 유전 가계도를 나타낸 것이다. (가)의 ABO식 혈액형의 표현형과 유전자형을 쓰시오.

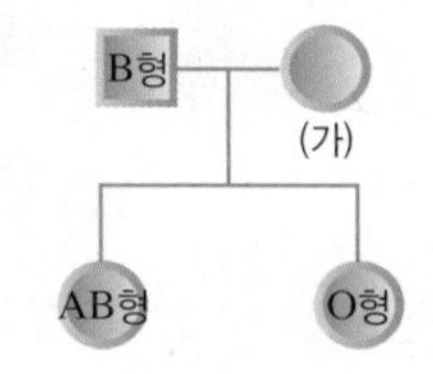

9 유전자가 성염색체에 있어 유전 형질이 나타나는 빈도가 남녀에 따라 차이가 나는 유전 현상을 (　　　)유전이라고 한다.

10 부모의 적록 색맹 유전자형이 X′Y와 XX′일 때 자녀에서 나올 수 있는 유전자형을 모두 쓰시오.

족집게 문제

핵심 족보

B **1** 허 말기 유전★★★

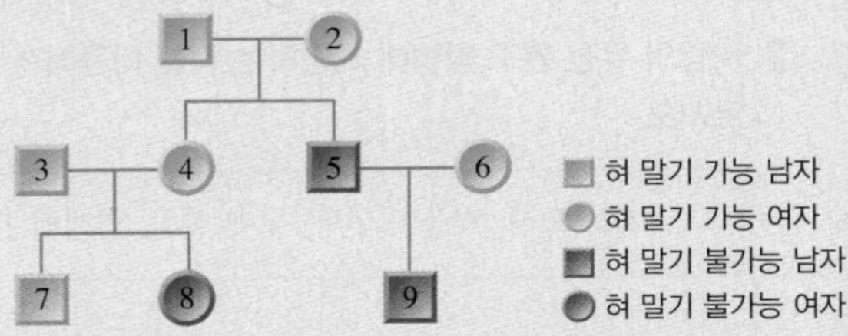

- 허 말기가 가능한 부모 1과 2 사이에서 허 말기가 불가능한 자녀 5가 태어났다. ➡ 허 말기가 불가능한 형질이 열성
- 열성 형질인 5, 8, 9의 유전자형은 tt, 열성 형질인 자녀가 있는 1, 2, 3, 4, 6의 유전자형은 Tt, 우성 형질인 7의 유전자형은 TT 또는 Tt
- 3과 4 사이에서 태어날 수 있는 자녀 : Tt×Tt → TT, Tt, Tt, tt

2 ABO식 혈액형 유전★★★

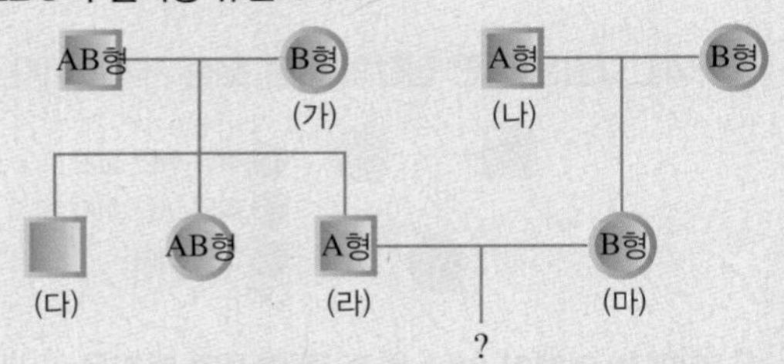

- AB×BO → AB, AO, BB, BO ➡ (가)의 유전자형은 BO, (라)의 유전자형은 AO이고, (다)의 ABO식 혈액형은 AB형, A형, B형 중 하나이다.
- A형과 B형 사이에서 B형인 자녀가 태어났다. ➡ (나)의 유전자형은 AO, (마)의 유전자형은 BO이고, B형인 부모의 유전자형은 BB 또는 BO이다.
- (라)와 (마) 사이에서 태어날 수 있는 자녀 : AO×BO → AB, AO, BO, OO

C **3** 적록 색맹 유전★★★

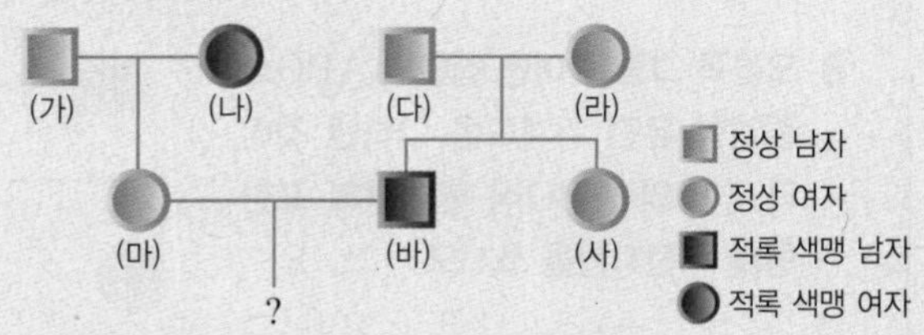

- 적록 색맹 유전자는 X 염색체에 있고, 열성이다.
- 적록 색맹인 남자 (바)의 유전자형은 X′Y, 정상인 남자 (가)와 (다)의 유전자형은 XY, 적록 색맹인 여자 (나)의 유전자형은 X′X′이다.
- 정상인 여자 중 (라)는 (바)에게 적록 색맹 유전자를 물려주므로 유전자형이 XX′이고, (마)는 (나)로부터 적록 색맹 유전자를 물려받으므로 유전자형이 XX′이다.
- 정상인 여자 중 (사)는 유전자형이 XX인지 XX′인지 확실하지 않다.

Step1 반드시 나오는 문제

1 사람의 유전 연구가 어려운 까닭으로 옳지 않은 것은?

① 한 세대가 길다.
② 자손의 수가 적다.
③ 대립 형질이 뚜렷하다.
④ 환경의 영향을 많이 받는다.
⑤ 인위적인 교배 실험이 불가능하다.

2 사람의 유전 연구 방법 중 유전과 환경이 특정 형질에 미치는 영향을 알아보는 데 가장 적합한 방법은?

① 통계 조사 ② 가계도 조사
③ 쌍둥이 연구 ④ 염색체 분석
⑤ DNA 분석

3 그림은 쌍둥이의 발생 과정을 나타낸 것이다.

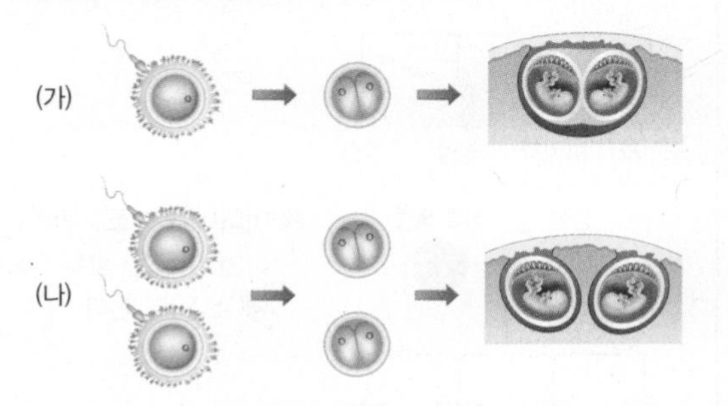

이에 대한 설명으로 옳지 않은 것은?

① (가)는 1란성 쌍둥이이다.
② (가)의 쌍둥이는 성별이 항상 같다.
③ (나)의 쌍둥이는 유전자 구성이 서로 다르다.
④ (가)의 쌍둥이는 난자 1개에 정자 2개가 수정된 것이다.
⑤ (나)의 쌍둥이는 유전과 환경의 영향으로 형질 차이가 나타난다.

난이도 ●●● 시험에 꼭 나오는 출제 가능성이 높은 예상 문제로 구성하고, 난이도를 표시하였습니다.

4 그림은 어떤 집안의 혀 말기 유전 가계도를 나타낸 것이다.

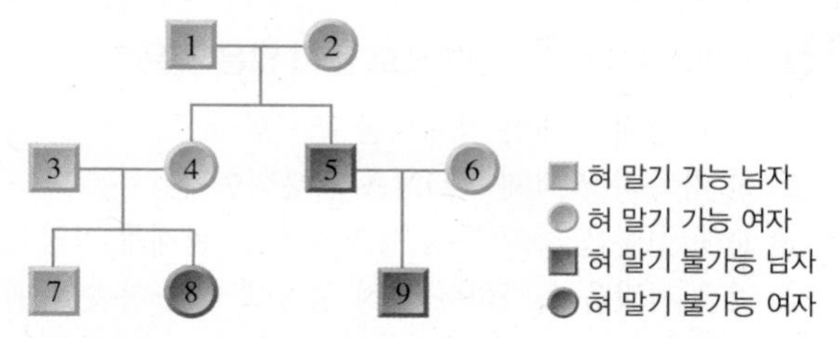

이에 대한 설명으로 옳지 않은 것은? (단, 우성 유전자는 T, 열성 유전자는 t로 표시한다.)

① 혀 말기가 가능한 형질은 우성으로 유전된다.
② 3의 유전자형은 TT이다.
③ 9는 6으로부터 유전자 t를 물려받았다.
④ 유전자형이 Tt인 것이 확실한 사람은 5명이다.
⑤ 3과 4 사이에서 자녀가 한 명 더 태어날 때 혀 말기가 불가능할 확률은 25 %이다.

[5~6] 그림은 어떤 집안의 미맹 유전 가계도를 나타낸 것이다.

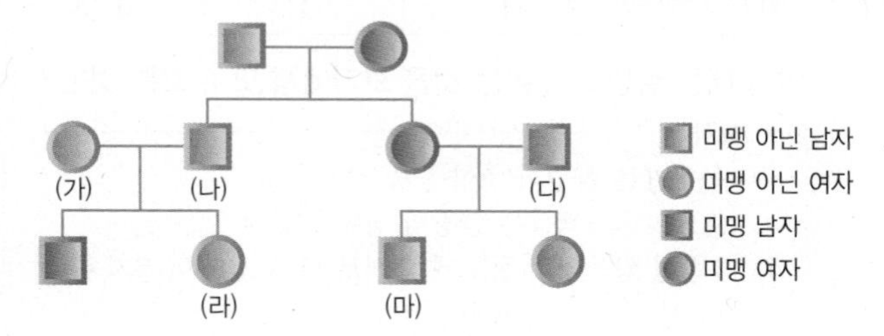

5 우성 유전자를 A, 열성 유전자를 a라고 할 때, 유전자형을 확실하게 알 수 없는 사람은?

① (가), (나) ② (가), (다)
③ (다), (라) ④ (나), (라), (마)
⑤ (다), (라), (마)

6 (마)가 미맹인 여자와 결혼하여 자녀를 낳았을 때 미맹일 확률은?

① 0 % ② 25 % ③ 50 %
④ 75 % ⑤ 100 %

7 ABO식 혈액형 유전에 대한 설명으로 옳지 않은 것은?

① A, B, O 세 가지 대립유전자가 관여한다.
② B형의 유전자형은 BB, BO이다.
③ 표현형은 4가지, 유전자형은 6가지이다.
④ 유전자 A와 B 사이에는 우열 관계가 없다.
⑤ 부모가 모두 A형인 경우 O형인 자녀가 태어날 수 없다.

[8~10] 그림은 어떤 집안의 ABO식 혈액형 유전 가계도를 나타낸 것이다.

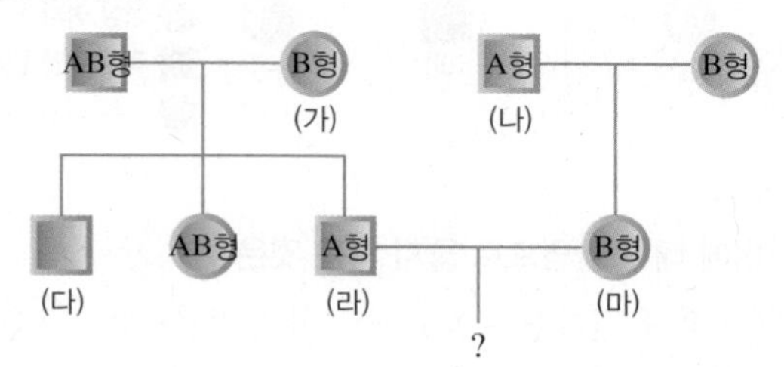

8 (가)와 (나)의 유전자형을 옳게 나타낸 것은?

	(가)	(나)		(가)	(나)
①	BB	AA	②	BB	AO
③	BO	AA	④	BO	AO
⑤	AB	OO			

9 (다)의 ABO식 혈액형이 B형일 확률은?

① 0 % ② 25 % ③ 50 %
④ 75 % ⑤ 100 %

10 (라)와 (마)가 결혼할 경우 자녀에서 나올 수 있는 ABO식 혈액형을 모두 나타낸 것은?

① A형, B형 ② AB형, O형
③ A형, B형, O형 ④ A형, B형, AB형
⑤ A형, B형, AB형, O형

11 적록 색맹 유전에 대한 설명으로 옳은 것은?

① 적록 색맹 유전자는 Y 염색체에 있다.
② 남자보다 여자에게 더 많이 나타난다.
③ 적록 색맹 유전자는 정상 유전자에 대해 우성이다.
④ 아버지가 적록 색맹이면 딸은 항상 적록 색맹이 된다.
⑤ 어머니가 적록 색맹이면 아들은 항상 적록 색맹이 된다.

[12~13] 그림은 어떤 집안의 적록 색맹 유전 가계도를 나타낸 것이다.

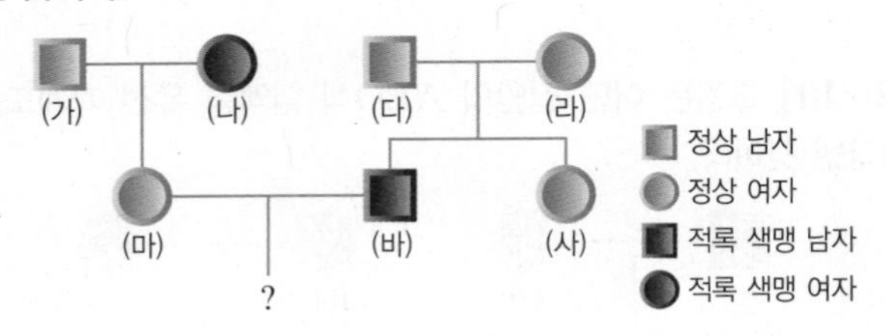

12 이에 대한 설명으로 옳지 않은 것은?

① (다)의 유전자형은 XY, (라)의 유전자형은 XX′이다.
② (마)는 보인자이다.
③ (사)는 적록 색맹 유전자를 가지고 있는 것이 확실하다.
④ (바)는 (라)로부터 적록 색맹 유전자를 물려받았다.
⑤ (마)와 (바) 사이에서 적록 색맹인 딸이 태어날 수 있다.

13 (마)와 (바) 사이에서 태어난 아들이 적록 색맹일 때, 이 적록 색맹 유전자가 전달된 경로는?

① (가) → (마) → 아들　② (나) → (다) → 아들
③ (나) → (마) → 아들　④ (다) → (바) → 아들
⑤ (라) → (바) → 아들

14 그림은 어떤 집안의 적록 색맹 유전 가계도를 나타낸 것이다.

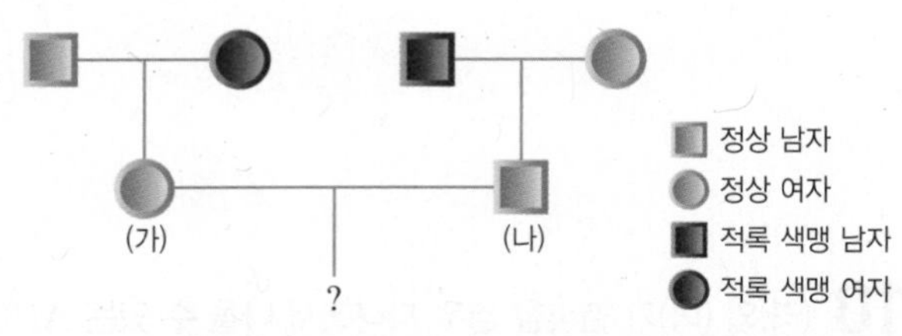

(가)와 (나) 사이에서 아들이 태어났을 경우, 이 아들이 적록 색맹일 확률은 몇 %인가?

① 0 %　② 25 %　③ 50 %
④ 75 %　⑤ 100 %

Step 2 자주 나오는 문제

15 사람의 유전 연구 방법으로 옳지 않은 것은?

① 특정 형질에 대한 가계도를 조사한다.
② 한 가족의 염색체나 DNA를 분석한다.
③ 교배 실험을 하여 특정 형질의 우열 관계를 파악한다.
④ 많은 사람을 조사하여 특정 형질에 대한 통계를 낸다.
⑤ 1란성 쌍둥이의 형질을 비교하여 유전과 환경의 영향을 비교한다.

16 표는 1란성 쌍둥이와 2란성 쌍둥이에서 두 가지 형질이 일치하는 정도를 조사한 것이다. 형질이 비슷할수록 수치가 1에 가깝다.

구분	1란성 쌍둥이		2란성 쌍둥이
	함께 자란 경우	따로 자란 경우	함께 자란 경우
몸무게	0.94	0.77	0.83
ABO식 혈액형	1	1	0.75

이에 대한 설명으로 옳은 것을 보기에서 모두 고른 것은?

보기
ㄱ. 몸무게는 환경의 영향을 받는다.
ㄴ. ABO식 혈액형은 환경의 영향을 받지 않는다.
ㄷ. 1란성 쌍둥이의 몸무게가 서로 다른 것은 유전자 구성이 서로 다르기 때문이다.

① ㄱ　② ㄴ　③ ㄷ
④ ㄱ, ㄴ　⑤ ㄴ, ㄷ

17 미맹 유전에 대한 설명으로 옳은 것은?

① 유전자가 성염색체에 있다.
② 멘델의 분리의 법칙에 따라 유전된다.
③ 남녀에 따라 나타나는 빈도가 다르다.
④ 대립 형질이 명확하게 구분되지 않는다.
⑤ 여러 쌍의 대립유전자에 의해 형질이 결정된다.

18 아버지와 어머니는 모두 귓불 모양이 분리형인데, 이 사이에서 태어난 지영은 귓불 모양이 부착형이고, 남동생은 분리형이다. 아버지, 어머니, 지영의 유전자형을 옳게 나타낸 것은? (단, 우성 유전자는 E, 열성 유전자는 e로 표시한다.)

	아버지	어머니	지영		아버지	어머니	지영
①	Ee	Ee	ee	②	Ee	Ee	Ee
③	ee	EE	Ee	④	ee	EE	ee
⑤	ee	Ee	ee				

19 그림은 어떤 집안의 적록 색맹과 ABO식 혈액형 유전 가계도를 나타낸 것이다.

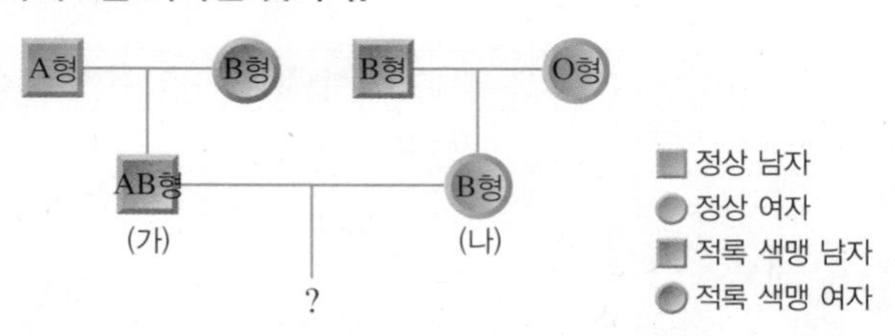

정상 남자
정상 여자
적록 색맹 남자
적록 색맹 여자

(가)와 (나) 사이에서 자녀가 태어날 때 적록 색맹이면서 AB형일 확률은?

① $\frac{1}{2}$ ② $\frac{1}{3}$ ③ $\frac{1}{4}$ ④ $\frac{1}{6}$ ⑤ $\frac{1}{8}$

20 그림은 어떤 집안의 유전병 유전 가계도를 나타낸 것이다.

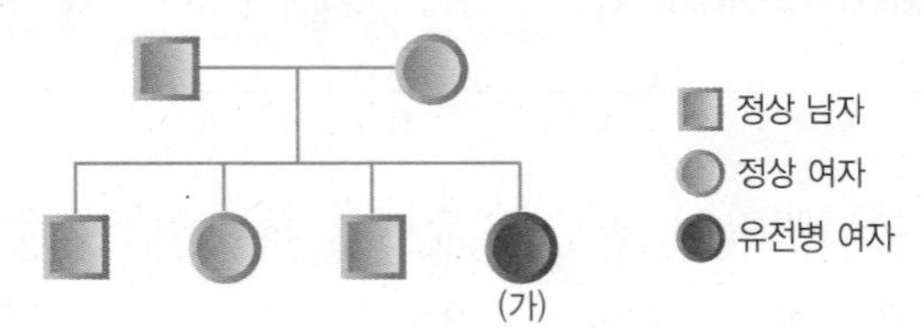

이에 대한 설명으로 옳지 않은 것은?

① 유전병 유전자는 X 염색체에 있다.
② 유전병 유전자는 정상 유전자에 대해 열성이다.
③ 유전병이 나타나는 빈도는 남녀에 따라 차이가 없다.
④ (가)의 부모는 모두 유전병 유전자를 가진다.
⑤ (가)의 동생이 태어날 때 정상일 확률은 75 %이다.

Step3 만점! 도전 문제

21 상염색체에 있는 유전자에 의해 결정되는 유전 형질이 아닌 것은?

① 미맹 ② 혀 말기 ③ ABO식 혈액형
④ 적록 색맹 ⑤ 이마 선 모양

22 그림은 어떤 집안의 ABO식 혈액형 유전 가계도를 나타낸 것이다. (가)의 유전자 구성을 염색체에 옳게 나타낸 것은?

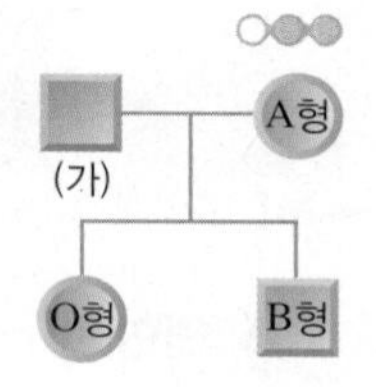

①
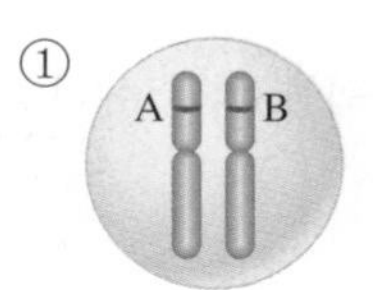

②
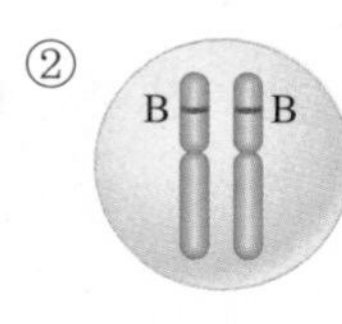

③
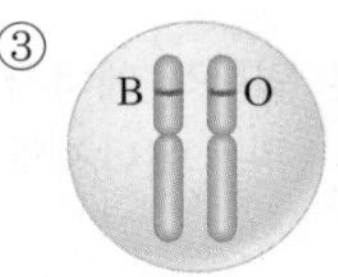

④
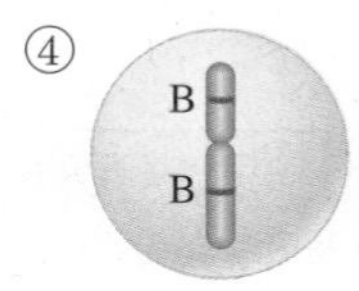

⑤
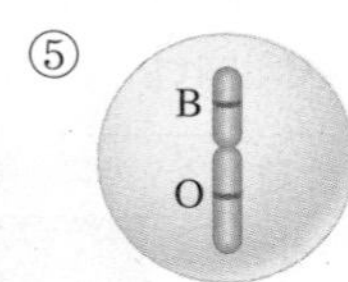

서술형 문제

23 완두의 유전 연구와 달리 사람의 유전 연구가 어려운 까닭을 세 가지만 서술하시오.

24 그림은 어떤 집안의 주근깨 유전 가계도를 나타낸 것이다.

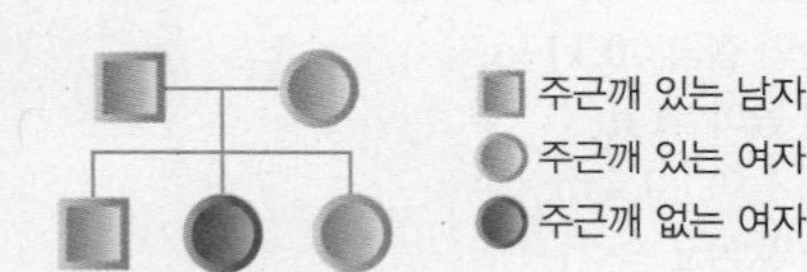

(1) 주근깨가 있는 형질은 우성 형질인지 열성 형질인지 쓰시오.

(2) (1)과 같이 생각한 까닭을 가계도를 이용하여 서술하시오.

25 적록 색맹이 여자보다 남자에게 더 많이 나타나는 까닭을 서술하시오.

01 역학적 에너지 전환과 보존

A 역학적 에너지 전환과 보존

1 역학적 에너지 물체가 가진 중력에 의한 위치 에너지와 운동 에너지의 합

2 역학적 에너지 전환 물체의 높이가 변할 때 위치 에너지와 운동 에너지가 서로 전환된다.

물체가 자유 낙하 할 때	물체를 연직 위로 던져 올릴 때
• 높이가 낮아진다. ➡ 위치 에너지 감소 • 속력이 빨라진다. ➡ 운동 에너지 증가 • 위치 에너지가 운동 에너지로 전환된다.	• 높이가 높아진다. ➡ 위치 에너지 증가 • 속력이 느려진다. ➡ 운동 에너지 감소 • 운동 에너지가 위치 에너지로 전환된다.

탐구 자유 낙하 하는 물체의 역학적 에너지

1. 쇠구슬의 질량을 측정한다.
2. 그림과 같이 장치한 후 B점을 기준으로 O점과 A점의 높이를 측정한다.
3. 쇠구슬을 O점에서 떨어뜨려 A점과 B점을 지날 때 속력을 측정한다.
4. 과정 3을 두 번 반복하여 쇠구슬의 평균 속력을 구한다.

(스탠드, 플라스틱 관, 속력 측정기 A, 속력 측정기 B, O)

✚ 결과 및 정리

❶ 측정한 값을 정리하면 다음과 같다.
- 쇠구슬의 질량 : 0.11 kg
- O점의 높이 : 1 m
- A점의 높이 : 0.5 m
- 쇠구슬의 평균 속력

구분	1회	2회	3회	평균 속력
A점	3.13 m/s	3.14 m/s	3.12 m/s	3.13 m/s
B점	4.41 m/s	4.45 m/s	4.43 m/s	4.43 m/s

❷ 쇠구슬의 역학적 에너지는 다음과 같다.

구분	위치 에너지(J)	운동 에너지(J)	역학적 에너지(J)
O점	1.08	0	1.08
A점	0.54	0.54	1.08
B점	0	1.08	1.08

❸ O점, A점, B점에서 물체의 위치 에너지와 운동 에너지의 합인 역학적 에너지는 일정하다.

3 역학적 에너지 보존 공기 저항이나 마찰이 없을 때 운동하는 물체의 역학적 에너지는 항상 일정하게 보존된다.

역학적 에너지=위치 에너지+운동 에너지=일정

B 여러 가지 물체의 역학적 에너지

1 낙하하는 물체의 운동 위치 에너지가 운동 에너지로 전환

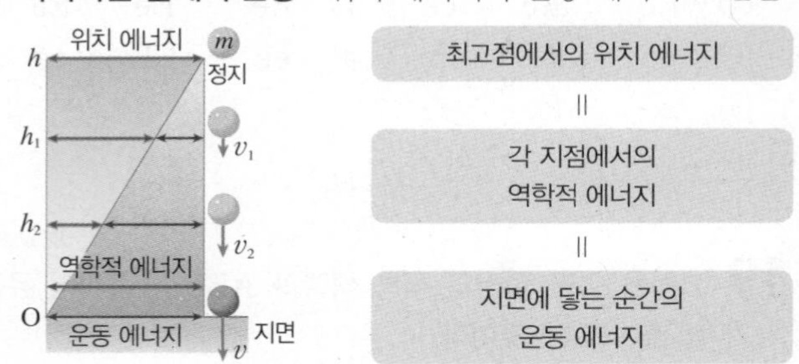

위치		운동 에너지+위치 에너지	역학적 에너지
최고점	h	$0+9.8mh$	일정
낙하 중	h_1	$\frac{1}{2}mv_1^2+9.8mh_1$	
	h_2	$\frac{1}{2}mv_2^2+9.8mh_2$	
지면	O	$\frac{1}{2}mv^2+0$	

2 롤러코스터의 운동

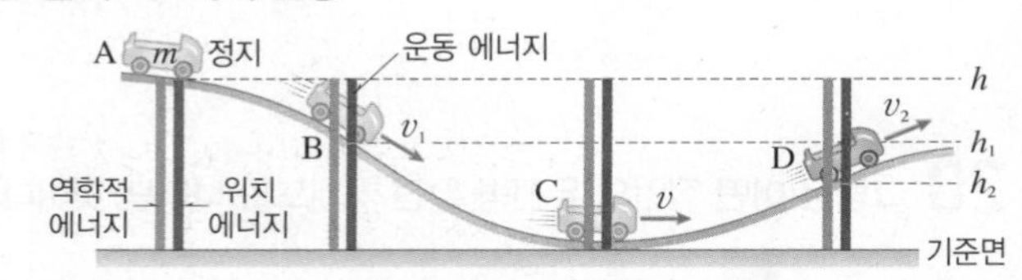

위치	A	B	C	D
운동 에너지	0	$\frac{1}{2}mv_1^2$	$\frac{1}{2}mv^2$	$\frac{1}{2}mv_2^2$
위치 에너지	$9.8mh$	$9.8mh_1$	0	$9.8mh_2$
역학적 에너지	일정			
에너지 전환	위치 에너지 → 운동 에너지		운동 에너지 → 위치 에너지	

3 진자의 운동

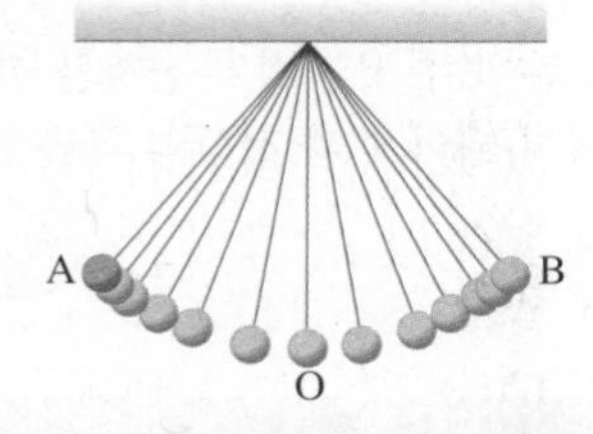

위치	A	A → O	O	O → B	B
운동 에너지	0(최소)	증가	최대	감소	0(최소)
위치 에너지	최대	감소	0(최소)	증가	최대
역학적 에너지	일정				
에너지 전환	위치 에너지 → 운동 에너지			운동 에너지 → 위치 에너지	

1 물체가 가진 중력에 의한 위치 에너지와 운동 에너지의 합은 (   ) 에너지이고, 물체의 높이가 변할 때 위치 에너지와 (   ) 에너지가 서로 전환된다.

2 공기 저항이 없을 때, 자유 낙하 하는 물체에 대한 설명으로 옳은 것은 ○, 옳지 않은 것은 ×로 표시하시오.

(1) 위치 에너지가 운동 에너지로 전환된다. …… (   )

(2) 물체의 위치 에너지는 증가한다. …… (   )

(3) 물체의 역학적 에너지는 감소한다. …… (   )

3 공기 저항이 없을 때 자유 낙하 하는 물체에서 증가한 (   ) 에너지는 감소한 (   ) 에너지와 같다.

4 공기 저항이 없을 때 물체를 위로 던져 올리면 물체의 (   ) 에너지는 증가하지만, (   ) 에너지는 일정하다.

5 질량이 5 kg인 물체를 2 m 높이에서 자유 낙하 시켰다. 물체가 바닥에 도달하는 순간 물체의 운동 에너지는 몇 J인지 구하시오. (단, 공기 저항은 무시한다.)

6 질량이 1 kg인 공을 7 m/s의 속력으로 연직 위로 던졌다. 공이 최고점에 도달했을 때 물체의 역학적 에너지는 몇 J인지 구하시오. (단, 공기 저항은 무시한다.)

[7~8] 오른쪽 그림은 롤러코스터가 A점에서 출발하여 B점을 통과하여 C점을 지나는 순간의 모습을 나타낸 것이다. (단, 공기 저항과 모든 마찰은 무시한다.)

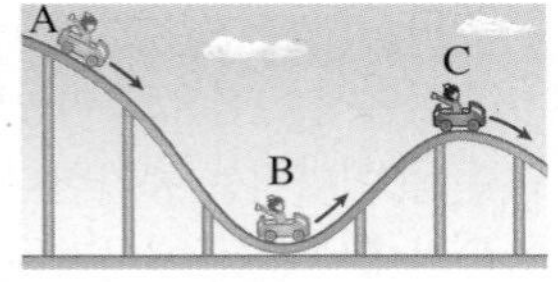

7 운동 에너지가 최대인 점은 어디인지 쓰시오.

8 위치 에너지가 운동 에너지로 변하는 구간을 쓰시오.

[9~10] 오른쪽 그림은 A점과 C점 사이를 왕복하는 공을 나타낸 것이다. (단, 공기 저항은 무시한다.)

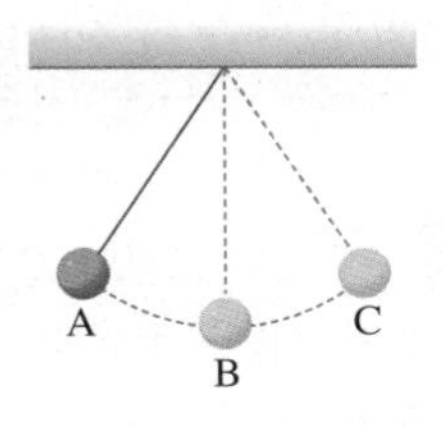

9 운동 에너지가 최대인 점은 어디인지 쓰시오.

10 A점에서 B점으로 운동할 때 에너지 전환 과정을 쓰시오.

핵심 족보

정답과 해설 10쪽

A

1 역학적 에너지 전환 ★★★

공기 저항을 무시할 때, 물체의 역학적 에너지는 보존된다.

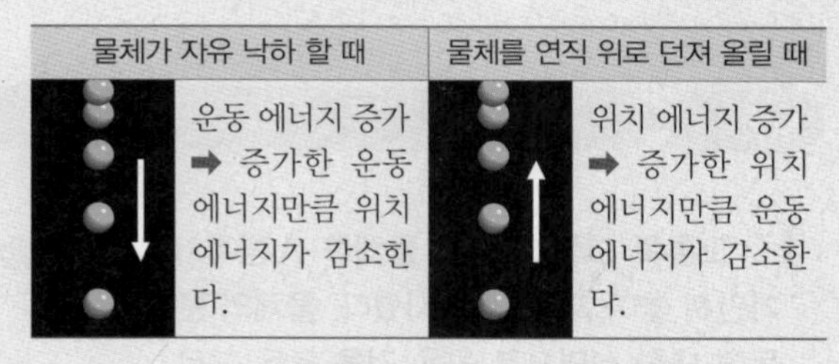

물체가 자유 낙하 할 때		물체를 연직 위로 던져 올릴 때	
	운동 에너지 증가 ➡ 증가한 운동 에너지만큼 위치 에너지가 감소한다.		위치 에너지 증가 ➡ 증가한 위치 에너지만큼 운동 에너지가 감소한다.

2 연직 위로 던진 물체의 역학적 에너지 보존 ★★

위치 에너지가 증가하면 위치 에너지의 증가량만큼 운동 에너지가 감소하여 역학적 에너지는 일정하게 보존된다.

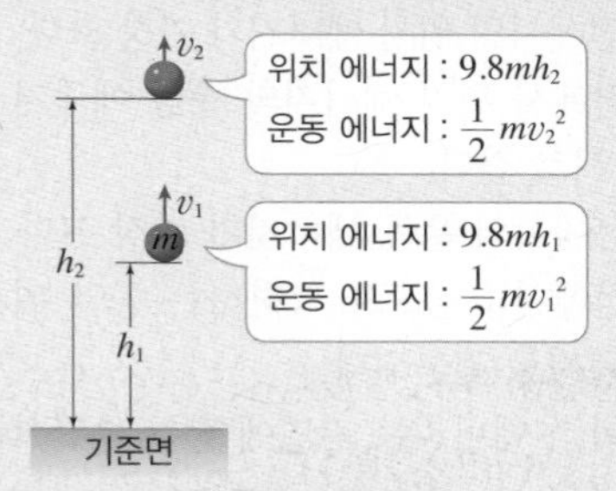

- 운동 에너지 감소량=위치 에너지 증가량

$$\frac{1}{2}mv_1^2-\frac{1}{2}mv_2^2=9.8mh_2-9.8mh_1$$

- h_1에서의 역학적 에너지=h_2에서의 역학적 에너지

$$9.8mh_1+\frac{1}{2}mv_1^2=9.8mh_2+\frac{1}{2}mv_2^2$$

B

3 낙하하는 물체의 위치 에너지와 운동 에너지의 비 ★★★

낙하하는 물체의 운동 에너지는 감소한 위치 에너지와 같으므로, 감소한 높이에 비례한다.

> 위치 에너지 : 운동 에너지
> =물체의 높이 : 물체의 감소한 높이

예 5 m 높이에서 물체를 가만히 떨어뜨린 경우 2 m 높이에서 위치 에너지와 운동 에너지의 비는 2 : 3이다.

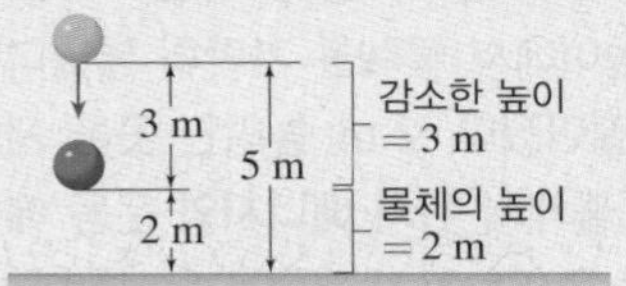

4 반원형 궤도에서 역학적 에너지 보존 ★★

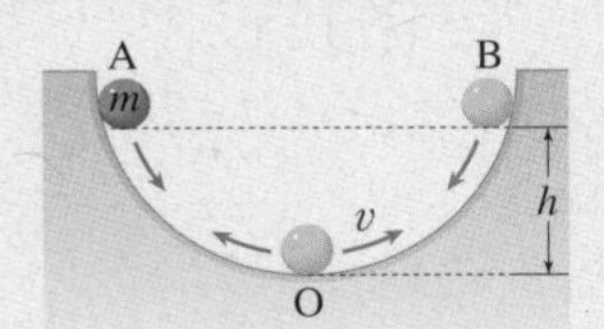

- A → O, B → O : 위치 에너지 → 운동 에너지
- O → A, O → B : 운동 에너지 → 위치 에너지
- 최고점(A, B)에서 위치 에너지는 최저점(O)에서 운동 에너지와 같다.

내공 쌓는 족집게 문제

Step 1 반드시 나오는 문제

1 오른쪽 그림과 같이 물체를 A점에서 가만히 놓아 자유 낙하 시켰다. 물체의 운동에 대한 설명으로 옳은 것을 모두 고르면? (단, 공기 저항은 무시하고, A~D 사이의 간격은 일정하다.) (2개)

① A점에서의 위치 에너지가 가장 크다.
② B점에서 위치 에너지와 운동 에너지는 서로 같다.
③ C점에서의 운동 에너지가 가장 크다.
④ B점에서 C점으로 낙하하는 동안 위치 에너지가 운동 에너지로 전환된다.
⑤ 역학적 에너지는 지면에 닿는 순간 최댓값을 갖는다.

2 오른쪽 그림과 같이 4 kg인 물체를 2.5 m 높이에서 가만히 놓아 떨어뜨렸을 때, 물체가 지면에 닿는 순간의 속력은? (단, 공기 저항은 무시한다.)

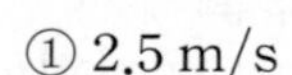
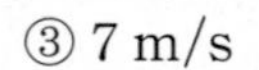
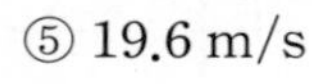

① 2.5 m/s　② 5 m/s
③ 7 m/s　④ 9.8 m/s
⑤ 19.6 m/s

3 오른쪽 그림과 같이 지면으로부터 10 m 높이에서 물체를 가만히 놓았더니 아래로 떨어졌다. 2 m 높이인 곳을 지나는 순간 물체의 위치 에너지와 운동 에너지의 비는? (단, 공기 저항은 무시한다.)

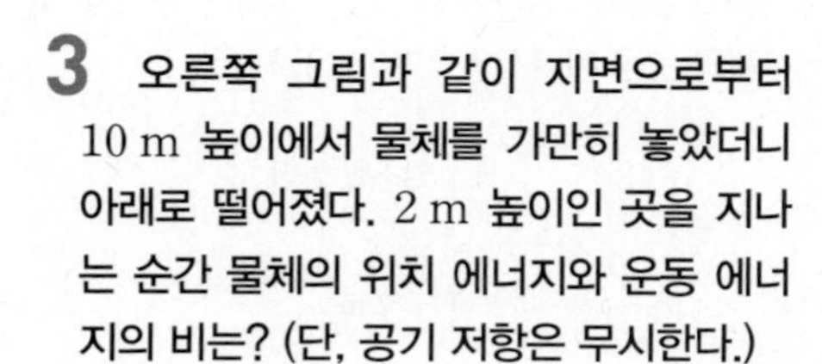

① 1 : 2　② 1 : 4
③ 1 : 5　④ 4 : 1
⑤ 5 : 1

4 오른쪽 그림과 같이 질량이 2 kg인 물체를 지면에서 14 m/s의 속력으로 연직 위로 던져 올렸다. 이 물체가 올라갈 수 있는 최고 높이는 몇 m인지 구하시오. (단, 공기 저항은 무시한다.)

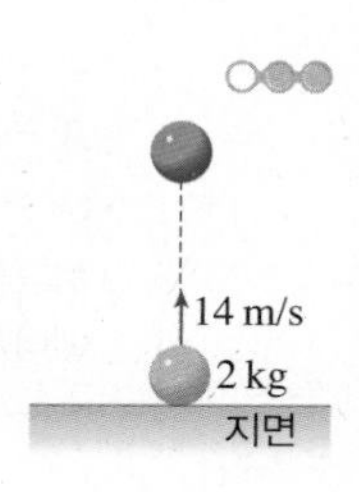

5 그림과 같이 롤러코스터가 A점에서 출발하여 D점으로 이동하고 있다.

각 점에서 롤러코스터의 운동에 대한 설명으로 옳은 것은? (단, 모든 마찰과 공기 저항은 무시한다.)

① A점에서 운동 에너지가 최대이다.
② C점에서 위치 에너지가 최대이다.
③ AB 구간에서는 역학적 에너지가 감소한다.
④ BC 구간에서는 운동 에너지가 위치 에너지로 전환된다.
⑤ CD 구간에서는 감소한 운동 에너지의 양만큼 위치 에너지가 증가한다.

6 오른쪽 그림은 진자가 A점과 B점 사이를 왕복 운동하고 있는 모습을 나타낸 것이다. 진자의 운동에 대한 설명으로 옳지 않은 것은? (단, 공기 저항은 무시한다.)

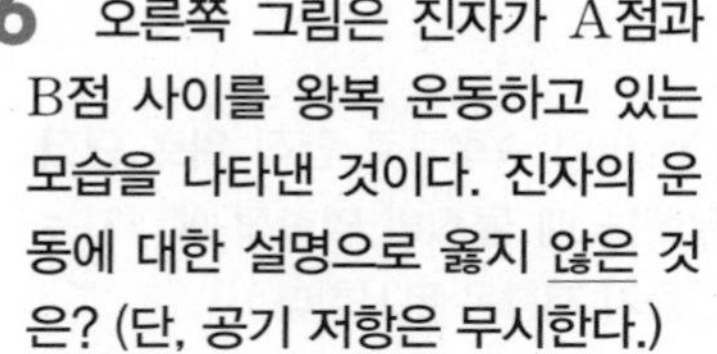
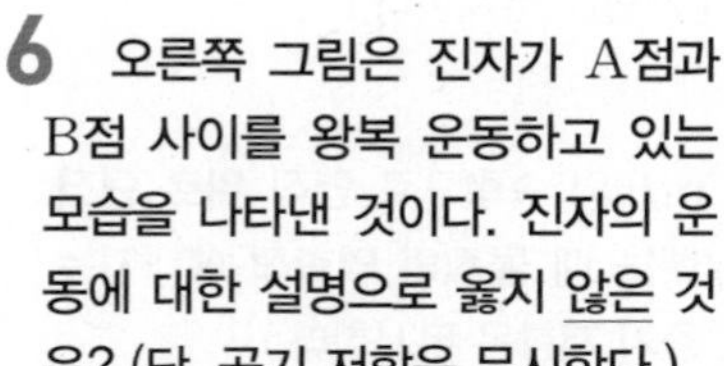
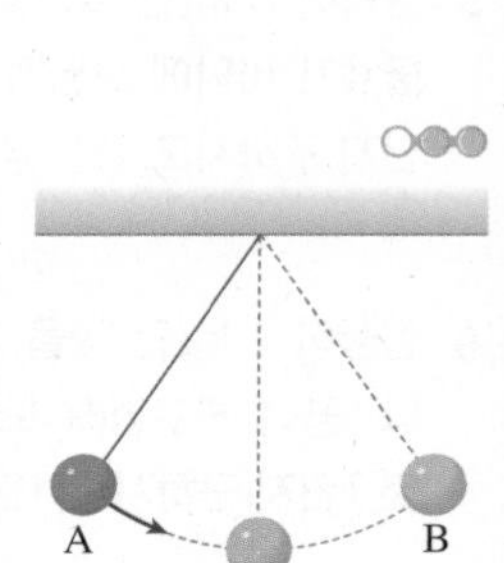

① A점에서 위치 에너지는 최대이다.
② A점에서 O점으로 이동할 때 위치 에너지는 감소하고, 운동 에너지는 증가한다.
③ O점에서 운동 에너지는 0이다.
④ A, O, B점에서 역학적 에너지는 같다.
⑤ O점에서 B점으로 이동할 때 운동 에너지는 감소하고, 위치 에너지는 증가한다.

Step 2 자주 나오는 문제

7 오른쪽 그림과 같이 질량이 2 kg인 물체가 지면으로부터 5 m 높이에서 수평 방향으로 2 m/s의 속력으로 운동할 때, 물체의 역학적 에너지는 몇 J인지 구하시오. (단, 공기 저항은 무시한다.)

난이도 ●●● 시험에 꼭 나오는 출제 가능성이 높은 예상 문제로 구성하고, 난이도를 표시하였습니다.

8 위치 에너지는 감소하고 운동 에너지는 증가하는 경우로 옳은 것은?

① 손으로 던져 올린 농구공
② 뛰어오르는 높이뛰기 선수
③ 오르막길을 올라가는 자전거
④ 수평면에서 굴러가는 볼링공
⑤ 수영장으로 뛰어내리는 다이빙 선수

9 오른쪽 그림과 같이 질량이 2 kg인 물체를 8 m 높이에서 가만히 떨어뜨렸다. 물체가 2 m 높이를 지나는 순간 물체의 운동 에너지는? (단, 공기 저항은 무시한다.)

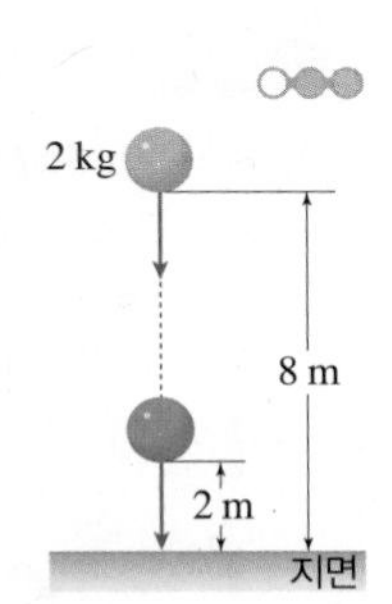

① 19.6 J ② 39.2 J
③ 117.6 J ④ 156.8 J
⑤ 196 J

10 그림은 A점에서 정지해 있던 민수가 반원형의 곡선 경로 A～D를 따라 스케이트보드를 타는 모습을 나타낸 것이다.

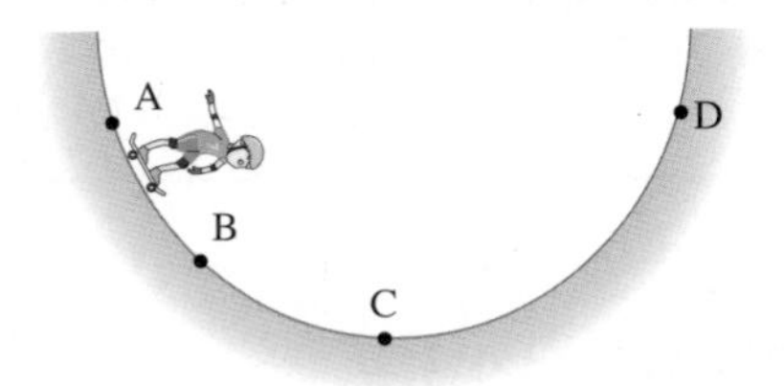

점 A～D에서 민수의 에너지에 대한 설명으로 옳지 않은 것은? (단, C점이 기준면이고, 모든 마찰과 공기 저항은 무시한다.)

① A점에서는 위치 에너지만 가지고 있다.
② C점에서는 운동 에너지만 가지고 있다.
③ A점에서 C점으로 이동할 때 위치 에너지가 운동 에너지로 전환된다.
④ C점에서 D점으로 이동할 때 운동 에너지가 위치 에너지로 전환된다.
⑤ C점에서의 역학적 에너지는 B점에서보다 크다.

Step3 만점! 도전 문제

11 오른쪽 그림과 같이 질량이 2 kg인 진자가 A점과 C점 사이를 왕복 운동하고 있다. 운동 에너지가 위치 에너지로 전환되는 구간을 모두 옳게 고른 것은?

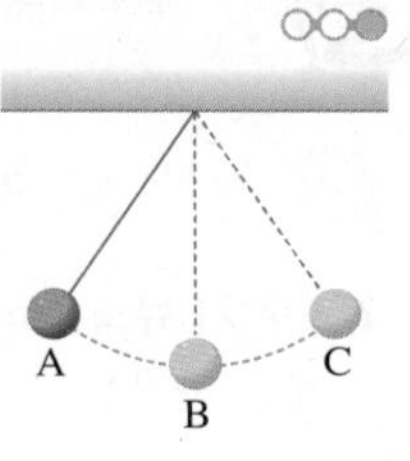

① A → B, B → C ② B → A, B → C
③ A → B, C → B ④ B → A, C → B
⑤ B → C, C → B

12 지면으로부터 20 m 높이에서 질량이 1 kg인 물체를 떨어뜨렸을 때 운동 에너지가 위치 에너지의 3배인 지점의 높이는? (단, 공기 저항은 무시한다.)

① 2 m ② 5 m ③ 10 m
④ 15 m ⑤ 16 m

13 오른쪽 그림과 같이 5 m 높이에서 질량이 2 kg인 물체를 3 m/s의 속력으로 똑바로 위로 던져 올렸다. 물체가 지면에 닿는 순간의 역학적 에너지는 몇 J인지 구하시오. (단, 공기 저항은 무시한다.)

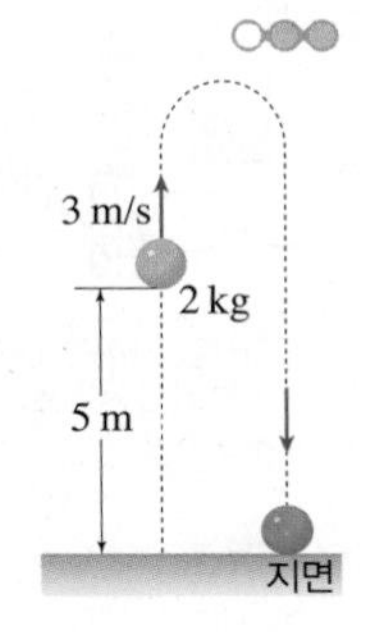

서술형 문제

14 오른쪽 그림과 같이 질량이 1 kg인 공을 지면으로부터 10 m 높이에서 가만히 떨어뜨렸다. (단, 공기 저항은 무시한다.)

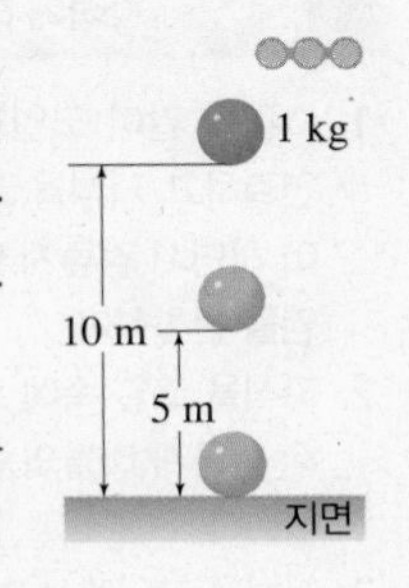

(1) 높이가 5 m인 지점을 지날 때 공의 운동 에너지와 위치 에너지의 비를 풀이 과정과 함께 구하시오.

(2) 공이 지면에 도달하였을 때 공의 운동 에너지는 몇 J인지 풀이 과정과 함께 구하시오.

02 전기 에너지의 발생과 전환

A 전기 에너지의 발생

1 전자기 유도 코일 주위에서 자석을 움직이면 코일을 통과하는 자기장이 변하면서 코일에 전류가 흐르는 현상

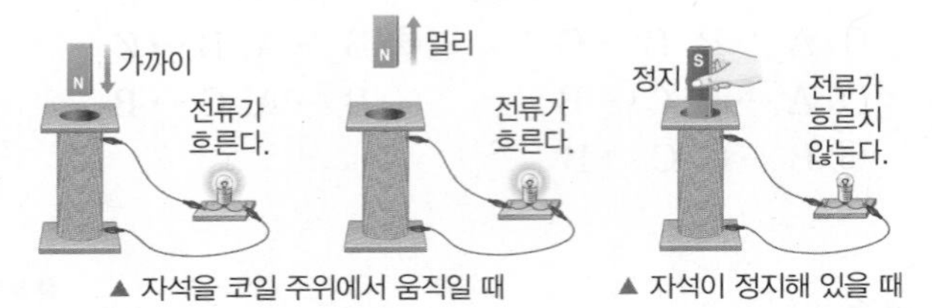

▲ 자석을 코일 주위에서 움직일 때 ▲ 자석이 정지해 있을 때

2 유도 전류 전자기 유도에 의해 코일에 흐르는 전류

(1) 방향 : 자석을 가까이 할 때와 멀리 할 때 서로 반대 방향으로 흐른다.

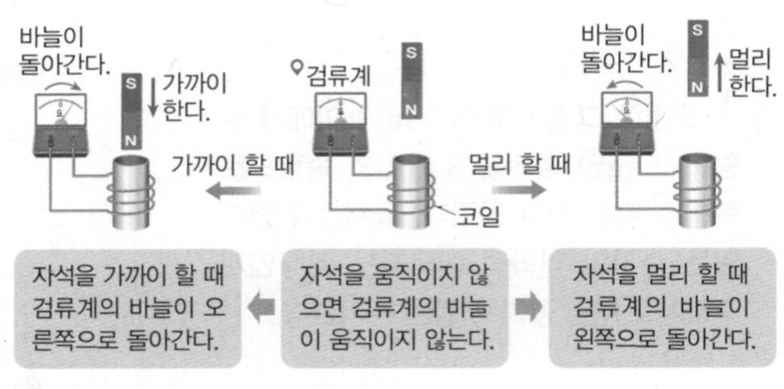

검류계: 약한 전류가 흐를 때 전류를 측정하는 기구

(2) 세기 : 강한 자석을 움직일수록, 코일의 감은 수가 많을수록, 자석을 빠르게 움직일수록 센 전류가 유도된다.

탐구 자석에 의한 전류의 발생 실험

1. 그림과 같이 코일과 검류계를 연결하고 자석을 코일에 가까이 하면서 검류계 바늘의 움직임을 관찰한다.
2. 자석을 코일 속에 넣고 정지한 후 검류계 바늘의 움직임을 관찰한다.
3. 자석을 코일에서 멀리 하면서 검류계 바늘의 움직임을 관찰한다.

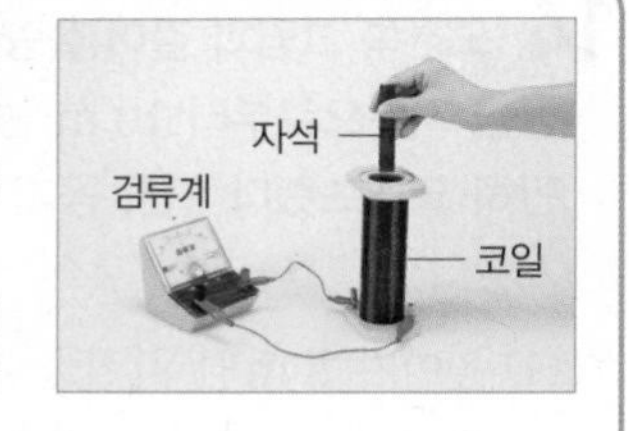

✚ 결과 및 정리

자석의 움직임	코일에 가까이 할 때	코일 속에 정지해 있을 때	코일에서 멀리할 때
검류계 바늘의 움직임	오른쪽으로 돌아간다.	움직이지 않는다.	왼쪽으로 돌아간다.

❶ 자석을 코일 주위에서 움직일 때 유도 전류가 흐른다.
❷ 자석의 같은 극을 가까이 할 때와 멀리 할 때 유도 전류의 방향은 반대이다.

3 전자기 유도의 이용 발전기, 도난 방지 장치, 교통 카드 판독기, 고속도로의 통행료 지불 단말기(하이패스), 마이크, 인덕션 레인지, 금속 탐지기, 전기 기타 등

▲ 도난 방지 장치

▲ 고속도로의 통행료 지불 단말기

탐구 손발전기에서 전기 에너지가 만들어지는 원리

1. 플라스틱 관에 에나멜선을 감아 코일을 만들고, 에나멜선 양 끝을 사포로 문지른 후 발광 다이오드와 연결한다.
2. 플라스틱 관 안에 네오디뮴 자석을 넣고, 관을 막은 후 흔들면서 발광 다이오드를 관찰한다.

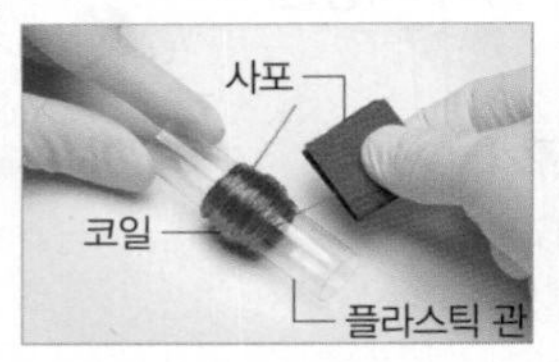

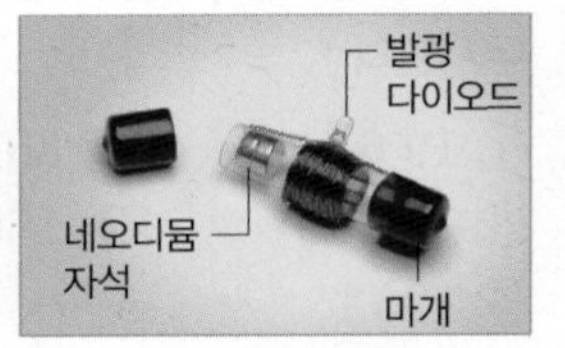

3. 플라스틱 관을 더 빠르게 흔들면서 발광 다이오드를 관찰한다.

*주의: 발광 다이오드는 다리가 긴 쪽에 (+)극이, 다리가 짧은 쪽에 (−)극이 연결된 경우에만 불이 켜진다.

✚ 결과 및 정리

❶ 자석이 코일을 통과하도록 플라스틱 관을 흔들면 발광 다이오드에 불이 켜진다. ➡ 코일에 유도 전류가 흐른다.
❷ 플라스틱 관을 흔드는 동안 발광 다이오드의 불이 켜졌다 꺼졌다를 반복한다. ➡ 자석을 움직이는 방향에 따라 전류의 방향이 바뀐다.
❸ 플라스틱 관을 더 빠르게 흔들면 발광 다이오드의 불이 더 밝아진다. ➡ 자석이 코일 사이를 빠르게 움직일수록 센 전류가 흐른다.

B 발전기의 에너지 전환

1 발전기

(1) 발전기의 구조 : 발전기는 영구 자석 사이에서 코일이 회전할 수 있는 구조로, 코일이 회전하면 전자기 유도에 의해 전류가 흐른다.

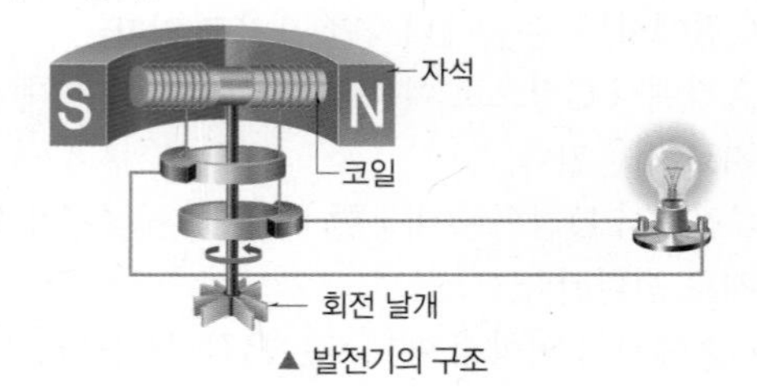

▲ 발전기의 구조

(2) **발전기에서 에너지 전환 :** 역학적 에너지가 전기 에너지로 전환된다.

(3) **발전기와 전동기 :** 발전기와 전동기는 구조가 비슷하지만 에너지 전환이 반대로 일어나는 장치이다.

구분	발전기	전동기
구조 및 원리	날개를 돌리면 전자기 유도 현상에 의해 유도 전류가 흘러 전구에 불이 켜진다.	코일에 전류가 흐르면 코일이 자석의 자기장에 의해 힘을 받아 회전한다.
	유도 전류가 흘러 전구에 불이 켜진다.	전지의 전류가 흘러 날개가 돌아간다. (-) (+)
에너지 전환	역학적 에너지 → 전기 에너지	전기 에너지 → 역학적 에너지

2 여러 가지 발전 과정에서 에너지 전환

종류	발전 방법	에너지 전환 과정
수력 발전	댐에 있는 물을 흘려 보내면 물이 낙하하면서 발전기를 회전시켜 발전	물의 위치 에너지 → 물의 운동 에너지 → 발전기의 역학적 에너지 → 전기 에너지
화력 발전	연료를 태워 물을 끓이고 이때 발생한 수증기로 발전기를 회전시켜 발전	연료의 화학 에너지 → 수증기의 열에너지 → 발전기의 역학적 에너지 → 전기 에너지
풍력 발전	바람의 힘으로 회전 날개를 돌리고, 날개에 연결된 발전기를 회전시켜 발전	바람의 역학적 에너지 → 발전기의 역학적 에너지 → 전기 에너지

C 전기 에너지의 전환

1 전기 에너지 전류가 흐를 때 공급되는 에너지

(1) 단위 : J(줄)

(2) 전기 에너지는 다른 형태의 에너지로 쉽게 전환하여 사용할 수 있기 때문에 우리 생활에 많이 이용된다.

2 전기 에너지의 전환 예

전기 에너지의 전환	예
열에너지	전기다리미, 전기밥솥, 전기난로, 헤어드라이어 등
빛에너지	전구, 형광등, 텔레비전, 컴퓨터 모니터 등
소리 에너지	오디오, 스피커, 텔레비전, 휴대 전화 등
운동 에너지	세탁기, 선풍기, 진공청소기, 헤어드라이어, 믹서 등
화학 에너지	배터리 충전 등

3 휴대 전화에서의 에너지 전환 휴대 전화 배터리의 화학 에너지는 전기, 소리, 빛, 운동, 열에너지 등으로 전환된다.

구분	에너지 전환
스피커	전기 에너지 → 소리 에너지
화면	전기 에너지 → 빛에너지
진동	전기 에너지 → 운동 에너지
발열	전기 에너지 → 열에너지
마이크	소리 에너지 → 전기 에너지
배터리 충전	전기 에너지 → 화학 에너지

D 소비 전력

1 소비 전력 1초 동안 전기 기구가 소모하는 전기 에너지의 양

$$소비\ 전력 = \frac{전기\ 에너지(J)}{시간(s)}$$

(1) 단위 : W(와트), kW(킬로와트) ➡ 1 kW=1000 W

(2) 1 W : 1초 동안 1 J의 전기 에너지를 사용할 때의 전력

(3) **전기 기구의 소비 전력 :** 정격 전압을 연결했을 때 단위 시간 동안 전기 기구가 사용하는 전기 에너지

📍 **정격 전압 :** 전기 기구가 정상적으로 작동할 수 있는 전압

[소비 전력이 같은 두 전류의 에너지 효율 비교하기]

서로 다른 두 전구가 1초 동안 사용한 에너지를 나타낸 것이다.

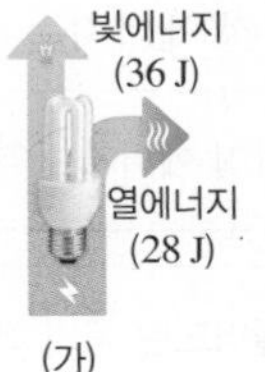

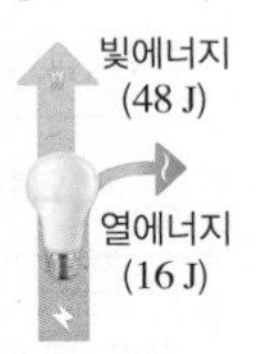

- 1초 동안 사용한 에너지의 총량
  (가) : 36 J+28 J=64 J,
  (나) : 48 J+16 J=64 J
  ➡ 소비 전력의 크기 : (가)=(나)
- 같은 에너지를 소비하는 데 빛에너지로 사용한 에너지가 (나)가 더 많으므로 에너지 효율은 (나)가 (가)보다 좋다.

2 전력량 전기 기구가 일정 시간 동안 소모하는 전기 에너지의 양

$$전력량 = 소비\ 전력(W) \times 시간(h)$$

(1) 단위 : Wh(와트시), kWh(킬로와트시)

(2) 1 Wh : 소비 전력이 1 W인 전기 기구를 1시간 동안 사용했을 때의 전력량

[소비 전력과 전력량 계산하기]

- 선풍기의 정격 전압은 220 V이고, 소비 전력은 110 W이다.
- 220 V에 연결하면 1초에 110 J의 전기 에너지를 사용한다.
- 3시간 동안 선풍기를 틀었을 때 사용하는 전력량은 110 W × 3 h=330 Wh이다.

Ⓔ 에너지 전환과 보존

1 에너지 전환 에너지는 한 형태에서 다른 형태로 전환된다.

예	에너지 전환
형광등	전기 에너지 → 빛에너지
광합성	빛에너지 → 화학 에너지
불꽃놀이	화학 에너지 → 빛에너지
풍력 발전	운동 에너지 → 전기 에너지

[여러 가지 에너지로의 전환]
에너지가 전환될 때 한 형태의 에너지로만 전환되지 않고 일부는 다른 형태의 에너지로 전환된다.

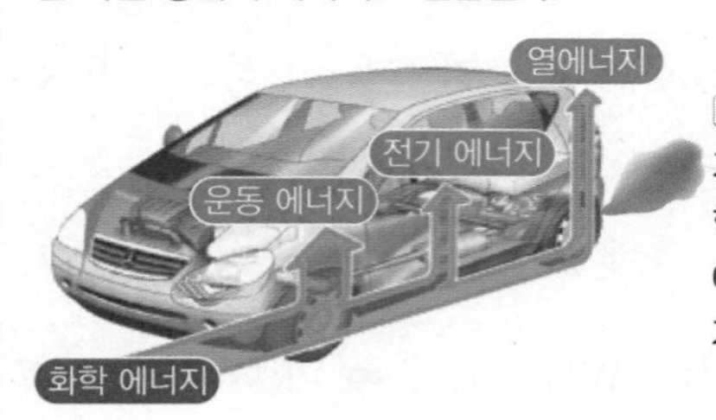

예 자동차에서 에너지 전환 : 연료의 화학 에너지 → 운동 에너지, 전기 에너지, 열에너지 등

2 에너지 보존 법칙 에너지는 전환 과정에서 새로 생기거나 없어지지 않으므로 에너지의 총량은 일정하게 보존된다.

(1) 역학적 에너지가 보존되지 않는 경우 : 마찰이나 공기 저항이 있을 때 역학적 에너지는 보존되지 않는다. ➡ 이때 감소한 역학적 에너지는 열에너지 등으로 전환된다.

역학적 에너지＋열에너지＋소리 에너지 등＝일정

[바닥에 떨어뜨린 공의 최고점이 점점 낮아지는 경우]
공기 저항이나 마찰로 인해 역학적 에너지의 일부가 열에너지, 소리 에너지 등으로 전환되기 때문에 공의 최고점이 낮아진다.

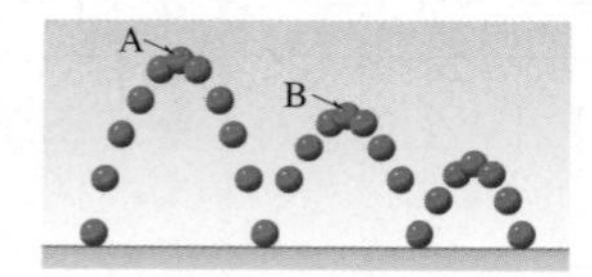

A에서 B로 가는 동안 열에너지, 소리 에너지 등으로 전환된 에너지＝감소한 역학적 에너지＝A에서 위치 에너지－B에서 위치 에너지

(2) 에너지를 절약해야 하는 까닭 : 에너지 전환 과정에서 일부는 다시 사용할 수 없는 열에너지의 형태로 전환되므로 우리가 유용하게 사용할 수 있는 에너지가 부족해지기 때문이다.

3 에너지의 효율적 사용 방법

(1) 에너지 소비 효율 등급 표시 제도 : 가전 제품이 에너지를 효율적으로 이용하는 정도를 1등급에서 5등급으로 구분하여 표시하는 제도이다.

(2) 에너지 절약 인증 제도 : 전기 에너지를 효율적으로 소비하는 가전 제품에 인증 표시를 붙이는 제도이다.

개념 확인하기

정답과 해설 11쪽

1 코일을 통과하는 자기장이 변하여 코일에 전류가 흐르는 현상을 (　　　)라고 한다.

2 코일에 유도 전류가 흐르게 하기 위한 방법으로 옳은 것은 ○, 옳지 않은 것은 ×로 표시하시오.

(1) 자석을 코일에 가까이 또는 멀리 한다. ········ (　　　)

(2) 자석을 코일 속에 넣고 가만히 있는다. ········ (　　　)

(3) 코일을 움직여 자석에 가까이 한다. ·············· (　　　)

3 발전기는 전자기 유도를 이용하여 (전기, 역학적) 에너지를 (전기, 역학적) 에너지로 전환하는 장치이다.

4 화석 연료의 화학 에너지를 이용하여 전기 에너지를 생산하는 발전소를 (　　　) 발전소라고 한다.

5 전기 에너지, 소비 전력, 전력량의 정의에 해당하는 것을 옳게 연결하시오.

(1) 전기 에너지 • 　　• ㉠ 일정한 시간 동안 사용한 전기 에너지의 양

(2) 소비 전력 • 　　• ㉡ 1초 동안 전기 기구에 공급되는 전기 에너지

(3) 전력량 • 　　• ㉢ 전류에 의해 발생하는 에너지

6 1분 동안 6000 J의 전기 에너지를 사용하는 전열기의 소비 전력은 몇 W인지 구하시오.

7 220 V－110 W인 전기난로를 220 V의 전원에서 2시간 동안 사용할 때 전력량은 몇 Wh인지 구하시오.

8 다음은 에너지 전환 과정을 나타낸 것이다. 빈칸에 알맞은 에너지의 종류를 쓰시오.

(1) 광합성 : (　　　)에너지 → 화학 에너지

(2) 불꽃놀이 : (　　　) 에너지 → 빛에너지

(3) 전기다리미 : 전기 에너지 → (　　　)에너지

9 에너지가 전환될 때 새로 생기거나 없어지지 않으며 그 총량은 일정하게 보존되는 것을 (　　　) 법칙이라고 한다.

10 에너지 전환과 보존에 대한 설명으로 옳은 것은 ○, 옳지 않은 것은 ×로 표시하시오.

(1) 공기 저항이나 마찰이 있을 때도 역학적 에너지는 보존된다. ········ (　　　)

(2) 마찰이 있을 때 역학적 에너지의 일부는 열에너지로 전환된다. ········ (　　　)

(3) 에너지의 총량은 항상 일정하게 보존되므로 에너지를 절약하지 않아도 된다. ········ (　　　)

족집게 문제

난이도 ●●● 시험에 꼭 나오는 출제 가능성이 높은 예상 문제로 구성하고, 난이도를 표시하였습니다.

핵심 족보

A 1 전자기 유도가 일어나지 않는 경우★★★

자석이나 코일이 움직이지 않으면 코일 내부의 자기장이 변하지 않으므로 유도 전류가 흐르지 않는다.

B 2 화력 발전 과정★★

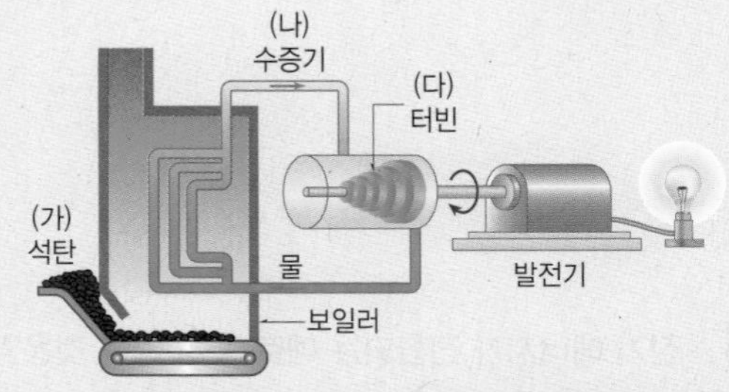

(가) 화학 에너지를 가지고 있는 연료(석탄)를 태워 열에너지를 만든다.

(나) 열에너지로 물을 끓여 역학적 에너지를 가진 수증기를 만든다.

(다) 수증기가 터빈을 돌리면 발전기가 회전하여 역학적 에너지가 전기 에너지로 전환된다.

D 3 밝기가 같은 두 전구의 에너지 효율 비교★★

서로 다른 두 전구가 1초 동안 사용한 에너지를 나타낸 것이다.

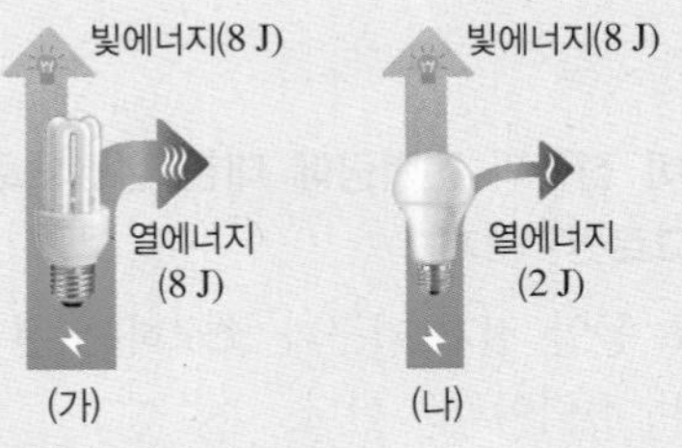

- 1초 동안 사용한 에너지
  (가) : $8\text{ J}+8\text{ J}=16\text{ J}$, (나) : $8\text{ J}+2\text{ J}=10\text{ J}$
- 같은 밝기를 내는 데 (나)가 더 적은 에너지를 소비하므로 에너지 효율은 (나)가 (가)보다 좋다.

E 4 역학적 에너지가 보존되지 않는 경우★★★

마찰이나 공기 저항이 있을 때 역학적 에너지는 보존되지 않는다.

- 미끄럼틀을 타기 전후 에너지의 총량은 같다.
  ➡ 위치 에너지=소리 에너지+열에너지+운동 에너지
- 미끄럼틀 아래에서 운동 에너지는 미끄럼틀 위에서의 위치 에너지보다 작다.

Step 1 반드시 나오는 문제

○●●

1 전자기 유도에 대한 설명으로 옳지 않은 것은?

① 자석 주위에서 코일을 움직이면 유도 전류가 흐른다.
② 코일을 통과하는 자기장이 변할 때 코일에 유도 전류가 흐른다.
③ 자석을 가까이 할 때와 멀리 할 때 유도 전류의 방향이 반대이다.
④ 센 자석을 코일 내부에 넣어 두면 센 전류가 흐른다.
⑤ 역학적 에너지가 전기 에너지로 전환된다.

[2~3] 오른쪽 그림과 같이 코일과 검류계를 장치하고 자석을 코일에 가까이 할 때와 멀리 할 때 검류계 바늘의 움직임을 관찰하였다.

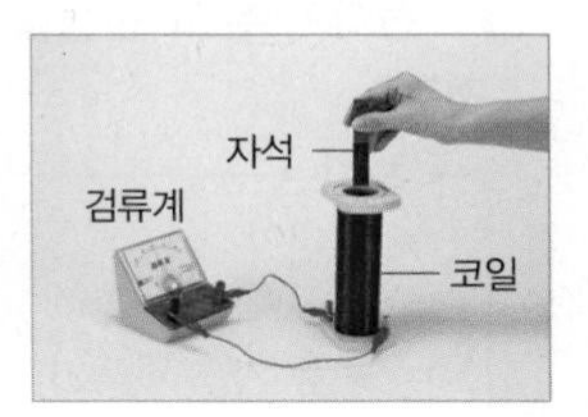

○●●

2 이 실험에 대한 설명으로 옳은 것은?

① 검류계 바늘이 움직이지 않는다.
② 자석의 극을 반대로 하면 유도 전류가 흐르지 않는다.
③ 자석을 느리게 움직일수록 검류계 바늘의 움직임이 커진다.
④ 자석을 두 개 묶어서 실험하면 검류계 바늘의 움직임이 작아진다.
⑤ 자석을 가까이 할 때와 멀리 할 때 검류계 바늘은 반대 방향으로 움직인다.

○●●

3 위 실험에서 검류계 바늘이 움직이지 않는 경우는?

① 자석을 코일에 가까이 한다.
② 코일을 자석에서 멀리 한다.
③ 자석을 코일 속에 넣고 가만히 있는다.
④ 자석을 코일 속에 넣었다 뺐다를 반복한다.
⑤ 코일 속에 자석을 넣는 속도를 빠르게 한다.

4 오른쪽 그림과 같이 발광 다이오드가 연결된 코일을 감은 플라스틱 관에 자석을 넣고 흔들었더니 발광 다이오드에 불이 켜졌다. 이에 대한 설명으로 옳지 않은 것은?

① 빠르게 흔들수록 불빛이 밝아진다.
② 센 자석을 사용할수록 불빛이 밝아진다.
③ 플라스틱 관에 코일을 많이 감을수록 불빛이 밝아진다.
④ 아주 세게 흔들면 멈췄을 때도 불이 꺼지지 않는다.
⑤ 흔드는 동안 코일에 전류가 흘렀다 안 흘렀다를 반복하므로 발광 다이오드의 불빛이 깜빡인다.

5 전자기 유도 현상을 이용한 예를 보기에서 모두 고른 것은?

보기
ㄱ. 발전기　　ㄴ. 전동기
ㄷ. 마이크　　ㄹ. 도난 방지 장치
ㅁ. 교통 카드 판독기　　ㅂ. 세탁기

① ㄱ, ㄹ　② ㄱ, ㄷ, ㅁ
③ ㄴ, ㄹ, ㅂ　④ ㄱ, ㄷ, ㄹ, ㅁ
⑤ ㄴ, ㄷ, ㄹ, ㅁ, ㅂ

6 그림은 발전기의 구조를 나타낸 것이다.

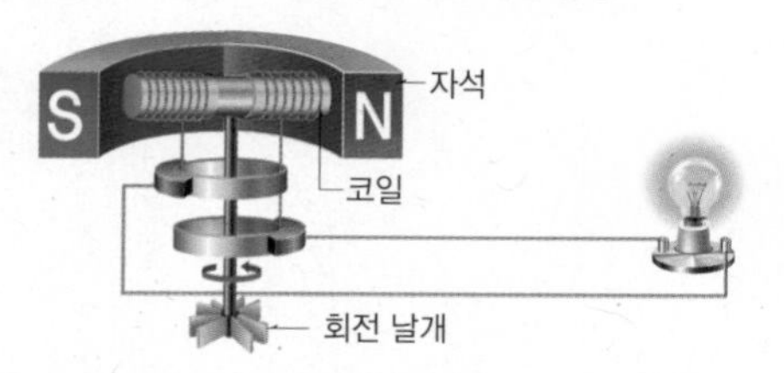

이에 대한 설명으로 옳지 않은 것을 모두 고르면? (2개)

① 전자기 유도를 이용한 장치이다.
② 역학적 에너지가 전기 에너지로 전환된다.
③ 이와 같은 원리로 전동기가 회전하게 된다.
④ 수력 발전, 화력 발전 등 발전소에서 이용된다.
⑤ 자석의 극을 반대로 하면 전구의 불빛이 더 밝아진다.

7 전기 에너지에 대한 설명으로 옳지 않은 것은?

① 전류가 흐를 때 공급되는 에너지이다.
② 전기 에너지의 단위는 J(줄)이다.
③ 세탁기에서는 운동 에너지가 전기 에너지로 전환된다.
④ 전기난로, 전기밥솥은 전기 에너지를 열에너지로 전환하여 이용하는 기구이다.
⑤ 전기 에너지는 다른 형태의 에너지로 쉽게 전환된다.

8 전기 에너지가 전환되는 예로 옳지 않은 것은?

① 전구 : 전기 에너지 → 빛에너지
② 선풍기 : 전기 에너지 → 운동 에너지
③ 스피커 : 전기 에너지 → 소리 에너지
④ 전기난로 : 전기 에너지 → 열에너지
⑤ 배터리 충전 : 전기 에너지 → 위치 에너지

9 소비 전력과 전력량에 대한 설명으로 옳지 않은 것을 모두 고르면? (2개)

① 1초 동안 전기 기구가 소모하는 전기 에너지의 양을 소비 전력이라고 한다.
② 1초 동안 사용하는 전기 에너지를 전력량이라고 한다.
③ 전력량의 단위로 Wh, kWh 등을 사용한다.
④ 전기 기구를 사용하는 시간이 길수록 소비 전력이 증가한다.
⑤ 1 Wh는 3600 J의 전기 에너지를 사용한 양과 같다.

10 소비 전력이 150 W인 청소기 1대를 2시간 동안, 소비 전력이 200 W인 텔레비전 1대를 3시간 30분 동안 사용하였다. 이때 소비한 총 전력량은?

① 350 Wh　② 500 Wh　③ 750 Wh
④ 1000 Wh　⑤ 1050 Wh

11 표는 220 V의 전원이 공급되는 가정에서 사용하는 전기 기구의 소비 전력과 사용 시간을 나타낸 것이다.

구분	전기 기구	소비 전력	사용 시간
(가)	LED 전구	60 W	10시간
(나)	헤어드라이어	150 W	30분
(다)	냉장고	500 W	1시간
(라)	전기다리미	1200 W	10분

전력량이 큰 것부터 순서대로 옳게 나열한 것은?

① (가)-(나)-(다)-(라)
② (가)-(다)-(라)-(나)
③ (나)-(가)-(다)-(라)
④ (다)-(나)-(가)-(라)
⑤ (라)-(다)-(나)-(가)

12 오른쪽 그림과 같이 220 V-40 W로 표시되어 있는 LED 전구를 220 V에 연결하여 1시간 동안 사용하였다. 이에 대한 설명으로 옳지 않은 것은?

① 40 W는 소비 전력을 의미한다.
② 전구를 100초 동안 사용하면 4 kJ의 전기 에너지를 소비한다.
③ 전구가 소비한 전기 에너지는 144000 J이다.
④ 전구가 소비한 전력량은 40 Wh이다.
⑤ 100 V에 연결해도 전구의 소비 전력은 40 W이다.

13 에너지의 전환이 일어나는 예로 옳지 않은 것은?

① 형광등 : 전기 에너지 → 빛에너지
② 건전지 : 열에너지 → 화학 에너지
③ 라디오 : 전기 에너지 → 소리 에너지
④ 자동차 : 화학 에너지 → 운동 에너지
⑤ 선풍기 : 전기 에너지 → 운동 에너지

14 그림은 어떤 높이에서 떨어뜨린 공이 운동하는 모습을 연속적으로 나타낸 것이다.

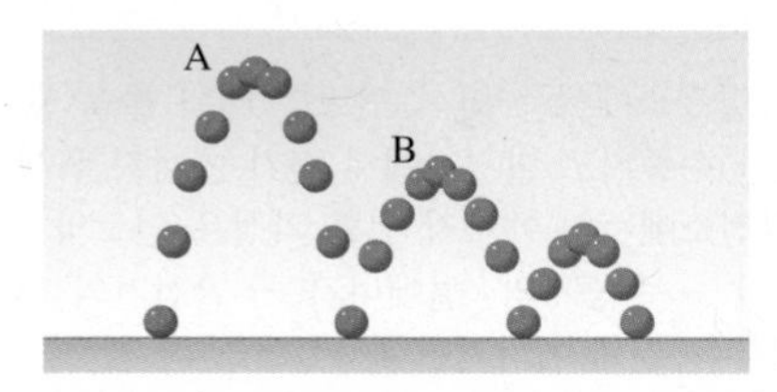

이에 대한 설명으로 옳지 않은 것을 모두 고르면? (2개)

① 공의 역학적 에너지가 점점 감소한다.
② 공의 역학적 에너지는 일정하게 보존된다.
③ 공이 운동하는 동안 에너지의 총량은 점점 감소한다.
④ 공이 운동하는 동안 에너지의 총량은 일정하게 보존된다.
⑤ 공의 역학적 에너지가 열에너지, 소리 에너지 등으로 점점 전환된다.

Step2 자주 나오는 문제

15 전자기 유도 실험에서 유도 전류의 세기를 증가시키기 위한 방법으로 옳은 것을 모두 고르면? (2개)

① 자석의 극을 반대로 한다.
② 더 센 자석을 사용한다.
③ 코일의 감은 수를 적게 한다.
④ 자석을 빠르게 움직인다.
⑤ 자석을 코일 속에 오랫동안 넣어 둔다.

16 오른쪽 그림과 같은 풍력 발전기는 바람이 불어 날개가 돌아가면, 발전기의 코일이 회전하면서 전기 에너지를 생산한다. 풍력 발전기에서 전기 에너지를 생산하는 원리를 이용한 장치로 옳지 않은 것은?

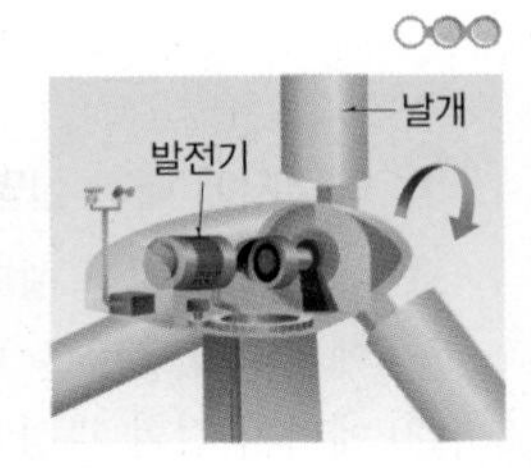

① 마이크
② 인덕션 레인지
③ 선풍기
④ 교통 카드 판독기
⑤ 고속도로의 통행료 지불 단말기

17 다음은 화력 발전소에서 전기 에너지를 생산하는 과정을 나타낸 것이다.

> 화력 발전소에서는 화석 연료를 태워 물을 끓이고, 이때 발생한 수증기로 발전기에서 전기 에너지를 생산한다. 화력 발전소에서의 에너지 전환 과정은 연료의 ㉠(　　　) 에너지 → 수증기의 열에너지 → 발전기의 ㉡(　　　) 에너지 → 전기 에너지이다.

㉠, ㉡에 들어갈 알맞은 말을 쓰시오.

18 그림 (가), (나)는 어떤 장치의 구조를 나타낸 것이다.

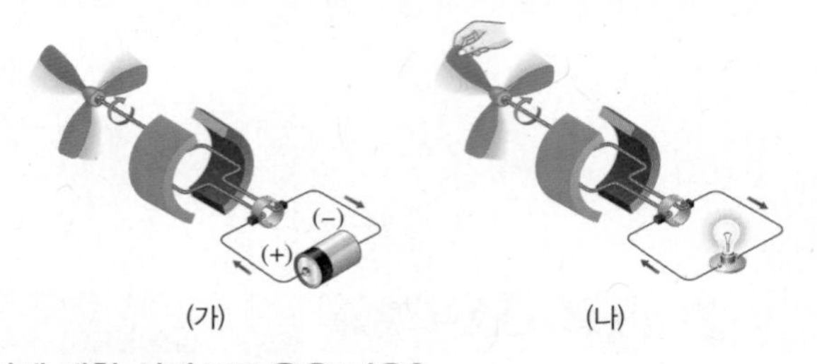

(가)　　　　(나)

이에 대한 설명으로 옳은 것은?

① (가)는 발전기, (나)는 전동기이다.
② (가)에서는 코일을 통과하는 자기장이 변하여 전류가 흐른다.
③ (나)는 전자기 유도 현상을 이용한 장치이다.
④ (나)의 코일은 자기장에서 전류가 흐르는 도선이 받는 힘을 이용하여 회전한다.
⑤ (가)와 (나)는 구조가 비슷하고, 에너지 전환이 같은 장치이다.

19 에너지에 대한 설명으로 옳지 않은 것은?

① 에너지는 여러 형태로 전환될 수 있다.
② 에너지의 총량은 보존되므로 무한정 사용할 수 있다.
③ 에너지 전환 과정에서 에너지의 일부는 항상 열에너지로 전환된다.
④ 에너지는 다른 형태로 전환될 뿐 그 총량은 항상 일정하게 보존된다.
⑤ 우리가 사용할 수 있는 에너지는 유한하므로 에너지를 절약해야 한다.

20 소비 전력을 알 수 없는 선풍기 2대를 1시간 동안 사용했을 때 소비한 전기 에너지가 72000 J이었다. 이때 선풍기 1대의 소비 전력은?

① 10 W　② 20 W　③ 72 W
④ 100 W　⑤ 1000 W

21 그림 (가), (나)는 두 전구의 정격 전압과 소비 전력을 나타낸 것이다.

(가)　　　　(나)

이에 대한 설명으로 옳은 것을 보기에서 모두 고르면?

> 보기
> ㄱ. 소비 전력은 (가)와 (나)가 같다.
> ㄴ. 같은 시간 동안 전구를 사용할 때 전기 에너지를 더 많이 소모하는 전구는 (나)이다.
> ㄷ. 두 전구의 밝기가 같을 때 에너지 효율이 좋은 전구는 (나)이다.

① ㄴ　② ㄷ　③ ㄱ, ㄴ
④ ㄱ, ㄷ　⑤ ㄴ, ㄷ

22 그림과 같이 질량이 10 kg인 물체가 5 m 높이에서 빗면을 따라 굴러 내려온 후 속력이 8 m/s가 되었다.

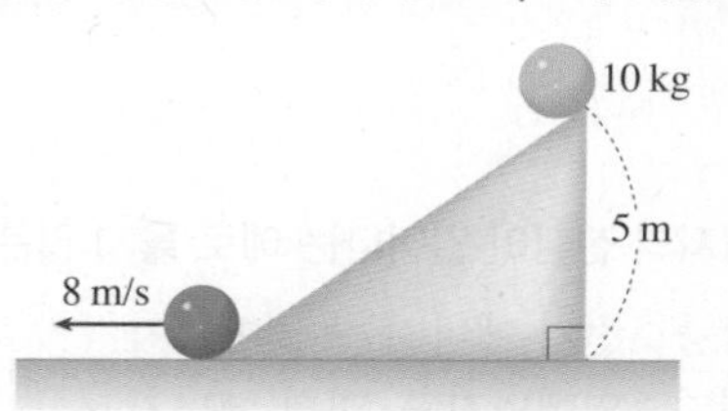

물체가 굴러 내려오면서 손실된 역학적 에너지는?

① 120 J　② 170 J　③ 245 J
④ 320 J　⑤ 460 J

Step3 만점! 도전 문제

[23~24] 표는 채원이네 집에서 하루 동안 사용하는 전기 기구의 소비 전력과 사용 시간을 나타낸 것이다.

전기 기구	소비 전력	개수	사용 시간
전구	20 W	5개	5시간
텔레비전	200 W	1대	2시간
냉장고	100 W	1대	24시간
세탁기	300 W	1대	1시간
헤어드라이어	1600 W	1개	30분

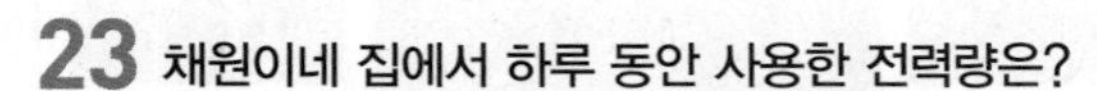

23 채원이네 집에서 하루 동안 사용한 전력량은?

① 2270 Wh ② 3100 Wh ③ 3920 Wh
④ 4000 Wh ⑤ 4400 Wh

24 전기 요금이 1 kWh당 100원이라고 할 때, 채원이네 집의 한 달(30일) 전기 요금은?

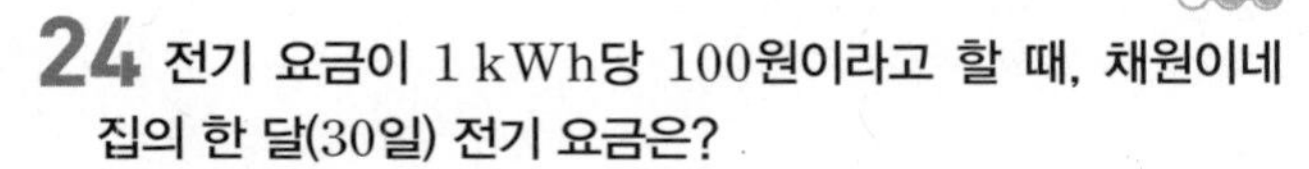

① 6810원 ② 9300원 ③ 11760원
④ 12000원 ⑤ 13200원

25 그림은 서로 다른 두 전구를 10초 동안 켜두었을 때 방출한 에너지를 나타낸 것이다.

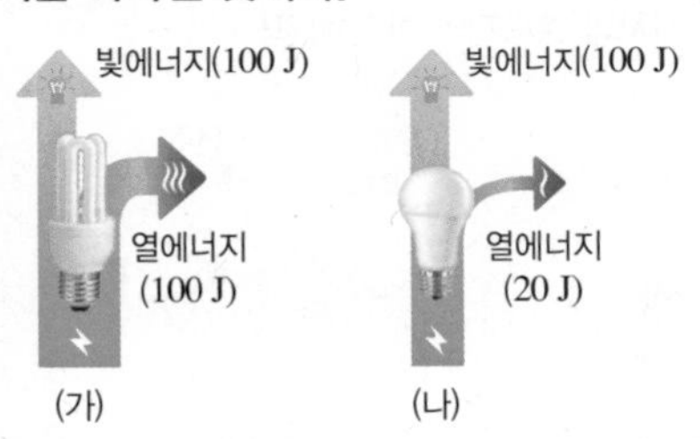

이에 대한 설명으로 옳은 것을 보기에서 모두 고른 것은?

보기
ㄱ. (가)의 소비 전력은 10 W이다.
ㄴ. (가)와 (나)의 소비 전력은 같다.
ㄷ. 같은 시간 동안 사용했을 때 에너지 효율이 더 좋은 전구는 (나)이다.

① ㄱ ② ㄴ ③ ㄷ
④ ㄱ, ㄷ ⑤ ㄴ, ㄷ

26 그림과 같이 코일과 발광 다이오드 두 개를 다른 극끼리 연결하고 자석을 움직여 코일을 가까이 하거나 멀리 하면서 발광 다이오드의 변화를 관찰하였다.

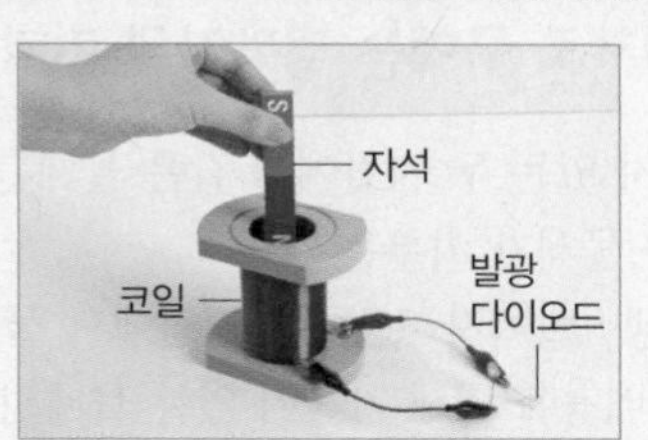

자석을 코일 속에 넣어 정지시켰을 때 발광 다이오드의 변화를 쓰고, 그 까닭을 서술하시오.

27 정격 전압과 소비 전력이 220 V−2000 W인 에어컨이 있다.

(1) 에어컨 1대를 2시간 동안 사용했을 때 소비한 전력량은 몇 Wh인지 쓰시오.

(2) 에어컨 1대를 매일 2시간씩 30일 동안 사용했을 때 전기 요금은 얼마인지 풀이 과정과 함께 구하시오. (단, 전기 요금은 1 kWh당 100원이다.)

28 그림은 공을 높은 곳에서 떨어뜨렸을 때 바닥에서 공이 튀어 오르는 모습을 나타낸 것이다.

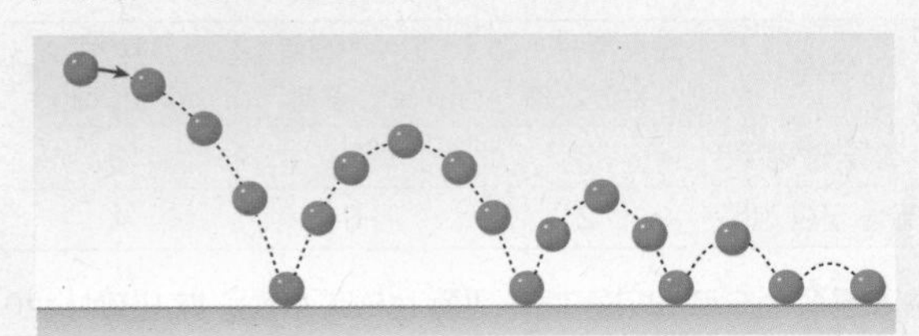

공이 바닥에 충돌할 때마다 최고점의 높이가 조금씩 낮아지는 까닭을 서술하시오.

01 별

Ⓐ 연주 시차로 구하는 별까지의 거리

1 시차 떨어져 있는 두 지점에서 같은 물체를 바라볼 때, 두 관측 지점과 물체가 이루는 각

(1) 시차의 발생 : 떨어져 있는 두 지점에서 물체를 관측하면, 멀리 있는 배경에 대해 가까이 있는 물체의 위치가 다르게 보인다.

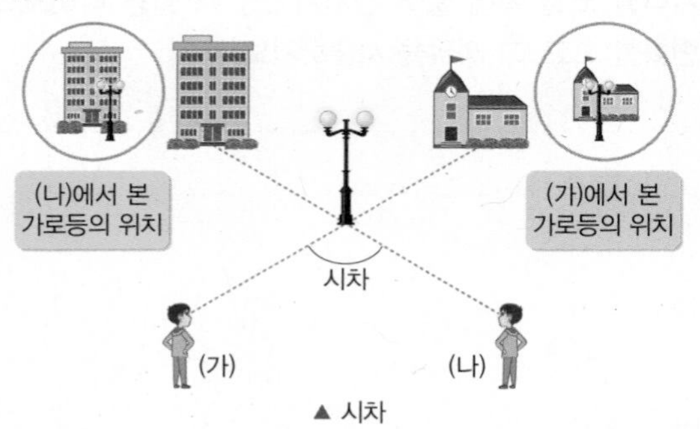

▲ 시차

(2) 시차와 물체의 거리 : 관측 지점과 물체 사이의 거리가 가까울수록 시차는 커지고, 관측 지점과 물체 사이의 거리가 멀수록 시차는 작아진다.

탐구 시차와 거리

1. 색종이로 동그라미 7개를 만든 후, 칠판에 일정한 간격으로 붙이고 번호를 적는다.
2. 연필을 든 팔을 펴서 칠판 쪽으로 뻗은 후, 양쪽 눈을 한쪽씩 번갈아 감으면서 연필 끝이 가리키는 색종이의 번호를 적는다.
3. 연필을 든 팔을 굽힌 후, 과정 2를 반복한다.

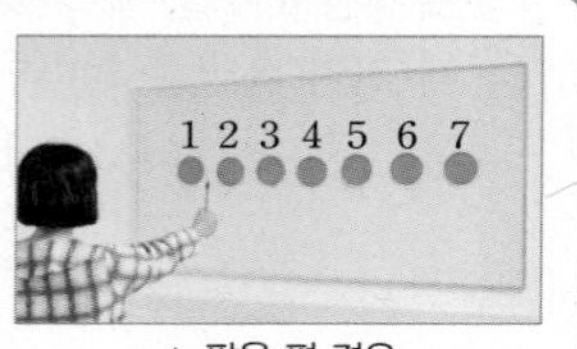

▲ 팔을 편 경우

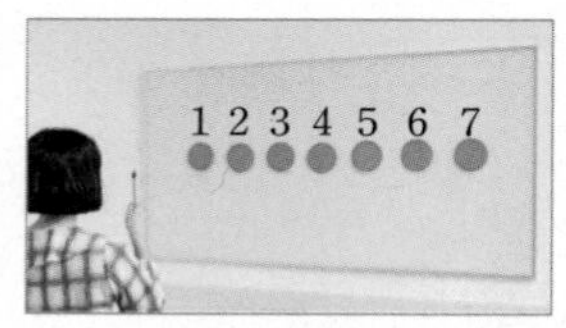

▲ 팔을 굽힌 경우

✚ 결과 및 정리

구분	오른쪽 눈으로 보았을 때	왼쪽 눈으로 보았을 때	차이 (시차에 해당)
팔을 편 경우	3	5	2
팔을 굽힌 경우	2	6	4

❶ 오른쪽 눈으로 보았을 때와 왼쪽 눈으로 보았을 때 연필이 보이는 위치가 다르다. ➡ 시차가 발생하였다.
❷ 팔을 굽힌 경우가 팔을 편 경우보다 시차가 크다. ➡ 연필까지의 거리가 가까울수록 시차가 크다.
❸ **물체까지의 거리와 시차** : 반비례 관계
❹ 시차를 이용하면 물체까지의 거리를 알 수 있다.
➡ 시차가 크게 측정될수록 물체까지의 거리가 가깝다.

2 연주 시차 지구에서 6개월 간격으로 별을 관측할 때 나타나는 시차의 $\frac{1}{2}$ ➡ 지구 공전 궤도의 양쪽 끝에서 관측한다.

(1) 연주 시차가 나타나는 까닭 : 지구가 공전하기 때문이다.

(2) 연주 시차의 단위 : ″(초)

[연주 시차 측정]

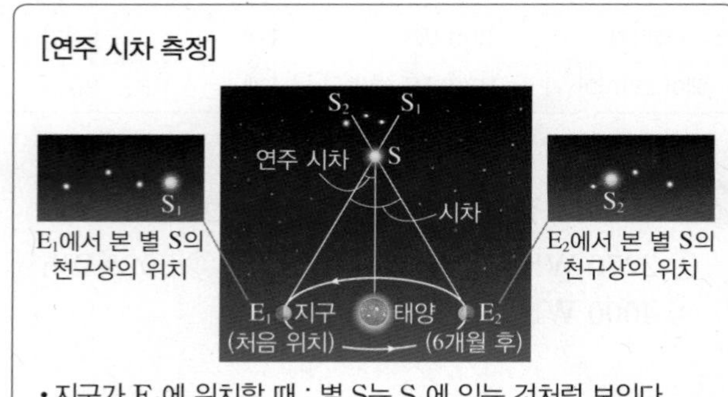

• 지구가 E_1에 위치할 때 : 별 S는 S_1에 있는 것처럼 보인다.
• 지구가 E_2에 위치할 때 : 별 S는 S_2에 있는 것처럼 보인다.
• 별 S의 연주 시차 : 시차($\angle E_1SE_2$)의 $\frac{1}{2}$

″(초) : 각도의 단위로, 1°(도)=60′(분)=3600″(초)이다.

3 연주 시차와 별까지의 거리

(1) 연주 시차는 별까지의 거리가 멀수록 작다.(반비례 관계)

(2) 연주 시차가 1″인 별까지의 거리를 1pc(파섹)이라고 한다.

(3) 연주 시차를 측정하면 별까지의 거리를 알 수 있다.

➡ 별까지의 거리(pc)$=\frac{1}{\text{연주 시차(″)}}$

(4) 대체로 100 pc보다 가까이 있는 별까지의 거리만 연주 시차로 측정할 수 있다. ➡ 별까지의 거리가 너무 멀면 연주 시차가 매우 작아 측정하기 어렵기 때문이다.

[연주 시차와 별까지의 거리 비교]

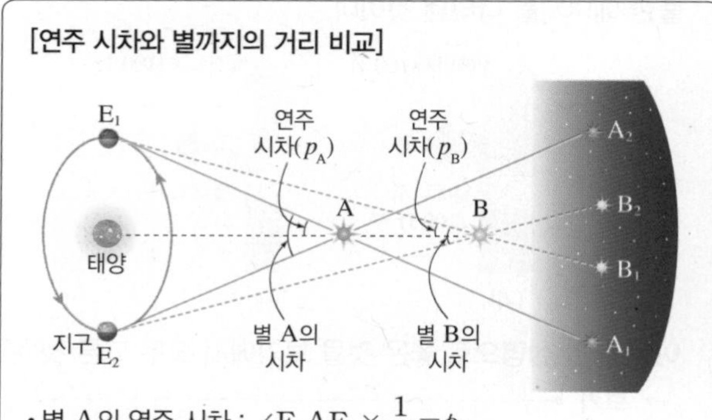

• 별 A의 연주 시차 : $\angle E_1AE_2\times\frac{1}{2}=p_A$
• 별 B의 연주 시차 : $\angle E_1BE_2\times\frac{1}{2}=p_B$
• 연주 시차 비교 : $p_A>p_B$ ➡ 별까지의 거리 비교 : 연주 시차는 거리에 반비례하므로 별 A보다 별 B의 거리가 더 멀다.

pc(파섹) : 별까지의 거리를 나타내는 단위로, 1 pc은 약 3.26광년이다. 1광년은 빛이 1년 동안 이동하는 거리이므로 1 pc은 빛이 3.26년 동안 이동하는 거리이다.

B 밝기로 구하는 별까지의 거리

1 별의 밝기에 영향을 주는 요인 별이 방출하는 빛의 양, 별까지의 거리

별이 방출하는 빛의 양	별까지의 거리
별까지의 거리가 같은 경우, 별이 방출하는 빛의 양이 많을수록 별은 밝게 보인다.	별이 방출하는 빛의 양이 같은 경우, 별까지의 거리가 가까울수록 별은 밝게 보인다.

[별의 밝기와 별까지의 거리 관계]

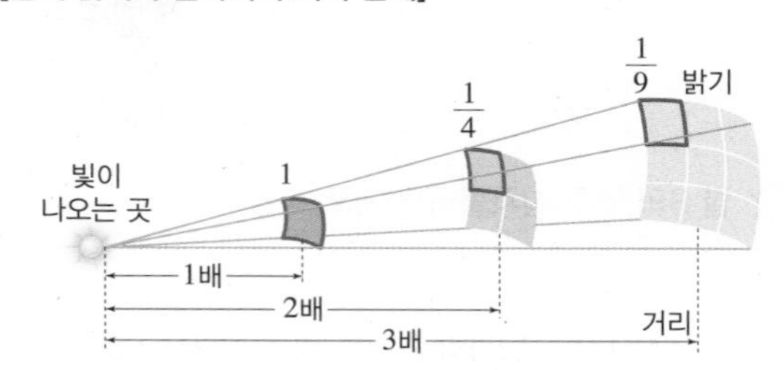

- 별까지의 거리가 2배, 3배, … 멀어지면 별빛을 받는 면적은 2^2배, 3^2배, …로 늘어난다.
- 별까지의 거리가 2배, 3배, … 멀어지면 단위 면적에 도달하는 별빛의 양은 $\frac{1}{2^2}$, $\frac{1}{3^2}$, …로 줄어든다.
- 별의 밝기는 별까지의 거리의 제곱에 반비례한다.
  ➡ 별의 밝기$\propto\frac{1}{(\text{별까지의 거리})^2}$

탐구 빛의 밝기에 영향을 주는 요인

1. 방출하는 빛의 양이 서로 같은 손전등 2개와 서로 다른 손전등 2개를 각각 같은 거리에서 수직으로 비추었을 때 종이판에 비친 빛의 밝기를 비교한다.

(가) 서로 같은 손전등

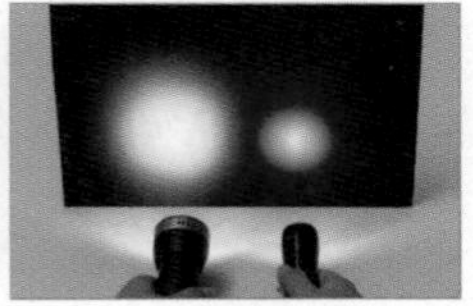
(나) 서로 다른 손전등

2. 같은 손전등 2개를 서로 같은 거리와 서로 다른 거리에서 수직으로 비추었을 때 종이판에 비친 빛의 밝기를 비교한다.

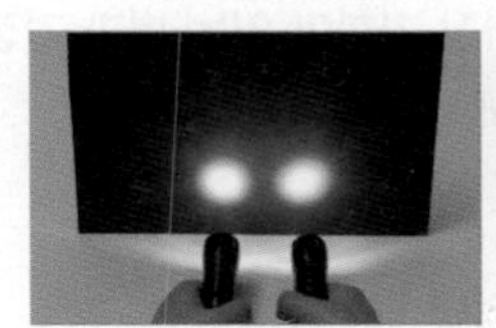
(다) 서로 같은 거리

(라) 서로 다른 거리

✚ 결과 및 정리

❶ **밝기에 영향을 주는 요인 :** 방출하는 빛의 양 ➡ (가)에서 같은 손전등으로 비춘 빛의 밝기는 서로 같고, (나)에서 방출하는 빛의 양이 더 많은 손전등으로 비춘 빛의 밝기가 더 밝다.

❷ **밝기에 영향을 주는 요인 :** 거리 ➡ (다)에서 같은 거리에서 손전등으로 비춘 빛의 밝기는 서로 같고, (라)에서 더 먼 거리에서 손전등으로 비춘 빛의 밝기가 더 어둡다.

2 별의 밝기 표시 등급으로 표시한다.

(1) 별의 등급 표시

① 등급의 숫자가 작을수록 밝은 별이다. ➡ 고대 그리스의 과학자 히파르코스는 맨눈으로 보았을 때 가장 밝은 별을 1등급, 가장 어두운 별을 6등급으로 정하였다.

② 1등급보다 밝은 별은 0, −1, … 등급으로, 6등급보다 어두운 별은 7, 8, … 등급으로 표시한다.

③ 별의 밝기가 각 등급 사이인 경우에는 소수점을 이용하여 별의 등급을 표시한다. 예 2.1등급, −1.5등급 등

(2) 별의 등급 차에 따른 밝기 차

① 1등급 사이에는 약 2.5배의 밝기 차이가 있다.
➡ 밝기 차(배)$=2.5^{\text{등급 차}}$

② 1등급인 별은 6등급인 별보다 약 100배 밝다.
➡ 6등급 별 100개의 밝기=1등급 별 1개의 밝기

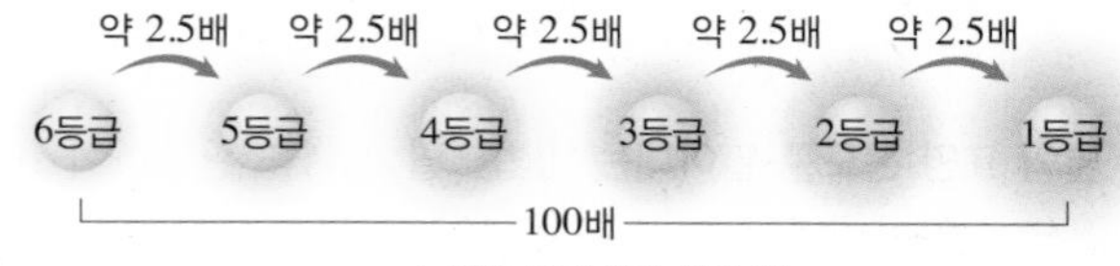

▲ 별의 등급 차와 밝기 차

3 별의 등급과 별까지의 거리 겉보기 등급과 절대 등급을 이용하여 별까지의 거리를 판단할 수 있다.

(1) 겉보기 등급과 절대 등급

겉보기 등급	우리 눈에 보이는 별의 밝기를 등급으로 나타낸 것 • 별까지의 거리를 고려하지 않고 나타낸 등급이다. • 겉보기 등급이 작을수록 우리 눈에 밝게 보인다.
절대 등급	별이 10 pc의 거리에 있다고 가정했을 때 별의 밝기를 등급으로 나타낸 것 • 별의 실제 밝기를 비교할 수 있다. • 절대 등급이 작을수록 실제로 밝은 별이다. • 지구로부터 10 pc의 거리에 있는 별은 절대 등급과 겉보기 등급이 같다.

10 pc : 연주 시차가 0.1″인 별까지의 거리로, 약 32.6광년이다.

(2) 별까지의 거리 판단 : (겉보기 등급−절대 등급) 값이 클수록 멀리 있는 별이다.

겉보기 등급과 절대 등급	별까지의 거리
겉보기 등급−절대 등급<0	10 pc보다 가까이 있는 별(A)
겉보기 등급−절대 등급=0	10 pc의 거리에 있는 별(B)
겉보기 등급−절대 등급>0	10 pc보다 멀리 있는 별(C)

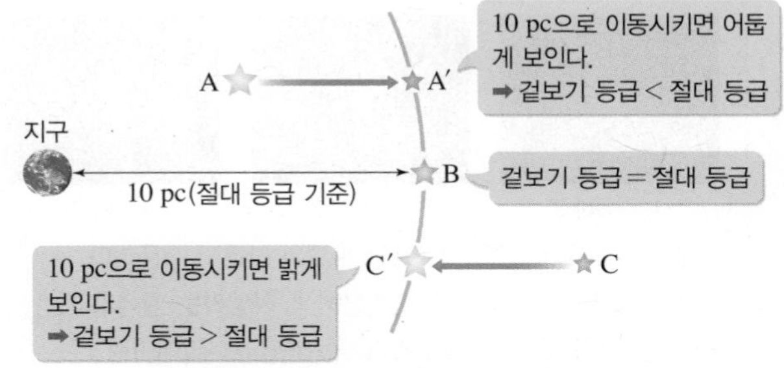

▲ 별까지의 거리에 따른 겉보기 등급과 절대 등급 비교

C 색으로 비교하는 별의 표면 온도

1 별의 색

(1) 별은 표면 온도에 따라 색이 다르게 나타난다.
(2) 표면 온도가 높은 별일수록 파란색을 띠고, 표면 온도가 낮은 별일수록 붉은색을 띤다.

[별의 색과 표면 온도]

베텔게우스
리겔
▲ 오리온자리

• 베텔게우스는 붉은색을 띤다.
• 리겔은 파란색을 띤다.
➡ 베텔게우스는 리겔보다 표면 온도가 낮다.

2 별의 표면 온도를 알아내는 방법 별의 색을 관측하여 표면 온도를 알아낸다.

별의 색	표면 온도	대표적인 별
청색	높다.	나오스, 민타카
청백색	↑	스피카, 리겔
백색		견우성, 직녀성
황백색		프로키온, 북극성
황색		태양, 카펠라
주황색	↓	아크투르스, 알데바란
적색	낮다.	베텔게우스, 안타레스

[별의 표면 온도 비교]

▲ 알데바란

▲ 스피카

▲ 카펠라

• 세 별의 색이 다른 까닭 : 표면 온도가 다르기 때문이다.
• 알데바란은 주황색, 스피카는 청백색, 카펠라는 황색이다.
• 세 별의 표면 온도 비교 : 스피카 > 카펠라 > 알데바란

개념 확인하기

정답과 해설 13쪽

1 떨어져 있는 두 지점에서 같은 물체를 바라볼 때, 두 관측 지점과 물체가 이루는 각을 (   )라고 하며, 관측 지점과 물체 사이의 거리가 멀수록 그 값은 (   )진다.

[2~3] 그림은 지구에서 6개월 간격으로 별 S를 관측한 모습이다.

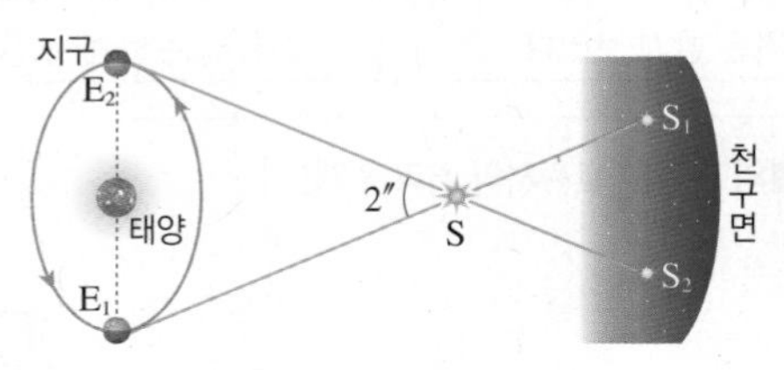

2 별 S의 연주 시차를 구하시오.

3 지구에서 별 S까지의 거리는 몇 pc인지 구하시오.

4 별이 방출하는 빛의 양이 같을 때, 관측자로부터 별까지의 거리가 (가까울수록, 멀수록) 별은 밝게 보인다.

5 6등급인 별 100개가 모이면 (   )등급인 별 1개의 밝기와 같다.

[6~8] 표는 별의 겉보기 등급과 절대 등급을 나타낸 것이다.

별	A	B	C	D
겉보기 등급	2	0	−1	−4
절대 등급	0	−5	−1	3

6 별 A~D 중 우리 눈에 가장 밝게 보이는 별을 쓰시오.

7 별 A~D 중 실제로 가장 밝은 별을 쓰시오.

8 별 A~D 중 지구에서 가장 가까이 있는 별과 가장 멀리 있는 별을 순서대로 쓰시오.

[9~10] 표는 별의 색을 나타낸 것이다.

별	태양	리겔	베텔게우스	견우성
색	황색	청백색	적색	백색

9 표면 온도가 가장 낮은 별을 쓰시오.

10 표면 온도가 가장 높은 별을 쓰시오.

족집게 문제

난이도 ●●● 시험에 꼭 나오는 출제 가능성이 높은 예상 문제로 구성하고, 난이도를 표시하였습니다.

핵심 족보

A 1 연주 시차와 별까지의 거리 ★★★

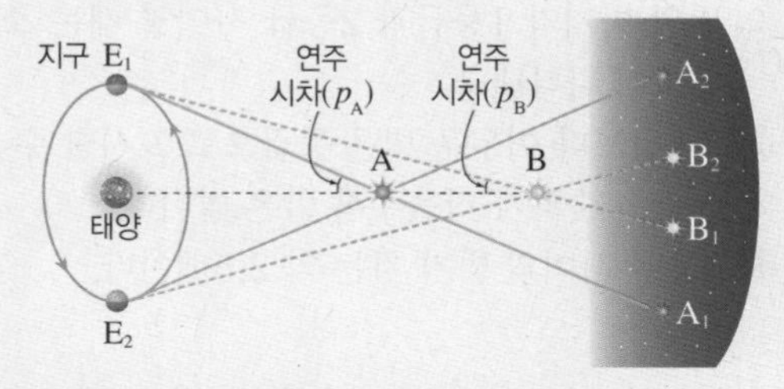

- 시차 : 별 A의 시차는 $\angle E_1AE_2$이고, 별 B의 시차는 $\angle E_1BE_2$로, 별 A보다 별 B의 시차가 더 작다.
- 연주 시차 : 별 A보다 별 B의 연주 시차가 더 작다.
- 거리 : 별 A보다 별 B가 지구에서 더 멀리 있다.

B 2 별의 밝기와 등급 ★★★

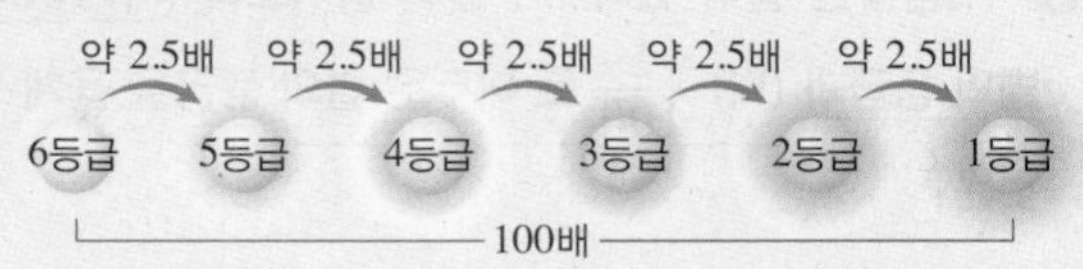

- 등급의 숫자가 작을수록 밝은 별이다.
- 1등급 사이에는 약 2.5배의 밝기 차이가 있다. ➡ 1등급인 별은 6등급인 별보다 약 100배 밝다.

3 별의 등급과 별까지의 거리 ★★★

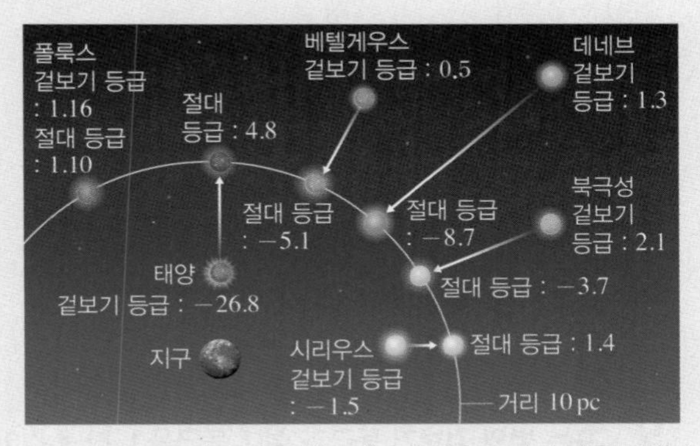

- 눈으로 볼 때 가장 밝은 별 : 겉보기 등급이 가장 작은 태양
- 실제 밝기가 가장 밝은 별 : 절대 등급이 가장 작은 데네브
- 10 pc보다 가까이 있는 별 : '겉보기 등급−절대 등급<0'인 태양, 시리우스
- 10 pc 부근에 있는 별 : '겉보기 등급−절대 등급=0'에 가까운 폴룩스
- 10 pc보다 멀리 있는 별 : '겉보기 등급−절대 등급>0'인 베텔게우스, 데네브, 북극성

C 4 별의 색과 표면 온도 ★★★

색	청색	청백색	백색	황백색	황색	주황색	적색
표면 온도	높다. ⟵						⟶ 낮다.

Step 1 반드시 나오는 문제

●●●

1 그림은 관측자가 양쪽 눈을 한쪽씩 번갈아 감으면서 연필 끝의 위치 변화를 관찰하는 모습을 나타낸 것이다.

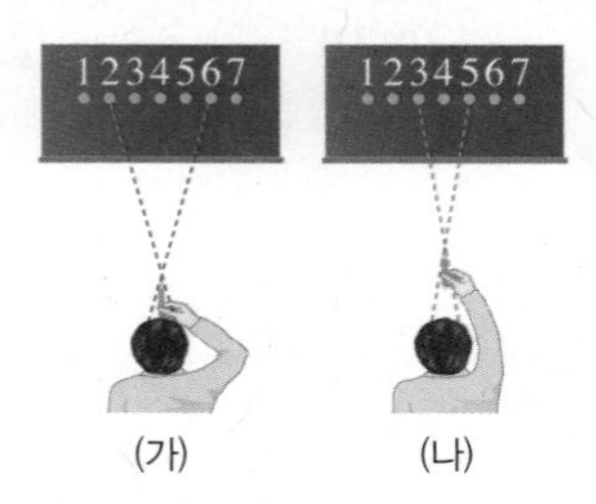

(가) (나)

이에 대한 설명으로 옳지 않은 것은?

① 두 눈과 연필이 이루는 각도는 시차에 해당한다.
② 눈과 연필 사이의 거리가 멀어지면 시차는 커진다.
③ 시차를 이용하면 물체까지의 거리를 측정할 수 있다.
④ 연필은 별, 관측자의 두 눈은 지구에 비유할 수 있다.
⑤ 이 실험과 같은 원리로 지구에서 별까지의 거리를 측정할 수 있다.

[2~3] 그림은 지구에서 6개월 간격으로 별 S를 관측한 모습이다.

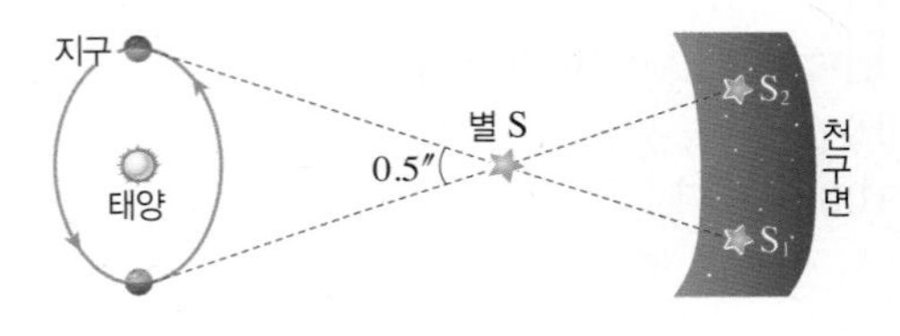

●●●

2 별 S의 연주 시차는 얼마인가?

① 0.25″ ② 0.1″ ③ 0.3″
④ 0.5″ ⑤ 1″

●●●

3 이에 대한 설명으로 옳은 것은?

① 별 S까지의 거리는 1 pc이다.
② 연주 시차를 측정하면 별 S의 밝기를 알 수 있다.
③ 별 S의 연주 시차는 지구가 공전하기 때문에 나타난다.
④ 별 S보다 멀리 있는 별의 연주 시차는 별 S의 연주 시차보다 더 크게 측정된다.
⑤ 연주 시차는 대체로 100 pc보다 멀리 있는 별까지의 거리를 측정할 때 이용하는 방법이다.

4 표는 지구에서 관측한 별 A~E의 연주 시차를 나타낸 것이다.

별	A	B	C	D	E
연주 시차(″)	0.1	0.4	0.02	1.0	0.01

별 A~E 중 지구에서 가장 먼 곳에 위치한 별은?

① A ② B ③ C
④ D ⑤ E

5 그림은 지구에서 6개월 간격으로 별을 관측한 모습이다.

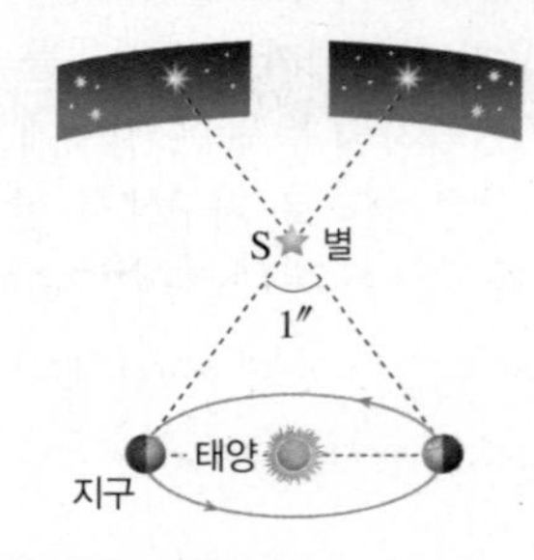

지구에서 별 S까지의 거리는?

① 1 pc보다 가깝다.
② 1 pc이다.
③ 1 pc보다 멀고 10 pc보다 가깝다.
④ 10 pc이다.
⑤ 100 pc이다.

6 그림은 별의 밝기와 거리의 관계를 나타낸 것이다.

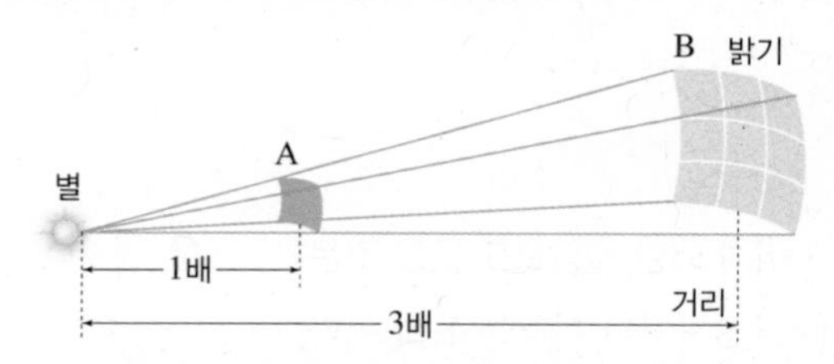

이 별을 A에서 관측하다가 B에서 관측하면 별의 밝기는 어떻게 변하겠는가?

① 3배로 밝아진다. ② 9배로 밝아진다.
③ $\frac{1}{3}$로 어두워진다. ④ $\frac{1}{9}$로 어두워진다.
⑤ 밝기의 변화가 없다.

7 별의 밝기와 등급에 대한 설명으로 옳지 않은 것은?

① 히파르코스는 맨눈으로 보았을 때 보이는 별의 밝기를 1등급에서 6등급까지 나누었다.
② 별의 밝기가 1등급과 2등급 사이일 때는 소수점을 이용하여 나타낸다.
③ 6등급보다 어두운 별은 등급으로 표시할 수 없다.
④ 등급의 숫자가 작을수록 밝은 별이다.
⑤ 1등급 사이의 밝기 차는 약 2.5배이다.

8 2등급인 별이 있다. 이 별의 밝기보다 (가) 100배 밝은 별의 등급과 (나) $\frac{1}{100}$로 어두운 별의 등급을 옳게 짝 지은 것은?

	(가)	(나)
①	−4등급	7등급
②	−4등급	−3등급
③	−3등급	5등급
④	−3등급	7등급
⑤	7등급	−3등급

9 표는 별의 겉보기 등급과 절대 등급을 나타낸 것이다.

별	A	B	C
겉보기 등급	1.0	1.0	0.0
절대 등급	1.0	4.0	5.0

이에 대한 설명으로 옳은 것을 보기에서 모두 고른 것은?

보기
ㄱ. 별 A와 별 B의 실제 밝기는 같다.
ㄴ. 지구에서 보았을 때 가장 밝게 보이는 별은 C이다.
ㄷ. 같은 거리에 있을 때 별 A는 별 B보다 약 3배 밝게 보인다.
ㄹ. 별 A까지의 거리는 10 pc이다.

① ㄱ, ㄴ ② ㄱ, ㄹ ③ ㄴ, ㄷ
④ ㄴ, ㄹ ⑤ ㄷ, ㄹ

10 표는 별의 겉보기 등급과 절대 등급을 나타낸 것이다.

별	겉보기 등급	절대 등급
태양	−26.8	4.8
데네브	1.3	−8.7
북극성	2.1	−3.7
시리우스	−1.5	1.4
베텔게우스	0.5	−5.1

지구에서 10 pc보다 가까이 있는 별을 모두 고르면? (2개)

① 태양　② 데네브　③ 북극성
④ 시리우스　⑤ 베텔게우스

11 표는 별 A～D의 색을 나타낸 것이다.

별	A	B	C	D
색	적색	황색	청색	황백색

별 A～D를 표면 온도가 높은 것부터 옳게 나열한 것은?

① A－B－C－D　② B－C－A－D
③ B－D－C－A　④ C－B－A－D
⑤ C－D－B－A

Step2 자주 나오는 문제

12 연주 시차가 0.8″인 별까지의 거리가 현재보다 2배로 멀어진다면 연주 시차는 얼마가 되겠는가?

① 0.1″　② 0.2″　③ 0.4″　④ 1.6″　⑤ 2″

13 그림은 지구에서 6개월 간격으로 별 A, B를 관측한 모습이다.

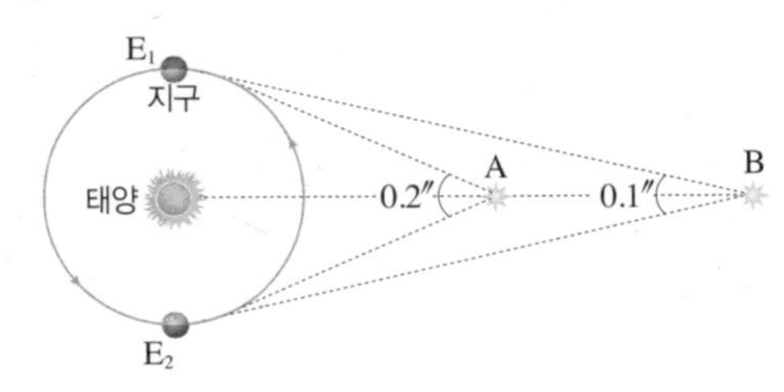

이에 대한 설명으로 옳지 않은 것은?

① 별 A의 연주 시차는 0.1″이다.
② 별 B의 연주 시차는 0.05″이다.
③ 별 A까지의 거리는 10 pc이다.
④ 별까지의 거리와 연주 시차는 반비례한다.
⑤ 화성에서 연주 시차를 측정한다면 별 A와 별 B의 연주 시차는 지구에서 측정한 값보다 작아질 것이다.

14 다음은 별의 밝기가 다른 까닭을 알아보기 위한 손전등 실험을 나타낸 것이다.

[실험 과정]
(가) 다른 종류의 두 손전등을 같은 거리에서 비추면, 방출하는 빛의 양이 더 많은 손전등의 불빛이 더 밝게 보인다.
(나) 같은 종류의 두 손전등을 다른 거리에서 비추면, 종이에 가까운 손전등의 불빛이 더 밝게 보인다.

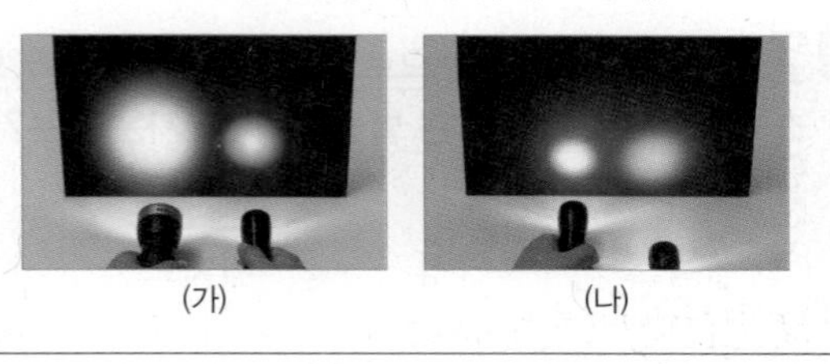

(가)　(나)

이를 통해 알 수 있는 별의 밝기에 대한 설명으로 옳은 것은?

① 같은 밝기로 보이는 별은 거리가 모두 같다.
② 방출하는 빛의 양이 같은 별들은 모두 같은 밝기로 보인다.
③ 거리가 멀어지면 단위 면적에 도달하는 빛의 양이 증가하여 밝게 보인다.
④ 실제 방출하는 빛의 양이 적은 별이라도 거리가 멀면 밝게 보인다.
⑤ 지구에서 관측되는 별의 밝기는 별이 방출하는 빛의 양과 지구에서 별까지의 거리에 따라 달라진다.

15 겉보기 등급이 3등급인 별이 현재의 거리에서 2.5배 멀어진다면 이 별의 겉보기 등급은 몇 등급이 되겠는가?

① 1등급　② 2등급
③ 4등급　④ 5등급
⑤ 5.5등급

16 지구에서 100 pc 거리에 있는 어떤 별의 겉보기 등급이 2등급이라면 이 별의 절대 등급은 얼마인가?

① −3등급　② −2등급
③ −1등급　④ 5등급
⑤ 7등급

[17~18] 표는 별의 겉보기 등급과 절대 등급을 나타낸 것이다.

별	겉보기 등급	절대 등급
폴룩스	1.16	1.10
북극성	2.10	−3.70
데네브	1.30	−8.70
시리우스	−1.50	1.40
베텔게우스	0.50	−5.10

17 위 별들 중 (가) 맨눈으로 보았을 때 가장 밝게 보이는 별과 (나) 실제로 가장 밝은 별을 옳게 짝 지은 것은?

	(가)	(나)		(가)	(나)
①	폴룩스	북극성	②	데네브	시리우스
③	북극성	시리우스	④	시리우스	데네브
⑤	시리우스	베텔게우스			

18 위 별들 중 지구에서 가장 멀리 있는 별은?

① 폴룩스 ② 북극성 ③ 데네브
④ 시리우스 ⑤ 베텔게우스

19 그림은 오리온자리의 모습이고, 표는 오리온자리를 이루는 두 별의 색을 나타낸 것이다.

별	색
리겔	청백색
베텔게우스	적색

위 정보로 알 수 있는 것으로 옳은 것은?

① 베텔게우스는 리겔보다 연주 시차가 작다.
② 베텔게우스는 리겔보다 표면 온도가 낮다.
③ 베텔게우스는 리겔보다 표면 온도가 높다.
④ 베텔게우스는 리겔보다 절대 등급이 크다.
⑤ 베텔게우스는 리겔보다 별까지의 거리가 멀다.

Step3 만점! 도전 문제

20 그림은 지구에서 6개월 간격으로 관측한 별 A와 B의 위치 변화를 나타낸 것이고, 그림의 숫자는 별 A, B 사이의 각거리이다.

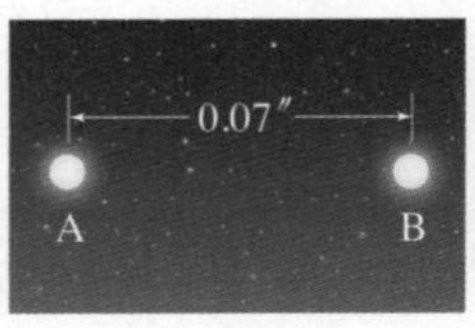

(가) 6개월 전

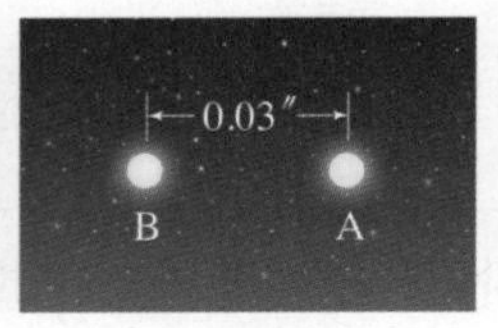

(나) 현재

이에 대한 설명으로 옳은 것을 보기에서 모두 고른 것은? (단, 별 B의 위치는 변하지 않았다.)

보기
ㄱ. 별 A의 연주 시차는 0.1″이다.
ㄴ. 지구에서 별 A까지의 거리는 10 pc보다 멀다.
ㄷ. 별 B는 별 A보다 지구와의 거리가 멀다.

① ㄱ ② ㄴ ③ ㄱ, ㄷ
④ ㄴ, ㄷ ⑤ ㄱ, ㄴ, ㄷ

21 지구에서 가장 멀리 떨어져 있는 별은?

① 20 pc 거리에 있는 별
② 연주 시차가 1″인 별
③ 연주 시차가 2″인 별
④ 3.26광년 거리에 있는 별
⑤ 겉보기 등급과 절대 등급이 같은 별

22 지구에서 5 pc 거리에 있는 별이 현재보다 지구에 가까워졌을 때 일어나는 현상으로 옳은 것은?

① 절대 등급이 커진다.
② 절대 등급이 작아진다.
③ 연주 시차가 작아진다.
④ 겉보기 등급이 작아진다.
⑤ 색깔이 붉은색으로 보인다.

서술형 문제

23 그림은 별 A~D의 절대 등급과 연주 시차를 나타낸 것이다.

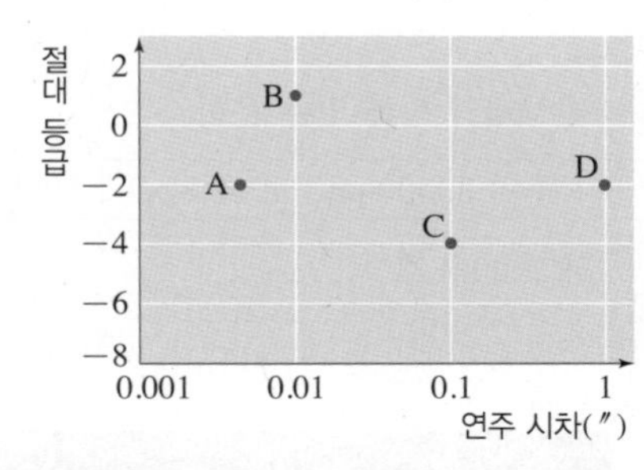

이에 대한 설명으로 옳지 않은 것은? (단, 연주 시차가 0.1″인 별까지의 거리는 10 pc이다.)

① 실제로 가장 밝은 별은 C이다.
② 별 C의 겉보기 등급은 −4등급이다.
③ 지구에서 가장 멀리 있는 별은 A이다.
④ 지구에서 별 B까지의 거리는 10 pc보다 멀다.
⑤ 별 A와 별 D는 맨눈으로 보았을 때 같은 밝기로 보인다.

[24~25] 표는 별 A~E의 등급과 색을 나타낸 것이다.

별	겉보기 등급	절대 등급	색
A	2.1	−3.7	적색
B	0.0	0.5	청백색
C	0.1	−6.8	주황색
D	−1.5	1.4	백색
E	0.8	−5.5	황색

24 이에 대한 설명으로 옳은 것을 보기에서 모두 고른 것은?

보기
ㄱ. 맨눈으로 보았을 때 가장 밝게 보이는 별은 A이다.
ㄴ. 별이 방출하는 빛의 양이 가장 많은 별은 C이다.
ㄷ. 표면 온도가 가장 높은 별은 B이다.

① ㄱ ② ㄴ ③ ㄷ
④ ㄱ, ㄴ ⑤ ㄴ, ㄷ

25 별 A~E를 지구로부터 별까지의 거리가 가까운 것부터 순서대로 나열하시오.

26 표는 지구에서 관측한 두 별의 연주 시차를 나타낸 것이다.

별	(가)	(나)
연주 시차(″)	0.01	0.02

(1) 별 (나)까지의 거리를 별 (가)까지의 거리와 비교하고, 그 까닭을 함께 서술하시오.

(2) 지구에서 별 (나)까지의 거리는 몇 pc인지 구하시오. (단, 별까지의 거리(pc) $= \dfrac{1}{\text{연주 시차(″)}}$ 이다.)

(3) 지구에서 별 (나)까지 빛의 속도로 가는 데 몇 년이 걸리는지 구하시오.

27 겉보기 등급이 2등급이고, 지구로부터 1 pc의 거리에 있는 별이 10 pc의 거리로 멀어진다면 이 별의 밝기와 등급은 어떻게 달라지는지 수치를 포함하여 서술하시오.

28 표는 태양과 북극성의 절대 등급을 나타낸 것이다.

별	태양	북극성
절대 등급	4.8	−3.7

(1) 태양과 북극성의 실제 밝기를 비교하시오.

(2) 지구에서 보았을 때 태양이 북극성보다 훨씬 밝게 보이는데, 그 까닭을 서술하시오.

29 밤하늘의 별을 관측하면 어떤 별은 황색, 어떤 별은 청색, 어떤 별은 적색을 띤다. 이처럼 별마다 색이 다르게 나타나는 까닭을 서술하시오.

02 은하와 우주

A 성단과 성운

1 성단 많은 별들이 모여 있는 집단

종류		산개 성단	구상 성단
모습		좀생이성단	M13
정의		별들이 비교적 엉성하게 모여 있는 성단	별들이 빽빽하게 공 모양으로 모여 있는 성단
구성 별	개수	적다.(수십~수만 개)	많다.(수만~수십만 개)
	나이	적다.	많다.
	표면 온도	높다.	낮다.
	색	파란색	붉은색

2 성운 성간 물질이 많이 모여 구름처럼 보이는 천체

(1) 성간 물질 : 별과 별 사이의 공간에 분포하는 가스와 티끌

(2) 성운의 종류 : 방출 성운, 반사 성운, 암흑 성운 ➡ 성운은 주로 우리은하의 나선팔에서 발견된다.

방출 성운	성간 물질이 주변의 별빛을 흡수하여 가열되면서 스스로 빛을 내는 성운 ➡ 주로 붉은색을 띤다. 오리온대성운, 장미성운
반사 성운	성간 물질이 주변의 별빛을 반사하여 밝게 보이는 성운 ➡ 주로 파란색을 띤다. 마귀할멈성운, M78(오리온자리 부근)
암흑 성운	성간 물질이 뒤쪽에서 오는 별빛을 가로막아 어둡게 보이는 성운 ➡ 검은색을 띤다. 말머리성운, 독수리성운

B 우리은하

1 은하 수천억 개의 별로 이루어진 거대한 천체 집단 ➡ 별, 성단, 성운, 성간 물질 등으로 이루어져 있다.

2 우리은하 태양계가 속해 있는 은하

크기	지름 약 30000 pc=약 30 kpc(약 10만 광년)
포함된 별의 수	약 2000억 개
태양계의 위치	은하 중심에서 약 8500 pc(약 3만 광년) 떨어진 나선팔에 위치
우리 은하의 모습 (모식도)	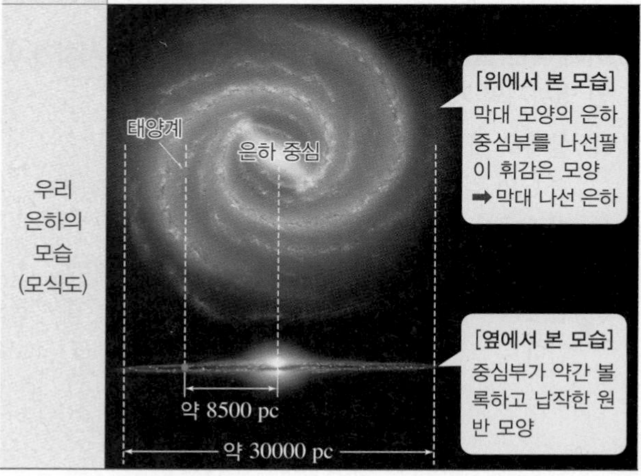

[우리은하에 분포하는 성단의 위치]

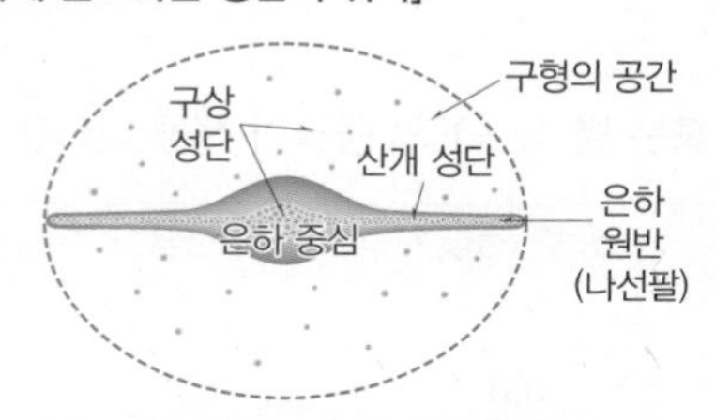

- 산개 성단 : 주로 우리은하의 나선팔에 분포한다.
- 구상 성단 : 주로 우리은하 중심부와 은하 원반을 둘러싼 구형의 공간에 고르게 분포한다.

3 은하수 우리은하에 속한 지구에서 우리은하의 일부를 본 모습 ➡ 희뿌연 띠 모양으로 보인다.

▲ 여름철 은하수 ▲ 겨울철 은하수

(1) 은하 중심 방향인 궁수자리 방향에서 밝고 두껍게 보인다.

(2) 은하수가 부분적으로 검게 보이는 까닭 : 성간 물질에 의해 빛이 가로막혔기 때문

(3) 우리나라에서 계절에 따라 관측되는 은하수의 모습 : 여름철에 폭이 두껍고 밝게 보이고, 겨울철에 희미하게 보인다.
➡ 우리나라는 여름철에 은하 중심 방향을 향하여 보기 때문

(4) 은하수는 북반구와 남반구에서 모두 관측할 수 있다.

C 외부 은하

1 외부 은하 우리은하 밖에 있는 은하 예 안드로메다은하

2 외부 은하 분류 허블은 외부 은하의 존재를 확인하였고, 외부 은하들을 모양에 따라 타원 은하, 정상 나선 은하, 막대 나선 은하, 불규칙 은하로 분류하였다.

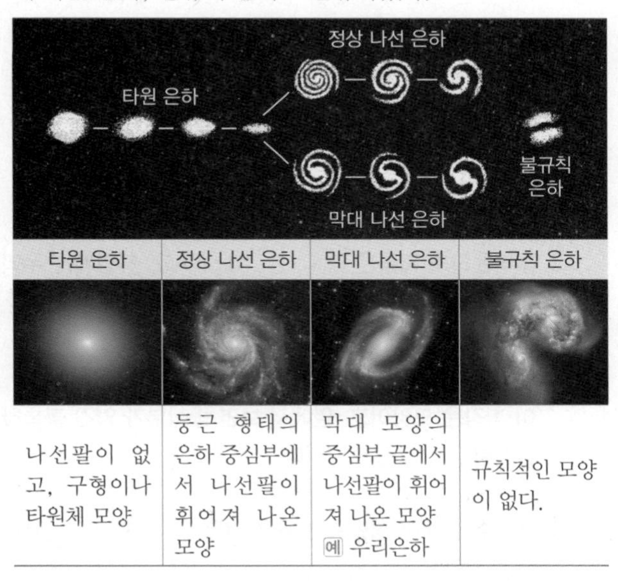

타원 은하	정상 나선 은하	막대 나선 은하	불규칙 은하
나선팔이 없고, 구형이나 타원체 모양	둥근 형태의 은하 중심부에서 나선팔이 휘어져 나온 모양	막대 모양의 중심부 끝에서 나선팔이 휘어져 나온 모양 예 우리은하	규칙적인 모양이 없다.

D 우주 팽창

1 우주 은하를 비롯한 천체 전체가 차지하는 거대한 공간

2 우주 팽창

(1) 대부분의 외부 은하들은 우리은하로부터 멀어지고 있으며, 거리가 먼 외부 은하일수록 더 빨리 멀어진다. ➡ 우주가 팽창하기 때문

(2) 우주는 특별한 중심 없이 모든 방향으로 팽창한다. ➡ 우주의 어느 지점에서 보아도 은하들이 서로 멀어지고 있다.

탐구 우주 팽창 모형 실험

1. 풍선에 바람을 조금 불어 넣은 후, 풍선의 표면에 붙임딱지를 붙이고, 붙임딱지 A와 B, A와 C 사이의 거리를 잰다.
2. 풍선에 바람을 더 불어 넣은 후, 붙임딱지 A와 B, A와 C 사이의 거리를 잰다.

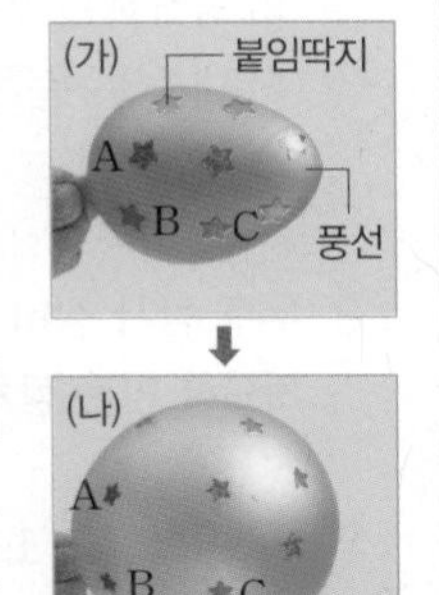

구분	A와 B 사이 거리	A와 C 사이 거리
(가)	6 cm	8 cm
(나)	10.5 cm	13.5 cm

✚ 결과 및 정리

❶ 풍선이 커지면서 붙임딱지 사이의 거리가 멀어진다.

❷ A와 B 사이의 거리보다 A와 C 사이의 거리가 더 멀어진다.

❸ A, B, C가 서로 멀어지므로 팽창의 중심을 정할 수 없다.

❹ 풍선 표면은 우주, 붙임딱지는 은하를 의미한다.

3 대폭발 우주론(빅뱅 우주론) 약 138억 년 전, 매우 뜨겁고 밀도가 큰 한 점에서 대폭발(빅뱅)이 일어난 후 계속 팽창하여 현재와 같은 우주가 되었다는 이론

(1) 팽창하는 우주의 시간을 거꾸로 돌리면 우주의 크기가 점점 작아지면서 우주의 처음 상태는 현재 우주를 이루는 모든 물질과 에너지가 한 점에 모여 있었다.

(2) 한 점에서 대폭발이 일어난 후 우주의 온도가 점차 낮아지면서 별과 은하가 만들어졌고, 현재와 같은 분포가 되었다.

[우주 팽창]

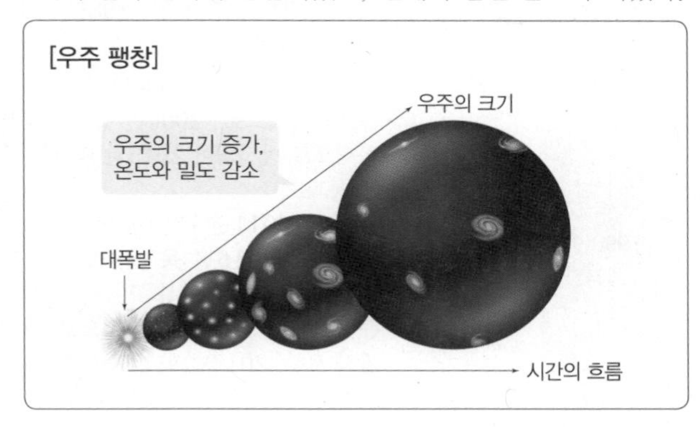

E 우주 탐사

1 우주 탐사의 목적 및 의의

(1) 우주 환경을 이해하고 외계 생명체의 존재를 탐사할 수 있다.

(2) 태양계를 비롯한 우주를 탐사하여 습득된 정보로부터 지구 환경과 생명에 대해 깊이 이해할 수 있다.

(3) 지구에서 부족한 지하자원을 채취할 수 있다.

(4) 우주 탐사를 위해 개발된 첨단 기술을 여러 산업 분야와 실생활에 이용할 수 있다.

2 우주 탐사 장비

구분	설명	사진
인공 위성	• 천체 주위를 일정한 궤도를 따라 공전하도록 만든 장치 • 우주 탐사를 비롯한 다양한 목적으로 발사된다.	인공위성
우주 탐사선	• 직접 탐사할 천체까지 날아가 그 주위를 돌거나 천체 표면에 착륙하여 탐사하는 장치 • 천체를 자세하게 관측할 수 있다. • 비용과 시간이 많이 든다.	큐리오시티
우주 망원경	• 지구 대기 밖 우주에서 관측을 수행하는 망원경 • 지상에서보다 선명한 천체의 상을 얻을 수 있다. • 비용이 많이 들고, 수리가 어렵다.	허블 망원경
전파 망원경	• 지상에 커다란 안테나를 설치하여 천체가 방출하는 전파를 관측하는 망원경 • 밤, 낮 구별 없이 관측 가능하다. • 선명한 상을 얻으려면 망원경의 직경이 매우 커야 한다.	전파 망원경

3 우주 탐사의 역사

시기	구분	내용
1950년대	우주 탐사 시작	• 스푸트니크 1호 : 1957년 구소련에서 발사한 인류 최초의 인공위성
1960년대	달 탐사	• 아폴로 11호 : 1969년 인류가 최초로 달에 착륙함.
1970년대	행성 탐사	• 보이저 1호 : 1977년 태양계 탐사 목적으로 발사됨. • 보이저 2호 : 1977년 목성형 행성 탐사를 목적으로 발사되어 1989년 해왕성 근접 통과
1990년대 이후	다양한 천체 탐사 (행성, 위성, 소행성, 혜성 등)	• 허블 우주 망원경 : 1990년 발사 • 뉴호라이즌스호 : 2006년 명왕성 탐사 목적으로 발사되어 2015년 명왕성 근접 통과 • 주노호 : 2011년 목성 탐사 목적으로 발사되어 2016년 목성에 도착한 후 궤도를 돌며 목성 탐사 • 큐리오시티 : 2011년 화성으로 보낸 탐사 로봇, 2012년 화성 표면에 착륙 • 파커 탐사선 : 2018년 발사된 태양 탐사선, 태양의 대기 탐사

4 우주 탐사의 영향

(1) **우주 탐사 기술 이용** : 우주 탐사를 위해 개발된 첨단 기술을 여러 산업 분야와 실생활에 이용한다.

① **안테나를 만들 때 사용한 형상 기억 합금** : 안경테, 헤드셋, 치아 교정기 등에 이용

② **우주선을 가볍게 만들기 위해 개발한 티타늄 소재** : 골프채, 의족에 이용

③ **우주 사진 촬영 기술** : 자기 공명 영상 장치(MRI), 컴퓨터 단층 촬영(CT)에 이용

④ **우주인의 생활을 위해 개발** : 정수기, 전자레인지, 에어쿠션 운동화, 기능성 옷감, 화재 경보기, 태양 전지 등에 이용

▲ 안경테

▲ 골프채

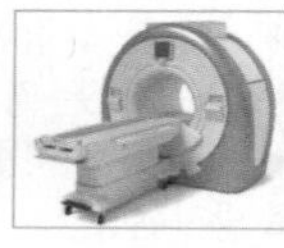
▲ MRI

▲ 정수기

(2) **무중력 실험** : 무중력 상태인 우주 정거장에서 지상에서 하기 어려운 과학 실험, 신약 개발, 신소재 개발 등 수행

(3) **인공위성의 이용**

① **기상 위성** : 일기 예보, 태풍의 이동 경로 예측 등

② **방송통신 위성** : 지구 반대편에서 열리는 경기 시청 가능

③ **방송통신 위성, 항법 위성** : 지도 검색, 자신의 위치를 파악하고 모르는 길을 찾을 수 있다.

(4) **우주 쓰레기** : 인공위성의 발사나 폐기 과정에서 나온 파편 등 ➡ 궤도가 일정하지 않고, 매우 빠른 속도로 떠돌기 때문에 인공위성이나 우주 탐사선에 피해를 줄 수 있다.

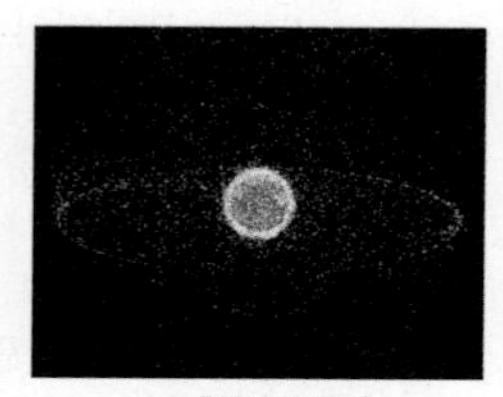
▲ 우주 쓰레기

개념 확인하기

정답과 해설 16쪽

1 별들이 비교적 엉성하게 모여 있는 성단을 (　　　)이라고 하며, 별들이 빽빽하게 공 모양으로 모여 있는 성단을 (　　　)이라고 한다.

2 각 설명에 해당하는 성운의 이름을 쓰시오.

(1) 성간 물질이 주변의 별빛을 반사하여 밝게 보이는 성운 ········· (　　　)

(2) 성간 물질이 뒤쪽에서 오는 별빛을 가로막아 어둡게 보이는 성운 ········· (　　　)

(3) 성간 물질이 주변의 별빛을 흡수하여 가열되면서 스스로 빛을 내는 성운 ········· (　　　)

3 우리은하의 지름은 약 (　　　) pc이고, 태양계는 우리은하 중심에서 약 (　　　) pc 떨어진 나선팔에 위치한다.

4 우리은하는 위에서 보면 막대 모양의 중심부를 (　　　)이 휘감은 모양이고, 옆에서 보면 중심부가 약간 볼록하고 납작한 (　　　) 모양이다.

5 은하수에 대한 설명으로 옳은 것은 ○, 옳지 않은 것은 ×로 표시하시오.

(1) 지구에서 우리은하를 본 모습이다. ········· (　　　)

(2) 우리나라에서는 겨울에 폭이 두껍고 밝게 보인다. ········· (　　　)

(3) 북반구에서만 관측된다. ········· (　　　)

6 허블은 외부 은하들을 (　　　)에 따라 타원 은하, 정상 나선 은하, 막대 나선 은하, 불규칙 은하로 분류하였다.

7 우주 팽창에 대한 설명으로 옳은 것은 ○, 옳지 않은 것은 ×로 표시하시오.

(1) 대부분의 외부 은하는 우리은하에 가까워지고 있다. ········· (　　　)

(2) 팽창하는 우주의 중심은 우리은하이다. ········· (　　　)

(3) 대폭발 우주론에 따르면 우주는 한 점에서 시작되었다. ········· (　　　)

8 우주 탐사 장비 중 천체 주위를 일정한 궤도를 따라 공전하도록 만든 장치는 (　　　)이다.

9 (스푸트니크 1호, 보이저 2호, 뉴호라이즌스호, 주노호)는 1977년 목성, 토성, 천왕성, 해왕성 탐사를 위해 발사되었고, 1989년 해왕성을 통과하였다.

10 인공위성의 발사나 폐기 과정에서 나온 파편 등을 무엇이라고 하는지 쓰시오.

족집게 문제

난이도 ●●● 시험에 꼭 나오는 출제 가능성이 높은 예상 문제로 구성하고, 난이도를 표시하였습니다.

핵심 족보

A **1 성단★★★**

(가)

(나)

- 별들이 엉성하게 모여 있는 (가)는 산개 성단, 빽빽하게 모여 있는 (나)는 구상 성단이다.
- (가)는 (나)보다 구성 별들의 나이가 적고 표면 온도가 높다.

2 성운★★★

(가)

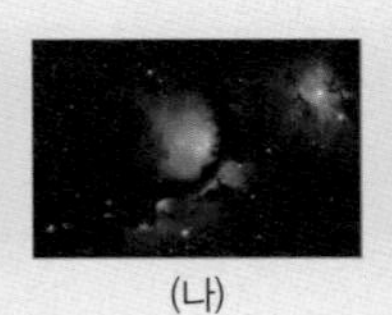
(나)

(다)

- (가)는 붉은색을 띠고, 밝게 보이므로 방출 성운이다.
- (나)는 파란색을 띠고, 밝게 보이므로 반사 성운이다.
- (다)는 성간 물질이 빛을 가려 검게 보이므로 암흑 성운이다.

B **3 우리은하★★★**

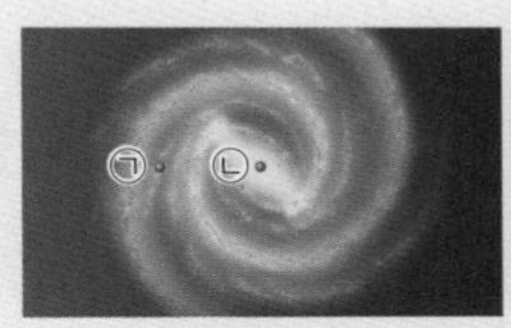

▲ 위에서 본 모습

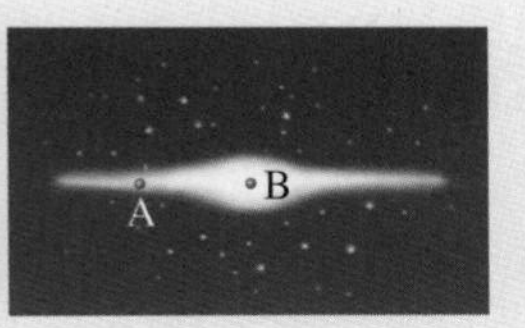

▲ 옆에서 본 모습

- 우리은하는 막대 나선 은하에 해당한다.
- 우리은하의 지름은 약 30000 pc이고, 태양계는 은하 중심(㉡, B)에서 약 8500 pc 떨어진 나선팔(㉠, A)에 있다.
- 우리나라에서 은하수는 지구(A)에서 우리은하의 중심(B) 방향을 향하는 여름철에 폭이 두껍고 밝게 보인다.

D **4 우주 팽창★★★**

- 우주는 특별한 중심 없이 모든 방향으로 팽창하고 있다.
- 우주가 팽창함에 따라 은하 사이의 거리가 멀어진다.
- 우주가 팽창하면서 우주의 온도와 밀도는 낮아진다.

E **5 우주 탐사★★**

장비	인공위성, 우주 탐사선, 우주 망원경, 전파 망원경 등
역사	1950년대 우주 탐사 시작(스푸트니크 1호) → 1960년대 달 탐사(아폴로 11호) → 1970년대 행성 탐사(보이저 1, 2호) → 1990년대 이후 다양한 장비로 다양한 천체 탐사(허블 우주 망원경, 뉴호라이즌스호, 주노호, 큐리오시티, 파커 탐사선 등)
영향	• 긍정적 영향 : 우주 탐사 기술을 실생활에 이용 • 부정적 영향 : 우주 쓰레기 발생

Step 1 반드시 나오는 문제

○●●

1 그림 (가)와 (나)는 두 종류의 성단을 나타낸 것이다.

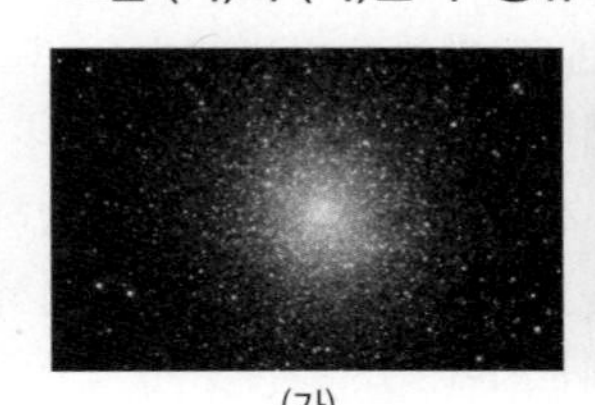
(가)

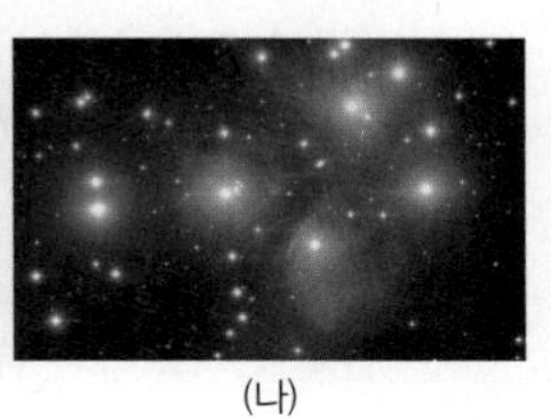
(나)

성단 (가)와 (나)를 옳게 비교한 것은?

	구분	(가)	(나)
①	종류	산개 성단	구상 성단
②	별의 수	수십~수만 개	수만~수십만 개
③	별의 색	파란색	붉은색
④	별의 나이	많다.	적다.
⑤	별의 표면 온도	높다.	낮다.

○●●

2 그림 (가)~(다)는 여러 종류의 성운을 나타낸 것이다.

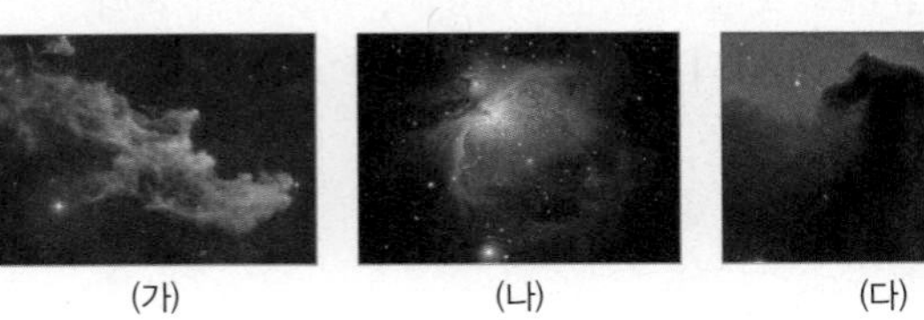
(가) (나) (다)

이에 대한 설명으로 옳은 것은?

① (가)는 스스로 빛을 내는 성운이다.
② (나)는 주위의 별빛을 반사시켜 밝게 보인다.
③ (다)는 멀리서 오는 별빛을 가로막아 어둡게 보인다.
④ (가)는 암흑 성운, (나)는 반사 성운, (다)는 방출 성운이다.
⑤ (가)~(다)는 별들이 모여 있는 모양에 따라 구분한다.

○●●

3 우리은하에 대한 설명으로 옳지 않은 것은?

① 지름은 약 8500 pc이다.
② 태양계를 포함하고 있는 은하이다.
③ 옆에서 보면 중심부가 볼록한 원반 모양이다.
④ 태양과 같은 별을 약 2000억 개 포함하고 있다.
⑤ 중심부에는 수많은 별이 막대 모양으로 모여 있다.

4 오른쪽 그림은 은하수의 모습이다. 이에 대한 설명으로 옳지 <u>않은</u> 것은?

① 우리은하의 일부를 지구에서 본 모습이다.
② 남반구와 북반구에서 모두 관측이 가능하다.
③ 맑은 날 밤하늘에서 희미한 띠 모양으로 관측된다.
④ 은하수의 폭과 밝기는 계절에 관계없이 항상 일정하다.
⑤ 군데군데 검게 보이는 까닭은 성간 물질이 뒤에서 오는 별빛을 가로막기 때문이다.

5 그림은 허블이 외부 은하를 분류한 것이다.

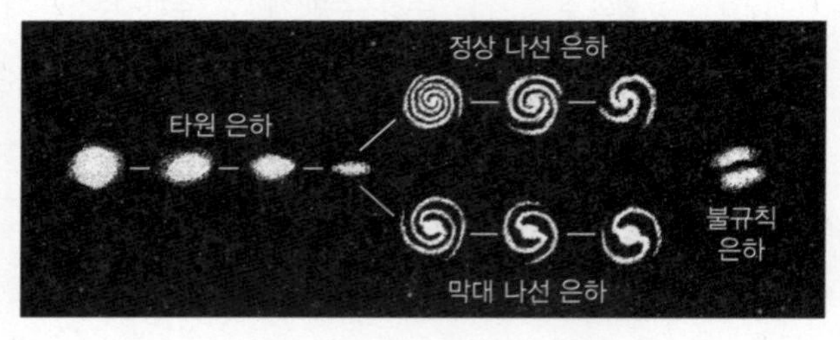

위와 같이 외부 은하를 분류한 기준은 무엇인가?

① 은하의 크기 ② 은하의 모양
③ 은하의 색깔 ④ 은하까지의 거리
⑤ 은하 내 별의 수

[6~7] 그림은 우주 팽창의 원리를 알아보기 위한 모형 실험을 나타낸 것이다.

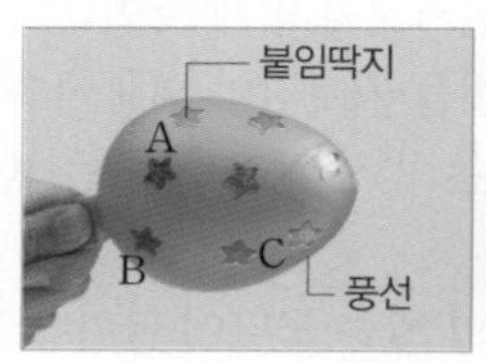

(가) 풍선을 작게 불었을 때

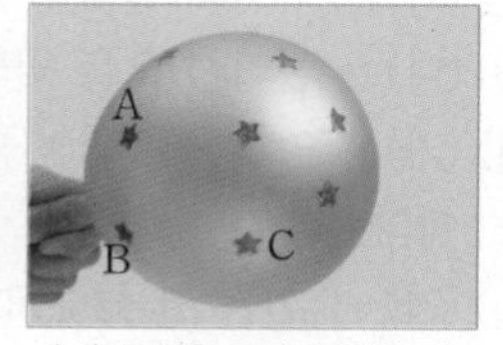

(나) 풍선을 크게 불었을 때

6 이에 대한 설명으로 옳은 것을 보기에서 모두 고른 것은?

> • 보기 •
> ㄱ. 풍선이 커지면 A와 B 사이의 거리는 가까워진다.
> ㄴ. 풍선이 커지면 A와 C 사이의 거리는 멀어진다.
> ㄷ. 풍선이 커지면 A와 B 사이의 거리 변화량과 A와 C 사이의 거리 변화량이 같다.

① ㄱ ② ㄴ ③ ㄷ
④ ㄱ, ㄴ ⑤ ㄴ, ㄷ

7 이 실험으로부터 알 수 있는 우주에 대한 설명으로 옳은 것은?

① 풍선 표면은 은하를 의미한다.
② 붙임딱지는 우주를 의미한다.
③ 시간이 지나면서 우주는 수축하고 있다.
④ 우주는 우리은하를 중심으로 팽창하고 있다.
⑤ 은하와 은하 사이의 거리는 점점 멀어지고 있다.

8 다음은 어떤 이론에 대한 설명인가?

> 우주는 매우 뜨겁고 밀도가 큰 한 점에서 대폭발이 일어난 후 계속 팽창하여 오늘날과 같은 모습이 되었다.

① 소우주론 ② 수축 이론
③ 닫힌 우주론 ④ 정상 우주론
⑤ 대폭발 우주론

9 우주 탐사의 목적 및 의의에 대한 설명으로 옳지 <u>않은</u> 것은?

① 우주에 대한 이해의 폭을 넓힐 수 있다.
② 외계 생명체의 존재를 탐사할 수 있다.
③ 지구에서 고갈되어 가는 자원을 채취할 수 있다.
④ 우주 탐사를 통해 얻은 정보로 지구 환경이 파괴될 수 있다.
⑤ 우주 탐사를 위해 개발된 첨단 기술을 실생활에 이용할 수 있다.

10 우주 탐사 장비에 대한 설명으로 옳은 것을 보기에서 모두 고른 것은?

> • 보기 •
> ㄱ. 직접 탐사할 천체까지 날아가 그 주위를 돌거나 천체 표면에 착륙하여 탐사하는 장치를 인공위성이라고 한다.
> ㄴ. 우주 망원경은 지상에서보다 선명한 천체의 상을 얻을 수 있다.
> ㄷ. 전파 망원경은 천체가 방출하는 전파를 낮에만 관측할 수 있다.

① ㄱ ② ㄴ ③ ㄷ
④ ㄱ, ㄴ ⑤ ㄴ, ㄷ

11 우주 탐사의 역사에 대한 설명으로 옳은 것은?

① 1950년대에 우주 탐사가 시작되었다.
② 1960년대에는 주로 행성 탐사가 진행되었다.
③ 1970년대에는 주로 달 탐사가 진행되었다.
④ 허블 우주 망원경은 행성을 탐사하기 위해 1970년대에 우주로 발사되었다.
⑤ 1990년대 이후에는 우주 탐사를 위해 탐사 로봇만 발사하였다.

Step 2 자주 나오는 문제

12 그림 (가)와 (나)는 성단의 모습이다.

(가) (나)

이에 대한 설명으로 옳은 것은?

① (가)는 산개 성단이다.
② (나)는 구상 성단이다.
③ 별의 수는 (가)보다 (나)가 많다.
④ 별의 나이는 (가)보다 (나)가 많다.
⑤ 별의 표면 온도는 (가)보다 (나)가 높다.

13 다음은 성운을 특징에 따라 구분하는 과정이다.

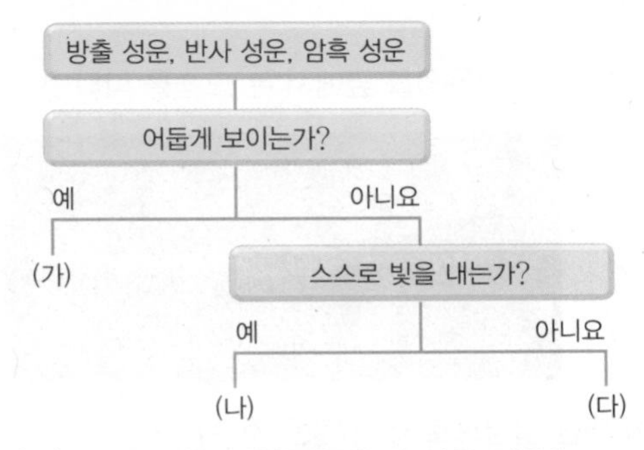

(가)~(다)에 해당하는 것을 옳게 짝 지은 것은?

	(가)	(나)	(다)
①	방출 성운	반사 성운	암흑 성운
②	반사 성운	암흑 성운	방출 성운
③	반사 성운	방출 성운	암흑 성운
④	암흑 성운	반사 성운	방출 성운
⑤	암흑 성운	방출 성운	반사 성운

[14~15] 그림 (가)는 우리은하를 옆에서 본 모습이고, (나)는 우리은하를 위에서 본 모습이다.

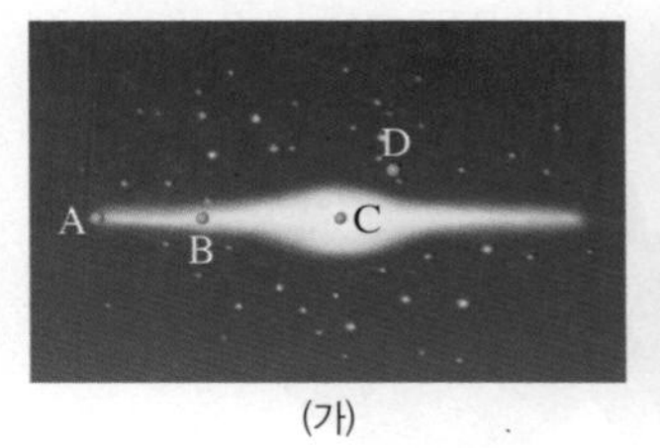

(가)

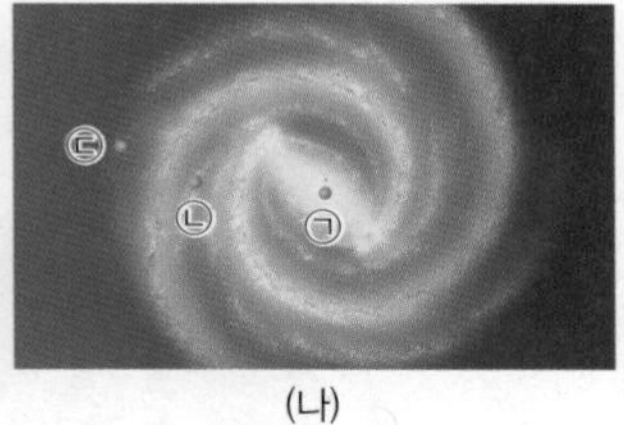

(나)

14 (가)와 (나)에서 태양계의 위치를 옳게 짝 지은 것은?

	(가)	(나)		(가)	(나)
①	A	㉢	②	A	㉡
③	B	㉡	④	C	㉠
⑤	D	㉠			

15 우리은하에 대한 설명으로 옳은 것을 보기에서 모두 고른 것은?

보기
ㄱ. (가)에서 A와 C 사이의 거리는 약 15000 pc이다.
ㄴ. (나)에서 산개 성단은 주로 ㉠에 분포한다.
ㄷ. 우리은하는 허블의 분류에 따르면 정상 나선 은하에 속한다.

① ㄱ ② ㄷ ③ ㄱ, ㄴ
④ ㄴ, ㄷ ⑤ ㄱ, ㄴ, ㄷ

16 우리나라에서 은하수가 가장 뚜렷하게 관측되는 계절과 그 까닭을 옳게 짝 지은 것은?

	계절	까닭
①	여름	산개 성단이 많이 모여 있기 때문
②	여름	우리은하 중심 방향을 보기 때문
③	여름	우리은하 가장자리 방향을 보기 때문
④	겨울	우리은하 중심 방향을 보기 때문
⑤	겨울	우리은하 가장자리 방향을 보기 때문

17 그림은 우주 생성 이론을 나타낸 것이다.

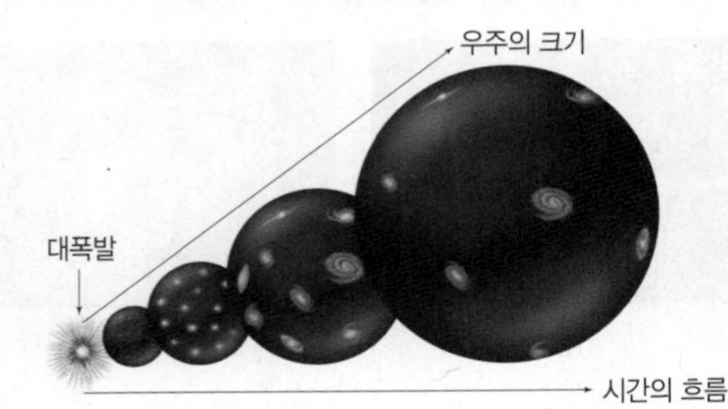

이에 대한 설명으로 옳은 것은?

① 우주의 시작은 온도와 밀도가 매우 낮은 한 점이었다.
② 대폭발 이후 우주의 온도는 계속 높아지고 있다.
③ 시간이 지나면서 우주가 계속 수축하고 있다.
④ 대폭발은 약 138억 년 전에 일어났다.
⑤ 멀리 있는 은하일수록 천천히 멀어진다.

18 실생활에 우주 탐사 기술을 이용한 예로 옳지 않은 것은?

① 골프채
② 인공 혈액
③ 치아 교정기
④ 에어쿠션 운동화
⑤ 자기 공명 영상 장치(MRI)

19 인공위성을 이용하는 예와 이용되는 인공위성의 종류를 옳게 짝 지은 것은?

① 화성 표면에 착륙하여 탐사한다. – 항법 위성
② 태풍의 이동 경로를 예측한다. – 방송 통신 위성
③ 자신의 위치를 파악하고 길을 찾을 수 있다. – 기상 위성
④ 다른 나라의 친구와 휴대 전화로 통화한다. – 방송 통신 위성
⑤ 지구 반대편에서 열리는 운동 경기를 실시간으로 본다. – 기상 위성

20 오른쪽 그림에서 지구 주위를 둘러싸고 있는 흰색 점은 우주 쓰레기이다. 이와 같은 우주 쓰레기에 대한 설명으로 옳은 것을 보기에서 모두 고른 것은?

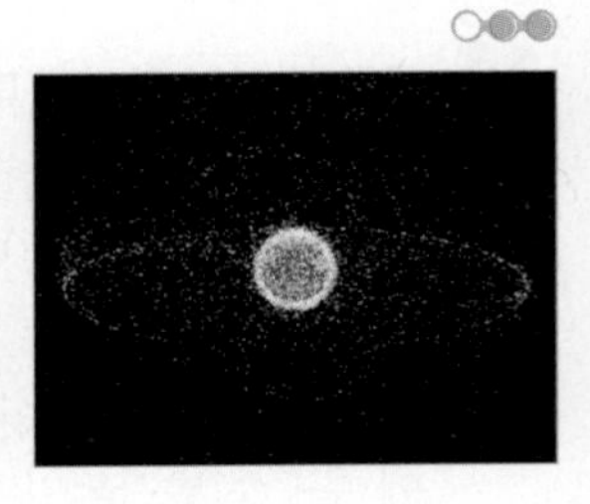

보기
ㄱ. 궤도가 일정하지 않다.
ㄴ. 움직이는 속도가 매우 느리다.
ㄷ. 다른 인공위성과 충돌하여 피해를 줄 수 있다.

① ㄱ ② ㄴ ③ ㄱ, ㄷ
④ ㄴ, ㄷ ⑤ ㄱ, ㄴ, ㄷ

Step3 만점! 도전 문제

21 성단과 성운에 대한 설명으로 옳은 것은?

① 수많은 별들이 모여 있는 집단을 성운이라고 한다.
② 성운은 별들이 모여 있는 모양에 따라 구분할 수 있다.
③ 주변의 별빛을 반사하여 밝게 보이는 성운을 방출 성운이라고 한다.
④ 가스나 작은 티끌이 많이 모여 구름처럼 보이는 천체를 성단이라고 한다.
⑤ 구상 성단은 주로 붉은색의 별이 수만~수십만 개 모여 있는 성단이다.

22 그림은 우리은하를 옆에서 본 모습을 나타낸 것이다.

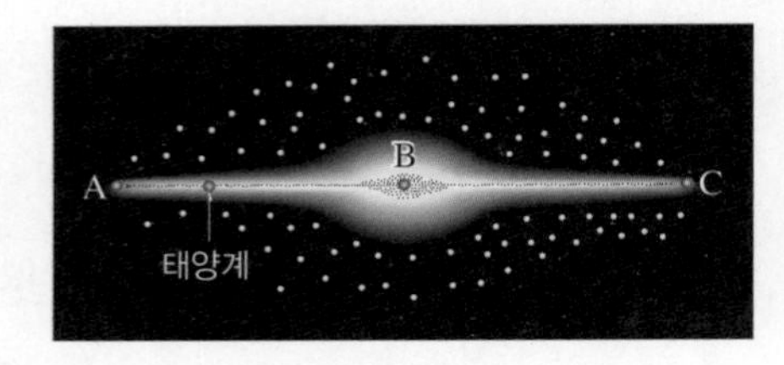

이에 대한 설명으로 옳지 않은 것은?

① 우리은하에는 태양과 같은 별이 약 수만~수십만 개가 포함되어 있다.
② A에서 C까지의 거리는 약 30000 pc이다.
③ B에는 구상 성단이 주로 분포한다.
④ 우리나라는 여름철에 밤하늘이 B 쪽을 향하고 있다.
⑤ 빛의 속도로 B에서 C까지 가는 데 걸리는 시간은 약 5만 년이다.

서술형 문제

23 그림은 외부 은하를 A~D로 분류한 것이다.

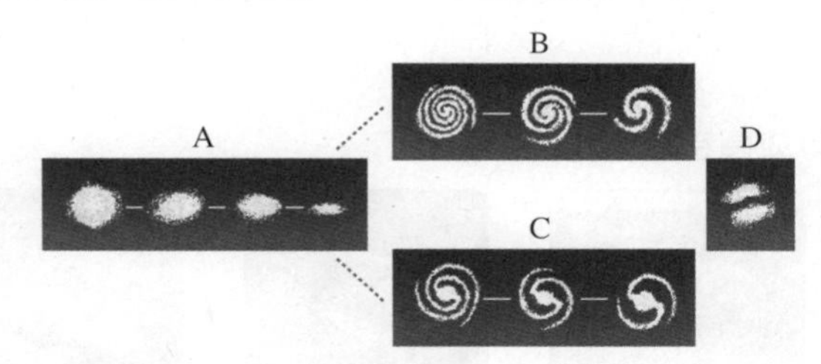

이에 대한 설명으로 옳지 않은 것은?

① A는 별들이 공 모양이나 타원 모양으로 모여 있다.
② B와 C의 차이점은 은하 중심부의 모양이다.
③ D는 일정한 모양이 없는 은하이다.
④ D는 은하 중심부에서 뻗어 나온 나선팔이 있다.
⑤ 외부 은하를 A~D로 분류한 기준은 은하의 모양이다.

24 1990년대 이후 우주 탐사 내용에 대한 설명으로 옳은 것은?

① 1990년에 파커 탐사선이 발사되어 우주를 더욱 자세히 관측할 수 있게 되었다.
② 명왕성 탐사를 위해 뉴호라이즌스호가 발사되어 2015년에 명왕성 부근을 통과하였다.
③ 화성 탐사를 위해 주노호가 발사되었고, 현재 화성 주위를 공전하고 있다.
④ 큐리오시티는 2012년 목성 표면에 착륙하여 목성을 탐사하고 있는 탐사 로봇이다.
⑤ 태양 탐사를 위해 2018년에 허블 우주 망원경이 발사되었다.

25 우주 탐사 장비와 탐사 내용이 옳지 않은 것은?

① 큐리오시티 – 화성 탐사용 탐사 로봇
② 아폴로 11호 – 목성 탐사를 위해 발사한 탐사선
③ 스푸트니크 1호 – 인류가 최초로 발사한 인공위성
④ 뉴호라이즌스호 – 명왕성 탐사 목적으로 발사한 탐사선
⑤ 보이저 2호 – 목성형 행성을 탐사하기 위해 발사한 탐사선

26 그림은 말머리성운의 모습이다.

이 성운의 종류를 쓰고, 검게 보이는 까닭을 서술하시오.

27 우리은하의 지름이 몇 pc인지 쓰고, 우리은하에서 태양계의 위치를 서술하시오.

28 그림은 우주 팽창에 대한 모형 실험 모습이다.

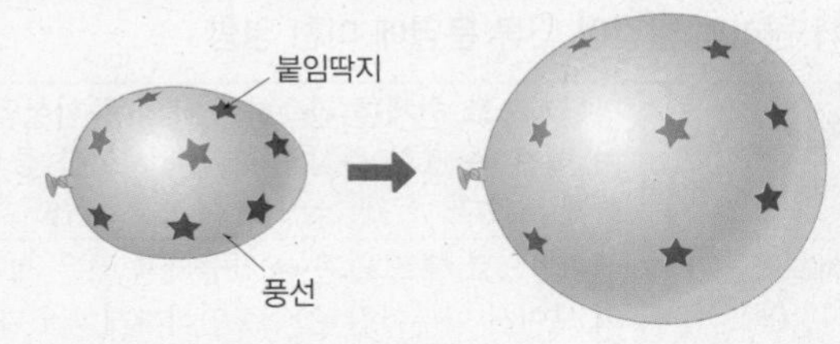

(1) 실제와 비교하였을 때 붙임딱지와 풍선 표면이 의미하는 것을 쓰고, 우주에서 은하 사이의 거리가 멀어지는 까닭을 서술하시오.

(2) 대폭발 이론에서 우주가 팽창하는 동안 나타난 우주의 크기, 밀도, 온도 변화를 서술하시오.

29 다음은 인류의 우주 탐사 역사에서 중요한 의미를 지닌 탐사 장비이다.

아폴로 11호, 스푸트니크 1호

두 탐사 장비가 사용된 역사적 의미를 각각 서술하시오.

과학기술과 인류 문명

A 인류 문명에 영향을 준 과학기술

1 불의 이용과 인류 문명의 시작

(1) 토기 이용 : 흙을 반죽하여 불로 가열하면 단단해지는 원리를 이용하여 토기를 만들었다. ➡ 토기는 음식의 저장과 운반 및 조리에 이용되었다.

(2) 금속 이용 : 고온에서 고체가 액체로 변하는 원리를 이용하여 청동이나 철과 같은 금속을 얻었고, 청동 도구나 철제 농기구 등을 만들었다. ➡ 금속을 얻고 가공하는 기술의 발달로 인류 문명은 변화와 발전을 가져오게 되었다.

청동: 구리와 주석의 합금을 청동이라고 한다.

2 과학기술과 인류 문명의 관계

3 과학 원리의 발견이 인류 문명에 미친 영향

태양 중심설 (코페르니쿠스)	망원경으로 천체를 관측하여 태양 중심설의 증거 발견 ➡ 경험 중심의 과학적 사고를 중요시하게 되었다.
세포의 발견 (훅)	현미경으로 세포 발견 ➡ 생물체를 작은 세포들이 모여서 이루어진 존재로 인식하게 되었다.
만유인력 법칙 (뉴턴)	만유인력 법칙 발견 ➡ 자연 현상을 이해하고 그 변화를 예측할 수 있게 되었다.
전자기 유도 법칙 (패러데이)	전자기 유도 법칙 발견 ➡ 전기를 생산하고 활용할 수 있는 방법을 알게 하였다.
암모니아 합성 (하버)	암모니아 합성법 개발 ➡ 질소 비료를 대량 생산하여 식량 문제 해결에 기여하였다.
백신 개발 (파스퇴르)	백신 접종을 통해 질병을 예방할 수 있음을 입증 ➡ 다양한 백신이 개발되어 인류의 평균 수명 연장에 기여하였다.

태양 중심설: 지구와 다른 행성이 태양 주위를 돌고 있다는 이론
전자기 유도: 코일 주위에서 자석을 움직이면 코일 내부의 자기장이 변하며, 이에 따라 코일에 전류가 흐르는 현상

4 과학기술이 인류 문명 발달에 미친 영향 – 기술 발달 및 기기 발명

(1) 인쇄 분야

금속 활자로 단어를 조합하는 활판 인쇄술의 발달로 책의 대량 생산과 보급이 가능하게 되었다. ➡ 인쇄술의 발달로 책을 빠르게 만들어 지식과 정보가 빠르게 확산되었다. ➡ 현재는 전자책이 출판되어 많은 양의 책을 저장하고 검색하기 쉬워졌다.

(2) 교통 분야

증기 기관을 이용한 기차나 배로 대량의 물건을 먼 곳까지 이동하게 되었다. ➡ 내연 기관의 등장으로 자동차가 발달하였다. ➡ 고속 열차나 비행기를 이용하여 사람과 물자의 이동이 더 빨라졌다.

증기 기관: 물을 끓여 수증기를 만들고, 이때 부피가 증가한 수증기가 피스톤을 움직이게 하는 장치로, 외부에서 연료를 연소시켜 얻은 증기의 압력으로 기계를 움직인다.
내연 기관: 연료를 기관 내부에서 연소시켜 이를 동력원으로 이용하는 장치이다.

(3) 농업 분야

암모니아 합성 기술을 이용한 질소 비료의 대량 생산으로 식량 생산량이 증가하였다. ➡ 살충제, 제초제, 복합 비료 등이 개발되어 농산물의 생산성이 증가하고, 품질이 높아졌다. ➡ 생명 공학 기술로 품종을 개량하고, 농산물 생장에 필요한 환경을 유지하는 지능형 농장 등을 운영한다.

(4) 의료 분야

종두법 발견 이후 여러 가지 백신 개발로 질병을 예방할 수 있게 되었다. ➡ 페니실린의 발견으로 시작된 항생제 개발로 질병을 치료할 수 있게 되었다. ➡ 자기 공명 영상 장치 등 첨단 의료 기기로 정밀한 진단과 치료가 가능하다.

종두법: 천연두 예방을 위해 백신을 인체의 피부에 접종하는 방법

(5) 정보 통신 분야

소리의 진동을 전기 신호로 바꾸는 기술의 개발로 전화기가 발명되어 생활이 편리해졌다. ➡ 무선 통신이 가능해져 인터넷을 통해 전 세계의 정보를 동시에 주고받을 수 있게 되었다. ➡ 스마트 기기나 인공 지능을 이용한 정보 검색으로 생활이 더욱 편리해지고 있다.

[과학기술의 발달이 인류 문명에 미친 영향]
- 신 중심의 사회에서 과학과 인간 중심 사회로 변하여 종교 개혁, 과학 혁명 등에 영향을 주었다.
- 증기 기관을 이용한 기계의 사용은 수공업 중심의 사회를 산업 사회로 변화시키는 산업 혁명의 원동력이 되었다.
- 백신과 항생제의 개발로 인류의 평균 수명이 길어졌다.
- 생활이 편리해지고, 물질적으로 풍요로워졌다.
- 과학기술의 발달은 환경 오염, 에너지 부족, 사생활 침해 등과 같은 문제를 일으키기도 한다.

B 과학기술의 활용

1 생활을 편리하게 하는 과학기술

과학기술		활용 예
나노 기술	나노 물질의 독특한 특성을 이용하여 다양한 소재나 제품을 만드는 기술	나노 반도체, 나노 로봇, 나노 표면 소재, 휘어지는 디스플레이 등
생명 공학 기술	생물의 특성과 생명 현상을 이해하고, 이를 인간에게 유용하게 이용하거나 인위적으로 조작하는 기술	유전자 재조합 기술, 세포 융합, 바이오 의약품, 바이오칩 등
정보 통신 기술	정보 기기의 하드웨어와 소프트웨어 기술, 이 기술을 이용한 정보 수집, 생산, 가공, 보존, 전달, 활용하는 모든 방법 • 사물 인터넷(IoT) 기술 : 모든 사물을 인터넷으로 연결하는 기술 • 빅데이터 기술 : 방대한 정보를 분석하여 활용하는 기술 • 인공 지능(AI) 기술 : 컴퓨터로 인간의 기억, 지각, 학습 이해 등 인간이 하는 지적 행위를 실현하고자 하는 기술	증강 현실(AR), 가상 현실(VR), 전자 결제, 언어 번역, 생체 인식, 웨어러블 기기, 홈 네트워크 등

나노(nano) : 1 nm(나노미터)는 10억분의 1 m의 길이로, 초미세 영역이다.
나노 표면 소재 : 연잎의 표면은 매우 작은 돌기 구조로 이루어져 있어 연잎 위로 떨어진 물은 스며들지 않고 흘러내리는데, 연잎 표면의 이러한 현상에 착안해 개발된 것이 물에 젖지 않는 나노 표면 소재이다.

2 공학적 설계 과학 원리나 기술을 활용하여 기존의 제품을 개선하거나 새로운 제품 또는 시스템을 개발하는 창의적인 과정

(1) 공학적 설계 과정

일상생활에서 불편한 점 인식

최적의 해결 방법 모색

적절한 과학 원리나 기술을 활용하여 제품 생산

(2) 제품 생산 시 고려해야 하는 점 : 경제성, 안전성, 편리성, 환경적 요인, 외형적 요인 등

[전기 자동차 생산 시 고려해야 하는 점]
- 경제성 : 축전지(배터리) 교체 비용을 줄이기 위해 수명이 긴 축전지 사용
- 안전성 : 소음이 거의 없는 전기 자동차의 접근을 보행자가 알 수 있도록 경보음 장치 설치
- 편리성 : 한 번 충전하면 먼 거리를 주행할 수 있도록 용량이 큰 축전지 사용
- 환경적 요인 : 배기가스를 배출하지 않도록 전기 에너지를 이용하는 전동기 사용
- 외형적 요인 : 주요 소비자층의 취향을 분석하여 설계

개념 확인하기

정답과 해설 18쪽

1 (　　　)을 이용하여 금속을 얻게 되면서 인류 문명에 변화와 발전을 가져오게 되었다.

2 과학 원리 발견 → 기술 발달 → 기기 발명으로 (　　　)이 발전하게 되었다.

3 망원경으로 천체를 관측하여 (　　　)의 증거를 발견하면서 경험 중심의 과학적 사고를 중요시하게 되었다.

4 암모니아 합성법 개발로 질소 비료를 대량 생산할 수 있게 되어 (　　　) 문제를 해결할 수 있게 되었다.

5 (　　　)이 발달하면서 책의 대량 생산과 보급이 가능해졌고, 지식과 정보가 빠르게 확산되면서 종교 개혁, 과학 혁명 등에 영향을 주었다.

6 (　　　)을 이용한 기차나 배가 발명되면서 교통수단이 발달하게 되었고, 먼 거리까지 대량의 물건을 빠르게 운반할 수 있게 되어 산업이 크게 발달하였다.

7 과학기술의 발달이 인류 문명에 미친 영향으로 옳은 것은 ○, 옳지 않은 것은 ×로 표시하시오.

(1) 과학기술의 발달로 인간 중심 사회에서 신 중심 사회로 변하였다. ( )
(2) 증기 기관을 이용한 기계의 사용은 산업 혁명의 원동력이 되었다. ( )
(3) 인류의 평균 수명이 길어지고, 인류의 생활이 편리해졌다. ( )

8 나노 물질의 독특한 특성을 이용하여 다양한 소재나 제품을 만드는 기술을 (　　　)이라고 한다.

9 정보 통신 기술에 대한 설명으로 옳은 것은 ○, 옳지 않은 것은 ×로 표시하시오.

(1) 모든 사물을 인터넷으로 연결하는 기술은 사물 인터넷 기술이다. ( )
(2) 컴퓨터로 인간의 기억, 지각, 학습 이해 등 인간이 하는 지적 행위를 실현하고자 하는 기술은 빅데이터 기술이다. ( )
(3) 전자 결제, 언어 번역, 홈 네트워크 등이 정보 통신 기술을 활용한 것이다. ( )

10 (　　　)는 과학 원리나 기술을 활용하여 기존의 제품을 개선하거나 새로운 제품 또는 시스템을 개발하는 창의적인 과정이다.

족집게 문제

핵심 족보

A **1 과학 원리의 발견이 인류 문명에 미친 영향★★★**

- 태양 중심설(코페르니쿠스) ➡ 경험 중심의 과학적 사고 중시
- 현미경으로 세포 발견(훅) ➡ 세포로 이루어진 생명체 인식
- 만유인력 법칙 발견(뉴턴) ➡ 자연 현상을 이해하고 예측함
- 전자기 유도 법칙 발견(패러데이) ➡ 전기의 생산과 활용 가능
- 암모니아 합성법 개발(하버) ➡ 질소 비료를 대량 생산하여 식량 문제 해결에 기여
- 백신 개발(파스퇴르) ➡ 인류의 평균 수명 연장에 기여

2 과학기술이 인류 문명 발달에 미친 영향★★★

분야	내용
인쇄	활판 인쇄술의 발달로 책의 대량 생산과 보급이 가능해져 지식과 정보가 빠르게 확산됨. 종교 개혁, 과학 혁명 등에 영향을 줌
교통	증기 기관을 이용하여 먼 거리까지 사람과 많은 물건을 빠르게 운반하여 산업이 크게 발달함
농업	화학 비료 등이 개발되어 농산물의 품질이 향상되고, 생산량이 증가함
의료	의약품과 치료 방법, 의료 기기 등이 개발되어 인류의 평균 수명이 길어짐
정보 통신	정보 통신 분야의 기술 발달은 인류 문명과 생활을 편리하게 변화시킴

B **3 생활을 편리하게 하는 과학기술★★**

나노 기술	• 나노 물질의 독특한 특성을 이용하여 다양한 소재나 제품을 만드는 기술 • 활용 예 : 나노 반도체, 나노 로봇, 나노 표면 소재, 휘어지는 디스플레이 등
생명 공학 기술	• 생물의 특성과 생명 현상을 이해하고, 이를 인간에게 유용하게 이용하거나 인위적으로 조작하는 기술 • 활용 예 : 유전자 재조합 기술, 세포 융합, 바이오 의약품, 바이오칩 등
정보 통신 기술	• 정보 기기의 하드웨어와 소프트웨어 기술, 이 기술을 이용한 정보 수집, 생산, 가공, 보존, 전달, 활용하는 모든 방법 • 사물 인터넷(IoT) 기술, 빅데이터 기술, 인공 지능(AI) 기술 등이 이에 속함 • 활용 예 : 증강 현실, 가상 현실, 전자 결제, 언어 번역, 생체 인식, 웨어러블 기기 등

4 공학적 설계★★

- 과학 원리나 기술을 활용하여 기존의 제품을 개선하거나 새로운 제품 또는 시스템을 개발하는 창의적인 과정
- 제품 개발 시 고려해야 하는 점 : 경제성, 편리성, 안전성, 환경적 요인, 외형적 요인 등

Step1 반드시 나오는 문제

1 과학 원리의 발견이 인류 문명 발달에 미친 영향으로 옳은 것을 보기에서 모두 고른 것은?

보기
ㄱ. 만유인력 법칙은 자연 현상을 이해하고, 그 변화를 예측하는 데 기여하였다.
ㄴ. 다양한 백신의 개발은 인류의 평균 수명을 연장시키는 데 영향을 주었다.
ㄷ. 전자기 유도 법칙의 발견으로 생물체는 작은 세포들이 모여 이루어진 존재임을 인식하게 되었다.
ㄹ. 천체 관측으로 지구 중심설의 증거가 발견되어 경험 중심의 과학적 사고를 중요시하게 되었다.

① ㄱ, ㄴ ② ㄱ, ㄷ ③ ㄱ, ㄹ
④ ㄴ, ㄷ ⑤ ㄷ, ㄹ

2 인류의 생활에 다음과 같은 변화를 가져오게 한 발명은 무엇인가?

- 기차를 이용해 많은 사람과 대량의 물건을 빠르게 운반할 수 있게 되었다.
- 공장에서 제품의 대량 생산이 가능하게 되었다.
- 수공업 중심 사회에서 산업 사회로 바뀌었다.

① 청동 ② 컴퓨터 ③ 발전기
④ 증기 기관 ⑤ 전자기 유도

3 인쇄 분야의 과학기술 발달이 인류 문명에 미친 영향으로 옳지 않은 것은?

① 금속 활자가 발명되면서 인쇄술이 발달하였다.
② 활판 인쇄술로 책을 대량으로 만들 수 있게 되었다.
③ 많은 사람들이 책에서 지식을 쉽게 얻을 수 있게 되었다.
④ 지식과 정보가 빠르게 확산되면서 신 중심 사회로 변하였다.
⑤ 현재는 전자책의 출판으로 책을 저장하고, 내용을 검색하기 쉬워졌다.

난이도 ●●● 시험에 꼭 나오는 출제 가능성이 높은 예상 문제로 구성하고, 난이도를 표시하였습니다.

4 과학기술이 인류 문명 발달에 미친 영향으로 옳은 것은?

① 암모니아 합성법 개발로 인류의 평균 수명이 연장되었다.
② 전화기와 인터넷이 발명되어 인류의 생활이 예전보다 제약이 많아졌다.
③ 망원경이 발명되고 성능이 우수해지면서 생명 공학 기술이 발달하게 되었다.
④ 페니실린과 같은 항생제가 개발되어 소아마비를 비롯한 여러 질병을 예방할 수 있게 되었다.
⑤ 증기 기관이 발명되어 교통수단에 큰 변화를 주었고, 산업 사회로 변화시키는 산업 혁명의 원동력이 되었다.

5 다음과 같이 활용되는 과학기술은 무엇인가?

- 연잎 효과에 착안하여 만든 물에 젖지 않는 소재의 옷
- 기존 디스플레이보다 얇고 가벼우며 휘어지는 디스플레이

① 나노 기술 ② 인공 지능 기술
③ 생명 공학 기술 ④ 정보 통신 기술
⑤ 사물 인터넷 기술

6 정보 통신 기술을 활용한 예로 옳지 않은 것은?

① 증강 현실 ② 유전자 치료
③ 인공 지능 기술 ④ 빅데이터 기술
⑤ 사물 인터넷 기술

7 공학적 설계에 대한 내용으로 옳은 것을 보기에서 모두 고른 것은?

보기
ㄱ. 제품을 개발할 때 환경적 요인은 고려할 필요가 없다.
ㄴ. 최적의 해결 방법을 찾기 위해 다양한 해결책을 탐색한다.
ㄷ. 과학 원리와 관계없이 제품을 창의적으로 개발하는 과정이다.
ㄹ. 인류의 생활을 편리하게 만들기 위한 제품을 개발하는 과정이다.

① ㄱ, ㄴ ② ㄱ, ㄷ ③ ㄱ, ㄹ
④ ㄴ, ㄷ ⑤ ㄴ, ㄹ

Step 2 자주 나오는 문제

8 불의 이용이 인류 문명에 미친 영향으로 옳지 않은 것은?

① 불을 발견함으로써 음식을 익혀 먹게 되었다.
② 불을 이용하게 되면서 인류 문명은 퇴보하였다.
③ 인류는 흙을 반죽하여 불로 가열하면 단단해진다는 과학 원리를 발견하였다.
④ 인류는 불을 이용하여 토기를 제작하여 음식을 조리하거나 저장하였다.
⑤ 불을 이용하여 청동이나 철과 같은 금속을 얻고 도구를 만드는 기술이 발달하였다.

9 다음의 과학 원리 발견이 인류 문명에 미친 영향으로 옳은 것은?

- 천체 관측으로 태양 중심설의 증거 발견
- 현미경으로 세포 발견
- 만유인력 법칙 발견

① 생산성이 크게 후퇴하였다.
② 인류의 평균 수명이 길어졌다.
③ 인류의 식량 문제가 해결되었다.
④ 정보화 시대가 열리기 시작하였다.
⑤ 경험 중심의 과학적 사고를 하게 되었다.

10 우리 생활에 이용되는 과학기술에 대한 설명으로 옳지 않은 것은?

① 스마트 기기로 야외에서 필요한 정보를 검색할 수 있다.
② 나노 기술을 활용하여 잘 무르지 않는 토마토를 재배한다.
③ 인공위성을 통해 실시간으로 세계 곳곳의 정보를 이용할 수 있다.
④ 지문, 홍채, 얼굴 등 개인의 고유한 신체적 특징으로 사용자를 인증한다.
⑤ 과학기술의 발달은 개인 정보 유출 및 사생활 침해와 같은 문제를 일으키기도 한다.

11 과학기술의 발달이 미래 사회에 줄 영향으로 옳은 것을 보기에서 모두 고른 것은?

• 보기 •
ㄱ. 새로운 에너지원에 대한 연구가 계속된다.
ㄴ. 질병과 장애를 극복하여 고령층이 감소한다.
ㄷ. 과학기술이 발달할수록 생산성이 낮아진다.

① ㄱ ② ㄴ ③ ㄷ
④ ㄱ, ㄷ ⑤ ㄴ, ㄷ

Step3 만점! 도전 문제

12 다음은 과학과 함께 발전한 인류 문명의 여러 가지 사건을 순서 없이 나열한 것이다.

(가) 상점에서 스마트폰으로 전자 결제가 가능해졌다.
(나) 불로 흙을 구워 토기를 만들고 음식을 조리하거나 저장하였다.
(다) 증기 기관차로 대량의 물건을 먼 곳까지 운반할 수 있게 되었다.
(라) 뉴턴이 자연 현상을 이해할 수 있는 만유인력 법칙을 발견하였다.

가장 오래된 사건부터 순서대로 옳게 나열한 것은?

① (가)－(나)－(다)－(라) ② (가)－(다)－(나)－(라)
③ (나)－(가)－(다)－(라) ④ (나)－(라)－(다)－(가)
⑤ (다)－(나)－(라)－(가)

13 과학 원리를 활용하여 만든 제품에 대한 설명으로 옳지 않은 것은?

① 프라이팬은 비열이 작은 물질로 만들어 요리할 때 음식이 빨리 익는다.
② 자전거 안장에는 용수철이 달려 있어 용수철의 탄성이 충격을 흡수한다.
③ 튜브는 공기를 불어 넣었을 때 밀도가 커져 물에 뜨는 원리를 이용하였다.
④ 고무는 마찰력이 크므로 고무를 덧댄 장갑을 끼고 물체를 잡으면 손이 미끄러지는 것을 방지한다.
⑤ 펌프식 용기는 펌프를 누를 때 펌프 내부의 부피가 감소하면서 압력이 높아져 관에 있는 내용물이 용기 밖으로 나오는 원리를 이용하였다.

14 다음은 자율 주행 자동차에 관한 설명이다.

인공 지능을 활용한 자율 주행 자동차는 전파 탐지기 및 시각 감지기를 활용하여 주변 상황을 인식하고, 이를 처리하는 컴퓨터 시스템을 갖추고 있다. 차량에는 그래핀을 이용한 모니터로 증강 현실을 나타내 주변 상황을 쉽게 알 수 있다. 또한, 범퍼는 형상 기억 합금으로 만들어 찌그러지더라도 다시 원래의 상태로 되돌릴 수 있으며, 자동차 표면은 나노 페인트로 칠해져 먼지가 묻지 않아 세차를 하지 않아도 된다.

이 자율 주행 자동차에 적용된 과학기술을 모두 고르면? (2개)

① 나노 기술 ② 생체 인식 기술
③ 생명 공학 기술 ④ 정보 통신 기술
⑤ 유전자 재조합 기술

서술형 문제

15 그림은 증기 기관의 원리를 나타낸 것이다.

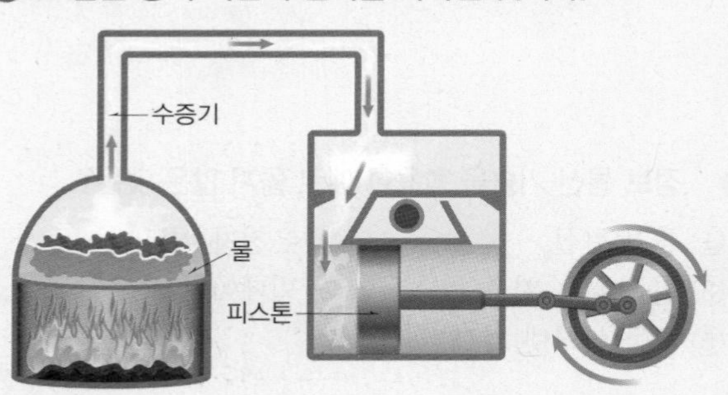

이 과학기술이 인류 문명의 발달에 미친 영향을 교통과 산업을 포함하여 서술하시오.

16 과학기술의 발달이 인류 문명에 미친 긍정적 영향과 부정적 영향을 각각 한 가지씩 서술하시오.

시험 하루 전!! 끝내주는~

내공 점검

1 염색체에 대한 설명으로 옳지 않은 것은?

① 세포 분열 시 막대 모양으로 나타난다.
② 같은 종의 생물은 염색체 수가 같다.
③ 염색체는 DNA와 단백질로 구성되어 있다.
④ 남녀 공통으로 가지는 염색체를 성염색체라고 한다.
⑤ 상동 염색체는 모양과 크기가 같은 염색체가 2개씩 쌍을 이룬 것이다.

2 그림은 염색체의 구조를 나타낸 것이다.

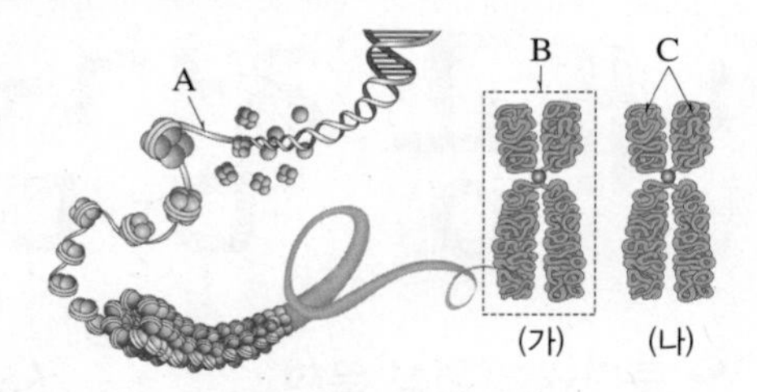

이에 대한 설명으로 옳지 않은 것은?

① A에는 유전 정보가 담겨 있다.
② B는 염색체, C는 염색 분체이다.
③ C는 유전 정보가 서로 다르다.
④ (가)와 (나)는 상동 염색체이다.
⑤ (가)와 (나)는 각각 아버지와 어머니로부터 하나씩 물려받은 것이다.

3 다음은 사람의 염색체에 대한 설명이다.

> 사람의 상동 염색체는 (㉠)쌍이고, 이 중 상염색체는 (㉡)쌍, 성염색체는 (㉢)쌍이다.

㉠~㉢에 해당하는 숫자를 모두 합한 것은?

① 22 ② 23 ③ 44
④ 46 ⑤ 92

4 그림은 사람의 염색체를 나타낸 것이다.

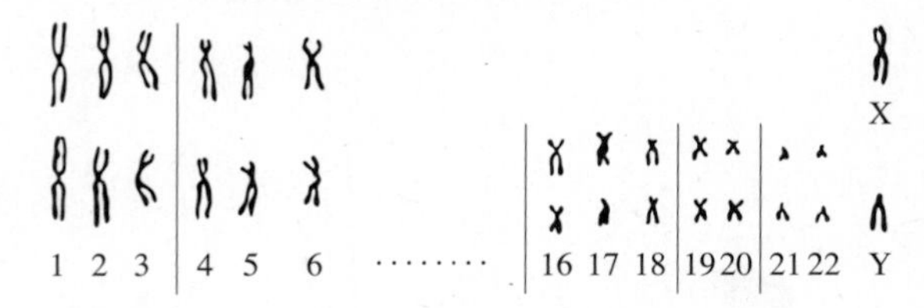

이에 대한 설명으로 옳은 것은?

① 사람의 염색체는 23개이다.
② 여자의 염색체를 나타낸 것이다.
③ X와 Y는 아버지로부터 물려받은 것이다.
④ 1번과 2번 염색체는 서로 상동 염색체이다.
⑤ 1번에서 22번까지의 염색체는 상염색체이다.

5 크기가 다른 우무 조각 3개를 붉은 식용 색소에 담근 후 꺼내어 단면을 관찰하였더니 오른쪽 그림과 같았다. 이에 대한 설명으로 옳지 않은 것은?

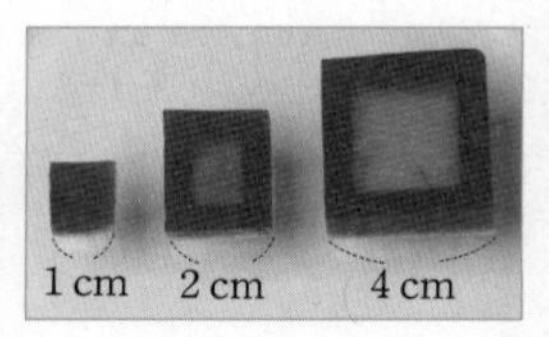

① 우무 조각을 세포라고 가정한 실험이다.
② 우무 조각이 커질수록 부피의 증가율이 표면적의 증가율보다 더 커진다.
③ 우무 조각이 커질수록 부피에 대한 표면적의 비가 커진다.
④ 우무 조각이 커질수록 중심까지 붉게 변하는 데 시간이 오래 걸린다.
⑤ 우무 조각 속으로 식용 색소가 흡수되는 것은 세포가 필요한 물질을 흡수하는 것을 의미한다.

6 세포 주기에서 간기에 대한 설명으로 옳지 않은 것은?

① 세포의 크기가 커진다.
② 염색체가 핵 속에 들어 있다.
③ 핵막이 뚜렷하게 관찰된다.
④ 막대 모양의 염색체가 관찰된다.
⑤ 유전 물질이 복제되어 양이 2배로 된다.

[7~8] 그림은 체세포 분열 과정을 순서 없이 나타낸 것이다.

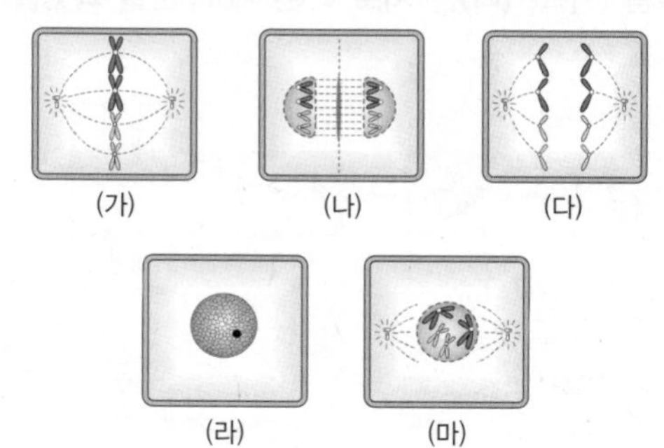

7 다음과 같은 특징을 나타내는 시기는 언제인가?

- 핵막이 사라진다.
- 방추사가 형성된다.
- 두 가닥의 염색 분체로 이루어진 막대 모양의 염색체가 나타난다.

① (가) ② (나) ③ (다)
④ (라) ⑤ (마)

8 체세포 분열 과정을 순서대로 옳게 나열한 것은?

① (나) → (가) → (라) → (다) → (마)
② (라) → (다) → (가) → (마) → (나)
③ (라) → (마) → (가) → (다) → (나)
④ (마) → (라) → (나) → (가) → (다)
⑤ (마) → (가) → (라) → (나) → (다)

9 그림은 식물의 뿌리 끝을 관찰하여 생장점에서 일어나는 체세포 분열을 나타낸 것이다.

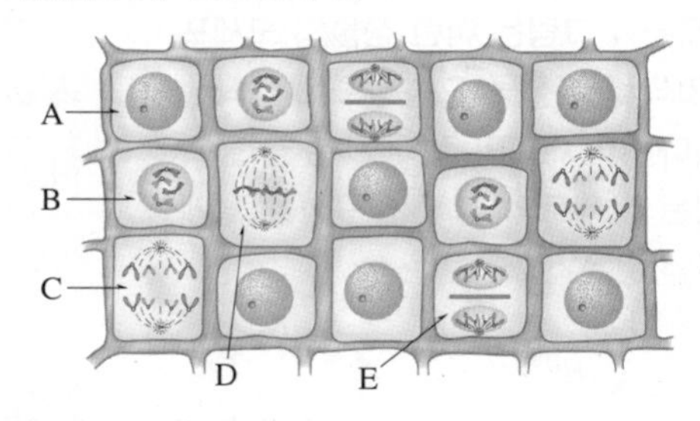

이에 대한 설명으로 옳은 것은?

① A 시기에 막대 모양의 염색체가 나타난다.
② B 시기의 세포가 가장 많이 관찰된다.
③ C 시기에 염색체가 세포 중앙에 배열된다.
④ D 시기에 핵막이 다시 나타난다.
⑤ E 시기에 염색체가 실처럼 풀어진다.

10 오른쪽 그림은 어떤 세포의 세포질 분열 과정을 나타낸 것이다. 이에 대한 설명으로 옳은 것은?

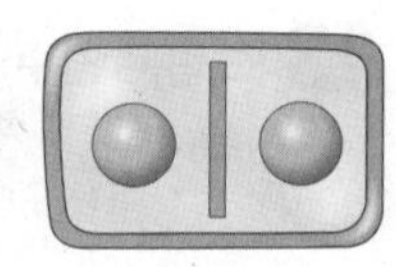

① 이 세포는 동물 세포이다.
② 세포 중앙에 세포판이 형성된다.
③ 세포질이 바깥쪽에서 안쪽으로 잘록하게 들어간다.
④ 세포질 분열은 세포 분열 중기에 시작된다.
⑤ 세포질 분열이 일어난 후 핵분열이 일어난다.

11 체세포 분열의 특징에 대한 설명으로 옳은 것을 보기에서 모두 고른 것은?

보기

ㄱ. 모세포와 딸세포의 염색체 수가 같다.
ㄴ. 1개의 모세포로부터 1개의 딸세포가 만들어진다.
ㄷ. 분열 결과 생물의 생장, 상처 난 조직의 재생, 단세포 생물의 번식이 일어난다.

① ㄱ ② ㄴ ③ ㄷ
④ ㄱ, ㄷ ⑤ ㄴ, ㄷ

12 그림은 양파 뿌리 끝에서 일어나는 체세포 분열을 관찰하기 위한 과정을 순서 없이 나타낸 것이다.

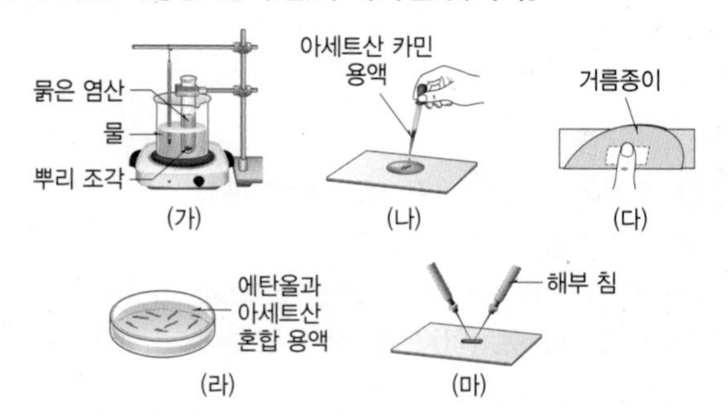

이에 대한 설명으로 옳지 않은 것은?

① (가)는 세포 분열을 멈추고 세포가 살아 있을 때의 모습을 유지하도록 하기 위한 과정이다.
② (나)는 핵과 염색체를 염색하는 과정이다.
③ (마)는 세포와 세포를 떼어 내기 위한 과정이다.
④ (라) → (가) → (나) → (마) → (다) 순으로 진행된다.
⑤ 양파의 뿌리 끝에서 생장점 부분을 관찰하는 것이다.

핵심 문제

13 그림은 감수 분열 과정을 순서 없이 나타낸 것이다.

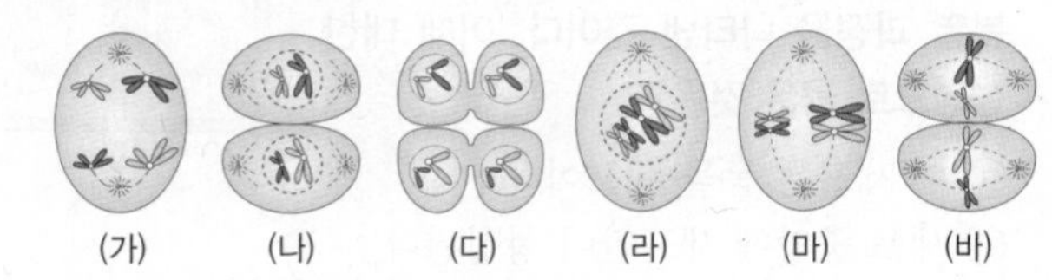

이에 대한 설명으로 옳지 않은 것은?

① 분열 결과 생식세포가 만들어진다.
② 동물의 경우 정소와 난소에서 일어난다.
③ 감수 1분열에서 상동 염색체의 분리가 일어난다.
④ 분열은 연속 2회 일어나고, 4개의 딸세포가 만들어진다.
⑤ (가) → (라) → (마) → (바) → (나) → (다) 순으로 진행된다.

14 그림은 감수 분열 과정을 모식적으로 나타낸 것이다.

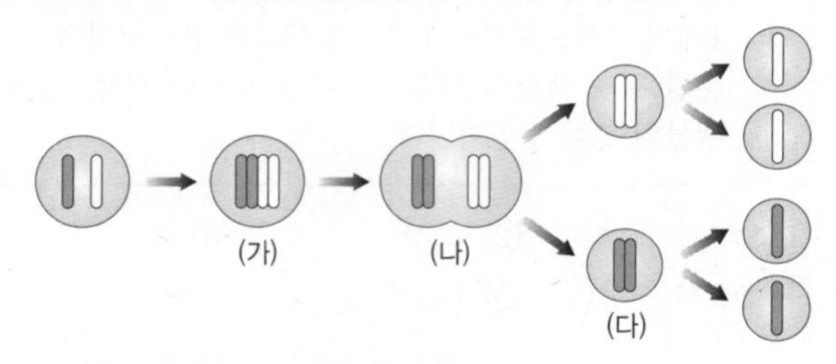

이에 대한 설명으로 옳지 않은 것은?

① (가)에서는 상동 염색체의 접합이 일어난다.
② (나)에서 상동 염색체가 분리된다.
③ (나) → (다) 과정에서 염색체 수가 반으로 줄어든다.
④ (다) 이후에 염색체 수가 다시 반으로 줄어든다.
⑤ 이러한 분열을 통해 생물은 세대를 거듭해도 자손의 염색체 수가 일정하게 유지된다.

15 오른쪽 그림은 어떤 세포 분열 과정 중 한 시기를 나타낸 것이다. 이 세포의 (가) 세포 분열 시기와 (나) 분열 전 모세포의 염색체 수, (다) 분열 결과 만들어지는 딸세포의 염색체 수를 옳게 나타낸 것은?

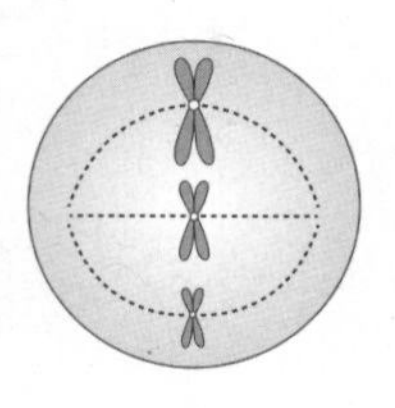

	(가)	(나)	(다)
①	체세포 분열 중기	3개	3개
②	체세포 분열 중기	6개	6개
③	감수 1분열 중기	6개	3개
④	감수 2분열 중기	6개	3개
⑤	감수 2분열 중기	3개	3개

16 그림 (가)와 (나)는 서로 다른 세포 분열 과정을 나타낸 것이다.

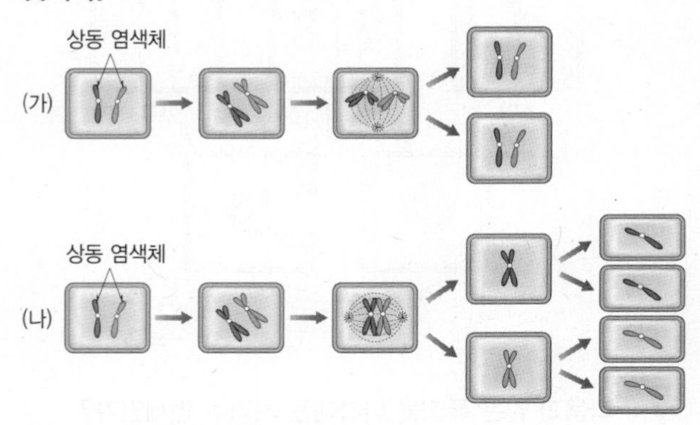

이에 대한 설명으로 옳은 것은?

① (가)는 2가 염색체가 형성된다.
② (가)는 세포 분열이 연속으로 2회 일어난다.
③ (나)는 분열 결과 생장 및 재생이 일어난다.
④ (나)는 우리 몸 전체에서 일어나는 세포 분열이다.
⑤ 분열 결과 딸세포의 염색체 수는 (가)는 변화 없고, (나)는 모세포의 절반으로 줄어든다.

17 오른쪽 그림은 어떤 생물의 모세포의 염색체 구성을 모식적으로 나타낸 것이다. 이 세포의 체세포 분열 결과 형성된 딸세포의 염색체 구성을 옳게 나타낸 것은?

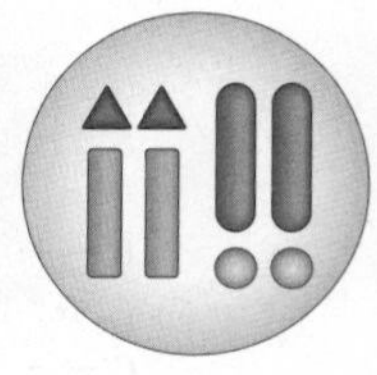

① ② 

③ 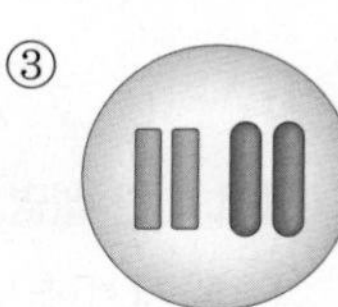

④ 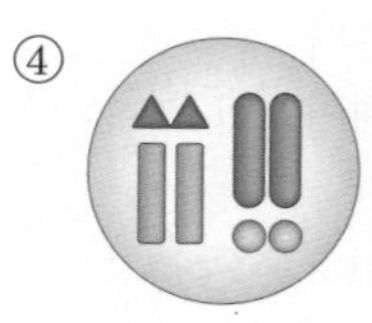

⑤ 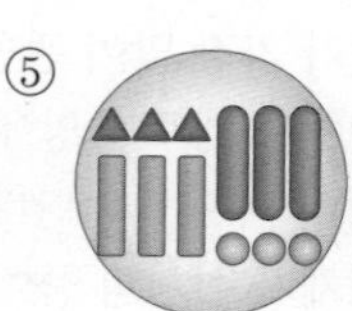

핵심 문제 02 사람의 발생

[1~2] 그림 (가)는 남자의 생식 기관을, (나)는 여자의 생식 기관을 나타낸 것이다.

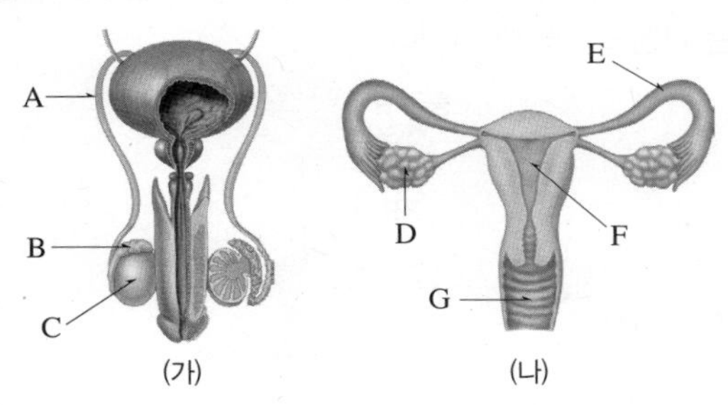

1 정자와 난자가 만들어지는 곳을 옳게 짝 지은 것은?

① B, D ② B, F ③ C, D
④ C, E ⑤ C, F

2 이에 대한 설명으로 옳지 않은 것은?

① A는 정자가 이동하는 통로이다.
② 정자는 B에서 성숙한다.
③ C와 D에서 감수 분열이 일어난다.
④ 정자와 난자가 만나 수정되는 곳은 D이다.
⑤ 태아가 자라는 곳은 F이다.

3 사람의 생식세포인 정자와 난자의 공통점으로 옳은 것은?

① 운동 능력이 있다.
② 크기가 체세포보다 크다.
③ 양분을 많이 포함하고 있다.
④ 체세포 분열을 통해 만들어진다.
⑤ 염색체 수가 체세포의 절반이다.

4 사람의 난자가 정자에 비해 크기가 큰 까닭을 옳게 설명한 것은?

① 염색체 수가 많기 때문이다.
② 유전 물질이 많기 때문이다.
③ 운동 능력이 없기 때문이다.
④ 감수 분열을 통해 만들어지기 때문이다.
⑤ 세포질에 양분을 많이 포함하고 있기 때문이다.

5 난할의 특징에 대한 설명으로 옳은 것은?

① 세포 분열 속도가 느리다.
② 세포 수는 점점 줄어든다.
③ 세포 하나의 크기는 점점 커진다.
④ 세포 하나당 염색체 수는 변화 없다.
⑤ 배아 전체의 크기는 수정란보다 작아진다.

6 그림은 수정란의 형성과 초기 발생 과정을 나타낸 것이다.

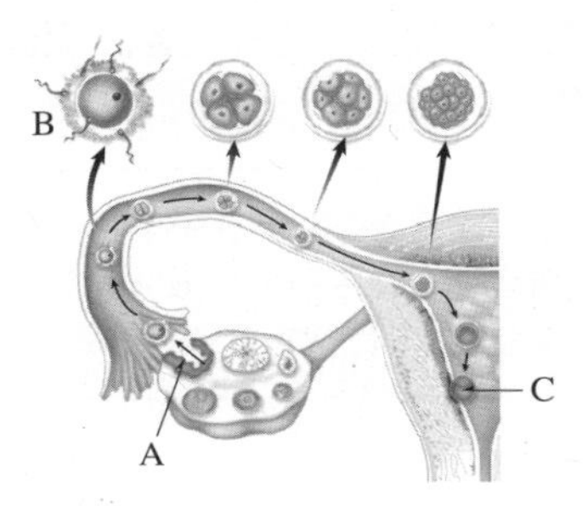

이에 대한 설명으로 옳지 않은 것은?

① A는 수정, C는 착상에 해당한다.
② B는 수란관에서 일어난다.
③ B 과정 후 난할이 일어난다.
④ 배아가 포배 상태일 때 C가 일어난다.
⑤ C 과정 후 태반이 형성된다.

7 사람의 발생 과정에 대한 설명으로 옳지 않은 것은?

① 수정란의 초기 세포 분열을 난할이라고 한다.
② 정자와 난자가 수정하여 만들어진 수정란은 체세포와 염색체 수가 같다.
③ 자궁에 배아가 착상되면 모체와 태아를 연결하는 태반이 만들어진다.
④ 태반을 통해 태아는 모체로부터 생명 활동에 필요한 산소와 영양소를 공급받는다.
⑤ 수정된 지 16주가 지나면 태아라 하고, 이때부터 기관이 형성되기 시작한다.

1 유전 용어에 대한 설명으로 옳지 않은 것은?

① '씨의 모양이 둥글다.'라는 것은 표현형이다.
② 대립 형질 중 우수한 형질을 우성이라고 한다.
③ 생물이 지니고 있는 여러 가지 특성을 형질이라고 한다.
④ 유전자 구성을 AA, aa와 같이 나타낸 것을 유전자형이라고 한다.
⑤ 한 가지 형질을 나타내는 유전자의 구성이 다른 개체를 잡종이라고 한다.

2 대립유전자에 대한 설명으로 옳은 것을 보기에서 모두 고른 것은?

보기
ㄱ. 대립 형질을 결정하는 유전자이다.
ㄴ. 상동 염색체의 같은 위치에 있다.
ㄷ. 우성 대립유전자는 알파벳 소문자로 표시한다.

① ㄱ ② ㄴ ③ ㄷ
④ ㄱ, ㄴ ⑤ ㄴ, ㄷ

3 유전자의 구성이 순종인 것을 모두 고르면? (2개)

① Tt ② RR ③ RRyy
④ RrYY ⑤ RrYy

4 멘델이 유전 실험의 재료로 완두를 선택한 까닭으로 옳지 않은 것은?

① 기르기 쉽다.
② 자손의 수가 많다.
③ 대립 형질이 뚜렷하다.
④ 한 세대가 길어 오래 관찰할 수 있다.
⑤ 자가 수분과 타가 수분이 가능하여 의도한 대로 형질을 교배할 수 있다.

[5~6] 그림은 순종의 둥근 완두(RR)와 순종의 주름진 완두(rr)를 교배하여 잡종 1대를 얻고, 이를 자가 수분하여 잡종 2대를 얻는 과정을 나타낸 것이다.

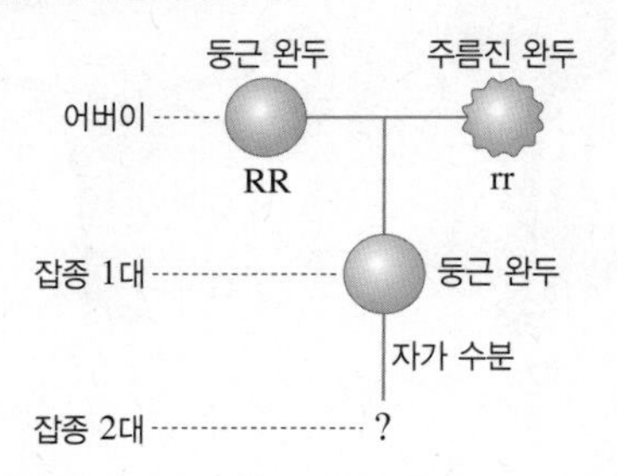

5 이에 대한 설명으로 옳지 않은 것은?

① 잡종 1대에서는 잡종만 나온다.
② 잡종 1대에서 나오는 형질이 우성이다.
③ 잡종 1대에서 R를 가진 생식세포와 r를 가진 생식세포가 만들어진다.
④ 잡종 2대에서 둥근 완두와 주름진 완두가 1 : 1의 비로 나타난다.
⑤ 잡종 2대에서 잡종 1대와 같은 유전자형을 가질 확률은 50 %이다.

6 잡종 2대에서 순종인 둥근 완두가 나올 확률은?

① 10 % ② 25 % ③ 50 %
④ 75 % ⑤ 100 %

7 그림은 키 큰 완두와 키 작은 완두의 교배 실험을 나타낸 것이다.

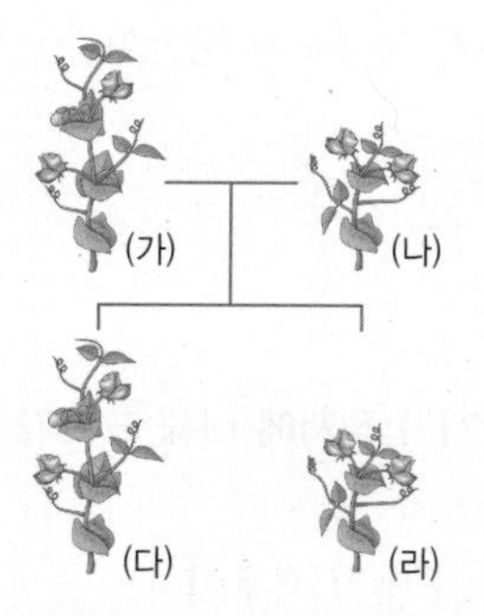

유전자형이 잡종인 것을 모두 고른 것은? (단, 키 큰 형질이 키 작은 형질에 대해 우성이다.)

① (가), (다) ② (가), (라) ③ (나), (다)
④ (나), (라) ⑤ (다), (라)

[8~12] 그림은 순종의 둥글고 노란색인 완두(RRYY)와 순종의 주름지고 초록색인 완두(rryy)를 교배하여 잡종 1대를 얻고, 이를 자가 수분하여 잡종 2대를 얻는 과정을 나타낸 것이다.

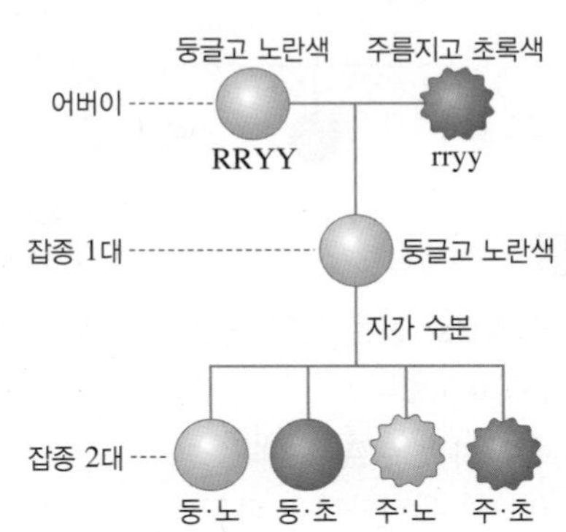

8 이에 대한 설명으로 옳지 않은 것은?

① 둥근 형질이 주름진 형질에 대해 우성이다.
② 잡종 2대의 결과에서 독립의 법칙이 성립한다.
③ 잡종 2대에서 주름지고 초록색인 완두는 모두 순종이다.
④ 잡종 2대에서 나타나는 표현형의 분리비는 9 : 3 : 3 : 1이다.
⑤ 잡종 2대에서 노란색 완두와 초록색 완두의 분리비는 1 : 1이다.

9 잡종 1대의 유전자 구성을 염색체에 옳게 나타낸 것은?

① 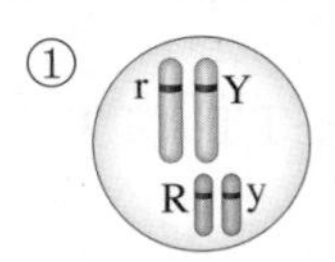
② 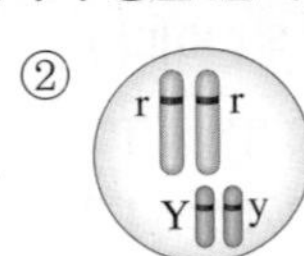
③ 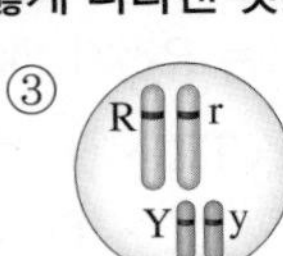
④ 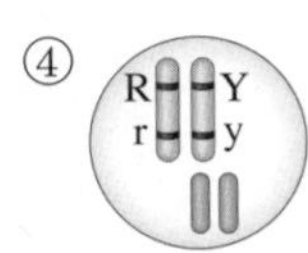
⑤ 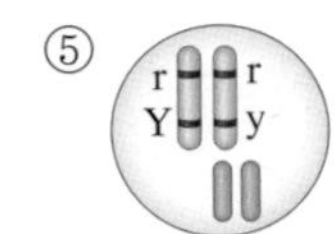

10 잡종 1대에서 만들어지는 생식세포의 종류를 옳게 나타낸 것은?

① RY, Ry, rY, ry
② RR, Rr, YY, yy
③ RR, rY, Ry, yy
④ Rr, rY, rr, ry
⑤ RR, YY, rr, yy

11 잡종 2대에서 총 1600개의 완두를 얻었다면, 이 중 초록색 완두와 주름진 완두는 이론상 각각 몇 개인가?

	초록색	주름진 것		초록색	주름진 것
①	400개	400개	②	400개	800개
③	400개	1200개	④	800개	800개
⑤	1200개	400개			

12 잡종 2대에서 총 1600개의 완두를 얻었다면, 이 중 둥글고 노란색인 완두는 이론상 모두 몇 개인가?

① 100개 ② 200개 ③ 400개
④ 900개 ⑤ 1800개

[13~14] 그림은 빨간색 꽃잎 분꽃과 흰색 꽃잎 분꽃을 교배하여 잡종 1대를 얻고, 이를 빨간색 꽃잎 분꽃과 교배하여 잡종 2대를 얻는 과정을 나타낸 것이다.

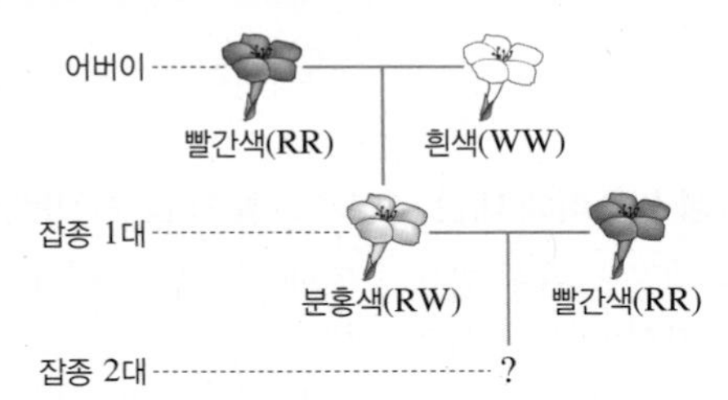

13 이에 대한 설명으로 옳지 않은 것은?

① 분리의 법칙이 성립한다.
② 우열의 원리가 성립하지 않는다.
③ 잡종 1대에는 분홍색 꽃잎만 나온다.
④ 잡종 2대에서 분홍색 꽃잎, 빨간색 꽃잎, 흰색 꽃잎이 모두 나온다.
⑤ 빨간색 꽃잎 유전자와 흰색 꽃잎 유전자 사이의 우열 관계가 뚜렷하지 않다.

14 잡종 2대에서 총 240개의 분꽃을 얻었다면, 이 중 분홍색 꽃잎 분꽃은 이론상 모두 몇 개인가?

① 30개 ② 60개 ③ 120개
④ 180개 ⑤ 240개

1 사람의 유전을 연구하는 데 어려운 점이 아닌 것은?

① 한 세대가 길다.
② 자유로운 교배가 불가능하다.
③ 자녀의 수가 적어 통계 처리가 어렵다.
④ 형질이 단순하고 유전자의 수가 많아 분석이 어렵다.
⑤ 대립 형질이 뚜렷하지 않은 경우가 많고, 환경의 영향을 많이 받는다.

2 특정 형질을 가진 집안에서 여러 세대에 걸쳐 이 형질이 어떻게 유전되는지 알아보는 방법은?

① 통계 조사 ② 가계도 조사
③ 교배 실험 ④ DNA 분석
⑤ 쌍둥이 연구

3 1란성 쌍둥이에 대한 설명으로 옳지 않은 것은?

① 하나의 수정란이 발생 초기에 분리된 것이다.
② 유전자의 구성이 서로 같다.
③ 쌍둥이 사이에 혈액형은 항상 같게 나타난다.
④ 쌍둥이 사이에 성별이 다르게 나타나기도 한다.
⑤ 쌍둥이 간의 형질 차이는 환경의 영향으로 나타난다.

4 다음은 철수네 가족의 눈꺼풀 형질에 대한 설명이다.

- 아버지는 눈꺼풀이 쌍꺼풀이다.
- 어머니는 눈꺼풀이 쌍꺼풀이다.
- 철수는 눈꺼풀이 외까풀이다.
- 철수의 동생은 눈꺼풀이 쌍꺼풀이다.

철수의 동생이 한 명 더 태어날 때 눈꺼풀이 외까풀일 확률은?

① 0 % ② 25 % ③ 50 %
④ 75 % ⑤ 100 %

5 그림은 민주네 집안의 미맹 유전 가계도를 나타낸 것이다.

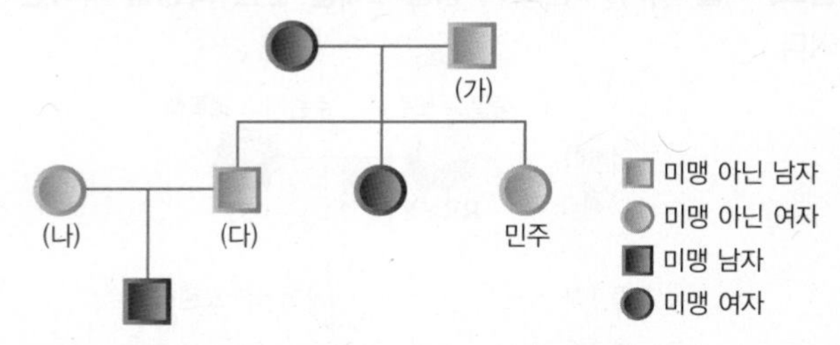

이에 대한 설명으로 옳은 것은? (단, 우성 유전자는 A, 열성 유전자는 a로 표시한다.)

① (가)의 유전자형은 AA이다.
② (나)와 (다)의 유전자형은 다르다.
③ (나)와 (다) 사이에서 자녀가 한 명 더 태어날 때 미맹일 확률은 25 %이다.
④ 민주는 (가)로부터 미맹 유전자를 물려받았다.
⑤ 민주가 미맹인 남자와 결혼하여 자녀를 낳을 때 미맹인 자녀는 태어나지 않는다.

6 부모의 혀 말기 유전자형이 다음과 같을 때 혀를 말 수 없는 자녀가 나올 수 있는 경우는? (단, 혀 말기 유전자는 상염색체에 있고, 혀를 말 수 있는 유전자 T는 혀를 말 수 없는 유전자 t에 대해 우성이다.)

① TT×tt ② Tt×Tt ③ TT×TT
④ TT×Tt ⑤ Tt×TT

7 ABO식 혈액형 유전에 대한 설명으로 옳지 않은 것은?

① 표현형은 4가지이다.
② 대립유전자는 3가지이다.
③ 유전자 A와 B는 유전자 O에 대해 우성이다.
④ 남녀에 따라 형질이 나타나는 빈도에 차이가 있다.
⑤ ABO식 혈액형은 한 쌍의 대립유전자에 의해 혈액형이 결정된다.

[8~9] 그림은 두 집안의 ABO식 혈액형 유전 가계도를 나타낸 것이다.

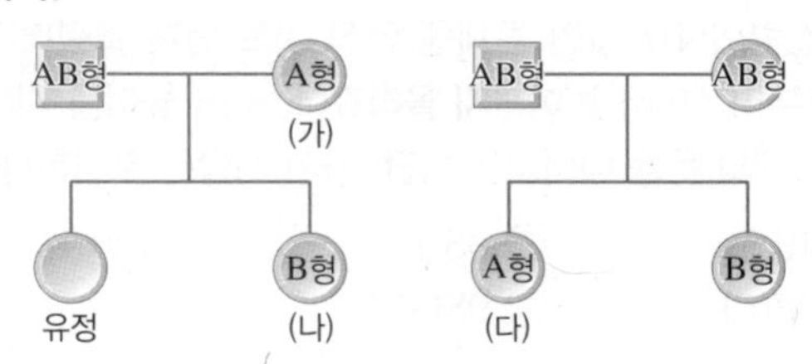

8 (가)~(다)의 유전자형을 옳게 나타낸 것은?

	(가)	(나)	(다)
①	AA	BB	AO
②	AA	BO	AA
③	AO	BB	AA
④	AO	BO	AA
⑤	AO	BO	AO

9 유정이가 가질 수 있는 ABO식 혈액형을 모두 나타낸 것은?

① A형, B형 ② A형, O형
③ B형, O형 ④ A형, B형, AB형
⑤ B형, O형, AB형

10 그림은 두 집안의 ABO식 혈액형 유전 가계도를 나타낸 것이다.

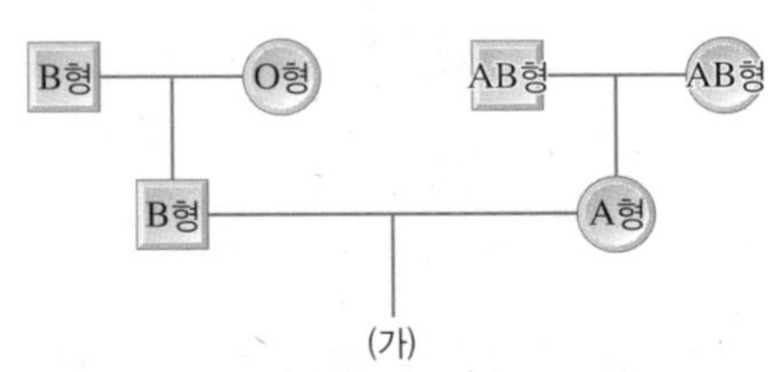

(가)의 ABO식 혈액형이 A형일 확률은?

① 0 % ② 25 % ③ 50 %
④ 75 % ⑤ 100 %

11 부모의 ABO식 혈액형이 다음과 같을 때 자녀에서 네 가지 혈액형이 모두 나올 수 있는 경우는?

① A형×A형 ② A형×B형
③ A형×O형 ④ AB형×B형
⑤ AB형×O형

[12~13] 그림은 어떤 집안의 적록 색맹 유전 가계도를 나타낸 것이다.

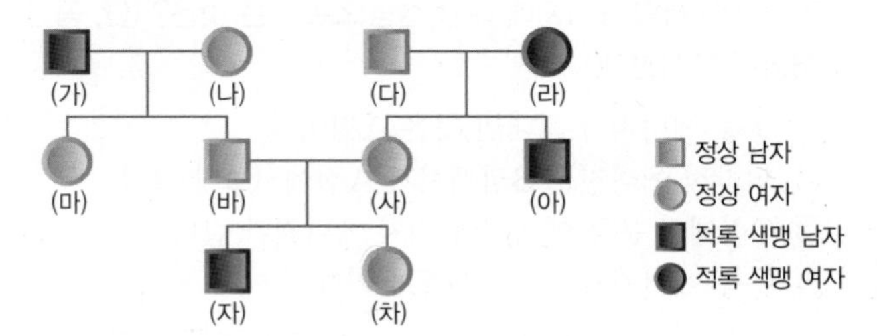

12 (바)와 (사) 사이에서 아들이 한 명 더 태어날 때 적록 색맹일 확률은?

① 0 % ② 25 % ③ 50 %
④ 75 % ⑤ 100 %

13 정상으로 표현되었지만 적록 색맹 유전자를 확실히 가지고 있는 사람을 모두 나타낸 것은?

① (나), (마) ② (마), (사)
③ (사), (차) ④ (나), (마), (사)
⑤ (마), (사), (차)

14 아버지는 AB형이며 적록 색맹에 대해 정상이고, 어머니는 O형이며 적록 색맹이다. 이들 부모 사이에서 자녀가 태어날 때 적록 색맹이면서 A형일 확률은?

① 0 % ② 25 % ③ 50 %
④ 75 % ⑤ 100 %

1 그림과 같이 높이가 20 m인 A점에서 정지해 있던 물체를 가만히 놓아 떨어뜨렸다.

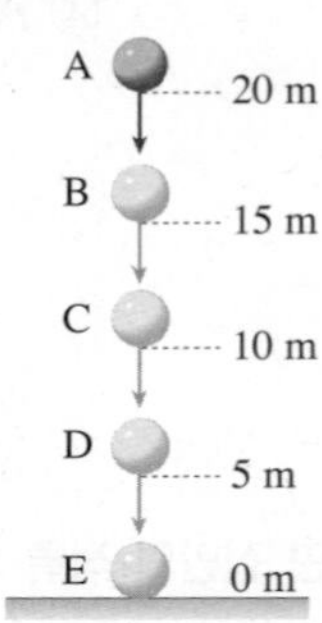

각 위치에서의 에너지에 대한 설명으로 옳은 것은? (단, 공기 저항은 무시한다.)

① 운동 에너지가 최대인 곳은 A점이다.
② 역학적 에너지는 B점에서가 A점에서보다 크다.
③ C점에서 운동 에너지와 위치 에너지가 같다.
④ 운동 에너지가 0인 곳은 E점이다.
⑤ 낙하하는 동안 운동 에너지는 위치 에너지로 전환된다.

2 오른쪽 그림과 같이 질량이 4 kg인 물체를 5 m 높이에서 가만히 놓아 떨어뜨렸을 때, 물체가 지면에 닿는 순간의 운동 에너지는? (단, 공기 저항은 무시한다.)

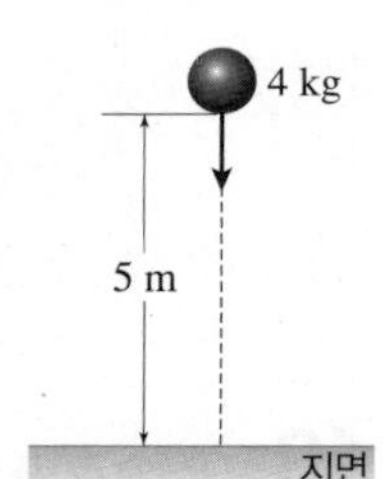

① 19.6 J ② 39.2 J
③ 49 J ④ 98 J
⑤ 196 J

3 오른쪽 그림과 같이 질량이 10 kg인 물체를 7 m/s의 속력으로 연직 위 방향으로 던져 올렸다. 공이 최고점에 도달했을 때 역학적 에너지는? (단, 공기 저항은 무시한다.)

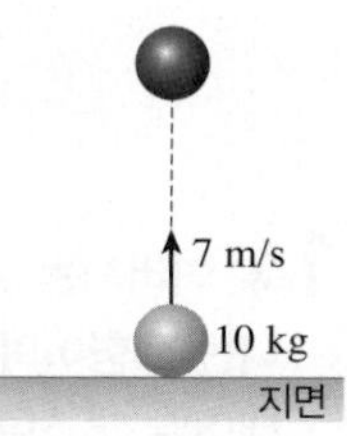

① 9.8 J ② 49 J
③ 98 J ④ 245 J
⑤ 490 J

4 질량이 10 kg인 물체를 연직 위로 던져 올렸더니 지면으로부터 10 m 높이까지 올라갔다. 5 m 높이를 지나는 순간 물체의 운동 에너지는? (단, 공기 저항은 무시한다.)

① 49 J ② 98 J ③ 490 J
④ 980 J ⑤ 9800 J

5 그림과 같이 질량이 1 kg인 공을 15 m 높이에서 가만히 놓아 떨어뜨렸다.

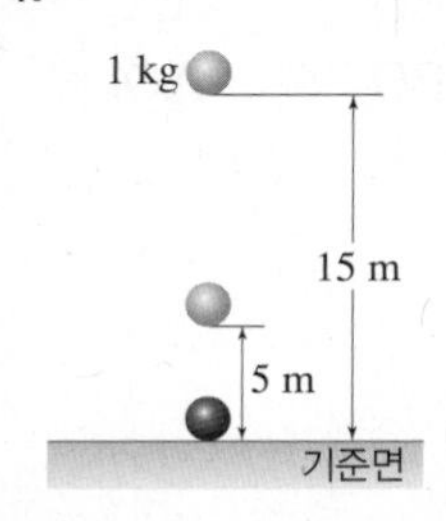

공이 5 m인 지점을 지나는 순간 물체의 위치 에너지와 운동 에너지, 역학적 에너지를 옳게 짝 지은 것은? (단, 공기 저항은 무시한다.)

	위치 에너지	운동 에너지	역학적 에너지
①	49 J	49 J	147 J
②	49 J	98 J	147 J
③	49 J	147 J	196 J
④	98 J	49 J	147 J
⑤	98 J	98 J	196 J

6 그림과 같이 질량이 10 kg인 공이 5 m 높이에서 4 m/s의 속력으로 빗면을 따라 운동하여 A점을 통과하였다.

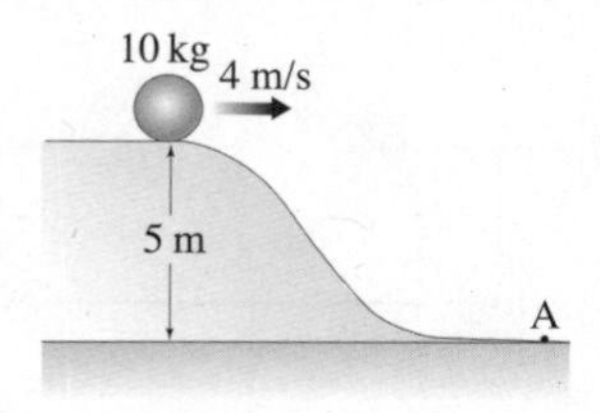

A점을 지날 때, 공의 운동 에너지는? (단, 모든 마찰과 공기 저항은 무시한다.)

① 49 J ② 98 J ③ 490 J
④ 570 J ⑤ 980 J

7 그림과 같은 궤도에서 롤러코스터가 운동하고 있다.

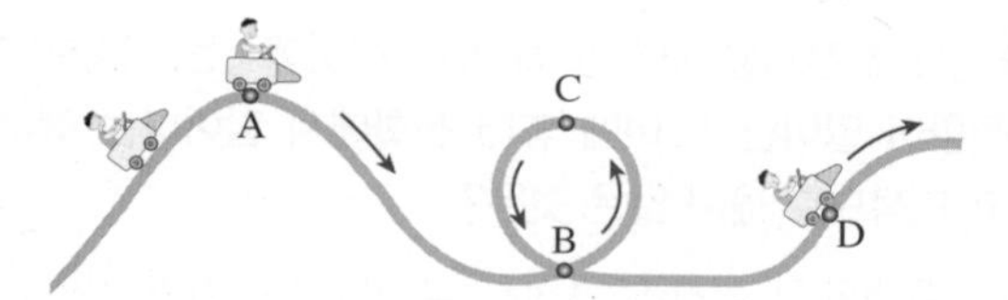

이에 대한 설명으로 옳은 것은? (단, 공기 저항과 모든 마찰은 무시한다.)

① A점에서 B점으로 갈수록 속력이 느려진다.
② C점과 D점에서의 역학적 에너지는 같다.
③ C점에서의 운동 에너지는 D점에서보다 크다.
④ B점에서 C점으로 갈 때 위치 에너지가 운동 에너지로 전환된다.
⑤ A점에서 B점까지의 위치 에너지 변화량은 운동 에너지 변화량보다 크다.

8 그림과 같이 롤러코스터가 곡면을 따라 운동하고 있다.

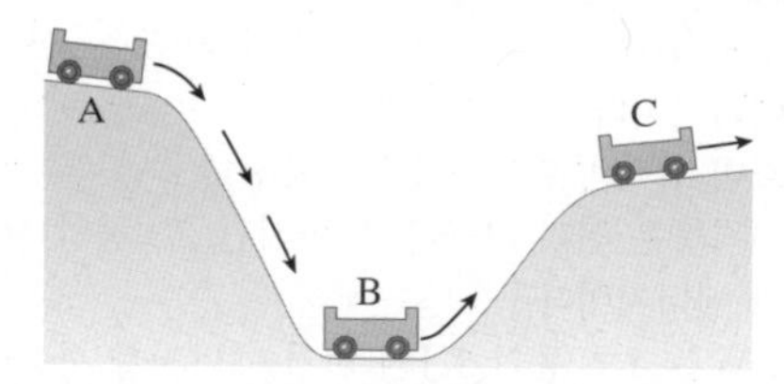

A점에서 C점까지 운동하는 동안, 수레의 운동 에너지와 역학적 에너지를 옳게 비교한 것은? (단, 공기 저항과 모든 마찰은 무시한다.)

	운동 에너지	역학적 에너지
①	A>B>C	A>B>C
②	B>C>A	B>C>A
③	B>C>A	A=B=C
④	C>A>B	A=B=C
⑤	C>B>A	A=B=C

9 오른쪽 그림과 같이 마찰이 없는 반원형 그릇의 A점에서 구슬을 가만히 놓으면 구슬은 A점에서 E점까지 굴러갔다가 다시 E점에서 A점까지 굴러오는 운동을 되풀이한다. 이때 운동 에너지가 최대인 지점은?

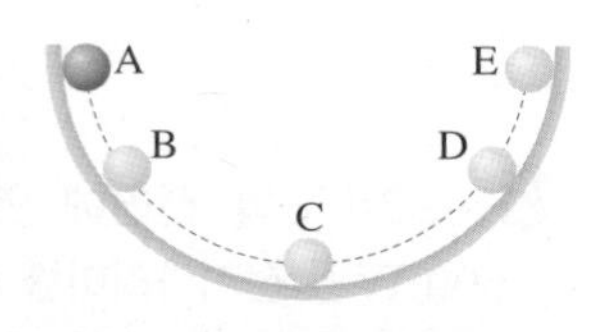

① A ② B ③ C ④ D ⑤ E

10 오른쪽 그림과 같이 진자가 왕복 운동을 하고 있다. 진자가 A점에서 출발하여 B점까지 운동하는 동안 위치 에너지, 운동 에너지, 역학적 에너지의 변화를 옳게 짝 지은 것은? (단, 공기 저항은 무시한다.)

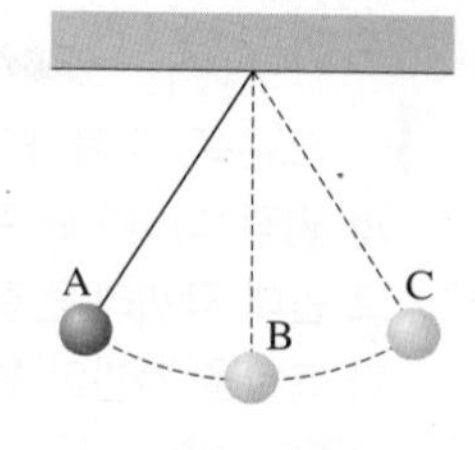

	위치 에너지	운동 에너지	역학적 에너지
①	일정	감소	감소
②	감소	일정	증가
③	감소	증가	증가
④	감소	증가	일정
⑤	증가	감소	일정

11 그림과 같이 질량이 500 g인 공이 왕복 운동을 하고 있다. 공이 최저점을 통과할 때, 최저점에서의 운동 에너지는? (단, 공기 저항은 무시한다.)

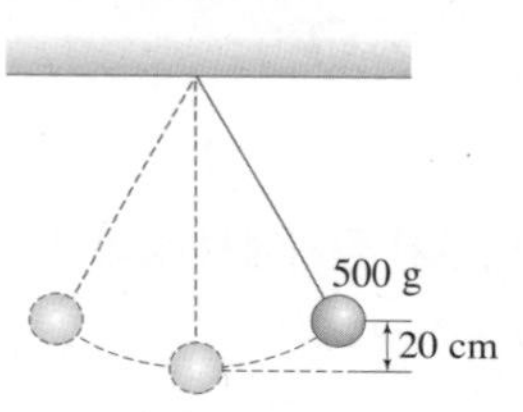

① 0.49 J ② 0.98 J ③ 4.9 J
④ 9.8 J ⑤ 49 J

12 그림과 같이 높이가 9 m인 곳에 놓여 있던 물체가 마찰이 없는 경사면을 따라 내려오고 있다.

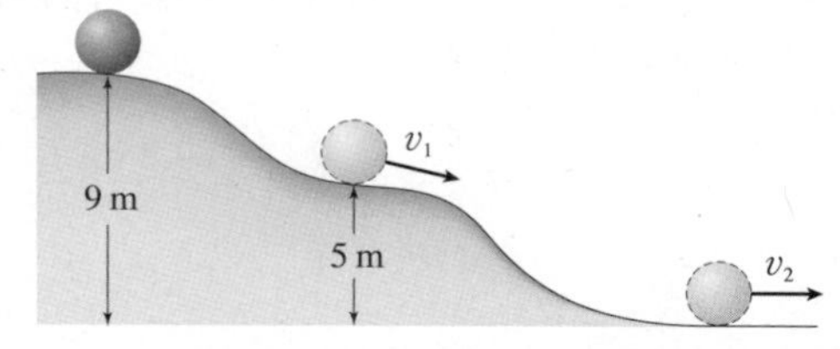

높이가 5 m인 지점을 지날 때의 속력 v_1과 바닥을 지날 때의 속력 v_2의 비 $v_1 : v_2$는?

① 1 : 2 ② 1 : 3 ③ 2 : 3
④ 3 : 2 ⑤ 4 : 9

1 오른쪽 그림과 같이 코일과 발광 다이오드 두 개를 서로 반대 극끼리 연결하고 자석과 코일을 가까이 하거나 멀리 하였다. 이때 발광 다이오드의 불이 켜지지 않는 경우는?

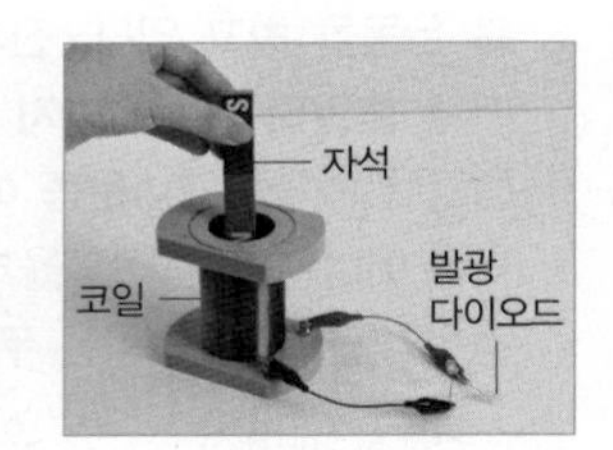

① 자석을 코일에 가까이 할 때
② 코일을 자석에서 멀리 할 때
③ 자석을 코일 속에 아주 깊이 넣어 둘 때
④ 코일 속에 자석을 넣는 속도를 빠르게 할 때
⑤ 자석의 극을 반대로 하여 코일에 가까이 할 때

[2~3] 그림 (가), (나)는 어떤 장치의 구조를 나타낸 것이다.

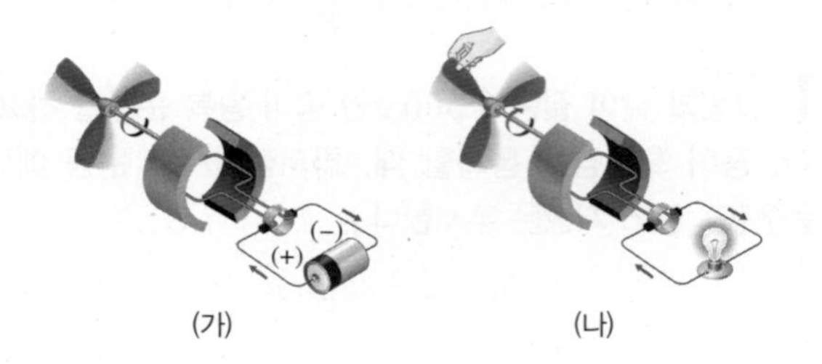

2 다음은 (가), (나) 장치에서 일어나는 에너지 전환을 나타낸 것이다.

• (가) : (㉠) 에너지 ➡ (㉡) 에너지
• (나) : (㉢) 에너지 ➡ (㉣) 에너지

빈칸에 알맞은 에너지의 종류를 쓰시오.

3 (가), (나) 장치와 이용의 연결이 옳은 것은?

① (가) − 풍력 발전기 ② (가) − 손발전기
③ (나) − 청소기 ④ (나) − 에스컬레이터
⑤ (나) − 교통 카드 판독기

4 여러 가지 전기 기구 중 전기 에너지를 전환하여 이용하는 에너지의 형태가 나머지와 다른 것은?

① 세탁기 ② 전기다리미 ③ 전기밥솥
④ 전기난로 ⑤ 헤어드라이어

5 휴대 전화를 사용할 때 휴대 전화에서는 다양한 에너지 전환이 일어난다. 이때 휴대 전화에서 일어나는 에너지 전환 과정으로 옳지 않은 것은?

① 화면에서 전기 에너지가 빛에너지로 전환된다.
② 휴대 전화가 뜨거워질 때 전기 에너지가 열에너지로 전환된다.
③ 휴대 전화를 사용할 때 화학 에너지가 전기 에너지로 전환된다.
④ 휴대 전화가 진동할 때 전기 에너지가 운동 에너지로 전환된다.
⑤ 전화 통화를 할 때 마이크에서 전기 에너지가 소리 에너지로 전환된다.

6 소비 전력과 전력량에 대한 설명으로 옳은 것을 보기에서 모두 고르면?

보기
ㄱ. 소비 전력은 단위 시간당 전기 기구가 소모하는 전기 에너지이다.
ㄴ. 소비 전력의 단위로 J을 사용한다.
ㄷ. 전력량은 전기 기구가 일정 시간(초) 동안 사용하는 전기 에너지이다.
ㄹ. 1 W는 1초 동안 1 J의 전기 에너지를 사용할 때의 소비 전력이다.

① ㄱ, ㄴ ② ㄱ, ㄹ ③ ㄴ, ㄷ
④ ㄴ, ㄹ ⑤ ㄷ, ㄹ

7 어떤 전기 기구를 3시간 동안 사용했을 때 소비한 전력량이 3 kWh였다. 이 전기 기구의 소비 전력은?

① 1 W ② 3 W ③ 100 W
④ 1000 W ⑤ 3000 W

8 220 V의 전원에 연결하였을 때 소비하는 전력이 600 W인 전기다리미를 매일 30분씩 한 달(30일) 동안 사용하였다. 한 달 동안 사용한 총 전력량은?

① 0.9 kWh ② 1.8 kWh ③ 9 kWh
④ 18 kWh ⑤ 36 kWh

9 오른쪽 그림과 같이 표시된 전구를 10초 동안 사용할 때, 10초 동안 사용한 전기 에너지는?

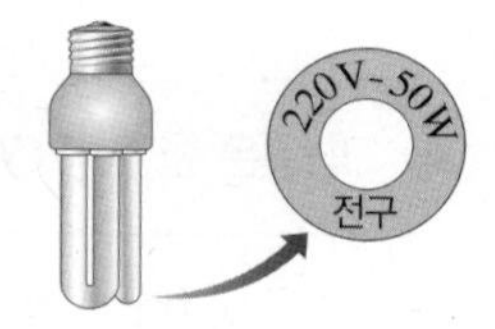

① 50 J ② 100 J ③ 250 J
④ 500 J ⑤ 1000 J

10 다음과 같이 전기 기구를 사용할 때 전력량을 옳게 비교한 것은?

(가) 30 W의 형광등을 10시간 사용하였다.
(나) 200 W인 선풍기를 2시간 30분 사용하였다.
(다) 1800 W인 헤어드라이어를 15분 사용하였다.

① (가)>(나)>(다)
② (나)>(가)>(다)
③ (나)>(다)>(가)
④ (다)>(가)>(나)
⑤ (다)>(나)>(가)

11 에너지의 전환과 보존에 대한 설명으로 옳지 <u>않은</u> 것은?

① 에너지는 다른 형태로 전환될 수 있다.
② 에너지가 전환될 때 에너지의 총량은 일정하게 보존된다.
③ 식물의 광합성 과정에서 빛에너지가 화학 에너지로 전환된다.
④ 휴대 전화를 충전할 때 전기 에너지가 화학 에너지로 전환된다.
⑤ 역학적 에너지는 공기 저항이나 마찰이 있을 때도 항상 일정하게 보존된다.

12 그림과 같은 빗면의 A점에 놓여 있는 무게가 300 N인 물체를 120 N의 힘으로 빗면을 따라 서서히 끌어당겼더니 B점에서 멈추었다.

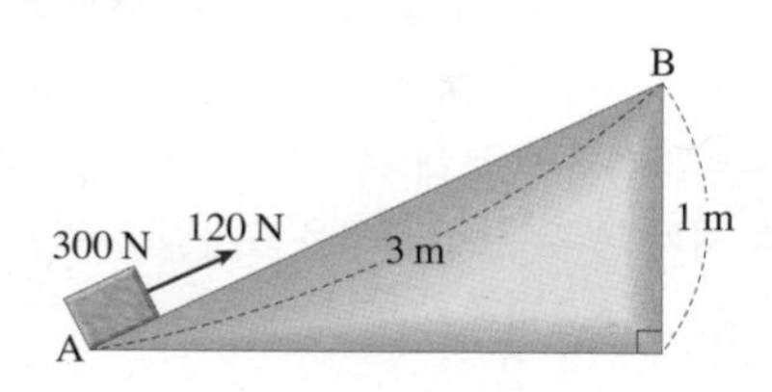

물체를 A점에서 B점까지 빗면을 따라 끌어올리는 동안 마찰에 의해 발생한 열에너지는?

① 10 J ② 20 J ③ 30 J
④ 60 J ⑤ 120 J

13 오른쪽 그림과 같이 질량이 1 kg인 공을 2 m 높이에서 가만히 놓았더니 바닥에 충돌한 후 1.5 m 높이까지 튀어 올랐다. 공이 바닥과 충돌할 때 잃어버린 역학적 에너지는 몇 J인지 구하시오. (단, 공기 저항은 무시한다.)

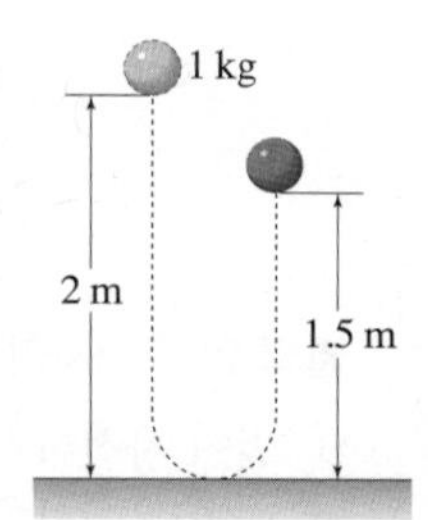

14 그림과 같이 2 m 높이의 미끄럼틀에 정지해 있던 질량이 10 kg인 영희가 미끄럼틀을 타고 내려와서 지면에 도달하는 순간의 속력이 2 m/s였다.

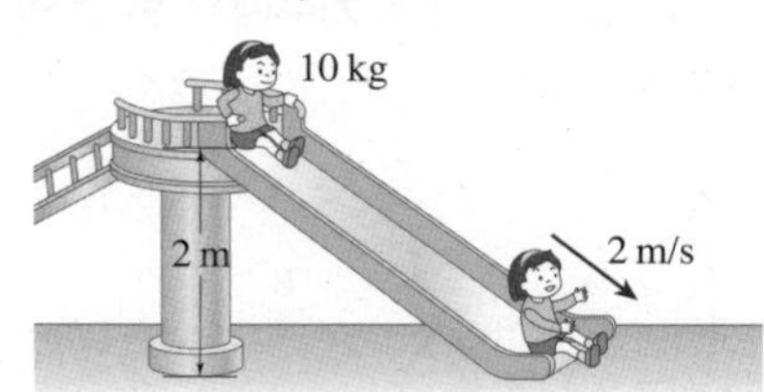

이에 대한 설명으로 옳은 것을 보기에서 모두 고른 것은?

보기
ㄱ. 영희의 역학적 에너지의 일부는 열에너지로 전환된다.
ㄴ. 마찰로 인해 발생한 열에너지는 176 J이다.
ㄷ. 전체 에너지의 총량은 일정하게 보존된다.

① ㄱ ② ㄷ ③ ㄱ, ㄴ
④ ㄴ, ㄷ ⑤ ㄱ, ㄴ, ㄷ

1 시차와 연주 시차에 대한 설명으로 옳지 않은 것은?

① 시차는 관측자가 한 물체를 서로 다른 두 지점에서 보았을 때 생기는 각도이다.
② 시차는 관측자와 물체 사이의 거리가 멀수록 작아진다.
③ 연주 시차는 지구에서 별을 6개월 간격으로 관찰하여 측정한 시차의 $\frac{1}{2}$이다.
④ 연주 시차의 단위는 ″(초)이다.
⑤ 관측되는 모든 별은 연주 시차를 측정하여 거리를 구할 수 있다.

2 그림은 별 S의 연주 시차(p)를 나타낸 것이다.

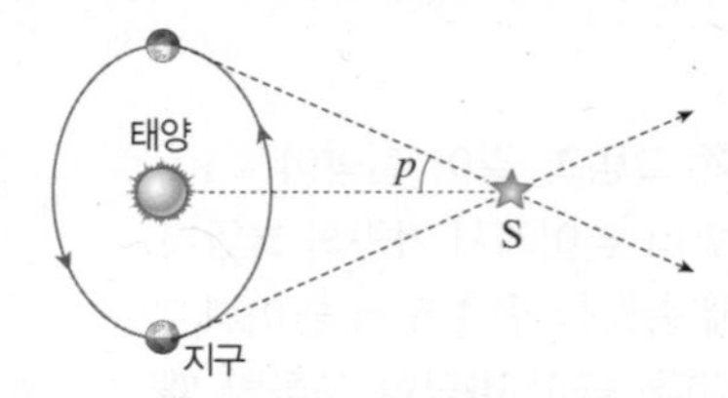

별의 연주 시차가 나타나는 원인은 무엇인가?

① 별이 자전하기 때문이다.
② 별이 공전하기 때문이다.
③ 태양이 자전하기 때문이다.
④ 지구가 자전하기 때문이다.
⑤ 지구가 공전하기 때문이다.

3 그림은 6개월 간격으로 지구에서 별 A와 B를 관측한 모습을 나타낸 것이다.

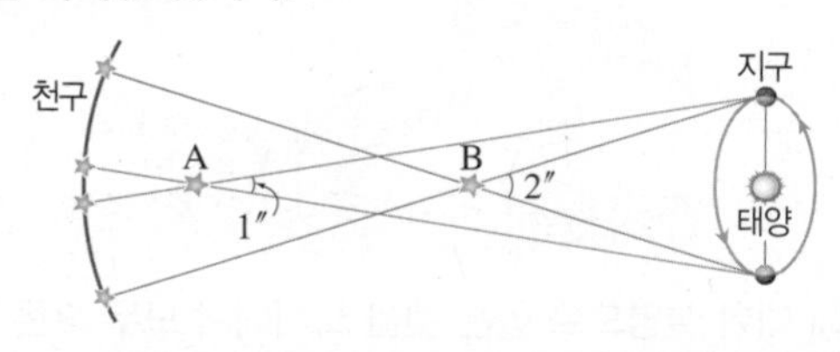

(가) 별 A의 연주 시차와 (나) 별 B까지의 거리를 옳게 짝지은 것은?

	(가)	(나)		(가)	(나)
①	0.5″	1 pc	②	0.5″	10 pc
③	1″	1 pc	④	1″	2 pc
⑤	2″	1 pc			

4 다음은 별 A～C에 대한 설명이다.

- 별 A : 연주 시차가 1.2″이다.
- 별 B : 지구로부터 10 pc 거리에 있다.
- 별 C : 지구로부터 3.26광년 거리에 있다.

지구로부터 거리가 먼 별부터 순서대로 옳게 나열한 것은?

① A－B－C ② A－C－B ③ B－A－C
④ B－C－A ⑤ C－B－A

5 그림 (가)～(다)는 별 A와 B를 6개월 간격으로 관측한 것이다.

(가) 처음 (나) 6개월 후 (다) 1년 후

이에 대한 설명으로 옳은 것을 보기에서 모두 고른 것은?

보기
ㄱ. 별 A는 별 B보다 시차가 크다.
ㄴ. 별 A는 별 B보다 먼 거리에 있다.
ㄷ. 별 A와 별 B는 직접 이동하여 위치가 변하였다.

① ㄱ ② ㄴ ③ ㄷ
④ ㄱ, ㄷ ⑤ ㄴ, ㄷ

6 그림은 별의 밝기와 거리 관계를 나타낸 것이다.

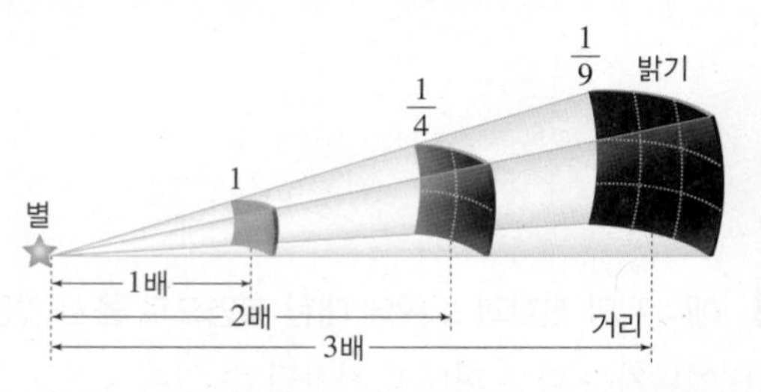

실제 밝기가 같은 두 별 (가)와 (나) 중 별 (가)는 지구에서 5 pc 거리에 있고, 별 (나)는 지구에서 10 pc 거리에 있다. 지구에서 보았을 때 두 별의 밝기를 옳게 비교한 것은?

① 별 (가)가 (나)보다 2배 밝게 보인다.
② 별 (가)가 (나)보다 4배 밝게 보인다.
③ 별 (나)가 (가)보다 2배 밝게 보인다.
④ 별 (나)가 (가)보다 4배 밝게 보인다.
⑤ 별 (가)와 (나)는 같은 밝기로 보인다.

7 별의 밝기와 등급에 대한 설명으로 옳은 것을 보기에서 모두 고른 것은?

• 보기 •

ㄱ. 히파르코스는 맨눈으로 보았을 때 가장 밝게 보이는 별을 6등급이라고 정하였다.
ㄴ. 별의 등급 값이 작을수록 밝은 별이다.
ㄷ. 별의 밝기가 두 등급 사이일 때는 소수점을 이용하여 나타낸다.

① ㄱ ② ㄴ ③ ㄷ
④ ㄱ, ㄷ ⑤ ㄴ, ㄷ

8 별의 겉보기 등급과 절대 등급에 대한 설명으로 옳은 것은?

① 절대 등급은 별의 실제 밝기를 나타낸다.
② 절대 등급은 맨눈으로 본 별의 밝기를 나타낸 것이다.
③ 겉보기 등급은 별을 10 pc의 거리에 두고 정한 등급이다.
④ 1 pc의 거리에 있는 별은 겉보기 등급과 절대 등급이 같다.
⑤ 겉보기 등급이 0등급인 별은 1등급인 별보다 어둡게 보인다.

9 표는 별의 겉보기 등급과 절대 등급을 나타낸 것이다.

별	겉보기 등급	절대 등급
리겔	0.1	−6.8
직녀성	0.0	0.5
데네브	1.3	−8.7
시리우스	−1.5	1.4

위 별들 중 (가) 맨눈으로 보았을 때 가장 어둡게 보이는 별과 (나) 실제로 가장 어두운 별을 옳게 짝 지은 것은?

	(가)	(나)		(가)	(나)
①	리겔	직녀성	②	직녀성	데네브
③	데네브	시리우스	④	시리우스	리겔
⑤	시리우스	데네브			

[10~12] 표는 별의 등급 차에 따른 밝기 차를 나타낸 것이다.

등급 차	1	2	3	4	5
밝기 차(배)	2.5	6.3	16	40	100

10 2등급인 별이 100개 모여 있을 때 이는 몇 등급의 별 1개의 밝기와 같은가?

① −3등급 ② 1등급 ③ 2등급
④ 7등급 ⑤ 10등급

11 1등급으로 보이는 별 A의 거리가 현재보다 10배 멀어진다면 별 A는 몇 등급으로 보이겠는가?

① −4등급 ② 1등급 ③ 3등급
④ 6등급 ⑤ 10등급

12 절대 등급이 5등급인 별 S까지의 거리가 40 pc일 때 별 S의 겉보기 등급은 몇 등급인가?

① 2등급 ② 5등급 ③ 8등급
④ 10등급 ⑤ 12등급

13 겉보기 등급이 −2등급인 별의 연주 시차가 0.1″라면 이 별의 절대 등급은 몇 등급인가?

① −5등급 ② −2등급 ③ 0등급
④ 2등급 ⑤ 4등급

14 표는 별의 겉보기 등급과 절대 등급을 나타낸 것이다.

별	겉보기 등급	절대 등급
태양	−26.8	4.8
데네브	1.3	−8.7
북극성	2.1	−3.7
폴룩스	1.16	1.10

이에 대한 설명으로 옳은 것은?

① 실제로 가장 어두운 별은 폴룩스이다.
② 북극성까지의 거리는 10 pc보다 가깝다.
③ 맨눈으로 볼 때 가장 밝은 별은 북극성이다.
④ 방출하는 빛의 양이 가장 많은 별은 데네브이다.
⑤ 지구에서 가까운 별부터 순서대로 나열하면 태양 – 폴룩스 – 데네브 – 북극성이다.

[15~16] 그림은 별의 겉보기 등급과 절대 등급을 나타낸 것이다.

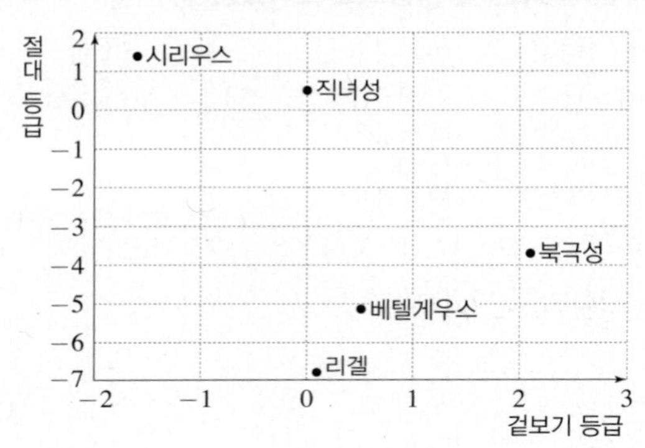

15 이에 대한 설명으로 옳은 것을 보기에서 모두 고른 것은?

보기
ㄱ. 실제 밝기가 가장 밝은 별은 리겔이다.
ㄴ. 지구에서 보았을 때 가장 밝게 보이는 별은 시리우스이다.
ㄷ. 지구에서 가장 멀리 있는 별은 북극성이다.

① ㄱ ② ㄷ ③ ㄱ, ㄴ
④ ㄱ, ㄷ ⑤ ㄴ, ㄷ

16 10 pc보다 가까이 있는 별끼리 옳게 짝 지은 것은?

① 시리우스, 리겔
② 시리우스, 직녀성
③ 리겔, 베텔게우스, 북극성
④ 직녀성, 베텔게우스
⑤ 시리우스, 북극성, 리겔

[17~19] 표는 별의 겉보기 등급과 절대 등급, 색을 나타낸 것이다.

별	겉보기 등급	절대 등급	색
A	2.1	−3.7	적색
B	0.0	0.5	청백색
C	0.1	−6.8	주황색
D	−1.5	1.4	백색
E	0.8	−5.5	황색

17 별 A~E 중 지구에서 가장 멀리 있는 별은 무엇인가?

① A ② B ③ C
④ D ⑤ E

18 별 A~E 중 표면 온도가 가장 높은 별은 무엇인가?

① A ② B ③ C
④ D ⑤ E

19 이에 대한 설명으로 옳은 것을 보기에서 모두 고른 것은?

보기
ㄱ. 지구에서 보았을 때 별 A보다 별 D가 더 밝게 보인다.
ㄴ. 실제 밝기는 별 B가 별 C보다 더 밝다.
ㄷ. 별의 표면 온도는 별 C가 별 E보다 더 높다.

① ㄱ ② ㄴ ③ ㄷ
④ ㄱ, ㄷ ⑤ ㄴ, ㄷ

핵심 문제 02 은하와 우주

1 오른쪽 그림과 같은 천체에 대한 설명으로 옳은 것은?

① 별들의 나이가 비교적 적다.
② 우리은하 밖에 있는 외부 은하이다.
③ 수천 개의 별들이 엉성하게 흩어져 있다.
④ 붉은색을 띠는 별을 많이 포함하고 있다.
⑤ 성간 물질이 모여 있어 구름처럼 보이는 천체이다.

2 산개 성단에 대한 설명으로 옳은 것을 보기에서 모두 고른 것은?

보기
ㄱ. 나이가 많은 별들로 구성되어 있다.
ㄴ. 우리은하의 나선팔에 주로 분포하고 있다.
ㄷ. 표면 온도가 높은 별을 많이 포함하고 있다.

① ㄱ ② ㄴ ③ ㄷ
④ ㄱ, ㄷ ⑤ ㄴ, ㄷ

3 다음에서 설명하는 천체는 무엇인가?

• 성간 물질이 많이 모여 있다.
• 성간 물질이 주변의 별빛을 반사하여 밝게 보인다.
• 대표적인 것으로 러닝맨성운이나 마귀할멈성운이 있다.

① 구상 성단 ② 산개 성단
③ 반사 성운 ④ 방출 성운
⑤ 암흑 성운

4 성운에 대한 설명으로 옳은 것을 보기에서 모두 고른 것은?

보기
ㄱ. 가스나 티끌이 많이 모여 구름처럼 보인다.
ㄴ. 스스로 빛을 내는 장미성운은 반사 성운에 속한다.
ㄷ. 별빛을 가로막아 검게 보이는 말머리성운은 암흑 성운에 속한다.

① ㄱ ② ㄴ ③ ㄷ
④ ㄱ, ㄷ ⑤ ㄴ, ㄷ

5 우리은하를 구성하는 천체가 아닌 것은?

① 성운 ② 성단
③ 태양 ④ 성간 물질
⑤ 안드로메다은하

6 다음은 우리은하에 대한 설명이다.

우리은하는 (㉠)를 포함하고 있는 은하를 말한다. 우리은하를 옆에서 보면 중심부가 약간 볼록하고 납작한 (㉡) 모양이고, 위에서 보면 막대 모양의 중심부를 (㉢)이 휘감은 모양이다. 우리은하의 지름은 약 (㉣) pc이다.

㉠~㉣에 들어갈 알맞은 말을 옳게 짝 지은 것은?

	㉠	㉡	㉢	㉣
①	성단	원반	나선팔	30000
②	성운	나선	원반	10000
③	태양계	원반	나선팔	30000
④	태양계	나선	원반	10000
⑤	성간 물질	원반	나선팔	15000

7 그림은 우리은하의 모습이다.

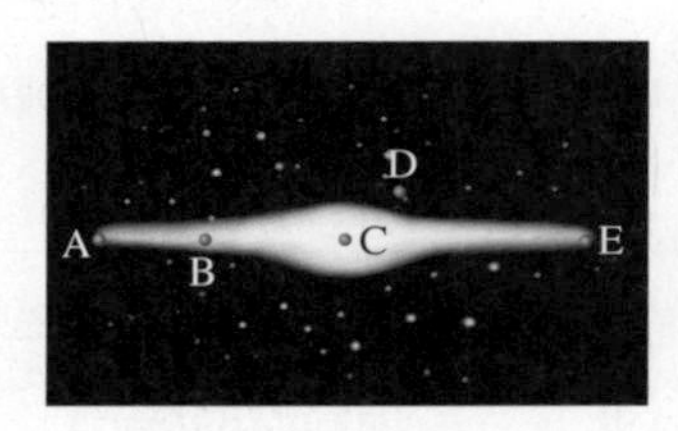

우리은하에서 (가) 태양계의 위치와 (나) 주로 구상 성단이 분포하는 위치를 찾아 옳게 짝 지은 것은?

	(가)	(나)		(가)	(나)
①	A	B	②	B	B
③	B	C	④	C	D
⑤	C	E			

8 은하수에 대한 설명으로 옳은 것은?

① 남반구에서는 관측할 수 없다.
② 수많은 별들이 모여 있는 것이다.
③ 폭과 밝기는 어디에서나 같게 보인다.
④ 우리나라에서는 봄, 가을에 가장 잘 보인다.
⑤ 지구에서 외부 은하를 관측할 때 보이는 모습이다.

9 그림 (가)~(라)는 모양이 다른 외부 은하의 모습이다.

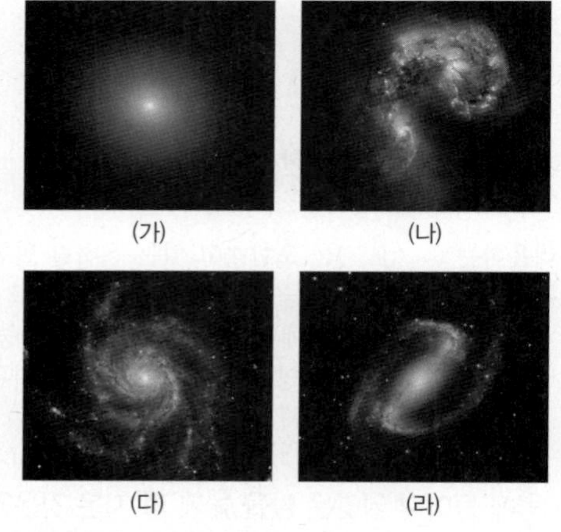

(가) (나) (다) (라)

이에 대한 설명으로 옳지 않은 것은?

① (가)는 타원 은하이다.
② (나)는 불규칙 은하이다.
③ (다)와 (라)는 나선팔이 휘감겨 있는 은하이다.
④ (다)는 은하 중심부가 막대 모양으로 나타난다.
⑤ 우리은하를 모양에 따라 분류하면 (라)에 속한다.

10 다음은 외부 은하의 종류이다.

• 정상 나선 은하 • 막대 나선 은하
• 불규칙 은하 • 타원 은하

외부 은하를 위와 같이 나눈 기준은 무엇인가?

① 은하의 색 ② 은하의 모양
③ 은하의 크기 ④ 은하까지의 거리
⑤ 은하 내 별의 수

[11~12] 그림은 우주 팽창의 원리를 알아보기 위한 모형 실험을 나타낸 것이다.

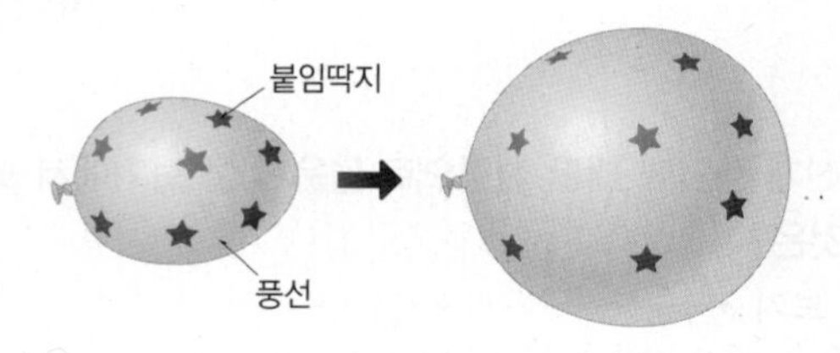

11 이 실험에서 붙임딱지와 풍선 표면이 각각 의미하는 것을 옳게 짝 지은 것은?

	붙임딱지	풍선 표면		붙임딱지	풍선 표면
①	성단	성운	②	성운	성단
③	은하	성운	④	은하	우주
⑤	우주	은하			

12 이 실험으로 알 수 있는 우주에 대한 설명으로 옳은 것을 보기에서 모두 고른 것은?

보기
ㄱ. 팽창하는 우주의 중심은 우리은하이다.
ㄴ. 우주의 팽창으로 은하들 사이의 거리가 멀어진다.
ㄷ. 한쪽에서 은하들 사이의 거리가 멀어지면 다른 쪽에서는 은하들 사이의 거리가 가까워진다.

① ㄱ ② ㄴ ③ ㄷ
④ ㄱ, ㄴ ⑤ ㄴ, ㄷ

13 대폭발 우주론에 대한 설명으로 옳은 것을 보기에서 모두 고른 것은?

보기
ㄱ. 대폭발 전 우주는 한 점이었다.
ㄴ. 대폭발은 약 138억 년 전에 일어났다.
ㄷ. 대폭발 이후 우주의 온도는 점점 높아지고 있다.
ㄹ. 대폭발 이후 우주는 팽창하였다가 현재는 점점 수축하고 있다.

① ㄱ, ㄴ ② ㄱ, ㄷ ③ ㄴ, ㄷ
④ ㄴ, ㄹ ⑤ ㄷ, ㄹ

14 다음은 우주 탐사 장비에 대한 설명이다.

(가) 천체 주위를 일정한 궤도를 따라 공전하도록 만든 장치이다.
(나) 직접 탐사할 천체까지 날아가 천체 표면에 착륙하여 탐사한다.

(가)와 (나)에 해당하는 장비를 옳게 짝 지은 것은?

	(가)	(나)
①	인공위성	우주 망원경
②	인공위성	우주 탐사선
③	우주 망원경	우주 탐사선
④	우주 탐사선	우주 망원경
⑤	우주 탐사선	인공위성

15 우주 탐사를 하는 목적 및 의의에 대한 설명으로 옳은 것을 보기에서 모두 고른 것은?

보기
ㄱ. 우주에 대한 이해의 폭을 넓히고, 외계 생명체의 존재를 탐사할 수 있다.
ㄴ. 우주 탐사와 관련된 첨단 기술을 실생활에 이용할 수 있다.
ㄷ. 지구의 환경 쓰레기를 우주에 가져다 버릴 수 있다.

① ㄱ ② ㄴ ③ ㄱ, ㄴ
④ ㄱ, ㄷ ⑤ ㄴ, ㄷ

16 다음은 우주 탐사의 중요한 사건을 나열한 것이다.

(가) 스푸트니크 1호가 발사되었다.
(나) 뉴호라이즌스호가 명왕성을 통과하였다.
(다) 목성형 행성 탐사를 위해 보이저 2호가 발사되었다.
(라) 화성 탐사 로봇인 큐리오시티가 화성 표면에 착륙하여 탐사를 시작하였다.

오래된 사건부터 순서대로 옳게 나열한 것은?

① (가) – (나) – (라) – (다)
② (가) – (다) – (나) – (라)
③ (가) – (다) – (라) – (나)
④ (다) – (나) – (가) – (라)
⑤ (다) – (라) – (가) – (나)

17 다음에서 설명하고 있는 것이 무엇인지 쓰시오.

• 궤도가 일정하지 않다.
• 매우 빠른 속도로 떠돌고 있다.
• 인공위성의 발사나 폐기 과정에서 나온 파편이다.

18 우주 탐사의 영향에 대한 설명으로 옳지 않은 것은?

① 우주 과학의 발달로 새로운 직업이 등장하였다.
② 인공위성은 우주 탐사를 위한 목적으로만 발사되었다.
③ 우주 탐사를 위해 개발된 첨단 기술이 산업 분야에 이용되었다.
④ 우주 탐사를 위해 개발된 첨단 기술이 실생활 용품에 적용되었다.
⑤ 지구 주위를 돌고 있는 우주 쓰레기 때문에 피해가 생기기도 한다.

핵심 문제 01 과학기술과 인류 문명

1 과학 원리를 발견한 과학자와 주요 업적이 <u>잘못</u> 짝 지어진 것은?

① 뉴턴 - 만유인력 법칙을 발견하였다.
② 하버 - 암모니아 합성법을 개발하였다.
③ 패러데이 - 전자기 유도 법칙을 발견하였다.
④ 훅 - 현미경으로 생물체를 이루는 세포를 발견하였다.
⑤ 코페르니쿠스 - 태양이 지구 주위를 돈다고 주장하였다.

2 활판 인쇄술의 발달이 인류 문명에 미친 영향을 옳게 설명한 것은?

① 농산품의 품질이 향상되고, 생산량이 증가하였다.
② 무선 통신이 발달되어 인류의 문명과 생활을 크게 변화시켰다.
③ 질병을 치료할 의료 기기가 발명되어 인류의 평균 수명이 길어졌다.
④ 책의 대량 생산과 보급을 가능하게 하여 지식과 정보가 빠르게 확산되었다.
⑤ 먼 거리까지 많은 물건을 빠르게 운반할 수 있게 되어 산업이 크게 발달하였다.

3 과학기술의 발달이 인류 문명에 미친 영향으로 옳게 짝 지은 것은?

① 항생제 개발 - 감염성 질병을 예방하여 인류의 수명이 길어졌다.
② 인쇄술 발달 - 태양 중심설의 증거를 발견하여 경험 중심의 과학적 사고를 하게 되었다.
③ 현미경의 발명 - 지식과 정보의 유통이 활발해져 과학 혁명의 토대가 되었다.
④ 망원경의 발명 - 전 세계의 정보를 실시간으로 공유할 수 있게 되었다.
⑤ 증기 기관 발명 - 제품의 대량 생산이 가능해지고, 먼 거리까지 사람과 물건을 운반할 수 있게 되었다.

4 다음의 과학기술을 활용한 예와 거리가 <u>먼</u> 것은?

> 원자나 분자 정도인 나노미터 크기의 물질을 합성하고, 그것이 나타내는 새로운 특성과 기능을 이용하여 실생활에 유용한 물건이나 재료를 만드는 기술

① 나노 로봇　② 바이오칩
③ 나노 반도체　④ 나노 표면 소재
⑤ 휘어지는 디스플레이

5 정보 통신 기술을 활용한 과학기술에 대한 설명으로 옳은 것을 보기에서 모두 고른 것은?

> 보기
> ㄱ. 사물 인터넷(IoT) 기술 : 방대한 정보를 분석하여 활용하는 기술
> ㄴ. 빅데이터 기술 : 모든 사물을 인터넷으로 연결하는 기술
> ㄷ. AI 기술 : 컴퓨터로 인간이 하는 지적 행위를 실현하고자 하는 기술

① ㄱ　② ㄴ　③ ㄷ
④ ㄱ, ㄷ　⑤ ㄴ, ㄷ

6 공학적 설계로 전기 자동차를 개발할 때 고려해야 할 점으로 적합하지 <u>않은</u> 것은?

① 환경 오염을 일으키는 요소는 없는가?
② 안전에 관계없이 편리한 사용에 중점을 두었는가?
③ 주요 소비자층의 취향을 분석하여 설계하였는가?
④ 소음이 거의 없는 전기 자동차의 접근을 보행자가 알 수 있도록 설계하였는가?
⑤ 경제성을 고려하여 배터리(축전지)의 수명을 길게 설계하였는가?

01 세포 분열

01 그림은 사람의 염색체를 나타낸 것이다.

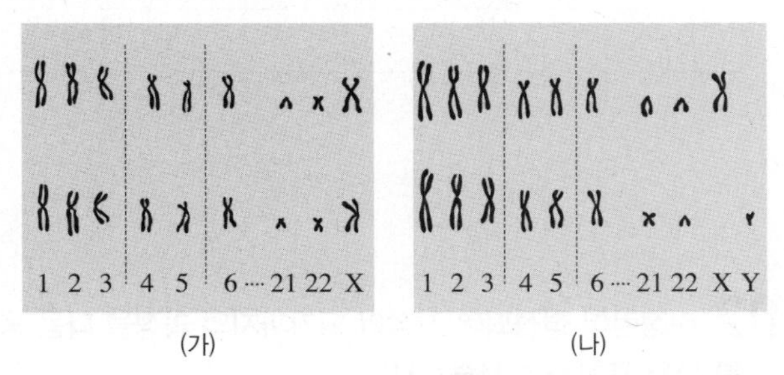

(가) (나)

남자의 염색체에 해당하는 것의 기호를 쓰고, 그 까닭을 서술하시오.

02 우무 조각을 각각 한 변이 1 cm, 2 cm인 정육면체로 잘라 식용 색소에 넣고 10분 후 꺼내어 가운데를 잘라 단면을 관찰하였더니 오른쪽 그림과 같았다. 우무 조각을 세포라고 할 때, 세포가 어느 정도 커지면 분열하는 까닭을 다음 용어를 모두 포함하여 서술하시오.

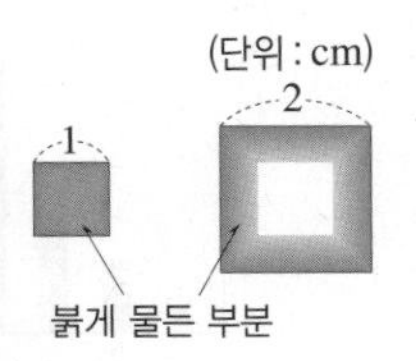

부피, 표면적, 물질 교환, 세포 수

03 체세포 분열에서 핵분열 과정을 전기, 중기, 후기, 말기로 구분하는 기준을 서술하시오.

04 그림은 체세포 분열 과정을 순서 없이 나타낸 것이다.

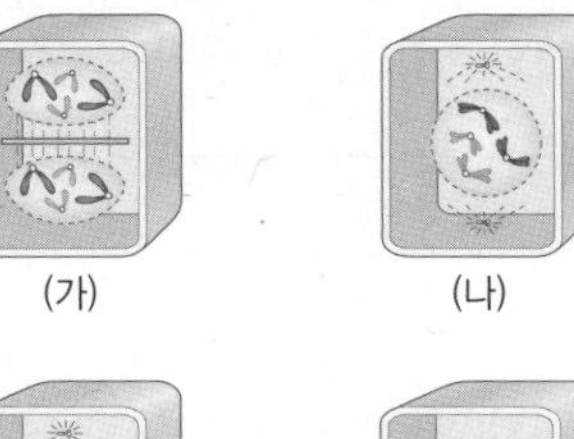
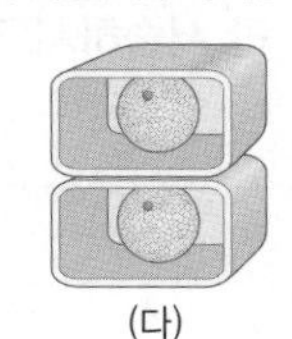

(가) (나) (다)

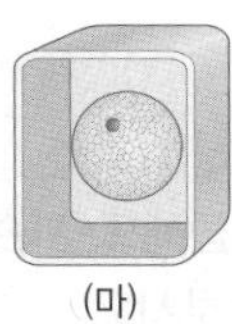
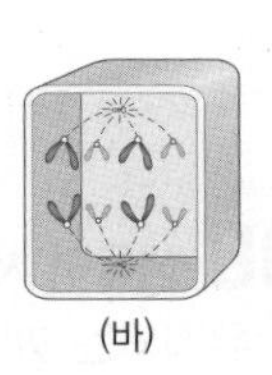

(라) (마) (바)

(1) 체세포 분열 과정을 순서대로 나열하시오.

(2) (라) 시기의 특징을 두 가지만 서술하시오.

05 그림은 동물 세포와 식물 세포에서 세포질 분열이 일어나는 모습을 순서 없이 나타낸 것이다.

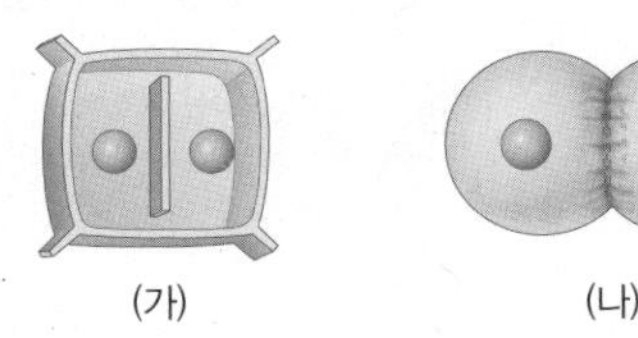

(가) (나)

(1) (가)와 (나)에 해당하는 세포의 종류를 쓰시오.

(2) (가)와 (나)에서 세포질 분열의 차이점을 서술하시오.

06 그림은 양파 뿌리 끝에서 일어나는 체세포 분열을 관찰하기 위한 과정 중 일부를 나타낸 것이다.

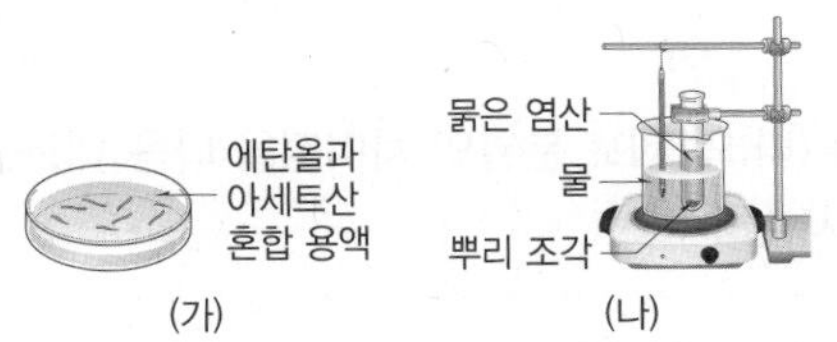

(가) (나)

(가)와 (나)의 과정을 거치는 까닭을 각각 서술하시오.

07 오른쪽 그림은 세포 분열 과정 중 특정 시기의 세포를 나타낸 것이다. A의 이름을 쓰고, A의 특징을 한 가지만 서술하시오.

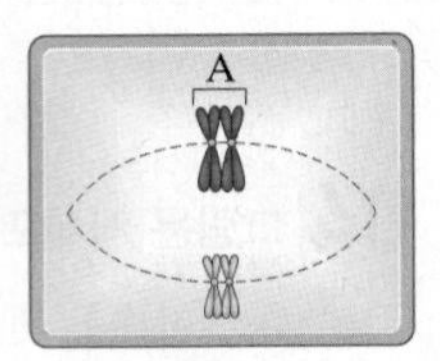

08 생물이 세대를 거듭해도 자손의 염색체 수가 일정하게 유지되는 까닭을 서술하시오.

09 오른쪽 그림은 어떤 생물의 체세포의 염색체 구성을 나타낸 것이다. 이 생물의 생식세포의 염색체 구성을 그리고, 생식세포의 염색체 수를 쓰시오.

10 그림은 서로 다른 종류의 세포 분열 과정을 나타낸 것이다.

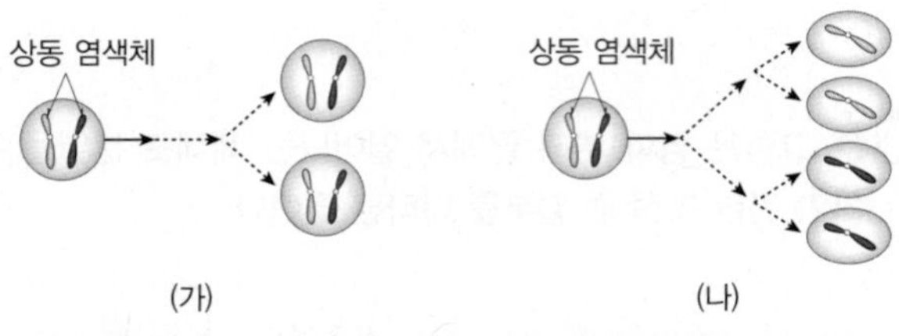

(가)와 (나)의 세포 분열의 차이점을 다음 내용을 모두 포함하여 서술하시오.

> 분열 횟수, 딸세포 수, 딸세포의 염색체 수

02 사람의 발생

01 사람의 생식 기관에서 정소와 난소의 공통점을 서술하시오.

02 수정란이 형성되어 착상이 되기까지의 과정을 다음 용어를 모두 포함하여 서술하시오.

> 배란, 수정, 난할, 착상

03 그림은 난할이 진행될 때의 변화를 나타낸 것이다.

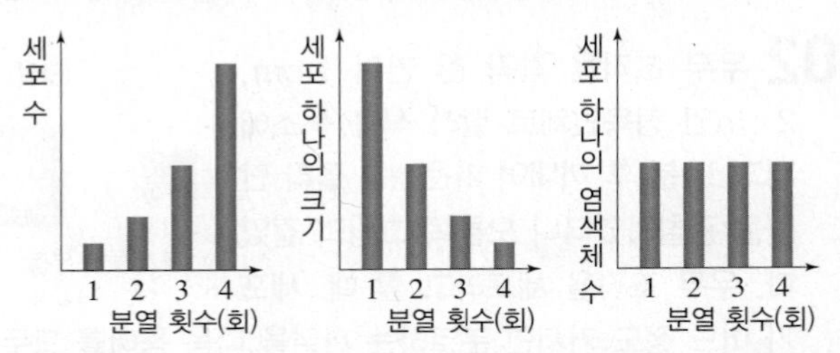

난할이 진행될 때 세포 수, 세포 하나의 크기, 세포 하나의 염색체 수는 각각 어떻게 변하는지 서술하시오.

04 오른쪽 그림은 모체의 자궁에 있는 태아의 모습을 나타낸 것이다. A의 이름을 쓰고, A를 통해 태아에서 모체로 이동하는 물질에 대해 서술하시오.

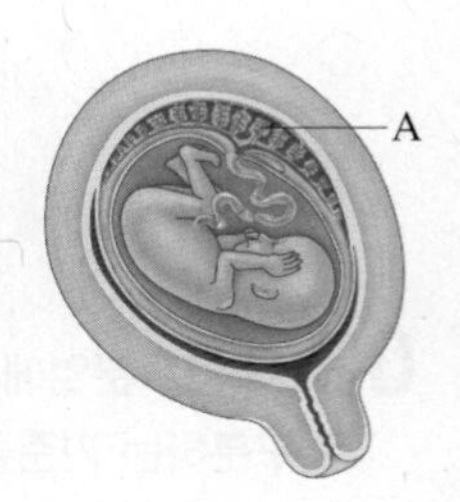

03 멘델의 유전 원리

01 멘델이 유전 실험의 재료로 완두를 사용한 까닭을 두 가지만 서술하시오.

02 그림은 순종의 둥근 완두와 순종의 주름진 완두의 교배 실험을 나타낸 것이다.

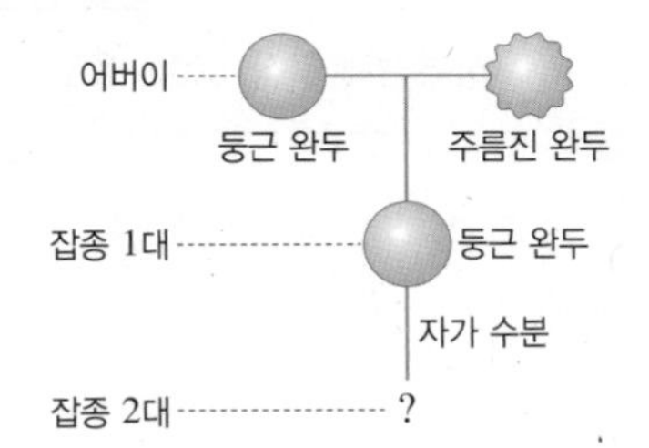

(1) 완두 씨의 모양이 둥근 것과 주름진 것 중 우성 형질에 해당하는 것을 쓰시오.

(2) (1)과 같이 생각한 까닭을 서술하시오.

(3) 잡종 1대의 둥근 완두를 자가 수분하여 얻은 잡종 2대에서 나타나는 표현형의 분리비를 서술하시오.

03 표는 완두 씨의 색깔 유전에 대한 교배 결과를 나타낸 것이다.

구분	어버이	잡종 1대	
		노란색	초록색
(가)	노란색×노란색	802개	0개
(나)	노란색×노란색	601개	202개
(다)	노란색×초록색	801개	0개

(가)~(다) 중 어버이가 모두 잡종인 것이 확실한 것을 쓰고, 그 까닭을 서술하시오.

04 그림은 순종의 둥글고 노란색인 완두(RRYY)와 순종의 주름지고 초록색인 완두(rryy)를 교배하여 잡종 1대를 얻고, 이를 자가 수분하여 잡종 2대를 얻는 과정을 나타낸 것이다.

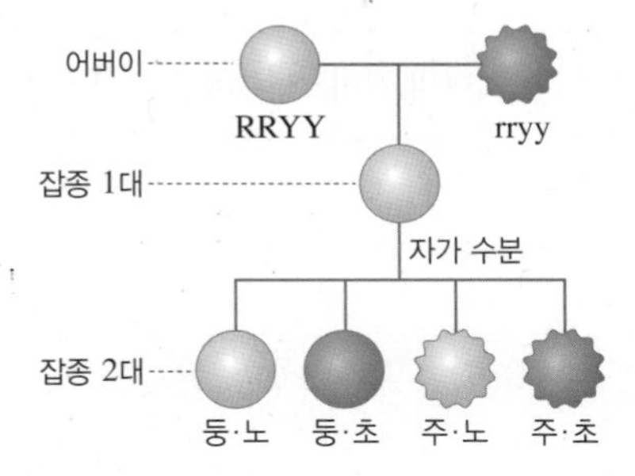

(1) 잡종 1대에서 만들어지는 생식세포의 종류와 분리비를 서술하시오.

(2) 잡종 2대에서 나타나는 표현형의 분리비를 서술하시오.

(3) 잡종 2대에서 총 800개의 완두를 얻었다면, 이 중 주름지고 노란색인 완두는 이론상 몇 개인지 구하시오. (단, 확률과 계산식을 함께 서술하시오.)

05 순종의 빨간색 꽃잎 분꽃(RR)과 순종의 흰색 꽃잎 분꽃(WW)을 교배하였더니 그림과 같이 잡종 1대에서 분홍색 꽃잎 분꽃(RW)만 나왔다.

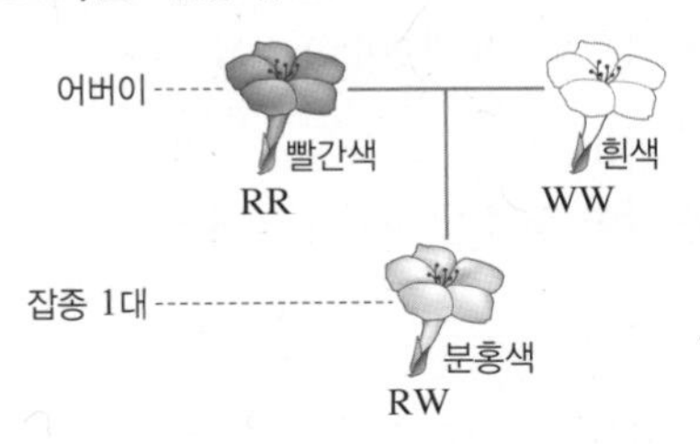

이와 같은 유전 현상이 나타나는 까닭을 서술하시오.

04 사람의 유전

01 사람의 유전 연구가 어려운 까닭을 다음 용어를 모두 포함하여 서술하시오.

한 세대의 길이, 자손의 수, 교배 실험

02 다음은 지민이네 가족의 PTC 미맹 여부를 조사한 것이다.

- 지민이 아버지 : PTC 용액의 쓴맛을 느낀다.
- 지민이 어머니 : PTC 용액의 쓴맛을 느낀다.
- 지민이 : PTC 용액의 쓴맛을 느끼지 못한다.

(1) 지민이의 형질은 우성인지 열성인지 쓰시오.

(2) (1)과 같이 생각한 까닭을 서술하시오.

03 그림은 어떤 집안의 혀 말기 유전 가계도를 나타낸 것이다.

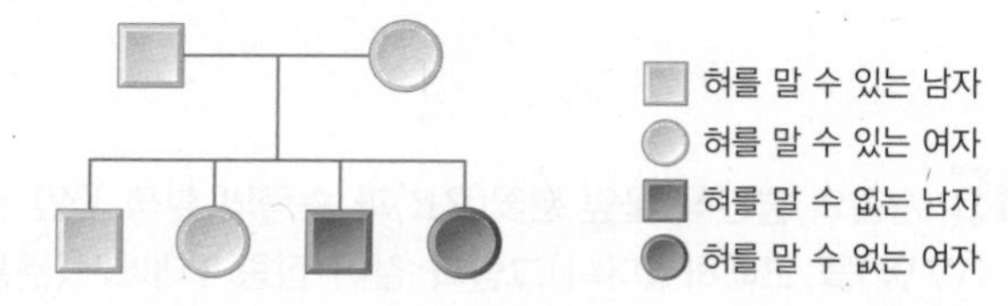

(1) 부모의 유전자형을 쓰시오. (단, 우성 유전자는 R, 열성 유전자는 r로 표현한다.)

(2) (1)과 같이 생각한 까닭을 서술하시오.

(3) 이 가족에서 다섯째가 태어날 때 혀를 말 수 없는 자녀일 확률은 몇 %인지 구하시오.

04 ABO식 혈액형을 결정하는 데 관여하는 대립유전자는 A, B, O 세 가지이다. 대립유전자 A, B, O의 우열 관계를 서술하시오.

05 적록 색맹은 남녀에 따라 유전 형질이 나타나는 빈도가 다르다. 적록 색맹의 발생 빈도가 높은 성별을 쓰고, 그렇게 나타나는 까닭을 다음 용어를 모두 포함하여 서술하시오.

성염색체 구성, XX, XY

06 그림은 어떤 집안의 적록 색맹 유전 가계도를 나타낸 것이다.

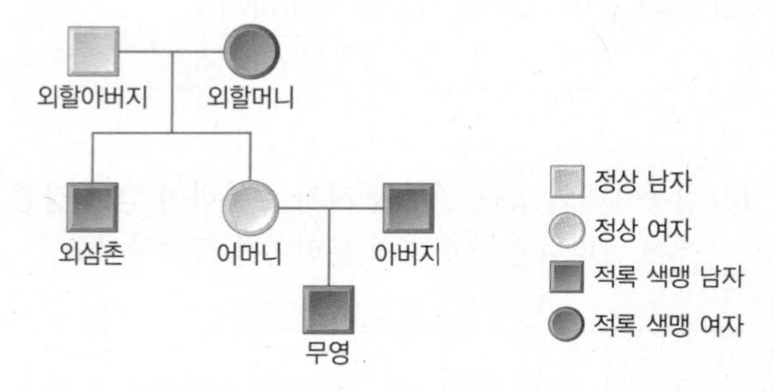

(1) 무영이에게 적록 색맹 유전자가 전달된 경로를 서술하시오.

(2) 무영이의 동생이 태어날 때 적록 색맹인 딸일 확률은 몇 %인지 구하시오.

07 어머니가 적록 색맹이고 아버지가 정상인 경우, 그 사이에서 태어난 아들과 딸의 적록 색맹 여부를 각각 서술하시오. (단, 보인자를 포함하여 서술하시오.)

01 역학적 에너지 전환과 보존

01 오른쪽 그림 (가)는 공을 위로 던진 경우이고, 그림 (나)는 높은 곳에서 공을 가만히 떨어뜨린 경우이다. (가)와 (나)에서 나타나는 운동 에너지와 위치 에너지의 전환 과정을 서술하시오.

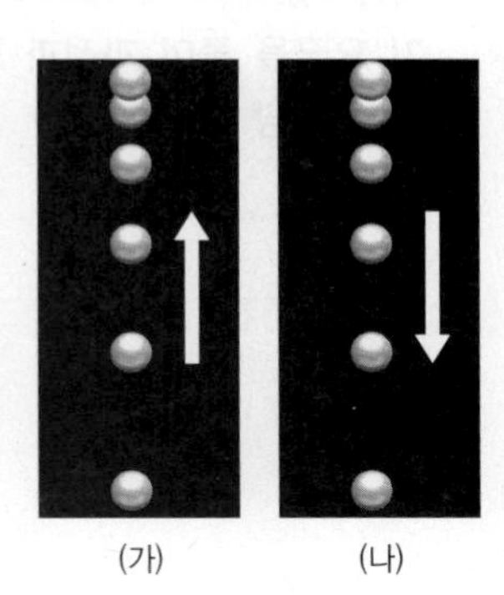

02 오른쪽 그림과 같이 정지해 있던 질량이 2 kg인 물체를 10 m 높이에서 가만히 떨어뜨렸다. 지면으로부터 7.5 m 높이를 통과하는 순간 이 물체의 속력은 몇 m/s인지 풀이 과정과 함께 구하시오. (단, 공기 저항은 무시한다.)

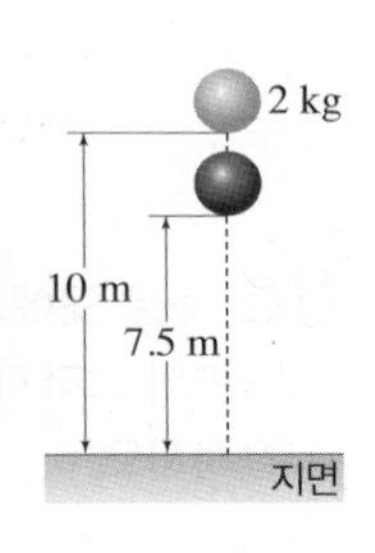

03 오른쪽 그림과 같이 질량이 2 kg인 진자를 A점에서 가만히 놓았더니 O점을 지나 B점까지 올라갔다. 위치 에너지의 기준면을 O점으로 할 때, O점에서 진자의 운동 에너지가 196 J이었다. 이때 B점의 높이 h는 몇 m인지 풀이 과정과 함께 구하시오. (단, 공기 저항은 무시한다.)

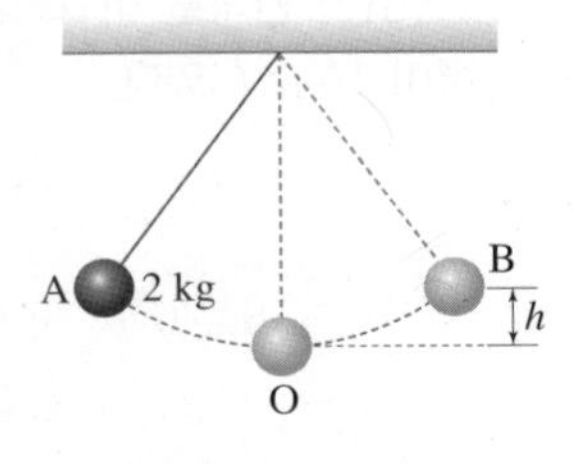

04 그림과 같이 질량이 10 kg인 공을 높이가 1 m인 지점인 A점에 가만히 놓았더니 공이 레일을 따라 이동하였다. (단, 모든 마찰과 공기 저항은 무시한다.)

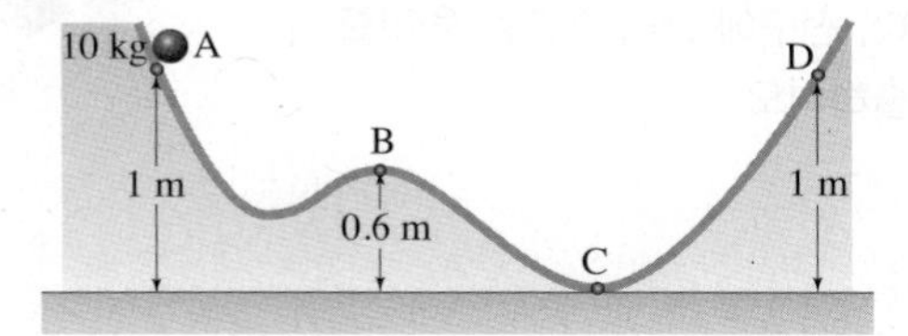

(1) A~D점에서 운동 에너지의 크기를 등호 또는 부등호를 사용하여 비교하시오.

(2) A~D점에서 역학적 에너지의 크기를 등호 또는 부등호를 사용하여 비교하시오.

(3) B점과 C점에서 공의 운동 에너지의 비(B : C)를 풀이 과정과 함께 구하시오.

05 그림과 같이 A에서 공을 가만히 놓았을 때 공은 A~C 사이를 왕복 운동한다. (단, 모든 마찰과 공기 저항은 무시한다.)

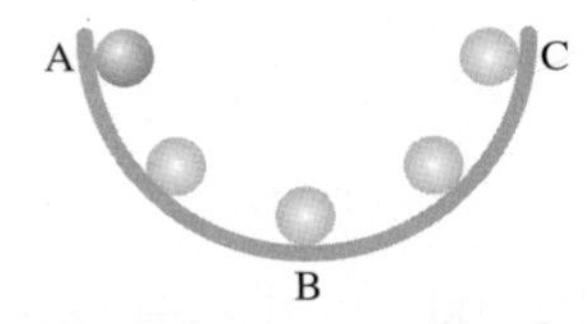

(1) A~C 중 운동 에너지가 최대인 지점을 쓰시오.

(2) 공의 운동 에너지가 위치 에너지로 전환되는 구간을 모두 쓰시오.

(3) 공의 위치 에너지가 운동 에너지로 전환되는 구간을 모두 쓰시오.

02 전기 에너지의 발생과 전환

01 오른쪽 그림과 같이 코일에 전구를 연결하고, 자석 사이에서 코일을 회전하면 전구에 불이 켜진다. 전구에 불이 켜지는 원리를 서술하시오.

02 화력 발전소에서는 그림과 같이 석탄과 같은 연료를 태워 전기 에너지를 생산한다.

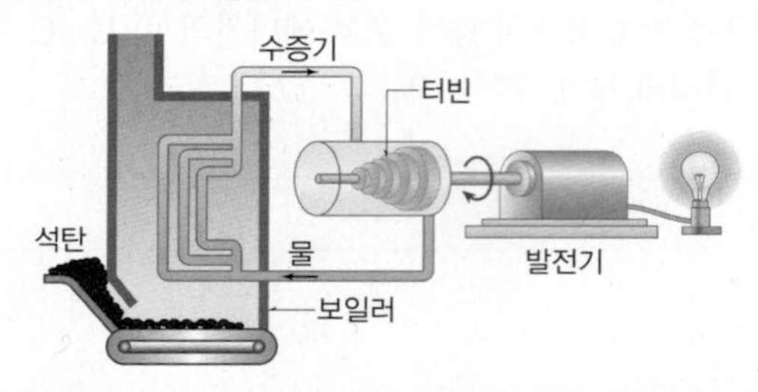

이 과정에서 나타나는 에너지 전환 과정을 다음 용어를 모두 포함하여 서술하시오.

> 열에너지, 화학 에너지, 역학적 에너지

03 그림은 여러 가지 전기 기구들을 나타낸 것이다.

▲ 전기난로

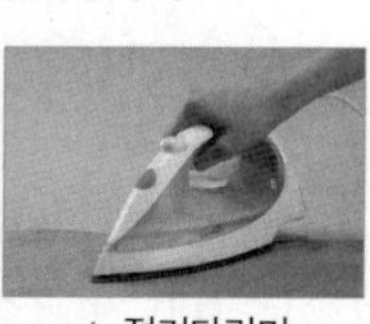
▲ 헤어드라이어

▲ 전기다리미

이 전기 기구들의 공통점을 전기 에너지의 전환과 관련지어 서술하시오.

04 오른쪽과 같이 쓰여 있는 컴퓨터를 220 V의 전원에 연결하여 매일 3시간씩 30일 동안 사용하였다. 이때 내야 하는 전기 요금을 풀이 과정과 함께 구하시오. (단, 전기 요금은 1 kWh당 100원이다.)

> • 모델 : BH－053
> • 정격 전압 : 220 V
> • 소비 전력 : 600 W

05 에너지는 여러 가지 형태로 전환되지만 소멸되거나 새로 생겨나지 않으며, 그 총량은 항상 일정하게 유지된다. 그럼에도 불구하고 에너지를 절약해야 하는 까닭을 서술하시오.

06 높은 곳에서 떨어지는 빗방울은 지면에 도달하였을 때 속력이 그다지 빠르지 않다. 그 까닭을 에너지 전환으로 서술하시오.

07 그림과 같이 정지해 있던 질량이 6 kg인 수레가 높이 10 m인 언덕을 미끄러져 내려가 바닥에 도달했을 때의 속력이 10 m/s였다.

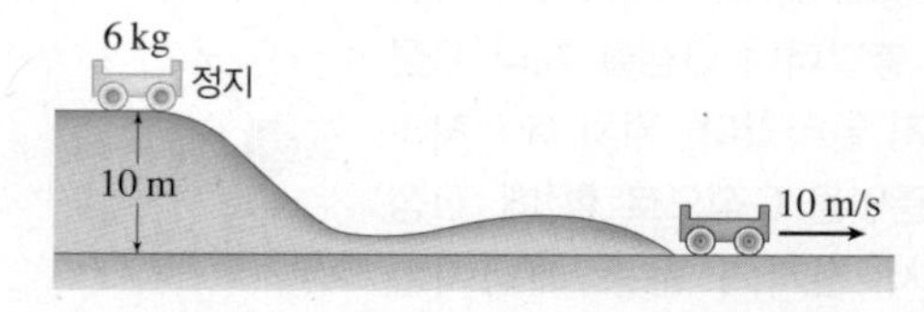

이 과정에서 발생한 열에너지는 몇 J인지 풀이 과정과 함께 구하시오.

정답과 해설 29쪽

01 별

01 오른쪽 그림은 관측자가 양쪽 눈을 번갈아 감으면서 연필 끝을 관찰하는 모습을 나타낸 것이다.

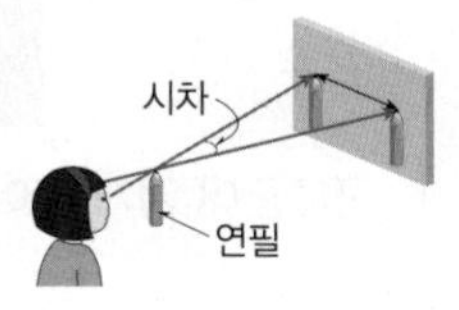

(1) 눈에서 연필까지의 거리에 따라 시차가 어떻게 변하는지 서술하시오.

(2) 시차와 물체까지의 거리의 관계를 서술하시오.

02 그림은 별 S의 연주 시차(p)를 나타낸 것이다.

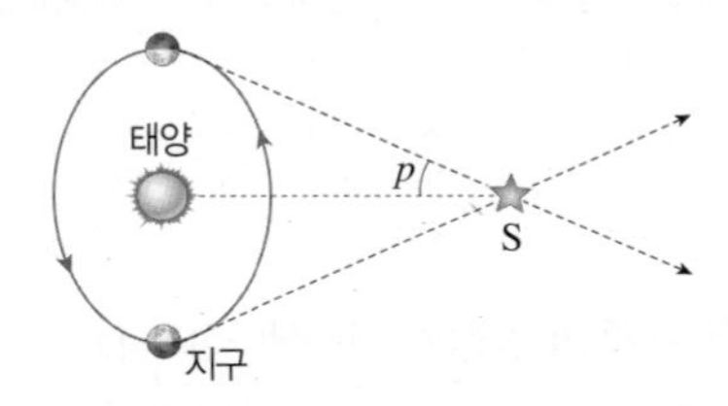

이처럼 별 S의 연주 시차가 나타나는 까닭을 서술하고, 별까지의 거리에 따라 연주 시차가 어떻게 달라지는지 서술하시오.

03 오른쪽 그림은 방출하는 빛의 양이 같은 두 개의 손전등을 종이판으로부터 서로 다른 거리에서 비춘 모습이다. 종이판에 비친 빛의 밝기에 영향을 준 요인을 쓰고, 그 관계를 서술하시오.

04 2등급인 별 A와 3등급인 별 B의 밝기를 비교하여 서술하시오.

05 그림은 별 A~D의 겉보기 등급과 절대 등급을 나타낸 것이다.

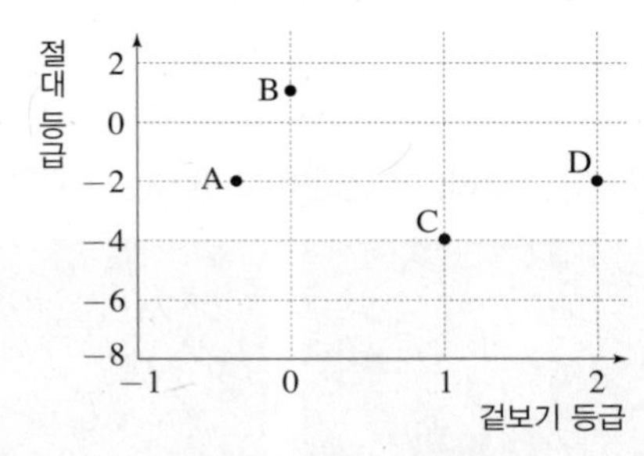

(1) 별 A~D 중 실제로 가장 밝은 별을 골라 쓰시오.

(2) 별 D가 현재보다 10배 멀어진다면 절대 등급과 겉보기 등급은 각각 어떻게 변하는지 서술하시오.

06 표는 별 A~C의 겉보기 등급, 절대 등급, 색을 나타낸 것이다.

별	겉보기 등급	절대 등급	색
A	−1.0	0.5	청백색
B	0.3	0.3	황색
C	1.8	9.5	적색

(1) 별 A~C 중 지구에서 가장 멀리 있는 별을 쓰시오.

(2) 별 A~C 중 표면 온도가 가장 높은 별을 쓰고, 그 까닭을 서술하시오.

02 은하와 우주

01 그림 (가)와 (나)는 서로 다른 성단을 나타낸 것이다.

(가)

(나)

(가)와 (나) 성단의 종류를 쓰고, 성단을 이루는 별의 수와 표면 온도를 비교하여 서술하시오.

02 그림 (가)는 오리온 대성운이고, (나)는 마귀할멈성운이다.

(가)

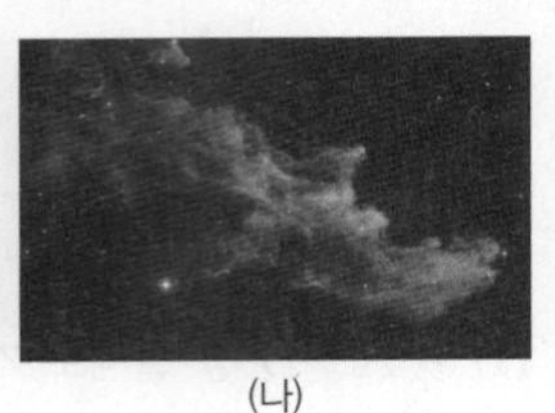
(나)

(가)와 (나) 성운은 모두 밝게 보인다. (가)와 (나) 성운이 밝게 보이는 원리를 다음 용어를 포함하여 각각 서술하시오.

성간 물질, 가열, 반사

03 오른쪽 그림은 우리은하를 위에서 본 모습을 나타낸 것이다.

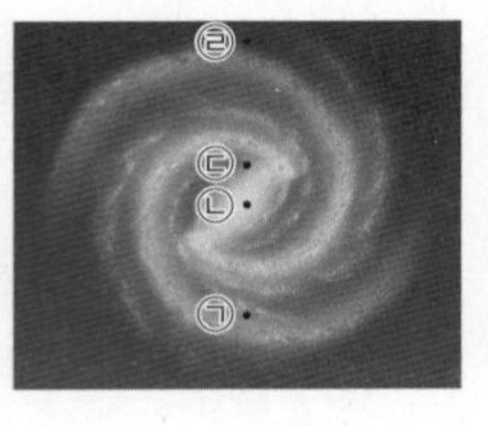

(1) 우리은하에서 태양계의 위치를 ㉠~㉣ 중에서 고르고, 우리은하를 옆에서 본 모습에 대해 서술하시오.

(2) 허블의 은하 분류 중 우리은하가 어디에 속하는지 쓰고, ㉠과 ㉡ 위치에 주로 분포하는 성단의 종류를 각각 서술하시오.

04 그림은 은하수의 모습을 나타낸 것이다.

군데군데 검게 보이는 부분이 나타나는 까닭을 서술하시오.

05 그림은 어느 두 외부 은하를 나타낸 것이다.

(가)

(나)

(가)와 (나) 은하의 모양에서 공통점과 차이점을 찾아 서술하시오.

06 그림은 우주의 탄생을 나타낸 것이다.

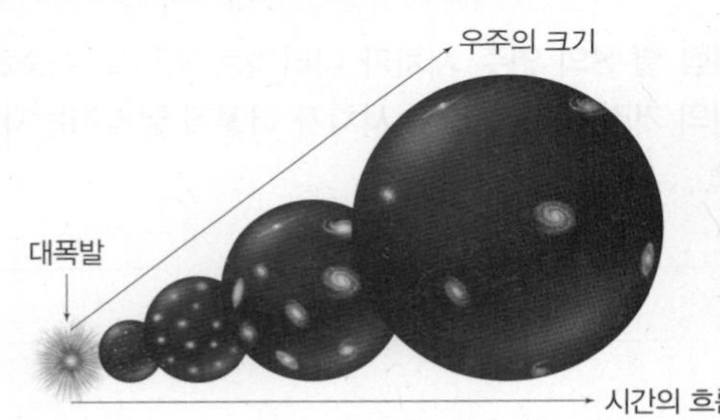

이러한 과정으로 우주가 탄생하였음을 설명한 이론의 이름을 쓰고, 현재 우주의 크기 변화를 서술하시오.

07 우주 탐사의 영향 중 긍정적 영향과 부정적 영향을 각각 한 가지씩 서술하시오.

01 과학기술과 인류 문명

01 과학기술과 인류 문명의 발전에 대해 다음 용어를 모두 포함하여 서술하시오.

과학 원리, 기술, 기기, 인류 문명

02 다음은 중세 시대 사람들이 생각한 우주와 관련된 내용이다.

종교를 중요시하던 중세 시대의 사람들은 지구가 우주의 중심에 있고, 태양을 비롯한 모든 천체가 지구 주위를 공전한다고 생각하였다. 망원경의 발명으로 천체를 관측하여 지구가 태양 주위를 돈다는 태양 중심설의 증거가 발견되자 우주에 관한 사람들의 생각이 달라졌다.

(1) 천체를 관측하여 태양 중심설을 주장한 과학자를 쓰시오.

(2) 태양 중심설이 인류의 가치관에 미친 영향을 서술하시오.

03 오른쪽 그림은 푸른곰팡이 주변에서 세균이 자라지 못하는 현상을 보고 발견한 항생 물질로 만든 항생제이다. 항생제의 개발이 인류 문명에 미친 영향에 대해 서술하시오.

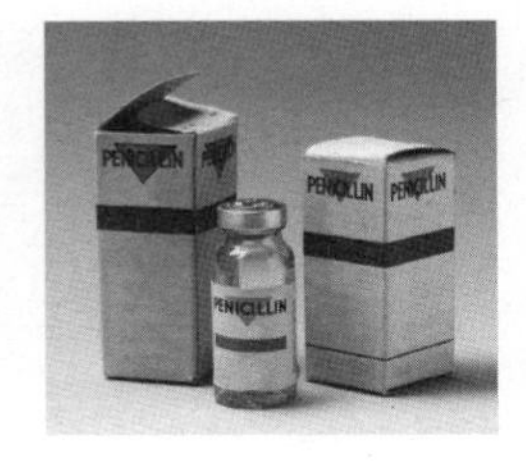

04 인쇄 분야에서 과학기술의 발달 과정을 다음 용어를 모두 포함하여 서술하시오.

활판 인쇄술, 확산, 과학 혁명, 전자책

05 다음은 생활을 편리하게 하는 과학기술에 대한 설명이다.

(가) 생물의 특성과 생명 현상을 이해하고, 이를 인간에게 유용하게 이용하거나 인위적으로 조작하는 기술
(나) 정보 기기의 하드웨어와 소프트웨어 기술, 이 기술을 이용한 정보 수집, 생산, 가공, 보존, 전달, 활용하는 모든 방법

(1) (가)와 (나)에서 설명한 기술이 무엇인지 쓰시오.

(2) (가)와 (나) 기술이 활용된 예를 각각 두 가지씩 서술하시오.

06 다음에서 설명하는 창의적인 과정이 무엇인지 쓰고, 이와 같은 과정으로 제품을 개발할 때 고려해야 할 점을 두 가지만 서술하시오.

과학 원리나 기술을 활용하여 기존의 제품을 개선하거나 새로운 제품 또는 시스템을 개발하는 창의적인 과정

MEMO

MEMO

MEMO

15개정 교육과정

핵심만 빠르게~ 단기간에

내신 공부의 힘을 키운다

정답과 해설

중등 과학 3·2

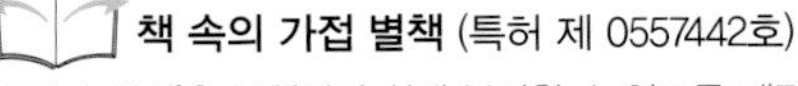

'정답과 해설'은 본책에서 쉽게 분리할 수 있도록 제작되었으므로
유통 과정에서 분리될 수 있으나 파본이 아닌 정상제품입니다.

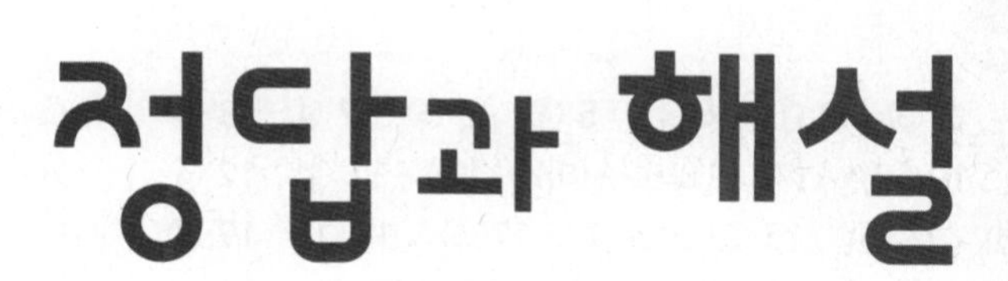

정답과 해설

V 생식과 유전

01 세포 분열

개념 확인하기 p. 10

1 DNA, 단백질 2 A : 염색 분체, B : 유전자, C : DNA
3 상동 염색체 4 상염색체, 성염색체 5 물질 교환 6 (1) ㉣ (2) ㉢ (3) ㉡ (4) ㉠ 7 세포판, 세포막 8 (가) → (마) → (라) → (나) → (다) 9 A : 2가 염색체, 감수 1분열 전기
10 상동 염색체, 염색 분체

6 염색체는 세포가 분열하지 않을 때에는 핵 속에 가는 실처럼 풀어져 있다가 세포 분열 전기에 굵고 짧게 뭉쳐져 막대 모양으로 나타난다. 막대 모양의 염색체는 세포 분열 말기에 다시 가는 실처럼 풀어진다.

9 감수 1분열 전기에는 상동 염색체가 결합한 2가 염색체가 나타난다.

내공 쌓는 족집게 문제 p. 11~15

1 ④ 2 ③ 3 ① 4 ④ 5 ④ 6 ⑤ 7 ④ 8 ⑤
9 ④ 10 (라) → (가) → (나) → (마) → (다) 11 ③ 12 ④
13 ⑤ 14 ⑤ 15 ② 16 ③ 17 ⑤ 18 ① 19 ③
20 ③ 21 ⑤ 22 감수 1분열 중기 23 ③ 24 ④
25 ① 26 ⑤ 27 ⑤
[서술형 문제 28~31] 해설 참조

1 ④ 남녀 공통으로 들어 있는 염색체를 상염색체라고 한다. 성염색체는 남녀의 성을 결정하는 염색체로, X 염색체와 Y 염색체가 있다.

2

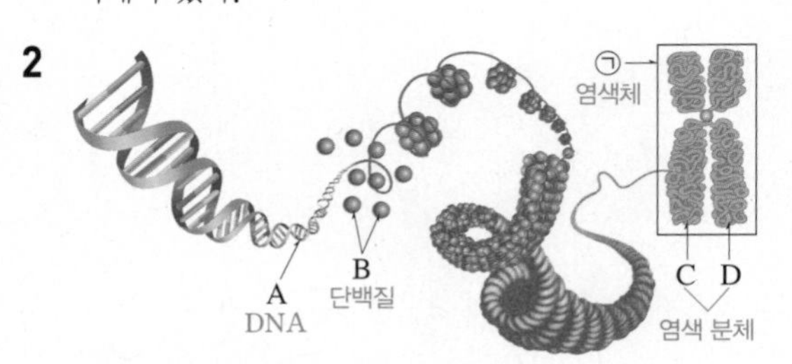

① 염색체는 DNA(A)와 단백질(B)로 구성된다.
② DNA(A)에는 생물의 특징에 대한 여러 유전 정보가 담겨 있다.
③ C와 D는 하나의 염색체를 이루는 각각의 염색 분체로, 각 염색 분체를 이루는 DNA에는 많은 수의 유전자가 있다.
④ 하나의 염색체를 이루는 두 염색 분체(C와 D)는 세포 분열 시 분리되어 각각의 딸세포로 나뉘어 들어간다.
⑤ 염색체(㉠)는 세포가 분열하기 전에는 핵 속에 실처럼 풀어져 있다가 세포가 분열하기 시작하면 굵고 짧게 뭉쳐져 막대 모양으로 나타난다.

3 ① A와 B는 염색 분체이고, (가)와 (나)는 상동 염색체이다.
②, ④ 하나의 염색체를 이루는 두 염색 분체 A와 B는 한쪽의 DNA가 복제되어 만들어진 것으로, 유전 정보가 서로 같다.
③, ⑤ 상동 염색체 (가)와 (나)는 아버지와 어머니에게서 각각 하나씩 물려받은 것으로, 유전 정보가 서로 다르다.

염색 분체 A B (가) (나) 상동 염색체

4 ①, ② 사람의 염색체 수는 46개이고, 상동 염색체는 23쌍이다.
③, ⑤ 1번~22번 염색체는 남녀 공통으로 있는 상염색체이고, X 염색체와 Y 염색체는 성염색체이다.
④ (가)는 성염색체 구성이 XY이므로 남자의 염색체이고, (나)는 성염색체 구성이 XX이므로 여자의 염색체이다.

5 세포는 세포 표면을 통해 생명 활동에 필요한 물질을 받아들이고 생명 활동 결과 생긴 노폐물을 내보내는 물질 교환을 한다. 그런데 세포가 클수록 세포의 부피에 대한 표면적의 비가 작아져 세포 표면을 통한 물질 교환이 불리해진다. 따라서 세포는 어느 정도 커지면 분열하여 그 수를 늘린다.

6 ㄱ. 우무 조각의 크기가 (가)에서 (나)로 커질 때 $\frac{표면적}{부피}$은 $\frac{6}{1}$에서 $\frac{24}{8}$로 감소한다. 따라서 세포가 클수록 $\frac{표면적}{부피}$이 작아짐을 알 수 있다.
ㄴ. 세포가 작을수록 $\frac{표면적}{부피}$이 커지므로, 세포 표면을 통한 물질 교환이 효율적으로 일어난다.
ㄷ. (가)에 비해 크기가 큰 (나)는 색소가 우무 조각 중심까지 이동하지 못하였다. 따라서 세포가 클수록 필요한 물질이 세포의 중심까지 이동하기가 어렵다는 것을 알 수 있다.

[7~8]

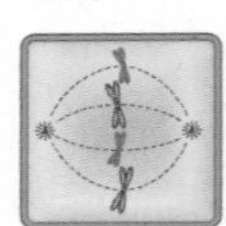
(가) 중기
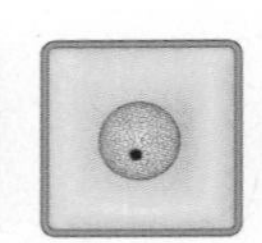
(나) 간기
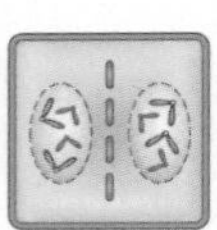
(다) 말기
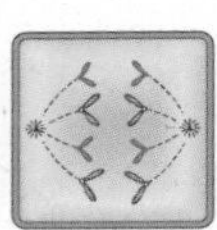
(라) 후기

(마) 전기

7 체세포 분열은 세포 분열 준비기인 간기를 거친 후, 핵분열과 세포질 분열이 일어난다. 즉, 간기(나) → 전기(마) → 중기(가) → 후기(라) → 말기(다)의 순으로 일어난다.

8 ① 말기(다)에 세포질 분열이 시작된다.
②, ⑤ 전기(마)에 막대 모양의 염색체가 나타나고, 핵막이 사라지며, 방추사가 형성된다.
③ 중기(가)는 염색체가 세포 중앙에 배열되어 염색체를 관찰하기에 가장 좋은 시기이다.
④ 세포 분열 전인 간기(나)에 DNA가 복제되어 유전 물질의 양이 2배로 증가한다.

9 ①, ②, ③ (가)는 세포판(A)이 형성되어 세포질이 나누어지므로 식물 세포이고, (나)는 세포질이 바깥쪽에서 안쪽으로 잘록하게 들어가면서 세포질이 나누어지므로 동물 세포이다.

④ 세포질 분열은 세포 분열 말기에 시작된다.
⑤ 소나무, 옥수수 같은 식물은 (가)와 같은 방법으로 세포질 분열이 일어나고, 고양이, 침팬지 같은 동물은 (나)와 같은 방법으로 세포질 분열이 일어난다.

10 양파 뿌리 끝에서 일어나는 체세포 분열을 관찰하는 과정은 고정(라) → 해리(가) → 염색(나) → 분리(마) → 압착(다)의 순으로 진행된다.

11 ③ (라)는 고정 과정으로, 세포가 생명 활동(세포 분열)을 멈추고 살아 있을 때의 모습을 유지하도록 하기 위한 과정이다.
⑤ 간기가 분열기보다 더 길기 때문에 현미경 표본을 관찰하면 세포 분열 중인 전기, 중기, 후기, 말기의 세포보다 간기의 세포가 더 많이 관찰된다.

12 감수 분열은 감수 1분열과 감수 2분열이 연속해서 일어나며, 각각 전기 → 중기 → 후기 → 말기 순으로 일어난다.

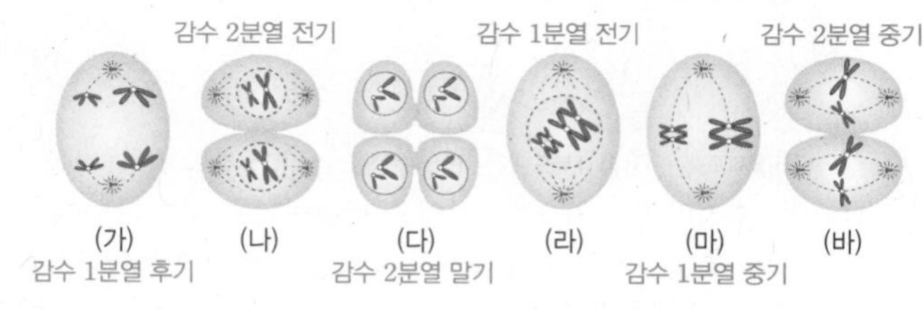

13 ⑤ (다) → (라) 과정에서 상동 염색체가 분리되어 세포 1개의 염색체 수가 절반으로 줄어든다. (라) → (마) 과정에서는 염색 분체가 분리되어 염색체 수의 변화가 없다.

14 감수 분열로 만들어진 생식세포는 염색체 수가 체세포의 절반이므로 부모의 생식세포가 한 개씩 결합하여 생긴 자손의 염색체 수는 부모와 같아진다. 즉, 감수 분열을 통해 염색체 수가 체세포의 절반인 생식세포가 만들어져 세대를 거듭해도 자손의 염색체 수가 일정하게 유지된다.

15

	구분	체세포 분열	감수 분열
①	분열 횟수	1회	연속 2회
②	분열 결과	생장	생식세포 형성
③	딸세포 수	2개	4개
④	염색체 수 변화	변화 없음	절반으로 줄어듦
⑤	2가 염색체	형성 안 됨	형성됨

16 감수 분열 결과 만들어진 생식세포는 상동 염색체가 분리되어 염색체 수가 체세포의 절반이다. 따라서 생식세포에는 체세포의 상동 염색체 중 하나씩만 들어 있다.

17 ①, ②, ③ 동물과 식물의 구분, 생물의 크기, 생물의 고등한 정도는 생물의 염색체 수와 관계 없다.
④ 벼와 소나무처럼 종이 달라도 염색체 수가 같은 경우가 있는데, 종이 다르면 염색체의 크기나 모양, 유전자 등이 다르다.

18 몸집이 큰 어른은 몸집이 작은 아이보다 세포의 수가 많으며, 세포의 크기는 어른과 아이가 거의 비슷하다.

19 ①, ④ 체세포 분열 결과 상처가 아물거나 꼬리가 잘린 도마뱀에서 꼬리가 새로 자라는 재생이 일어난다.
② 체세포 분열 결과 식물의 뿌리가 길게 자라는 생장이 일어난다.
③ 정자와 난자 같은 생식세포가 만들어지는 것은 감수 분열 결과이다.
⑤ 짚신벌레나 아메바 같은 단세포 생물은 체세포 분열로 생긴 딸세포가 새로운 개체가 되는 번식이 일어난다.

20 ③ 감수 분열은 세포 분열이 연속으로 2회 일어나 1개의 모세포로부터 4개의 딸세포가 만들어진다.

21 ① (가)는 체세포 분열, (나)는 감수 분열 과정이다.
② 상동 염색체의 분리는 감수 1분열에서 일어나고, 체세포 분열과 감수 2분열에서는 염색 분체가 분리된다.
③ 체세포 분열(가)과 감수 분열(나) 모두 분열 전 간기에 유전 물질의 복제가 일어나 유전 물질의 양이 2배가 된다.
④ 체세포 분열(가) 결과 딸세포와 모세포의 염색체 수가 같고, 감수 분열(나) 결과 딸세포의 염색체 수는 모세포의 절반이다.
⑤ 사람의 경우 체세포 분열(가)은 온몸에서 일어나고, 감수 분열(나)은 생식 기관인 정소와 난소에서 일어난다.

22 2가 염색체가 세포 중앙에 배열되어 있는 것으로 보아 감수 1분열 중기의 세포이다.

23 감수 분열이 일어나면 염색체 수가 모세포의 절반으로 줄어든 4개의 딸세포가 만들어진다. 이 세포에는 2쌍의 상동 염색체가 있으므로 염색체 수는 4개이고, 감수 분열 결과 만들어지는 딸세포의 염색체 수는 2개가 된다.

25 간기에 DNA(유전 물질)가 복제되어 그 양이 2배로 증가한다.

26 ㄱ, ㄴ. 모양과 크기가 같은 2개의 염색체가 쌍을 이루고 있으므로 체세포이다. 이 체세포에는 상동 염색체가 모두 3쌍이 있으며, 6개의 염색체가 있다.
ㄷ. 감수 분열 결과 만들어지는 생식세포에는 체세포의 절반인 3개의 염색체가 있다.

27 (가)는 상동 염색체가 있고, 각 염색체의 염색 분체가 분리되고 있으므로 체세포 분열 후기의 세포이다.
(나)는 상동 염색체 중 하나씩만 있고, 각 염색체의 염색 분체가 분리되고 있으므로 감수 2분열 후기의 세포이다.
(다)는 상동 염색체가 있고, 각 상동 염색체가 분리되고 있으므로 감수 1분열 후기의 세포이다.

서술형 문제

28 | 모범 답안 | 세포가 커지면 $\frac{\textbf{표면적}}{\textbf{부피}}$이 작아져 **물질 교환**이 불리하므로 세포의 크기가 계속 커지지 않고 세포 분열을 통해 **세포 수**를 늘린다.

채점 기준	배점
제시된 용어를 모두 포함하여 옳게 서술한 경우	100 %
제시된 용어 중 두 가지만 포함하여 옳게 서술한 경우	70 %
제시된 용어 중 한 가지만 포함하여 옳게 서술한 경우	40 %

29 | **모범 답안** | 양파의 뿌리 끝에는 체세포 분열이 활발하게 일어나는 생장점이 있기 때문이다.

| **해설** | 식물의 경우 생장점과 형성층에서 체세포 분열이 활발하게 일어나 그 결과 길이 생장과 부피 생장이 일어난다.

채점 기준	배점
양파의 뿌리 끝에는 체세포 분열이 활발하게 일어나는 생장점이 있기 때문이라고 옳게 서술한 경우	100 %
양파의 뿌리 끝에서는 체세포 분열이 활발하게 일어나기 때문이라고만 서술한 경우	90 %
양파의 뿌리 끝에는 생장점이 있기 때문이라고만 서술한 경우	80 %

30 | **모범 답안** | (1) (다)

(2) 감수 1분열 시기에 상동 염색체가 분리되어 서로 다른 딸세포로 들어가기 때문에 염색체 수가 모세포의 절반으로 줄어든다.

	채점 기준	배점
(1)	(다)라고 옳게 쓴 경우	40 %
(2)	감수 1분열 시기와 상동 염색체의 분리를 포함하여 옳게 서술한 경우	60 %
	상동 염색체의 분리만 포함하여 옳게 서술한 경우	40 %

31 | **모범 답안** | 감수 1분열 중기, 2가 염색체가 세포 중앙에 배열되어 있기 때문이다.

| **해설** | 상동 염색체가 접합한 2가 염색체는 감수 1분열 과정에서만 볼 수 있다.

채점 기준	배점
시기와 그 까닭을 모두 옳게 서술한 경우	100 %
시기만 옳게 쓴 경우	40 %
까닭만 옳게 서술한 경우	60 %

02 사람의 발생

개념 확인하기 p. 17

1 A : 수정관, B : 부정소, C : 정소, D : 난소, E : 수란관, F : 자궁, G : 질 2 정소, 난소 3 A : 핵, B : 꼬리, C : 세포질, D : 핵 4 양분, 꼬리 5 수정 6 발생 7 증가, 작아 8 (1) ㉡ (2) ㉠ (3) ㉢ 9 산소, 영양소, 이산화 탄소, 노폐물 10 8, 266

2 정자는 정소에서, 난자는 난소에서 각각 감수 분열이 일어나 만들어진 생식세포이다.

7 난할은 체세포 분열이지만 체세포의 크기가 커지지 않고 세포 분열을 빠르게 반복한다. 따라서 난할이 진행되면 세포 수는 증가하지만, 세포 하나의 크기는 점점 작아진다.

내공 쌓는 족집게 문제 p. 18~19

1 ④ 2 ④ 3 ④ 4 ① 5 ① 6 ③ 7 ⑤ 8 ⑤
9 ④ 10 ⑤ 11 ②
[서술형 문제 12~13] 해설 참조

1 ④ 사람의 생식세포인 정자와 난자는 각각 정소와 난소에서 감수 분열 결과 만들어진다. 따라서 염색체 수는 체세포의 절반인 23개이다.

2 염색체 수가 체세포의 절반인 암수의 생식세포가 수정하면 체세포와 염색체 수가 같은 수정란이 된다. 따라서 정자와 난자가 수정하여 만들어진 수정란은 정자, 난자의 염색체 수의 2배이고, 체세포의 염색체 수와 같다.

3

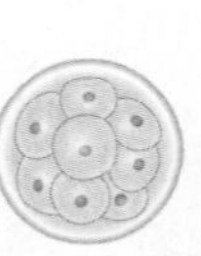
(가) 8세포배

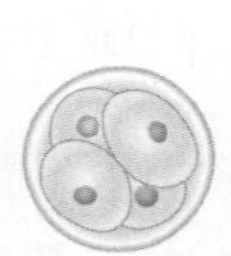
(나) 4세포배

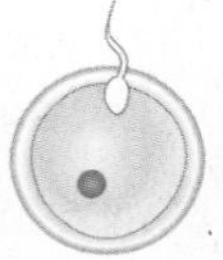
(다) 수정란

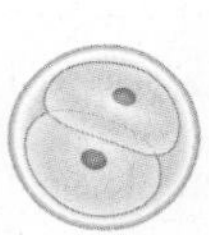
(라) 2세포배

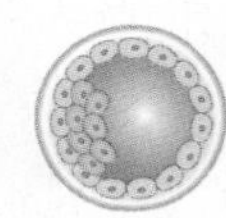
(마) 포배

①, ② 수정란의 초기 세포 분열을 난할이라고 하며, 난할은 딸세포의 크기가 커지지 않고 세포 분열을 빠르게 반복한다.
③ 난할이 진행될수록 세포 각각의 크기는 점점 작아지지만 배아 전체의 크기는 수정란과 비슷하다.
④ 난할은 체세포 분열의 일종이므로, 난할이 진행될 때 세포 하나당 염색체 수는 변화 없다. 따라서 (가)~(마) 모두 세포 하나당 염색체 수는 같다.
⑤ 난할은 수정란(다) → 2세포배(라) → 4세포배(나) → 8세포배(가) → 포배(마) 순으로 진행된다.

4 ① A는 배란, B는 수정, C는 난할, D는 착상이다.
난자가 난소에서 수란관으로 배출되는 배란(A)이 일어나고, 수란관에서 정자와 난자가 만나 수정(B)이 이루어진다. 수정란은 난할(C)이 일어나 세포 수를 늘리며 자궁으로 이동하고, 수정된 지 약 일주일 후 포배 상태일 때 자궁 안쪽 벽에 착상(D)한다.

5 태아는 태반을 통해 필요한 산소와 영양소를 모체로부터 전달받고, 태아의 몸에서 생기는 이산화 탄소와 노폐물을 모체로 전달하여 내보낸다.

6 ② 착상 이후에 태반이 만들어져 태반을 통해 모체와 태아 사이에서 물질 교환이 일어난다.
③ 착상 이후에 자궁 속 배아는 체세포 분열을 계속하여 여러 조직과 기관을 형성하여 사람과 같은 개체가 된다.
④ 수정된 지 8주 후 사람의 모습을 갖춘 상태를 태아라고 하고, 그 이전의 상태를 배아라고 한다.

7

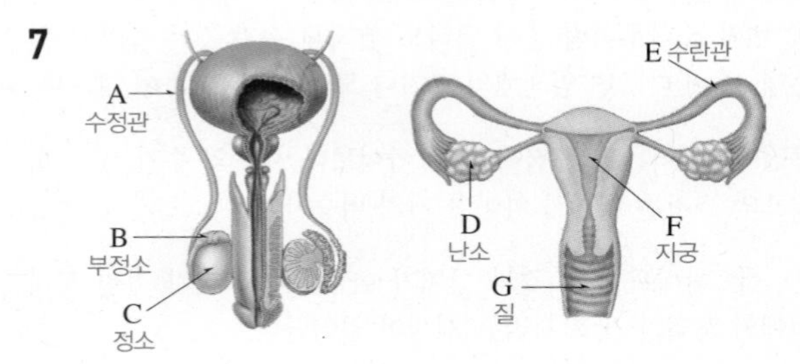

③ 정소(C)에서 정자가, 난소(D)에서 난자가 만들어진다.
⑤ 질(G)은 정자가 들어가는 통로 또는 태아가 나가는 통로이다. 수정란이 포배 상태로 착상되어 태아가 자라는 곳은 자궁(F)이다.

8 (가)는 수정, (나)는 착상, (다)는 배란, (라)는 난할 과정이다. 배란에서 착상까지의 과정은 배란(다) → 수정(가) → 난할(라) → 착상(나) 순이다.

9 ㄴ. 태반(B)을 통해 모체와 태아 사이에 물질 교환이 일어난다.
ㄷ. 태반(B)을 통해 태아에서 모체 쪽(가)으로 이산화 탄소와 노폐물이 전달되고, 모체에서 태아 쪽(나)으로 산소와 영양소가 전달된다.

10 난자가 난소에서 수란관으로 배란된 후 정자와 만나 수정이 일어나고, 수정란은 난할을 하며 자궁으로 이동하여 착상한다. 착상 후 모체와 태아 사이에 태반이 만들어진다.

11 ㄴ, ㄷ. 중추 신경계는 가장 먼저 발달하기 시작하지만, 태어날 때까지도 완성되지 않는다.
ㄹ. 수정 후 8주까지 주요 기관의 대부분이 형성되어 사람의 모습을 갖춘 태아가 된다.

12 | 모범 답안 | 난자는 세포질에 많은 양분을 저장하고 있기 때문이다.

채점 기준	배점
세포질에 많은 양분을 저장하고 있기 때문이라고 옳게 서술한 경우	100 %
양분 때문이라고만 서술한 경우	50 %

13 | 모범 답안 | 난할이 진행되면 **세포 수**는 증가하고, **세포 하나의 크기**는 점점 작아지지만, **세포 하나당 염색체 수**는 변화 없다.

채점 기준	배점
제시된 용어를 모두 포함하여 옳게 서술한 경우	100 %
제시된 용어 중 두 가지만 포함하여 옳게 서술한 경우	70 %
제시된 용어 중 한 가지만 포함하여 옳게 서술한 경우	40 %

03 멘델의 유전 원리

p. 21

1 순종, 잡종 2 우성, 열성 3 분리 4 독립 5 노란색
6 Yy 7 (1) 3 : 1 (2) 1 : 2 : 1 8 RrYy, RY, Ry, rY, ry 9 9 : 3 : 3 : 1 10 (1) 3 : 1 (2) 3 : 1

5 대립 형질이 다른 두 순종 개체를 교배했을 때 잡종 1대에서 나타나는 형질이 우성, 나타나지 않는 형질이 열성이다. 순종의 노란색 완두와 순종의 초록색 완두를 교배했을 때 잡종 1대에서 노란색 완두가 나왔으므로 노란색이 우성 형질이다.

9 순종의 둥글고 노란색인 완두와 순종의 주름지고 초록색인 완두를 교배하여 얻은 잡종 1대를 자가 수분하여 잡종 2대를 얻었을 때, 잡종 2대에서 표현형의 분리비는 둥글고 노란색(가) : 둥글고 초록색(나) : 주름지고 노란색(다) : 주름지고 초록색(라)=9 : 3 : 3 : 1이다.

내공 쌓는 족집게 문제 p. 22~25

1 ⑤ 2 ③ 3 ② 4 ④ 5 ③ 6 ⑤ 7 ① 8 ②
9 ④ 10 ④ 11 ④ 12 ④ 13 ④ 14 ④ 15 200개
16 ② 17 ③ 18 ③ 19 ② 20 ⑤ 21 ④ 22 ③
23 ①
[서술형 문제 24~26] 해설 참조

1 ⑤ 대립 형질이 다른 두 순종 개체를 교배했을 때 잡종 1대에서 나타나는 형질이 우성, 나타나지 않는 형질이 열성이다.

2 ③ 완두는 대립 형질이 뚜렷하여 교배 결과를 명확하게 해석할 수 있다.
④ 완두는 자가 수분과 타가 수분이 모두 가능하여 의도한 대로 형질을 교배할 수 있다.

3 잡종 1대는 어버이로부터 유전자 R와 r를 각각 물려받아 유전자형이 Rr이며, 우성 형질인 둥근 모양만 나온다.

4 잡종 2대에서 표현형의 분리비는 둥근 모양 : 주름진 모양 =3 : 1이다.

5 잡종 1대는 어버이로부터 유전자 Y와 y를 물려받아 유전자형이 Yy이다. 이때 대립유전자 Y와 y는 상동 염색체의 같은 위치에 한 개씩 존재한다.

6 ① 초록색 완두의 유전자형은 yy 한 가지이므로, 초록색 완두는 모두 순종이다.
② 잡종 1대에서 노란색 완두(Yy)만 나온 것으로 보아 완두씨의 색깔은 노란색이 초록색에 대해 우성이다.
③ 잡종 1대에서는 유전자 Y를 가진 생식세포와 유전자 y를 가진 생식세포가 1 : 1로 만들어진다.
④ 잡종 2대의 유전자형의 분리비는 YY : Yy : yy=1 : 2 : 1이다. 따라서 잡종 2대에서 순종(YY, yy)과 잡종(Yy)의 분리비는 1 : 1이다.
⑤ 잡종 2대에서 노란색 완두의 유전자형은 YY 또는 Yy이므로 잡종 2대에서 얻은 노란색 완두의 유전자형은 모두 같지는 않다.

7 잡종 2대의 표현형의 분리비는 노란색(YY, Yy) : 초록색(yy)=3 : 1이므로, 잡종 2대에서 초록색 완두의 비율은 $\frac{1}{4}$이다. $200\times\frac{1}{4}=50$(개)

8 잡종 2대의 유전자형의 분리비는 YY : Yy : yy=1 : 2 : 1이므로, 잡종 2대에서 잡종 1대와 유전자형이 같은 완두(Yy)의 비율은 $\frac{1}{2}$이다. $160\times\frac{1}{2}=80$(개)

9 어버이에서 각각 RY, ry를 가진 생식세포가 만들어지고 이 생식세포가 결합하여 잡종 1대가 만들어지므로, 잡종 1대의 유전자형은 RrYy이다.

10 잡종 1대의 유전자형은 RrYy이므로, 잡종 1대에서는 유전자형이 RY, Ry, rY, ry인 생식세포가 1 : 1 : 1 : 1의 비로 만들어진다.

11 잡종 2대에서 씨 모양에 대한 표현형의 분리비는 둥근 모양(RR, Rr) : 주름진 모양(rr)=3 : 1이므로, 잡종 2대에서 둥근 완두의 비율은 $\frac{3}{4}$이다. $800\times\frac{3}{4}=600$(개)

[12~15]

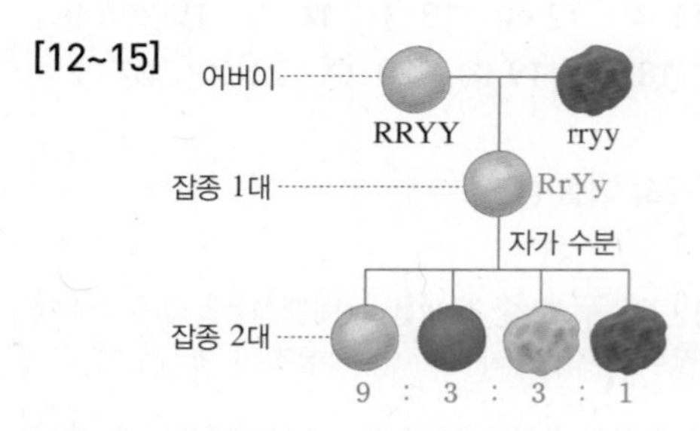

12 ① 잡종 2대에서 둥근 모양 : 주름진 모양=3 : 1로 나타나고, 노란색 : 초록색=3 : 1로 나타난다.
② 잡종 2대에서 표현형의 분리비는 둥글고 노란색 : 둥글고 초록색 : 주름지고 노란색 : 주름지고 초록색=9 : 3 : 3 : 1이다. 따라서 잡종 2대에서 잡종 1대와 같은 표현형(둥글고 노란색)을 가질 확률은 $\frac{9}{16}$이다.
③ 잡종 2대에서 둥글고 노란색인 완두에 해당하는 유전자형은 RRYY, RRYy, RrYY, RrYy이다.
④ 대립 형질이 다른 두 순종 개체를 교배한 결과 잡종 1대에서 둥글고 노란색인 완두만 나온 것으로 보아 둥근 모양이 주름진 모양에 대해 우성이고, 노란색이 초록색에 대해 우성이다.
⑤ 잡종 2대에서 완두 씨의 모양과 색깔의 분리비가 각각 3 : 1로 나온 것은 잡종 1대에서 생식세포가 만들어질 때 대립유전자 R와 r, Y와 y가 각각 독립적으로 분리되어 서로 다른 생식세포로 들어갔기 때문이다. 따라서 완두 씨의 모양과 색깔을 결정하는 유전자는 서로 영향을 미치지 않고 독립적으로 유전된다는 것을 알 수 있다.

13 잡종 2대의 표현형의 분리비는 둥글고 노란색 : 둥글고 초록색 : 주름지고 노란색 : 주름지고 초록색=9 : 3 : 3 : 1이다.

14 잡종 2대의 표현형의 분리비는 둥글고 노란색 : 둥글고 초록색 : 주름지고 노란색 : 주름지고 초록색=9 : 3 : 3 : 1이므로, 잡종 2대에서 잡종 1대와 표현형이 같은 완두(둥글고 노란색인 완두)의 비율은 $\frac{9}{16}$이다. $1600\times\frac{9}{16}=900$(개)

15 잡종 2대의 표현형의 분리비는 둥글고 노란색 : 둥글고 초록색 : 주름지고 노란색 : 주름지고 초록색=9 : 3 : 3 : 1이므로, 잡종 2대에서 주름지고 초록색인 완두의 비율은 $\frac{1}{16}$이다.
$3200\times\frac{1}{16}=200$(개)

16 ② 대립 형질은 한 가지 형질에서 뚜렷하게 대립되는 변이이다. 따라서 완두 씨의 색깔이 노란색인 것과 초록색인 것, 완두 씨의 모양이 둥근 것과 주름진 것이 각각 대립 형질이다.

17 순종은 한 가지 형질을 나타내는 유전자의 구성이 같은 개체이고, 잡종은 한 가지 형질을 나타내는 유전자의 구성이 다른 개체이다.

18 ③ 멘델은 한 쌍을 이루는 유전 인자가 서로 다를 때 하나의 유전 인자만 형질로 표현되고, 나머지 인자는 표현되지 않는다고 하였다.

19 키 작은 완두는 열성이므로 순종이다. 우성 개체인 키 큰 완두(T_)와 열성 순종 개체인 키 작은 완두(tt)를 교배하여 키 큰 완두(우성) : 키 작은 완두(열성)=1 : 1로 나왔으므로, 어버이의 키 큰 완두는 잡종(Tt)이다.

20 ① 분꽃의 꽃잎 색깔 유전은 멘델이 밝힌 유전 원리 중 우열의 원리는 성립하지 않지만 분리의 법칙은 성립한다.
② 빨간색 꽃잎 분꽃(RR)과 흰색 꽃잎 분꽃(WW)을 교배하였을 때 잡종 1대에서 분홍색 꽃잎 분꽃(RW)만 나온 것은 빨간색 꽃잎 유전자(R)와 흰색 꽃잎 유전자(W) 사이에 우열 관계가 뚜렷하지 않기 때문이다.
③ 빨간색 꽃잎 분꽃(RR)과 분홍색 꽃잎 분꽃(RW)을 교배하면 빨간색 꽃잎(RR) : 분홍색 꽃잎(RW)=1 : 1로 나타난다.
④, ⑤ 잡종 2대의 표현형과 유전자형의 분리비는 빨간색 꽃잎(RR) : 분홍색 꽃잎(RW) : 흰색 꽃잎(WW)=1 : 2 : 1로 같다.

21 잡종 2대의 표현형의 분리비는 빨간색 꽃잎(RR) : 분홍색 꽃잎(RW) : 흰색 꽃잎(WW)=1 : 2 : 1이므로, 잡종 2대에서 분홍색 꽃잎 분꽃(RW)의 비율은 $\frac{2}{4}$이다. $800\times\frac{2}{4}=400$(개)

22 (가)는 열성 순종 개체와 교배했을 때 자손에서 우성 형질만 나왔으므로 우성 순종(YY)이다. YY×yy → Yy
(나)는 열성 순종 개체와 교배했을 때 우성 형질과 열성 형질이 1 : 1로 나왔으므로 우성 잡종(Yy)이다. Yy×yy → Yy, yy
(다)는 자가 수분했을 때 우성 형질과 열성 형질이 3 : 1로 나왔으므로 우성 잡종(Yy)이다. Yy×Yy → YY, Yy, Yy, yy

23 잡종 1대(TtRW)를 자가 수분했을 때 Tt×Tt → TT, Tt, Tt, <u>tt</u>이므로 잡종 2대에서 키가 작을 확률은 $\frac{1}{4}$이고, RW×RW → <u>RR</u>, RW, RW, WW이므로 잡종 2대에서 빨간색 꽃잎일 확률은 $\frac{1}{4}$이다. 따라서 잡종 2대에서 키가 작고 빨간색 꽃잎인 분꽃의 비율은 $\frac{1}{4}$(키가 작을 확률)$\times\frac{1}{4}$(빨간색 꽃잎일 확률)$=\frac{1}{16}$이다. $800\times\frac{1}{16}=50$(개)

24 | **모범 답안** | 기르기 쉽다. 한 세대가 짧다. 자손의 수가 많다. 대립 형질이 뚜렷하다. 자가 수분과 타가 수분이 모두 가능하다. 중 세 가지

채점 기준	배점
까닭을 세 가지 모두 옳게 서술한 경우	100 %
까닭을 두 가지만 옳게 서술한 경우	70 %
까닭을 한 가지만 옳게 서술한 경우	40 %

25 | **모범 답안** | 보라색, 대립 형질이 다른 두 순종 개체를 교배했을 때 잡종 1대에서 나타나는 형질이 우성인데, 잡종 1대에서 보라색 꽃잎만 나타났기 때문이다.

채점 기준	배점
보라색이라고 쓰고, 그 까닭을 옳게 서술한 경우	100 %
보라색이라고 쓰고, 잡종 1대에서 보라색 꽃잎이 나타났기 때문이라고만 서술한 경우	70 %
보라색이라고만 쓴 경우	40 %

26 | **모범 답안** | 빨간색 꽃잎 유전자(R)와 흰색 꽃잎 유전자(W) 사이의 우열 관계가 뚜렷하지 않기 때문이다.
| **해설** | 분꽃의 꽃잎 색깔 유전은 우열의 원리는 성립하지 않지만 분리의 법칙은 성립한다.

채점 기준	배점
두 유전자 사이의 우열 관계가 뚜렷하지 않기 때문이라고 옳게 서술한 경우	100 %
우열의 원리가 성립하지 않기 때문이라고만 서술한 경우	80 %

04 사람의 유전

p. 27

1 길고, 적으며, 복잡 2 가계도 조사, 쌍둥이 연구, 염색체 분석 3 1란성 쌍둥이 4 상염색체, 같다 5 미맹 6 (가) Aa (나) Aa (다) aa 7 A=B>O 8 A형, AO 9 반성 10 XX′, X′X′, XY, X′Y

2 사람의 유전 연구 방법에는 가계도 조사, 쌍둥이 연구, 통계 조사, 염색체 분석, DNA 분석이 있다.

3 1란성 쌍둥이는 하나의 수정란이 발생 초기에 분리되어 각각 발생한 것으로 유전자 구성이 서로 같으며, 환경의 영향으로 형질 차이가 나타난다.

6 미맹이 아닌 부모 사이에서 미맹인 자녀가 태어났으므로, 미맹이 아닌 형질이 우성이고 미맹이 열성이다. 따라서 미맹인 (다)의 유전자형은 aa이고, 부모는 모두 미맹 유전자를 하나씩 가지고 있으므로 (가)와 (나)의 유전자형은 Aa이다.

8 아버지가 B형인데 AB형인 자녀가 태어났으므로 어머니(가)는 유전자 A를 가지고, O형인 자녀가 태어났으므로 부모는 모두 유전자 O를 가진다. 따라서 아버지의 유전자형은 BO가 되고, 어머니(가)의 유전자형은 AO가 된다.

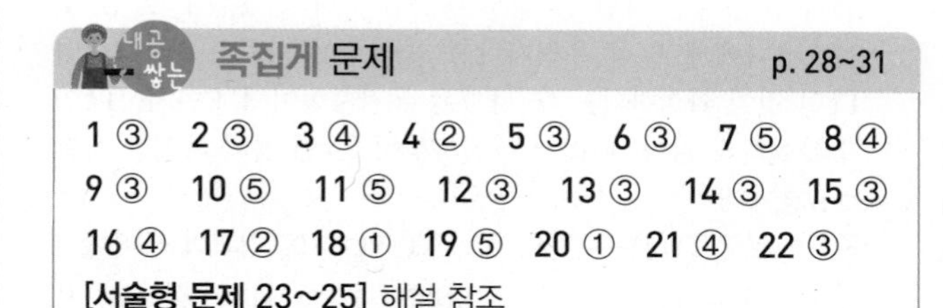

1 ③ 2 ③ 3 ④ 4 ② 5 ③ 6 ③ 7 ⑤ 8 ④
9 ③ 10 ⑤ 11 ⑤ 12 ③ 13 ③ 14 ③ 15 ③
16 ④ 17 ② 18 ① 19 ⑤ 20 ① 21 ④ 22 ③
[서술형 문제 23~25] 해설 참조

1 ① 사람은 한 세대가 길어 여러 세대에 걸쳐 특정 형질이 유전되는 방식을 관찰하기 어렵다.
② 사람은 자손의 수가 적어 통계 자료로 활용할 충분한 사례를 얻기 힘들다.
③ 사람의 유전 형질은 대립 형질이 뚜렷하지 않은 경우가 많고 매우 복잡하여 유전 연구가 어렵다.

2 ① 통계 조사를 통해 형질이 유전되는 특징, 유전자의 분포 등을 밝힌다.
② 가계도 조사를 통해 특정 형질의 우열 관계, 유전자의 전달 경로, 가족 구성원의 유전자형 등을 알 수 있고, 앞으로 태어날 자손의 형질을 예측할 수 있다.
③ 쌍둥이의 성장 환경과 특정 형질의 발현이 어느 정도 일치하는지를 조사하여 유전과 환경이 특정 형질에 미치는 영향을 알 수 있다.
④ 염색체 분석을 통해 염색체 이상에 의한 유전병을 진단한다.
⑤ DNA 분석을 통해 특정 형질과 관련된 유전자의 정보를 얻으며, 부모와 자녀의 DNA를 비교하여 특정 형질의 유전 여부를 확인한다.

3 ① (가)는 1란성 쌍둥이이고, (나)는 2란성 쌍둥이이다.
② 1란성 쌍둥이(가)는 유전자 구성이 서로 같으므로 성별과 혈액형이 항상 같다.
③ 2란성 쌍둥이(나)는 유전자 구성이 서로 다르므로 성별과 혈액형이 같을 수도 있고 다를 수도 있다.
④ 1란성 쌍둥이(가)는 난자 1개와 정자 1개가 수정된 하나의 수정란이 발생 초기에 분리되어 각각 발생한 것이다.
⑤ 1란성 쌍둥이(가)는 환경의 영향으로 형질 차이가 나타나고, 2란성 쌍둥이(나)는 유전과 환경의 영향으로 형질 차이가 나타난다.

4

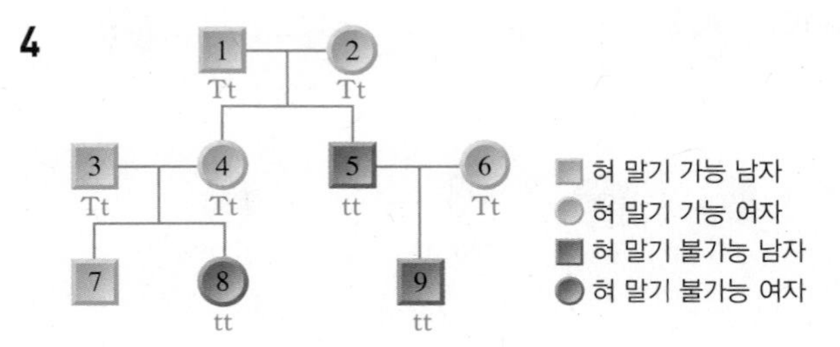

① 혀 말기가 가능한 부모 1과 2 사이에서 혀 말기가 불가능한 자녀 5가 태어난 것으로 보아 혀 말기가 가능한 형질은 혀 말기가 불가능한 형질에 대해 우성으로 유전된다.
② 3은 자녀 8에게 열성 유전자 t를 물려주었으므로 3의 유전자형은 Tt이다.
③ 열성 형질인 9는 부모 5와 6으로부터 열성 유전자 t를 각각 하나씩 물려받았다.
④ 우성 형질인 사람 중 열성 형질인 자녀가 있는 1, 2, 3, 4, 6은 자녀에게 열성 유전자 t를 물려주었으므로 유전자형이 Tt인 것이 확실하다. 그러나 7은 유전자형이 TT인지, Tt인지 확실하지 않다. 따라서 유전자형이 Tt인 것이 확실한 사람은 5명이다.
⑤ Tt(3)×Tt(4) → TT, Tt, Tt, tt이므로 3과 4 사이에서 자녀가 한 명 더 태어날 때 혀 말기가 불가능할(tt) 확률은 $\frac{1}{4}\times100=25\,\%$이다.

[5~6]

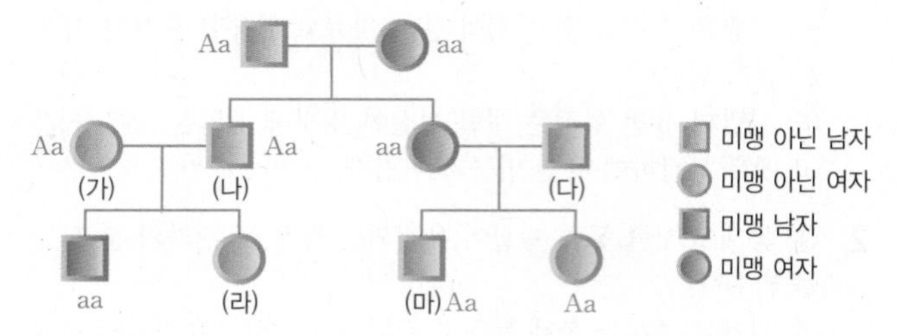

5 미맹이 아닌 부모 사이에서 미맹인 자녀가 태어난 경우 부모는 모두 미맹 유전자를 한 개씩 갖는데, (가)와 (나)의 자녀 중에 미맹이 있으므로 (가)와 (나)의 유전자형은 Aa이다. 그리고 부모 중 한 명이 미맹이면 자녀는 모두 미맹 유전자를 갖는데, (마)의 어머니가 미맹이므로 (마)의 유전자형은 Aa이다. (다)와 (라)는 이 가계도만으로는 유전자형이 AA인지, Aa인지 확실하게 알 수 없다.

6 (마)의 유전자형은 Aa이므로 (마)가 미맹인 여자(aa)와 결혼하여 자녀를 낳았을 때 Aa, aa인 자녀가 태어날 수 있다. 따라서 자녀가 미맹(aa)일 확률은 $\frac{1}{2}\times100=50\,\%$이다.

7 ③ ABO식 혈액형의 표현형은 A형, B형, AB형, O형으로 4가지이고, ABO식 혈액형의 유전자형은 AA, AO, BB, BO, AB, OO로 6가지이다.
④ 유전자 A와 B 사이에는 우열 관계가 없고, 유전자 A와 B는 유전자 O에 대해 우성이다(A=B>O).
⑤ 부모의 유전자형이 모두 AO인 경우 AO×AO → AA, AO, OO이므로, 부모가 모두 A형이어도 O형의 자녀가 태어날 수 있다.

[8~10]

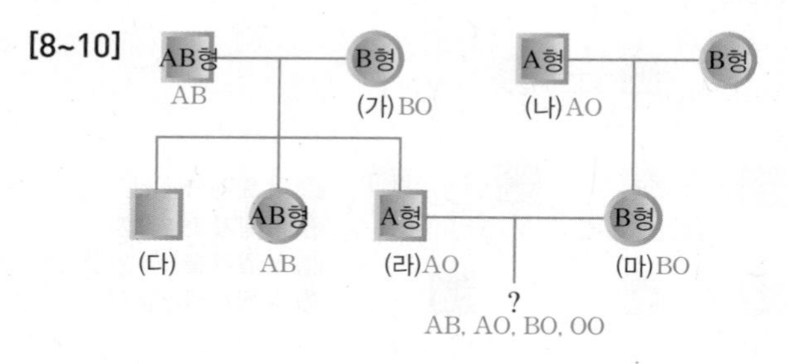

8 (가)는 B형이므로 유전자형이 BB 또는 BO인데, A형인 자녀가 태어났으므로 (가)의 유전자형은 BO이다. (나)는 A형이므로 유전자형이 AA 또는 AO인데, B형인 자녀가 태어났으므로 (나)의 유전자형은 AO이다.

9 AB×BO(가) → AB, AO, BB, BO이므로, B형(BB, BO)인 자녀가 태어날 확률은 $\frac{1}{2}\times100=50\,\%$이다.

10 (라)의 유전자형은 AO이고 (마)의 유전자형은 BO이다. 따라서 AO×BO → AB, AO, BO, OO이므로, (라)와 (마) 사이에서 나올 수 있는 자녀의 ABO식 혈액형은 AB형, A형, B형, O형이다.

11 ①, ②, ③ 적록 색맹 유전자는 성염색체인 X 염색체에 있으며 정상 유전자에 대해 열성이다. 따라서 적록 색맹은 여자보다 남자에게 더 많이 나타난다.
④ 아버지가 적록 색맹(X′Y)이어도 어머니가 정상(XX)이면 정상인 딸(XX′)이 태어난다. X′Y×XX → XX′, XX′, XY, XY
⑤ 어머니가 적록 색맹(X′X′)이면 아들은 모두 적록 색맹(X′Y)이 된다. XY×X′X′ → XX′, XX′, X′Y, X′Y

[12~13]

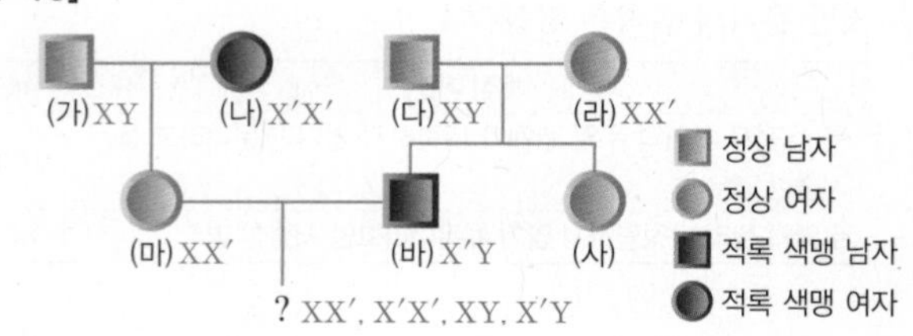

12 ① (다)는 정상인 남자이므로 유전자형이 XY이고, (라)는 (바)에게 적록 색맹 유전자(X′)를 물려주었으므로 유전자형이 XX′이다.
② (마)는 정상이지만 (나)로부터 적록 색맹 유전자(X′)를 물려받았으므로 보인자(XX′)이다.
③ (사)는 유전자형이 XX인지 XX′인지 확실하지 않다. 즉, 적록 색맹 유전자(X′)를 가지고 있는 것이 확실하지 않다.
④ 적록 색맹 유전자는 X 염색체에 있으므로 아들은 어머니로부터 적록 색맹 유전자를 물려받게 된다. 따라서 (바)는 (라)로부터 적록 색맹 유전자(X′)를 물려받았다.
⑤ XX′(마)×X′Y(바) → XX′, X′X′, XY, X′Y이므로, (마)와 (바) 사이에서 적록 색맹인 딸(X′X′)이 태어날 수 있다.

13 적록 색맹 유전자는 X 염색체에 있으므로 아들의 적록 색맹 유전자는 어머니(마)로부터 물려받은 것이다. 그리고 어머니(마)의 적록 색맹 유전자는 적록 색맹인 외할머니(나)로부터 물려받은 것이다. 따라서 적록 색맹 유전자는 외할머니(나) → 어머니(마) → 아들로 전달되었다.

14

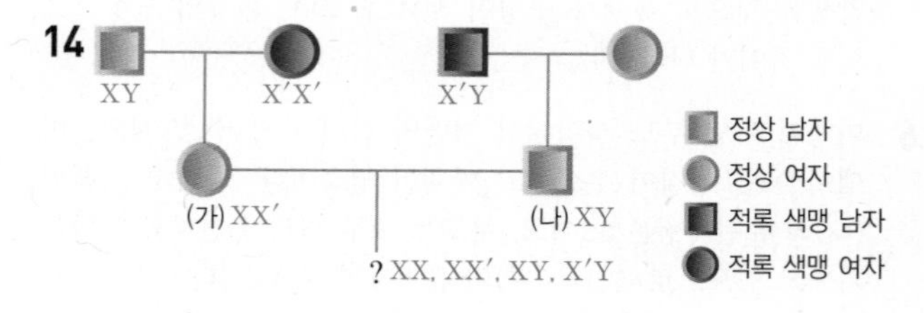

(가)는 적록 색맹인 어머니로부터 적록 색맹 유전자(X')를 물려받았으므로 유전자형이 XX'이고, (나)는 정상인 남자이므로 유전자형이 XY이다.
XX'(가)$\times XY$(나) $\rightarrow$ XX, XX', XY, $X'Y$이므로, (가)와 (나) 사이에서 아들(XY, $X'Y$)이 태어났을 경우, 이 아들이 적록 색맹($X'Y$)일 확률은 $\frac{1}{2}\times100=50\ \%$이다.

15 사람의 유전 연구 방법 중 ①은 가계도 조사, ②는 염색체와 DNA 분석, ④는 통계 조사, ⑤는 쌍둥이 연구이다.
③ 사람은 완두와 달리 인위적으로 교배 실험을 하여 유전 연구를 할 수 없다.

16 ㄱ. 유전자 구성이 같은 1란성 쌍둥이의 경우 함께 자란 경우보다 따로 자란 경우 몸무게의 형질이 일치하는 정도가 낮았다. 따라서 몸무게는 환경의 영향을 받는다는 것을 알 수 있다.
ㄴ. 유전자 구성이 같은 1란성 쌍둥이의 경우 함께 자란 경우와 따로 자란 경우 모두 ABO식 혈액형의 형질이 일치하는 정도가 1이므로 ABO식 혈액형은 환경의 영향을 받지 않는다는 것을 알 수 있다. 또한, 2란성 쌍둥이의 경우 함께 자란 경우에도 ABO식 혈액형의 형질이 일치하는 정도가 낮았다.
ㄷ. 1란성 쌍둥이는 유전자 구성이 서로 같으므로, 1란성 쌍둥이에서 형질 차이가 나타나는 것은 환경의 영향 때문이다. 즉, 1란성 쌍둥이의 몸무게가 서로 다른 것은 환경의 영향 때문이다.

17 ① 미맹 유전자는 상염색체에 있다.
③ 미맹은 남녀에 따라 형질이 나타나는 빈도에 차이가 없다.
④ 미맹은 대립 형질이 비교적 명확하게 구분된다.
⑤ 미맹은 한 쌍의 대립유전자에 의해 형질이 결정된다.

18 귓불 모양이 분리형인 부모 사이에서 귓불 모양이 부착형인 자녀가 태어났다. 따라서 부착형이 열성이고, 부착형인 지영의 유전자형은 ee이다. 그리고 분리형인 부모는 부착형 유전자 e를 하나씩 가지고 있으므로 부모의 유전자형은 모두 Ee이다.

19

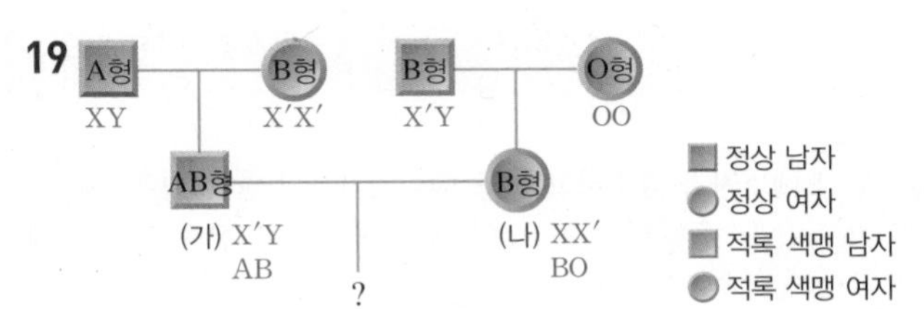

적록 색맹 유전의 경우 (가)는 적록 색맹인 남자이므로 유전자형이 $X'Y$이고, (나)는 적록 색맹인 아버지로부터 적록 색맹 유전자(X')를 물려받았으므로 유전자형이 XX'이다. ABO식 혈액형 유전의 경우 (가)는 AB형이므로 유전자형이 AB이고, (나)는 B형이므로 유전자형이 BB 또는 BO인데, 어머니로부터 유전자 O를 물려받았으므로 유전자형이 BO이다. 따라서 (가)와 (나) 사이에서 자녀가 태어날 때 $X'Y$(가)$\times XX'$(나) $\rightarrow$ XX', $\underline{X'X'}$, XY, $\underline{X'Y}$이고, AB(가)$\times$BO(나) $\rightarrow$ $\underline{AB}$, AO, BB, BO이므로, 적록 색맹이면서 AB형인 자녀가 태어날 확률은 $\frac{1}{2}$(적록 색맹일 확률)$\times\frac{1}{4}$(AB형일 확률)$=\frac{1}{8}$이다.

20 ① 딸(가)이 열성인 유전병인데 아버지가 정상인 것으로 보아 유전병 유전자는 상염색체에 있다. X 염색체에 유전병 유전자가 있는 경우 딸이 유전병이면 아버지는 반드시 유전병이다.
② 정상인 부모 사이에서 유전병인 자녀가 태어났으므로 유전병 유전자는 정상 유전자에 대해 열성이다.
③ 유전병 유전자가 상염색체에 있으므로 남녀에 따라 유전병이 나타나는 빈도에 차이가 없다.
④ (가)의 부모는 (가)에게 유전병 유전자를 하나씩 물려주었으므로 부모 모두 유전병 유전자를 하나씩 가지고 있다.
⑤ 우성 유전자를 D, 열성 유전자를 d라고 하면 (가)의 부모의 유전자형은 모두 Dd이므로 Dd$\times$Dd $\rightarrow$ DD, Dd, Dd, dd가 된다. 따라서 (가)의 동생이 태어날 때 정상(DD, Dd)일 확률은 $\frac{3}{4}\times100=75\ \%$이다.

21 ④ 적록 색맹 유전자는 성염색체인 X 염색체에 있다.

22 O형인 자녀가 태어났으므로 (가)는 유전자 O를 가지고, A형과의 사이에서 B형인 자녀가 태어났으므로 (가)는 유전자 B를 가진다. 따라서 (가)의 유전자형은 BO이며, 대립유전자는 상동 염색체의 같은 위치에 하나씩 존재한다.

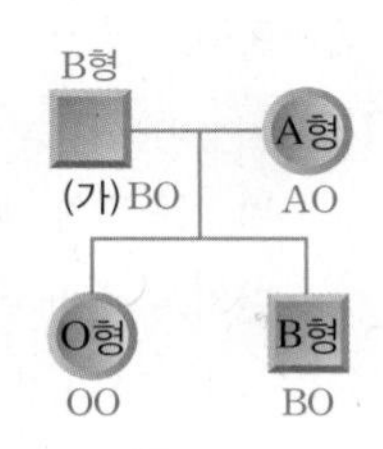

23 **| 모범 답안 |** 한 세대가 길다. 자손의 수가 적다. 대립 형질이 복잡하다. 환경의 영향을 많이 받는다. 교배 실험이 불가능하다. 중 세 가지
| 해설 | 사람은 자손의 수가 적어 통계 처리가 어렵다.

채점 기준	배점
까닭을 세 가지 모두 옳게 서술한 경우	100 %
까닭을 두 가지만 옳게 서술한 경우	70 %
까닭을 한 가지만 옳게 서술한 경우	40 %

24 **| 모범 답안 |** (1) 우성 형질
(2) 주근깨가 있는 부모 사이에서 주근깨가 없는 자녀가 태어났기 때문이다.

	채점 기준	배점
(1)	우성 형질이라고 옳게 쓴 경우	40 %
(2)	까닭을 옳게 서술한 경우 부모에게서 없던 형질이 자녀에게서 나타나면 부모의 형질이 우성이기 때문이라고 서술한 경우에도 정답 인정	60 %

25 **| 모범 답안 |** 적록 색맹 유전자는 X 염색체에 있고 열성으로 유전되므로, 성염색체 구성이 XY인 남자는 적록 색맹 유전자가 1개만 있어도 적록 색맹이 되지만, 성염색체 구성이 XX인 여자는 2개의 X 염색체에 모두 적록 색맹 유전자가 있어야 적록 색맹이 되기 때문이다.

채점 기준	배점
까닭을 옳게 서술한 경우	100 %
적록 색맹 유전자가 X 염색체에 있고 열성으로 유전되기 때문이라고만 서술한 경우	80 %

01 역학적 에너지 전환과 보존

개념 확인하기 p. 33

1 역학적, 운동 2 (1) ○ (2) × (3) × 3 운동, 위치 4 위치, 역학적 5 98 J 6 24.5 J 7 B점 8 A → B 구간 9 B점 10 위치 에너지 → 운동 에너지

2 (2) 물체가 낙하하면 물체의 높이가 낮아지므로 물체의 위치 에너지는 감소한다.
(3) 공기 저항을 무시할 때 물체가 낙하하는 동안 물체의 역학적 에너지는 일정하게 보존된다.

5 $9.8mh=(9.8\times5)\text{N}\times2\text{ m}=98\text{ J}$

6 최고점에서 공의 속력은 0이므로 최고점에서 공의 역학적 에너지는 위치 에너지와 같다. 최고점에서의 위치 에너지는 공을 던지는 순간 운동 에너지와 같으므로 $\frac{1}{2}\times1\text{ kg}\times(7\text{ m/s})^2=24.5\text{ J}$이다.

7 롤러코스터의 높이가 가장 낮은 곳에서 운동 에너지가 가장 크다.

8 위에서 아래로 내려갈 때 위치 에너지가 운동 에너지로 전환된다.

9 추의 높이가 가장 낮은 곳에서 운동 에너지가 가장 크다.

10 높이가 낮아질 때 위치 에너지가 운동 에너지로 전환된다.

내공 쌓는 족집게 문제 p. 34~35

1 ①, ④ 2 ③ 3 ② 4 10 m 5 ⑤ 6 ③ 7 102 J 8 ⑤ 9 ③ 10 ⑤ 11 ② 12 ② 13 107 J
[서술형 문제 14] 해설 참조

1 ① A점은 가장 높은 지점이므로 위치 에너지도 가장 크다.
② 처음 높이의 절반인 지점을 지날 때 위치 에너지와 운동 에너지가 서로 같다. B점에서는 위치 에너지가 운동 에너지보다 더 크다.
③ 가장 낮은 지점인 D점에서 운동 에너지가 가장 크다.
④ 물체가 낙하할 때 위치 에너지가 운동 에너지로 전환된다.
⑤ 공기 저항을 무시할 때 각 지점에서의 역학적 에너지는 일정하게 보존된다.

2 역학적 에너지는 보존되므로 물체가 지면에 닿는 순간의 운동 에너지는 최고점에서의 위치 에너지와 같다.
따라서 $(9.8\times4)\text{N}\times2.5\text{ m}=\frac{1}{2}\times4\text{ kg}\times v^2$에서 $v=7\text{ m/s}$이다.

3 • 2 m 지점에서 위치 에너지$=9.8m\times2$
• 2 m 지점에서 운동 에너지$=$감소한 위치 에너지
$=9.8m\times(10-2)$
$=9.8m\times8$
따라서 위치 에너지 : 운동 에너지=2 : 8=1 : 4이다.

4 역학적 에너지는 보존되므로 물체를 던지는 순간 운동 에너지는 최고점에서 위치 에너지와 같다. 따라서 $\frac{1}{2}mv^2=9.8mh$이므로 $\frac{1}{2}\times2\text{ kg}\times(14\text{ m/s})^2=(9.8\times2)\text{N}\times h$에서 물체가 올라갈 수 있는 최고 높이는 $h=10\text{ m}$이다.

5 ① 높이가 가장 높은 A점에서 위치 에너지가 최대이다.
② 감소한 위치 에너지만큼 운동 에너지가 증가하므로 높이가 가장 낮은 C점에서 운동 에너지가 최대이다.
③ 마찰과 공기 저항을 무시할 때 각 점에서의 역학적 에너지는 일정하게 보존된다.
④ BC 구간에서는 높이가 낮아지므로 위치 에너지가 운동 에너지로 전환된다.
⑤ 역학적 에너지가 일정하므로 감소한 운동 에너지의 양만큼 위치 에너지가 증가한다.

6 ① 진자의 높이는 A, B점에서 높으므로 위치 에너지는 A, B점에서 최대이다.
② A점에서 O점으로 이동할 때 진자의 높이가 낮아지므로 위치 에너지는 감소하고 운동 에너지는 증가한다.
③ O점에서 위치 에너지는 최소(0)이고, 운동 에너지는 최대이다.
④ 공기 저항을 무시할 때, 역학적 에너지가 보존되므로 A, O, B점에서 역학적 에너지는 모두 같다.
⑤ O점에서 B점으로 이동할 때 높이가 높아지므로 운동 에너지는 감소하고 위치 에너지는 증가한다.

7 역학적 에너지=위치 에너지+운동 에너지
$=(9.8\times2)\text{N}\times5\text{ m}+\frac{1}{2}\times2\text{ kg}\times(2\text{ m/s})^2$
$=102\text{ J}$

8 위치 에너지가 감소하고 운동 에너지가 증가하는 경우는 위치가 높은 곳에서 낮은 곳으로 속력이 빨라지는 운동을 하는 경우이다.
①, ②, ③ 위치가 낮은 곳에서 높은 곳으로 운동하므로 위치에너지가 증가한다.
④ 위치 에너지는 일정하고, 운동 에너지는 알 수 없다.

9 2 m 높이에서 운동 에너지
=낙하하는 동안 감소한 위치 에너지
$=(9.8\times2)\text{N}\times(8-2)\text{m}=117.6\text{ J}$

10 ① A점에서는 정지해 있으므로 운동 에너지는 0이다. 따라서 민수는 위치 에너지만 가지고 있다.
② C점이 기준면이므로 위치 에너지가 0이다. 따라서 민수는 운동 에너지만 가지고 있다.

③ A점에서 C점으로 이동할 때 높이가 낮아지므로 위치 에너지가 운동 에너지로 전환된다.
⑤ 마찰을 무시할 때 역학적 에너지는 보존되므로 위치에 관계없이 역학적 에너지는 모두 같다.

11 운동 에너지가 위치 에너지로 전환될 때는 위치가 낮은 곳에서 높은 곳으로 운동하는 경우이다.

12 • 위치 에너지=$9.8m \times h$
• 운동 에너지=감소한 위치 에너지=$9.8m \times (20-h)$
• 위치 에너지 : 운동 에너지=$9.8m \times h : 9.8m \times (20-h)$
$=1:3$
따라서 운동 에너지가 위치 에너지의 3배인 높이는 $h=5$ m이다.

13 지면에 닿는 순간의 역학적 에너지
=던진 순간의 역학적 에너지
$=(9.8\times2)\text{N}\times5\text{ m}+\frac{1}{2}\times2\text{ kg}\times(3\text{ m/s})^2=107\text{ J}$

서술형 문제

14 **| 모범 답안 |** (1) 위치 에너지는 공의 높이에 비례하고, 운동 에너지는 공이 감소한 높이에 비례한다. 따라서 위치 에너지 : 운동 에너지=5 m : (10−5)m=1 : 1이다.
(2) 위치 에너지가 운동 에너지로 전환되므로 바닥에 도달하는 순간의 운동 에너지는 처음의 위치 에너지와 같다.
따라서 $(9.8\times1)\text{N}\times10\text{ m}=98\text{ J}$이다.

	채점 기준	배점
(1)	운동 에너지와 위치 에너지의 비를 풀이 과정과 함께 옳게 구한 경우	50 %
	풀이 과정 없이 에너지의 비만 옳게 구한 경우	25 %
(2)	운동 에너지를 풀이 과정과 함께 옳게 구한 경우	50 %
	풀이 과정 없이 운동 에너지만 옳게 구한 경우	25 %

02 전기 에너지의 발생과 전환

개념 확인하기 p. 38

1 전자기 유도 2 (1) ○ (2) × (3) ○ 3 역학적, 전기
4 화력 5 (1) ㉢ (2) ㉡ (3) ㉠ 6 100 W 7 220 Wh
8 (1) 빛 (2) 화학 (3) 열 9 에너지 보존 10 (1) × (2) ○ (3) ×

2 (1) 자석에 코일을 가까이 또는 멀리 할 때 코일을 통과하는 자기장이 변하여 코일에 유도 전류가 흐른다.
(2) 자석을 코일 속에 넣고 가만히 있으면 코일을 통과하는 자기장이 변하지 않으므로 코일에 유도 전류가 흐르지 않는다.
(3) 코일을 움직여 자석에 가까이 하면 코일을 통과하는 자기장이 변하여 코일에 유도 전류가 흐른다.

6 소비 전력$=\frac{\text{전기 에너지}}{\text{시간}}=\frac{6000\text{ J}}{(1\times60)\text{s}}=100\text{ W}$

7 전력량=소비 전력×시간=110 W×2 h=220 Wh

10 (1) 공기 저항이나 마찰이 있을 때는 역학적 에너지가 보존되지 않는다.
(3) 에너지의 총량은 보존되지만, 에너지 전환 과정에서 일부는 다시 사용할 수 없는 열에너지의 형태로 전환되므로 우리가 유용하게 사용할 수 있는 에너지가 점점 부족해지기 때문에 에너지를 절약해야 한다.

내공 쌓는 족집게 문제 p. 39~43

1 ④ 2 ⑤ 3 ③ 4 ④ 5 ④ 6 ③, ⑤ 7 ③ 8 ⑤
9 ②, ④ 10 ④ 11 ② 12 ⑤ 13 ② 14 ②, ③
15 ②, ④ 16 ③ 17 ㉠ 화학, ㉡ 역학적 18 ③ 19 ②
20 ① 21 ① 22 ② 23 ⑤ 24 ⑤ 25 ③
[서술형 문제 26~28] 해설 참조

1 코일 주위에서 자석을 움직여 코일을 통과하는 자기장이 변하면 코일에 유도 전류가 흐른다.
④ 센 자석이라도 자석을 코일 속에 넣어 두면 코일을 통과하는 자기장이 변하지 않으므로 유도 전류가 흐르지 않는다.

2 ① 코일 주위에서 자석을 움직여 코일을 통과하는 자기장이 변하므로 코일에 유도 전류가 흐른다. 따라서 검류계의 바늘이 움직인다.
② 자석의 극을 반대로 하면 유도 전류의 방향이 바뀐다.
③ 자석을 빠르게 움직일수록 센 유도 전류가 흐르므로 검류계 바늘의 움직임이 커진다.
④ 자석 두 개를 묶어서 실험하면 센 유도 전류가 흐르므로 검류계 바늘의 움직임이 커진다.
⑤ 자석을 가까이 할 때와 멀리 할 때 검류계의 바늘은 서로 반대 방향으로 움직인다.

3 ③ 자석을 코일 속에 넣어 두면 코일을 통과하는 자기장이 변하지 않으므로 유도 전류가 흐르지 않는다.

4 ① 자석을 빠르게 흔들수록 센 유도 전류가 흐르므로 불빛이 밝아진다.
② 센 자석을 사용할수록 센 유도 전류가 흐르므로 불빛이 밝아진다.
③ 코일의 감은 수가 많을수록 센 유도 전류가 흐르므로 불빛이 밝아진다.
④ 코일을 통과하는 자기장이 변할 때만 유도 전류가 흐른다. 아주 세게 흔들더라도 멈추면 코일을 통과하는 자기장이 변하지 않으므로 발광 다이오드에는 불이 켜지지 않는다.

⑤ 자석을 흔드는 동안 자석을 움직이는 방향에 따라 전류의 방향이 바뀐다. 발광 다이오드에는 전류가 한쪽 방향으로만 흐르므로 흔드는 동안 코일에 전류가 흘렀다가 안 흘렀다를 반복한다. 따라서 발광 다이오드의 불빛이 깜빡인다.

5 ㄱ, ㄷ, ㄹ, ㅁ. 전자기 유도 현상을 이용한 장치로는 발전기, 마이크, 도난 방지 장치, 교통 카드 판독기 등이 있다.
ㄴ, ㅂ. 전동기와 세탁기는 전류가 흐를 때 자기장 속에서 코일이 받는 힘의 원리를 이용한 장치이다.

6 ① 발전기는 영구 자석 사이에서 코일이 회전할 때 전류가 흐르므로 전자기 유도를 이용한 장치이다.
② 발전기에서는 역학적 에너지가 전기 에너지로 전환된다.
③ 전동기는 코일에 전류가 흐르면 코일이 자석의 자기장에 의해 힘을 받아 회전하는 장치이다.
⑤ 자석의 극을 반대로 하면 전류의 방향이 바뀔 뿐 유도 전류의 세기가 세지지 않는다.

7 ③ 세탁기에서는 전기 에너지가 운동 에너지 등으로 전환된다.

8 ⑤ 배터리를 충전할 때 전기 에너지가 화학 에너지로 전환된다.

9 ② 전력량은 일정 시간(시간) 동안 사용한 전기 에너지의 양이다.
③ 전력량=소비 전력×시간이므로 전력량의 단위로 Wh(와트시), kWh(킬로와트시)를 사용한다.
④ 소비 전력은 1초 동안 전기 기구가 소모하는 전기 에너지의 양이므로 전기 기구를 사용한 시간과는 관계없다.
⑤ 1 Wh는 1초 동안 소비하는 전기 에너지가 1 J인 전기 기구를 1시간 동안 사용했을 때의 전력량이다. 1시간은 3600초이므로 1시간 동안 소비하는 전기 에너지는 3600 J이다. 따라서 1Wh는 3600 J의 전기 에너지를 사용한 양과 같다.

10 전력량(Wh)=소비 전력(W)×시간(h)
청소기를 사용할 때의 전력량=150 W×2 h=300 Wh
텔레비전을 사용할 때의 전력량=200 W×3.5 h=700 Wh
총 전력량=300 Wh+700 Wh=1000 Wh

11 전력량(Wh)=소비 전력(W)×시간(h)
(가) 전력량=60 W×10 h=600 Wh
(나) 전력량=150 W×0.5 h=75 Wh
(다) 전력량=500 W×1 h=500 Wh
(라) 전력량=1200 W×$\frac{1}{6}$ h=200 Wh

12 ②, ③ 전구는 1초에 40 J의 전기 에너지를 소비하므로 100초 동안에는 4000 J=4 kJ의 전기 에너지를 소비하고, 1시간(=3600초) 동안에는 40 J×3600 s=144000 J의 전기 에너지를 소비한다.
④ 전력량=소비 전력×시간이므로 1시간 동안 전구가 소비한 전력량은 40 W×1 h=40 Wh이다.
⑤ 정격 전압인 220 V에 연결할 때 소비 전력이 40 W이므로 110 V에 연결하면 소비 전력이 달라진다.

13 ② 건전지에서는 화학 에너지가 전기 에너지로 전환된다.

14 ②, ③ 공이 가진 역학적 에너지의 일부가 공기 저항이나 바닥과의 충돌에 의해 열에너지, 소리 에너지 등으로 전환되므로 역학적 에너지는 감소하지만 에너지의 총량은 보존된다.

15 ① 자석의 극을 반대로 하면 전류의 방향이 바뀔 뿐 유도 전류의 세기와는 관계없다.
②, ④ 코일 주위에서 강한 자석을 움직일수록, 코일의 감은 수가 많을수록, 자석을 빠르게 움직일수록 센 전류가 유도된다.
⑤ 자석을 코일 속에 넣어 두면 자기장의 변화가 없으므로 유도 전류가 흐르지 않는다.

16 풍력 발전기는 전자기 유도 원리를 이용한 장치이다.
③ 선풍기는 코일에 전류가 흐를 때 코일이 자석의 자기장에 의해 힘을 받아 회전하는 원리를 이용한 장치이다.

17 화력 발전소에서는 화석 연료를 태워 물을 끓일 때 화석 연료의 화학 에너지가 수증기의 열에너지로 전환된다. 이때 발생한 수증기의 힘으로 발전기를 회전시켜 전기 에너지를 생산하므로 발전기에서는 역학적 에너지가 전기 에너지로 전환된다.

18 ① (가)는 전동기, (나)는 발전기의 구조를 나타낸 것이다.
② 코일을 통과하는 자기장이 변하여 발생하는 유도 전류를 이용한 장치는 (나)의 발전기이다.
③ (나)의 발전기는 전자기 유도 현상을 이용한 장치이다.
④ 자기장에서 전류가 흐르는 도선이 받는 힘을 이용하여 코일이 회전하는 장치는 (가)의 전동기이다.
⑤ 전동기와 발전기는 구조가 비슷하지만 에너지 전환이 반대인 장치이다.

19 ② 에너지 전환 과정에서 일부는 다시 사용할 수 없는 열에너지의 형태로 전환되기 때문에 우리가 사용할 수 있는 유용한 형태의 에너지는 점점 감소한다. 따라서 무한정 사용할 수 없다.

20 선풍기 1대가 소비한 전기 에너지는 36000 J이다.
따라서 소비 전력=$\frac{36000\ \text{J}}{1\ \text{h}}=\frac{36000\ \text{J}}{3600\ \text{s}}$=10 W이다.

21 ㄱ. 정격 전압에 연결했을 때 소비 전력은 (가)에서 20 W, (나)에서 50 W이므로 (나)가 (가)보다 크다.
ㄴ. 소비 전력이 클수록 단위 시간당 사용하는 전기 에너지가 많다. 같은 시간 동안 전구를 사용할 때 전기 에너지를 더 많이 소모하는 전구는 소비 전력이 큰 (나)이다.
ㄷ. 두 전구의 밝기가 같을 때, 소비한 에너지가 적을수록 에너지 효율이 좋다. 따라서 에너지 효율이 좋은 전구는 소비 전력이 작은 (가)이다.

22 손실된 역학적 에너지
=처음 위치 에너지−나중 운동 에너지
$=(9.8\times10)\text{N}\times5\ \text{m}-\frac{1}{2}\times10\ \text{kg}\times(8\ \text{m/s})^2$
=490 J−320 J=170 J

23 전력량(Wh)=소비 전력(W)×시간(h)
전구 : 20 W×5 h×5개=500 Wh
텔레비전 : 200 W×2 h×1대=400 Wh
냉장고 : 100 W×24 h×1대=2400 Wh
세탁기 : 300 W×1 h×1대=300 Wh
헤어드라이어 : 1600 W×0.5 h×1개=800 Wh
전체 전력량=500 Wh+400 Wh+2400 Wh+300 Wh +800 Wh=4400 Wh

24 하루 동안 사용한 전력량이 4400 Wh이므로 한 달(30일) 동안 전력량은 4400 Wh×30=132000 Wh=132 kWh이다. 전기 요금이 1 kWh당 100원이므로 전기 요금은 132 kWh ×100원/kWh=13200원이다.

25 ㄱ. (가)에서 10초 동안 사용한 에너지의 총량은 100 J+100 J=200 J이다. 따라서 소비 전력은 $\frac{200\ \text{J}}{10\ \text{s}}$=20 W이다.
ㄴ. (나)에서 10초 동안 사용한 에너지의 총량은 100 J+20 J =120 J이므로 소비 전력은 $\frac{120\ \text{J}}{10\ \text{s}}$=12 W이다. 따라서 소비 전력은 (가)가 (나)보다 크다.
ㄷ. 같은 밝기를 내는 데 (나)가 더 적은 에너지를 소비하므로 에너지 효율은 (나)가 (가)보다 좋다.

서술형 문제

26 | 모범 답안 | 발광 다이오드에 불이 켜지지 않는다. 자석이 정지해 있으므로 코일을 통과하는 자기장의 변화가 없어 유도 전류가 흐르지 않기 때문이다.

채점 기준	배점
발광 다이오드의 불이 켜지지 않는다라고 쓰고, 그 까닭을 옳게 서술한 경우	100 %
발광 다이오드의 불이 켜지지 않는다라고만 서술한 경우	40 %

27 | 모범 답안 | (1) 4000 Wh
(2) 하루 동안 사용한 전력량은 4000 Wh이므로 30일 동안 사용한 전력량=4000 Wh×30=120000 Wh=120 kWh이다. 1 kWh당 전기 요금이 100원이므로 전기 요금=120 kWh×100원/kWh=12000원이다.
| 해설 | (1) 전력량=소비 전력×시간=2000 W×2 h=4000 Wh

	채점 기준	배점
(1)	전력량을 옳게 쓴 경우	40 %
(2)	전기 요금을 풀이 과정과 함께 옳게 구한 경우	60 %
	풀이 과정 없이 전기 요금만 옳게 구한 경우	30 %

28 | 모범 답안 | 공이 가진 역학적 에너지의 일부가 공기 저항이나 바닥과의 충돌에 의해 열에너지, 소리 에너지 등으로 전환된다. 따라서 역학적 에너지가 점점 줄어들므로 공이 튀어 오르는 높이도 점점 낮아진다.

채점 기준	배점
역학적 에너지의 일부가 열에너지, 소리 에너지 등으로 전환되어 줄어들기 때문이라고 서술한 경우	100 %
역학적 에너지가 줄어든다고만 서술한 경우	50 %

Ⅶ 별과 우주

01 별

개념 확인하기 p. 46

1 시차, 작아 2 1″ 3 1 pc 4 가까울수록 5 1 6 D
7 B 8 D, B 9 베텔게우스 10 리겔

2 별 S의 시차는 2″이고, 연주 시차는 시차의 $\frac{1}{2}$이므로 1″이다.

3 연주 시차가 1″인 별까지의 거리를 1 pc이라고 하며, 별 S의 연주 시차가 1″이므로 별 S까지의 거리는 1 pc이다.

6 맨눈으로 보이는 별의 밝기를 나타낸 것은 겉보기 등급이고, 등급의 숫자가 작을수록 밝은 별이다. 따라서 우리 눈에 가장 밝게 보이는 별은 겉보기 등급이 가장 작은 D이다.

7 별을 같은 거리(10 pc)에 두었을 때 별의 밝기, 즉 별의 실제 밝기를 나타낸 것은 절대 등급이다. 따라서 실제로 가장 밝은 별은 절대 등급이 가장 작은 B이다.

8 별까지의 거리가 멀수록 (겉보기 등급－절대 등급) 값이 커진다. (겉보기 등급－절대 등급) 값은 A가 2, B가 5, C가 0, D가 －7이므로 지구에서 가장 가까이 있는 별은 D이고, 지구에서 가장 멀리 있는 별은 B이다.

9 표면 온도를 비교하면, 베텔게우스<태양<견우성<리겔이다.

내공 쌓는 족집게 문제 p. 47~51

1 ② 2 ① 3 ③ 4 ⑤ 5 ③ 6 ④ 7 ③ 8 ④
9 ④ 10 ①, ④ 11 ⑤ 12 ③ 13 ⑤ 14 ⑤ 15 ④
16 ① 17 ④ 18 ③ 19 ② 20 ④ 21 ① 22 ④
23 ⑤ 24 ⑤ 25 D－B－A－E－C
[서술형 문제 26~29] 해설 참조

1 관측자가 양쪽 눈을 한쪽씩 번갈아 감으면서 연필 끝의 위치 변화를 관찰하는 것은 시차를 측정하기 위한 실험이다. 관측자와 물체 사이의 거리가 멀어질수록 시차는 작아지므로, 이를 통해 물체까지의 거리를 측정할 수 있다.

2 별의 연주 시차는 지구에서 6개월 간격으로 별을 관측할 때 나타나는 시차의 $\frac{1}{2}$이다. 별 S의 시차가 0.5″이므로 연주 시차는 0.5″×$\frac{1}{2}$=0.25″이다.

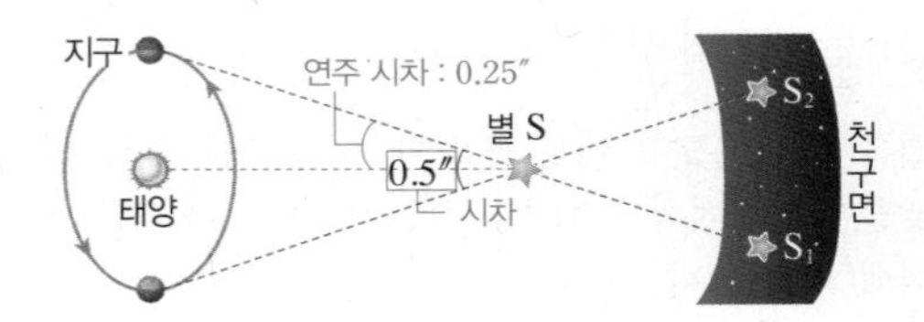

3 ① 연주 시차가 1″인 별까지의 거리가 1 pc이다. 별 S의 연주 시차는 0.25″이므로 1 pc보다 멀리 있다$\left(\frac{1}{0.25''}=4\text{ pc}\right)$.
② 연주 시차를 이용하여 별까지의 거리를 알 수 있다.
④ 연주 시차와 별까지의 거리는 반비례 관계이므로 별 S보다 멀리 있는 별의 연주 시차는 별 S의 연주 시차보다 더 작게 측정된다.
⑤ 연주 시차는 매우 작기 때문에 대체로 100 pc보다 가까이 있는 별의 거리를 측정할 때 이용한다.

4 연주 시차와 별까지의 거리는 반비례 관계이므로 연주 시차가 작을수록 멀리 있는 별이다. 별 A～E 중 연주 시차가 가장 작은 별은 E이다.

5 별 S의 시차가 1″이므로 별 S의 연주 시차는 0.5″이다. 1 pc은 연주 시차가 1″인 별까지의 거리이고, 별 S의 연주 시차는 1″보다 작기 때문에 별 S까지의 거리는 1 pc보다 멀다. 10 pc은 연주 시차가 0.1″인 별까지의 거리로, 별 S의 연주 시차는 0.1″보다 크므로 10 pc보다 가까운 거리에 있다.(별까지의 거리$=\frac{1}{0.5''}=2$ pc)

6 별의 밝기는 별까지의 거리의 제곱에 반비례한다. 별까지의 거리가 A에서 B로 3배 멀어지면 별의 밝기는 $\frac{1}{9}\left(=\frac{1}{3^2}\right)$로 어두워진다.

7 ③ 6등급보다 어두운 별은 7등급, 8등급, …으로 표시한다.

8 100배의 밝기 차는 등급 차로는 5등급 차이고 밝을수록 등급 값은 작아진다. 따라서 2등급보다 100배 밝은 별은 −3등급(=2등급−5등급)이고, 2등급보다 $\frac{1}{100}$로 어두운 별은 7등급(=2등급+5등급)이다.

9 ㄱ. 별 A와 별 B가 같은 등급인 것은 겉보기 등급이므로 지구에서 보았을 때의 밝기가 같다. 별의 실제 밝기는 절대 등급으로 판단하므로 별 A와 별 B의 실제 밝기는 다르다.
ㄷ. 별 A는 별 B보다 절대 등급이 3등급 작으므로 같은 거리에 있을 때 2.5^3(≒16)배 밝게 보인다.
ㄹ. 10 pc의 거리에 있는 별은 절대 등급과 겉보기 등급이 같으므로 별 A까지의 거리는 10 pc이다.

10

별	겉보기 등급	절대 등급	겉보기 등급 −절대 등급
태양	−26.8	4.8	−31.6
데네브	1.3	−8.7	10.0
북극성	2.1	−3.7	5.8
시리우스	−1.5	1.4	−2.9
베텔게우스	0.5	−5.1	5.6

지구에서 10 pc보다 가까이 있는 별은 (겉보기 등급−절대 등급) 값이 0보다 작은 태양과 시리우스이다.

11 별은 표면 온도가 매우 높을 때 청색(C)을 띠고, 표면 온도가 낮을수록 청백색 − 백색 − 황백색(D) − 황색(B) − 주황색 − 적색(A)을 띤다.

12 연주 시차는 별까지의 거리에 반비례하므로 연주 시차가 0.8″인 별까지의 거리가 현재보다 2배 멀어지면 연주 시차는 $\frac{1}{2}$로 작아져 0.4″가 될 것이다.

13 ⑤ 연주 시차는 6개월 간격으로 측정한 별의 시차의 $\frac{1}{2}$이고, 별의 시차는 행성의 공전 궤도가 클수록 커진다. 화성의 공전 궤도는 지구의 공전 궤도보다 더 크므로 화성에서 별의 연주 시차를 측정한다면 지구에서 측정한 값보다 커질 것이다.

14 (가) 실험에서 별의 밝기에 영향을 주는 요인은 방출하는 빛의 양이고, (나) 실험에서 별의 밝기에 영향을 주는 요인은 별까지의 거리이다.
① 같은 밝기로 보이는 별일지라도 방출하는 빛의 양이 다르면 별까지의 거리는 다를 수 있다.
② 방출하는 빛의 양이 같은 별일지라도 별까지의 거리에 따라 다른 밝기로 보일 수 있다.
③ 별까지의 거리가 멀어지면 단위 면적에 도달하는 빛의 양이 감소하여 어둡게 보인다.
④ 실제 방출하는 빛의 양이 적은 별이라도 거리가 가까우면 밝게 보인다.

15 별의 밝기는 거리의 제곱에 반비례하므로 2.5배 멀어지면 밝기가 $\frac{1}{2.5^2}$로 어두워지고, 밝기 차$=2.5^{\text{등급 차}}$이므로 2등급이 커져 5등급이 된다.

16 절대 등급은 별이 10 pc의 거리에 있다고 가정했을 때의 밝기 등급이므로 100 pc 거리에 있는 별을 10 pc으로 옮기면 거리가 $\frac{1}{10}$로 가까워진다. 따라서 밝기는 10^2(=100)배 밝아지므로 5등급이 작아진 −3등급이 된다.

[17~18]

별	겉보기 등급	절대 등급	겉보기 등급 −절대 등급
폴룩스	1.16	1.10	0.06
북극성	2.10	−3.70	5.80
데네브	1.30	−8.70 실제로 가장 밝다.	10.00 가장 멀다.
시리우스	−1.50 가장 밝게 보인다.	1.40	−2.90
베텔게우스	0.50	−5.10	5.60

17 (가) 맨눈으로 보았을 때 가장 밝게 보이는 별은 겉보기 등급이 가장 작은 시리우스이고, (나) 실제로 가장 밝은 별은 절대 등급이 가장 작은 데네브이다.

18 위 별들 중 지구에서 가장 멀리 있는 별은 (겉보기 등급−절대 등급) 값이 가장 큰 데네브이다.

19 별의 색으로 알 수 있는 것은 별의 표면 온도이고, 붉은색일수록 별의 표면 온도가 낮다. 따라서 적색의 베텔게우스는 청백색의 리겔보다 표면 온도가 낮다.

20 ㄱ. 별 B의 위치는 변하지 않았으므로 6개월 동안 움직인 별은 A이고, 별 A의 시차는 0.07″+0.03″=0.1″이다. 따라서 별 A의 연주 시차는 0.05″이다.

ㄴ. 10 pc에 있는 별의 연주 시차는 0.1″이다. 별 A의 연주 시차는 0.05″로 0.1″보다 작으므로 별 A까지의 거리는 10 pc보다 멀다$\left(\frac{1}{0.05''}=20\text{ pc}\right)$.

ㄷ. 별 B의 위치가 변하지 않는 것으로 관측된 까닭은 별 A보다 먼 거리에 있어 연주 시차가 매우 작기 때문이다.

21 ② 연주 시차가 1″인 별까지의 거리는 1 pc이다.
③ 연주 시차가 클수록 별까지의 거리가 가까우므로 연주 시차가 2″인 별까지의 거리는 1 pc보다 가깝다.
④ 3.26광년은 1 pc과 같은 거리이다.
⑤ 절대 등급과 겉보기 등급이 같은 별까지의 거리는 10 pc이다.
따라서 ①~⑤ 중 가장 멀리 떨어져 있는 별은 ① 20 pc 거리에 있는 별이다.

22 별이 지구에 가까워지면 연주 시차는 커지고, 맨눈으로 보았을 때 별의 밝기가 더 밝게 보이므로 겉보기 등급이 작아진다. 절대 등급은 10 pc의 거리에 있다고 가정했을 때의 밝기이므로 변하지 않으며, 별의 색깔은 별까지의 거리와 관계없으므로 변하지 않는다.

23 ① 실제로 가장 밝은 별은 절대 등급이 가장 작은 C이다.
② 별 C는 연주 시차가 0.1″이므로 10 pc 거리에 있고, 절대 등급은 −4등급이다. 별이 10 pc의 거리에 있을 때 별의 겉보기 등급은 절대 등급과 같으므로 −4등급이다.
③ 지구에서 가장 멀리 있는 별은 연주 시차가 가장 작은 A이다.
④ 별 B의 연주 시차는 0.01″로 0.1″보다 작다. 연주 시차가 0.1″인 별까지의 거리가 10 pc이고 별까지의 거리가 멀수록 연주 시차가 작아지므로 지구에서 별 B까지의 거리는 10 pc보다 멀다$\left(\frac{1}{0.01''}=100\text{ pc}\right)$.
⑤ 별 A와 별 D는 절대 등급이 같으므로 실제 밝기는 같지만, 별까지의 거리는 별 A가 더 멀리 있으므로 맨눈으로 보았을 때 별 A가 별 D보다 어둡게 보인다.

[24~25]

별	겉보기 등급	절대 등급	색	겉보기 등급 −절대 등급
A	2.1	−3.7	적색	5.8
B	0.0	0.5	청백색 (표면 온도가 가장 높다.)	−0.5
C	0.1	−6.8 (실제로 가장 밝다.)	주황색	6.9
D	−1.5 (가장 밝게 보인다.)	1.4	백색	−2.9 (가장 가깝다.)
E	0.8	−5.5	황색	6.3

24 ㄱ. 맨눈으로 보았을 때 가장 밝게 보이는 별은 겉보기 등급이 가장 작은 D이다.
ㄴ. 별이 방출하는 빛의 양이 많을수록 별의 실제 밝기가 밝으므로 절대 등급이 작다. 따라서 별이 방출하는 빛의 양이 가장 많은 별은 절대 등급이 가장 작은 C이다.

25 별까지의 거리가 가까울수록 (겉보기 등급−절대 등급) 값이 작으므로 가까운 것부터 나열하면 D−B−A−E−C이다.

서술형 문제

26 | 모범 답안 | (1) 별까지의 거리는 연주 시차에 반비례하는데 별 (나)의 연주 시차는 별 (가)의 연주 시차보다 크므로 별 (나)까지의 거리는 별 (가)까지의 거리보다 지구에 더 가깝다.
(2) 50 pc
(3) 163년
| 해설 | (2) 별까지의 거리(pc)$=\frac{1}{\text{연주 시차}('')}=\frac{1}{0.02''}$
$=50\text{ pc}$
(3) 1 pc=3.26광년이므로 1 pc은 빛의 속도로 3.26년을 이동한 거리이다. 따라서 50 pc은 빛의 속도로 3.26×50=163년을 이동한 거리이다.

	채점 기준	배점
(1)	연주 시차를 이용하여 지구에서 별까지의 거리를 옳게 비교한 경우	40 %
	연주 시차를 이용하지 않고 별까지의 거리만 비교한 경우	20 %
(2)	별까지의 거리를 옳게 구한 경우	30 %
(3)	빛의 속도로 이동하는 데 걸리는 시간을 옳게 구한 경우	30 %

27 | 모범 답안 | • 별의 밝기가 현재보다 $\frac{1}{100}\left(=\frac{1}{10^2}\right)$로 어두워진다.
• 별의 등급은 7등급이 된다.
| 해설 | 별의 밝기는 별까지의 거리의 제곱에 반비례하므로 별의 밝기가 $\frac{1}{100}$로 어두워진다. 5등급 사이에 밝기가 100배 차이 나므로, 이 별의 등급은 5등급이 커져 7등급이 된다.

채점 기준	배점
별의 밝기와 등급의 변화를 수치를 포함하여 옳게 서술한 경우	100 %
수치를 포함하지 않고 별의 밝기가 어두워지고 별의 등급이 커진다고만 서술한 경우	50 %

28 | 모범 답안 | (1) 북극성이 태양보다 실제 밝기가 밝다.
(2) 태양이 북극성보다 지구에 훨씬 가까이 있기 때문이다.
| 해설 | (1) 절대 등급은 별이 10 pc의 거리에 있다고 가정했을 때의 밝기로, 별의 실제 밝기를 의미한다. 따라서 절대 등급이 더 작은 북극성이 태양보다 실제 밝기가 밝다.
(2) 별의 겉보기 밝기는 별까지의 거리가 멀어질수록 어두워진다. 북극성이 태양보다 실제 밝기가 더 밝은데 지구에서 어둡게 보이는 까닭은 북극성이 태양보다 별까지의 거리가 매우 멀기 때문이다.

	채점 기준	배점
(1)	북극성과 태양의 실제 밝기를 옳게 비교한 경우	50 %
(2)	태양이 더 밝게 보이는 까닭을 지구와의 거리로 옳게 서술한 경우	50 %

29 | 모범 답안 | 별의 표면 온도가 다르기 때문이다.
| 해설 | 별은 표면 온도가 높을수록 파란색(청색)을 띠고, 표면 온도가 낮을수록 붉은색(적색)을 띤다.

채점 기준	배점
별의 표면 온도로 옳게 서술한 경우	100 %
그 외의 경우	0 %

02 은하와 우주

개념 확인하기 p. 54

1 산개 성단, 구상 성단 2 (1) 반사 성운 (2) 암흑 성운 (3) 방출 성운 3 30000, 8500 4 나선팔, 원반 5 (1) ○ (2) × (3) × 6 모양 7 (1) × (2) × (3) ○ 8 인공위성 9 보이저 2호 10 우주 쓰레기

5 (2) 우리나라에서는 여름에 은하 중심 방향(궁수자리 방향)을 향하여 은하수가 폭이 두껍고 밝게 관측된다.
(3) 은하수는 남반구와 북반구에서 모두 관측된다.

7 (1) 우주가 팽창하고 있기 때문에 대부분의 외부 은하는 우리은하에서 멀어지고 있다.
(2) 어느 은하에서 보아도 다른 은하가 서로 멀어지기 때문에 팽창하는 우주의 중심은 정할 수 없다.

9 스푸트니크 1호는 최초의 인공위성이고, 뉴호라이즌스호는 명왕성 탐사를 위해, 주노호는 목성 탐사를 위해 발사된 탐사선이다.

내공 쌓는 족집게 문제 p. 55~59

1 ④ 2 ③ 3 ① 4 ④ 5 ② 6 ② 7 ⑤ 8 ⑤ 9 ④ 10 ② 11 ① 12 ⑤ 13 ⑤ 14 ③ 15 ① 16 ② 17 ④ 18 ② 19 ④ 20 ③ 21 ⑤ 22 ① 23 ④ 24 ② 25 ②
[서술형 문제 26~29] 해설 참조

1 ① (가)는 별이 빽빽하게 모여 있는 구상 성단이다. (나)는 별이 비교적 엉성하게 모여 있는 산개 성단이다.
② (가) 성단을 이루는 별의 수는 수만~수십만 개이고, (나) 성단을 이루는 별의 수는 수십~수만 개이다.
③, ④, ⑤ (가) 성단을 이루는 별은 대체로 나이가 많고 별의 표면 온도가 낮아 붉은색으로 보인다. (나) 성단을 이루는 별은 대체로 나이가 적고 별의 표면 온도가 높아 파란색으로 보인다.

2 (가)는 주위의 별빛을 반사시켜 밝게 보이는 반사 성운이고, (나)는 스스로 빛을 내는 방출 성운, (다)는 멀리서 오는 별빛을 가로막아 어둡게 보이는 암흑 성운이다.
⑤ 별들이 모여 있는 모양에 따라 구분하는 것은 성단이고, 성운은 성간 물질이 모여 구름처럼 보이는 천체이다.

3 우리은하는 태양계가 속해 있는 은하로, 옆에서 보면 중심부가 볼록한 원반 모양이고, 위에서 보면 막대 모양의 중심부를 나선팔이 휘감고 있는 모습이다.
① 우리은하의 지름은 약 30000 pc이고, 은하 중심으로부터 태양계까지의 거리가 약 8500 pc이다.

4 은하수는 우리은하의 일부를 지구에서 본 모습으로, 은하수의 폭과 밝기는 계절에 따라 다르게 보인다.
④ 우리나라에서 보았을 때 은하수는 여름철에 폭이 두껍고 밝게 보이고, 겨울철에 희미하게 보인다.

5 허블은 망원경으로 관측한 다양한 외부 은하를 모양을 기준으로 타원 은하, 정상 나선 은하, 막대 나선 은하, 불규칙 은하로 구분하였다.

6 ㄱ. 풍선이 커지면 풍선에 붙어 있는 붙임딱지 A, B, C 사이의 거리는 모두 멀어진다.
ㄷ. 풍선이 팽창하면 멀리 떨어진 붙임딱지일수록 늘어난 거리가 더 길다.

7 현재 우주는 계속 팽창하여 은하와 은하 사이의 거리는 점점 멀어지고 있다.
①, ② 풍선 표면은 우주를, 붙임딱지는 은하를 의미한다.
③ 시간이 지나면서 우주는 계속 팽창하고 있다.
④ 우주는 특별한 중심 없이 모든 방향으로 팽창하고 있다.

8 우주가 한 점에서 대폭발한 후 계속 팽창하여 현재의 모습이 되었다는 이론은 대폭발 우주론(빅뱅 우주론)이다.

9 ④ 우주 탐사를 통해 얻은 정보로 지구 환경과 생명에 대해 깊이 이해할 수 있다. 지구 환경 파괴는 탐사의 목적이 아니다.

10 ㄱ. 직접 탐사할 천체까지 날아가 그 천체 주위를 돌거나 천체 표면에 착륙하여 탐사하는 장치는 우주 탐사선이다.
ㄴ. 우주 망원경은 대기의 영향을 받지 않으므로 지상 망원경보다 선명한 천체의 상을 얻을 수 있다.
ㄷ. 전파 망원경은 낮과 밤에 관계없이 24시간 관측 가능하다.

11 ① 1950년대에 최초의 인공위성인 스푸트니크 1호가 발사에 성공하여 우주 탐사가 시작되었다.
②, ③ 1960년대에는 주로 달 탐사가 진행되었고, 1970년대에는 주로 행성 탐사가 진행되었다.
④ 허블 우주 망원경은 1990년에 발사되어 지구 주위를 돌면서 우주를 관측하고 있다.
⑤ 1990년대 이후에는 우주 망원경, 탐사선, 탐사 로봇 등 다양한 장비로 위성, 행성, 소행성, 혜성, 태양 등 다양한 천체를 탐사하였다.

12 ①, ② (가)는 구상 성단이고, (나)는 산개 성단이다.
③ (가) 구상 성단을 이루는 별의 수는 수만~수십만 개이고, (나) 산개 성단을 이루는 별의 수는 수십~수만 개로 별의 수는 (가)보다 (나)가 적다.
④ (가) 구상 성단은 주로 늙은 별이, (나) 산개 성단은 주로 젊은 별이 모여 있어 별의 나이는 (가)보다 (나)가 적다.

13 방출 성운, 반사 성운, 암흑 성운 중 어둡게 보이는 성운 (가)는 암흑 성운이다. 방출 성운과 반사 성운 중 스스로 빛을 내는 성운 (나)는 방출 성운이고, (다)는 반사 성운이다. 반사 성운은 주변의 별빛을 반사하여 밝게 보인다.

14 우리은하에서 태양계는 은하 중심으로부터 약 8500 pc 떨어진 나선팔에 있다. 따라서 태양계의 위치는 (가)에서 B이고, (나)에서 ㉡이다.

15 ㄱ. 우리은하의 지름은 약 30000 pc이고, A와 C 사이의 거리는 우리은하의 반지름에 해당하므로 약 15000 pc이다.
ㄴ. (나)에서 ㉠은 은하 중심부로, 주로 구상 성단이 분포하고 있다. 산개 성단은 주로 나선팔에 분포하고 있다.
ㄷ. 우리은하는 막대 모양의 중심부 끝에서 나선팔이 휘어져 나온 모양이므로 막대 나선 은하에 속한다.

16 은하수는 은하 중심 방향을 보았을 때 폭이 넓고 밝게 보인다. 우리나라에서는 여름철에 은하 중심 방향을 향하여 은하수가 폭이 넓고 밝게 보이고, 겨울철에 은하 가장자리 방향을 향하여 은하수가 폭이 좁고 희미하게 보인다.

17 제시된 이론은 대폭발 우주론으로, 약 138억 년 전 매우 뜨겁고 밀도가 큰 한 점에서 대폭발(빅뱅)이 일어난 후 계속 팽창하여 현재와 같은 우주가 되었다는 이론이다.
① 우주의 시작은 온도와 밀도가 매우 높은 한 점이었다.
② 대폭발 이후 우주의 온도는 계속 낮아지고 있다.
③ 시간이 지나면서 우주가 계속 팽창하고 있다.
⑤ 우주가 팽창하면서 은하는 서로 멀어지고 있으며 멀리 있는 은하일수록 빠르게 멀어진다.

18 실생활에서 우주 탐사 기술을 이용한 예로는 티타늄 소재를 이용한 골프채, 관절을 보호하는 에어쿠션 운동화, 형상 기억 합금을 이용한 치아 교정기, 자기 공명 영상 장치(MRI), 전자레인지 등이 있다.

19 ① 화성 표면에 착륙하여 탐사하는 활동은 우주 탐사선을 이용하는 것이다.
② 기상 위성을 이용하여 태풍의 이동 경로를 예측할 수 있다.
③ 방송 통신 위성과 항법 위성을 이용하여 자신의 위치를 파악하고 모르는 길을 찾을 수 있다.
⑤ 방송 통신 위성을 이용하여 지구 반대편에서 열리는 운동 경기를 실시간으로 볼 수 있다.

20 우주 쓰레기는 인공위성의 발사나 폐기 과정에서 나온 파편 등이 우주에 떠 있는 것으로, 궤도가 일정하지 않고 매우 빠른 속도로 떠돌기 때문에 인공위성이나 우주 탐사선과 충돌하여 피해를 줄 수 있다.

21 ①, ④ 성운은 별과 별 사이의 공간에 분포하는 가스나 티끌인 성간 물질이 많이 모여 구름처럼 보이는 천체이고, 수많은 별들이 모여 있는 천체는 성단이다.
② 별들이 모여 있는 모양에 따라 구분할 수 있는 것은 성단이다. 별들이 비교적 엉성하게 모여 있는 산개 성단과 공 모양으로 빽빽하게 모여 있는 구상 성단으로 구분한다.
③ 주변의 별빛을 반사하여 밝게 보이는 성운은 반사 성운이고, 방출 성운은 주변의 별빛을 흡수하여 가열하면서 스스로 빛을 내는 성운이다.

22 ① 우리은하에는 태양과 같은 별이 약 2000억 개가 포함되어 있다.
④ 우리나라는 여름철에 은하수가 폭이 넓고 밝게 보이는데, 그 까닭은 우리은하의 중심 방향(B)을 바라보고 있기 때문이다.
⑤ 우리은하의 지름은 약 30000 pc(약 10만 광년)이고, B와 C 사이의 거리는 반지름에 해당하므로 약 5만 광년이다. 따라서 빛의 속도로 B에서 C까지 가는 데 약 5만 년이 걸린다.

23 A는 타원 은하, B는 정상 나선 은하, C는 막대 나선 은하, D는 불규칙 은하이다.
④ 불규칙 은하(D)는 일정한 모양이 없고, 은하 중심부에서 뻗어 나온 나선팔이 있는 은하는 B와 C이다.

24 1990년대 이후에는 우주 망원경, 탐사선, 탐사 로봇 등 다양한 장비로 다양한 천체를 탐사하였다.
① 1990년에 허블 우주 망원경이 발사되어 지구 주위를 돌면서 우주를 더욱 자세히 관측할 수 있게 되었다.
③ 주노호는 목성 탐사를 위해 발사되었고, 현재 목성 주위를 공전하고 있다.
④ 큐리오시티는 화성 탐사용 탐사 로봇이다.
⑤ 태양 탐사를 위해 2018년에 파커 탐사선이 발사되었다.

25 ② 아폴로 11호는 우주 비행사를 태우고 달에 최초로 착륙한 유인 탐사선이다.

서술형 문제

26 | 모범 답안 | 암흑 성운, 성운을 이루는 성간 물질이 뒤쪽에서 오는 별빛을 가로막고 있기 때문에 검게 보인다.

채점 기준	배점
성운의 종류와 검게 보이는 까닭을 모두 옳게 서술한 경우	100 %
두 가지 중 한 가지만 옳게 서술한 경우	50 %

27 | 모범 답안 | 우리은하의 지름은 약 30000 pc이고, 태양계는 우리은하의 중심에서 약 8500 pc 떨어진 나선팔에 위치한다.

채점 기준	배점
우리은하의 지름과 태양계의 위치를 모두 옳게 서술한 경우	100 %
두 가지 중 한 가지만 옳게 서술한 경우	50 %

28 | 모범 답안 | (1) 붙임딱지는 은하, 풍선 표면은 우주를 의미한다. 은하 사이의 거리가 멀어지는 까닭은 우주가 팽창하기 때문이다.
(2) 우주는 약 138억 년 전에는 한 점이었다가 대폭발(빅뱅)이 일어난 후 계속 팽창하여 크기가 커지고, 밀도가 작아지며, 온도가 낮아졌다.

	채점 기준	배점
(1)	붙임딱지, 풍선 표면이 의미하는 것과 은하 사이의 거리가 멀어지는 까닭을 모두 옳게 서술한 경우	50 %
	두 가지 중 한 가지만 옳게 서술한 경우	25 %
(2)	우주의 크기, 밀도, 온도 변화를 모두 옳게 서술한 경우	50 %
	우주의 크기 변화를 옳게 서술하고, 밀도와 온도 변화 중 한 가지만 옳게 서술한 경우	30 %
	우주의 크기 변화만 옳게 서술한 경우	20 %

29 | 모범 답안 | • 아폴로 11호 : 인류가 최초로 달에 착륙할 때 사용되었다.
• 스푸트니크 1호 : 인류 최초의 인공위성이다.

채점 기준	배점
두 탐사 장비의 역사적 의미를 모두 옳게 서술한 경우	100 %
두 탐사 장비 중 한 가지만 옳게 서술한 경우	50 %

VIII 과학기술과 인류 문명

01 과학기술과 인류 문명

개념 확인하기 p. 61

1 불 2 인류 문명 3 태양 중심설 4 식량 5 활판 인쇄술 6 증기 기관 7 (1) × (2) ○ (3) ○ 8 나노 기술 9 (1) ○ (2) × (3) ○ 10 공학적 설계

내공 쌓는 족집게 문제 p. 62~64

1 ① 2 ④ 3 ④ 4 ⑤ 5 ① 6 ② 7 ⑤ 8 ②
9 ⑤ 10 ② 11 ① 12 ④ 13 ③ 14 ①, ④
[서술형 문제 15~16] 해설 참조

1 ㄷ. 전자기 유도 법칙의 발견으로 인류는 전기를 생산하고 활용할 수 있는 방법을 알게 되었다. 현미경으로 세포를 발견하여 생물체가 작은 세포들이 모여 이루어진 존재임을 인식하게 되었다.
ㄹ. 망원경으로 천체를 관측하여 태양을 중심으로 지구가 돌고 있다는 태양 중심설의 증거를 발견하였고, 이를 통해 인류는 경험 중심의 과학적 사고를 중요시하게 되었다.

2 ④ 증기 기관은 외부에서 연료를 연소시켜 얻은 증기의 압력을 이용하여 기계를 움직이는 장치로, 증기 기관을 이용한 증기 기관차로 사람과 대량의 물건을 먼 곳까지 이동하게 되었고, 증기 기관을 이용한 기계의 사용으로 공장제 대량 생산 방식이 가능해졌다. 이러한 증기 기관의 발명과 개량은 산업 혁명을 불러오게 되었다.

3 ④ 활판 인쇄술의 발달로 책의 대량 생산과 보급이 가능해져 지식과 정보가 빠르게 확산되면서 사람들은 종교의 영향에서 벗어나 인간 중심으로 세상을 보는 인간 중심 사회로 변하였다.

4 ① 암모니아 합성법 개발로 질소 비료를 대량 생산할 수 있게 되어 식량 문제를 해결할 수 있게 되었다. 백신과 항생제의 개발 및 의료 기술의 발달로 인류의 평균 수명이 연장되었다.
② 전화기와 인터넷이 발명되어 인류의 생활이 예전보다 편리해졌다.
③ 망원경이 발명되고 성능이 우수해지면서 천문학이 발달하게 되었다.
④ 페니실린의 발견으로 항생제가 개발되어 결핵과 같은 질병을 치료할 수 있게 되었다.

5 1 nm(나노미터)는 10억분의 1 m의 길이로, 초미세 영역이다. 물질이 나노미터 크기로 작아지면 물질 고유의 성질이 바뀌어 새로운 특성을 갖게 된다. 이렇게 나타난 새로운 특성과 기능을 이용하여 실생활에 유용한 물건이나 재료를 만드는 기술을 나노 기술이라고 한다.
① 나노 표면 소재, 나노 반도체, 나노 로봇, 휘어지는 디스플레이 등이 나노 기술을 활용한 예이다.

6 ② 유전자 치료는 생명 공학 기술을 이용하여 질병을 치료하는 방법이다.

7 ㄱ. 공학적 설계를 통해 제품을 개발할 때는 환경적 요인을 고려할 뿐만 아니라 경제성, 편리성, 안전성 등 다양한 요인을 고려해야 한다.
ㄷ. 공학적 설계는 과학 원리나 기술을 적용하여 제품을 창의적으로 개발하는 과정이다.

8 ② 불의 발견과 이용으로 인류 문명이 시작되었다.

9 ⑤ 실험과 관찰을 통해 과학적 원리를 증명하여 경험 중심의 과학적 사고를 하게 되었고, 인간과 과학 중심의 사회로 변화되었다.

10 ② 생명 공학 기술 중 유전자 재조합 기술을 활용하여 잘 무르지 않는 토마토나 제초제에 내성을 가진 콩 등을 재배할 수 있다.

11 ㄴ. 질병과 장애를 극복하게 되면 수명이 길어져 고령층이 증가할 것이다.
ㄷ. 일반적으로 과학기술이 발달할수록 생산성이 높아진다.

12 (나) 불의 이용으로 인류 문명이 시작되었고, 이후 (라)와 같은 과학 원리 발견과 (다)와 같은 과학기술 발달로 인류 문명이 발전되었다. 따라서 가장 오래된 사건부터 나열하면 (나) – (라) – (다) – (가)이다.

13 ③ 튜브에 공기를 불어 넣고 물에 넣으면 액체인 물보다 기체인 공기의 밀도가 작으므로 물에 뜨게 된다.

14 ①, ④ 자율 주행 자동차는 인공 지능을 활용하고, 증강 현실을 나타내는 등 정보 통신 기술이 적용되었고, 나노 기술을 활용한 제품인 나노 페인트를 칠해 먼지가 묻지 않는다.

서술형 문제

15 | 모범 답안 | 증기 기관차로 먼 거리까지 사람이나 대량의 물건을 운반할 수 있게 되었고, 증기 기관을 이용한 기계의 사용으로 제품의 대량 생산이 가능해져 수공업 중심의 사회에서 산업 사회로 변화시키는 산업 혁명의 원동력이 되었다.

채점 기준	배점
교통수단과 증기 기관을 이용한 기계 사용을 서술하고, 산업 혁명을 포함하여 옳게 서술한 경우	100 %
교통수단이나 증기 기관을 이용한 기계 사용 중 한 가지만 서술하고, 산업 혁명을 포함하여 옳게 서술한 경우	50 %

16 | 모범 답안 | • 긍정적 영향 : 과학과 인간 중심의 사회로 변하였고, 산업 혁명으로 사회 구조가 달라졌으며, 인류의 평균 수명이 길어지고, 생활이 편리해졌다.
• 부정적 영향 : 환경 오염, 에너지 부족, 사생활 침해 등과 같은 문제를 일으키기도 한다.

채점 기준	배점
긍정적 영향과 부정적 영향을 각각 한 가지씩 옳게 서술한 경우	100 %
긍정적 영향과 부정적 영향 중 한 가지만 옳게 서술한 경우	50 %

중단원별 **핵심 문제**

V 생식과 유전

01 세포 분열 p. 66~68

1 ④ 2 ③ 3 ④ 4 ⑤ 5 ③ 6 ④ 7 ⑤ 8 ③
9 ⑤ 10 ② 11 ④ 12 ① 13 ⑤ 14 ④ 15 ④
16 ⑤ 17 ④

1 ① 염색체는 세포 분열 시 막대 모양으로 나타나고, 세포가 분열하지 않을 때는 핵 속에 가는 실처럼 풀어져 있다.
② 같은 종의 생물은 염색체 수가 같다. 그러나 염색체 수가 같다고 해서 반드시 같은 종의 생물은 아니다.
③ 염색체는 유전 물질인 DNA와 단백질로 구성되어 있는데, 유전 물질에는 생물의 특징을 결정하는 유전 정보가 들어 있다. DNA에 있는 각각의 유전 정보를 유전자라고 한다.
④ 남녀 공통으로 가지는 염색체를 상염색체라고 하고, 남녀의 성에 따라 차이가 나는 염색체를 성염색체라고 한다.
⑤ 상동 염색체는 모양과 크기가 같은 염색체가 2개씩 쌍을 이룬 것으로, 부모로부터 각각 하나씩 물려받은 것이다.

2 ① A는 DNA로, 여러 유전 정보가 담겨 있다.
② B는 염색체이고, C는 하나의 염색체를 구성하는 두 가닥의 염색 분체이다.
③ 염색 분체 C는 한쪽의 DNA가 복제되어 만들어진 것으로, 유전 정보가 서로 같다.
④, ⑤ (가)와 (나)는 모양과 크기가 같은 염색체 2개가 쌍을 이룬 상동 염색체이다. 상동 염색체는 부모로부터 각각 하나씩 물려받은 것이다.

3 사람의 체세포에는 46개의 염색체가 있으며, 상동 염색체는 23쌍이고, 이 중 상염색체는 22쌍, 성염색체는 1쌍이다.

4 ① 사람의 염색체는 46개(23쌍)이다.
② 이 사람은 성염색체 구성이 XY이므로, 남자이다.
③ X 염색체는 어머니로부터, Y 염색체는 아버지로부터 물려받은 것이다.
④ 상동 염색체는 모양과 크기가 같은 2개의 염색체가 쌍을 이룬 것으로, 부모로부터 각각 한 개씩 물려받은 것이다. 1번 또는 2번에서 각각 쌍을 이룬 염색체가 상동 염색체이다.

5 ③ 우무 조각이 커질수록 부피의 증가율이 표면적의 증가율보다 더 커지기 때문에 우무 조각의 부피에 대한 표면적의 비는 작아진다.

6 ④ 세포 분열 전인 간기에는 염색체가 핵 속에 실처럼 풀어진 상태로 존재한다. 막대 모양의 염색체가 관찰되는 시기는 세포 분열 시기이다.

7 핵막이 사라지고, 막대 모양의 염색체와 방추사가 나타나는 시기는 세포 분열의 전기(마)이다.

8 (가)는 중기, (나)는 말기, (다)는 후기, (라)는 간기, (마)는 전기이다. 체세포 분열은 세포 분열 준비기인 간기(라)를 거쳐 핵분열(전기 → 중기 → 후기 → 말기)이 일어난 후 세포질 분열이 일어난다. 즉, 체세포 분열 과정은 (라) → (마) → (가) → (다) → (나) 순으로 일어난다.

9 ① 막대 모양의 염색체가 처음 나타나는 시기는 전기(B)이다.
② 간기(A)가 분열기보다 길므로 간기의 세포가 가장 많이 관찰된다.
③ 염색체가 세포 중앙에 배열되는 시기는 중기(D)이다.
④ 핵막이 다시 나타나는 시기는 말기(E)이다.
⑤ 말기(E)에는 핵막이 나타나 2개의 핵이 만들어지고, 막대 모양의 염색체가 실처럼 풀어지며, 세포질 분열이 시작된다.

10 ①, ②, ③ 이 세포는 세포 중앙에 세포판이 형성되어 안쪽에서 바깥쪽으로 자라면서 세포질이 나누어지므로 식물 세포이다. 동물 세포는 세포질이 바깥쪽에서 안쪽으로 잘록하게 들어가면서 세포질이 나누어진다.
④ 세포질 분열은 세포 분열 말기에 시작된다.
⑤ 세포질 분열은 핵분열이 진행되고 난 후 일어난다.

11 ㄴ. 체세포 분열 결과 1개의 모세포로부터 2개의 딸세포가 만들어진다.
ㄷ. 체세포 분열 결과 생물의 몸집이 커지거나(생장) 상처가 아문다(재생). 그리고 단세포 생물의 경우 딸세포가 새로운 개체가 된다(번식).

12 (가)는 해리, (나)는 염색, (다)는 압착, (라)는 고정, (마)는 분리 과정이다.
① (가)는 해리 과정으로, 세포가 잘 분리되도록 세포 사이의 접착 물질을 녹여 조직을 연하게 하기 위한 과정이다. 세포 분열을 멈추고 세포가 살아 있을 때의 모습을 유지하도록 하기 위한 과정은 고정(라) 과정이다.
⑤ 양파 뿌리 끝에는 생장점이 있어 체세포 분열이 활발하게 일어난다.

13 (가) 감수 1분열 후기, (나) 감수 2분열 전기, (다) 감수 2분열 말기, (라) 감수 1분열 전기, (마) 감수 1분열 중기, (바) 감수 2분열 중기이다.
①, ② 감수 분열은 생식 기관인 정소와 난소에서 일어나며, 각각 생식세포인 정자와 난자가 만들어진다.
③ 감수 1분열에서는 상동 염색체가 분리되고, 감수 2분열에서는 염색 분체가 분리된다.
④ 감수 분열은 감수 1분열과 감수 2분열이 연속해서 일어나 1개의 모세포로부터 4개의 딸세포가 만들어진다.
⑤ 감수 분열은 (라) → (마) → (가) → (나) → (바) → (다) 순으로 진행된다.

14 ①, ② (가)에서 상동 염색체가 접합한 2가 염색체가 형성되고, 이후 (나)에서 상동 염색체가 분리된다.
③, ④ (가)에서 (다)까지는 감수 1분열로 (나) → (다) 과정에서 상동 염색체가 분리되어 염색체 수가 반으로 줄어들고, (다) 이후는 감수 2분열로 염색 분체가 분리되므로 염색체 수에 변화가 없다.
⑤ 감수 분열 결과 염색체 수가 체세포의 절반인 생식세포가

만들어지고, 부모의 생식세포가 결합하여 생긴 자손의 염색체 수는 부모와 같아진다. 따라서 생물은 세대를 거듭해도 자손의 염색체 수가 일정하게 유지된다.

15 이 세포는 상동 염색체 중 하나씩만 있으며 염색체가 세포 중앙에 배열되어 있는 것으로 보아 감수 2분열 중기 세포이며, 염색체 수는 모세포의 절반인 3개이다.

16 (가) 체세포 분열 과정, (나) 감수 분열 과정이다.
① 2가 염색체는 감수 분열 과정(나)에서 형성된다.
②, ③ 체세포 분열(가)은 1회 분열로 2개의 딸세포가 형성되고, 분열 결과 생장 및 재생이 일어난다. 감수 분열(나)은 연속 2회 분열로 4개의 딸세포가 형성되고, 분열 결과 생식세포가 만들어진다.
④ 체세포 분열(가)은 우리 몸 전체에서 일어나고, 감수 분열(나)은 생식 기관에서만 일어난다.
⑤ 체세포 분열(가) 결과 딸세포의 염색체 수는 모세포와 같고, 감수 분열(나) 결과 딸세포의 염색체 수는 모세포의 절반으로 줄어든다.

17 체세포 분열 결과 형성된 딸세포는 염색체 수와 모양, 유전 정보가 모세포와 같다.

02 사람의 발생 p. 69

1 ③ 2 ④ 3 ⑤ 4 ⑤ 5 ④ 6 ① 7 ⑤

1 정자는 정소(C)에서, 난자는 난소(D)에서 감수 분열이 일어나 만들어진다.

2 ① 수정관(A)은 정자가 이동하는 통로이다.
② 정자는 부정소(B)에서 잠시 머물면서 성숙한다.
③ 정소(C)와 난소(D)에서 감수 분열이 일어나 각각 정자와 난자가 만들어진다.
④ 수란관(E)에서 정자와 난자가 만나 수정이 이루어진다.
⑤ 태아는 자궁(F)에서 자라는데, 자궁은 두껍고 탄력 있는 근육으로 되어 있어 태아의 크기가 커짐에 따라 자궁의 크기도 커진다.

3 ① 정자는 운동 능력이 있지만, 난자는 운동 능력이 없다.
②, ③ 난자는 양분을 많이 포함하고 있어서 크기가 정자나 체세포보다 훨씬 크다.
④, ⑤ 정자와 난자는 감수 분열을 통해 만들어져 염색체 수가 체세포의 절반이다.

4 난자는 세포질에 양분을 많이 저장하고 있기 때문에 정자보다 크기가 훨씬 크다.

5 ① 난할은 딸세포의 크기가 커지지 않고 세포 분열을 빠르게 반복한다.
②, ④ 난할은 체세포 분열의 일종으로, 난할이 진행되면 세포 수는 늘어나고, 세포 하나당 염색체 수는 변화 없다.
③, ⑤ 난할이 진행될수록 세포 하나의 크기는 점점 작아지지만 배아 전체의 크기는 수정란과 거의 비슷하다.

6 ① A는 배란, B는 수정, C는 착상에 해당한다.
②, ③ 수란관에서 수정(B)이 일어난 후 수정란이 난할을 하며 자궁으로 이동한다.
④, ⑤ 배아가 포배 상태일 때 자궁 안쪽 벽에 파고들어 가는 착상(C)이 일어나고, 착상(C) 후 태반이 형성된다.

7 ④ 태반을 통해 태아는 모체로부터 생명 활동에 필요한 산소와 영양소를 공급받고, 태아에서 만들어진 이산화 탄소와 노폐물을 모체로 전달하여 내보낸다.
⑤ 수정된 지 8주 후 대부분의 기관이 형성되어 사람의 모습을 갖추기 시작한 상태를 태아라고 한다.

03 멘델의 유전 원리 p. 70~71

1 ② 2 ④ 3 ②, ③ 4 ④ 5 ④ 6 ② 7 ① 8 ⑤
9 ③ 10 ① 11 ① 12 ④ 13 ④ 14 ③

1 ② 우성은 대립 형질이 다른 두 순종 개체를 교배했을 때 잡종 1대에서 나타나는 형질이다.

2 대립유전자는 대립 형질을 결정하는 유전자로, 상동 염색체의 같은 위치에 있다. 우성 대립유전자는 알파벳 대문자로 표시하고, 열성 대립유전자는 알파벳 소문자로 표시한다.

3 한 가지 형질을 나타내는 대립유전자의 구성이 같은 것이 순종이므로 RR, RRyy가 순종이고, 나머지가 잡종이다.

4 ④ 완두는 한 세대가 짧아 유전 실험의 재료로 적합하다.

5 ① 잡종 1대의 유전자형은 Rr이므로 잡종이다.
④ 잡종 2대에서 둥근 완두와 주름진 완두가 3 : 1의 비로 나타난다.
⑤ 잡종 2대의 유전자형의 분리비는 RR : Rr : rr=1 : 2 : 1이므로, 잡종 2대에서 잡종 1대와 같은 유전자형(Rr)을 가질 확률은 $\frac{1}{2}$(=50 %)이다.

6 잡종 2대의 유전자형의 분리비는 RR : Rr : rr=1 : 2 : 1이므로, 잡종 2대에서 순종인 둥근 완두(RR)가 나올 확률은 $\frac{1}{4}$(=25 %)이다.

7 우성 개체가 잡종인 경우 열성 개체와 교배하면 자손에서 우성 개체와 열성 개체가 1 : 1로 나온다. 만약, (가)가 우성 순종 개체라면 자손에서 열성 개체인 (라)가 나오지 않고 우성 개체인 (다)만 나온다.

8 ① 잡종 1대에서 둥글고 노란색인 완두만 나왔으므로, 둥근 형질이 주름진 형질에 대해 우성이고, 노란색 형질이 초록색 형질에 대해 우성이다.
③ 잡종 2대에서 주름지고 초록색인 완두의 유전자형은 모두 rryy으로 순종이다.
⑤ 잡종 2대에서 노란색 완두와 초록색 완두의 분리비는 3 : 1

이고, 둥근 완두와 주름진 완두의 분리비도 3 : 1이다.

9 잡종 1대의 둥글고 노란색인 완두의 유전자형은 RrYy이다. 각 대립유전자는 상동 염색체의 같은 위치에 한 개씩 존재한다.

10 잡종 1대(RrYy)에서 만들어지는 생식세포의 종류는 RY, Ry, rY, ry이다.

11 잡종 2대에서 표현형의 분리비는 노란색 : 초록색=3 : 1, 둥근 모양 : 주름진 모양=3 : 1이므로, 잡종 2대에서 초록색 완두와 주름진 완두는 각각 $1600 \times \frac{1}{4} = 400$(개)이다.

12 잡종 2대에서 표현형의 분리비는 둥글고 노란색 : 둥글고 초록색 : 주름지고 노란색 : 주름지고 초록색=9 : 3 : 3 : 1이므로, 잡종 2대에서 둥글고 노란색인 완두의 비율은 $\frac{9}{16}$이다. $1600 \times \frac{9}{16} = 900$(개)

13 ①, ② 분꽃의 꽃잎 색깔 유전은 멘델이 밝힌 유전 원리 중 우열의 원리가 성립하지 않지만, 생식세포가 만들어질 때 대립유전자가 분리되어 서로 다른 생식세포로 들어가므로 분리의 법칙은 성립한다.
④ 분홍색 꽃잎 분꽃(RW)과 빨간색 꽃잎 분꽃(RR)을 교배하면 빨간색 꽃잎(RR) : 분홍색 꽃잎(RW)=1 : 1로 나온다.

14 잡종 2대에서 빨간색 꽃잎(RR) : 분홍색 꽃잎(RW)=1 : 1로 나오므로, 분홍색 꽃잎 분꽃의 비율은 $\frac{1}{2}$이다. $240 \times \frac{1}{2} =$ 120(개)

04 사람의 유전 p. 72~73

1 ④ 2 ② 3 ④ 4 ② 5 ③ 6 ② 7 ④ 8 ④
9 ④ 10 ③ 11 ② 12 ③ 13 ② 14 ②

1 ④ 사람은 대립 형질이 뚜렷하지 않은 경우가 많고 매우 복잡하여 유전 연구를 하기가 어렵다.

2 특정 형질을 가진 집안에서 여러 세대에 걸쳐 이 형질이 어떻게 유전되는지 알아보는 방법은 가계도 조사이다.
③ 사람을 대상으로 한 교배 실험은 불가능하다.

3 1란성 쌍둥이는 하나의 수정란이 발생 초기에 분리되어 각각 발생한 것으로, 유전자 구성이 서로 같으므로 성별과 혈액형이 항상 같게 나타나며, 형질 차이는 환경의 영향으로 나타난다. 2란성 쌍둥이는 각기 다른 두 개의 수정란이 동시에 발생한 것으로, 유전자 구성이 서로 다르므로 성별과 혈액형이 같을 수도 있고 다를 수도 있으며, 형질 차이는 유전과 환경의 영향으로 나타난다.

4 눈꺼풀이 쌍꺼풀인 부모 사이에서 외까풀인 자녀가 태어났으므로 외까풀이 열성이고 부모는 모두 외까풀 유전자(b)를 가진다. 따라서 부모의 유전자형은 모두 Bb이고, Bb × Bb → BB, Bb, Bb, bb이므로 자녀가 외까풀(bb)일 확률은 $\frac{1}{4}$(=25 %)이다.

5 ① (가)는 자녀에게 미맹 유전자를 물려주었으므로 유전자형이 Aa이다.
② (나)와 (다)는 자녀에게 미맹 유전자를 하나씩 물려주었으므로 유전자형이 Aa로 같다.
③ Aa(나) × Aa(다) → AA, Aa, Aa, aa이므로, 자녀가 한 명 더 태어날 때 미맹(aa)일 확률은 $\frac{1}{4}$(=25 %)이다.
④ 민주의 미맹 유전자는 어머니로부터 물려받은 것이다.
⑤ 민주는 어머니로부터 미맹 유전자를 물려받아 유전자형이 Aa이므로 미맹인 남자(aa)와 결혼하면 미맹(aa)인 자녀가 태어날 수 있다. Aa × aa → Aa, aa

6 혀를 말 수 없는 자녀의 유전자형은 tt이므로 부모가 모두 유전자 t를 가지고 있어야 한다.

7 ④ ABO식 혈액형은 유전자가 상염색체 있어 남녀에 따라 형질이 나타나는 빈도에 차이가 없다.
⑤ ABO식 혈액형의 대립유전자는 A, B, O 세 가지이지만, 한 쌍의 대립유전자에 의해 혈액형이 결정된다.

8 AB형과 A형 사이에서 B형이 나왔으므로 (가)의 유전자형은 AO이고 (나)의 유전자형은 BO이다(AB × AO → AA, AO, AB, BO). 그리고 AB형과 AB형 사이에서 나오는 A형과 B형은 순종이므로 (다)의 유전자형은 AA이다(AB × AB → AA, AB, AB, BB).

9 유정이 부모의 유전자형은 AB와 AO이므로 A형, AB형, B형인 자녀가 태어날 수 있다. AB × AO → AA, AO, AB, BO

10 (가)의 부모의 유전자형은 BO와 AA이므로 BO × AA → AB, AO인 자녀가 태어날 수 있다. 따라서 (가)가 A형일 확률은 $\frac{1}{2}$(=50 %)이다.

11 ② A형(AO)과 B형(BO) 사이에서 AB형(AB), A형(AO), B형(BO), O형(OO)의 네 가지 혈액형이 모두 나올 수 있다.

12 (바)는 정상인 남자이므로 유전자형이 XY이고, (사)는 (라)로부터 적록 색맹 유전자를 물려받았으므로 유전자형이 XX′이다. XY(바) × XX′(사) → XX, XX′, XY, X′Y이므로, (바)와 (사) 사이에서 태어난 아들(XY, X′Y)이 적록 색맹(X′Y)일 확률은 $\frac{1}{2}$(=50 %)이다.

13 정상인 사람 중에서 적록 색맹 유전자를 가진 사람은 보인자(XX′)이다. (마)와 (사)는 정상이지만 (마)는 (가)로부터, (사)는 (라)로부터 적록 색맹 유전자를 물려받았으므로 보인자(XX′)이다. (나)와 (차)는 XX인지 XX′인지 확실히 알 수 없다.

14 아버지의 ABO식 혈액형 유전자형은 AB, 적록 색맹 유전자형은 XY이고, 어머니의 ABO식 혈액형 유전자형은 OO, 적록 색맹 유전자형은 X′X′이다. XY × X′X′ → XX′, X′Y이고, AB × OO → AO, BO이므로 이들 부모 사이에서 자녀가 태어날 때 적록 색맹이면서 A형일 확률은 $\frac{1}{2} \times \frac{1}{2} = \frac{1}{4}$(=25 %)이다.

Ⅵ 에너지 전환과 보존

01 역학적 에너지 전환과 보존 p. 74~75

1 ③ 2 ⑤ 3 ④ 4 ③ 5 ② 6 ④ 7 ② 8 ③
9 ③ 10 ④ 11 ② 12 ③

1 ① 운동 에너지가 최대인 곳은 E점이다. A점에서는 위치 에너지가 최대이다.
② 공기 저항을 무시하므로 낙하하는 동안 물체의 역학적 에너지는 보존된다.
③ C점에서는 지면으로부터의 높이와 감소한 높이가 10 m로 같다. 따라서 위치 에너지와 운동 에너지는 같다.
④ 운동 에너지가 0인 곳은 A점이다.
⑤ 낙하하는 동안 높이가 낮아지므로 위치 에너지가 운동 에너지로 전환된다.

2 물체가 지면에 닿는 순간의 운동 에너지는 처음 높이에서의 위치 에너지와 같다. 따라서 $(9.8\times4)\text{N}\times5\text{ m}=196\text{ J}$이다.

3 물체를 던져 올릴 때의 운동 에너지=역학적 에너지이므로 $\frac{1}{2}\times10\text{ kg}\times(7\text{ m/s})^2=245\text{ J}$이다. 공기 저항을 무시할 때 역학적 에너지는 보존되므로, 공이 최고점에 도달했을 때 역학적 에너지도 245 J이다.

4 위치 에너지가 증가하면 위치 에너지의 증가량만큼 운동 에너지가 감소하여 역학적 에너지는 일정하게 보존된다.
5 m 높이에서의 운동 에너지
=5 m 높이에서의 위치 에너지−0 m 높이에서의 위치 에너지
$=(9.8\times10)\text{N}\times(5-0)\text{m}=490\text{ J}$

5 5 m인 지점에서 물체의 위치 에너지$=(9.8\times1)\text{N}\times5\text{ m}=49\text{ J}$이고, 물체의 운동 에너지는 감소한 물체의 위치 에너지이므로 $(9.8\times1)\text{N}\times(15-5)\text{m}=98\text{ J}$이다. 따라서 물체의 역학적 에너지는 $49\text{ J}+98\text{ J}=147\text{ J}$이다.

6 5 m인 지점에서 물체의 역학적 에너지는 위치 에너지와 운동 에너지의 합이므로 $(9.8\times10)\text{N}\times5\text{ m}+\frac{1}{2}\times10\text{ kg}\times(4\text{ m/s})^2=570\text{ J}$이다. 빗면을 따라 내려오는 동안 물체의 위치 에너지는 모두 운동 에너지로 전환되므로 A점에서 공의 운동 에너지는 570 J이다.

7 ① A점에서 B점으로 갈수록 높이가 낮아지므로 위치 에너지가 운동 에너지로 전환된다. 따라서 속력이 빨라진다.
② 마찰이 없으므로 모든 지점에서의 역학적 에너지는 같다.
③ 높이가 낮아지면 위치 에너지가 운동 에너지로 전환된다. 낮아진 높이는 C점에서가 D점에서보다 작으므로 운동 에너지는 C점에서가 D점에서보다 작다.
④ B점에서 C점으로 갈 때 높이가 높아지므로 운동 에너지가 위치 에너지로 전환된다.
⑤ A점에서 B점으로 갈 때 감소한 위치 에너지는 증가한 운동 에너지와 같으므로, 위치 에너지 변화량은 운동 에너지 변화량과 같다.

8 감소한 위치 에너지만큼 운동 에너지가 증가하므로 낙하 높이가 클수록 운동 에너지가 크다. 따라서 운동 에너지는 B>C>A 순으로 크다. 공기 저항과 마찰을 무시할 때 역학적 에너지는 보존되므로 역학적 에너지는 A=B=C이다.

9 감소한 위치 에너지만큼 운동 에너지가 증가하므로 낙하 높이가 가장 큰 C점에서 운동 에너지가 최대이다.

10 진자가 A점에서 B점으로 운동할 때 높이가 낮아지므로 위치 에너지는 감소하고, 운동 에너지는 증가한다. 이때 역학적 에너지는 보존되므로 일정하다.

11 진자의 역학적 에너지는 보존되므로 최저점에서 진자의 운동 에너지는 최고점에서 진자의 위치 에너지와 같다. 따라서 $(9.8\times0.5)\text{N}\times0.2\text{ m}=0.98\text{ J}$이다.

12 물체의 역학적 에너지는 보존되므로 내려오는 동안 감소한 위치 에너지는 증가한 운동 에너지와 같다. 따라서 운동 에너지의 비$=(9-5)\text{m}:(9-0)\text{m}=4:9$이다. 이때 운동 에너지는 속력의 제곱에 비례하므로 속력의 비는 2 : 3이다.

02 전기 에너지의 발생과 전환 p. 76~77

1 ③ 2 ㉠ 전기, ㉡ 역학적, ㉢ 역학적, ㉣ 전기 3 ⑤
4 ① 5 ⑤ 6 ② 7 ④ 8 ③ 9 ④ 10 ③ 11 ⑤
12 ④ 13 4.9 J 14 ⑤

1 ①, ② 코일을 통과하는 자기장이 변할 때 코일에 유도 전류가 흐른다.
③ 자석을 코일 속에 넣어 두면 코일을 통과하는 자기장이 변하지 않으므로 유도 전류가 흐르지 않는다.
④ 코일 속에 자석을 넣는 속도를 빠르게 하면 센 유도 전류가 흐른다.
⑤ 자석의 극을 반대로 하여 코일에 가까이 할 때 유도 전류의 방향이 바뀐다.

2 (가)는 전동기, (나)는 발전기의 구조를 나타낸 것이다.
전동기에서는 코일에 전류가 흐르면 코일이 자석의 자기장에 의해 힘을 받아 회전하므로 전기 에너지가 역학적 에너지로 전환되고, 발전기에서는 날개를 돌리면 전자기 유도에 의해 유도 전류가 흘러 전구에 불이 켜지므로 역학적 에너지가 전기 에너지로 전환된다.

3 (가)는 전동기, (나)는 발전기의 구조를 나타낸 것이다.
①, ② 풍력 발전기, 손발전기는 발전기인 (나)를 이용한 장치이다.
⑤ 교통 카드 판독기는 전자기 유도 현상을 이용한 장치이다.

4 ① 세탁기에서는 전기 에너지가 운동 에너지로 전환된다.
②, ③, ④, ⑤ 전기다리미, 전기밥솥, 전기난로, 헤어드라이어는 전기 에너지를 열에너지로 전환하여 이용한다.

5 휴대 전화 배터리의 화학 에너지는 전기, 소리, 빛, 운동, 열에너지 등으로 전환된다.

구분	에너지 전환
스피커	전기 에너지 → 소리 에너지
화면	전기 에너지 → 빛에너지
진동	전기 에너지 → 운동 에너지
발열	전기 에너지 → 열에너지
마이크	소리 에너지 → 전기 에너지
배터리 충전	전기 에너지 → 화학 에너지

⑤ 전화 통화를 할 때 마이크에서 소리 에너지가 전기 에너지로 전환된다.

6 ㄱ, ㄴ. 소비 전력은 단위 시간당 전기 기구가 소모하는 전기 에너지로, 단위는 W(와트)를 사용한다.
ㄷ. 전력량은 전기 기구가 일정 시간(시간) 동안 사용하는 전기 에너지이다.

7 전력량＝소비 전력×시간이므로 3000 Wh＝소비 전력×3 h에서 소비 전력은 1000 W이다.

8 한 달 동안의 전력량＝600 W×0.5 h×30일＝9000 Wh
＝9 kWh

9 전구가 220 V의 전원에 연결될 때 소비 전력은 50 W이다. 전구는 1초 동안 50 J의 전기 에너지를 사용하므로 10초 동안 50 J×10＝500 J의 전기 에너지를 사용한다.

10 전력량＝소비 전력×시간
(가) 30 W×10 h＝300 Wh
(나) 200 W×2.5 h＝500 Wh
(다) 1800 W×$\frac{1}{4}$ h＝450 Wh
따라서 전력량은 (나)＞(다)＞(가) 순으로 크다.

11 ①, ② 에너지는 여러 가지 형태로 전환되지만 소멸되거나 새로 생겨나지 않으며, 그 총량은 항상 일정하게 유지된다.
⑤ 공기 저항이나 마찰이 있으면 역학적 에너지가 열에너지, 소리 에너지 등으로 전환되므로 역학적 에너지는 감소한다.

12 • 물체에 힘을 작용하여 일을 하였으므로 물체가 한 일의 양은 12 N×3 m＝360 J이다.
• 마찰에 의해 발생한 열에너지
＝물체를 끌어올릴 때 한 일의 양－증가한 위치 에너지
＝(120 N×3 m)－(300 N×1 m)
＝60 J

13 잃어버린 역학적 에너지＝감소한 위치 에너지
＝(9.8×1)N×(2－1.5)m＝4.9 J

14 ㄱ. 미끄럼틀에서 공기 저항이나 마찰에 의해 역학적 에너지의 일부가 열에너지로 전환된다.
ㄴ. 열에너지＝처음 위치 에너지－나중 운동 에너지
＝(9.8×10)N×2 m－$\frac{1}{2}$×10 kg×$(2\text{ m/s})^2$
＝176 J
ㄷ. 에너지 보존 법칙에 따라 전체 에너지의 총량은 일정하게 보존된다.

Ⅶ 별과 우주

01 별 p. 78~80

1 ⑤ 2 ⑤ 3 ① 4 ④ 5 ① 6 ② 7 ⑤ 8 ①
9 ③ 10 ① 11 ④ 12 ③ 13 ② 14 ④ 15 ③
16 ② 17 ③ 18 ② 19 ①

1 ⑤ 별까지의 거리가 100 pc보다 멀면 연주 시차가 매우 작아 측정하기 어렵기 때문에 연주 시차는 대체로 100 pc보다 가까이 있는 별까지의 거리를 측정할 때 이용된다.

2 별의 연주 시차는 지구가 공전하기 때문에 나타난다.

3 별 A의 시차가 1″이므로 연주 시차는 시차의 $\frac{1}{2}$인 0.5″이다. 별 B의 연주 시차는 1″이므로 별 B까지의 거리는 1 pc이다.

4 • 거리가 1 pc인 별의 연주 시차가 1″이고 연주 시차는 거리에 반비례한다. 별 A는 연주 시차가 1.2″이므로 거리는 1 pc보다 가깝다.
• 별 B는 10 pc의 거리에 있다.
• 3.26광년은 1 pc과 같으므로 별 C까지의 거리는 1 pc이다.
따라서 지구로부터 가장 먼 별은 B이고, 가장 가까운 별은 A이므로 거리가 먼 별부터 나열하면 B － C － A이다.

5 ㄱ. (가)에서 (다)의 기간 동안 별 A는 별 B보다 위치 변화가 컸으므로 별 A는 별 B보다 시차가 크고, 연주 시차도 크다.
ㄴ. 별 A는 별 B보다 연주 시차가 크므로 가까운 거리에 있다.
ㄷ. 별 A와 별 B는 지구가 공전하여 관측된 위치가 변하였다.

6 별 (가)는 5 pc, 별 (나)는 10 pc 거리에 있으므로 별 (나)가 별 (가)보다 2배 멀리 있다. 별의 밝기는 별까지의 거리의 제곱에 반비례하므로 별 (가)는 별 (나)보다 4배 밝고, 별 (나)는 별 (가)보다 $\frac{1}{2^2}=\frac{1}{4}$로 어둡게 보인다.

7 히파르코스는 맨눈으로 보았을 때 가장 밝게 보이는 별을 1등급, 가장 어둡게 보이는 별을 6등급으로 정하였다.

8 ② 맨눈으로 본 별의 밝기를 나타낸 것은 겉보기 등급이다.
③ 별을 10 pc의 거리에 두고 정한 등급은 절대 등급이다.
④ 별의 겉보기 등급과 절대 등급이 같은 것은 10 pc 거리에 있는 별이다.
⑤ 등급 값이 작을수록 밝게 보이므로 겉보기 등급이 0등급인 별은 1등급인 별보다 밝게 보인다.

9 (가) 맨눈으로 보았을 때 가장 밝게 보이는 별은 겉보기 등급이 가장 작은 시리우스이고, 가장 어둡게 보이는 것은 겉보기 등급이 가장 큰 데네브이다. (나) 실제로 가장 밝은 별은 절대 등급이 가장 작은 데네브이고, 실제로 가장 어두운 별은 절대 등급이 가장 큰 시리우스이다.

10 2등급인 별이 100개 모여 있으면 밝기가 100배 밝은 것이고, 100배의 밝기 차는 등급 차로는 5등급이다. 등급 값이 작을수록 밝은 별이므로 2등급－5등급＝－3등급의 밝기와 같다.

11 별의 밝기는 별까지의 거리의 제곱에 반비례하므로 10배 멀어지면 $\frac{1}{10^2}=\frac{1}{100}$로 어두워진다. 밝기 차가 100배이면 등급 차는 5등급이고 어두울수록 등급 값은 커지므로, 별 A는 1등급+5등급=6등급으로 보인다.

12 절대 등급이 5등급이므로 10 pc 거리에 있을 때의 밝기이고, 실제 거리는 40 pc이므로 4배 멀리 있다. 거리가 4배 멀어지면 별의 밝기는 $\frac{1}{4^2}=\frac{1}{16}$로 어두워지고, 표에서 밝기 차가 16배이면 등급 차는 3등급이므로 별 S의 겉보기 등급은 8등급(=5등급+3등급)이다.

13 연주 시차가 1″인 별까지의 거리가 1 pc이고, 별까지의 거리는 연주 시차에 반비례하므로 연주 시차가 0.1″인 별까지의 거리는 10 pc이다. 10 pc 거리에 있는 별은 겉보기 등급과 절대 등급이 같으므로 이 별의 절대 등급은 −2등급이다.

14

별	겉보기 등급	절대 등급	겉보기 등급 −절대 등급
태양	−26.8	4.8	−31.6
데네브	1.3	−8.7	10.0
북극성	2.1	−3.7	5.8
폴룩스	1.16	1.10	0.06

① 실제로 가장 어두운 별은 절대 등급이 가장 큰 태양이다.
② 북극성은 (겉보기 등급−절대 등급)=5.8이므로 거리는 10 pc보다 멀다.
③ 맨눈으로 볼 때 가장 밝은 별은 겉보기 등급이 가장 작은 태양이다.
④ 별이 방출하는 빛의 양이 많을수록 실제 밝기가 밝으므로 절대 등급이 작다.
⑤ 지구에서 가까운 별부터 순서대로 나열하면 태양 − 폴룩스 − 북극성 − 데네브이다.

[15~16] 표는 그래프에서 별의 물리량을 읽어 정리한 것이다.

별	겉보기 등급	절대 등급	겉보기 등급 −절대 등급
시리우스	−1.5	< 1.4	−2.9
직녀성	0.0	< 0.5	−0.5
북극성	2.1	> −3.7	5.8
베텔게우스	0.5	> −5.1	5.6
리겔	0.1	> −6.8	6.9

15 ㄱ. 실제 밝기가 가장 밝은 별은 절대 등급이 가장 작다.
ㄴ. 지구에서 보았을 때 가장 밝게 보이는 별은 겉보기 등급이 가장 작다.
ㄷ. (겉보기 등급−절대 등급) 값이 클수록 멀리 있는 별이므로 리겔이 지구에서 가장 멀리 있다.

16 10 pc에서 별의 밝기는 절대 등급이고, 10 pc보다 가까이 있는 별은 10 pc에서보다 밝게 보이므로 겉보기 등급이 절대 등급보다 작다. 겉보기 등급이 절대 등급보다 작은 별은 시리우스, 직녀성이다.

[17~19]

별	겉보기 등급	절대 등급	색	겉보기 등급 −절대 등급
A	2.1	−3.7	적색	5.8
B	0.0	0.5	청백색	−0.5
C	0.1	−6.8	주황색	6.9
D	−1.5	1.4	백색	−2.9
E	0.8	−5.5	황색	6.3

17 지구에서 보았을 때 가장 멀리 있는 별은 (겉보기 등급−절대 등급) 값이 가장 큰 C이다.

18 별의 색이 파란색에 가까울수록 표면 온도가 높고 붉은색에 가까울수록 표면 온도가 낮다. 따라서 표면 온도를 비교하면, B>D>E>C>A이다.

19 ㄴ. 실제 밝기는 절대 등급으로 판단할 수 있다. 절대 등급이 0.5등급인 별 B는 절대 등급이 −6.8등급인 별 C보다 더 어둡다.
ㄷ. 별의 표면 온도를 높은 것부터 나열하면 청색 − 청백색 − 백색 − 황백색 − 황색(E) − 주황색(C) − 적색이다.

02 은하와 우주 p. 81~83

1 ④ 2 ⑤ 3 ③ 4 ④ 5 ⑤ 6 ③ 7 ③ 8 ②
9 ④ 10 ② 11 ④ 12 ② 13 ① 14 ② 15 ③
16 ③ 17 우주 쓰레기 18 ②

1 그림의 천체는 구상 성단이다.
① 구상 성단을 이루는 별들의 나이는 비교적 많다.
② 구상 성단은 우리은하를 이루고 있는 천체 중 하나이다.
③ 구상 성단은 수만~수십만 개의 별들이 공 모양으로 빽빽하게 모여 있다.
⑤ 성단은 별들이 모여 있는 것이고, 성간 물질이 모여 있어 구름처럼 보이는 천체는 성운이다.

2 산개 성단은 주로 나이가 적고 표면 온도가 높은 별들로 구성되어 있다.

3 성간 물질이 구름처럼 모여 있는 것은 성운이고, 성운 중 성간 물질이 주변의 별빛을 반사하여 밝게 보이는 성운은 반사 성운이다.

4 ㄴ. 스스로 빛을 내는 장미성운은 방출 성운에 속한다. 반사 성운은 성간 물질이 주변의 별빛을 반사하여 밝게 보인다.

5 안드로메다은하는 우리은하 밖에 있는 외부 은하이다.

6 우리은하는 태양계를 포함하고 있는 은하를 말한다. 우리은하를 옆에서 보면 중심부가 약간 볼록하고 납작한 원반 모양이고, 위에서 보면 막대 모양의 중심부를 나선팔이 휘감은 모양이다. 우리은하의 지름은 약 30000 pc이다.

7 태양계는 은하 중심에서 약 8500 pc 떨어진 나선팔에 있으므로 B 위치에 있고, 구상 성단은 우리은하 중심부나 원반을 둘러싼 구형의 공간에 고르게 분포한다.

8 ①, ②, ⑤ 은하수는 지구에서 우리은하의 일부를 본 모습으로, 수천억 개의 별들이 모여 있으며, 남반구와 북반구 모두에서 볼 수 있다.
③, ④ 은하수의 폭과 밝기는 우리은하를 보는 방향에 따라 달라진다. 우리나라에서는 여름철에 은하 중심 방향을 향하여 은하수가 폭이 넓고 밝게 보인다.

9 (가)는 타원 은하, (나)는 불규칙 은하, (다)는 정상 나선 은하, (라)는 막대 나선 은하의 모습이다.
④ 은하 중심부가 막대 모양으로 나타나는 것은 (라) 막대 나선 은하이다.

10 허블은 외부 은하를 모양을 기준으로 타원 은하, 정상 나선 은하, 막대 나선 은하, 불규칙 은하로 분류하였다.

11 팽창하는 풍선 표면은 우주, 붙임딱지는 우리은하와 외부 은하를 모두 포함한 은하를 의미한다.

12 ㄱ. 팽창하는 우주에 특별한 중심은 없다.
ㄷ. 우주가 팽창하면서 은하 사이의 거리는 모든 방향으로 서로 멀어지고 있다. 따라서 다른 쪽에서도 은하들 사이의 거리가 멀어진다.

13 대폭발 우주론은 약 138억 년 전에 한 점이었던 우주가 대폭발한 후 현재까지 계속해서 팽창하고 있다는 이론이다.
ㄷ. 대폭발 이후 우주의 온도는 점점 낮아지고 있다.
ㄹ. 대폭발 이후 현재까지 우주는 계속 팽창하고 있다.

14 천체 주위를 일정한 궤도를 따라 공전하도록 만든 장치는 인공위성이고, 직접 탐사할 천체까지 날아가 천체 표면에 착륙하여 탐사하는 것은 우주 탐사선이다.

15 우주 탐사를 통해 우주에 대한 이해를 넓히고, 외계 생명체의 존재를 탐사할 수 있으며, 우주 탐사와 관련된 첨단 기술을 실생활에 이용할 수도 있다. 또한, 지구에서 부족한 자원을 채취하거나 지구 환경이나 생명체를 더욱 잘 이해할 수 있다.

16 (가) 1957년 스푸트니크 1호가 발사되었다.
(다) 1977년 목성형 행성 탐사를 위해 보이저 2호가 발사되었다.
(라) 큐리오시티가 2012년 화성 표면에 착륙하여 탐사를 시작하였다.
(나) 뉴호라이즌스호가 2006년 발사되어 2015년에 명왕성을 통과하였다.

17 인공위성의 발사나 폐기 과정에서 나온 파편 등을 우주 쓰레기라고 하는데, 이는 지구 주위를 불규칙한 궤도로 매우 빠르게 돌면서 인공위성과 충돌하는 등 피해를 줄 수 있다.

18 우주 탐사의 영향으로 새로운 직업이 등장하고 첨단 기술이 산업과 실생활에 이용되기도 하지만, 우주 쓰레기가 지구 주위를 돌면서 피해를 주기도 한다.
② 인공위성은 우주 탐사뿐만 아니라 일기 예보나 방송 통신을 위한 목적으로도 발사되어 다양하게 이용되고 있다.

Ⅷ 과학기술과 인류 문명

01 과학기술과 인류 문명 p. 84

1 ⑤ 2 ④ 3 ⑤ 4 ② 5 ③ 6 ②

1 ⑤ 코페르니쿠스는 지구가 태양 주위를 돈다는 태양 중심설을 주장하였고, 망원경으로 천체를 관측하여 태양 중심설의 증거를 발견하였다. 이를 통해 우주의 중심이 지구가 아님을 밝혀 인류의 가치관을 변화시켰다.

2 ① 농산품의 품질이 향상되고, 생산량이 증가한 것은 농업 분야에서 암모니아 합성법 개발로 화학 비료의 생산이 가능해졌기 때문이다.
⑤ 교통 분야에서는 증기 기관의 발명으로 먼 거리까지 많은 물건을 빠르게 운반할 수 있게 되어 산업이 크게 발달하였다.

3 ① 백신 개발로 질병을 예방할 수 있게 되었고, 항생제 개발로 질병을 치료할 수 있게 되었다. 여러 종류의 백신과 항생제는 인류의 평균 수명을 늘리는 데 큰 역할을 하였다.
② 인쇄술의 발달로 지식과 정보의 유통이 활발해져 과학 혁명의 토대가 되었다. 망원경의 발명으로 천체를 관측할 수 있게 되면서 태양 중심설의 증거를 발견하였고, 태양 중심설의 증거를 발견하면서 경험 중심의 과학적 사고를 중요시하게 되었다.
③ 현미경의 발명으로 생물체를 작은 세포들이 모여서 이루어진 존재로 인식하게 되었고, 생명 공학 기술이 발달하게 되었다.
④ 인터넷이 개발되어 인류는 세계를 연결하는 통신망을 만들고, 전 세계의 정보를 실시간으로 공유할 수 있게 되었다.
⑤ 증기의 압력을 이용하여 기계를 움직이는 장치인 증기 기관의 발명으로 제품의 대량 생산이 가능해지고, 먼 거리까지 사람과 물건을 운반할 수 있게 되었다.

4 1 nm(나노미터)는 10억분의 1 m의 길이로, 초미세 영역이다. 물질이 나노미터 크기로 작아지면 물질 고유의 성질이 바뀌어 새로운 특성을 갖게 된다. 이렇게 나타난 새로운 특성과 기능을 이용하여 실생활에 유용한 물건이나 재료를 만드는 기술을 나노 기술이라고 한다. 나노 로봇, 나노 반도체, 나노 표면 소재, 휘어지는 디스플레이는 나노 기술을 활용한 것이다.
② 바이오칩은 생명 공학 기술을 활용한 예이다.

5 ㄱ. 방대한 정보를 분석하여 활용하는 기술은 빅데이터 기술이다.
ㄴ. 모든 사물을 인터넷으로 연결하는 기술은 사물 인터넷(IoT) 기술이다.
ㄷ. AI 기술은 인공 지능 기술로, 컴퓨터나 전자 기술로 인간의 기억, 지각, 학습 이해 등 인간이 하는 지적 행위를 실현하고자 하는 기술이다.

6 공학적 설계를 할 때 고려해야 할 점은 경제성, 편리성, 안전성, 환경적 요인, 외형적 요인 등이다.
② 안전을 고려함과 동시에 편리한 사용에 중점을 두어 전기자동차를 개발해야 한다.

대단원별 서술형 문제

V 생식과 유전

01 세포 분열 p. 85~86

01 **| 모범 답안 |** (나), 성염색체로 X 염색체와 Y 염색체를 가지기 때문이다.

| 해설 | 남자는 X 염색체와 Y 염색체를 가지고, 여자는 X 염색체를 2개 가진다.

채점 기준	배점
(나)라고 쓰고, 그 까닭을 옳게 서술한 경우	100 %
(나)라고만 쓴 경우	50 %

02 **| 모범 답안 |** 세포가 커질수록 세포의 **부피**에 대한 **표면적**의 비가 작아져 물질이 세포의 중심까지 이동하기 어렵다. 따라서 세포는 **물질 교환**을 효율적으로 하기 위해 어느 정도 커지면 분열하여 **세포 수**를 늘린다.

채점 기준	배점
제시된 용어를 모두 포함하여 옳게 서술한 경우	100 %
제시된 용어 중 세 가지만 포함하여 옳게 서술한 경우	75 %
제시된 용어 중 두 가지만 포함하여 옳게 서술한 경우	50 %
제시된 용어 중 한 가지만 포함하여 옳게 서술한 경우	25 %

03 **| 모범 답안 |** 염색체의 모양과 행동에 따라 구분한다.

채점 기준	배점
염색체의 모양과 행동을 포함하여 옳게 서술한 경우	100 %
염색체를 포함하지 않은 경우	0 %

04 **| 모범 답안 |** (1) (마) → (나) → (라) → (바) → (가) → (다)
(2) 염색체가 세포 중앙에 배열된다. 염색체를 관찰하기에 가장 좋은 시기이다.

	채점 기준	배점
(1)	체세포 분열 과정을 옳게 서술한 경우	50 %
(2)	(라) 시기의 특징을 두 가지 모두 옳게 서술한 경우	50 %
	(라) 시기의 특징을 한 가지만 옳게 서술한 경우	30 %

05 **| 모범 답안 |** (1) (가) 식물 세포, (나) 동물 세포
(2) (가)의 식물 세포는 세포 안쪽에서 바깥쪽으로 세포판이 형성되면서 세포질이 나누어지고, (나)의 동물 세포는 세포막이 바깥쪽에서 안쪽으로 잘록하게 들어가면서 세포질이 나누어진다.

	채점 기준	배점
(1)	세포의 종류를 옳게 쓴 경우	50 %
(2)	(가)와 (나)의 세포질 분열 방법을 모두 옳게 서술한 경우	50 %
	(가)와 (나) 중 한 가지만 옳게 서술한 경우	30 %

06 **| 모범 답안 |** (가)는 세포 분열을 멈추고, 세포가 살아 있을 때의 모습을 유지하도록 하기 위한 고정 과정이다.
(나)는 세포가 잘 분리되도록 뿌리 조직을 연하게 하기 위한 해리 과정이다.

채점 기준	배점
(가)와 (나)를 거치는 까닭을 모두 옳게 서술한 경우	100 %
(가)와 (나) 중 한 가지만 옳게 서술한 경우	50 %

07 **| 모범 답안 |** 2가 염색체, 상동 염색체가 접합하여 만들어진 것이다. 감수 분열 과정에서만 볼 수 있다. 4개의 염색 분체로 이루어진다. 중 한 가지

| 해설 | 이 세포는 2가 염색체(A)가 세포 중앙에 배열되어 있는 것으로 보아 감수 1분열 중기 세포이다.

채점 기준	배점
A의 이름과 특징을 모두 옳게 서술한 경우	100 %
A의 이름과 특징 중 한 가지만 옳게 서술한 경우	50 %

08 **| 모범 답안 |** 감수 분열로 만들어진 생식세포는 염색체 수가 체세포의 절반이므로, 부모의 생식세포가 결합하여 생긴 자손의 염색체 수는 부모와 같기 때문이다.

채점 기준	배점
생식세포의 염색체 수와 자손의 염색체 수를 모두 포함하여 옳게 서술한 경우	100 %
생식세포의 염색체 수가 체세포의 절반이기 때문이라고만 서술한 경우	50 %

09 **| 모범 답안 |**

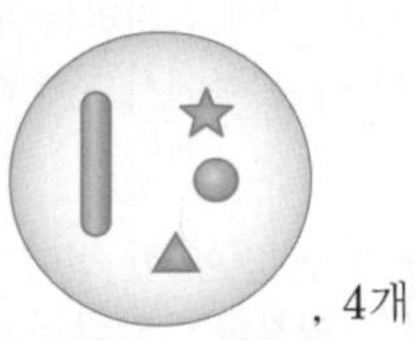

, 4개

| 해설 | 생식세포는 상동 염색체 중 하나씩만 있고, 염색체 수는 체세포의 절반이다.

채점 기준	배점
염색체 구성을 옳게 그리고, 염색체 수를 옳게 쓴 경우	100 %
염색체 구성만 옳게 그린 경우	50 %
염색체 수만 옳게 쓴 경우	40 %

10 **| 모범 답안 |** (가)는 1회 분열로, 2개의 딸세포가 형성되고, 딸세포의 염색체 수는 모세포와 같다. (나)는 연속 2회 분열로, 4개의 딸세포가 형성되고, 딸세포의 염색체 수는 모세포의 절반으로 줄어든다.

채점 기준	배점
제시된 내용을 모두 포함하여 옳게 서술한 경우	100 %
제시된 내용 중 두 가지만 포함하여 옳게 서술한 경우	70 %
제시된 내용 중 한 가지만 포함하여 옳게 서술한 경우	40 %

02 사람의 발생 p. 86

01 **| 모범 답안 |** 감수 분열이 일어나 생식세포가 만들어지는 장소이다.

채점 기준	배점
감수 분열이 일어나 생식세포가 만들어지는 장소라고 옳게 서술한 경우	100 %
생식세포가 만들어지는 장소라고만 서술하거나 감수 분열이 일어나는 장소라고만 서술한 경우에도 정답 인정	100 %

02 | 모범 답안 | 난자가 **배란**된 후 수란관에서 정자와 난자가 **수정**하여 수정란이 형성된다. 수정란은 **난할**이 일어나 세포 수를 늘리며 자궁으로 이동하여 포배 상태로 자궁 안쪽 벽에 **착상**한다.

채점 기준	배점
제시된 용어를 모두 포함하여 옳게 서술한 경우	100 %
제시된 용어 중 세 가지만 포함하여 옳게 서술한 경우	75 %
제시된 용어 중 두 가지만 포함하여 옳게 서술한 경우	50 %
제시된 용어 중 한 가지만 포함하여 옳게 서술한 경우	25 %

03 | 모범 답안 | 난할이 진행되면 세포 수는 늘어나고, 세포 하나의 크기는 점점 작아지지만, 세포 하나의 염색체 수는 변화 없다.
| 해설 | 난할은 체세포 분열이지만, 딸세포의 크기가 커지지 않고 세포 분열을 빠르게 반복한다.

채점 기준	배점
세 가지 내용을 모두 포함하여 옳게 서술한 경우	100 %
두 가지 내용만 포함하여 옳게 서술한 경우	70 %
한 가지 내용만 포함하여 옳게 서술한 경우	40 %

04 | 모범 답안 | 태반, A를 통해 태아에서 모체로 이동하는 물질에는 이산화 탄소, 노폐물이 있다.
| 해설 | 태반을 통해 태아는 필요한 산소와 영양소를 모체로부터 전달받고, 태아의 몸에서 생기는 이산화 탄소와 노폐물을 모체로 전달하여 내보낸다.

채점 기준	배점
태반이라고 쓰고, 태반을 통해 이동하는 물질을 옳게 서술한 경우	100 %
태반이라고 쓰고, 태아의 몸에서 생긴 물질을 내보낸다고만 서술한 경우	70 %
태반만 옳게 쓴 경우	50 %

03 멘델의 유전 원리 p. 87

01 | 모범 답안 | 기르기 쉽다. 한 세대가 짧다. 자손의 수가 많다. 대립 형질이 뚜렷하다. 자가 수분과 타가 수분이 모두 가능하다. 중 두 가지

채점 기준	배점
까닭을 두 가지 모두 옳게 서술한 경우	100 %
까닭을 한 가지만 옳게 서술한 경우	50 %

02 | 모범 답안 | (1) 완두 씨의 모양이 둥근 것
(2) 대립 형질이 다른 두 순종 개체를 교배했을 때 잡종 1대에서 나타나는 형질이 우성 형질인데, 잡종 1대에서 둥근 완두만 나왔기 때문이다.
(3) 둥근 모양 : 주름진 모양=3 : 1로 나타난다.

채점 기준		배점
(1)	둥근 것이라고 쓴 경우	20 %
(2)	우열의 원리를 들어 옳게 서술한 경우	40 %
	잡종 1대에서 둥근 완두가 나왔기 때문이라고만 서술한 경우	20 %
(3)	표현형과 분리비를 모두 옳게 서술한 경우	40 %
	3 : 1로 나온다고만 서술한 경우	20 %

03 | 모범 답안 | (나), 잡종 1대에서 어버이에게 없는 초록색 완두가 나온 것으로 보아 어버이는 모두 초록색 유전자를 하나씩 가지고 있기 때문이다.

채점 기준	배점
(나)라고 쓰고, 그 까닭을 옳게 서술한 경우	100 %
(나)라고만 쓴 경우	50 %

04 | 모범 답안 | (1) RY : Ry : rY : ry=1 : 1 : 1 : 1로 만들어진다.
(2) 둥글고 노란색 : 둥글고 초록색 : 주름지고 노란색 : 주름지고 초록색=9 : 3 : 3 : 1로 나타난다.
(3) 잡종 2대에서 주름지고 노란색인 완두가 나올 확률은 $\frac{3}{16}$ 이므로, 800개의 완두 중 주름지고 노란색인 완두는 $800\times\frac{3}{16}=150$(개)이다.

채점 기준		배점
(1)	생식세포의 종류와 분리비를 모두 옳게 서술한 경우	20 %
	생식세포의 종류만 옳게 서술한 경우	10 %
(2)	잡종 2대의 표현형과 분리비를 모두 옳게 서술한 경우	40 %
	표현형만 옳게 서술한 경우	20 %
	9 : 3 : 3 : 1로 나온다고만 서술한 경우	20 %
(3)	확률과 계산식을 포함하여 옳게 서술한 경우	40 %
	완두의 개수만 옳게 쓴 경우	20 %

05 | 모범 답안 | 빨간색 꽃잎 유전자(R)와 흰색 꽃잎 유전자(W) 사이의 우열 관계가 뚜렷하지 않기 때문이다.
| 해설 | 분꽃의 꽃잎 색깔 유전은 우열의 원리는 성립하지 않지만 분리의 법칙은 성립한다.

채점 기준	배점
두 대립유전자 사이의 우열 관계가 뚜렷하지 않기 때문이라고 옳게 서술한 경우	100 %
우열의 원리가 성립되지 않기 때문이라고만 서술한 경우	80 %

04 사람의 유전 p. 88

01 | 모범 답안 | **한 세대의 길이**가 길고, **자손의 수**가 적으며, **교배 실험**이 불가능하기 때문이다.

채점 기준	배점
제시된 용어를 모두 포함하여 옳게 서술한 경우	100 %
제시된 용어 중 두 가지만 포함하여 옳게 서술한 경우	70 %
제시된 용어 중 한 가지만 포함하여 옳게 서술한 경우	40 %

02 | 모범 답안 | (1) 열성
(2) 지민이 부모님은 모두 PTC 용액의 쓴맛을 느끼는데 지민이는 PTC 용액의 쓴맛을 느끼지 못하기 때문이다.

채점 기준		배점
(1)	열성이라고 쓴 경우	40 %
(2)	지민이의 형질이 열성인 까닭을 옳게 서술한 경우	60 %
	부모에게서 없던 형질이 지민이에게 나타났기 때문이라고 서술한 경우에도 정답 인정	60 %

03 | **모범 답안** | (1) 부모 모두 Rr

(2) 혀를 말 수 있는 부모 사이에서 혀를 말 수 없는 자녀가 태어났으므로 부모의 형질은 우성이며, 부모는 열성 유전자를 하나씩 가지고 있기 때문이다.

(3) 25 %

| **해설** | 부모의 유전자형은 모두 Rr이므로 Rr × Rr → RR, Rr, Rr, rr가 된다. 따라서 다섯째가 태어났을 때 혀를 말 수 없는 자녀(rr)일 확률은 $\frac{1}{4}$(=25 %)이다.

	채점 기준	배점
(1)	부모 모두 Rr라고 쓴 경우	20 %
(2)	부모 모두 Rr인 까닭을 옳게 서술한 경우	40 %
	부모는 열성 유전자를 하나씩 가지고 있기 때문이라고만 서술한 경우	20 %
(3)	25 %라고 쓴 경우	40 %

04 | **모범 답안** | 유전자 A와 B 사이에는 우열 관계가 없고, 유전자 A와 B는 유전자 O에 대해 우성이다.

채점 기준	배점
유전자 A, B, O의 우열 관계를 모두 옳게 서술한 경우	100 %
A=B>O라고 쓴 경우에도 정답 인정	100 %

05 | **모범 답안** | 남자, **성염색체 구성**이 **XY**인 남자는 적록 색맹 유전자가 1개만 있어도 적록 색맹이 되지만, 성염색체 구성이 **XX**인 여자는 2개의 X 염색체에 모두 적록 색맹 유전자가 있어야 적록 색맹이 되기 때문이다.

채점 기준	배점
남자라고 쓰고, 그 까닭을 제시된 용어를 모두 포함하여 옳게 서술한 경우	100 %
남자라고 쓰고, 그 까닭을 제시된 용어 중 두 가지만 포함하여 옳게 서술한 경우	80 %
남자라고 쓰고, 그 까닭을 제시된 용어 중 한 가지만 포함하여 옳게 서술한 경우	60 %
남자라고만 쓴 경우	40 %

06 | **모범 답안** | (1) 외할머니의 적록 색맹 유전자가 어머니에게 전달된 후 무영이에게 전달되었다.

(2) 25 %

| **해설** | XX′(어머니) × X′Y(아버지) → XX′, <u>X′X′</u>, XY, X′Y이므로, 적록 색맹인 딸(X′X′)이 태어날 확률은 $\frac{1}{4}$(=25 %)이다.

	채점 기준	배점
(1)	외할머니, 어머니를 모두 포함하여 옳게 서술한 경우	50 %
	어머니만 포함하여 옳게 서술한 경우	20 %
(2)	25 %라고 쓴 경우	50 %

07 | **모범 답안** | 아들은 모두 적록 색맹이고, 딸은 모두 보인자이다.

| **해설** | X′X′(어머니) × XY(아버지) → XX′, X′Y이다.

채점 기준	배점
아들과 딸의 적록 색맹 여부를 모두 옳게 서술한 경우	100 %
아들과 딸 중 하나만 옳게 서술한 경우	50 %

Ⅵ 에너지 전환과 보존

01 역학적 에너지 전환과 보존 p. 89

01 | **모범 답안** | (가)에서는 운동 에너지가 위치 에너지로 전환되고, (나)에서는 위치 에너지가 운동 에너지로 전환된다.

채점 기준	배점
(가), (나)에서 에너지 전환 과정을 모두 옳게 서술한 경우	100 %
(가), (나) 중 에너지 전환 과정을 한 가지만 옳게 서술한 경우	50 %

02 | **모범 답안** | 감소한 위치 에너지=증가한 운동 에너지이므로 $(9.8\times2)\text{N}\times(10-7.5)\text{m}=\frac{1}{2}\times2\text{ kg}\times v^2$에서 $v=7\text{ m/s}$이다.

| **해설** | 공기 저항을 무시할 때 역학적 에너지는 보존되므로 위치 에너지가 감소한 만큼 운동 에너지가 증가한다.

채점 기준	배점
물체의 속력을 풀이 과정과 함께 옳게 구한 경우	100 %
물체의 속력만 옳게 쓴 경우	50 %

03 | **모범 답안** | B점에서의 위치 에너지=O점에서의 운동 에너지=$(9.8\times2)\text{N}\times h=196\text{ J}$이다. 따라서 $h=10\text{ m}$이다.

| **해설** | A점과 B점(최고점)에서의 역학적 에너지는 A점과 B점에서의 위치 에너지와 같고, O점(최저점)에서의 역학적 에너지는 O점에서의 운동 에너지와 같다. 역학적 에너지는 보존되므로 A점과 B점에서의 위치 에너지는 O점에서의 운동 에너지와 같은 196 J이다.

채점 기준	배점
B점의 높이를 풀이 과정과 함께 옳게 구한 경우	100 %
B점의 높이만 옳게 쓴 경우	50 %

04 | **모범 답안** | (1) A=D<B<C

(2) A=B=C=D

(3) 운동 에너지는 감소한 높이에 비례하므로 B점과 C점에서 공의 운동 에너지의 비는 (1−0.6)m : 1 m=2 : 5이다.

| **해설** | (1) 운동 에너지는 감소한 높이에 비례하므로 감소한 높이가 클수록 운동 에너지가 크다.

	채점 기준	배점
(1)	운동 에너지의 크기를 옳게 비교한 경우	30 %
(2)	역학적 에너지의 크기를 옳게 비교한 경우	30 %
(3)	운동 에너지의 비를 풀이 과정과 함께 옳게 구한 경우	40 %
	운동 에너지의 비만 옳게 쓴 경우	20 %

05 | **모범 답안** | (1) B

(2) B → A 구간, B → C 구간

(3) A → B 구간, C → B 구간

	채점 기준	배점
(1)	운동 에너지가 최대인 지점을 옳게 쓴 경우	20 %
(2)	운동 에너지가 위치 에너지로 전환되는 구간을 모두 쓴 경우	40 %
	운동 에너지가 위치 에너지로 전환되는 구간을 한 가지만 쓴 경우	20 %
(3)	위치 에너지가 운동 에너지로 전환되는 구간을 모두 쓴 경우	40 %
	위치 에너지가 운동 에너지로 전환되는 구간을 한 가지만 쓴 경우	20 %

02 전기 에너지의 발생과 전환 p. 90

01 | **모범 답안** | 코일이 회전하면 코일을 통과하는 자기장이 변하여 코일에 유도 전류가 흐르므로 전구에 불이 켜진다.

채점 기준	배점
코일을 통과하는 자기장이 변하여 유도 전류가 흐르기 때문이라고 서술한 경우	100 %
유도 전류가 흐르기 때문이라고만 서술한 경우	60 %

02 | **모범 답안** | 연료의 **화학 에너지**가 수증기의 **열에너지**로 전환되고, 발전기에서 **역학적 에너지**가 전기 에너지로 전환된다.

채점 기준	배점
제시된 용어를 모두 포함하여 옳게 서술한 경우	100 %
제시된 용어 중 두 가지만 포함하여 옳게 서술한 경우	60 %
제시된 용어 중 한 가지만 포함하여 옳게 서술한 경우	30 %

03 | **모범 답안** | 전기 에너지를 열에너지로 전환하여 이용하는 기구이다.

채점 기준	배점
에너지 전환 과정을 옳게 서술한 경우	100 %
그 외의 경우	0 %

04 | **모범 답안** | 30일 동안 컴퓨터의 사용 전력량=600 W×3 h×30일=54000 Wh=54 kWh이다. 이때 1 kWh당 전기 요금이 100원이므로 전기 요금=54 kWh×100원/kWh=5400원이다.

채점 기준	배점
풀이 과정과 함께 전기 요금을 옳게 구한 경우	100 %
전기 요금만 옳게 구한 경우	50 %

05 | **모범 답안** | 에너지가 전환되는 과정에서 일부는 다시 사용할 수 없는 열에너지의 형태로 전환되어 우리가 유용하게 사용할 수 있는 에너지가 점점 줄어들기 때문이다.

채점 기준	배점
에너지가 전환되는 과정에서 열에너지가 발생하여 유용한 에너지가 점점 줄어들기 때문이라고 서술한 경우	100 %
유용한 에너지가 점점 줄어들기 때문이라고만 서술한 경우	50 %

06 | **모범 답안** | 공기 저항이나 마찰에 의해 빗방울의 역학적 에너지의 일부가 열에너지 등으로 전환되어 역학적 에너지가 감소하기 때문이다.

채점 기준	배점
공기 저항이나 마찰에 의해 역학적 에너지의 일부가 열에너지 등으로 전환되어 역학적 에너지가 감소했기 때문이라고 서술한 경우	100 %
역학적 에너지가 감소했기 때문이라고만 서술한 경우	50 %

07 | **모범 답안** | 열에너지=처음의 위치 에너지−나중의 운동 에너지$=(9.8\times6)\text{N}\times10\text{ m}-\frac{1}{2}\times6\text{ kg}\times(10\text{ m/s})^2=288\text{ J}$

| **해설** | 마찰이나 공기 저항이 있으면 역학적 에너지가 보존되지 않는다.

채점 기준	배점
열에너지를 풀이 과정과 함께 옳게 구한 경우	100 %
열에너지만 옳게 쓴 경우	50 %

Ⅶ 별과 우주

01 별 p. 91

01 | **모범 답안** | (1) 연필까지의 거리가 가까워지면 시차가 커지고, 연필까지의 거리가 멀어지면 시차가 작아진다.
(2) 시차와 물체까지의 거리는 반비례 관계이다.

	채점 기준	배점
(1)	연필까지의 거리에 따른 시차를 옳게 서술한 경우	50 %
(2)	시차와 물체까지의 거리가 반비례 관계임을 서술한 경우	50 %

02 | **모범 답안** | 지구가 공전하고 있기 때문에 연주 시차가 나타나며, 별까지의 거리가 멀수록 연주 시차가 작아진다.
| **해설** | 연주 시차는 지구가 공전하면서 지구의 공전 궤도 양쪽 끝에서 별을 관측할 때 나타나는 시차의 $\frac{1}{2}$이다. 공전 궤도의 양쪽 끝에서 관찰하므로 6개월 간격으로 관측한다.

채점 기준	배점
연주 시차가 나타나는 까닭을 지구의 공전으로 서술하고, 별까지의 거리와 연주 시차의 관계를 옳게 서술한 경우	100 %
연주 시차가 나타나는 까닭만 옳게 서술한 경우	50 %

03 | **모범 답안** | 종이판에 비친 빛의 밝기에 영향을 준 요인은 거리이고, 밝기는 거리의 제곱에 반비례한다.
| **해설** | 관측되는 빛의 밝기는 광원에서 방출되는 빛의 양과 광원으로부터 관측자까지의 거리의 영향을 받는다. 주어진 실험에서 두 손전등이 방출하는 빛의 양이 같고, 종이판까지의 거리가 다르므로 종이판에 비친 빛의 밝기는 거리의 영향을 받는다.

채점 기준	배점
밝기에 영향을 준 요인과 밝기와 거리의 관계를 모두 옳게 서술한 경우	100 %
밝기에 영향을 준 요인만 옳게 서술한 경우	50 %

04 | **모범 답안** | 별 A가 별 B보다 약 2.5배 밝다.
| **해설** | 등급이 작을수록 밝은 별이고, 1등급 차는 약 2.5배의 밝기 차이가 난다.

채점 기준	배점
별의 밝기 차를 이용하여 별 A와 B의 밝기를 옳게 비교하여 서술한 경우	100 %
별의 밝기 차를 언급하지 않고, 별 A가 별 B보다 밝다고만 서술한 경우	50 %

05 | **모범 답안** | (1) 별 C
(2) 절대 등급은 변하지 않으므로 −2등급이고, 겉보기 등급은 7등급이 된다.
| **해설** | (1) 실제로 가장 밝은 별은 절대 등급이 가장 작은 별 C이다.
(2) 절대 등급은 별까지의 거리가 달라져도 변하지 않는다. 겉보기 등급은 현재보다 10배 멀어지면 밝기는 $\frac{1}{10^2}=\frac{1}{100}$로 어두워지고, 등급 차는 5등급 차이가 나므로 7등급(=2등급+5등급)이 된다.

채점 기준		배점
(1)	별 C를 옳게 쓴 경우	50 %
(2)	절대 등급과 겉보기 등급의 변화를 모두 옳게 서술한 경우	50 %
	절대 등급과 겉보기 등급 중 한 가지의 변화만 옳게 서술한 경우	25 %

06 | 모범 답안 | (1) 별 B
(2) 별 A, 표면 온도가 높을수록 별의 색이 파란색을 띠기 때문이다.
| 해설 |

별	겉보기 등급	절대 등급	색	겉보기 등급 −절대 등급
A	−1.0	0.5	청백색	−1.5
B	0.3	0.3	황색	0.0
C	1.8	9.5	적색	−7.7

(1) (겉보기 등급−절대 등급)의 값이 클수록 멀리 있는 별이므로 별 C가 가장 가까운 거리에 있고, 별 B가 가장 먼 거리에 있다.
(2) 표면 온도가 높은 별은 파란색에 가깝고 표면 온도가 낮은 별은 붉은색에 가까우므로 표면 온도를 비교하면 C<B<A이다.

채점 기준		배점
(1)	별 B를 옳게 쓴 경우	50 %
(2)	별 A를 쓰고, 그 까닭을 옳게 서술한 경우	50 %
	별 A만 쓴 경우	25 %

02 은하와 우주 p. 92

01 | 모범 답안 | (가) 구상 성단, (나) 산개 성단, 성단을 이루는 별의 수는 (가) 성단이 (나) 성단에 비해 훨씬 많고, 별의 표면 온도는 (가) 성단에 비해 (나) 성단이 높다.
| 해설 | (가) 구상 성단을 이루는 별들은 주로 붉은색을 띠고, (나) 산개 성단을 이루는 별들은 주로 파란색을 띤다.

채점 기준	배점
(가)와 (나) 성단의 종류를 옳게 쓰고, 성단을 이루는 별의 수와 표면 온도를 옳게 비교하여 서술한 경우	100 %
(가)와 (나) 성단의 종류를 옳게 쓰고, 성단을 이루는 별의 수나 표면 온도 중 한 가지만 옳게 비교하여 서술한 경우	70 %
(가)와 (나) 성단의 종류만 옳게 쓴 경우	40 %

02 | 모범 답안 | (가) 성운은 **성간 물질**이 주변의 별빛을 흡수하여 **가열**되면서 스스로 빛을 내는 성운이고, (나) 성운은 **성간 물질**이 주변의 별빛을 **반사**하여 밝게 보이는 성운이다.
| 해설 | (가)는 방출 성운이고, (나)는 반사 성운이다.

채점 기준	배점
제시된 용어를 모두 포함하여 옳게 서술한 경우	100 %
제시된 용어를 포함하여 (가)와 (나) 중 한 가지만 옳게 서술한 경우	50 %

03 | 모범 답안 | (1) 우리은하에서 태양계의 위치는 ㉠이고, 우리은하를 옆에서 보면 중심부가 약간 볼록하고 납작한 원반 모양이다.
(2) 우리은하는 막대 나선 은하에 속하고, ㉠ 위치에는 산개 성단이 주로 분포하고, ㉡ 위치에는 구상 성단이 주로 분포한다.
| 해설 | (1) 태양계는 우리은하 중심에서 약 8500 pc 떨어진 나선팔에 위치하고 있다.
(2) 허블은 외부 은하를 모양을 기준으로 타원 은하, 막대 나선 은하, 정상 나선 은하, 불규칙 은하로 분류하였다.

채점 기준		배점
(1)	태양계의 위치와 우리은하를 옆에서 본 모습을 모두 옳게 서술한 경우	50 %
	두 가지 중 한 가지만 옳게 서술한 경우	25 %
(2)	막대 나선 은하와 ㉠, ㉡에 분포하는 성단의 종류를 모두 옳게 서술한 경우	50 %
	두 가지 중 한 가지만 옳게 서술한 경우	25 %

04 | 모범 답안 | 성간 물질에 의해 뒤에서 오는 별빛이 가로막혔기 때문이다.
| 해설 | 은하수는 우리은하에 속한 지구에서 우리은하를 바라본 모습으로, 성간 물질에 의해 뒤에서 오는 별빛이 가로막혀 군데군데 검게 보이는 부분이 나타난다.

채점 기준	배점
성간 물질을 포함하여 옳게 서술한 경우	100 %
별빛이 가로막혀서라고만 서술한 경우	50 %

05 | 모범 답안 | • 공통점 : (가)와 (나) 은하는 모두 나선팔이 있다.
• 차이점 : (가)는 둥근 모양의 은하 중심부에서 나선팔이 뻗어 나오는 모양이고, (나)는 막대 모양의 은하 중심부의 양쪽 끝에서 나선팔이 뻗어 나오는 모양이다.
| 해설 | (가)는 정상 나선 은하이고, (나)는 막대 나선 은하이다. (가)와 (나)는 모두 나선팔이 있지만, 중심부의 모양이 다르다.

채점 기준	배점
공통점과 차이점을 모두 옳게 서술한 경우	100 %
공통점과 차이점 중 한 가지만 옳게 서술한 경우	50 %

06 | 모범 답안 | 대폭발 우주론(빅뱅 우주론), 현재에도 우주는 계속 팽창하고 있다.

채점 기준	배점
이론의 이름과 우주의 크기 변화를 모두 옳게 서술한 경우	100 %
두 가지 중 한 가지만 옳게 서술한 경우	50 %

07 | 모범 답안 | • 긍정적 영향 : 우주 과학과 관련된 직업이 생겼다. 우주 탐사 기술을 이용한 다양한 생활용품이 개발되었다. 인공위성을 이용하여 생활이 편리해졌다. 등
• 부정적 영향 : 우주 쓰레기가 생겨 인공위성이나 우주 탐사선에 피해를 줄 수 있다.

채점 기준	배점
긍정적 영향과 부정적 영향을 모두 옳게 서술한 경우	100 %
두 가지 중 한 가지만 옳게 서술한 경우	50 %

Ⅷ 과학기술과 인류 문명

01 과학기술과 인류 문명 p. 93

01 | 모범 답안 | **과학 원리**를 발견하고, 이를 이용한 **기술**의 발달과 **기기**의 발명으로 **인류 문명**이 발전하게 되었다.

채점 기준	배점
과학기술과 인류 문명의 발전에 대해 제시된 용어를 모두 포함하여 옳게 서술한 경우	100 %
제시된 용어 세 가지만 포함하여 옳게 서술한 경우	75 %
제시된 용어 두 가지만 포함하여 옳게 서술한 경우	50 %

02 | 모범 답안 | (1) 코페르니쿠스
(2) 경험 중심의 과학적 사고를 중요시하게 되었다.

채점 기준		배점
(1)	과학자의 이름을 옳게 쓴 경우	50 %
(2)	태양 중심설이 인류의 가치관에 미친 영향을 옳게 서술한 경우	50 %

03 | 모범 답안 | 항생제의 개발로 질병을 치료할 수 있게 되면서 인류의 평균 수명이 늘어났다.

채점 기준	배점
항생제가 인류 문명에 미친 영향을 옳게 서술한 경우	100 %
인류의 평균 수명이 늘어났다고만 서술한 경우	70 %
질병을 치료할 수 있게 되었다고만 서술한 경우	50 %

04 | 모범 답안 | **활판 인쇄술**이 발달하면서 책의 대량 생산과 보급이 가능해져 지식과 정보가 빠르게 **확산**되어 **과학 혁명**이 일어날 수 있었다. 현재에는 **전자책**이 출판되어 많은 양의 책을 저장하고 검색하기 쉬워졌다.

채점 기준	배점
제시된 용어를 모두 포함하여 옳게 서술한 경우	100 %
제시된 용어 중 세 가지만 포함하여 옳게 서술한 경우	75 %
제시된 용어 중 두 가지만 포함하여 옳게 서술한 경우	50 %

05 | 모범 답안 | (1) (가) 생명 공학 기술, (나) 정보 통신 기술
(2) (가) 유전자 재조합 기술, 세포 융합, 바이오 의약품, 바이오칩 등 (나) 증강 현실, 가상 현실, 전자 결제, 언어 번역, 생체 인식, 웨어러블 기기, 홈 네트워크 등

채점 기준		배점
(1)	(가), (나) 기술을 각각 옳게 쓴 경우	40 %
(2)	각 기술을 활용한 예를 두 가지씩 옳게 서술한 경우	60 %
	각 기술을 활용한 예를 한 가지씩만 옳게 서술한 경우	30 %

06 | 모범 답안 | 공학적 설계, 경제성, 안전성, 편리성, 환경적 요인, 외형적 요인 등을 고려해야 한다.

채점 기준	배점
공학적 설계라고 쓰고, 고려해야 할 점 두 가지를 모두 옳게 서술한 경우	100 %
공학적 설계라고 쓰고, 고려해야 할 점 중 한 가지만 옳게 서술한 경우	50 %
공학적 설계만 쓴 경우	30 %

MEMO

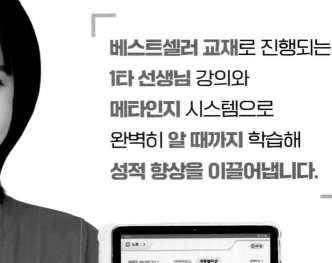

내·공·의·힘·시·리·즈 단기간에 핵심만 빠르게, 내신 만점을 위한 공부법을 제시합니다.

대표전화 1544-0554
주소 경기도 과천시 과천대로2길 54